W. GÄHLER

GRUNDSTRUKTUREN DER ANALYSIS I

MATHEMATISCHE LEHRBÜCHER UND MONOGRAPHIEN

HERAUSGEGEBEN VON DER
AKADEMIE DER WISSENSCHAFTEN DER DDR
ZENTRALINSTITUT FÜR MATHEMATIK UND MECHANIK

II. ABTEILUNG

MATHEMATISCHE MONOGRAPHIEN

BAND 41

GRUNDSTRUKTUREN DER ANALYSIS I

VON

W. GÄHLER

AKADEMIE-VERLAG · BERLIN

1977

GRUNDSTRUKTUREN DER ANALYSIS I

von

WERNER GÄHLER

Zentralinstitut für Mathematik und Mechanik der
Akademie der Wissenschaften der DDR

AKADEMIE-VERLAG · BERLIN
1977

Erschienen im Akademie-Verlag, 108 Berlin, Leipziger Straße 3—4

Lizenznummer: 202 . 100/568/77
Gesamtherstellung: VEB Druckerei „Thomas Müntzer", 582 Bad Langensalza
Bestellnummer: 761 790 5 (6071/1) · LSV 1035
Printed in GDR
DDR 48, – M

VORWORT

In der Monographie wird ein systematischer Aufbau der Analysis unter Benutzung des Limitierungsbegriffs vorgenommen. Insbesondere werden die Theorie der Limesräume und limesuniformen Räume, die limitierte Algebra und die allgemeine Differentialrechnung entwickelt.

Die Notwendigkeit, den Topologiebegriff abzuschwächen und ihn durch den — wie sich zeigt — bedeutend leistungsfähigeren Begriff der Limitierung zu ersetzen, ergibt sich bei einer Reihe von Problemen in Abbildungsräumen. Wir führen zwei Beispiele an. Bekanntlich existiert zu topologischen, ja sogar zu separierten topologischen Räumen X und Y im allgemeinen keine gröbste Topologie von $C(X, Y)$, bezüglich der die Evaluationsabbildung ω von $C(X, Y) \times X$ in Y stetig ist, was zur Folge hat, daß die Kategorien aller topologischen Räume und aller HAUSDORFF-Räume nicht cartesisch abgeschlossen sind. Es existiert aber stets eine gröbste Limitierung von $C(X, Y)$, bezüglich der ω stetig ist, und die Kategorien aller pseudotopologischen und aller separierten pseudotopologischen Räume sind cartesisch abgeschlossen. Nach dem Satz von KELLER-MAISSEN gibt es zu separierten lokalkonvexen topologischen Vektorräumen X und Y nur dann eine Vektorraumtopologie von $L(X, Y)$, bezüglich der die Evaluationsabbildung von $L(X, Y) \times X$ in Y stetig ist, wenn X normierbar ist, weshalb zum Beispiel die Kategorien aller topologischen Vektorräume und aller separierten lokalkonvexen topologischen Vektorräume bezüglich Tensorprodukte keine abgeschlossenen Kategorien bilden. Die Kategorien aller pseudotopologischen Vektorräume und aller in einem engeren Sinne separierten lokalkonvexen pseudotopologischen Vektorräume sind hingegen, als symmetrische monoidale Kategorien bezüglich Tensorprodukte, abgeschlossen. Die konsequente Benutzung des Limitierungsbegriffs führt zu wichtigen Fortschritten in einer Reihe von Teilgebieten der Analysis, etwa der allgemeinen Differentialrechnung und der Dualitätstheorie. Wir gehen auf die erwähnten Probleme im Kapitel über Abbildungsräume im zweiten Band der Monographie genauer ein.

Der erste Band besteht aus vier Kapiteln. Das erste Kapitel enthält die Mengenlehre. Sie wird relativ ausführlich dargestellt. Unter anderem werden in ihr Hilfsmittel für die Filtertheorie bereitgestellt und Grundlagen für die in den späteren Kapiteln vorgenommenen kategorientheoretischen Untersuchungen gebracht. Im zweiten Kapitel wird auf den Begriff des $\wedge$-Ideals und den dualen Begriff des $\vee$-Ideals eingegangen. $\wedge$- und $\vee$-Ideale im Teilmengenverband einer Menge sind gerade die Filter und Dualfilter in dieser Menge. Der allgemeine Konvergenzbegriff wird mittels $\wedge$-Idealen im Filterverband einer Menge und eine Verallgemeinerung des Bornologiebegriffs, der Begriff der Hypobornologie, mittels $\wedge$-Idealen im Dualfilterverband einer Menge definiert. In dem dritten und vierten Kapitel wird die Theorie der Limesräume und der limesuniformen Räume entwickelt, und zwar weitgehend in Anlehnung an die Kategorientheorie.

Eine Orientierung über die umfangreiche vorhandene Literatur ist durch das Literaturverzeichnis möglich, es bezieht sich auch auf den zweiten Band. In wichtigen Fällen sind im Text Literaturhinweise angeführt.

Der Autor ist mehreren Kollegen für wertvolle Hilfe und Verbesserungsvorschläge zu Dank verpflichtet, insbesondere Herrn G. Kneis für die kritische Durchsicht des gesamten Manuskripts und den Herren M. Kühnrich und K.-P. Rudolph für die kritische Durchsicht von Teilen des Manuskripts. Dankbar erwähnt sei, daß mehrere Fachkollegen, insbesondere die sowjetischen Kollegen W. I. Awerbuch und O. G. Smoljanow, mit dem Autor wertvolle Gespräche über das im Buch behandelte Gebiet geführt haben. Schließlich möchte der Autor dem Verlag danken, der stets den Wünschen des Autors mit freundlicher Bereitwilligkeit entgegengekommen ist.

Berlin, 1976 W. Gähler

INHALTSVERZEICHNIS

Grundstrukturen der Analysis II

INHALTSÜBERSICHT

1. MENGENLEHRE

Im vorliegenden Buch wird ausführlich von der Mengenlehre Gebrauch gemacht. Wir gehen zuerst auf diese ein und führen in knapper Form einen auf BERNAYS, GÖDEL und VON NEUMANN zurückgehenden axiomatischen Aufbau derselben an, und zwar in starker Anlehnung an den von J. L. KELLEY angegebenen Aufbau der Mengenlehre in seinem Lehrbuch über Topologie [1]. Wegen ausführlicherer Darstellungen sei auf die einschlägige Literatur verwiesen, etwa auf die Bücher über Mengenlehre von J. SCHMIDT [5] und D. KLAUA [1]. Während in SCHMIDT [3] ebenfalls eine Axiomatisierung nach BERNAYS, GÖDEL und VON NEUMANN vorgenommen wurde, ist in KLAUA [1] eine Axiomatisierung angegeben, die sich durch eine Verschmelzung der RUSSELLschen Typentheorie und des auf BERNAYS, GÖDEL und VON NEUMANN zurückgehenden Aufbaus der Mengenlehre ergibt.

1.1. Zum Klassenbegriff

Bei Mengen denkt man intuitiv an Zusammenfassungen wohlunterschiedener Objekte zu Gesamtheiten. Beispiele von Mengen sind

die Menge $\boldsymbol{N}^+$ aller positiven natürlichen Zahlen 1, 2, 3, ... ,
die Menge $\boldsymbol{N}$ aller natürlichen Zahlen 0, 1, 2, ... ,
die Menge $\boldsymbol{Z}$ aller ganzen Zahlen ... , −2, −1, 0, 1, 2, ... ,
die Menge $\boldsymbol{Q}$ aller rationalen Zahlen,
die Menge $\boldsymbol{R}$ aller reellen Zahlen
und die Menge $\boldsymbol{C}$ aller komplexen Zahlen.

Der Begriff der Menge wird in der Mathematik nicht definiert. Man legt durch Vorschriften die Benutzung dieses Begriffs fest. Diese Vorschriften werden bei einem axiomatischen Aufbau der Mengenlehre gegeben. Es sind verschiedene axiomatische Mengenlehren entwickelt worden. Wir führen hier eine Axiomatisierung an, die auf BERNAYS, GÖDEL und VON NEUMANN zurückgeht. Sie hat gegenüber den beiden anderen geläufigsten Axiomatisierungen, die in der RUSSELLschen Typentheorie und der ZERMELO-FRAENKELschen Mengenlehre vorgenommen werden, zum Beispiel den Vorteil, daß in ihr der von EILENBERG und MAC LANE herrührende wichtige Begriff der Kategorie in größerer Allgemeinheit erfaßt wird. Typisch für den Aufbau der Mengenlehre nach BERNAYS,

GÖDEL und VON NEUMANN ist, daß in ihr nicht von Mengen, sondern sogenannten **Klassen** ausgegangen wird. Als undefinierten Term haben wir neben Klassen noch eine zweistellige Relation $\in$ zwischen Klassen, die **Elementbeziehung.** Alle Variablen wie $x, y, z, u, v, w, X, Y, Z, U, V, W, \ldots$ repräsentieren Klassen, und für zwei Klassen x und X ist $x \in X$ entweder richtig oder falsch. Gilt $x \in X$, so sagen wir, daß x ein **Element** der Klasse X ist, und auch, daß x der Klasse X **angehört.** Für die Negation von $x \in X$ schreiben wir $x \notin X$.

Wir definieren die sogenannte **Enthaltenseinsbeziehung** oder **Inklusion** $\subseteqq$, indem wir genau dann $X \subseteqq Y$ setzen, wenn jedes Element von X ein Element von Y ist. Für $X \subseteqq Y$ sagen wir auch, daß X eine **Teilklasse** von Y ist, X **in** Y **enthalten** ist, Y eine **Oberklasse** von X ist oder Y **die Klasse** X **enthält**, und schreiben dafür auch $Y \supseteqq X$. Für die Negation von $X \subseteqq Y$ schreiben wir $X \nsubseteq Y$ und $Y \nsupseteq X$. Wir definieren Klassen genau dann als **gleich**, wenn ihnen dieselben Elemente angehören, setzen also genau dann $X = Y$, wenn $X \subseteqq Y$ und $Y \subseteqq X$ ist. Für die Negation von $X = Y$ schreiben wir $X \neq Y$. Es gelten natürlich die bekannten Gleichheitseigenschaften, die Reflexivität ($X = X$), die Symmetrie ($X = Y$ hat $Y = X$ zur Folge) und die Transitivität (aus $X = Y$ und $Y = Z$ folgt $X = Z$). Die Inklusion ist reflexiv ($X \subseteqq X$), antisymmetrisch ($X \subseteqq Y$ und $Y \subseteqq X$ zieht $X = Y$ nach sich) und transitiv ($X \subseteqq Y$ und $Y \subseteqq Z$ hat $X \subseteqq Z$ zur Folge). Ist $X \subseteqq Y$ und $X \neq Y$, so schreiben wir auch $X \subsetneqq Y$ und $Y \supsetneqq X$ und nennen X eine **echte Teilklasse** von Y oder Y eine **echte Oberklasse** von X.

Die Gleichheitsdefinition gestattet die Substituierbarkeit der zweiten Klassenvariablen in $x \in X$, d. h., aus $x \in X$ und $X = Y$ folgt $x \in Y$. Um auch die erste Klassenvariable in $x \in X$ ersetzen zu können, fordern wir die Gültigkeit des folgenden **Extensionalitätsaxioms:**

Axiom I. *Aus* $x \in X$ *und* $x = y$ *folgt* $y \in X$.

1.2. Über Klassenbildung

Eine Klasse, die Element von wenigstens einer Klasse ist, wird eine **Menge**[1]) genannt. Alle übrigen Klassen heißen **Unmengen.**

Wir wollen Klassen mittels Eigenschaften bilden. Offensichtlich können wir nicht alle Klassen, die eine gewisse Eigenschaft besitzen, zu einer Klasse zusammenfassen, da darunter Unmengen sein könnten und diese keiner, also auch nicht der zu bildenden Klasse angehören würden. Wir müssen somit einschränkend fordern, daß zur Klassenbildung nur Mengen zugelassen sind. Bevor wir auf diese genauer eingehen, haben wir noch zu präzisieren, was wir hier unter einer Eigenschaft bzw., wie wir dafür auch sagen, einem **zulässigen Ausdruck** verstehen wollen. Wir definieren diesen Begriff rekursiv unter Be-

---

[1]) Anstelle Menge sagen wir zum Teil auch **Gesamtheit** oder **System.**

nutzung der logischen Verknüpfungen

	in Zeichen
nicht	$\neg$
und	$\wedge$
oder	$\vee$
wenn ..., so	$\Rightarrow$
genau dann ..., wenn	$\Leftrightarrow$
für alle x mit	$\forall x$
es gibt ein x, so daß	$\exists x$

Zu den zulässigen Ausdrücken zählen wir erstens alle **einfachen Ausdrücke** $(x \in y)$, auch $(x \in x)$. Ferner vereinbaren wir, daß sich ein beliebiger zulässiger Ausdruck, ausgehend von den einfachen Ausdrücken, in endlich vielen Schritten entsprechend den folgenden Regeln zusammensetzt:

1. Ist A ein zulässiger Ausdruck, in dem eine Variable x frei vorkommt, so sind auch $\forall x\, A$ und $\exists x\, A$ zulässige Ausdrücke. Wir sagen dabei, daß eine Variable x in A **frei** vorkommt, wenn sie in A vorkommt, aber nicht $\forall x$ oder $\exists x$ in A auftritt. Kommt $\forall x$ oder $\exists x$ in einem zulässigen Ausdruck A vor, so sagen wir, daß die Variable x in A **gebunden** vorkommt.
2. Ist A ein zulässiger Ausdruck, so auch $\neg A$.
3. Sind A und B zulässige Ausdrücke derart, daß jede Variable, die in A und B auftritt, in A und B frei oder in A und B gebunden vorkommt, so sind auch $(A \wedge B)$, $(A \vee B)$, $(A \Rightarrow B)$ und $(A \Leftrightarrow B)$ zulässige Ausdrücke.

Beispiele für zulässige Ausdrücke sind $((x \in X) \wedge (x \in Y))$ und $\forall x(x \in y)$. x kommt im ersten Ausdruck frei und im zweiten Ausdruck gebunden vor. Es ist daher $\exists x\, \forall x(x \in y)$ wegen Regel 1 und $(((x \in X) \wedge (x \in Y)) \Rightarrow \forall x(x \in y))$ wegen Regel 3 kein zulässiger Ausdruck.

Bei der Wiedergabe zulässiger Ausdrücke lassen wir häufig Klammern weg, die für eine eindeutige Lesbarkeit entbehrlich sind, zum Beispiel schreiben wir $(x \in X \wedge x \in Y)$ für $((x \in X) \wedge (x \in Y))$. Zur weiteren Klammereinsparung verabreden wir, daß die Pfeile $\Rightarrow$ und $\Leftrightarrow$ stärker trennen als $\wedge$ und $\vee$. Für zulässige Ausdrücke A, B und C können wir daher anstelle $(A \Rightarrow (B \vee C))$ einfach $(A \Rightarrow B \vee C)$ und anstelle $((A \wedge B) \Rightarrow C)$ einfach $(A \wedge B \Rightarrow C)$ schreiben. Außerdem schreiben wir

$$\forall x \in X\, A \quad \text{für} \quad \forall x\, (x \in X \Rightarrow A)$$

und

$$\exists x \in X\, A \quad \text{für} \quad \exists x\, (x \in X \wedge A)\,.$$

Zum Teil benutzen wir bei zulässigen Ausdrücken die Umgangssprache und schreiben etwa (A, B und C) für $(A \wedge B \wedge C)$. Mit Beginn des Kapitels 2 über Filtertheorie reservieren wir die Zeichen $\wedge$ und $\vee$ zur Bezeichnung verbandstheoretischer Durchschnitte und Vereinigungen. Selbstverständlich verwenden wir zur vereinfachten Darstellung zulässiger Ausdrücke auch die eingeführten Definitionen.

Wir setzen im weiteren die Gültigkeit des folgenden **Klassenbildungsaxioms** voraus:

Axiom II: *Ist A ein zulässiger Ausdruck, in dem die Variablen $x, u, \ldots, w$ und nur diese frei vorkommen und die Variable X nicht auftritt, so existiert zu beliebigen Klassen $u, \ldots, w$ eine Klasse X, die als Elemente genau alle Mengen x hat, für die A gilt.*

Der Fall, daß in A nur x frei vorkommt, soll natürlich mit enthalten sein. X hängt dann von keiner weiteren Klasse ab. Das Axiom II besagt, daß zu den Klassen $u, \ldots, w$ mindestens eine Klasse X existiert, die als Elemente alle Klassen x hat, die Mengen sind und für die A gilt. Aus der Gleichheitsdefinition ergibt sich unter Berücksichtigung des Extensionalitätsaxioms, daß es höchstens eine und damit genau eine derartige Klasse X gibt. Wir bezeichnen sie mit

$$\{x \mid A\} . \tag{1.2.1}$$

Da die Terme $\{x \mid A\}$ (von den „Parametern" $u, \ldots, w$ abhängige) Klassen bezeichnen, verwenden wir sie natürlich rechts und links vom $\in$-Zeichen. Mit $y \in \{x \mid A\}$ meinen wir dann zum Beispiel, daß y eine Menge ist, für die B gilt, wobei B der zulässige Ausdruck ist, der aus A entsteht, indem bei diesem überall x durch y ersetzt wird. Mit $Y = \{x \mid A\}$ meinen wir, daß $y \in \{x \mid A\}$ für alle Elemente y von Y gilt und daß alle Mengen x, für die A gilt, auch Elemente von Y sind.

Es ist zweckmäßig, neben (1.2.1) noch weitere ähnliche Bezeichnungen einzuführen. T sei ein Term (1.2.1) und B ein zulässiger Ausdruck, in dem die Variable x nicht auftritt. y sei eine weder in A noch in B vorkommende weitere Variable. Jede Variable, die sowohl in A als auch in B auftritt, komme entweder in A und B frei oder in A und B gebunden vor, so daß ($y = T$ und B) ein zulässiger Ausdruck ist. $r, \ldots, t$ seien in A frei vorkommende Variablen; $u, \ldots, w$ seien alle übrigen Variablen, die in A oder B frei vorkommen. Wir vereinbaren,

$$\{T \mid B\} \quad \text{für} \quad \{y \mid \exists r \cdots \exists t\, (y = T \text{ und } B)\} \tag{1.2.2}$$

zu schreiben, und nennen $\{T \mid B\}$ die von $u, \ldots, w$ abhängige **Klasse aller Mengen T, für die B gilt.** Im allgemeinen darf diese Schreibweise nur benutzt werden, wenn klar hervorgeht, welche Variablen als „Parameter" $u, \ldots, w$ auftreten. Haben wir speziell als T den Term $\{x \mid x \in r \wedge x \in u\}$ — wir schreiben dafür $r \cap u$ — und als B den Ausdruck $r \in v$, so ist, falls u und v als Parameter auftreten,

$$\{r \cap u \mid r \in v\} = \{y \mid \exists r\, (y = r \cap u \text{ und } r \in v)\} .$$

Die durch (1.2.2) eingeführte Schreibweise schließt wegen $r = \{x \mid x \in r\}$ die Schreibweise (1.2.1) ein.

Ist X eine von $x, y, r, \ldots, t$ verschiedene Variable, die weder in A noch in B gebunden vorkommt, so schreiben wir

$$\{T \in X \mid B\} \quad \text{für} \quad \{y \mid \exists r \cdots \exists t\, (y = T, y \in X \text{ und } B)\}$$

und nennen $\{T \in X \mid B\}$ die von $u, \ldots, w, X$ abhängige **Klasse aller Mengen T, die X angehören und für die B gilt.**

Für jeden zulässigen Ausdruck A, jede Variable x, die in A frei vorkommt, und jede Variable X, die in A nicht gebunden vorkommt, schreiben wir speziell

$$\{x \in X \mid A\} \quad \text{für} \quad \{x \mid x \in X \text{ und } A\}\,,$$

also für $\{y \mid \exists x\,(y = x, y \in X \text{ und } A)\}$.

1.3. Mengentheoretische Operationen

Sind X und Y zwei Klassen, so definieren wir als **Vereinigung** von X und Y die Klasse

$$X \cup Y = \{x \mid x \in X \vee x \in Y\}\,,$$

als **Durchschnitt** von X und Y die Klasse

$$X \cap Y = \{x \mid x \in X \wedge x \in Y\}$$

und als **Differenz** von X und Y die Klasse

$$X \setminus Y = \{x \mid x \in X \wedge x \notin Y\}\,.$$

Da $x \in X \vee x \in Y$, $x \in X \wedge x \in Y$ und ebenfalls $x \in X \wedge x \notin Y$ zur Folge hat, daß x eine Menge ist, bestehen die Äquivalenzen

$$x \in X \cup Y \Leftrightarrow x \in X \vee x \in Y\,,$$

$$x \in X \cap Y \Leftrightarrow x \in X \wedge x \in Y$$

und

$$x \in X \setminus Y \Leftrightarrow x \in X \wedge x \notin Y\,.$$

1.3.1. *X, Y und Z seien Klassen. Dann gilt*

1. $(X \cup Y) \cup Z = X \cup (Y \cup Z)$ *und* $(X \cap Y) \cap Z = X \cap (Y \cap Z)$ **(Assoziativität),**
2. $X \cup Y = Y \cup X$ *und* $X \cap Y = Y \cap X$ **(Kommutativität),**
3. $X \cup X = X$ *und* $X \cap X = X$ **(Idempotenz),**
4. $X \cap (Y \cup X) = X$ *und* $X \cup (Y \cap X) = X$ **(Absorption),**
5. $X \cap (Y \cup Z) = (X \cap Y) \cup (X \cap Z)$ *und* $X \cup (Y \cap Z) = (X \cup Y) \cap (X \cup Z)$ **(Distributivgesetze),**
6. $X \setminus (X \setminus Y) = X \cap Y$ *und*
7. $X \setminus (Y \cup Z) = (X \setminus Y) \cap (X \setminus Z)$ *und* $X \setminus (Y \cap Z) = (X \setminus Y) \cup (X \setminus Z)$ **(Regeln von De Morgan).**

Beweis. Die Beziehungen 1 bis 5 folgen ohne Mühe, so daß wir darauf nicht eingehen.

$x \in X \setminus (X \setminus Y)$ ist äquivalent zu $x \in X \wedge x \notin X \setminus Y$. Da $x \notin X \setminus Y$ genau dann gilt, wenn eine der beiden Beziehungen $x \notin X$ bzw. $x \in Y$ besteht, und nicht gleichzeitig $x \in X$ und $x \notin X$ sein kann, ergibt sich, daß $x \in X \setminus (X \setminus Y)$ äquivalent zu $x \in X \wedge x \in Y$, also zu $x \in X \cap Y$ ist. Daher gilt 6.

$x \in X \setminus (Y \cup Z)$ ist äquivalent zu $x \in X \wedge x \notin Y \cup Z$. Ferner ist $x \notin Y \cup Z$ äquivalent zu $x \notin Y \wedge x \notin Z$. Damit folgt leicht, daß $x \in X \setminus (Y \cup Z)$ äquivalent zu $x \in (X \setminus Y) \cap (X \setminus Z)$ ist. Es gilt die linke Beziehung von 7. Entsprechend einfach beweist man die rechte Beziehung von 7. ∎

1.4. Die leere Klasse und die Allklasse

Wir führen zwei wichtige spezielle Klassen ein, erstens die **leere Klasse**

$$\emptyset = \{x \mid x \neq x\}$$

und zweitens die **Allklasse**

$$\mathcal{A} = \{x \mid x = x\} .$$

Aus Axiom VIII wird sich ergeben, daß $\emptyset$ eine Menge ist. Wir bezeichnen dann $\emptyset$ auch als **leere Menge.** $\emptyset$ besitzt keine Elemente und $\mathcal{A}$ als Elemente alle Mengen. Es gilt daher $\emptyset \subseteqq X$ und $X \subseteqq \mathcal{A}$ für jede Klasse X. Ferner gilt für jede Klasse X offenbar $\emptyset \cup X = X$, $\emptyset \cap X = \emptyset$, $\mathcal{A} \cup X = \mathcal{A}$, $\mathcal{A} \cap X = X$, $\mathcal{A} = X \cup (\mathcal{A} \setminus X)$ und $\emptyset = X \cap (\mathcal{A} \setminus X)$. Da $\emptyset$ kein Element angehört, heißen zwei Klassen X und Y im Falle $X \cap Y = \emptyset$ **elementfremd.** Es ist $\emptyset \subseteqq \emptyset$, jedoch nicht $\emptyset \in \emptyset$.

Unter den bisherigen Voraussetzungen müssen überhaupt keine Mengen existieren. Wir werden die Existenz von Mengen erst später durch Axiom VIII sichern. Gibt es mindestens zwei Klassen, so existiert sicher eine Klasse $x \neq \emptyset$ und damit eine Menge $y \in x$. Unmengen gibt es von vornherein. So erweist sich die Klasse

$$R = \{x \mid x \notin x\}$$

als Unmenge. Denn es ist genau dann $R \in R$, wenn $R \notin R$ gilt und R eine Menge ist. Hätten wir bei der Klassenbildung den Zusatz, daß die x Mengen sind, weggelassen, so würde sich hier ein Widerspruch, die RUSSELLsche Antinomie ergeben.

Für das Weitere setzen wir die Gültigkeit des folgenden **Teilmengenaxioms** voraus:

Axiom III. *Mit X ist jede Teilklasse Y von X eine Menge.*

Auf Grund dieses Axioms nennen wir jede Teilklasse einer Menge X auch **Teilmenge** von X. Eine Oberklasse einer Menge X muß natürlich keine Menge sein. Trifft das jedoch zu, so nennen wir sie auch eine **Obermenge** von X. Existiert mindestens eine Menge X, so erweist sich wegen $\emptyset \subseteqq X$ und Axiom III auch $\emptyset$ als Menge. Da die obige Klasse R eine Unmenge ist, folgt aus $R \subseteqq \mathcal{A}$ und Axiom III, daß auch $\mathcal{A}$ eine Unmenge ist.

1.5. Vereinigung und Durchschnitt der Elemente einer Klasse, Potenzklassen

Wir bezeichnen zu jeder Klasse X als **Vereinigung der Elemente von** X die Klasse

$$\mathsf{V}X = \{y \mid \exists x \in X\, (y \in x)\}$$

und als **Durchschnitt der Elemente von** X die Klasse

$$\mathsf{D}X = \{y \mid \forall x \in X\, (y \in x)\}\,.$$

$\mathsf{V}X$ ist also die Klasse aller Elemente der Elemente von X und $\mathsf{D}X$ die Klasse aller Mengen, die allen Elementen von X angehören. Für jede Klasse X definieren wir schließlich als **Potenzklasse** von X die Klasse

$$\mathsf{P}X = \{Y \mid Y \subseteq X\}\,;$$

sie besteht aus allen Mengen, die Teilklassen von X sind.

1.5.1. *Aus $x \in X$ folgt $x \subseteq \mathsf{V}X$ und $\mathsf{D}X \subseteq x$ und aus $X \subseteq Y$ ferner $\mathsf{V}X \subseteq \mathsf{V}Y$, $\mathsf{D}X \supseteq \mathsf{D}Y$ und $\mathsf{P}X \subseteq \mathsf{P}Y$. Es gilt stets $\mathsf{V}(X \cup Y) = \mathsf{V}X \cup \mathsf{V}Y$, $\mathsf{D}(X \cup Y) = \mathsf{D}X \cap \mathsf{D}Y$, $\mathsf{P}(X \cap Y) = \mathsf{P}X \cap \mathsf{P}Y$, $\mathsf{VP}X \subseteq X$ und $\mathsf{PV}X \supseteq X$. Ferner gilt $\mathsf{V}\emptyset = \emptyset$, $\mathsf{D}\emptyset = \mathcal{A}$, $\mathsf{D}\mathcal{A} = \emptyset$ und $\mathsf{P}\mathcal{A} = \mathcal{A}$.*

B e w e i s. 1. Aus $x \in X$ folgt für alle $y \in x$ stets $y \in \mathsf{V}X$, d. h. $x \subseteq \mathsf{V}X$. Aus $y \in \mathsf{D}X$ ergibt sich zu beliebigem $x \in X$ stets $y \in x$. Damit folgt $\mathsf{D}X \subseteq x$ zu beliebigem $x \in X$. Daß $X \subseteq Y$ stets $\mathsf{V}X \subseteq \mathsf{V}Y$, $\mathsf{D}X \supseteq \mathsf{D}Y$ und $\mathsf{P}X \subseteq \mathsf{P}Y$ nach sich zieht, zeigt man ohne Mühe.

2. Wie leicht folgt, gilt $\mathsf{V}(X \cup Y) = \mathsf{V}X \cup \mathsf{V}Y$ und $\mathsf{D}(X \cup Y) = \mathsf{D}X \cap \mathsf{D}Y$. $Z \in \mathsf{P}(X \cap Y)$ ist äquivalent dazu, daß Z eine Menge ist und $Z \subseteq X \cap Y$, also $Z \subseteq X$ und $Z \subseteq Y$ gilt. Daher ist $Z \in \mathsf{P}(X \cap Y)$ äquivalent zu $Z \in \mathsf{P}X \wedge Z \in \mathsf{P}Y$, also zu $Z \in \mathsf{P}X \cap \mathsf{P}Y$. Es gilt somit stets $\mathsf{P}(X \cap Y) = \mathsf{P}X \cap \mathsf{P}Y$. X sei eine beliebige Klasse. Zu beliebigem $x \in \mathsf{VP}X$ existiert ein $Y \in \mathsf{P}X$ mit $x \in Y$. Wegen $Y \subseteq X$ folgt $x \in X$ und somit $\mathsf{VP}X \subseteq X$. Zu beliebigem $x \in X$ ist $x \subseteq \mathsf{V}X$ und daher $x \in \mathsf{PV}X$, weshalb $\mathsf{PV}X \supseteq X$ gilt.

3. Es gilt $y \in \mathsf{V}\emptyset$ genau dann, wenn ein $x \in \emptyset$ mit $y \in x$ existiert. Da $\emptyset$ keine Elemente angehören, können auch $\mathsf{V}\emptyset$ keine angehören. Folglich ist $\mathsf{V}\emptyset = \emptyset$. Ähnlich leicht zeigt man $\mathsf{D}\emptyset = \mathcal{A}$. Aus $y \in \mathsf{D}\mathcal{A}$ folgt, daß y und damit auch $\emptyset$ eine Menge ist. Daher ist $\emptyset \in \mathcal{A}$ und auf Grund der Definition von $\mathsf{D}\mathcal{A}$ somit $y \in \emptyset$, folglich $\mathsf{D}\mathcal{A} = \emptyset$. Jedes Element von $\mathsf{P}\mathcal{A}$ ist eine Menge, somit Element von $\mathcal{A}$. Jedes $x \in \mathcal{A}$ ist eine Menge, woraus wegen $x \subseteq \mathcal{A}$ auch $x \in \mathsf{P}\mathcal{A}$ folgt. Daher ist $\mathsf{P}\mathcal{A} = \mathcal{A}$. ∎

Wir gehen später auf $\mathsf{V}\mathcal{A}$ und $\mathsf{P}\emptyset$ ein.

Wie leicht mittels Axiom III folgt, gilt für beliebige Mengen X und Y

$$Y \subseteq X \Leftrightarrow Y \in \mathsf{P}X \Leftrightarrow \mathsf{P}Y \subseteq \mathsf{P}X\,.$$

Zu jeder von $\emptyset$ verschiedenen Klasse X existiert eine Menge $x \in X$, für die $\mathsf{D}X \subseteq x$ wegen 1.5.1 gilt. Mittels Axiom III ergibt sich damit, daß $X \neq \emptyset$ zur Folge hat, daß $\mathsf{D}X$ eine Menge ist. Wegen 1.5.1 gilt auch die Umkehrung.

Im weiteren gelte das sogenannte **Verschmelzungsaxiom:**

Axiom IV: *X ist genau dann eine Menge, wenn $\mathsf{V}X$ eine Menge ist.*

Dann gilt auch:

1.5.2. *X ist genau dann eine Menge, wenn $\mathsf{P}X$ eine Menge ist.*

Beweis. 1. Mit X ist wegen $\mathsf{VP}X \subseteq X$ (siehe 1.5.1) auch $\mathsf{VP}X$ und wegen Axiom IV damit auch $\mathsf{P}X$ eine Menge.

2. Als nächstes zeigen wir, daß in Verschärfung einer Aussage aus 1.5.1 nun

$$\mathsf{VP}X = X \tag{1.5.1}$$

für jede Klasse X gilt. Zu beliebigem $x \in X$ ist $\{x\} = \{y \mid y = x\}$ eine Teilklasse von $\mathsf{P}x$, nach Axiom III und des im Teil 1 Bewiesenen somit eine Menge, weshalb $\{x\} \in \mathsf{P}X$ und somit $x \in \mathsf{VP}X$ gilt. Deshalb gilt $\mathsf{VP}X \supseteq X$ und wegen 1.5.1 damit (1.5.1).

3. Mit $\mathsf{P}X$ ist nach Axiom IV die Klasse $\mathsf{VP}X$ und wegen (1.5.1) folglich X eine Menge.∎

Ist X eine Menge, so haben wir auf Grund dieses Satzes das Recht, $\mathsf{P}X$ **Potenzmenge** von X zu nennen.

Wegen (1.5.1) und $\mathsf{P}\mathcal{A} = \mathcal{A}$ ergibt sich $\mathsf{V}\mathcal{A} = \mathcal{A}$.

Wir fordern noch die Gültigkeit des sogenannten **Axioms der Vereinigungsmenge:**

Axiom V. *Sind X und Y Mengen, so ist auch $X \cup Y$ eine Menge.*

Den Axiomen III und V entnimmt man, daß $X \cup Y$ genau dann eine Menge ist, wenn X und Y Mengen sind.

1.6. Einer-, Zweier-, Dreierklassen usw.

Im Beweis von 1.5.2 hatten wir bereits für gewisse Mengen x Einerklassen $\{x\}$ gebildet. Nach Kelley [1] definieren wir allgemein für jede Klasse x als die aus x gebildete **Einerklasse**

$$\{x\} = \{y \mid x \in \mathcal{A} \Rightarrow y = x\}\,.$$

Ferner definieren wir für beliebige Klassen x und y als die aus x und y gebildete **Zweierklasse**

$$\{x, y\} = \{x\} \cup \{y\}\,.$$

Entsprechend führen wir **Dreierklassen, Viererklassen** usw. ein, indem wir $\{x, y, z\} = \{x\} \cup \{y\} \cup \{z\}$, $\{x, y, z, u\} = \{x\} \cup \{y\} \cup \{z\} \cup \{u\}$ usw. setzen.

1.6.1. *Eine Einerklasse $\{x\}$ ist genau dann eine Menge, wenn x eine Menge ist. Für jede Menge x ist $y \in \{x\}$ äquivalent zu $y = x$ und gilt $\mathsf{V}\{x\} = x$ und $\mathsf{D}\{x\} = x$. Für jede Unmenge x gilt $\{x\} = \mathcal{A}$, $\mathsf{V}\{x\} = \mathcal{A}$ und $\mathsf{D}\{x\} = \emptyset$.*

Eine Zweierklasse $\{x, y\}$ *ist genau dann eine Menge, wenn* x *und* y *Mengen sind. Für Mengen* x *und* y *ist* $z \in \{x, y\}$ *äquivalent zu* $z = x \vee z = y$ *und gilt* $\mathsf{V}\{x, y\} = x \cup y$ *und* $\mathsf{D}\{x, y\} = x \cap y$. *Falls mindestens eine der beiden Klassen* x *oder* y *eine Unmenge ist, gilt* $\{x, y\} = \mathcal{A}$, $\mathsf{V}\{x, y\} = \mathcal{A}$ *und* $\mathsf{D}\{x, y\} = \emptyset$.

Für Dreier-, Viererklassen usw. bestehen entsprechende Aussagen.

$\{x\} = \{y, z\}$ *gilt für Mengen* x, y *und* z *nur im Falle* $x = y = z$, $\{x\} = \{y, z, u\}$ *gilt für Mengen* x, y, z *und* u *nur im Falle* $x = y = z = u$ *usw.*

Beweis. 1. Ist x eine Menge, so nach 1.5.2 auch $\mathsf{P}x$ und wegen Axiom III und $\{x\} \subseteqq \mathsf{P}x$ damit auch $\{x\}$. Wenn x eine Unmenge ist, gilt natürlich $\{x\} = \mathcal{A}$, $\{x\}$ ist dann also auch eine Unmenge. Ferner folgt dann wegen $\mathsf{V}\mathcal{A} = \mathcal{A}$ und $\mathsf{D}\mathcal{A} = \emptyset$ auch $\mathsf{V}\{x\} = \mathcal{A}$ und $\mathsf{D}\{x\} = \emptyset$. Offensichtlich ist in dem Fall, daß x eine Menge ist, $y \in \{x\}$ äquivalent zu $y = x$ und gilt $\mathsf{V}\{x\} = x$ und $\mathsf{D}\{x\} = x$.

2. $\{x, y\}$ ist genau dann eine Menge, wenn $\{x\}$ und $\{y\}$ Mengen sind, auf Grund des in Teil 1 Bewiesenen also, wenn x und y Mengen sind. Mit dem im Teil 1 Bewiesenen folgt ebenfalls, daß, wenn x und y Mengen sind, $z \in \{x, y\}$ äquivalent zu $z = x \vee z = y$ ist und $\mathsf{V}\{x, y\} = x \cup y$ und $\mathsf{D}\{x, y\} = x \cap y$ gilt. Ist x oder y eine Unmenge, so gilt nach Teil 1 des Beweises $\{x\} = \mathcal{A}$ oder $\{y\} = \mathcal{A}$ und damit $\{x, y\} = \mathcal{A}$, somit auch $\mathsf{V}\{x, y\} = \mathcal{A}$ und $\mathsf{D}\{x, y\} = \emptyset$.

3. Daß für Dreier-, Viererklassen usw. die entsprechenden Aussagen bestehen, ergibt sich leicht.

4. Der letzte Teil der Behauptung folgt ohne Mühe aus den vorherigen Teilen. ∎

Wegen 1.6.1 und Bemerkungen über Mengen in Abschnitt 1.4 gilt $\mathsf{P}\emptyset = \{\emptyset\}$.

Wenn die Einer-, Zweier-, Dreierklassen usw. Mengen sind, nennen wir sie natürlich auch **Einer-, Zweier-, Dreiermengen** usw.

Im folgenden fordern wir die Gültigkeit des sogenannten **Fundierungsaxioms:**

Axiom VI. *Jede nichtleere Klasse* X *besitzt ein Element* x *mit* $x \cap X = \emptyset$.

Wenden wir dieses Axiom speziell auf Einer-, Zweier-, Dreiermengen usw. an, so ergibt sich, daß $x \cap \{x\} \neq \emptyset$ für keine Menge x gilt, für zwei Mengen x und y nicht gleichzeitig $x \cap \{x, y\} \neq \emptyset$ und $y \cap \{x, y\} \neq \emptyset$ gilt, für drei Mengen x, y und z nicht gleichzeitig $x \cap \{x, y, z\} \neq \emptyset$, $y \cap \{x, y, z\} \neq \emptyset$ und $z \cap \{x, y, z\} \neq \emptyset$ gilt usw.

Als leichte Folgerung daraus ergibt sich:

1.6.2. *Für keine Klasse* x *gilt* $x \in x$, *für zwei Klassen* x *und* y *gilt nicht gleichzeitig* $x \in y$ *und* $y \in x$, *für drei Klassen* x, y *und* z *gilt nicht gleichzeitig* $x \in y$, $y \in z$ *und* $z \in x$ *usw.*

Beweis. 1. Besteht für eine Klasse x die Beziehung $x \in x$, so ist x eine Menge, weshalb $x \in \{x\}$ wegen 1.6.1, damit $x \in x \cap \{x\}$ wegen $x \in x$ und somit $x \cap \{x\} \neq \emptyset$ im Widerspruch zu Axiom VI folgt.

2. Bestehen für zwei Klassen x und y die Beziehungen $x \in y$ und $y \in x$, so sind x und y Mengen und gilt nach 1.6.1 $x \in \{x, y\}$ und $y \in \{x, y\}$, wegen $x \in y$

und $y \in x$ also $x \in y \cap \{x, y\}$ und $y \in x \cap \{x, y\}$ und damit $y \cap \{x, y\} \neq \emptyset$ und $x \cap \{x, y\} \neq \emptyset$ im Widerspruch zu Axiom VI.

3. Die weiteren Behauptungen beweist man analog. ▮

Für jede Klasse x setzen wir

$$\mathsf{Q}x = \{\{y\} \mid y \in x\}$$

und

$$\mathsf{R}x = \{\mathsf{P}\{y\} \mid y \in x\} ;$$

es ist $\mathsf{P}\{y\} = \{\emptyset, \{y\}\}$ für jede Menge y.

1.6.3. *Es ist stets*

$$\mathsf{V}\mathsf{Q}x = x \tag{1.6.1}$$

und

$$\mathsf{V}\mathsf{V}\mathsf{R}x = x . \tag{1.6.2}$$

Beweis. 1. Zu beliebigem $z \in \mathsf{V}\mathsf{Q}x$ existiert ein $y \in x$ mit $z \in \{y\}$, woraus $z = x$ wegen 1.6.1 und somit $z \in x$ folgt. Zu beliebigem $z \in x$ ist $z \in \{z\}$ wegen 1.6.1, ferner $\{z\} \in \mathsf{Q}x$, daher $z \in \mathsf{V}\mathsf{Q}x$. Somit gilt (1.6.1).

2. Wenn nur eine Klasse existiert, gilt natürlich (1.6.2). Wir nehmen nun an, daß mindestens zwei Klassen existieren. Wie bereits oben bemerkt wurde, ist dann die leere Klasse $\emptyset$ eine Menge. Ist nun $z \in \mathsf{V}\mathsf{V}\mathsf{R}x$, so existiert ein $Z \in \mathsf{V}\mathsf{R}x$ mit $z \in Z$. Somit gibt es auch ein $y \in x$ mit $Z \in \{\emptyset, \{y\}\}$. Also gilt $Z = \emptyset$ oder $Z = \{y\}$. Wegen $z \in Z$ folgt $Z = \{y\}$, somit $z = y$ und daher $z \in x$, d. h., es gilt $\mathsf{V}\mathsf{V}\mathsf{R}x \subseteq x$. Zum Nachweis der entgegengesetzten Beziehung sei ein $z \in x$ gegeben. Wegen 1.6.1 ist $\mathsf{P}\{z\}$ eine Menge, gilt also $\mathsf{P}\{z\} \in \mathsf{R}x$. Wegen 1.5.1 folgt $\mathsf{P}\{z\} \subseteq \mathsf{V}\mathsf{R}x$. Somit ist $\{z\} \in \mathsf{V}\mathsf{R}x$, woraus sich unter nochmaliger Anwendung von 1.5.1 die Beziehung $z \in \mathsf{V}\mathsf{V}\mathsf{R}x$ ergibt. Folglich gilt ebenfalls $x \subseteq \mathsf{V}\mathsf{V}\mathsf{R}x$ und damit $\mathsf{V}\mathsf{V}\mathsf{R}x = x$. (1.6.2) gilt daher auch im vorliegenden Fall. ▮

Offensichtlich ist $\mathsf{Q}\emptyset = \emptyset$ und $\mathsf{R}\emptyset = \emptyset$.

1.7. Geordnete Paare, cartesische Produkte

Wir bringen als nächstes eine Definition des Begriffs des geordneten Paares (x, y) in Anlehnung an Quine. Diese sieht wie viele derzeitige Paardefinitionen kompliziert aus. Wichtig ist an ihr nur, daß sie folgendes leistet:

1. Es ist (x, y) für beliebige Klassen x und y erklärt und genau dann eine Menge, wenn x und y Mengen sind.

2. $(x, y) = (X, Y)$ ist äquivalent dazu, daß $x = X$ und $y = Y$ ist.

Wir definieren als **geordnetes Paar** zweier Klassen x und y die Klasse

$$(x, y) = \mathsf{Q}x \cup \mathsf{R}y .$$

Ferner setzen wir für jede Klasse X

$$\mathrm{pr}_1 X = \{y \mid \{y\} \in X\}$$

und

$$\mathrm{pr}_2 X = \{y \mid \mathsf{P}\{y\} \in X\}.$$

1.7.1. *(x, y) ist genau dann eine Menge, wenn x und y Mengen sind. Für beliebige Klassen x und y gilt*

$$\mathrm{pr}_1 (x, y) = x \quad \textit{und} \quad \mathrm{pr}_2 (x, y) = y . \tag{1.7.1}$$

$(x, y) = (X, Y)$ ist äquivalent zu $x = X$ und $y = Y$. Es gilt genau dann $(x, y) = \emptyset$, wenn $x = \emptyset$ und $y = \emptyset$ ist.

Beweis. 1. Für beliebige Klassen x und y gilt $\mathsf{Q}x \subseteq \mathsf{P}x$ und, da $z \in y$ stets $\emptyset \in \mathsf{P}y$ und $\{z\} \in \mathsf{P}y$ und damit $\mathsf{P}\{z\} \in \mathsf{PP}y$ nach sich zieht, $\mathsf{R}y \subseteq \mathsf{PP}y$, somit

$$(x, y) \subseteq \mathsf{P}x \cup \mathsf{PP}y . \tag{1.7.2}$$

Sind x und y Mengen, so nach 1.5.2 auch $\mathsf{P}x$ und $\mathsf{PP}y$. Auf Grund der Axiome III und V und wegen (1.7.2) ist dann auch (x, y) eine Menge.

Ist (x, y) eine Menge, so sind wegen Axiom III auch $\mathsf{Q}x$ und $\mathsf{R}y$ Mengen, wegen Axiom IV und 1.6.3 deshalb auch x und y.

2. Offensichtlich gilt für beliebige Klassen x und y

$$\mathrm{pr}_1 \mathsf{Q}x = x \quad \text{und} \quad \mathrm{pr}_2 \mathsf{R}y = y . \tag{1.7.3}$$

Da für jede Menge z die Beziehung $\emptyset \neq \{z\}$ gilt, folgt mittels des letzten Teiles des Satzes 1.6.1 ferner

$$\mathrm{pr}_1 \mathsf{R}y = \emptyset \quad \text{und} \quad \mathrm{pr}_2 \mathsf{Q}x = \emptyset . \tag{1.7.4}$$

Aus (1.7.3) und (1.7.4) ergibt sich leicht (1.7.1).

3. Aus $(x, y) = (X, Y)$ folgt wegen (1.7.1) sowohl $x = X$ als auch $y = Y$. Daraus ergibt sich natürlich umgekehrt $(x, y) = (X, Y)$.

4. Da $\mathsf{Q}x = \emptyset$ äquivalent zu $x = \emptyset$ und $\mathsf{R}y = \emptyset$ äquivalent zu $y = \emptyset$ ist, ergibt sich $(x, y) = \emptyset$ genau dann, wenn $x = \emptyset$ und $y = \emptyset$ ist. ▮

Wir bezeichnen für jedes Paar (x, y) die Klasse x als **erstes** und die Klasse y als **zweites Glied** dieses Paares.

Als **cartesisches Produkt** zweier Klassen X und Y definieren wir die Klasse

$$X \times Y = \{(x, y) \mid x \in X \wedge y \in Y\} .$$

Offensichtlich bestehen die Äquivalenzen

$$(x, y) \in X \times Y \Leftrightarrow x \in X \wedge y \in Y$$

und

$$X \times Y = \emptyset \Leftrightarrow X = \emptyset \vee Y = \emptyset .$$

Aus der letzten Äquivalenz folgt, daß mit $X \times Y$ nicht X und Y Mengen sein müssen und nicht analog wie beim geordneten Paar aus $x \times y = X \times Y$ stets $x = X$ und $y = Y$ folgt. Andererseits gilt:

1.7.2. *Sind X und Y Mengen, so ist auch $X \times Y$ eine Menge.*

Beweis. Aus $(x, y) \in X \times Y$ folgt $x \in X \cup Y$ und $y \in X \cup Y$ und wegen 1.5.1 damit $x \subseteq \mathsf{V}(X \cup Y)$ und $y \subseteq \mathsf{V}(X \cup Y)$, somit

$$\mathsf{Q}x \subseteq \mathsf{P}x \subseteq \mathsf{PV}(X \cup Y) \quad \text{und} \quad \mathsf{R}y \subseteq \mathsf{PP}y \subseteq \mathsf{PPV}(X \cup Y)$$

und deshalb

$$(x, y) \subseteq \mathsf{PV}(X \cup Y) \cup \mathsf{PPV}(X \cup Y)\,.$$

Für beliebige Klassen X und Y gilt daher

$$\mathsf{V}(X \times Y) \subseteq \mathsf{PV}(X \cup Y) \cup \mathsf{PPV}(X \cup Y)\,. \tag{1.7.5}$$

Sind X und Y Mengen, so ergibt sich aus (1.7.5), den Axiomen III, IV und V und 1.5.2, daß $X \times Y$ eine Menge ist. ∎

Ohne Mühe ergeben sich für beliebige Klassen X, Y und Z die folgenden Distributivgesetze

$(X \cup Y) \times Z = (X \times Z) \cup (Y \times Z)\,, \quad (X \cap Y) \times Z = (X \times Z) \cap (Y \times Z)\,,$
$X \times (Y \cup Z) = (X \times Y) \cup (X \times Z)$ und $X \times (Y \cap Z) = (X \times Y) \cap (X \times Z)$.

1.8. Relationen

Eine Klasse, deren Elemente geordnete Paare sind, heißt eine **(binäre) Relation** oder eine **mehrdeutige Abbildung**. Offensichtlich ist eine Klasse genau dann eine Relation, wenn sie eine Teilklasse des cartesischen Produktes $\mathcal{A} \times \mathcal{A}$ ist. Falls f eine Relation und (x, y) ein f angehörendes geordnetes Paar ist, sagen wir, daß y dem x durch f **zugeordnet** ist. Zu jeder Relation f nennen wir die Klasse

$$\mathrm{db}f = \{x \mid \exists y\, ((x, y) \in f)\}$$

den **Definitionsbereich** und die Klasse

$$\mathrm{wb}f = \{y \mid \exists x\, ((x, y) \in f)\}$$

den **Wertebereich** von f. Ist f eine Relation und sind X und Y Klassen, so schreiben wir für f im Falle $\mathrm{db}f \subseteq X$ und $\mathrm{wb}f \subseteq Y$ auch

$$f\colon X \circ\!\!\rightarrow Y \quad \text{oder} \quad X \overset{f}{\circ\!\!\rightarrow} Y$$

und nennen f eine mehrdeutige Abbildung **aus** X **in** Y oder eine Relation **zwischen** X **und** Y oder, sofern speziell $X = Y$ ist, eine Relation **in** X. Im Falle $\mathrm{db}f = X$ und $\mathrm{wb}f \subseteq Y$ schreiben wir für f auch

$$f\colon X \rightarrow Y \quad \text{oder} \quad X \overset{f}{\rightarrow} Y$$

und nennen f eine mehrdeutige Abbildung **von** X in Y. Wenn $\mathrm{wb}\,f = Y$ ist, sagen wir anstelle mehrdeutiger Abbildung aus bzw. von X in Y auch mehrdeutige Abbildung aus bzw. von X **auf** Y.

1.8.1. *Eine Relation f ist genau dann eine Menge, wenn* db$f$ *und* wb$f$ *Mengen sind. Für jede Relation f ist $f = \emptyset$ äquivalent zu* db$f = \emptyset$ *und ebenfalls zu* wb$f = \emptyset$. *Für beliebige Relationen f und g folgt aus $f \subseteq g$ stets* db$f \subseteq$ db$g$ *und* wb$f \subseteq$ wb$g$.

Beweis. f sei eine Relation. Sind db$f$ und wb$f$ Mengen, so ist nach 1.7.2 auch db$f \times$ wb$f$ eine Menge, wegen $f \subseteq \text{db}f \times \text{wb}f$ und Axiom III folglich auch f.

Zu jedem Paar $(x, y) \in f$ ist wegen 1.5.1 $\mathsf{V}(x, y) = \mathsf{VQ}x \cup \mathsf{VR}y$ und $\mathsf{VV}(x, y) = \mathsf{VVQ}x \cup \mathsf{VVR}y$, wegen 1.6.3 also $x \subseteq \mathsf{V}(x, y)$ und $y \subseteq \mathsf{VV}(x, y)$, wegen 1.5.1 somit $x \subseteq \mathsf{VV}f$ und $y \subseteq \mathsf{VVV}f$, demnach

$$\mathsf{V}\text{db}f \subseteq \mathsf{VV}f \quad \text{und} \quad \mathsf{V}\text{wb}f \subseteq \mathsf{VVV}f\,.$$

Ist nun die Relation f eine Menge, so ergibt sich aus diesen Beziehungen und den Axiomen III und IV, daß db$f$ und wb$f$ Mengen sind. Damit ist die erste Teilaussage bewiesen. Die Richtigkeit der anderen Teilaussagen folgt ohne Mühe. ∎

Zu jeder Relation f und Klasse X bezeichnen wir als **Bild von X bez. f** die Klasse

$$f[X] = \{y \mid \exists x \in X\,((x, y) \in f)\}\,.$$

Zu beachten ist, daß nicht $X \subseteq$ db$f$ bei dieser Definition gefordert wird. Für eine Einerklasse $\{x\}$ schreiben wir einfach $f\{x\}$ anstelle von $f[\{x\}]$. Ist f eine Relation und X eine beliebige Klasse, so bezeichnen wir als **Einschränkung von f bez. X** die Relation

$$f \mid X = \{(x, y) \mid x \in X \wedge (x, y) \in f\}\,.$$

Wenn speziell $X \subseteq$ db$f$ ist, nennen wir $f \mid X$ auch die Einschränkung von f **auf** X.

Ohne Mühe beweist man die im folgenden zusammengefaßten Aussagen.

1.8.2. *Es ist stets* $f[X] = f[X \cap \text{db}f]$, $f[\mathcal{A}] = \text{wb}f$ *und ferner*

$$f[X \cup Y] = f[X] \cup f[Y]\,, \qquad f[X \cap Y] \subseteq f[X] \cap f[Y]\,,$$

$$(f \cup g)\,[X] = f[X] \cup g[X] \quad \textit{und} \quad (f \cap g)\,[X] \subseteq f[X] \cap g[X]\,.$$

Aus $X \subseteq Y$ und $f \subseteq g$ folgt $f[X] \subseteq g[Y]$. Es gilt stets

$$f \mid X = f \cap (X \times \mathcal{A})\,, \qquad \text{db}\,(f \mid X) = X \cap \text{db}f \quad \textit{und} \quad \text{wb}\,(f \mid X) = f[X]\,.$$

Sind x, y und z Mengen mit $x \neq y$, so liefern erstens die Relation $f = \{(x, z), (y, z)\}$ und die Mengen $X = \{x\}$ und $Y = \{y\}$ ein Beispiel dafür, daß

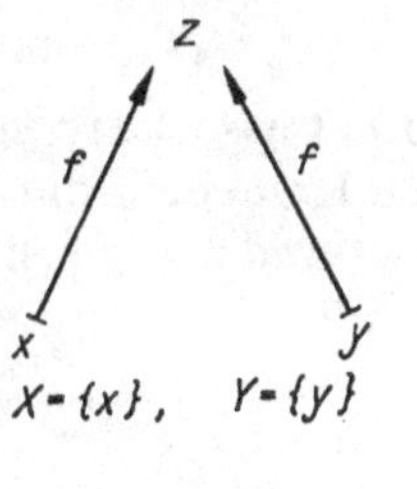

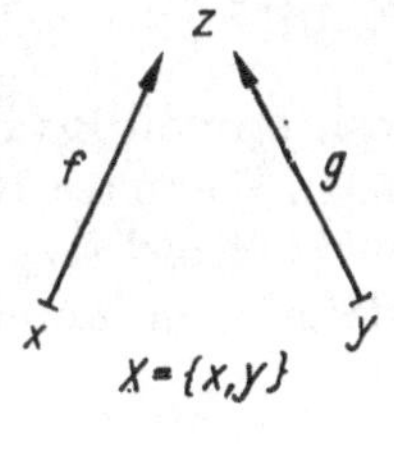

$f[X \cap Y] \subsetneqq f[X] \cap f[Y]$ sein kann (siehe die linke Abb.), und zweitens die Relationen $f = \{(x, z)\}$ und $g = \{(y, z)\}$ und die Menge $X = \{x, y\}$ ein Beispiel dafür, daß $(f \cap g)[X] \subsetneqq f[X] \cap g[X]$ möglich ist (siehe die rechte Abb.). Für Einermengen X gilt jedoch stets $(f \cap g)[X] = f[X] \cap g[X]$.

Unter der **Zusammensetzung** oder **Komposition** zweier Relationen f und g versteht man die Relation

$$g \circ f = \{(x, z) \mid \exists y\,((x, y) \in f \wedge (y, z) \in g)\}\,.$$

Zu jeder Relation f versteht man unter der zu f **inversen Relation** oder der **Umkehrung** von f die Relation

$$f^{-1} = \{(y, x) \mid (x, y) \in f\}\,.$$

Ist f eine mehrdeutige Abbildung aus einer Klasse X in eine Klasse Y und g eine mehrdeutige Abbildung aus Y in eine Klasse Z, so ist $g \circ f$ eine mehrdeutige Abbildung aus X in Z und f^{-1} eine mehrdeutige Abbildung aus Y in X.

Wie leicht folgt — unter anderem unter Berücksichtigung von 1.7.2 —, gilt über die Komposition von Relationen:

1.8.3. *Für beliebige Relationen f und g ist* $\mathrm{db}(g \circ f) = f^{-1}[\mathrm{db}g]$ *und* $\mathrm{wb}(g \circ f) = g[\mathrm{wb}f]$. *Sind die Relationen f und g Mengen, so ist auch $g \circ f$ eine Menge. Es gilt stets* $(g \circ f) \mid X = g \circ (f \mid X)$, $(h \circ g) \circ f = h \circ (g \circ f)$ *und ferner*

$$h \circ (f \cup g) = (h \circ f) \cup (h \circ g)\,, \qquad h \circ (f \cap g) \subseteqq (h \circ f) \cap (h \circ g)\,,$$
$$(g \cup h) \circ f = (g \circ f) \cup (h \circ f) \qquad \textit{und} \qquad (g \cap h) \circ f \subseteqq (g \circ f) \cap (h \circ f)\,.$$

Für beliebige Relationen f, g, h und k folgt aus $f \subseteqq h$, $g \subseteqq k$ stets $g \circ f \subseteqq k \circ h$.

Wenn x, y, z und u Mengen sind mit $y \neq z$, ergibt sich mittels der Relationen $f = \{(x, y)\}$, $g = \{(x, z)\}$ und $h = \{(y, u), (z, u)\}$, daß $h \circ (f \cap g) \subsetneqq (h \circ f) \cap (h \circ g)$ sein kann (siehe die linke Abb.), und mittels der Relationen $f = \{(x, y), (x, z)\}$, $g = \{(y, u)\}$ und $h = \{(z, u)\}$, daß auch $(g \cap h) \circ f \subsetneqq (g \circ f) \cap (h \circ f)$ möglich ist (siehe die rechte Abb.).

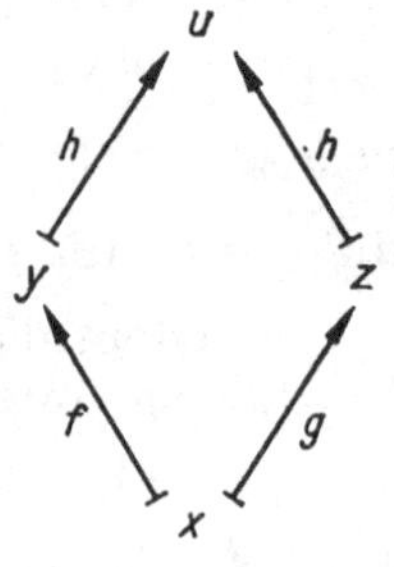

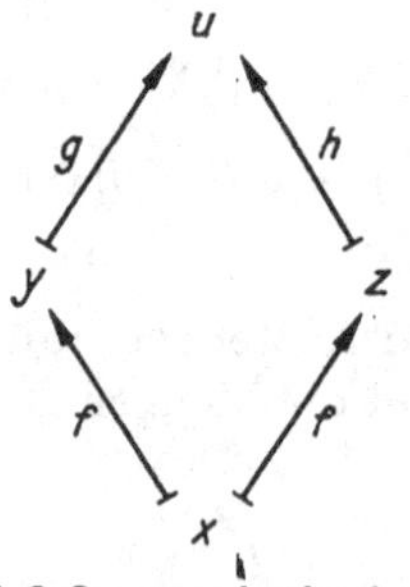

Da die Komposition von Relationen nach 1.8.3 assoziativ ist, lassen wir bei Zusammensetzungen mehrerer Relationen im allgemeinen die Klammern weg, schreiben also zum Beispiel $h \circ g \circ f$ für $(h \circ g) \circ f$ und $h \circ (g \circ f)$.

Über inverse Relationen führen wir die folgenden leicht zu beweisenden Aussagen an.

1.8.4. *Zu jeder Relation f gilt* $\mathrm{db}(f^{-1}) = \mathrm{wb} f$, $\mathrm{wb}(f^{-1}) = \mathrm{db} f$ *und* $(f^{-1})^{-1} = f$. *Mit jeder Relation f ist auch f^{-1} eine Menge. Es gilt stets* $(g \circ f)^{-1} = f^{-1} \circ g^{-1}$, *und aus $f \subseteqq g$ folgt $f^{-1} \subseteqq g^{-1}$.*

Sind f und g Relationen, so bezeichnen wir als **Relationspaar** von f und g die Relation

$$\langle f, g\rangle = \{(x, (y, z)) \mid (x, y) \in f \wedge (x, z) \in g\} .$$

$\langle f, g\rangle$ ordnet beliebigen Elementen x des Durchschnittes der Definitionsbereiche von f und g beliebige geordnete Paare (y, z) von Elementen y und z der Wertebereiche von f und g zu, die x durch f bzw. x durch g zugeordnet sind. Ist f eine mehrdeutige Abbildung aus einer Klasse X in eine Klasse Y und g eine mehrdeutige Abbildung aus X in eine Klasse Z, so ist $\langle f, g\rangle$ eine mehrdeutige Abbildung aus X in $Y \times Z$. Im allgemeinen stimmt $\langle f, g\rangle$ mit dem geordneten Paar (f, g) nicht überein. Das folgt schon daraus, daß im Falle $\mathrm{db} f \cap \mathrm{db} g = \emptyset$ stets $\langle f, g\rangle = \emptyset$ ist und durchaus nicht f und g gleich $\emptyset$ sein müssen, aus $(f, g) = \emptyset$ aber stets $f = \emptyset$ und $g = \emptyset$ folgt.

Für zwei Relationen f und g bezeichnen wir als **Relationsprodukt** von f und g die Relation

$$f \ast g = \{((x, u), (y, v)) \mid (x, y) \in f \wedge (u, v) \in g\} .$$

$f \ast g$ ordnet beliebigen Paaren (x, u) von Elementen x und u der Definitionsbereiche von f bzw. g beliebige Paare (y, v) von Elementen y und v der Wertebereiche von f bzw. g zu, die x durch f bzw. u durch g zugeordnet sind. Ist f eine mehrdeutige Abbildung aus einer Klasse X in eine Klasse U und g eine mehrdeutige Abbildung aus einer Klasse Y in eine Klasse V, so ist $f \ast g$ eine mehrdeutige Abbildung aus $X \times Y$ in $U \times V$. Auch $f \ast g$ und das cartesische Produkt $f \times g$ stimmen im allgemeinen nicht überein. So ergibt sich offensichtlich, daß für zwei voneinander verschiedene Mengen x und y und die damit gebildeten Abbildungen $f = \{(x, x)\}$ und $g = \{(y, y)\}$ nicht $f \ast g = \{(x, y), (x, y)\}$ mit $f \times g = \{(x, x), (y, y)\}$ übereinstimmt.

Wir überlassen es dem Leser, die Richtigkeit der in den folgenden beiden Sätzen zusammengetragenen Aussagen über Relationspaare und -produkte zu überprüfen.

1.8.5. *Für beliebige Relationen f und g ist* $\mathrm{db}\langle f, g\rangle = \mathrm{db} f \cap \mathrm{db} g$, $\mathrm{wb}\langle f, g\rangle = \mathrm{wb} f \times \mathrm{wb} g$, $\mathrm{db}(f \ast g) = \mathrm{db} f \times \mathrm{db} g$ *und* $\mathrm{wb}(f \ast g) = \mathrm{wb} f \times \mathrm{wb} g$. *Sind die Relationen f und g Mengen, so auch $\langle f, g\rangle$ und $f \ast g$. Es gilt stets*

$$\langle f, g\rangle \mid X = \langle f \mid X, g \mid X\rangle, \quad (f \ast g) \mid X \times Y = f \mid X \ast g \mid Y$$

und

$$(f \ast g)^{-1} = f^{-1} \ast g^{-1} .$$

Ferner ist stets

$$\langle g, h\rangle \circ f \subseteqq \langle g \circ f, h \circ f\rangle, \quad (h \ast k) \circ \langle f, g\rangle = \langle h \circ f, k \circ g\rangle$$

und

$$(h \ast k) \circ (f \ast g) = (h \circ f) \ast (k \circ g) .$$

Sind x, y, z und u Mengen mit $y \neq z$, so liefern die Relationen $f = \{(x, y), (x, z)\}$, $g = \{(y, u)\}$ und $h = \{(z, u)\}$ (vergleiche die rechte Abb. nach 1.8.3) ein Beispiel dafür, daß $\langle g, h\rangle \circ f \subsetneqq \langle g \circ f,\ h \circ f\rangle$ sein kann.

1.8.6. *Für beliebige Relationen f, g und h ist*

$$\langle f, g \cup h\rangle = \langle f, g\rangle \cup \langle f, h\rangle\,, \qquad \langle f, g \cap h\rangle = \langle f, g\rangle \cap \langle f, h\rangle\,,$$
$$\langle f \cup g, h\rangle = \langle f, h\rangle \cup \langle g, h\rangle, \qquad \langle f \cap g, h\rangle = \langle f, h\rangle \cap \langle g, h\rangle\,,$$
$$f \ast (g \cup h) = (f \ast g) \cup (f \ast h), \qquad f \ast (g \cap h) = (f \ast g) \cap (f \ast h)\,,$$
$$(f \cup g) \ast h = (f \ast g) \cup (g \ast h) \text{ und } (f \cap g) \ast h = (f \ast h) \cap (g \ast h)\,.$$

Ferner folgt für beliebige Relationen f, g, h und k aus $f \subseteqq h$ und $g \subseteqq k$ stets $\langle f, g\rangle \subseteqq \langle h, k\rangle$ und $f \ast g \subseteqq h \ast k$.

1.8.7. *Für beliebige Relationen f, g und h gilt*

$$(f \ast g)[h] = g \circ h \circ f^{-1}\,.$$

Beweis. Offensichtlich stimmen beide Seiten der Beziehung mit

$$\{(u, v) \mid \exists (x, y) \in h\ ((x, u) \in f \wedge (y, v) \in g)\}$$

überein. ∎

1.9. Spezielle Relationen

Wir führen als nächstes einige spezielle Relationen an. Unter anderem ist $\emptyset$ eine Relation (siehe 1.8.1). Weitere Relationen sind die **Allrelation** $\mathcal{A} \times \mathcal{A}$, die **identische Abbildung** $\mathrm{id} = \{(x, x) \mid x \in \mathcal{A}\}$, die **erste Projektion** $\mathrm{pr}_1 = \{((x, y), x) \mid (x, y) \in \mathcal{A} \times \mathcal{A}\}$ und die **zweite Projektion** $\mathrm{pr}_2 = \{((x, y), y) \mid (x, y) \in \mathcal{A} \times \mathcal{A}\}$.

Im folgenden bringen wir eine Reihe leicht zu überprüfender Aussagen, in denen diese speziellen Relationen auftreten.

1.9.1. *Es ist* $\mathrm{db}\,\emptyset = \mathrm{wb}\,\emptyset = \emptyset$, $\mathrm{db}(\mathcal{A} \times \mathcal{A}) = \mathrm{wb}(\mathcal{A} \times \mathcal{A}) = \mathcal{A}$, $\mathrm{db}\,\mathrm{id} = \mathrm{wb}\,\mathrm{id} = \mathcal{A}$, $\mathrm{db}\,\mathrm{pr}_1 = \mathrm{db}\,\mathrm{pr}_2 = \mathcal{A} \times \mathcal{A}$ *und* $\mathrm{wb}\,\mathrm{pr}_1 = \mathrm{wb}\,\mathrm{pr}_2 = \mathcal{A}$. *Ferner gilt* $\mathrm{id} = \mathrm{id}^{-1}$ *und* $\mathrm{id} \mid \mathcal{A} \times \mathcal{A} = \mathrm{id} \ast \mathrm{id}$.

1.9.2. *Für jede Relation f ist* $\emptyset \circ f = f \circ \emptyset = \emptyset$, $f \subseteqq \mathcal{A} \times \mathcal{A}$, $(\mathcal{A} \times \mathcal{A}) \circ f = (\mathrm{db} f) \times \mathcal{A}$, $f \circ (\mathcal{A} \times \mathcal{A}) = \mathcal{A} \times \mathrm{wb} f$, $\mathrm{id} \circ f = f \circ \mathrm{id} = f$ *und* $f \circ f^{-1} \supseteqq \mathrm{id} \mid \mathrm{wb} f$.

Relationspaare lassen sich mittels Relationsprodukten und umgekehrt Relationsprodukte mittels Relationspaaren erklären, wie der folgende Satz zeigt.

1.9.3. *Für beliebige Relationen f und g ist*

$$\langle f, g\rangle = (f \ast g) \circ (\mathrm{pr}_1 \mid \mathrm{id})^{-1} \quad \text{und} \quad f \ast g = \langle f \circ \mathrm{pr}_1,\ g \circ \mathrm{pr}_2\rangle\,.$$

Zum Beweis: Die erste Beziehung folgt unter Beachtung, daß $\mathrm{pr}_1 \mid \mathrm{id} = \{((x, x), x) \mid x \in \mathcal{A}\}$ ist. ∎

Ist f eine Relation, so schreiben wir für $(x, y) \in f$ auch xfy. Eine Relation f heißt **reflexiv**, wenn aus $x \in \mathrm{db} f \cup \mathrm{wb} f$ stets xfx folgt, **irreflexiv**, wenn xfx für kein x gilt, **symmetrisch,** falls xfy stets yfx nach sich zieht, **antisymmetrisch**, wenn xfy und yfx nur im Falle $x = y$ gelten, und **transitiv**, falls aus xfy und yfz stets xfz folgt.

Wie sich leicht ergibt, gilt

1.9.4. *Eine Relation f ist genau dann reflexiv, wenn* $\mathrm{id} \mid (\mathrm{db} f \cup \mathrm{wb} f) \subseteqq f$, *irreflexiv, wenn* $f \cap \mathrm{id} = \emptyset$, *symmetrisch, wenn* $f = f^{-1}$, *antisymmetrisch, wenn* $f \cap f^{-1} \subseteqq \mathrm{id}$, *und transitiv, wenn* $f \circ f \subseteqq f$ *gilt. Ist eine Relation f reflexiv oder symmetrisch, so gilt* $\mathrm{db} f = \mathrm{wb} f$. *Mit f ist auch die inverse Relation f^{-1} transitiv. Ist eine Relation f reflexiv und transitiv, so gilt $f \circ f = f$, ist sie symmetrisch und transitiv, so auch reflexiv.*

Eine symmetrische und transitive Relation ϱ heißt eine **Äquivalenzrelation** in $\mathrm{db}\,\varrho$. Äquivalenzrelationen werden zum Teil mit dem Symbol $\sim$ bezeichnet. Ist ϱ eine Äquivalenzrelation, so wird jede Klasse $\varrho\{x\} = \{y \mid x\varrho y\}$ $(x \in \mathrm{db}\,\varrho)$ eine **Äquivalenzklasse** von ϱ genannt. Offensichtlich sind voneinander verschiedene Äquivalenzklassen einer Äquivalenzrelation elementfremd.

Wir nennen eine Äquivalenzrelation ϱ **einfach**, wenn alle Äquivalenzklassen von ϱ Mengen sind. Ist ϱ eine Äquivalenzrelation und $\mathrm{db}\,\varrho$ $(= \mathrm{wb}\,\varrho)$ eine Menge, so ist auch ϱ eine Menge und eine einfache Äquivalenzrelation. Falls ϱ eine einfache Äquivalenzrelation in einer Klasse $X (= \mathrm{db}\varrho)$ ist, bezeichnen wir die Klasse aller Äquivalenzklassen von ϱ mit

$$X/\varrho = \{\varrho\{x\} \mid x \in X\}$$

und nennen sie die **Quotientenklasse** und, falls sie eine Menge ist, auch die **Quotientenmenge** von X bez. ϱ.

Aus dem folgenden Satz ergibt sich, daß einfache Äquivalenzrelationen durch Zerlegungen von Klassen in paarweise elementfremde Mengen charakterisiert werden können.

1.9.5. *Ist Y eine Klasse von paarweise elementfremden Mengen, so ist*

$$\varrho = \bigvee\{K \times K \mid K \in Y\} \tag{1.9.1}$$

eine einfache Äquivalenzrelation in

$$X = \bigvee Y\,. \tag{1.9.2}$$

Wenn umgekehrt ϱ eine einfache Äquivalenzrelation in einer Klasse X ist, besteht die zugehörige Quotientenklasse $Y = X/\varrho$ aus paarweise elementfremden Mengen, und es gilt (1.9.1) *und* (1.9.2). *Ist ϱ eine Äquivalenzrelation in einer Menge, so ist auch die zugehörige Quotientenklasse eine Menge.*

Beweis. 1. Y sei eine Klasse von paarweise elementfremden Mengen. ϱ sei die durch (1.9.1) definierte Relation. Zu jedem Paar $(x, y) \in \varrho$ existiert ein

$K \in Y$ mit $(x, y) \in K \times K$, woraus $(y, x) \in K \times K \subseteqq \varrho$ und damit die Symmetrie von ϱ folgt. Unter Berücksichtigung, daß die Elemente von Y paarweise elementfremd sind, folgt entsprechend leicht die Transitivität von ϱ. Somit ist ϱ eine Äquivalenzrelation. Offensichtlich stimmt $\bigvee Y$ mit $X = \mathrm{db}\,\varrho$ überein. Zu jedem $x \in X$ gibt es daher ein $K \in Y$ mit $\varrho\{x\} = K$, weshalb ϱ eine einfache Äquivalenzrelation ist. Daß umgekehrt zu jeder einfachen Äquivalenzrelation in einer Klasse X die zugehörige Quotientenklasse $Y = X/\varrho$ aus paarweise elementfremden Mengen besteht und (1.9.1) und (1.9.2) gilt, ergibt sich leicht.

2. ϱ sei eine Äquivalenzrelation und $X = \mathrm{db}\,\varrho$ eine Menge. Zu beliebigem $x \in X$ ist $\varrho\{x\}$ eine in X enthaltene Menge, folglich ein Element von $\mathsf{P}X$. Es ist deshalb $X/\varrho \subseteqq \mathsf{P}X$. Wegen Axiom III und 1.5.2 ist deshalb X/ϱ eine Menge. ▮

1.10. Abbildungen

Eine Relation f heißt eine **Abbildung**[1]), wenn aus $(x, y) \in f$ und $(x, z) \in f$ stets $y = z$ folgt. Jede Abbildung f ordnet somit einem beliebigen Element x ihres Definitionsbereichs $\mathrm{db} f$ genau ein y mit $(x, y) \in f$ zu. Man bezeichnet dieses mit $f(x)$ oder auch einfach mit fx und nennt es den **Wert von f in x**. Teilweise wird in der Literatur auch $f(x)$ für Klassen $x \notin \mathrm{db} f$ definiert, und zwar derart, daß für diese stets $f(x) = \mathcal{A}$ ist. Wir gehen darauf nicht ein. Manchmal führt man bei einer Abbildung den Definitionsbereich und die Werte der Abbildung mit an, indem man

$$f\colon x \mapsto f(x) \quad (x \in \mathrm{db} f)$$

anstelle f schreibt. Man gibt auch Abbildungen dadurch an, daß man $x \mapsto f(x)$ $(x \in \mathrm{db} f)$ oder, wenn der Definitionsbereich festgelegt ist, $x \mapsto f(x)$ anstelle von f schreibt. Jede Abbildung f ist gleich der Klasse $\{(x, f(x)) \mid x \in \mathrm{db} f\}$, die im allgemeinen als Graph dieser Abbildung bezeichnet wird. Wir unterscheiden also nicht zwischen Abbildungen und den Graphen dieser Abbildungen. Eine Abbildung f heißt **eineindeutig**, wenn die inverse Relation f^{-1} ebenfalls eine Abbildung ist; f^{-1} heißt dann **inverse Abbildung** oder **Umkehrabbildung** von f.

Offensichtlich gilt:

1.10.1. *Zu jeder Abbildung f und Klasse X ist $f[X] = \{f(x) \mid x \in X \cap \mathrm{db} f\}$. Ist f eine (eineindeutige) Abbildung, so ist auch jede Einschränkung von f, allgemeiner jede Relation g mit $g \subseteqq f$, eine (eineindeutige) Abbildung. Wenn f und g (eineindeutige) Abbildungen sind, so sind auch $g \circ f$, $\langle g, f\rangle$ und $g \ast f$ (eineindeutige) Abbildungen. Sind f und g Abbildungen, so gilt $(g \circ f)(x) = g(f(x))$ zu beliebigem $x \in \mathrm{db}(g \circ f)$, $\langle g, f\rangle(x) = (f(x), g(x))$ zu beliebigem $x \in \mathrm{db}\langle g, f\rangle$ und $(g \ast f)(x, u) = (g(x), f(u))$ zu beliebigem $(x, u) \in \mathrm{db}(g \ast f)$.*

---

[1]) Zur besseren Unterscheidung von mehrdeutigen Abbildungen nennen wir Abbildungen in Ausnahmefällen auch **eindeutige Abbildungen.**

Auf Grund dieses Satzes bezeichnen wir die Relationspaare und Relationsprodukte von Abbildungen auch als **Abbildungspaare** bzw. **Abbildungsprodukte**.

Für beliebige Klassen X und Y setzen wir

$$Y^X = \{f \mid f \text{ ist eine Abbildung von } X \text{ in } Y\},$$

zum Teil bezeichnen wir diese Klasse auch mit $F(X, Y)$.

Der Fall, daß X eine Unmenge ist, erweist sich als uninteressant, da dann nach 1.8.1 auch jede Abbildung von X in Y eine Unmenge und somit $Y^X = \emptyset$ ist.

1.10.2. *Sind X und Y Mengen, so ist auch Y^X eine Menge.*

Beweis. X und Y seien Mengen. Dann ist $X \times Y$ nach 1.7.2 und damit $\mathsf{P}(X \times Y)$ nach 1.5.2 eine Menge. $f \in Y^X$ zieht nach sich, daß f in der Menge $X \times Y$ enthalten und wegen Axiom III also eine Menge ist, folglich $f \in \mathsf{P}(X \times Y)$ gilt. Somit ist Y^X in der Menge $\mathsf{P}(X \times Y)$ enthalten, wegen Axiom III also ebenfalls eine Menge. ▮

Wenn X und Y Mengen sind, besteht Y^X aus allen Abbildungen von X in Y.

Im folgenden fordern wir die Gültigkeit des sogenannten **Ersetzungsaxioms**:

Axiom VII. *Hat eine Abbildung als Definitionsbereich eine Menge, so auch als Wertebereich.*

Aus diesem Axiom und 1.8.1 ergibt sich:

1.10.3. *Eine Abbildung ist genau dann eine Menge, wenn ihr Definitionsbereich eine Menge ist.*

Spezielle Abbildungen sind $\emptyset$, id, pr_1 und pr_2. $\emptyset$ ist die einzige Abbildung, die als Definitionsbereich $\emptyset$ hat. $\emptyset$ und id sind eineindeutige Abbildungen.

Ein weiteres Beispiel einer Abbildung ist zu einer beliebigen Klasse X und Teilklasse Y die **identische Einbettung** von Y in X, sie bildet jedes Element von Y auf sich ab, ist also gleich der Einschränkung $\mathrm{id} \mid Y$.

Wir geben noch ein Beispiel einer Abbildung an. Und zwar bilden wir zu jeder einfachen Äquivalenzrelation ϱ in einer Klasse X diejenige Abbildung von X auf X/ϱ, die jedem Element x von X die Äquivalenzklasse $\varrho\{x\}$ zuordnet. Sie heißt die **kanonische Abbildung** von X auf X/ϱ. Für jede einfache Äquivalenzrelation ϱ und die zugehörige kanonische Abbildung $\varkappa$ gilt $\varrho = \varkappa^{-1} \circ \varkappa$. Zu beliebigen einfachen Äquivalenzrelationen ϱ und σ in Klassen X bzw. Y heißt eine Abbildung g aus X in Y bez. ϱ und σ **relationstreu**, wenn zu beliebigen Elementen x und y von $\mathrm{db}g$ aus $x\varrho y$ stets $g(x)\sigma g(y)$ folgt. Eine Abbildung g aus X in Y ist bez. ϱ und σ genau dann relationstreu, wenn die mit den kanonischen Abbildungen $\varkappa$ von X auf X/ϱ und λ von Y auf Y/σ gebildete Relation $f = \lambda \circ g \circ \varkappa^{-1}$ eine Abbildung ist. f heißt die **aus g erzeugte Abbildung** aus

X/ϱ in Y/σ. Es gilt

$$\mathrm{db} f = \varkappa[\mathrm{db} g]\,, \tag{1.10.1}$$

und es ist das Diagramm

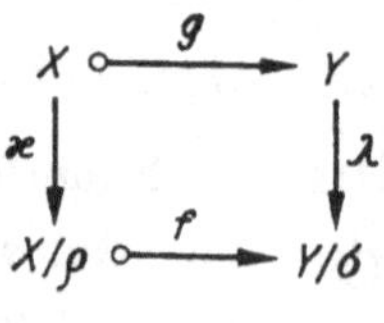

(1.10.2)

kommutativ, d. h., es gilt $\lambda \circ g = f \circ \varkappa$.

1.11. Familien

Ist f eine Abbildung, so ist es üblich, diese für gewisse Zwecke in der Form $(X_\iota)_{\iota \in I}$ zu schreiben, wobei I der Definitionsbereich von f und zu beliebigem $i \in I$ stets $X_i = f(i)$ ist, und sie eine **Familie** zu nennen. Familien sind also nichts anderes als Abbildungen in besonderer Schreibweise. Zu jeder Familie $(X_\iota)_{\iota \in I}$ heißt I auch ihr **Indexbereich**, jedes Element i von I ein **Index** und zu beliebigem $i \in I$ die Menge X_i das **i-te Glied** oder die **i-te Komponente** der Familie. Wenn speziell I eine Menge ist, heißt I auch **Indexmenge.** Für jede Familie $(X_\iota)_{\iota \in I}$ stimmt der Wertebereich dieser Abbildung mit $\{X_i \mid i \in I\}$ überein.

Wir nennen eine Familie **leer** oder **nichtleer**, je nachdem, ob ihr Indexbereich leer oder nichtleer ist. Nach einer Bemerkung nach 1.10.3 gibt es nur eine leere Familie, nämlich $\emptyset$.

Für Klassen X, Y und Z können wir als Vereinigung

$$X \cup Y \cup Z = (X \cup Y) \cup Z$$

und als Durchschnitt

$$X \cap Y \cap Z = (X \cap Y) \cap Z$$

definieren und entsprechende Definitionen für mehr Klassen aufstellen. Auf Grund der Assoziativität von Vereinigung und Durchschnitt (vgl. 1.3.1) ist dabei die Art der Klammerbildung unwesentlich. Ohne Schwierigkeit läßt sich auch die **Vereinigung** $\bigcup_{i \in I} X_i$ und der **Durchschnitt** $\bigcap_{i \in I} X_i$ aller Glieder einer Familie $(X_\iota)_{\iota \in I}$ erklären. Wir setzen einfach

$$\bigcup_{i \in I} X_i = \{x \mid \exists i \in I\ (x \in X_i)\}$$

und

$$\bigcap_{i \in I} X_i = \{x \mid \forall i \in I\ (x \in X_i)\}$$

und erhalten

$$\bigcup_{i \in I} X_i = \mathsf{V}\{X_i \mid i \in I\} \tag{1.11.1}$$

und

$$\bigcap_{i \in I} X_i = \mathsf{D}\{X_i \mid i \in I\}\,. \tag{1.11.2}$$

Offenbar sind damit die Vereinigungs- und Durchschnittsdefinitionen für zwei, drei und mehr Klassen verallgemeinert, allerdings nur für den Fall, daß die betreffenden Klassen Mengen sind.

1.11.1. *Zu jeder Familie* $(X_\iota)_{\iota\in I}$ *ist* $\bigcup_{\iota\in I} X_\iota$ *genau dann eine Menge, wenn* I *eine Menge ist, und* $\bigcap_{\iota\in I} X_\iota$ *genau dann eine Menge, wenn* $(X_\iota)_{\iota\in I}$ *nichtleer ist. Für die leere Familie* $(X_\iota)_{\iota\in I}$ *gilt* $\bigcup_{\iota\in I} X_\iota = \emptyset$ *und* $\bigcap_{\iota\in I} X_\iota = \mathcal{A}$.

Beweis. $(X_\iota)_{\iota\in I}$ sei eine Familie. Wegen (1.11.1) und Axiom IV ist $\bigcup_{\iota\in I} X_\iota$ genau dann eine Menge, wenn $\{X_\iota \mid \iota \in I\}$ eine Menge ist, und, wie mittels 1.10.3 folgt, damit genau dann, wenn I eine Menge ist. Wegen (1.11.2) und einer Bemerkung nach 1.5.1 ist $\bigcap_{\iota\in I} X_\iota$ genau dann eine Menge, wenn $\{X_\iota \mid \iota \in I\} \neq \emptyset$ ist, und wegen 1.8.1 damit genau dann, wenn $I \neq \emptyset$ ist. Der letzte Teil der Behauptung ergibt sich unter Berücksichtigung von 1.5.1. ▮

Im folgenden geben wir einige weitere Aussagen über Vereinigung und Durchschnitt der Glieder einer Familie an, deren Beweise wir dem Leser überlassen.

1.11.2. *Für jede Familie* $(X_\iota)_{\iota\in I}$ *und jede Klasse* X *gilt unter der Einschränkung* $I \neq \emptyset$

$$X \setminus \bigcup_{\iota\in I} X_\iota = \bigcap_{\iota\in I} (X \setminus X_\iota)$$

und stets

$$X \setminus \bigcap_{\iota\in I} X_\iota = \bigcup_{\iota\in I} (X \setminus X_\iota)$$

(**Regeln von De Morgan**). *Ferner gilt für jede Familie* $(X_\iota)_{\iota\in I}$

$$\bigcup_{\iota\in I} \mathsf{P}X_\iota \subseteq \mathsf{P} \bigcup_{\iota\in I} X_\iota \quad \text{und} \quad \bigcap_{\iota\in I} \mathsf{P}X_\iota = \mathsf{P} \bigcap_{\iota\in I} X_\iota .$$

Es ist nicht stets $\bigcup_{\iota\in I} \mathsf{P}X_\iota = \mathsf{P} \bigcup_{\iota\in I} X_\iota$, denn sind zum Beispiel x und y zwei voneinander verschiedene Mengen und ist $I = \{x, y\}$ und $X_\iota = \{\iota\}$ $(\iota \in I)$, so folgt $\bigcup_{\iota\in I} \mathsf{P}X_\iota = \{\emptyset, \{x\}, \{y\}\}$und andererseits $\mathsf{P} \bigcup_{\iota\in I} X_\iota = \{\emptyset, \{x\}, \{y\}, \{x, y\}\}$.

1.11.3. *Für beliebige Familien* $(X_\iota)_{\iota\in I}$ *und* $(Y_\iota)_{\iota\in I}$ *gilt*

$$\bigcup_{\iota\in I} X_\iota \cap \bigcup_{j\in J} Y_j = \bigcup_{(\iota, j)\in I\times J} (X_\iota \cap Y_j)\,,$$

$$\bigcap_{\iota\in I} X_\iota \cup \bigcap_{j\in J} Y_j = \bigcap_{(\iota, j)\in I\times J} (X_\iota \cup Y_j)\,,$$

$$\bigcup_{\iota\in I} X_\iota \times \bigcup_{j\in J} Y_j = \bigcup_{(\iota, j)\in I\times J} (X_\iota \times Y_j)$$

und unter der Einschränkung $I \neq \emptyset$ und $J \neq \emptyset$

$$\bigcap_{i \in I} X_i \times \bigcap_{j \in J} Y_j = \bigcap_{(i,j) \in I \times J} (X_i \times Y_j)\,.$$

1.11.4. *Für eine beliebige Familie $(X_i)_{i \in I}$ und eine beliebige Relation f gilt $f[\bigcup_{i \in I} X_i] = \bigcup_{i \in I} f[X_i]$ und $f[\bigcap_{i \in I} X_i] \subseteq \bigcap_{i \in I} f[X_i]$ und, falls I nicht leer und f^{-1} eine Abbildung ist, sogar $f[\bigcap_{i \in I} X_i] = \bigcap_{i \in I} f[X_i]$.*

Daß — auch unter Einschränkung $I \neq \emptyset$ — nicht stets $f[\bigcap_{i \in I} X_i] = \bigcap_{i \in I} f[X_i]$ ist, folgt bereits mittels einer Bemerkung nach 1.8.2.

1.12. Weitere Definitionen bezüglich Familien

Mittels des Begriffs des geordneten Paares lassen sich leicht geordnete Zusammenfassungen von drei und mehr Klassen bilden. Und zwar definieren wir als **Tripel** von Klassen x, y und z

$$(x, y, z) = \big((x, y), z\big)\,,$$

als **Quadrupel** von Klassen x, y, z und u

$$(x, y, z, u) = \big((x, y, z), u\big)$$

usw. Entsprechend definieren wir als **cartesisches Produkt** von drei, vier und mehr Faktoren die Klassen

$$X \times Y \times Z = (X \times Y) \times Z\,,$$

$$X \times Y \times Z \times U = (X \times Y \times Z) \times U$$

usw. Ihre Elemente sind gerade die Tripel (x, y, z) mit $x \in X$, $y \in Y$ und $z \in Z$, die Quadrupel (x, y, z, u) mit $x \in X$, $y \in Y$, $z \in Z$ und $u \in U$ usw.

Der Begriff der Familie selbst kann als eine Verallgemeinerung der geordneten Zusammenfassungen von Mengen angesehen werden. Ist der Indexbereich I einer Familie $(x_i)_{i \in I}$ eine Zweierklasse $\{i, j\}$, Dreierklasse $\{i, j, k\}$, Viererklasse $\{i, j, k, l\}$ usw. von voneinander verschiedenen Elementen, so kann man nach einer willkürlichen Festlegung einer Reihenfolge dieser Elemente — wir nehmen die angegebene — die Familie $(x_i)_{i \in I}$ mit dem geordneten Paar (x_i, x_j), dem Tripel (x_i, x_j, x_k), dem Quadrupel (x_i, x_j, x_k, x_l) usw. identifizieren. Unter Berücksichtigung dieser Identifizierung ergibt sich, daß, abgesehen von der üblichen Einschränkung auf Mengen, die folgende Definition des cartesischen Produktes eine Verallgemeinerung der Definition des cartesischen Produktes von zwei, drei und mehr Klassen ist. Zu jeder Familie $(X_i)_{i \in I}$ bezeichnen wir als **cartesisches Produkt** der X_i $(i \in I)$ die Klasse

$$\prod_{i \in I} X_i = \{(x_i)_{i \in I} \mid \forall i \in I\, (x_i \in X_i)\}\,.$$

1.12.1. $(X_\iota)_{\iota \in I}$ *sei eine beliebige Familie. Ist I eine Unmenge, so gilt* $\prod_{\iota \in I} X_\iota = \emptyset$. *Mit I ist auch* $\prod_{\iota \in I} X_\iota$ *eine Menge. Falls* $I = \emptyset$ *ist, gilt* $\prod_{\iota \in I} X_\iota = \{\emptyset\}$.

Beweis. Wenn I eine Unmenge ist, erweist sich jede Abbildung mit I als Definitionsbereich als Unmenge, weshalb dann $\prod_{\iota \in I} X_\iota = \emptyset$ gilt. Ist I eine Menge, so ist wegen 1.11.1 auch $X = \bigcup_{\iota \in I} X_\iota$ eine Menge, nach 1.10.2 damit auch X^I und wegen $\prod_{\iota \in I} X_\iota \subseteqq X^I$ und Axiom III damit auch $\prod_{\iota \in I} X_\iota$. Der letzte Teil der Behauptung folgt ohne Mühe unter Berücksichtigung, daß $\emptyset$ die einzige leere Familie ist. ▮

Ist $(X_\iota)_{\iota \in I}$ eine Familie und X das cartesische Produkt $\prod_{\iota \in I} X_\iota$, so bezeichnen wir zu beliebigem $i \in I$ als i**-te natürliche Projektion** von X diejenige Abbildung von X in X_i, die jedem Element x von X gerade seine i-te Komponente x_i zuordnet. Falls I eine Menge ist und alle X_ι nichtleer sind, ist die i-te Projektion von X eine Abbildung von X auf X_i, sie heißt dann auch die **natürliche Projektion von X auf X_i**. Wenn I eine Unmenge oder mindestens ein X_ι leer ist, ist jede natürliche Projektion von X gleich $\emptyset$.

Die Begriffe Relationspaar und Relationsprodukt dehnen wir entsprechend wie den Begriff des cartesischen Produktes aus. Wir definieren für Relationen f, g und h als **Relationstripel**

$$\langle f, g, h\rangle = \langle\langle f, g\rangle, h\rangle$$

und als **Relationsprodukt**

$$f * g * h = (f * g) * h ,$$

für Relationen f, g, h und k als **Relationsquadrupel**

$$\langle f, g, h, k\rangle = \langle\langle f, g, h\rangle, k\rangle$$

und als **Relationsprodukt**

$$f * g * h * k = (f * g * h) * k$$

usw.

Unter Berücksichtigung der angegebenen Identifizierung gewisser Familien mit geordneten Paaren, Tripeln, Quadrupeln usw. ergibt sich, daß bis auf die Einschränkung, daß die betreffenden Relationen Mengen sind, die folgenden Definitionen Verallgemeinerungen bereits angeführter Definitionen sind.

Zu jeder Familie $(f_\iota)_{\iota \in I}$ von Relationen bezeichnen wir als **Relationskomplex** der f_ι $(\iota \in I)$ die Relation

$$\langle f_\iota\rangle_{\iota \in I} = \{(x, (y_\iota)_{\iota \in I}) \mid \forall \iota \in I \; ((x, y_\iota) \in f_\iota)\}$$

und als **Relationsprodukt** der f_ι $(\iota \in I)$ die Relation

$$\mathop{\ast}_{\iota \in I} f_\iota = \{((x_\iota)_{\iota \in I}, (y_\iota)_{\iota \in I}) \mid \forall \iota \in I \; ((x_\iota, y_\iota) \in f_\iota)\} .$$

f_i heißt zu beliebigem $i \in I$ die i**-te Komponente** des betreffenden Relationskomplexes bzw. der i**-te Faktor** des betreffenden Relationsproduktes.

1.12.2. *$(f_i)_{i\in I}$ sei eine Familie von Relationen. Ist I eine Unmenge, so gilt $\langle f_i\rangle_{i\in I} = \emptyset$ und $\divideontimes_{i\in I} f_i = \emptyset$. Wenn I eine nichtleere bzw. eine beliebige Menge ist, dann ist auch $\langle f_i\rangle_{i\in I}$ bzw. $\divideontimes_{i\in I} f_i$ eine Menge. Ist $I = \emptyset$, so gilt $\langle f_i\rangle_{i\in I} = \mathcal{A} \times \{\emptyset\}$ und $\divideontimes_{i\in I} f_i = \{\emptyset\}$. Schließlich gilt stets*

$$\operatorname{db} \langle f_i\rangle_{i\in I} = \begin{cases} \bigcap_{i\in I} \operatorname{db} f_i\,, & \textit{wenn } I \textit{ eine Menge ist,} \\ \emptyset & \textit{sonst} \end{cases} \tag{1.12.1}$$

$$\operatorname{wb} \langle f_i\rangle_{i\in I} = \prod_{i\in I} \operatorname{wb} f_i\,, \tag{1.12.2}$$

$$\operatorname{db} \divideontimes_{i\in I} f_i = \prod_{i\in I} \operatorname{db} f_i \quad \textit{und} \quad \operatorname{wb} \divideontimes_{i\in I} f_i = \prod_{i\in I} \operatorname{wb} f_i\,. \tag{1.12.3}$$

Beweis. Ist I eine Unmenge, so ist wegen 1.12.1 das cartesische Produkt $\prod_{i\in I} \operatorname{wb} f_i$ und damit auch jede der Relationen $\langle f_i\rangle_{i\in I}$ und $\divideontimes_{i\in I} f_i$ leer. Mittels 1.8.1 und 1.12.1 folgt deshalb, daß die Beziehungen (1.12.1) bis (1.12.3) in dem Fall, daß I eine Unmenge ist, gelten. Diese Beziehungen sind offenbar auch erfüllt, wenn I eine Menge ist. Insbesondere gelten sie damit in dem Spezialfall, daß $I = \emptyset$ ist. Denn in diesem Fall ist natürlich (auch wenn $\emptyset$ eine Unmenge ist) $\langle f_i\rangle_{i\in I} = \mathcal{A} \times \{\emptyset\}$ und $\divideontimes_{i\in I} f_i = \{(\emptyset, \emptyset)\}$ und wegen 1.12.1 auch $\operatorname{wb} \langle f_i\rangle_{i\in I} = \operatorname{db} \divideontimes_{i\in I} f_i = \operatorname{wb} \divideontimes_{i\in I} f_i = \{\emptyset\}$. Da $\emptyset = (\emptyset, \emptyset)$ gilt (vergleiche 1.7.1), ist in diesem Spezialfall auch $\divideontimes_{i\in I} f_i = \{\emptyset\}$. Wie man den Beziehungen (1.12.1) bis (1.12.3) entnimmt, sind die Definitionsbereiche und Wertebereiche von $\langle f_i\rangle_{i\in I}$ bzw. $\divideontimes_{i\in I} f_i$ Mengen, wenn I eine nichtleere bzw. eine beliebige Menge ist. Wegen 1.8.1 ist deshalb dann $\langle f_i\rangle_{i\in I}$ bzw. $\divideontimes_{i\in I} f_i$ ebenfalls eine Menge. ∎

Ist X eine Menge, $(Y_i)_{i\in I}$ eine Familie und f_i zu beliebigem $i \in I$ eine mehrdeutige Abbildung aus X in Y_i, so ist der Relationskomplex $f = \langle f_i\rangle_{i\in I}$ eine mehrdeutige Abbildung aus X in das cartesische Produkt $Y = \prod_{i\in I} Y_i$. Besitzen die f_i übereinstimmende Definitionsbereiche und ist I eine Menge, so ist zu beliebigem $i \in I$ das Diagramm

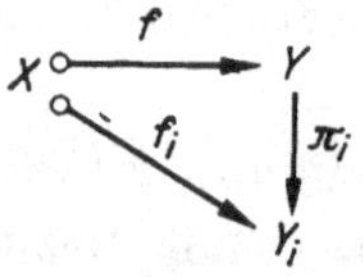

(1.12.4)

kommutativ, d. h. gilt $\pi_i \circ f = f_i$; dabei ist π_i die i-te natürliche Projektion von Y. Wenn mindestens eine Menge existiert[1]), sind die Relationskomplexe

[1]) Nach Forderung des Axioms VIII trifft das zu.

$\langle f_i \rangle_{i \in I}$ gerade die mehrdeutigen Abbildungen aus Mengen in cartesische Produkte $\prod_{i \in I} Y_i$. Jeder Relationskomplex ist dann nämlich eine mehrdeutige Abbildung aus einer Menge in ein cartesisches Produkt, und ist f eine mehrdeutige Abbildung aus einer Menge X in ein cartesisches Produkt $Y = \prod_{i \in I} Y_i$, so kann f unter Benutzung der natürlichen Projektionen π_i von Y als Relationskomplex $\langle \pi_i \circ f \rangle_{i \in I}$ geschrieben werden.

Sind $(X_i)_{i \in I}$ und $(Y_i)_{i \in I}$ Familien mit gleichem Indexbereich und ist f_i zu beliebigem $i \in I$ eine mehrdeutige Abbildung aus X_i in Y_i, so ist das Relationsprodukt $f = \divideontimes_{i \in I} f_i$ eine mehrdeutige Abbildung aus dem cartesischen Produkt $X = \prod_{i \in I} X_i$ in das cartesische Produkt $Y = \prod_{i \in I} Y_i$. Folgt aus $\text{db}\, f_i = \emptyset$ stets $X_i = \emptyset$, so ist für jedes $i \in I$ das Diagramm

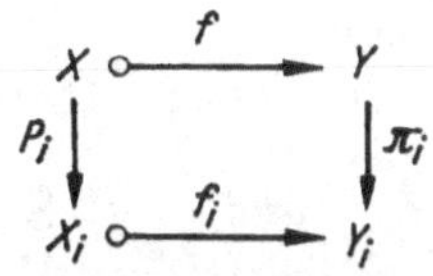

(1.12.5)

kommutativ, d. h. gilt $\pi_i \circ f = f_i \circ p_i$; dabei sind p_i und π_i die natürlichen i-ten Projektionen von X bzw. Y.

Zu jeder Familie $(f_i)_{i \in I}$ von Abbildungen sind der Relationskomplex $\langle f_i \rangle_{i \in I}$ und das Relationsprodukt $\divideontimes_{i \in I} f_i$ ebenfalls Abbildungen, wir nennen sie den **Abbildungskomplex** bzw. das **Abbildungsprodukt** der f_i $(i \in I)$. Für Abbildungskomplexe gilt

$$\langle f_i \rangle_{i \in I}(x) = \big(f_i(x)\big)_{i \in I}$$

zu beliebigem $x \in \text{db}\, \langle f_i \rangle_{i \in I}$ und für Abbildungsprodukte

$$(\divideontimes_{i \in I} f_i)(x) = \big(f_i(x_i)\big)_{i \in I}$$

zu beliebigem $x = (x_i)_{i \in I} \in \text{db} \divideontimes_{i \in I} f_i$.

Besteht $(f_i)_{i \in I}$ aus eineindeutigen Abbildungen, so sind auch $\langle f_i \rangle_{i \in I}$ und $\divideontimes_{i \in I} f_i$ eineindeutige Abbildungen.

Zu jeder Familie $(X_i)_{i \in I}$ bezeichnen wir als **Mengensumme** der X_i $(i \in I)$ die Klasse

$$\sum_{i \in I} X_i = \bigcup_{i \in I} (\{i\} \times X_i)\,.$$

Natürlich sind die Glieder X_i jeder Familie $(X_i)_{i \in I}$ und damit auch die Produkte $\{i\} \times X_i$ Mengen.

Aus 1.11.1 folgt

1.12.3. *$(X_i)_{i \in I}$ sei eine beliebige Familie. $\sum_{i \in I} X_i$ ist genau dann eine Menge, wenn I eine Menge ist. Falls $I = \emptyset$ ist, gilt $\sum_{i \in I} X_i = \emptyset$.*

Ist $(X_\iota)_{\iota\in I}$ eine Familie und X die Mengensumme der X_ι $(\iota \in I)$, so bezeichnen wir zu beliebigem $\iota \in I$ als **natürliche Injektion** von X_ι in X diejenige eineindeutige Abbildung von X_ι in X, die jedem $x \in X_\iota$ das geordnete Paar (ι, x) zuordnet.

Zu jeder Familie $(f_\iota)_{\iota\in I}$ von Relationen bezeichnen wir als **Relationssumme** der f_ι $(\iota \in I)$ die Relation

$$\sum_{\iota\in I} f_\iota = \bigcup_{\iota\in I} \{((\iota, x), y) \mid (x, y) \in f_\iota\}$$

und als **volle Relationssumme** der f_ι $(\iota \in I)$ die Relation

$$\mathsf{S}_{\iota\in I} f_\iota = \bigcup_{\iota\in I} \{((\iota, x), (\iota, y)) \mid (x, y) \in f_\iota\} .$$

1.12.4. *$(f_\iota)_{\iota\in I}$ sei eine Familie von Relationen. Wenn I eine Menge ist, sind auch $\sum_{\iota\in I} f_\iota$ und $\mathsf{S}_{\iota\in I} f_\iota$ Mengen. Es gilt*

$$\operatorname{db} \sum_{\iota\in I} f_\iota = \sum_{\iota\in I} \operatorname{db} f_\iota , \qquad \operatorname{wb} \sum_{\iota\in I} f_\iota = \bigcup_{\iota\in I} \operatorname{wb} f_\iota , \tag{1.12.6}$$

$$\operatorname{db} \mathsf{S}_{\iota\in I} f_\iota = \sum_{\iota\in I} \operatorname{db} f_\iota \quad \textit{und} \quad \operatorname{wb} \mathsf{S}_{\iota\in I} f_\iota = \sum_{\iota\in I} \operatorname{wb} f_\iota . \tag{1.12.7}$$

Beweis. Offensichtlich gelten die Beziehungen (1.12.6) und (1.12.7). Wenn I eine Menge ist, ergibt sich aus diesen Beziehungen und aus 1.11.1, daß die Definitions- und Wertebereiche von $\sum_{\iota\in I} f_\iota$ und $\mathsf{S}_{\iota\in I} f_\iota$ Mengen sind. Aus 1.8.1 folgt, daß dann $\sum_{\iota\in I} f_\iota$ und $\mathsf{S}_{\iota\in I} f_\iota$ selbst Mengen sind. ∎

Ist $(X_\iota)_{\iota\in I}$ eine Familie, Y eine Menge und f_ι zu beliebigem $\iota \in I$ eine mehrdeutige Abbildung aus X_ι in Y, so ist die Relationssumme $f = \sum_{\iota\in I} f_\iota$ eine mehrdeutige Abbildung aus der Mengensumme $X = \sum_{\iota\in I} X_\iota$ in Y. Zu beliebigem $\iota \in I$ ist das Diagramm

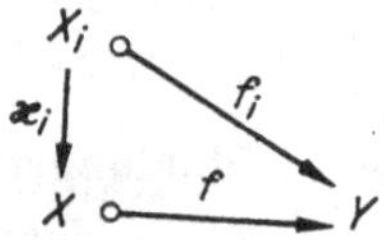

(1.12.8)

kommutativ; dabei ist $\varkappa_\iota$ die natürliche Injektion von X_ι in X.

Sind $(X_\iota)_{\iota\in I}$ und $(Y_\iota)_{\iota\in I}$ Familien mit gleichem Indexbereich und ist f_ι zu beliebigem $\iota \in I$ eine mehrdeutige Abbildung aus X_ι in Y_ι, so ist die volle Relationssumme $f = \mathsf{S}_{\iota\in I} f_\iota$ eine mehrdeutige Abbildung aus der Mengensumme $X = \sum_{\iota\in I} X_\iota$ in die Mengensumme $Y = \sum_{\iota\in I} Y_\iota$. Zu beliebigem $\iota \in I$ ist das Diagramm

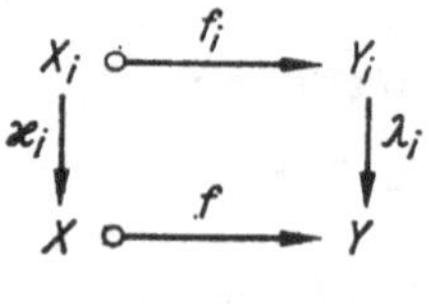

(1.12.9)

kommutativ; dabei sind $\varkappa_\iota$ und λ_ι die natürlichen Injektionen von X_ι in X bzw. von Y_ι in Y.

Zu jeder Familie $(f_\iota)_{\iota\in I}$ von Abbildungen sind die Relationssumme $\sum_{\iota\in I} f_\iota$ und die volle Relationssumme $\mathsf{S}_{\iota\in I} f_\iota$ ebenfalls Abbildungen, wir nennen sie die **Abbildungssumme** bzw. die **volle Abbildungssumme** der f_ι $(\iota \in I)$. Besteht $(f_\iota)_{\iota\in I}$ aus eineindeutigen Abbildungen, so sind auch $\sum_{\iota\in I} f_\iota$ und $\mathsf{S}_{\iota\in I} f_\iota$ eineindeutige Abbildungen.

1.13. Ordnungen

Eine Relation in einer Klasse X heißt eine **Präordnung** in X, wenn sie reflexiv und transitiv ist. Eine antisymmetrische Präordnung in einer Klasse X wird eine **Ordnung** in X genannt. Häufig bezeichnet man Präordnungen mit dem Zeichen $\lesssim$ und Ordnungen mit dem Zeichen $\leqq$[1]). Die Eigenschaften einer Präordnung $\lesssim$ in einer Klasse X lauten: Zu beliebigem $x \in X$ ist $x \lesssim x$, und es zieht $x \lesssim y$ und $y \lesssim z$ stets $x \lesssim z$ nach sich. Für eine Ordnung $\leqq$ in X folgt zusätzlich aus $x \leqq y$ und $y \leqq x$ stets $x = y$. Die Umkehrung einer Präordnung $\lesssim$ bezeichnet man mit $\gtrsim$ und die Umkehrung einer Ordnung $\leqq$ mit $\geqq$. $\gtrsim$ ist auch eine Präordnung und $\geqq$ auch eine Ordnung. Ferner bezeichnet man die Relationen $\lesssim \setminus \mathrm{id}$, $\gtrsim \setminus \mathrm{id}$, $\leqq \setminus \mathrm{id}$ und $\geqq \setminus \mathrm{id}$ mit $<$, $>$, $<$ bzw. $>$ und erhält zum Beispiel $x < y \Leftrightarrow x \leqq y \wedge x \neq y$ und $x > y \Leftrightarrow x \geqq y \wedge x \neq y$. Für $x < y$ sagt man, daß x (bzw. $\leqq$) **kleiner als** y oder y (bez. $\leqq$) **größer als** x ist.

Ist X eine Klasse und $\lesssim$ eine Präordnung in X, so heißt X, versehen mit $\lesssim$, d. h. das geordnete Paar $(X, \lesssim)$[2]), eine **prägeordnete Klasse**. Entsprechend definiert man bezüglich Ordnungen **geordnete Klassen.** Offensichtlich ist zu jeder Präordnung $\lesssim$ und jeder Ordnung $\leqq$ in einer Klasse X und zu jeder Teilklasse Y von X der Durchschnitt $\lesssim_Y$ von $\lesssim$ mit $Y \times Y$ eine Präordnung in Y und der Durchschnitt $\leqq_Y$ von $\leqq$ mit $Y \times Y$ eine Ordnung in Y; man nennt $\lesssim_Y$ und $\leqq_Y$ die von $\lesssim$ bzw. $\leqq$ in Y **induzierte Präordnung** bzw. **Ordnung** und Y, versehen mit $\lesssim_Y$ bzw. $\leqq_Y$, eine **prägeordnete** bzw. **geordnete Teilklasse** der bez. $\lesssim$ prägeordneten bzw. bez. $\leqq$ geordneten Klasse X.

Ist X eine geordnete Klasse und Y eine Teilklasse von X, dann heißt ein Element x von X eine **obere Schranke** von Y, wenn jedes Element von Y kleiner oder gleich x ist, d. h. aus $y \in Y$ stets $y \leqq x$ folgt. Existiert eine kleinste obere Schranke von Y, d. h. eine obere Schranke x von Y derart, daß zu jeder weiteren oberen Schranke y von Y die Beziehung $x \leqq y$ besteht, so wird sie das **Supremum**

---

[1]) Falls wir bei Präordnungen und Ordnungen keine besonderen Zeichen einführen und Verwechslungen ausgeschlossen sind, verwenden wir stets diese Zeichen.

[2]) Unter einer Klasse X, versehen mit einer gewissen „Struktur", d. h. einer gewissen Klasse Y, verstehen wir das geordnete Paar (X, Y). (Einen allgemeinen Strukturbegriff definieren wir nicht.) Sind Irrtümer ausgeschlossen, so halten wir uns an die Gepflogenheit, für eine mit einer Struktur versehene Klasse (X, Y) einfach X zu schreiben.

$\sup Y$ von Y genannt. Entsprechend heißt zu jeder geordneten Klasse X und jeder Teilklasse Y von X ein Element x von X eine **untere Schranke** von Y, wenn jedes Element von Y größer oder gleich x ist, und wird die größte untere Schranke von Y, sofern sie überhaupt existiert, das **Infimum** $\inf Y$ von Y genannt. Suprema und Infima bildet man auch bezüglich Familien, und zwar versteht man unter dem **Supremum** $\sup x_\iota$ bzw. **Infimum** $\inf x_\iota$ einer Familie $(x_\iota)_{\iota \in I}$ von Elementen einer geordneten Klasse X — sofern es überhaupt existiert — das Supremum bzw. Infimum der Klasse $\{x_\iota \mid \iota \in I\}$.

Wir führen zur Illustration der eingeführten Begriffe ein einfaches Beispiel an. Sind w, x, y und z voneinander verschiedene Mengen, so ist die aus den geordneten Paaren (w, w), (x, x), (y, y), (z, z), (w, y), (x, y), (y, z), (w, z) und (x, z) bestehende Relation $\leqq$ eine Ordnung in $X = \{w, x, y, z\}$ (siehe die Abb.). Offensichtlich besitzt $Y = \{w, x\}$ als obere Schranken y und z und gilt $y = \sup Y$. Untere Schranken besitzt Y nicht.

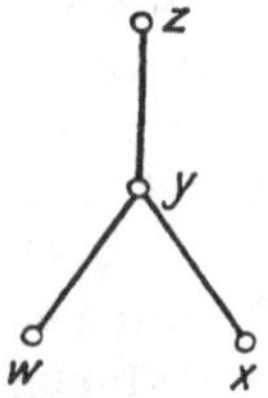

Ein Element x einer geordneten Klasse X heißt ein **maximales Element** von X, wenn es kein größeres Element als x in X gibt, d. h. aus $x \leqq y$ stets $x = y$ folgt. Entsprechend heißt ein Element x einer geordneten Klasse X ein **minimales Element** von X, wenn es kein kleineres Element als x in X gibt. Das Supremum bzw. Infimum von X ist, sofern es überhaupt existiert, ein maximales bzw. minimales Element von X. Es heißt das **letzte** bzw. **erste Element** von X. Maximale und minimale Elemente von X müssen nicht mit dem Supremum bzw. Infimum von X übereinstimmen.

Im obigen Beispiel ist z ein maximales Element von X und gleichzeitig das Supremum von X, ferner sind w und x minimale Elemente von X. Das Infimum von X existiert in diesem Beispiel nicht.

In geordneten Klassen lassen sich analog wie bei reellen Zahlen Intervalle definieren. X sei eine geordnete Klasse. Zu beliebigen Elementen a und b von X heißt

$$[a, b] = \{x \in X \mid a \leqq x \leqq b\}$$

das durch a und b erzeugte **abgeschlossene Intervall.** Es ist genau dann nicht leer, wenn $a \leqq b$ ist. Entsprechend werden zu beliebigen Elementen a und b von X die Klassen

$$]a, b[= \{x \in X \mid a < x < b\},$$

$$[a, b[= \{x \in X \mid a \leqq x < b\} \quad \text{und} \quad]a, b] = \{x \in X \mid a < x \leqq b\}$$

als das durch a und b erzeugte **offene, rechtsseitig offene** bzw. **linksseitig offene Intervall** bezeichnet. Schließlich bezeichnen wir noch zu einem beliebigen Element a von X jede der Klassen

$$[\leftarrow, a] = \{x \in X \mid x \leqq a\} \quad \text{und} \quad [a, \rightarrow] = \{x \in X \mid a \leqq x\}$$

als ein **abgeschlossenes Intervall** und jeder der Klassen

$$[\leftarrow, a[\; = \{x \in X \mid x < a\} \quad \text{und} \quad]a, \rightarrow] = \{x \in X \mid a < x\}$$

als ein **offenes Intervall.** Es gilt stets $[a, b] = [a, \rightarrow] \cap [\leftarrow, b]$, $]a, b[\; = \;]a, \rightarrow] \cap [\leftarrow, b[$ usw.

Ist zum Beispiel X die Potenzklasse einer Klasse, versehen mit der **mengentheoretischen Ordnung**, d. h. der durch

$$a \leqq b \Leftrightarrow a \subseteqq b$$

definierten Ordnung, so besteht zu beliebigem $a \in X$ das Intervall $[\leftarrow, a]$ aus allen und das Intervall $[\leftarrow, a[$ aus allen echten Teilmengen von a.

Ist X eine Klasse und $\leqq$ eine Ordnung in X und sind die Elemente von X bez. $\leqq$ **vergleichbar,** d. h., folgt aus $x \in X$ und $y \in X$ stets $x \leqq y$ oder $y \leqq x$, so heißt $\leqq$ eine **Totalordnung** oder auch eine **lineare Ordnung** in X und X, versehen mit $\leqq$, eine **total geordnete** oder **linear geordnete Klasse.**

Ohne Mühe zeigt man:

1.13.1. *Eine Ordnung in einer Klasse X ist genau dann linear, wenn die Vereinigung dieser Ordnung mit ihrer Umkehrung mit $X \times X$ übereinstimmt.*

Im obigen in der Abb. dargestellten Beispiel ist die Ordnung $\leqq$ nicht linear.

Bezüglich einer linearen Ordnung besitzt eine Klasse höchstens ein maximales und höchstens ein minimales Element; sie sind, sofern sie überhaupt existieren, das letzte bzw. erste Element dieser Klasse.

Wir nennen eine Teilklasse Y einer linear geordneten Klasse X einen **Schnitt** in X, wenn Y mit jedem Element auch jedes kleinere Element von X angehört, d. h. aus $x \in X$, $y \in Y$ und $x < y$ stets $x \in Y$ folgt. Ist noch $Y \neq X$, so heißt Y ein **Dedekindscher Schnitt.**

Eine lineare Ordnung $\leqq$ in einer Klasse X wird **Wohlordnung** in X und X, versehen mit $\leqq$, eine **wohlgeordnete Klasse** genannt, wenn jede nichtleere Teilklasse Y von X bezüglich der von $\leqq$ in Y induzierten Ordnung ein erstes Element besitzt.

Wie leicht folgt, gilt:

1.13.2 (Dedekindsche Schnitte). *Eine Teilklasse Y einer wohlgeordneten Klasse X ist genau dann ein Dedekindscher Schnitt in X, wenn ein Element x von X (das erste Element von $X \setminus Y$) existiert mit*

$$Y = \{y \in X \mid y < x\}\,.$$

Von Total- bzw. Wohlordnungen induzierte Ordnungen sind wieder Total- bzw. Wohlordnungen. Ist X eine geordnete Klasse, so heißt jede geordnete Teilklasse eine **linear** bzw. **wohlgeordnete Teilklasse,** wenn die in ihr induzierte Ordnung linear bzw. eine Wohlordnung ist. Linear geordnete Teilklassen werden häufig auch **Ketten** genannt. Es ist selbstverständlich, daß wir bei den eingeführten Bezeichnungen anstelle Klasse und Teilklasse auch Menge bzw. Teilmenge sagen, wenn die Ausgangsklasse X eine Menge ist.

Eine Abbildung f einer geordneten Klasse X in eine geordnete Klasse Y heißt eine **isotone Abbildung,** eine **ordnungserhaltende Abbildung** oder ein **(Ordnungs-) Homomorphismus,** wenn zu beliebigen Elementen x und y von X aus $x \leqq y$ stets $f(x) \leqq f(y)$ folgt. Sie heißt ein **(Ordnungs-)Isomorphismus** von X auf Y, wenn sie eine Abbildung von X auf Y ist und zu beliebigen Elementen x und y von X stets $x \leqq y$ äquivalent zu $f(x) \leqq f(y)$ ist. Ein Ordnungsisomorphismus einer geordneten Klasse X auf eine geordnete Klasse Y ist eine eineindeutige Abbildung, und ihre Umkehrung ist ein Ordnungsisomorphismus von Y auf X. Ist f eine eineindeutige isotone Abbildung einer geordneten Klasse X auf eine geordnete Klasse Y, so ist f im allgemeinen kein Ordnungsisomorphismus von X auf Y, da Elemente x und y von X mit $f(x) \leqq f(y)$ existieren können, die nicht vergleichbar sind, für die also weder $x \leqq y$ noch $y \leqq x$ gilt. Falls die Ordnung von X linear ist, ergibt sich jedoch f als Ordnungsisomorphismus von X auf Y. Ist X eine linear oder wohlgeordnete Klasse und existiert ein Ordnungsisomorphismus von X auf eine geordnete Klasse Y, so ist Y natürlich auch linear bzw. wohlgeordnet.

1.13.3 (Vergleich wohlgeordneter Klassen). *X und Y seien wohlgeordnete Klassen. Dann existiert ein Ordnungsisomorphismus f eines Schnittes in X auf einen Schnitt in Y, so daß entweder der Definitionsbereich von f mit X oder der Wertebereich von f mit Y übereinstimmt.*

Beweis. 1. h und ebenfalls $\bar{h}$ sei ein Ordnungsisomorphismus eines Schnittes in X auf einen Schnitt in Y. Wir behaupten, daß h und $\bar{h}$ über dem Durchschnitt $\mathrm{db}\, h \cap \mathrm{db}\, \bar{h}$ ihrer Definitionsbereiche übereinstimmen. Wäre das nicht der Fall, so gäbe es auf Grund der Wohlordnung von X ein erstes Element x von $\mathrm{db} h \cap \mathrm{db} \bar{h}$ mit $h(x) \neq \bar{h}(x)$. Wir könnten $h(x) < \bar{h}(x)$ annehmen. Da $\mathrm{wb}\, \bar{h}$ ein Schnitt ist, ergäbe sich $h(x) = \bar{h}(y)$ für ein $y \in X$ und, da $\bar{h}(y) < \bar{h}(x)$ gilt und $\bar{h}$ ein Ordnungsisomorphismus ist, ferner $y < x$. Auf Grund der Definition von x wäre deshalb $h(y) = \bar{h}(y) = h(x)$, was $y < x$ widersprechen würde.

2. f bezeichne die Klasse aller Paare (x, y), zu denen jeweils ein Ordnungsisomorphismus h eines Schnittes in X auf einen Schnitt in Y existiert mit $(x, y) \in h$. Aus dem in Teil 1 Bewiesenen folgt, daß f eine Abbildung ist. Wie sich leicht ergibt, ist f sogar ein Ordnungsisomorphismus eines Schnittes in X auf einen Schnitt in Y. Wäre nicht $\mathrm{db} f = X$ oder $\mathrm{wb} f = Y$, so gäbe es ein erstes Element x von $X \setminus \mathrm{db} f$ und ein erstes Element y von $Y \setminus \mathrm{wb} f$. Es wäre $f \cup \{(x, y)\}$ ein Ordnungsisomorphismus des Schnittes $\mathrm{db} f \cup \{x\}$ auf den Schnitt $\mathrm{wb} f \cup \{y\}$, weshalb $x \in \mathrm{db} f$ im Widerspruch zur Definition von x sein müßte. Der Satz ist damit bewiesen. ∎

1.13.4. *X sei eine wohlgeordnete Klasse, Y ein Schnitt in X und f ein Ordnungsisomorphismus von Y auf eine geordnete Teilklasse von X. Dann gilt* $y \leqq f(y)$ *zu beliebigem* $y \in Y$.

Beweis. Wir haben zu zeigen, daß die Klasse

$$Z = \{y \in Y \mid f(y) < y\}$$

leer ist. Wäre das nicht der Fall, so gäbe es ein erstes Element z dieser Klasse. Es wäre $f(z) < z$ und, da Y ein Schnitt ist, $f(z) \in Y$. Nach Definition von z würde sich deshalb $f(f(z)) \geqq f(z)$ ergeben. Da f ein Ordnungsisomorphismus ist, müßte aber wegen $f(z) < z$ im Widerspruch dazu auch $f(f(z)) < f(z)$ gelten. Es ist deshalb $Z = \emptyset$. ∎

1.13.5. *Sind X und Y wohlgeordnete Klassen, so existiert höchstens ein Ordnungsisomorphismus von X auf Y.*

Beweis. Andernfalls gäbe es einen von der identischen Abbildung verschiedenen Ordnungsisomorphismus f von X auf sich. Für f und die Umkehrung f^{-1}, die natürlich auch ein Ordnungsisomorphismus wäre, würde wegen 1.13.4 sowohl $x \leqq f(x)$ als auch $x \leqq f^{-1}(x)$ gelten, was zu einem Widerspruch führen würde. ∎

Eine Abbildung f einer geordneten Klasse X in eine geordnete Klasse Y heißt eine **ordnungsvertauschende Abbildung** oder ein **(Ordnungs-)Antihomomorphismus,** wenn zu beliebigen Elementen x und y von X aus $x \leqq y$ stets $f(y) \leqq f(x)$ folgt. Sie heißt ein **(Ordnungs-)Antiisomorphismus** von X auf Y, wenn sie eine Abbildung von X auf Y ist und zu beliebigen Elementen x und y von X stets $x \leqq y$ äquivalent zu $f(y) \leqq f(x)$ ist.

1.14. Ordinalzahlen

Im folgenden benötigen wir häufig die Relation

$$\underline{\in} = \{(x, y) \mid x = y \vee x \in y\} .$$

Sie ist offensichtlich reflexiv und, wie mittels 1.6.2 folgt, antisymmetrisch. Transitiv ist sie im allgemeinen nicht, da für jede Menge x wohl $x \in \{x\}$ und $\{x\} \in \{\{x\}\}$, wegen 1.6.2 aber weder $x = \{\{x\}\}$ noch $x \in \{\{x\}\}$ gilt. Wir werden diese Relation im allgemeinen lediglich über Klassen X betrachten, über denen sie, d. h. der Durchschnitt von $\underline{\in}$ und $X \times X$, eine Ordnung ist. Wir bezeichnen $\underline{\in} \setminus \mathrm{id}$ mit $\in$ und erhalten, daß für beliebige Mengen x und y die Beziehungen $x \in y$ und $x \in y$ äquivalent sind.

Im weiteren interessieren uns Klassen X mit den Eigenschaften:

1. Zu beliebigen $x \in X$ und $y \in X$ ist $x = y$ oder $x \in y$ oder $y \in x$.
2. Aus $y \in x$ und $x \in X$ folgt $y \in X$, d. h. $x \subseteq X$ aus $x \in X$.

Eigenschaft 1 ist äquivalent dazu, daß $x \underline{\in} y$ oder $y \underline{\in} x$ zu beliebigen $x \in X$ und $y \in X$ gilt, und Eigenschaft 2 dazu, daß $x \subseteqq X$ aus $x \underline{\in} X$ folgt.

1.14.1. *Die Relation $\underline{\in}$ ist über jeder Klasse X, die die Eigenschaft* 1 *hat, eine Wohlordnung. Besitzt eine Klasse X die Eigenschaften* 1 *und* 2, *so auch jedes Element von X.*

B e w e i s. 1. X sei eine Klasse mit der Eigenschaft 1. Wir bezeichnen den Durchschnitt von $\underline{\in}$ und $X \times X$ mit $\leqq$. Offensichtlich ist $\leqq$ eine reflexive und antisymmetrische Relation. Im folgenden seien x, y und z Elemente von X mit $x \underline{\in} y$ und $y \underline{\in} z$. Wegen Eigenschaft 1 gilt $x \underline{\in} z$ oder $z \in x$. Die letzte Beziehung und $x \underline{\in} y$ und $y \underline{\in} z$ liefern einen Widerspruch zu 1.6.2. $\leqq$ ist daher auch transitiv, also eine Ordnung. Wegen Eigenschaft 1 ist $\leqq$ sogar eine lineare Ordnung.

Ist Y eine nichtleere Teilklasse von X, so gibt es wegen Axiom VI ein Element $y \in Y$ mit $y \cap Y = \emptyset$. Kein Element z von y gehört zu Y, da sonst $z \in y \cap Y$ wäre. y ist deshalb das erste Element bezüglich der von $\leqq$ über Y induzierten Ordnung. Folglich ist $\leqq$ sogar eine Wohlordnung.

2. X sei eine Klasse mit den Eigenschaften 1 und 2 und x ein Element von X. Da $x \subseteqq X$ auf Grund der Eigenschaft 2 von X gilt, folgt unter Berücksichtigung der Eigenschaft 1 von X aus $y \in x$ und $z \in x$ natürlich $y = z$ oder $y \in z$ oder $z \in y$ und damit die Eigenschaft 1 von x. Wegen $x \subseteqq X$ ergibt sich aus $y \in x$ stets $y \in X$ und somit $y \subseteqq X$, damit aus $z \in y$ ferner $z \in X$. Die Beziehungen $z \in y$ und $y \in x$ ziehen also nach sich, daß z und y Elemente von X sind, so daß sich aus ihnen auf Grund der Transitivität von $\underline{\in}$ über X stets $z \underline{\in} x$, wegen 1.6.2 also $z \in x$ ergibt. Daher besitzt x auch die Eigenschaft 2. ∎

1.14.2. *X und Y seien zwei Klassen mit den Eigenschaften* 1 *und* 2. *Dann gilt $X = Y$ oder $X \in Y$ oder $Y \in X$ und ist $X \in Y$ äquivalent zu $X \subsetneqq Y$.*

B e w e i s. 1. Wir beweisen zuerst den zweiten Teil der Aussage. Auf Grund der Eigenschaft 2 von Y folgt aus $X \in Y$ natürlich $X \subseteqq Y$, wegen 1.6.2 sogar $X \subsetneqq Y$.

Nun gelte $X \subsetneqq Y$. $\leqq$ sei der Durchschnitt von $\underline{\in}$ mit $Y \times Y$ und Z das erste Element von $Y \setminus X$ bez. $\leqq$. Aus $U \in Z$ ergibt sich $U \in Y$, wegen $X \subseteqq Y$ und unter Berücksichtigung der Definition von Z damit $U \in X$, folglich $Z \subseteqq X$. $X \setminus Z$ ist leer, da für jedes Element V von $X \setminus Z$ natürlich $V \notin Z$ gelten würde und wegen $V \in X$, $X \subsetneqq Y$ und $Z \in Y \setminus X$ andererseits $V \subseteqq X$ und $V \in Z$ oder $Z \in V$ und damit $V \in Z$ folgen würde. Deshalb ist $Z = X$ und somit $X \in Y$.

2. Da auch $X \cap Y$ die Eigenschaften 1 und 2 besitzt, ist wegen $X \cap Y \subseteqq X$ nach Teil 1 des Beweises entweder $X \cap Y = X$ oder $X \cap Y \in X$. Im ersten Fall ist $X \subseteqq Y$, wegen Teil 1 des Beweises also $X = Y$ oder $X \in Y$. Im zweiten Fall folgt $X \cap Y \notin Y$, da sonst $X \cap Y \in X \cap Y$ wäre, so daß sich

in diesem Falle wegen $X \cap Y \subseteqq Y$ und Teil 1 des Beweises $X \cap Y = Y$, somit $Y \subseteqq X$ und damit $Y = X$ oder $Y \in X$ ergibt. ▮

Eine Menge X, die die Eigenschaften 1 und 2 besitzt, für die also aus $x \in X$ und $y \in X$ stets $x = y$ oder $x \in y$ oder $y \in x$ und aus $y \in x$ und $x \in X$ stets $y \in X$ folgt, nennen wir eine **Ordinalzahl.** Nach 1.14.1 ist jedes Element einer Ordinalzahl eine Ordinalzahl. Aus 1.14.2 folgt, daß für zwei Ordinalzahlen x und y stets $x \underline{\in} y$ oder $y \underline{\in} x$ gilt und $x \underline{\in} y$ äquivalent zu $x \subseteqq y$ ist.

1.14.3. *Mit x ist auch $x \cup \{x\}$ eine Ordinalzahl. Für jede Ordinalzahl x gilt $x \cup \{x\} = \{y \mid y \underline{\in} x\}$ und $\mathsf{V}(x \cup \{x\}) = x$.*

B e w e i s. x sei eine Ordinalzahl. Wegen Axiom V und 1.6.1 ist $x \cup \{x\}$ eine Menge. $y \in x \cup \{x\}$ und $z \in x \cup \{x\}$ haben entweder $y \in x$ oder $y = x$ und entweder $z \in x$ oder $z = x$ zur Folge. In dem Fall, daß y und z der Ordinalzahl x angehören, gilt $y = z$ oder $y \in z$ oder $z \in y$. In den anderen Fällen gilt ebenfalls eine dieser drei Beziehungen. Aus $y \in x \cup \{x\}$ folgt $y \in x$ oder $y = x$, in jedem Falle $y \subseteqq x$. $x \cup \{x\}$ ist daher eine Ordinalzahl.

Offensichtlich ist $y \in x \cup \{x\}$ äquivalent zu $y \underline{\in} x$ und gilt somit $x \cup \{x\} = \{y \mid y \underline{\in} x\}$.

Aus $z \in y$ und $y \in x \cup \{x\}$ folgt entweder $z \in y$ und $y \in x$ oder $z \in y$ und $y = x$, in jedem Falle also $z \in x$. Es ist daher

$$\mathsf{V}(x \cup \{x\}) \subseteqq x$$

und wegen $x = \mathsf{V}\{x\} \subseteqq \mathsf{V}(x \cup \{x\})$ deshalb $\mathsf{V}(x \cup \{x\}) = x$. ▮

Im folgenden bilden wir die Klasse aller Ordinalzahlen:

$$\boldsymbol{O} = \{x \mid x \text{ ist eine Ordinalzahl}\} .$$

Nach 1.14.2 (vergleiche die Bemerkung vor 1.14.3) besitzt $\boldsymbol{O}$ die Eigenschaften 1 und 2. Auf Grund der Eigenschaft 1 und 1.14.1 folgt, daß $\underline{\in}$ über $\boldsymbol{O}$ eine Wohlordnung ist. Wir verstehen im folgenden Ordnungsbeziehungen $x \leqq y$ und $x < y$ für Ordinalzahlen x und y — wenn wir nichts anderes angeben — stets bezüglich dieser Wohlordnung. Auf Grund der Eigenschaften 1 und 2 ist $\boldsymbol{O}$ eine Unmenge, denn es wäre sonst $\boldsymbol{O}$ eine Ordinalzahl und müßte $\boldsymbol{O} \in \boldsymbol{O}$ im Widerspruch zu 1.6.2 gelten. Wie man 1.14.2 entnimmt, ist $\boldsymbol{O}$ die einzige Unmenge mit den Eigenschaften 1 und 2. Man erhält damit, daß eine Klasse X die Eigenschaften 1 und 2 genau dann besitzt, wenn $X \underline{\in} \boldsymbol{O}$ ist.

Für jede Ordinalzahl x folgt wegen Eigenschaft 2 von $\boldsymbol{O}$

$$x = \{y \in \boldsymbol{O} \mid y < x\} . \tag{1.14.1}$$

Die Ordinalzahlen sind — wie sich mittels 1.13.2 ergibt — daher gerade die DEDEKINDschen Schnitte in $\boldsymbol{O}$; somit sind die Klassen X mit $X \leqq \boldsymbol{O}$ gerade die Schnitte in $\boldsymbol{O}$.

Den folgenden Hilfssatz benötigen wir zum Beweis der Aussagen 1.16.1 und 1.16.2. Er besagt, daß es zu jeder Abbildung g eine eindeutig bestimmte Abbildung f gibt mit den beiden Eigenschaften:

1. Der Definitionsbereich von f ist eine Ordinalzahl oder ganz $\boldsymbol{O}$, und er besteht aus allen Ordinalzahlen x, für die die Einschränkung $f|x$ dem Definitionsbereich von g angehört.
2. Für alle Elemente des Definitionsbereiches von f ist $f(x) = g(f|x)$.

1.14.4. *Zu jeder Abbildung g existiert eine eindeutig bestimmte Abbildung f mit* $\mathrm{db}f \underline{\in} \boldsymbol{O}$, $\mathrm{db}f = \{x \in \boldsymbol{O} \mid f|x \in \mathrm{db}\,g\}$ *und* $f(x) = g(f|x)$ *zu beliebigem* $x \in \mathrm{db}f$.

Beweis. g sei eine beliebige Abbildung.

1. Sind h und $\bar{h}$ zwei Abbildungen derart, daß

$$\mathrm{db}h \underline{\in} \boldsymbol{O},\ \{h|z \mid z \in \mathrm{db}h\} \subseteqq \mathrm{db}g \quad \text{und}$$
$$h(z) = g(h|z) \text{ zu beliebigem } z \in \mathrm{db}h \tag{1.14.2}$$

gilt und $\bar{h}$ entsprechende Eigenschaften besitzt, so stimmen, wie wir als erstes zeigen werden, h und $\bar{h}$ über $\mathrm{db}h \cap \mathrm{db}\bar{h}$ überein. Wäre das nicht der Fall, so gäbe es ein erstes Element z von $\mathrm{db}h \cap \mathrm{db}\bar{h}$ mit $h(z) \neq \bar{h}(z)$. Für alle $y \in z$, die wegen $\mathrm{db}h \underline{\in} \boldsymbol{O}$ und $\mathrm{db}\bar{h} \underline{\in} \boldsymbol{O}$ natürlich $\mathrm{db}h \cap \mathrm{db}\bar{h}$ angehören, wäre $h(y) = \bar{h}(y)$, somit $h|z = \bar{h}|z$ und deshalb $h(z) = g(h|z) = \bar{h}(z)$ im Widerspruch zur Definition von z.

2. f bezeichne die Klasse aller Paare (x, y), zu denen jeweils eine Abbildung h existiert, für die $(x, y) \in h$ und (1.14.2) gilt. Wie aus dem im Teil 1 Bewiesenen folgt, ist f eine Abbildung. Ferner folgt damit, daß zu jeder Abbildung h mit (1.14.2) stets $\mathrm{db}h \subseteqq \mathrm{db}f$ ist und f und h über $\mathrm{db}h$ übereinstimmen. Da zu beliebigem $x \in \mathrm{db}f$ eine Abbildung h mit $x \in \mathrm{db}h$ und (1.14.2) existiert, ergibt sich $x \subseteqq \mathrm{db}h \subseteqq \mathrm{db}f$ unter Berücksichtigung von $\mathrm{db}h \underline{\in} \boldsymbol{O}$ und mittels 1.14.2 damit

$$\mathrm{db}f \underline{\in} \boldsymbol{O}\,. \tag{1.14.3}$$

f und h stimmen über $\mathrm{db}h$ und damit auch über x überein, so daß $x \in \mathrm{db}f$ stets $f|x \in \mathrm{db}g$ und

$$f(x) = g(f|x) \tag{1.14.4}$$

nach sich zieht, unter anderem also

$$\mathrm{db}f \subseteqq \{x \in \boldsymbol{O} \mid f|x \in \mathrm{db}g\} \tag{1.14.5}$$

gilt.

Wir zeigen, daß bei (1.14.5) sogar das Gleichheitszeichen zutrifft, und nehmen dazu an, daß $\boldsymbol{O} \setminus \mathrm{db}f$ nicht leer ist. x sei ein Element von $\boldsymbol{O} \setminus \mathrm{db}f$. Wir haben $f|x \notin \mathrm{db}g$ nachzuweisen. Da $\mathrm{db}f \in \boldsymbol{O}$ mittels (1.14.3) folgt, gilt $x \in \mathrm{db}f$ oder $\mathrm{db}f \subseteqq x$. Der erste Fall ist nicht möglich, weshalb $f|x = f$ folgt. y sei das erste Element von $\boldsymbol{O} \setminus \mathrm{db}f$. Es ist $y = \{z \mid z \in y\} = \mathrm{db}f$. Wäre nun $f \in \mathrm{db}g$, so könnten wir die Abbildung

$$h = f \cup \{(y, g(f))\}$$

bilden. Es würde sich $\mathrm{db}h = y \cup \{y\} \mathrel{\underline{\in}} \boldsymbol{O}$ nach 1.14.3, ferner $\{h|z \mid z \in \mathrm{db}h\} \subseteqq \mathrm{db}g$ unter Berücksichtigung von $h|y = h \mid \mathrm{db}f = f$ und $f \in \mathrm{db}g$ und schließlich $h(z) = g(h|z)$ zu beliebigem $z \in \mathrm{db}h$, unter anderem wegen $h(y) = g(f) = g(f|y)$, ergeben. Das würde aber der Definition von f widersprechen. Somit ist $f \notin \mathrm{db}g$, und anstelle von (1.14.5) gilt sogar

$$\mathrm{db}\, f = \{x \in \boldsymbol{O} \mid f|x \in \mathrm{db}\, g\} . \tag{1.14.6}$$

Aus (1.14.3), (1.14.4) und (1.14.6) folgt, daß f die im Satz angegebenen Eigenschaften hat.

3. Wir zeigen nun noch, daß es zu der vorgegebenen Abbildung g nur eine Abbildung mit den im Satz angegebenen Eigenschaften gibt. Sind f und $\bar{f}$ zwei derartige Abbildungen, so folgt mittels 1.14.2 entweder $\mathrm{db}f = \mathrm{db}\bar{f}$ oder $\mathrm{db}f \in \mathrm{db}\bar{f}$ oder $\mathrm{db}\bar{f} \in \mathrm{db}f$. Im Falle $\mathrm{db}f = \mathrm{db}\bar{f}$ ergibt sich wegen Teil 1 des Beweises $f = \bar{f}$. Wie brauchen nur noch $\mathrm{db}f \in \mathrm{db}\bar{f}$ anzunehmen. Dieser Fall ist aber nicht möglich, da in ihm unter Berücksichtigung des Teiles 1 des Beweises $\bar{f} \mid \mathrm{db}f = f \in \mathrm{db}g$ folgen würde, was wie im Teil 2 des Beweises zu einem Widerspruch führen würde. ▮

1.15. Natürliche Zahlen

Wir fordern im weiteren die Gültigkeit des sogenannten **Unendlichkeitsaxioms:**

Axiom VIII. *Es existiert mindestens eine Menge X, die $\emptyset$ als Element hat und der mit jedem Element x auch $x \cup \{x\}$ angehört.*

Da nach diesem Axiom die leere Klasse $\emptyset$ Element einer Menge ist, erweist sie sich selbst als Menge. Wir nennen sie ab jetzt die **leere Menge.**

Als nächstes definieren wir die natürlichen Zahlen in unserem Axiomsystem und beweisen für sie die PEANOschen Axiome. Die reellen Zahlen können aus den natürlichen Zahlen nach einem der üblichen Verfahren unter Benutzung der PEANOschen Axiome konstruiert werden. Wir gehen darauf und ebenfalls auf die Konstruktion der komplexen Zahlen aus den reellen Zahlen nicht ein.

Eine Ordinalzahl n nennen wir eine **natürliche Zahl**, wenn neben der Relation $\mathrel{\underline{\in}}$ (aus Abschnitt 1.14) auch ihre Umkehrung $\mathrel{\underline{\ni}}$ eine Wohlordnung über n ist, jede nichtleere Teilmenge X von n also bezüglich der von $\mathrel{\underline{\in}}$ induzierten Ordnung nicht nur ein erstes, sondern auch ein letztes Element besitzt.

Jedes Element m einer natürlichen Zahl n ist wieder eine natürliche Zahl; denn es ist m nach 1.14.1 eine Ordinalzahl und gilt somit $m \subseteqq n$, weshalb $\mathrel{\underline{\ni}}$ auch über m eine Wohlordnung ist.

Mit $\boldsymbol{N}$ bezeichnen wir die Klasse aller natürlichen Zahlen:

$$\boldsymbol{N} = \{x \mid x \text{ ist eine natürliche Zahl}\} .$$

Wegen $\boldsymbol{N} \subseteqq \boldsymbol{O}$ ist $\mathrel{\underline{\in}}$ über $\boldsymbol{N}$ eine Wohlordnung.

Zu jeder natürlichen Zahl n bezeichnen wir als **Nachfolger** von n die Ordinalzahl

$$n^+ = n \cup \{n\} .$$

1.15.1. *Es gelten die* **Peanoschen Axiome:**

1. *Es ist* $\emptyset \in \boldsymbol{N}$, *und aus* $n \in \boldsymbol{N}$ *folgt* $n^+ \neq \emptyset$.
2. *Mit* $n \in \boldsymbol{N}$ *ist* $n^+ \in \boldsymbol{N}$.
3. *Aus* $n \in \boldsymbol{N}$, $m \in \boldsymbol{N}$ *und* $n^+ = m^+$ *ergibt sich* $n = m$.
4. *Ist* X *eine Teilklasse von* $\boldsymbol{N}$, *derart daß* $\emptyset \in X$ *gilt und aus* $n \in X$ *stets* $n^+ \in X$ *folgt, so ist* $X = \boldsymbol{N}$ **(Prinzip der vollständigen Induktion).**

Beweis. 1. Offensichtlich ist $\emptyset$ eine natürliche Zahl. Für jede natürliche Zahl n gilt $n \in n^+$, somit $n^+ \neq \emptyset$.

2. Zu jeder natürlichen Zahl n ist der Nachfolger n^+ nach 1.14.3 eine Ordinalzahl. Jede nichtleere Teilmenge X von n^+ ist eine Teilmenge von n oder besitzt n als Element. Da $\underset{=}{\ni}$ über n eine Wohlordnung ist, hat im ersten Falle X ein letztes Element bezüglich der von $\underset{=}{\in}$ über X induzierten Ordnung. Im zweiten Falle ist n selbst das letzte Element bezüglich dieser Ordnung; es gilt nämlich $n^+ = \{m \mid m \leqq n\}$. $\underset{=}{\ni}$ ist deshalb über n^+ eine Wohlordnung und n^+ somit eine natürliche Zahl.

3. Für beliebige natürliche Zahlen n und m mit $n^+ = m^+$ folgt unter Berücksichtigung von 1.14.3

$$n = \bigvee n^+ = \bigvee m^+ = m .$$

4. X sei eine Teilklasse von $\boldsymbol{N}$, der $\emptyset$ und mit n auch n^+ angehört. Wir nehmen an, daß $X \neq \boldsymbol{N}$, also $\boldsymbol{N} \setminus X$ nicht leer ist. Da $\underset{=}{\in}$ über $\boldsymbol{N}$ eine Wohlordnung ist, besitzt $\boldsymbol{N} \setminus X$ ein erstes Element m bezüglich der von $\underset{=}{\in}$ über $\boldsymbol{N} \setminus X$ induzierten Ordnung. Wegen $\emptyset \in X$ folgt $m \neq \emptyset$. Es gibt deshalb ein letztes Element n von m bezüglich der von $\underset{=}{\in}$ über m induzierten Ordnung, d. h. ein Element $n \in m$ mit $l \leqq n$ (also $l \underset{=}{\in} n$) zu beliebigem $l \in m$. Da m eine Ordinalzahl ist, ist $l \underset{=}{\in} n$ äquivalent zu $l \in m$, gilt also $m = \{l \mid l \underset{=}{\in} n\} = n^+$. Wegen $n \in m$ und der Definition von m folgt $n \in X$ und nach Voraussetzung damit auch $m = n^+ \in X$, was aber der Definition von m widerspricht. Damit ergibt sich $X = \boldsymbol{N}$. ∎

Die ersten natürlichen Zahlen sind $\emptyset$, $\{\emptyset\}$, $\{\emptyset, \{\emptyset\}\}$, $\{\emptyset, \{\emptyset\}, \{\emptyset, \{\emptyset\}\}\}$, ... Wir bezeichnen sie wie üblich mit 0, 1, 2, 3, ...

1.15.2. $\boldsymbol{N}$ *ist eine Ordinalzahl.*

Beweis. Nach Axiom VIII existiert eine Menge X, der $\emptyset$ und mit jedem Element x auch $x \cup \{x\}$ angehört. Unter Berücksichtigung der Peanoschen Axiome 1 und 2 ergibt sich damit, daß $\emptyset$ und mit jeder natürlichen Zahl n auch n^+ zu $X \cap \boldsymbol{N}$ gehört. Mittels des Prinzips der vollständigen Induktion folgt $X \cap \boldsymbol{N} = \boldsymbol{N}$ und somit $\boldsymbol{N} \subseteqq X$. Wegen Axiom III ist $\boldsymbol{N}$ daher eine Menge. Da — wie bereits bemerkt wurde — $\boldsymbol{N}$ die am Anfang von Abschnitt 1.14 angegebenen Eigenschaften 1 und 2 besitzt, ergibt sich $\boldsymbol{N}$ als Ordinalzahl. ∎

Neben N wird häufig die Menge

$$N^+ = N \setminus \{0\}$$

aller von 0 verschiedenen natürlichen Zahlen benutzt. Die Nachfolgerabbildung $\{(n, n^+) \mid n \in N\}$ hat N als Definitionsbereich und, wie mittels des Prinzips der vollständigen Induktion folgt, N^+ als Wertebereich.

Von natürlichen Zahlen verschiedene Ordinalzahlen sind natürlich größer als diese. Wegen (1.14.1) können wir jede Ordinalzahl x unter Benutzung der kleinsten Ordinalzahl, der 0, als rechtsseitig offenes Intervall

$$x = [0, x[\tag{1.15.1}$$

schreiben.

1.16. Das Auswahlaxiom

Wir setzen im folgenden die Gültigkeit eines weiteren Axioms, des letzten Axioms unseres Axiomsystems voraus. Es wird als **Auswahlaxiom** bezeichnet.

Axiom IX. *Es existiert mindestens eine* **Auswahlabbildung**, *d. h. eine Abbildung, die als Definitionsbereich die Klasse $\{x \mid x \neq \emptyset\}$ aller nichtleeren Mengen hat und jeder Menge $x \neq \emptyset$ ein Element von sich zuordnet.*

1.16.1. *Zu jeder Menge X existiert mindestens eine eineindeutige Abbildung, die als Definitionsbereich eine Ordinalzahl hat und diese auf X abbildet.*

Beweis. a sei eine Auswahlabbildung. Wir definieren eine Abbildung g, die als Definitionsbereich die Klasse aller Abbildungen $h \in \mathcal{A}$ mit $X \setminus \mathrm{wb}h \neq \emptyset$ hat und für die stets $g(h) = a(X \setminus \mathrm{wb}h)$ gilt:

$$g = \{(h, a(X \setminus \mathrm{wb}h)) \mid h \text{ ist eine Abbildung mit } X \setminus \mathrm{wb}h \neq \emptyset\}.$$

Nach 1.14.4 existiert eine Abbildung f mit $\mathrm{db}\,f \mathrel{\underline{\in}} O$, $\mathrm{db}\,f = \{x \in O \mid f|x \in \mathrm{db}g\}$ und $f(x) = g(f|x)$ zu beliebigem $x \in \mathrm{db}f$. Es ist stets

$$f(x) = a(X \setminus \mathrm{wb}\,f|x) = a(X \setminus f[x]) \in X \setminus f[x]. \tag{1.16.1}$$

f ist eine eineindeutige Abbildung. Andernfalls gäbe es voneinander verschiedene Elemente x und y von $\mathrm{db}f$ mit $f(x) = f(y)$. Da x und y Ordinalzahlen sind, könnte $y \in x$ wegen 1.14.2 angenommen werden, was $f(x) = f(y) \in f[x]$ im Widerspruch zu (1.16.1) zur Folge hätte.

Es kann nicht $\mathrm{db}f = O$ gelten, da wegen (1.16.1)

$$\mathrm{wb}f \subseteq X \tag{1.16.2}$$

gilt, auf Grund der Axiome III und VII sich deshalb $\mathrm{wb}f = \mathrm{db}\,f^{-1}$ und damit $\mathrm{db}f = \mathrm{wb}\,f^{-1}$ als Menge ergibt, O jedoch eine Unmenge ist.

Nun besteht für jede Ordinalzahl x die Äquivalenz

$$x \in \mathrm{db}f \iff f|x \in \mathrm{db}g,$$

so daß $f \mid \mathrm{db} f = f \notin \mathrm{db} g$ wegen $\mathrm{db} f \notin \mathrm{db} f$ (vergleiche 1.6.2) und deshalb $X \setminus \mathrm{wb} f = \emptyset$, d. h. $X \subseteq \mathrm{wb} f$ auf Grund der Definition von g folgt. Mit (1.16.2) ergibt sich $X = \mathrm{wb}\, f$. Wir erhalten somit, daß die Abbildung f die im Satz angegebenen Eigenschaften besitzt. ▮

1.16.2. *Jede Menge X läßt sich wohlordnen* (**Zermelosches Wohlordnungsprinzip**). *Jede Kette einer geordneten Menge ist in einer maximalen Kette enthalten* (**Lemma von Hausdorff und Kuratowski**). *Ist X eine geordnete Menge und $\leqq$ die Ordnung in X und besitzt jede Kette in X eine obere Schranke, so existiert zu beliebigem $x \in X$ ein maximales Element y von X mit $x \leqq y$* (**Zornsches Lemma**).

Beweis. 1. X sei eine Menge. Nach 1.16.1 existiert eine Abbildung f, die als Definitionsbereich eine Ordinalzahl x hat und diese auf X abbildet. Offensichtlich ist die Zusammensetzung $f \circ \leqq \circ f^{-1}$ der Umkehrung von f, der von $\underline{\in}$ über x induzierten Wohlordnung $\leqq$ (sie ist eine Relation) und der Abbildung f eine Wohlordnung in X.

2. X sei eine geordnete Menge und Y eine Kette in X, ferner a eine Auswahlabbildung. Die Ordnung in X bezeichnen wir mit $\leqq$. Jeder Abbildung h ordnen wir die Menge

$$K_h = \{Z \mid Z \text{ ist eine Kette in } X \text{ mit } Y \subseteq Z \text{ und } z \subsetneqq Z \text{ zu beliebigem } z \in \mathrm{wb} h\}$$

zu und bilden die Abbildung

$$g = \{(h, a(K_h)) \mid h \text{ ist eine Abbildung mit } K_h \neq \emptyset\}\,.$$

Nach 1.14.4 finden wir eine Abbildung f mit $\mathrm{db}\, f \underline{\in} \boldsymbol{O}$, $\mathrm{db} f = \{x \in \boldsymbol{O} \mid f \mid x \in \mathrm{db} g\}$ und $f(x) = g(f \mid x)$ zu beliebigem $x \in \mathrm{db}\, f$. Es gilt

$$f(x) = a(K_{f \mid x}) \in K_{f \mid x} \tag{1.16.3}$$

zu beliebigem $x \in \mathrm{db} f$, weshalb $f(x)$ zu beliebigem $x \in \mathrm{db} f$ eine Kette in X ist, so daß $Y \subseteq f(x)$ und

$$z \subsetneqq f(x) \tag{1.16.4}$$

zu jedem $z \in f[x]$ gilt.

Wir zeigen, daß $\bigvee \mathrm{wb} f$ eine Kette in X mit $Y \subseteq \bigvee \mathrm{wb} f$ ist. u und v seien zwei Elemente von $\bigvee \mathrm{wb} f$. Wir finden zwei Elemente x und y von $\mathrm{db} f$ mit $u \in f(x)$ und $v \in f(y)$. Da x und y Ordinalzahlen sind, gilt $x = y$ oder $x \in y$ oder $y \in x$ wegen 1.14.2. Im Falle $y \in x$ folgt $f(y) \in f[x]$, wegen (1.16.4) also $f(y) \subsetneqq f(x)$. Im Falle $x \in y$ ergibt sich entsprechend $f(x) \subsetneqq f(y)$. u und v gehören somit stets beide einer der Ketten $f(x)$ und $f(y)$ an. Die Elemente von $\bigvee \mathrm{wb} f$ sind deshalb bezüglich der von $\leqq$ auf $\bigvee \mathrm{wb} f$ induzierten Ordnung vergleichbar, d. h. $\bigvee \mathrm{wb} f$ ist selbst eine Kette in X. Es gilt $Y \subseteq f(x)$ zu beliebigem $x \in \mathrm{db} f$ und damit erst recht $Y \subseteq \bigvee \mathrm{wb} f$.

Da zu beliebigen voneinander verschiedenen Elementen x und y von $\mathrm{db} f$ entweder $x \in y$ oder $y \in x$ und — wie gezeigt wurde — damit $f(x) \neq f(y)$ folgt, ist die Abbildung f eineindeutig. Es kann nicht $\mathrm{db} f = \boldsymbol{O}$ gelten, da $\mathrm{wb} f$

wegen (1.16.3) in der Potenzmenge $\mathsf{P}X$ enthalten ist, sich nach 1.5.2 und den Axiomen III und VII wb$f$ und damit auch db$f$ = wb f^{-1} als Menge ergibt, jedoch $\boldsymbol{O}$ eine Unmenge ist. Folglich ist db$f$ eine Ordinalzahl. Nun besteht für jede Ordinalzahl x die Äquivalenz

$$x \in \mathrm{db} f \Leftrightarrow f \,|\, x \in \mathrm{db} g\,,$$

so daß $f \,|\, \mathrm{db} f = f \notin \mathrm{db} g$ wegen $\mathrm{db} f \notin \mathrm{db} f$ und deshalb

$$K_f = \emptyset \tag{1.16.5}$$

auf Grund der Definition von g folgt. (1.16.5) besagt, daß es keine Kette Z in X mit $Y \subseteqq Z$ und $z \subsetneqq Z$ zu beliebigem $z \in \mathrm{wb} f$ gibt. Nun ist aber, wie bewiesen wurde, $\mathsf{V}\mathrm{wb} f$ eine Kette in X mit $Y \subseteqq \mathsf{V}\mathrm{wb} f$, und wegen 1.5.1 gilt $z \subseteqq \mathsf{V}\mathrm{wb} f$ zu beliebigem $z \in \mathrm{wb} f$. Aus (1.16.5) folgt demnach, daß $z = \mathsf{V}\mathrm{wb} f$ für ein $z \in \mathrm{wb} f$ und damit

$$\mathsf{V}\mathrm{wb} f \in \mathrm{wb} f \tag{1.16.6}$$

gilt. Wegen (1.16.5) und (1.16.6) existiert keine Kette Z in X mit $Y \subseteqq Z$ und $\mathsf{V}\mathrm{wb} f \subsetneqq Z$. $\mathsf{V}\mathrm{wb} f$ ist also eine maximale Kette, die Y enthält.

3. X sei eine geordnete Menge derart, daß jede Kette in X eine obere Schranke besitzt. Die Ordnung in X bezeichnen wir mit $\leqq$. x sei ein Element von X. Nach Teil 2 des Beweises gibt es eine maximale Kette Y in X mit $x \in Y$, denn es ist $\{x\}$ eine Kette in X. y sei eine nach Voraussetzung existierende obere Schranke von Y, es ist also $u \leqq y$ zu beliebigem $u \in Y$. Gäbe es in X ein Element $z \neq y$ mit $y \leqq z$, so würde die aus Y durch Hinzufügen von z entstehende Menge Z eine Kette bilden, die Y echt enthalten würde im Widerspruch dazu, daß Y maximal ist. Es ist somit y ein maximales Element von X und folgt $x \leqq y$ wegen $x \in Y$. ∎

1.17. Kardinalzahlen

Man nennt zwei Klassen X und Y **gleichmächtig** und schreibt $X \sim Y$, wenn mindestens eine eineindeutige Abbildung von X auf Y existiert. Offensichtlich ist jede Klasse X mit sich gleichmächtig (Reflexivität), zieht $X \sim Y$ stets $Y \sim X$ nach sich (Symmetrie) und folgt aus $X \sim Y$ und $Y \sim Z$ stets $X \sim Z$ (Transitivität).

Eine Ordinalzahl heißt **Kardinalzahl,** wenn sie mit keiner ihrer Elemente gleichmächtig ist.

Mit $\boldsymbol{K}$ bezeichnen wir die Klasse aller Kardinalzahlen:

$$\boldsymbol{K} = \{X \mid X \text{ ist eine Kardinalzahl}\}\,.$$

Wegen $\boldsymbol{K} \subseteqq \boldsymbol{O}$ ist $\underline{\in}$ über $\boldsymbol{K}$ eine Wohlordnung. Entsprechend einer früheren Vereinbarung für Ordinalzahlen verstehen wir im folgenden Ordnungsbeziehungen $x \leqq y$ und $x < y$ für Kardinalzahlen x und y — wenn wir nichts anderes angeben — stets bezüglich dieser Wohlordnung.

Wir bilden die Relation

$$\mathrm{card} = \{(X, Y) \mid X \sim Y \wedge Y \in \boldsymbol{K}\}\,.$$

Im weiteren führen wir einige Aussagen über diese an.

1.17.1. card *ist eine Abbildung von* $\mathcal{A}$ *auf* $\boldsymbol{K}$. *Es gilt* $\mathrm{card} \circ \mathrm{card} = \mathrm{card}$. *Für beliebige Mengen* X *und* Y *folgt aus* $X \subseteq Y$ *stets* $\mathrm{card}\, X \leqq \mathrm{card}\, Y$. *Für jede Menge* X *ist* $\mathrm{card}\, X < \mathrm{card}\, \mathsf{P}X$.

Beweis. 1. Zu jeder Menge X gibt es, wie mittels 1.14.2 folgt, höchstens eine mit X gleichmächtige Kardinalzahl. card ist deshalb eine Abbildung. Nach 1.16.1 ist zu jeder Menge X die Klasse $\{Y \in \boldsymbol{O} \mid X \sim Y\}$ nicht leer. Sie enthält deshalb bezüglich der von $\underline{\mathsf{E}}$ auf ihr induzierten Wohlordnung ein erstes Element, das offensichlich gleich $\mathrm{card} X$ ist. Es ist deshalb $\mathrm{db}\,\mathrm{card} = \mathcal{A}$. Da

$$X = \mathrm{card} X \text{ zu beliebigem } X \in \boldsymbol{K} \tag{1.17.1}$$

gilt, ist $\mathrm{wb}\,\mathrm{card} = \boldsymbol{K}$.

2. Mittels (1.17.1) folgt $\mathrm{card} \circ \mathrm{card} = \mathrm{card}$.

3. Y sei eine Menge, X eine Teilmenge von Y und ferner f eine eineindeutige Abbildung von Y auf $\mathrm{card}\, Y$. Es ist

$$f[X] \subseteq \mathrm{card}\, Y\,. \tag{1.17.2}$$

$f[x]$ und $\boldsymbol{O}$ denken wir uns mit den von $\underline{\mathsf{E}}$ induzierten Wohlordnungen versehen. Nach 1.13.3 gibt es einen Ordnungsisomorphismus g eines Schnittes in $f[X]$ auf einen Schnitt in $\boldsymbol{O}$, so daß entweder $\mathrm{db} g = f[X]$ oder $\mathrm{wb} g = \boldsymbol{O}$ ist. Da X eine Menge und $\boldsymbol{O}$ eine Unmenge ist, trifft der Fall $\mathrm{db} g = f[X]$ zu. g^{-1} ist ein Ordnungsisomorphismus des Schnittes $(g \circ f)[X]$ in $\boldsymbol{O}$ auf die geordnete Teilklasse $f[X]$ von $\boldsymbol{O}$, so daß wegen 1.13.4 stets $z \leqq g^{-1}(z)$ zu beliebigem $z \in (g \circ f)[X]$ und somit

$$g(u) \leqq u \tag{1.17.3}$$

zu beliebigem $u \in f[X]$ gilt. Aus (1.17.2) folgt $u \in \mathrm{card}\, Y$ zu beliebigem $u \in f[X]$, zusammen mit (1.17.3) also

$$(g \circ f)[X] \subseteq \mathrm{card}\, Y\,. \tag{1.17.4}$$

Da sich $(g \circ f)[X]$ als Ordinalzahl ergibt, ist

$$\mathrm{card}\, X = \mathrm{card}\,\big((g \circ f)[X]\big) \leqq (g \circ f)[X]$$

und wegen (1.17.4) und 1.14.2 ferner $(g \circ f)[X] \leqq \mathrm{card}\, Y$, somit $\mathrm{card} X \leqq \mathrm{card}\, Y$.

4. X sei eine Menge. $\{(x, \{x\}) \mid x \in X\}$ ist eine eineindeutige Abbildung von X in $\mathsf{P}X$. Es ist deshalb X gleichmächtig einer Teilmenge von $\mathsf{P}X$, nach Teil 3 des Beweises somit $\mathrm{card}\, X \leqq \mathrm{card}\, \mathsf{P}X$. Wäre $\mathrm{card}\, X = \mathrm{card}\, \mathsf{P}X$, dann gäbe es eine eineindeutige Abbildung f von X auf $\mathsf{P}X$ und somit ein Element $x \in X$ mit $f(x) = \{y \in X \mid y \notin f(y)\}$. Es würde sich $x \in f(x) \Leftrightarrow x \notin f(x)$, also ein Widerspruch ergeben. Daher ist $\mathrm{card}\, X < \mathrm{card}\, \mathsf{P}X$. ▮

Die nach diesem Satz einer beliebigen Menge X eindeutig zugeordnete Kardinalzahl card$X$ wird als **Mächtigkeit** von X bezeichnet.

Mit Hilfe des Satzes 1.17.1 folgt leicht, daß $\boldsymbol{K}$ eine Unmenge ist. Denn wäre $\boldsymbol{K}$ eine Menge, so wegen Axiom IV und 1.5.2 auch $\mathsf{PV}\boldsymbol{K}$, und es wäre card $\mathsf{PV}\boldsymbol{K} \in \boldsymbol{K}$, nach 1.5.1 also card $\mathsf{PV}\boldsymbol{K} \subseteq \mathsf{V}\boldsymbol{K}$, nach 1.17.1 somit card $\mathsf{PV}\boldsymbol{K} \leqq$ card $\mathsf{V}\boldsymbol{K}$ im Widerspruch zu der nach 1.17.1 geltenden Beziehung card $\mathsf{V}\boldsymbol{K} <$ card $\mathsf{PV}\boldsymbol{K}$.

Wir beweisen als nächstes, daß $\boldsymbol{N} \subseteq \boldsymbol{K}$ und $\boldsymbol{N} \in \boldsymbol{K}$ gilt.

1.17.2. *Jede natürliche Zahl und ebenfalls $\boldsymbol{N}$ ist eine Kardinalzahl.*

Beweis. 1. n und m seien zwei natürliche Zahlen mit gleichmächtigen Nachfolgern n^+ und m^+. Es gibt also eine eineindeutige Abbildung f von n^+ auf m^+. Dann ist auch

$$g = (f \setminus \{(n, f(n)), (f^{-1}(m), m)\}) \cup \{(n, m), (f^{-1}(m), f(n))\}$$

eine eineindeutige Abbildung von n^+ auf m^+, ferner $g \mid n$ eine eineindeutige Abbildung von n auf m, also n gleichmächtig zu m (siehe die Abb.).

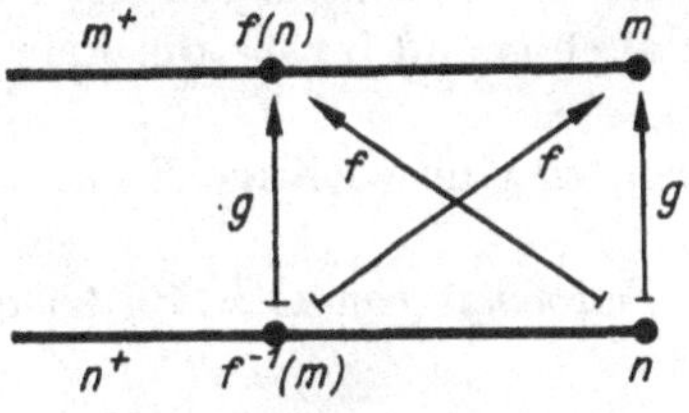

2. Wir nehmen an, daß nicht jede natürliche Zahl eine Kardinalzahl ist. Es gibt dann eine kleinste natürliche Zahl l, die gleichmächtig einer kleineren natürlichen Zahl k ist. Es ist $k \neq 0$. Da die Nachfolgerabbildung $\{(n, n^+) \mid n \in \boldsymbol{N}\}$ als Wertebereich $\boldsymbol{N}^+$ hat, gibt es natürliche Zahlen n und m mit $n^+ = k$ und $m^+ = l$. Es ist $n < m$ wegen $n \cup \{n\} \in m \cup \{m\}$ und ferner $n \sim m$ nach Teil 1 des Beweises, was aber der Definition von l widerspricht. Folglich ist $\boldsymbol{N} \subseteq \boldsymbol{K}$.

3. Würde ein $n \in \boldsymbol{N}$ mit $n \sim \boldsymbol{N}$ existieren, so wäre wegen $n \subseteq n^+ \subseteq \boldsymbol{N}$ (beachte 1.14.2) und 1.17.1

$$\text{card}\, n \leqq \text{card}\, n^+ \leqq \text{card}\, \boldsymbol{N} = \text{card}\, n\,,$$

also card $n =$ card n^+ im Widerspruch zu $\boldsymbol{N} \subseteq \boldsymbol{K}$. Es ist deshalb $\boldsymbol{N} \in \boldsymbol{K}$. ▮

Eine Menge X heißt **endlich,** wenn ihre Mächtigkeit eine natürliche Zahl ist, andernfalls heißt sie **unendlich** und ihre Mächtigkeit eine **transfinite Kardinalzahl.** Die leere Menge ist endlich. Eine Menge X heißt **abzählbar unendlich,** wenn ihre Mächtigkeit $\boldsymbol{N}$ ist. Schließlich heißt eine Menge **abzählbar,** wenn sie endlich oder abzählbar unendlich ist.

1.17.3. *Es gibt (bezüglich $\underline{\in}$) einen und nur einen Ordnungsisomorphismus der Klasse $\boldsymbol{O}$ aller Ordinalzahlen auf die Klasse $\boldsymbol{K} \setminus \boldsymbol{N}$ aller transfiniten Kardinalzahlen.*

Beweis. Nach 1.13.3 existiert ein Ordnungsisomorphismus f eines Schnittes in $\boldsymbol{O}$ auf einen Schnitt in $\boldsymbol{K} \setminus \boldsymbol{N}$ mit $\mathrm{db} f = \boldsymbol{O}$ oder $\mathrm{wb} f = \boldsymbol{K} \setminus \boldsymbol{N}$. $\boldsymbol{O}$ ist eine Unmenge und jeder von $\boldsymbol{O}$ verschiedene Schnitt in $\boldsymbol{O}$ eine Ordinalzahl, also eine Menge. Da $\boldsymbol{K}$ eine Unmenge und $\boldsymbol{N}$ eine Menge ist, ergibt sich wegen $\boldsymbol{K} = \boldsymbol{N} \cup (\boldsymbol{K} \setminus \boldsymbol{N})$ und Axiom V natürlich $\boldsymbol{K} \setminus \boldsymbol{N}$ als Unmenge. Jeder von $\boldsymbol{K} \setminus \boldsymbol{N}$ verschiedene Schnitt in $\boldsymbol{K} \setminus \boldsymbol{N}$ ist Teilklasse einer Ordinalzahl, also eine Menge. Durch Anwendung von Axiom VII auf f und f^{-1} folgt $\mathrm{db} f = \boldsymbol{O}$ und $\mathrm{wb} f = \boldsymbol{K} \setminus \boldsymbol{N}$. Nach 1.13.5 ist f eindeutig bestimmt. ∎

Die nach 1.17.3 jeder Ordinalzahl α zugeordnete transfinite Kardinalzahl wird mit $\aleph_\alpha$ (gelesen: Aleph α) bezeichnet. Die kleinste transfinite Kardinalzahl ist natürlich

$$\aleph_0 = \boldsymbol{N}.$$

Will man besonders hervorheben, daß eine transfinite Kardinalzahl $\aleph_\alpha$ eine Ordinalzahl ist, so bezeichnet man sie auch mit ω_α. Für ω_0, die **erste transfinite Ordinalzahl**, schreibt man auch ω und für ω_1, die **erste nicht abzählbare Ordinalzahl**, auch Ω.

Im folgenden Satz führen wir eine wichtige Eigenschaft von Ω an.

1.17.4. *Jede abzählbare Teilmenge von $\Omega = [0, \Omega[$ besitzt eine obere Schranke in Ω.*

Beweis. A sei eine abzählbare Teilmenge von Ω. Da Ω nicht gleichmächtig einer kleineren Ordinalzahl ist, gilt $\operatorname{card} a \leqq \aleph_0$ zu beliebigem $a \in A$, d. h. ist jedes Element von A abzählbar. Nun folgt leicht, daß $\bigcup_{a \in A} a$ als abzählbare Vereinigung abzählbarer Mengen wieder abzählbar ist, also

$$\operatorname{card} \bigcup_{a \in A} a \leqq \aleph_0 \qquad (1.17.5)$$

gilt. $\bigcup_{a \in A} a$ besitzt die Eigenschaften 1 und 2 aus Abschnitt 1.14. Folglich gilt $\bigcup_{a \in A} a \leqq \boldsymbol{O}$ und wegen (1.17.5) sogar $\bigcup_{a \in A} a \in \Omega$. Offensichtlich ist $\bigcup_{a \in A} a$ eine obere Schranke von A. ∎

Ist $(m_i)_{i \in I}$ eine Familie von Kardinalzahlen mit einer Menge I als Indexbereich und ist X_i zu beliebigem $i \in I$ eine Menge, die m_i als Mächtigkeit hat, so versteht man unter der **Summe** $\sum_{i \in I} m_i$ der Kardinalzahlen m_i die Mächtigkeit der Mengensumme $\sum_{i \in I} X_i$ und unter dem **Produkt** $\prod_{i \in I} m_i$ der Kardinalzahlen m_i die Mächtigkeit des cartesischen Produktes $\prod_{i \in I} X_i$. $\sum_{i \in I} m_i$ und $\prod_{i \in I} m_i$ hängen natürlich nicht von der speziellen Wahl der Mengen X_i ab. Wenn $I = \{1, \ldots, n\}$ für ein $n \in N^+$ ist, schreibt man $m_1 + \cdots + m_n$ und $m_1 \cdots m_n$ für $\sum_{i \in I} m_i$ bzw. $\prod_{i \in I} m_i$. Rechenregeln über diesen Summen- und Produktbegriff werden in der Arithmetik der Kardinalzahlen angegeben (siehe etwa D. Klaua [1]). Wir führen von diesen Regeln lediglich an

1.17.5. *Für jede transfinite Kardinalzahl $\aleph_\alpha$ und jede Kardinalzahl m hat $m \leqq \aleph_\alpha$ stets $m + \aleph_\alpha = \aleph_\alpha$ und $1 \leqq m \leqq \aleph_\alpha$ stets $m\aleph_\alpha = \aleph_\alpha$ zur Folge.*

2. FILTERTHEORIE

Im folgenden befassen wir uns mit einer Reihe grundlegender Begriffe, die für das Verständnis weiter Teile des Buches von Bedeutung sind. Zu ihnen zählt vor allem der von H. CARTAN [1] eingeführte Begriff des Filters. Wir gehen zweckmäßigerweise von einem etwas allgemeineren Begriff, dem des $\wedge$-Ideals, und einem dualen Begriff, dem des $\vee$-Ideals, aus. Diese Begriffe führen wir in Verbänden mit Null- und Einselement ein. Filter selbst sind $\wedge$-Ideale im Teilmengenverband einer Menge. $\vee$-Ideale im Teilmengenverband einer Menge bezeichnen wir als Dualfilter. Zum Teil werden allgemein die $\wedge$-Ideale Filter genannt (etwa von G. NÖBELING [1]), während $\vee$-Ideale auch einfach als Ideale bezeichnet werden. Als Ausgangsverbände treten unter anderem der Filter- und der Dualfilterverband einer beliebigen Menge auf. Die $\wedge$-Ideale im Filterverband einer Menge benötigen wir vor allem zur Definition der Limesräume und der limesuniformen Räume und die $\wedge$-Ideale im Dualfilterverband einer Menge im Band 2 für eine Reihe von Begriffen der Mengenkonvergenz und der Konvergenz von Abbildungen. Ein wichtiger Hilfsbegriff für zahlreiche Untersuchungen ist der auf G. CHOQUET [1] zurückgehende Begriff des Gitters, den wir für beliebige Teilmengen eines Verbandes mit Null- und Einselement einführen. Aussagen über $\wedge$-Ideale, Filter und Gitter sind in zahlreichen Originalarbeiten und Monographien angeführt, zum Beispiel in BOURBAKI [1], BRUNS und SCHMIDT [1], ČECH [1], FISCHER [3], GRIMEISEN [1], KELLER [5], KOWALSKY [2] und [3], NÖBELING [1] und SCHMIDT [1] und [2].

2.1. Verbände

Eine geordnete Menge X heißt ein **Verband**, wenn zu beliebigen Elementen x und y von X das Infimum und das Supremum von $\{x, y\}$ existieren. Sind Y eine nichtleere endliche Teilmenge und y ein Element einer geordneten Menge X derart, daß das Infimum von Y und von $\{\inf Y, y\}$ existieren, so existiert auch das Infimum von $Y \cup \{y\}$ und gilt

$$\inf (Y \cup \{y\}) = \inf \{\inf Y, y\} . \tag{2.1.1}$$

Es ist nämlich $\inf \{\inf Y, y\}$ eine untere Schranke von $Y \cup \{y\}$, und zu einer beliebigen unteren Schranke x von $Y \cup \{y\}$ folgt $x \leqq \inf Y$ und $x \leqq y$, somit $x \leqq \inf \{\inf Y, y\}$. Da eine entsprechende Aussage auch für die Suprema gilt, ist eine geordnete Menge X genau dann ein Verband, wenn jede nichtleere endliche Teilmenge von X das Infimum und das Supremum besitzt.

Im weiteren führen wir eine andere Charakterisierung der Verbände an, und zwar mittels zweier Abbildungen $(x, y) \mapsto x \wedge y$ $(x, y \in X)$ und $(x, y) \mapsto x \vee y$ $(x, y \in X)$ von $X \times X$ in X, dem verbandstheoretischen Durchschnitt $\wedge$ und der verbandstheoretischen Vereinigung $\vee$.

2.1.1 (Charakterisierung der Verbände mit $\wedge$ und $\vee$). *Für jeden Verband X (mit der Ordnung $\leqq$) lassen sich zwei Abbildungen $\wedge\colon X \times X \to X$ und $\vee\colon X \times X \to X$ durch*

$$x \wedge y = \inf\{x, y\} \quad \textit{und} \quad x \vee y = \sup\{x, y\} \tag{2.1.2}$$

definieren, und es gilt für diese

$$x \leqq y \Leftrightarrow x \wedge y = x \Leftrightarrow x \vee y = y\,, \tag{2.1.3}$$

$$x \wedge y = y \wedge x\,, \qquad x \vee y = y \vee x \ \textbf{(Kommutativität)}\,, \tag{2.1.4}$$

$$(x \wedge y) \wedge z = x \wedge (y \wedge z)\,, \qquad (x \vee y) \vee z = x \vee (y \vee z) \ \textbf{(Assoziativität)}\,, \tag{2.1.5}$$

$$x \wedge (x \vee y) = x \quad \textit{und} \quad x \vee (x \wedge y) = x \ \textbf{(Absorption)}\,. \tag{2.1.6}$$

Sind umgekehrt X eine Menge und $\wedge\colon X \times X \to X$ und $\vee\colon X \times X \to X$ zwei Abbildungen mit den Eigenschaften (2.1.4) *bis* (2.1.6), *so läßt sich durch* (2.1.3) *in X eine Ordnung $\leqq$ einführen, so daß X, versehen mit $\leqq$, ein Verband ist und* (2.1.2) *gilt.*

Beweis. 1. X sei ein Verband und $\leqq$ die Ordnung von X. Durch (2.1.2) seien Abbildungen $\wedge$ und $\vee$ definiert. Offensichtlich gilt (2.1.3) und (2.1.4). Wegen (2.1.1) ist für beliebige Elemente x, y und z von X

$$\inf\{\inf\{x, y\}, z\} = \inf\{x, y, z\} = \inf\{x, \inf\{y, z\}\}\,.$$

Da eine entsprechende Beziehung auch für die Suprema besteht, gilt (2.1.5). Für beliebige Elemente x und y von X folgt $\inf\{x, \sup\{x, y\}\} = x$ wegen $x \leqq \sup\{x, y\}$ und $\sup\{x, \inf\{x, y\}\} = x$ wegen $\inf\{x, y\} \leqq x$. Daher gilt auch (2.1.6).

2. X sei eine Menge, und $\wedge\colon X \times X \to X$ und $\vee\colon X \times X \to X$ seien zwei Abbildungen mit den Eigenschaften (2.1.4) bis (2.1.6). Durch die linke Äquivalenz von (2.1.3) führen wir eine Relation $\leqq$ in X ein. Unter Anwendung der beiden Beziehungen (2.1.6) ergibt sich

$$x \wedge x = x \wedge \bigl(x \vee (x \wedge y)\bigr) = x$$

und damit, daß $\leqq$ reflexiv ist. Aus $x \leqq y$ und $y \leqq x$ folgt unter Benutzung von (2.1.4)

$$x = x \wedge y = y \wedge x = y$$

und somit, daß $\leqq$ antisymmetrisch ist. $x \leqq y$ und $y \leqq z$, d. h. $x = x \wedge y$ und $y = y \wedge z$ haben wegen (2.1.5)

$$x \wedge z = (x \wedge y) \wedge z = x \wedge (y \wedge z) = x \wedge y = x$$

und damit $x \leqq z$ zur Folge. $\leqq$ ist deshalb auch transitiv und somit eine Ordnung.

Unter Berücksichtigung von (2.1.4), (2.1.5) und der Reflexivität von $\leqq$ folgt $(x \wedge y) \wedge x = x \wedge y$, damit $x \wedge y \leqq x$ und entsprechend $x \wedge y \leqq y$, somit, daß $x \wedge y$ eine untere Schranke von $\{x, y\}$ ist. Für eine beliebige untere Schranke z von $\{x, y\}$ gilt $z \wedge x = z$ und $z \wedge y = z$, wegen (2.1.5) somit $z \wedge (x \wedge y) = z$ und deshalb $z \leqq x \wedge y$. Folglich ist $x \wedge y$ die größte untere Schranke von $\{x, y\}$, d. h. gleich $\inf\{x, y\}$. Da aus $x \wedge y = x$ wegen (2.1.4) und (2.1.6) stets $x \vee y = (x \wedge y) \vee y = y$ folgt und $x \vee y = y$ wegen (2.1.6) stets $x \wedge y = y$ nach sich zieht, ist $x \leqq y$ somit auch zu $x \vee y = y$ äquivalent und ergibt sich entsprechend $x \vee y = \sup\{x, y\}$. ∎

Ist X ein Verband, so heißen die beliebigen Elementen x und y von X gemäß (2.1.2) zugeordneten Elemente $x \wedge y$ und $x \vee y$ von X der **(verbandstheoretische) Durchschnitt** und die **(verbandstheoretische) Vereinigung** von x und y in X. Das Infimum und Supremum endlich vieler Elemente $x_1, \dots, x_n$ eines Verbandes X bezeichnen wir natürlich auch mit $x_1 \wedge \dots \wedge x_n$ bzw. $x_1 \vee \dots \vee x_n$ und nennen es den **(verbandstheoretischen) Durchschnitt** bzw. die **(verbandstheoretische) Vereinigung** dieser Elemente. Falls für eine Familie $(x_\iota)_{\iota \in I}$ von Elementen von X das Infimum bzw. das Supremum existiert, bezeichnen wir es entsprechend mit $\bigwedge_{\iota \in I} x_\iota$ bzw. $\bigvee_{\iota \in I} x_\iota$ und nennen es den **(verbandstheoretischen) Durchschnitt** bzw. die **(verbandstheoretische) Vereinigung** der Glieder von $(x_\iota)_{\iota \in I}$.

Ein Beispiel eines Verbandes ist die Potenzmenge $\mathsf{P}X$ einer beliebigen Menge X, die mit der mengentheoretischen Ordnung, also der durch

$$Y \leqq Z \Leftrightarrow Y \subseteqq Z$$

definierten Ordnung $\leqq$, versehen ist. In diesem Verband, dem sogenannten **Teilmengenverband** von X, sind $Y \wedge Z$ und $Y \vee Z$ gerade der mengentheoretische Durchschnitt $Y \cap Z$ bzw. die mengentheoretische Vereinigung $Y \cup Z$.

Ein Verband X heißt **vollständig**, wenn das Infimum und das Supremum beliebiger Teilmengen von X existieren. Unter anderem existieren in einem vollständigem Verband X das Infimum und das Supremum von X, also das erste und letzte Element von X, schließlich das Infimum und das Supremum der leeren Menge, und es gilt

$$\inf \emptyset = \sup X \quad \text{und} \quad \sup \emptyset = \inf X\,. \tag{2.1.7}$$

Ein Verband X heißt **distributiv**, wenn die folgenden beiden Distributivgesetze

$$x \wedge (y \vee z) = (x \wedge y) \vee (x \wedge z) \tag{2.1.8}$$

und

$$x \vee (y \wedge z) = (x \vee y) \wedge (x \vee z) \tag{2.1.9}$$

gelten.

Zum Teil interessieren uns die verschärften Distributivgesetze

$$x \wedge \bigvee_{\iota \in I} x_\iota = \bigvee_{\iota \in I} (x \wedge x_\iota) \tag{2.1.10}$$

und

$$x \vee \bigwedge_{i\in I} x_i = \bigwedge_{i\in I} (x \vee x_i)\,, \tag{2.1.11}$$

wobei $(x_i)_{i\in I}$ eine beliebige Familie von Elementen von X ist. Wir sprechen nur dann davon, daß (2.1.10) bzw. (2.1.11) gilt, wenn $\bigvee_{i\in I} x_i$ bzw. $\bigwedge_{i\in I} x_i$ für jede Familie $(x_i)_{i\in I}$ von Elementen von X existiert. Wichtig ist in diesem Zusammenhang, daß $\bigwedge_{i\in I} x_i$ für jede Familie $(x_i)_{i\in I}$ von Elementen von X genau dann existiert, wenn $\bigvee_{i\in I} x_i$ für jede derartige Familie existiert. Es gilt nämlich der Satz

2.1.2 (Charakterisierung vollständiger Verbände). *Existiert in einer geordneten Menge X das Infimum jeder Teilmenge von X oder das Supremum jeder Teilmenge von X, so ist X ein vollständiger Verband.*

Beweis. Jede Teilmenge von X besitze das Infimum. Y sei eine Teilmenge von X und Z die Menge aller oberen Schranken von Y in X. Zu jedem $y \in Y$ gilt $y \leqq z$ für alle $z \in Z$ und folglich $y \leqq \inf Z$. Daher ist $\inf Z$ eine obere Schranke von Y. Selbstverständlich ist $\inf Z$ dann die kleinste obere Schranke von Y, also gleich dem Supremum von Y. Aus der Existenz der Infima der Teilmengen von X ergibt sich somit die Existenz der Suprema der Teilmengen von X. Die Umkehrung folgt entsprechend. ▮

Gilt in einem vollständigen Verband X stets (2.1.10), (2.1.11) bzw. (2.1.10) und (2.1.11), so heißt X **unendlich-1-distributiv, unendlich-2-distributiv** bzw. **unendlichdistributiv** (vergleiche G. Szász [1]). Es folgt leicht, daß ein vollständiger Verband X genau dann unendlich-1- bzw. unendlich-2-distributiv ist, wenn für beliebige Familien $(x_i)_{i\in I}$ und $(y_j)_{j\in J}$ in X

$$\bigvee_{i\in I} x_i \wedge \bigvee_{j\in J} y_j = \bigvee_{(i,j)\in I\times J} (x_i \wedge y_j) \tag{2.1.12}$$

bzw.

$$\bigwedge_{i\in I} x_i \vee \bigwedge_{j\in J} y_j = \bigwedge_{(i,j)\in I\times J} (x_i \vee y_j) \tag{2.1.13}$$

gilt.

Besitzt ein Verband X das erste Element $\inf X$ bzw. das letzte Element $\sup X$, so wird dieses auch das **Null-** bzw. das **Einselement** dieses Verbandes genannt. Ein Verband X mit Null- und Einselement heißt **komplementär,** wenn jedes Element x von X ein **Komplement** besitzt, d. h. ein Element $\mathfrak{c}x$ von X mit

$$x \wedge \mathfrak{c}x = \inf X \quad \text{und} \quad x \vee \mathfrak{c}x = \sup X\,.$$

Von besonderem Interesse sind in der Verbandstheorie die nach G. Boole genannten **Boole-Verbände**, das sind Verbände mit Null- und Einselement, die distributiv und komplementär sind.

2.1.3. *In einem* BOOLE-*Verband besitzt jedes Element genau ein Komplement.*

Beweis. y und z seien Komplemente von x. Dann folgt wegen $x \vee z = \sup X$ und $y \wedge x = \inf X$ offenbar $y = y \wedge (x \vee z) = (y \wedge x) \vee (y \wedge z) = y \wedge z$ und analog $z = z \wedge y$, also $y = z$. ▮

2.1.4. *In einem* BOOLE-*Verband* X *gilt stets* $\mathfrak{c}\mathfrak{c}x = x$ *und ist* $x \leqq y$ *äquivalent zu* $x \wedge \mathfrak{c}y = \inf X$, *zu* $y \vee \mathfrak{c}x = \sup X$ *und zu* $\mathfrak{c}y \leqq \mathfrak{c}x$.

Beweis. Nach Definition ist jedes Element x von X ein Komplement von $\mathfrak{c}x$, weshalb $\mathfrak{c}\mathfrak{c}x = x$ mittels 2.1.3 folgt. Aus $x \vee y = y$ ergibt sich $(x \vee y) \wedge \mathfrak{c}y = \inf X$, also $x \wedge \mathfrak{c}y = \inf X$ und daraus $x \vee y = (x \wedge \mathfrak{c}y) \vee y = y$, so daß $x \vee y = y$, d. h. $x \leqq y$ zu $x \wedge \mathfrak{c}y = \inf X$ äquivalent ist. Die zweite Äquivalenz folgt ähnlich. Die dritte Äquivalenz erhält man aus der ersten wegen $x \wedge \mathfrak{c}y = \mathfrak{c}y \wedge \mathfrak{c}\mathfrak{c}x$. ▮

Wie mittels 2.1.4 folgt, ist für jeden BOOLE-Verband X die **Komplementärabbildung**, d. h. diejenige Abbildung, die jedem Element von X sein Komplement zuordnet, ein Antiisomorphismus von X auf sich. Ein Verband X, zu dem ein Antiisomorphismus von X auf sich existiert, heißt **selbstdual**. BOOLE-Verbände sind somit selbstduale Verbände.

Bezüglich der Komplementärabbildung $\mathfrak{c}$ eines BOOLE-Verbandes — und allgemeiner bezüglich eines beliebigen Antiisomorphismus $\mathfrak{c}$ eines selbstdualen Verbandes auf sich — ergibt sich: Zu jeder Familie $(x_\iota)_{\iota\in I}$ von Elementen des Verbandes existiert mit $\bigwedge_{\iota\in I} x_\iota$ auch $\bigvee_{\iota\in I} \mathfrak{c}x_\iota$ und mit $\bigvee_{\iota\in I} x_\iota$ auch $\bigwedge_{\iota\in I} \mathfrak{c}x_\iota$ und gilt dann

$$\mathfrak{c}\,(\bigwedge_{\iota\in I} x_\iota) = \bigvee_{\iota\in I} \mathfrak{c}x_\iota \quad \text{bzw.} \quad \mathfrak{c}\,(\bigvee_{\iota\in I} x_\iota) = \bigwedge_{\iota\in I} \mathfrak{c}x_\iota \quad \textbf{(Regeln von De Morgan)}\,. \tag{2.1.14}$$

Wie der folgende Satz besagt, gelten in jedem vollständigen BOOLE-Verband die verschärften Distributivgesetze (2.1.10) und (2.1.11).

2.1.5. *Jeder vollständige* BOOLE-*Verband ist unendlichdistributiv.*

Beweis. $(x_\iota)_{\iota\in I}$ sei eine Familie von Elementen von X. Wir setzen $y = \bigvee_{\iota\in I} (x \wedge x_\iota)$. Offensichtlich ist $y \leqq x \wedge \bigvee_{\iota\in I} x_\iota$. Zu beliebigem $\iota \in I$ gilt $x \wedge x_\iota \leqq y$, wegen 2.1.4 daher $(x \wedge x_\iota) \wedge \mathfrak{c}y = \inf X$ und folglich

$$x_\iota \leqq x_\iota \vee \mathfrak{c}(x \wedge \mathfrak{c}y) = \big(x_\iota \wedge (x \wedge \mathfrak{c}y)\big) \vee \mathfrak{c}(x \wedge \mathfrak{c}y) = \mathfrak{c}(x \wedge \mathfrak{c}y)\,.$$

Somit ist $\bigvee_{\iota\in I} x_\iota \leqq \mathfrak{c}(x \wedge \mathfrak{c}y)$, wegen 2.1.4 deshalb

$$(x \wedge \bigvee_{\iota\in I} x_\iota) \wedge \mathfrak{c}y = (x \wedge \mathfrak{c}y) \wedge \bigvee_{\iota\in I} x_\iota = \inf X$$

und folglich $x \wedge \bigvee_{\iota\in I} x_\iota \leqq y$. Es gilt somit (2.1.10). Analog ergibt sich die Gültigkeit von (2.1.11). ▮

Man zeigt leicht, daß der Teilmengenverband einer beliebigen Menge X ein vollständiger BOOLE-Verband ist und eine Teilmenge Y von X in diesem Verband als Komplement natürlich $X \setminus Y$ hat. Zu beachten ist, daß in diesem Verband für eine beliebige Familie $(X_\iota)_{\iota\in I}$ von Teilmengen von X wohl

$$\bigvee_{\iota\in I} X_\iota = \bigcup_{\iota\in I} X_\iota\,,$$

jedoch nicht stets $\bigwedge_{\iota\in I} X_\iota = \bigcap_{\iota\in I} X_\iota$ gilt. Während die letzte Beziehung im Falle $I \neq \emptyset$ zutrifft, ist $\bigwedge_{\iota\in I} X_\iota = X$ und $\bigcap_{\iota\in I} X_\iota = \mathcal{A} \neq X$ im Falle $I = \emptyset$ (vgl. 1.5.1). Für eine beliebige Familie $(X_\iota)_{\iota\in I}$ von Teilmengen von X gilt daher stets

$$\bigwedge_{\iota\in I} X_\iota = X \cap \bigcap_{\iota\in I} X_\iota\,. \tag{2.1.15}$$

Zu einem beliebigen Verband X heißt eine geordnete Teilmenge Y von X, die selbst ein Verband ist, ein **Teilverband** von X. Eine Teilmenge Y eines Verbandes X bildet genau dann einen Teilverband, wenn das bez. X gebildete Infimum und Supremum zweier beliebiger Elemente von Y zu Y gehört.

Ein Teilverband Y eines vollständigen Verbandes X wird ein **vollständiger Teilverband** von X genannt, wenn das Infimum und Supremum einer beliebigen Teilmenge von Y bez. Y existiert und gleich dem Infimum bzw. Supremum dieser Menge bez. X ist. Zu beachten ist, daß ein Teilverband eines vollständigen Verbandes X durchaus ein vollständiger Verband sein kann, ohne ein vollständiger Teilverband von X zu sein. Das trifft zum Beispiel für die zu einer Menge X und einer echten Teilmenge Y von X gebildeten Teilmengenverbände von X bzw. Y zu. Daß der letztere Verband ein nicht vollständiger Teilverband der ersteren ist, folgt daraus, daß das Infimum der leeren Menge bezüglich dieser Verbände X bzw. Y ist.

2.2. $\wedge$-Ideale

X sei ein Verband mit Null- und Einselement, für den also $\inf X$ und $\sup X$ existieren. $\leqq$ sei die Ordnung in X. Die verbandstheoretischen Durchschnitte und Vereinigungen bezeichnen wir wie im vorangehenden Abschnitt.

Wir führen nun den wichtigen Begriff des $\wedge$-Ideals ein. Und zwar nennen wir eine nichtleere Teilmenge J von X ein **$\wedge$-Ideal** (gelesen: Durchschnittsideal) von X, wenn sie die folgenden beiden Eigenschaften hat:

1. Aus $x \in J$, $y \in X$ und $x \leqq y$ folgt $y \in J$.
2. $x \in J$ und $y \in J$ zieht $x \wedge y \in J$ nach sich.

Zu diesen beiden Eigenschaften ist äquivalent, daß $x \in J$ und $y \in J$ genau dann gilt, wenn $x \wedge y \in J$ ist.

X ist selbst ein $\wedge$-Ideal. Es heißt das **uneigentliche $\wedge$-Ideal** von X. Die übrigen $\wedge$-Ideale von X werden **eigentlich** genannt. Offensichtlich ist ein $\wedge$-Ideal genau dann eigentlich, wenn ihm nicht das Nullelement von X angehört.

$\wedge$-Ideale lassen sich leicht aus allgemeineren Mengen erzeugen, zum Beispiel aus sogenannten $\wedge$-Idealbasen. Eine nichtleere Teilmenge B von X heißt eine **Basis eines $\wedge$-Ideals,** wenn gilt:

Zu beliebigen $x \in B$ und $y \in B$ existiert ein $z \in B$ mit $z \leqq x \wedge y$.

Ist B eine $\wedge$-Idealbasis, so ist

$$\{x \in X \mid \exists y \in B\,(y \leqq x)\}$$

ein $\wedge$-Ideal; es wird das **aus B erzeugte $\wedge$-Ideal** oder auch das **$\wedge$-Ideal mit der Basis B** genannt.

Jedes $\wedge$-Ideal ist selbst eine $\wedge$-Idealbasis und gleich dem aus sich erzeugten $\wedge$-Ideal.

Zu einer beliebigen Teilmenge Y von X bezeichnen wir das Bild von Y bezüglich der Ordnung $\leqq$ auch mit $\operatorname{im}_{\leqq} Y$. Wir setzen also

$$\operatorname{im}_{\leqq} Y = \{x \in X \mid \exists y \in Y\,(y \leqq x)\}\,,$$

d. h., wir nehmen als $\operatorname{im}_{\leqq} Y$ diejenige Menge, die aus allen Elementen von X besteht, die größer oder gleich Elementen von Y sind. Das aus einer $\wedge$-Idealbasis B erzeugte $\wedge$-Ideal ist unter Benutzung dieser Schreibweise gerade die Menge $\operatorname{im}_{\leqq} B$. Selbstverständlich gilt $\operatorname{im}_{\leqq} \emptyset = \emptyset$, für jede Teilmenge Y von X ferner $Y \subseteqq \operatorname{im}_{\leqq} Y$; insbesondere ist also jede $\wedge$-Idealbasis eine Teilmenge des aus ihr erzeugten $\wedge$-Ideals.

Offensichtlich erhält man

2.2.1. *Sind B und C Basen von $\wedge$-Idealen J bzw. K, so gilt $J \subseteqq K$ genau dann, wenn zu beliebigem $x \in B$ ein $y \in C$ mit $y \leqq x$ existiert.*

Den Begriff der Basis eines $\wedge$-Ideals schwächen wir noch weiter ab. Zu jeder nichtleeren Teilmenge S von X ist die Menge aller Durchschnitte $x_1 \wedge \cdots \wedge x_n$ je endlich vieler Elemente von S die Basis eines $\wedge$-Ideals J; wir nennen S eine **Subbasis** von J. Eine nichtleere Teilmenge S von X ist genau dann die Subbasis eines eigentlichen $\wedge$-Ideals, wenn der Durchschnitt $x_1 \wedge \cdots \wedge x_n$ endlich vieler Elemente von S stets ungleich dem Nullelement von X ist. Jede Subbasis eines $\wedge$-Ideals J ist eine Teilmenge von J. Jede Basis eines $\wedge$-Ideals J ist offensichtlich eine Subbasis von J.

$\hat{X}$ sei die Menge aller $\wedge$-Ideale von X. Wir denken sie uns mit der mengentheoretischen Ordnung $\leqq$, also der durch

$$J \leqq K \Leftrightarrow J \subseteqq K$$

definierten Ordnung, versehen.

2.2.2 (Infima und Suprema in $\hat{X}$). *Die Menge $\hat{X}$ der $\wedge$-Ideale von X ist* (bez. $\leqq$) *ein vollständiger Verband. Für die leere Familie $(J_\iota)_{\iota \in I}$ von $\wedge$-Idealen von X*

gilt $\bigwedge_{i\in I} J_i = X$. *Ist* $(J_i)_{i\in I}$ *eine nichtleere Familie von* ∧*-Idealen von* X, *so ist*

$$\bigwedge_{i\in I} J_i = \bigcap_{i\in I} J_i \tag{2.2.1}$$

und, falls zusätzlich I endlich oder X vollständig ist, auch

$$\bigwedge_{i\in I} J_i = \{\bigvee_{i\in I} x_i \mid x_i \in J_i \text{ zu beliebigem } i \in I\}\,. \tag{2.2.2}$$

Für eine beliebige Familie $(J_i)_{i\in I}$ *von* ∧*-Idealen von* X *gilt*

$$\bigvee_{i\in I} J_i = \operatorname{im}_{\leqq} \{\bigwedge_{i\in K} x_i \mid K \subseteqq I \text{ endlich und } x_i \in J_i \text{ zu beliebigem } i \in K\}^{1)}\,, \tag{2.2.3}$$

insbesondere für die leere Familie $\bigvee_{i\in I} J_i = \{\sup X\}$.

Für eine beliebige Familie $(J_i)_{i\in I}$ *von* ∧*-Idealen von* X *ist* $\bigwedge_{i\in I} J_i$ *genau dann eigentlich, wenn mindestens eines der* J_i *eigentlich ist, und* $\bigvee_{i\in I} J_i$ *genau dann eigentlich, wenn für eine beliebige endliche Teilmenge* K *von* I *und beliebige* $x_i \in J_i$ $(i \in I)$ *stets* $\bigwedge_{i\in I} x_i$ *ungleich dem Nullelement von* X *ist.*

Beweis. $(J_i)_{i\in I}$ sei eine Familie von ∧-Idealen von X. Ist sie leer, so gilt $\bigwedge_{i\in I} J_i = \sup \hat{X} = X$. Im folgenden sei sie nichtleer. Der mengentheoretische Durchschnitt $\bigcap_{i\in I} J_i$ erweist sich als ein ∧-Ideal, insbesondere ist er wegen $\sup X \in J_i$ $(i \in I)$ nicht leer. Da $\bigcap_{i\in I} J_i$ die umfassendste Teilmenge aller ∧-Ideale J_i ist, existiert der verbandstheoretische Durchschnitt der J_i und gilt (2.2.1). Ist zusätzlich I endlich oder X vollständig, so existiert

$$J = \{\bigvee_{i\in I} x_i \mid x_i \in J_i \text{ zu beliebigem } i \in I\}\,.$$

Es gilt dann $\bigcap_{i\in I} J_i \subseteqq J$ und, da zu beliebigen $x_i \in J_i$ $(i \in I)$ auf Grund der Eigenschaft 1 der ∧-Ideale die Beziehung $\bigvee_{i\in I} x_i \in \bigcap_{i\in I} J_i$ besteht, sogar $\bigwedge_{i\in I} J_i = J$ und damit (2.2.2).

Im weiteren seien $(J_i)_{i\in I}$ und X wieder beliebig. $B = \{\bigwedge_{i\in K} x_i \mid K \subseteqq I$ endlich und $x_i \in J_i$ zu beliebigem $i \in K\}$ ist eine ∧-Idealbasis. Es ist $\bigcup_{i\in K} J_i \subseteqq \operatorname{im}_{\leqq} B$. Da für jedes ∧-Ideal $\mathfrak{u}$ mit $\bigcup_{i\in I} J_i \subseteqq \mathfrak{u}$ auch $\operatorname{im}_{\leqq} B \subseteqq \mathfrak{u}$ gilt, existiert $\bigvee_{i\in I} J_i$ und stimmt $\bigvee_{i\in I} J_i$ mit $\operatorname{im}_{\leqq} B$ überein. Daher gilt (2.2.3). Insbesondere ist $\bigvee_{i\in I} J_i = \{\sup X\}$, falls I leer ist. Die Richtigkeit des weiteren Teiles der Aussage ergibt sich leicht. ∎

Für eine beliebige Familie $(J_i)_{i\in I}$ von ∧-Idealen von X gilt $\bigwedge_{i\in I} J_i = X \cap \bigcap_{i\in I} J_i$ nach 2.2.2, d. h., es stimmen die verbandstheoretischen Durchschnitte der

[1]) Ist $I \neq \emptyset$, so können wir zusätzlich fordern, daß K nichtleer ist.

Glieder dieser Familie bezüglich $\hat{X}$ und bezüglich des Teilmengenverbandes von X überein (vergleiche (2.1.15)). Aus (2.2.3) folgt, daß für jede nichtleere Familie $(J_\iota)_{\iota \in I}$ von $\wedge$-Idealen von X die mengentheoretische Vereinigung $\bigcup_{\iota \in I} J_\iota$ eine Subbasis von $\bigvee_{\iota \in I} J_\iota$ ist.

Der Verband $\hat{X}$ hat als Nullelement $\{\sup X\}$ und als Einselement X.

2.2.3. *Der Verband X sei distributiv. Dann ist auch $\hat{X}$ distributiv und sogar unendlich-1-distributiv. $\hat{X}$ ist dann im allgemeinen jedoch nicht unendlich-2-distributiv, auch nicht, wenn X speziell als Teilmengenverband einer beliebigen Menge vorausgesetzt ist.*

Beweis. 1. J sei ein $\wedge$-Ideal und $(J_\iota)_{\iota \in I}$ eine Familie von $\wedge$-Idealen von X. Offensichtlich gilt

$$J \wedge \bigvee_{\iota \in I} J_\iota \supseteqq \bigvee_{\iota \in I} (J \wedge J_\iota)\,. \tag{2.2.4}$$

Wegen 2.2.2 existiert zu beliebigem $x \in J \wedge \bigvee_{\iota \in I} J_\iota$ eine endliche Teilmenge K von I und zu beliebigem $\iota \in K$ ein $x_\iota \in J_\iota$ mit $x \geqq \bigwedge_{\iota \in K} x_\iota$, folglich mit

$$x = x \vee \bigwedge_{\iota \in K} x_\iota = \bigwedge_{\iota \in K} (x \vee x_\iota)\,.$$

Daher ist $x \in \bigvee_{\iota \in I} (J \wedge J_\iota)$, so daß anstelle von (2.2.4) sogar

$$J \wedge \bigvee_{\iota \in I} J_\iota = \bigvee_{\iota \in I} (J \wedge J_\iota) \tag{2.2.5}$$

gilt.

2. J, K und L seien drei $\wedge$-Ideale von X. Es ist

$$J \vee (K \wedge L) \subseteqq (J \vee K) \wedge (J \vee L)\,. \tag{2.2.6}$$

Wegen 2.2.2 existieren zu beliebigem $x \in (J \vee K) \wedge (J \vee L)$ Elemente $u \in J$, $u' \in J$, $y \in K$ und $z \in L$ mit $u \wedge y \leqq x$ und $u' \wedge z \leqq x$. Wir können $u = u'$ annehmen und erhalten

$$u \wedge (y \vee z) = (u \wedge y) \vee (u \wedge z) \leqq x$$

und damit $x \in J \vee (K \wedge L)$. Daher gilt bei (2.2.6) sogar das Gleichheitszeichen. $\hat{X}$ ist deshalb distributiv.

3. Es sei X der Teilmengenverband der Menge $\mathbf{N}^+$ aller positiven natürlichen Zahlen. J sei das $\wedge$-Ideal von X, das aus allen Teilmengen von $\mathbf{N}^+$ besteht, denen bis auf endlich viele alle positiven natürlichen Zahlen angehören (J ist der Fréchet-Filter; siehe 2.4). Da sich $J \vee \operatorname{im}_{\leqq} \{\mathbf{N}^+ \setminus M\} = \mathsf{P}\mathbf{N}^+$ zu beliebigem $M \in J$ und damit

$$\bigwedge_{M \in J} (J \vee \operatorname{im}_{\leqq} \{\mathbf{N}^+ \setminus M\}) = \mathsf{P}\mathbf{N}^+$$

und unter Berücksichtigung von

$$\bigwedge_{M \in J} \operatorname{im}_{\leqq} \{N^+ \setminus M\} = \operatorname{im}_{\leqq} \{\bigcup_{M \in J} (N^+ \setminus M)\} = \{N^+\}$$

ferner

$$J \vee \bigwedge_{M \in J} \operatorname{im}_{\leqq} \{N^+ \setminus M\} = J \neq \mathsf{P}N^+$$

ergibt, gilt das zu (2.2.5) duale Gesetz im Verband der ∧-Ideale von $\mathsf{P}N^+$ nicht, ist dieser Verband also nicht unendlich-2-distributiv. ▮

Im weiteren gehen wir auf zwei spezielle Arten von ∧-Idealen ein, die Haupt-∧-Ideale und die Ultra-∧-Ideale.

Die zu einem beliebigen Element A von X gebildete Menge

$$[A] = \operatorname{im}_{\leqq} \{A\} = \{y \in X \mid A \leqq y\}$$

ist ein ∧-Ideal von X, sie heißt das aus A erzeugte **Haupt-∧-Ideal**. Ein Haupt-∧-Ideal $[A]$ ist offensichtlich genau dann eigentlich, wenn A nicht das Nullelement von X ist. Aus $A \leqq B$ folgt natürlich stets $[B] \subseteqq [A]$. Ferner gilt

2.2.4 (Infima und Suprema von Haupt-∧-Idealen). *Der Verband X sei vollständig. Dann ist zu jeder Familie $(A_i)_{i \in I}$ von Elementen von X*

$$\bigwedge_{i \in I} [A_i] = [\bigvee_{i \in I} A_i] \tag{2.2.7}$$

und

$$\bigvee_{i \in I} [A_i] \subseteqq [\bigwedge_{i \in I} A_i] \,. \tag{2.2.8}$$

Bei (2.2.8) *gilt das Gleichheitszeichen, wenn I endlich ist. Im allgemeinen trifft es jedoch bei* (2.2.8) *nicht zu, auch nicht unter der Voraussetzung, daß X der Teilmengenverband einer beliebigen Menge ist.*

Beweis. 1. $(A_i)_{i \in I}$ sei eine Familie von Elementen von X. Es ist $[\bigvee_{i \in I} A_i] \subseteqq \bigwedge_{i \in I} [A_i]$, und zu beliebigem $x \in \bigwedge_{i \in I} [A_i]$ gilt $A_i \leqq x$ $(i \in I)$, somit $\bigvee_{i \in I} A_i \leqq x$ und daher $x \in [\bigwedge_{i \in I} A_i]$. Damit ist die Richtigkeit von (2.2.7) gezeigt. (2.2.8) gilt offensichtlich. Ist I endlich, so folgt aus $x \in [\bigwedge_{i \in I} A_i]$, d. h. aus $\bigwedge_{i \in I} A_i \leqq x$, wegen (2.2.3) offenbar $x \in \bigvee_{i \in I} [A_i]$ und somit $\bigvee_{i \in I} [A_i] = [\bigwedge_{i \in I} A_i]$.

2. Um zu zeigen, daß bei (2.2.8) das Gleichheitszeichen nicht stets gilt, wählen wir als X den Teilmengenverband von N^+ und als $(A_i)_{i \in I}$ eine Familie von Teilmengen von N^+ mit $\bigcap_{i \in I} A_i = \emptyset$ und $\bigcap_{i \in K} A_i \neq \emptyset$ zu jeder endlichen Teilmenge K von I, etwa $(N^+ \setminus \{i\})_{i \in N^+}$. In diesem Falle ist $\bigvee_{i \in K} [A_i]$ ein eigentliches ∧-Ideal, jedoch $[\bigwedge_{i \in I} A_i]$ das uneigentliche ∧-Ideal $\mathsf{P}N^+$. ▮

Mittels (2.2.3) ergibt sich

2.2.5 (Charakterisierung der $\wedge$-Ideale mittels Haupt-$\wedge$-Idealen). *Jedes $\wedge$-Ideal J von K stimmt mit der verbandstheoretischen Vereinigung $\bigvee_{A \in J} [A]$ der aus ihren Elementen erzeugten Haupt-$\wedge$-Idealen überein.*

Ein eigentliches $\wedge$-Ideal J von X wird **Ultra-$\wedge$-Ideal** genannt, wenn es kein eigentliches $\wedge$-Ideal von X gibt, das J als echte Teilmenge besitzt. Ultra-$\wedge$-Ideale sind somit maximale Elemente in der geordneten Teilmenge $\hat{X} \setminus \{X\}$ von $\hat{X}$.

2.2.6 (Existenz von Ultra-$\wedge$-Idealen). *Zu jedem eigentlichen $\wedge$-Ideal J von X existiert ein Ultra-$\wedge$-Ideal von X, das J enthält.*

Beweis. Natürlich können wir $\hat{X} \setminus \{X\} \neq \emptyset$ annehmen. Nach dem Zornschen Lemma (siehe 1.16.2) genügt es zu zeigen, daß jede Kette in $\hat{X} \setminus \{X\}$ eine obere Schranke besitzt. Wir behaupten, daß für jede Kette in $\hat{X} \setminus \{X\}$ sogar das Supremum in $\hat{X} \setminus \{X\}$ existiert, dieses also ein eigentliches $\wedge$-Ideal ist. Wäre das für eine Kette $\mathfrak{K}$ in $\hat{X} \setminus \{X\}$ nicht der Fall, so wäre $\mathfrak{K} \neq \emptyset$, und es gäbe nach 2.2.2 endlich viele $\mathfrak{K}$ angehörende $\wedge$-Ideale $J_1, \ldots, J_n$ und Elemente $x_1 \in J_1, \ldots, x_n \in J_n$ mit $x_1 \wedge \cdots \wedge x_n = \inf X$. Da $\mathfrak{K}$ linear geordnet ist, könnte $J_1 \subseteq \cdots \subseteq J_n$ angenommen werden, und es ergäbe sich $\inf X \in J_n$, also $J_n = X$ im Widerspruch zu $J_n \in \hat{X} \setminus \{X\}$. ▮

Y sei ein Teilverband von X mit $\inf X$ als Nullelement und einem Einselement. $\leq$ sei wie bisher die Ordnung in X. Dann gilt

2.2.7 (Fortsetzung der Ultra-$\wedge$-Ideale). *Zu jedem Ultra-$\wedge$-Ideal J von Y ist $\operatorname{im}_{\leq} J$ ein Ultra-$\wedge$-Ideal von X.*

Beweis. Angenommen, es gibt ein eigentliches $\wedge$-Ideal K von X, das $\operatorname{im}_{\leq} J$ als echte Teilmenge enthält. x sei ein Element von $K \setminus \operatorname{im}_{\leq} J$. Dann ist $B = \{x \wedge y \mid y \in J\}$ die Basis eines eigentlichen $\wedge$-Ideals von Y, das das Ultra-$\wedge$-Ideal J als Teilmenge enthält, also mit diesem übereinstimmt. Damit folgt $x \in \operatorname{im}_{\leq} B = \operatorname{im}_{\leq} J$ im Widerspruch zu $x \in K \setminus \operatorname{im}_{\leq} J$. Folglich ist $\operatorname{im}_{\leq} J$ ein Ultra-$\wedge$-Ideal von X. ▮

2.2.8 (Erweiterungssatz). *X sei ein distributiver Verband und J ein Ultra-$\wedge$-Ideal von X. Sind x und y Elemente von X mit $x \vee y \in J$, so gilt $x \in J$ oder $y \in J$. Sind K und L $\wedge$-Ideale von X mit $K \cap L \subseteq J$, so gilt $K \subseteq J$ oder $L \subseteq J$.*

Beweis. K und L seien $\wedge$-Ideale von X mit $K \cap L \subseteq J$. Wäre weder $K \subseteq J$ noch $L \subseteq J$, d. h. weder $J = J \vee K$ noch $J = J \vee L$, so würden $J \vee K$ und $J \vee L$ uneigentlich sein. Es gäbe $x \in J$, $y \in K$ und $z \in L$ mit $x \wedge y = \inf X$

und $x \wedge z = \inf X$, also mit $x \wedge (y \vee z) = \inf X$. Das würde aber $K \cap L \subseteqq J$ widersprechen. Damit folgt die Richtigkeit des zweiten Teiles der Behauptung. Wenn wir K und L speziell als Haupt-$\wedge$-Ideale wählen, ergibt sich auch die Richtigkeit des ersten Teiles der Behauptung. ∎

2.2.9 (Charakterisierung der Ultra-$\wedge$-Ideale). *X sei ein* BOOLE-*Verband und J ein eigentliches $\wedge$-Ideal von X. J ist genau dann ein Ultra-$\wedge$-Ideal, wenn zu beliebigem $x \in X$ entweder x oder dessen Komplement $\complement x$ ein Element von J ist.*

Beweis. J gehöre zu beliebigem $x \in X$ entweder x oder $\complement x$ an. Nach 2.2.6 gibt es ein Ultra-$\wedge$-Ideal K, in dem J liegt. Zu beliebigem $x \in K$ folgt $\complement x \notin K$, damit $\complement x \notin J$, also $x \in J$ und somit $J = K$. Die eine Richtung der Behauptung ist damit bewiesen. Die andere Richtung ergibt sich aus 2.2.8. ∎

2.2.10 (Charakterisierung der eigentlichen $\wedge$-Ideale mittels Ultra-$\wedge$-Idealen). *X sei ein* BOOLE-*Verband. Jedes eigentliche $\wedge$-Ideal J von X ist dann gleich dem Durchschnitt aller Ultra-$\wedge$-Ideale, die J enthalten.*

Beweis. x sei ein Element von X mit $x \notin J$. Zu jedem $y \in J$ gilt $y \nleqq x$ und wegen 2.1.4 damit $y \wedge \complement x \neq \inf X$. $J \vee [\complement x]$ ist deshalb ein eigentliches $\wedge$-Ideal. Nach 2.2.6 gibt es ein Ultra-$\wedge$-Ideal K, das $J \vee [\complement x]$ und damit J enthält. Wegen $\complement x \in K$ gilt $x \notin K$. Damit folgt die Behauptung. ∎

Im folgenden bringen wir einige Bemerkungen zur Dualisierung der in diesem Abschnitt angeführten Begriffe und Aussagen. Wir denken uns dazu bei den bisherigen Untersuchungen in diesem Abschnitt X nicht mit $\leqq$, sondern der inversen Ordnung $\geqq$ versehen, also die angeführten Begriffe und Aussagen alle auf die inverse Ordnung bezogen. Bezüglich der vorgegebenen Ordnung $\leqq$ — mit dieser sei im weiteren wieder X versehen — ergeben sich dann aus diesen Begriffen und Aussagen neue Begriffe und neue Aussagen, die **duale Begriffe** und **duale Aussagen** der angeführten Begriffe und Aussagen heißen. Die Voraussetzung, daß X ein Verband mit Null- und Einselement ist, geht bei der Dualisierung in sich über, so daß wir diese nicht abzuändern brauchen. Selbstverständlich sind auch die Forderungen, daß X ein vollständiger oder ein distributiver Verband ist, zu sich selbst dual. Zum verbandstheoretischen Durchschnitt $\bigwedge_{i \in I} x_i$ ist die verbandstheoretische Vereinigung $\bigvee_{i \in I} x_i$ und zu dieser umgekehrt der verbandstheoretische Durchschnitt dual.

Der Begriff des $\wedge$-Ideals hat als Dual den Begriff des $\vee$-Ideals. Dabei heißt eine nichtleere Teilmenge J von X ein **$\vee$-Ideal** (gelesen: Vereinigungsideal) von X, wenn sie die folgenden beiden Eigenschaften besitzt:

1. Aus $x \in J$, $y \in X$ und $y \leqq x$ folgt $y \in J$.
2. $x \in J$ und $y \in J$ zieht $x \vee y \in J$ nach sich.

X ist ein $\vee$-Ideal. Es wird das **uneigentliche $\vee$-Ideal** von X genannt. Die übrigen $\vee$-Ideale von X heißen **eigentlich**. Selbstverständlich ist der Begriff des eigentlichen bzw. uneigentlichen $\vee$-Ideals dual zum Begriff des eigentlichen bzw. uneigentlichen $\wedge$-Ideals.

Die Begriffe **Basis** und **Subbasis** eines $\vee$-Ideals lassen sich leicht so definieren, daß sie dual zu den Begriffen Basis und Subbasis eines $\wedge$-Ideals sind. Wir überlassen die genaue Formulierung dieser Definitionen dem Leser.

Zum Begriff $\underset{\leqq}{\operatorname{im}} Y$ ist natürlich

$$\underset{\geqq}{\operatorname{im}} Y = \{x \in X \mid \exists y \in Y(x \leqq y)\}$$

dual.

Die Menge $\check{X}$ aller $\vee$-Ideale von X denken wir uns mit der mengentheoretischen Ordnung versehen. Durch Dualisierung von 2.2.2 ergibt sich, daß $\check{X}$ ein vollständiger Verband ist. Da bei der Dualisierung der Ordnung im Verband $\check{X}$ der $\vee$-Ideale die Ordnung im Verband $\hat{X}$ der $\wedge$-Ideale entspricht, ist der Begriff des verbandstheoretischen Durchschnittes von $\vee$-Idealen dual zum Begriff des verbandstheoretischen Durchschnittes von $\wedge$-Idealen und der Begriff der verbandstheoretischen Vereinigung von $\vee$-Idealen dual zum Begriff der verbandstheoretischen Vereinigung von $\wedge$-Idealen. Während sich also bei der Dualisierung die Zeichen $\bigwedge$ und $\bigvee$ in X vertauschen, bleiben diese Zeichen beim Übergang von $\hat{X}$ zu $\check{X}$ erhalten.

Zur Illustration der Dualisierung führen wir einen Teil des zu 2.2.2 dualen Satzes an: *Für die leere Familie $(J_\iota)_{\iota\in I}$ von $\vee$-Idealen von X gilt $\bigwedge_{\iota\in I} J_\iota = X$. Ist $(J_\iota)_{\iota\in I}$ eine nichtleere Familie von $\vee$-Idealen von X, so ist*

$$\bigwedge_{\iota\in I} J_\iota = \bigcap_{\iota\in I} J_\iota \tag{2.2.9}$$

und, falls I endlich oder X vollständig ist, auch

$$\bigwedge_{\iota\in I} J_\iota = \{\bigwedge_{\iota\in I} x_\iota \mid x_\iota \in J_\iota \text{ zu beliebigem } \iota \in I\}\,. \tag{2.2.10}$$

Für eine beliebige Familie $(J_\iota)_{\iota\in I}$ von $\vee$-Idealen von X gilt

$$\bigvee_{\iota\in I} J_\iota = \underset{\geqq}{\operatorname{im}} \{\bigvee_{\iota\in K} x_\iota \mid K \subseteqq I \text{ endlich und } x_\iota \in J_\iota \text{ zu beliebigem } \iota \in K\}\,, \tag{2.2.11}$$

insbesondere für die leere Familie $\bigvee_{\iota\in I} J_\iota = \{\inf X\}$.

Die zu einem beliebigen Element A von X gebildete Menge

$$(A) = \underset{\geqq}{\operatorname{im}} \{A\} = \{y \in X \mid y \leqq A\}$$

ist ein $\vee$-Ideal von X, sie heißt das aus A erzeugte **Haupt-$\vee$-Ideal.** (A) ist genau dann eigentlich, wenn A ungleich dem Einselement von X ist. Ein eigentliches $\vee$-Ideal J von X wird **Ultra-$\vee$-Ideal** genannt, wenn es kein eigentliches $\vee$-Ideal von X gibt, das J als Teilmenge besitzt. Selbstverständlich sind die Begriffe Haupt-$\vee$-Ideal und Ultra-$\vee$-Ideal dual zu den Begriffen Haupt-$\wedge$-Ideal und Ultra-$\wedge$-Ideal.

Wir überlassen es dem Leser, alle die über $\wedge$-Ideale angeführten Sätze zu dualisieren und geben lediglich in einer Tabelle noch einmal die wichtigsten Begriffe an, die bezüglich der Ordnung von X zueinander dual sind.

Ordnung von X	inverse Ordnung von X
$\bigwedge_{i \in I} x_i$	$\bigvee_{i \in I} x_i$
$\bigvee_{i \in I} x_i$	$\bigwedge_{i \in I} x_i$
$(x_i \in X)$	$(x_i \in X)$
Nullelement von X	Einselement von X
Einselement von X	Nullelement von X
eigentliches bzw. uneigentliches $\wedge$-Ideal	eigentliches bzw. uneigentliches $\vee$-Ideal
Haupt-$\wedge$-Ideal $[A]$	Haupt-$\vee$-Ideal (A)
Ultra-$\wedge$-Ideal	Ultra-$\vee$-Ideal
Ordnung im Verband $\hat{X}$ der $\wedge$-Ideale von X	Ordnung im Verband $\check{X}$ der $\vee$-Ideale von X
$\bigwedge_{i \in I} J_i$	$\bigwedge_{i \in I} J_i$
$\bigvee_{i \in I} J_i$	$\bigvee_{i \in I} J_i$
$(J_i \in \hat{X})$	$(J_i \in \check{X})$
Nullelement $\{\sup X\}$ von $\hat{X}$	Nullelement $\{\inf X\}$ von $\check{X}$
Einselement X von $\hat{X}$	Einselement X von $\check{X}$

In Spezialfällen gibt es neben der Dualisierung noch eine mit der Dualisierung eng zusammenhängende andere Methode, aus Sätzen über $\wedge$-Ideale Sätze über $\vee$-Ideale herzuleiten. Im weiteren gehen wir auf diese Methode, die wir die Methode der **Komplementärbildung** nennen, ein. Wir nehmen dazu an, daß X speziell ein BOOLE-Verband und c die Komplementärabbildung von X ist[1]). Unter Benutzung der Abbildung c definieren wir einen Isomorphismus C des Teilmengenverbandes von X auf sich durch

$$\mathsf{C}Y = \mathsf{c}[Y] .$$

Daß C ein Isomorphismus des Teilmengenverbandes von X auf sich ist, bedeutet natürlich, daß C eine eineindeutige Abbildung von $\mathsf{P}X$ auf sich ist und für beliebige Teilmengen Y und Z von X stets $Y \subseteq Z$ äquivalent zu $\mathsf{C}Y \subseteq \mathsf{C}Z$ ist.

[1]) Die Methode funktioniert im wesentlichen bereits, wenn X ein selbstdualer Verband und c ein Antiisomorphismus von X auf sich ist.

Mittels 2.1.4 ergibt sich, daß C als Umkehrung sich selbst hat. C hat die wichtige Eigenschaft, den Verband $\hat{X}$ aller $\wedge$-Ideale von X auf den Verband $\check{X}$ aller $\vee$-Ideale von X (und umgekehrt) abzubilden. Insbesondere gilt

$$\mathsf{C}X = X \tag{2.2.12}$$

und zu beliebigem $A \in X$

$$\mathsf{C}[A] = (\mathsf{c}A) \tag{2.2.13}$$

und wird durch C die Menge aller Ultra-$\wedge$-Ideale von X auf die Menge aller Ultra-$\vee$-Ideale von X abgebildet. Für jede Familie $(J_\iota)_{\iota \in I}$ von $\wedge$-Idealen von X und die zugehörige Familie $(\mathsf{C}J_\iota)_{\iota \in I}$ von $\vee$-Idealen ist natürlich

$$\mathsf{C}\Big(\bigwedge_{\iota \in I} J_\iota\Big) = \bigwedge_{\iota \in I} \mathsf{C}J_\iota \quad \text{und} \quad \mathsf{C}\Big(\bigvee_{\iota \in I} J_\iota\Big) = \bigvee_{\iota \in I} \mathsf{C}J_\iota \,. \tag{2.2.14}$$

Es ist klar, daß durch den Isomorphismus C die Sätze über $\wedge$-Ideale in Sätze über $\vee$-Ideale übergehen. Wichtig ist, daß sich bei dieser Methode der Herleitung von Aussagen über $\vee$-Ideale, der Methode der Komplementärbildung, der Ausgangsverband X nicht ändert. Man erhält daher zum Beispiel mittels dieser Methode — im Gegensatz zur Methode der Dualisierung — aus Sätzen über $\wedge$-Ideale von Teilmengenverbänden unmittelbar Sätze über $\vee$-Ideale derartiger Verbände. Wenn von mehreren Verbänden ausgegangen wird, hat man natürlich im allgemeinen die sämtlichen zugehörigen Isomorphismen zur Herleitung von Sätzen über $\vee$-Ideale heranzuziehen.

2.3. Gitter

Ein wichtiger Hilfsbegriff für Konvergenzuntersuchungen ist der Begriff des Gitters, auf den wir im folgenden eingehen. Wie zu Anfang des vorigen Abschnittes setzen wir voraus, daß X ein Verband mit Null- und Einselement ist. Die im vorigen Abschnitt angeführten Bezeichnungsvereinbarungen behalten wir natürlich bei.

Gitter definieren wir für beliebige Teilmengen von X, und zwar verstehen wir unter dem **Gitter** einer Teilmenge J von X die Menge

$$J^* = \{x \in X \mid x \wedge y \neq \inf X \text{ zu beliebigem } y \in J\}\,,$$

also die Menge aller Elemente x von X, für die zu beliebigem $y \in J$ der verbandstheoretische Durchschnitt $x \wedge y$ nicht das Nullelement von X ist. Offensichtlich ist das Gitter einer Teilmenge von X, der das Nullelement von X angehört, die leere Menge. Insbesondere gilt $X^* = \emptyset$ für das uneigentliche $\wedge$-Ideal X. Ferner ist natürlich $\{\sup X\}^* = X \setminus \{\inf X\}$.

Eine Teilmenge B von X nennen wir **Basis** eines Gitters J^*, wenn $J^* = \operatorname{im}_{\leq} B$ ist. Jedes Gitter ist eine Basis von sich selbst.

Der Definition eines Gitters entnimmt man leicht die Richtigkeit von

2.3.1. *Für beliebige Teilmengen J und K von X folgt aus $J \subseteqq K$ stets $K^* \subseteqq J^*$. Für eine Teilmenge J von X gilt genau dann $J \subseteqq J^*$, wenn aus $x \in J$ und $y \in J$ stets $x \wedge y \neq \inf X$ folgt.*

Da für ein eigentliches $\wedge$-Ideal K von X aus $x \in K$ und $y \in K$ stets $x \wedge y \neq \inf X$ folgt, erhalten wir das für Konvergenzuntersuchungen wichtige

Korollar. *Für beliebige eigentliche $\wedge$-Ideale J und K von X folgt aus $J \subseteqq K$ stets*

$$J \subseteqq K \subseteqq K^* \subseteqq J^* . \tag{2.3.1}$$

Das Gitter eines Gitters einer Teilmenge J von X bezeichnen wir natürlich mit J^{**}. Wie aus dem folgenden Satz hervorgeht, führt in BOOLE-Verbänden zweimalige Gitterbildung unter der Einschränkung $J = \mathrm{im}_{\leqq} J$ wieder auf die Ausgangsmenge zurück.

2.3.2 (Gitter von Gittern). *X sei ein BOOLE-Verband und J eine Teilmenge von X. Es gilt $J \subseteqq J^{**}$ und im Falle $J = \mathrm{im}_{\leqq} J$ sogar $J = J^{**}$.*

Beweis. Ein Element x von X gehört J^{**} genau dann an, wenn $x \wedge y \neq \inf X$ zu beliebigem $y \in J^*$ ist. Da jedes Element x von J diese Eigenschaft besitzt, folgt $J \subseteqq J^{**}$. Im weiteren gelte $J = \mathrm{im}_{\leqq} J$. Aus $x \in J^{**}$ folgt $\complement x \notin J^*$ und daraus ferner, daß ein $y \in J$ mit $\complement x \wedge y = \inf X$, wegen 2.1.4 also mit $y \leqq x$ existiert. Wir erhalten $x \in J$ und damit $J^{**} \subseteqq J$, somit $J = J^{**}$. ∎

Korollar. *Ist X ein BOOLE-Verband, so ist das Gitter des Gitters eines $\wedge$-Ideals von X das $\wedge$-Ideal selbst.*

In BOOLE-Verbänden lassen sich leicht diejenigen Teilmenge charakterisieren, die Gitter von $\wedge$-Idealen sind. Es gilt nämlich (vergleiche G. GRIMEISEN [1]):

2.3.3 (Charakterisierung der Gitter von $\wedge$-Idealen). *X sei ein BOOLE-Verband und J eine Teilmenge von X. Ist J das Gitter eines $\wedge$-Ideals von X, so besitzt J die Eigenschaften*

1. $J = \mathrm{im}_{\leqq} J \neq X$

und

2. *$x \vee y \in J$ zieht $x \in J$ oder $y \in J$ nach sich.*

Besitzt J die Eigenschaften 1 und 2, so ist andererseits J^* ein $\wedge$-Ideal und J das Gitter von J^*.

Beweis. 1. K sei ein $\wedge$-Ideal von X mit $J = K^*$. J hat natürlich die Eigenschaft 1. Aus $x \notin J$ und $y \notin J$ folgt die Existenz von $u, v \in K$ mit $x \wedge u = y \wedge v = \inf X$. $w = u \wedge v$ gehört K an, und es gilt $(x \vee y) \wedge w = \inf X$ und damit $x \vee y \notin J$. Daher hat J auch die Eigenschaft 2.

2. J besitze die Eigenschaften 1 und 2. Es gilt dann $J^* = \operatorname{im}_{\leqq} J^* \neq \emptyset$. Ist $x \wedge y \notin J^*$ für ein x und y aus J^*, so gibt es ein $z \in J$ mit $x \wedge y \wedge z = \inf X$. Es folgt $z \leqq \mathfrak{c}x \vee \mathfrak{c}y$ und damit

$$(z \wedge \mathfrak{c}x) \vee (z \wedge \mathfrak{c}y) = z \wedge (\mathfrak{c}x \vee \mathfrak{c}y) = z \in J ,$$

wegen Eigenschaft 2 also $z \wedge \mathfrak{c}x \in J$ oder $z \wedge \mathfrak{c}y \in J$, etwa $z \wedge \mathfrak{c}x \in J$. Unter Berücksichtigung von $x \in J^*$ würde sich $x \wedge (z \wedge \mathfrak{c}x) \neq \inf X$ ergeben, was unmöglich ist. Daher ist J^* ein $\wedge$-Ideal. Wegen 2.3.2 gilt $J = J^{**}$. ∎

Beziehungen zwischen verbandstheoretischen Durchschnitten und Vereinigungen von $\wedge$-Idealen und Gitterbildungen liefert der Satz

2.3.4. *X sei ein Verband. Gilt in X das Distributivgesetz* (2.1.8), *so besteht für jede endliche*[1]) *Familie $(J_\iota)_{\iota\in I}$ von $\wedge$-Idealen von X die Beziehung*

$$\Big(\bigwedge_{\iota\in I} J_\iota\Big)^* = \bigcup_{\iota\in I} J_\iota^* . \tag{2.3.2}$$

Falls X ein vollständiger Verband ist und anstelle (2.1.8) *sogar das verschärfte Distributivgesetz* (2.1.10) *gilt, X also unendlich-1-distributiv ist, trifft* (2.3.2) *sogar für jede Familie von $\wedge$-Idealen von X zu. Für jede Familie von $\wedge$-Idealen von X gilt*

$$\Big(\bigvee_{\iota\in I} J_\iota\Big)^* \subseteqq \bigcap_{\iota\in I} J_\iota^* . \tag{2.3.3}$$

Das Gleichheitszeichen trifft bei (2.3.3) *im allgemeinen nicht zu, auch nicht unter der zusätzlichen Voraussetzung, daß X ein Teilmengenverband einer beliebigen Menge und I zweielementig ist.*

Beweis. 1. $(J_\iota)_{\iota\in I}$ sei eine Familie von $\wedge$-Idealen von X. Wegen 2.3.1 gilt $\big(\bigwedge_{\iota\in I} J_\iota\big)^* \supseteqq \bigcup_{\iota\in I} J_\iota^*$ und (2.3.3). Im Falle $I = \emptyset$ gilt natürlich sogar (2.3.2). Im weiteren sei I nicht leer. Ferner sei entweder I endlich und gelte (2.1.8), oder es sei X ein vollständiger Verband und gelte (2.1.10) Ist x ein Element von X mit $x \notin \bigcup_{\iota\in I} J_\iota^*$, so existiert zu beliebigem $\iota \in I$ ein $x_\iota \in J_\iota$ mit $x \wedge x_\iota = \inf X$. Auf Grund der Voraussetzung gilt dann $x \wedge \bigvee_{\iota\in I} x_\iota = \inf X$, wegen (2.2.2) somit $x \notin \big(\bigwedge_{\iota\in I} J_\iota\big)^*$ und daher dann (2.3.2).

2. Im folgenden sei X der Teilmengenverband einer Menge Y. Wir nehmen an, daß Y mindestens drei voneinander verschiedene Elemente x, y und z angehören. Für die Haupt-$\wedge$-Ideale $J = [\{x, y\}]$ und $K = [\{x, z\}]$ gilt $J \vee K = [\{x\}]$, $\{y, z\} \in J^* \cap K^*$ und $\{y, z\} \notin [\{x\}]^*$, somit $(J \vee K)^* \neq J^* \cap K^*$. ∎

Mittels Gittern kann man leicht die Ultra-$\wedge$-Ideale charakterisieren.

---

[1]) Eine Familie heißt **endlich**, wenn ihr Indexbereich endlich ist.

2.3.5 (Charakterisierung der Ultra-$\wedge$-Ideale). *Ein eigentliches $\wedge$-Ideal ist genau dann ein Ultra-$\wedge$-Ideal, wenn es mit seinem Gitter übereinstimmt.*

B e w e i s. J sei ein eigentliches $\wedge$-Ideal. Auf Grund des Korollars zu 2.3.1 folgt $J \subseteqq J^*$ und aus $J = J^*$, daß J ein Ultra-$\wedge$-Ideal ist. Es sei nun $J \subsetneqq J^*$, folglich $J^* \setminus J$ nicht leer. Für jedes $A \in J^* \setminus J$ gilt $J \subsetneqq J \vee [A]$ und ist $J \vee [A]$ wegen 2.2.2 und $y \wedge A \neq \inf X$ $(y \in J)$ ein eigentliches $\wedge$-Ideal. J ist daher kein Ultra-$\wedge$-Ideal. ∎

Die Begriffe Gitter und Gitterbasis und die in diesem Abschnitt angeführten Aussagen lassen sich natürlich leicht dualisieren. Wir überlassen diese Dualisierungen — mit Ausnahme der Dualisierung des Begriffes des Gitters — dem Leser. Den Dual zum Begriff des Gitters nennen wir Dualgitter. Unter dem **Dualgitter** einer Teilmenge J von X verstehen wir also die Menge

$$^*J = \{x \in X \mid x \vee y \neq \sup X \text{ zu beliebigem } y \in J\} .$$

Ist X ein Boole-Verband, so ordnet der wie am Ende von Abschnitt 2.2 eingeführte Isomorphismus C dem Gitter einer beliebigen Teilmenge J von X das Dualgitter von $\mathsf{C}J$ zu, gilt also stets

$$\mathsf{C}(J^*) = {}^*(\mathsf{C}J) . \tag{2.3.4}$$

2.4. Filter

Im weiteren befassen wir uns mit Spezialfällen. In diesem und den nächsten Paragraphen gehen wir nicht von einem beliebigen Verband mit Null- und Einselement, sondern speziell von den Teilmengenverband einer beliebigen Menge X aus. Wir hatten bereits erwähnt, daß $\mathsf{P}X$ bezüglich der mengentheoretischen Ordnung ein vollständiger Boole-Verband ist. Das Nullelement dieses Verbandes ist natürlich $\emptyset$ und das Einselement X selbst. Die $\wedge$-Ideale dieses Verbandes bezeichnen wir als **Filter** in X[1]. Ein Filter $\mathfrak{F}$ in X ist also eine nichtleere Menge von Teilmengen von X mit den beiden Eigenschaften:

1. Aus $F \in \mathfrak{F}$ und $F \subseteqq G \subseteqq X$ folgt $G \in \mathfrak{F}$.
2. $F \in \mathfrak{F}$ und $G \in \mathfrak{F}$ zieht $F \cap G \in \mathfrak{F}$ nach sich.

Die auf $\wedge$-Ideale bezogenen Bezeichnungen, wie zum Beispiel eigentliches und uneigentliches $\wedge$-Ideal und Basis und Subbasis eines $\wedge$-Ideals, verwenden wir auch bezüglich Filter. Der Filter $\mathsf{P}X$ ist dementsprechend **uneigentlich**, und ein Filter in X ist genau dann **eigentlich**, wenn ihm die leere Menge nicht angehört. Basen von Filtern werden auch **Raster** genannt. Anstelle $\underset{\leqq}{\mathrm{im}}$ schreiben wir im vorliegenden Spezialfall auch $\underset{\subseteqq, X}{\mathrm{im}}$ und, wenn keine Irrtümer möglich sind, auch einfach $\underset{\subseteqq}{\mathrm{im}}$, verstehen also zu einer beliebigen Menge $\mathfrak{B}$ von Teilmengen

---

[1]) Zum Teil wird in der Literatur dafür auch Filter auf X gesagt.

von X unter im $\subseteq \mathfrak{B}$ die Menge aller Teilmengen von X, die Obermengen von Mengen aus $\mathfrak{B}$ sind.

X, versehen mit einem Filter in X, heiße eine **gefilterte Menge.** Offensichtlich ist eine mit einem eigentlichen Filter gefilterte Menge nicht leer.

Unter dem **Gitter** $\mathfrak{F}^*$ einer Menge $\mathfrak{F}$ von Teilmengen von X verstehen wir natürlich das Gitter von $\mathfrak{F}$ bezüglich des Teilmengenverbandes von X, also die Menge

$$\mathfrak{F}^* = \{Y \in \mathsf{P}X \mid F \cap Y \neq \emptyset \text{ zu beliebigem } F \in \mathfrak{F}\}.$$

Als nächstes führen wir eine Reihe spezieller Filter und deren Gitter an.

Spezielle Filter in X sind die aus beliebigen Teilmengen F von X erzeugten **Hauptfilter** $[F] = \{Y \mid F \subseteq Y \subseteq X\}$. Sind Verwechslungen nicht zu befürchten, so schreiben wir zu beliebigem $x \in X$ anstelle $[\{x\}]$ auch $[x]$. Für das Gitter eines beliebigen Hauptfilters $[F]$ gilt $[F]^* = \{Y \in \mathsf{P}X \mid Y \cap F \neq \emptyset\}$. Insbesondere ist stets $[x]^* = \{Y \in \mathsf{P}X \mid x \in Y\}$ und damit $[x] = [x]^*$. Die aus einelementigen Mengen erzeugten Hauptfilter stimmen also mit ihren Gittern überein.

Man kann recht einfach gewisse Filter mittels Relationen, die X richten, erzeugen. Unter einer Relation, die X **richtet,** versteht man eine Präordnung $\leqq$ in X, so daß zu beliebigen $x \in X$ und $y \in X$ ein $z \in X$ mit $x \leqq z$ und $y \leqq z$ existiert. X, versehen mit $\leqq$, heißt dann eine **gerichtete Menge.** Ist $\leqq$ eine Relation, die X richtet, so ist $\{\emptyset\}$ bei $X = \emptyset$ und $\{\{y \in X \mid x \leqq y\} \mid x \in X\}$ bei $X \neq \emptyset$ eine Filterbasis. Der daraus erzeugte Filter in X heißt der **zu** $\leqq$ **gehörige Filter.** Er ist genau dann eigentlich, wenn X nicht leer ist. Wenn X eine bezüglich einer Relation $\leqq$ gerichtete Menge ist, denkt man sich häufig X mit dem zu $\leqq$ gehörigen Filter versehen, X also zu einer gefilterten Menge gemacht. Das Gitter des zu $\leqq$ gehörigen Filters besteht aus allen Teilmengen Y von X, denen zu beliebigem $x \in X$ ein Element $y \in X$ mit $x \leqq y$ angehört.

Ist X speziell die Menge $\boldsymbol{R}$ bzw. $\boldsymbol{C}$ aller reellen bzw. komplexen Zahlen, so kann in ihr unter Benutzung des Betrages der reellen bzw. komplexen Zahlen durch

$$x \leqq y \Leftrightarrow |x| \geqq |y|$$

eine Relation $\leqq$ eingeführt werden, die X richtet. Der zu $\leqq$ gehörige Filter $\boldsymbol{V}$ spielt in späteren Untersuchungen in Band 2 eine wichtige Rolle. Er hat die Gesamtheit aller Mengen $\{x \in X \mid |x| < \varepsilon\}$ ($\varepsilon > 0$ beliebig) als eine Basis. Verwenden wir bereits die in Kapitel 3 eingeführten topologischen Begriffe, so ergibt sich: Der zu $\leqq$ gehörige Filter $\boldsymbol{V}$ ist der Nachbarschaftsfilter der Zahl 0 in $\boldsymbol{R}$ bzw. $\boldsymbol{C}$, und das Gitter dieses Filters besteht aus allen Teilmengen von X, die 0 als Adhärenzpunkt haben.

Wenn X die Menge $\boldsymbol{N}^+$ der positiven natürlichen Zahlen und $\leqq$ die natürliche Ordnung in $\boldsymbol{N}^+$ ist (sie wird von $\{(x, y) \mid x = y \text{ oder } x \in y\}$ induziert), heißt die aus den Mengen $\{m \in \boldsymbol{N}^+ \mid m \geqq n\}$ ($n \in \boldsymbol{N}^+$) bestehende Filterbasis der **Fréchet-Raster** und der daraus erzeugte Filter in $\boldsymbol{N}^+$, d. h. der zu $\leqq$ gehörige Filter, der **Fréchet-Filter.** Der Fréchet-Filter besteht aus allen Teilmengen von $\boldsymbol{N}^+$, denen bis auf endlich viele alle positiven natürlichen Zahlen angehören. Das Gitter des FRÉCHET-Filters wird aus allen unendlichen Teilmengen von N^+ gebildet.

X sei im weiteren wieder beliebig. Ist ein Filter in X die Vereinigung endlich vieler Mengen, denen mit jeder Menge auch jede in X liegende Obermenge angehört, so ist nach dem folgenden Satz mindestens eine dieser endlich vielen Mengen der Filter selbst.

2.4.1. *$\mathfrak{F}$ sei ein Filter in X, und es sei $(\mathfrak{F}_i)_{i\in I}$ eine endliche Familie von Teilmengen von $\mathfrak{F}$ mit $\mathfrak{F} = \bigcup_{i\in I} \mathfrak{F}_i$ und $\mathfrak{F}_i = \operatorname{im}_{\subseteq} \mathfrak{F}_i$ zu beliebigem $i \in I$. Dann ist $\mathfrak{F} = \mathfrak{F}_i$ für mindestens ein i.*

Beweis. Wäre $\mathfrak{F}_i \subsetneqq \mathfrak{F}$ $(i \in I)$, so gäbe es zu beliebigem $i \in I$ ein $F_i \in \mathfrak{F} \setminus \mathfrak{F}_i$. $\bigcap_{i\in I} F_i$ würde $\mathfrak{F}$ und wegen $\mathfrak{F} = \bigcup_{i\in I} \mathfrak{F}_i$ mindestens einer Menge $\mathfrak{F}_i$ angehören. Dieser Menge müßte wegen $\mathfrak{F}_i = \operatorname{im}_{\subseteq} \mathfrak{F}_i$ auch F_i angehören, was zu einem Widerspruch führen würde. ▮

Die Menge $\mathcal{F}X = \hat{\mathsf{P}X}$ aller Filter in X denken wir uns mit der mengentheoretischen Ordnung versehen. Nach 2.2.2 und 2.2.3 ist $\mathcal{F}X$ ein vollständiger distributiver Verband. Er heißt der **Filterverband** von X. $\{X\}$ ist das Nullelement und der uneigentliche Filter $\mathsf{P}X$ das Einselement dieses Verbandes. Der Verband $\mathcal{F}X$ ist nur in dem Fall, daß X endlich ist, komplementär. Das ergibt sich aus dem folgenden Satz (JÜRGEN SCHMIDT [1]) unter Berücksichtigung, daß in dem Fall, daß X unendlich ist, der Filter, der aus allen Komplementen endlicher Teilmengen von X besteht, kein Hauptfilter ist.

2.4.2 (Filterkomplemente). *Ein Filter $\mathfrak{F}$ in X besitzt genau dann ein Komplement, wenn er ein Hauptfilter ist.*

Beweis. Jeder Hauptfilter $[F]$ hat den Filter $[X \setminus F]$ (und nur diesen) als Komplement. $\mathfrak{F}$ sei nun ein beliebiger Filter in X mit einem Komplement $\mathfrak{G}$. Wegen $\mathfrak{F} \vee \mathfrak{G} = \mathsf{P}X$ existieren Mengen $F \in \mathfrak{F}$ und $G \in \mathfrak{G}$ mit $F \cap G = \emptyset$. Wegen $\mathfrak{F} \wedge \mathfrak{G} = \{X\}$ ist $F \cup G = X$. Gäbe es eine Menge $F' \in \mathfrak{F}$ mit $F \not\subseteq F'$, so wäre auch $F' \cup G = X$, was zu einem Widerspruch führen würde. Daher folgt $\mathfrak{F} = [F]$. ▮

Den verbandstheoretischen Durchschnitt und die verbandstheoretische Vereinigung im Filterverband von X bezeichnen wir natürlich wie im allgemeinen Fall. Ist $(\mathfrak{F}_i)_{i\in I}$ eine Familie von Filtern in X, so ergibt sich aus 2.2.2 im Falle $I = \emptyset$

$$\bigwedge_{i\in I} \mathfrak{F}_i = \mathsf{P}X \quad \text{und} \quad \bigvee_{i\in I} \mathfrak{F}_i = \{X\}$$

und im Falle $I \neq \emptyset$

$$\bigwedge_{i\in I} \mathfrak{F}_i = \bigcap_{i\in I} \mathfrak{F}_i = \{\bigcup_{i\in I} F_i \mid F_i \in \mathfrak{F}_i \text{ zu beliebigem } i \in I\} \tag{2.4.1}$$

und

$$\bigvee_{i \in I} \mathfrak{F}_i = \operatorname{im}_{\subseteq} \{\bigcap_{i \in K} F_i \mid K \subseteq I \text{ nichtleer und endlich und}$$

$$F_i \in \mathfrak{F}_i \text{ zu beliebigem } i \in K\}^{1)} . \tag{2.4.2}$$

Aus 2.3.4 folgt, daß für eine beliebige Familie $(\mathfrak{F}_i)_{i \in I}$ von Filtern in X

$$(\bigwedge_{i \in I} \mathfrak{F}_i)^* = \bigcup_{i \in I} \mathfrak{F}_i^* \tag{2.4.3}$$

und

$$(\bigvee_{i \in I} \mathfrak{F}_i)^* \subseteq \bigcap_{i \in I} \mathfrak{F}_i^* \tag{2.4.4}$$

gilt und bei (2.4.4) das Gleichheitszeichen im allgemeinen nicht zutrifft, auch nicht unter der zusätzlichen Voraussetzung, daß I zweielementig ist.

Gilt für zwei Filter $\mathfrak{F}$ und $\mathfrak{G}$ in X die Beziehung $\mathfrak{F} \subseteq \mathfrak{G}$, so heißt $\mathfrak{G}$ ein **Oberfilter** von $\mathfrak{F}$ und $\mathfrak{F}$ ein **Unterfilter** von $\mathfrak{G}$. Ultra-$\wedge$-Ideale des Teilmengenverbandes von X werden natürlich auch **Ultrafilter** genannt. Ein eigentlicher Filter in X ist demnach genau dann ein Ultrafilter, wenn er keinen von sich verschiedenen eigentlichen Oberfilter besitzt. Zu beliebigem $x \in X$ ist $[x]$ ein Ultrafilter.

Wir überlassen es dem Leser, die Sätze 2.2.6 bis 2.2.10 über Ultra-$\wedge$-Ideale in Sätze über Ultrafilter zu spezialisieren und fragen als nächstes nach der Mächtigkeit der Menge aller Ultrafilter in X. Wir beginnen mit einer Definition und einem Hilfssatz. Wir nennen eine Gesamtheit $\mathfrak{M}$ von Mengen **inklusionsunabhängig**, wenn $\bigcap_{F \in \mathfrak{U}} F \nsubseteq \bigcup_{G \in \mathfrak{V}} G$ für beliebige durchschnittsfremde endliche Teilmengen $\mathfrak{U}$ und $\mathfrak{V}$ von $\mathfrak{M}$ gilt.

2.4.3. *X sei eine unendliche Menge. Dann gibt es eine inklusionsunabhängige Menge $\mathfrak{M}$ von Teilmengen von X mit* card $\mathfrak{M}$ = card $\mathsf{P}X$.

Beweis. Wir setzen $Q = \{(E, \mathfrak{A}) \mid E \subseteq X$ endlich, $\mathfrak{A}$ endliches System endlicher Teilmengen von $X\}$ und zu jedem $A \in \mathsf{P}X$

$$Q_A = \{(E, \mathfrak{A}) \in Q \mid E \cap A \in \mathfrak{A}\} .$$

$\mathfrak{B}$ und $\mathfrak{C}$ seien zwei durchschnittsfremde endliche Systeme von Teilmengen von X. Zu beliebigen $K, L \in \mathfrak{B} \cup \mathfrak{C}$ mit $K \neq L$ wählen wir ein $x_{KL} \in (K \setminus L) \cup (L \setminus K)$ und bezeichnen mit E die Gesamtheit dieser Elemente. Für $\mathfrak{A} = \{E \cap B \mid B \in \mathfrak{B}\}$ gilt $(E, \mathfrak{A}) \in Q_B$ zu beliebigem $B \in \mathfrak{B}$ und wegen $E \cap B \neq E \cap C$ $(B \in \mathfrak{B},\ C \in \mathfrak{C})$ ferner $(E, \mathfrak{A}) \notin Q_C$ zu beliebigem $C \in \mathfrak{C}$. Wir erhalten daher $\bigcap_{B \in \mathfrak{B}} Q_B \nsubseteq \bigcup_{C \in \mathfrak{C}} Q_C$ und somit, daß $\{Q_A \mid A \subseteq X\}$ inklusionsunabhängig ist. Mittels 1.17.5 folgt card Q = card X, so daß eine eineindeutige Abbildung f von Q auf X existiert. $\mathfrak{M} = \{f[Q_A] \mid A \subseteq X\}$ ist wie $\{Q_A \mid A \subseteq X\}$ inklusionsunabhängig und hat wie $\{Q_A \mid A \subseteq X\}$ die Mächtigkeit card $\mathsf{P}X$. ∎

---

[1]) Wenn man $\bigcap_{i \in I} F_i$ durch $X \cap \bigcap_{i \in I} F_i$ ersetzt (vergleiche (2.1.15)) und die Forderung, daß K nichtleer ist, wegläßt, gilt (2.4.2) wegen (2.2.3) für jede Familie $(\mathfrak{F}_i)_{i \in I}$ von Filtern in X.

Mit diesem Satz zeigen wir (HEWITT [1]):

2.4.4 (Mächtigkeitssatz für Ultrafilter). *X sei eine unendliche Menge. Die Gesamtheit aller Ultrafilter in X hat dann die Mächtigkeit* card $\mathsf{PP}X$.

Beweis. Nach 2.4.3 gibt es eine inklusionsunabhängige Menge $\mathfrak{M}$ von Teilmengen von X mit card $\mathfrak{M}$ = card $\mathsf{P}X$. Zu jeder Teilmenge $\mathfrak{F}$ von $\mathfrak{M}$ bilden wir den Filter $\mathfrak{F}'$, der als Subbasis $\mathfrak{F} \cup \{X \setminus G \mid G \in \mathfrak{M} \setminus \mathfrak{F}\}$ hat. $\mathfrak{F}'$ ist stets eigentlich, da zu jeder endlichen Teilmenge $\mathfrak{U}$ von $\mathfrak{F}$ und jeder endlichen Teil-Menge $\mathfrak{V}$ von $\mathfrak{M} \setminus \mathfrak{F}$ auf Grund der Inklusionsunabhängigkeit von $\mathfrak{M}$

$$\bigcap_{F \in \mathfrak{U}} F \subsetneqq \bigcup_{G \in \mathfrak{V}} G$$

und ferner $\bigcup_{G \in \mathfrak{V}} G \neq X$ (andernfalls müßte $\mathfrak{M} = \mathfrak{V}$, X also endlich sein) und damit

$$\bigcap_{F \in \mathfrak{U}} F \cap \bigcap_{G \in \mathfrak{V}} (X \setminus G) \neq \emptyset$$

(auch bei $\mathfrak{U} = \emptyset$) gilt. Nach 2.2.6 gibt es zu jeder Teilmenge $\mathfrak{F}$ von $\mathfrak{M}$ einen Ultrafilter $\mathfrak{U}_{\mathfrak{F}} \supseteqq \mathfrak{F}'$. Die Abbildung $\mathfrak{F} \mapsto \mathfrak{U}_{\mathfrak{F}}$ ($\mathfrak{F} \subseteqq \mathfrak{M}$) ist eineindeutig, da zu beliebigen voneinander verschiedenen Teilmengen $\mathfrak{F}$ und $\mathfrak{G}$ von $\mathfrak{M}$ der Filter $\mathfrak{F}' \vee \mathfrak{G}'$ uneigentlich ist; zu beliebigem $F \in (\mathfrak{F} \setminus \mathfrak{G}) \cup (\mathfrak{G} \setminus \mathfrak{F})$ ist nämlich $X \setminus F \in \mathfrak{F}' \vee \mathfrak{G}'$. Es folgt card $\mathsf{P}\mathfrak{M} \leqq$ card U für die Gesamtheit U aller Ultrafilter in X, wegen card $\mathfrak{M}$ = card $\mathsf{P}X$ also card $\mathsf{PP}X \leqq$ card U, wegen $U \subseteqq \mathsf{PP}X$ damit card $\mathsf{PP}X$ = card U. ▮

Wenn X endlich ist, sind $[x]$ $(x \in X)$ die einzigen Ultrafilter in X. Ist X unendlich, so gibt es nach 2.4.4 noch weitere Ultrafilter in X, und zwar gibt es dann genauso viele Ultrafilter in X wie Filter in X und wie Systeme von Teilmengen von X.

Wir bezeichnen die Oberfilter eines Filters $\mathfrak{F}$, die Ultrafilter sind, als **Ultraoberfilter** von $\mathfrak{F}$.

2.4.5 (Ultraoberfilter von Ultrafilterdurchschnitten). *M sei eine nichtleere Menge von Ultrafiltern in X. Ist M endlich, so gehört jeder Ultraoberfilter von* $\bigcap_{\mathfrak{F} \in M} \mathfrak{F}$ *zu M. Für unendliches M trifft das im allgemeinen nicht zu.*

Beweis. 1. M sei endlich, und $\mathfrak{U}$ sei ein Ultraoberfilter von $\bigcap_{\mathfrak{F} \in M} \mathfrak{F}$. Da Filterverbände distributiv sind, gilt $\bigcap_{\mathfrak{F} \in M} (\mathfrak{U} \vee \mathfrak{F}) = \mathfrak{U}$, somit $\mathfrak{U} \vee \mathfrak{F} \neq \mathsf{P}X$ und damit $\mathfrak{U} = \mathfrak{F}$ für ein $\mathfrak{F} \in M$.

2. X sei unendlich, und es sei $M = \{[x] \mid x \in X\}$. Wegen 2.4.4 gibt es einen Ultrafilter $\mathfrak{U} \notin M$ in X, und es gilt $\bigcap_{x \in X} [x] = \{X\} \subseteqq \mathfrak{U}$. ▮

2.5. Induzierte Filterabbildungen

Als nächstes gehen wir auf Filterkonstruktionen mittels Relationen, also mehrdeutiger Abbildungen ein. Es ist zu einschränkend, derartige Konstruktionen nur bezüglich eindeutiger Abbildungen durchzuführen. So benötigen wir zum Beispiel für die in 2.6.1 angegebene Charakterisierung der Produktfilter derartige Filterkonstruktionen mittels im allgemeinen mehrdeutiger Abbildungen.

X und Y seien Mengen. Ist f eine mehrdeutige Abbildung aus X in Y (der Definitionsbereich von f muß nicht ganz X sein) und ist $\mathfrak{F}$ ein Filter in X, so ergibt sich die Menge $\{f[F] \mid F \in \mathfrak{F}\}$ unter Berücksichtigung von 1.8.2 als eine Filterbasis. Sie ist im allgemeinen kein Filter in Y, zum Beispiel nicht, wenn der Wertebereich von f eine echte Teilmenge von Y ist. Zu jeder mehrdeutigen Abbildung f aus X in Y verstehen wir unter der von f **induzierten Filterabbildung** $f^{\mathcal{F}}: \mathcal{F}X \to \mathcal{F}Y$ diejenige eindeutige Abbildung von $\mathcal{F}X$ in $\mathcal{F}Y$, die jedem Filter $\mathfrak{F}$ in X den Filter in Y mit der Basis $\{f[F] \mid F \in \mathfrak{F}\}$ zuordnet. Sind keine Irrtümer möglich, so bezeichnen wir den Bildfilter eines Filters $\mathfrak{F}$ bez. $f^{\mathcal{F}}$ mit $f(\mathfrak{F})$. Ist f eine eindeutige Abbildung aus X auf Y, so gilt für jeden Filter $\mathfrak{F}$ in X

$$f(\mathfrak{F}) = \{f[F] \mid F \in \mathfrak{F}\}\,.$$

Ein Bildfilter $f(\mathfrak{F})$ ist genau dann eigentlich, wenn $f[F]$ zu beliebigem $F \in \mathfrak{F}$ nicht leer ist, somit genau dann, wenn $F \cap \mathrm{db}\, f \neq \emptyset$ zu beliebigem $F \in \mathfrak{F}$ gilt, wenn also der Durchschnitt jedes Elementes von $\mathfrak{F}$ mit dem Definitionsbereich von f nicht leer ist. Wir setzen zu jeder Teilmenge M von X

$$\mathcal{F}_M X = \{\mathfrak{F} \in \mathcal{F}X \mid F \cap M \neq \emptyset \text{ zu beliebigem } F \in \mathfrak{F}\}$$

und erhalten, daß ein Bildfilter $f(\mathfrak{F})$ genau dann eigentlich ist, wenn $\mathfrak{F}$ zu $\mathcal{F}_{\mathrm{db}f}X$ gehört. Hat f als Definitionsbereich ganz X, so ist $f(\mathfrak{F})$ genau dann eigentlich, wenn $\mathfrak{F}$ eigentlich ist. Der uneigentliche Filter in X gehört $\mathcal{F}_{\mathrm{db}f}X$ nicht an, er hat als Bild den uneigentlichen Filter in Y.

2.5.1 (Gitter von Bildfiltern). *f sei eine mehrdeutige Abbildung aus X in Y. Das Gitter des Bildfilters $f(\mathfrak{F})$ eines beliebigen Filters in X genügt der Beziehung*

$$f(\mathfrak{F})^* \supseteq \operatorname*{im}_{\subseteq} \{f[F] \mid F \in \mathfrak{F}^* \textit{ mit } F \subseteq \mathrm{db} f\}\,. \tag{2.5.1}$$

Bei (2.5.1) *gilt das Gleichheitszeichen, wenn f eine eindeutige Abbildung ist. Im allgemeinen trifft es bei* (2.5.1) *nicht zu.*

Beweis. 1. $\mathfrak{F}$ sei ein Filter in X. Da $f[F \cap G] \subseteq f[F] \cap f[G]$ zu beliebigen Teilmengen F und G gilt (vergleiche 1.8.2), gehört zu jedem $F \in \mathfrak{F}^*$ mit $F \subseteq \mathrm{db}\, f$ die Menge $f[F]$ dem Gitter von $f(\mathfrak{F})$ an. Damit folgt leicht, daß (2.5.1) gilt.

Im weiteren sei f eine eindeutige Abbildung. H sei ein beliebiges Element des Gitters von $f(\mathfrak{F})$. Zu jedem $F \in \mathfrak{F}$ ist $f[F] \cap H$ und damit $G_F = F \cap f^{-1}[H]$ nicht leer. $G = \bigcup_{F \in \mathfrak{F}} G_F$ ist folglich ein Element von $\mathfrak{F}^*$ mit $G \subseteq \mathrm{db} f$ und $f[G] \subseteq H$. Daher gilt in dem betrachteten Fall bei (2.5.1) das Gleichheitszeichen.

2. Besteht X aus einem Element x und Y aus zwei voneinander verschiedenen Elementen y und z und ist $f = \{(x, y), (x, z)\}$, so ergibt sich $f([x])^* =$

$\{\{y\}, \{z\}, Y\}$ und unter Berücksichtigung von $[x] = [x]^*$ damit

$$\operatorname{im}_{\subseteq} \{f[F] \mid F \in [x]^* \text{ mit } F \subseteq \mathrm{db} f\} = \{Y\} \neq f([x])^* . \blacksquare$$

Korollar 1. *Ist f eine eindeutige Abbildung aus X auf Y, so gilt für jeden Filter $\mathfrak{F}$ in X*

$$f(\mathfrak{F})^* = \{f[F] \mid F \in \mathfrak{F}^* \text{ mit } F \subseteq \mathrm{db} f\} .$$

Aus 2.3.5 und 2.5.1 folgt das

Korollar 2 (**Bilder von Ultrafiltern**). *Für jede eindeutige Abbildung f von X in Y und jeden Ultrafilter $\mathfrak{F}$ in X ist $f(\mathfrak{F})$ ein Ultrafilter in Y.*

2.5.2 (Ultraoberfilter von Bildfiltern). *f sei eine eindeutige Abbildung aus X in Y, $\mathfrak{F}$ ein eigentlicher Filter in X und $\mathfrak{V}$ ein Ultrafilter in Y mit $f(\mathfrak{F}) \subseteq \mathfrak{V}$. Dann existiert ein Ultraoberfilter $\mathfrak{U}$ von $\mathfrak{F}$ mit $f(\mathfrak{U}) = \mathfrak{V}$.*

Beweis. Zu beliebigen $F \in \mathfrak{F}$ und $V \in \mathfrak{V}$ gilt $f[F] \cap V \neq \emptyset$ und damit $F \cap f^{-1}[V] \neq \emptyset$, so daß $\mathfrak{F} \vee f^{-1}(\mathfrak{V})$ ein eigentlicher Filter ist, dieser also wegen 2.2.6 einen Ultraoberfilter $\mathfrak{U}$ besitzt. Aus $f^{-1}(\mathfrak{V}) \subseteq \mathfrak{U}$ folgt $\mathfrak{V} \subseteq (f \circ f^{-1})(\mathfrak{V}) \subseteq f(\mathfrak{U})$ und $\mathrm{db} f \in \mathfrak{U}$ und, da $\mathfrak{V}$ ein Ultrafilter und $f(\mathfrak{U})$ wegen $\mathrm{db} f \in \mathfrak{U}$ eigentlich ist, $f(\mathfrak{U}) = \mathfrak{V}$. $\blacksquare$

2.5.3 (Isotonie der Filterabbildungen; Bilder von Filterdurchschnitten und -vereinigungen). *f sei eine mehrdeutige Abbildung aus X in Y. Für beliebige Filter $\mathfrak{F}$ und $\mathfrak{G}$ in X folgt $f(\mathfrak{F}) \subseteq f(\mathfrak{G})$ aus $\mathfrak{F} \subseteq \mathfrak{G}$. Für jede Familie $(\mathfrak{F}_i)_{i \in I}$ von Filtern in X gilt*

$$f\,(\bigwedge_{i \in I} \mathfrak{F}_i) = \bigwedge_{i \in I} f(\mathfrak{F}_i) \tag{2.5.2}$$

und

$$f\,(\bigvee_{i \in I} \mathfrak{F}_i) \supseteq \bigvee_{i \in I} f(\mathfrak{F}_i) \,. \tag{2.5.3}$$

Im Falle $I = \emptyset$ trifft bei (2.5.3) das Gleichheitszeichen genau dann zu, wenn f als Wertebereich ganz Y hat. Im Falle $I \neq \emptyset$ gilt bei (2.5.3) das Gleichheitszeichen, wenn f die Umkehrung einer eindeutigen Abbildung ist, ferner, wenn I gerichtet ist und aus $i \leq j$ stets $\mathfrak{F}_i \subseteq \mathfrak{F}_j$ folgt. Im allgemeinen gilt es bei (2.5.3) im Falle $I \neq \emptyset$ nicht, auch nicht, wenn I zweielementig ist.

Beweis. 1. Zu beliebigen Filtern $\mathfrak{F}$ und $\mathfrak{G}$ in X folgt aus $\mathfrak{F} \subseteq \mathfrak{G}$ leicht $f(\mathfrak{F}) \subseteq f(\mathfrak{G})$.

$(\mathfrak{F}_i)_{i \in I}$ sei eine Familie von Filtern in X. Es ist $f(\mathsf{P}X) = \mathsf{P}Y$ und $f(\{X\}) = [\mathrm{wb} f] \supseteq \{Y\}$. Im Falle $I = \emptyset$ gilt somit (2.5.2) und (2.5.3) und trifft bei (2.5.3) genau dann das Gleichheitszeichen zu, wenn $\mathrm{wb} f = Y$ ist. Im weiteren sei $I \neq \emptyset$. Aus der Isotonieeigenschaft ergibt sich dann

$$f\,(\bigwedge_{i \in I} \mathfrak{F}_i) \subseteq \bigwedge_{i \in I} f(\mathfrak{F}_i) \tag{2.5.4}$$

und (2.5.3); (2.5.3) gilt also stets. Gegeben sei nun ein $G \in \bigwedge_{i \in I} f(\mathfrak{F}_i)$. Zu beliebigem $i \in I$ existiert ein $F_i \in \mathfrak{F}_i$ mit $f[F_i] \subseteq G$. Es ist $f[\bigcup_{i \in I} F_i] \subseteq G$ und wegen (2.4.1) somit $G \in f(\bigwedge_{i \in I} \mathfrak{F}_i)$. Im Falle $I \neq \emptyset$ gilt daher nicht nur (2.5.4), sondern ebenfalls (2.5.2).

Gegeben sei ein $H \in f(\bigvee_{i \in I} \mathfrak{F}_i)$. Nach (2.4.2) existieren eine nichtleere endliche Teilmenge K von I und zu beliebigem $i \in K$ ein $F_i \in \mathfrak{F}_i$ mit $f[\bigcap_{i \in K} F_i] \subseteq H$. Ist f^{-1} eine Abbildung, so gilt $\bigcap_{i \in K} f[F_i] \subseteq H$ wegen 1.11.4 und damit $H \in \bigvee_{i \in I} f(\mathfrak{F}_i)$. Ist I gerichtet und hat $i \leq j$ stets $\mathfrak{F}_i \subseteq \mathfrak{F}_j$ zur Folge, so gibt es ein $i_0 \in I$ mit $i \leq i_0$ $(i \in K)$ und daher mit $\bigcap_{i \in K} F_i \in \mathfrak{F}_{i_0}$, weshalb auch in diesem Falle $H \in \bigvee_{i \in I} f(\mathfrak{F}_i)$ gilt. Im Falle $I \neq \emptyset$ trifft somit bei (2.5.3) unter den angegebenen Einschränkungen das Gleichheitszeichen zu.

2. Wir nehmen im weiteren an, daß X mindestens drei voneinander verschiedene Elemente x, y und z angehören und f eine Abbildung von $\{x, y, z\}$ in Y mit $f(x) \neq f(y) = f(z)$ ist. Für $\mathfrak{F} = [\{x, y\}]$ und $\mathfrak{G} = [\{x, z\}]$ erhalten wir $f(\mathfrak{F} \vee \mathfrak{G}) = [f(x)]$ und $f(\mathfrak{F}) \vee f(\mathfrak{G}) = [\{f(x), f(y)\}] \neq [f(x)]$. ∎

Offenbar gilt

2.5.4 (Bilder von Hauptfiltern). *Für jede mehrdeutige Abbildung f aus X in Y und jede Teilmenge F von X ist $f([F]) = [f[F]]$.*

Ohne Mühe beweist man ferner den Satz

2.5.5. *Ist f eine mehrdeutige Abbildung aus X in Y und g eine mehrdeutige Abbildung aus Y in eine Menge Z, so gilt $(g \circ f)^{\mathfrak{F}} = g^{\mathfrak{F}} \circ f^{\mathfrak{F}}$.*

2.6. Produktfilter

Im folgenden befassen wir uns mit Produktfiltern. Wir gehen dazu von einer Familie $(X_i)_{i \in I}$ aus, deren Indexbereich eine Menge ist. Ist $\mathfrak{F}_i$ zu beliebigem $i \in I$ ein Filter in X_i, so erweist sich die Menge aller cartesischen Produkte $\prod_{i \in I} F_i$ mit $F_i \in \mathfrak{F}_i$ zu beliebigem $i \in I$ und $F_i = X_i$ bis auf endlich viele i als eine Filterbasis. Der daraus erzeugte Filter in $\prod_{i \in I} X_i$, also

$$\prod_{i \in I} \mathcal{F}_i = \operatorname{im}_{\subseteq} \{\prod_{i \in I} F_i \mid F_i \in \mathfrak{F}_i \text{ zu beliebigem } i \in I \text{ und } F_i = X_i \text{ bis auf endlich viele } i\},$$

wird das **Produkt** der Filter $\mathfrak{F}_i$ genannt. Wenn speziell $I = \{1, \dots, n\}$ zu einem $n \in \mathbf{N}^+$ ist, schreiben wir für dieses Produkt auch $\mathfrak{F}_1 \times \cdots \times \mathfrak{F}_n$. Es ist

$$\mathfrak{F}_1 \times \cdots \times \mathfrak{F}_n = \operatorname{im}_{\subseteq} \{F_1 \times \cdots \times F_n \mid F_i \in \mathfrak{F}_i \text{ für } i = 1, \dots, n\}.$$

Wie leicht folgt, ist ein Produktfilter $\prod_{i\in I} \mathfrak{F}_i$ genau dann eigentlich, wenn alle Filter $\mathfrak{F}_i$ eigentlich sind.

Wir bezeichnen zu beliebigem $j \in I$ mit π_j die natürliche j-te Projektion von $\prod_{i\in I} X_i$ und erhalten

2.6.1 (Produkte von Filtern). *$\mathfrak{F}_i$ sei zu beliebigem $i \in I$ ein Filter in X_i. Dann gilt*

$$\prod_{i\in I} \mathfrak{F}_i = \bigvee_{i\in I} \pi_i^{-1}(\mathfrak{F}_i) \tag{2.6.1}$$

und, wenn alle Filter $\mathfrak{F}_i$ eigentlich sind, zu beliebigem $j \in I$ ferner

$$\pi_j(\prod_{i\in I} \mathfrak{F}_i) = \mathfrak{F}_j\,. \tag{2.6.2}$$

Beweis. Die Behauptung gilt im Falle $I = \emptyset$, so daß wir $I \neq \emptyset$ annehmen. Unter Berücksichtigung von (2.4.2) erweist sich $\{\bigcap_{i\in K} \pi_i^{-1}[F_i] \mid K \subseteqq I$ nichtleer und endlich und $F_i \in \mathfrak{F}_i$ zu beliebigem $i \in K\}$ als eine Filterbasis von $\bigvee_{i\in I} \pi_i^{-1}(\mathfrak{F}_i)$. Da $\bigcap_{i\in K} \pi_i^{-1}[F_i] = \prod_{i\in I} A_i$ für eine beliebige nichtleere und endliche Teilmenge K von I und beliebige $F_i \in \mathfrak{F}_i$ $(i \in K)$ gilt, wobei $A_i = F_i$ für $i \in K$ und $A_i = X_i$ für $i \in I \setminus K$ ist, folgt die Richtigkeit von (2.6.1) bei $I \neq \emptyset$.

Nun seien alle $\mathfrak{F}_i$ eigentlich. Zu beliebigem $j \in I$ hat $\pi_j(\prod_{i\in I} \mathfrak{F}_i)$ als Filterbasis die Gesamtheit aller Mengen $\pi_j[\prod_{i\in I} F_i]$, wobei jeweils F_i zu beliebigem $i \in I$ zu $\mathfrak{F}_i$ gehört und F_i bis auf endlich viele i mit X_i übereinstimmt. Damit ergibt sich leicht, daß (2.6.2) gilt. ∎

Korollar. *$\mathfrak{F}_i$ sei zu beliebigem $i \in I$ ein eigentlicher Filter in X_i. Für jeden Ultraoberfilter $\mathfrak{G}$ von $\prod_{i\in I} \mathfrak{F}_i$ sind $\mathfrak{G}_i = \pi_i(\mathfrak{G})$ Ultraoberfilter von $\mathfrak{F}_i$ und gilt $\prod_{i\in I} \mathfrak{G}_i \subseteqq \mathfrak{G}$.*

Beweis. Die $\mathfrak{G}_i$ sind wegen Korollar 2 zu 2.5.1 Ultrafilter und wegen der Isotonie der Filterabbildungen und (2.6.2) Oberfilter der $\mathfrak{F}_i$. Offenbar gilt $\prod_{i\in I} \mathfrak{G}_i \subseteqq \mathfrak{G}$. ∎

2.6.2. *Zu beliebigem $i \in I$ seien $\mathfrak{F}_i$ und $\mathfrak{G}_i$ Filter in X_i. Gilt $\mathfrak{F}_i \subseteqq \mathfrak{G}_i$ für jedes $i \in I$, so folgt*

$$\prod_{i\in I} \mathfrak{F}_i \subseteqq \prod_{i\in I} \mathfrak{G}_i\,. \tag{2.6.3}$$

Wenn alle Filter $\mathfrak{F}_i$ und $\mathfrak{G}_i$ eigentlich sind, ergibt sich aus (2.6.3) *umgekehrt $\mathfrak{F}_i \subseteqq \mathfrak{G}_i$ zu beliebigem $i \in I$.*

Beweis. Unter Berücksichtigung der Definition des Filterproduktes folgt aus $\mathfrak{F}_i \subseteqq \mathfrak{G}_i$ $(i \in I)$ leicht (2.6.3). Gilt (2.6.3) und sind alle Filter $\mathfrak{F}_i$ und $\mathfrak{G}_i$ eigentlich, so ergibt sich mittels 2.5.3 und (2.6.2) umgekehrt $\mathfrak{F}_i \subseteqq \mathfrak{G}_i$ zu beliebigem $i \in I$. ▮

Über Produkte von Hauptfiltern besteht der folgende Satz

2.6.3 (Produkte von Hauptfiltern). *F_i sei zu beliebigem $i \in I$ eine Teilmenge von X_i. Dann ist*

$$\prod_{i \in I} [F_i] \subseteqq [\prod_{i \in I} F_i] . \tag{2.6.4}$$

Ist I endlich, so gilt bei (2.6.4) *das Gleichheitszeichen, im allgemeinen trifft es bei* (2.6.4) *nicht zu.*

Beweis. Eine Teilmenge G von X gehört $\prod_{i \in I} [F_i]$ genau dann an, wenn zu beliebigem $i \in I$ eine Menge G_i existiert mit $\prod_{i \in I} G_i \subseteqq G$, $F_i \subseteqq G_i \subseteqq X_i$ $(i \in I)$ und $G_i = X_i$ bis auf höchstens endlich viele i. Damit folgt leicht, daß (2.6.4) gilt und bei (2.6.4) in dem Fall, daß I endlich ist, das Gleichheitszeichen zutrifft. Ist I nicht endlich und stets F_i eine echte Teilmenge von X_i, so folgt damit ferner, daß $\prod_{i \in I} F_i \notin \prod_{i \in I} [F_i]$ ist, bei (2.6.4) also das Gleichheitszeichen nicht zutrifft. ▮

Für den folgenden leicht zu beweisenden Satz sei Y_i zu beliebigem $i \in I$ eine Teilmenge von X_i.

2.6.4. *Für beliebige Filter $\mathfrak{F}_i$ in Y_i $(i \in I)$ gilt*

$$\prod_{i \in I} \operatorname{im}_{\subseteqq, X_i} \mathfrak{F}_i \subseteqq \operatorname{im}_{\subseteqq, X} \prod_{i \in I} \mathfrak{F}_i ,$$

wobei X gleich $\prod_{i \in I} X_i$ gesetzt ist. Wenn I endlich ist, trifft bei dieser Beziehung das Gleichheitszeichen zu.

Produkte von Ultrafiltern sind im allgemeinen keine Ultrafilter (vergleiche E. Čech [1]).

Im weiteren gehen wir auf Aussagen über Produkte von je zwei Filtern ein. Wir nehmen dazu speziell I als zweielementig an. Die beiden Mengen X_i bezeichnen wir der Einfachheit halber mit X und Y.

2.6.5 (Produkte von Filterdurchschnitten und Filtervereinigungen). *$(\mathfrak{F}_j)_{j \in J}$ sei eine Familie von Filtern in X und $(\mathfrak{G}_k)_{k \in K}$ eine Familie von Filtern in Y. Dann gilt*

$$\bigwedge_{j \in J} \mathfrak{F}_j \times \bigwedge_{k \in K} \mathfrak{G}_k \subseteqq \bigwedge_{(j,k) \in J \times K} (\mathfrak{F}_j \times \mathfrak{G}_k) \tag{2.6.5}$$

und

$$\bigvee_{j \in J} \mathfrak{F}_j \times \bigvee_{k \in K} \mathfrak{G}_k \supseteqq \bigvee_{(j,k) \in J \times K} (\mathfrak{F}_j \times \mathfrak{G}_k) . \tag{2.6.6}$$

Bei (2.6.5) *trifft das Gleichheitszeichen zu, wenn J und K endliche Mengen sind. Im allgemeinen gilt es bei* (2.6.5) *nicht, auch nicht, wenn einer der Indexbereiche J oder K eine Einermenge ist.*

Bei (2.6.6) *trifft das Gleichheitszeichen zu bis auf den Fall, daß X und Y nichtleer sind, genau einer der Indexbereiche J bzw K nichtleer ist und mindestens ein Filter aus der nichtleeren Familie* $(\mathfrak{F}_j)_{j\in J}$ *bzw.* $(\mathfrak{G}_k)_{k\in K}$ *ungleich dem minimalen Filter* $\{X\}$ *bzw.* $\{Y\}$ *ist.*

Beweis. 1. Ist J oder K leer, so ist in (2.6.5) der rechts stehende und mindestens einer der links stehenden Filter uneigentlich, weshalb in diesem Falle (2.6.5) mit dem Gleichheitszeichen gilt.

Wenn $J = \emptyset$ ist, wird (2.6.6) zu $\{X\} \times \bigvee_{k\in K} \mathfrak{G}_k \supseteqq \{X \times Y\}$. Diese Beziehung gilt natürlich, und es trifft bei ihr das Gleichheitszeichen genau dann zu, wenn X oder Y leer ist oder wenn $\bigvee_{k\in K} \mathfrak{G}_k = \{Y\}$ gilt, und damit, wenn X oder Y oder K leer ist oder $K \neq \emptyset$ und $\mathfrak{G}_k = \{Y\}$ zu beliebigem $k \in K$ gilt. Im Falle $K = \emptyset$ gilt (2.6.6) natürlich auch und trifft bei (2.6.6) das Gleichheitszeichen genau dann zu, wenn X oder Y oder J leer ist oder $J \neq \emptyset$ und $\mathfrak{F}_j = \{X\}$ zu beliebigem $j \in J$ gilt.

Im weiteren seien J und K beide nichtleer. Mittels 2.6.2 folgt leicht, daß dann (2.6.5) und (2.6.6) gilt.

Zu jedem $H \in \bigwedge_{(i,\in k)\in J\times K} (\mathfrak{F}_j \times \mathfrak{G}_k)$ und beliebigem $(j, k) \in J \times K$ existieren $F_{jk} \in \mathfrak{F}_j$ und $G_{jk} \in \mathfrak{G}_k$ mit

$$H \supseteqq \bigcup_{(j,k)\in J\times K} (F_{jk} \times G_{jk}) \supseteqq \bigcup_{(j,k)\in J\times K} \Big(\bigcap_{l\in K} F_{jl} \times \bigcap_{m\in J} G_{mk}\Big) = \bigcup_{j\in J} \Big(\bigcap_{l\in K} F_{jl}\Big) \times \bigcup_{k\in K} \Big(\bigcap_{m\in J} G_{mk}\Big)$$

(vergleiche 1.11.3). Wenn J und K nichtleere endliche Mengen sind, gilt $\bigcap_{l\in K} F_{jl} \in \mathfrak{F}_j$ $(j \in J)$ und $\bigcap_{m\in J} G_{mk} \in \mathfrak{G}_k$ $(k \in K)$ und damit $H \in \bigwedge_{j\in J} \mathfrak{F}_j \times \bigwedge_{k\in K} \mathfrak{G}_k$. Folglich trifft in diesem Falle bei (2.6.5) das Gleichheitszeichen zu.

Zu jedem $H \in \bigvee_{j\in J} \mathfrak{F}_j \times \bigvee_{k\in K} \mathfrak{G}_k$ existieren wegen (2.4.2) nichtleere endliche Mengen $L \subseteqq J$ und $M \subseteqq K$ und Mengen $F_j \in \mathfrak{F}_j$ $(j \in L)$ und $G_k \in \mathfrak{G}_k$ $(k \in M)$ mit

$$H \supseteqq \bigcap_{j\in L} F_j \times \bigcap_{k\in M} G_k = \bigcap_{(j,k)\in L\times M} (F_j \times G_k)$$

(vergleiche 1.11.3). Es folgt $H \in \bigvee_{(j,k)\in J\times K} (\mathfrak{F}_j \times \mathfrak{G}_k)$ und damit, daß im Falle $J \neq \emptyset$, $K \neq \emptyset$ bei (2.6.6) das Gleichheitszeichen zutrifft.

2. Es sei $X = Y = \boldsymbol{R}$, $\mathfrak{F}_n = [\,]-n, n[\,]$ zu beliebigem $n \in \boldsymbol{N}^+$ und $V = \operatorname{im}_{\subseteq, \boldsymbol{R}} \{]-1/n, 1/n[\mid n \in \boldsymbol{N}^+\}$. $\bigcup_{n\in \boldsymbol{N}^+} (]-n, n[\times]-1/n, 1/n[)$ gehört $\bigwedge_{n\in\boldsymbol{N}^+} (\mathfrak{F}_n \times V)$, aber nicht $(\bigwedge_{n\in\boldsymbol{N}^+} \mathfrak{F}_n) \times V = \{\boldsymbol{R}\} \times V$ an, so daß $(\bigwedge_{n\in\boldsymbol{N}^+} \mathfrak{F}_n) \times V \subsetneqq \bigwedge_{n\in\boldsymbol{N}^+} (\mathfrak{F}_n \times V)$ gilt. ∎

Neben dem bisher betrachteten Filterprodukt ist in gewissen Fällen das Boxprodukt von Filtern von Interesse, das wir als nächstes definieren. $(X_\iota)_{\iota\in I}$ sei wie zu Anfang des Abschnittes eine beliebige Familie mit einer Menge als

Indexbereich. Für beliebige Filter $\mathfrak{F}_i$ in X_i $(i \in I)$ heißt der Filter

$$\mathop{\mathsf{B}}_{i\in I} \mathfrak{F}_i = \mathop{\mathrm{im}}_{\subseteq} \{\prod_{i\in I} F_i \mid F_i \in \mathfrak{F}_i \text{ zu beliebigem } i \in I\}$$

in $\prod_{i\in I} X_i$ das **Boxprodukt** der Filter $\mathfrak{F}_i$. Das Boxprodukt $\mathop{\mathsf{B}}_{i\in I} \mathfrak{F}_i$ ist ein Oberfilter von $\prod_{i\in I} \mathfrak{F}_i$; wenn I unendlich ist und alle Filter $\mathfrak{F}_i$ eigentlich sind, ist es sogar ein echter Oberfilter von $\prod_{i\in I} \mathfrak{F}_i$.

Wir nehmen für das Folgende speziell an, daß alle X_i gleich einer festen Menge X sind, so daß $\prod_{i\in I} X_i$ mit der Menge $F(I, X)$ aller Abbildungen von I in X übereinstimmt. Die **Evaluationsabbildung** ω: $F(I, X) \times I \to X$, d. h. die Abbildung $(f, i) \mapsto f(i)$ $(f \in F(I, X), i \in I)$ hat die folgende Eigenschaft:

2.6.6. *Für beliebige eigentliche Filter $\mathfrak{F}_i$ $(i \in I)$ in X und jeden Filter $\mathfrak{K}$ in I gilt*

$$\omega((\mathop{\mathsf{B}}_{i\in I} \mathfrak{F}_i) \times \mathfrak{K}) = \bigvee_{K\in\mathfrak{K}} \bigwedge_{i\in K} \mathfrak{F}_i \,. \tag{2.6.7}$$

Beweis. 1. Gegeben sei ein $G \in \omega\big((\mathop{\mathsf{B}}_{i\in I} \mathfrak{F}_i) \times \mathfrak{K}\big)$. Wir finden $F_i \in \mathfrak{F}_i$ $(i \in I)$ und ein $K \in \mathfrak{K}$ mit $\omega\,[\prod_{i\in I} F_i \times K] \subseteq G$, zu jedem $j \in K$ und $x \in F_j$ ferner ein $(x_i)_{i\in I} \in \prod_{i\in I} F_i$ mit $x_j = x$, weshalb $\bigcup_{i\in K} F_i \subseteq \omega\,[\prod_{i\in I} F_i \times K]$ und damit $G \in \bigvee_{K\in\mathfrak{K}} \bigwedge_{i\in K} \mathfrak{F}_i$ folgt.

2. Nun sei ein $G \in \bigvee_{K\in\mathfrak{K}} \bigwedge_{i\in K} \mathfrak{F}_i$ gegeben. Es existieren ein $K \in \mathfrak{K}$ und $F_i \in \mathfrak{F}_i$ $(i \in K)$ mit $\bigcup_{i\in K} F_i \subseteq G$. Wir setzen $F_i = X$ zu beliebigem $i \in I \setminus K$ und erhalten $\omega\,[\prod_{i\in I} F_i \times K] \subseteq \bigcup_{i\in K} F_i$ und damit $G \in \omega\big((\mathop{\mathsf{B}}_{i\in I} \mathfrak{F}_i) \times \mathfrak{K}\big)$. Also gilt (2.6.7). ∎

2.7. Filter in Mengenprodukten

Uns interessieren im folgenden Filter in Mengenprodukten. Sie werden unter anderem zum Studium limesuniformer Strukturen benötigt. X, Y und Z seien beliebige Mengen. Die Elemente von Filtern in $X \times Y$ sind Teilmengen von $X \times Y$, also mehrdeutige Abbildungen aus X in Y. Unter Benutzung des Begriffs der inversen Relation ordnen wir jedem Filter $\mathfrak{F}$ in $X \times Y$ die Menge

$$\mathfrak{F}^{-1} = \{F^{-1} \mid F \in \mathfrak{F}\} \tag{2.7.1}$$

zu, die sich als ein Filter in $Y \times X$ ergibt. Ferner bilden wir zu beliebigen Filtern $\mathfrak{F}$ in $X \times Y$ und $\mathfrak{G}$ in $Y \times Z$ die Menge

$$\mathfrak{G} \bullet \mathfrak{F} = \mathop{\mathrm{im}}_{\subseteq,\, X\times Z} \{G \circ F \mid F \in \mathfrak{F} \text{ und } G \in \mathfrak{G}\}\,. \tag{2.7.2}$$

Sie ist ein Filter in $X \times Z$. $\mathfrak{F}^{-1}$ und $\mathfrak{G} \bullet \mathfrak{F}$ lassen sich als Bildfilter bezüglich der durch $s(y, x) = (x, y)$ $(x \in X, y \in Y)$ definierten Abbildung s: $X \times Y \to Y \times X$

bzw. bezüglich der durch $k((x, y), (y, z)) = (x, z)$ $(x \in X, y \in Y, z \in Z)$ definierten Abbildung $k\colon (X \times Y) \times (Y \times Z) \circ\!\!\to X \times Z$ darstellen, und zwar gilt, wie man mühelos bestätigt,

$$\mathfrak{F}^{-1} = s(\mathfrak{F}) \tag{2.7.3}$$

und

$$\mathfrak{G} \circ \mathfrak{F} = k(\mathfrak{F} \times \mathfrak{G})\,. \tag{2.7.4}$$

Genau dann, wenn $\mathfrak{F}$ ein eigentlicher Filter ist, ist auch der Filter $\mathfrak{F}^{-1}$ eigentlich. Für beliebige Filter $\mathfrak{F}$ in $X \times Y$ und $\mathfrak{G}$ in $Y \times Z$ ist $\mathfrak{G} \circ \mathfrak{F}$ genau dann eigentlich, wenn zu beliebigen $F \in \mathfrak{F}$ und $G \in \mathfrak{G}$ die Komposition $G \circ F$ nichtleer ist, also $\mathrm{wb}F \cap \mathrm{db}G \neq \emptyset$ gilt. Für eigentliche Filter $\mathfrak{F}$ in $X \times Y$ und $\mathfrak{G}$ in $Y \times Z$ kann daher durchaus der Filter $\mathfrak{G} \circ \mathfrak{F}$ uneigentlich sein. Wie leicht folgt, sind mit $\mathfrak{F}$ auch $\mathfrak{F}^{-1} \circ \mathfrak{F}$ und $\mathfrak{F} \circ \mathfrak{F}^{-1}$ eigentlich. Ist $\mathfrak{F}$ oder $\mathfrak{G}$ uneigentlich, so auch $\mathfrak{G} \circ \mathfrak{F}$.

Über Hauptfilter in Mengenprodukten gilt offensichtlich

2.7.1 (Hauptfilter in Mengenprodukten). *Für beliebige mehrdeutige Abbildungen F aus X in Y und G aus Y in Z ist*

$$[F]^{-1} = [F^{-1}] \tag{2.7.5}$$

und

$$[G] \circ [F] = [G \circ F]\,. \tag{2.7.6}$$

Die Einschränkung $\mathrm{id} \mid X$, also die identische Abbildung von X auf sich, bezeichnen wir auch mit Δ und nennen sie die **Diagonale** von $X \times X$. Wegen $\Delta^{-1} = \Delta$ ergibt sich nach (2.7.5)

$$[\Delta]^{-1} = [\Delta]\,. \tag{2.7.7}$$

Δ' sei die Diagonale von $Y \times Y$. Natürlich gilt

2.7.2. *Für jeden Filter $\mathfrak{F}$ in $X \times Y$ ist*

$$(\mathfrak{F}^{-1})^{-1} = \mathfrak{F} \tag{2.7.8}$$

und

$$\mathfrak{F} \circ [\Delta] = [\Delta'] \circ \mathfrak{F} = \mathfrak{F}\,. \tag{2.7.9}$$

Wir zeigen jetzt

2.7.3. *Ein Filter $\mathfrak{F}$ in $X \times Y$ genügt genau dann der Beziehung*

$$\mathfrak{F} \circ \mathfrak{F}^{-1} = [\Delta']\,, \tag{2.7.10}$$

wenn er eine Basis aus Abbildungen aus X auf Y hat. Ein Filter $\mathfrak{F}$ in $X \times Y$ genügt genau dann der Beziehung

$$\mathfrak{F}^{-1} \circ \mathfrak{F} = [\Delta]\,, \tag{2.7.11}$$

wenn er eine Basis aus Relationen hat, deren Umkehrungen Abbildungen aus Y auf X sind.

Beweis. Ist $\mathfrak{F}$ ein Filter in $X \times Y$, der eine Basis $\mathfrak{B}$ aus Abbildungen aus X auf Y hat, so gilt $\Delta' = f \circ f^{-1}$ für $f = g \cap h$ zu beliebigen $g, h \in \mathfrak{B}$ und damit (2.7.10). Im weiteren sei $\mathfrak{F}$ ein Filter in $X \times Y$, der der Beziehung (2.7.10) genügt. Es gilt dann $\Delta' \subseteqq F \circ F^{-1}$ zu beliebigem $F \in \mathfrak{F}$, d. h., es hat jede Relation $F \in \mathfrak{F}$ ganz Y als Wertebereich. Ferner gibt es dann Relationen $G, H \in \mathfrak{F}$ mit $\Delta' = H \circ G^{-1}$, so daß $\Delta' \supseteqq f \circ f^{-1}$ für die $\mathfrak{F}$ angehörende Relation $f = G \cap H$ folgt, sich f also als Abbildung ergibt. Da mit jeder Relation F auch die Relation $F \cap f$ zu $\mathfrak{F}$ gehört und diese eine Abbildung ist, folgt der erste Teil der Behauptung. Der zweite Teil der Behauptung ergibt sich daraus ohne Mühe. ▮

Da für beliebige mehrdeutige Abbildungen F aus X in Y, G aus Y in Z und H aus Z in eine Menge W die Beziehungen $F^{-1} \circ G^{-1} = (G \circ F)^{-1}$ und $H \circ (G \circ F) = (H \circ G) \circ F$ bestehen, gilt

2.7.4. *W sei neben X, Y und Z eine weitere Menge. Für beliebige Filter $\mathfrak{F}$ in $X \times Y$, $\mathfrak{G}$ in $Y \times Z$ und $\mathfrak{H}$ in $Z \times W$ ist*

$$\mathfrak{F}^{-1} \circ \mathfrak{G}^{-1} = (\mathfrak{G} \circ \mathfrak{F})^{-1}$$

und

$$\mathfrak{H} \circ (\mathfrak{G} \circ \mathfrak{F}) = (\mathfrak{H} \circ \mathfrak{G}) \circ \mathfrak{F}.$$

Korollar. *Sind $\mathfrak{F}$, $\mathfrak{G}$ und $\mathfrak{H}$ eigentliche Filter in $X \times Y$, $Y \times Z$ bzw. $Z \times W$, derart, daß auch die Filter $\mathfrak{G} \circ \mathfrak{F}$ und $\mathfrak{H} \circ \mathfrak{G}$ eigentlich sind, so ist im allgemeinen weder $\mathfrak{H} \circ (\mathfrak{G} \circ \mathfrak{F})$ noch $(\mathfrak{H} \circ \mathfrak{G}) \circ \mathfrak{F}$ ein eigentlicher Filter.*

Beweis. Es sei $X = Y = Z = W$ eine mehrelementige Menge, und es seien x und y zwei voneinander verschiedene Elemente von X. Die Filter $\mathfrak{F} = [\{(x, x)\}]$, $\mathfrak{G} = [\{(x, x), (y, y)\}]$ und $\mathfrak{H} = [\{(y, y)\}]$ in $X \times X$ und ebenfalls die Filter $\mathfrak{G} \circ \mathfrak{F}$ und $\mathfrak{H} \circ \mathfrak{G}$ (die natürlich mit $\mathfrak{F}$ bzw. $\mathfrak{H}$ übereinstimmen) sind eigentlich, jedoch die Filter $\mathfrak{H} \circ (\mathfrak{G} \circ \mathfrak{F})$ und $(\mathfrak{H} \circ \mathfrak{G}) \circ \mathfrak{F}$ uneigentlich. ▮

Selbstverständlich gilt

2.7.5. *Sind $\mathfrak{F}$ und $\mathfrak{G}$ Filter in $X \times Y$ und $\mathfrak{H}$ und $\mathfrak{K}$ Filter in $Y \times Z$, so folgt aus $\mathfrak{F} \subseteqq \mathfrak{G}$ stets $\mathfrak{F}^{-1} \subseteqq \mathfrak{G}^{-1}$ und zieht $\mathfrak{F} \subseteqq \mathfrak{G}$ und $\mathfrak{H} \subseteqq \mathfrak{K}$ stets $\mathfrak{H} \circ \mathfrak{F} \subseteqq \mathfrak{K} \circ \mathfrak{G}$ nach sich.*

Die Inversenbildung bei Filtern und der Begriff des Ultrafilters stehen in einem einfachen Zusammenhang. Ist nämlich ein Filter $\mathfrak{F}$ in $X \times Y$ ein Ultrafilter, so ist auch $\mathfrak{F}^{-1}$ ein Ultrafilter. Als nächstes bringen wir eine Aussage über Filterkomposition und Ultrafilter.

2.7.6. *$\mathfrak{F}$ sei ein Filter in $X \times Y$, $\mathfrak{G}$ ein Filter in $Y \times Z$ und $\mathfrak{W}$ ein Ultrafilter in $X \times Z$ mit $\mathfrak{G} \circ \mathfrak{F} \subseteqq \mathfrak{W}$. Dann gibt es Ultraoberfilter $\mathfrak{U}$ von $\mathfrak{F}$ und $\mathfrak{V}$ von $\mathfrak{G}$ mit $\mathfrak{V} \circ \mathfrak{U} \subseteqq \mathfrak{W}$.*

Beweis. Wir beachten (2.7.4) und finden wegen 2.5.2 einen Ultraoberfilter $\mathfrak{H}$ von $\mathfrak{F} \times \mathfrak{G}$ mit $k(\mathfrak{H}) \subseteq \mathfrak{W}$. Wegen des Korollars zu 2.6.1 existieren Ultraoberfilter $\mathfrak{U}$ von $\mathfrak{F}$ und $\mathfrak{V}$ von $\mathfrak{G}$ mit $\mathfrak{U} \times \mathfrak{V} \subseteq \mathfrak{H}$ und daher mit $\mathfrak{V} \circ \mathfrak{U} \subseteq k(\mathfrak{H}) \subseteq \mathfrak{W}$. ∎

Beziehungen über verbandstheoretische Durchschnitte und Vereinigungen der Filter in Mengenprodukten liefert der Satz

2.7.7. *$(\mathfrak{F}_i)_{i\in I}$ und $(\mathfrak{G}_j)_{j\in J}$ seien Familien von Filtern in $X \times Y$ bzw. $Y \times Z$. Es gilt*

$$\Big(\bigwedge_{i\in I} \mathfrak{F}_i\Big)^{-1} = \bigwedge_{i\in I} \mathfrak{F}_i^{-1} \quad \text{und} \quad \Big(\bigvee_{i\in I} \mathfrak{F}_i\Big)^{-1} = \bigvee_{i\in I} \mathfrak{F}_i^{-1}, \tag{2.7.12}$$

ferner

$$\bigwedge_{j\in J} \mathfrak{G}_j \circ \bigwedge_{i\in I} \mathfrak{F}_i \subseteq \bigwedge_{(i,j)\in I\times J} (\mathfrak{G}_j \circ \mathfrak{F}_i) \tag{2.7.13}$$

und

$$\bigvee_{j\in J} \mathfrak{G}_j \circ \bigvee_{i\in I} \mathfrak{F}_i \supseteq \bigvee_{(i,j)\in I\times J} (\mathfrak{G}_j \circ \mathfrak{F}_i)\,. \tag{2.7.14}$$

Bei (2.7.13) trifft das Gleichheitszeichen zu, wenn I und J endlich sind. Im allgemeinen gilt bei dieser Beziehung das Gleichheitszeichen nicht, auch nicht, wenn einer der Indexbereiche eine einelementige Menge ist. Bei (2.7.14) trifft das Gleichheitszeichen im allgemeinen nicht einmal zu, wenn einer der Indexbereiche eine einelementige und der andere eine zweielementige Menge ist.

Beweis. 1. Die Beziehungen (2.7.12) bis (2.7.14) gelten in dem Fall, daß I bzw. I oder J leer ist, da der verbandstheoretische Durchschnitt und die verbandstheoretische Vereinigung der leeren Familie von Filtern in $X \times Y$ der uneigentliche Filter in $X \times Y$ bzw. der Filter $\{X \times Y\}$ ist und Entsprechendes für die Filter in $Y \times Z$ gilt.

Aus 2.5.3 folgt unter Beachtung von (2.7.3) unmittelbar die Richtigkeit von (2.7.12) bei $I \neq \emptyset$.

Im weiteren seien I und J nichtleer. Unter Berücksichtigung von 2.7.5 ergibt sich die Richtigkeit von (2.7.13) und (2.7.14) in diesem Fall. Wir setzen nun I und J zusätzlich als endlich voraus. Aus 2.5.3 und 2.6.5 folgt unter Beachtung von (2.7.4), daß dann bei (2.7.13) das Gleichheitszeichen zutrifft.

2. Es sei $X = Y = Z = \boldsymbol{N}$ und $\mathfrak{F}$ derjenige Filter in $\boldsymbol{N} \times \boldsymbol{N}$, der als eine Subbasis die Gesamtheit aller Mengen $F_j = \Delta \setminus \{(j, j)\}$ $(j \in \boldsymbol{N})$ hat. Zu beliebigem $j \in \boldsymbol{N}$ sei $\mathfrak{G}_j$ der Filter $[\{(j, j)\}]$ in $\boldsymbol{N} \times \boldsymbol{N}$. Der Filter $\bigwedge_{j\in \boldsymbol{N}} (\mathfrak{G}_j \circ \mathfrak{F})$ ist uneigentlich, denn ihm gehört die Menge $\bigcup_{j\in \boldsymbol{N}} (\{(j, j)\} \circ F_j) = \emptyset$ an. Da $\mathfrak{F}$ eigentlich ist und $\bigwedge_{j\in \boldsymbol{N}} \mathfrak{G}_j = [\Delta]$ gilt, folgt $\big(\bigwedge_{j\in \boldsymbol{N}} \mathfrak{G}_j\big) \circ \mathfrak{F} = \mathfrak{F} \subsetneqq \bigwedge_{j\in \boldsymbol{N}} (\mathfrak{G}_j \circ \mathfrak{F})$.

3. Wir nehmen nun an, daß $X = Y = Z$ gilt und diese Menge mindestens zweielementig ist. Sind x, y, z und u Elemente von X mit $y \neq z$, so gilt nach einer Bemerkung nach 1.8.3 für die Relationen $F = \{(x, y)\}$, $G = \{(x, z)\}$ und $H = \{(y, u), (z, u)\}$

$$H \circ (F \cap G) \subsetneqq (H \circ F) \cap (H \circ G)\,,$$

für die Filter $\mathfrak{F} = [F]$, $\mathfrak{G} = [G]$ und $\mathfrak{H} = [H]$ in $X \times X$ daher

$$\mathfrak{H} \circ (\mathfrak{F} \vee \mathfrak{G}) \supsetneqq \mathfrak{H} \circ \mathfrak{F} \vee \mathfrak{H} \circ \mathfrak{G}$$

und damit auch

$$(\mathfrak{F}^{-1} \vee \mathfrak{G}^{-1}) \circ \mathfrak{H}^{-1} \supsetneqq \mathfrak{F}^{-1} \circ \mathfrak{H}^{-1} \vee \mathfrak{G}^{-1} \circ \mathfrak{H}^{-1}\,. \blacksquare$$

Für eigentliche Filter folgt aus 2.7.7 das

Korollar. *Sind $(\mathfrak{F}_i)_{i \in I}$ und $(\mathfrak{G}_j)_{j \in J}$ endliche Familien eigentlicher Filter in $X \times Y$ bzw. $Y \times Z$ und ist mindestens einer der Filter $\mathfrak{G}_j \circ \mathfrak{F}_i$ eigentlich, so auch $\bigwedge_{j \in J} \mathfrak{G}_j \circ \bigwedge_{i \in I} \mathfrak{F}_i$. Es gilt dann*

$$\bigwedge_{j \in J} \mathfrak{G}_j \circ \bigwedge_{i \in I} \mathfrak{F}_i = \bigwedge_{(i,j) \in K} \mathfrak{G}_j \circ \mathfrak{F}_i\,,$$

wobei K die Menge aller Paare (i, j) bedeutet, für die $\mathfrak{G}_j \circ \mathfrak{F}_i$ eigentlich ist.

Beweis. Die Richtigkeit der Beziehung unter den angegebenen Voraussetzungen ergibt sich, indem man beachtet, daß bei der Durchschnittsbildung $\bigwedge_{(i,j) \in I \times J} \mathfrak{G}_j \circ \mathfrak{F}_i$ nur die eigentlichen Filter $\mathfrak{G}_j \circ \mathfrak{F}_i$ zu berücksichtigen sind, falls mindestens einer der Filter $\mathfrak{G}_j \circ \mathfrak{F}_i$ eigentlich ist. $\blacksquare$

Wir befassen uns als nächstes mit speziellen Filtern in Mengenprodukten, und zwar mit solchen, die Produkte je zweier Filter sind. Sind $\mathfrak{F}$ und $\mathfrak{G}$ Filter, so ist — wie bereits in Abschnitt 2.6 bemerkt — das Filterprodukt $\mathfrak{F} \times \mathfrak{G}$ genau dann eigentlich, wenn $\mathfrak{F}$ und $\mathfrak{G}$ eigentlich sind.

2.7.8. *$\mathfrak{F}$ sei ein Filter in X, $\mathfrak{G}$ und $\mathfrak{H}$ seien Filter in Y, und $\mathfrak{K}$ sei ein Filter in Z. Dann gilt*

$$(\mathfrak{F} \times \mathfrak{G})^{-1} = \mathfrak{G} \times \mathfrak{F} \tag{2.7.16}$$

und

$$(\mathfrak{H} \times \mathfrak{K}) \circ (\mathfrak{F} \times \mathfrak{G}) = \begin{cases} \mathfrak{F} \times \mathfrak{K} & \text{im Falle } \mathfrak{G} \vee \mathfrak{H} \neq \mathsf{P}Y \\ \mathsf{P}(X \times Z) & \text{im Falle } \mathfrak{G} \vee \mathfrak{H} = \mathsf{P}Y\,. \end{cases} \tag{2.7.17}$$

Beweis. Daß (2.7.16) gilt, ergibt sich ohne Mühe. Eine Menge E gehört $(\mathfrak{H} \times \mathfrak{K}) \circ (\mathfrak{F} \times \mathfrak{G})$ genau dann an, wenn Elemente $F \in \mathfrak{F}$, $G \in \mathfrak{G}$, $H \in \mathfrak{H}$ und $K \in \mathfrak{K}$ mit $(H \times K) \circ (F \times G) \subseteq E$ existieren. Ist $\mathfrak{G} \vee \mathfrak{H} \neq \mathsf{P}Y$, so folgt $G \cap H \neq \emptyset$, damit

$$(H \times K) \circ (F \times G) = F \times K$$

und somit $(\mathfrak{H} \times \mathfrak{K}) \circ (\mathfrak{F} \times \mathfrak{G}) = \mathfrak{F} \times \mathfrak{K}$. Ist $\mathfrak{G} \vee \mathfrak{H} = \mathsf{P}Y$, so existieren Elemente $G \in \mathfrak{G}$ und $H \in \mathfrak{H}$ mit $G \cap H = \emptyset$, weshalb sich in diesem Falle $\emptyset \in (\mathfrak{H} \times \mathfrak{K}) \circ (\mathfrak{F} \times \mathfrak{G})$ und somit $(\mathfrak{H} \times \mathfrak{K}) \circ (\mathfrak{F} \times \mathfrak{G}) = \mathsf{P}(X \times Z)$ ergibt. $\blacksquare$

Das Verhalten von $(\mathfrak{H} \times \mathfrak{K}) \circ (\mathfrak{F} \times \mathfrak{G})$ hängt nach diesem Satz davon ab, ob $\mathfrak{G} \vee \mathfrak{H}$ ein eigentlicher Filter ist oder nicht. $(\mathfrak{H} \times \mathfrak{K}) \circ (\mathfrak{F} \times \mathfrak{G})$ ist nach diesem Satz genau dann eigentlich, wenn $\mathfrak{F}$, $\mathfrak{K}$ und $\mathfrak{G} \vee \mathfrak{H}$ eigentlich sind.

Im folgenden bringen wir einige Aussagen über Bilder von Filtern in Mengenprodukten bezüglich induzierter Filterabbildungen.

Aus 1.8.7 ergibt sich

2.7.9. *Für jede mehrdeutige Abbildung f aus X in Y und jeden Filter $\mathfrak{F}$ in $X \times X$ ist*

$$(f * f)(\mathfrak{F}) = [f] \circ \mathfrak{F} \circ [f^{-1}] .$$

Korollar. f sei eine *mehrdeutige Abbildung aus X in Y, $\mathfrak{F}$ und $\mathfrak{G}$ seien Filter in $X \times X$. Dann gilt*

$$((f * f)(\mathfrak{F}))^{-1} = (f * f)(\mathfrak{F}^{-1}) \tag{2.7.18}$$

und, wenn f^{-1} eine eindeutige Abbildung ist, ferner

$$(f * f)(\mathfrak{G} \circ \mathfrak{F}) \subseteqq (f * f)(\mathfrak{G}) \circ (f * f)(\mathfrak{F}) . \tag{2.7.19}$$

Beweis. Mittels 2.7.4 und 2.7.9 folgt, daß beide Seiten von (2.7.18) mit $[f] \circ \mathfrak{F}^{-1} \circ [f^{-1}]$ übereinstimmen, (2.7.18) also gilt. Ist f^{-1} eine eindeutige Abbildung, so ergibt sich $\varDelta \supseteqq f^{-1} \circ f$, somit $[\varDelta] \subseteqq [f^{-1}] \circ [f]$ und daher

$$[f] \circ \mathfrak{G} \circ \mathfrak{F} \circ [f^{-1}] \subseteqq [f] \circ \mathfrak{G} \circ [f^{-1}] \circ [f] \circ \mathfrak{F} \circ [f^{-1}] .$$

Wegen 2.7.9 geht die letzte Beziehung in (2.7.19) über. ▮

2.7.10. *Für jede eindeutige Abbildung f von X in Y, jeden Filter $\mathfrak{F}$ in $X \times X$ und jeden Filter $\mathfrak{G}$ in $Y \times Y$ bestehen die Äquivalenzen*

$$\mathfrak{G} \subseteqq (f * f)(\mathfrak{F}) \Leftrightarrow \mathfrak{G} \circ [f] \subseteqq [f] \circ \mathfrak{F} \Leftrightarrow (f^{-1} * f^{-1})(\mathfrak{G}) \subseteqq \mathfrak{F} .$$

Beweis. $\mathfrak{G} \subseteqq (f * f)(\mathfrak{F})$ ist nach 2.7.9 äquivalent zu $\mathfrak{G} \subseteqq [f] \circ \mathfrak{F} \circ [f^{-1}]$. Da $f^{-1} \circ f \supseteqq \varDelta$ und damit $[f^{-1}] \circ [f] \subseteqq [\varDelta]$ gilt, folgt aus der letzten Beziehung $\mathfrak{G} \circ [f] \subseteqq [f] \circ \mathfrak{F} \circ [f^{-1}] \circ [f] \subseteqq [f] \circ \mathfrak{F}$ und aus dieser analog $[f^{-1}] \circ \mathfrak{G} \circ [f] \subseteqq \mathfrak{F}$. Nun gilt $\varDelta \supseteqq f \circ f^{-1}$ und damit $[\varDelta] \subseteqq [f] \circ [f^{-1}]$, so daß $[f^{-1}] \circ \mathfrak{G} \circ [f] \subseteqq \mathfrak{F}$ umgekehrt $\mathfrak{G} \circ [f] \subseteqq [f] \circ [f^{-1}] \circ \mathfrak{G} \circ [f] \subseteqq [f] \circ \mathfrak{F}$ und diese Beziehung analog $\mathfrak{G} \subseteqq [f] \circ \mathfrak{F} \circ [f^{-1}]$ nach sich zieht. $[f^{-1}] \circ \mathfrak{G} \circ [f] \subseteqq \mathfrak{F}$ ist nach 2.7.9 natürlich äquivalent zu $(f^{-1} * f^{-1})\,(\mathfrak{G}) \subseteqq \mathfrak{F}$. ▮

2.7.11. *Für jede mehrdeutige Abbildung f aus X in Y, jeden Filter $\mathfrak{F}$ in X und jeden Filter $\mathfrak{G}$ in X gilt*

$$(f * f)\,(\mathfrak{F} \times \mathfrak{G}) = f(\mathfrak{F}) \times f(\mathfrak{G}) .$$

Beweis. Für beliebige Teilmengen F und G von X gilt

$$(f * f)\,[F \times G] = f[F] \times f[G] .$$

Damit folgt die Richtigkeit der Behauptung. ▮

Für jeden Filter $\mathfrak{F}$ in $X \times Y$ und jedes Element x von X bilden die Mengen $F\{x\}$ $(F \in \mathfrak{F})$ die Basis eines Filters in Y; wir bezeichnen ihn mit $\mathfrak{F}(x)$, setzen also

$$\mathfrak{F}(x) = \operatorname*{im}_{\subseteq, Y} \{F\{x\} \mid F \in \mathfrak{F}\} .$$

Es gilt

$$[\Delta]\,(x) = [x] \tag{2.7.20}$$

zu beliebigem $x \in X$. Ferner gilt

2.7.12. *Für jede Familie $(\mathfrak{F}_i)_{i \in I}$ von Filtern in $X \times Y$ ist*

$$(\bigwedge_{i \in I} \mathfrak{F}_i)\,(x) = \bigwedge_{i \in I} \mathfrak{F}_i(x) \quad \textit{und} \quad (\bigvee_{i \in I} \mathfrak{F}_i)\,(x) = \bigvee_{i \in I} \mathfrak{F}_i(x)$$

zu beliebigem $x \in X$.

Beweis. Da $\mathsf{P}(X \times Y)\,(x) = \mathsf{P}Y$ und $\{X \times Y\}\,(x) = \{Y\}$ zu beliebigem $x \in X$ ist, sind die beiden Beziehungen im Falle $I = \emptyset$ richtig. Daß diese Beziehungen auch im Falle $I \neq \emptyset$ gelten, ergibt sich leicht (vergleiche die Bemerkungen nach 1.8.2). ∎

Als nächstes führen wir für die Filter in Mengenprodukten neben dem im Abschnitt 2.6 definierten Produktbegriff noch einen weiteren Produktbegriff ein. Es seien dazu X das cartesische Produkt $\prod_{i \in I} X_i$ einer Familie von Mengen, die eine Menge als Indexbereich hat, und Y das cartesische Produkt $\prod_{i \in I} Y_i$ einer Familie von Mengen mit dem gleichen Indexbereich. Wir bilden die Abbildung

$$\nu\colon \prod_{i \in I} (X_i \times Y_i) \to X \times Y ,$$

die jedem Element $((x_i, y_i))_{i \in I}$ von $\prod_{i \in I} (X_i \times Y_i)$ das Element $((x_i)_{i \in I}, (y_i)_{i \in I})$ von $X \times Y$ zuordnet. ν ist eine eineindeutige Abbildung mit ganz $X \times Y$ als Wertebereich. Ist $\mathfrak{F}_i$ zu beliebigem $i \in I$ ein Filter in $X_i \times Y_i$, so bezeichnen wir den Bildfilter des Filterprodukts $\prod_{i \in I} \mathfrak{F}_i$ bezüglich der von ν induzierten Filterabbildung mit $\mathop{\ast}_{i \in I} \mathfrak{F}_i$, setzen also

$$\mathop{\ast}_{i \in I} \mathfrak{F}_i = \nu(\prod_{i \in I} \mathfrak{F}_i) .$$

Wir nennen diesen Filter das **Relationsprodukt** der Filter $\mathfrak{F}_i$ $(i \in I)$. Wenn $I = \{1, \dots, n\}$ zu einem $n \in N^+$ ist, schreiben wir für $\mathop{\ast}_{i \in I} \mathfrak{F}_i$ auch $\mathfrak{F}_1 \ast \cdots \ast \mathfrak{F}_n$.

Da für beliebige mehrdeutige Abbildungen F_i aus X_i in Y_i $(i \in I)$ die Beziehung

$$\mathop{\divideontimes}_{i \in I} F_i = \nu[\prod_{i \in I} F_i]$$

besteht, gilt

$$\mathop{\ast}_{i \in I} \mathfrak{F}_i = \operatorname*{im}_{\subseteq, X \times Y} \{\mathop{\divideontimes}_{i \in I} F_i \mid F_i \in \mathfrak{F}_i \text{ zu beliebigem } i \in I \text{ und } F_i = X_i \times Y_i \text{ bis auf endlich viele } i\} .$$

Im Falle $I = \{1, \ldots, n\}$ ($n \in N^+$) haben wir insbesondere

$$\mathfrak{F}_1 \ast \cdots \ast \mathfrak{F}_n = \underset{\subseteq,\, X \times Y}{\operatorname{im}} \{F_1 \ast \cdots \ast F_n \mid F_i \in \mathfrak{F}_i \text{ für } i = 1, \ldots, n\}.$$

Für die Relationsprodukte der Filter gelten Projektionsbeziehungen, die den in 2.6.1 angegebenen Beziehungen der Produktfilter ähnlich sind.

π_i und p_i seien zu beliebigem $i \in I$ die natürliche i-te Projektion von X bzw. Y.

2.7.13 (Relationsprodukte von Filtern). *Ist $\mathfrak{F}_i$ zu beliebigem $i \in I$ ein Filter in $X_i \times Y_i$, so gilt*

$$\underset{i \in I}{\ast} \mathfrak{F}_i = \bigvee_{i \in I} (\pi_i^{-1} \ast p_i^{-1}) (\mathfrak{F}_i) \tag{2.7.21}$$

und, wenn alle Filter $\mathfrak{F}_i$ eigentlich sind, zu beliebigem $j \in I$ ferner

$$(\pi_j \ast p_j) (\underset{i \in I}{\ast} \mathfrak{F}_i) = \mathfrak{F}_j . \tag{2.7.22}$$

Beweis. $(\pi_j \ast p_j) \circ \nu$ ist die natürliche j-te Projektion von $\prod_{i \in I} (X_i \times Y_j)$. Aus 2.5.3 und (2.6.1) folgt deshalb

$$\underset{i \in I}{\ast} \mathfrak{F}_i = \nu \left(\bigvee_{i \in I} (\nu^{-1} \circ (\pi_i^{-1} \ast p_i^{-1})) (\mathfrak{F}_i)\right) = \bigvee_{i \in I} (\pi_i^{-1} \ast p_i^{-1}) (\mathfrak{F}_i) ,$$

also (2.7.21), aus (2.6.2) deshalb ferner (2.7.22). ∎

Wir führen zwei weitere leicht zu beweisende Sätze an.

2.7.14. *Zu beliebigem $i \in I$ sei Z_i neben X_i und Y_i eine weitere Menge. Für beliebige Filter $\mathfrak{F}_i$ in $X_i \times Y_i$ und $\mathfrak{G}_i$ in $Y_i \times Z_i$ ($i \in I$) gilt*

$$(\underset{i \in I}{\ast} \mathfrak{F}_i)^{-1} = \underset{i \in I}{\ast} \mathfrak{F}_i^{-1}$$

und

$$(\underset{i \in I}{\ast} \mathfrak{G}_i) \circ (\underset{i \in I}{\ast} \mathfrak{F}_i) = \underset{i \in I}{\ast} (\mathfrak{G}_i \circ \mathfrak{F}_i) .$$

2.7.15. *Für beliebige Filter $\mathfrak{F}_i$ in $X_i \times Y_i$ ($i \in I$) und jedes Element $x = (x_i)_{i \in I}$ von X gilt*

$$(\underset{i \in I}{\ast} \mathfrak{F}_i) (x) = \prod_{i \in I} \mathfrak{F}_i(x_i) .$$

2.6.4 besitzt das folgende leicht zu beweisende Analogon. Zu jedem $i \in I$ sei U_i eine Teilmenge von X_i und V_i eine Teilmenge von Y_i.

2.7.16. *Für beliebige Filter $\mathfrak{F}_i$ in $U_i \times V_i$ ($i \in I$) gilt*

$$\underset{i \in I}{\ast} \underset{\subseteq,\, X_i \times Y_i}{\operatorname{im}} \mathfrak{F}_i \subseteq \underset{\subseteq,\, X \times Y}{\operatorname{im}} \underset{i \in I}{\ast} \mathfrak{F}_i . \tag{2.7.23}$$

Wenn I endlich ist, trifft bei (2.7.23) das Gleichheitszeichen zu.

2.8. Gefilterte Familien, Netze, Folgen

Wir gehen als nächstes auf den Begriff der Folge und auf Verallgemeinerungen dieses Begriffes ein. Unter einer **Folge** versteht man natürlich eine Familie $(x_i)_{i \in N^+}$, die als Indexbereich die Menge aller positiven natürlichen Zahlen hat. Für $(x_i)_{i \in N^+}$ schreibt man bekanntlich auch $x_1, x_2, \ldots$, zum Teil auch $(x_1, x_2, \ldots)$. Eine wichtige Verallgemeinerung des Begriffs der Folge ist der Begriff des Netzes. Man bezeichnet als ein **Netz**, eine **Moore-Smith-Folge** oder eine **gerichtete Familie** jede Familie $(x_i)_{i \in I}$, deren Indexbereich eine gerichtete Menge ist (vergleiche Abschnitt 2.4). Bei Folgen denkt man sich den Indexbereich N^+ stets mit der natürlichen Ordnung versehen, weshalb sich Folgen als spezielle Netze ergeben. Als eine sehr weitreichende Verallgemeinerung des Begriffs der Folge erweist sich der Begriff der gefilterten Familie. Und zwar versteht man unter einer **gefilterten Familie** eine Familie $(x_i)_{i \in I}$, deren Indexbereich I eine gefilterte Menge ist. Da wir gerichtete Mengen als spezielle gefilterte Mengen auffassen (vergleiche Abschnitt 2.4), ergeben sich Netze als spezielle gefilterte Familien. Bei Folgen ist der Indexbereich speziell mit dem Fréchet-Filter versehen zu denken. Eine gefilterte Familie $(x_i)_{i \in I}$ heißt **eigentlich** wenn der Filter von I eigentlich ist. Jede eigentliche gefilterte Familie ist nichtleer. Ein Netz heißt natürlich genau dann **eigentlich**, wenn es eine eigentliche gefilterte Familie ist. Die eigentlichen Netze sind gerade die nichtleeren Netze, also die Netze mit nichtleerer Indexmenge. Eine Folge, ein Netz bzw. eine gefilterte Familie von Elementen einer Menge X heißt auch eine Folge, ein Netz bzw. eine gefilterte Familie **in** X.

Wichtig ist der Begriff der gefilterten Teilfamilie. Sind $(x_i)_{i \in I}$ und $(y_j)_{j \in J}$ gefilterte Familien und $\mathfrak{K}$ bzw. $\mathfrak{L}$ die Filter von I bzw. J und existiert eine Abbildung $f\colon J \to I$ mit $x_{f(j)} = y_j$ $(j \in J)$ und $\mathfrak{K} \subseteq f(\mathfrak{L})$, so wird $(y_j)_{j \in J}$ eine **gefilterte Teilfamilie** von $(x_i)_{i \in I}$ genannt. $\mathfrak{K} \subseteq f(\mathfrak{L})$ ist äquivalent dazu, daß es zu beliebigem $K \in \mathfrak{K}$ ein $L \in \mathfrak{L}$ mit $f[L] \subseteq K$ gibt.

Gefilterte Teilfamilien verhalten sich transitiv, d. h., es gilt

2.8.1. *Eine gefilterte Teilfamilie $(z_k)_{k \in K}$ einer gefilterten Teilfamilie $(y_j)_{j \in J}$ einer gefilterten Familie $(x_i)_{i \in I}$ ist eine gefilterte Teilfamilie von $(x_i)_{i \in I}$.*

Beweis. $\mathfrak{K}, \mathfrak{L}$ bzw. $\mathfrak{M}$ seien die Filter von I, J bzw. K. Es gibt Abbildungen $f\colon J \to I$ und $g\colon K \to J$ mit $x_{f(j)} = y_j$ $(j \in J)$, $y_{g(k)} = z_k$ $(k \in K)$, $\mathfrak{K} \subseteq f(\mathfrak{L})$ und $\mathfrak{L} \subseteq g(\mathfrak{M})$. Da $x_{(f \circ g)(k)} = z_k$ zu beliebigem $k \in K$ und wegen 2.5.3 und 2.5.5 ferner $\mathfrak{K} \subseteq f(g(\mathfrak{M})) = (f \circ g)(\mathfrak{M})$ folgt, ergibt sich die Richtigkeit der Aussage des Satzes. ∎

Jede gefilterte Familie hat die leere Familie als gefilterte Teilfamilie, $\emptyset$ sei dabei mit $P\emptyset$ gefiltert.

2.8.2 (Gefilterte Familien in endlichen Vereinigungen). *Ist $(X_j)_{j \in J}$ eine nichtleere endliche Familie von Mengen und $(x_i)_{i \in I}$ eine eigentliche gefilterte Familie*

in $\bigcup_{j \in J} X_j$, *dann existiert für mindestens ein* j *eine eigentliche gefilterte Teilfamilie von* $(x_i)_{i \in I}$ *in* X_j.

Beweis. $\mathfrak{K}$ sei der Filter von I. Zu beliebigem $j \in J$ sei $I_j = \{i \in I \mid x_i \in X_j\}$. $\mathfrak{K}_j = \{K \cap I_j \mid K \in \mathfrak{K}\}$ ist stets ein Filter in I_j. Wir denken uns I_j zu beliebigem $j \in J$ mit $\mathfrak{K}_j$ versehen und erhalten $(x_i)_{i \in I_j}$ wegen $\mathfrak{K} \underset{\subseteq, I}{\subseteq}$ im $\mathfrak{K}_j$ als eine gefilterte Teilfamilie von $(x_i)_{i \in I}$. Mindestens einer der Filter $\mathfrak{K}_j$ ist eigentlich, da es andernfalls zu beliebigem $j \in J$ ein $K_j \in \mathfrak{K}$ mit $K_j \cap I_j = \emptyset$, folglich mit $\bigcap_{j \in J} K_j \cap \bigcup_{j \in J} I_j = \emptyset$ und daher mit $\bigcap_{j \in J} K_j = \emptyset$ gäbe, der Filter $\mathfrak{K}$ aber eigentlich ist. ∎

Jedes Netz $(y_j)_{j \in J}$, das gefilterte Teilfamilie eines Netzes $(x_i)_{i \in I}$ ist, wird **Teilnetz, Moore-Smith-Teilfolge** oder **gerichtete Teilfamilie** von $(x_i)_{i \in I}$ genannt. Ein Netz $(y_j)_{j \in J}$ ist genau dann Teilnetz eines Netzes $(x_i)_{i \in I}$, wenn eine Abbildung $f: J \to I$ existiert, so daß $x_{f(j)} = y_j$ $(j \in J)$ ist und es zu beliebigem $i_0 \in I$ ein $j_0 \in J$ mit $i_0 \leqq f(j)$ für jedes $j \in J$ mit $j_0 \leqq j$ gibt[1]). Wegen 2.8.1 ist ein Teilnetz eines Teilnetzes eines Netzes ein Teilnetz dieses Netzes.

Eine Folge $(y_j)_{j \in N^+}$ heißt natürlich **Teilfolge** einer Folge $(x_i)_{i \in N^+}$, wenn eine eineindeutige isotone Abbildung f: $N^+ \to N^+$ mit $x_{f(j)} = y_j$ zu beliebigem $j \in N^+$ existiert. Zu beachten ist, daß eine Folge, die Teilnetz einer Folge ist, im allgemeinen keine Teilfolge dieser Folge ist. Eine Folge $x_1, x_2, \ldots$ mit voneinander verschiedenen x_i hat zum Beispiel $x_2, x_1, x_4, x_3, \ldots$ als Teilnetz, nicht aber als Teilfolge.

Im weiteren geben wir eine Charakterisierung der Folgen an, die Teilnetze von Folgen sind. Wir benötigen zwei Definitionen: Sind $x_1, x_2, \ldots$ und $y_1, y_2, \ldots$ Folgen und existiert eine eineindeutige Abbildung f von N^+ auf sich mit $y_n = x_{f(n)}$ $(n \in N^+)$, so nennen wir $y_1, y_2, \ldots$ eine **Umordnung** von $x_1, x_2, \ldots$, existiert eine (bezüglich der natürlichen Ordnung von N^+) isotone Abbildung f von N^+ auf sich mit $y_n = x_{f(n)}$ $(n \in N^+)$, so nennen wir $y_1, y_2, \ldots$ eine **Streckung** von $x_1, x_2, \ldots$ Umordnungen ergeben sich somit durch eventuelle Vertauschung der Reihenfolge der Glieder der betreffenden Folge und Streckungen, indem die Glieder der Folge eventuell hintereinander mehrfach angeführt werden.

2.8.3 (Charakterisierung der Folgen, die Teilnetze von Folgen sind). *Eine Folge* $y_1, y_2, \ldots$ *ist genau dann ein Teilnetz einer Folge* $x_1, x_2, \ldots$, *wenn sie eine Umordnung einer Streckung einer Teilfolge von* $x_1, x_2, \ldots$ *ist.*

Beweis. Offensichtlich sind Umordnungen, Streckungen und Teilfolgen einer Folge Teilnetze dieser Folge, so daß wegen 2.8.1 eine Umordnung einer Streckung einer Teilfolge ein Teilnetz dieser Folge ist.

[1]) Wenn nichts gegenteiliges angegeben ist, bezeichnen wir entsprechend der Vereinbarung über die Bezeichnung von Präordnungen die Relation, bezüglich der eine Menge gerichtet ist, mit $\leqq$.

Im weiteren sei $y_1, y_2, \ldots$ eine Folge, die Teilnetz einer Folge $x_1, x_2, \ldots$ ist. Es gibt eine Abbildung f von N^+ in sich, derart, daß $y_n = x_{f(n)}$ zu beliebigem $n \in N^+$ gilt und $f[N^+]$ abzählbar unendlich ist, folglich eine eineindeutige isotone Abbildung g von N^+ auf $f[N^+]$ existiert. $u_1, u_2, \ldots$ mit $u_n = x_{g(n)}$ $(n \in N^+)$ ist eine Teilfolge von $x_1, x_2, \ldots$ Wir finden eine eineindeutige Abbildung h von N^+ auf sich, so daß $f \circ h^{-1}$ eine isotone Abbildung von N^+ in sich ist. Da $g^{-1} \circ f \circ h^{-1}$ eine isotone Abbildung von N^+ auf sich ist, ist $v_1, v_2, \ldots$ mit $v_n = u_{(g^{-1} \circ f \circ h^{-1})(n)}$ $(n \in N^+)$ eine Streckung von $u_1, u_2, \ldots$. Da $y_n = x_{f(n)} = u_{(g^{-1} \circ f)(n)} = v_{h(n)}$ zu beliebigem $n \in N^+$ gilt, ist $y_1, y_2, \ldots$ eine Umordnung von $v_1, v_2, \ldots$. ∎

In einem gewissen Sinne sind gefilterte Familien und Netze gleichwertig mit Filtern, wie sich aus dem weiteren ergeben wird. X sei eine beliebige Menge, $\mathcal{G}X$ die Klasse aller gefilterten Familien in X und wie bisher $\mathcal{F}X$ der Verband aller Filter in X. Wir bilden diejenige Abbildung $\Phi\colon \mathcal{G}X \to \mathcal{F}X$, die jeder gefilterten Familie $(x_i)_{i \in I}$ in X den Filter $x(\mathfrak{K})$ in X zuordnet, wobei $\mathfrak{K}$ der Filter von I und x die Familie $(x_i)_{i \in I}$, also die Abbildung $\{(i, x_i) \mid i \in I\}$ ist. Es gilt also stets

$$\Phi\big((x_i)_{i \in I}\big) = \operatorname*{im}_{\subseteq, X} \big\{\{x_i \mid i \in K\} \mid K \in \mathfrak{K}\big\}\,.$$

$\Phi\big((x_i)_{i \in I}\big)$ heißt der **aus $(x_i)_{i \in I}$ erzeugte Filter** in X. Wie mittels einer Bemerkung aus 2.5 folgt, ist der aus einer gefilterten Familie erzeugte Filter genau dann eigentlich, wenn die betreffende gefilterte Familie eigentlich ist.

Der folgende Satz gibt Aufschluß über das Verhalten der gefilterten Teilfamilien bei der Abbildung Φ.

2.8.4. *$(x_i)_{i \in I}$ sei eine gefilterte Familie in X. Ist $(y_j)_{j \in J}$ eine gefilterte Teilfamilie von $(x_i)_{i \in I}$, so ist der aus $(y_j)_{j \in J}$ erzeugte Filter ein Oberfilter des aus $(x_i)_{i \in I}$ erzeugten Filters. Wenn $\mathfrak{G}$ ein Oberfilter des von $(x_i)_{i \in I}$ erzeugten Filters ist, existiert ein Teilnetz $(y_j)_{j \in J}$ von $(x_i)_{i \in I}$, das $\mathfrak{G}$ erzeugt* (siehe Harbarth [1[).

Beweis. 1. $(y_j)_{j \in J}$ sei eine gefilterte Teilfamilie von $(x_i)_{i \in I}$, ferner $\mathfrak{K}$ der Filter von I und $\mathfrak{L}$ der Filter von J. Wir setzen $x = \{(i, x_i) \mid i \in I\}$ und $y = \{(j, y_j) \mid j \in J\}$ und finden eine Abbildung $f\colon J \to I$ mit $x \circ f = y$ und $\mathfrak{K} \subseteq f(\mathfrak{L})$. Mittels 2.5.3 und 2.5.5 folgt $x(\mathfrak{K}) \subseteq x(f(\mathfrak{L})) = y(\mathfrak{L})$ und damit, daß $y(\mathfrak{L})$ ein Oberfilter von $x(\mathfrak{K})$ ist.

2. $\mathfrak{G}$ sei ein Oberfilter des von $(x_i)_{i \in I}$ erzeugten Filters. Ist $\mathfrak{G}$ uneigentlich, so ist das leere Netz eine gefilterte Teilfamilie von $(x_i)_{i \in I}$, die $\mathfrak{G}$ erzeugt. Im weiteren sei $\mathfrak{G}$ eigentlich. $\mathfrak{K}$ bezeichne den Filter von I. Wir bilden die Menge $J = \{(G, K, i) \mid G \in \mathfrak{G}, K \in \mathfrak{K}, i \in K \text{ mit } x_i \in G\}$ und richten sie durch

$$(G, K, i) \leqq (G', K', i') \Leftrightarrow G \supseteqq G' \text{ und } K \supseteqq K'\,,$$

was wegen $\{i \in K \mid x_i \in G\} \neq \emptyset$ $(G \in \mathfrak{G}, K \in \mathfrak{K})$ möglich ist. $\mathfrak{L}$ sei der zu $\leqq$ gehörige Filter und f die Abbildung $(G, K, i) \mapsto i$ $((G, K, i) \in J)$ von J in I. Zu beliebigem $(G, K, i) \in J$ gilt $f[\{j \mid (G, K, i) \leqq j\}] \subseteq K$, folglich $K \in f(\mathfrak{L})$ und deshalb $\mathfrak{K} \subseteq f(\mathfrak{L})$. Das Netz $(y_j)_{j \in J}$ mit $y_j = x_{f(j)}$ $(j \in J)$ ist daher eine gefilterte

Teilfamilie von $(x_i)_{i\in I}$. Da $\{y_j \mid (G, K, i) \leqq j\} = \{x_k \mid k \in K\} \cap G$ und $\{x_k \mid k \in K\} \in \mathfrak{G}$ zu beliebigem $(G, K, i) \in J$ gilt, erzeugt $(y_j)_{j\in J}$ den Filter $\mathfrak{G}$. ∎

Um weiteren Aufschluß über die Abbildung Φ zu erhalten, bilden wir die Menge $\mathcal{G}_0X$ aller gefilterten Familien $(x_i)_{i\in I}$ mit $I = X$ und $x_i = i$ zu beliebigem $i \in I$. Die Einschränkung von Φ auf $\mathcal{G}_0X$ ist offenbar eine eineindeutige Abbildung von $\mathcal{G}_0X$ auf $\mathcal{F}X$. Φ hat deshalb als Wertebereich den ganzen Filterverband $\mathcal{F}X$. Sind $(x_i)_{i\in I}$ und $(y_j)_{j\in J}$ zu $\mathcal{G}_0X$ gehörende gefilterte Familien, so ist natürlich $(y_j)_{j\in J}$ genau dann eine gefilterte Teilfamilie von $(x_i)_{i\in I}$, wenn der aus $(y_j)_{j\in J}$ erzeugte Filter ein Oberfilter des aus $(x_i)_{i\in I}$ erzeugten Filters ist.

Φ bildet übrigens auch die Klasse aller Netze in X auf ganz $\mathcal{F}X$ ab, denn man kann leicht jedem Filter ein Netz zuordnen derart, daß der daraus erzeugte Filter der Ausgangsfilter ist. Dem uneigentlichen Filter ordnet man speziell das leere Netz zu und für einen beliebigen eigentlichen Filter $\mathfrak{F}$ in X definiert man das betreffende Netz $(x_i)_{i\in I}$ auf die folgende Weise. Man nimmt als I die Menge $\{(x, F) \mid F \in \mathfrak{F}, x \in F\}$, richtet sie durch $(x, F) \leqq (y, G) \Leftrightarrow G \subseteqq F$ (das ist wegen $\emptyset \notin \mathfrak{F}$ möglich) und setzt $x_i = x$ zu beliebigem $i = (x, F) \in I$. Wenn man als I die Menge $\{(x, n, F) \mid F \in \mathfrak{F}, n \in \boldsymbol{N}, x \in F\}$ nimmt, diese mittels einer beliebigen linearen Ordnung $\leqq$ in X (vergleiche 1.16.2) durch

$$(x, n, F) \leqq (y, m, G) \Leftrightarrow G \subsetneqq F \text{ oder } G = F \text{ und } n < m$$
$$\text{oder } G = F,\ n = m \text{ und } x \leqq y$$

richtet und $x_i = x$ zu beliebigem $i = (x, n, F) \in I$ setzt, erhält man sogar ein Netz, das $\mathfrak{F}$ erzeugt und dessen Indexbereich als Relation $\leqq$ eine Ordnung hat.

Im folgenden gehen wir auf den Begriff der Zusammensetzung gefilterter Familien ein. Wir sagen, daß sich eine gefilterte Familie $(z_s)_{s\in S}$ aus gefilterten Familien $(x_i)_{i\in I}$ und $(y_j)_{j\in J}$ **zusammensetzt**, wenn zwei eineindeutige Abbildungen $f\colon I \to S$ und $g\colon J \to S$ mit den folgenden Eigenschaften existieren:

1. Es ist $f[I] = S \setminus g[J]$.
2. Zu beliebigem $i \in I$ gilt $z_{f(i)} = x_i$ und zu beliebigem $j \in J$ ferner $z_{g(j)} = y_j$.
3. Der Filter von S ergibt sich mittels der Filter $\mathfrak{K}$ von I und $\mathfrak{L}$ von J in der Form $f(\mathfrak{K}) \cap g(\mathfrak{L})$.

Da stets $f(\mathfrak{K})$ und $g(\mathfrak{L})$ Oberfilter des Filters von S sind, hat jede zusammengesetzte gefilterte Familie die beiden gefilterten Familien, aus denen sie sich zusammensetzt, als gefilterte Teilfamilien. Ferner ergibt sich leicht

2.8.5. *$(x_i)_{i\in I}$ und $(y_j)_{j\in J}$ seien gefilterte Familien in einer Menge X. $(z_s)_{s\in S}$ sei eine aus $(x_i)_{i\in I}$ und $(y_j)_{j\in J}$ zusammengesetzte gefilterte Familie. Dann stimmt der aus $(z_s)_{s\in S}$ erzeugte Filter in X mit dem Durchschnitt der von $(x_i)_{i\in I}$ und $(y_j)_{j\in J}$ erzeugten Filter in X überein.*

Wir sagen, daß sich ein Netz aus Netzen $(x_i)_{i\in I}$ und $(y_j)_{j\in J}$ **zusammensetzt**, wenn es gemäß der obigen Definition eine aus diesen Netzen zusammengesetzte gefilterte Familie ist. Zusammengesetzte Netze haben die Netze, aus denen sie sich zusammensetzen, als Teilnetze. Während sich zwei gefilterte Familien stets zu einer gefilterten Familie zusammensetzen lassen, gilt eine entsprechende Behauptung für Netze nicht. Zum Beispiel läßt sich nicht die Folge 0, 1, 2, ... mit dem Netz $(i)_{i \in \Omega}$ (Ω sei mit der natürlichen Ordnung versehen) zu einem Netz zusammensetzen. Gäbe es nämlich ein derartiges Netz $(z_s)_{s \in S}$, so würde sich unter Beachtung, daß der Filter $f(\mathfrak{K}) \cap g(\mathfrak{L})$ von S von der Präordnung erzeugt wird, mittels 1.17.4 ein Widerspruch ergeben. Andererseits gibt es aber zu beliebigen Netzen $(x_i)_{i \in I}$ und $(y_j)_{i \in J}$ in einer Menge X — wie leicht folgt — Teilnetze, die die gleichen Filter in X wie $(x_i)_{i \in I}$ bzw. $(y_j)_{i \in J}$ erzeugen und sich zu einem Netz zusammensetzen lassen.

Eine Folge $z_1, z_2, \ldots$ heißt natürlich aus Folgen $x_1, x_2, \ldots$ und $y_1, y_2, \ldots$ **zusammengesetzt**, wenn zwei eineindeutige isotone Abbildungen $f\colon \boldsymbol{N}^+ \to \boldsymbol{N}^+$ und $g\colon \boldsymbol{N}^+ \to \boldsymbol{N}^+$ existieren, so daß $f[\boldsymbol{N}^+] = \boldsymbol{N}^+ \setminus g[\boldsymbol{N}^+]$ und zu beliebigem $n \in \boldsymbol{N}^+$ ferner $z_{f(n)} = x_n$ und $z_{g(n)} = y_n$ ist. Zwei Folgen lassen sich stets zu einer Folge zusammensetzen. Wie man leicht an Beispielen belegt, läßt sich aber eine Folge im allgemeinen nicht aus zwei Folgen zusammensetzen, wenn sie als Netz eine Zusammensetzung dieser Folgen ist.

Als nächstes bringen wir einige Bemerkungen über **Elementarfilter**, das sind aus Folgen erzeugte Filter. Elementarfilter sind offensichtlich eigentliche Filter, die eine abzählbare Basis besitzen, also eine Basis mit einer Mächtigkeit kleiner oder gleich $\boldsymbol{N}$. Ein eigentlicher Filter mit abzählbarer Basis muß aber kein Elementarfilter sein, wie man zum Beispiel an dem Filter $[\boldsymbol{R}]$ in der Menge $\boldsymbol{R}$ der reellen Zahlen ersieht. Andererseits gilt aber

2.8.6 (Charakterisierung der eigentlichen Filter mit abzählbaren Basen). *Jeder eigentliche Filter in X mit abzählbarer Basis ist der (verbandstheoretische) Durchschnitt aller elementaren Oberfilter.*

Beweis. $\mathfrak{F}$ sei ein eigentlicher Filter in X mit einer abzählbaren Basis $\{B_n \mid n \in \boldsymbol{N}^+\}$. Der Fall, daß die Basis eine nichtleere endliche Menge ist, ist natürlich mit erfaßt. Indem wir eventuell B_n zu beliebigem $n \in \boldsymbol{N}^+$ durch $B_1 \cap \cdots \cap B_n$ ersetzen, erreichen wir, daß $B_1 \supseteq B_2 \supseteq \cdots$ gilt. M sei die Menge aller Filter in X, die aus Folgen $x_1, x_2, \ldots$ mit $x_n \in B_n$ $(n \in \boldsymbol{N}^+)$ erzeugt werden. Es gilt natürlich $\mathfrak{F} \subseteq \bigwedge_{\mathfrak{G} \in M} \mathfrak{G}$. Wäre $\mathfrak{F} \subsetneqq \bigwedge_{\mathfrak{G} \in M} \mathfrak{G}$, so gäbe es ein $G \in \bigcap_{\mathfrak{G} \in M} \mathfrak{G}$ mit $B_n \nsubseteq G$ zu beliebigem $n \in \boldsymbol{N}^+$ und damit einen Filter in X, der aus einer Folge $x_1, x_2, \ldots$ mit $x_n \in B_n \setminus G$ erzeugt werden könnte. G müßte diesem Filter angehören, was einen Widerspruch ergeben würde. Daher gilt $\mathfrak{F} = \bigwedge_{\mathfrak{G} \in M} \mathfrak{G}$, woraus die Richtigkeit der Aussage folgt. ∎

Wir führen nun unter Benutzung der Begriffe des Netzes und des Filters gewisse Distributivgesetze in vollständigen Verbänden ein. Besteht in einem vollständigen Verband X die Beziehung (2.1.10) für alle Elemente x von X und für alle Netze $(x_i)_{i \in I}$ in X, die **monoton wachsend** sind, d. h., für die $x_i \leqq x_j$

aus $i \leq j$ folgt, dann nennen wir X **schwach unendlich-1-distributiv.** Entsprechend definieren wir **schwach unendlich-2-distributiv** mittels (2.1.11); die dabei auftretenden Netze $(x_i)_{i \in I}$ werden natürlich als **monoton fallend** vorausgesetzt, d. h., es sei stets $x_i \geqq x_j$ im Falle $i \leqq j$. Ein vollständiger Verband, der schwach unendlich-1- und schwach unendlich-2-distributiv ist, wird **schwach unendlich-distributiv** genannt.

Es gibt vollständige Verbände, die nicht schwach unendlich-1-distributiv sind, wie wir an Hand eines Beispiels zeigen. X bestehe aus voneinander verschiedenen Elementen $x, x_0, x_1, \ldots, y_0, y_1, \ldots$ Wir versehen X mit der kleinsten Ordnung, für die $y_0 < x < x_0$ und $x_i < x_{i+1} < x_0$, $y_i < y_{i+1} < y_0$ und $y_i < x_i$ für $i \in \boldsymbol{N}^+$ gilt. Offenbar ist X dann ein vollständiger Verband. Wegen $x \wedge \bigvee_{i \in \boldsymbol{N}^+} x_i = x > y_0 = \bigvee_{i \in \boldsymbol{N}^+} (x \wedge x_i)$ ist X nicht schwach unendlich-1-distributiv. Natürlich gibt es damit auch vollständige Verbände, die nicht schwach unendlich-2-distributiv sind.

Ein vollständiger Verband heißt **schwach total-1-distributiv**, wenn für jede Familie monoton wachsender Netze $(x_{ik})_{k \in K_i}$ in X $(i \in I)$

$$\bigwedge_{i \in I} \bigvee_{k \in K_i} x_{ik} = \bigvee_{\gamma \in \Gamma} \bigwedge_{i \in I} x_{i\,\gamma(i)} \tag{2.8.1}$$

gilt, wobei Γ die Menge aller Abbildungen $\gamma\colon i \mapsto \gamma(i)$ $(i \in I)$ mit $\gamma(i) \in K_i$ ist. Entsprechend heißt ein vollständiger Verband **schwach total-2-distributiv**, wenn für jede Familie monoton fallender Netze $(x_{ik})_{k \in K_i}$ in X $(i \in I)$

$$\bigvee_{i \in I} \bigwedge_{k \in K_i} x_{ik} = \bigwedge_{\gamma \in \Gamma} \bigvee_{i \in I} x_{i\,\gamma(i)} \tag{2.8.2}$$

gilt, wobei Γ die gleiche Bedeutung wie eben hat. Wir nennen einen vollständigen Verband **schwach totaldistributiv**, wenn er schwach total-1- und schwach total-2-distributiv ist.

Schließlich nennen wir einen vollständigen Verband X **filter-1-distributiv, filter-2-distributiv** bzw. **filterdistributiv**, wenn für jeden Filter $\mathfrak{K}$ in X und das Gitter $\mathfrak{K}^*$ von $\mathfrak{K}$

$$\bigwedge_{K \in \mathfrak{K}} \bigvee_{x \in K} x = \bigvee_{K^* \in \mathfrak{K}^*} \bigwedge_{x \in K^*} x\,, \tag{2.8.3}$$

$$\bigvee_{K \in \mathfrak{K}} \bigwedge_{x \in K} x = \bigwedge_{K^* \in \mathfrak{K}^*} \bigvee_{x \in K^*} x \tag{2.8.4}$$

bzw. (2.8.3) und (2.8.4) gilt. Es ist leicht möglich, den Bedingungen (2.8.3) und (2.8.4) eine ähnliche Gestalt wie (2.8.1) und (2.8.2) zu geben. Für jeden Filter $\mathfrak{K}$ in X gilt nämlich

$$\bigvee_{K^* \in \mathfrak{K}^*} \bigwedge_{x \in K^*} x = \bigvee_{\gamma \in \Gamma} \bigwedge_{K \in \mathfrak{K}} \gamma(K) \tag{2.8.5}$$

und

$$\bigwedge_{K^* \in \mathfrak{K}^*} \bigvee_{x \in K^*} x = \bigwedge_{\gamma \in \Gamma} \bigvee_{K \in \mathfrak{K}} \gamma(K)\,, \tag{2.8.6}$$

wobei Γ die Menge aller Abbildungen $\gamma\colon K \mapsto \gamma(K)$ $(K \in \mathfrak{K})$ mit $\gamma(K) \in K$ für jedes $K \in \mathfrak{K}$ ist. Die Richtigkeit von (2.8.5) und (2.8.6) folgt unter Beachtung, daß $\gamma[\mathfrak{K}] \in \mathfrak{K}^*$ zu beliebigem $\gamma \in \Gamma$ gilt und jedem $K^* \in \mathfrak{K}^*$ ein $\gamma \in \Gamma$ mit $\gamma(K) \in K \cap K^*$ $(K \in \mathfrak{K})$, also mit $\gamma[\mathfrak{K}] \subseteqq K^*$ zugeordnet werden kann.

2.8.7. *Jeder schwach total-1-distributive vollständige Verband ist schwach unendlich-1-distributiv. Jeder filter-1-distributive vollständige Verband ist schwach total-2-distributiv. In keinem der Fälle gilt im allgemeinen die Umkehrung.*

Beweis. 1. Der erste Teil der Aussage gilt offensichtlich. X sei nun ein filter-1-distributiver vollständiger Verband. Gegeben sei eine Familie monoton fallender Netze $(x_{ik})_{k \in K_i}$ in X $(i \in I)$. Zu beliebigem $i \in I$ sei $\mathfrak{K}_i$ der aus $(x_{ik})_{k \in K_i}$ erzeugte Filter in X und $\mathfrak{K}_i^*$ sein Gitter. Für $a = \bigvee_{i \in I} \bigwedge_{k \in K_i} x_{ik}$ und $b = \bigwedge_{\gamma \in \Gamma} \bigvee_{i \in I} x_{i\,\gamma(i)}$ gilt offenbar $a \leqq b$; Γ ist dabei wie in (2.8.1) gewählt. Unter Berücksichtigung der Voraussetzung folgt $a \geqq \bigwedge_{k \in K_i} x_{ik} = \bigwedge_{K \in \mathfrak{K}_i} \bigvee_{x \in K} x = \bigvee_{K^* \in \mathfrak{K}_i^*} \bigwedge_{x \in K^*} x$ zu beliebigem $i \in I$ und wegen (2.4.3) damit

$$a \geqq \bigvee_{K^* \in (\bigcap \mathfrak{K}_i)^*} \bigwedge_{x \in K^*} x = \bigwedge_{K \in \bigcap \mathfrak{K}_i} \bigvee_{x \in K} x = \bigwedge_{k_i \in K_i (i \in I)} \bigvee_{i \in I} x_{ik_i} = b\,.$$

Es gilt daher $a = b$, d. h., X ist schwach total-2-distributiv.

2. Wir führen nach 3.4.16 ein Beispiel eines vollständigen Verbandes an, der unendlichdistributiv, aber nicht schwach total-2-distributiv ist.

3. X bestehe aus voneinander verschiedenen Elementen $x_0, x_1, \dots, y_0$. Ferner sei X mit der kleinsten Ordnung versehen, für die $x_0 < x_i < y_0$ $(i \in N^+)$ gilt. X ist, wie man leicht bestätigt, ein schwach totaldistributiver vollständiger Verband. Für den aus der Folge $x_1, x_2, \dots$ erzeugten Filter $\mathfrak{K}$ gilt $\bigwedge_{K \in \mathfrak{K}} \bigvee_{x \in K} x = y_0 > x_0 = \bigvee_{K^* \in \mathfrak{K}^*} \bigwedge_{x \in K^*} x$, so daß X nicht filter-1-distributiv ist. ∎

Anmerkung. Dieser Satz bleibt natürlich richtig, wenn stets 1 und 2 vertauscht werden. Daher ist auch jeder schwach totaldistributive vollständige Verband schwach unendlichdistributiv und jeder filterdistributive vollständige Verband schwach totaldistributiv, und es gilt (siehe die Beweisteile 2 und 3) in keinem der beiden Fälle im allgemeinen die Umkehrung.

Wie leicht folgt, ist der Teilmengenverband jeder Menge filterdistributiv. Schließlich gilt

2.8.8 (Filterdistributivität vollständiger Ketten). *Jede vollständige Kette, d. h. jede Kette, die ein vollständiger Verband ist, ist filterdistributiv.*

Beweis. $\mathfrak{K}$ sei ein Filter in einer vollständigen Kette X und $\mathfrak{K}^*$ das Gitter von $\mathfrak{K}$. Zu beliebigen $K \in \mathfrak{K}$ und $K^* \in \mathfrak{K}^*$ gilt $K \cap K^* \neq \emptyset$ und somit $\bigwedge_{x \in K^*} x \leqq \bigvee_{x \in K} x$, weshalb sich $a \leqq b$ bei $a = \bigvee_{K^* \in \mathfrak{K}^*} \bigwedge_{x \in K^*} x$ und $b = \bigwedge_{K \in \mathfrak{K}} \bigvee_{x \in K} x$ ergibt. Wir nehmen $a < b$ an und betrachten zwei Fälle. 1. $]a, b[$ sei leer. Jedem $K \in \mathfrak{K}$ gehört ein x mit $b \leqq x$ an, da es sonst ein $K \in \mathfrak{K}$ mit $x \leqq a$ zu beliebigem $x \in K$ gäbe, was aber $b \leqq a$ im Widerspruch zur Annahme $a < b$ zur Folge hätte. Es gibt somit ein $K^* \in \mathfrak{K}^*$ mit $b \leqq x$ zu beliebigem $x \in K^*$, was ebenfalls $b \leqq a$ nach sich ziehen würde. 2. Nun existiere ein c mit $a < c < b$. $\mathfrak{K}$ ist dann eigentlich; und zu beliebigem $K^* \in \mathfrak{K}^*$ gibt es ein $x \in K^*$ mit $x < c$, da sonst ein $K^* \in \mathfrak{K}^*$ mit $c \leqq x$ für jedes $x \in K^*$ existieren würde, was $c \leqq a$ im Widerspruch zu $a < c$ zur Folge hätte. Wir finden auf Grund des Korollars zu 2.3.2 ein $K \in \mathfrak{K}$ mit $x < c$ zu beliebigem $x \in K$, woraus $b \leqq c$ im Widerspruch zu $c < b$ folgen würde. Daher gilt stets $a = b$, d. h. (2.8.3). Entsprechend ergibt sich, daß stets (2.8.4) gilt. X ist daher filterdistributiv. ▮

2.9. Dualfilter

X sei eine beliebige Menge. Die $\vee$-Ideale des Teilmengenverbandes von X nennen wir **Dualfilter** in X. Ein Dualfilter in X ist demnach eine nichtleere Menge $\mathfrak{F}$ von Teilmengen von X mit den beiden Eigenschaften:

1. Aus $F \in \mathfrak{F}$ und $G \subseteq F$ folgt $G \in \mathfrak{F}$.
2. $F \in \mathfrak{F}$ und $G \in \mathfrak{F}$ hat $F \cup G \in \mathfrak{F}$ zur Folge.

In Übereinstimmung mit der am Ende von Abschnitt 2.2 gegebenen Definition bezeichnen wir mit C den durch

$$\mathsf{C}\mathfrak{F} = \{X \setminus F \mid F \in \mathfrak{F}\} \tag{2.9.1}$$

definierten Isomorphismus des Teilmengenverbandes von $\mathsf{P}X$ auf sich und erhalten: Eine Menge $\mathfrak{F}$ von Teilmengen von X ist genau dann ein Dualfilter in X, wenn $\mathsf{C}\mathfrak{F}$ ein Filter in X ist.

Die auf $\vee$-Ideale bezogenen Bezeichnungen benutzen wir in entsprechender Weise bezüglich Dualfilter. Wir verwenden also zum Beispiel die Bezeichnungen **eigentlicher** und **uneigentlicher Dualfilter, Basis** und **Subbasis eines Dualfilters** und **Haupt-** und **Ultradualfilter.** $\mathsf{P}X$ ist der uneigentliche Dualfilter in X. Ein Dualfilter $\mathfrak{F}$ in X ist genau dann eigentlich, wenn X nicht zu $\mathfrak{F}$ gehört. Der aus einer Teilmenge F von X erzeugte Hauptdualfilter (F) in X ist die Potenzmenge $\mathsf{P}F$. Sind keine Verwechselungen zu befürchten, so benutzen wir zu beliebigem $x \in X$ für $(\{x\})$ auch die Schreibweise (x).

Da die Ordnung $\leqq$ im Teilmengenverband von X die mengentheoretische Ordnung ist, schreiben wir im vorliegenden Falle anstelle von $\geqq$ im auch $\supseteq_X$ im und, wenn Irrtümer ausgeschlossen sind, auch einfach $\supseteq$ im.

Unter dem **Dualgitter** einer Menge $\mathfrak{F}$ von Teilmengen von X verstehen wir natürlich das Dualgitter von $\mathfrak{F}$ bezüglich des Teilmengenverbandes von X, also die Menge ${}^*\mathfrak{F} = \{Y \in \mathsf{P}X \mid F \cup Y \neq X \text{ zu beliebigem } F \in \mathfrak{F}\}$.

Die Menge der Dualfilter in X bezeichnen wir mit $\mathcal{D}X$ und denken sie uns mit der mengentheoretischen Ordnung versehen. Gilt für Dualfilter $\mathfrak{F}$ und $\mathfrak{G}$ in X die Beziehung $\mathfrak{F} \subseteq \mathfrak{G}$, so heißt $\mathfrak{G}$ ein Oberdualfilter von $\mathfrak{F}$ und $\mathfrak{F}$ ein Unterdualfilter von $\mathfrak{G}$. Durch Dualisierung von 2.2.2 und 2.2.3 folgt, daß $\mathcal{D}X(= \check{\mathsf{P}}X)$ ein vollständiger distributiver Verband ist. Er heißt **Dualfilterverband** von X. Im allgemeinen ist er nicht komplementär, wie sich mittels der

Methode der Komplementärbildung aus der entsprechenden Aussage über den Filterverband von X ergibt. $(\emptyset)$ ist das Null- und $\mathsf{P}X$ das Einselement in $\mathfrak{D}X$. Die verbandstheoretischen Durchschnitte und Vereinigungen bezeichnen wir in diesem Verband wie im allgemeinen Fall und erhalten mittels Dualisierung von 2.2.2 und 2.3.4: Ist $(\mathfrak{F}_i)_{i\in I}$ eine Familie von Dualfiltern in X, so gilt im Falle $I = \emptyset$

$$\bigwedge_{i\in I} \mathfrak{F}_i = \mathsf{P}X \quad \text{und} \quad \bigvee_{i\in I} \mathfrak{F}_i = (\emptyset)\,,$$

im Falle $I \neq \emptyset$

$$\bigwedge_{i\in I} \mathfrak{F}_i = \bigcap_{i\in I} \mathfrak{F}_i = \{\bigcap_{i\in I} F_i \mid F_i \in \mathfrak{F}_i \text{ zu beliebigem } i \in I\} \tag{2.9.2}$$

und

$$\bigvee_{i\in I} \mathfrak{F}_i = \operatorname*{im}_{\supseteq} \{\bigcup_{i\in K} F_i \mid K \subseteq I \text{ nichtleer und endlich und } F_i \in \mathfrak{F}_i \text{ zu beliebigem } i \in K\} \tag{2.9.3}$$

und stets

$$^*(\bigwedge_{i\in I} \mathfrak{F}_i) = \bigcup_{i\in I} {}^*\mathfrak{F}_i \quad \text{und} \quad {}^*(\bigvee_{i\in I} \mathfrak{F}_i) \subseteq \bigcap_{i\in I} {}^*\mathfrak{F}_i\,. \tag{2.9.4}$$

Ferner gilt: Bei der letzten Beziehung trifft das Gleichheitszeichen im allgemeinen nicht zu, auch nicht unter der zusätzlichen Voraussetzung, daß die Familie $(\mathfrak{F}_i)_{i\in I}$ nichtleer und endlich ist. Die Richtigkeit dieser Behauptung folgt nicht unmittelbar durch Dualisierung aus 2.3.3. Sie ergibt sich aber ohne weiteres aus 2.3.3 mittels der Methode der Komplementärbildung.

Für das Weitere seien X und Y Mengen. f sei eine mehrdeutige Abbildung aus X in Y. Wir benötigen später eine gewisse aus f konstruierte Abbildung von $\mathfrak{D}X$ in $\mathfrak{D}Y$. Es zeigt sich, daß diejenige Abbildung, die durch Komplementärbildung aus der von f induzierten Filterabbildung hervorgeht, also die Zusammensetzung $\mathsf{C}' \circ f^{\mathfrak{F}} \circ \mathsf{C}$ von C, $f^{\mathfrak{F}}$ und dem analog wie C definierten Isomorphismus C' des Teilmengenverbandes von $\mathsf{P}Y$ auf sich, für unsere Zwecke ungeeignet ist. $\mathsf{C}' \circ f^{\mathfrak{F}} \circ \mathsf{C}$ ordnet jedem Dualfilter $\mathfrak{F}$ in X den Dualfilter $\operatorname*{im}_{\subseteq, Y} \{Y \setminus f[X \setminus F] \mid F \in \mathfrak{F}\}$ zu. Wir benötigen später die durch

$$f^{\mathfrak{D}}(\mathfrak{F}) = \operatorname*{im}_{\subseteq,\, Y} \{f[F] \mid F \in \mathfrak{F}\}$$

definierte Abbildung $f^{\mathfrak{D}}\colon \mathfrak{D}X \to \mathfrak{D}Y$, die wir die von f **induzierte Dualfilterabbildung** nennen. $\{f[F] \mid F \in \mathfrak{F}\}$ ist wegen 1.8.2 jeweils eine Dualfilterbasis und, wenn f eine eindeutige Abbildung ist, sogar ein Dualfilter. Sind Irrtümer ausgeschlossen, so bezeichnen wir das Bild eines Dualfilters $\mathfrak{F}$ bezüglich der von f induzierten Dualfilterabbildung mit $f(\mathfrak{F})$.

Hat die mehrdeutige Abbildung f als Umkehrung eine eindeutige Abbildung von Y in X, so gilt $Y \setminus f[X \setminus F] = f[F]$ für jede Teilmenge F von X und daher $f^{\mathfrak{D}} =_{\mathfrak{F}} \mathsf{C}' \circ f^{\mathfrak{F}} \circ \mathsf{C}$. In diesem Fall kann man somit aus den Sätzen über induzierte Filterabbildungen leicht Sätze über induzierte Dualfilterabbildungen herleiten. Wir beweisen im folgenden einige Aussagen über induzierte Dualfilterabbildungen unabhängig von den angeführten Aussagen über induzierte Filterabbildungen.

In gewisser Analogie zu 2.5.3 gilt:

2.9.1 (Isotonie der Dualfilterabbildungen; Bilder von Dualfilterdurchschnitten und -vereinigungen). *f sei eine mehrdeutige Abbildung aus X in Y. Für beliebige Dualfilter $\mathfrak{F}$ und $\mathfrak{G}$ in X folgt $f(\mathfrak{F}) \subseteqq f(\mathfrak{G})$ aus $\mathfrak{F} \subseteqq \mathfrak{G}$. Für jede Familie $(\mathfrak{F}_i)_{i \in I}$ von Dualfiltern in X gilt*

$$f(\bigwedge_{i \in I} \mathfrak{F}_i) \subseteqq \bigwedge_{i \in I} f(\mathfrak{F}_i) \tag{2.9.5}$$

und

$$f(\bigvee_{i \in I} \mathfrak{F}_i) = \bigvee_{i \in I} f(\mathfrak{F}_i) \,. \tag{2.9.6}$$

Bei (2.9.5) gilt im Falle $I = \emptyset$ das Gleichheitszeichen genau dann, wenn $\operatorname{wb} f = Y$ *ist. Im Falle $I \neq \emptyset$ trifft bei (2.9.5) das Gleichheitszeichen zu, wenn f als Umkehrung eine eindeutige Abbildung hat. Im allgemeinen gilt es bei (2.9.5) im Falle $I \neq \emptyset$ nicht, auch nicht, wenn I zweielementig ist.*

Beweis. 1. Zu beliebigen Dualfiltern $\mathfrak{F}$ und $\mathfrak{G}$ in X folgt aus $\mathfrak{F} \subseteqq \mathfrak{G}$ leicht $f(\mathfrak{F}) \subseteqq f(\mathfrak{G})$.

$(\mathfrak{F}_i)_{i \in I}$ sei eine Familie von Dualfiltern in X. Es gilt $f^{\mathfrak{D}}(\mathsf{P}X) = (\operatorname{wb} f) \subseteqq \mathsf{P}Y$ und $f((\emptyset)) = (\emptyset)$, womit die Behauptung des Satzes für $(\mathfrak{F}_i)_{i \in I}$ im Falle $I = \emptyset$ folgt. Im weiteren sei $I \neq \emptyset$. Aus der Isotonieeigenschaft ergibt sich dann (2.9.5) und $f(\bigvee_{i \in I} \mathfrak{F}_i) \supseteqq \bigvee_{i \in I} f(\mathfrak{F}_i)$; (2.9.5) gilt also stets. Gegeben sei ein $G \in f(\bigvee_{i \in I} \mathfrak{F}_i)$. Nach (2.9.3) existiert eine endliche nichtleere Teilmenge K von I und zu beliebigem $i \in K$ ein $F_i \in \mathfrak{F}_i$ mit $G \subseteqq f[\bigcup_{i \in K} F_i] = \bigcup_{i \in K} f[F_i]$, so daß $G \in \bigvee_{i \in I} f(\mathfrak{F}_i)$ und damit (2.9.6) auch im Falle $I \neq \emptyset$ folgt. Im weiteren setzen wir neben $I \neq \emptyset$ voraus, daß f als Umkehrung eine eindeutige Abbildung besitzt. Gegeben sei ein $H \in \bigwedge_{i \in I} f(\mathfrak{F}_i)$. Nach (2.9.2) existiert zu beliebigem $i \in I$ ein $F_i \in \mathfrak{F}_i$ mit $H \subseteqq \bigcap_{i \in I} f[F_i]$. Wegen 1.11.4 ist $\bigcap_{i \in I} f[F_i] = f[\bigcap_{i \in I} F_i]$. so daß sich $H \in f(\bigwedge_{i \in I} \mathfrak{F}_i)$ und damit unter der angegebenen Voraussetzung ergibt, daß bei (2.9.5) das Gleichheitszeichen zutrifft.

2. Wir nehmen nun an, daß X mindestens drei voneinander verschiedene Elemente x, y und z angehören und f eine Abbildung von $\{x, y, z\}$ in Y mit $f(x) \neq f(y) = f(z)$ ist. Für $\mathfrak{F} = (\{x, y\})$ und $\mathfrak{G} = (\{x, z\})$ erhalten wir $f(\mathfrak{F} \wedge \mathfrak{G}) = (f(x))$ und $f(\mathfrak{F}) \wedge f(\mathfrak{G}) = (\{f(x), f(y)\}) \neq (f(x))$. ∎

Wie leicht folgt, gilt in Analogie zu 2.5.4:

2.9.2 (Bilder von Hauptdualfiltern). *Für jede mehrdeutige Abbildung f aus X in Y und jede Teilmenge F von X ist $f((F)) = (f[F])$.*

Ferner beweist man leicht das folgende Analogon zu 2.5.5:

2.9.3. *Ist f eine mehrdeutige Abbildung aus X in Y und ist g eine mehrdeutige Abbildung aus Y in eine Menge Z, so gilt $(g \circ f)^{\mathfrak{D}} = g^{\mathfrak{D}} \circ f^{\mathfrak{D}}$.*

Im weiteren Teil dieses Abschnittes befassen wir uns mit einem später benötigten Produktbegriff für Dualfilter. Es sei dazu X speziell das cartesische Produkt $\prod_{\iota \in I} X_\iota$ einer Familie $(X_\iota)_{\iota \in I}$, die als Indexbereich I eine Menge hat. Ist $\mathfrak{F}_\iota$ zu beliebigem $\iota \in I$ ein Dualfilter in X_ι, so führen wir durch

$$\boldsymbol{\Pi}_{\iota \in I} \mathfrak{F}_\iota = \operatorname{im}_{\supseteq, X} \{\prod_{\iota \in I} F_\iota \mid F_\iota \in \mathfrak{F}_\iota \text{ zu beliebigem } \iota \in I\}^{1)}$$

einen Dualfilter in X ein, den wir das **Produkt** der Dualfilter $\mathfrak{F}_\iota$ nennen. Wegen $\prod_{\iota \in I} (F_\iota \cup G_\iota) \supseteqq \prod_{\iota \in I} F_\iota \cup \prod_{\iota \in I} G_\iota$ ist $\{\prod_{\iota \in I} F_\iota \mid F_\iota \in \mathfrak{F}_\iota$ zu beliebigem $\iota \in I\}$ natürlich eine Dualfilterbasis. Ist $I = \{1, \ldots, n\}$ für ein $n \in \mathbf{N}^+$, so schreiben wir anstelle von $\boldsymbol{\Pi}_{\iota \in I} \mathfrak{F}_\iota$ auch $\mathfrak{F}_1 \times \cdots \times \mathfrak{F}_n$. $\boldsymbol{\Pi}_{\iota \in I} \mathfrak{F}_\iota$ ist offensichtlich genau dann der uneigentliche Dualfilter in X, wenn $\mathfrak{F}_\iota$ zu beliebigem $\iota \in I$ der uneigentliche Dualfilter in X_ι ist. $\boldsymbol{\Pi}_{\iota \in I} \mathfrak{F}$ ist offensichtlich genau dann gleich $(\emptyset)$, wenn mindestens ein Dualfilter $\mathfrak{F}_\iota$ gleich $(\emptyset)$ ist.

Das Dualfilterprodukt $\boldsymbol{\Pi}_{\iota \in I} \mathfrak{F}_\iota$ erhält man im allgemeinen nicht durch Komplementärbildung aus dem Produkt der $\mathfrak{F}_\iota$ zugeordneten Filter $\complement_\iota \mathfrak{F}_\iota = \{X \setminus F_\iota \mid F_\iota \in \mathfrak{F}_\iota\}$, d. h., es stimmt im allgemeinen nicht mit $\complement(\boldsymbol{\Pi}_{\iota \in I} \complement_\iota \mathfrak{F}_\iota)$ überein. Es gilt stets

$$\complement(\boldsymbol{\Pi}_{\iota \in I} \complement_\iota \mathfrak{F}_\iota) = \operatorname{im}_{\supseteq, X} \{X \setminus \prod_{\iota \in I} (X_\iota \setminus F_\iota) \mid F_\iota \in \mathfrak{F}_\iota \text{ zu beliebigem } \iota \in I \text{ und } F_\iota \neq \emptyset \text{ bis auf endlich viele } \iota\}$$

und damit $\boldsymbol{\Pi}_{\iota \in I} \mathfrak{F}_\iota \subseteqq \complement(\boldsymbol{\Pi}_{\iota \in I} \complement_\iota \mathfrak{F}_\iota)$. Aus der entsprechenden Aussage über Filter folgt, daß $\complement(\boldsymbol{\Pi}_{\iota \in I} \complement_\iota \mathfrak{F}_\iota)$ als eine Subbasis die Menge

$$\{\prod_{\iota \in I} G_\iota \mid G_\iota \in \mathfrak{F}_\iota \text{ für ein } \iota \text{ und } G_\iota = X_\iota \text{ sonst}\}$$

hat.

Zu beliebigem $\iota \in I$ sei π_ι die natürliche ι-te Projektion von X.

2.9.4 (Produkte von Dualfiltern). *Ist $\mathfrak{F}_\iota$ zu beliebigem $\iota \in I$ ein Dualfilter in X_ι, dann ist*

$$\boldsymbol{\Pi}_{\iota \in I} \mathfrak{F}_\iota = \bigwedge_{\iota \in I} \pi_\iota^{-1} (\mathfrak{F}_\iota) \tag{2.9.7}$$

und, wenn stets $\mathfrak{F}_\iota \neq (\emptyset)$ ist,

$$\pi_\jmath(\boldsymbol{\Pi}_{\iota \in I} \mathfrak{F}_\iota) = \mathfrak{F}_\jmath \tag{2.9.8}$$

für jedes $\jmath \in I$.

---

1) Würde man in Analogie zum Begriff des Produktes von Filtern fordern, daß $F_\iota = \emptyset$ bis auf endlich viele ι ist, so würden Produkte von unendlich vielen Dualfiltern mit $\emptyset$ übereinstimmen.

Beweis. Die Richtigkeit der Behauptung folgt leicht unter Berücksichtigung, daß $\prod_{i\in I} F_i = \bigcap_{i\in I} \pi_i^{-1}[F_i]$ für beliebige und $\pi_j[\prod_{i\in I} F_i] = F_j$ $(j \in I)$ für beliebige nichtleere Teilmengen F_i von X_i $(i \in I)$ gilt. ∎

Ähnlich wie 2.6.2 zeigt man

2.9.5. *Zu beliebigem $i \in I$ seien $\mathfrak{F}_i$ und $\mathfrak{G}_i$ Dualfilter in X_i. Gilt $\mathfrak{F}_i \subseteqq \mathfrak{G}_i$ für jedes $i \in I$, so folgt*

$$\prod_{i\in I} \mathfrak{F}_i \subseteqq \prod_{i\in I} \mathfrak{G}_i\,. \tag{2.9.9}$$

Wenn alle Dualfilter $\mathfrak{F}_i$ und $\mathfrak{G}_i$ von $(\emptyset)$ verschieden sind, ergibt sich aus (2.9.9) umgekehrt $\mathfrak{F}_i \subseteqq \mathfrak{G}_i$ zu beliebigem $i \in I$.

Offensichtlich gilt

2.9.6 (Produkte von Hauptdualfiltern). *F_i sei zu beliebigem $i \in I$ eine Teilmenge von X_i. Dann ist $\prod_{i\in I} (F_i) = (\prod_{i\in I} F_i)$.*

Im weiteren gehen wir auf eine Aussage über Produkte von je zwei Dualfiltern ein. X und Y seien dazu beliebige Mengen (X setzen wir also nicht mehr als ein cartesisches Produkt von Mengen voraus).

2.9.7 (Produkte von Dualfilterdurchschnitten und Dualfiltervereinigungen). *$(\mathfrak{F}_j)_{j\in J}$ sei eine Familie von Dualfiltern in X und $(\mathfrak{G}_k)_{k\in K}$ eine Familie von Dualfiltern in Y. Dann gilt*

$$\bigwedge_{j\in J} \mathfrak{F}_j \times \bigwedge_{k\in K} \mathfrak{G}_k \subseteqq \bigwedge_{(j,k)\in J\times K} (\mathfrak{F}_j \times \mathfrak{G}_k) \tag{2.9.10}$$

und

$$\bigvee_{j\in J} \mathfrak{F}_j \times \bigvee_{k\in K} \mathfrak{G}_k = \bigvee_{(j,k)\in J\times K} (\mathfrak{F}_j \times \mathfrak{G}_k)\,. \tag{2.9.11}$$

Bei (2.9.10) trifft das Gleichheitszeichen zu bis auf den Fall, daß X und Y und genau einer der beiden Indexbereiche J bzw. K nichtleer sind und mindestens ein Dualfilter aus der nichtleeren Familie $(\mathfrak{F}_j)_{j\in J}$ bzw. $(\mathfrak{G}_k)_{k\in K}$ eigentlich ist.

Beweis. Wenn $J = \emptyset$ ist, wird (2.9.10) zu $\mathsf{P}X \times \bigwedge_{k\in K} \mathfrak{G}_k \subseteqq \mathsf{P}(X \times Y)$. Diese Beziehung gilt natürlich, und es trifft bei ihr das Gleichheitszeichen offensichtlich genau dann zu, wenn $X = \emptyset$ oder $Y = \emptyset$ oder $\bigwedge_{k\in K} \mathfrak{G}_k = \mathsf{P}Y$ ist, und damit, wenn X oder Y oder K leer ist oder $K \neq \emptyset$ und $\mathfrak{G}_k = \mathsf{P}Y$ zu beliebigem $k \in K$ gilt. Im Falle $K = \emptyset$ gilt (2.9.10) natürlich auch und trifft bei dieser Beziehung das Gleichheitszeichen genau dann zu, wenn X oder Y oder J leer ist oder $J \neq \emptyset$ und $\mathfrak{F}_j = \mathsf{P}X$ zu beliebigem $j \in J$ gilt.

Ist J oder K leer, so ist in (2.9.11) der rechts stehende und mindestens einer der links stehenden Dualfilter gleich $(\emptyset)$, weshalb in diesem Falle (2.9.11) gilt.

Im weiteren seien J und K beide nichtleer. Mittels 2.9.5 folgt leicht, daß dann (2.9.10) und $\bigvee_{j\in J} \mathfrak{F}_j \times \bigvee_{k\in K} \mathfrak{G}_k \supseteqq \bigvee_{(j,k)\in J\times K} (\mathfrak{F}_j \times \mathfrak{G}_k)$ gilt.

Zu jedem $H \in \bigwedge_{(j,k)\in J\times K} (\mathfrak{F}_j \times \mathfrak{G}_k)$ und beliebigem $(j,k) \in J \times K$ existieren $F_{jk} \in \mathfrak{F}_j$ und $G_{jk} \in \mathfrak{G}_k$ mit

$$H \subseteqq \bigcap_{(j,k)\in J\times K} (F_{jk} \times G_{jk}) = \bigcap_{j\in J} \big(\bigcap_{l\in K} F_{jl}\big) \times \bigcap_{k\in K} \big(\bigcap_{m\in J} G_{mk}\big)\,.$$

Wegen $\bigcap_{l\in K} F_{jl} \in \mathfrak{F}_j$ $(j \in J)$ und $\bigcap_{m\in J} G_{mk} \in \mathfrak{G}_k$ $(k \in K)$ folgt $H \in \bigwedge_{j\in J} \mathfrak{F}_j \times \bigwedge_{k\in K} \mathfrak{G}_k$ und damit, daß im Falle $J \neq \emptyset$, $K \neq \emptyset$ bei (2.9.10) das Gleichheitszeichen zutrifft.

Zu beliebigem $H \in \bigvee_{j\in J} \mathfrak{F}_j \times \bigvee_{k\in K} \mathfrak{G}_k$ existieren wegen (2.9.3) nichtleere endliche Mengen $L \subseteqq J$ und $M \subseteqq K$ und Mengen $F_j \in \mathfrak{F}_j$ $(j \in L)$ und $G_k \in \mathfrak{G}_k$ $(k \in M)$ mit

$$H \subseteqq \bigcup_{j\in L} F_j \times \bigcup_{k\in M} G_k = \bigcup_{(j,k)\in L\times M} (F_j \times G_k)$$

(siehe 1.11.3). Es folgt $H \in \bigvee_{(j,k)\in J\times K} (\mathfrak{F}_j \times \mathfrak{G}_k)$ und damit, daß auch im Falle $J \neq \emptyset$, $K \neq \emptyset$ bei (2.9.11) das Gleichheitszeichen zutrifft. ∎

2.10. ∧-Ideale von Filtern

Wir benötigen, wie bereits erwähnt, ∧-Ideale von Filtern zur Definition der Limesräume und der limesuniformen Räume und ∧-Ideale von Dualfiltern zur Einführung spezieller Begriffe der Mengenkonvergenz und der Konvergenz von Abbildungen. Zunächst befassen wir uns mit ∧-Idealen von Filtern. X sei dazu eine beliebige Menge. Ein **∧-Ideal von Filtern** in X, d. h. ein ∧-Ideal des Filterverbandes $\mathcal{F}X$, ist natürlich eine nichtleere Teilmenge $\mathfrak{u}$ von $\mathcal{F}X$ mit den beiden Eigenschaften:

1. Aus $\mathfrak{F} \in \mathfrak{u}$, $\mathfrak{G} \in \mathcal{F}X$ und $\mathfrak{F} \subseteqq \mathfrak{G}$ folgt $\mathfrak{G} \in \mathfrak{u}$.
2. $\mathfrak{F} \in \mathfrak{u}$ und $\mathfrak{G} \in \mathfrak{u}$ zieht $\mathfrak{F} \cap \mathfrak{G} \in \mathfrak{u}$ nach sich.

$\mathcal{F}X$ selbst ist das uneigentliche ∧-Ideal von $\mathcal{F}X$. Ein ∧-Ideal $\mathfrak{u}$ von $\mathcal{F}X$ ist genau dann eigentlich, wenn $[X]$, d. h. $\{X\}$, nicht zu $\mathfrak{u}$ gehört. Da die Ordnung $\leqq$ von $\mathcal{F}X$ die mengentheoretische Ordnung ist, schreiben wir im vorliegenden Fall für $\underset{\leqq}{\mathrm{im}}$ auch $\underset{\subseteqq,\,\mathcal{F}X}{\mathrm{im}}$ oder einfach $\underset{\subseteqq}{\mathrm{im}}$.

Mit $\mathcal{J}X$ bezeichnen wir die Menge aller ∧-Ideale von Filtern in X und denken sie uns mit der mengentheoretischen Ordnung versehen. Da $\mathcal{F}X$ ein distributiver Verband ist, ergibt sich $\mathcal{J}X (= \widehat{\mathcal{F}X})$ wegen 2.2.2 und 2.2.3 als vollständiger distributiver Verband. Eine Spezialisierung der weiteren in Abschnitt 2.2 angeführten Aussagen über $\wedge$-Ideale auf den vorliegenden Fall überlassen wir dem Leser.

Als nächstes bringen wir einige Bemerkungen über induzierte $\wedge$-Idealabbildungen. Dazu sei f eine mehrdeutige Abbildung aus X in eine Menge Y. Im Abschnitt 2.5 führten wir die von f induzierte Filterabbildung ein. Mittels dieser definieren wir nun die von f **induzierte Abbildung** $f^{\mathcal{J}}\colon \mathcal{J}X \to \mathcal{J}Y$, indem wir zu einem beliebigen $\wedge$-Ideal $\mathfrak{u}$ von Filtern in X

$$f^{\mathcal{J}}(\mathfrak{u}) = \operatorname*{im}_{\subseteq,\mathcal{F}Y} \{f(\mathfrak{F}) \mid \mathfrak{F} \in \mathfrak{u}\}$$

setzen. Es ist natürlich stets $\{f(\mathfrak{F}) \mid \mathfrak{F} \in \mathfrak{u}\}$ eine $\wedge$-Idealbasis, da aus (2.5.2) $f(\mathfrak{F}) \wedge f(\mathfrak{G}) = f(\mathfrak{F} \wedge \mathfrak{G})$ für beliebige Filter $\mathfrak{F}$ und $\mathfrak{G}$ in X folgt und natürlich mit $\mathfrak{F}$ und $\mathfrak{G}$ auch $\mathfrak{F} \wedge \mathfrak{G}$, d. h. $\mathfrak{F} \cap \mathfrak{G}$, zu $\mathfrak{u}$ gehört. Sind Irrtümer ausgeschlossen, so schreiben wir $f(\mathfrak{u})$ anstelle von $f^{\mathcal{J}}(\mathfrak{u})$.

Ein $\wedge$-Ideal $f(\mathfrak{u})$ ist genau dann eigentlich, wenn $f(\mathfrak{F}) \neq \{Y\}$ zu beliebigem $\mathfrak{F} \in \mathfrak{u}$ gilt, also jedem Filter $\mathfrak{F} \in \mathfrak{u}$ mindestens eine Menge F mit $f[F] \subsetneqq Y$ angehört.

Als Analogon zu 2.9.1 erhält man

2.10.1. *Für beliebige $\wedge$-Ideale $\mathfrak{u}$ und $\mathfrak{v}$ von Filtern in X folgt $f(\mathfrak{u}) \subseteq f(\mathfrak{v})$ aus $\mathfrak{u} \subseteq \mathfrak{v}$. Für jede Familie $(\mathfrak{u}_\iota)_{\iota\in I}$ von $\wedge$-Idealen von Filtern in X gilt*

$$f(\bigwedge_{\iota\in I} \mathfrak{u}_\iota) \subseteq \bigwedge_{\iota\in I} f(\mathfrak{u}_\iota) \tag{2.10.1}$$

und

$$f(\bigvee_{\iota\in I} \mathfrak{u}_\iota) = \bigvee_{\iota\in I} f(\mathfrak{u}_\iota)\,. \tag{2.10.2}$$

Bei (2.10.1) gilt im Falle $I = \emptyset$ das Gleichheitszeichen genau dann, wenn wb$f = Y$ *ist. Im Falle $I \neq \emptyset$ trifft bei (2.10.1) das Gleichheitszeichen zu, wenn f als Umkehrung eine eindeutige Abbildung hat. Im allgemeinen gilt es bei (2.10.1) im Falle $I \neq \emptyset$ nicht, auch nicht, wenn I zweielementig ist.*

Beweis. 1. Der erste Teil der Behauptung ist sicher richtig. $(\mathfrak{u}_\iota)_{\iota\in I}$ sei eine Familie von $\wedge$-Idealen von Filtern in X. Es gilt $f^{\mathcal{J}}(\mathcal{F}X) = [f^{\mathcal{F}}(\{X\})] \subseteq \mathcal{F}Y$ und $f^{\mathcal{J}}(\{\mathsf{P}X\}) = [f^{\mathcal{F}}(\mathsf{P}X)] = \{\mathsf{P}Y\}$, womit die Behauptung des Satzes für $(\mathfrak{u}_\iota)_{\iota\in I}$ im Falle $I = \emptyset$ folgt. Im weiteren sei $I \neq \emptyset$. Aus dem ersten Teil des Satzes ergibt sich (2.10.1) und $f(\bigvee_{\iota\in I} \mathfrak{u}_\iota) \supseteq \bigvee_{\iota\in I} f(\mathfrak{u}_\iota)$; (2.10.1) gilt also stets. Zu jedem $\mathfrak{F} \in f(\bigvee_{\iota\in I} \mathfrak{u}_\iota)$ existiert nach (2.2.3) eine endliche Teilmenge K von I und zu beliebigem $\iota \in K$ ein $\mathfrak{F}_\iota \in \mathfrak{u}_\iota$ mit $\mathfrak{F} \supseteq f(\bigwedge_{\iota\in K} \mathfrak{F}_\iota)$. Mittels (2.5.2) ergibt sich $f(\bigwedge_{\iota\in K} \mathfrak{F}_\iota) = \bigwedge_{\iota\in K} f(\mathfrak{F}_\iota)$ und damit $\mathfrak{F} \in \bigvee_{\iota\in I} f(\mathfrak{u}_\iota)$. (2.10.2) gilt daher auch im Falle $I \neq \emptyset$.

Im folgenden setzen wir neben $I \neq \emptyset$ voraus, daß f als Umkehrung eine eindeutige Abbildung besitzt. Gegeben sei ein $\mathfrak{F} \in \bigwedge_{\iota\in I} f(\mathfrak{u}_\iota)$. Zu beliebigem $\iota \in I$

existiert ein $\mathfrak{F}_i \in \mathfrak{u}_i$ mit $\mathfrak{F} \supseteqq \bigvee_{i \in I} f(\mathfrak{F}_i)$. Wegen 2.5.3 ist $\bigvee_{i \in I} f(\mathfrak{F}_i) = f(\bigvee_{i \in I} \mathfrak{F}_i)$, womit sich $\mathfrak{F} \in f(\bigwedge_{i \in I} \mathfrak{u}_i)$ ergibt. Unter der Voraussetzung, daß $I \neq \emptyset$ ist und f als Umkehrung eine eindeutige Abbildung hat, gilt somit bei (2.10.1) das Gleichheitszeichen.

2. Wir treffen die gleichen Voraussetzungen wie im Teil 2 des Beweises von 2.5.3 und erhalten für $\mathfrak{u} = [\mathfrak{F}]$ und $\mathfrak{v} = [\mathfrak{G}]$ unter Berücksichtigung von 2.2.4

$$f(\mathfrak{u} \wedge \mathfrak{v}) = f([\mathfrak{F} \vee \mathfrak{G}]) = [[f(x)]]$$

und ferner

$$f(\mathfrak{u}) \wedge f(\mathfrak{v}) = [[\{f(x), f(y)\}]] \neq [[f(x)]] \,. \blacksquare$$

Mittels der Sätze 2.5.4 und 2.5.5 kann man ohne Mühe entsprechende Sätze über induzierte $\wedge$-Idealabbildungen $f^{\mathfrak{I}}$ herleiten.

Wir kommen als nächstes zum Begriff des Produkts von $\wedge$-Idealen von Filtern. Hierzu nehmen wir an, daß X speziell das cartesische Produkt $\prod_{i \in I} X_i$ einer Familie von Mengen ist, die eine Menge als Indexbereich hat. Ist $\mathfrak{u}_i$ zu beliebigem $i \in I$ ein $\wedge$-Ideal von Filtern in X_i, so kann man durch

$$\prod_{i \in I} \mathfrak{u}_i = \operatorname*{im}_{\subseteq, \mathfrak{F}X} \{\prod_{i \in I} \mathfrak{F}_i \mid \mathfrak{F}_i \in \mathfrak{u}_i \text{ zu beliebigem } i \in I\}$$

ein $\wedge$-Ideal von Filtern in X einführen, das das **Produkt** der $\wedge$-Ideale $\mathfrak{u}_i$ heißt. $\prod_{i \in I} \mathfrak{u}_i$ ist natürlich tatsächlich ein $\wedge$-Ideal von Filtern; für beliebige Filter $\mathfrak{F}_i \in \mathfrak{u}_i$ und $\mathfrak{G}_i \in \mathfrak{u}_i$ $(i \in I)$ gilt nämlich $\prod_{i \in I} (\mathfrak{F}_i \wedge \mathfrak{G}_i) \subseteqq \prod_{i \in I} \mathfrak{F}_i \wedge \prod_{i \in I} \mathfrak{G}_i$ und $\mathfrak{F}_i \wedge \mathfrak{G}_i \in \mathfrak{u}_i$ $(i \in I)$. Wenn $I = \{1, \ldots, n\}$ zu einem $n \in \boldsymbol{N}^+$ ist, schreiben wir für $\prod_{i \in I} \mathfrak{u}_i$ auch $\mathfrak{u}_1 \times \cdots \times \mathfrak{u}_n$.

Für jedes $i \in I$ sei π_i die i-te natürliche Projektion von X. In Analogie zu 2.9.4 gilt

2.10.2 (Produkte von $\wedge$-Idealen). *$\mathfrak{u}_i$ sei zu beliebigem $i \in I$ ein $\wedge$-Ideal von Filtern in X_i. Dann gilt*

$$\prod_{i \in I} \mathfrak{u}_i = \bigwedge_{i \in I} \pi_i^{-1}(\mathfrak{u}_i) \tag{2.10.3}$$

und, wenn stets $\mathfrak{u}_i \neq \{\mathsf{P}X_i\}$ ist, zu beliebigem $j \in I$ ferner

$$\pi_j(\prod_{i \in I} \mathfrak{u}_i) = \mathfrak{u}_j \,. \tag{2.10.4}$$

Beweis. Unter Berücksichtigung von 2.2.2 ergibt sich

$$\{\bigvee_{i \in I} \pi_i^{-1}(\mathfrak{F}_i) \mid \mathfrak{F}_i \in \mathfrak{u}_i \text{ zu beliebigem } i \in I\}$$

als eine Filterbasis von $\bigwedge_{i\in I} \pi_i^{-1}(\mathfrak{U}_i)$. Aus 2.6.1 folgt, daß

$$\prod_{i\in I} \mathfrak{F}_i = \bigvee_{i\in I} \pi_i^{-1}(\mathfrak{F}_i)$$

für beliebige Filter $\mathfrak{F}_i \in \mathfrak{U}_i$ $(i \in I)$ und damit (2.10.3) gilt.

Nun sei $\mathfrak{U}_i \neq \{\mathsf{P}X_i\}$ für jedes $i \in I$. Zu beliebigem $j \in I$ hat $\pi_j(\prod_{i\in I} \mathfrak{U}_i)$ dann als eine Basis

$$\{\pi_j(\prod_{i\in I} \mathfrak{F}_i) \mid \mathfrak{F}_i \text{ eigentlich und } \mathfrak{F}_i \in \mathfrak{U}_i \text{ zu beliebigem } i \in I\}\,.$$

Aus 2.6.1 folgt, daß

$$\pi_j(\prod_{i\in I} \mathfrak{F}_i) = \mathfrak{F}_j$$

zu beliebigem $j \in I$ und beliebigen eigentlichen Filtern $\mathfrak{F}_i \in \mathfrak{U}_i$ $(i \in I)$ und damit (2.10.4) gilt. ∎

Mittels (2.10.4) ergibt sich das folgende Analogon zu 2.9.5:

2.10.3. *Zu beliebigem $i \in I$ seien $\mathfrak{U}_i$ und $\mathfrak{V}_i$ ∧-Ideale von Filtern in X_i. Gilt $\mathfrak{U}_i \subseteqq \mathfrak{V}_i$ zu beliebigem $i \in I$, so folgt*

$$\prod_{i\in I} \mathfrak{U}_i \subseteqq \prod_{i\in I} \mathfrak{V}_i\,. \tag{2.10.5}$$

Wenn zu beliebigem $i \in I$ die ∧-Ideale $\mathfrak{U}_i$ und $\mathfrak{V}_i$ von $\{\mathsf{P}X_i\}$ verschieden sind, ergibt sich aus (2.10.5) *umgekehrt $\mathfrak{U}_i \subseteqq \mathfrak{V}_i$ zu beliebigem $i \in I$.*

Ohne Mühe beweist man

2.10.4 (Produkte von Haupt-∧-Idealen). *Ist $\mathfrak{F}_i$ zu beliebigem $i \in I$ ein Filter in X_i, so ist*

$$\prod_{i\in I} [\mathfrak{F}_i] = [\prod_{i\in I} \mathfrak{F}_i]\,.$$

Im weiteren führen wir eine Aussage über Produkte von je zwei ∧-Idealen von Filtern an, die ein Analogon zu 2.9.7 darstellt. Wir nehmen dazu I speziell als zweielementig an. Die beiden Mengen X_i bezeichnen wir der Einfachheit halber wieder mit X und Y.

2.10.5 (Produkte von ∧-Idealdurchschnitten und ∧-Idealvereinigungen). $(\mathfrak{U}_j)_{j\in J}$ *sei eine Familie von ∧-Idealen von Filtern in X. Dann gilt*

$$\bigwedge_{j\in J} \mathfrak{U}_j \times \bigwedge_{k\in K} \mathfrak{V}_k \subseteqq \bigwedge_{(j,k)\in J\times K} (\mathfrak{U}_j \times \mathfrak{V}_k) \tag{2.10.6}$$

und

$$\bigvee_{j\in J} \mathfrak{U}_j \times \bigvee_{k\in K} \mathfrak{V}_k = \bigvee_{(j,k)\in J\times K} (\mathfrak{U}_j \times \mathfrak{V}_k)\,. \tag{2.10.7}$$

Bei (2.10.6) *trifft das Gleichheitszeichen zu bis auf den Fall, daß X und Y und genau einer der beiden Indexbereiche J bzw. K nichtleer sind und mindestens ein ∧-Ideal aus der nichtleeren Familie $(\mathfrak{U}_j)_{j\in J}$ bzw. $(\mathfrak{V}_k)_{k\in K}$ eigentlich ist.*

Beweis. Wenn $J = \emptyset$ ist, wird (2.10.6) zu

$$\mathcal{F}X \times \bigwedge_{k\in K} \mathfrak{v}_k \subseteqq \mathcal{F}(X \times Y)\,. \tag{2.10.8}$$

Diese Beziehung gilt natürlich. Bei ihr trifft das Gleichheitszeichen zu, wenn X oder Y leer ist. Gilt bei (2.10.8) das Gleichheitszeichen und ist $X \neq \emptyset$ und $Y \neq \emptyset$, so folgt $\mathcal{F}X \neq \{\mathsf{P}X\}$, $\mathcal{F}Y \neq \{\mathsf{P}Y\}$ und $\bigwedge_{k\in K} \mathfrak{v}_k \neq \{\mathsf{P}Y\}$, wegen (2.10.4) und $\mathcal{F}X \times \mathcal{F}Y = \mathcal{F}(X \times Y)$ damit $\mathcal{F}Y = \bigwedge_{k\in K} \mathfrak{v}_k$, also $K = \emptyset$ oder $K \neq \emptyset$ und $\mathfrak{v}_k = \mathcal{F}Y$ zu beliebigem $k \in K$. Aus $\mathcal{F}Y = \bigwedge_{k\in K} \mathfrak{v}_k$ ergibt sich natürlich umgekehrt, daß bei (2.10.8) das Gleichheitszeichen zutrifft. Im Falle $J = \emptyset$ gilt bei (2.10.6) das Gleichheitszeichen also genau dann, wenn X oder Y oder K leer ist oder $K \neq \emptyset$ und $\mathfrak{v}_k = \mathcal{F}Y$ zu beliebigem $k \in K$ gilt.

Im Falle $K = \emptyset$ gilt (2.10.6) natürlich auch und trifft bei dieser Beziehung das Gleichheitszeichen genau dann zu, wenn X oder Y oder J leer ist oder $J \neq \emptyset$ und $\mathfrak{u}_j = \mathcal{F}X$ zu beliebigem $j \in J$ gilt.

Ist J oder K leer, so gilt $\bigvee_{j\in J} \mathfrak{u}_j = \{\mathsf{P}X\}$ oder $\bigvee_{k\in K} \mathfrak{v}_k = \{\mathsf{P}Y\}$ und ferner $\bigvee_{(j,k)\in J\times K} (\mathfrak{u}_j \times \mathfrak{v}_k) = \{\mathsf{P}(X \times Y)\}$. Es folgt leicht, daß daher bei (2.10.7) in diesem Falle das Gleichheitszeichen zutrifft.

Im weiteren seien J und K beide nichtleer. Mittels 2.10.3 ergibt sich, daß dann (2.10.6) und

$$\bigvee_{j\in J} \mathfrak{u}_j \times \bigvee_{k\in K} \mathfrak{v}_k \supseteqq \bigvee_{(j,k)\in J\times K} (\mathfrak{u}_j \times \mathfrak{v}_k) \tag{2.10.9}$$

gilt.

Zu jedem $\mathfrak{H} \in \bigwedge_{(j,k)\in J\times K} (\mathfrak{u}_j \times \mathfrak{v}_k)$ und beliebigem $(j, k) \in J \times K$ existieren $\mathfrak{F}_{jk} \in \mathfrak{u}_j$ und $\mathfrak{G}_{jk} \in \mathfrak{v}_k$ mit

$$\mathfrak{H} \supseteqq \bigvee_{(j,k)\in J\times K} (\mathfrak{F}_{jk} \times \mathfrak{G}_{jk})\,. \tag{2.10.10}$$

Nun ist

$$\bigvee_{(j,k)\in J\times K} (\mathfrak{F}_{jk} \times \mathfrak{G}_{jk}) = \bigvee_{(j,k)\in J\times K} \mathfrak{F}_{jk} \times \bigvee_{(j,k)\in J\times K} \mathfrak{G}_{jk}\,,$$

denn wie sich mittels (2.4.2) ergibt, ist $H \in \bigvee_{(j,k)\in J\times K} (\mathfrak{F}_{jk} \times \mathfrak{G}_{jk})$ äquivalent dazu, daß eine nichtleere endliche Teilmenge N von $J \times K$ und Mengen $F_{jk} \in \mathfrak{F}_{jk}$ und $G_{jk} \in \mathfrak{G}_{jk}$ $((j, k) \in N)$ existieren mit

$$H \supseteqq \bigcap_{(j,k)\in N} (F_{jk} \times G_{jk}) = \bigcap_{(j,k)\in N} F_{jk} \times \bigcap_{(j,k)\in N} G_{jk}\,,$$

folglich dazu, daß $H \in \bigvee_{(j,k)\in J\times K} \mathfrak{F}_{jk} \times \bigvee_{(j,k)\in J\times K} \mathfrak{G}_{jk}$ ist. Aus (2.10.10) folgt daher

$$\mathfrak{H} \supseteqq \bigvee_{j\in J} \Big(\bigvee_{l\in K} \mathfrak{F}_{jl}\Big) \times \bigvee_{k\in K} \Big(\bigvee_{m\in J} \mathfrak{G}_{mk}\Big)\,,$$

wegen $\bigvee_{l\in K} \mathfrak{F}_{jl} \in \mathfrak{u}_j$ $(j \in J)$ und $\bigvee_{m\in J} \mathfrak{G}_{mk} \in \mathfrak{v}_k$ $(k \in K)$ somit $\mathfrak{H} \in \bigwedge_{j\in J} \mathfrak{u}_j \times \bigwedge_{k\in K} \mathfrak{v}_k$ und damit, daß im Falle $J \neq \emptyset$, $K \neq \emptyset$ bei (2.10.6) das Gleichheitszeichen zutrifft.

Daß im Falle $J \neq \emptyset$, $K \neq \emptyset$ bei (2.10.9) das Gleichheitszeichen zutrifft, also (2.10.7) gilt, ergibt sich leicht unter Berücksichtigung von (2.2.3) und der wegen 2.6.5 für beliebige nichtleere endliche Mengen $L \subseteq J$ und $M \subseteq K$ und beliebige Filter $\mathfrak{F}_j \in \mathfrak{u}_j$ $(j \in L)$ und $\mathfrak{G}_k \in \mathfrak{v}_k$ $(k \in M)$ geltenden Beziehung

$$\bigwedge_{j \in L} \mathfrak{F}_j \times \bigwedge_{k \in M} \mathfrak{G}_k = \bigwedge_{(j,k) \in L \times M} (\mathfrak{F}_j \times \mathfrak{G}_k). \blacksquare$$

Wir führen für $\wedge$-Ideale von Filtern in Mengenprodukten noch einen weiteren Produktbegriff ein. X sei wieder das cartesische Produkt $\prod_{i \in I} X_i$ einer beliebigen Familie mit einer Menge als Indexbereich. Y sei das cartesische Produkt $\prod_{i \in I} Y_i$ einer Familie mit dem gleichen Indexbereich. ν sei die in Abschnitt 2.7 definierte Abbildung von $\prod_{i \in I} (X_i \times Y_i)$ auf $X \times Y$; sie ordnet jedem Element $\big((x_i, y_i)\big)_{i \in I}$ von $\prod_{i \in I} (X_i \times Y_i)$ das Element $\big((x_i)_{i \in I}, (y_i)_{i \in I}\big)$ von $X \times Y$ zu. Ist $\mathfrak{u}_i$ zu beliebigem $i \in I$ ein $\wedge$-Ideal von Filtern in $X_i \times Y_i$, so nennen wir

$$\mathop{\ast}_{i \in I} \mathfrak{u}_i = \nu(\prod_{i \in I} \mathfrak{u}_i)$$

das **Relationsprodukt** der $\wedge$-Ideale $\mathfrak{u}_i$. Wenn $I = \{1, \ldots, n\}$ für ein $n \in \boldsymbol{N}^+$ ist, schreiben wir dafür auch $\mathfrak{u}_1 \ast \cdots \ast \mathfrak{u}_n$. Unter Berücksichtigung der Definition des Produktes $\prod_{i \in I} \mathfrak{u}_i$ folgt

$$\mathop{\ast}_{i \in I} \mathfrak{u}_i = \mathop{\mathrm{im}}_{\subseteq, \mathcal{F}(X \times X)} \{\mathop{\ast}_{i \in I} \mathfrak{F}_i \mid \mathfrak{F}_i \in \mathfrak{u}_i \text{ zu beliebigem } i \in I\}.$$

Analog, wie man 2.7.13 mittels 2.6.1 beweist, zeigt man mittels 2.10.2

2.10.6. *$\mathfrak{u}_i$ sei zu beliebigem $i \in I$ ein $\wedge$-Ideal von Filtern in $X_i \times Y_i$. Dann gilt*

$$\mathop{\ast}_{i \in I} \mathfrak{u}_i = \bigwedge_{i \in I} (\pi_i^{-1} \ast p_i^{-1})(\mathfrak{u}_i) \tag{2.10.11}$$

und, wenn stets $\mathfrak{u}_i \neq \{\mathsf{P}(X_i \times Y_i)\}$ ist, zu beliebigem $j \in I$ ferner

$$(\pi_j \ast p_j)(\mathop{\ast}_{i \in I} \mathfrak{u}_i) = \mathfrak{u}_j. \tag{2.10.12}$$

π_i und p_i sind dabei stets die i-ten Projektionen von X bzw. Y.

2.11. $\wedge$-Ideale von Dualfiltern

Als nächstes befassen wir uns mit $\wedge$-Idealen von Dualfiltern. X sei wieder eine beliebige Menge. Mit $\mathcal{J}X$ bezeichnen wir den Verband $\hat{\mathcal{D}}X$ aller $\wedge$-**Ideale von Dualfiltern** in X, d. h. aller $\wedge$-Ideale des Dualfilterverbandes $\mathcal{D}X$. Als Ordnung in $\mathcal{J}X$ nehmen wir natürlich die mengentheoretische Ordnung. Bezüglich $\mathcal{J}X$ schreiben wir anstelle von $\mathop{\mathrm{im}}_{\leq}$ daher auch $\mathop{\mathrm{im}}_{\subseteq, \mathcal{D}X}$ oder einfach $\mathop{\mathrm{im}}_{\subseteq}$. $\mathcal{J}X$ ist ein vollständiger und distributiver Verband.

Mittels der Methode der Komplementärbildung kann man aus Sätzen über $\wedge$-Ideale von Filtern in X leicht Sätze über $\wedge$-Ideale von Dualfiltern in X herleiten, und zwar unter Benutzung des durch

$$\mathcal{C}\mathfrak{u} = \{\mathsf{C}\mathfrak{F} \mid \mathfrak{F} \in \mathfrak{u}\}$$

definierten Isomorphismus $\mathcal{C}$ des Teilmengenverbandes von $\mathsf{PP}X$ auf sich, wobei selbstverständlich C die durch (2.9.1) definierte Abbildung ist. Der Isomorphismus $\mathcal{C}$ bildet natürlich den Verband $\mathcal{I}X$ der $\wedge$-Ideale von $\mathcal{F}X$ auf den Verband $\mathcal{J}X$ der $\wedge$-Ideale von $\mathcal{D}X$ ab. Uns interessieren Übertragungen von $\wedge$-Idealen von Filtern natürlich nur zum Teil, da die von uns benutzten Begriffe der induzierten Dualfilterabbildung und des Produktes von Dualfiltern sich nicht durch Komplementärbildung aus den Begriffen der induzierten Filterabbildung und des Produktes von Filtern ergeben.

f sei für das Weitere eine mehrdeutige Abbildung aus X in eine Menge Y. Wir verstehen unter der von f **induzierten Abbildung** $f^{\mathcal{J}}$ die durch

$$f^{\mathcal{J}}(\mathfrak{u}) =_{\iota} \operatorname*{im}_{\subseteq, \mathcal{D}X} \{f(\mathfrak{F}) \mid \mathfrak{F} \in \mathfrak{u}\}$$

definierte Abbildung von $\mathcal{J}X$ in $\mathcal{J}Y$. Wegen (2.9.5) gilt $f(\mathfrak{F}) \wedge f(\mathfrak{G}) \supseteqq f(\mathfrak{F} \cap \mathfrak{G})$ für beliebige Dualfilter $\mathfrak{F}$ und $\mathfrak{G}$ in X, so daß natürlich $\{f(\mathfrak{F}) \mid \mathfrak{F} \in \mathfrak{u}\}$ stets eine Basis eines $\wedge$-Ideals von $\mathcal{D}X$ ist. Sind Irrtümer ausgeschlossen, so schreiben wir anstelle $f^{\mathcal{J}}(\mathfrak{u})$ auch $f(\mathfrak{u})$.

Selbstverständlich stimmt $f^{\mathcal{J}}$ im allgemeinen nicht mit der Zusammensetzung $\mathcal{C}' \circ f^{\mathcal{I}} \circ \mathcal{C}$ von $\mathcal{C}$, $f^{\mathcal{I}}$ und des analog wie $\mathcal{C}$ definierten Isomorphismus $\mathcal{C}'$ des Teilmengenverbandes von $\mathsf{PP}Y$ auf sich überein. Hat die mehrdeutige Abbildung f als Umkehrung eine eindeutige Abbildung von Y in X, so ist allerdings $f^{\mathcal{J}}$ gleich $\mathcal{C}' \circ f^{\mathcal{I}} \circ \mathcal{C}$.

Wir setzen zu jeder Teilmenge M von X

$$\mathcal{J}_M X = \{\mathfrak{u} \in \mathcal{J}X \mid \mathfrak{F} \wedge (M) \neq (\emptyset) \text{ zu beliebigem } \mathfrak{F} \in \mathfrak{u}\}$$

und erhalten, daß ein $\wedge$-Ideal $f(\mathfrak{u})$ genau dann eigentlich ist, wenn $\mathfrak{u}$ zu $\mathcal{J}_{\mathrm{db} f} X$ gehört. Das uneigentliche $\wedge$-Ideal $\mathcal{D}X$ gehört $\mathcal{J}_{\mathrm{db} f} X$ nicht an, es hat als Bild stets das uneigentliche $\wedge$-Ideal $\mathcal{D}Y$.

In gewisse Analogie zu 2.5.3 gilt

2.11.1. *Für beliebige $\wedge$-Ideale $\mathfrak{u}$ und $\mathfrak{v}$ von Dualfiltern in X folgt $f(\mathfrak{u}) \subseteqq f(\mathfrak{v})$ aus $\mathfrak{u} \subseteqq \mathfrak{v}$. Für jede Familie $(\mathfrak{u}_\iota)_{\iota \in I}$ von $\wedge$-Idealen von Dualfiltern in X gilt*

$$f(\bigwedge_{\iota \in I} \mathfrak{u}_\iota) = \bigwedge_{\iota \in I} f(\mathfrak{u}_\iota) \tag{2.11.1}$$

und

$$f(\bigvee_{\iota \in I} \mathfrak{u}_\iota) \supseteqq \bigvee_{\iota \in I} f(\mathfrak{u}_\iota)\,. \tag{2.11.2}$$

Bei (2.11.2) gilt im Falle $I \neq \emptyset$ das Gleichheitszeichen genau dann, wenn $\mathrm{wb} f = Y$ ist. Im Falle $I \neq \emptyset$ trifft bei (2.11.2) das Gleichheitszeichen zu, wenn f als Umkehrung eine eindeutige Abbildung hat. Im allgemeinen gilt es bei (2.11.2) im Falle $I \neq \emptyset$ nicht, auch nicht, wenn I zweielementig ist.

Beweis. 1. Der erste Teil der Behauptung ist sicher richtig.

$(\mathfrak{u}_i)_{i\in I}$ sei eine Familie von $\wedge$-Idealen von Dualfiltern in X. Es gilt $f^{\mathfrak{J}}(\mathcal{D}X) = \mathcal{D}Y$ und $f^{\mathfrak{J}}(\{\mathsf{P}X\}) = [f^{\mathcal{D}}(\mathsf{P}X)] \supseteqq \{\mathsf{P}Y\}$, womit die Behauptung für $(\mathfrak{u}_i)_{i\in I}$ im Falle $I = \emptyset$ folgt. Im weiteren sei $I \neq \emptyset$. Aus dem ersten Teil des Satzes ergibt sich

$$f(\bigwedge_{i\in I} \mathfrak{u}_i) \subseteqq \bigwedge_{i\in I} f(\mathfrak{u}_i)$$

und (2.11.2); (2.11.2) gilt also stets. Zu jedem $\mathfrak{F} \in \bigwedge_{i\in I} f(\mathfrak{u}_i)$ existieren nach (2.2.2) Dualfilter $\mathfrak{F}_i \in \mathfrak{u}_i$ $(i \in I)$ mit $\mathfrak{F} \supseteqq \bigvee_{i\in I} f(\mathfrak{F}_i)$. Wegen (2.9.6) ergibt sich $\bigvee_{i\in I} f(\mathfrak{F}_i) = f(\bigvee_{i\in I} \mathfrak{F}_i)$ und somit $\mathfrak{F} \in f(\bigwedge_{i\in I} \mathfrak{u}_i)$. (2.11.1) gilt daher auch im Falle $I \neq \emptyset$.

Im folgenden setzen wir neben $I \neq \emptyset$ voraus, daß die mehrdeutige Abbildung f als Umkehrung eine eindeutige Abbildung besitzt. Gegeben sei ein $\mathfrak{F} \in f(\bigvee_{i\in I} \mathfrak{u}_i)$. Unter Berücksichtigung von (2.2.3) finden wir eine endliche Teilmenge K von I und zu beliebigem $i \in K$ ein $\mathfrak{F}_i \in \mathfrak{u}_i$ mit $\mathfrak{F} \in f(\bigwedge_{i\in K} \mathfrak{F}_i)$. Wegen 2.9.1 ist $f(\bigwedge_{i\in K} \mathfrak{F}_i) = \bigwedge_{i\in K} f(\mathfrak{F}_i)$, womit sich $\mathfrak{F} \in \bigvee_{i\in I} f(\mathfrak{u}_i)$ ergibt. Unter der Voraussetzung, daß $I \neq \emptyset$ ist und f als Umkehrung eine eindeutige Abbildung hat, gilt somit bei (2.11.2) das Gleichheitszeichen.

2. Wir treffen die gleichen Vereinbarungen wie im Teil 2 des Beweises von 2.9.1 und erhalten für die $\wedge$-Ideale $\mathfrak{u} = [\mathfrak{F}]$ und $\mathfrak{v} = [\mathfrak{G}]$

$$f(\mathfrak{u} \vee \mathfrak{v}) = f([\mathfrak{F} \wedge \mathfrak{G}]) = [(f(x))]$$

und

$$f(\mathfrak{u}) \vee f(\mathfrak{v}) = [(\{f(x), f(y)\})] \neq [(f(x))] \,. \blacksquare$$

Mittels der Sätze 2.9.2 und 2.9.3 kann man ohne Mühe entsprechende Sätze über induzierte $\wedge$-Idealabbildungen $f^{\mathfrak{J}}$ herleiten.

Als nächstes führen wir einen Produktbegriff für $\wedge$-Ideale von Dualfiltern ein. X sei dazu speziell das cartesische Produkt $\prod_{i\in I} X_i$ einer Familie, die als Indexbereich eine Menge hat. Ist $\mathfrak{u}_i$ zu beliebigem $i \in I$ ein $\wedge$-Ideal von Dualfiltern in X_i, so erweist sich die Menge aller Produkte $\prod_{i\in I} \mathfrak{F}_i$, für die jeweils $\mathfrak{F}_i \in \mathfrak{u}_i$ zu beliebigem $i \in I$ und $\mathfrak{F}_i = \mathsf{P}X_i$ bis auf endlich viele i gilt, als eine $\wedge$-Idealbasis. Das daraus erzeugte $\wedge$-Ideal in $\mathcal{D}X$

$$\prod_{i\in I} \mathfrak{u}_i = \operatorname*{im}_{\subseteqq,\, \mathcal{D}X} \{\prod_{i\in I} \mathfrak{F}_i \mid \mathfrak{F}_i \in \mathfrak{u}_i \text{ zu beliebigem } i \in I \text{ und } \mathfrak{F}_i = \mathsf{P}X_i \text{ bis auf endlich viele } i\}$$

nennen wir das **Produkt** der $\wedge$-Ideale $\mathfrak{u}_i$. Wenn $I = \{1, \ldots, n\}$ zu einem $n \in N^+$ ist, schreiben wir für dieses Produkt auch $\mathfrak{u}_1 \times \cdots \times \mathfrak{u}_n$. $\prod_{i\in I} \mathfrak{u}_i$ ist genau dann eigentlich, wenn alle $\mathfrak{u}_i$ eigentlich sind.

Zu beliebigem $i \in I$ sei π_i die i-te natürliche Projektion von X. In Analogie zu 2.6.1 gilt

2.11.2 (Produkte von $\wedge$-Idealen). *$\mathfrak{U}_i$ sei zu beliebigem $i \in I$ ein $\wedge$-Ideal von Dualfiltern in X_i. Dann ist*

$$\prod_{i \in I} \mathfrak{U}_i = \bigvee_{i \in I} \pi_i^{-1}(\mathfrak{U}_i) \tag{2.11.3}$$

und, wenn alle $\wedge$-Ideale $\mathfrak{U}_i$ eigentlich sind, zu beliebigem $j \in I$ ferner

$$\pi_j(\prod_{i \in I} \mathfrak{U}_i) = \mathfrak{U}_j\,. \tag{2.11.4}$$

Beweis. Unter Berücksichtigung von (2.2.3) und (2.9.7) beweist man (2.11.3) analog wie (2.6.1). Unter Beachtung, daß ein $\wedge$-Ideal $\mathfrak{U}_i$ genau dann eigentlich ist, wenn ihm der Dualfilter $(\emptyset)$ nicht angehört, folgt mittels (2.9.8) leicht (2.11.4) analog wie (2.6.2). ∎

Mittels 2.11.2 erhält man

2.11.3. *Zu beliebigem $i \in I$ seien $\mathfrak{U}_i$ und $\mathfrak{V}_i$ $\wedge$-Ideale von Dualfiltern in X_i. Gilt $\mathfrak{U}_i \subseteqq \mathfrak{V}_i$ zu beliebigem $i \in I$, so folgt*

$$\prod_{i \in I} \mathfrak{U}_i \subseteqq \prod_{i \in I} \mathfrak{V}_i\,. \tag{2.11.5}$$

Wenn alle $\wedge$-Ideale $\mathfrak{U}_i$ und $\mathfrak{V}_i$ eigentlich sind, ergibt sich aus (2.11.5) *umgekehrt $\mathfrak{U}_i \subseteqq \mathfrak{V}_i$ zu beliebigem $i \in I$.*

Wie man leicht beweist, gilt in Analogie zu 2.6.3

2.11.4 (Produkte von Haupt-$\wedge$-Idealen). *$\mathfrak{F}_i$ sei zu beliebigem $i \in I$ ein Dualfilter in X_i. Dann ist*

$$\prod_{i \in I} [\mathfrak{F}_i] \subseteqq [\prod_{i \in I} \mathfrak{F}_i]\,. \tag{2.11.6}$$

Ist I endlich, so gilt bei (2.11.6) *das Gleichheitszeichen, im allgemeinen trifft es bei* (2.11.6) *nicht zu.*

Wir führen noch eine Aussage über Produkte von je zwei $\wedge$-Idealen von Dualfiltern an, die ein Analogon zu 2.6.5 ist. X und Y seien dazu beliebige Mengen.

2.11.5 (Produkte von $\wedge$-Idealdurchschnitten und $\wedge$-Idealvereinigungen). *$(\mathfrak{U}_j)_{j \in J}$ sei eine Familie von $\wedge$-Idealen von Dualfiltern in X und $(\mathfrak{V}_k)_{k \in K}$ eine Familie von $\wedge$-Idealen von Dualfiltern in Y. Dann gilt*

$$\bigwedge_{j \in J} \mathfrak{U}_j \times \bigwedge_{k \in K} \mathfrak{V}_k \subseteqq \bigwedge_{(j,k) \in J \times K} (\mathfrak{U}_j \times \mathfrak{V}_k) \tag{2.11.7}$$

und

$$\bigvee_{j \in J} \mathfrak{U}_j \times \bigvee_{k \in K} \mathfrak{V}_k \supseteqq \bigvee_{(j,k) \in J \times K} (\mathfrak{U}_j \times \mathfrak{V}_k)\,. \tag{2.11.8}$$

Bei (2.11.7) *trifft das Gleichheitszeichen zu, wenn J und K endliche Mengen sind. Im allgemeinen gilt es bei* (2.11.7) *nicht, auch nicht, wenn einer der Indexbereiche J oder K eine Einermenge ist.*

Bei (2.11.8) *trifft das Gleichheitszeichen zu bis auf den Fall, daß X und Y und genau einer der Indexbereiche J bzw. K nichtleer sind und mindestens ein $\wedge$-Ideal aus der nichtleeren Familie $(\mathfrak{u}_j)_{j\in J}$ bzw. $(\mathfrak{v}_k)_{k\in K}$ ungleich dem minimalen $\wedge$-Ideal $\{\mathsf{P}X\}$ bzw. $\{\mathsf{P}Y\}$ ist.*

Beweis. 1. Ist J oder K leer, so folgt entsprechend wie im gleichen Fall bei (2.6.5), daß bei (2.11.7) das Gleichheitszeichen gilt.

Wenn $J = \emptyset$ ist, wird (2.11.8) zu

$$\{\mathsf{P}X\} \times \bigvee_{k\in K} \mathfrak{v}_k \subseteqq \{\mathsf{P}(X \times Y)\}\,. \tag{2.11.9}$$

Diese Beziehung gilt natürlich. Bei ihr trifft das Gleichheitszeichen zu, wenn X oder Y leer ist oder $\{\mathsf{P}Y\} = \bigvee_{k\in K} \mathfrak{v}_k$, also $K = \emptyset$ oder $K \neq \emptyset$ und $\mathfrak{v}_k = \mathsf{P}Y$ zu beliebigem $k \in K$ gilt. Trifft bei (2.11.9) das Gleichheitszeichen zu und ist $X \neq \emptyset$ und $Y \neq \emptyset$, so folgt $\{\mathsf{P}X\} \neq \mathfrak{D}X$, $\{\mathsf{P}Y\} \neq \mathfrak{D}Y$ und $\bigvee_{k\in K} \mathfrak{v}_k \neq \mathfrak{D}Y$, wegen (2.11.4) und $\{\mathsf{P}X\} \times \{\mathsf{P}Y\} = \{\mathsf{P}(X \times Y)\}$ damit umgekehrt $\{\mathsf{P}Y\} = \bigvee_{k\in K} \mathfrak{v}_k$.

Im Falle $K = \emptyset$ gilt (2.11.8) natürlich auch und trifft bei dieser Beziehung das Gleichheitszeichen genau dann zu, wenn X oder Y leer ist oder $\{\mathsf{P}X\} = \bigvee_{j\in J} \mathfrak{u}_j$, also $J \neq \emptyset$ und $\mathfrak{u}_j = \mathsf{P}X$ zu beliebigem $j \in J$ gilt.

Im weiteren seien J und K beide nichtleer. Mittels (2.11.5) ergibt sich dann (2.11.7) und (2.11.8). Wenn J und K nichtleere endliche Mengen sind, zeigt man mittels (2.9.11) entsprechend wie im gleichen Fall bei (2.6.5), daß bei (2.11.7) das Gleichheitszeichen zutrifft. Unter Berücksichtigung, daß bei (2.9.10) das Gleichheitszeichen sicher gilt, wenn die betreffenden Indexbereiche nichtleere endliche Mengen sind, zeigt man entsprechend wie bei (2.6.6) im Falle $J \neq \emptyset$, $K \neq \emptyset$, daß bei (2.11.8) das Gleichheitszeichen zutrifft.

2. Es sei $X = Y = \boldsymbol{R}$, $\mathfrak{u}_n = [(]-n, n[)]$ zu beliebigem $n \in \boldsymbol{N}^+$ und $\mathfrak{v} = \operatorname{im}_{\supseteqq, \mathfrak{D}\boldsymbol{R}} \{(]-1/n, 1/n[) \mid n \in \boldsymbol{N}^+\}$. Dann gilt $\bigwedge_{n\in\boldsymbol{N}^+} \mathfrak{u}_n = [\operatorname{im}_{\subseteqq, \boldsymbol{R}} \{]-n, n[\mid n \in \boldsymbol{N}^+\}]$ und folglich

$$(\bigwedge_{n\in\boldsymbol{N}^+} \mathfrak{u}_n) \times \mathfrak{v} = \operatorname*{im}_{\subseteqq, \mathfrak{D}(\boldsymbol{R}\times\boldsymbol{R})} \{\operatorname*{im}_{\supseteqq, \boldsymbol{R}} \{]-n, n[\times]-1/m, 1/m[\mid n \in \boldsymbol{N}^+\} \mid m \in \boldsymbol{N}^+\}\,,$$

ferner

$$\mathfrak{u}_n \times \mathfrak{v} = \operatorname*{im}_{\subseteqq, \mathfrak{D}(\boldsymbol{R}\times\boldsymbol{R})} \{(]-n, n[) \times (]-1/m, 1/m[) \mid m \in \boldsymbol{N}^+\}$$

zu beliebigem $n \in \boldsymbol{N}^+$. $\mathfrak{F} = \bigvee_{n\in\boldsymbol{N}^+} (]-n, n[\times]-1/n, 1/n[)$ gehört $\bigwedge_{n\in\boldsymbol{N}^+} (\mathfrak{u}_n \times \mathfrak{v})$ an. Wäre auch $\mathfrak{F} \in (\bigwedge_{n\in\boldsymbol{N}^+} \mathfrak{u}_n) \times \mathfrak{v}$, so gäbe es ein $m \in \boldsymbol{N}^+$ mit

$$\mathfrak{F} \supseteqq \operatorname*{im}_{\supseteqq, \boldsymbol{R}} \{]-n, n[\times]-1/m, 1/m[\mid n \in \boldsymbol{N}^+\}\,,$$

und es müßte zum Beispiel eine nichtleere endliche Teilmenge K von N^+ mit

$$\bigcup_{k\in K} (]-k, k[\times]-1/k, 1/k[) \supseteqq]-2m, 2m[\times]-1/m, 1/m[$$

existieren. Da das unmöglich ist, folgt $(\bigwedge_{n\in N^+} \mathfrak{u}_n) \times \mathfrak{v} \subsetneqq \bigwedge_{n\in N^+} (\mathfrak{u}_n \times \mathfrak{v})$. ∎

2.12. Über Systeme von ∧-Idealen von Dualfiltern

X sei eine Menge. Wir befassen uns nun mit Systemen von ∧-Idealen von Dualfiltern in X, also mit Teilmengen des Verbandes $\mathcal{J}X$. Uns interessieren unter anderem drei Spezialfälle von Teilmengen $\mathfrak{B}$ von $\mathcal{J}X$. Im **Spezialfall** 1 existiert ein System $\mathfrak{B}$ von Teilmengen von X mit

$$\mathfrak{B} = \{[(B)] \mid B \in \mathfrak{B}\},$$

im **Spezialfall** 2 ein System $\mathfrak{L}$ von Dualfiltern in X mit

$$\mathfrak{B} = \{[\mathfrak{F}] \mid \mathfrak{F} \in \mathfrak{L}\}$$

und im **Spezialfall** 3 ein System $\mathfrak{S}$ von Filtern in X mit

$$\mathfrak{B} = \{\bigvee_{F\in\mathfrak{F}} [(F)] \mid \mathfrak{F} \in \mathfrak{S}\}.$$

Wir sagen in diesen Fällen, daß $\mathfrak{B}$ **aus dem Mengensystem** $\mathfrak{B}$, **dem Dualfiltersystem** $\mathfrak{L}$ bzw. **dem Filtersystem** $\mathfrak{S}$ **erzeugt** ist. Für jeden Filter $\mathfrak{F}$ in X ist $\bigvee_{F\in\mathfrak{F}} [(F)]$ gerade das ∧-Ideal mit der Basis $\{(F) \mid F \in \mathfrak{F}\}$. $\mathfrak{B}$ ist in den obigen drei Spezialfällen das Bild eines Mengensystems $\mathfrak{B}$, eines Dualfiltersystems $\mathfrak{L}$ bzw. eines Filtersystems $\mathfrak{S}$ bezüglich der durch

$$\beta(B) = [(B)],\ \sigma(\mathfrak{F}) = [\mathfrak{F}] \text{ und } \varkappa(\mathfrak{F}) = \bigvee_{F\in\mathfrak{F}} [(F)]$$

definierten Abbildungen $\beta\colon \mathsf{P}X \to \mathcal{J}X$, $\sigma\colon \mathcal{D}X \to \mathcal{J}X$ und $\varkappa\colon \mathcal{F}X \to \mathcal{J}X$. Diese Abbildungen führen im allgemeinen verbandstheoretische Durchschnitte und Vereinigungen nicht in verbandstheoretische Durchschnitte und Vereinigungen über, wie man den folgenden drei Sätzen entnimmt. Im ersten Satz sind die Durchschnitte und Vereinigungen bezüglich des Teilmengenverbandes $\mathsf{P}X$ von X gemeint.

2.12.1. *Aus $B \subseteqq C \subseteqq X$ folgt $\beta(B) \supseteqq \beta(C)$. Für jede Familie $(B_\iota)_{\iota\in I}$ von Teilmengen von X gilt*

$$\bigwedge_{\iota\in I} \beta(B_\iota) \supseteqq \beta(\bigvee_{\iota\in I} B_\iota) \tag{2.12.1}$$

und

$$\bigvee_{\iota\in I} \beta(B_\iota) \subseteqq \beta(\bigwedge_{\iota\in I} B_\iota). \tag{2.12.2}$$

Bei (2.12.1) *und* (2.12.2) *trifft das Gleichheitszeichen zu, wenn I endlich ist. Im allgemeinen gilt es bei keiner dieser Beziehungen.*

Beweis. 1. Der erste Teil des Satzes ist sicher richtig. Daher gilt für jede Familie $(B_i)_{i\in I}$ von Teilmengen von X (2.12.1) und (2.12.2) Wegen 2.2.4 und dem Dual zu 2.2.4 folgt, daß bei (2.12.1) und (2.12.2) das Gleichheitszeichen zutrifft, wenn I endlich ist.

2. Es sei $I = X = N^+$ und $B_i = \{n \in N^+ \mid n < i\}$ zu beliebigem $i \in I$. Dann ist $\bigwedge_{i\in I} \beta(B_i) = [\operatorname{im}_{\supseteq, X} \{B_i \mid i \in I\}]$ und $\beta(\bigvee_{i\in I} B_i) = \{\mathsf{P}X\} \neq \bigwedge_{i\in I} \beta(B_i)$ und $\bigvee_{i\in I} \beta(X \setminus B_i) = \operatorname{im}_{\subseteq, \mathfrak{D}X} \{(X \setminus B_i) \mid i \in I\}$ und $\beta(\bigwedge_{i\in I} (X \setminus B_i)) = \mathfrak{D}X \neq \bigvee_{i\in I} \beta(X \setminus B_i)$. ∎

2.12.2. *Für beliebige Dualfilter $\mathfrak{F}$ und $\mathfrak{G}$ in X hat $\mathfrak{F} \subseteq \mathfrak{G}$ stets $\sigma(\mathfrak{F}) \supseteq \sigma(\mathfrak{G})$ zur Folge. Für jede Familie $(\mathfrak{F}_i)_{i\in I}$ von Dualfiltern in X gilt*

$$\bigwedge_{i\in I} \sigma(\mathfrak{F}_i) = \sigma(\bigvee_{i\in I} \mathfrak{F}_i) \tag{2.12.3}$$

und

$$\bigvee_{i\in I} \sigma(\mathfrak{F}_i) \subseteq (\bigwedge_{i\in I} \mathfrak{F}_i)\,. \tag{2.12.4}$$

Bei der letzten Beziehung trifft das Gleichheitszeichen zu, wenn I endlich ist. Im allgemeinen gilt es bei ihr nicht.

Beweis. 1. Offensichtlich gilt der erste Teil des Satzes. $(\mathfrak{F}_i)_{i\in I}$ sei eine Familie von Dualfiltern in X. Es gilt $\mathfrak{D}X = \sigma((\emptyset))$ und $\{\mathsf{P}X\} = \sigma(\mathsf{P}X)$, im Falle $I = \emptyset$ also (2.12.3) und (2.12.4) mit dem Gleichheitszeichen. Im weiteren sei $I \neq \emptyset$. Dann gilt (2.12.4) auf Grund des ersten Teiles des Satzes. Wegen 2.2.4 ergibt sich dann ferner $\bigwedge_{i\in I} \sigma(\mathfrak{F}_i) = \bigwedge_{i\in I} [\mathfrak{F}_i] = [\bigvee_{i\in I} \mathfrak{F}_i] = \sigma(\bigvee_{i\in I} \mathfrak{F}_i)$ und, wenn I endlich ist, entsprechend $\bigvee_{i\in I} \sigma(\mathfrak{F}_i) = \sigma(\bigwedge_{i\in I} \mathfrak{F}_i)$.

2. I, X und B_i $(i \in I)$ seien wie im Teil 2 des Beweises von 2.12.1 gewählt. Für $\mathfrak{F}_i = (X \setminus B_i)$ gilt dann $\bigvee_{i\in I} \sigma(\mathfrak{F}_i) = \bigvee_{i\in I} \beta(X \setminus B_i) \neq \beta\,(\bigwedge_{i\in I} (X \setminus B_i)) = \sigma(\bigwedge_{i\in I} \mathfrak{F}_i)$. ∎

2.12.3. *Für beliebige Filter $\mathfrak{F}$ und $\mathfrak{G}$ in X hat $\mathfrak{F} \subseteq \mathfrak{G}$ stets $\varkappa(\mathfrak{F}) \subseteq \varkappa(\mathfrak{G})$ zur Folge. Für jede Familie $(\mathfrak{F}_i)_{i\in I}$ von Filtern in X gilt*

$$\bigwedge_{i\in I} \varkappa(\mathfrak{F}_i) \supseteq \varkappa(\bigwedge_{i\in I} \mathfrak{F}_i) \tag{2.12.5}$$

und

$$\bigvee_{i\in I} \varkappa(\mathfrak{F}_i) = \varkappa(\bigvee_{i\in I} \mathfrak{F}_i)\,. \tag{2.12.6}$$

Bei (2.12.5) trifft das Gleichheitszeichen zu, wenn I endlich ist. Im allgemeinen gilt es bei dieser Beziehung nicht.

Beweis. Der erste Teil des Satzes gilt sicher. $(\mathfrak{F}_i)_{i\in I}$ sei eine Familie von Filtern in X. Es gilt $\mathfrak{D}X = \varkappa(\mathsf{P}X)$ und $\{\mathsf{P}X\} = \varkappa(\{X\})$, im Falle $I = \emptyset$ also (2.12.5) mit dem Gleichheitszeichen und (2.12.6).

Im weiteren sei $I \neq \emptyset$. Auf Grund des ersten Teiles des Satzes gilt dann (2.12.5). Wegen 2.2.2 und dem Dual zu 2.2.4 gilt, falls I endlich ist,

$$\begin{aligned}\bigwedge_{i\in I} \varkappa(\mathfrak{F}_i) &= \operatorname*{im}_{\subseteq,\,\mathcal{D}X} \{\bigvee_{i\in I}(F_i) \mid F_i \in \mathfrak{F}_i \text{ zu beliebigem } i \in I\}\\ &= \operatorname*{im}_{\subseteq,\,\mathcal{D}X} \{(\bigcup_{i\in I} F_i) \mid F_i \in \mathfrak{F}_i \text{ zu beliebigem } i \in I\}\\ &= \varkappa(\bigwedge_{i\in I} \mathfrak{F}_i)\end{aligned}$$

und ohne Einschränkung an I

$$\begin{aligned}\bigvee_{i\in I} \varkappa(\mathfrak{F}_i) &= \operatorname*{im}_{\subseteq,\,\mathcal{D}X} \{\bigwedge_{i\in K}(F_i) \mid K \subseteq I \text{ nichtleer und endlich und } F_i \subseteq \mathfrak{F}_i \\ &\qquad\qquad \text{zu beliebigem } i \in K\}\\ &= \operatorname*{im}_{\subseteq,\,\mathcal{D}X} \{(\bigcap_{i\in K} F_i) \mid K \subseteq I \text{ nichtleer und endlich und } F_i \in \mathfrak{F}_i \\ &\qquad\qquad \text{zu beliebigem } i \in K\}\\ &= \varkappa(\bigvee_{i\in I} \mathfrak{F}_i)\,.\end{aligned}$$

2. I, X und B_i $(i \in I)$ seien wie im Teil 2 des Beweises von 2.12.1 gewählt. Für $\mathfrak{F}_i = [B_i]$ gilt dann $\bigwedge_{i\in I} \varkappa(\mathfrak{F}_i) = \bigwedge_{i\in I} \beta(B_i) \neq \beta(\bigcup_{i\in I} B_i) = \varkappa(\bigwedge_{i\in I} \mathfrak{F}_i)$. ∎

Auf Grund dieser drei Sätze sind $\beta[\mathsf{P}X]$, $\sigma[\mathcal{D}X]$ und $\varkappa[\mathcal{F}X]$ Teilverbände von $\mathcal{J}X$, jedoch im allgemeinen keine vollständigen Teilverbände von $\mathcal{J}X$. β und σ sind Antiisomorphismen, und $\varkappa$ ist ein Isomorphismus, wie unter Berücksichtigung dieser Sätze folgt.

2.12.4. *Für jede Abbildung f aus X in eine Menge Y sind die Diagramme*

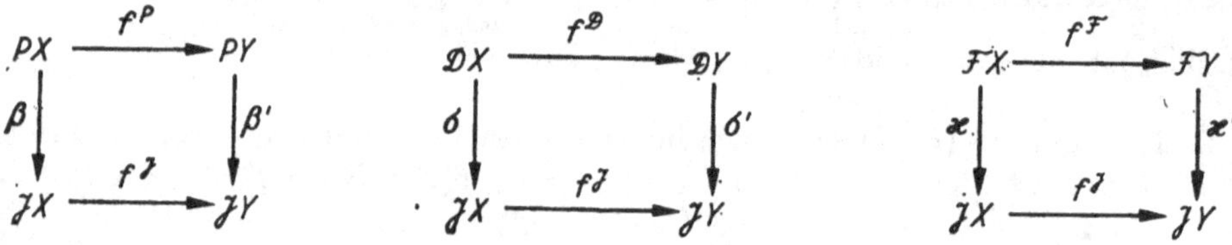

kommutativ. Dabei ist f^{P} die durch $f^{\mathsf{P}}(B) = f[B]$ definierte Abbildung von $\mathsf{P}X$ in $\mathsf{P}Y$ und sind β', σ' und $\varkappa'$ die entsprechend wie β, σ und $\varkappa$ definierten Abbildungen von $\mathsf{P}Y$, $\mathcal{D}Y$ bzw. $\mathcal{F}Y$ in $\mathcal{J}Y$.

Beweis. Für jede Teilmenge B von X gilt

$$(\beta' \circ f^{\mathsf{P}})(B) = [(f[B])] = [f^{\mathcal{D}}((B))] = (f^{\mathcal{J}} \circ \beta)(B)\,.$$

Für jeden Dualfilter $\mathfrak{F}$ in X gilt

$$(\sigma' \circ f^{\mathcal{D}})(\mathfrak{F}) = [f^{\mathcal{D}}(\mathfrak{F})] = f^{\mathcal{J}}([\mathfrak{F}]) = (f^{\mathcal{J}} \circ \sigma)(\mathfrak{F})\,.$$

Für jeden Filter $\mathfrak{F}$ in X gilt

$$\begin{aligned}(\varkappa' \circ f^{\mathcal{F}})(\mathfrak{F}) &= \varkappa'(\operatorname*{im}_{\subseteq,\,Y} \{f[F] \mid F \in \mathfrak{F}\}) = \operatorname*{im}_{\subseteq,\,\mathcal{D}Y} \{(f[F]) \mid F \in \mathfrak{F}\}\\ &= f^{\mathcal{J}}(\operatorname*{im}_{\subseteq,\,\mathcal{D}X} \{(F) \mid F \in \mathfrak{F}\}) = (f^{\mathcal{J}} \circ \varkappa)(\mathfrak{F})\,.\end{aligned}$$ ∎

In der Menge aller Systeme von $\wedge$-Idealen von Dualfiltern in X, also in der Potenzmenge von $\mathcal{J}X$ führen wir eine Relation $\leqq$ ein durch

$$\mathfrak{V} \leqq \mathfrak{W} \Leftrightarrow \text{Zu jedem } \mathfrak{v} \in \mathfrak{V} \text{ existieren endlich viele } \mathfrak{w}_1, \dots, \mathfrak{w}_n \in \mathfrak{W} \text{ mit } \mathfrak{w}_1 \cap \dots \cap \mathfrak{w}_n \subseteqq \mathfrak{v}\,. \tag{2.12.7}$$

2.12.5. *$\leqq$ ist eine Präordnung und im allgemeinen keine Ordnung.*

Beweis. Offensichtlich ist $\leqq$ reflexiv. Sind $\mathfrak{U}, \mathfrak{V}$ und $\mathfrak{W}$ Teilmengen von $\mathcal{J}X$ und gilt $\mathfrak{U} \leqq \mathfrak{V}$ und $\mathfrak{V} \leqq \mathfrak{W}$, so existieren zu beliebigem $\mathfrak{u} \in \mathfrak{U}$ endlich viele $\mathfrak{v}_1, \dots, \mathfrak{v}_n \in \mathfrak{V}$ mit $\mathfrak{v}_1 \cap \dots \cap \mathfrak{v}_n \subseteqq \mathfrak{u}$ und zu jedem $i = 1, \dots, n$ endlich viele $\mathfrak{w}_{i1}, \dots, \mathfrak{w}_{i\,m_i} \in \mathfrak{W}$ mit $\mathfrak{w}_{i1} \cap \dots \cap \mathfrak{w}_{i\,m_i} \subseteqq \mathfrak{v}_i$, also mit $(\mathfrak{w}_{11} \cap \dots \cap \mathfrak{w}_{1\,m_1}) \cap \dots \cap (\mathfrak{w}_{n1} \cap \dots \cap \mathfrak{w}_{n\,m_n}) \subseteqq \mathfrak{u}$, weshalb $\mathfrak{U} \leqq \mathfrak{W}$ gilt, $\leqq$ also auch transitiv ist.

$\leqq$ ist im allgemeinen nicht antisymmetrisch, also keine Ordnung. Ist nämlich $X = \boldsymbol{R}$, $\mathfrak{V} = \{[([-2n, 2n])] \mid n \in \boldsymbol{N}^+\}$ und $\mathfrak{W} = \{[([-2n+1,\ 2n-1])] \mid n \in \boldsymbol{N}^+\}$, so gilt $\mathfrak{V} \leqq \mathfrak{W}$ und $\mathfrak{W} \leqq \mathfrak{V}$, jedoch nicht $\mathfrak{V} = \mathfrak{W}$. ∎

Für beliebige Systeme $\mathfrak{V}$ und $\mathfrak{W}$ von $\wedge$-Idealen von Dualfiltern in X folgt aus $\mathfrak{V} \subseteqq \mathfrak{W}$ natürlich $\mathfrak{V} \leqq \mathfrak{W}$ und ist $\mathfrak{V} \leqq \mathfrak{W}$ äquivalent dazu, daß $\mathfrak{V}$ leer ist oder daß $\mathfrak{W} \neq \emptyset$ gilt und $\mathfrak{V}$ in dem $\wedge$-Ideal $\tilde{\mathfrak{W}}$ von $\wedge$-Idealen von Dualfiltern in X, das $\mathfrak{W}$ als Subbasis hat, enthalten ist. $\tilde{\mathfrak{W}}$ besteht aus den $\wedge$-Idealen $\mathfrak{w}$ von Dualfiltern in X, zu denen es endlich viele $\mathfrak{w}_1, \dots, \mathfrak{w}_n \in \mathfrak{W}$ mit $\mathfrak{w}_1 \cap \dots \cap \mathfrak{w}_n \subseteqq \mathfrak{w}$ gibt. Im Falle $\mathfrak{W} \neq \emptyset$ erhalten wir die Äquivalenz

$$\mathfrak{V} \leqq \mathfrak{W} \Leftrightarrow \mathfrak{V} \subseteqq \tilde{\mathfrak{W}}\,, \tag{2.12.8}$$

insbesondere gilt in diesem Falle damit

$$\tilde{\mathfrak{W}} \leqq \mathfrak{W} \subseteqq \tilde{\mathfrak{W}}\,. \tag{2.12.9}$$

In $\mathsf{PP}X$, $\mathsf{P}\mathcal{D}X$ und $\mathsf{P}\mathcal{F}X$ definieren wir Präordnungen $\leqq$ durch $\mathfrak{B} \leqq \mathfrak{C} \Leftrightarrow \beta[\mathfrak{B}] \leqq \beta[\mathfrak{C}]$, $\mathfrak{L} \leqq \mathfrak{M} \Leftrightarrow \sigma[\mathfrak{L}] \leqq \sigma[\mathfrak{M}]$ bzw. $\mathfrak{S} \leqq \mathfrak{T} \Leftrightarrow \varkappa[\mathfrak{S}] \leqq \varkappa[\mathfrak{T}]$ und erhalten

$$\mathfrak{B} \leqq \mathfrak{C} \Leftrightarrow \text{Zu jedem } B \in \mathfrak{B} \text{ existieren endlich viele } C_1, \dots, C_n \in \mathfrak{C} \text{ mit } B \subseteqq C_1 \cup \dots \cup C_n\,.$$

$$\mathfrak{L} \leqq \mathfrak{M} \Leftrightarrow \text{Zu jedem } \mathfrak{F} \in \mathfrak{L} \text{ existieren endlich viele } \mathfrak{G}_1, \dots, \mathfrak{G}_n \in \mathfrak{M} \text{ mit } \mathfrak{F} \subseteqq \mathfrak{G}_1 \vee \dots \vee \mathfrak{G}_n\,.$$

$$\mathfrak{S} \leqq \mathfrak{T} \Leftrightarrow \text{Zu jedem } \mathfrak{F} \in \mathfrak{S} \text{ existieren endlich viele } \mathfrak{G}_1, \dots, \mathfrak{G}_n \in \mathfrak{T} \text{ mit } \mathfrak{G}_1 \cap \dots \cap \mathfrak{G}_n \subseteqq \mathfrak{F}\,.$$

Für beliebige Systeme $\mathfrak{B}$ und $\mathfrak{C}$ von Teilmengen von X zieht $\mathfrak{B} \subseteqq \mathfrak{C}$ stets $\mathfrak{B} \leqq \mathfrak{C}$ nach sich und gilt im Falle $\mathfrak{C} \neq \emptyset$

$$\mathfrak{B} \leqq \mathfrak{C} \Leftrightarrow \mathfrak{B} \subseteqq \tilde{\mathfrak{C}} \tag{2.12.10}$$

und damit $\tilde{\mathfrak{C}} \leqq \mathfrak{C} \subseteqq \tilde{\mathfrak{C}}$, wobei $\tilde{\mathfrak{C}}$ der Dualfilter in X mit $\mathfrak{C}$ als Subbasis ist. Für die Dualfiltersysteme und die Filtersysteme gelten natürlich entsprechende Aussagen, insbesondere besteht für beliebige Systeme $\mathfrak{L}$ und $\mathfrak{M}$ von Dualfiltern in X und beliebige Systeme $\mathfrak{S}$ und $\mathfrak{T}$ von Filtern in X im Falle $\mathfrak{M} \neq \emptyset$ bzw. $\mathfrak{T} \neq \emptyset$ die Äquivalenz

$$\mathfrak{L} \leqq \mathfrak{M} \Leftrightarrow \mathfrak{L} \subseteqq \tilde{\mathfrak{M}} \quad \text{bzw.} \quad \mathfrak{S} \leqq \mathfrak{T} \Leftrightarrow \mathfrak{S} \subseteqq \tilde{\mathfrak{T}}\,, \tag{2.12.11}$$

wobei $\tilde{\mathfrak{M}}$ das $\vee$-Ideal von Dualfiltern in X mit $\mathfrak{M}$ als Subbasis und $\tilde{\mathfrak{T}}$ das $\wedge$-Ideal von Filtern in X mit $\mathfrak{T}$ als Subbasis ist.

Y sei für das Folgende neben X eine weitere Menge, ferner seien $\mathfrak{V}$ und $\mathfrak{W}$ Systeme von $\wedge$-Idealen von Dualfiltern in X bzw. Y. Wir setzen $f[\mathfrak{V}] = f^{\gamma}[\mathfrak{V}]$ für jede Abbildung f aus X in Y. Eine Abbildung f aus X in Y nennen wir **$\mathfrak{V},\mathfrak{W}$-treu**, wenn $f[\mathfrak{V}] \leqq \mathfrak{W}$ gilt, wenn also zu beliebigem $\mathfrak{v} \in \mathfrak{V}$ endlich viele $\mathfrak{w}_1, \ldots, \mathfrak{w}_n \in \mathfrak{W}$ existieren mit $\mathfrak{w}_1 \cap \cdots \cap \mathfrak{w}_n \subseteqq f(\mathfrak{v})$.

$\mathfrak{A}$ sei eine Menge von Abbildungen aus X in Y. Für jeden Filter $\mathfrak{K}$ in $\mathfrak{A}$ setzen wir

$$[\mathfrak{K}, \mathfrak{V}] = \{[\mathfrak{K}, \mathfrak{v}] \mid \mathfrak{v} \in \mathfrak{V}\}\,,$$

wobei stets $[\mathfrak{K}, \mathfrak{v}]$ das $\wedge$-Ideal $\{\mathfrak{G} \in \mathcal{D}Y \mid \exists \mathfrak{F} \in \mathfrak{v}\ \forall F \in \mathfrak{F}\ \exists K \in \mathfrak{K}\ (K[F] \in \mathfrak{G})\}$ und stets $K[F] = \bigcup_{k \in K} k[F]$ ist Wir nennen einen Filter $\mathfrak{K}$ in $\mathfrak{A}$ **$\mathfrak{V},\mathfrak{W}$-treu**, wenn $[\mathfrak{K}, \mathfrak{V}] \leqq \mathfrak{W}$ gilt, wenn also zu beliebigem $\mathfrak{v} \in \mathfrak{V}$ endlich viele $\mathfrak{w}_1, \ldots, \mathfrak{w}_n \in \mathfrak{W}$ existieren mit $\mathfrak{w}_1 \cap \cdots \cap \mathfrak{w}_n \subseteqq [\mathfrak{K}, \mathfrak{v}]$, d. h. derart, daß es zu jedem $\mathfrak{G} \in \mathfrak{w}_1, \cap \cdots \cap \mathfrak{w}_n$ ein $\mathfrak{F} \in \mathfrak{v}$ gibt, so daß zu jedem $F \in \mathfrak{F}$ ein $K \in \mathfrak{K}$ mit $K[F] \in \mathfrak{G}$ existiert. Eine Abbildung $f \in \mathfrak{A}$ ist genau dann $\mathfrak{V},\mathfrak{W}$-treu, wenn der aus $\{f\}$ erzeugte Filter $[f]$ $\mathfrak{V},\mathfrak{W}$-treu ist. Offensichtlich ist die identische Abbildung Δ von X auf sich und unter der Voraussetzung $X = Y$ und $\Delta \in \mathfrak{A}$ damit auch der Filter $[\Delta]$ $\mathfrak{V},\mathfrak{V}$-treu.

Man beweist leicht

2.12.6. *$\mathfrak{V}'$ sei neben $\mathfrak{V}$ ein weiteres System von $\wedge$-Idealen von Dualfiltern in X und $\mathfrak{W}'$ neben $\mathfrak{W}$ ein weiteres System von $\wedge$-Idealen von Dualfiltern in Y. Gilt $\mathfrak{V}' \leqq \mathfrak{V}$ und $\mathfrak{W} \leqq \mathfrak{W}'$, so ist jede $\mathfrak{V},\mathfrak{W}$-treue Abbildung aus X in Y auch $\mathfrak{V}',\mathfrak{W}'$-treu und jeder $\mathfrak{V},\mathfrak{W}$-treuer Filter in $\mathfrak{A}$ auch $\mathfrak{V}',\mathfrak{W}'$-treu.*

Wenn $\mathfrak{V}$ und $\mathfrak{W}$ aus einem System $\mathfrak{B}$ von Teilmengen von X und einem System $\mathfrak{C}$ von Teilmengen von Y, aus einem System $\mathfrak{L}$ von Dualfiltern in X und einem System von Dualfiltern in Y bzw. aus einem System $\mathfrak{S}$ von Filtern in X und einem System $\mathfrak{T}$ von Filtern in Y erzeugt werden, sagen wir für $\mathfrak{V},\mathfrak{W}$-treu auch **$\mathfrak{B},\mathfrak{C}$-treu**, **$\mathfrak{L},\mathfrak{M}$-treu** bzw. **$\mathfrak{S},\mathfrak{T}$-treu.** Aus 2.12.4 folgt, daß für Abbildungen f aus X in Y die $\mathfrak{B},\mathfrak{C}$-, $\mathfrak{L},\mathfrak{M}$- bzw. $\mathfrak{S},\mathfrak{T}$-Treue besagt, daß $f[\mathfrak{B}] \leqq \mathfrak{C}$, $f[\mathfrak{L}] \leqq \mathfrak{M}$ bzw. $f[\mathfrak{S}] \leqq \mathfrak{T}$ gilt.

Für den folgenden Satz seien X, Y und Z Mengen und $\mathfrak{U}$, $\mathfrak{V}$ und $\mathfrak{W}$ Systeme von $\wedge$-Idealen von Dualfiltern in X, Y bzw. Z. $\mathfrak{A}$ sei eine Menge von Abbildungen aus X in Y, $\mathfrak{B}$ eine Menge von Abbildungen aus Y in Z und $\mathfrak{C}$ eine Menge von Abbildungen aus X in Z mit $\{g \circ f \mid f \in \mathfrak{A},\ g \in \mathfrak{B}\} \subseteqq \mathfrak{C}$. Zu beliebigen Filtern $\mathfrak{K}$ in $\mathfrak{A}$ und $\mathfrak{L}$ in $\mathfrak{B}$ bezeichnen wir mit $\mathfrak{L} \mathbin{\dot\circ} \mathfrak{K}$ denjenigen Filter in $\mathfrak{C}$, der $\{L \mathbin{\dot\circ} K \mid K \in \mathfrak{K},\ L \in \mathfrak{L}\}$ als eine Basis hat, wobei stets $L \mathbin{\dot\circ} K = \{l \circ k \mid k \in K,$

$l \in L\}$ gesetzt ist. Es ist $\mathfrak{L} \dot{\circ} \mathfrak{K} = \gamma(\mathfrak{K} \times \mathfrak{L})$, wobei γ die durch $\gamma(f, g) = g \circ f$ definierte **Kompositionsabbildung** von $\mathfrak{A} \times \mathfrak{B}$ in $\mathfrak{C}$ ist.

2.12.7. *Ist f eine $\mathfrak{U},\mathfrak{V}$-treue Abbildung aus X in Y und g eine $\mathfrak{V},\mathfrak{W}$-treue Abbildung aus Y in Z, so ist $g \circ f$ $\mathfrak{U}, \mathfrak{W}$-treu.* Ist $\mathfrak{K}$ ein $\mathfrak{U}, \mathfrak{V}$-*treuer Filter in* $\mathfrak{A}$ *und* $\mathfrak{L}$ *ein* $\mathfrak{V},\mathfrak{W}$-*treuer Filter in* $\mathfrak{B}$, *so ist* $\mathfrak{L} \dot{\circ} \mathfrak{K}$ *ein* $\mathfrak{U},\mathfrak{W}$-*treuer Filter.*

Beweis. Es genügt, den zweiten Teil der Behauptung zu beweisen. $\mathfrak{K}$ sei ein $\mathfrak{U},\mathfrak{V}$-treuer Filter in $\mathfrak{A}$. Es gibt daher zu jedem $\mathfrak{u} \in \mathfrak{U}$ $\wedge$-Ideale $\mathfrak{v}_{1\mathfrak{u}}, \dots, \mathfrak{v}_{n\mathfrak{u}} \in \mathfrak{V}$ derart, daß zu jedem $\mathfrak{G} \in \mathfrak{v}_{1\mathfrak{u}} \cap \dots \cap \mathfrak{v}_{n\mathfrak{u}}$ ein $\mathfrak{F} \in \mathfrak{u}$ existiert, so daß es zu beliebigem $F \in \mathfrak{F}$ ein $K \in \mathfrak{K}$ mit $K[F] \in \mathfrak{G}$ gibt. $\mathfrak{L}$ sei ein $\mathfrak{V},\mathfrak{W}$-treuer Filter in $\mathfrak{B}$. Zu jedem $\mathfrak{u} \in \mathfrak{U}$ (d. h. zu $\mathfrak{v}_{1\mathfrak{u}} \cap \dots \cap \mathfrak{v}_{n\mathfrak{u}}$) existieren dann $\wedge$-Ideale $\mathfrak{w}_1, \dots, \mathfrak{w}_m \in \mathfrak{W}$ derart, daß es zu jedem $\mathfrak{H} \in \mathfrak{w}_1 \cap \dots \cap \mathfrak{w}_m$ ein $\mathfrak{G} \in \mathfrak{v}_{1\mathfrak{u}} \cap \dots \cap \mathfrak{v}_{n\mathfrak{u}}$ gibt, so daß zu jedem $G \in \mathfrak{G}$ ein $L \in \mathfrak{L}$ mit $L[G] \in \mathfrak{H}$ existiert. Wir finden daher zu jedem $\mathfrak{u} \in \mathfrak{U}$ $\wedge$-Ideale $\mathfrak{w}_1, \dots, \mathfrak{w}_m \in \mathfrak{W}$ derart, daß zu jedem $\mathfrak{H} \in \mathfrak{w}_1 \cap \dots \cap \mathfrak{w}_m$ ein $\mathfrak{F} \in \mathfrak{u}$ existiert, so daß es zu beliebigem $F \in \mathfrak{F}$ ein $K \in \mathfrak{K}$ und ein $L \in \mathfrak{L}$ mit $L[K[F]] = (L \dot{\circ} K)\,[F] \in \mathfrak{H}$ gibt. $\mathfrak{L} \dot{\circ} \mathfrak{K}$ ist daher $\mathfrak{U}\mathfrak{W}$-treu. ∎

Wir kommen nun zu Systemen von $\wedge$-Idealen von Dualfiltern in cartesischen Produkten. Wir nehmen dazu an, daß X speziell das cartesische Produkt $\prod_{i \in I} X_i$ einer Familie mit einer nichtleeren Menge als Indexbereich ist. Ist $\mathfrak{V}_i$ zu beliebigem $i \in I$ ein System von $\wedge$-Idealen von Dualfiltern in X_i, so setzen wir

$$\prod_{i \in I}^{e} \mathfrak{V}_i = \{ \prod_{i \in I} \mathfrak{v}_i \mid \mathfrak{v}_i \in \mathfrak{V}_i \text{ zu beliebigem } i \in I\}$$

und nennen $\prod^{e}_{i \in I} \mathfrak{V}_i$ das **einfache Produkt** der $\mathfrak{V}_i$. Wenn speziell $I = \{1, \dots, n\}$ zu einem $n \in N^+$ ist, schreiben wir für $\prod^{e}_{i \in I} \mathfrak{V}_i$ auch $\mathfrak{V}_1 \times^{e} \dots \times^{e} \mathfrak{V}_n$.

Zu beliebigem $i \in I$ sei π_i die i-te natürliche Projektion von X.

2.12.8. $\mathfrak{V}$ *sei eine Menge von* $\wedge$-*Idealen von Dualfiltern in* X *und zu beliebigem* $i \in I$ *ferner* $\mathfrak{V}_i$ *eine Menge von* $\wedge$-*Idealen von Dualfiltern in* X_i. *Es gilt*

$$\mathfrak{V} \leqq \prod_{i \in I}^{e} \mathfrak{V}_i \Rightarrow \textit{Jede Projektion } \pi_i \textit{ ist } \mathfrak{V}, \mathfrak{V}_i\textit{-treu.}$$

Wenn die $\mathfrak{V}_i$ *Basen von* $\wedge$-*Idealen von* $\mathcal{J} X_i$ *sind oder* I *endlich ist, trifft auch die Umkehrung zu.*

Beweis. Gilt $\mathfrak{V} \leqq \prod^{e}_{i \in I} \mathfrak{V}_i$, so gibt es zu beliebigem $\mathfrak{v} \in \mathfrak{V}$ endlich viele $\prod_{i \in I} \mathfrak{v}_{i1}, \dots, \prod_{i \in I} \mathfrak{v}_{in} \in \prod^{e}_{i \in I} \mathfrak{V}_i$ mit $\prod_{i \in I} \mathfrak{v}_{i1} \cap \dots \cap \prod_{i \in I} \mathfrak{v}_{in} \subseteqq \mathfrak{v}$ und daher mit

$$\prod_{i \in I} (\mathfrak{v}_{i1} \cap \dots \cap \mathfrak{v}_{in}) \subseteqq \mathfrak{v}\,.$$

Ist eines der $\wedge$-Ideale $\mathfrak{v}_{i1} \cap \dots \cap \mathfrak{v}_{in}$ uneigentlich, so auch $\mathfrak{v}$ und damit zu beliebigem $i \in I$ auch $\pi_i(\mathfrak{v})$, so daß dann $\mathfrak{v}_{i1} \cap \dots \cap \mathfrak{v}_{in} \subseteqq \pi_i(\mathfrak{v})$ für jedes $i \in I$ gilt. Wegen (2.11.4) gilt $\mathfrak{v}_{i1} \cap \dots \cap \mathfrak{v}_{in} \subseteqq \pi_i(\mathfrak{v})$ für jedes $i \in I$ ebenfalls, wenn alle $\mathfrak{v}_{i1} \cap \cdots \cap \mathfrak{v}_{in}$ eigentlich sind. Aus $\mathfrak{B} \leqq \prod_{i \in I}^{e} \mathfrak{B}_i$ folgt daher, daß alle π_i $\mathfrak{B},\mathfrak{B}_i$-treu sind.

Zu beliebigem $i \in I$ gilt

$$\prod_{i \in I} \pi_i(\mathfrak{v}) = \bigvee_{i \in I} (\pi_i^{-1} \circ \pi_i)(\mathfrak{v}) \subseteqq \mathfrak{v} \tag{2.12.12}$$

für jedes $\mathfrak{v} \in \mathcal{J}X$.

Sind die Projektionen π_i alle $\mathfrak{B}, \mathfrak{B}_i$-treu, so gibt es zu beliebigem $\mathfrak{v} \in \mathfrak{B}$ und $i \in I$ endlich viele $\mathfrak{v}_{i1}, \ldots, \mathfrak{v}_{i\,n(i)} \in \mathfrak{B}_i$ mit $\mathfrak{v}_{i1} \cap \cdots \cap \mathfrak{v}_{i\,n(i)} \subseteqq \pi_i(\mathfrak{v})$. Wegen (2.11.5) und (2.12.12) folgt $\prod_{i \in I} (\mathfrak{v}_{i1} \cap \cdots \cap \mathfrak{v}_{i\,n(i)}) \subseteqq \mathfrak{v}$. Sind die $\mathfrak{B}_i$ Basen von $\wedge$-Idealen, so kann stets $n(i) = 1$ angenommen werden, und es ergibt sich dann $\mathfrak{B} \leqq \Pi^e \mathfrak{B}_i$. Wenn I endlich ist, erhält man

$$\bigcap_{(j_i)_{i \in I} \in \prod_{i \in I} N_i} \prod_{i \in I} \mathfrak{v}_{i j_i} \subseteqq \mathfrak{v}$$

wegen 2.11.5, wobei stets $N_i = \{1, \ldots, n(i)\}$ gesetzt ist. Dann gilt natürlich auch $\mathfrak{B} \leqq \Pi^e \mathfrak{B}_i$. ∎

Wir verstehen zu beliebigem $i \in I$ und $a \in X$ unter der **natürlichen Einbettung** von X_i in X bez. a die durch

$$(\pi_j \circ \iota_{ia})(x_i) = \begin{cases} x_i & \text{bei } j = i \\ \pi_j(a) & \text{bei } j \neq i \end{cases} \qquad (x_i \in X_i)$$

definierte Abbildung ι_{ia} von X_i in X. ι_{ia} ist ein Abbildungskomplex $\langle \pi_j \circ \iota_{ia} \rangle_{i \in I}$, der als i-te Komponente $\pi_i \circ \iota_{ia}$ die identische Abbildung von X_i auf sich hat und für den zu beliebigem $j \neq i$ die j-te Komponente $\pi_j \circ \iota_{ia}$ diejenige konstante Abbildung ist, die jedem Element von X_i die j-te Komponente von a zuordnet. Zu beliebigem $j \in I$ bildet $\pi_j \circ \iota_{ia}$ die i-te Komponente von a auf die j-te Komponente von a ab, so daß $(\iota_{ia} \circ \pi_i)(a) = a$ gilt.

2.12.9. *a sei ein Element von X, $\mathfrak{B}$ ein System von $\wedge$-Idealen von Dualfiltern in X und zu beliebigem $i \in I$ ferner $\mathfrak{B}_i$ ein System von $\wedge$-Idealen von Dualfiltern in X_i. Dann gilt zu beliebigem $i \in I$*

$$\prod_{i \in I}^{e} \mathfrak{U}_{ij} \leqq \mathfrak{B} \Rightarrow \iota_{ia} \quad \textit{ist } \mathfrak{B}_i, \mathfrak{B}\textit{-treu},$$

wobei $\mathfrak{U}_{ii} = \mathfrak{B}_i$ und $\mathfrak{U}_{ij} = \{[(\pi_j(a))]\}$ bei $j \neq i$ ist. Ist I endlich, so trifft auch die Umkehrung zu.

Beweis. Gegeben sei ein $i \in I$. Gilt $\prod_{i \in I}^{e} \mathfrak{U}_{ij} \leqq \mathfrak{B}$, so gibt es zu beliebigem $\mathfrak{v}_i \in \mathfrak{B}_i$ endlich viele $\mathfrak{w}_1, \ldots, \mathfrak{w}_n \in \mathfrak{B}$ mit $\mathfrak{w}_1 \cap \cdots \cap \mathfrak{w}_n \subseteqq \prod_{i \in I} \mathfrak{u}_{ij}$, wobei $\mathfrak{u}_{ii} = \mathfrak{v}_i$ und $\mathfrak{u}_{ij} = [(\pi_j(a))]$ bei $j \neq i$ ist. Nun gilt aber die Beziehung $\prod_{j \in I} \mathfrak{u}_{ij} \subseteqq \iota_{ia}(\mathfrak{v}_i)$, und, wenn I endlich ist, trifft bei dieser sogar das Gleichheitszeichen zu. Damit ergibt sich die Richtigkeit der Behauptung. ∎

Wir gehen nun auf die Spezialfälle ein, daß die Systeme von $\wedge$-Idealen von Dualfiltern aus Mengensystemen, Dualfiltersystemen bzw. Filtersystemen erzeugt werden. Ist $\mathfrak{B}_i$ zu beliebigem $i \in I$ ein System von Teilmengen von X_i, so setzen wir

$$\prod_{i\in I}^e \mathfrak{B}_i = \{\prod_{i\in I} B_i \mid B_i \in \mathfrak{B}_i \text{ zu beliebigem } i \in I\}$$

und nennen $\prod_{i\in I}^e \mathfrak{B}_i$ das **einfache Produkt** der $\mathfrak{B}_i$. Ist speziell $I = \{1, \dots, n\}$ zu einem $n \in N^+$, so schreiben wir für $\prod_{i\in I}^e \mathfrak{B}_i$ auch $\mathfrak{B}_1 \times^e \cdots \times^e \mathfrak{B}_n$. Wenn die $\mathfrak{B}_i$ Dualfilter in X_i sind, ist $\prod_{i\in I}^e \mathfrak{B}_i$ eine Basis des in Abschnitt 2.9 definierten Dualfilterprodukts $\boldsymbol{\Pi}_{i\in I} \mathfrak{B}_i$.

Wie mittels 2.9.6 und 2.11.4 folgt, gilt stets $\beta[\prod_{i\in I}^e \mathfrak{B}_i] \leqq \prod_{i\in I}^e \beta_i[\mathfrak{B}_i]$ und trifft bei dieser Beziehung bei endlichem I das Gleichheitszeichen zu, dabei sind die β_i die entsprechend wie β definierten Abbildungen von $\mathsf{P}X_i$ in $\mathcal{J}X_i$.

Zum Teil damit und zum Teil auch direkt ergibt sich das folgende Analogon zu 2.12.8 und 2.12.9.

2.12.10. *$\mathfrak{B}$ sei ein System von Teilmengen von X und zu beliebigem $i \in I$ ferner $\mathfrak{B}_i$ ein System von Teilmengen von X_i. Es gilt*

$$\mathfrak{B} \leqq \prod_{i\in I}^e \mathfrak{B}_i \Rightarrow \textit{Jede Projektion } \pi_i \textit{ ist } \mathfrak{B},\mathfrak{B}_i\textit{-treu}.$$

Wenn die $\mathfrak{B}_i$ Basen von Dualfiltern in X_i sind oder I endlich ist, trifft auch die Umkehrung zu.

Zu jedem $a \in X$ und $i \in I$ gilt ferner

$$\prod_{i\in I}^e \mathfrak{A}_{ij} \leqq \mathfrak{B} \Rightarrow \iota_{ia} \textit{ ist } \mathfrak{B}_i,\mathfrak{B}\textit{-treu},$$

wobei $\mathfrak{A}_{ii} = \mathfrak{B}_i$ und $\mathfrak{A}_{ij} = \{\{\pi_j(a)\}\}$ bei $j \neq i$ ist. Ist I endlich, so trifft auch die Umkehrung zu.

Ist $\mathfrak{L}_i$ zu beliebigem $i \in I$ ein System von Dualfiltern in X_i, so setzen wir

$$\prod_{i\in I}^e \mathfrak{L}_i = \{\boldsymbol{\Pi}_{i\in I} \mathfrak{F}_i \mid \mathfrak{F}_i \in \mathfrak{L}_i \text{ zu beliebigem } i \in I\}$$

und nennen $\prod_{i\in I}^e \mathfrak{L}_i$ das **einfache Produkt** der $\mathfrak{L}_i$. Wenn speziell $I = \{1, \dots, n\}$ zu einem $n \in N^+$ ist, schreiben wir für $\prod_{i\in I}^e \mathfrak{L}_i$ auch $\mathfrak{L}_1 \times^e \cdots \times^e \mathfrak{L}_n$.

Mittels 2.11.4 folgt, daß stets $\sigma[\prod^e \mathfrak{L}_i] \leqq \prod^e \sigma_i[\mathfrak{L}_i]$ gilt und bei dieser Beziehung bei endlichem I das Gleichheitszeichen zutrifft; dabei sind die σ_i die entsprechend wie σ definierten Abbildungen von $\mathcal{D}X_i$ in $\mathcal{J}X_i$. Man zeigt ohne Mühe, daß auch für die Dualfiltersysteme entsprechende Sätze wie 2.12.8 und 2.12.9 gelten.

$\mathfrak{S}_i$ sei zu beliebigem $i \in I$ ein System von Filtern in X_i. Wir setzen

$$\prod_{i\in I}^e \mathfrak{S}_i = \{\boldsymbol{\Pi}_{i\in I} \mathfrak{F}_i \mid \mathfrak{F}_i \in \mathfrak{S}_i \text{ zu beliebigem } i \in I\}$$

und nennen $\prod_{i\in I}{}_e \mathfrak{S}_i$ das **einfache Produkt** der $\mathfrak{S}_i$. Wenn speziell $I = \{1, \ldots, n\}$ für ein $n \in \boldsymbol{N}^+$ ist, schreiben wir für $\prod^e_{i\in I} \mathfrak{S}_i$ auch $\mathfrak{S}_1 \times^e \cdots \times^e \mathfrak{S}_n$. Sind die $\mathfrak{S}_i$ $\wedge$-Ideale von Filtern in X_i, so ist $\prod^e_{i\in I} \mathfrak{S}_i$ eine Basis des in Abschnitt 2.10 definierten Produkts $\prod_{i\in I} \mathfrak{S}_i$ der $\wedge$-Ideale $\mathfrak{S}_i$.

2.12.11. *Es ist*

$$\prod^e_{i\in I} \varkappa_i[\mathfrak{S}_i] = \varkappa[\prod^e_{i\in I} \mathfrak{S}_i]\,,$$

wobei $\varkappa_i$ die entsprechend wie $\varkappa$ definierten Abbildungen von $\mathcal{F}X_i$ in $\mathcal{J}X_i$ sind.

Beweis. Da für beliebige Filter $\mathfrak{F}_i$ in X_i $(i \in I)$ unter Berücksichtigung von 2.9.6

$$\begin{aligned}\prod_{i\in I} \varkappa_i(\mathfrak{F}_i) &= \prod_{i\in I} \operatorname*{im}_{\subseteqq,\, \mathfrak{D}X_i} \{(F_i) \mid F_i \in \mathfrak{F}_i\} \\ &= \operatorname*{im}_{\subseteqq,\, \mathfrak{D}X} \{\prod_{i\in I} (F_i) \mid F_i \in \mathfrak{F}_i \text{ zu beliebigem } i \in I \text{ und } F_i = X_i \text{ bis auf endlich viele } i\} \\ &= \varkappa(\prod_{i\in I} \mathfrak{F}_i)\end{aligned}$$

folgt, ergibt sich leicht die Richtigkeit der Behauptung. ▮

Auf Grund dieses Satzes gelten natürlich auch für die Filtersysteme entsprechende Sätze wie 2.12.8 und 2.12.9.

3. LIMESRÄUME

Wir gehen im folgenden auf den wohl wichtigsten Begriff der Analysis, den Begriff der Konvergenz ein. Es ist für unsere Zwecke angebracht, ihn sehr allgemein zu fassen. Wir definieren Konvergenz axiomatisch mittels sogenannter Konvergenzstrukturen bzw. Limitierungen. Eine Limitierung einer Menge X ordnet jedem Element x von X eine Menge von Filtern in X zu, die als die gegen x konvergierenden Filter bezeichnet werden. Im allgemeinen verlangt man von den konvergenten Filtern gewisse Eigenschaften. Wir fordern, daß für jedes Element x von X die gegen x konvergierenden Filter ein $\wedge$-Ideal bilden. Fordern wir noch, daß für beliebiges $x \in X$ der aus $\{x\}$ erzeugte Filter gegen x konvergiert, so bezeichnen wir die Limitierung als eine Pseudotopologie. Der Begriff der Pseudotopologie wurde zuerst von H. J. Kowalsky in [2] und von H. R. Fischer in [3] untersucht; die letztere Arbeit gab den Anstoß zu einer umfangreichen Entwicklung der Theorie der Limesräume. Einen Beitrag zu dieser Entwicklung liefert bereits die Arbeit [2] von G. Choquet. Bei den in ihr definierten „Pseudotopologien" wird von vornherein nur die Konvergenz von Ultrafiltern festgelegt und die Konvergenz beliebiger Filter nachträglich erklärt. Die Pseudotopologien von Choquet sind äquivalent zu speziellen Pseudotopologien in unserem Sinne, zu sogenannten choquetschen Pseudotopologien. Für diese und allgemeiner für die choquetschen Limitierungen gelten wichtige auf die Kompaktheit bezogene Sätze. Choquetsche pseudotopologische Räume wurden unter anderem von C. H. Cook [2], H. Poppe [5] und M. Simonnet [8] untersucht. Zum Teil (etwa von H. Poppe) werden sie in Anlehnung an den entsprechenden klassischen Begriff als $\mathcal{L}^*$-Räume bezeichnet. Pseudotopologien in unserem Sinne werden in der Literatur in Abgrenzung zum Pseudotopologiebegriff von Choquet auch Quasitopologien genannt, häufig heißen sie auch einfach Limitierungen. Ein wichtiges Beispiel einer Limitierung in unserem Sinne, die im allgemeinen keine Pseudotopologie in unserem Sinne ist, ist die in Band 2 untersuchte Limitierung der stetigen Konvergenz.

Spezielle Pseudotopologien sind — wie bereits von H. J. Kowalsky [2] dargelegt wurde — die mehrstufigen Topologien; ferner sind spezielle mehrstufige Topologien natürlich die Topologien. Die mehrstufigen Topologien lassen sich gerade durch die Hüllenoperationen charakterisieren. Mehrstufig topologische Räume sind somit äquivalent zu den sogenannten "closure spaces". Über letztere sind zahlreiche Ergebnisse in dem Buch [1] von E. Čech angeführt; vergleiche auch das Buch [1] von W. Sierpinski.

Von H. R. Fischer wurden in [3] bereits zahlreiche Begriffe der Theorie der Limesräume, wie die Begriffe Teil-, Produkt-, Quotienten- und Summenraum untersucht. In der Arbeit [4] von W. Gähler sind Beziehungen zwischen Quotientenlimesräumen, mehrstufig topologischen Quotientenräumen und topologischen Quotientenräumen angegeben. Aussagen über das erste Abzählbarkeitsaxiom in Limesräumen und über Limitierungen, die durch konvergente Folgen bestimmt sind, findet man bei J. Wloka [1] und Aussagen über das zweite Abzählbarkeitsaxiom in Limesräumen und die Lindelöf-Eigenschaft von Limesräumen bei W. Feldmann [1] und [2]. M. Schroder hat in seiner Dissertation das bekannte Kompaktheitskriterium mittels offener Überdeckungen auf Limesräume übertragen. Bezüglich einer umfangreicheren Orientierung über vorhandene Ergebnisse über Limesräume vergleiche man die angeführte Literatur.

Wir beginnen in Abschnitt 3.1 mit einer kurzen Einführung in die Theorie der Kategorien, da wir eine Reihe von Begriffen der Theorie der Limesräume auf kategorientheoretische Begriffe zurückführen bzw. sie sogar als kategorientheoretische Begriffe einführen. Über Kategorien vergleiche man etwa I. Bucur und A. Deleanu [1], S. Mac Lane [1] und H. Schubert [1]. Als wichtiges Hilfsmittel zur Konstruktion von projektiven und induktiven Limites in Kategorien, insbesondere in der Kategorie LIM der Limesräume und in Unterkategorien von LIM, erweisen sich die Begriffe des an einen Funktor gebundenen Produktes und des an einen Funktor gebundenen Coproduktes. Uns interessieren unter anderem an den Vergißfunktor V: LIM → ENS gebundene Produkte und Coprodukte. Die Limitierungen der betreffenden Limesräume sind gerade die sogenannten Initial- bzw. Finallimitierungen. Teilräume und Produkträume von Limesräumen und allgemeiner projektive Limites in der Kategorie LIM besitzen Initiallimitierungen und Quotientenlimesräume und Summenlimesräume und allgemeiner induktive Limites in LIM Finallimitierungen. (Bei den projektiven und induktiven Limites ist diese Aussage natürlich auf eine gewisse Auswahl dieser Limites bezogen.) Die induktiven Limites besitzen ein typisches Verhalten, das sich beim Übergang von der Kategorie LIM der Limesräume zu den Unterkategorien PTOP der pseudotopologischen Räume, MTOP der mehrstufig topologischen Räume und TOP der topologischen Räume offenbart. Während die induktiven Limites von pseudotopologischen Räumen in LIM und PTOP übereinstimmen, unterscheiden sich im allgemeinen die induktiven Limites von mehrstufig topologischen Räumen in PTOP und MTOP und die induktiven Limites von topologischen Räumen in MTOP und TOP. Insbesondere ist im allgemeinen der Quotientenlimesraum eines mehrstufig topologischen Raumes X bezüglich einer Äquivalenzrelation ϱ ungleich dem mehrstufig topologischen Quotientenraum von X bez. ϱ und der mehrstufig topologische Quotientenraum eines topologischen Raumes X bezüglich einer Äquivalenzrelation ϱ ungleich dem topologischen Quotientenraum von X bez. ϱ. Die projektiven Limites haben entsprechende Aufspaltungseigenschaften nicht. Es stimmen also die projektiven Limites von pseudotopologischen Räumen in

LIM und PTOP, die projektiven Limites von mehrstufig topologischen Räumen in PTOP und MTOP und die projektiven Limites von topologischen Räumen in MTOP und TOP stets überein.

3.1. Kategorien

Eine **Kategorie** $\mathfrak{C}$ ist ein Tripel der folgenden Art:

Es besteht erstens aus einer Klasse Ob $\mathfrak{C}$. Die Elemente dieser Klasse heißen die **Objekte** der Kategorie $\mathfrak{C}$.

Zweitens besteht es aus einer Familie $([X, Y]_{\mathfrak{C}})_{(X, Y) \in \mathrm{Ob}\mathfrak{C} \times \mathrm{Ob}\mathfrak{C}}$ von Mengen $[X, Y]_{\mathfrak{C}}$, die paarweise elementfremd sind. Die Elemente jeder der Mengen $[X, Y]_{\mathfrak{C}}$ heißen die **Morphismen** von X nach Y der Kategorie $\mathfrak{C}$.

Drittens besteht es aus einer Familie $(\mu_{XYZ})_{(X, Y, Z) \in \mathrm{Ob}\mathfrak{C} \times \mathrm{Ob}\mathfrak{C} \times \mathrm{Ob}\mathfrak{C}}$ von Abbildungen μ_{XYZ}: $[Y, Z]_{\mathfrak{C}} \times [X, Y]_{\mathfrak{C}} \to [X, Z]_{\mathfrak{C}}$. Für $f \in [X, Y]_{\mathfrak{C}}$ und $g \in [Y, Z]_{\mathfrak{C}}$ wird das Bild von (g, f) bez. μ_{XYZ} mit gf oder $g \circ f$ bezeichnet und **Komposition** der Morphismen f und g genannt.

Es wird gefordert, daß die Morphismenkomposition assoziativ ist, d. h. zu beliebigen Objekten X, Y, Z und U und Morphismen $f \in [X, Y]_{\mathfrak{C}}$, $g \in [Y, Z]_{\mathfrak{C}}$ und $h \in [Z, U]_{\mathfrak{C}}$

$$(hg)f = h(gf)$$

gilt. Man kann daher bei Morphismenkompositionen auf Klammern verzichten.

Schließlich wird gefordert, daß es zu jedem Objekt X einen Morphismus $1_X \in [X, X]_{\mathfrak{C}}$, einen sogenannten **identischen Morphismus**, gibt, so daß

$$1_X f = f \quad \text{und} \quad g 1_X = g$$

für ein beliebiges Objekt Y und beliebige Morphismen $f \in [Y, X]_{\mathfrak{C}}$ und $g \in [X, Y]_{\mathfrak{C}}$ gilt.

Für $f \in [X, Y]_{\mathfrak{C}}$ schreibt man auch f: $X \to Y$ oder $X \xrightarrow{f} Y$ und nennt X die **Quelle** und Y das **Ziel** des Morphismus f. Die Klasse aller Morphismen einer Kategorie, also $\bigcup_{(X, Y) \in \mathrm{Ob}\mathfrak{C} \times \mathrm{Ob}\mathfrak{C}} [X, Y]_{\mathfrak{C}}$, bezeichnet man auch mit Mor $\mathfrak{C}$.

Ein Beispiel einer Kategorie ist die **Kategorie ENS aller Mengen.** Sie hat als Objekte alle Mengen und als Morphismen f: $X \to Y$ alle Abbildungen von X in Y, genauer, alle Tripel (f, X, Y), wobei f eine Abbildung im Sinne von Abschnitt 1.10 ist, die X als Definitionsbereich und eine Teilmenge von Y als Wertebereich hat. Sind keine Irrtümer zu befürchten, so unterscheiden wir nicht zwischen (f, X, Y) und f. Als Morphismenkomposition nimmt man in ENS die übliche Komposition $g \circ f$ der Abbildungen f und g; natürlich läßt man $g \circ f$ als Morphismenkomposition nur zu für Morphismen f: $X \to Y$ und g: $U \to V$ mit $Y = U$. Identische Morphismen in ENS sind die identischen Abbildungen der Mengen auf sich.

Jeder Kategorie $\mathfrak{C}$ läßt sich durch die folgenden Festlegungen eine weitere Kategorie, die zu $\mathfrak{C}$ **duale Kategorie** $\mathfrak{C}^0$, zuordnen:

1. Die Objekte von $\mathfrak{C}^0$ sind die Objekte von $\mathfrak{C}$.
2. $[X, Y]_{\mathfrak{C}^0}$ ist stets gleich $[Y, X]_{\mathfrak{C}}$.
3. Für beliebige Objekte X, Y und Z und Morphismen $f \in [X, Y]_{\mathfrak{C}^0}$ und $g \in [Y, Z]_{\mathfrak{C}^0}$ nimmt man als Komposition gf in $\mathfrak{C}^0$ die Komposition fg in $\mathfrak{C}$.

Natürlich gilt $(\mathfrak{C}^0)^0 = \mathfrak{C}$.

Der Begriff der dualen Kategorie gestattet es, kategorientheoretische Begriffe und Aussagen zu dualisieren. Begriffe und Aussagen, die sich auf eine Kategorie beziehen, gehen beim Übergang zur dualen Kategorie in duale Begriffe und duale Aussagen über.

Eine Kategorie $\mathfrak{D}$ heißt **Unterkategorie** einer Kategorie $\mathfrak{C}$, wenn gilt:

1. $\mathrm{Ob}\mathfrak{D} \subseteqq \mathrm{Ob}\mathfrak{C}$.
2. Zu beliebigen $X, Y \in \mathrm{Ob}\mathfrak{D}$ gilt $[X, Y]_{\mathfrak{D}} \subseteqq [X, Y]_{\mathfrak{C}}$.
3. Für beliebige Paare $f\colon X \to Y$ und $g\colon Y \to Z$ von Morphismen von $\mathfrak{D}$ stimmt die Komposition bez. $\mathfrak{D}$ mit der Komposition bez. $\mathfrak{C}$ überein.
4. Jeder identische Morphismus von $\mathfrak{D}$ ist ein identischer Morphismus von $\mathfrak{C}$.

Eine Unterkategorie $\mathfrak{D}$ einer Kategorie $\mathfrak{C}$ heißt **voll**, wenn

$$[X, Y]_{\mathfrak{D}} = [X, Y]_{\mathfrak{C}}$$

zu beliebigen $X, Y \in \mathrm{Ob}\mathfrak{D}$ ist.

Ein Morphismus f einer Kategorie $\mathfrak{C}$ wird ein **Monomorphismus** genannt, wenn für beliebige Morphismen g und h von $\mathfrak{C}$ aus $fg = fh$ stets $g = h$ folgt. $fg = fh$ gilt selbstverständlich nur, wenn g und h die gleiche Quelle und das gleiche Ziel haben und das Ziel von g und h mit der Quelle von f übereinstimmt. Zum Begriff des Monomorphismus ist der Begriff des Epimorphismus dual. Ein Morphismus f einer Kategorie $\mathfrak{C}$ heißt ein **Epimorphismus**, wenn für beliebige Morphismen g und h von $\mathfrak{C}$ aus $gf = hf$ stets $g = h$ folgt.

In ENS sind die Monomorphismen $f\colon X \to Y$ die eineindeutigen Abbildungen von X in Y und die Epimorphismen $f\colon X \to Y$ die Abbildungen von X auf Y, sie heißen auch **Injektionen** bzw. **Surjektionen.**

Jeder Morphismus f einer Kategorie, der ein Monomorphismus und Epimorphismus ist, wird ein **Bimorphismus** genannt. Spezielle Bimorphismen sind die **Isomorphismen**, das sind diejenigen Morphismen $f\colon X \to Y$, zu denen es jeweils einen Morphismus $g\colon Y \to X$ mit $gf = 1_X$ und $fg = 1_Y$ gibt.

In ENS sind Bimorphismen stets Isomorphismen, sie heißen auch **Bijektionen.** Wie in Abschnitt 3.6 genauer ausgeführt wird, gibt es in der Kategorie der Limesräume Bimorphismen, die keine Isomorphismen sind. Bimorphismen sind also nicht stets Isomorphismen.

Ein **Funktor,** genauer ein **kovarianter Funktor** $T\colon \mathfrak{C} \to \mathfrak{D}$ einer Kategorie $\mathfrak{C}$ in eine Kategorie $\mathfrak{D}$ ist ein geordnetes Paar von Abbildungen der folgenden Art: Die erste Abbildung ordnet jedem Objekt X von $\mathfrak{C}$ ein Objekt $T(X)$ von $\mathfrak{D}$ zu und die zweite Abbildung jedem Morphismus $f\colon X \to Y$ von $\mathfrak{C}$ einen Morphismus $T(f)\colon T(X) \to T(Y)$ von $\mathfrak{D}$, so daß $T(1_X) = 1_{T(X)}$ für jedes Objekt X

von $\mathfrak{C}$ und $T(gf) = T(g)\,T(f)$ für jedes Paar von Morphismen $f\colon X \to Y$ und $g\colon Y \to Z$ von $\mathfrak{C}$ gilt.

Neben kovarianten Funktoren werden noch sogenannte **kontravariante Funktoren** definiert, und zwar bis auf eine Ersetzung von $T(f)\colon T(X) \to T(Y)$ durch $T(f)\colon T(Y) \to T(X)$ und von $T(gf) = T(g)\,T(f)$ durch $T(gf) = T(f)\,T(g)$ wie kovariante Funktoren. Unter Funktoren verstehen wir im folgenden stets kovariante Funktoren.

Sind $T\colon \mathfrak{C} \to \mathfrak{D}$ und $U\colon \mathfrak{D} \to \mathfrak{E}$ Funktoren, so bezeichnen wir als **Komposition** $UT\colon \mathfrak{C} \to \mathfrak{E}$ von T und U denjenigen Funktor von $\mathfrak{C}$ in $\mathfrak{E}$, der aus den beiden Abbildungen $X \mapsto U(T(X))$ ($X \in \operatorname{Ob} \mathfrak{C}$) und $f \mapsto U(T(f))$ ($f \in \operatorname{Mor} \mathfrak{C}$) besteht.

Ein Funktor $T\colon \mathfrak{C} \to \mathfrak{D}$ heißt **treu**, wenn für beliebige Objekte X und Y von $\mathfrak{C}$ die durch T induzierte Abbildung von $[X, Y]_{\mathfrak{C}}$ in $[T(X), T(Y)]_{\mathfrak{D}}$ eineindeutig ist.

Ein Beispiel eines Funktors ist die **identische Einbettung** $\iota\colon \mathfrak{D} \to \mathfrak{C}$ einer Unterkategorie $\mathfrak{D}$ einer Kategorie $\mathfrak{C}$ in $\mathfrak{C}$; für sie gilt selbstverständlich $\iota(D) = D$ für jedes Objekt D von $\mathfrak{D}$ und $\iota(f) = f$ für jeden Morphismus f von $\mathfrak{D}$. Ein weiteres Beispiel liefert zu beliebigen Kategorien $\mathfrak{D}$ und $\mathfrak{C}$ und jedem Objekt X von $\mathfrak{C}$ der **konstante Funktor** $X_{\mathfrak{D}}\colon \mathfrak{D} \to \mathfrak{C}$, der jedem Objekt von $\mathfrak{D}$ das Objekt X und jedem Morphismus von $\mathfrak{D}$ den Morphismus 1_X zuordnet.

Es ist nützlich, Kategorien zu bilden, sogenannte Funktorkategorien, deren Objekte Funktoren sind. Morphismen dieser Kategorien sind die sogenannten natürlichen Transformationen.

Sind $S\colon \mathfrak{D} \to \mathfrak{C}$ und $T\colon \mathfrak{D} \to \mathfrak{C}$ Funktoren einer Kategorie $\mathfrak{D}$ in eine Kategorie $\mathfrak{C}$, so verstehen wir unter einer **natürlichen Transformation** $\mu\colon S \to T$ von S nach T eine Abbildung, die jedem Objekt D von $\mathfrak{D}$ einen Morphismus $\mu_D\colon S(D) \to T(D)$ von $\mathfrak{C}$ zuordnet derart, daß für jeden Morphismus $f\colon D \to E$ von $\mathfrak{D}$ das Diagramm

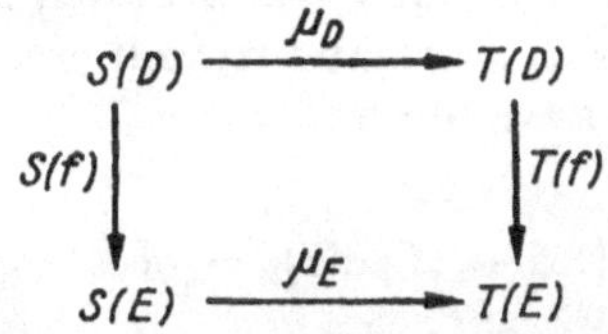

kommutativ ist, d. h. stets $T(f)\,\mu_D = \mu_E\,S(f)$ gilt. μ stimmt natürlich mit der Familie $(\mu_D)_{D \in \operatorname{Ob} \mathfrak{D}}$ überein.

Uns interessieren unter anderem die Fälle, daß S oder T oder S und T konstante Funktoren sind. Ist speziell S der konstante Funktor $X_{\mathfrak{D}}$, so ordnet eine natürliche Transformation $\mu\colon S \to T$ jedem Objekt D von $\mathfrak{D}$ einen Morphismus $\mu_D\colon X \to T(D)$ von $\mathfrak{C}$ zu derart, daß $T(f)\,\mu_D = \mu_E$ für jeden Morphismus $f\colon D \to E$ von $\mathfrak{D}$ gilt. Entsprechend verhält es sich, wenn T konstant ist. Sind S und T konstante Funktoren $X_{\mathfrak{D}}$ und $Y_{\mathfrak{D}}$, so ordnet eine natürliche Transformation $\mu\colon S \to T$ jedem Objekt D von $\mathfrak{D}$ einen festen Morphismus $f\colon X \to Y$ von $\mathfrak{C}$ zu; die natürliche Transformation $\mu\colon S \to T$ wird dann auch mit $f_{\mathfrak{D}}\colon X_{\mathfrak{D}} \to Y_{\mathfrak{D}}$ bezeichnet.

Sind S, T und U Funktoren einer Kategorie $\mathfrak{D}$ in eine Kategorie $\mathfrak{C}$ und $\mu\colon S \to T$ und $\nu\colon T \to U$ natürliche Transformationen, so verstehen wir unter der **Komposition** $\nu\mu\colon S \to U$ diejenige natürliche Transformation von S nach U, die jedem Objekt D von $\mathfrak{D}$ die Morphismenkomposition $\nu_D\mu_D\colon S(D) \to U(D)$ zuordnet.

Für jeden Funktor $T\colon \mathfrak{D} \to \mathfrak{C}$ bezeichne $1_T\colon T \to T$ diejenige natürliche Transformation, die jedem Objekt D von $\mathfrak{D}$ den identischen Morphismus $1_{T(D)}$ zuordnet.

Ist $\mathfrak{D}$ eine **kleine Kategorie,** d. h. eine Kategorie, deren Objekte eine Menge bilden, und ist $\mathfrak{C}$ eine beliebige Kategorie, so verstehen wir unter der **Funktorkategorie** $[\mathfrak{D}, \mathfrak{C}]$ die auf die folgende Weise gebildete Kategorie: Als Objekte hat $[\mathfrak{D}, \mathfrak{C}]$ alle Funktoren von $\mathfrak{D}$ in $\mathfrak{C}$ und als Morphismen $\mu\colon S \to T$ alle natürlichen Transformationen von Funktoren $S\colon \mathfrak{D} \to \mathfrak{C}$ nach Funktoren $T\colon \mathfrak{D} \to \mathfrak{C}$ (genauer, alle Tripel (μ, S, T), wobei S und T Funktoren von $\mathfrak{D}$ in $\mathfrak{C}$ sind und μ eine natürliche Transformation von S nach T ist). Komposition in $[\mathfrak{D}, \mathfrak{C}]$ sei die eingeführte Komposition der natürlichen Transformationen. Identische Morphismen in $[\mathfrak{D}, \mathfrak{C}]$ sind die zu den Funktoren $T\colon \mathfrak{D} \to \mathfrak{C}$ gebildeten natürlichen Transformationen 1_T. Die Forderung, daß die Kategorie $\mathfrak{D}$ klein, also $\mathrm{Ob}\mathfrak{D}$ eine Menge ist, sichert, daß $[\mathfrak{D}, \mathfrak{C}]$ gebildet werden kann. Wegen 1.7.2 ist auch $\mathrm{Ob}\mathfrak{D} \times \mathrm{Ob}\mathfrak{D}$, wegen 1.11.1 damit auch $\mathrm{Mor}\mathfrak{D}$ und wegen 1.10.3 und 1.7.1 folglich auch jeder Funktor $T\colon \mathfrak{D} \to \mathfrak{C}$ eine Menge. Für beliebige Funktoren $S\colon \mathfrak{D} \to \mathfrak{C}$ und $T\colon \mathfrak{D} \to \mathfrak{C}$ ist wegen 1.12.1 das cartesische Produkt $\prod_{D \in \mathrm{Ob}\mathfrak{D}} [S(D), T(D)]_{\mathfrak{C}}$ eine Menge. Da die natürlichen Transformationen von S nach T Elemente dieser Menge sind, bilden sie also selbst eine Menge.

Wir gehen im folgenden auf eine Möglichkeit ein, Unterobjekte zu definieren. $\mathfrak{C}$ sei eine Kategorie. $f\colon X \to Y$ und $g\colon X \to Y$ seien Morphismen von $\mathfrak{C}$ mit gleicher Quelle und mit gleichem Ziel. Unter einem **Differenzkern** von f und g verstehen wir ein Objekt K von $\mathfrak{C}$, zusammen mit einem Morphismus $k\colon K \to X$, der **Einbettung** von K in X, so daß gilt:

1. $fk = gk$.
2. Zu jedem Morphismus $l\colon L \to X$ mit $fl = gl$ gibt es genau einen Morphismus $u\colon L \to K$ mit $l = ku$.

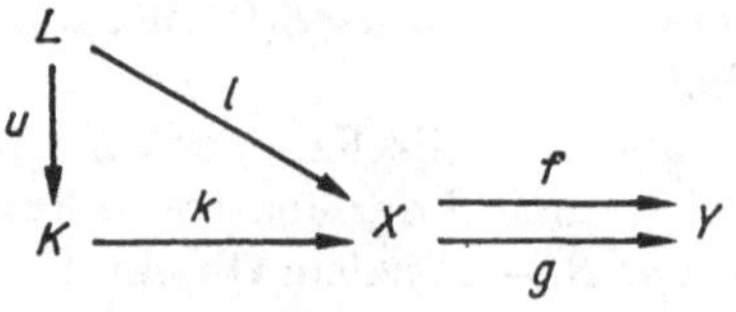

3.1.1. *Der zu einem beliebigen Differenzkern zugehörige Morphismus k ist ein Monomorphismus. Sind K und L, zusammen mit Morphismen k und l, Differenzkerne von Morphismen f und g, so existiert genau ein Isomorphismus u mit $l = ku$.*

Beweis. f und g seien Morphismen einer Kategorie mit gleicher Quelle und gleichem Ziel. K sei, zusammen mit einem Morphismus k, ein Differenzkern von

f und g. Ist $ku = kv$ für zwei Morphismen u und v von $\mathfrak{C}$, so folgt wegen Eigenschaft 2 der Differenzkerne bei $l = ku$ unter Berücksichtigung der Eigenschaft 1 der Differenzkerne, daß $u = v$ gilt, also k ein Monomorphismus ist.

Nun seien K und L, zusammen mit Morphismen k bzw. l, Differenzkerne von f und g. Wegen Eigenschaft 2 der Differenzkerne existiert genau ein Morphismus $u\colon L \to K$ mit $l = ku$ und genau ein Morphismus $v\colon K \to L$ mit $k = lv$. Es ist $k = kuv$. Da $k = k1_K$ gilt, folgt wegen Eigenschaft 2 der Differenzkerne, daß $uv = 1_K$ ist. Entsprechend ergibt sich $vu = 1_L$ und damit, daß u ein Isomorphismus ist. ▮

Nach diesem Satz sind Differenzkerne bis auf Isomorphien bestimmt. Häufig liegt eine natürliche Auswahl der Differenzkerne vor. Das trifft zum Beispiel nach dem folgenden Satz für die Kategorie aller Mengen zu.

3.1.2 (Differenzkerne in ENS). *Zu beliebigen Morphismen $f\colon X \to Y$ und $g\colon X \to Y$ von* ENS *mit gleicher Quelle und gleichem Ziel ist die Teilmenge $K = \{x \in X \mid f(x) = g(x)\}$ von X, zusammen mit der identischen Einbettung von K in X, ein Differenzkern von f und g. Jede Teilmenge K einer Menge X tritt, zusammen mit der identischen Einbettung von K in X, als Differenzkern von Morphismen $f\colon X \to Y$ und $g\colon X \to Y$ von* ENS *auf*[1]).

Beweis. $f\colon X \to Y$ und $g\colon X \to Y$ seien Morphismen von ENS, K sei wie im ersten Teil des Satzes gewählt und k sei die identische Einbettung von K in X. Es gilt natürlich $fk = gk$. Ist $l\colon L \to X$ ein Morphismus mit $fl = gl$, so stimmen f und g über $l[L]$ überein, weshalb sich $l[L] \subseteqq K$ ergibt, somit $l = ku$ für genau einen Morphismus $u\colon L \to K$ gilt.

Im folgenden sei K eine beliebige Teilmenge einer Menge X. Y sei eine Menge, die aus zwei voneinander verschiedenen Elementen a und b besteht. $f\colon X \to Y$ und $g\colon X \to Y$ seien diejenigen Abbildungen von X in Y mit $f(x) = a$ $(x \in X)$, $g(x) = a$ $(x \in K)$ und $g(x) = b$ $(x \in X \setminus K)$. Offensichtlich ist K, zusammen mit der identischen Einbettung von K in X, ein Differenzkern von f und g. ▮

Als nächstes kommen wir zum Begriff des Produktes in Kategorien. $\mathfrak{C}$ sei eine Kategorie und $(X_\iota)_{\iota \in I}$ eine Familie von Objekten von $\mathfrak{C}$ mit einer Menge als Indexbereich. Wir verstehen unter dem **Produkt** der X_ι $(\iota \in I)$ ein Objekt X von $\mathfrak{C}$, zusammen mit Morphismen $\pi_\iota\colon X \to X_\iota$ $(\iota \in I)$, so daß gilt: Zu jeder Familie von Morphismen $\mu_\iota\colon Y \to X_\iota$ $(\iota \in I)$ gibt es genau einen Morphismus $\omega\colon Y \to X$ derart, daß zu beliebigem $i \in I$ das Diagramm

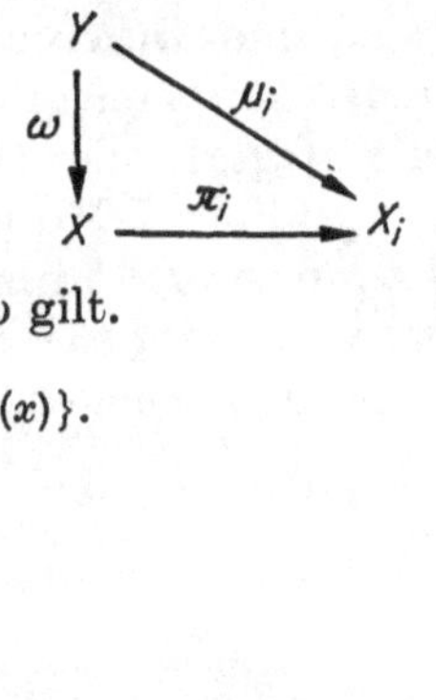

kommutativ ist, also $\mu_\iota = \pi_\iota \omega$ gilt.

[1]) Es gilt $K = \{x \in X \mid f(x) = g(x)\}$.

Für das Objekt X schreibt man auch $\prod_{i \in I} X_i$ und nennt zu beliebigem $i \in I$ den Morphismus π_i die i-te **Projektion** des Produkts.

Offensichtlich gilt

3.1.3. *$(X_i)_{i \in I}$ sei eine Familie von Objekten einer Kategorie $\mathfrak{C}$ mit einer Menge als Indexbereich. X, zusammen mit Morphismen π_i ($i \in I$), und Y, zusammen mit Morphismen μ_i ($i \in I$), seien Produkte der X_i ($i \in I$). Dann existiert genau ein Isomorphismus ω: $Y \to X$ mit $\mu_i = \pi_i \omega$ zu beliebigem $i \in I$.*

Produkte sind somit ebenfalls bis auf Isomorphien bestimmt. Nach dem folgenden Satz liegt in der Kategorie aller Mengen eine natürliche Auswahl der Produkte vor.

3.1.4 (Produkte in ENS). *$(X_i)_{i \in I}$ sei eine Familie von Mengen mit einer Menge als Indexbereich. Dann ist das cartesische Produkt $X = \prod_{i \in I} X_i$, zusammen mit den natürlichen Projektionen π_i: $X \to X_i$, ein Produkt der X_i ($i \in I$) in* ENS.

Beweis. Für jede Familie von Morphismen f_i: $Y \to X_i$ ($i \in I$) von ENS gibt es natürlich genau einen Morphismus f: $Y \to X$ mit $f_i = f \circ \pi_i$ zu beliebigem $i \in I$, nämlich den Abbildungskomplex $\langle f_i \rangle_{i \in I}$: $Y \to X$. ∎

Zum Begriff des Differenzkernes ist der Begriff des Differenzcokernes dual. Ist $\mathfrak{C}$ eine Kategorie und sind f: $Y \to X$ und g: $Y \to X$ Morphismen von $\mathfrak{C}$ mit gleicher Quelle und gleichem Ziel, so verstehen wir unter einem **Differenzcokern** von f und g ein Objekt K von $\mathfrak{C}$, zusammen mit einem Morphismus k: $X \to K$, so daß gilt:

1. $kf = kg$.
2. Zu jedem Morphismus l: $X \to L$ mit $lf = lg$ gibt es genau einen Morphismus u: $K \to L$ mit $l = uk$.

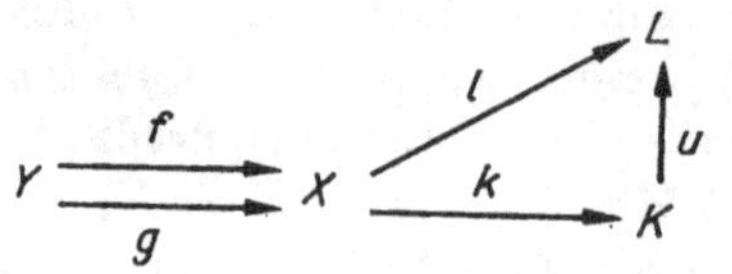

Durch Dualisierung von 3.1.1 folgt, daß die zu Differenzcokernen zugehörigen Morphismen Epimorphismen sind und Differenzcokerne bis auf Isomorphien bestimmt sind. Auch bei Differenzcokernen liegt häufig eine natürliche Auswahl vor, zum Beispiel wieder in der Kategorie aller Mengen, wie aus dem folgenden hervorgeht. Sind f: $Y \to X$ und g: $Y \to X$ Morphismen in ENS, so sei ϱ_{fg} die kleinste Äquivalenzrelation in X, die $g \circ f^{-1}$ enthält. Sie ergibt sich als Vereinigung der identischen Abbildung von X auf sich und beliebiger endlicher Kompositionen der Relation $g \circ f^{-1}$ und ihrer Umkehrung mit sich.

3.1.5 (Differenzcokerne in ENS). *Zu beliebigen Morphismen* $f: Y \to X$ *und* $g: Y \to X$ *von* ENS *ist die Quotientenmenge* X/ϱ_{fg}, *zusammen mit der kanonischen Abbildung* $k: X \to X/\varrho_{fg}$, *ein Differenzcokern von* f *und* g. *Jede Quotientenmenge* X/ϱ *einer Menge* X *tritt, zusammen mit der kanonischen Abbildung* $k: X \to X/\varrho$, *als Differenzcokern von Morphismen* $f: Y \to X$ *und* $g: Y \to X$ *von* ENS *auf*[1]).

Beweis. $f: Y \to X$ und $g: Y \to X$ seien Morphismen von ENS. Für die kanonische Abbildung $k: X \to X/\varrho_{fg}$ gilt offensichtlich $kf = kg$. Ist $l: X \to L$ ein Morphismus mit $lf = lg$, so ordnet l allen Elementen einer beliebigen Äquivalenzklasse bez. ϱ_{fg} ein festes Element zu, weshalb es genau einen Morphismus $u: X/\varrho_{fg} \to L$ mit $l = uk$ gibt.

X sei eine beliebige Menge, ferner ϱ eine Äquivalenzrelation in X, also eine gewisse Teilmenge von $X \times X$. $f: \varrho \to X$ und $g: \varrho \to X$ seien diejenigen Morphismen von ENS, die sich als Einschränkung der ersten und zweiten Projektion pr_1 und pr_2 auf ϱ ergeben. Es ist $\varrho = \varrho_{fg}$, somit X/ϱ, zusammen mit der kanonischen Abbildung $k: X \to X/\varrho$, ein Differenzcokern von f und g. ∎

Zum Begriff des Produktes ist der Begriff des Coproduktes dual. Ist $\mathfrak{C}$ eine Kategorie und ist $(X_\iota)_{\iota \in I}$ eine Familie von Objekten von $\mathfrak{C}$ mit einer Menge als Indexbereich, so verstehen wir unter dem **Coprodukt** der $X_\iota (\iota \in I)$ ein Objekt X von $\mathfrak{C}$, zusammen mit Morphismen $\varkappa_\iota: X_\iota \to X$ $(\iota \in I)$, derart, daß es zu jeder Familie von Morphismen $\nu_\iota: X_\iota \to Y$ $(\iota \in I)$ genau einen Morphismus $\omega: X \to Y$ mit $\nu_\iota = \omega \varkappa_\iota$ $(\iota \in I)$ gibt. Für X schreibt man auch $\coprod_{\iota \in I} X_\iota$ und nennt zu beliebigem $i \in I$ den Morphismus $\varkappa_i$ die i**-te Injektion** des Coproduktes.

Natürlich sind Coprodukte bis auf Isomorphien bestimmt. In ENS liegt wieder eine natürliche Auswahl vor.

3.1.6 (Coprodukte in ENS). $(X_\iota)_{\iota \in I}$ *sei eine Familie von Mengen mit einer Menge als Indexbereich. Dann ist die Mengensumme* $X = \sum_{\iota \in I} X_\iota$, *zusammen mit den natürlichen Injektionen* $\iota_\iota: X \to X_\iota$, *ein Coprodukt der* X_ι $(\iota \in I)$ *in* ENS.

Beweis. Für jede Familie von Morphismen $f_\iota: X_\iota \to Y$ $(\iota \in I)$ von ENS gibt es genau einen Morphismus $f: X \to Y$ mit $f_\iota = f\varkappa_\iota$ $(\iota \in I)$, nämlich die Abbildungssumme $\sum_{\iota \in I} f_\iota: X \to Y$. ∎

Unter einer gewissen Voraussetzung über die Existenz von Differenzcokernen und Coprodukten kann man jedem Differenzkern bis auf Isomorphie eindeutig ein Paar von Morphismen zuordnen, bezüglich der er ein Differenzkern ist; liegt für die Differenzcokerne und Coprodukte eine natürliche Auswahl vor, so ist entsprechend eine natürliche Auswahl derartiger Morphismen möglich. Es gilt nämlich

---

[1]) Es gilt stets $\varrho = \varrho_{fg}$.

3.1.7. *K sei ein Objekt einer Kategorie $\mathfrak{C}$ und $\iota\colon K \to X$ ein Morphismus von $\mathfrak{C}$ mit K als Quelle. $X \sqcup X$ sei, zusammen mit Morphismen $\varkappa_1\colon X \to X \sqcup X$ und $\varkappa_2\colon X \to X \sqcup X$, ein Coprodukt von X mit sich und C, zusammen mit einem Morphismus $\varkappa\colon X \sqcup X \to C$, ein Differenzcokern von $\varkappa_1\iota$ und $\varkappa_2\iota$. Ist K, zusammen mit ι, ein Differenzkern irgendeines Paares von Morphismen von $\mathfrak{C}$, so ist K, zusammen mit ι, ein Differenzkern von $\varkappa\varkappa_1$ und $\varkappa\varkappa_2$.*

Beweis. K sei, zusammen mit $\iota\colon K \to X$, ein Differenzkern von Morphismen $f\colon X \to Y$ und $g\colon X \to Y$. Da $X \sqcup X$, zusammen mit $\varkappa_1$ und $\varkappa_2$, ein Coprodukt ist, existiert ein eindeutig bestimmter Morphismus $\omega\colon X \sqcup X \to Y$ mit $f = \omega\varkappa_1$ und $g = \omega\varkappa_2$. Da C, zusammen mit $\varkappa$, ein Differenzcokern von $\varkappa_1\iota$ und $\varkappa_2\iota$ ist,

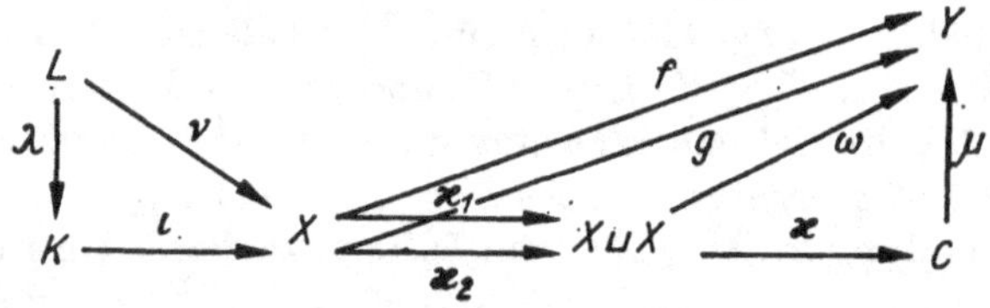

gibt es einen eindeutig bestimmten Morphismus $\mu\colon C \to Y$ mit $\omega = \mu\varkappa$ und gilt $\varkappa\varkappa_1\iota = \varkappa\varkappa_2\iota$. Gegeben sei nun ein Morphismus $\nu\colon L \to X$ mit $\varkappa\varkappa_1\nu = \varkappa\varkappa_2\nu$. Es folgt $f\nu = \omega\varkappa_1\nu = \mu\varkappa\varkappa_1\nu = \omega\varkappa_2\nu = g\nu$ und damit, daß ein eindeutig bestimmter Morphismus $\lambda\colon L \to K$ mit $\nu = \iota\lambda$ existiert. K, zusammen mit ι, ist daher ein Differenzkern von $\varkappa\varkappa_1$ und $\varkappa\varkappa_2$. ▮

Durch Dualisierung ergibt sich eine entsprechende Aussage für die Differenzcokerne.

3.1.8. *C sei ein Objekt einer Kategorie $\mathfrak{C}$ und $\varkappa\colon X \to C$ ein Morphismus von $\mathfrak{C}$ mit C als Ziel. $X \times X$ sei, zusammen mit Morphismen $\pi_1\colon X \times X \to X$ und $\pi_2\colon X \times X \to X$, ein Produkt von X mit sich und K, zusammen mit einem Morphismus $\iota\colon K \to X \times X$, ein Differenzkern von $\varkappa\pi_1$ und $\varkappa\pi_2$. Ist C, zusammen mit $\varkappa$, ein Differenzcokern irgendeines Paares von Morphismen von $\mathfrak{C}$, so ist C, zusammen mit $\varkappa$, ein Differenzcokern von $\pi_1\iota$ und $\pi_2\iota$.*

3.2. Projektive und induktive Limites

Zu den wichtigen Begriffen der modernen Mathematik zählen die Begriffe des projektiven und induktiven Limes, auf die wir jetzt eingehen. Diferenzkerne und Produkte ergeben sich als spezielle projektive Limites und Differenzcokerne und Coprodukte als spezielle induktive Limites.

Es sei T ein Funktor einer kleinen Kategorie $\mathfrak{D}$ in eine Kategorie $\mathfrak{C}$. Unter einem **projektiven Limes** oder einem **inversen Limes** oder einfach einem **Limes** von T verstehen wir ein Objekt X von $\mathfrak{C}$, zusammen mit einer Familie von Morphismen $\mu_D\colon X \to T(D)$ ($D \in \operatorname{Ob}\mathfrak{D}$), derart daß gilt:

1. Für jeden Morphismus $f\colon D \to E$ von $\mathfrak{D}$ ist das Diagramm

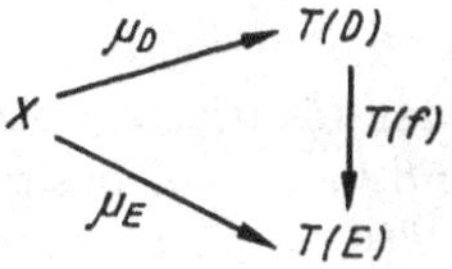

(3.2.1)

kommutativ.

2. Ist Y ein Objekt der Kategorie $\mathfrak{C}$ und sind $\nu_D\colon Y \to T(D)$ $(D \in \mathrm{Ob}\mathfrak{D})$ Morphismen derart, daß für jeden Morphismus $f\colon D \to E$ von $\mathfrak{D}$ das Diagramm

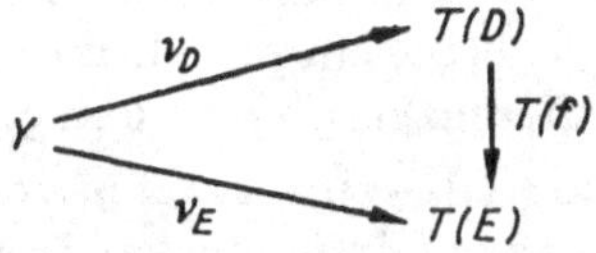

(3.2.2)

kommutativ ist, dann existiert ein eindeutig bestimmter Morphismus $\omega\colon Y \to X$ von $\mathfrak{C}$, so daß für jedes Objekt D von $\mathfrak{D}$ das Diagramm

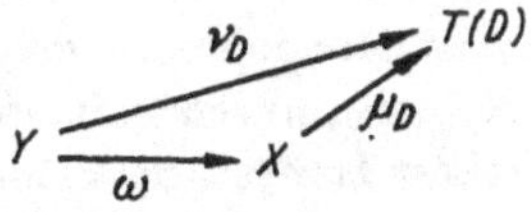

(3.2.3)

kommutativ ist.

Die Definition des projektiven Limes läßt sich unter Benutzung des Begriffs der natürlichen Transformation kürzer fassen. Familien von Morphismen $\mu_D\colon X \to T(D)$ $(D \in \mathrm{Ob}\mathfrak{D})$ und $\nu_D\colon X \to T(D)$ $(D \in \mathrm{Ob}\mathfrak{D})$, für die zu jedem Morphismus $f\colon D \to E$ von $\mathfrak{D}$ die Diagramme (3.2.1) und (3.2.2) kommutativ sind, sind nichts anderes als natürliche Transformationen μ und ν der konstanten Funktoren $X_{\mathfrak{D}}$ bzw. $Y_{\mathfrak{D}}$ nach T. Daß für einen Morphismus $\omega\colon Y \to X$ von $\mathfrak{C}$ zu beliebigem $D \in \mathrm{Ob}\mathfrak{D}$ das Diagramm (3.2.3) kommutativ ist, bedeutet, daß das Diagramm

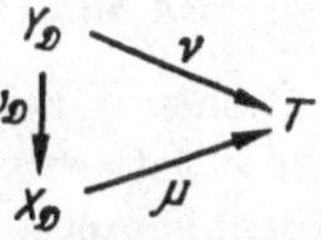

(3.2.4)

kommutativ ist. Ein projektiver Limes von T ist demnach ein Objekt X von $\mathfrak{C}$, zusammen mit einer natürlichen Transformation $\mu\colon X_{\mathfrak{D}} \to T$, derart, daß zu jedem Objekt Y von $\mathfrak{C}$ und jeder natürlichen Transformation $\nu\colon Y_{\mathfrak{D}} \to T$ ein eindeutig bestimmter Morphismus $\omega\colon Y \to X$ von $\mathfrak{C}$ existiert, so daß (3.2.4) kommutativ ist.

Projektive Limites sind bis auf Isomorphie bestimmt. Es folgt nämlich leicht (ähnlich wie die Isomorphieaussage in 3.1.1):

3.2.1. *Ist T ein Funktor einer kleinen Kategorie $\mathfrak{D}$ in eine Kategorie $\mathfrak{C}$ und sind X und Y, zusammen mit μ bzw. ν, projektive Limites von T, so gibt es genau einen Isomorphismus $\omega\colon Y \to X$ mit $\nu = \mu\omega_{\mathfrak{D}}$.*

Wir zeigen, daß Differenzkerne und Produkte spezielle projektive Limites sind.

1. $\mathfrak{C}$ sei eine Kategorie. $f\colon X \to Y$ und $g\colon X \to Y$ seien Morphismen von $\mathfrak{C}$ mit gleicher Quelle und gleichem Ziel. $\mathfrak{D}$ sei eine Kategorie, die lediglich zwei Objekte D und E und außer den identischen Morphismen 1_D und 1_E lediglich zwei Morphismen $u\colon D \to E$ und $v\colon D \to E$ besitzt. T sei der Funktor von $\mathfrak{D}$ in $\mathfrak{C}$ mit $T(D) = X$, $T(E) = Y$, $T(u) = f$ und $T(v) = g$. Jeder Differenzkern von f und g ist projektiver Limes von T und umgekehrt. Genauer: Ist ein Objekt K, versehen mit einem Morphismus $k\colon K \to X$, ein Differenzkern von f und g, so ist K, zusammen mit dem Morphismenpaar $\mu_D = k$, $\mu_E = fk = gk$, ein projektiver Limes von T, und ist K, zusammen mit einem Morphismenpaar $\mu_D\colon K \to T(D)$ und $\mu_E\colon K \to T(E)$, ein projektiver Limes von T, so ist K, zusammen mit $k = \mu_D$, ein Differenzkern von f und g.

2. $\mathfrak{C}$ sei eine Kategorie und $(X_\iota)_{\iota \in I}$ eine Familie von Objekten von $\mathfrak{C}$ mit einer Menge I als Indexbereich. Aus der Indexmenge I bilden wir eine Kategorie $\mathfrak{D}$, indem wir als Objekte von $\mathfrak{D}$ die Elemente von I nehmen und vereinbaren, daß es außer den identischen Morphismen 1_ι keine weiteren Morphismen von $\mathfrak{D}$ gibt. T sei der Funktor von $\mathfrak{D}$ in $\mathfrak{C}$ mit $T(i) = X_\iota$ zu beliebigem $i \in I$. Offensichtlich ist ein Objekt X, zusammen mit Morphismen $\pi_\iota\colon X \to X_\iota$ $(i \in I)$, genau dann ein Produkt der X_ι, wenn X, zusammen mit der Familie der Morphismen $\pi_\iota\colon X \to X_\iota$ $(i \in I)$, ein projektiver Limes von T ist.

Wenn für jeden Funktor einer beliebigen kleinen Kategorie in eine Kategorie $\mathfrak{C}$ ein projektiver Limes existiert, existieren speziell alle Differenzkerne und Produkte in $\mathfrak{C}$. Es gilt auch die Umkehrung und damit

3.2.2 (Existenz projektiver Limites). *Dafür, daß für jeden Funktor einer beliebigen kleinen Kategorie in eine Kategorie $\mathfrak{C}$ ein projektiver Limes existiert, ist notwendig und hinreichend, daß jedes Paar von Morphismen von $\mathfrak{C}$ mit gleicher Quelle und gleichem Ziel ein Differenzkern und jede Familie $(X_\iota)_{\iota \in I}$ von Objekten von $\mathfrak{C}$, die eine Menge als Indexbereich hat, ein Produkt besitzt.*

Beweis. Es ist nur noch eine Richtung zu zeigen. Wir nehmen an, daß in $\mathfrak{C}$ alle Differenzkerne und Produkte existieren. T sei ein Funktor einer kleinen Kategorie $\mathfrak{D}$ in $\mathfrak{C}$. Für jeden Morphismus f von $\mathfrak{D}$ bezeichnen wir die Quelle und das Ziel mit D_f bzw. E_f. Nach Voraussetzung besitzen die Familien $\big(T(D)\big)_{D \in \mathrm{Ob}\mathfrak{D}}$ und $\big(T(E_f)\big)_{f \in \mathrm{Mor}\mathfrak{D}}$ Produkte. X, zusammen mit Morphismen $\pi_D\colon X \to T(D)$ $(D \in \mathrm{Ob}\mathfrak{D})$, und Y, zusammen mit Morphismen $\mu_f\colon Y \to T(E_f)$ $(f \in \mathrm{Mor}\mathfrak{D})$, seien derartige Produkte. Auf Grund der Produkteigenschaft von Y gibt es eindeutig bestimmte Morphismen $u\colon X \to Y$ und $v\colon X \to Y$ derart, daß zu beliebigem $f \in \mathrm{Mor}\mathfrak{D}$ die Diagramme

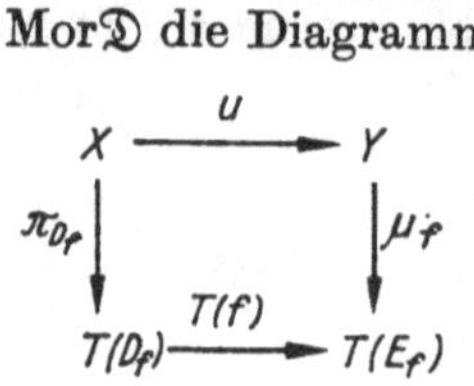

und

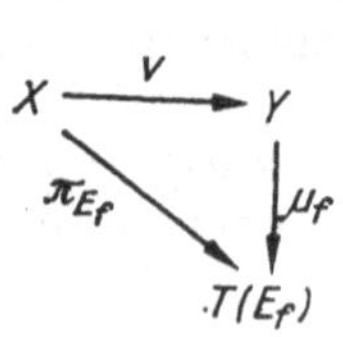

kommutativ sind. K sei, zusammen mit dem Morphismus $k\colon K \to X$, ein Differenzkern von u und v. Wir zeigen, daß K, zusammen mit der Familie der Morphismen $\pi_D k\colon K \to T(D)$ $(D \in \operatorname{Ob}\mathfrak{D})$, ein projektiver Limes von T ist. Die Familie $(\pi_D k)_{D\in\operatorname{Ob}\mathfrak{D}}$ ist eine natürliche Transformation von $K_{\mathfrak{D}}$ nach T, denn es ist für jeden Morphismus f von $\mathfrak{D}$

$$T(f)\,\pi_{D_f}k = \mu_f uk = \mu_f vk = \pi_{E_f}k\,.$$

Nun sei Z ein Objekt von $\mathfrak{C}$ und $(\nu_D)_{D\in\operatorname{Ob}\mathfrak{D}}$ eine natürliche Transformation von $Z_{\mathfrak{D}}$ nach T. Auf Grund der Produkteigenschaft von X existiert ein eindeutig bestimmter Morphismus $w\colon Z \to X$ mit $\nu_D = \pi_D w$ zu beliebigen $D \in \operatorname{Ob}\mathfrak{D}$. Es gilt

$$\mu_f uw = T(f)\,\pi_{D_f}w = T(f)\,\nu_{D_f} = \nu_{E_f} = \pi_{E_f}w = \mu_f vw$$

für jeden Morphismus f von $\mathfrak{D}$, auf Grund der Produkteigenschaft von Y somit $uw = vw$. Da K, zusammen mit k, ein Differenzkern ist, existiert genau ein Morphismus $\omega\colon Z \to K$ mit $w = k\omega$ und folglich mit $\nu_D = \pi_D w = \pi_D k\omega$ zu beliebigem $D \in \operatorname{Ob}\mathfrak{D}$. K, zusammen mit $(\pi_D k)_{D\in\operatorname{Ob}\mathfrak{D}}$, ist somit tatsächlich ein projektiver Limes von T. ∎

Nach 3.1.2, 3.1.4 und diesem Satz besitzt jeder Funktor einer kleinen Kategorie in ENS einen projektiven Limes. In ENS und ebenfalls einer Reihe anderer Kategorien liegt eine natürliche Auswahl der projektiven Limites vor. Speziell für ENS gilt:

3.2.3 (Projektive Limites in ENS). *T sei ein Funktor einer kleinen Kategorie $\mathfrak{D}$ in* ENS. *$\prod_{D\in\operatorname{Ob}\mathfrak{D}} T(D)$ sei das cartesische Produkt der Mengen $T(D)$ und π_D zu beliebigem $D \in \operatorname{Ob}\mathfrak{D}$ die natürliche D-te Projektion dieses Produkts. Die Teilmenge*

$$X = \{x \in \prod_{D\in\operatorname{Ob}\mathfrak{D}} T(D) \mid \pi_E(x) = (T(f)\circ\pi_D)(x) \text{ für jeden Morphismus } f\colon D \to E \text{ von } \mathfrak{D}\}$$

von $\prod_{D\in\operatorname{Ob}\mathfrak{D}} T(D)$ ist, zusammen mit der Familie der Einschränkungen $\mu_D = \pi_D \mid X\colon X \to T(D)$ der Projektionen π_D, ein projektiver Limes von T.

Beweis. Wir konstruieren den projektiven Limes wie im Beweis von 3.2.2 unter Benutzung der in 3.1.2 und 3.1.4 angegebenen natürlichen Auswahl der Differenzkerne und Produkte. Für jeden Morphismus f von $\mathfrak{D}$ bezeichnen wir wieder mit D_f die Quelle und mit E_f das Ziel. Wir bilden die Abbildungen

$$u = \langle T(f)\circ\pi_{D_f}\rangle_{f\in\operatorname{Mor}\mathfrak{D}}$$

und

$$v = \langle \pi_{E_f}\rangle_{f\in\operatorname{Mor}\mathfrak{D}}$$

des cartesischen Produktes $\prod_{D\in\operatorname{Ob}\mathfrak{D}} T(D)$ in das cartesische Produkt $\prod_{f\in\operatorname{Mor}\mathfrak{D}} T(E_f)$.

Offensichtlich ist X, zusammen mit der identischen Einbettung von X in $\prod_{D\in\mathrm{Ob}\mathfrak{D}} T(D)$, ein Differenzkern von u und v. Daher ist X, zusammen mit der Familie der Einschränkungen $\mu_D = \pi_D \mid X$, ein projektiver Limes von T. ∎

Für jeden Funktor T einer kleinen Kategorie $\mathfrak{D}$ in ENS bezeichnen wir die in 3.2.3 gebildete Menge X auch mit $\operatorname{lim\,proj} T(D)$ oder $\varprojlim T(D)$ und nennen die Abbildungen μ_D die **kanonischen Abbildungen** von X in $T(D)$.

Sind S und T Funktoren einer kleinen Kategorie $\mathfrak{D}$ in ENS, so nennen wir jede Familie $(f_D)_{D\in\mathrm{Ob}\mathfrak{D}}$ von Abbildungen f_D aus $S(D)$ in $T(D)$, für die $T(f) \circ f_D = f_E \circ S(f)$ zu jedem Morphismus $f\colon D \to E$ von $\mathfrak{D}$ gilt, eine **natürliche Transformation im weiten Sinne** von S nach T. Besitzt jede Abbildung f_D ganz $S(D)$ als Definitionsbereich, so ist $(f_D)_{D\in\mathrm{Ob}\mathfrak{D}}$ eine natürliche Transformation von S nach T.

3.2.4. *S und T seien Funktoren einer kleinen Kategorie $\mathfrak{D}$ in* ENS. *$(f_D)_{D\in\mathrm{Ob}\mathfrak{D}}$ sei eine natürliche Transformation im weiten Sinne von S nach T. Dann gibt es genau eine Abbildung f aus $Y = \operatorname{lim\,proj} S(D)$ in $X = \operatorname{lim\,proj} T(D)$, für die zu beliebigem $D \in \mathrm{Ob}\mathfrak{D}$ das Diagramm*

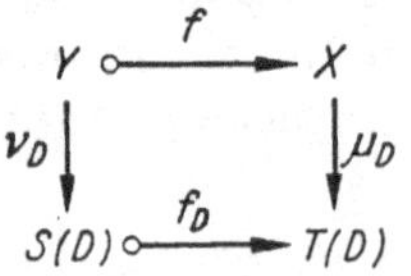

kommutativ ist; ν_D und μ_D sind dabei stets die kanonischen Abbildungen von Y in $S(D)$ bzw. von X in $T(D)$. Es gilt $f = (\mathop{\ast}\limits_{D\in\mathrm{Ob}\mathfrak{D}} f_D) \mid Y$. Haben die Abbildungen f_D ganz $S(D)$ als Definitionsbereich, so hat f ganz Y als Definitionsbereich. Wenn alle Abbildungen f_D ganz $T(D)$ als Wertebereich haben, hat jedoch f im allgemeinen nicht ganz X als Wertebereich, auch nicht, wenn die f_D stets $S(D)$ als Definitionsbereich haben. Falls die f_D eineindeutige Abbildungen sind, ist auch f eine eineindeutige Abbildung.

Beweis. 1. Ist zu beliebigem $D \in \mathrm{Ob}\mathfrak{D}$ für eine Abbildung f aus Y in X das im Satz angegebene Diagramm kommutativ, so gilt

$$(\mu_D \circ f)(y) = (f_D \circ \nu_D)(y) \tag{3.2.5}$$

zu beliebigem $D \in \mathrm{Ob}\mathfrak{D}$ und $y \in \mathrm{db}f$ und damit

$$\mathrm{db}f = Y \cap \prod_{D\in\mathrm{Ob}\mathfrak{D}} \mathrm{db}f_D\,. \tag{3.2.6}$$

Ferner ergibt sich dann

$$f(y) = \big(f_D(y_D)\big)_{D\in\mathrm{Ob}\mathfrak{D}}$$

zu beliebigem $D \in \mathrm{Ob}\mathfrak{D}$ und $y = (y_D)_{D\in\mathrm{Ob}\mathfrak{D}} \in \mathrm{db}f$ und daher $f = (\mathop{\ast}\limits_{D\in\mathrm{Ob}\mathfrak{D}} f_D) \mid Y$.

Wir setzen nun $f = (\underset{D \in \mathrm{Ob}\mathfrak{D}}{\divideontimes} f_D) \mid Y$. Es folgt (3.2.6) und zu beliebigem $D \in \mathrm{Ob}\mathfrak{D}$ und $y \in \mathrm{db} f$ ferner (3.2.5). $(f_D(y_D))_{D \in \mathrm{Ob}\mathfrak{D}}$ gehört zu beliebigem $(y_D)_{D \in \mathrm{Ob}\mathfrak{D}} \in \mathrm{db} f$ zu X, denn zu jedem Morphismus $g\colon D \to E$ von $\mathfrak{D}$ gilt $y_E = S(g)(y_D)$, also $f_E(y_E) = (f_E \circ S(g))(y_D) = (T(g) \circ f_D)(y_D)$. f ist daher die einzige Abbildung aus Y in X, für die zu beliebigem $D \in \mathrm{Ob}\,\mathfrak{D}$ das im Satz angegebene Diagramm kommutativ ist. Wegen (3.2.6) folgt $\mathrm{db} f = Y$ aus $\mathrm{db}\, f_D = Y_D$ $(D \in \mathrm{Ob}\mathfrak{D})$. Sind die f_D eineindeutige Abbildungen, so ist auch $\underset{D \in \mathrm{Ob}\mathfrak{D}}{\divideontimes} f_D$ und damit auch f eine eineindeutige Abbildung.

2. Es sei $\mathrm{Ob}\,\mathfrak{D} = \boldsymbol{N}^+$ und trete als Morphismus $h\colon m \to n$ von $\mathfrak{D}$ nur das Paar (n, m) mit $n \leqq m$ auf. S sei derjenige Funktor von $\mathfrak{D}$ in ENS, für den $S(n)$ stets mit $\boldsymbol{R}$ und $S((n, m))$ stets mit der identischen Abbildung von $\boldsymbol{R}$ auf sich übereinstimmt. T sei derjenige Funktor von $\mathfrak{D}$ in ENS, für den $T(n)$ das Intervall $]-\infty, n]$ und $T((n, m))$ die Abbildung $x \mapsto \inf\{x, n\}$ $(x \in T(m))$ von $T(m)$ auf $T(n)$ ist. Zu beliebigem $n \in \boldsymbol{N}^+$ sei f_n die Abbildung $x \mapsto \inf\{x, n\}$ $(x \in \boldsymbol{R})$ von $\boldsymbol{R}$ auf $T(n)$. Es folgt leicht, daß $(f_n)_{n \in \boldsymbol{N}^+}$ eine natürliche Transformation von S nach T ist und $(n)_{n \in \boldsymbol{N}^+}$ zu X, jedoch nicht zum Wertebereich von f gehört. ∎

Nach dem Satz ist f eine Injektion, wenn die f_D Injektionen sind, jedoch im allgemeinen keine Surjektion, wenn die f_D Surjektionen sind.

Die im Satz auftretende Abbildung f bezeichnen wir mit $\lim\mathrm{proj}\, f_D$ oder $\varprojlim f_D$.

Sind S, T und U Funktoren einer kleinen Kategorie $\mathfrak{D}$ in ENS und ist $(f_D)_{D \in \mathrm{Ob}\mathfrak{D}}$ eine natürliche Transformation (im weiten Sinne) von S nach T und $(g_D)_{D \in \mathrm{Ob}\mathfrak{D}}$ eine natürliche Transformation (im weiten Sinne) von T nach U, so ist $(g_D \circ f_D)_{D \in \mathrm{Ob}\mathfrak{D}}$ eine natürliche Transformation (im weiten Sinne) von S nach U und gilt

$$\lim\mathrm{proj}\, g_D \circ \lim\mathrm{proj}\, f_D = \lim\mathrm{proj}\, (g_D \circ f_D)\,.$$

Mittels 3.2.4 und dieser Beziehung folgt: Für jede natürliche Transformation $(f_D)_{D \in \mathrm{Ob}\mathfrak{D}}$ von S nach T, die aus eineindeutigen Abbildungen f_D von $S(D)$ auf $T(D)$ besteht, ist $(f_D^{-1})_{D \in \mathrm{Ob}\mathfrak{D}}$ eine natürliche Transformation von T nach S, gilt

$$(\lim\mathrm{proj}\, f_D)^{-1} = \lim\mathrm{proj}\, f_D^{-1}$$

und ist $\lim\mathrm{proj}\, f_D$ eine eineindeutige Abbildung von Y auf X. Besteht $(f_D)_{D \in \mathrm{Ob}\mathfrak{D}}$ also aus Bijektionen, so ist auch $\lim\mathrm{proj}\, f_D$ eine Bijektion.

Häufig bildet man projektive Limites von speziellen Funktoren, sogenannten projektiven Spektren, die man auf die folgende Weise definiert. Es sei I eine prägeordnete Menge und $\leqq$ die Präordnung von I. Wir bilden eine Kategorie $\mathfrak{O}(I)$, indem wir als Objekte von $\mathfrak{O}(I)$ alle Elemente von I nehmen und als Morphismen $f\colon i \to j$ alle Paare $(i, j) \in I \times I$ mit $i \leqq j$, also alle Paare $(i, j) \in \leqq$. Die Morphismenkomposition ist zwangsläufig $(j, k)\,(i, j) = (i, k)$. Die identischen Morphismen in $\mathfrak{O}(I)$ sind $1_i = (i, i)$.

Jeder Funktor der dualen Kategorie $\mathfrak{O}(I)^0$ in eine Kategorie $\mathfrak{C}$ heißt ein **projektives** oder **inverses Spektrum** in $\mathfrak{C}$ über I. Er ist ein geordnetes Paar, das aus einer Familie $(X_i)_{i\in I}$ von Objekten von $\mathfrak{C}$ und einer Familie $(\mu_{ij})_{(i,j)\in\leq}$ von Morphismen $\mu_{ij}\colon X_j \to X_i$ von $\mathfrak{C}$ besteht, derart daß $\mu_{ii} = 1_{X_i}$ zu beliebigem $i \in I$ gilt und aus $i \leqq j \leqq k$ stets $\mu_{ik} = \mu_{ij}\mu_{jk}$ folgt.

Ist X ein Objekt einer Kategorie $\mathfrak{C}$ und $T = \big((X_i)_{i\in I}, (\mu_{ij})_{(i,j)\in\leq}\big)$ ein projektives Spektrum in $\mathfrak{C}$, so ist eine natürliche Transformation von $X_{\mathfrak{O}(I)^0}$ nach T nichts anderes als eine Familie von Morphismen $\mu_i\colon X \to X_i$ $(i \in I)$ derart, daß zu beliebigen $i, j \in I$ mit $i \leqq j$ das Diagramm

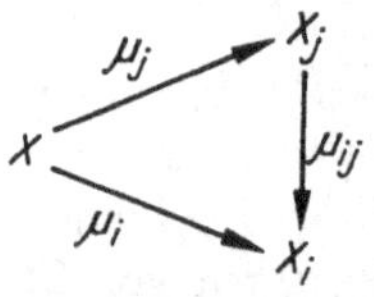

kommutativ ist.

Produkte sind gerade die projektiven Limites von **diskreten** projektiven Spektren, d. h. von projektiven Spektren über prägeordneten Mengen I, für die $i \leqq j$ nur im Falle $i = j$ gilt.

Ist I eine nichtleere gerichtete Menge und $\mathfrak{C}$ eine Kategorie, so heißt ein projektives Spektrum $T = \big((X_i)_{i\in I}, (\mu_{ij})_{(i,j)\in\leq}\big)$ in $\mathfrak{C}$ über I **trivial**, wenn alle Objekte X_i gleich einem festen Objekt X von $\mathfrak{C}$ und alle Morphismen μ_{ij} gleich dem identischen Morphismus 1_X sind. Ist T trivial, so ist X, zusammen mit der Familie $(1_{X_i})_{i\in I}$ $(1_{X_i} = 1_X)$, ein projektiver Limes von T. An Hand des Produktbegriffs ersieht man, daß diese Aussage im allgemeinen nicht gilt, wenn man I lediglich als nichtleere prägeordnete Menge voraussetzt.

Für jedes projektive Spektrum $T = \big((X_i)_{i\in I}, (\mu_{ij})_{(i,j)\in\leq}\big)$ in ENS gilt offenbar

$$\lim\operatorname{proj} X_i = \{(x_i)_{i\in I} \in \prod_{i\in I} X_i \mid x_i = \mu_{ij}(x_j) \text{ für jedes } (i,j) \in \leqq\}\,.$$

Ist $(X_i)_{I\in I}$ eine Familie von Mengen, deren Indexbereich eine prägeordnete Menge ist und für die zu jedem Paar $(i, j) \in \leqq$ die Inklusionsbeziehung $X_j \subseteqq X_i$ besteht, und ist μ_{ij} zu beliebigem $(i, j) \in \leqq$ die identische Einbettung von X_j in X_i, so bildet das Paar der Familien $(X_i)_{i\in I}$ und $(\mu_{ij})_{(i,j)\in\leq}$ ein projektives Spektrum in ENS. Es heißt das **projektive Einbettungsspektrum** in ENS über I mit den Mengen X_i $(i \in I)$.

Wir definieren projektive Einbettungsspektren auch bezüglich anderer Kategorien. Ist T ein projektives Spektrum in einer Kategorie $\mathfrak{C}$ und V ein treuer Funktor von $\mathfrak{C}$ in ENS derart, daß VT ein projektives Einbettungsspektrum in ENS ist, dann nennen wir T ein **projektives Einbettungsspektrum** in $\mathfrak{C}$ bez. V. Den Zusatz „bez. V“ lassen wir im allgemeinen weg, wenn V einer der später auftretenden Vergißfunktoren ist.

Für projektive Einbettungsspektren in ENS über nichtleeren gerichteten Mengen gibt es eine einfachere natürliche Auswahl der projektiven Limites als die in 3.2.3 angegebene.

3.2.5. *T sei ein projektives Einbettungsspektrum in* ENS *über einer nichtleeren gerichteten Menge I mit den Mengen X_i $(i \in I)$. Dann ist*

$$X = \bigcap_{i \in I} X_i\,,$$

zusammen mit der Familie der identischen Einbettung von X in X_i $(i \in I)$, ein projektiver Limes von T.

Beweis. Nach 3.2.3 ist $\lim \operatorname{proj} X_i$, zusammen mit der Familie der zugehörigen kanonischen Abbildungen μ_i, ein projektiver Limes von T. Da I gerichtet ist, existiert zu beliebigen $i, j \in I$ ein $k \in I$ mit $i \leqq k$ und $j \leqq k$, so daß $(x_i)_{i \in I} \in \lim \operatorname{proj} X_i$ die Übereinstimmung aller x_i zur Folge hat. Die Abbildung $\gamma: (x_i)_{i \in I} \mapsto x_i\ \big((x_i)_{i \in I} \in \lim \operatorname{proj} X_i\big)$ ist offensichtlich eine eineindeutige Abbildung von $\lim \operatorname{proj} X_i$ auf $X = \bigcap_{i \in I} X_i$. Die Abbildungen $\mu_i \circ \gamma^{-1}: X \to X_i$ sind die identischen Einbettungen von X in X_i. ∎

Analoge Sätze werden wir auch für eine Reihe anderer projektiver Einbettungsspektren erhalten.

Als nächstes gehen wir auf projektive Doppellimites ein. Dazu benötigen wir den Begriff des Produkts von Kategorien. Wir vereinbaren, daß das **Produkt** $\mathfrak{D} \times \mathfrak{E}$ von Kategorien $\mathfrak{D}$ und $\mathfrak{E}$ als Objekte alle Paare $(D, E) \in \operatorname{Ob} \mathfrak{D} \times \operatorname{Ob} \mathfrak{E}$ und als Morphismen alle Paare $(f, g): (C, E) \to (D, F)$ von Morphismen $f: C \to E$ von $\mathfrak{D}$ und $g: D \to F$ von $\mathfrak{E}$ hat und Morphismenkomposition komponentenweise, also durch $(f', g')\,(f, g) = (f'f, g'g)$ definiert ist.

Ist T ein Funktor eines Produkts $\mathfrak{D} \times \mathfrak{E}$ von Kategorien $\mathfrak{D}$ und $\mathfrak{E}$ in eine Kategorie $\mathfrak{C}$, so bezeichnen wir zu beliebigem $D \in \operatorname{Ob} \mathfrak{D}$ mit $T_{D.}$ den durch $T_{D.}(E) = T(D, E)$ und $T_{D.}(g) = T(1_D, g)$ definierten Funktor von $\mathfrak{E}$ in $\mathfrak{C}$ und zu beliebigem $E \in \operatorname{Ob} \mathfrak{E}$ mit $T_{.E}$ den durch $T_{.E}(D) = T(D, E)$ und $T_{.E}(f) = T(f, 1_E)$ definierten Funktor von $\mathfrak{D}$ in $\mathfrak{C}$.

3.2.6 (Projektive Doppellimites). *$\mathfrak{D}$ und $\mathfrak{E}$ seien nichtleere kleine Kategorien, und T sei ein Funktor von $\mathfrak{D} \times \mathfrak{E}$ in eine Kategorie $\mathfrak{C}$. Für jedes Objekt $D \in \operatorname{Ob}\mathfrak{D}$ sei $L(D)$, zusammen mit einer Familie von Morphismen $\mu(D)_E: L(D) \to T(D, E)$ $(E \in \operatorname{Ob} \mathfrak{E})$, ein projektiver Limes von $T_{D.}: \mathfrak{E} \to \mathfrak{C}$. Dann existiert zu jedem Morphismus $f: C \to D$ von $\mathfrak{D}$ genau ein Morphismus $L(f): L(C) \to L(D)$ von $\mathfrak{C}$ mit*

$$T(f, 1_E)\, \mu(C)_E = \mu(D)_E\, L(f) \qquad (E \in \operatorname{Ob} \mathfrak{E}) \tag{3.2.7}$$

und wird durch $D \mapsto L(D)$ $(D \in \operatorname{Ob}\mathfrak{D})$ und $f \mapsto L(f)$ $(f \in \operatorname{Mor}\mathfrak{D})$ ein Funktor L von $\mathfrak{D}$ in $\mathfrak{C}$ definiert. T besitzt genau dann einen projektiven Limes, wenn L einen projektiven Limes hat. Ist Y, zusammen mit einer Familie von Morphismen $\nu_D: Y \to L(D)$ $(D \in \operatorname{Ob}\mathfrak{D})$, ein projektiver Limes von L, so ist Y, zusammen mit $\big(\mu(D)_E\, \nu_D\big)_{(D, E) \in \operatorname{Ob}(\mathfrak{D} \times \mathfrak{E})}$, ein projektiver Limes von T.

Beweis. Zu jedem Morphismus $f: C \to D$ von $\mathfrak{D}$ finden wir auf Grund der Voraussetzungen, insbesondere, da $L(D)$, zusammen mit $\big(\mu(D)_E\big)_{E \in \operatorname{Ob}\mathfrak{E}}$, ein projektiver Limes ist, einen eindeutig bestimmten Morphismus $L(f): L(C) \to L(D)$ mit (3.2.7). Unter Berücksichtigung der eindeutigen Bestimmtheit der $L(f)$ folgt über (3.2.7) leicht, daß L ein Funktor von $\mathfrak{D}$ in $\mathfrak{C}$ ist.

Wir nehmen zuerst an, daß Y, zusammen mit einer Familie von Morphismen $\nu_D: Y \to L(D)$ $(D \in \mathrm{Ob}\mathfrak{D})$, ein projektiver Limes von L ist. Zu jedem Morphismus $(f, g): (C, E) \to (D, F)$ von $\mathfrak{D} \times \mathfrak{E}$ folgt unter Beachtung von (3.2.7)

$$T(f, g)\, \mu(C)_E\, \nu_C = T(1_D, g)\, \mu(D)_E\, L(f)\, \nu_C = \mu(D)_F\, \nu_D\,.$$

Zu beliebigen Morphismen $\nu_{C,E}: Z \to T(C, E)$ $(C \in \mathrm{Ob}\mathfrak{D},\ E \in \mathrm{Ob}\mathfrak{E})$, für die $T(f, g)\, \nu_{C,E} = \nu_{D,F}$ für jeden Morphismus $(f, g): (C, E) \to (D, F)$ von $\mathfrak{D} \times \mathfrak{E}$ gilt, gibt es zu beliebigem $C \in \mathrm{Ob}\mathfrak{D}$ einen eindeutig bestimmten Morphismus $\omega_C: Z \to L(C)$ mit $\nu_{C,E} = \mu(C)_E \omega_C$ $(E \in \mathrm{Ob}\mathfrak{E})$, ferner einen eindeutig bestimmten Morphismus $\omega: Z \to Y$ mit $\omega_C = \nu_C \omega$ $(C \in \mathrm{Ob}\mathfrak{D})$ und daher mit $\nu_{C,E} = \mu(C)_E\, \nu_C \omega$ $(C \in \mathrm{Ob}\mathfrak{D},\ E \in \mathrm{Ob}\mathfrak{E})$. Y, zusammen mit $(\mu(C)_E\, \nu_C)_{(C,E) \in \mathrm{Ob}(\mathfrak{D} \times \mathfrak{E})}$ ist daher ein projektiver Limes von T.

Nun sei Y, zusammen mit einer Familie von Morphismen $\mu_{C,E}: Y \to T(C, E)$ $(C \in \mathrm{Ob}\mathfrak{D}, E \in \mathrm{Ob}\mathfrak{E})$, ein projektiver Limes von T. Zu jedem $C \in \mathrm{Ob}\mathfrak{D}$ existiert ein eindeutig bestimmter Morphismus $\nu_C: Y \to L(C)$ mit $\mu_{C,E} = \mu(C)_E\, \nu_C$. Zu jedem Morphismus $f: C \to D$ von $\mathfrak{D}$ folgt mittels (3.2.7)

$$\mu(D)_E\, L(f)\, \nu_C = T(f, 1_E)\, \mu(C)_E\, \nu_C = \mu(D)_E\, \nu_D$$

und damit $L(f)\, \nu_C = \nu_D$. Sind $\omega_C: Z \to L(C)$ $(C \in \mathrm{Ob}\mathfrak{D})$ Morphismen, für die $L(f)\, \omega_C = \omega_D$ für jeden Morphismus $f: C \to D$ von $\mathfrak{D}$ gilt, so folgt mittels (3.2.7) für jeden Morphismus $(f, g): (C, E) \to (D, F)$ von $\mathfrak{D} \times \mathfrak{E}$

$$T(f, g)\, \mu(C)_E\, \omega_C = T(1_D, g)\, \mu(D)_E\, \omega_D = \mu(D)_F\, \omega_D$$

und damit, daß ein eindeutig bestimmter Morphismus $\omega: Z \to Y$ mit $\mu(C)_E\, \omega_C = \mu(C)_E\, \nu_C \omega$ $(C \in \mathrm{Ob}\mathfrak{D}, E \in \mathrm{Ob}\mathfrak{E})$ und daher mit $\omega_C = \nu_C \omega$ $(C \in \mathrm{Ob}\mathfrak{D})$ existiert. Y, zusammen mit $(\nu_C)_{C \in \mathrm{Ob}\mathfrak{D}}$, ist daher ein projektiver Limes von L. ∎

Bemerkung. Offenbar gilt dieser Satz auch bezüglich der umgekehrten Reihenfolge von $\mathfrak{D}$ und $\mathfrak{E}$, d. h., ist zu jedem $E \in \mathrm{Ob}\mathfrak{E}$ stets $M(E)$, zusammen mit einer Familie $(\mu(E)_D)_{D \in \mathrm{Ob}\mathfrak{D}}$, ein projektiver Limes von $T_{.E}$, so erhalten wir entsprechend einen Funktor $M: \mathfrak{E} \to \mathfrak{C}$ mit den Eigenschaften: T besitzt genau dann einen projektiven Limes, wenn M einen projektiven Limes hat. Ist Y, zusammen mit einer Familie $(\nu_E)_{E \in \mathrm{Ob}\mathfrak{E}}$, ein projektiver Limes von M, so ist Y, zusammen mit $(\mu(E)_D\, \nu_E)_{(D,E) \in \mathrm{Ob}(\mathfrak{D} \times \mathfrak{E})}$ ein projektiver Limes von T.

Damit erhalten wir:

3.2.7 (Vertauschungssatz). *Sind $\mathfrak{D}$ und $\mathfrak{E}$ nichtleere kleine Kategorien und besitzt jeder Funktor von $\mathfrak{D}$ in $\mathfrak{C}$ und von $\mathfrak{E}$ in $\mathfrak{C}$ einen projektiven Limes, so hat auch jeder Funktor T von $\mathfrak{D} \times \mathfrak{E}$ in $\mathfrak{C}$ einen projektiven Limes und dieser läßt sich sowohl auf die in* 3.2.6 *angegebene Art als auch auf die in der Bemerkung nach* 3.2.6 *angegebene Art darstellen.*

Wir überlassen es dem Leser, diesen Satz für die in den folgenden Abschnitten auftretenden speziellen Kategorien, insbesondere in den Fällen, daß $T_{D.}$ und $T_{.E}$ Differenzkerne oder Produkte definieren, zu formulieren.

Im weiteren kommen wir zu den für die Konstruktion von projektiven Limites nützlichen Begriff des an einen Funktor gebundenen Produkts.

V sei für das Folgende ein treuer Funktor einer Kategorie $\mathfrak{C}$ in eine Kategorie $\mathfrak{E}$. $(X_i)_{i \in I}$ sei eine Familie von Objekten von $\mathfrak{C}$, E ein Objekt von $\mathfrak{E}$ und $(p_i)_{i \in I}$ eine Familie von Morphismen $p_i\colon E \to V(X_i)$ $(i \in I)$ von $\mathfrak{E}$. Wir nennen ein Objekt X von $\mathfrak{C}$ mit $V(X) = E$, zusammen mit einer Familie von Morphismen $\varphi_i\colon X \to X_i (i \in I)$ mit $V(\varphi_i) = p_i$, ein **an V gebundenes Produkt** oder kurz ein **V-Produkt** der X_i $(i \in I)$ über E, $(p_i)_{i \in I}$, wenn gilt:

Zu jedem Objekt Y von $\mathfrak{C}$ und jedem Morphismus $f\colon V(Y) \to E$ von $\mathfrak{E}$ existiert genau dann ein Morphismus $\varphi\colon Y \to X$ von $\mathfrak{C}$ mit $V(\varphi) = f$, wenn es zu beliebigem $i \in I$ einen Morphismus $\psi_i\colon Y \to X_i$ von $\mathfrak{C}$ mit $V(\psi_i) = p_i f$ gibt.

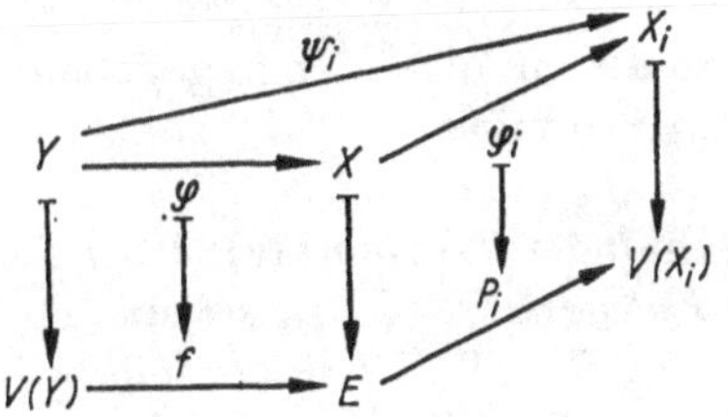

Wählt man speziell als f den identischen Morphismus 1_E, so folgt aus der angegebenen Bedingung wegen $V(1_X) = f$, daß Morphismen $\varphi_i\colon X \to X_i$ mit $V(\varphi_i) = p_i$ existieren.

An Funktoren gebundene Produkte sind bis auf Isomorphie bestimmt, denn es gilt:

3.2.8. *X, zusammen mit einer Familie von Morphismen $\varphi_i\colon X \to X_i$ $(i \in I)$, und Y, zusammen mit einer Familie von Morphismen $\psi_i\colon Y \to X_i$ $(i \in I)$, sei ein V-Produkt der X_i $(i \in I)$ über E, $(p_i)_{i \in I}$. Dann existiert genau ein Isomorphismus $\varphi\colon Y \to X$ mit $V(\varphi) = 1_E$ und $\psi_i = \varphi_i \varphi$ zu beliebigem $i \in I$.*

Beweis. Auf Grund der Produkteigenschaften von X und Y gibt es einen Morphismus $\varphi\colon Y \to X$ mit $V(\varphi) = 1_E$ und einen Morphismus $\psi\colon X \to Y$ mit $V(\psi) = 1_E$. Es folgt $V(\varphi\psi) = V(1_X)$ und $V(\psi\varphi) = V(1_Y)$, da V treu ist, somit $\varphi\psi = 1_X$ und $\psi\varphi = 1_Y$. φ ist also ein Isomorphismus. Zu beliebigem $i \in I$ gilt $V(\psi_i) = p_i = V(\varphi_i\varphi)$ und, da V treu ist, $\psi_i = \varphi_i\varphi$. Auf Grund der Treue von V und wegen $V(\varphi) = 1_E$ ist φ eindeutig bestimmt. ▮

Anmerkung. V-Produkte sind nach diesem Satz eindeutig bestimmt, wenn V die folgende Eigenschaft besitzt:

Jeder Isomorphismus φ von $\mathfrak{C}$, der als Bild $V(\varphi)$ einen identischen Morphismus hat, ist selbst ein identischer Morphismus.

Wir nennen jeden Funktor V mit dieser Eigenschaft **regulär.**

Offensichtlich kann man zu jedem Funktor V einer Kategorie $\mathfrak{C}$ in eine Kategorie $\mathfrak{E}$ eine Präordnung in Ob$\mathfrak{C}$ durch die folgende Vereinbarung einführen:

$$Y \leqq X \Leftrightarrow \text{Es existiert ein Morphismus } \varphi\colon Y \to X \text{ von } \mathfrak{C}, \text{ der als Bild } V(\varphi) \text{ einen identischen Morphismus hat}. \tag{3.2.8}$$

3.2.9. *V sei ein treuer regulärer Funktor einer Kategorie $\mathfrak{C}$ in eine Kategorie $\mathfrak{E}$. Dann ist die durch* (3.2.8) *eingeführte Präordnung eine Ordnung.*

Beweis. Es seien X und Y Objekte von $\mathfrak{C}$, für die $Y \leqq X \leqq Y$ gilt, also Morphismen $\varphi\colon Y \to X$ und $\psi\colon X \to Y$ von $\mathfrak{C}$ und ein Objekt E von $\mathfrak{E}$ existieren mit $V(\varphi) = V(\psi) = 1_E$. Da V treu ist und $V(\varphi\psi) = 1_E = V(1_X)$ und $V(\psi\varphi) = 1_E = V(1_Y)$ gilt, folgt $\varphi\psi = 1_X$ und $\psi\varphi = 1_Y$ und damit, daß φ ein Isomorphismus ist. Auf Grund der Regularität von V ist daher $X = Y$. ∎

Ohne Mühe beweist man die im folgenden angegebene Maximaleigenschaft der an Funktoren gebundenen Produkte.

3.2.10 (Maximaleigenschaft der V-Produkte). *V sei ein treuer regulärer Funktor einer Kategorie $\mathfrak{C}$ in eine Kategorie $\mathfrak{E}$. $(X_\iota)_{\iota\in I}$ sei eine Familie von Objekten von $\mathfrak{C}$, E sei ein Objekt von $\mathfrak{E}$ und $p_\iota\colon E \to V(X_\iota)$ zu beliebigem $\iota \in I$ ein Morphismus von $\mathfrak{E}$. X sei, zusammen mit einer Familie von Morphismen $\varphi_\iota\colon X \to X_\iota$ $(\iota \in I)$, das V-Produkt der X_ι $(\iota \in I)$ über E, $(p_\iota)_{\iota\in I}$. Dann ist X bezüglich der durch* (3.2.8) *definierten Ordnung in* Ob$\mathfrak{C}$ *das größte unter den Objekten Y von $\mathfrak{C}$, für die Morphismen $\psi_\iota\colon Y \to X_\iota$ $(\iota \in I)$ mit $V(\psi_\iota) = p_\iota$ existieren.*

In gewissen Fällen kann man leicht aus der Existenz der an Funktoren gebundenen Produkte in einer Kategorie auf die Existenz derartiger Produkte in Unterkategorien schließen. Es sei V ein treuer Funktor einer Kategorie $\mathfrak{C}$ in eine Kategorie $\mathfrak{E}$. $\mathfrak{B}$ sei eine Unterkategorie von $\mathfrak{C}$ und T ein Funktor von $\mathfrak{C}$ in $\mathfrak{B}$, der die Objekte und Morphismen von $\mathfrak{B}$ festläßt. Schließlich sei W ein Funktor von $\mathfrak{B}$ in $\mathfrak{E}$ mit $V = WT$. W ergibt sich als Einschränkung von V auf $\mathfrak{B}$, d. h., die Objekte und Morphismen von $\mathfrak{B}$ werden durch V und W gleich abgebildet.

3.2.11 (Existenz gebundener Produkte in Unterkategorien). *$(X_\iota)_{\iota\in I}$ sei eine Familie von Objekten von $\mathfrak{C}$ derart, daß bezüglich der durch* (3.2.8) *definierten Präordnung $T(X_\iota) \leqq X_\iota$ $(\iota \in I)$ gilt*[1]*. E sei ein Objekt von $\mathfrak{E}$ und $p_\iota\colon E \to V(X_\iota)$ zu beliebigem $\iota \in I$ ein Morphismus von $\mathfrak{E}$. X sei, zusammen mit einer Familie von Morphismen $\varphi_\iota\colon X \to X_\iota$ $(\iota \in I)$, ein V-Produkt der X_ι $(\iota \in I)$ über E, $(p_\iota)_{\iota\in I}$.*

Dann ist $T(X)$, zusammen mit der Familie der Morphismen $T(\varphi_\iota)$ $(\iota \in I)$, ein W-Produkt der $T(X_\iota)$ $(\iota \in I)$ über E, $(p_\iota)_{\iota\in I}$.

---

[1]) Trivialerweise gilt $T(X_\iota) = X_\iota$ bei $X_\iota \in$ Ob $\mathfrak{B}$.

Wenn V regulär ist, $X_i \in \mathrm{Ob}\mathfrak{B}$ $(i \in I)$ gilt und bezüglich der durch (3.2.8) *definierten Ordnung die Beziehung $X \leqq T(X)$ besteht, stimmt X mit $T(X)$ und φ_i zu beliebigem $i \in I$ mit $T(\varphi_i)$ überein, ist also X, zusammen mit der Familie $(\varphi_i)_{i\in I}$, das W-Produkt der X_i $(i \in I)$ über E, $(p_i)_{i\in I}$.*

Beweis. 1. Y sei ein Objekt von $\mathfrak{B}$ und $f\colon W(Y) \to E$ ein Morphismus von $\mathfrak{E}$. Zu jedem Morphismus $\varphi\colon Y \to T(X)$ mit $W(\varphi) = f$ ist $T(\varphi_i)\,\varphi$ zu beliebigem $i \in I$ ein Morphismus von Y nach $T(X_i)$ mit $W(T(\varphi_i)\,\varphi) = p_i f$. Nun seien Morphismen $\psi_i\colon Y \to T(X_i)$ $(i \in I)$ von $\mathfrak{B}$ und damit von $\mathfrak{C}$ mit $W(\psi_i) = p_i f$ gegeben. Wegen $T(X_i) \leqq X_i$ existieren Morphismen $\chi_i\colon T(X_i) \to X_i$ von $\mathfrak{C}$ mit $V(\chi_i) = 1_{V(X_i)}$. Es sind $\chi_i\psi_i\colon Y \to X_i$ Morphismen von $\mathfrak{C}$ mit $V(\chi_i\psi_i) = p_i f$, so daß es wegen $V(Y) = W(Y)$ einen Morphismus $\varphi\colon Y \to X$ mit $V(\varphi) = f$ gibt. $T(\varphi)\colon Y \to T(X)$ ist ein Morphismus von $\mathfrak{B}$ mit $W(T(\varphi)) = f$. Daher ist $T(X)$, zusammen mit $(T(\varphi_i))_{i\in I}$, ein W-Produkt der $T(X_i)$ $(i \in I)$ über E, $(p_i)_{i\in I}$.

2. V sei regulär, es sei $X_i \in \mathrm{Ob}\mathfrak{B}$ $(i \in I)$ und bezüglich der durch (3.2.8) definierten Ordnung gelte $X \leqq T(X)$. Y sei ein Objekt von $\mathfrak{C}$ und $f\colon V(Y) \to E$ ein Morphismus von $\mathfrak{E}$. Wenn ein Morphismus $\varphi\colon Y \to T(X)$ mit $V(\varphi) = f$ existiert, ist $T(\varphi_i)\,\varphi$ zu beliebigem $i \in I$ ein Morphismus von Y nach X_i mit $V(T(\varphi_i)\,\varphi) = p_i f$. Existieren Morphismen $\psi_i\colon Y \to X_i$ $(i \in I)$ von $\mathfrak{C}$, so gibt es einen Morphismus $\varphi\colon Y \to X$ mit $V(\varphi) = f$, wegen $X \leqq T(X)$ einen Morphismus $\psi\colon X \to T(X)$ mit $V(\psi) = 1_E$; es ist dann $\psi\varphi$ ein Morphismus von Y nach $T(X)$ mit $V(\psi\varphi) = f$. $T(X)$, zusammen mit $(T(\varphi_i))_{i\in I}$, ist daher ein V-Produkt der X_i $(i \in I)$ über E, $(p_i)_{i\in I}$. Da auf Grund der Regularität von V die V-Produkte eindeutig bestimmt sind, folgt $X = T(X)$ und $\varphi_i = T(\varphi_i)$ $(i \in I)$. ∎

Wir führen als nächstes eine leichte Folgerung aus der Definition der an Funktoren gebundenen Produkte an.

3.2.12. *V sei ein treuer Funktor einer Kategorie $\mathfrak{C}$ in eine Kategorie $\mathfrak{E}$. $(X_i)_{i\in I}$ und $(Y_i)_{i\in I}$ seien Familien von Objekten von $\mathfrak{C}$ mit gleichem Indexbereich. E und F seien Objekte von $\mathfrak{E}$ und $p_i\colon E \to V(X_i)$ und $q_i\colon F \to V(Y_i)$ zu beliebigem $i \in I$ Morphismen von $\mathfrak{E}$. X sei, zusammen mit einer Familie von Morphismen $\varphi_i\colon X \to X_i$ $(i \in I)$, ein V-Produkt der X_i $(i \in I)$ über E, $(p_i)_{i\in I}$ und Y, zusammen mit einer Familie von Morphismen $\psi_i\colon Y \to Y_i$ $(i \in I)$, ein V-Produkt der Y_i $(i \in I)$ über F, $(q_i)_{i\in I}$. Ferner seien $f\colon F \to E$ und $f_i\colon V(Y_i) \to V(X_i)$ $(i \in I)$ Morphismen von $\mathfrak{E}$ derart, daß zu beliebigem $i \in I$ das Diagramm*

$$\begin{array}{ccc} F & \xrightarrow{f} & E \\ {\scriptstyle q_i}\downarrow & & \downarrow{\scriptstyle p_i} \\ V(Y_i) & \xrightarrow{f_i} & V(X_i) \end{array}$$

kommutativ ist. Es gebe Morphismen $\chi_i\colon Y_i \to X_i$ mit $V(\chi_i) = f_i$ $(i \in I)$. Dann existiert ein Morphismus $\chi\colon Y \to X$ mit $V(\chi) = f$.

Beweis. Für die Morphismen $\chi_i\psi_i$: $Y \to X_i$ gilt $V(\chi_i\psi_i) = p_i f$, so daß auf Grund der Produkteigenschaft von X ein Morphismus χ: $Y \to X$ mit $V(\chi) = f$ existiert. ∎

Mit Hilfe der an Funktoren gebundenen Produkte kann man aus projektiven Limites in Kategorien projektive Limites in anderen Kategorien bilden. Wir haben nämlich

3.2.13 (Liftung projektiver Limites). *T: $\mathfrak{D} \to \mathfrak{C}$ sei ein Funktor einer kleinen Kategorie $\mathfrak{D}$ in eine Kategorie $\mathfrak{C}$ und V: $\mathfrak{C} \to \mathfrak{E}$ ein treuer Funktor von $\mathfrak{C}$ in eine Kategorie $\mathfrak{E}$. Ein Objekt E von $\mathfrak{E}$ sei, zusammen mit einer Familie von Morphismen p_D: $E \to VT(D)$ ($D \in \mathrm{Ob}\mathfrak{D}$), ein projektiver Limes von VT. Dann ist jedes V-Produkt der $T(D)$ ($D \in \mathrm{Ob}\mathfrak{D}$) über E, $(p_D)_{D\in\mathrm{Ob}\mathfrak{D}}$ ein projektiver Limes von T.*

Beweis. X, zusammen mit einer Familie von Morphismen φ_D: $X \to T(D)$ ($D \in \mathrm{Ob}\mathfrak{D}$), sei ein V-Produkt der $T(D)$ über E, $(p_D)_{D\in\mathrm{Ob}\mathfrak{D}}$. $(p_D)_{D\in\mathrm{Ob}\mathfrak{D}}$ ist eine natürliche Transformation von $E_{\mathfrak{D}}$ nach VT, d. h., es gilt $p_D = VT(f)p_C$, also $V(\varphi_D) = V(T(f)\,\varphi_C)$ für jeden Morphismus f: $C \to D$ von $\mathfrak{D}$. Da V treu ist, folgt $\varphi_D = T(f)\varphi_C$ zu jedem Morphismus f: $C \to D$ von $\mathfrak{D}$ und damit, daß $(\varphi_D)_{D\in\mathrm{Ob}\mathfrak{D}}$ eine natürliche Transformation von $X_{\mathfrak{D}}$ nach T ist. Gegeben sei ein Objekt Y von $\mathfrak{C}$ und eine natürliche Transformation $(\mu_D)_{D\in\mathrm{Ob}\mathfrak{D}}$ von $Y_{\mathfrak{D}}$ nach T. Da E, zusammen mit $(p_D)_{D\in\mathrm{Ob}\mathfrak{D}}$, ein projektiver Limes von VT und $(V(\mu_D))_{D\in\mathrm{Ob}\mathfrak{D}}$ eine natürliche Transformation von $V(Y)_{\mathfrak{D}}$ nach VT ist, existiert ein eindeutig bestimmter Morphismus w: $V(Y) \to E$ mit

$$V(\mu_D) = p_D w \tag{3.2.9}$$

zu beliebigem $D \in \mathrm{Ob}\mathfrak{D}$. Auf Grund der Produkteigenschaft von X gibt es einen Morphismus ω: $Y \to X$ mit $V(\omega) = w$. Für diesen besteht wegen (3.2.9) und der Treue von V die Beziehung $\mu_D = \varphi_D\,\omega$ zu beliebigem $D \in \mathrm{Ob}\mathfrak{D}$. Für jeden Morphismus ω': $Y \to X$ mit $\mu_D = \varphi_D\,\omega'$ zu beliebigem $D \in \mathrm{Ob}\mathfrak{D}$ folgt $V(\mu_D) = p_D V(\omega')$, also $V(\omega') = w$, auf Grund der Treue von V somit $\omega = \omega'$. X, zusammen mit $(\varphi_D)_{D\in\mathrm{Ob}\mathfrak{D}}$, ist daher ein projektiver Limes von S. ∎

Anmerkung 1. Aus diesem Satz folgt für beliebige Kategorien $\mathfrak{C}$ und $\mathfrak{E}$: Wenn jeder Funktor einer kleinen Kategorie in die Kategorie $\mathfrak{E}$ einen projektiven Limes besitzt und bezüglich eines treuen Funktors V von $\mathfrak{C}$ in $\mathfrak{E}$ alle V-Produkte existieren, so besitzt auch jeder Funktor einer kleinen Kategorie in die Kategorie $\mathfrak{C}$ einen projektiven Limes.

Anmerkung 2. Wenn V regulär ist, die V-Produkte damit eindeutig bestimmt sind, kommt man über diesen Satz von einer natürlichen Auswahl der projektiven Limites in $\mathfrak{E}$ zu einer natürlichen Auswahl der projektiven Limites in $\mathfrak{C}$.

Zum Begriff des projektiven Limes ist der Begriff des induktiven Limes dual. Ist T ein Funktor einer kleinen Kategorie $\mathfrak{D}$ in eine Kategorie $\mathfrak{C}$, so verstehen wir unter einem **induktiven Limes** oder einem **direkten Limes** oder einem **Colimes** von T ein Objekt X von $\mathfrak{C}$, zusammen mit einer natürlichen Transformation $\mu\colon T \to X_{\mathfrak{D}}$, derart, daß zu jedem Objekt Y von $\mathfrak{C}$ und jeder natürlichen Transformation $\nu\colon T \to Y_{\mathfrak{D}}$ ein eindeutig bestimmter Morphismus $\omega\colon X \to Y$ von $\mathfrak{C}$ existiert, so daß das Diagramm

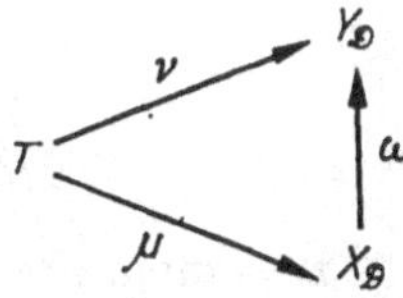

kommutativ ist. $\omega_{\mathfrak{D}}$ ist entsprechend der eingeführten Bezeichnungsweise die natürliche Transformation von $X_{\mathfrak{D}}$ nach $Y_{\mathfrak{D}}$, die jedem Objekt D von $\mathfrak{D}$ den Morphismus ω zuordnet.

Durch Dualisierung von 3.2.1 folgt, daß induktive Limites bis auf Isomorphie bestimmt sind. Durch Dualisierung der angeführten Beispiele projektiver Limites folgt, daß Differenzcokerne und Coprodukte spezielle induktive Limites sind. Aus 3.2.2 folgt durch Dualisierung:

3.2.14 (Existenz induktiver Limites). *Dafür, daß für jeden Funktor einer beliebigen kleinen Kategorie in eine Kategorie $\mathfrak{C}$ ein induktiver Limes existiert, ist notwendig und hinreichend, daß jedes Paar von Morphismen von $\mathfrak{C}$ mit gleicher Quelle und gleichem Ziel einen Differenzcokern und jede Familie $(X_\iota)_{\iota \in I}$ von Objekten von $\mathfrak{C}$, die eine Menge als Indexbereich hat, ein Coprodukt besitzt.*

Nach 3.1.5, 3.1.6 und diesem Satz besitzt jeder Funktor einer kleinen Kategorie in die Kategorie aller Mengen einen induktiven Limes. In der Kategorie aller Mengen und ebenfalls in einer Reihe anderer Kategorien liegt eine natürliche Auswahl vor. In ENS gilt

3.2.15 (Induktive Limites in ENS). *T sei ein Funktor einer kleinen Kategorie $\mathfrak{D}$ in* ENS. *ϱ sei die kleinste Äquivalenzrelation in der Mengensumme $X = \sum_{D \in \mathrm{Ob}\mathfrak{D}} T(D)$, bezüglich der (D, y) und $(E, T(f)(y))$ zu jedem Morphismus $f\colon D \to E$ von $\mathfrak{D}$ und jedem $y \in T(D)$ äquivalent sind. ι_D sei zu beliebigem $D \in \mathrm{Ob}\mathfrak{D}$ die natürliche Injektion von $T(D)$ in X und $\varkappa$ die kanonische Abbildung von X auf die Quotientenmenge X/ϱ. Dann ist X/ϱ, zusammen mit der Familie der Abbildungen $\varphi_D = \varkappa \circ \iota_D$ $(D \in \mathrm{Ob}\mathfrak{D})$, ein induktiver Limes von T. Es gilt*

$$X/\varrho = \bigcup_{D \in \mathrm{Ob}\mathfrak{D}} \mathrm{wb}\, \varphi_D\,. \tag{3.2.10}$$

Beweis. Wir konstruieren den induktiven Limes dual zur Konstruktion des projektiven Limes im Beweis von 3.2.2 unter Benutzung der in 3.1.5 und 3.1.6 angegebenen natürlichen Auswahl der Differenzcokerne und Coprodukte. Zu jedem Morphismus f von $\mathfrak{D}$ bezeichne D_f die Quelle und E_f das Ziel von f.

Die natürliche Injektion von $T(D_f)$ in die Mengensumme $Y = \sum_{g \in \operatorname{Mor}\mathfrak{D}} T(D_g)$ sei μ_f. $u\colon Y \to X$ und $v\colon Y \to X$ seien diejenigen Abbildungen, für die zu beliebigem $f \in \operatorname{Mor}\mathfrak{D}$ die Diagramme

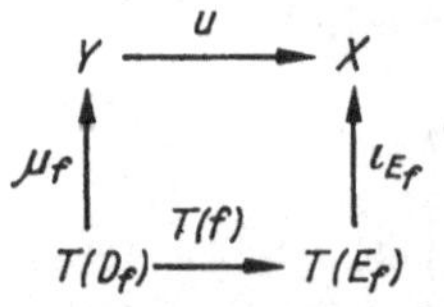

und

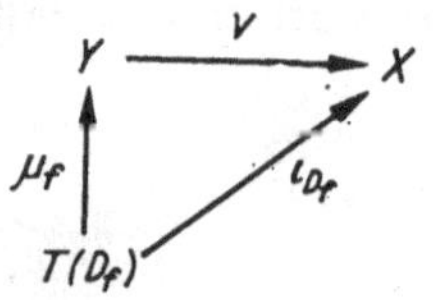

kommutativ sind, für die somit zu jedem Paar $(f, y) \in Y$

$$u(f, y) = \bigl(E_f, T(f)(y)\bigr)$$

und

$$v(f, y) = (D_f, y)$$

gilt. ϱ sei die kleinste Äquivalenzrelation in X, die $\{(u(f, y), v(f, y)) \mid f \in \operatorname{Mor}\mathfrak{D}, y \in T(D_f)\}$ enthält. Nach 3.1.5 ist X/ϱ, zusammen mit der kanonischen Abbildung $\varkappa\colon X \to X/\varrho$, ein Differenzcokern von u und v. X/ϱ ist somit, zusammen mit der Familie der Abbildungen $\varkappa \circ \iota_D$ ($D = \operatorname{Ob}\mathfrak{D}$), ein induktiver Limes von T. Es gilt $X = \bigcup_{D \in \operatorname{Ob}\mathfrak{D}} \iota_D[T(D)]$ und $X/\varrho = \varkappa[X]$ und somit (3.2.10). ∎

Für einen beliebigen Funktor T einer kleinen Kategorie $\mathfrak{D}$ in ENS bezeichnen wir die in 3.2.15 gebildete Menge X/ϱ auch mit $\operatorname{lim\,ind} T(D)$ oder $\varinjlim T(D)$ und nennen die Abbildungen φ_D die **kanonischen Abbildungen** von $T(D)$ in X/ϱ.

Im folgenden verwenden wir den vor 3.2.4 definierten Begriff einer natürlichen Transformation im weiten Sinne.

3.2.16. *S und T seien Funktoren einer kleinen Kategorie $\mathfrak{D}$ in* ENS. *$(f_D)_{D \in \operatorname{Ob}\mathfrak{D}}$ sei eine natürliche Transformation im weiten Sinne von T nach S. Dann gibt es genau eine Abbildung f aus $X =$* lim ind *$T(D)$ in $Y =$* lim ind *$S(D)$ mit*

$$\operatorname{db} f = \bigcup_{D \in \operatorname{Ob}\mathfrak{D}} \varphi_D[\operatorname{db} f_D] \tag{3.2.11}$$

derart, daß zu beliebigem $D \in \operatorname{Ob}\mathfrak{D}$ das Diagramm

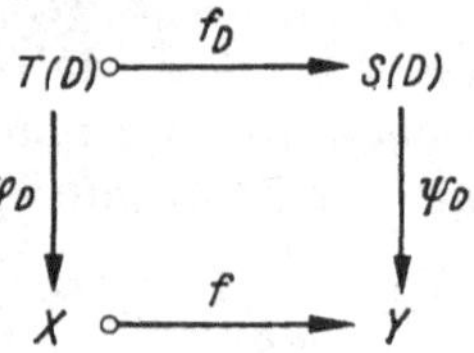

(3.2.12)

kommutativ ist; φ_D und ψ_D sind dabei stets die kanonischen Abbildungen von $T(D)$ in X bzw. von $S(D)$ in Y. Die volle Summe $\mathsf{S}_{D \in \operatorname{Ob}\mathfrak{D}} f_D$ ist bezüglich der in 3.2.15 definierten Äquivalenzrelation ϱ in $\sum_{D \in \operatorname{Ob}\mathfrak{D}} T(D)$ und der entsprechend definierten Äqui-

valenzrelation σ in $\sum_{D\in \mathrm{Ob}\mathfrak{D}} S(D)$ relationstreu, und es ist f die aus $\mathsf{S}_{D\in \mathrm{Ob}\mathfrak{D}} f_D$ erzeugte Abbildung aus X in Y. Haben die Abbildungen f_D ganz $T(D)$ als Definitionsbereiche, so hat f ganz X als Definitionsbereich. Es ist $\mathrm{wb}f = \bigcup_{D\in \mathrm{Ob}\mathfrak{D}} \psi_D[\mathrm{wb}f_D]$, *so daß f ganz Y als Wertebereich hat, wenn die Abbildungen f_D ganz $S(D)$ als Wertebereiche haben. Falls die f_D eineindeutige Abbildungen sind, ist f im allgemeinen keine eineindeutige Abbildung, auch nicht, wenn die f_D stets $T(D)$ als Definitionsbereiche haben.*

Beweis. 1. ι_D und ν_D seien zu beliebigem $D \in \mathrm{Ob}\mathfrak{D}$ die natürlichen Injektionen von $T(D)$ in $\sum_{C\in \mathrm{Ob}\mathfrak{D}} T(C)$ bzw. von $S(D)$ in $\sum_{C\in \mathrm{Ob}\mathfrak{D}} S(C)$ und $\varkappa$ und λ die kanonischen Abbildungen von $\sum_{C\in \mathrm{Ob}\mathfrak{D}} T(C)$ in X bzw. von $\sum_{C\in \mathrm{Ob}\mathfrak{D}} S(C)$ in Y. Wir setzen $g = \mathsf{S}_{C\in \mathrm{Ob}\mathfrak{D}} f_D$. Zu beliebigem $D \in \mathrm{Ob}\mathfrak{D}$ ist das Diagramm

$$\begin{array}{ccc} T(D) & \xrightarrow{f_D} & S(D) \\ \downarrow{\scriptstyle \iota_D} & & \downarrow{\scriptstyle \nu_D} \\ \sum_{C\in \mathrm{Ob}\mathfrak{D}} T(C) & \xrightarrow{g} & \sum_{C\in \mathrm{Ob}\mathfrak{D}} S(C) \end{array} \qquad (3.2.13)$$

kommutativ (siehe (1.12.9)). Wir zeigen im folgenden, daß g bez. ϱ und σ relationstreu ist. Aus $(D, x)\ \varrho\ (C, y)$ folgt die Existenz von $D_0, \dots, D_n \in \mathrm{Ob}\mathfrak{D}$ und $z_0 \in T(D_0), \dots, z_n \in T(D_n)$ mit $D = D_0$, $C = D_n$, $x = z_0$ und $y = z_n$ derart, daß zu beliebigem $i \in \{1, \dots, n\}$ ein Morphismus $h_i\colon D_{i-1} \to D_i$ von $\mathfrak{D}$ mit $z_i = T(h_i)(z_{i-1})$ oder ein Morphismus $h_i\colon D_i \to D_{i-1}$ von $\mathfrak{D}$ mit $z_{i-1} = T(h_i)(z_i)$ existiert, somit zu beliebigem $i \in \{1, \dots, n\}$ $f_{D_i}(z_i) = S(h_i)\big(f_{D_{i-1}}(z_{i-1})\big)$ oder $f_{D_{i-1}}(z_{i-1}) = S(h_i)\big(f_{D_i}(z_i)\big)$ gilt, was $\big(D, f_D(x)\big)\ \sigma\ \big(C, f_C(y)\big)$ und auf Grund der Kommutativität von (3.2.13) damit $g(D,x)\ \sigma\ g(C,y)$ nach sich zieht. g ist also bez. ϱ und σ relationstreu. Für die aus g erzeugte Abbildung f aus X in Y ergibt sich unter Berücksichtigung von (1.10.1) und (1.12.7), daß (3.2.11) gilt, auf Grund der Kommutativität von (1.10.2) ferner, daß das Diagramm

$$\begin{array}{ccc} \sum_{C\in \mathrm{Ob}\mathfrak{D}} T(C) & \xrightarrow{g} & \sum_{C\in \mathrm{Ob}\mathfrak{D}} S(C) \\ \downarrow{\scriptstyle \varkappa} & & \downarrow{\scriptstyle \lambda} \\ X & \xrightarrow{f} & Y \end{array} \qquad (3.2.14)$$

kommutativ ist. Mit (3.2.13) und (3.2.14) ist auch (3.2.12) stets kommutativ. Offensichtlich ist f die einzige Abbildung aus X in Y mit (3.2.11), für die (3.2.12) zu beliebigem $D \in \mathrm{Ob}\mathfrak{D}$ kommutativ ist. Aus $\mathrm{db}f_D = T(D)$ $(D \in \mathrm{Ob}\mathfrak{D})$ folgt $\mathrm{db}f = X$ mittels (3.2.11). Es gilt $\mathrm{wb}g = \sum_{C\in \mathrm{Ob}\mathfrak{D}} \mathrm{wb}f_D$ nach (1.12.7) und auf Grund der Kommutativität von (3.2.14) damit $\mathrm{wb}f = \lambda[\sum_{D\in \mathrm{Ob}\mathfrak{D}} \mathrm{wb}f_D] = \bigcup_{C\in \mathrm{Ob}\mathfrak{D}} \psi_D[\mathrm{wb}f_D]$. Aus $\mathrm{wb}f_D = S(D)$ $(D \in \mathrm{Ob}\mathfrak{D})$ folgt daher $\mathrm{wb}f = Y$.

2. Wir nehmen an, daß Ob$\mathfrak{D}$ aus drei voneinander verschiedenen Elementen i, j, k besteht und als Morphismen von $\mathfrak{D}$ nur die Paare (i, i), (j, j), (k, k), (i, j) und (i, k) auftreten. S und T seien die durch $S(i) = S(j = S(k) = T(i) = T(j) = T(k) = \boldsymbol{R}$ und $S(i, j): x \mapsto 1 + x \; (x \in \boldsymbol{R})$, $S(i, k): x \mapsto x \; (x \in \boldsymbol{R})$, $T(i, j): x \mapsto 1 + e^{-x} \; (x \in \boldsymbol{R})$ und $T(i, k): x \mapsto e^{-x} \; (x \in \boldsymbol{R})$ definierten Funktoren von $\mathfrak{D}$ in ENS. Die Familie der eineindeutigen Abbildungen $f_i = T(i, k))$, $f_j = S(i, k)$ und $f_k = S(i, k)$ bildet eine natürliche Transformation von T nach S. ϱ ist die kleinste Äquivalenzrelation der Menge $(\{i\} \times \boldsymbol{R}) \cup (\{j\} \times \boldsymbol{R}) \cup (\{k\} \times \boldsymbol{R})$, für die zu beliebigem $x \in \boldsymbol{R}$ die Elemente (i, x) und $(j, 1 + e^{-x})$ und die Elemente (i, x) und (k, e^{-x}) äquivalent sind. σ ist die kleinste Äquivalenzrelation dieser Menge, für die zu beliebigem $x \in \boldsymbol{R}$ die Elemente (i, x) und $(j, 1 + x)$ und die Elemente (i, x) und (k, x) äquivalent sind. Damit folgt, daß $x = \varkappa(j, 0)$ und $y = \varkappa(k, -1)$ ungleich sind, jedoch $f(x) = \lambda(j, 0) = \lambda(k, -1) = f(y)$ gilt. ∎

Nach dem Satz ist f eine Surjektion, wenn die f_D Surjektionen sind, jedoch im allgemeinen keine Injektionen, wenn die f_D Injektionen sind. Wie sich aus 3.2.18 ergeben wird, gilt jedoch unter der Einschränkung, daß S und T induktive Spektren über einer pseudogerichteten Menge sind, daß f eine Injektion ist, wenn die f_D Injektionen sind.

Die im Satz auftretende Abbildung f bezeichnen wir mit $\operatorname{lim\,ind} f_D$ oder mit $\varinjlim f_D$.

Sind S, T und U Funktoren einer kleinen Kategorie $\mathfrak{D}$ in ENS und ist $(f_D)_{D \in \mathrm{Ob}\mathfrak{D}}$ eine natürliche Transformation (im weiten Sinne) von T nach S und $(g_D)_{D \in \mathrm{Ob}\mathfrak{D}}$ eine natürliche Transformation (im weiten Sinne) von S nach U, so gilt für die natürliche Transformation (im weiten Sinne) $(g_D \circ f_D)_{D \in \mathrm{Ob}\mathfrak{D}}$ von T nach U

$$\lim \operatorname{ind} g_D \circ \lim \operatorname{ind} f_D = \lim \operatorname{ind} (g_D \circ f_D) .$$

Mittels 3.2.16 und dieser Beziehung folgt: Für jede natürliche Transformation $(f_D)_{D \in \mathrm{Ob}\mathfrak{D}}$ von T nach S, die aus eineindeutigen Abbildungen f_D von $T(D)$ auf $S(D)$ besteht, gilt

$$(\lim \operatorname{ind} f_D)^{-1} = \lim \operatorname{ind} f_D^{-1}$$

und ist $\operatorname{lim\,ind} f_D$ eine eineindeutige Abbildung von X auf Y.

Induktive Limites werden häufig von sogenannten induktiven Spektren gebildet, die man so definiert: Zu einer beliebigen prägeordneten Menge I heißt ein Funktor der Kategorie $\mathfrak{D}(I)$ (vergleiche die Definition der projektiven Spektren) in eine Kategorie $\mathfrak{C}$ ein **induktives** oder **direktes Spektrum** in $\mathfrak{C}$ über I. Jedes induktive Spektrum in einer Kategorie $\mathfrak{C}$ über I ist ein geordnetes Paar, das aus einer Familie $(X_i)_{i \in I}$ von Objekten von $\mathfrak{C}$ und einer Familie $(\varphi_{ij})_{(i,j) \in \leqq}$ von Morphismen $\varphi_{ij}: X_i \to X_j$ von $\mathfrak{C}$ besteht, derart, daß $\varphi_{ii} = 1_{X_i}$ zu beliebigem $i \in I$ gilt und aus $i \leqq j \leqq k$ stets

$$\varphi_{ik} = \varphi_{jk} \varphi_{ij} \tag{3.2.15}$$

folgt.

Ist X ein Objekt einer Kategorie $\mathfrak{C}$ und $T = \big((X_i)_{i \in I}, (\varphi_{ij})_{(i,j) \in \leqq}\big)$ ein induktives Spektrum in $\mathfrak{C}$, so ist eine natürliche Transformation von T nach $X_{\mathfrak{D}(I)}$

nichts anderes als eine Familie von Morphismen $\varphi_i: X_i \to X$ $(i \in I)$ derart, daß zu beliebigen $i, j \in I$ mit $i \leq j$ das Diagramm

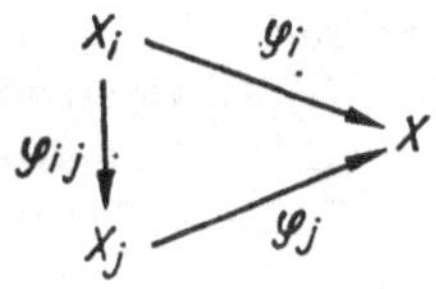

kommutativ ist.

Coprodukte sind induktive Limites **diskreter** induktiver Spektren, d. h. induktiver Spektren über prägeordneten Mengen I, für die $i \leq j$ nur im Falle $i = j$ gilt.

Ein induktives Spektrum $T = ((X_i)_{i \in I}, (\varphi_{ij})_{(i,j) \in \leq})$ in einer Kategorie $\mathfrak{C}$ über einer nichtleeren gerichteten Menge I heißt **trivial**, wenn alle Objekte X_i gleich einem festen Objekt X von $\mathfrak{C}$ und alle Morphismen φ_{ij} gleich dem identischen Morphismus 1_X sind. Ist T trivial, so ist X, zusammen mit der Familie $(1_{X_i})_{i \in I}$ $(1_{X_i} = 1_X)$, ein induktiver Limes von T. An Hand des Begriffs des Coprodukts ersieht man, daß diese Aussage im allgemeinen nicht gilt, wenn man I lediglich als nichtleere prägeordnete Menge voraussetzt.

Für induktive Spektren in ENS über pseudogerichteten Mengen und allgemeiner für Funktoren kleiner pseudofiltrierender Kategorien in ENS lassen sich die induktiven Limites leicht bilden, wie aus dem folgenden hervorgeht. Wir nennen übrigens eine prägeordnete Menge I **pseudogerichtet**, wenn zu beliebigen $i, j, k \in I$ mit $k \leq i$ und $k \leq j$ ein $l \in I$ mit $i \leq l$ und $j \leq l$ existiert (also zwei Elemente i und j von I einen gemeinsamen Nachfolger l haben, wenn sie einen gemeinsamen Vorgänger k besitzen), und ferner eine Kategorie $\mathfrak{D}$ **pseudofiltrierend**, wenn die folgenden beiden Bedingungen erfüllt sind:

1. Für beliebige Morphismen $f: C \to D$ und $g: C \to E$ von $\mathfrak{D}$ mit gleicher Quelle existieren Morphismen $h: D \to F$ und $k: E \to F$ von $\mathfrak{D}$ mit gleichem Ziel und $hf = kg$.
2. Für beliebige Morphismen $f: C \to D$ und $g: C \to D$ von $\mathfrak{D}$ mit gleicher Quelle und gleichem Ziel existiert ein Morphismus $h: D \to E$ von $\mathfrak{D}$ mit $hf = hg$.

Zu den pseudofiltrierenden Kategorien gehören speziell die filtrierenden Kategorien, dabei heißt eine Kategorie $\mathfrak{D}$ **filtrierend**, wenn sie die obige Bedingung 2 und in Verschärfung der obigen Bedingung 1 die folgende Bedingung erfüllt:

1'. Zu beliebigen Objekten C und D von $\mathfrak{D}$ existieren Morphismen $f: C \to E$ und $g: D \to E$ von $\mathfrak{D}$ mit gleichem Ziel.

Die aus einer gerichteten bzw. pseudogerichteten Menge I gebildete Kategorie $\mathfrak{O}(I)$ ist filtrierend bzw. pseudofiltrierend. Es gibt pseudogerichtete, nicht gerichtete Mengen (Beispiele sind mehrelementige, mit der identischen Abbildung versehene Mengen) und damit auch pseudofiltrierende, nicht filtrierende Kategorien.

3.2.17. *T sei ein Funktor einer kleinen pseudofiltrierenden Kategorie $\mathfrak{D}$ in* ENS. *ϱ sei die kleinste Äquivalenzrelation in der Mengensumme $X = \sum_{D \in \mathrm{Ob}\mathfrak{D}} T(D)$, bezüglich der zu jedem Morphismus $f\colon C \to D$ von $\mathfrak{D}$ und jedem $u \in T(C)$ die geordneten Paare (C, u) und $(D, T(f)(u))$ äquivalent sind. Dann sind Elemente (C, u) und (D, v) von X bez. ϱ genau dann äquivalent, wenn Morphismen $f\colon C \to E$ und $g\colon D \to E$ von $\mathfrak{D}$ mit gleichem Ziel und $T(f)(u) = T(g)(v)$ existieren.*

Beweis. Die Richtung $\Leftarrow$ ist klar. Wir nehmen zum Beweis der Umkehrung $(C, u)\, \varrho\, (D, v)$ an. Es existieren $D_0, \ldots, D_n \in \mathrm{Ob}\mathfrak{D}$ und $x_0 \in T(D_0), \ldots, x_n \in T(D_n)$ mit $u = x_0$ und $v = x_n$ derart, daß zu beliebigem $l \in \{1, \ldots, n\}$ entweder ein Morphismus $f_l\colon D_{l-1} \to D_l$ mit $x_l = T(f_l)(x_{l-1})$ oder ein Morphismus $g_l\colon D_l \to D_{l-1}$ mit $x_{l-1} = T(g_l)(x_l)$ existiert. Da $\mathfrak{D}$ pseudofiltrierend ist, findet man leicht Morphismen $h_0\colon D_0 \to E, \ldots, h_n\colon D_n \to E$ von $\mathfrak{D}$ mit gleichem Ziel, so daß für jedes $l \in \{1, \ldots, n\}$ — je nachdem, ob f_l oder g_l existiert — $h_{l-1} = h_l f_l$ oder $h_l = h_{l-1} g_l$ gilt. Es folgt $T(h_0)(x_0) = \cdots = T(h_n)(x_n)$. ∎

Als Anwendung dieses Satzes führen wir in Ergänzung zu 3.2.16 an:

3.2.18. *S und T seien Funktoren einer kleinen pseudofiltrierenden Kategorie $\mathfrak{D}$ in* ENS. *$(f_D)_{D \in \mathrm{Ob}\mathfrak{D}}$ sei eine natürliche Transformation im weiten Sinne von T nach S, die aus eineindeutigen Abbildungen besteht. Dann ist auch* lim ind f_D *eine eineindeutige Abbildung.*

Beweis. Wir benutzen zum Teil die in 3.2.16 und im Beweis dieses Satzes verwendeten Bezeichnungen. Für $x, y \in X$ sei $f(x) = f(y)$. Es existieren $C, D \in \mathrm{Ob}\mathfrak{D}$, $u \in T(C)$ und $v \in T(D)$ mit $x = \varphi_C(u)$ und $y = \varphi_D(v)$, und es gilt

$$(\psi_C \circ f_C)(u) = (f \circ \varphi_C)(u) = (f \circ \varphi_D)(v) = (\psi_D \circ f_D)(v)\,,$$

also $(\lambda \circ \nu_C \circ f_C)(u) = (\lambda \circ \nu_D \circ f_D)(v)$ und damit $(C, f_C(u))\, \sigma\, (D, f_D(v))$. Wegen 3.2.17 existieren Morphismen $g\colon C \to E$ und $h\colon D \to E$ von $\mathfrak{D}$ mit $(S(g) \circ f_C)(u) = (S(h) \circ f_D)(v)$, d. h. $(f_E \circ T(g))(u) = (f_E \circ T(h))(v)$. Da f_E eine eineindeutige Abbildung ist, ergibt sich $T(g)(u) = T(h)(v)$, wegen 3.2.17 also $(C, u)\, \varrho (D, v)$ und damit $x = y$. f ist also eine eineindeutige Abbildung. ∎

Ist $(X_i)_{i \in I}$ eine Familie von Mengen, deren Indexbereich eine prägeordnete Menge ist und für die zu jedem Paar $(i, j) \in\, \leq$ die Inklusionsbeziehung $X_i \subseteq X_j$ besteht, und ist φ_{ij} zu beliebigem $(i, j) \in\, \leq$ die identische Einbettung von X_i in X_j, dann bildet das geordnete Paar der Familien $(X_i)_{i \in I}$ und $(\varphi_{ij})_{(i,j) \in \leq}$ ein induktives Spektrum in ENS. Es heißt das **induktive Einbettungsspektrum** in ENS über I mit den Mengen X_i $(i \in I)$.

Ist T ein induktives Spektrum in einer Kategorie $\mathfrak{C}$ und V ein treuer Funktor von $\mathfrak{C}$ in ENS derart, daß VT ein induktives Einbettungsspektrum in ENS ist, dann nennen wir T ein **induktives Einbettungsspektrum** in $\mathfrak{C}$ bez. V. Wie bei projektiven Einbettungsspektren lassen wir den Zusatz „bez. V" im allgemeinen weg, wenn V einer der später auftretenden Vergißfunktoren ist.

Ähnlich wie im projektiven Fall gibt es für induktive Einbettungsspektren in ENS über gerichteten Mengen eine einfachere natürliche Auswahl der induktiven Limites als die in 3.2.15 angegebene.

3.2.19. *T sei ein induktives Einbettungsspektrum in* ENS *über einer gerichteten Menge I mit den Mengen X_i ($i \in I$). Dann ist*

$$X = \bigcup_{i \in I} X_i\,,$$

zusammen mit der Familie der identischen Einbettungen von X_i in X ($i \in I$), ein induktiver Limes von T.

Beweis. X' sei die Mengensumme $\sum_{i \in I} X_i$ und ϱ diejenige Äquivalenzrelation in X', für die $(i, x_i)\ \varrho\ (j, y_j)$ genau im Falle $x_i = y_j$ gilt. ι_i sei zu beliebigem $i \in I$ die natürliche Injektion von X_i in X' und $\varkappa$ die kanonische Abbildung von X' auf X'/ϱ. Nach 3.2.15 und 3.2.17 ist X'/ϱ, zusammen mit der Familie der Abbildungen $\varphi_i = \varkappa \circ \iota_i$ ($i \in I$) ein induktiver Limes von T. Es existiert eine eineindeutige Abbildung η von $\bigcup_{i \in I} X_i$ auf X'/ϱ mit $\eta(x) = \{\varkappa(i, x) \mid x \in X_i\}$. Es gilt $\eta \mid X_i = \varphi_i$ zu beliebigem $i \in I$ und damit, daß X, zusammen mit der Familie der identischen Einbettungen von X_i in X ($i \in I$), ein induktiver Limes von T ist. ∎

Aus 3.2.6 und der nachfolgenden Bemerkung ergeben sich durch Dualisierung entsprechende Aussagen für induktive Doppellimites. Ferner ergibt sich aus 3.2.7 ein entsprechender Vertauschungssatz für induktive Limites. Wir überlassen die genauen Formulierungen dem Leser.

Als nächstes gehen wir auf das Problem der Vertauschung der Reihenfolge von projektiven und induktiven Limites ein. Zunächst präzisieren wir, in welchem Sinne diese Vertauschung gemeint ist. Es sei T ein Funktor eines Produkts $\mathfrak{D} \times \mathfrak{E}$ von nichtleeren[1]) kleinen Kategorien $\mathfrak{D}$ und $\mathfrak{E}$ in eine Kategorie $\mathfrak{C}$. Für jedes $D \in \mathrm{Ob}\mathfrak{D}$ sei $L(D)$, zusammen mit einer Familie $(\mu(D)_E)_{E \in \mathrm{Ob}\mathfrak{E}}$, ein projektiver Limes von T_D. und für jedes $E \in \mathrm{Ob}\mathfrak{E}$ ferner $M(E)$, zusammen mit einer Familie $(\nu(E)_D)_{D \in \mathrm{Ob}\mathfrak{D}}$, ein induktiver Limes von $T_{.E}$. X sei, zusammen mit einer Familie $(\nu_D)_{D \in \mathrm{Ob}\mathfrak{D}}$, ein induktiver Limes des wie in 3.2.6 gebildeten Funktors $L\colon \mathfrak{D} \to \mathfrak{C}$, ferner Y, zusammen mit einer Familie $(\mu_E)_{E \in \mathrm{Ob}\mathfrak{E}}$, ein projektiver Limes des mittels der $M(E)$ dual gebildeten Funktors $M\colon \mathfrak{E} \to \mathfrak{C}$.

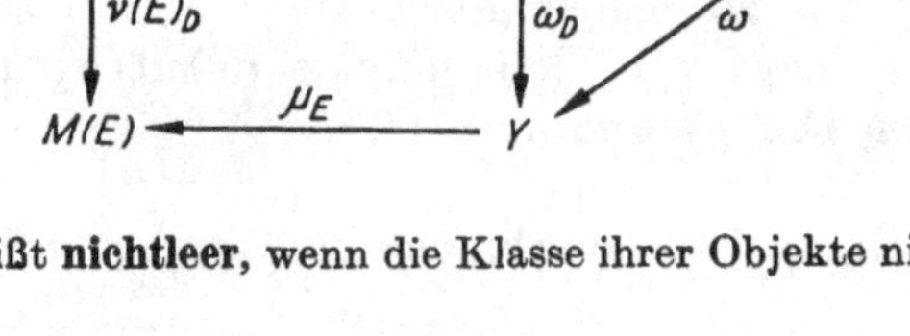

1) Eine Kategorie heißt **nichtleer**, wenn die Klasse ihrer Objekte nichtleer ist.

Zu jedem $D \in \mathrm{Ob}\mathfrak{D}$ folgt mittels einer zu (3.2.7) dualen Beziehung

$$M(g)\, \nu(E)_D\, \mu(D)_E = \nu(F)_D\, T(1_D, g)\, \mu(D)_E = \nu(F)_D\, \mu(D)_F$$

für jeden Morphismus $g: E \to F$ von $\mathfrak{E}$ und damit, daß ein eindeutig bestimmter Morphismus $\omega_D: L(D) \to Y$ derart existiert, daß für jedes $E \in \mathrm{Ob}\,\mathfrak{E}$ das Rechteck des angegebenen Diagramms kommutativ ist. Zu jedem Morphismus $f: C \to D$ von $\mathfrak{D}$ folgt mittels (3.2.7)

$$\nu(E)_D\, \mu(D)_E\, L(f) = \nu(E)_D\, T(f, 1_E)\, \mu(C)_E = \nu(E)_C\, \mu(C)_E$$

und damit $\omega_D L(f) = \omega_C$. Somit existiert ein eindeutig bestimmter Morphismus $\omega: X \to Y$ mit $\omega \nu_D = \omega_D$ $(D \in \mathrm{Ob}\mathfrak{D})$.

Wir sagen nun, daß bei den gemischten Doppellimites von T (wobei die induktiven Limites bezüglich $\mathfrak{D}$ und die projektiven Limites bezüglich $\mathfrak{E}$ gemeint sind) die Reihenfolge der Limites **vertauschbar** ist, wenn ω ein Isomorphismus ist. Im allgemeinen ist ω kein Isomorphismus, zum Beispiel nicht, wenn $\mathfrak{E}$ die Kategorie ENS ist und die projektiven Limites jeweils Produkte zweier nichtleerer Mengen und die induktiven Limites jeweils Coprodukte (also Mengensummen) zweier nichtleerer Mengen sind; die betreffende Abbildung $\omega: \sum_{i \in I} \prod_{j \in I} X_{ij} \to \prod_{j \in I} \sum_{i \in I} X_{ij}$, $I = \{1, 2\}$, hat nicht ganz $\prod_{j \in I} \sum_{i \in I} X_{ij}$ als Wertebereich.

Wir führen nun einen Fall an, in dem ω ein Isomorphismus ist.

3.2.20 (Vertauschungssatz). *$\mathfrak{D}$ sei eine nichtleere kleine filtrierende Kategorie, $\mathfrak{E}$ eine nichtleere endliche*[1]) *Kategorie und T ein Funktor von $\mathfrak{D} \times \mathfrak{E}$ in* ENS. *Der zugehörige Morphismus*

$$\omega: \lim\,\mathrm{ind}\,\big(\lim\,\mathrm{proj}\, T_{D\cdot}(E)\big) \to \lim\,\mathrm{proj}\,\big(\lim\,\mathrm{ind}\, T_{\cdot E}(D)\big)$$

ist ein Isomorphismus (d. h. eine Bijektion).

Beweis. Wir benutzen für die im Satz auftretenden projektiven und induktiven Limites die vorher eingeführten Bezeichnungen und erhalten wegen 3.2.3 und 3.2.15

$$L(D) = \{(x_E)_{E \in \mathrm{Ob}\mathfrak{E}} \in \prod_{E \in \mathrm{Ob}\mathfrak{E}} T(D, E) \mid x_F = T(1_D, g)\, x_E \text{ für jedes } g: E \to F \text{ aus } \mathrm{Mor}\mathfrak{E}\} \quad (D \in \mathrm{Ob}\mathfrak{D})\,,$$

$$Y = \{(y_E)_{E \in \mathrm{Ob}\mathfrak{E}} \in \prod_{E \in \mathrm{Ob}\mathfrak{E}} M(E) \mid y_F = M(g)\, y_E \text{ für jedes } g: E \to F \text{ aus } \mathrm{Mor}\,\mathfrak{E}\}\,,$$

$$M(E) = \Big(\sum_{D \in \mathrm{Ob}\mathfrak{D}} T(D, E)\Big)/\varrho_E \quad (E \in \mathrm{Ob}\,\mathfrak{E}) \quad \text{und} \quad X = \Big(\sum_{D \in \mathrm{Ob}\mathfrak{D}} L(D)\Big)/\varrho\,,$$

wobei jeweils ϱ_E und ϱ die kleinsten Äquivalenzrelationen in den betreffenden Mengensummen sind, bezüglich der $(C, x_{C,E})$ und $\big(D, T(f, 1_E)\, x_{C,E}\big)$ bzw. (C, x_C) und $\big(D, L(f)\, x_C\big)$ zu jedem Morphismus $f: C \to D$ von $\mathfrak{D}$ und jedem Punkt $x_{C,E} \in T(C, E)$ bzw. $x_C \in L(C)$ äquivalent sind. $\varkappa_E$ und $\varkappa$ seien die kanonischen Abbildungen bez. ϱ_E und ϱ.

[1]) Wir nennen eine Kategorie $\mathfrak{E}$ **endlich**, wenn $\mathrm{Mor}\mathfrak{E}$ eine endliche Menge ist.

Jedes Element y von Y hat die Form $(\varkappa_E(D_E, x_{D_E,E}))_{E \in \mathrm{Ob}\mathfrak{E}}$. Da $\mathfrak{D}$ filtrierend und $\mathfrak{E}$ endlich ist, finden wir ein $D \in \mathrm{Ob}\mathfrak{D}$ und Morphismen $f_E\colon D_E \to D$ mit

$$y = (\varkappa_E(D, x_{D,E}))_{E \in \mathrm{Ob}\mathfrak{E}} \tag{3.2.16}$$

bei $x_{D,E} = T(f_E, 1_E)\, x_{D_E,E}$. Für jeden Morphismus $g\colon F \to G$ von $\mathfrak{E}$ gilt

$$\nu(G)_D\,(x_{D,G}) = M(g)\,\nu(F)_D\,(x_{D,F}) = \nu(G)_D\,(T(1_D, g)\,x_{D,F}) \tag{3.2.17}$$

und sind somit $x_{D,G}$ und $x'_{D,G} = T(1_D, g)\,x_{D,F}$ bez. ϱ_G äquivalent. Da $\mathfrak{D}$ filtrierend ist, finden wir einen Morphismus $f\colon D \to D'$ mit $T(f, 1_G)\,x_{D,G} = T(f, 1_G)\,x'_{D,G}$ (vergleiche 3.2.17). Unter Beachtung der Endlichkeit von $\mathfrak{E}$ folgt, daß wir f unabhängig von g wählen können. Indem wir D durch D' und stets $x_{D,E}$ durch $T(f, 1_E)\,x_{D,E}$ ersetzen, erreichen wir, daß y eine Gestalt (3.2.16) erhält (nach Umbezeichnung) und für jeden Morphismus $g\colon F \to G$ von $\mathfrak{E}$ anstelle (3.2.17) sogar $x_{D,G} = T(1_D, g)\,x_{D,F}$ gilt, somit $x_D = (x_{D,E})_{E \in \mathrm{Ob}\mathfrak{E}}$ ein Element von $L(D)$ ist und daher y bez. ω ein Urbild, nämlich $\varkappa(D, x_D)$, hat. Folglich ist $\mathrm{wb}\,\omega = Y$.

Sind $\varkappa(C, x_C)$ und $\varkappa(D, x'_D)$ Punkte von X mit übereinstimmenden Bildpunkten bez. ω, d. h. gilt $\varkappa_E(C, x_{C,E}) = \varkappa_E(D, x'_{D,E})$ für jedes $E \in \mathrm{Ob}\mathfrak{E}$, wobei jeweils $x_{C,E}$ und $x'_{D,E}$ die E-ten Komponenten von x_C bzw. x'_D sind, so finden wir wegen 3.2.17 zu beliebigem $E \in \mathrm{Ob}\mathfrak{E}$ Morphismen $f\colon C \to D'$ und $g\colon D \to D'$ von $\mathfrak{D}$ mit $T(f, 1_E)\,x_{C,E} = T(g, 1_E)\,x'_{D,E}$. Da $\mathrm{Ob}\mathfrak{E}$ endlich ist, können wir f und g unabhängig von E wählen und erhalten wegen (3.2.7)

$$\mu(D')_E\,L(f)(x_C) = \mu(D')_E\,L(g)(x'_D) \qquad (E \in \mathrm{Ob}\mathfrak{E}),$$

also $L(f)(x_C) = L(g)(x'_D)$ und damit $\varkappa(C, x_C) = \varkappa(D, x'_D)$. ω ist daher eine Bijektion. ∎

Induktive Limites von Funktoren kleiner filtrierender Kategorien heißen ebenfalls **filtrierend**, projektive Limites von Funktoren endlicher Kategorien natürlich **endlich**. Mit diesen Bezeichnungen besagt der Satz, daß für nichtleere Funktoren in ENS filtrierende induktive Limites mit endlichen projektiven Limites vertauschbar sind.

Wenn speziell $\mathfrak{D}$ die mit einer nichtleeren gerichteten Menge I gebildete Kategorie $\mathfrak{O}(I)$, $\mathfrak{E}$ eine nichtleere endliche Kategorie und T ein Funktor von $\mathfrak{D} \times \mathfrak{E}$ in ENS ist derart, daß $T._E$ für jedes E ein induktives Einbettungsspektrum ist, dann ist auch der mittels der $L(i) = \lim\,\mathrm{proj}\; T_i.(E)$ gebildete Funktor $L\colon \mathfrak{D} \to \mathfrak{E}$ ein induktives Einbettungsspektrum. Nehmen wir in diesem Fall bei den betreffenden induktiven Limites die in 3.2.19 angegebene Auswahl vor, so ist ω sogar die identische Abbildung, d. h. gilt

$$\bigcup_{i \in I} \lim\,\mathrm{proj}\; T_i.(E) = \lim\,\mathrm{proj} \bigcup_{i \in I} T._E(i)\,. \tag{3.2.18}$$

Dual zum Begriff des an einen Funktor gebundenen Produktes ist der Begriff des an einen Funktor gebundenen Coproduktes. Ist V ein treuer Funktor einer Kategorie $\mathfrak{C}$ in eine Kategorie $\mathfrak{E}$, $(X_\iota)_{\iota \in I}$ eine Familie von Objekten von $\mathfrak{C}$, ferner E ein Objekt von $\mathfrak{E}$ und $(g_i)_{i \in I}$ eine Familie von Morphismen g_i: $V(X_i) \to E$ $(i \in I)$ von $\mathfrak{E}$, so nennen wir ein Objekt X von $\mathfrak{C}$ mit $V(X) = E$, zusammen mit einer Familie von Morphismen φ_i: $X_i \to X$ $(i \in I)$ mit $V(\varphi_i) = g_i$, ein **an V gebundenes Coprodukt** oder ein **V-Coprodukt** der X_i $(i \in I)$ über E, $(g_i)_{i \in I}$, wenn gilt: Zu jedem Objekt Y von $\mathfrak{C}$ und jedem Morphismus f: $E \to V(Y)$ von $\mathfrak{E}$ existiert genau dann ein Morphismus φ: $X \to Y$ von $\mathfrak{C}$ mit $V(\varphi) = f$, wenn zu beliebigem $i \in I$ ein Morphismus ψ_i: $X_i \to Y$ mit $V(\psi_i) = fg_i$ existiert.

Durch Dualisierung von 3.2.8 ergibt sich, daß V-Coprodukte bis auf Isomorphismen φ bestimmt sind, die als Bilder $V(\varphi)$ identische Morphismen haben. Wenn V regulär ist, sind die V-Coprodukte eindeutig bestimmt.

V-Coprodukte besitzen eine Minimaleigenschaft. Durch Dualisierung von 3.2.10 ergibt sich nämlich

3.2.21 (Minimaleigenschaft der V-Coprodukte). *V sei ein treuer regulärer Funktor einer Kategorie $\mathfrak{C}$ in eine Kategorie $\mathfrak{E}$. $(X_i)_{i \in I}$ sei eine Familie von Objekten von $\mathfrak{C}$, E sei ein Objekt von $\mathfrak{E}$ und g_i: $V(X_i) \to E$ zu beliebigem $i \in I$ ein Morphismus von $\mathfrak{E}$. X sei, zusammen mit einer Familie von Morphismen φ_i: $X_i \to X$ $(i \in I)$, das V-Coprodukt der X_i $(i \in I)$ über E, $(g_i)_{i \in I}$. Dann ist X bezüglich der durch* (3.2.8) *definierten Ordnung in* Ob$\mathfrak{C}$ *das kleinste unter den Objekten Y von $\mathfrak{C}$, für die Morphismen ψ_i: $X_i \to Y$ $(i \in I)$ mit $V(\psi_i) = g_i$ existieren.*

Durch Dualisierung von 3.2.11 erhält man eine entsprechende Aussage für V-Coprodukte. V sei ein treuer Funktor einer Kategorie $\mathfrak{C}$ in eine Kategorie $\mathfrak{E}$, $\mathfrak{B}$ eine Unterkategorie von $\mathfrak{C}$, T ein Funktor von $\mathfrak{C}$ in $\mathfrak{B}$, der die Objekte und Morphismen von $\mathfrak{B}$ festläßt, und W ein Funktor von $\mathfrak{B}$ in $\mathfrak{E}$ mit $V = WT$.

3.2.22 (Existenz gebundener Coprodukte in Unterkategorien). *$(X_i)_{i \in I}$ sei eine Familie von Objekten von $\mathfrak{C}$ derart, daß bezüglich der durch* (3.2.8) *definierten Präordnung $X_i \leqq T(X_i)$ $(i \in I)$ gilt*[1]*). E sei ein Objekt von $\mathfrak{E}$ und g_i: $V(X_i) \to E$ zu beliebigem $i \in I$ ein Morphismus von $\mathfrak{E}$. X sei, zusammen mit einer Familie von Morphismen φ_i: $X_i \to X$ $(i \in I)$, ein V-Coprodukt der X_i $(i \in I)$ über E, $(g_i)_{i \in I}$.*

Dann ist $T(X)$, zusammen mit $(T(\varphi_i))_{i \in I}$, ein W-Coprodukt der $T(X_i)$ $(i \in I)$ über E, $(g_i)_{i \in I}$.

Wenn V regulär ist, $X_i \in$ Ob$\mathfrak{B}$ $(i \in I)$ gilt und bezüglich der durch (3.2.8) *definierten Ordnung die Beziehung $T(X) \leqq X$ besteht, stimmt X mit $T(X)$ und φ_i zu beliebigem $i \in I$ mit $T(\varphi_i)$ überein, ist also X, zusammen mit der Familie $(\varphi_i)_{i \in I}$, das W-Coprodukt der X_i $(i \in I)$ über E, $(g_i)_{i \in I}$.*

Es ist leicht möglich, 3.2.12 zu dualisieren und so einen entsprechenden Satz über V-Coprodukte herzuleiten. Wir überlassen das dem Leser. Aus 3.2.13 folgt mittels Dualisierung

---

[1]) Trivialerweise gilt $X_i = T(X_i)$ bei $X_i \in$ Ob$\mathfrak{B}$.

3.2.23 (Liftung induktiver Limites). *T: $\mathfrak{D} \to \mathfrak{C}$ sei ein Funktor einer kleinen Kategorie $\mathfrak{D}$ in eine Kategorie $\mathfrak{C}$ und V: $\mathfrak{C} \to \mathfrak{E}$ ein treuer Funktor von $\mathfrak{C}$ in eine Kategorie $\mathfrak{E}$. Ein Objekt E von $\mathfrak{E}$ sei, zusammen mit einer Familie von Morphismen g_D: $VT(D) \to E$ ($D \in \mathrm{Ob}\mathfrak{D}$) ein induktiver Limes von VT. Dann ist jedes V-Coprodukt der $T(D)$ ($D \in \mathrm{Ob}\mathfrak{D}$) über E, $(g_D)_{D\in\mathrm{Ob}\mathfrak{D}}$ ein induktiver Limes von T.*

Die in den beiden Anmerkungen nach 3.2.13 angegebenen Aussagen lassen sich natürlich auch dualisieren. Insbesondere folgt, daß man in dem Fall, daß die V-Coprodukte eindeutig bestimmt sind, von einer natürlichen Auswahl der induktiven Limites in $\mathfrak{E}$ über 3.2.23 zu einer natürlichen Auswahl der induktiven Limites in $\mathfrak{C}$ kommt.

3.3. Limesräume und pseudotopologische Räume

Nach diesen vorbereitenden Betrachtungen über Kategorien kommen wir nun zur Konvergenztheorie.

X sei eine beliebige Menge. Wie in Abschnitt 2.10 bezeichne $\mathcal{J}X$ die Menge aller $\wedge$-Ideale von Filtern in X. Jede Abbildung τ: $X \to \mathcal{J}X$ nennen wir eine **Limitierung** oder eine **Konvergenzstruktur** von X und X, versehen mit einer Limitierung von X, einem **Limesraum** oder auch einen **Konvergenzraum.** Die Menge X selbst heißt dann die **Trägermenge** dieses Raumes, und die Elemente von X werden **Punkte** dieses Raumes genannt. Eine Limitierung der Menge X ist nach unserer Definition eine Abbildung τ, die jedem $x \in X$ eine Menge $\tau(x)$ von Filtern in X mit den folgenden beiden Eigenschaften zuordnet:

1. Mit $\mathfrak{F}$ gehört jeder Oberfilter von $\mathfrak{F}$ zu $\tau(x)$.
2. Aus $\mathfrak{F} \in \tau(x)$ und $\mathfrak{G} \in \tau(x)$ folgt $\mathfrak{F} \cap \mathfrak{G} \in \tau(x)$.

τ sei für das weitere eine Limitierung von X. Für $\mathfrak{F} \in \tau(x)$ sagen wir, daß $\mathfrak{F}$ bez. τ gegen x **konvergiert** oder daß x ein **τ-Limes** von $\mathfrak{F}$ ist. Wir schreiben dafür auch $\mathfrak{F} \underset{\tau}{\to} x$ und, wenn keine Mißverständnisse entstehen, auch einfach $\mathfrak{F} \to x$. Der uneigentliche Filter $\mathsf{P}X$ gehört jedem $\wedge$-Ideal $\tau(x)$ an, konvergiert also gegen jedes Element x von X. Für gefilterte Familien können wir ebenfalls eine Konvergenz erklären. Wir sagen, daß eine gefilterte Familie $(x_\iota)_{\iota\in I}$ von Elementen von X bez. τ gegen ein $x \in X$ **konvergiert**, wenn der aus dieser Familie erzeugte Filter in X, also der mittels des Filters $\mathfrak{K}$ von I gebildete Filter im $\{\{x_\iota \mid \iota \in K\} \mid K \in \mathfrak{K}\}$, bez. τ gegen x konvergiert. Wir schreiben dafür auch $\overset{\subseteq, X}{(x_\iota)_{\iota\in I}} \underset{\tau}{\to} x$ oder einfach $(x_\iota)_{\iota\in I} \to x$. Aus 2.8.4 folgt, daß mit jeder gefilterten Familie auch jede gefilterte Teilfamilie gegen das betreffende Element konvergiert. Aus 2.8.5 ergibt sich, daß mit gefilterten Familien $(x_\iota)_{\iota\in I}$ und $(y_\jmath)_{\jmath\in J}$ auch jede aus diesen zusammengesetzte gefilterte Familie gegen das betreffende Element konvergiert.

Unter Berücksichtigung der obigen Eigenschaft 1 der $\wedge$-Ideale $\tau(x)$ erhalten wir:

3.3.1. *Eine gefilterte Familie $(x_\iota)_{\iota\in I}$ von Elementen von X konvergiert bez. τ genau dann gegen ein $x \in X$, wenn es einen Filter $\mathfrak{F} \in \tau(x)$ gibt, so daß zu jedem $F \in \mathfrak{F}$ ein Element K des Filters $\mathfrak{K}$ von I existiert mit $x_\iota \in F$ zu beliebigem $\iota \in K$.*

Zur jeder Teilmenge A von X definieren wir als **Adhärenz** von A bez. τ die Menge

$$\begin{aligned}\overline{A}^\tau &= A \cup \{x \in X \mid \exists\, \mathfrak{F} \in \tau(x)\ (A \in \mathfrak{F}^*)\} \\ &= A \cup \{x \in X \mid \exists\, \mathfrak{F} \in \tau(x) \setminus \{\mathsf{P}X\}\ (A \in \mathfrak{F})\}\,. \qquad (3.3.1)\end{aligned}$$

$\mathfrak{F}^*$ ist natürlich das Gitter von $\mathfrak{F}$, und $(A \in \mathfrak{F}^*)$ ist äquivalent zu $\forall F \in \mathfrak{F}$ $(F \cap A \neq \emptyset)$ und zu $(X \setminus A \notin \mathfrak{F})$. Sind keine Irrtümer möglich, so schreiben wir für $\overline{A}^\tau$ auch einfach $\overline{A}$.

3.3.2. *$\overline{A}^\tau$ besteht für jede Teilmenge A von X aus allen Elementen von A und allen τ-Limites eigentlicher gefilterter (gerichteter) Familien $(x_\iota)_{\iota\in I}$ von Elementen von A.*

Beweis. Ist $(x_\iota)_{\iota\in I}$ eine eigentliche gefilterte (gerichtete) Familie von Elementen von A, die gegen ein $x \in X$ konvergiert, so folgt $x \in \overline{A}^\tau$ mittels 3.3.1. Bei diesem Schluß wird wesentlich benutzt, daß der Filter $\mathfrak{K}$ von I eigentlich ist, ihm also die leere Menge nicht angehört.

Für das Folgende sei ein $x \in \overline{A}^\tau \setminus A$ gegeben. Es existiert dann ein eigentlicher Filter $\mathfrak{F} \in \tau(x)$ mit $F \cap A \neq \emptyset$ für jedes $F \in \mathfrak{F}$. Wir ordnen $\mathfrak{F}$ analog einem Vorgehen aus Abschnitt 2.8 ein Netz $(x_\iota)_{\iota\in I}$ zu, indem wir $I = \{(y, F) \mid F \in \mathfrak{F}$ und $y \in F \cap A\}$ und ferner $x_\iota = y$ zu beliebigem $\iota = (y, F) \in I$ setzen und I durch $(y, F) \leqq (z, G) \Leftrightarrow G \subseteqq F$ richten. $(x_\iota)_{\iota\in I}$ besteht aus Elementen von A und konvergiert wegen 3.3.1 gegen x. Aus dem Bewiesenen folgt leicht die Behauptung. ∎

Eine Teilmenge A eines Limesraumes heißt **dicht** in diesem Raum, wenn die Adhärenz von A bezüglich der Limitierung des Raumes mit dem ganzen Raum übereinstimmt.

Zu beliebigem $x \in X$ nennen wir $\mathfrak{N}(x) = [x] \cap \bigcap_{\mathfrak{F}\in\tau(x)} \mathfrak{F}$ den **Nachbarschaftsfilter** von x bez. τ und jede Menge $N \in \mathfrak{N}(x)$ eine **Nachbarschaft** von x bez. τ[1]. Sind A und N Teilmengen von X und ist N bez. τ Nachbarschaft jedes Elementes von A, so heißt N eine **Nachbarschaft** von A bez. τ.

3.3.3. *Für den Nachbarschaftsfilter eines beliebigen Elementes x von X gilt*

$$\mathfrak{N}(x) = \{N \in \mathsf{P}X \mid x \notin \overline{X \setminus N}\}\,. \qquad (3.3.2)$$

Beweis. $N \in \mathfrak{N}(x)$ bedeutet $x \in N$ und $N \in \mathfrak{F}$ zu beliebigem $\mathfrak{F} \in \tau(x)$, woraus auf Grund der Adhärenzdefinition $x \notin \overline{X \setminus N}$ folgt. Ist $x \notin \overline{X \setminus N}$, so gilt $x \in N$.

[1]) Anstelle Nachbarschaft und Nachbarschaftsfilter wird häufig auch Umgebung und Umgebungsfilter gesagt.

Ferner besitzt dann jeder Filter $\mathfrak{F} \in \tau(x)$ ein Element F mit $F \cap (X \setminus N) = \emptyset$, d. h. mit $F \subseteq N$, weshalb sich $N \in \mathfrak{F}$ und somit $N \in \mathfrak{N}(x)$ ergibt. Daher gilt (3.3.2). ∎

Unter Benutzung von 3.3.3 beweisen wir

3.3.4. *Die Adhärenzbildung* $A \mapsto \overline{A}$ $(A \in \mathsf{P}X)$ *besitzt die folgenden Eigenschaften:*

1. *Es ist* $\emptyset = \overline{\emptyset}$.
2. *Für jede Teilmenge* A *von* X *gilt* $A \subseteq \overline{A}$.
3. *Es ist stets* $\overline{A} \cup \overline{B} = \overline{A \cup B}$.

Beweis. Daß $A \mapsto \overline{A}$ $(A \in \mathsf{P}X)$ die Eigenschaften 1 und 2 besitzt, folgt unmittelbar aus der Definition der Adhärenz. Für das Folgende seien A und B zwei Teilmengen von X. Wie sich leicht ergibt, gilt für beliebige Teilmengen N und M von X mit $N \subseteq M$ auch $\overline{N} \subseteq \overline{M}$, woraus

$$\overline{A} \cup \overline{B} \subseteq \overline{A \cup B} \tag{3.3.3}$$

folgt. Für jedes $x \in X$, das nicht $\overline{A} \cup \overline{B}$ angehört, gilt wegen (3.3.2) stets $X \setminus A \in \mathfrak{N}(x)$ und $X \setminus B \in \mathfrak{N}(x)$ und, da $\mathfrak{N}(x)$ ein Filter ist, somit auch $(X \setminus A) \cap (X \setminus B) \in \mathfrak{N}(x)$, wegen (3.3.2) und $X \setminus \big((X \setminus A) \cap (X \setminus B)\big) = A \cup B$ damit $x \notin \overline{A \cup B}$. Zusammen mit (3.3.3) folgt $\overline{A} \cup \overline{B} = \overline{A \cup B}$. ∎

Wegen der im Satz angeführten Eigenschaft 2 gilt natürlich stets $X = \overline{X}$.

Wir verstehen unter dem **Inneren** $\underline{A}_{\tau}$ einer Teilmenge A von X bez. τ die Menge $X \setminus \overline{X \setminus A}^{\tau}$, wegen (3.3.2) also die Menge aller Punkte, die A als Nachbarschaft haben, so daß für jede Teilmenge A von X

$$\underline{A}_{\tau} = \{x \in X \mid A \in \mathfrak{N}(x)\} \tag{3.3.4}$$

und wegen $\overline{A}^{\tau} = X \setminus \underline{X \setminus A}_{\tau}$ und $X \setminus A \notin \mathfrak{N}(x) \Leftrightarrow \forall N \in \mathfrak{N}(x)\ (N \cap A \neq \emptyset)$ auch

$$\overline{A}^{\tau} = \{x \in X \mid A \in \mathfrak{N}(x)^*\} \tag{3.3.5}$$

gilt. Aus (3.3.1) folgt mühelos, daß für jede Teilmenge A von X

$$\begin{aligned} \underline{A}_{\tau} &= A \cap \{x \in X \mid \forall \mathfrak{F} \in \tau(x)\ (A \in \mathfrak{F})\} \\ &= A \cap \{x \in X \mid \forall \mathfrak{F} \in \tau(x) \setminus \{\mathsf{P}X\}\ (A \in \mathfrak{F}^*)\} \end{aligned} \tag{3.3.6}$$

gilt. Sind Irrtümer ausgeschlossen, so schreiben wir anstelle von $\underline{A}_{\tau}$ auch einfach $\underline{A}$. (3.3.2) können wir jetzt auch in der Form $\mathfrak{N}(x) = \{N \in \mathsf{P}X \mid x \in \underline{N}\}$ schreiben. Es ergibt sich damit, daß eine Teilmenge N von X genau dann Nachbarschaft einer Teilmenge A von X ist, wenn $A \subseteq \underline{N}$ gilt. (3.3.4) hat zur Folge:

1. Es ist $\underline{X} = X$.
2. Für jede Teilmenge A von X gilt $\underline{A} \subseteq A$.
3. Es ist stets $\underline{A} \cap \underline{B} = \underline{A \cap B}$.

Eine Teilmenge A von X heißt **offen** bez. τ, wenn sie bez. τ Nachbarschaft jedes ihrer Elemente ist. Die Komplementärmengen $X \setminus A$ der bez. τ offenen Mengen A heißen bez. τ **abgeschlossen.**

Der folgende Satz liefert eine einfache Charakterisierung der offenen und abgeschlossenen Mengen mittels des Inneren- bzw. Adhärenzbegriffes.

3.3.5. *Eine Teilmenge A von X ist bez. τ genau dann offen bzw. abgeschlossen, wenn $A = \underline{A}$ bzw. $A = \bar{A}$ ist.*

Beweis. A ist genau dann offen, wenn A Nachbarschaft von sich ist, also $A \subseteqq \underline{A}$, d. h. $A = \underline{A}$ gilt. A ist genau dann abgeschlossen, wenn $X \setminus A$ offen ist, also $X \setminus A = X \setminus \underline{A}$, d. h. $A = \bar{A}$ gilt. ∎

3.3.6. *Die Menge ω der bez. τ offenen Mengen besitzt die folgenden Eigenschaften:*

1. *Es ist $X \in \omega$.*
2. *Die Vereinigung beliebig vieler Mengen aus ω gehört zu ω.*
3. *Der Durchschnitt zweier Mengen aus ω gehört stets zu ω.*

Beweis. Wegen 3.3.4 gilt $\emptyset = \bar{\emptyset}$, somit $X \in \omega$. Gegeben sei nun eine Teilmenge $\mathfrak{M}$ von ω. Jedes Element x der Vereinigung $M = \bigcup_{U \in \mathfrak{M}} U$ liegt in einer Menge $U \in \mathfrak{M}$, weshalb $U \in \mathfrak{N}(x)$, damit $M \in \mathfrak{N}(x)$ und deshalb $M \in \omega$ folgt. $\mathfrak{M}$ bestehe im weiteren aus zwei Mengen U und V. Zu jedem $x \in U \cap V$ gilt $U \in \mathfrak{N}(x)$ und $V \in \mathfrak{N}(x)$, damit $U \cap V \in \mathfrak{N}(x)$ und deshalb $U \cap V \in \omega$. ∎

Auf Grund der Eigenschaft 2 von ω folgt $\emptyset \in \omega$; denn es ist $\emptyset$ die Vereinigung der Elemente der leeren Teilmenge von ω. Wegen Eigenschaft 3 von ω ist zu jedem $x \in X$ die Menge $\mathfrak{U}(x)$, die aus allen bez. τ offenen Mengen U mit $x \in U$ besteht, eine Filterbasis. Wir nennen sie den **Umgebungsraster** von x bez. τ und die Mengen $U \in \mathfrak{U}(x)$ **Umgebungen** oder **offenen Nachbarschaften** von x bez. τ. Ferner bezeichnen wir zu einer beliebigen Teilmenge A von X jede $\bigcap_{x \in A} \mathfrak{U}(x)$ angehörende Teilmenge U von X als eine **Umgebung** oder **offene Nachbarschaft** von A bez. τ. Zu beliebigem $x \in X$ gilt natürlich

$$\mathfrak{U}(x) \subseteqq \mathfrak{N}(x)\,, \tag{3.3.7}$$

weshalb der aus $\mathfrak{U}(x)$ erzeugte Filter den Nachbarschaftsfilter $\mathfrak{N}(x)$ als Oberfilter hat; im allgemeinen stimmt er mit diesem nicht überein, wie zum Beispiel aus 3.4.3 hervorgehen wird.

Bezeichnen wir mit α die Menge aller bez. τ abgeschlossenen Mengen, so gilt wegen 3.3.6

1. Es ist $\emptyset \in \alpha$.
2. Der Durchschnitt beliebig vieler Mengen aus α gehört zu α.
3. Die Vereinigung zweier Mengen aus α gehört stets zu α.

Im weiteren kommen wir zu einem Spezialfall. Wir bezeichnen eine Limitierung τ von X als eine **Pseudotopologie** und X, versehen mit τ, als einen **pseudotopologischen Raum,** wenn zu beliebigem $x \in X$ der Filter $[x] = \{F \in \mathsf{P}X \mid x \in F\}$ zu $\tau(x)$ gehört. Bezüglich Pseudotopologien und nur bezüglich dieser konvergiert jede konstante gefilterte Familie, also jede gefilterte Familie, deren Glieder alle gleich einem festen Element sind, gegen dieses Element.

Jeder Limitierung τ von X kann man eine Pseudotopologie $p(\tau)$ von X zuordnen, indem man

$$p(\tau)(x) = [[x]] \vee \tau(x)$$

zu beliebigem $x \in X$ setzt; $[[x]]$ ist natürlich das aus dem Filter $[x]$ erzeugte $\wedge$-Ideal. $p(\tau)(x)$ hat $\{[x]\} \cup \tau(x)$ nach einer Bemerkung nach 2.2.2 als Subbasis.

Wir bezeichnen mit $\mathcal{T}X$ die Menge aller Limitierungen von X, mit $\mathcal{T}^pX$ die Menge aller Pseudotopologien von X und mit $p\colon \mathcal{T}X \to \mathcal{T}X$ diejenige Abbildung von $\mathcal{T}X$ in sich, die jeder Limitierung τ von X gerade die wie oben definierte Pseudotopologie $p(\tau)$ zuordnet. Da offensichtlich jede Pseudotopologie τ mit $p(\tau)$ übereinstimmt, erhalten wir

3.3.7. *Die Einschränkung von p auf $\mathcal{T}^pX$ ist gleich der identischen Abbildung von $\mathcal{T}^pX$ auf sich.*

p hat damit natürlich ganz $\mathcal{T}^pX$ als Wertebereich.

Es folgt leicht, daß für eine beliebige Teilmenge A von X und eine beliebige Limitierung τ von X

$$\begin{aligned}\overline{A}^{\tau} = \overline{A}^{p(\tau)} &= \{x \in X \mid \exists \mathfrak{F} \in p(\tau)(x)\ (A \in \mathfrak{F}^*)\} \\ &= \{x \in X \mid \exists \mathfrak{F} \in p(\tau)(x) \setminus \{\mathsf{P}X\}\ (A \in \mathfrak{F})\} \qquad (3.3.8)\end{aligned}$$

und

$$\begin{aligned}\underline{A}_{\tau} = \underline{A}_{p(\tau)} &= \{x \in X \mid \forall \mathfrak{F} \in p(\tau)(x)\ (A \in \mathfrak{F})\}\,, \\ &= \{x \in X \mid \forall \mathfrak{F} \in p(\tau)(x) \setminus \{\mathsf{P}X\}\ (A \in \mathfrak{F}^*)\} \qquad (3.3.9)\end{aligned}$$

ist. Ferner ergibt sich mittels 3.3.2 leicht, daß stets $\overline{A}^{\tau}$ aus allen $p(\tau)$-Limites eigentlicher gefilterter (gerichteter) Familien $(x_i)_{i \in I}$ von Elementen von A besteht. Folglich gilt:

3.3.8. *Ist τ eine Pseudotopologie von X, so ist $\overline{A}^{\tau}$ für jede Teilmenge A von X gleich der Menge aller τ-Limites eigentlicher gefilterter (gerichteter) Familien $(x_i)_{i \in I}$ von Elementen von A.*

Bezüglich einer beliebigen Limitierung τ von X gilt für den Nachbarschaftsfilter eines Elementes x von X $\mathfrak{N}(x) = \bigcap\limits_{\mathfrak{F} \in p(\tau)(x)} \mathfrak{F}$, wenn τ eine Pseudotopologie ist, damit insbesondere

$$\mathfrak{N}(x) = \bigcap_{\mathfrak{F} \in \tau(x)} \mathfrak{F}\,. \qquad (3.3.10)$$

3.4. Mehrstufig topologische und topologische Räume

In diesem Abschnitt nehmen wir weitere Spezialisierungen vor. X sei wieder eine beliebige Menge. Eine Pseudotopologie τ von X heißt eine **mehrstufige Topologie** oder eine **Prätopologie** von X und X, versehen mit τ, ein **mehrstufig topologischer** oder ein **prätopologischer Raum**, wenn $\tau(x)$ zu beliebigem $x \in X$ ein Haupt-$\wedge$-Ideal ist, wegen (3.3.10) also genau dann, wenn $\tau(x)$ zu beliebigem $x \in X$ das aus dem Nachbarschaftsfilter von x erzeugte Ideal $[\mathfrak{N}(x)]$ ist. Mehrstufige Topologien sind somit gerade diejenigen Limitierungen, bezüglich der jeder Nachbarschaftsfilter $\mathfrak{N}(x)$ gegen das betreffende x konvergiert.

3.4.1. *Für jede Pseudotopologie τ von X sind äquivalent:*

1. *τ ist eine mehrstufige Topologie.*

2. *Zu beliebigem $x \in X$ existiert ein Filter $\mathfrak{F} \in \tau(x)$ derart, daß $\mathfrak{F} \vee \mathfrak{G}$ für jeden eigentlichen Filter $\mathfrak{G} \in \tau(x)$ eigentlich ist. ($\mathfrak{F}$ ist dann jeweils gleich dem Nachbarschaftsfilter von x bez. τ.)*

3. *Zu beliebigem $x \in X$ und jedem Filter $\mathfrak{F}$ in X, für den zu jedem Element F des Gitters $\mathfrak{F}^*$ ein eigentlicher Filter $\mathfrak{G} \in \tau(x)$ mit $F \in \mathfrak{G}$ existiert, gilt $\mathfrak{F} \in \tau(x)$.*

Beweis. 1. Ist τ eine mehrstufige Topologie, so ist zu beliebigem $x \in X$ und jedem eigentlichen Filter $\mathfrak{G} \in \tau(x)$ trivialerweise $\mathfrak{N}(x) \vee \mathfrak{G}$ wegen $\mathfrak{N}(x) \vee \mathfrak{G} = \mathfrak{G}$ eigentlich.

2. Gegeben sei ein $x \in X$ und ein Filter $\mathfrak{F}_0 \in \tau(x)$ mit $\mathfrak{F}_0 \vee \mathfrak{G} \neq \mathsf{P}X$ zu jedem eigentlichen Filter $\mathfrak{G} \in \tau(x)$. $\mathfrak{F}$ sei ein Filter in X derart, daß zu beliebigem $F \in \mathfrak{F}^*$ ein eigentlicher Filter $\mathfrak{G} \in \tau(x)$ mit $F \in \mathfrak{G}$ existiert. Wäre $\mathfrak{F}_0 \not\subseteq \mathfrak{F}$, so gäbe es ein $F \in \mathfrak{F}_0$ mit $F \notin \mathfrak{F}$ und daher mit $X \setminus F \in \mathfrak{F}^*$. Es gäbe einen eigentlichen Filter $\mathfrak{G} \in \tau(x)$ mit $X \setminus F \in \mathfrak{G}$, was aber $\mathfrak{F}_0 \vee \mathfrak{G} \neq \mathsf{P}X$ widersprechen würde. Somit gilt $\mathfrak{F}_0 \subseteq \mathfrak{F}$ und damit $\mathfrak{F} \in \tau(x)$. Aus Bedingung 2 folgt deshalb Bedingung 3.

3. Nun sei Bedingung 3 erfüllt. Gegeben sei ein $x \in X$. Wegen (3.3.1) und (3.3.2) ist $\{N \in \mathsf{P}X \mid \forall \mathfrak{G} \in \tau(x) \setminus \{\mathsf{P}X\}\ (X \setminus N \notin \mathfrak{G})\}$ der Nachbarschaftsfilter $\mathfrak{N}(x)$ von x. Zu jedem $F \in \mathfrak{N}(x)^*$ gilt $X \setminus F \notin \mathfrak{N}(x)$ und existiert daher ein eigentlicher Filter $\mathfrak{G} \in \tau(x)$ mit $F = X \setminus (X \setminus F) \in \mathfrak{G}$. Somit gilt $\mathfrak{N}(x) \in \tau(x)$, d. h., τ ist eine mehrstufige Topologie. ∎

Anmerkung. Die Äquivalenz von 1 und 3 geht auf Kaz [2] zurück; Bedingung 3 ist die Bedingung (M) von Kaz in anderer Formulierung.

Wegen 3.3.1 gilt

3.4.2. *Eine gefilterte Familie $(x_i)_{i \in I}$ von Elementen von X konvergiert bezüglich einer mehrstufigen Topologie τ von X genau dann gegen ein $x \in X$, wenn zu jeder Nachbarschaft N von x bez. τ ein Element K des Filters $\mathfrak{K}$ von I existiert mit $x_i \in N$ zu beliebigem $i \in K$.*

Mit $\mathcal{T}^m X$ bezeichnen wir die Menge aller mehrstufigen Topologien von X und mit $\mathcal{H}X$ die Menge aller **Hüllenoperationen** in X, d. h. aller Abbildungen $A \mapsto \overline{A}$ $(A \in \mathsf{P}X)$ von $\mathsf{P}X$ in sich mit den in 3.3.4 angeführten Eigenschaften 1 bis 3. Wegen 3.3.4 läßt sich eine Abbildung $h\colon \mathcal{T}X \to \mathcal{H}X$ definieren, die jeder Limitierung τ von X die zugehörige Hüllenoperation $A \mapsto \overline{A}^{\tau}$ $(A \in \mathsf{P}X)$ zuordnet. Aus dem folgenden Satz ergibt sich, daß die mehrstufigen Topologien die wichtige Eigenschaft besitzen, sich durch ihre Hüllenoperationen charakterisieren zu lassen.

3.4.3. *Die Einschränkung von h auf $\mathcal{T}^m X$ ist eine eineindeutige Abbildung von $\mathcal{T}^m X$ auf $\mathcal{H}X$.*

Beweis. Die Hüllenoperationen der mehrstufigen Topologien bestimmen diese wegen (3.3.2), so daß sich die Einschränkung von h auf $\mathcal{T}^m X$ als eine eineindeutige Abbildung ergibt. Wir zeigen im folgenden, daß diese Abbildung als Wertebereich ganz $\mathcal{H}X$ hat. Gegeben sei dazu eine Abbildung $C\colon A \mapsto \overline{A}$ $(A \in \mathsf{P}X)$ aus $\mathcal{H}X$. Wir setzen zu beliebigem $x \in X$

$$\mathfrak{N}'(x) = \{N \in \mathsf{P}X \mid x \notin \overline{X \setminus N}\} .$$

Wie leicht folgt, sind diese Mengen Filter. Daher können wir eine Limitierung τ von X definieren, indem wir $\tau(x) = [\mathfrak{N}'(x)]$ zu beliebigem $x \in X$ setzen. Da stets $A \subseteq \overline{A}$ gilt, hat $N \in \mathfrak{N}'(x)$ stets $x \in N$ zur Folge, weshalb $\mathfrak{N}'(x) \subseteq [x]$ zu beliebigem $x \in X$ ist, τ somit eine mehrstufige Topologie ist. Wir beweisen nun $h(\tau) = C$, woraus unmittelbar $h[\mathcal{T}^m X] = \mathcal{H}X$ folgt. Gegeben sei eine Teilmenge A von X. Gäbe es ein $x \in \overline{A} \setminus \overline{A}^{\tau}$, so wäre wegen $x \notin \overline{A}^{\tau}$

$$X \setminus A \in \mathfrak{F}$$

für jedes $\mathfrak{F} \in \tau(x)$, insbesondere für $\mathfrak{N}'(x)$, was $x \in \overline{A}$ widersprechen würde. Gäbe es ein $x \in \overline{A}^{\tau} \setminus \overline{A}$, so wäre wegen $x \notin \overline{A}$

$$X \setminus A \in \mathfrak{N}'(x) , \tag{3.4.1}$$

und wegen $x \in \overline{A}^{\tau}$ gäbe es ein $\mathfrak{F} \in \tau(x)$ mit $F \cap A \neq \emptyset$ zu beliebigem $F \in \mathfrak{F}$, was (3.4.1) und $\mathfrak{N}'(x) \subseteq \mathfrak{F}$ widersprechen würde. Somit gilt $h(\tau) = C$, was noch zu zeigen war. ∎

Die Abbildung h hat auf Grund dieses Satzes ganz $\mathcal{H}X$ als Wertebereich. Auf Grund dieses Satzes kann man jede mehrstufige Topologie mit ihrer Hüllenoperation identifizieren und erhält damit, daß die mehrstufig topologischen Räume nichts anderes als die sogenannten „closure spaces" (siehe etwa E. Čech [1]) sind.

Jede mehrstufige Topologie τ von X heißt eine **Topologie** von X und X, versehen mit τ, ein **topologischer Raum,** wenn zu jeder Nachbarschaft N eines beliebigen Elementes x von X eine Nachbarschaft M von x existiert derart, daß

N Nachbarschaft jedes $y \in M$ ist, also stets $\mathfrak{N}(x) \subseteqq \bigcup\limits_{M \in \mathfrak{N}(x)} \bigcap\limits_{y \in M} \mathfrak{N}(y)$ gilt, also jede Nachbarschaft eines beliebigen Elementes x von X eine Nachbarschaft einer Nachbarschaft von x ist. Da $\bigcap\limits_{y \in M} \mathfrak{N}(y) \subseteqq \mathfrak{N}(x)$ zu beliebigem $x \in X$ und $M \in \mathfrak{N}(x)$ gilt, ergibt sich leicht, daß eine mehrstufige Topologie genau dann eine Topologie ist, wenn

$$\mathfrak{N}(x) = \bigcup_{M \in \mathfrak{N}(x)} \bigcap_{y \in M} \mathfrak{N}(y) \tag{3.4.2}$$

zu beliebigem $x \in X$ gilt. Dieses Kriterium bleibt übrigens richtig, wenn man in (3.4.2) die mengentheoretische Vereinigung und den mengentheoretischen Durchschnitt durch die verbandstheoretische Vereinigung und den verbandstheoretischen Durchschnitt bezüglich des Filterverbandes von X ersetzt. Die in (3.4.2) rechts stehende Menge kann man leicht mittels der Innerenbildungen darstellen, und zwar gilt für diese Mengen

$$\bigcup_{M \in \mathfrak{N}(x)} \bigcap_{y \in M} \mathfrak{N}(y) = \{N \in \mathsf{P}X \mid x \in \underline{\underline{N}}\} \;; \tag{3.4.3}$$

es ist nämlich $\bigcap\limits_{y \in M} \mathfrak{N}(y) = \{N \in \mathsf{P}X \mid M \subseteqq \underline{N}\}$ für jede Teilmenge M von X, somit

$$\bigcup_{M \in \mathfrak{N}(x)} \bigcap_{y \in M} \mathfrak{N}(y) = \{N \in \mathsf{P}X \mid \exists M \in \mathfrak{N}(x)\,(M \subseteqq \underline{N})\}\,,$$

woraus (3.4.3) wegen $M \in \mathfrak{N}(x) \Leftrightarrow x \in \underline{M}$ folgt.

Ein einfaches Beispiel einer Topologie ist die **natürliche Topologie** von $\boldsymbol{R}$; bezüglich dieser Topologie sind die Filter $\boldsymbol{V}_x = \operatorname{im}_{\subseteqq} \{]x - \varepsilon, x + \varepsilon[\mid \varepsilon > 0\}$ die Nachbarschaftsfilter der Punkte $x \in \boldsymbol{R}$.

3.4.4. *Für jede mehrstufige Topologie τ von X sind die folgenden Bedingungen äquivalent:*

1. *τ ist eine Topologie.*
2. *Zu jedem $x \in X$ ist $\{\underline{N} \mid N \in \mathfrak{N}(x)\}$ eine Filterbasis von $\mathfrak{N}(x)$.*
3. *Zu jedem $x \in X$ ist $\mathfrak{U}(x)$ eine Filterbasis von $\mathfrak{N}(x)$.*
4. *Es ist stets $\underline{A} = \underline{\underline{A}}$.*
5. *Es ist stets $\overline{A} = \overline{\overline{A}}$.*

Beweis. Wir führen den Beweis in der Reihenfolge $1 \Rightarrow 2 \Rightarrow 4 \Leftrightarrow 5 \Rightarrow 3 \Rightarrow 1$. Zu beliebigem $x \in X$ setzen wir $\mathfrak{N}'(x) = \{\underline{N} \mid N \in \mathfrak{N}(x)\}$.

1. τ sei eine Topologie, ferner x ein Element von X. Zu beliebigem $N \in \mathfrak{N}(x)$ existiert ein $M \in \mathfrak{N}(x)$, so daß aus $y \in M$ stets $N \in \mathfrak{N}(y)$, d. h. $y \in \underline{N}$ und somit $M \subseteqq \underline{N}$ folgt. Daher ist $\underline{N} \in \mathfrak{N}(x)$, also

$$\mathfrak{N}'(x) \subseteqq \mathfrak{N}(x)\,. \tag{3.4.4}$$

Wegen der aus 3.3.4 folgenden Eigenschaften über Innerenbildungen ist $\mathfrak{N}'(x)$ eine Filterbasis und gilt $\underline{N} \subseteqq N$ zu beliebigem $N \in \mathfrak{N}(x)$. Unter Berücksichtigung von (3.4.4) folgt damit, daß $\mathfrak{N}'(x)$ den Filter $\mathfrak{N}(x)$ erzeugt.

2. Zu beliebigem $x \in X$ sei $\mathfrak{N}'(x)$ eine Filterbasis von $\mathfrak{N}(x)$. $x \in \underline{A}$ ist äquivalent zu $A \in \mathfrak{N}(x)$, auf Grund der Voraussetzung somit auch zu $\underline{A} \in \mathfrak{N}(x)$ und daher zu $x \in \underline{\underline{A}}$. Folglich gilt stets $\underline{A} = \underline{\underline{A}}$. Dazu ist aber gleichbedeutend wegen $\underline{\underline{X \setminus A}} = \underline{X \setminus \overline{A}} = X \setminus \overline{\overline{A}}$, daß stets $\overline{A} = \overline{\overline{A}}$ gilt.

3. Es sei stets $\overline{A} = \overline{\overline{A}}$ und damit $\underline{A} = \underline{\underline{A}}$. Wie mittels 3.3.5 folgt, ist $\mathfrak{U}(x) = \mathfrak{N}'(x)$ zu beliebigem $x \in X$, weshalb wegen (3.3.7) die Beziehung (3.4.4) gilt und deshalb $\mathfrak{U}(x)$ eine Filterbasis von $\mathfrak{N}(x)$ ist.

4. Zu beliebigem $x \in X$ sei $\mathfrak{U}(x)$ eine Filterbasis von $\mathfrak{N}(x)$. Dann existiert zu beliebigen $x \in X$ und $N \in \mathfrak{N}(x)$ ein $M \in \mathfrak{U}(x)$ mit $M \subseteqq N$, weshalb $M \in \mathfrak{N}(y)$ und damit $N \in \mathfrak{N}(y)$ zu beliebigem $y \in M$ gilt, somit τ eine Topologie ist. ▮

Wir bezeichnen — WLOKA [1] folgend — eine Limitierung τ von X als **topologieartig,** wenn die Adhärenzbildung bez. τ einstufig ist, d. h. bez. τ die Beziehung $\overline{A} = \overline{\overline{A}}$ für jede Teilmenge A von X gilt. Wegen 3.4.4 ist eine mehrstufige Topologie genau dann eine Topologie, wenn sie topologieartig ist.

Wir führen neben den bisher angegebenen Charakterisierungen der Topologien noch weitere an. Zunächst verschärfen wir den Begriff der topologieartigen Limitierung. Wir nennen entsprechend KOWALSKY [2] eine Limitierung τ von X eine **Diagonallimitierung**, wenn für jeden Punkt $x \in X$ und beliebige (eigentliche) Filter $\mathfrak{F} \in \tau(x)$ und $\mathfrak{F}_u \in p(\tau)(u)$ $(u \in X)$ stets $\bigvee_{F \in \mathfrak{F}} \bigwedge_{u \in F} \mathfrak{F}_u \in \tau(x)$ gilt.

Mittels 2.6.6 folgt, daß in dieser Definition $\bigvee_{F \in \mathfrak{F}} \bigwedge_{u \in F} \mathfrak{F}_u \in \tau(x)$ ersetzt werden kann durch $\omega((\mathsf{B}_{u \in X} \mathfrak{F}_u) \times \mathfrak{F})$, wobei ω die Evaluationsabbildung von $F(X, X) \times X$ in X ist. Ist eine Diagonallimitierung eine Pseudotopologie, so nennen wir sie auch eine **Diagonalpseudotopologie.** Es gibt Diagonalpseudotopologien, die keine mehrstufigen Topologien sind, wie das folgende Beispiel zeigt.

Es sei $X = \boldsymbol{R}$. $\mathfrak{A}$ sei die Menge aller abzählbaren Teilmengen von X. Wir definieren eine Abbildung τ: $X \to \mathsf{P}\mathcal{F}X$ durch $\tau(x) = \{\mathfrak{F} \in \mathcal{F}X \mid \exists A \in \mathfrak{A} \, (\boldsymbol{V}_x \vee [A] \subseteqq \mathfrak{F})\}$ $(x \in X)$, wobei $\boldsymbol{V}_x$ jeweils der Nachbarschaftsfilter von x bez. der natürlichen Topologie von $\boldsymbol{R}$ ist. Unter Beachtung der Distributivität des Filterverbandes $\mathcal{F}X$ folgt, daß τ eine Pseudotopologie von X ist. $\tau(x)$ gehören alle Elementarfilter an, die bezüglich der natürlichen Topologie von $\boldsymbol{R}$ gegen x konvergieren. Mittels 2.8.6 folgt damit, daß $\boldsymbol{V}_x$ zu beliebigem $x \in X$ der Nachbarschaftsfilter von x bez. τ ist und somit τ keine mehrstufige Topologie ist. Zu beliebigen $x \in X$, $A \in \mathfrak{A}$ und $A_u \in \mathfrak{A}$ $(u \in X)$ gehört $B = \bigcup_{u \in A} A_u$ zu $\mathfrak{A}$ und gilt

$$\boldsymbol{V}_x \vee [B] \subseteqq \bigvee_{V \in \boldsymbol{V}_x} \bigwedge_{u \in V} (\boldsymbol{V}_u \vee [B]) \subseteqq \bigvee_{V \in \boldsymbol{V}_x} \bigwedge_{u \in V \cap A} (\boldsymbol{V}_u \vee [A_u]),$$

so daß τ eine Diagonalpseudotopologie ist.

X sei nun wieder beliebig. Nach dem folgenden Satz ist der Begriff der Diagonallimitierung tatsächlich eine Verschärfung des Begriffs der topologieartigen Limitierung.

3.4.5. *Jede Diagonallimitierung von X ist eine topologieartige Limitierung. Die Umkehrung gilt im allgemeinen nicht, auch nicht für Pseudotopologien.*

Beweis. 1. τ sei eine Diagonallimitierung von X und A eine Teilmenge von X. Zu beliebigem $x \in \overline{\overline{A}} \setminus \overline{A}$ existiert ein eigentlicher Filter $\mathfrak{F} \in \tau(x)$ mit $\overline{A} \in \mathfrak{F}$, zu jedem $u \in \overline{A}$ ein eigentlicher Filter $\mathfrak{F}_u \in p(\tau)(u)$ mit $A \in \mathfrak{F}_u$. Für $u \in X \setminus \overline{A}$ setzen wir $\mathfrak{F}_u = [u]$. $\bigvee\limits_{F \in \mathfrak{F}} \bigwedge\limits_{u \in F} \mathfrak{F}_u$ ist ein eigentlicher Filter, dem A angehört und der bez. τ gegen x konvergiert. Es würde $x \in \overline{A}$ folgen, weshalb $\overline{\overline{A}} = \overline{A}$ gilt.

2. X sei die Menge $\boldsymbol{R}$ der reellen Zahlen, und zu beliebigem $x \in X$ sei $\tau(x)$ dasjenige $\wedge$-Ideal von Filtern in X, das als Basis die Menge aller Filter $[U_\varepsilon(x)]$ $(\varepsilon > 0)$ mit $U_\varepsilon(x) =]x - \varepsilon, x + \varepsilon[$ hat. $\tau \colon x \mapsto \tau(x)$ $(x \in \boldsymbol{R})$ ist eine topologieartige Pseudotopologie von X, die keine Diagonallimitierung ist. ∎

Für mehrstufige Topologien stimmen die Begriffe der topologieartigen Limitierung und der Diagonallimitierung überein, so daß wir mittels der Diagonallimitierungen eine weitere Charakterisierung der Topologien erhalten. Es gilt also

3.4.6. *Eine mehrstufige Topologie ist genau dann eine Topologie, wenn sie eine Diagonallimitierung ist.*

Beweis. Die eine Richtung folgt aus 3.4.5, die andere mittels der Bemerkung nach (3.4.2). ∎

Wir verschärfen auch noch den Begriff der Diagonallimitierung. Dazu führen wir den Begriff des Nachbarschaftsfilters eines Filters ein. Wir bezeichnen zu jeder Limitierung τ von X und jedem Filter $\mathfrak{F}$ in X als **Nachbarschaftsfilter** $\mathfrak{N}(\mathfrak{F})$ von $\mathfrak{F}$ bez. τ die Menge $\{N \in \mathsf{P}X \mid \exists F \in \mathfrak{F}\ (N \text{ ist Nachbarschaft von } F \text{ bez. } \tau)\}$, die natürlich ein Filter in X ist. Bezüglich jeder Limitierung τ von X gilt für einen beliebigen Filter $\mathfrak{F}$ in X jeweils $\mathfrak{N}(\mathfrak{F}) = \bigvee\limits_{F \in \mathfrak{F}} \bigwedge\limits_{u \in F} \mathfrak{N}(u)$ und für einen beliebigen Punkt x von X ferner $\mathfrak{N}([x]) = \mathfrak{N}(x)$.

Wir sagen, daß eine Limitierung τ von X die **Nachbarschaftsbedingung** erfüllt, wenn τ der Definitionsbedingung der Diagonallimitierung nach Ersetzung von $\mathfrak{F}_u \in p(\tau)\,(u)$ durch $\mathfrak{F}_u \supseteq \mathfrak{N}(u)$ genügt, folglich, wenn für jeden Punkt $x \in X$ und jeden (eigentlichen) Filter $\mathfrak{F} \in \tau(x)$ der Nachbarschaftsfilter $\mathfrak{N}(\mathfrak{F})$ von $\mathfrak{F}$ bez. τ ebenfalls $\tau(x)$ angehört. Jede Limitierung, die der Nachbarschaftsbedingung genügt, ist natürlich eine Diagonallimitierung.

Jede entartete Limitierung genügt der Nachbarschaftsbedingung. Andererseits gilt

3.4.7. *Eine Pseudotopologie ist genau dann eine Topologie, wenn sie die Nachbarschaftsbedingung erfüllt.*

Beweis. 1. τ sei eine Pseudotopologie, die die Nachbarschaftsbedingung erfüllt. Offenbar gilt $\mathfrak{N}([x]) \in \tau(x)$ zu beliebigem $x \in X$, d. h. ist τ eine mehrstufige Topologie. Wegen 3.4.6 ist τ sogar eine Topologie.

2. Der Bemerkung nach (3.4.2) entnimmt man, daß jede Topologie die Nachbarschaftsbedingung erfüllt. ▮

Wir haben mit diesem Satz eine Charakterisierung der Topologien unter den Pseudotopologien erhalten.

Als nächstes bringen wir zwei notwendige und hinreichende Bedingungen dafür, daß eine Limitierung die Nachbarschaftsbedingung erfüllt. Die erste Bedingung ähnelt der Definitionsbedingung einer Diagonallimitierung. In der zweiten Bedingung treten cartesische Produkte $(\prod_{i \in I} J_i) \times I$ auf, wobei I und J_i $(i \in I)$ gefilterte (gerichtete) Mengen sind. Die Elemente von $G = \prod_{i \in I} J_i$ sind Abbildungen mit I als Definitionsbereich, die jedem $i \in I$ ein Element von J_i zuordnen. Wir benutzen für sie im folgenden nicht die Familienschreibweise. Wenn I und J_i $(i \in I)$ gefiltert, also mit Filtern $\mathfrak{K}$ und $\mathfrak{L}_i$ $(i \in I)$ versehene Mengen sind, sei $G \times I$ mit dem Filter $\mathfrak{M} = (\mathsf{B}_{i \in I} \mathfrak{L}_i) \times \mathfrak{K}$ versehen. Sind I und J_i $(i \in I)$ bezüglich Relationen $\leqq$ und $\leqq_i$ $(i \in I)$ gerichtet, so sei $G \times I$ bezüglich der durch $(g, i) \leqq (h, j) \Leftrightarrow g(k) \leqq_k h(k)$ $(k \in I)$ und $i \leqq j$ definierten Relation $\leqq$ gerichtet. Bezeichnen $\mathfrak{K}$ und $\mathfrak{L}_i$ $(i \in I)$ die zu $\leqq$ und $\leqq_i$ $(i \in I)$ gehörigen Filter, so ist der wie oben definierte Filter $\mathfrak{M}$ der zu $\leqq$ gehörige Filter.

3.4.8. *Für jede Limitierung τ von X sind äquivalent:*

1. *τ genügt der Nachbarschaftsbedingung.*

2. *Für jeden Punkt x von X, jede Abbildung f einer Menge I in X und beliebige (eigentliche) Filter $\mathfrak{K}$ in I und $\mathfrak{F}_i \in p(\tau)(f(i))$ $(i \in I)$ hat $f(\mathfrak{K}) \in \tau(x)$ stets $\bigvee_{K \in \mathfrak{K}} \bigwedge_{i \in K} \mathfrak{F}_i \in \tau(x)$ zur Folge.*

3. **(Bedingung über den iterierten Limes gefilterter (gerichteter) Familien)** *Ist x ein Element von X und sind $(x_i)_{i \in I}$ und $(x_{ij})_{j \in J_i}$ $(i \in I)$ gefilterte (gerichtete) Familien von Elementen von X mit $(x_i)_{i \in I} \underset{\tau}{\rightarrow} x$ und $(x_{ij})_{j \in J_i} \underset{p(\tau)}{\rightarrow} x_i$ $(i \in I)$, so gilt $(x_{i\,g(i)})_{(g, i) \in G \times I} \underset{\tau}{\rightarrow} x$, wobei wie oben $G = \prod_{i \in I} J_i$ gesetzt ist und $G \times I$ wie oben gefiltert (gerichtet) sei.*

Beweis. Wir führen den Beweis in der Reihenfolge $1 \Rightarrow 3 \Rightarrow 2 \Rightarrow 1$.

1. Erfüllt τ die Nachbarschaftsbedingung, so offenbar auch die Bedingung 3.

2. τ genüge der Bedingung über den iterierten Limes gerichteter Familien. Gegeben seien ein $x \in X$, eine Abbildung f einer Menge I in X, ein Filter $\mathfrak{K}$ in I mit $f(\mathfrak{K}) \in \tau(x)$ und zu beliebigem $i \in I$ ein Filter $\mathfrak{F}_i \in p(\tau)(f(i))$. $(i_k)_{k \in I'}$, sei ein Netz in I, das $\mathfrak{K}$ erzeugt. Zu beliebigem $k \in I'$ sei $(x_{kj})_{j \in J_k}$ ein Netz in X, das $\mathfrak{F}_{i_k}$ erzeugt, also gegen $x_k = f(i_k)$ bez. $p(\tau)$ konvergiert. Das Netz $(x_k)_{k \in I'}$ kon-

vergiert bez. τ gegen x, so daß auf Grund der Voraussetzung auch das (wie in Bedingung 3 gebildete) Netz $(x_{k\,g(k)})_{(g,k)\in G\times I'}$ $(G = \prod_{k\in I'} J_k)$ bez. τ gegen x konvergiert. Da dieses Netz den Filter $\bigvee_{K\in\mathfrak{K}} \bigwedge_{i\in K} \mathfrak{F}_i$ erzeugt, genügt τ der Bedingung 2.

3. τ genüge der Bedingung 2. Gegeben seien ein $x \in X$ und ein Filter $\mathfrak{F} \in \tau(x)$. Es sei $I = \{(u, \mathfrak{G}) \mid u \in X, \mathfrak{G} \in p(\tau)(u)\}$ gesetzt und sei f die Abbildung $(u, \mathfrak{G}) \mapsto u$ von I in X, $\mathfrak{F}_i = \mathfrak{G}$ $(i = (u, \mathfrak{G}) \in I)$ und $\mathfrak{K} = \operatorname{im}_{\subseteq, I} \{\{(u, \mathfrak{G}) \mid u \subset F, \mathfrak{G} \in p(\tau)(u)\} \mid F \in \mathfrak{F}\}$. Wegen $\mathfrak{F}_i \in p(\tau)(f(i))$ $(i \in I)$ und $f(\mathfrak{K}) = \mathfrak{F} \in \tau(x)$ folgt $\bigvee_{K\in\mathfrak{K}} \bigwedge_{i\in K} \mathfrak{F}_i = \bigvee_{F\in\mathfrak{F}} \bigcap_{u\in F} \mathfrak{N}(u) = \mathfrak{N}(\mathfrak{F}) \in \tau(x)$. ∎

Wegen 2.6.6 kann $\bigvee_{K\in\mathfrak{K}} \bigwedge_{i\in K} \mathfrak{F}_i \in \tau(x)$ in Bedingung 2 durch $\omega\left(\left(\mathbf{B}_{i\in I} \mathfrak{F}_i\right) \times \mathfrak{K}\right) \in \tau(x)$ ersetzt werden, wobei ω die Evaluationsabbildung von $F(I, X) \times I$ in X ist. In Bedingung 3 können natürlich auch die gefilterten bzw. gerichteten Familien als eigentlich angenommen werden. Die Bedingungen 2 und 3 liefern weitere Charakterisierungen der Topologien. So ergibt sich etwa, daß eine Pseudotopologie genau dann eine Topologie ist, wenn sie der Bedingung über den iterierten Limes gefilterter (gerichteter) Familien genügt.

Später benötigen wir den folgenden Hilfssatz

3.4.9. *Bezüglich jeder Topologie von X gilt für beliebige offene Teilmengen A und B von X*

$$\underline{\overline{A} \cap \overline{B}} \subseteq \overline{A \cap B}\,. \tag{3.4.5}$$

Beweis. Wir wenden zweimal den Schluß an, daß für beliebige Teilmengen F und G von X aus $F \cap G = \emptyset$ stets $\overline{F} \subseteq \overline{X \setminus G}$, d. h. $\overline{F} \cap \underline{G} = \emptyset$ folgt. Wegen 3.4.4 ist $C = X \setminus \overline{A \cap B}$ und damit auch $B \cap C$ offen. Da $A \cap B \cap C = \emptyset$ gilt, folgt somit $\overline{A} \cap B \cap C = \emptyset$ und damit erst recht $\underline{(\overline{A})} \cap B \cap C = \emptyset$. Natürlich ist $\underline{(\overline{A})} \cap C$ offen, so daß sich aus der letzten Beziehung $\underline{(\overline{A})} \cap \overline{B} \cap C = \emptyset$ und damit erst recht $\underline{(\overline{A})} \cap \underline{(\overline{B})} \cap C = \underline{\overline{A} \cap \overline{B}} \cap C = \emptyset$, also (3.4.5) ergibt. ∎

Gewisse Ähnlichkeit mit 3.4.9 hat

3.4.10. *Bezüglich jeder Limitierung τ von X gilt für beliebige Teilmengen A und B von X und jede Nachbarschaft N von A bez. τ*

$$A \cap \overline{B} \subseteq \overline{N \cap B}\,.$$

Beweis. Zu jedem $x \in A \cap \overline{B}$ existiert wegen $x \in \overline{B}$ ein eigentlicher Filter $\mathfrak{F} \in \underline{p(\tau)(x)}$ mit $B \in \mathfrak{F}$. Da auch $N \in \mathfrak{F}$ gilt, folgt $N \cap B \in \mathfrak{F}$ und damit $x \in \overline{N \cap B}$. ∎

Wegen 3.4.2 und 3.4.4 gilt das folgende Konvergenzkriterium:

3.4.11. *Eine gefilterte Familie $(x_\iota)_{\iota \in I}$ von Elementen von X konvergiert bezüglich einer Topologie τ von X genau dann gegen ein $x \in X$, wenn zu jeder Umgebung U von x bez. τ ein Element K des Filters $\mathfrak{K}$ von I existiert mit $x_\iota \in U$ zu beliebigem $\iota \in K$.*

Mittels (3.3.4), (3.3.5) und 3.4.4 folgt, daß für eine beliebige Teilmenge A von X und eine beliebige Topologie τ von X

$$\overline{A}^\tau = \{x \in X \mid \forall U \in \mathfrak{U}(x)\ (U \cap A \neq \emptyset)\} \tag{3.4.6}$$

und

$$\underline{A}_\tau = \{x \in X \mid \exists U \in \mathfrak{U}(x)\ (U \subseteqq A)\} \tag{3.4.7}$$

gilt.

Mit $\mathcal{T}^t X$ bezeichnen wir die Menge aller Topologien von X (im obigen Sinne) und mit $\mathcal{H}^t X$ die Menge aller Hüllenoperationen in X, die einstufig sind, d. h. die Menge aller Abbildungen aus $\mathcal{H}X$, für die stets $\overline{A} = \overline{\overline{A}}$ gilt. Die Topologien werden gerade durch die einstufigen Hüllenoperationen charakterisiert, denn wegen 3.4.3 und 3.4.4 gilt

3.4.12. *Die Einschränkung von h auf $\mathcal{T}^t X$ ist eine eineindeutige Abbildung von $\mathcal{T}^t X$ auf $\mathcal{H}^t X$.*

Die Bezeichnung mehrstufige Topologie wird durch diesen Satz motiviert; die zu mehrstufigen Topologien gehörigen Hüllenoperationen sind im allgemeinen nicht einstufig, also „mehrstufig".

Die Topologien besitzen die wichtige Eigenschaft, daß sie sich durch ihre offenen Mengen charakterisieren lassen, wie im folgenden gezeigt wird. Sie werden ja üblicherweise mittels dieser Mengen definiert. $\mathcal{O}X$ sei die Gesamtheit aller Mengen ω von Teilmengen von X mit den Eigenschaften 1 bis 3 aus 3.3.6. Wegen 3.3.6 können wir eine Abbildung $o: \mathcal{T}X \to \mathcal{O}X$ definieren, die jeder Limitierung τ von X gerade die Gesamtheit aller bez. τ offenen Mengen zuordnet.

3.4.13. *Die Einschränkung von o auf die Menge $\mathcal{T}^t X$ aller Topologien von X ist eine eineindeutige Abbildung von $\mathcal{T}^t X$ auf $\mathcal{O}X$.*

B e w e i s. Wie mittels 3.4.4 folgt, bestimmen die bezüglich einer Topologie offenen Mengen diese Topologie, so daß die Einschränkung von o auf $\mathcal{T}_t X$ eine eineindeutige Abbildung ist. Wir haben noch zu zeigen, daß sie als Wertebereich ganz $\mathcal{O}X$ hat. Gegeben sei dazu ein $\omega \in \mathcal{O}X$. Wir setzen zu beliebigem $x \in X$

$$\mathfrak{U}'(x) = \{U \in \omega \mid x \in U\}.$$

Offensichtlich ist stets $\mathfrak{U}'(x)$ die Basis eines Filters $\mathfrak{N}(x)$ in X. Wir können eine mehrstufige Topologie τ von X durch $\tau(x) = [\mathfrak{N}(x)]$ $(x \in X)$ definieren.

Im folgenden zeigen wir, daß ω aus allen bez. τ offenen Mengen besteht. Ist U eine ω angehörende Menge, so gilt $U \in \mathfrak{U}'(x) \subseteqq \mathfrak{N}(x)$ zu beliebigem $x \in U$, weshalb U bez. τ offen ist. Im weiteren sei U eine bez. τ offene Menge. Für jedes $x \in U$ ist $U \in \mathfrak{N}(x)$, weshalb mindestens ein Element V der Filterbasis $\mathfrak{U}'(x)$ von $\mathfrak{N}(x)$ mit $V \subseteqq U$ existiert. Die Vereinigung aller Teilmengen V von U, zu denen jeweils ein $x \in U$ mit $V \in \mathfrak{U}'(x)$ existiert, stimmt daher mit U überein. Auf Grund der in 3.3.6 angeführten Eigenschaft 2 von ω ist daher $U \in \omega$. ω ist somit die Menge aller bez. τ offenen Mengen.

Da stets $\mathfrak{U}'(x)$ eine Filterbasis von $\mathfrak{N}(x)$ ist, ergibt sich wegen 3.4.4 aus dem eben Bewiesenen, daß τ eine Topologie ist, und ferner, daß $o(\tau) = \omega$, somit $o[\mathcal{T}^t X] = \mathcal{O}X$ gilt. ∎

o bildet auf Grund dieses Satzes $\mathcal{T}X$ auf $\mathcal{O}X$ ab.

Wir führen noch eine Abbildung $q\colon \mathcal{H}X \to \mathcal{O}X$ ein, indem wir jeder Hüllenoperation $C\colon A \mapsto \overline{A}$ ($A \in \mathsf{P}X$) als Bild

$$q(C) = \{A \in \mathsf{P}X \mid X \setminus A = \overline{X \setminus A}\}$$

zuordnen. Die Mengen $q(C)$ besitzen natürlich die in 3.3.6 angeführten Eigenschaften 1 bis 3. Wie mittels 3.3.5 folgt, ist $q \circ h = o$. Da wegen (3.3.8) auch $h \circ p = h$ gilt, besteht auch die Beziehung $o \circ p = o$.

Wegen $q \circ h = o$, 3.4.12 und 3.4.13 ergibt sich

3.4.14. *Die Einschränkung von q auf die Menge $\mathcal{H}^t X$ aller einstufigen Hüllenoperationen in X ist eine eineindeutige Abbildung von $\mathcal{H}^t X$ auf $\mathcal{O}X$.*

Eine Menge β von Teilmengen von X heißt eine **Basis** einer Topologie τ von X, wenn sich die bez. τ offenen Mengen und nur diese als Vereinigungen von Mengen aus β ergeben. Ohne Mühe folgt, daß eine Menge von Teilmengen von X genau dann eine Basis einer Topologie ist, falls sie die folgenden beiden Eigenschaften hat:

1. Zu beliebigem $x \in X$ und beliebigen $A, B \in \beta$ mit $x \in A \cap B$ existiert ein $C \in \beta$ mit $x \in C \subseteqq A \cap B$.

2. Es ist $\bigcup_{A \in \beta} A = X$.

Der Menge β muß nicht die leere Menge angehören, da die Vereinigung der Elemente der leeren Teilmenge von β gleich der leeren Menge ist.

Eine Menge γ von Teilmengen von X heißt eine **Subbasis** einer Topologie τ von X, wenn die Durchschnitte je endlich vieler (aber nicht von 0) Mengen aus γ eine Basis von τ bilden. Offensichtlich ist eine Menge γ von Teilmengen von X genau dann eine Subbasis einer Topologie, falls gilt:

Es ist $\bigcup_{A \in \gamma} A = X$.

Im weiteren geben wir Beispiele von Topologien an; in einigen Fällen führen wir ferner eng mit diesen Topologien zusammenhängende Pseudotopologien an.

1. X sei eine geordnete Menge. Die aus X und allen Mengen $X \setminus [a, \to]$ $(a \in X)$ bestehende Gesamtheit ist eine Überdeckung von X, somit die Subbasis einer Topologie von X, die **obere Intervalltopologie** $\overline{\text{int}}$ von X genannt wird. Als **untere Intervalltopologie** $\underline{\text{int}}$ von X bzw. als **Intervalltopologie** int von X bezeichnet man diejenige Topologie von X, die als eine Subbasis die aus X und allen Mengen $X \setminus [\leftarrow, a]$ $(a \in X)$ bzw. die aus X und allen Mengen $X \setminus [a, \to]$ und $X \setminus [\leftarrow, a]$ $(a \in X)$ bestehende Gesamtheit hat. $\overline{\text{int}}$ und $\underline{\text{int}}$ sind duale Begriffe. Gehören X mindestens zwei Elemente an, so bilden bereits die Mengen $X \setminus [a, \to]$ und $X \setminus [\leftarrow, a]$ $(a \in X)$ eine Subbasis von int. Wenn X eine total geordnete Menge ist, dann ist die aus X und den offenen Intervallen $[\to, a[$, $]a, b[$ und $]a, \to]$ bestehende Menge eine Basis von int. Ist X eine total geordnete Menge ohne erstes und letztes Element, so ist bereits die aus den offenen Intervallen $]a, b[$ bestehende Menge eine Basis von int.

Ohne Mühe zeigt man

3.4.15. *Ein Filter $\mathfrak{K}$ in der geordneten Menge X konvergiert bez.* $\overline{\text{int}}$ *genau dann gegen ein Element x von X, wenn zu beliebigem $y \in X$ eine der beiden folgenden äquivalenten Bedingungen erfüllt ist:*

1. *Wenn jedem $K \in \mathfrak{K}$ ein a mit $y \leqq a$ angehört, ist $y \leqq x$.*
2. *Gibt es ein Element K des Gitters von $\mathfrak{K}$ mit $y \leqq a$ zu beliebigem $a \in K$, so ist $y \leqq x$.*

Ist X ein vollständiger Verband, so konvergiert ein Filter $\mathfrak{K}$ in X bez. $\overline{\text{int}}$ *genau dann gegen ein Element x von X, wenn*

$$\bigvee_{K^* \in \mathfrak{K}^*} \bigwedge_{a \in K^*} a \leqq x \tag{3.4.8}$$

für das Gitter $\mathfrak{K}^*$ von $\mathfrak{K}$ gilt. Bezüglich $\underline{\text{int}}$ *gelten duale Aussagen. Insbesondere konvergiert, wenn X ein vollständiger Verband ist, ein Filter $\mathfrak{K}$ in X bez.* $\underline{\text{int}}$ *genau dann gegen ein Element x von X, wenn*

$$\bigwedge_{K^* \in \mathfrak{K}^*} \bigvee_{a \in K^*} a \geqq x \tag{3.4.9}$$

gilt. Ein Filter $\mathfrak{K}$ in X konvergiert bez. int *genau dann gegen ein Element x von X, wenn $\mathfrak{K}$ bez.* $\overline{\text{int}}$ *und* $\underline{\text{int}}$ *gegen x konvergiert.*

Die abgeschlossenen Intervalle $[a, \to]$ $(a \in X)$ sind bez. $\overline{\text{int}}$, die abgeschlossenen Intervalle $[\leftarrow, a]$ $(a \in X)$ bez. $\underline{\text{int}}$ und alle abgeschlossenen Intervalle in X bez. int abgeschlossen. Ist X total geordnet, so sind ferner die offenen Intervalle $[\leftarrow, a[$ $(a \in X)$ bez. $\overline{\text{int}}$, die offenen Intervalle $]a, \to]$ $(a \in X)$ bez. $\underline{\text{int}}$ und alle offenen Intervalle in X bez. int offen.

Eng mit der Intervalltopologie hängt die Ordnungspseudotopologie zusammen, die wir in vollständigen Verbänden einführen.

X sei im weiteren ein vollständiger Verband. Zu beliebigem $x \in X$ bezeichnen wir mit $\overline{\mathrm{ord}}(x)$, $\underline{\mathrm{ord}}(x)$ bzw. $\mathrm{ord}(x)$ die Menge aller Durchschnitte von je endlich vielen (aber nicht von 0) Filtern $\mathfrak{K}$ in X, für die

$$\bigwedge_{K \in \mathfrak{K}} \ \bigvee_{a \in K} a \leqq x\,, \tag{3.4.10}$$

$$\bigvee_{K \in \mathfrak{K}} \ \bigwedge_{a \in K} a \geqq x \tag{3.4.11}$$

bzw. (3.4.10) und (3.4.11) gilt. $\overline{\mathrm{ord}}$, $\underline{\mathrm{ord}}$ und ord seien die Abbildungen $x \mapsto \overline{\mathrm{ord}}(x)$ $(x \in X)$, $x \mapsto \underline{\mathrm{ord}}(x)$ $(x \in X)$ bzw. $x \mapsto \mathrm{ord}(x)$ $(x \in X)$.

3.4.16. $\overline{\mathrm{ord}}$, $\underline{\mathrm{ord}}$ *und* ord *sind Pseudotopologien. Genau dann, wenn* X *schwach unendlich-2-distributiv, -1-distributiv bzw. -distributiv ist, besteht* $\overline{\mathrm{ord}}(x)$, $\underline{\mathrm{ord}}(x)$ *bzw.* $\mathrm{ord}(x)$ *zu beliebigem* $x \in X$ *aus allen Filtern* $\mathfrak{K}$ *in* X, *für die* (3.4.10), (3.4.11) *bzw.* (3.4.10) *und* (3.4.11) *gilt.* X *ist genau dann schwach total-2-distributiv, -1-distributiv bzw. -distributiv, wenn* $\overline{\mathrm{ord}}$, $\underline{\mathrm{ord}}$ *bzw.* ord *eine mehrstufige Topologie und* X *schwach unendlich-2-distributiv, -1-distributiv bzw. -distributiv ist.* X *ist genau dann filter-1-distributiv, -2-distributiv bzw. -distributiv, wenn* $\overline{\mathrm{ord}}$ *mit der oberen Intervalltopologie,* $\underline{\mathrm{ord}}$ *mit der unteren Intervalltopologie bzw.* ord *mit der Intervalltopologie von* X *übereinstimmt und* X *schwach unendlich-2-distributiv, -1-distributiv bzw. -distributiv ist.*

Beweis. 1. x sei ein Element von X, und $\mathfrak{K}_1, \ldots, \mathfrak{K}_n$ seien endlich viele Filter in X, für die (3.4.10) gilt. Jeder Oberfilter $\mathfrak{K}$ von $\mathfrak{K}_1 \cap \cdots \cap \mathfrak{K}_n$ stimmt auf Grund der Distributivität des Filterverbandes $\mathcal{F}X$ mit $(\mathfrak{K} \vee \mathfrak{K}_1) \cap \cdots \cap (\mathfrak{K} \vee \mathfrak{K}_n)$ überein. Da für die Filter $\mathfrak{K} \vee \mathfrak{K}_1, \ldots, \mathfrak{K} \vee \mathfrak{K}_n$ ebenfalls (3.4.12) gilt, folgt $\mathfrak{K} \in \overline{\mathrm{ord}}(x)$. Für den Filter $[x]$ gilt ebenfalls (3.4.12). $\overline{\mathrm{ord}}$ ist deshalb eine Pseudotopologie.

2. X sei schwach unendlich-2-distributiv. x sei ein Element von X, und $\mathfrak{K}$ und $\mathfrak{L}$ seien Filter in X, für die (3.4.10) gilt. $(\bigvee_{a \in K} a)_{K \in \mathfrak{K}}$ und $(\bigvee_{b \in L} b)_{L \in \mathfrak{L}}$ sind bezüglich der Umkehrung der mengentheoretischen Ordnung in $\mathfrak{K}$ und $\mathfrak{L}$ monoton fallende Netze. Auf Grund der Voraussetzung gilt (2.1.13) für monoton fallende Netze, insbesondere gilt also

$$\bigwedge_{K \in \mathfrak{K}} \ \bigvee_{a \in K} a \vee \bigwedge_{L \in \mathfrak{L}} \ \bigvee_{b \in L} b = \bigwedge_{M \in \mathfrak{K} \cap \mathfrak{L}} \ \bigvee_{c \in M} c$$

und für $\mathfrak{K} \cap \mathfrak{L}$ damit (3.4.10). Zu beliebigem $x \in X$ besteht $\overline{\mathrm{ord}}(x)$ somit aus allen Filtern $\mathfrak{K}$ in X, für die (3.4.10) gilt.

3. Im weiteren bestehe $\overline{\mathrm{ord}}(x)$ zu beliebigem $x \in X$ aus allen Filtern $\mathfrak{K}$ in X, für die (3.4.10) gilt. Gegeben seien zwei monoton fallende Netze $(x_i)_{i \in I}$ und $(y_j)_{j \in J}$ in X. $\mathfrak{K}$ und $\mathfrak{L}$ seien die aus $(x_i)_{i \in I}$ und $(y_j)_{j \in J}$ erzeugten Filter in X. Wir setzen $x = \bigwedge_{i \in I} x_i \vee \bigwedge_{j \in J} y_j$. Für $\mathfrak{K}$ und für $\mathfrak{L}$ und damit auch für $\mathfrak{K} \cap \mathfrak{L}$ gilt

dann (3.4.10), so daß sich $\bigwedge_{(i,j)\in I\times J} (x_i \vee y_j) \leqq x$ und damit (2.1.13) ergibt. X ist daher schwach unendlich-2-distributiv.

4. Unter der Voraussetzung, daß X schwach total-2-distributiv ist, folgt mit ähnlichen Überlegungen wie im Teil 2 des Beweises, daß zu beliebigem $x \in X$ der Durchschnitt aller Filter in X, für die (3.4.10) gilt, ebenfalls (3.4.10) erfüllt, $\overline{\text{ord}}$ also eine mehrstufige Topologie ist. Natürlich ist X unter dieser Voraussetzung auch schwach unendlich-2-distributiv.

Ist $\overline{\text{ord}}$ eine mehrstufige Topologie und X schwach unendlich-2-distributiv, so erfüllt zu beliebigem $x \in X$ der Durchschnitt aller Filter in X, für die (3.4.10) gilt, ebenfalls (3.4.10). Mit ähnlichen Schlüssen wie im Teil 3 des Beweises folgt, daß dann X schwach total-2-distributiv ist.

5. Unter Berücksichtigung des in den Teilen 2 und 3 Bewiesenen folgt offenbar, daß X genau dann filter-1-distributiv ist, wenn $\overline{\text{ord}} = \overline{\text{int}}$ gilt und X schwach unendlich-2-distributiv ist.

6. Die noch nicht bewiesenen Behauptungen des Satzes ergeben sich leicht aus den bewiesenen. ∎

Anmerkung. Aus 2.8.8 und der Bemerkung vor 2.8.8 folgt, daß im Teilmengenverband jeder Menge und in jeder vollständigen Kette $\overline{\text{ord}}$ mit $\overline{\text{int}}$, $\underline{\text{ord}}$ mit $\underline{\text{int}}$ und ord mit int übereinstimmen.

Wir nennen $\overline{\text{ord}}$, $m(\overline{\text{ord}})$ und $t(\overline{\text{ord}})$ **obere Ordnungspseudotopologie, obere mehrstufige Ordnungstopologie** bzw. **obere Ordnungstopologie** und entsprechend $\underline{\text{ord}}$, $m(\underline{\text{ord}})$ und $t(\underline{\text{ord}})$ **untere Ordnungspseudotopologie, untere mehrstufige Ordnungstopologie** bzw. **untere Ordnungstopologie**. Schließlich nennen wir ord, m(ord) und t(ord) **Ordnungspseudotopologie, mehrstufige Ordnungstopologie** bzw. **Ordnungstopologie**.

Als nächstes bringen wir ein Beispiel eines vollständigen Boole-Verbandes, der nicht schwach total-2-distributiv ist (vergleiche E. E. Floyd [1]). Wir gehen vorerst von einem beliebigen topologischen Raum R aus und bezeichnen mit X die Menge aller **regulär offenen** Teilmengen A von R, d. h. aller Teilmengen A von R, die jeweils mit dem Inneren ihrer Adhärenz übereinstimmen: $A = (\overline{A})$. X denken wir uns mit der mengentheoretischen Ordnung versehen und zeigen, daß dann X ein vollständiger Boole-Verband ist. T sei die Gesamtheit aller offenen Teilmengen von R; wir denken sie uns ebenfalls mit der mengentheoretischen Ordnung versehen. α sei die durch $\alpha(A) = (\overline{A})$ definierte Abbildung von T in sich; sie ist offenbar isoton. Zu beliebigem $A \in T$ gilt $A \subseteqq \overline{A}$ und damit

$$A \subseteqq \alpha(A)\,. \tag{3.4.12}$$

Ferner gilt $\alpha(A) \subseteqq \overline{A}$, somit $\overline{\alpha(A)} \subseteqq \overline{A}$ und deshalb $(\alpha \circ \alpha)(A) \subseteqq \alpha(A)$ für jedes $A \in T$, wegen (3.4.12) und der Isotonie von α also $\alpha \circ \alpha = \alpha$, weshalb α als Wertebereich gerade X hat.

$(A_i)_{i \in I}$ sei eine beliebige Familie von Elementen von X. Wegen $\bigcup_{i \in I} A_i \in T$ kann die Menge $\alpha(\bigcup_{i \in I} A_i)$ gebildet werden, die natürlich X angehört. Für jedes $j \in I$ gilt $A_j = \alpha(A_j) \subseteqq \alpha(\bigcup_{i \in I} A_i)$ und für jedes $B \in X$ mit $A_i \subseteqq B$ $(i \in I)$ ferner $\alpha(\bigcup_{i \in I} A_i) \subseteqq B$. Es existiert deshalb die verbandstheoretische Vereinigung $\bigvee_{i \in I} A_i$ in X und ist

$$\bigvee_{i \in I} A_i = \alpha\left(\bigcup_{i \in I} A_i\right). \tag{3.4.13}$$

Wenn I leer ist, existiert auch der verbandstheoretische Durchschnitt $\bigwedge_{i \in I} A_i$ in X und gilt $\bigwedge_{i \in I} A_i = R$. Im weiteren sei I nichtleer. Zu beliebigem $j \in I$ ergibt sich $\alpha\left(\underline{\bigcap_{i \in I} A_i}\right) \subseteqq A_j$, damit $\alpha\left(\underline{\bigcap_{i \in I} A_i}\right) \subseteqq \underline{\bigcap_{i \in I} A_i}$, wegen (3.4.12) also $\alpha\left(\underline{\bigcap_{i \in I} A_i}\right) = \underline{\bigcap_{i \in I} A_i}$. Für jedes $B \in X$ mit $B \subseteqq A_i$ $(i \in I)$ gilt ferner $B \subseteqq \underline{\bigcap_{i \in I} A_i}$, so daß auch im Falle $I \neq \emptyset$ der verbandstheoretische Durchschnitt $\bigwedge_{i \in I} A_i$ in X existiert und

$$\bigwedge_{i \in I} A_i = \underline{\bigcap_{i \in I} A_i} \tag{3.4.14}$$

ist. X ist deshalb ein vollständiger Verband. Wegen (3.4.13) und (3.4.14) gilt in diesem Verband $A \vee B = \alpha(A \cup B)$ und $A \wedge B = A \cap B$.

Für beliebige Mengen $A, B \in T$ ergibt sich wegen $\overline{A \cap B} \subseteqq \overline{A} \cap \overline{B}$ und (3.4.5)

$$\alpha(A \cap B) = \alpha(A) \cap \alpha(B).$$

Mittels dieser Beziehung folgt

$$\begin{aligned} A \cap (B \vee C) = \alpha(A) \cap \alpha(B \cup C) &= \alpha\left((A \cap B) \cup (A \cap C)\right) \\ &= (A \cap B) \vee (A \cap C) \end{aligned}$$

und

$$\begin{aligned} A \vee (B \cap C) = \alpha\left(A \cup (B \cap C)\right) &= \alpha((A \cup B) \cap (A \cup C)) \\ &= (A \vee B) \cap (A \vee C) \end{aligned}$$

zu beliebigen $A, B, C \in X$ und damit, daß X distributiv ist.

Für jedes $A \in X$ gilt $\alpha(R \setminus \overline{A}) = R \setminus \overline{\alpha(A)} = R \setminus \overline{A}$, gehört also auch $R \setminus \overline{A}$ zu X. Da $A \cap (R \setminus \overline{A}) = \emptyset$ und

$$A \vee (R \setminus \overline{A}) = \alpha\left(A \cup (R \setminus \overline{A})\right) \supseteqq \underline{\overline{A} \cup (R \setminus \overline{A})} = R$$

zu beliebigem $A \in X$ gilt, hat jedes $A \in X$ die Menge $R \setminus \overline{A}$ als Komplement. X ist daher tatsächlich ein vollständiger BOOLE-Verband. Wegen 2.1.5 ist X unendlichdistributiv.

Im weiteren nehmen wir als R die Menge $\boldsymbol{R}$ der reellen Zahlen, versehen mit der Intervalltopologie bezüglich der natürlichen Ordnung in $\boldsymbol{R}$. Zu jeder offenen Menge $i \in T$ existiert eine Folge offener Intervalle A_{ik} $(k \in \boldsymbol{N}^+)$ mit $i \supseteqq A_{i1} \supseteqq A_{i2} \supseteqq \cdots$ und mit einelementigem Durchschnitt $\bigcap_{k \in \boldsymbol{N}^+} A_{ik}$, wegen (3.4.14) folglich mit $\bigwedge_{k \in \boldsymbol{N}^+} A_{ik} = \emptyset$. Es gilt daher $\bigvee_{i \in T} \bigwedge_{k \in \boldsymbol{N}^+} A_{ik} = \emptyset$. Die Intervalle A_{ik} gehören natürlich X an. Γ sei die Menge aller Abbildungen von I in $\boldsymbol{N}^+$. Wegen (3.4.13) ergibt sich $\bigvee_{i \in T} A_{i\,\gamma(i)} = \boldsymbol{R}$ zu beliebigem $\gamma \in \Gamma$ und daher auch $\bigwedge_{\gamma \in \Gamma} \bigvee_{i \in I} A_{i\,\gamma(i)} = \boldsymbol{R}$. X ist somit nicht schwach total-2-distributiv.

Auf Grund des eben angeführten Beispieles folgt aus 3.4.16, daß $\overline{\text{ord}}$ im allgemeinen keine mehrstufige Topologie ist. Daher sind auch $\underline{\text{ord}}$ und ord im allgemeinen keine mehrstufigen Topologien.

Man zeigt leicht, daß in dem vollständigen Verband X, den wir in Teil 3 des Beweises von 2.8.7 angeführt haben, $\overline{\text{ord}}$, $\underline{\text{ord}}$ und ord Topologien sind (nach 3.4.16 sind sie mehrstufige Topologien und bez. $\overline{\text{ord}}$ sind zum Beispiel zu beliebigem $x \in X$ gerade die Teilmengen von X, denen alle Elemente $a \leqq x$ angehören, die Nachbarschaften von x). Mittels 3.4.16 folgt, daß in diesem Verband die obere Ordnungstopologie nicht mit der oberen Intervalltopologie, die untere Ordnungstopologie nicht mit der unteren Intervalltopologie und die Ordnungstopologie nicht mit der Intervalltopologie übereinstimmen. Während also im allgemeinen die betreffenden Topologien nicht übereinstimmen, besteht jeweils stets ein einseitiger Zusammenhang. Da für jeden Filter $\mathfrak{K}$ in einem vollständigen Verband $\bigvee_{K^* \in \mathfrak{K}^*} \bigwedge_{a \in K^*} a \leqq \bigwedge_{K \in \mathfrak{K}} \bigvee_{a \in K} a$ und $\bigvee_{K \in \mathfrak{K}} \bigwedge_{a \in K} a \leqq \bigwedge_{K^* \in \mathfrak{K}^*} \bigvee_{a \in K^*} a$ gilt, folgt nämlich aus $\mathfrak{K} \xrightarrow[\overline{\text{ord}}]{=} x$ stets $\mathfrak{K} \xrightarrow[\overline{\text{int}}]{=} x$ und somit auch aus $\mathfrak{K} \xrightarrow[t(\overline{\text{ord}})]{=} x$ stets $\mathfrak{K} \xrightarrow[\overline{\text{int}}]{=} x$ und gelten entsprechende Aussagen auch bezüglich $\underline{\text{ord}}$ und $\underline{\text{int}}$ und bezüglich ord und int. Unter Vorwegnahme der im folgenden Abschnitt eingeführten Bezeichnungsweise läßt sich der wichtigste Teil dieses Resultates so formulieren: Die obere Ordnungstopologie $t(\overline{\text{ord}})$ ist feiner als die obere Intervalltopologie, und $t(\underline{\text{ord}})$ und $\underline{\text{int}}$ sowie $t(\text{ord})$ und int verhalten sich in gleicher Weise.

2. X sei eine beliebige Menge. Eine Abbildung δ von $X \times X$ in $\boldsymbol{R}$ heißt eine **Halbmetrik** von X und X, versehen mit δ, ein **halbmetrischer Raum** wenn gilt:

1. Es ist stets $\delta(x, y) = \delta(y, x)$ (Symmetriebedingung).
2. Es gilt stets $\delta(x, z) \leqq \delta(x, y) + \delta(y, z)$ (Dreiecksungleichung).
3. Aus $x = y$ folgt $\delta(x, y) = 0$ (schwache Nullbedingung).

Gilt anstelle von 3 sogar

3'. $x = y \Leftrightarrow \delta(x, y) = 0$ (starke Nullbedingung),

so heißt die Halbmetrik δ eine **Metrik** von X und X, versehen mit δ, ein **metrischer Raum.**

In Abschnitt 5.17 in Band 2 führen wir Verallgemeinerungen der Begriffe des halbmetrischen und metrischen Raumes an.

Ein Beispiel einer Metrik δ ist die **euklidische Metrik** im $\boldsymbol{R}^n$, also im n-fachen cartesischen Produkt von $\boldsymbol{R}$ mit sich ($n \in \boldsymbol{N}^+$). Diese Metrik wird für beliebige Elemente $x = (\xi_1, \dots, \xi_n)$ und $y = (\eta_1, \dots, \eta_n)$ des $\boldsymbol{R}^n$ durch

$$\delta(x, y) = \sqrt{(\eta_1 - \xi_1)^2 + \cdots + (\eta_n - \xi_n)^2}$$

definiert. $\boldsymbol{R}^n$, versehen mit der euklidischen Metrik, heißt n-dimensionaler **euklidischer Raum.** Für $\delta(x, y)$ schreibt man in diesem Falle auch $|y - x|$. Der eindimensionale euklidische Raum heißt auch **Zahlengerade** und der zweidimensionale euklidische Raum auch **euklidische Ebene.**

Ist δ eine Halbmetrik einer Menge X und x ein Element von X, so heißen die Mengen $\{y \in X \mid \delta(x, y) < \varepsilon\}$ und $\{y \in X \mid \delta(x, y) \leqq \varepsilon\}$ $(\varepsilon > 0)$ **offene** und **abgeschlossene Kugeln** (genauer **δ-Kugeln**) um x mit dem Radius ε.

Man beweist ohne Mühe

3.4.17. *Jeder Halbmetrik δ einer Menge X läßt sich eine Topologie von X zuordnen, bezüglich der zu beliebigem $x \in X$ die offenen (und ebenfalls die abgeschlossenen) δ-Kugeln um x eine Basis des Nachbarschaftsfilters von x bilden.*

Für jede Halbmetrik δ wird die im Satz angegebene Topologie die **aus δ erzeugte Topologie** genannt. Läßt sich die Topologie eines topologischen Raumes X aus einer Halbmetrik bzw. Metrik erzeugen, so heißen X und die Topologie von X **halbmetrisierbar** bzw. **metrisierbar.** Jeden halbmetrischen Raum faßt man als topologischen Raum auf, dessen Topologie aus der betreffenden Halbmetrik erzeugt ist. Wenn nicht ausdrücklich etwas anderes gesagt ist, denken wir uns den $\boldsymbol{R}^n$ mit der euklidischen Metrik und damit auch mit der aus dieser erzeugten Topologie versehen. Diese Topologie wird die **natürliche Topologie** des $\boldsymbol{R}^n$ genannt. Die natürliche Topologie von $\boldsymbol{R}$ stimmt offensichtlich mit der Intervalltopologie von $\boldsymbol{R}$ bezüglich der natürlichen Ordnung überein. In $\boldsymbol{R}$ bezeichnet man die offenen Intervalle $]a, \rightarrow]$ und $[\leftarrow, a[$ mit $]a, \infty[$ und $]-\infty, a[$ und die abgeschlossenen Intervalle $[a, \rightarrow]$ und $[\leftarrow, a]$ mit $[a, \infty[$ und $]-\infty, a]$.

Zu beliebigem $n \in \boldsymbol{N}^+$ denken wir uns, wenn nichts anderes angegeben ist, auch den $\boldsymbol{C}^n$, also das n-fache cartesische Produkt von $\boldsymbol{C}$ mit sich, mit der **natürlichen Topologie** versehen, wir verstehen darunter die natürliche Topologie des $\boldsymbol{R}^{2n}$, wobei wir die durch $\iota(\xi_1, \dots, \xi^{2n}) = (\xi_1 + i\xi_{n+1}, \dots, \xi_n + i\xi_{2n})$ definierte Abbildung des $\boldsymbol{R}_{2n}$ auf den $\boldsymbol{C}^n$ als Identifikation ansehen.

3.5. Vergleich von Limitierungen

X sei eine beliebige Menge. Wie üblich, sei $\mathcal{F}X$ der Verband aller Filter in X und $\mathcal{I}X$ der Verband aller $\wedge$-Ideale von Filtern in X. Die im folgenden auftretenden verbandstheoretischen Durchschnitte und Vereinigungen von Filtern bzw. von $\wedge$-Idealen von Filtern meinen wir stets bezüglich der Verbände $\mathcal{F}X$ und $\mathcal{I}X$.

In der Menge $\mathcal{T}X$ aller Limitierungen von X führen wir durch

$$\tau \leqq \tau' \Leftrightarrow \tau(x) \subseteqq \tau'(x) \text{ zu beliebigem } x \in X$$

eine Ordnung ein. Für $\tau \leqq \tau'$ sagen wir, daß τ **feiner** als τ' oder daß τ' **gröber** als τ ist. Im weiteren denken wir uns $\mathcal{T}X$ mit der eben eingeführten Ordnung $\leqq$ versehen.

3.5.1. *$\mathcal{T}X$ ist ein vollständiger distributiver Verband. Für jede Familie $(\tau_i)_{i \in I}$ von Limitierungen von X gilt*

$$(\bigwedge_{i\in I} \tau_i)(x) = \bigwedge_{i\in I} \tau_i(x) \quad \textit{und} \quad (\bigvee_{i\in I} \tau_i)(x) = \bigvee_{i\in I} \tau_i(x) \qquad (x \in X)\,, \tag{3.5.1}$$

für die leere Familie insbesondere

$$(\bigwedge_{i\in I} \tau_i)(x) = \mathcal{F}X \quad \textit{und} \quad (\bigvee_{i\in I} \tau_i)(x) = \{\mathsf{P}X\} \qquad (x \in X)\,. \tag{3.5.2}$$

Beweis. Da $\mathcal{I}X$ ein vollständiger distributiver Verband ist (vergleiche Abschnitt 2.10), trifft das auch für $\mathcal{T}X$ zu und gilt (3.5.1). Aus (3.5.1) und 2.2.2 folgt im Falle $I = \emptyset$ leicht (3.5.2). ▮

Wir sagen, daß eine Limitierung τ von X in einem Punkt x **entartet** ist, wenn $\tau(x)$ lediglich aus dem uneigentlichen Filter $\mathsf{P}X$ besteht. Die in jedem Punkt entartete Limitierung von X nennen wir **entartet.** Wegen (2.1.7) und (3.5.2) ist die entartete Limitierung von X gerade die feinste Limitierung $\inf \mathcal{T}X$ von X. Sie ist — von dem trivialen Fall $X = \emptyset$ abgesehen — nicht einmal eine Pseudotopologie. Für die gröbste Limitierung $\sup \mathcal{T}X$ von X besteht zu beliebigem $x \in X$ die Beziehung $(\sup \mathcal{T}X)(x) = \mathcal{F}X = [\{X\}]$. Sie ist eine Topologie, die sogenannte **triviale Topologie.** Die Punkte von X besitzen bezüglich dieser Topologie nur eine Nachbarschaft, nämlich ganz X. Lediglich $\emptyset$ und X sind offene Mengen bezüglich der trivialen Topologie.

Die Mengen $\mathcal{T}^pX$, $\mathcal{T}^mX$ und $\mathcal{T}^tX$ aller Pseudotopologien, aller mehrstufigen Topologien bzw. aller Topologien von X denken wir uns mit den von der obigen Ordnung $\leqq$ induzierten Ordnungen versehen. Nach dem folgenden Satz sind $\mathcal{T}^pX$, $\mathcal{T}^mX$ und $\mathcal{T}^tX$ vollständige Verbände. Für die verbandstheoretischen Durchschnitte und Vereinigungen in diesen Verbänden benutzen wir die üblichen Zeichen, ergänzt durch einen oberen Index p, m bzw. t, also zum Beispiel die Zeichen $\bigwedge^p$ und $\bigvee^p$. Die verbandstheoretischen Durchschnitte und Vereinigungen in $\mathcal{T}X$ bezeichnen wir wie üblich.

3.5.2. *$\mathcal{T}^pX$, $\mathcal{T}^mX$ und $\mathcal{T}^tX$ sind vollständige Verbände. Für jede Familie $(\tau_i)_{i\in I}$ von Pseudotopologien von X gilt*

$$\bigwedge_{i\in I}^p \tau_i = \bigwedge_{i\in I} \tau_i \quad \textit{und} \quad \bigvee_{i\in I}^p \tau_i \geqq \bigvee_{i\in I} \tau_i\,, \tag{3.5.3}$$

für jede Familie $(\tau_i)_{i\in I}$ von mehrstufigen Topologien von X

$$\bigwedge_{i\in I}^m \tau_i = \bigwedge_{i\in I}^p \tau_i \quad \textit{und} \quad \bigvee_{i\in I}^m \tau_i \geqq \bigvee_{i\in I}^p \tau_i \tag{3.5.4}$$

und für jede Familie $(\tau_i)_{i\in I}$ *von Topologien von* X

$$\bigwedge_{i\in I}^{t} \tau_i = \bigwedge_{i\in I}^{m} \tau_i \quad \textit{und} \quad \bigvee_{i\in I}^{t} \tau_i \geqq \bigvee_{i\in I}^{m} \tau_i\,. \tag{3.5.5}$$

Bei der zweiten Beziehung von (3.5.3) *trifft das Gleichheitszeichen zu, wenn* I *nichtleer ist, und im Falle* $I = \emptyset$ *gilt*

$$(\bigvee_{i\in I}^{p} \tau_i)\,(x) = [[x]] \qquad (x \in X)\,. \tag{3.5.6}$$

Bei der zweiten Beziehung von (3.5.4) *trifft das Gleichheitszeichen zu, wenn* I *endlich ist. Im allgemeinen gilt es bei dieser Beziehung nicht. Für eine beliebige nichtleere Familie* $(\tau_i)_{i\in I}$ *von mehrstufigen Topologien von* X *ist*

$$(\bigvee_{i\in I}^{m} \tau_i)\,(x) = [\bigwedge_{i\in I} \mathfrak{N}_i(x)] \qquad (x \in X)\,, \tag{3.5.7}$$

wobei jeweils $\mathfrak{N}_i(x)$ *der Nachbarschaftsfilter von* x *bez.* τ_i *ist. Bei der zweiten Beziehung von* (3.5.5) *trifft das Gleichheitszeichen zu, wenn* I *leer ist. Im allgemeinen gilt es bei dieser Beziehung nicht, nicht einmal, wenn* I *eine zweielementige Menge ist. Für eine beliebige nichtleere Familie* $(\tau_i)_{i\in I}$ *von Topologien von* X *gilt*

$$(\bigvee_{i\in I}^{t} \tau_i)\,(x) = [\operatorname{im}_{\subseteq, X} \bigcap_{i\in I} \mathfrak{U}_i(x)] \qquad (x \in X)\,, \tag{3.5.8}$$

wobei jeweils $\mathfrak{U}_i(x)$ *der Umgebungsraster von* x *bez.* τ_i *ist.*

Beweis. 1. $(\tau_i)_{i\in I}$ sei eine Familie von Pseudotopologien von X. Zu beliebigem $x \in X$ ist $[x] \in \bigwedge_{i\in I} \tau_i(x)$ (wegen (3.5.2) auch im Falle $I = \emptyset$), so daß stets $\bigwedge_{i\in I}^{p} \tau_i = \bigwedge_{i\in I} \tau_i$ gilt. Im Falle $I \neq \emptyset$ ist $[x] \in \bigvee_{i\in I} \tau_i(x)$ zu beliebigem $x \in X$, somit $\bigvee_{i\in I}^{p} \tau_i = \bigvee_{i\in I} \tau_i$. Im Falle $I = \emptyset$ gilt natürlich (3.5.6), wegen (3.5.2) somit $\bigvee_{i\in I}^{p} \tau_i \geqq \bigvee_{i\in I} \tau_i$. Die letzte Beziehung gilt also stets.

2. Nun sei $(\tau_i)_{i\in I}$ eine Familie mehrstufiger Topologien von X. Wegen 2.2.4, (3.5.1) und bereits Bewiesenem ergibt sich

$$(\bigwedge_{i\in I}^{p} \tau_i)\,(x) = [\bigvee_{i\in I} \mathfrak{N}_i(x)] \qquad (x \in X)\,,$$

wobei jeweils $\mathfrak{N}_i(x)$ der Nachbarschaftsfilter von x bez. τ_i ist. Es ist deshalb $\bigwedge_{i\in I}^{p} \tau_i \in \mathcal{T}^m X$ und somit $\bigwedge_{i\in I}^{m} \tau_i = \bigwedge_{i\in I}^{p} \tau_i$. Wegen 2.2.4, (3.5.1) und bereits Bewiesenem gilt im Falle $I \neq \emptyset$

$$(\bigvee_{i\in I}^{p} \tau_i)\,(x) \subseteqq [\bigwedge_{i\in I} \mathfrak{N}_i(x)] \qquad (x \in X)\,, \tag{3.5.9}$$

wobei in dem Fall, daß I nichtleer und endlich ist, das Gleichheitszeichen zutrifft. Wenn I nichtleer ist, gilt $\tau_i(x) \subseteqq [\bigwedge_{j\in I} \mathfrak{N}_j(x)]$ zu beliebigen $i \in I$ und $x \in X$ und folgt natürlich für Filter $\mathfrak{N}(x)$ $(x \in X)$ mit $[\mathfrak{N}_i(x)] \subseteqq [\mathfrak{N}(x)]$ $(i \in I)$ $\mathfrak{N}(x) \subseteqq \bigwedge_{i\in I} \mathfrak{N}_i(x)$ und damit $[\bigwedge_{i\in I} \mathfrak{N}_i(x)] \subseteqq [\mathfrak{N}(x)]$. Somit gilt im Falle $I \neq \emptyset$

(3.5.7), daher im Falle $I \neq \emptyset$ wegen (3.5.9) die rechte Beziehung von (3.5.4), wobei bei dieser in dem Fall, daß I endlich ist, das Gleichheitszeichen zutrifft. Unter Berücksichtigung von (3.5.6) folgt $\bigvee\limits_{i\in I}^m \tau_i = \bigvee\limits_{i\in I}^p \tau_i$ auch im Falle $I = \emptyset$.

3. Es sei speziell $X = I = \boldsymbol{N}$ und zu beliebigen $i \in I$ und $x \in X$

$$\mathfrak{N}_i(x) = \begin{cases} [x] & \text{bei } x \in \boldsymbol{N}^+ \\ [\{n \in \boldsymbol{N} \mid n \leqq i\}] & \text{bei } x = 0\,. \end{cases}$$

Unter Berücksichtigung von 2.2.2 folgt

$$\begin{aligned} \bigvee_{i\in I} [\mathfrak{N}_i(0)] &= \operatorname*{im}_{\subseteqq} \{ \bigwedge_{i\in K} \mathfrak{N}_i(0) \mid K \subseteqq I \text{ endlich}\} \\ &= \operatorname*{im}_{\subseteqq} \{\mathfrak{N}_i(0) \mid i \in I\} \subsetneqq [\{\boldsymbol{N}\}] = [\bigwedge_{i\in I} \mathfrak{N}_i(0)]\,, \end{aligned}$$

somit für die mehrstufigen Topologien τ_i, die $\mathfrak{N}_i(x)$ $(x \in X)$ als Nachbarschaftsfilter haben, $\bigvee^p \tau_i < \bigvee^m \tau_i$.

4. Im weiteren sei $(\tau_i)_{i\in I}$ eine Familie von Topologien von X. Aus bereits Bewiesenem folgt

$$(\bigwedge_{i\in I}^m \tau_i)\,(x) = [\bigvee_{i\in I} \mathfrak{N}_i(x)] \qquad (x \in X)\,.$$

$\bigwedge\limits_{i\in I}^m \tau_i$ ist eine Topologie, denn zu beliebigem $x \in X$, jeder endlichen Teilmenge K von I und beliebigen $N_i \in \mathfrak{N}_i(x)$ $(i \in K)$ existieren $M_i \in \mathfrak{N}_i(x)$ $(i \in K)$ mit $N_i \in \mathfrak{N}_i(y)$ zu beliebigem $y \in M_i$, folglich mit $\bigcap\limits_{i\in K} N_i \in \bigvee\limits_{i\in I} \mathfrak{N}_i(y)$ zu beliebigem $y \in \bigcap\limits_{i\in K} M_i$. Daher gilt $\bigwedge\limits_{i\in I}^m \tau_i = \bigwedge\limits_{i\in I}^t \tau_i$. Wir setzen $I \neq \emptyset$ für das Folgende voraus. Wegen (3.5.7) und $\mathfrak{N}_i(x) = \operatorname*{im}\limits_{\subseteqq, X} \mathfrak{U}_i(x)$ ergibt sich

$$(\bigvee_{i\in I}^m \tau_i)(x) \subseteqq [\operatorname*{im}_{\subseteqq, X} \bigcap_{i\in I} \mathfrak{U}_i(x)] \qquad (x \in X)\,. \tag{3.5.10}$$

Die Limitierung τ von X mit $\tau(x) = [\operatorname*{im}\limits_{\subseteqq, X} \bigcap\limits_{i\in I} \mathfrak{U}_i(x)]$ $(x \in X)$ ist offensichtlich eine mehrstufige Topologie. Da zu beliebigem $x \in X$ jede Menge $U \in \bigcap\limits_{i\in I} \mathfrak{U}_i(x)$ bezüglich aller Topologien τ_i offen ist, folgt $U \in \bigcap\limits_{i\in I} \mathfrak{U}_i(y)$ zu beliebigem $y \in U$ und damit, daß τ eine Topologie ist. Ist τ' eine Topologie von X mit $\tau_i \leqq \tau'$ zu beliebigem $i \in I$, so gilt

$$\mathfrak{U}'(x) \subseteqq \bigcap_{i\in I} \operatorname*{im}_{\subseteqq, X} \mathfrak{U}_i(x) \tag{3.5.11}$$

für den Umgebungsraster eines beliebigen $x \in X$ bez. τ'. Wegen (3.5.11) ist jede bez. τ' offene Menge U auch offen bezüglich aller τ_i, so daß in Verschärfung von (3.5.11) stets $\mathfrak{U}'(x) \subseteqq \bigcap\limits_{i\in I} \mathfrak{U}_i(x)$ und damit $\tau'(x) \supseteqq \tau(x)$ folgt. Daher ist $\tau = \bigvee\limits_{i\in I}^t \tau_i$, weshalb wegen (3.5.10) die Beziehung $\bigvee\limits_{i\in I}^m \tau_i \leqq \bigvee\limits_{i\in I}^t \tau_i$ folgt.

Unter Berücksichtigung von (3.5.6) ergibt sich $\bigvee_{i\in I}^m \tau_i = \bigvee_{i\in I}^t \tau_i$ im Falle $I = \emptyset$.

5. X bestehe nun speziell aus drei voneinander verschiedenen Elementen x, y und z. τ_1 und τ_2 seien diejenigen Topologien von X, die als zugehörige Gesamtheiten von offenen Mengen $\omega_1 = \{\emptyset, \{x, y\}, X\}$ bzw. $\omega_2 = \{\emptyset, \{x\}, X\}$ haben. Umgebungsraster von x bez. τ_1 bzw. τ_2 ist $\mathfrak{U}_1(x) = \{\{x, y\}, X\}$ bzw. $\mathfrak{U}_2(x) = \{\{x\}, X\}$. Da

$$\operatorname{im}_{\subseteq} \mathfrak{U}_1(x) \wedge \operatorname{im}_{\subseteq} \mathfrak{U}_2(x) = \{\{x, y\}, X\} \supsetneqq \{X\} = \operatorname{im}_{\subseteq} (\mathfrak{U}_1(x) \cap \mathfrak{U}_2(x))$$

gilt, ergibt sich $\tau_1 \vee^m \tau_2 < \tau_1 \vee^t \tau_2$. ∎

Aus 3.5.2 erhält man leicht das

Korollar. *$\mathcal{T}^p X$ ist ein Teilverband von $\mathcal{T} X$. Abgesehen von dem trivialen Fall $X = \emptyset$ ist er kein vollständiger Teilverband von $\mathcal{T} X$. $\mathcal{T}^m X$ ist ein Teilverband von $\mathcal{T}^p X$, im allgemeinen jedoch kein vollständiger Teilverband von $\mathcal{T}^p X$. $\mathcal{T}^t X$ ist im allgemeinen kein Teilverband von $\mathcal{T}^m X$.*

Wegen (2.1.7) und (3.5.6) ist die feinste Pseudotopologie von X eine Topologie τ mit $\tau(x) = [[x]]$ zu beliebigem $x \in X$. Sie heißt die **diskrete Topologie** von X. Bezüglich dieser Topologie ist jede Teilmenge von X offen und abgeschlossen. Mittels 3.5.2 folgt, daß die diskrete Topologie gleichzeitig die feinste mehrstufige Topologie und die feinste Topologie von X ist. Ferner ergibt sich mittels 3.5.2, daß die gröbste Pseudotopologie, gröbste mehrstufige Topologie und gröbste Topologie von X die triviale Topologie von X ist.

3.5.3. *Aus $\tau \leqq \tau'$ folgt $p(\tau) \leqq p(\tau')$ für die τ und τ' zugeordneten Pseudotopologien. Aus $\tau \leqq \tau'$ ergibt sich $\overline{A}^{\tau} \subseteqq \overline{A}^{\tau'}$ für jede Teilmenge A von X und, falls τ und τ' mehrstufige Topologien sind, daraus umgekehrt $\tau \leqq \tau'$ · $\tau \leqq \tau'$ zieht für die zugehörigen Systeme von offenen Mengen $\omega^{\tau'} \subseteqq \omega^{\tau}$ nach sich, und, wenn τ und τ' Topologien sind, folgt daraus umgekehrt $\tau \leqq \tau'$.*

Beweis. 1. Ist $\tau \leqq \tau'$, so gilt $[[x]] \vee \tau(x) \subseteqq [[x]] \vee \tau'(x)$ zu beliebigem $x \in X$ und daher $p(\tau) \leqq p(\tau')$.

2. Wenn $\tau \leqq \tau'$ ist, folgt unter Berücksichtigung der Adhärenzdefinition $\overline{A}^{\tau} \subseteqq \overline{A}^{\tau'}$ zu beliebigem $A \in \mathsf{P}X$. Aus $\overline{A}^{\tau} \subseteqq \overline{A}^{\tau'}$ ($A \in \mathsf{P}X$) ergibt sich zu beliebigem $x \in X$ für die Nachbarschaftsfilter $\mathfrak{N}(x)$ von x bez. τ und $\mathfrak{N}'(x)$ von x bez. τ' wegen 3.3.3

$$\mathfrak{N}'(x) \subseteqq \mathfrak{N}(x) \tag{3.5.12}$$

und, falls τ und τ' mehrstufige Topologien sind, damit $\tau \leqq \tau'$.

3. Ist $\tau \leqq \tau'$, so folgt zu beliebigem $x \in X$ wie im Teil 2 des Beweises die Beziehung (3.5.12) für die Nachbarschaftsfilter von x bez. τ und τ' und daraus leicht $\omega^{\tau'} \subseteqq \omega^{\tau}$. Wenn $\omega^{\tau'} \subseteqq \omega^{\tau}$ gilt, folgt zu beliebigem $x \in X$ für die Umgebungsraster $\mathfrak{U}(x)$ von x bez. τ und $\mathfrak{U}'(x)$ von x bez. τ' die Beziehung $\mathfrak{U}'(x) \subseteqq \mathfrak{U}(x)$

und, falls τ und τ' Topologien sind, unter Berücksichtigung von 3.4.4 somit (3.5.12) für die zugehörigen Nachbarschaftsfilter und deshalb $\tau \leqq \tau'$. ∎

Nach diesem Satz ist die (vor 3.3.7 eingeführte) Abbildung p von $\mathcal{T}X$ in sich ein Ordnungshomomorphismus.

Als nächstes führen wir in der Menge $\mathcal{H}X$ aller Hüllenoperationen in X eine Ordnung $\leqq$ durch

$$C \leqq C' \Leftrightarrow C(A) \subseteqq C'(A) \text{ zu beliebigem } A \in \mathsf{P}X$$

ein. $\mathcal{H}X$ denken wir uns im weiteren stets mit dieser Ordnung versehen. Wegen 3.4.3, 3.5.2 und 3.5.3 ist $\mathcal{H}X$ ein vollständiger Verband, ist die (vor 3.4.3) definierte Abbildung h von $\mathcal{T}X$ auf $\mathcal{H}X$ ein Ordnungshomomorphismus und ist die Einschränkung von h auf $\mathcal{T}^mX$ sogar ein Ordnungsisomorphismus.

3.5.4. *$(C_\iota)_{\iota\in I}$ sei eine Familie von Hüllenoperationen in X. Dann gilt im Verband $\mathcal{H}X$ im Falle $I \neq \emptyset$*

$$\begin{aligned}(\bigwedge_{\iota\in I} C_\iota)(A) &= \{x \in X \mid N \cap A \neq \emptyset \text{ zu beliebigem } N \in \bigvee_{\iota\in I} \mathfrak{N}_\iota(x)\} \\ &\subseteqq \bigcap_{\iota\in I} C_\iota(A)\end{aligned} \tag{3.5.13}$$

und

$$(\bigvee_{\iota\in I} C_\iota)(A) = \bigcup_{\iota\in I} C_\iota(A) \tag{3.5.14}$$

und im Falle $I = \emptyset$

$$(\bigwedge_{\iota\in I} C_\iota)(A) = \begin{cases} X \text{ bei } A \neq \emptyset \\ \emptyset \text{ bei } A = \emptyset \end{cases} \tag{3.5.15}$$

und

$$(\bigvee_{\iota\in I} C_\iota)(A) = A \tag{3.5.16}$$

zu beliebigem $A \in \mathsf{P}X$. Dabei ist stets $\mathfrak{N}_\iota(X)$ der Nachbarschaftsfilter $\{N \in \mathsf{P}X \mid x \notin C_\iota(X \setminus N)\}$ von x bezüglich der durch C_ι charakterisierten mehrstufigen Topologie. Bei (3.5.13) trifft rechts das Gleichheitszeichen im allgemeinen nicht zu, auch nicht, wenn I zweielementig ist.

Beweis. 1. Es sei zuerst $I \neq \emptyset$. τ_ι sei die durch C_ι charakterisierte mehrstufige Topologie, d. h. diejenige mehrstufige Topologie mit $h(\tau_\iota) = C_\iota$. Jedes Element x von X hat $\bigvee_{\iota\in I} \mathfrak{N}_\iota(x)$ bez. $\bigwedge^m_{\iota\in I} \tau_\iota$ als Nachbarschaftsfilter (vergleiche Teil 2 des Beweises von 3.5.2). Unter Berücksichtigung von (3.3.5) und der Isomorphieeigenschaft von $h \mid \mathcal{T}^mX$ ergibt sich die Richtigkeit des linken Teiles von (3.5.13) zu beliebigem $A \in \mathsf{P}X$. Daß auch stets $(\bigwedge_{\iota\in I} C_\iota)(A) \subseteqq \bigcap_{\iota\in I} C_\iota(A)$ gilt, ist klar.

Wie leicht folgt, ist $C: A \mapsto \bigcup_{\iota\in I} C_\iota(A)$ $(A \in \mathsf{P}X)$ eine Hüllenoperation. Da sich für jede Hüllenoperation C' mit $C_\iota \leqq C'$ zu beliebigem $\iota \in I$ die Beziehung $C \leqq C'$ ergibt, ist $C = \bigvee_{\iota\in I} C_\iota$. Daher gilt (3.5.14) zu beliebigem $A \in \mathsf{P}X$.

Unter Berücksichtigung der Isomorphieeigenschaft von $h \mid \mathcal{T}^m X$ und von 3.5.2 (vergleiche auch die Bemerkungen nach dem Korollar zu 3.5.2) erhält man, daß im Falle $I = \emptyset$ die von $\bigwedge_{i \in I} C_i$ und $\bigvee_{i \in I} C_i$ charakterisierten mehrstufigen Topologien die triviale bzw. diskrete Topologie sind. Damit folgt leicht, daß (3.5.15) und (3.5.16) im Falle $I = \emptyset$ zu beliebigem $A \in \mathsf{P}X$ gilt.

2. Im folgenden bestehe X aus drei voneinander verschiedenen Elementen x, y und z. C_1 und C_2 seien die Hüllenoperationen derjenigen mehrstufigen Topologien von X, bezüglich der $\mathfrak{N}_1(x) = [x]$, $\mathfrak{N}_1(y) = \{\{x, y\}, X\}$ und $\mathfrak{N}_1(z) = [z]$ bzw. $\mathfrak{N}_2(x) = [x]$, $\mathfrak{N}_2(y) = \{\{y, z\}, X\}$ und $\mathfrak{N}_2(z = [z]$ die Nachbarschaftsfilter sind. Es ist $(C_1 \wedge C_2)(\{x, z\}) = \{x, z\} \subsetneqq X = C_1(\{x, z\}) \cap C_2(\{x, z\})$, gilt also bei (3.5.13) rechts im allgemeinen nicht einmal das Gleichheitszeichen, wenn I zweielementig ist. ∎

Für das Weitere denken wir uns die Menge $\mathcal{O}X$, die aus den die Topologien von X charakterisierenden Mengen mit den Eigenschaften 1 bis 3 aus 3.3.6, also den zugehörigen Gesamtheiten der offenen Mengen besteht, mit der mengentheoretischen Ordnung versehen. Wegen 3.4.13, 3.5.2 und 3.5.3 ist $\mathcal{O}X$ ein vollständiger Verband, ist die (vor 3.4.13 definierte) Abbildung o von $\mathcal{T}X$ auf $\mathcal{O}X$ ein Ordnungsantihomomorphismus und ist die Einschränkung von o auf $\mathcal{T}^t X$ sogar ein Ordnungsantiisomorphismus.

Wir vereinbaren, zu jeder Subbasis γ einer Topologie τ von X die Gesamtheit der bez. τ offenen Mengen mit $\tilde{\gamma}$ zu bezeichnen. $\tilde{\gamma}$ besteht aus beliebigen Vereinigungen von Durchschnitten je endlich vieler (aber nicht von 0) Mengen aus γ.

3.5.5. *$(\omega_i)_{i \in I}$ sei eine Familie von Elementen des Verbandes $\mathcal{O}X$. Es gilt (bezüglich dieses Verbandes) im Falle $I \neq \emptyset$*

$$\bigwedge_{i \in I} \omega_i = \bigcap_{i \in I} \omega_i \tag{3.5.17}$$

und

$$\bigvee_{i \in I} \omega_i = \widetilde{\bigcup_{i \in I} \omega_i} \tag{3.5.18}$$

und im Falle $I = \emptyset$

$$\bigwedge_{i \in I} \omega_i = \mathsf{P}X \tag{3.5.19}$$

und

$$\bigvee_{i \in I} \omega_i = \{\emptyset, X\}\,. \tag{3.5.20}$$

Beweis. Es sei $I \neq \emptyset$. Für jedes $\omega \in \mathcal{O}X$ mit $\omega \subseteqq \omega_i$ $(i \in I)$ ist $\omega \subseteqq \bigcap_{i \in I} \omega_i$. Da $\bigcap_{i \in I} \omega_i$ die Eigenschaften 1 bis 3 aus 3.3.6 besitzt, gilt daher (3.5.17). Für jedes $\omega \in \mathcal{O}X$ mit $\omega \supseteqq \omega_i$ $(i \in I)$ ist $\omega \supseteqq \widetilde{\bigcup_{i \in I} \omega_i}$, weshalb auch (3.5.18) gilt.

Beachten wir, daß $o \mid \mathcal{T}^t X$ ein Antiisomorphismus ist, so folgt unter Berücksichtigung von 3.5.2 (vergleiche auch die Bemerkungen nach dem Korollar zu 3.5.2), daß im Falle $I = \emptyset$ die von $\bigwedge_{i \in I} \omega_i$ und $\bigvee_{i \in I} \omega_i$ charakterisierten Topologien die diskrete bzw. triviale Topologie sind. Damit ergibt sich leicht (3.5.19) und (3.5.20) im Falle $I = \emptyset$. ∎

Wie bereits bemerkt wurde, ist p wegen 3.5.3 ein Ordnungshomomorphismus von $\mathcal{T}X$ in sich. Wegen 3.5.3 sind auch die Abbildungen

$$m = (h \mid \mathcal{T}^m X)^{-1} \circ h \qquad \text{und} \qquad t = (o \mid \mathcal{T}^t X)^{-1} \circ o$$

Ordnungshomomorphismen von $\mathcal{T}X$ in sich. Nach 3.3.7 ist die Einschränkung $p \mid \mathcal{T}^p X$ die identische Abbildung von $\mathcal{T}^p X$ auf sich. $m \mid \mathcal{T}^m X$ und $t \mid \mathcal{T}^t X$ sind natürlich ebenfalls identische Abbildungen.

Für jede Limitierung τ von X gilt zu beliebigem $x \in X$

$$m(\tau)(x) = [\mathfrak{N}(x)] \tag{3.5.21}$$

und

$$t(\tau)(x) = [\operatorname*{im}_{\subseteqq, X} \mathfrak{U}(x)]\,, \tag{3.5.22}$$

wobei $\mathfrak{N}(x)$ der Nachbarschaftsfilter und $\mathfrak{U}(x)$ der Umgebungsraster von x bez. τ ist. Unter Berücksichtigung dieser beiden Beziehungen sowie der Definitionsgleichung $p(\tau)(x) = [[x]] \vee \tau(x)$ für die den Limitierungen τ zugeordneten Pseudotopologien $p(\tau)$ folgt

3.5.6. *Zu jeder Limitierung τ von X ist $\tau \leqq p(\tau) \leqq m(\tau) \leqq t(\tau)$.*

Wir beweisen damit

3.5.7. *Für jede Limitierung τ von X sind $p(\tau)$, $m(\tau)$ und $t(\tau)$ die feinste Pseudotopologie, feinste mehrstufige Topologie bzw. feinste Topologie, die gröber als τ sind.*

Beweis. Nach 3.5.6 sind $p(\tau)$, $m(\tau)$ und $t(\tau)$ gröber als τ. Ist σ eine Pseudotopologie, die gröber als τ ist, so folgt unter Berücksichtigung, daß p ein Ordnungshomomorphismus ist, der $\mathcal{T}^p X$ identisch abbildet, daß $p(\tau) \leqq p(\sigma) = \sigma$ ist. Entsprechend ergibt sich $m(\tau) \leqq \sigma$ für jede mehrstufige Topologie σ und $t(\tau) \leqq \sigma$ für jede Topologie σ, die gröber als τ ist. ∎

Eine Limitierung τ von X ist genau dann topologieartig, wenn $m(\tau)$ eine Topologie ist, wenn also $m(\tau)$ mit $t(\tau)$ übereinstimmt.

Für jede Teilmenge A von X und jede Limitierung τ von X gilt — wie in (3.3.8) bereits bemerkt wurde — $\overline{A}^{\tau} = \overline{A}^{p(\tau)}$. Die einer beliebigen Limitierung τ von X zugeordnete mehrstufige Topologie $m(\tau)$ ist gerade so eingerichtet, daß auch $\overline{A}^{\tau} = \overline{A}^{m(\tau)}$ für jede Teilmenge A von X gilt. In Ergänzung dazu folgt aus 3.5.3 und 3.5.6 für jede Limitierung τ von X und die zugeordnete Topologie $t(\tau)$ stets $\overline{A}^{\tau} \subseteq \overline{A}^{t(\tau)}$. Genau dann, wenn τ topologieartig ist, gilt stets $\overline{A}^{\tau} = \overline{A}^{t(\tau)}$. Die einer beliebigen Limitierung τ von X zugeordnete Topologie $t(\tau)$ ist gerade so eingerichtet, daß bez. τ und $t(\tau)$ die offenen und damit auch die abgeschlossenen Mengen übereinstimmen, so daß also aus $A = \overline{A}^{\tau}$ stets $A = \overline{A}^{t(\tau)}$ und umgekehrt folgt. Natürlich folgt damit auch aus $A = \underline{A}_{\tau}$ stets $A = \underline{A}_{t(\tau)}$ und umgekehrt. Damit ergibt sich mühelos

3.5.8. *Für jede Teilmenge A von X und jede Limitierung τ von X ist $\overline{A}^{t(\tau)}$ die kleinste bez. τ abgeschlossene Teilmenge von X, die A enthält, und $\underline{A}_{t(\tau)}$ die größte bez. τ offene Teilmenge von X, die in A enthalten ist.*

Wenn keine Irrtümer möglich sind, schreiben wir im folgenden anstelle $\overline{A}^{t(\tau)}$ auch $\overline{A}^{t}$ und anstelle $\underline{A}_{t(\tau)}$ auch $\underline{A}_{t}$. Wir nennen $\overline{A}^{t}$ und $\underline{A}_{t}$ die **abgeschlossene Hülle** bzw. den **offenen Kern** von A.

Eine Teilmenge A eines Limesraumes nennen wir **im weiten Sinne dicht** oder **t-dicht** in diesem Raum, wenn $\overline{A}^{t}$ mit dem ganzen Raum übereinstimmt. Jede in einem Limesraum im weiten Sinne dichte Menge ist dicht in diesem Raum. Für Limesräume mit topologieartigen Limitierungen gilt auch die Umkehrung. Bereits für mehrstufig topologische Räume trifft diese Umkehrung im allgemeinen nicht zu. Besteht etwa X aus drei Punkten x, y und z und ist τ diejenige mehrstufige Topologie von X mit den Nachbarschaftsfiltern $\mathfrak{N}(x) = [x]$, $\mathfrak{N}(y) = [y] \wedge [z]$ und $\mathfrak{N}(z) = [x] \wedge [z]$, so gilt $\overline{\{x\}} \neq \overline{\{x\}}^{t} = X$.

Aus 3.5.2 ergibt sich $p(\bigwedge_{i\in I} \tau_i) = \bigwedge_{i\in I}^{p} \tau_i$ für eine beliebige Familie $(\tau_i)_{i\in I}$ von Pseudotopologien, $m(\bigwedge_{i\in I} \tau_i) = \bigwedge_{i\in I}^{m} \tau_i$ für eine beliebige Familie $(\tau_i)_{i\in I}$ von mehrstufigen Topologien und $t(\bigwedge_{i\in I} \tau_i) = \bigwedge_{i\in I}^{t} \tau_i$ für eine beliebige Familie $(\tau_i)_{i\in I}$ von Topologien von X. Eine entsprechende Aussage gilt bezüglich verbandstheoretischen Vereinigungen.

3.5.9. *Für eine beliebige Familie $(\tau_i)_{i\in I}$ von Pseudotopologien von X gilt*

$$p(\bigvee_{i\in I} \tau_i) = \bigvee_{i\in I}^{p} \tau_i\,, \tag{3.5.23}$$

für eine beliebige Familie $(\tau_i)_{i\in I}$ von mehrstufigen Topologien von X

$$m(\bigvee_{i\in I} \tau_i) = \bigvee_{i\in I}^{m} \tau_i \tag{3.5.24}$$

und für eine beliebige Familie $(\tau_i)_{i\in I}$ von Topologien von X

$$t(\bigvee_{i\in I} \tau_i) = \bigvee_{i\in I}^{t} \tau_i\,. \tag{3.5.25}$$

Beweis. Für eine beliebige nichtleere Familie $(\tau_\iota)_{\iota\in I}$ von Pseudotopologien von X ergibt sich unter Berücksichtigung von 3.5.2 und der Homomorphieeigenschaft von p stets $\bigvee_{\iota\in I}^{p} \tau_\iota \geqq p(\bigvee_{\iota\in I} \tau_\iota) \geqq \tau^j$ $(j \in I)$ und damit (3.5.23). Analog folgt (3.5.24) bzw. (3.5.25) für eine beliebige nichtleere Familie $(\tau_\iota)_{\iota\in I}$ von mehrstufigen Topologien bzw. von Topologien von X. Für die leere Familie $(\tau_\iota)_{\iota\in I}$ von Pseudotopologien, mehrstufigen Topologien bzw. Topologien von X ergibt sich auf Grund einer Bemerkung vor 3.5.3, daß $\bigvee_{\iota\in I}^{p} \tau_\iota$, $\bigvee_{\iota\in I}^{m} \tau_\iota$ und $\bigvee_{\iota\in I}^{t} \tau_\iota$ gleich der diskreten Topologie von X sind, und unter Berücksichtigung von (3.5.2), daß auch $p(\bigvee_{\iota\in I} \tau_\iota)$, $m(\bigvee_{\iota\in I} \tau_\iota)$ bzw. $t(\bigvee_{\iota\in I} \tau_\iota)$ mit der diskreten Topologie von X übereinstimmen. Damit ist der Satz bewiesen. ▮

3.6. Stetige Abbildungen, die Kategorie der Limesräume

Es seien X und Y Limesräume und τ und τ' deren Limitierungen. Eine Abbildung f aus X in Y heißt **in einem Punkt** x ihres Definitionsbereichs db$f$ **stetig**, wenn für jeden Filter $\mathfrak{F} \in \tau(x)$ der Bildfilter bezüglich der von f induzierten Filterabbildung zu $\tau'(f(x))$ gehört:

$$f(\mathfrak{F}) \in \tau'(f(x)),$$

also aus $\mathfrak{F} \to x$ stets $f(\mathfrak{F}) \to f(x)$ folgt. Der Definitionsbereich von f muß nicht mit X übereinstimmen. Ist f in jedem Punkt einer Teilmenge A von db$f$ stetig, so sagen wir, daß f **über** A **stetig** ist. Wenn dabei insbesondere A gleich dem Definitionsbereich von f ist, heißt f einfach eine **stetige Abbildung**. Wollen wir besonders hervorheben, daß sich die Stetigkeit auf die Limitierungen τ und τ' bezieht, so sagen wir anstelle von stetig auch **bezüglich** τ **und** τ' **stetig**.

Im weiteren führen wir Kriterien für die Stetigkeit an. Offensichtlich ist eine Abbildung f aus X in Y genau dann in einem Punkt $x \in$ db f stetig, wenn

$$(f^{\mathfrak{I}} \circ \tau)(x) \subseteqq (\tau' \circ f)(x) \tag{3.6.1}$$

gilt, wobei $f^{\mathfrak{I}}$ wie in Abschnitt 2.10 definiert ist. Damit folgt, daß eine Abbildung f von X in Y genau dann stetig ist, wenn $f^{\mathfrak{I}} \circ \tau$ feiner als $\tau' \circ f$ ist, also $f^{\mathfrak{I}} \circ \tau \leqq \tau' \circ f$ gilt. Eine leichte Überlegung zeigt, daß daher eine Abbildung f von X in Y genau dann stetig ist, wenn $\tau \leqq (f^{-1})^{\mathfrak{I}} \circ \tau' \circ f$ gilt.

3.6.1. *f sei eine Abbildung aus X in Y und x ein Punkt des Definitionsbereiches von f. Die Abbildung f ist genau dann in x stetig, wenn zu jeder gegen x konvergierenden gefilterten (gerichteten) Familie $(x_\iota)_{\iota\in I}$ von Punkten von db$f$ die gefilterte (gerichtete) Familie $(f(x_\iota))_{\iota\in I}$ gegen $f(x)$ konvergiert.*

Ist f in x stetig, so gilt

$$\mathfrak{N}'(f(x)) \subseteqq f(\mathfrak{N}(x)) \tag{3.6.2}$$

für die Nachbarschaftsfilter $\mathfrak{N}(x)$ von x und $\mathfrak{N}'(f(x))$ von $f(x)$. Ist Y ein mehrstufig topologischer Raum, so folgt daraus umgekehrt, daß f in x stetig ist.

Wenn f in x stetig ist, gilt $f(x) \in \overline{f[A]}$ für jede Teilmenge A von db$f$ *mit $x \in \overline{A}$. Ist Y ein mehrstufig topologischer Raum, so ergibt sich daraus umgekehrt, daß f in x stetig ist.*

Beweis. 1. f sei in x stetig, $(x_i)_{i \in I}$ sei eine gegen x konvergierende gefilterte (gerichtete) Familie von Punkten von db$f$ und $\mathfrak{K}$ der Filter von I. Der Filter $g(\mathfrak{K})$, der mit der von $g: i \mapsto x_i$ $(i \in I)$ induzierten Filterabbildung gebildet ist, gehört $\tau(x)$ an, weshalb $(f \circ g)$ $(\mathfrak{K}) \in \tau('f(x))$ gilt, folglich die gefilterte (gerichtete) Familie $(f(x_i))_{i \in I}$ gegen $f(x)$ konvergiert. Die eine Richtung des ersten Teiles der Behauptung ist damit gezeigt.

Zum Beweis der Umkehrung nehmen wir an, daß zu jedem gegen x konvergierenden Netz $(x_i)_{i \in I}$ von Punkten von db$f$ das Netz $(f(x_i))_{i \in I}$ gegen $f(x)$ konvergiert. $\mathfrak{F}$ sei ein Filter aus $\tau(x)$. Nach einer Aussage nach 2.8.4 gibt es ein Netz $(x_i)_{i \in I}$ von Punkten von db$f$, das den Filter in db$f$ und damit auch den Filter in X, der $\{F \cap \text{db} f \mid F \in \mathfrak{F}\}$ als eine Basis hat, erzeugt. Daher erzeugt das Netz $(f(x_i))_{i \in I}$ den Filter $f(\mathfrak{F})$, der folglich zu $\tau'(f(x))$ gehört. f ist deshalb in x stetig.

2. Ist f in x stetig, dann gilt — wie mittels (2.5.2) und 2.5.4 folgt —

$$\mathfrak{N}'(f(x)) \subseteqq [f(x)] \cap \bigwedge_{\mathfrak{F} \in \tau(x)} f(\mathfrak{F}) = f([x]) \cap f(\bigwedge_{\mathfrak{F} \in \tau(x)} \mathfrak{F}) = f(\mathfrak{N}(x)),$$

also (3.6.2).

Wenn Y ein mehrstufig topologischer Raum ist und (3.6.2) gilt, ergibt sich für jeden Filter $\mathfrak{F} \in \tau(x)$ wegen $\mathfrak{N}(x) \subseteqq \mathfrak{F}$ und 2.5.3

$$\mathfrak{N}'(f(x)) \subseteqq f(\mathfrak{F}),$$

unter Berücksichtigung von (3.3.8) also $f(\mathfrak{F}) \in \tau'(f(x))$ und damit, daß f in x stetig ist.

3. f sei in x stetig. A sei eine Teilmenge von X mit $x \in \overline{A}$. Im Falle $x \in A$ gilt natürlich $f(x) \in \overline{f[A]}$. Ist $x \in \overline{A} \setminus A$, so existiert wegen 3.3.2 eine gegen x konvergierende gefilterte Familie $(x_i)_{i \in I}$ von Punkten von A. Es folgt $f(x_i) \in f[A]$ zu beliebigem $i \in I$ und nach Teil 1 des Beweises ferner $(f(x_i))_{i \in I} \to f(x)$, wegen 3.3.2 somit $f(x) \in \overline{f[A]}$.

Im weiteren sei Y ein mehrstufig topologischer Raum und gelte $f(x) \in \overline{f[A]}$ für jede Teilmenge A von X mit $x \in \overline{A}$. Wir nehmen an, daß für eine gegen x konvergierende gefilterte Familie $(x_i)_{i \in I}$ von Punkten von db$f$ die gefilterte Familie $(f(x_i))_{i \in I}$ nicht gegen $f(x)$ konvergiert. $\mathfrak{K}$ sei der Filter von I und $\mathfrak{K}^*$ das Gitter von $\mathfrak{K}$. Wegen 3.4.2 existiert eine Nachbarschaft N von $f(x)$ und ein Element $J \in \mathfrak{K}^*$ mit

$$f(x_j) \notin N \tag{3.6.3}$$

für jedes $j \in J$. Die gefilterte Familie $(x_j)_{j \in J}$, bei der J mit dem Filter $\{J \cap K \mid K \in \mathfrak{K}\}$ versehen ist, erweist sich als gefilterte Teilfamilie von $(x_i)_{i \in I}$, konvergiert also auch gegen x. Wegen 3.3.2 folgt $x \in \overline{\{x_j \mid j \in J\}}$, so daß sich auf Grund der Voraussetzung und wegen (3.6.3)

$$f(x) \in \overline{f[\{x_j \mid j \in J\}]} \subseteq \overline{Y \setminus N} = Y \setminus \underline{N}$$

ergibt, im Widerspruch dazu, daß N eine Nachbarschaft von $f(x)$ ist. Wegen Teil 1 des Beweises ist f somit in x stetig. ▮

Aus 3.6.1 folgt das

Korollar. *f sei eine Abbildung aus X in Y. Ist f stetig, so gilt $f[\overline{A}] \subseteq \overline{f[A]}$ für jede Teilmenge A von X. Wenn Y ein mehrstufig topologischer Raum ist, ergibt sich daraus umgekehrt, daß f stetig ist.*

(3.6.2) besagt, daß es zu jeder Nachbarschaft M von $f(x)$ eine Nachbarschaft N von x mit $f[N] \subseteq M$ gibt. Die entsprechende Bedingung mittels Umgebungen ist unter der Einschränkung, daß X und Y topologische Räume sind, notwendig und hinreichend für die Stetigkeit von f in x, und sie ist — wie zu beachten ist — im allgemeinen für eine in x stetige Abbildung f nicht erfüllt. Es gilt nämlich

3.6.2. *f sei eine Abbildung aus X in Y und x ein Punkt des Definitionsbereichs von f. Sind X und Y topologische Räume, so ist f in x genau dann stetig, wenn es zu jeder Umgebung V von $f(x)$ eine Umgebung U von x mit $f[U] \subseteq V$ gibt. Im allgemeinen ist diese Bedingung nicht erfüllt, wenn f in x stetig ist, nicht einmal unter der Voraussetzung, daß X ein mehrstufig topologischer und Y ein topologischer Raum ist.*

Beweis. 1. X und Y seien topologische Räume. Wegen 3.4.4 ist dann zu (3.6.2)

$$\mathfrak{U}'(f(x)) \subseteq f(\operatorname*{im}_{\subseteq, X} \mathfrak{U}(x)) \tag{3.6.4}$$

äquivalent, wobei $\mathfrak{U}(x)$ und $\mathfrak{U}'(f(x))$ die Umgebungsraster von x bzw. $f(x)$ sind. (3.6.4) besagt aber, daß es zu jeder Umgebung V von $f(x)$ eine Umgebung U von x mit $f[U] \subseteq V$ gibt. Unter Berücksichtigung von 3.6.1 folgt damit die Richtigkeit des ersten Teiles der Behauptung.

2. X sei ein aus drei voneinander verschiedenen Punkten u, x und y bestehender mehrstufig topologischer Raum mit den Nachbarschaftsfiltern $\mathfrak{N}(u) = \{X\}$, $\mathfrak{N}(x) = [\{u, x\}]$ und $\mathfrak{N}(y) = \{X\}$. Y sei der aus den Punkten x und y bestehende topologische Raum, der $\emptyset$, $\{x\}$ und Y als offene Mengen besitzt. f sei diejenige Abbildung von X in Y mit $f(u) = f(x) = x$ und $f(y) = y$. Da $f(\mathfrak{N}(x))$ gleich dem Nachbarschaftsfilter $\{\{x\}, Y\}$ von x in Y ist, ist f in x stetig. $\{x\}$ ist eine Umgebung von x in Y, ferner X die einzige Umgebung von x in X, $f[X]$ jedoch nicht in $\{x\}$ enthalten. ▮

Eine Änderung tritt ein, wenn wir von der Stetigkeit in den einzelnen Punkten zur Stetigkeit im ganzen Definitionsbereich übergehen und diesen noch als offen voraussetzen. Aus dem folgenden Satz 3.6.3 ergibt sich nämlich, daß für jede stetige Abbildung, die eine offene Menge als Definitionsbereich hat, die in 3.6.2 angegebene Bedingung für alle Punkte des Definitionsbereiches dieser Abbildung erfüllt ist. Bevor wir 3.6.3 anführen, gehen wir auf die Begriffe der relativ abgeschlossenen und der relativ offenen Menge ein. Ist M eine Teilmenge von X und A eine Teilmenge von M und gilt $A = M \cap \overline{A}$ bzw. $A = M \setminus \overline{M \setminus A}$, so nennen wir A **relativ zu** M **abgeschlossen** bzw. **offen**; Überstreichen bedeutet dabei natürlich Adhärenzbildung in X. Offensichtlich ist A genau dann relativ zu M offen, wenn $M \setminus A$ relativ zu M abgeschlossen ist. Wenn M eine abgeschlossene (offene) Teilmenge von X ist, dann ist eine Teilmenge A von M genau dann relativ zu M abgeschlossen (offen), wenn sie abgeschlossen (offen) ist. Für jede Teilmenge A von M gilt nämlich im Falle $M = \overline{M}$ stets $\overline{A} \subseteq M$ und damit $M \cap \overline{A} = \overline{A}$ und im Falle $M = X \setminus \overline{X \setminus M}$ stets $M \setminus \overline{M \setminus A} = X \setminus (\overline{X \setminus M} \cup \overline{M \setminus A}) = X \setminus \overline{X \setminus A}$.

3.6.3. *f sei eine Abbildung aus X in Y. Falls f stetig ist, so ist für jede abgeschlossene (offene) Teilmenge B von Y das vollständige Urbild $f^{-1}[B]$ relativ zum Definitionsbereich von f abgeschlossen (offen). Ist Y ein topologischer Raum, so ergibt sich daraus umgekehrt, daß f stetig ist.*

Falls f stetig und der Definitionsbereich von f offen ist, existiert zu beliebigem $x \in \mathrm{db}f$ und jeder Umgebung V von $f(x)$ eine Umgebung U von x mit $f[U] \subseteq V$. Ohne die Voraussetzung, daß $\mathrm{db}f$ offen ist, folgt diese Bedingung im allgemeinen nicht aus der Stetigkeit von f, auch nicht unter der Einschränkung, daß X ein mehrstufig topologischer und Y ein topologischer Raum ist. Wenn Y ein topologischer Raum ist, folgt aus dieser Bedingung, daß f stetig ist.

Beweis. 1. Wir nehmen zuerst an, daß f stetig ist. Für jede abgeschlossene Teilmenge B von Y ergibt sich unter Berücksichtigung des Korollars zu 3.6.1

$$f[\overline{f^{-1}[B]}] \subseteq \overline{f[f^{-1}[B]]} \subseteq \overline{B} = B\,,$$

somit $\mathrm{db}f \cap \overline{f^{-1}[B]} \subseteq f^{-1}[B]$ und damit

$$f^{-1}[B] = \mathrm{db}f \cap \overline{f^{-1}[B]}\,. \tag{3.6.5}$$

Für jede offene Menge B von Y ist $Y \setminus B$ abgeschlossen und gilt $\mathrm{db}f \setminus f^{-1}[B] = f^{-1}[Y \setminus B]$, wegen (3.6.5) daher $\mathrm{db}f \setminus f^{-1}[B] = \mathrm{db}f \cap \overline{\mathrm{db}f \setminus f^{-1}[B]}$ und damit

$$f^{-1}[B] = \mathrm{db}f \setminus \overline{\mathrm{db}f \setminus f^{-1}[B]}\,. \tag{3.6.6}$$

Im weiteren sei Y ein topologischer Raum und gelte (3.6.5) für jede abgeschlossene Teilmenge B von Y. A sei eine beliebige Teilmenge von X. Nach

3.4.4 ist $\overline{f[A]}$ abgeschlossen, weshalb

$$f^{-1}[\overline{f[A]}] = \mathrm{db}f \cap \overline{f^{-1}[\overline{f[A]}]} \supseteq \mathrm{db}f \cap \overline{A}$$

und damit $f[\overline{A}] \subseteq \overline{f[A]}$ gilt. Mittels des Korollars zu 3.6.1 folgt somit, daß f stetig ist.

Wenn für eine beliebige offene Teilmenge B von Y die Beziehung (3.6.6) erfüllt ist und damit $\mathrm{db}f \setminus f^{-1}[B] = \mathrm{db}f \cap \overline{\mathrm{db}f \setminus f^{-1}[B]}$ und folglich $f^{-1}[Y \setminus B] = \mathrm{db}f \cap \overline{f^{-1}[Y \setminus B]}$ gilt, ist für jede abgeschlossene Teilmenge B von Y die Beziehung (3.6.5) erfüllt. Ist Y ein topologischer Raum und gilt (3.6.6) für jede offene Teilmenge B von Y, so ergibt sich damit ebenfalls, daß f stetig ist.

2. f setzen wir wieder als stetig voraus, ferner $\mathrm{db}f$ als offen. Nach einer Bemerkung vor diesem Satz ist eine Teilmenge von $\mathrm{db}f$ genau dann relativ zu $\mathrm{db}f$ offen, wenn sie offen ist. Unter Berücksichtigung des in 1 Bewiesenen ergibt sich damit, daß zu beliebigem $x \in \mathrm{db}f$ und jeder Umgebung V von $f(x)$ das vollständige Urbild $U = f^{-1}[V]$ offen, also eine Umgebung von x ist. Es gilt natürlich $f[U] = V$.

Im weiteren sei Y ein topologischer Raum und existiere zu beliebigem $x \in \mathrm{db}f$ und jeder Umgebung V von $f(x)$ eine Umgebung U von x mit $f[U] \subseteq V$. Zu beliebigem $x \in \mathrm{db}f$ gilt deshalb $\mathfrak{U}'(f(x)) \subseteq f(\mathfrak{N}(x))$ für den Umgebungsraster $\mathfrak{U}'(f(x))$ von $f(x)$ und den Nachbarschaftsfilter $\mathfrak{N}(x)$ von x. Da $\mathfrak{U}'(f(x))$ den Nachbarschaftsfilter $\mathfrak{N}'(f(x))$ von $f(x)$ erzeugt, gilt sogar (3.6.2) zu beliebigem $x \in \mathrm{db}f$. Wegen 3.6.1 ist deshalb f eine stetige Abbildung.

3. X sei ein aus vier voneinander verschiedenen Punkten u, v, x und y bestehender mehrstufig topologischer Raum mit den Nachbarschaftsfiltern $\mathfrak{N}(u) = \mathfrak{N}(y) = \{X\}$, $\mathfrak{N}(v) = [\{u, v\}]$ und $\mathfrak{N}(x) = [\{v, x\}]$. Y sei wie im Teil 2 des Beweises von 3.6.2 gewählt. f sei diejenige Abbildung aus X in Y mit $\{v, x, y\}$ als Definitionsbereich und $f(v) = f(x) = x$ und $f(y) = y$. Es ist $f(\mathfrak{N}(v)) = f(\mathfrak{N}(x)) = \{\{x\}, Y\}$ und $f(\mathfrak{N}(y)) = \{Y\}$, womit leicht folgt, daß f stetig ist. Der Definitionsbereich von f ist nicht offen; $\emptyset$ und X sind nämlich die einzigen offenen Mengen von X. $\{x\}$ ist eine Umgebung von x in Y, X die einzige Umgebung von x in X, und es gilt $f[X] \nsubseteq \{x\}$. ∎

Wir nennen eine Abbildung f von X in Y **offen** bzw. **abgeschlossen**, wenn das Bild $f[M]$ jeder offenen bzw. abgeschlossenen Teilmenge M von X eine offene bzw. abgeschlossene Teilmenge von Y ist. Aus 3.6.3 ergibt sich: Eine eineindeutige Abbildung f von X auf Y ist offen und abgeschlossen, wenn f^{-1} stetig ist. Ist X ein topologischer Raum und f eine eineindeutige offene oder abgeschlossene Abbildung von X auf Y, so ist umgekehrt f^{-1} stetig.

Offenbar gilt

3.6.4. *Ist f eine Abbildung aus X in Y und g eine Abbildung aus Y in einem Limesraum Z und ist f in einem Punkt x und g in $f(x)$ stetig, so ist auch $g \circ f$ in x stetig.*

Nach diesem Satz ist die Zusammensetzung zweier (in allen Punkten ihrer Definitionsbereiche) stetiger Abbildungen wieder stetig. Offensichtlich ist auch die identische Abbildung jedes Limesraumes auf sich stetig.

Bei Einschränkung einer Abbildung bleibt die Stetigkeit erhalten. Es gilt nämlich:

3.6.5. *f sei eine Abbildung aus X in Y und N eine Teilmenge von X. Ist f in einem Punkt $x \in N$ stetig, so auch $f \mid N$.*

Beweis. Da für jeden Filter $\mathfrak{F}$ in X die Beziehung $f(\mathfrak{F}) \subseteqq (f \mid N)(\mathfrak{F})$ besteht, folgt leicht die Behauptung. ▮

Im weiteren befassen wir uns mit dem Verhalten der Stetigkeit bei Abänderung der Limitierungen. Offensichtlich gilt

3.6.6. *σ sei eine Limitierung von X, die feiner als die Ausgangslimitierung τ von X ist, und σ' eine Limitierung von Y, die gröber als die Ausgangslimitierung τ' von Y ist. Jede Abbildung f aus X in Y, die in einem Punkt x bez. τ und τ' stetig ist, ist auch in x bez. σ und σ' stetig.*

Die Stetigkeit bleibt also erhalten, wenn wir die Limitierung des Urbildraumes verfeinern und die Limitierung des Bildraumes vergröbern. In gewissen Fällen bleibt die Stetigkeit auch erhalten, wenn man die Limitierung τ des Urbildraumes vergröbert. Es gilt nämlich:

3.6.7. *f sei eine Abbildung aus X in Y. Wenn die Limitierung τ' von Y eine Pseudotopologie ist, gilt für jeden Punkt x des Definitionsbereichs von f:*

$$f \text{ ist in } x \text{ bez. } \tau, \tau' \text{ stetig} \Leftrightarrow f \text{ ist in } x \text{ bez. } p(\tau), \tau' \text{ stetig.}$$

Wenn τ' eine mehrstufige Topologie ist, gilt für jeden Punkt x des Definitionsbereichs von f:

$$f \text{ ist in } x \text{ bez. } \tau, \tau' \text{ stetig} \Leftrightarrow f \text{ ist in } x \text{ bez. } m(\tau), \tau' \text{ stetig}\,. \tag{3.6.7}$$

Ist τ' eine Topologie, so folgt daraus, daß f in einem Punkt x des Definitionsbereiches von f bez. τ, τ' stetig ist, im allgemeinen nicht, daß f in x bez. $t(\tau), \tau'$ stetig ist, auch nicht, wenn τ zusätzlich als mehrstufig topologischer Raum vorausgesetzt wird. Allerding gilt: Ist τ' eine Topologie und der Definitionsbereich von f offen oder abgeschlossen, so besteht die Äquivalenz:

$$f \text{ ist bez. } \tau, \tau' \text{ stetig} \Leftrightarrow f \text{ ist bez. } t(\tau), \tau' \text{ stetig}\,. \tag{3.6.8}$$

Beweis. 1. τ' sei eine Pseudotopologie. Ist f in einem Punkt $x \in \mathrm{db}f$ bez. $p(\tau)$, τ' stetig, so folgt wegen $\tau \leqq p(\tau)$ (siehe 3.5.6) und 3.6.6, daß f in x auch bez. τ, τ' stetig ist. Im weiteren sei f in einem Punkt $x \in \mathrm{db}f$ bez. τ, τ' stetig. Zu beliebigem $\mathfrak{F} \in \tau(x)$ gilt dann $f(\mathfrak{F}) \in \tau'(f(x))$. Wegen 2.5.4 gilt $f([x]) = [f(x)]$ und damit auch $f([x]) \in \tau'(f(x))$. Da wegen 2.5.3 $f([x] \cap \mathfrak{F}) = f([x]) \cap f(\mathfrak{F})$ zu beliebigem $\mathfrak{F} \in \tau(x)$ gilt, folgt damit $f(\mathfrak{F}) \in \tau'(f(x))$ zu beliebigem $\mathfrak{F} \in p(\tau)\,(x)$ und damit, daß f in x bez. $p(\tau), \tau'$ stetig ist.

2. Ist τ' eine mehrstufige Topologie, so hängt — wie mittels 3.6.1 folgt — für einen beliebigen Punkt $x \in \mathrm{db}f$ die Stetigkeit von f in x bez. τ und τ' nur von dem Nachbarschaftsfilter in x bez. τ und dem Nachbarschaftsfilter von $f(x)$ bez. τ' ab, sie ist somit äquivalent zur Stetigkeit von f in x bez. $m(\tau), \tau'$.

Ist τ' eine Topologie und $\mathrm{db}f$ offen oder abgeschlossen, so hängt — wie mittels 3.6.3 und einer Bemerkung vor 3.6.3 folgt — die Stetigkeit von f bez. τ und τ' nur von offenen bzw. abgeschlossenen Teilmengen von X und Y ab, sie ist somit äquivalent zur Stetigkeit von f bez. $t(\tau), \tau'$.

3. X, Y und f seien wie im Teil 2 des Beweises von 3.6.2 gewählt. f ist bezüglich der mehrstufigen Topologie τ von X und der Topologie τ' von Y in x stetig, jedoch bez. $t(\tau), \tau'$ in x unstetig. ▮

Aus 3.6.6 und 3.6.7 ergibt sich das

Korollar. *f sei eine Abbildung aus X in Y. Ist f in einem Punkt x ihres Definitionsbereichs bez. τ und τ' stetig, so ist f auch in x bez. $p(\tau)$ und $p(\tau')$ und bez. $m(\tau)$ und $m(\tau')$ stetig. Wenn der Definitionsbereich von f offen oder abgeschlossen und f stetig bez. τ und τ' ist, so ist f auch bez. $t(\tau)$ und $t(\tau')$ stetig.*[1])

Eine eineindeutige Abbildung aus X in Y heißt ein **Homöomorphismus** aus X in Y, wenn sowohl sie als auch ihre Umkehrung stetig ist. Sind speziell X und Y pseudotopologische, mehrstufig topologische oder topologische Räume, so heißt ein Homöomorphismus aus X in Y auch **pseudotopologische, mehrstufig topologische** bzw. **topologische Abbildung.** Die Forderung der Stetigkeit der Umkehrung darf im allgemeinen nicht wegbleiben, wie wir an Hand eines Beispiels zeigen.

Es sei g diejenige Abbildung, die jeder reellen Zahl ξ das geordnete Paar $(\xi, 0)$ oder $(\xi, 1)$ zuordnet, je nachdem, ob ξ rational ist oder nicht. g ist eine eineindeutige Abbildung. Den Wertebereich X von g versehen wir mit derjenigen Topologie, bezüglich der gerade alle Durchschnitte der offenen Mengen von $\boldsymbol{R}^2$ mit X die offenen Mengen sind. (X ist bezüglich dieser Topologie ein Teilraum von $\boldsymbol{R}^2$; vergleiche Abschnitt 3.9.) Die Umkehrung f von g ist als Abbildung von X in $\boldsymbol{R}$ sicher stetig, g als Abbildung von $\boldsymbol{R}$ in X jedoch nicht.

Auf einen Fall, in dem eineindeutige stetige Abbildungen stets Homöomorphismen sind, gehen wir im Korollar zu 3.17.9 ein.

3.6.8. *f sei ein Homöomorphismus aus X in Y mit einem offenen Wertebereich. Dann stimmt zu jedem Punkt x des Definitionsbereichs von f der Nachbarschaftsfilter von $f(x)$ mit dem Bild des Nachbarschaftsfilters von x bezüglich der von f induzierten Filterabbildung überein:*

$$\mathfrak{N}'(f(x)) = f(\mathfrak{N}(x)) \,. \tag{3.6.9}$$

---

[1]) Wir meinen natürlich mit $p(\tau')$, $m(\tau')$ und $t(\tau')$ die Werte von τ' bezüglich der entsprechend wie $p: \mathcal{T}X \to \mathcal{T}X$, $m: \mathcal{T}X \to \mathcal{T}X$ bzw. $t: \mathcal{T}X \to \mathcal{T}X$ definierten Abbildungen von $\mathcal{T}Y$ in sich.

Beweis. Gegeben sei ein $x \in \mathrm{db}f$. Wegen (3.6.2) und der Stetigkeit von f^{-1} in $y = f(x)$ gilt $\mathfrak{N}(x) \subseteqq f^{-1}(\mathfrak{N}'(y))$, wegen 2.5.3 und 2.5.5 also

$$f(\mathfrak{N}(x)) \subseteqq (\mathrm{id} \mid \mathrm{wb}f)\,(\mathfrak{N}'(y))\,. \tag{3.6.10}$$

Da zu beliebigem $N \in \mathfrak{N}'(y)$ die Menge $(\mathrm{id} \mid \mathrm{wb}f)\,[N]$ mit $N \cap \mathrm{wb}f$ übereinstimmt, wegen $\mathrm{wb}f \in \mathfrak{N}'(y)$ also $\mathfrak{N}'(y)$ angehört, folgt

$$(\mathrm{id} \mid \mathrm{wb}f)\,(\mathfrak{N}'(y)) \subseteqq \mathfrak{N}'(y)\,,$$

zusammen mit (3.6.10) und der auf Grund der Stetigkeit von f geltenden Beziehung (3.6.2) also (3.6.9). ▮

Wir gehen als nächstes auf die Begriffe Oberhalb- und Unterhalbstetigkeit ein. X sei dazu wie bisher ein beliebiger Limesraum, Y jedoch jetzt irgendeine geordnete Menge. Wir sagen, daß eine Abbildung f aus X in Y in einem Punkt x des Definitionsbereichs von f **oberhalb-** bzw. **unterhalbstetig** ist, wenn f in x bezüglich der Limitierung von X und der oberen bzw. unteren Intervalltopologie von Y stetig ist.

Unter Beachtung von 2.5.1 und 3.4.15 folgt, daß eine Abbildung f aus X in Y in einem Punkt $x \in \mathrm{db}f$ genau dann oberhalbstetig ist, wenn für jeden gegen x konvergierenden Filter $\mathfrak{K}$ und für jedes Element y von Y eine der beiden folgenden äquivalenten Bedingungen erfüllt ist:

1. Wenn zu jedem $K \in \mathfrak{K}$ ein $a \in K \cap \mathrm{db}f$ mit $y \leqq f(a)$ existiert, ist $y \leqq f(x)$.
2. Gibt es ein Element K des Gitters von $\mathfrak{K}$ mit $K \subseteqq \mathrm{db}f$ und $y \leqq f(a)$ zu beliebigem $a \in K$, so ist $y \leqq f(x)$.

Ist X ein mehrstufig topologischer Raum, so ist eine Abbildung f aus X in Y in einem Punkt $x \in \mathrm{db}f$ genau dann oberhalbstetig, wenn zu jedem $y \in Y$ gilt:

Existiert zu jeder Nachbarschaft N von x ein $a \in N \cap \mathrm{db}f$ mit $y \leqq f(a)$, dann ist $y \leqq f(x)$.

Wenn Y ein vollständiger Verband ist, ist wegen 2.5.1 und 3.4.15 eine Abbildung f aus X in Y in einem Punkt $x \in \mathrm{db}f$ genau dann oberhalbstetig, wenn für jeden gegen x konvergierenden Filter $\mathfrak{K}$

$$\bigvee_{\substack{K \in \mathfrak{K}^* \text{ mit} \\ K \subseteqq \mathrm{db}f}} \bigwedge_{a \in K} f(a) \leqq f(x) \tag{3.6.11}$$

gilt. Offenbar ist in dem Fall, daß Y ein vollständiger Verband ist, für die Oberhalbstetigkeit von f in einem Punkt $x \in \mathrm{db}f$ hinreichend und, wenn Y filter-1-distributiv ist, auch notwendig, daß für jeden gegen x konvergierenden Filter

$$\bigwedge_{K \in \mathfrak{K}} \bigvee_{a \in K \cap \mathrm{db}f} f(a) \leqq f(x) \tag{3.6.12}$$

gilt. Im allgemeinen ist diese Bedingung für die Oberhalbstetigkeit von f in x nicht notwendig, wie man leicht an Hand des vollständigen Verbandes X, der in Teil 3 des Beweises von 2.8.7 angeführt wurde, zeigt. (Als Limitierung von X ist $\overline{\mathrm{int}}$ zu nehmen, als Y der Verband X und als f die identische Abbildung von X auf sich.) Ist Y gleich $[-\infty, \infty]$, d. h. gleich der Menge $\boldsymbol{R}$ der reellen Zahlen mit ihrer natürlichen Ordnung, erweitert um ein minimales Element $-\infty$ und ein maximales Element ∞, so ist diese Bedingung für die Oberhalbstetigkeit von f in x notwendig und hinreichend, wie mittels 2.8.8 folgt. Ist speziell X ein topologischer Raum und Y gleich $[-\infty, \infty]$, so erhalten wir gerade den klassischen Begriff der Oberhalbstetigkeit.

Für die Unterhalbstetigkeit in einem Punkt gelten natürlich entsprechende Aussagen.

Wir nennen eine Abbildung f aus X in Y **oberhalb-** bzw. **unterhalbstetig,** wenn sie in jedem Punkt ihres Definitionsbereiches oberhalb- bzw. unterhalbstetig ist. Zu beachten ist, daß diese Begriffe in dem Fall, daß der Definitionsbereich von f offen oder abgeschlossen ist, nur von der der Limitierung τ von X zugeordneten Topologie $t(\tau)$ abhängen, wie mittels 3.6.7 folgt.

Im weiteren gehen wir auf gewisse Kategorien ein, insbesondere auf die **Kategorie LIM der Limesräume.** LIM hat natürlich als Objekte alle Limesräume und als Morphismen alle stetigen Abbildungen von Limesräumen in Limesräume, streng genommen, alle Tripel (f, X, Y), wobei X und Y Limesräume sind und f eine Abbildung im Sinne von Abschnitt 1.10 ist, die die Trägermenge von X als Definitionsbereich und eine Teilmenge der Trägermenge von Y als Wertebereich hat und die bezüglich der Limitierungen von X und Y stetig ist. Entsprechend wie bei ENS unterscheiden wir nicht zwischen (f, X, Y) und f, falls dadurch keine Irrtümer zu befürchten sind. Als Morphismenkomposition nehmen wir in LIM die übliche Komposition $g \circ f$ der Abbildungen f und g. Daß man auf diese Weise tatsächlich eine Kategorie erhält, ergibt sich unter Berücksichtigung der Bemerkungen nach 3.6.4. Identische Morphismen von LIM sind gerade die identischen Abbildungen der Limesräume auf sich. Monomorphismen von LIM sind die eineindeutigen stetigen Abbildungen von Limesräumen in Limesräume **(stetige Injektionen)** und Epimorphismen von LIM die stetigen Abbildungen von Limesräumen auf Limesräume **(stetige Surjektionen).** Bimorphismen von LIM sind also die eineindeutigen stetigen Abbildungen von Limesräumen auf Limesräume **(stetige Bijektionen).** Isomorphismen von LIM sind die Homöomorphismen von Limesräumen auf Limesräume. Wie das Beispiel vor 3.6.8 zeigt, sind Bimorphismen von LIM im allgemeinen keine Isomorphismen.

Die vollen Unterkategorien von LIM, die als Objekte alle pseudotopologischen Räume, alle mehrstufigen topologischen Räume bzw. alle topologischen Räume haben, bezeichnen wir mit PTOP, MTOP bzw. TOP. In diesen sind die Mono-, Epi- bzw. Bimorphismen die jeweiligen stetigen Injektionen, Surjektionen bzw. Bijektionen.

Wie man dem Korollar zu 3.6.7 entnimmt, gibt es Funktoren $\boldsymbol{p}$: LIM $\to$ PTOP, $\boldsymbol{m}$: LIM $\to$ MTOP und $\boldsymbol{t}$: LIM $\to$ TOP der folgenden Art: $\boldsymbol{p}$, $\boldsymbol{m}$ bzw. $\boldsymbol{t}$ ordnet jedem Limesraum X denjenigen Limesraum $\boldsymbol{p}(X)$, $\boldsymbol{m}(X)$ bzw. $\boldsymbol{t}(X)$ zu, der dieselbe Trägermenge wie X hat und dessen Limitierung die der Limitierung τ von X zugeordnete Pseudotopologie $p(\tau)$, mehrstufige Topologie $m(\tau)$ bzw.

Topologie $t(\tau)$ ist. Ferner ordnet $\boldsymbol{p}$, $\boldsymbol{m}$ bzw. $\boldsymbol{t}$ jedem Morphismus (f, X, Y) von LIM den Morphismus $(f, \boldsymbol{p}(X), \boldsymbol{p}(Y))$, $(f, \boldsymbol{m}(X), \boldsymbol{m}(Y))$ bzw. $(f, \boldsymbol{t}(X), \boldsymbol{t}(Y))$ (also dieselbe Abbildung) zu.

Für den Vergißfunktor V: LIM $\to$ ENS, d. h. denjenigen Funktor von LIM in ENS, der jedem Limesraum X seine Trägermenge $|X|$ und jedem Morphismus (f, X, Y) von LIM den Morphismus $(f, |X|, |Y|)$ von ENS zuordnet, und die entsprechend definierten Vergißfunktoren V^p: PTOP $\to$ ENS, V^m: MTOP $\to$ ENS und V^t: TOP $\to$ ENS gilt

$$V^p\boldsymbol{p} = V, \quad V^m\boldsymbol{m} = V \quad \text{und} \quad V^t\boldsymbol{t} = V\,. \tag{3.6.13}$$

Die angeführten Funktoren sind treu und regulär (vergleiche die Definition nach 3.2.8, insbesondere trifft dieses für V zu. Wegen 3.2.9 folgt, daß die in Ob LIM bez. V durch (3.2.8) definierte Präordnung eine Ordnung ist. Bezüglich dieser Ordnung gilt für beliebige Limesräume X und Y

$$X \leqq Y \Leftrightarrow X \text{ und } Y \text{ haben dieselbe Trägermenge, und die Limitierung von } X \text{ ist feiner als die Limitierung von } Y\,. \tag{3.6.14}$$

Wegen 3.5.6 folgt insbesondere

$$X \leqq \boldsymbol{p}(X) \leqq \boldsymbol{m}(X) \leqq \boldsymbol{t}(X) \tag{3.6.15}$$

für jeden Limesraum X.

3.7. Trennungsaxiome

Als nächstes befassen wir uns mit einer Reihe von Trennungsaxiomen. Für spätere Zwecke ist es angebracht, dabei eine Abschwächung des Begriffs des pseudotopologischen Raumes mit zu betrachten. Wir nennen einen Limesraum X einen **im weiten Sinne pseudotopologischen Raum** und seine Limitierung τ eine **Pseudotopologie im weiten Sinne,** wenn aus $\tau(x) \neq \{\mathsf{P}X\}$ stets $[x] \in \tau(x)$ folgt. Man kann leicht Beispiele von Limesräumen angeben, die keine im weiten Sinne pseudotopologischen Räume sind, und Beispiele von im weiten Sinne pseudotopologischen Räumen, die keine pseudotopologischen Räume sind.

Wir sagen, daß ein Limesraum X oder seine Limitierung τ dem **schwachen ersten Trennungsaxiom** oder dem **Axiom** $\mathrm{T}_{1\mathrm{w}}$ genügt, wenn zu beliebigen Punkten x und y dieses Raumes entweder $[y] \notin \tau(x)$ und $[x] \notin \tau(y)$ oder $[x] \in \tau(x) \cap \tau(y)$ und $[y] \in \tau(x) \cap \tau(y)$ gilt.

Wenn wir nicht ausdrücklich etwas anderes vereinbaren, sei im weiteren τ die Limitierung des betreffenden Limesraumes.

3.7.1. *Ein im weiten Sinne pseudotopologischer Raum genügt genau dann dem schwachen ersten Trennungsaxiom, wenn aus* $[y] \in \tau(x)$ *stets* $[x] \in \tau(y)$ *folgt. Ein mehrstufig topologischer Raum* X *genügt genau dann dem schwachen ersten Trennungsaxiom, wenn die folgende Bedingung erfüllt ist: Gehört ein Punkt* y *von* X *jeder Nachbarschaft eines Punktes* x *von* X *an, so gehört auch* x *jeder Nachbar-*

schaft von y an. Ein topologischer Raum genügt genau dann dem schwachen ersten Trennungsaxiom, wenn gilt: Liegt ein Punkt y von X in jeder Umgebung eines Punktes x von X, so liegt x auch in jeder Umgebung von y.

Beweis. 1. X sei ein im weiten Sinne pseudotopologischer Raum. Genügt er dem Axiom T_{1w}, so folgt aus $[y] \in \tau(x)$ natürlich $[x] \in \tau(y)$. Ist diese Bedingung erfüllt und ist für zwei Punkte x und y von X nicht gleichzeitig $[y] \notin \tau(x)$ und $[x] \notin \tau(y)$ richtig, gilt also etwa $[y] \in \tau(x)$, so gilt auch $[x] \in \tau(y)$ und, da X ein im weiten Sinne pseudotopologischer Raum ist, dann auch $[x] \in \tau(x)$ und $[y] \in \tau(y)$, also $[x], [y] \in \tau(x) \cap \tau(y)$. Damit ergibt sich die Richtigkeit des ersten Teiles des Satzes.

2. Ist X ein mehrstufig topologischer Raum, so gilt $[y] \in \tau(x)$ für zwei Punkte x und y genau dann, wenn $\mathfrak{N}(x) \subseteqq [y]$ ist, d. h. y jeder Nachbarschaft von x angehört. Wenn X ein topologischer Raum ist, gilt $[y] \in \tau(x)$ für zwei Punkte x und y von X genau dann, wenn $\mathfrak{U}(x) \subseteqq [y]$ ist, d. h. y jeder Umgebung von x angehört. Damit folgt leicht die Richtigkeit der beiden weiteren Teile des Satzes. ∎

Wir sagen, daß ein Limesraum X oder seine Limitierung τ dem **ersten Trennungsaxiom** oder dem **Axiom T_1** genügt, wenn zu beliebigen voneinander verschiedenen Punkten x und y dieses Raumes stets $[y] \notin \tau(x)$ (und $[x] \notin \tau(y)$) gilt.

3.7.2. *Für jeden Limesraum X sind die folgenden Bedingungen äquivalent:*

1. *X genügt dem Axiom T_1.*
2. *Zu beliebigen Punkten x und y von X mit $x \neq y$ und jedem Filter $\mathfrak{F} \in \tau(x)$ existiert ein $F \in \mathfrak{F}$ mit $y \notin F$.*
3. *Jede einelementige Teilmenge von X ist abgeschlossen.*
4. *Zu beliebigen Punkten x und y von X mit $x \neq y$ existiert eine Umgebung U von x, der y nicht angehört.*

Beweis. Aus Axiom T_1 folgt, daß für beliebige Punkte x und y von X mit $x \neq y$ und jedem Filter $\mathfrak{F} \in \tau(x)$ stets $\mathfrak{F} \subsetneqq [y]$ gilt, also ein $F \in \mathfrak{F}$ mit $y \notin F$ existiert, somit Bedingung 2 gilt. Ist Bedingung 3 nicht erfüllt, so ist mindestens eine einelementige Teilmenge $\{y\}$ von X nicht abgeschlossen und es existiert daher ein von y verschiedener Punkt $x \in \overline{\{y\}}$ und folglich ein Filter $\mathfrak{F} \in \tau(x)$ mit $y \in F$ zu beliebigem $F \in \mathfrak{F}$, so daß auch Bedingung 2 nicht gilt. Aus Bedingung 2 folgt somit Bedingung 3. Gilt Bedingung 3, so ist zu beliebigen Punkten x und y mit $x \neq y$ die Menge $X \setminus \{y\}$ eine Umgebung von x, der y nicht angehört. Daher gilt dann auch Bedingung 4. Ist Bedingung 4 erfüllt, so existiert zu beliebigen voneinander verschiedenen Punkten x und y von X eine Umgebung U von x, der y nicht angehört. Es ergibt sich somit $x \notin \overline{\{y\}}$, damit, daß jedem Filter $\mathfrak{F} \in \tau(x)$ mindestens ein Element F mit $y \notin F$ angehört, also $[y] \notin \tau(x)$ ist. Die Bedingung 4 hat deshalb das Axiom T_1 zur Folge. ∎

Aus 3.7.2 ergibt sich, daß es für einen beliebigen Limesraum X nur von der der Limitierung τ dieses Raumes zugeordneten Topologie $t(\tau)$ abhängt, ob X dem ersten Trennungsaxiom genügt oder nicht.

Wir sagen, daß ein Limesraum X oder seine Limitierung τ dem **schwachen zweiten Trennungsaxiom** oder dem **Axiom** T_{2w} genügt oder daß er oder τ **schwach separiert** ist, wenn zu beliebigen Punkten x und y dieses Raumes entweder $\tau(x) \cap \tau(y) = \{\mathsf{P}X\}$ oder $\tau(x) = \tau(y)$ ist. Offensichtlich ist zu Axiom T_{2w} äquivalent, daß die Existenz eines gegen zwei Punkte x und y konvergierenden eigentlichen Filters stets die Übereinstimmung der Menge aller gegen x konvergierenden Filter mit der Menge aller gegen y konvergierenden Filter nach sich zieht, und damit, daß aus der Existenz einer gegen zwei Punkte x und y konvergierenden eigentlichen gefilterten (gerichteten) Familie von Punkten stets die Übereinstimmung der Klasse aller gegen x konvergierenden gefilterten (gerichteten) Familien von Punkten mit der Klasse aller gegen y konvergierenden gefilterten (gerichteten) Familien von Punkten folgt.

Ferner gilt

3.7.3. *Ist X ein mehrstufig topologischer Raum, so ist zu Axiom T_{2w} äquivalent, daß zu beliebigen Punkten x und y von X für die zugehörigen Nachbarschaftsfilter entweder $\mathfrak{N}(x) \vee \mathfrak{N}(y) = \mathsf{P}X$ oder $\mathfrak{N}(x) = \mathfrak{N}(y)$ gilt. Wenn X ein topologischer Raum ist, ist zu T_{2w} äquivalent, daß es zu beliebigen Punkten x und y entweder zwei punktfremde Umgebungen von x und y gibt oder jede Umgebung von x eine Umgebung von y ist und umgekehrt.*

Beweis. X sei ein mehrstufig topologischer Raum. Genügt X dem Axiom T_{2w} und ist für zwei Punkte x und y von X der Filter $\mathfrak{N}(x) \vee \mathfrak{N}(y)$ eigentlich, also $\neq \mathsf{P}X$, so folgt $\mathfrak{N}(x) \vee \mathfrak{N}(y) \in \tau(x) \cap \tau(y) \neq \{\mathsf{P}X\}$, somit $\tau(x) = \tau(y)$ und damit $\mathfrak{N}(x) = \mathfrak{N}(y)$. Ist $\tau(x) \cap \tau(y) \neq \{\mathsf{P}X\}$ für zwei Punkte x und y von X, so folgt $\mathfrak{N}(x) \vee \mathfrak{N}(y) \neq \mathsf{P}X$. Zieht dieses $\mathfrak{N}(x) = \mathfrak{N}(y)$ nach sich, so gilt dann $\tau(x) = \tau(y)$. Damit ist die Richtigkeit des ersten Teiles des Satzes gezeigt. Die Richtigkeit des zweiten Teiles ergibt sich aus diesem unter Beachtung, daß unter der Voraussetzung, daß X ein topologischer Raum ist, die Umgebungen eines beliebigen Punktes eine Basis des Nachbarschaftsfilters dieses Punktes bilden. ∎

Wir sagen, daß ein Limesraum X oder seine Limitierung τ dem **zweiten Trennungsaxiom** oder dem **Axiom** T_2 genügt oder daß er oder τ **separiert** oder **HAUSDORFFsch** ist, wenn zu beliebigen voneinander verschiedenen Punkten x und y dieses Raumes $\tau(x) \cap \tau(y) = \{\mathsf{P}X\}$ gilt, also kein eigentlicher Filter gegen zwei voneinander verschiedene Punkte des Raumes konvergiert. Offenbar ist ein Limesraum X genau dann separiert, wenn jede eigentliche gefilterte (gerichtete) Familie von Punkten dieses Raumes gegen höchstens einen Punkt des Raumes konvergiert.

Ohne Mühe folgt ferner

3.7.4. *Ein Limesraum X ist genau dann separiert, wenn zu beliebigen voneinander verschiedenen Punkten x und y dieses Raumes und beliebigen Filtern $\mathfrak{F} \in \tau(x)$ und $\mathfrak{G} \in \tau(y)$ punktfremde Mengen $F \in \mathfrak{F}$ und $G \in \mathfrak{G}$ existieren. Ein mehrstufig topologischer Raum X ist genau dann separiert, wenn beliebige voneinander verschiedene Punkte x und y dieses Raumes punktfremde Nachbarschaften besitzen (d. h. $\mathfrak{N}(x) \vee \mathfrak{N}(y) = \mathsf{P}X$ gilt). Ein topologischer Raum X ist genau dann separiert, wenn beliebige voneinander verschiedene Punkte x und y dieses Raumes punktfremde Umgebungen haben.*

Genügt ein Limesraum X dem Axiom T_2, so ist dieses auch bezüglich jeder Limitierung, die feiner als die Limitierung von X ist, erfüllt.

Als nächstes vergleichen wir die bisher eingeführten Trennungsaxiome.

3.7.5 (Vergleich von Trennungsaxiomen). *Aus* T_1 *folgt* T_{1w}, *aus* T_2 *ferner* T_{2w}. T_{1w} *zusammen mit* T_2 *zieht* T_1 *nach sich. Für Pseudotopologien hat* T_2 *stets* T_1 *und* T_{2w} *stets* T_{1w} *zur Folge. Für Pseudotopologien im weiten Sinne zieht* T_1 *zusammen mit* T_{2w} *stets* T_2 *nach sich. Es gibt Pseudotopologien im weiten Sinne, die dem Axiom* T_2 *und nicht dem Axiom* T_{1w} *genügen.*

Beweis. 1. Da die in den Axiomen T_{1w} und T_{2w} angegebene Bedingung im Falle $x = y$ stets gilt, ist T_{1w} eine Folge von T_1 und T_{2w} eine Folge von T_2. T_{1w} zusammen mit T_2 zieht natürlich T_1 nach sich.

τ sei im weiteren eine Pseudotopologie einer Menge X. Gibt es voneinander verschiedene Elemente $x, y \in X$ mit $[y] \in \tau(x)$, so gilt wegen $[y] \in \tau(y)$ stets $\tau(x) \cap \tau(y) \neq \{\mathsf{P}X\}$. Genügt τ nicht dem Axiom T_1, so erfüllt τ also auch nicht das Axiom T_2. Gibt es $x, y \in X$ mit $[y] \in \tau(x)$ und $[x] \notin \tau(y)$, so folgt wegen $[x] \in \tau(x)$ und $[y] \in \tau(y)$ sowohl $\tau(x) \neq \tau(y)$ als auch $\tau(x) \cap \tau(y) \neq \{\mathsf{P}X\}$. Damit ergibt sich, daß τ nicht dem Axiom T_{2w} genügt, wenn es nicht das Axiom T_{1w} erfüllt.

Nun sei τ eine Pseudotopologie im weiten Sinne einer Menge X. Genügt τ dem Axiom T_{2w} und nicht dem Axiom T_2, so gibt es $x, y \in X$ mit $x \neq y$, $\tau(x) \cap \tau(y) \neq \{\mathsf{P}X\}$ und $\tau(x) = \tau(y)$. Da τ eine Pseudotopologie im weiten Sinne ist, folgt $[y] \in \tau(y)$, damit $[y] \in \tau(x)$ und somit, daß τ dann nicht das Axiom T_1 erfüllt.

2. Ist X eine aus zwei Elementen x und y bestehende Menge, so wird durch $\tau(x) = \mathcal{F}X$ und $\tau(y) = \{\mathsf{P}X\}$ eine Pseudotopologie im weiten Sinne von X definiert, die dem Axiom T_2 und nicht dem Axiom T_{1w} genügt. ∎

Aus 3.7.5 folgt das

Korollar. *Ein pseudotopologischer Raum ist genau dann separiert, wenn er dem ersten und dem schwachen zweiten Trennungsaxiom genügt.*

Als nächstes bringen wir eine Anwendung der Separiertheit.

3.7.6. *Sind f und g stetige Abbildungen eines Limesraumes X in einen separierten Limesraum Y, so ist die Menge aller $x \in X$ mit $f(x) = g(x)$ in X abgeschlossen.*

Beweis. Wir setzen $A = \{x \in X \mid f(x) = g(x)\}$. Zu beliebigem $x \in \overline{A}$ existiert ein eigentlicher Filter $\mathfrak{F} \to x$ mit $A \in \mathfrak{F}$. Offenbar gilt $f(\mathfrak{F}) = g(\mathfrak{F})$ und ist dieser Filter eigentlich. Auf Grund der Stetigkeit von f und g und der Separiertheit von Y folgt $f(x) = g(x)$, also $\overline{A} = A$. ▮

Korollar. *f und g seien stetige Abbildungen eines Limesraumes X in einen separierten Limesraum Y, die über einer im weiten Sinne dichten Teilmenge A von X übereinstimmen. Dann ist $f = g$.*

Beweis. Nach 3.5.8 und 3.7.6 stimmen f und g über $\overline{A}^t$, also über X überein. ▮

Wir sagen, daß ein Limesraum X oder seine Limitierung τ dem **dritten Trennungsaxiom** oder dem **Axiom T_3** genügt oder daß er oder τ **regulär** ist, wenn zu jedem Punkt x dieses Raumes und jedem Filter $\mathfrak{F} \in \tau(x)$ der Filter

$$\mathfrak{F}^- = \operatorname*{im}_{\subseteq} \{\overline{F} \mid F \in \mathfrak{F}\} \tag{3.7.1}$$

gegen x konvergiert.

Wenn man in der Bedingung 2 aus 3.4.8 $f(\mathfrak{K}) \in \tau(x)$ mit $\bigvee_{K \in \mathfrak{K}} \bigwedge_{i \in K} \mathfrak{F}_i \in \tau(x)$ vertauscht und die Filter $\mathfrak{F}_i$ stets als eigentlich annimmt, erhält man eine notwendige und hinreichende Bedingung für die Regularität (siehe Cook und Fischer [3]). Mit anderen Worten, es gilt:

3.7.7 (Charakterisierung der Regularität). *Ein Limesraum X ist genau dann regulär, wenn seine Limitierung τ der folgenden Bedingung genügt: Für jeden Punkt x von X, jede Abbildung f einer Menge I in X, jeden (eigentlichen) Filter $\mathfrak{K}$ in I und beliebige eigentliche Filter $\mathfrak{F}_i \in p(\tau)(f(i))$ $(i \in I)$ hat $\bigvee_{K \in \mathfrak{K}} \bigwedge_{i \in K} \mathfrak{F}_i \in \tau(x)$ stets $f(\mathfrak{K}) \in \tau(x)$ zur Folge.*

Beweis. 1. X sei regulär. Gegeben seien ein $x \in X$, eine Abbildung f einer Menge I in X, ein Filter $\mathfrak{K}$ in I und eigentliche Filter $\mathfrak{F}_i \in p(\tau)(f(i))$ $(i \in I)$ mit $\mathfrak{F} \in \tau(x)$ bei $\mathfrak{F} = \bigvee_{K \in \mathfrak{K}} \bigwedge_{i \in K} \mathfrak{F}_i$. Zu beliebigem $F \in \mathfrak{F}$ existiert ein $K \in \mathfrak{K}$ mit $F \in \bigwedge_{i \in K} \mathfrak{F}_i$ und daher mit $f[K] \subseteq \overline{F}$, weshalb $\mathfrak{F}^- \subseteq f(\mathfrak{K})$ und damit $f(\mathfrak{K}) \in \tau(x)$ gilt.

2. τ genüge der Bedingung aus dem Satz. Gegeben seien ein $x \in X$ und ein Filter $\mathfrak{F} \in \tau(x)$. Wir bilden $I = \{(u, F) \mid F \in \mathfrak{F}, u \in \overline{F}\}$ und richten diese Menge mittels der durch $(u, F) \leq (v, G) \Leftrightarrow F \supseteq G$ definierten Relation $\leq$. f sei die Abbildung $(u, F) \mapsto u$ von I in X und $\mathfrak{K}$ der zu $\leq$ gehörige Filter in I. Zu jedem $i = (u, F) \in I$ existiert ein eigentlicher Filter $\mathfrak{F}_i \in p(\tau)(u)$ mit $F \in \mathfrak{F}_i$. Es folgt $\mathfrak{F} \subseteq \bigvee_{K \in \mathfrak{K}} \bigwedge_{i \in K} \mathfrak{F}_i$ und damit $\mathfrak{F}^- = f(\mathfrak{K}) \in \tau(x)$. ▮

Der Satz bleibt richtig, wenn in der angegebenen Bedingung $p(\tau)$ durch $m(\tau)$ ersetzt wird.

Wir kommen als nächstes zu einer Variante der einen Richtung dieses Satzes. Und zwar ergibt sich mittels einer Beweisidee aus KNEIS [2], daß die im Satz angegebene Bedingung für die Regularität von X notwendig bleibt, wenn in ihr „hat $\bigvee_{K \in \mathfrak{K}} \bigwedge_{i \in K} \mathfrak{F}_i \in \tau(x)$ stets $f(\mathfrak{K}) \in \tau(x)$ zur Folge" durch „konvergiert mit einem eigentlichen Oberfilter von $\bigvee_{K \in \mathfrak{K}} \bigwedge_{i \in K} \mathfrak{F}_i$ auch ein eigentlicher Oberfilter von $f(\mathfrak{K})$ bez. τ gegen x" ersetzt wird. Unter einem eigentlichen Oberfilter verstehen wir natürlich einen Oberfilter, der eigentlich ist. Bei der variierten Bedingung kann auch $p(\tau)$ durch $m(\tau)$ ersetzt werden. Wir bezeichnen jeden Limes eines eigentlichen Oberfilters eines Filters $\mathfrak{F}$ als **Adhärenzpunkt** von $\mathfrak{F}$ und erhalten damit

3.7.8. *X sei ein regulärer Limesraum. Dann ist jeder Adhärenzpunkt des Nachbarschaftsfilters $\mathfrak{N}(\mathfrak{F})$ eines eigentlichen Filters $\mathfrak{F}$ in X auch ein Adhärenzpunkt von $\mathfrak{F}$.*

Beweis. $\mathfrak{F}$ sei ein eigentlicher Filter in X und x ein Adhärenzpunkt von $\mathfrak{N}(\mathfrak{F})$. Es existiert ein eigentlicher Filter $\mathfrak{G}$, der Oberfilter von $\mathfrak{N}(\mathfrak{F})$ ist und gegen x konvergiert. Auf Grund der Regularität von X konvergiert $\mathfrak{H} = \mathfrak{F} \vee \overline{\mathfrak{G}}$ gegen x. Wäre $\mathfrak{H}$ nicht eigentlich, so existieren $F_0 \in \mathfrak{F}$ und $G_0 \in \mathfrak{G}$ mit $F_0 \cap \overline{G_0} = \emptyset$, d. h. mit $F_0 \subseteq \overline{X \setminus \overline{G_0}}$. Es folgt $X \setminus G_0 \in \mathfrak{N}(\mathfrak{F})$ und damit $X \setminus G_0 \in \mathfrak{G}$, was unmöglich ist. Also ist $\mathfrak{H}$ eigentlich und x somit ein Adhärenzpunkt von $\mathfrak{F}$. ∎

Wir führen neben 3.7.7 ein weiteres notwendiges und hinreichendes Kriterium für die Regularität an. Die Hinlänglichkeit der betreffenden Bedingung wurde für den Fall der topologischen Räume von DIEUDONNÉ [1] und für den Fall der pseudotopologischen Räume von COOK und FISCHER [3] gezeigt, während die Notwendigkeit für den Fall der pseudotopologischen Räume und auch zum ersten Mal für den klassischen Fall von M. P. KAZ [2] bewiesen wurde.

3.7.9 (Charakterisierung der Regularität). *Ein Limesraum X ist genau dann regulär, wenn seine Limitierung τ der folgenden Bedingung genügt: Für jeden Punkt x von X, jeden (eigentlichen) Filter $\mathfrak{K}$ in einer Menge I, jeden eigentlichen Filter $\mathfrak{L}$ in einer Menge J und beliebige Abbildungen $f\colon I \to X$ und $g\colon I \times J \to X$ mit $g([i] \times \mathfrak{L}) \in p(\tau)(f(i))$ $(i \in I)$ und $g(\mathfrak{K} \times \mathfrak{L}) \in \tau(x)$ gilt $f(\mathfrak{K}) \in \tau(x)$.*

Beweis. 1. X sei regulär. Gegeben seien ein $x \in X$, ein (eigentlicher) Filter $\mathfrak{K}$ in einer Menge I, ein eigentlicher Filter $\mathfrak{L}$ in einer Menge J und Abbildungen $f\colon I \to X$ und $g\colon I \times J \to X$ mit $g([i] \times \mathfrak{L}) \in p(\tau)(f(i))$ $(i \in I)$ und $g(\mathfrak{K} \times \mathfrak{L}) \in \tau(x)$. $\bigvee_{K \in \mathfrak{K}} \bigwedge_{i \in K} g([i] \times \mathfrak{L})$ ist ein Oberfilter von $g(\mathfrak{K} \times \mathfrak{L})$, er gehört also ebenfalls $\tau(x)$ an. Mittels 3.7.7 folgt daher $f(\mathfrak{K}) \in \tau(x)$.

2. τ genüge der Bedingung aus dem Satz. Gegeben seien ein $x \in X$, eine Abbildung f einer Menge I in X, ein (eigentlicher) Filter $\mathfrak{K}$ in I und eigentliche Filter $\mathfrak{F}_i \in p(\tau)(f(i))$ $(i \in I)$ mit $\bigvee_{K \in \mathfrak{K}} \bigwedge_{i \in K} \mathfrak{F}_i \in \tau(x)$. Wir setzen $J = F(I, X)$, $\mathfrak{L} = \mathsf{B}_{i \in I} \mathfrak{F}_i$

und bezeichnen mit g die Abbildung von $I \times J$ in X, die sich aus der Evaluationsabbildung von $J \times I$ in X durch Vertauschung der Argumente ergibt. Wegen 2.6.6 gilt $g([i] \times \mathfrak{L}) = \mathfrak{F}_i$ $(i \in I)$ und $g(\mathfrak{K} \times \mathfrak{L}) = \bigvee_{K \in \mathfrak{K}} \bigwedge_{i \in K} \mathfrak{F}_i$ und somit $f(\mathfrak{K}) \in \tau(x)$. Mittels 3.7.7 folgt, daß X regulär ist. ▮

Als nächstes bringen wir Kriterien für die Regularität in Spezialfällen.

3.7.10. *Für jeden mehrstufig topologischen Raum X sind die folgenden Bedingungen äquivalent:*

1. X ist *regulär.*

2. *Zu jeder Nachbarschaft N eines beliebigen Punktes x von X existiert eine Nachbarschaft M von x mit $\overline{M} \subseteqq N$.*

3. *Zu jedem Punkt x von X und jeder Nachbarschaft N von x gibt es Nachbarschaften von x und $X \setminus N$, die punktfremd sind.*

Für einen beliebigen topologischen Raum X sind die folgenden Bedingungen äquivalent:

1'. *X ist regulär.*

2'. *Zu jeder Umgebung U eines beliebigen Punktes x von X existiert eine Umgebung V von x mit $\overline{V} \subseteqq U$.*

3'. *Zu jedem Punkt x von X und jeder abgeschlossenen Teilmenge A von X, der x nicht angehört, gibt es punktfremde Umgebungen von x und A.*

Beweis. 1. X sei ein mehrstufig topologischer Raum. Erfüllt X das Axiom T_3, so gilt $\mathfrak{N}(x) \subseteqq \mathfrak{N}(x)^-$ (siehe (3.7.1)) für jeden Punkt x von X, woraus Bedingung 2 folgt. Gilt Bedingung 2, so existiert zu jeder Nachbarschaft N eines beliebigen Punktes x von X eine Nachbarschaft M von x mit $\overline{M} \subseteqq N$, d. h. mit $X \setminus N \subseteqq X \setminus \overline{M}$. Die zu M punktfremde Menge $X \setminus \overline{M}$ ist daher eine Nachbarschaft von $X \setminus N$. Aus Bedingung 2 folgt somit Bedingung 3. Gilt Bedingung 3, so gibt es zu jeder Nachbarschaft N eines beliebigen Punktes x von X punktfremde Nachbarschaften M von x und L von $X \setminus N$. Es ergibt sich $\overline{M} \subseteqq \overline{X \setminus L} = X \setminus \underline{L} \subseteqq N$, weshalb zu jedem Punkt x von X offenbar $\mathfrak{N}(x) \subseteqq \mathfrak{N}(x)^-$, für jeden Oberfilter $\mathfrak{F}$ von $\mathfrak{N}(x)$ somit $\mathfrak{N}(x) \subseteqq \mathfrak{F}^-$ gilt. Aus Bedingung 3 folgt deshalb das Axiom T_3.

2. Ist X ein topologischer Raum, so ergibt sich unter Beachtung, daß die Umgebungen eines beliebigen Punktes des Raumes eine Basis des Nachbarschaftsfilters dieses Punktes bilden, daß die Bedingungen 2 und 2' und ebenfalls die Bedingungen 3 und 3' äquivalent sind. Auf Grund des in Teil 1 Bewiesenen folgt damit, daß unter Voraussetzung, daß X ein topologischer Raum ist, zum Axiom T_3 die Bedingung 2' und ebenfalls die Bedingung 3' äquivalent ist. ▮

Die im Satz angegebene Bedingung 2 besagt, daß $\mathfrak{N}(x) \subseteqq \mathfrak{N}(x)^-$ für jeden Punkt x von X ist. Da stets $\mathfrak{N}(x) \supseteqq \{\overline{N} \mid N \in \mathfrak{N}(x)\}$ gilt, ist zu Bedingung 2 äquivalent, daß $\mathfrak{N}(x) = \mathfrak{N}(x)^-$ für jeden Punkt x von X zutrifft. Offenbar ist zu der im Satz angegebenen Bedingung 3 äquivalent, daß $\mathfrak{N}(x) \vee \bigcap_{y \in X \setminus N} \mathfrak{N}(y) = \mathsf{P}X$ zu jedem Punkt x von X und jedem $N \in \mathfrak{N}(x)$ gilt.

3.7.11. *Jeder reguläre Limesraum X ist ein im weiten Sinne pseudotopologischer Raum.*

Beweis. Zu jedem $x \in X$ und jeden eigentlichen Filter $\mathfrak{F} \to x$ gilt $\mathfrak{F}^- \to x$ und $\mathfrak{F}^- \subseteqq [x]$ (sonst gäbe es ein $F \in \mathfrak{F}$ mit $x \notin \overline{F}$ und daher mit $X \setminus F \in \mathfrak{N}(x)$ im Widerspruch zu $\mathfrak{N}(x) \subseteqq \mathfrak{F}$), also $[x] \to x$. ▮

3.7.12. *Jeder reguläre Limesraum X, der dem ersten Trennungsaxiom genügt, ist separiert. Jeder reguläre topologische Raum X ist schwach separiert.*

Beweis. 1. X sei ein Limesraum, der die Axiome T_1 und T_3 erfüllt. x und y seien zwei voneinander verschiedene Punkte von X. $\mathfrak{F}$ sei ein Filter aus $\tau(x)$ und $\mathfrak{G}$ ein Filter aus $\tau(y)$. Wegen Axiom T_1 und 3.7.2 ist $X \setminus \{y\}$ eine Umgebung von x, somit ein Element von $\mathfrak{F}^-$. Es existiert deshalb ein $F \in \mathfrak{F}$ mit $\overline{F} \subseteqq X \setminus \{y\}$, weshalb $y \in \underline{X \setminus F}$ gilt, die Menge $X \setminus F$ also eine Nachbarschaft von y ist und somit $\mathfrak{G}$ angehört. Es folgt $\mathfrak{F} \vee \mathfrak{G} = \mathsf{P}X$ und damit, daß X das Axiom T_2 erfüllt.

2. X sei ein topologischer Raum. x und y seien zwei Punkte von X mit $\tau(x) \neq \tau(y)$. Da X ein topologischer Raum ist, stimmen die Umgebungsraster dieser Punkte nicht überein. Es gibt etwa eine Umgebung U von x, die keine Umgebung von y ist, der folglich y nicht angehört. Wegen Axiom T_3 und 3.7.10 existiert sogar eine Umgebung V von x mit $\overline{V} \subseteqq U$. $X \setminus \overline{V}$ ist eine Umgebung von y. Da $V \in \mathfrak{F}$ zu beliebigem $\mathfrak{F} \in \tau(x)$ und $X \setminus \overline{V} \in \mathfrak{G}$ zu beliebigem $\mathfrak{G} \in \tau(y)$ folgt, ergibt sich $\tau(x) \cap \tau(y) = \{\mathsf{P}X\}$ und damit, daß X das Axiom T_{2w} erfüllt. ▮

Wir führen für später ein einfaches Beispiel eines separierten, nicht regulären topologischen Raumes an. X sei die Menge $\boldsymbol{R}$ der reellen Zahlen, versehen mit derjenigen Topologie, für die die Intervalle $]\xi, \eta[$ und die Menge $\boldsymbol{Q}$ aller rationalen Zahlen eine Subbasis bilden. X ist offensichtlich separiert. $X \setminus \boldsymbol{Q}$ ist eine abgeschlossene Teilmenge von X, und es folgt leicht, daß die Zahl 0 und $X \setminus \boldsymbol{Q}$ keine punktfremden Umgebungen besitzen, X wegen 3.7.10 also nicht regulär ist.

Als nächstes bringen wir eine auf C. H. Cook [1] zurückgehende Verallgemeinerung eines bekannten Satzes über die Fortsetzung stetiger Abbildungen.

3.7.13 (Fortsetzung stetiger Abbildungen). *X sei ein Limesraum, der als Limitierung τ eine Diagonallimitierung hat, Y sei ein regulärer Limesraum und f sei eine stetige Abbildung aus X in Y, deren Definitionsbereich in X dicht ist. Unter diesen Voraussetzungen gibt es genau dann eine* **stetige Fortsetzung** *von f auf* *ganz X, d. h. eine stetige Abbildung* $g\colon X \to Y$ *mit* $g \mid \mathrm{db} f = f$, *wenn zu jedem* $x \in X$ *mindestens ein* $y \in Y$ *mit* $f(\mathfrak{F}) \to y$ *zu beliebigem* $\mathfrak{F} \to x$ *existiert. Ist Y separiert, so ist dann g eindeutig bestimmt.*

Beweis. σ sei die Limitierung von Y.

1. Zu jedem $x \in X$ existiere ein $y \in Y$ mit $f(\mathfrak{F}) \in \sigma(y)$ zu beliebigem $\mathfrak{F} \in \tau(x)$. Wir bilden eine Abbildung $g\colon X \to Y$ mit $g \mid \mathrm{db} f = f$ und $g(x) \in \{y \in Y \mid \mathfrak{F} \in \tau(x) \Rightarrow f(\mathfrak{F}) \in \sigma(y)\}$ für jedes $x \in X \setminus \mathrm{db} f$. Gegeben sei ein $x \in X$ und ein $\mathfrak{F} \in \tau(x)$. Da $\mathrm{db} f$ in X dicht ist, können wir jedem $u \in X$ einen eigentlichen Filter $\mathfrak{F}_u \in p(\tau)(u)$ mit $\mathrm{db} f \in \mathfrak{F}_u$ zuordnen. Wir setzen $\mathfrak{G} = \bigvee_{F \in \mathfrak{F}} \bigwedge_{u \in F} \mathfrak{F}_u$ und erhalten auf Grund der Voraussetzung an X, daß $\mathfrak{G} \in \tau(x)$ gilt, wegen der Definition von g damit $f(\mathfrak{G}) \to g(x)$ und wegen 2.5.3 ferner $f(\mathfrak{G}) = \bigvee_{F \in \mathfrak{F}} \bigwedge_{u \in F} f(\mathfrak{F}_u)$. Zu beliebigem $u \in X$ existiert ein Filter $\mathfrak{F}_u' \in \tau(u)$ mit $\mathfrak{F}_u' \cap [u] \subseteqq \mathfrak{F}_u$, wegen 2.5.3 daher mit $f(\mathfrak{F}_u') \cap f([u]) \subseteqq f(\mathfrak{F}_u)$, so daß $f(\mathfrak{F}_u) \in p(\sigma)\big(g(u)\big)$ folgt. Auf Grund der Regularität von Y erhalten wir mittels 3.7.7 damit $g(\mathfrak{F}) \in \sigma\big(g(x)\big)$. g ist also stetig.

2. Existiert eine stetige Fortsetzung g von f, so gilt zu beliebigem $x \in X$ und $\mathfrak{F} \in \tau(x)$ wegen $g(\mathfrak{F}) \subseteqq f(\mathfrak{F})$ und $g(\mathfrak{F}) \underset{\sigma}{\to} g(x)$ stets $f(\mathfrak{F}) \underset{\sigma}{\to} g(x)$.

3. Der letzte Teil der Behauptung folgt aus dem Korollar zu 3.7.6. ▮

Wir sagen, daß ein Limesraum X oder seine Limitierung τ dem **Axiom** T_{3s} genügt oder daß er oder τ **regulär im engeren Sinne** ist, wenn zu jedem $x \in X$ und $\mathfrak{F} \in \tau(x)$ der Filter

$$\mathfrak{F}^{\sim} \underset{\subseteqq}{=} \mathrm{im}\,\{F \in \mathfrak{F} \mid F \text{ abgeschlossen}\}$$

gegen x konvergiert. Wegen 3.5.8 besteht für jeden Filter $\mathfrak{F}$ in X die Beziehung $\mathfrak{F}^{\sim} = \underset{\subseteqq}{\mathrm{im}}\,\{\overline{F}^{t} \mid F \in \mathfrak{F}\}$. Die Regularität im engeren Sinne ergibt sich daher aus der Regularität, indem man die Adhärenzbildung bez. τ durch die Adhärenzbildung bez. $t(\tau)$ ersetzt. Wir sagen daher für die Regularität im engeren Sinne auch **t-Regularität.** Im Band 2 benutzen wir für limitierte lineare Gruppen noch eine ähnliche Variante der Regularität, die $t^{\wedge}$-Regularität.

Offensichtlich folgt aus dem Axiom T_{3s} das Axiom T_3 und sind, wenn X ein topologischer Raum ist, die Axiome T_{3s} und T_3 äquivalent.

Ähnlich wie 3.7.7 zeigt man:

3.7.14. *Ein Limesraum X ist genau dann regulär im engeren Sinne, wenn seine Limitierung* τ *der folgenden Bedingung genügt: Für jeden Punkt x von X, jede Abbildung f einer Menge I in X, jedem (eigentlichen) Filter* $\mathfrak{K}$ *in I und beliebige eigentliche Filter* $\mathfrak{F}_i \in t(\tau)\big(f(i)\big)$ $(i \in I)$ *hat* $\bigvee_{K \in \mathfrak{K}} \bigwedge_{i \in K} \mathfrak{F}_i \in \tau(x)$ *stets* $f(\mathfrak{K}) \in \tau(x)$ *zur Folge.*

Für die Regularität im engeren Sinne gilt eine entsprechende Aussage wie die nach 3.7.7 angegebene Variante der einen Richtung von 3.7.7.

Wir bezeichnen zu jedem Filter $\mathfrak{F}$ in einer Menge X und jede Limitierung τ von X als **Umgebungsraster** $\mathfrak{U}(\mathfrak{F})$ von $\mathfrak{F}$ bez. τ die Menge $\{U \in \mathsf{P}X \mid \exists F \in \mathfrak{F}$ (U ist eine Umgebung von F bez. τ)$\}$, die natürlich ein Raster ist. Analog wie 3.7.8 erhält man

3.7.15. *X sei ein im engeren Sinne regulärer Limesraum. Dann ist für einen beliebigen eigentlichen Filter $\mathfrak{F}$ in X jeder Adhärenzpunkt des aus dem Umgebungsraster $\mathfrak{U}(\mathfrak{F})$ von $\mathfrak{F}$ erzeugten Filters auch ein Adhärenzpunkt von $\mathfrak{F}$.*

Ohne Mühe folgt, daß die in 3.7.9 angeführte Bedingung nach Ersetzung von $p(\tau)$ durch $t(\tau)$ für die Regularität von X im engeren Sinne notwendig und hinreichend ist.

Ferner ergibt sich leicht

3.7.16. *Ein mehrstufig topologischer Raum X ist genau dann regulär im engeren Sinne, wenn jede Nachbarschaft eines beliebigen Punktes x dieses Raumes eine abgeschlossene Nachbarschaft von x enthält.*

Zu der im Satz angegebenen Bedingung und damit dazu, daß ein mehrstufig topologischer Raum X regulär im engeren Sinne ist, ist äquivalent, daß $\mathfrak{N}(x) = \mathfrak{N}(x)^{\sim}$ für jeden Punkt x von X gilt.

Wir sagen, daß ein Limesraum X oder seine Limitierung τ dem **Axiom** $\mathbf{T}_{3c}$ genügt oder daß er oder τ **vollständig regulär** ist, wenn zu jedem Punkt x von X und jeder abgeschlossenen Teilmenge A von X, der x nicht angehört, eine stetige Abbildung $f\colon X \to \boldsymbol{R}$ mit $f(x) = 0$ und $f(y) = 1$ ($y \in A$) existiert.

Wie mittels 3.6.7 folgt, hängt es für einen beliebigen Limesraum X nur von der der Limitierung τ von X zugeordneten Topologie $t(\tau)$ ab, ob dieser Raum vollständig regulär ist oder nicht. τ und $t(\tau)$ besitzen natürlich die gleichen abgeschlossenen Mengen.

3.7.17. *Jeder vollständig reguläre topologische Raum ist regulär.*

B e w e i s. x sei ein Punkt eines vollständig regulären topologischen Raumes X und A eine abgeschlossene Teilmenge von X, der x nicht angehört. Es gibt eine stetige Abbildung f von X in $\boldsymbol{R}$ mit $f(x) = 0$ und $f(y) = 1$ zu beliebigem $y \in A$. Wie unter Berücksichtigung von 3.6.3 folgt, sind $\{y \in X \mid f(y) < 1/2\}$ und $\{y \in X \mid f(y) > 1/2\}$ punktfremde Umgebungen von x bzw. A. Nach 3.7.10 ist deshalb X regulär. ∎

Wir sagen, daß ein Limesraum X oder seine Limitierung τ dem **vierten Trennungsaxiom** oder dem **Axiom** $\mathbf{T}_4$ genügt oder daß er oder τ **normal** ist, wenn beliebige abgeschlossene punktfremde Teilmengen A und B von X punktfremde Umgebungen besitzen.

Offensichtlich hängt es für einen beliebigen Limesraum X nur von der der Limitierung τ von X zugeordneten Topologie $t(\tau)$ ab, ob dieser Raum normal ist oder nicht.

3.7.18 (Charakterisierung der Normalität nach Urysohn). *Ein Limesraum X ist genau dann normal, wenn es zu beliebigen punktfremden abgeschlossenen Teilmengen A und B von X eine stetige Abbildung $f\colon X \to \boldsymbol{R}$ mit $f(x) = 0$ für $x \in A$ und $f(x) = 1$ für $x \in B$ gibt.*

Beweis. 1. X sei ein normaler Limesraum. A und B seien punktfremde abgeschlossene Teilmengen von X. Mit I bezeichnen wir die Menge aller dyadisch rationalen Zahlen[1]) ξ mit $0 \leqq \xi \leqq 1$. Wir setzen $G_0 = \emptyset$, $F_0 = A$, $G_1 = X \setminus B$ und $F_1 = X$. Da X normal ist, gibt es eine offene Teilmenge $G_{1/2}$ von X und eine abgeschlossene Teilmenge $F_{1/2}$ von X mit $F_0 \subseteqq G_{1/2} \subseteqq F_{1/2} \subseteqq G_1$. ($G_{1/2}$ und $X \setminus F_{1/2}$ sind punktfremde Umgebungen von A und B.) Gehen wir anstelle von F_0 und G_1 von F_0 und $G_{1/2}$ und von $F_{1/2}$ und G_1 aus, so finden wir offene Teilmengen $G_{1/4}$ und $G_{3/4}$ von X und abgeschlossene Teilmengen $F_{1/4}$ und $F_{3/4}$ von X mit $F_0 \subseteqq G_{1/4} \subseteqq F_{1/4} \subseteqq G_{1/2}$ und $F_{1/2} \subseteqq G_{3/4} \subseteqq F_{3/4} \subseteqq G_1$. Durch Fortsetzung dieses Verfahrens erhalten wir für jedes $\xi \in I$ eine offene und eine abgeschlossene Teilmenge G_ξ bzw. F_ξ von X mit $G_\xi \subseteqq F_\xi$ zu beliebigem $\xi \in I$ und mit $F_\xi \subseteqq G_\eta$ zu beliebigen $\xi, \eta \in I$ mit $\xi < \eta$.

Wir definieren nun eine Abbildung $f\colon X \to \boldsymbol{R}$ durch

$$f(x) = \inf \{\xi \in I \mid x \in F_\xi\}$$

zu beliebigem $x \in X$. Offensichtlich ist $f(x) = 0$ für $x \in A$ und $f(x) = 1$ für $x \in B$.

α sei eine reelle Zahl mit $0 < \alpha < 1$. Für einen Punkt x von X gilt $f(x) < \alpha$, d. h. $\inf \{\xi \in I \mid x \in F_\xi\} < \alpha$ genau dann, wenn ein $\xi \in I$ mit $x \in F_\xi$ und $\xi < \alpha$ existiert, und — wie leicht folgt — somit genau dann, wenn es ein $\xi \in I$ mit $x \in G_\xi$ und $\xi < \alpha$ gibt. Daher ist

$$\{x \in X \mid f(x) < \alpha\} = \bigcup_{\xi \in I \text{ mit } \xi < \alpha} G_\xi . \tag{3.7.2}$$

Für einen Punkt x von X gilt $f(x) > \alpha$ sicher genau dann, wenn x nicht allen F_ξ mit $\xi \in I$ und $\xi > \alpha$ angehört. Daher ist

$$\{x \in X \mid f(x) > \alpha\} = X \setminus \bigcap_{\xi \in I \text{ mit } \xi > \alpha} F_\xi . \tag{3.7.3}$$

Beachten wir, daß die in (3.7.2) und (3.7.3) angegebenen Mengen offen sind und f als Wertebereich nur reelle Zahlen ξ mit $0 \leqq \xi \leqq 1$ hat, so ergibt sich mittels 3.6.3 leicht, daß f stetig ist.

2. X sei nun ein Limesraum, der die im Satz angegebene Bedingung erfüllt. A und B seien punktfremde abgeschlossene Teilmengen von X, und f sei eine stetige Abbildung von X in $\boldsymbol{R}$ mit $f(x) = 0$ für $x \in A$ und $f(x) = 1$ für $x \in B$. Wie unter Berücksichtigung von 3.6.3 folgt, sind $\{x \in X \mid f(x) < 1/2\}$ und $\{x \in X \mid f(x) > 1/2\}$ punktfremde Umgebungen von A und B. X ist deshalb normal. ∎

---

[1]) Eine rationale Zahl heißt **dyadisch**, wenn sie sich mittels zweier ganzen Zahlen m und $n > 0$ in der Form $\frac{m}{2^n}$ darstellen läßt.

Es ist keine Einschränkung, von den in 3.7.18 auftretenden Abbildungen f zusätzlich $0 \leqq f(x) \leqq 1$ $(x \in X)$ zu fordern. Diese Forderung erfüllt ja die im Beweis von 3.7.18 definierte Abbildung f. Da für beliebige reelle Zahlen α und β die Abbildung $g\colon \boldsymbol{R} \to \boldsymbol{R}$ mit $g(\xi) = (\beta - \alpha)\,\xi + \alpha$ $(\xi \in \boldsymbol{R})$ stetig ist, ist wegen 3.6.4 auch die Zusammensetzung $g \circ f$ einer beliebigen in 3.7.18 auftretenden Abbildung f mit einer derartigen Abbildung g stetig. Wir erhalten deshalb das

Korollar. *Ein Limesraum X ist genau dann normal, wenn es zu beliebigen punktfremden abgeschlossenen Teilmengen A und B von X und beliebigen reellen Zahlen α und β mit $\alpha < \beta$ eine stetige Abbildung $f\colon X \to \boldsymbol{R}$ mit $f(x) = \alpha$ für $x \in A$, $f(x) = \beta$ für $x \in B$ und $\alpha \leqq f(x) \leqq \beta$ für $x \in X$ gibt.*

Aus 3.7.18 ergibt sich ferner

3.7.19. *Jeder normale Limesraum, der dem ersten Trennungsaxiom genügt, ist vollständig regulär.*

Zusammen mit 3.7.16 folgt, daß jeder normale topologische Raum, der dem ersten Trennungsaxiom genügt, regulär ist.

Neben 3.7.18 gibt es noch ein weiteres wichtiges Kriterium dafür, daß ein Limesraum normal ist.

3.7.20 (Charakterisierung der Normalität nach Tietze). *Ein Limesraum X ist genau dann normal, wenn jede stetige Abbildung f aus X in $\boldsymbol{R}$, die eine abgeschlossene Teilmenge von X als Definitionsbereich hat, zu einer stetigen Abbildung g von X in $\boldsymbol{R}$ erweitert werden kann. Wenn $|f(x)| < \varkappa$ für eine reelle Zahl $\varkappa$ und beliebiges $x \in \operatorname{db} f$ gilt, kann g sogar so gewählt werden, daß $|g(x)| < \varkappa$ für jeden Punkt x von X gilt.*

Beweis. 1. X sei ein normaler Limesraum. f sei eine stetige Abbildung aus X in $\boldsymbol{R}$ mit einer abgeschlossenen Teilmenge von X als Definitionsbereich.

Zunächst sei f beschränkt und $\varkappa$ eine reelle Zahl mit $|f(x)| < \varkappa$ $(x \in \operatorname{db} f)$. Wir bilden, wie genauer ausgeführt wird, zu beliebigem $n \in \boldsymbol{N}$ eine stetige Abbildung f_n von X in $\boldsymbol{R}$ mit

$$|f_n(x)| \leqq \frac{1}{3}\left(\frac{2}{3}\right)^n \varkappa \qquad \text{zu beliebigem } x \in X \tag{3.7.4}$$

und

$$|f(x) - f_0(x) - \cdots - f_n(x)| \leqq \left(\frac{2}{3}\right)^{n+1} \varkappa \qquad \text{zu beliebigem } x \in \operatorname{db} f\,. \tag{3.7.5}$$

Die punktfremden Mengen $A = \left\{x \in \operatorname{db} f \,\middle|\, f(x) \leqq -\frac{1}{3}\varkappa\right\}$ und $B = \left\{x \in \operatorname{db} f \,\middle|\, f(x) \geqq \frac{1}{3}\varkappa\right\}$ sind nach 3.6.3 und wegen $\overline{\operatorname{db} f} = \operatorname{db} f$ abgeschlossen. Da X normal ist, finden wir unter Berücksichtigung des Korrollars zu 3.7.18 eine stetige

Abbildung $f_0\colon X \to \boldsymbol{R}$ mit $f_0(x) = -\frac{1}{3}\varkappa$ für $x \in A$, $f_0(x) = \frac{1}{3}\varkappa$ für $x \in B$ und $|f_0(x)| \leqq \frac{1}{3}\varkappa$ für $x \in X$. f_0 genügt offenbar (3.7.4) und (3.7.5) für $n = 0$. Die Konstruktion der Abbildungen $f_1, f_2, \ldots$ führen wir analog durch. Wir nehmen an, daß für ein $n \in \boldsymbol{N}^+$ die Abbildungen $f_0, \ldots, f_{n-1}$ bereits gefunden sind und bilden durch

$$\tilde{f}(x) = f(x) - f_0(x) - \cdots - f_{n-1}(x) \qquad (x \in \operatorname{db} f)$$

eine Abbildung $\tilde{f}$ aus X in $\boldsymbol{R}$ mit $\operatorname{db} f$ als Definitionsbereich. $\tilde{f}$ ist offenbar stetig. Da (3.7.5) für $n - 1$ anstelle von n gilt, folgt $|\tilde{f}(x)| \leqq \left(\frac{2}{3}\right)^n \varkappa$ zu beliebigem $x \in \operatorname{db} f$. $\tilde{A} = \left\{x \in \operatorname{db} f \,\middle|\, \tilde{f}(x) \leqq -\frac{1}{3}\left(\frac{2}{3}\right)^n \varkappa\right\}$ und $\tilde{B} = \left\{x \in \operatorname{db} \,\middle|\, \tilde{f}(x) \geqq \frac{1}{3}\left(\frac{2}{3}\right)^n \varkappa\right\}$ sind punktfremde und abgeschlossene Teilmengen von X. Unter Berücksichtigung des Korollars zu 3.7.18 finden wir deshalb eine stetige Abbildung $f_n\colon X \to \boldsymbol{R}$, für die $f_n(x) = -\frac{1}{3}\left(\frac{2}{3}\right)^n \varkappa$ zu beliebigem $x \in \tilde{A}$, $f_n(x) = \frac{1}{3}\left(\frac{2}{3}\right)^n \varkappa$ zu beliebigem $x \in \tilde{B}$ und (3.7.4) gilt. $f_0, \ldots, f_n$ genügen der Beziehung (3.7.5).

Wegen (3.7.4) konvergiert zu beliebigem $x \in X$ die Folge der Zahlen $g_n(x) = f_0(x) + \cdots + f_n(x)$ $(n \in \boldsymbol{N})$ gegen eine reelle Zahl $g(x)$. Aus (3.7.4) folgt, daß sogar

$$|g(x) - g_n(x)| \leqq \sum_{m=n+1}^{\infty} \frac{1}{3}\left(\frac{2}{3}\right)^m \varkappa = \left(\frac{2}{3}\right)^{n+1} \varkappa \tag{3.7.6}$$

zu beliebigem $n \in \boldsymbol{N}$ und $x \in X$ gilt. Jede der Abbildungen $g_n\colon x \mapsto g_n(x)$ $(x \in X)$ ist stetig. Um zu zeigen, daß auch die Abbildung $g\colon x \mapsto g(x)$ $(x \in X)$ stetig ist, sei ein $x_0 \in X$ und ein $\varepsilon > 0$ gegeben. Wegen (3.7.4) existiert ein $n \in \boldsymbol{N}$ mit $|g(x) - g_n(x)| < \frac{\varepsilon}{3}$ zu beliebigem $x \in X$, wegen 3.6.3 und der Stetigkeit von g_n in x_0 ferner eine Umgebung U von x_0 mit $|g_n(x) - g_n(x_0)| < \frac{\varepsilon}{3}$ zu beliebigem $x \in U$. Es folgt

$$|g(x) - g(x_0)| \leqq |g(x) - g_n(x)| + |g_n(x) - g_n(x_0)| + |g_n(x_0) - g(x_0)| < \varepsilon$$

zu beliebigem $x \in U$ und wegen 3.6.3 damit, daß g stetig ist[1]). g ist natürlich eine Erweiterung von f, denn aus (3.7.6) folgt $f(x) = g(x)$ zu beliebigem $x \in \operatorname{db} f$. Wie mittels (3.7.4) folgt, gilt

$$|g(x)| \leqq \sum_{n=0}^{\infty} \frac{1}{3}\left(\frac{2}{3}\right)^n \varkappa = \varkappa \qquad \text{zu beliebigem } x \in X\,. \tag{3.7.7}$$

---

[1]) Die Folge $g_1, g_2, \ldots$ konvergiert wegen (3.7.5) gleichmäßig gegen g. Auf den Begriff der gleichmäßigen Konvergenz und eine Verallgemeinerung desselben gehen wir in Band 2 genauer ein.

Zur Verschärfung von (3.7.7) nehmen wir eine Modifikation von g vor. $K = \{x \in X \mid |g(x)| = \varkappa\}$ ist eine abgeschlossene Teilmenge von X, die zu db$f$ punktfremd ist. Es gibt daher eine stetige Abbildung $h\colon X \to \boldsymbol{R}$ mit $h(x) = 0$ für $x \in K$, $h(x) = 1$ für $x \in$ db$f$ und $0 \leqq h(x) \leqq 1$ für $x \in X$. Die durch $\bar{g}(x) = g(x) \cdot h(x)$ definierte Abbildung $\bar{g}$ von X in $\boldsymbol{R}$ ist sicher stetig, und es gilt $\bar{g}(x) = f(x)$ zu beliebigem $x \in$ db$f$ und $|\bar{g}(x)| < \varkappa$ zu beliebigem $x \in X$.

Ist f unbeschränkt, so ist die Zusammensetzung (arc tg) $\circ f$ beschränkt, und zwar gilt $\left|((\text{arc tg}) \circ f)(x)\right| < \frac{\pi}{2}$ zu beliebigem $x \in X$. Nach dem soeben Bewiesenen kann (arc tg) $\circ f$ zu einer stetigen Abbildung $\bar{g}$ von X in $\boldsymbol{R}$ erweitert werden mit $|\bar{g}(x)| < \frac{\pi}{2}$ zu beliebigem $x \in X$. Dann ist aber tg $\circ\, \bar{g}$ eine über ganz X definierte stetige Erweiterung von f.

2. X sei ein Limesraum, der die im Satz angegebene Bedingung erfüllt. A und B seien punktfremde abgeschlossene Teilmengen von X. Dann ist auch $A \cup B$ abgeschlossen. Die Abbildung f aus X in $\boldsymbol{R}$ mit $A \cup B$ als Definitionsbereich und $f(x) = 0$ für $x \in A$ und $f(x) = 1$ für $x \in B$ ist nach 3.6.3 stetig. Nach Voraussetzung existiert eine stetige Abbildung $g\colon X \to \boldsymbol{R}$, die über $A \cup B$ mit f übereinstimmt, für die also $g(x) = 0$ für $x \in A$ und $g(x) = 1$ für $x \in B$ gilt. Nach 3.7.18 ist deshalb X normal. ▮

Offensichtlich ist jeder diskrete topologische Raum, d. h. jede mit der diskreten Topologie versehene Menge, separiert und normal.

Ferner gilt

3.7.21. *Jede linear geordnete Menge X ist bezüglich der Intervalltopologie separiert und normal.*

Beweis. X sei mit der Intervalltopologie versehen. x und y seien zwei Punkte von X mit $x < y$. Zu jedem Punkt a von X mit $x < a < y$ sind $[\leftarrow, a[$ und $]a, \rightarrow]$ punktfremde Umgebungen von x und y. Existiert kein derartiger Punkt a, so ergeben sich $[\leftarrow, y[$ und $]x, \rightarrow]$ als punktfremde Umgebungen von y und x. Nach 3.7.3 ist deshalb X separiert.

A und B seien punktfremde abgeschlossene Teilmengen von X. Zu beliebigem $a \in A$ bilden wir die Menge $V_a = \{x \in X \mid [x, a] \cup [a, x] \subseteqq X \setminus B\}$. Ist J ein offenes Intervall, dem ein Punkt x von V_a angehört und das in $X \setminus B$ liegt, so folgt zu beliebigem $y \in J$

$$[y, a] \cup [a, y] \subseteqq [x, a] \cup [a, x] \cup [y, x] \cup [x, y] \subseteqq X \setminus B$$

und damit $J \subseteqq V_a$, weshalb V_a eine Umgebung von a ist. Zwei beliebige Mengen V_a und $V_{a'}$ $(a, a' \in A)$ sind offensichtlich gleich oder punktfremd. Wenn zu einem $a \in A$ ein $x \in V_a$ existiert mit $A \cap V_a \cap [x, \rightarrow] = \emptyset$, setzen wir zu einem dieser x

$$U_a^+ = V_a \cap [a, x[\ ,$$

dabei wählen wir für alle $a' \in A$ mit $V_a = V_{a'}$ dasselbe x. Existiert kein $x \in V_a$ mit $A \cap V_a \cap [x, \rightarrow] = \emptyset$, so setzen wir

$$U_a^+ = V_a \cap [a, \rightarrow] .$$

Entsprechend definieren wir U_a^- und setzen $U_a = U_a^- \cup U_a^+$. Wie die V_a sind zwei beliebige der Mengen U_a gleich oder punktfremd. Da V_a zu beliebigem $a \in A$ eine Umgebung von a ist, ergibt sich auch stets U_a als eine Umgebung von a. Es ist deshalb $U = \bigcup_{a \in A} U_a$ eine Umgebung von A. Sie ist zu der offenen Menge $X \setminus \overline{U}$ punktfremd. Wir werden noch $B \subseteqq X \setminus \overline{U}$ beweisen, womit die Normalität von X gezeigt ist. Es genügt zu beweisen, daß jeder Punkt $b \in B$ eine Umgebung besitzt, die zu allen Mengen U_a und damit auch zu U punktfremd ist (da daraus $b \notin \overline{U}$ folgt). Wir beweisen diese Behauptung in zwei Schritten.

Im ersten Schritt zeigen wir, daß zu beliebigem $a \in A$ jeder Punkt $b \in B$ eine zu U_a punktfremde Umgebung hat. Es sei vorerst $a < b$. Ist $b \notin \overline{V}_a$, so ist $X \setminus \overline{V}_a$ eine zu U_a punktfremde Umgebung von b. Wenn $b \in \overline{V}_a$ ist, ergibt sich unter Berücksichtigung von $b \notin \overline{A}$ $(= A)$, daß ein $x \in\ ]a, b[$ mit $x \in V_a$ und $A \cap V_a \cap [x, \rightarrow] = \emptyset$ existiert. Für eines dieser x ist dann $U_a^+ = V_a \cap [a, x[$. Es folgt $]x, \rightarrow] \cap U_a = \emptyset$ und damit, daß $]x, \rightarrow]$ eine zu U_a punktfremde Umgebung von b ist. Also existiert im Falle $a < b$ stets eine zu U_a punktfremde Umgebung von b. Im Falle $b < a$ beweist man dieses entsprechend.

Im zweiten Schritt zeigen wir vorerst, daß jeder Punkt $b \in B$ eine in $X \setminus A$ liegende Umgebung besitzt, die mit höchstens zwei der Mengen U_a Punkte gemeinsam hat. Angenommen, ein Punkt $b \in B$ besitzt keine derartige Umgebung. Dann gibt es einen Punkt $x \in X$ und zwei Punkte $a, a' \in A$ mit $a < a'$, so daß U_a und $U_{a'}$ ungleich und damit punktfremd sind und entweder $[b, x[$ oder $]x, b]$ in $X \setminus A$ liegt und mit U_a und $U_{a'}$ je einen Punkt y bzw. y' gemeinsam hat. Wir beschränken uns auf den Fall des Intervalles $[b, x[$. Es ist $b < a$, da sonst $b \in [a, y]$ im Widerspruch zu $y \in V_a$ wäre. Ferner ist $a < y'$, da sich sonst wegen $a < a'$ ergibt, daß a zu $U_{a'}$ gehören würde. Da schließlich $y' < x$ ist, folgt $a \in\ ]b, x[$ im Widerspruch zu $[b, x[\ \subseteqq X \setminus A$. Entsprechend läßt sich im Falle des Intervalles $]x, b]$ ein Widerspruch herleiten. Die obige Behauptung ist deshalb richtig. Zusammen mit dem im ersten Schritt Bewiesenen folgt damit, daß jeder Punkt $b \in B$ eine Umgebung besitzt, die zu allen Mengen U_a punktfremd ist, was noch zu zeigen war. ▮

Offensichtlich genügt die Intervalltopologie stets dem ersten Trennungsaxiom. Im allgemeinen ist sie nicht separiert (vergleiche E. E. FLOYD [1]).

3.8. Initiallimitierungen

Wir führen im weiteren zwei verschiedene Arten von Konstruktionen von Limitierungen mittels Abbildungen an, die man sich als Zurückziehen bzw. Nachvornziehen von Limitierungen vorstellen kann. Die sich ergebenden Limitierungen werden Initial- bzw. Finallimitierungen genannt. Sie lassen sich als die Limitierungen der an den Vergißfunktor $V\colon \mathrm{LIM} \to \mathrm{ENS}$ gebundenen Produkte bzw. Coprodukte charakterisieren. Wir gehen zuerst auf Initiallimitierungen ein.

E sei eine Menge, $(X_\iota)_{\iota\in I}$ eine Familie von Limesräumen und p_ι zu beliebigem $\iota \in I$ eine Abbildung von E in X_ι. τ_ι sei zu beliebigem $\iota \in I$ die Limitierung von X_ι. Wir nennen die Limitierung

$$\operatorname*{init}_{\iota\in I} \tau_\iota = \bigwedge_{\iota\in I} (p_\iota^{-1})^{\mathfrak{I}} \circ \tau_\iota \circ p_\iota$$

von E die **Initiallimitierung** der τ_ι bezüglich der Abbildungen p_ι ($\iota \in I$). Der Durchschnitt ist dabei bezüglich des Verbandes $\mathcal{T}E$ aller Limitierungen von E gemeint. Da $\mathcal{T}E$ nach 3.5.1 ein vollständiger Verband ist, existiert $\operatorname*{init}_{\iota\in I} \tau_\iota$ stets.

3.8.1. *Zu beliebigem $x \in E$ ist*

$$(\operatorname*{init}_{\iota\in I} \tau_\iota)(x) = \{\mathfrak{F} \in \mathcal{F}E \mid p_\iota(\mathfrak{F}) \in (\tau_\iota \circ p_\iota)(x) \textit{ zu beliebigem } \iota \in I\}\,. \quad (3.8.1)$$

Beweis. Wie mittels (3.5.2) folgt, gilt (3.8.1) im Falle $I = \emptyset$.

Im weiteren sei $I \neq \emptyset$. x sei ein beliebiges Element von E. Gegeben sei zuerst ein Filter $\mathfrak{F} \in (\operatorname*{init}_{\iota\in I} \tau_\iota)(x)$. Wie mittels (2.2.2) und (3.5.1) folgt, existiert zu beliebigem $\iota \in I$ ein Filter $\mathfrak{F}_\iota \in (\tau_\iota \circ p_\iota)(x)$ mit $\mathfrak{F} = \bigvee_{\iota\in I} p_\iota^{-1}(\mathfrak{F}_\iota)$, folglich mit $p_\iota^{-1}(\mathfrak{F}_\iota) \subseteqq \mathfrak{F}$ zu beliebigem $\iota \in I$. Wegen 2.5.3 und 2.5.5 ergibt sich damit $\mathfrak{F}_\iota \subseteqq (p_\iota \circ p_\iota^{-1})(\mathfrak{F}_\iota) \subseteqq p_\iota(\mathfrak{F})$ und somit $p_\iota(\mathfrak{F}) \in (\tau_\iota \circ p_\iota)(x)$ zu beliebigem $\iota \in I$.

Nun sei ein Filter $\mathfrak{F} \in \mathcal{F}E$ gegeben, für den $p_\iota(\mathfrak{F}) \in (\tau_\iota \circ p_\iota)(x)$ zu beliebigem $\iota \in I$ gilt. Wir setzen $\mathfrak{F}_\iota = p_\iota(\mathfrak{F})$ und erhalten unter Berücksichtigung von 2.5.5

$$p_\iota^{-1}(\mathfrak{F}_\iota) = (p_\iota^{-1} \circ p_\iota)\,(\mathfrak{F}) \subseteqq \mathfrak{F}$$

zu beliebigem $\iota \in I$, damit $\bigvee_{\iota\in I} p_\iota^{-1}(\mathfrak{F}_\iota) \subseteqq \mathfrak{F}$ und folglich $\mathfrak{F} \in (\operatorname*{init}_{\iota\in I} \tau_\iota)(x)$. (3.8.1) gilt deshalb auch im Falle $I \neq \emptyset$. ∎

3.8.2. *Eine Abbildung f aus einem Limesraum Y in E ist in einem Punkt y von Y bezüglich der Limitierung τ' von Y und bez. $\operatorname*{init}_{\iota\in I} \tau_\iota$ genau dann stetig, wenn jede Abbildung $p_\iota \circ f$ in y bez. τ' und τ_ι stetig ist.*

Beweis. Wir setzen $\tau = \operatorname*{init}_{\iota\in I} \tau_\iota$. Aus 3.8.1 folgt, daß die Abbildungen p_ι bez. τ und τ_ι stetig sind. Wenn f in einem Punkt y bez. τ' und τ stetig ist, so ist daher wegen 3.6.4 auch jede Abbildung $p_\iota \circ f$ in y bez. τ' und τ_ι stetig. Im weiteren sei $p_\iota \circ f$ zu beliebigem $\iota \in I$ in einem Punkt y von Y bez. τ' und τ_ι stetig. Dann folgt zu beliebigem $\mathfrak{F} \in \tau'(y)$ und $\iota \in I$

$$(p_\iota \circ f)(\mathfrak{F}) \in (\tau_\iota \circ p_\iota \circ f)(y)\,,$$

wegen 2.5.5 somit

$$f(\mathfrak{F}) \supseteqq (p_i^{-1} \circ p_i)(f(\mathfrak{F})) \in ((p_i^{-1})^{\mathfrak{I}} \circ \tau_i \circ p_i \circ f)(y)$$

und daher $f(\mathfrak{F}) \in (\tau \circ f)\ (y)$, also die Stetigkeit von f in y bez. τ' und τ. ▮

Die eine Richtung von 3.8.2 läßt sich leicht verallgemeinern. Es sei dazu eine Menge F, eine Familie $(Y_i)_{i \in I}$ von Limesräumen mit I als Indexbereich und zu beliebigem $i \in I$ eine Abbildung q_i von F in Y_i gegeben. τ_i' sei zu beliebigem $i \in I$ die Limitierung von Y_i. Dann gilt:

3.8.3. *f sei eine Abbildung aus F in E und f_i zu beliebigem $i \in I$ eine Abbildung aus Y_i in X_i derart, daß zu beliebigem $i \in I$ das Diagramm*

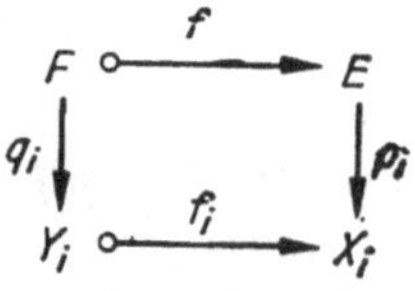

kommutativ ist, also $p_i \circ f = f_i \circ q_i$ gilt. Ist für einen Punkt y von Y jede Abbildung f_i in $q_i(y)$ bez. τ_i' und τ_i stetig, so ist f in y bez. $\operatorname{init}_{i \in I} \tau_i'$ *und* $\operatorname{init}_{i \in I} \tau_i$ *stetig.*

Beweis. Wir setzen $\tau = \operatorname{init}_{i \in I} \tau_i$ und $\tau' = \operatorname{init}_{i \in I} \tau_i'$. Wenn für einen Punkt y von Y die Abbildungen f_i in $q_i(y)$ bez. τ_i' und τ_i stetig sind, so ist auf Grund der aus 3.8.1 folgenden Stetigkeit von q_i bez. τ' und τ_i' auch jede Abbildung $f_i \circ q_i = p_i \circ f$ in y bez. τ' und τ_i stetig. Aus 3.8.2 folgt dann, daß f in y bez. τ' und τ stetig ist. ▮

Wir bezeichnen E, versehen mit $\operatorname{init}_{i \in I} \tau_i$, mit X. 3.8.2 entnimmt man den folgenden Satz über die an den Vergißfunktor V: LIM → ENS gebundenen Produkte.

3.8.4 (Gebundene Produkte in LIM). *Der Limesraum X ist, zusammen mit der Familie der Abbildungen $p_i: X \to X_i$ $(i \in I)$, gleich dem V-Produkt der X_i $(i \in I)$ über E, $(p_i)_{i \in I}$.*

Aus 3.2.10, (3.6.14) und 3.8.4 folgt

3.8.5. $\operatorname{init}_{i \in I} \tau_i$ *ist die gröbste Limitierung von E mit der Eigenschaft, daß alle Abbildungen p_i bez. dieser und τ_i stetig sind.*

Für die an die Vergißfunktoren V^p: PTOP → ENS, V^m: MTOP → ENS und V^t: TOP → ENS gebundenen Produkte gilt ein analoger Satz wie 3.8.4. Aus 3.2.11, (3.6.13) und (3.6.15) ergibt sich nämlich

3.8.6 (Gebundene Produkte in PTOP, MTOP und TOP). *Sind die X_i pseudotopologische, mehrstufig topologische bzw. topologische Räume, so ist X, zusammen mit der Familie der Abbildungen p_i: $X \to X_i$ ($i \in I$), gleich dem V^p-, V^m- bzw. V^t-Produkt der X_i ($i \in I$) über E, $(p_i)_{i \in I}$.*

Analog wie 3.8.5 erhält man deshalb

3.8.7. *Sind die Limitierungen τ_i ($i \in I$) speziell Pseudotopologien, mehrstufige Topologien bzw. Topologien, so ist* $\operatorname{init}_{i \in I} \tau_i$ *die gröbste Pseudotopologie, gröbste mehrstufige Topologie bzw. gröbste Topologie von E mit der Eigenschaft, daß alle Abbildungen p_i bez. dieser und τ_i stetig sind.*

In dem Fall, daß die τ_i Pseudotopologien, mehrstufige Topologien bzw. Topologien sind, nennen wir $\operatorname{init}_{i \in I} \tau_i$ die **Initialpseudotopologie**, die **mehrstufige Initialtopologie** bzw. die **Initialtopologie** der τ_i bezüglich der p_i ($i \in I$).

Die den Limitierungen τ_i zugeordneten Pseudotopologien, mehrstufigen Topologien bzw. Topologien verhalten sich zu der der Initiallimitierung $\operatorname{init}_{i \in I} \tau_i$ zugeordneten Pseudotopologie, mehrstufigen Topologie bzw. Topologie auf die folgende Weise

3.8.8. *Es gilt*

$$p(\operatorname{init}_{i \in I} \tau_i) \leqq \operatorname{init}_{i \in I} p(\tau_i)\,, \qquad m(\operatorname{init}_{i \in I} \tau_i) \leqq \operatorname{init}_{i \in I} m(\tau_i) \qquad \textit{und} \qquad t(\operatorname{init}_{i \in I} \tau_i) \leqq \operatorname{init}_{i \in I} t(\tau_i)\,,$$

wobei die Ordnung stets bezüglich des Verbandes $\mathcal{T}E$ aller Limitierungen von E gemeint ist. Im allgemeinen trifft bei keiner der Beziehungen das Gleichheitszeichen zu.

Beweis. Nach 3.5.6 gilt $\tau_i \leqq p(\tau_i) \leqq m(\tau_i) \leqq t(\tau_i)$ zu beliebigem $i \in I$, womit leicht folgt, daß $\operatorname{init}_{i \in I} \tau_i$ feiner ist als $\operatorname{init}_{i \in I} p(\tau_i)$, $\operatorname{init}_{i \in I} m(\tau_i)$ und $\operatorname{init}_{i \in I} t(\tau_i)$. Nach 3.8.7 sind die letzten drei Limitierungen eine Pseudotopologie, mehrstufige Topologie bzw. Topologie. Da p, m und t Ordnungshomomorphismen sind, die $\mathcal{T}^p E$, $\mathcal{T}^m E$ bzw. $\mathcal{T}^t E$ invariant lassen, ergibt sich die Richtigkeit der drei angeführten Beziehungen. Daß bei diesen im allgemeinen das Gleichheitszeichen nicht zutrifft, folgt unter anderem durch im Abschnitt 3.10 angeführte Beispiele über Produktlimitierungen. ∎

3.8.9. *x sei ein Element von E. Zu beliebigem $i \in I$ sei $x_i = p_i(x)$. Zwischen dem Nachbarschaftsfilter $\mathfrak{N}(x)$ von x bez.* $\operatorname{init}_{i \in I} \tau_i$ *und den Nachbarschaftsfiltern $\mathfrak{N}_i(x_i)$ der x_i bez. der τ_i besteht die Beziehung*

$$\mathfrak{N}(x) \supseteq \bigvee_{i \in I} p_i^{-1}(\mathfrak{N}_i(x_i))\,. \tag{3.8.2}$$

Zwischen dem Umgebungsraster $\mathfrak{U}(x)$ *von* x *bez.* $\operatorname{init}_{\iota\in I} \tau_\iota$ *und den Umgebungsrastern* $\mathfrak{U}_\iota(x_\iota)$ *der* x_ι *bez. der* τ_ι *besteht die Beziehung*

$$\underset{\subseteqq}{\operatorname{im}} \mathfrak{U}(x) \supseteqq \bigvee_{\iota\in I} p_\iota^{-1}(\underset{\subseteqq}{\operatorname{im}} \mathfrak{U}_\iota(x_\iota)) . \qquad (3.8.3)$$

Bei (3.8.2) *trifft das Gleichheitszeichen zu, wenn die* τ_ι *mehrstufige Topologien sind, und bei* (3.8.3), *wenn die* τ_ι *Topologien sind. Im allgemeinen gilt es weder bei* (3.8.2) *noch bei* (3.8.3).

Beweis. Wegen (2.2.7), (3.5.21) und 3.8.8 gilt

$$[\mathfrak{N}(x)] \subseteqq \bigwedge_{\iota\in I} p_\iota^{-1}\left([\mathfrak{N}_\iota(x_\iota)]\right) = [\bigvee_{\iota\in I} p_\iota^{-1}\left(\mathfrak{N}_\iota(x_\iota)\right)] \qquad (3.8.4)$$

und somit (3.8.2). Analog folgt (3.8.3) unter Berücksichtigung von (3.5.22). Sind die τ_ι mehrstufige Topologien, so gilt bei (3.8.4) und damit auch bei (3.8.2) das Gleichheitszeichen. Entsprechend folgt, daß bei (3.8.3) das Gleichheitszeichen zutrifft, wenn die τ_ι Topologien sind. Wegen 3.8.8 kann das Gleichheitszeichen im allgemeinen weder bei (3.8.2) noch bei (3.8.3) gelten. ▮

Unter einer Einschränkung besteht eine wichtige Aussage über den Hüllenoperator bezüglich der Initiallimitierung.

3.8.10. *Es sei* $I \neq \emptyset$. *Zu jeder Familie* $(x_\iota)_{\iota\in I}$ *von Punkten* $x_\iota \in p_\iota[E]$ *sei der Durchschnitt* $\bigcap_{\iota\in I} p_\iota^{-1}\{x_\iota\}$ *nicht leer. Dann gilt zu jeder Familie* $(A_\iota)_{\iota\in I}$ *von Teilmengen* A_ι *von* $p_\iota[E]$

$$\overline{\bigcap_{\iota\in I} p_\iota^{-1}[A_\iota]} \subseteqq \bigcap_{\iota\in I} p_\iota^{-1}[\overline{A_\iota}] \qquad (3.8.5)$$

und

$$\underline{\bigcup_{\iota\in I} p_\iota^{-1}[A_\iota]} \supseteqq \bigcup_{\iota\in I} p_\iota^{-1}\,[\underline{A_\iota \cup (X_\iota \setminus p_\iota[E])}] . \qquad (3.8.6)$$

Bei (3.8.5) *und* (3.8.6) *trifft das Gleichheitszeichen zu, wenn die* τ_ι *Pseudotopologien sind und ebenfalls, wenn* I *einelementig ist. Im allgemeinen gilt es bei keiner dieser Beziehungen. Die Adhärenz- und Innerenbildungen sind natürlich bez.* $\operatorname{init}_{\iota\in I} \tau_\iota$ *und der* τ_ι *gemeint.*

Beweis. Wir setzen $D = \bigcap_{\iota\in I} p_\iota^{-1}\,[A_\iota]$. Auf Grund der Stetigkeit der Abbildungen p_ι und wegen des Korollars zu 3.6.1 folgt zu beliebigem $i \in I$

$$p_\iota[\overline{D}] \subseteqq \overline{p_\iota[D]} ,$$

wegen $p_\iota[D] \subseteqq A_\iota$ damit $p_\iota[\overline{D}] \subseteqq \overline{A_\iota}$ und folglich $\overline{D} \subseteqq p_\iota^{-1}[\overline{A_\iota}]$, demnach (3.8.5).

Aus (3.8.5) und $p_i^{-1}[X_\iota \setminus A_\iota] = E \setminus p_i^{-1}[A_\iota]$ ergibt sich

$$\begin{aligned}\underline{\bigcup_{i\in I} p_i^{-1}[A_\iota]} &= E \setminus \overline{\bigcap_{i\in I} p_i^{-1}[X_\iota \setminus A_i]}\\ &\supseteqq E \setminus \bigcap_{i\in I} p_i^{-1}[\overline{p_\iota[E] \setminus A_\iota}]\\ &= \bigcup_{i\in I} p_i^{-1}[\underline{X_\iota \setminus (p_\iota[E] \setminus A_\iota)}]\\ &= \bigcup_{i\in I} p_i^{-1}[\underline{A_\iota \cup (X_\iota \setminus p_\iota[E])}]\,, \end{aligned} \tag{3.8.7}$$

Im weiteren seien die τ_ι Pseudotopologien oder sei I einelementig. Gegeben sei ein $x \in \bigcap_{i\in I} p_i^{-1}[\overline{A}_\iota]$. Wir zeigen $x \in \overline{D}$ und können offenbar $x \notin D$ annehmen. Zu beliebigem $i \in I$ existiert dann ein $\mathfrak{G}_\iota \in (\tau_\iota \circ p_\iota)(x)$ mit $G_\iota \cap A_\iota \neq \emptyset$ für jedes $G_\iota \in \mathfrak{G}_\iota$. $\mathfrak{F} = \bigvee_{i\in I} p_i^{-1}(\mathfrak{G}_\iota)$ gehört $(\operatorname{init}_{i\in I} \tau_\iota)(x)$ an. Gegeben sei ein $F \in \mathfrak{F}$. Es gibt eine endliche Teilmenge K von I und zu beliebigem $i \in K$ ein $G_\iota \in \mathfrak{G}_\iota$ mit $\bigcap_{i\in K} p_i^{-1}[G_\iota] \subseteqq F$. Unter Berücksichtigung der Voraussetzung des Satzes folgt

$$F \cap D \supseteqq \bigcap_{i\in K} p_i^{-1}[G_\iota \cap A_\iota] \cap \bigcap_{i\in I\setminus K} p_i^{-1}[A_\iota] \neq \emptyset\,.$$

(Wegen $x \in \bigcap_{i\in I} p_i^{-1}[\overline{A}_\iota]$ ist natürlich $A_\iota \neq \emptyset$ zu beliebigem $i \in I \setminus K$.) Damit erhalten wir $x \in \overline{D}$. Bei (3.8.5) trifft somit unter den angegebenen Einschränkungen das Gleichheitszeichen zu. An Hand von (3.8.7) überprüft man, daß dann auch bei (3.8.6) das Gleichheitszeichen gilt. Daß im allgemeinen bei (3.8.5) und (3.8.6) das Gleichheitszeichen nicht gilt, zeigen wir in Abschnitt 3.10 an Hand eines Beispiels. ∎

Aus (3.8.6) folgt $\underline{\bigcup_{i\in I} p_i^{-1}[A_\iota]} \supseteqq \bigcup_{i\in I} p_i^{-1}[\underline{A}_\iota]$. Bei dieser Beziehung gilt das Gleichheitszeichen im allgemeinen nicht einmal, wenn die X_ι topologische Räume sind.

Korollar. *Unter der Voraussetzung aus* 3.8.10 *gilt für jede Familie* $(A_\iota)_{i\in I}$ *von Teilmengen* A_ι *von* $p_\iota[E]$: *Sind die* A_ι $(i \in I)$ *relativ zu* $p_\iota[E]$ *abgeschlossen bzw. offen, so ist* $\bigcap_{i\in I} p_i^{-1}[A_\iota]$ *abgeschlossen bzw.* $\bigcup_{i\in I} p_i^{-1}[A_\iota]$ *offen. Wenn die* τ_ι *Pseudotopologien und die* A_ι *nichtleer sind oder* I *einelementig ist, trifft auch die Umkehrung zu.*

Beweis. Sind die A_ι relativ zu $p_\iota[E]$ abgeschlossen, so folgt mittels (3.8.5), daß auch $\bigcap_{i\in I} p_i^{-1}[A_\iota]$ abgeschlossen ist. Nun sei $\bigcap_{i\in I} p_i^{-1}[A_\iota]$ abgeschlossen, seien die τ_ι Pseudotopologien und die A_ι nichtleer oder sei I einelementig. Wegen 3.8.10 gilt dann zu beliebigem $i \in I$

$$p_\iota[\bigcap_{j\in I} p_j^{-1}[A_j]] = p_\iota[\bigcap_{j\in I} p_j^{-1}[\overline{A}_\iota]]\,.$$

Da für jedes Element a_i von A_i die Menge $p_i^{-1}\{a_i\} \cap \bigcap_{j\in I\setminus\{i\}} p_j^{-1}[A_j]$ nichtleer und somit $p_i[p_i^{-1}\{a_i\} \cap \bigcap_{j\in I\setminus\{i\}} p_j^{-1}[A_j]] = \{a_i\}$ ist, folgt $p_i[\bigcap_{j\in I} p_j^{-1}[A_j]] = A_i$. Unter Berücksichtigung von $p_j^{-1}[\overline{A_j}] = p_j^{-1}[p_j[E] \cap \overline{A_j}]$ ergibt sich entsprechend $p_i[\bigcap_{j\in I} p_j^{-1}[\overline{A_j}]] = p_i[E] \cap \overline{A_i}$ und damit, daß A_i relativ zu $p_i[E]$ abgeschlossen ist.

Das noch nicht Bewiesene folgt unter Beachtung, daß die A_i genau dann relativ zu $p_i[E]$ offen sind, wenn die Mengen $p_i[E] \setminus A_i$ relativ zu $p_i[E]$ abgeschlossen sind, und $\bigcap_{i\in I} p_i^{-1}[p_i[E] \setminus A_i] = E \setminus \bigcup_{i\in I} p_i^{-1}[A_i]$ genau dann abgeschlossen ist, wenn $\bigcup_{i\in I} p_i^{-1}[A_i]$ offen ist. ∎

Nach 3.8.4 und 3.8.6 existieren alle an die Vergißfunktoren V: LIM → ENS, V^p: PTOP → ENS, V^m: MTOP → ENS und V^t: TOP → ENS gebundenen Produkte, und zwar stets eindeutig. Da nach 3.2.3 in ENS alle projektiven Limites existieren, folgt mittels 3.2.13 (vergleiche die Anmerkung 1), daß auch in den Kategorien LIM, PTOP, MTOP und TOP alle projektiven Limites und insbesondere alle Differenzkerne und Produkte existieren. Über die natürlichen Auswahlen der projektiven Limites in ENS (vergleiche 3.2.3 und 3.2.5) gelangen wir zu natürlichen Auswahlen der projektiven Limites in LIM, PTOP, MTOP und TOP.

3.9. Teilräume

In diesem Abschnitt befassen wir uns mit Teilräumen von Limesräumen und insbesondere von pseudotopologischen, mehrstufig topologischen und topologischen Räumen. Wir erhalten, daß diese Teilräume gerade durch die Differenzkerne in den Kategorien LIM, PTOP, MTOP und TOP charakterisiert werden.

X sei ein Limesraum und τ seine Limitierung. Zu jeder Teilmenge M von X sei τ_M die gröbste Limitierung von M derart, daß die identische Einbettung ι_M von M in X bezüglich dieser und τ stetig ist. τ_M heißt die **von τ auf M induzierte Limitierung** und M, versehen mit τ_M, ein **Teilraum** des Limesraumes X.

Wegen 3.8.5 ist für jede Teilmenge M von X die von τ auf M induzierte Limitierung die Initiallimitierung von τ bez. ι_M und damit die Einschränkung von $(\iota_M^{-1})^{\mathfrak{I}} \circ \tau$ auf M:

$$\tau_M = (\iota_M^{-1})^{\mathfrak{I}} \circ \tau \mid M . \tag{3.9.1}$$

Ferner gilt

3.9.1. *Für jede Teilmenge M von X und jeden Punkt x von M ist*

$$\tau_M(x) = \{\{F \cap M \mid F \in \mathfrak{F}\} \mid \mathfrak{F} \in \tau(x)\} \tag{3.9.2}$$

und

$$\tau_M(x) = \{\mathfrak{F} \in \mathcal{F}M \mid \operatorname{im}_{\subseteq, X} \mathfrak{F} \in \tau(x)\} . \tag{3.9.3}$$

Beweis. Gegeben sei eine Teilmenge M von X und ein $x \in M$. Aus (3.9.1) folgt unmittelbar, daß $\tau_M(x)$ mit dem $\wedge$-Ideal

$$\mathfrak{U} = \operatorname*{im}_{\subseteq, \mathcal{F}M} \{\operatorname*{im}_{\subseteq, M} \{F \cap M \mid F \in \mathfrak{F}\} \mid \mathfrak{F} \in \tau(x)\}$$

übereinstimmt. Zu jedem Filter $\mathfrak{F} \in \tau(x)$ gilt zu beliebigem $F \in \mathfrak{F}$ und jeder Teilmenge G von M mit $F \cap M \subseteq G$

$$(G \cup F) \cap M = (G \cap M) \cup (F \cap M) = G$$

und $G \cup F \in \mathfrak{F}$, somit

$$\operatorname*{im}_{\subseteq, M} \{F \cap M \mid F \in \mathfrak{F}\} = \{F \cap M \mid F \in \mathfrak{F}\} .$$

Zu jedem Filter $\mathfrak{G} \in \mathfrak{U}$ existiert deshalb ein $\mathfrak{H} \in \tau(x)$ mit $\{H \cap \mathfrak{M} \mid H \in \mathfrak{H}\} \subseteq \mathfrak{G}$. $\mathfrak{G}$ ist Basis eines Filters $\mathfrak{F}$ in X, und es folgt

$$\mathfrak{G} = \{F \cap M \mid F \in \mathfrak{F}\} ,$$

ferner

$$\mathfrak{H} \subseteq \operatorname*{im}_{\subseteq, X} \{H \cap M \mid H \in \mathfrak{H}\} \subseteq \mathfrak{F}$$

und damit $\mathfrak{F} \in \tau(x)$, somit (3.9.2). Wegen 3.8.1 gilt (3.9.3).

Im weiteren zeigen wir, daß gerade die Teilräume von Limesräumen und von pseudotopologischen, mehrstufig topologischen und topologischen Räumen die Differenzkerne in LIM, PTOP, MTOP bzw. TOP bilden.

3.9.2 (Differenzkerne in LIM, PTOP, MTOP und TOP). *Zu beliebigen Morphismen $f\colon X \to Y$ und $g\colon X \to Y$ von* LIM, PTOP, MTOP *bzw.* TOP *mit X als Quelle und übereinstimmendem Ziel ist der Teilraum K von X, der als Trägermenge $\{x \in X \mid f(x) = g(x)\}$ hat, zusammen mit der identischen Einbettung von K in X, ein Differenzkern von f und g. Jeder Teilraum K von X tritt, zusammen mit der identischen Einbettung von K in X, als Differenzkern von Morphismen $f\colon X \to Y$ und $g\colon X \to Y$ von* LIM *und, wenn X ein pseudotopologischer, mehrstufig topologischer bzw. topologischer Raum ist, auch als Differenzkern von Morphismen $f\colon X \to Y$ und $g\colon X \to Y$ von* PTOP, MTOP *bzw.* TOP *auf.*

Beweis. 1. $f\colon X \to Y$ und $g\colon X \to Y$ seien Morphismen von LIM. Wir bilden zu diesen wie nach 3.2.1 einen Funktor T einer kleinen Kategorie $\mathfrak{D}$ in LIM. K sei der Teilraum von X mit $M = \{x \in X \mid f(x) = g(x)\}$ als Trägermenge. Wegen 3.1.2 und Bemerkungen nach 3.2.1 ist M, zusammen mit dem aus der identischen Einbettung $\iota_M\colon M \to V(X)$ und der Abbildung $f \circ \iota_M\colon M \to V(Y)$ bestehenden Paar, ein projektiver Limes von VT. V ist natürlich der Vergißfunktor von LIM in ENS. Auf Grund der Stetigkeit von f besteht für die Limitierungen τ von X und τ' von Y die Beziehung $\tau \leqq (f^{-1})^{\mathcal{I}} \circ \tau' \circ f$, weshalb sich die Limitierung von K als Initiallimitierung von τ und τ' bez. $\iota_M\colon M \to X$ und $f \circ \iota_M\colon M \to Y$ ergibt. Wegen 3.8.4 ist K, zusammen mit dem Paar der Abbildungen $\iota_M: K \to X$ und $f \circ \iota_M: K \to Y$, ein V-Produkt von X und Y über M, $(\iota_M, f \circ \iota_M)$, wegen 3.2.13 also ein projektiver Limes von T. Auf Grund von Bemerkungen nach 3.2.1 ist daher K, zusammen mit $\iota_M: K \to X$, ein Differenzkern von f und g.

2. K sei ein Teilraum von X und M die Trägermenge von K. Nach 3.1.2 gibt es Abbildungen f und g von $V(X)$ in eine Menge N derart, daß M, zusammen mit der identischen Einbettung ι_M von M in $V(X)$, ein Differenzkern von f und g ist. N, versehen mit der trivialen Topologie τ' von N, bezeichnen wir mit Y. Offensichtlich sind $f: X \to Y$ und $g: X \to Y$ Morphismen von LIM. Da $M = \{x \in X \mid f(x) = g(x)\}$ gilt, folgt wie in Teil 1, daß K, zusammen mit $\iota_M: K \to X$, ein Differenzkern von $f: X \to Y$ und $g: X \to Y$ ist.

3. Für den Fall der Kategorien PTOP, MTOP und TOP wird der Beweis analog geführt. Anstelle von 3.8.4 ist 3.8.6 zu benutzen. ▮

Somit folgt

3.9.3. *Ist X ein pseudotopologischer, mehrstufig topologischer oder topologischer Raum, so ist auch jeder Teilraum von X ein pseudotopologischer, mehrstufig topologischer bzw. topologischer Raum.*

Wegen 3.8.7 ist für jede Teilmenge M von X die auf M induzierte Limitierung τ_M unter der Voraussetzung, daß τ eine Pseudotopologie, mehrstufige Topologie bzw. Topologie ist, die gröbste Pseudotopologie, mehrstufige Topologie bzw. Topologie von M mit der Eigenschaft, daß ι_M bezüglich dieser und τ stetig ist.

Wie der nachstehende Satz besagt, besitzt jeder Limesraum einen maximalen Teilraum, der ein pseudotopologischer Raum ist.

3.9.4. *Die von τ auf $M = \{x \in X \mid [x] \in \tau(x)\}$ induzierte Limitierung τ_M ist eine Pseudotopologie. Jede Teilmenge N von X, für die τ_N eine Pseudotopologie ist, liegt in M.*

Beweis. Zu beliebigem $x \in M$ ist $\iota_M^{-1}([x])$ gleich dem aus x erzeugten Filter in M, somit τ_M eine Pseudotopologie. N sei eine beliebige Teilmenge von X, für die τ_N eine Pseudotopologie ist. Zu beliebigem $x \in N$ gehört der aus x erzeugte Filter in N, den wir ausnahmsweise mit $[x]_N$ bezeichnen, zu $\tau_N(x)$. Wegen 3.9.1 und $\operatorname{im}_{\subseteq,X}[x]_N = [x]$ folgt $x \in M$, also $N \subseteq M$. ▮

3.8.2 liefert eine Aussage über Teilräume und Stetigkeit von Abbildungen. Wie mittels 3.9.1 folgt, gilt etwas allgemeiner

3.9.5. *Y sei ein Limesraum, f eine Abbildung aus Y in X, N eine Teilmenge von Y, die den Definitionsbereich von f enthält, und M eine Teilmenge von X, die den Wertebereich von f enthält. Die Abbildung f ist genau dann in einem Punkt y bezüglich der Limitierungen τ' von Y und τ von X stetig, wenn sie in y bezüglich der induzierten Limitierungen τ'_N und τ_M stetig ist.*

Aus 3.6.5 und 3.9.5 (und ebenfalls aus 3.8.3) ergibt sich das

Korollar. *Y sei ein Limesraum, f eine Abbildung aus Y in X, N eine Teilmenge von Y und M eine Teilmenge von X mit $f[N] \subseteqq M$. Ist die Abbildung f in einem Punkt $y \in N$ bezüglich der Limitierungen τ' von Y und τ von X stetig, so ist die Einschränkung $f \mid N$ in y bez. τ'_N und τ_M stetig.*

Aus 3.8.10 folgt

3.9.6. *M sei eine Teilmenge von X. Für die Teilmengen A von M gilt*

$$\overline{A}^{\tau_M} = M \cap \overline{A}^{\tau} \tag{3.9.4}$$

und

$$\underline{A}_{\tau_M} = M \cap \underline{A \cup (X \setminus M)}_{\tau} \tag{3.9.5}$$

Anmerkung 1. Die zu (3.9.4) analoge Beziehung $\underline{A}_{\tau_M} = M \cap \underline{A}_{\tau}$, d. h. $\underline{A}_{\tau_M} = \underline{A}_{\tau}$ trifft im allgemeinen nicht zu, zum Beispiel nicht für $A = M$, falls M bez. τ nicht offen ist.

Anmerkung 2. In Abschnitt 3.6 hatten wir die Begriffe der relativ zu einer Menge abgeschlossenen bzw. offenen Menge definiert. Mittels (3.9.4) und (3.9.5) folgt, daß eine in einer Teilmenge M von X enthaltende Menge A genau dann relativ zu M abgeschlossen bzw. offen ist, wenn sie bezüglich der induzierten Limitierung τ_M abgeschlossen bzw. offen ist.

3.9.7. *Der Durchschnitt jeder bez. τ abgeschlossenen (offenen) Teilmenge von X mit M ist bez. τ_M abgeschlossen (offen). Ist X ein topologischer Raum, so ist auch umgekehrt jede bez. τ_M abgeschlossene (offene) Teilmenge von M der Durchschnitt einer bez. τ abgeschlossenen (offenen) Teilmenge von X mit M. Diese Umkehrung gilt bereits im allgemeinen nicht mehr, wenn X als ein beliebiger mehrstufig topologischer Raum vorausgesetzt ist.*

Beweis. 1. Ist B eine bez. τ abgeschlossene Teilmenge von X, so folgt für $A = M \cap B$ unter Berücksichtigung von (3.9.4)

$$\overline{A}^{\tau_M} \subseteqq M \cap \overline{B}^{\tau} = A ,$$

wegen $A \subseteqq \overline{A}^{\tau_M}$ also $A = \overline{A}^{\tau_M}$ und somit, daß A bez. τ_M abgeschlossen ist. Der Durchschnitt $M \cap (X \setminus B)$ von M mit der bez. τ offenen Teilmenge $X \setminus B$ von X stimmt mit $M \setminus A$ überein, ist somit bez. τ_M offen.

Im folgenden sei τ eine Topologie und A eine bez. τ_M abgeschlossene Teilmenge von M. Wegen (3.9.4) ist A der Durchschnitt von M und der bez. τ abgeschlossenen Teilmenge $\overline{A}^{\tau}$ von X, somit die bez. τ_M offene Menge $M \setminus A$ der Durchschnitt von M und der bez. τ offenen Menge $X \setminus \overline{A}^{\tau} = \underline{X \setminus A}_{\tau}$.

2. X sei der aus drei voneinander verschiedenen Punkten x, y und z bestehende mehrstufig topologische Raum mit den Nachbarschaftsfiltern $\mathfrak{N}(x) = [\{x, z\}]$, $\mathfrak{N}(y) = [\{x, y\}]$ und $\mathfrak{N}(z) = [\{y, z\}]$. X hat als einzige offene Mengen $\emptyset$ und X. Es sei $M = \{x, y\}$. Wie mittels (3.9.4) folgt, ist $\{y\}$ eine abgeschlossene und $\{x\} = M \setminus \{y\}$ damit eine offene Menge bezüglich der von der Limitierung von X auf M induzierten Limitierung. $\{y\}$ bzw. $\{x\}$ lassen sich nicht als Durchschnitt von M und einer abgeschlossenen bzw. offenen Teilmenge von X darstellen. Der Satz ist damit bewiesen. ▮

3.9.8. *Zu jeder Teilmenge M von X und jedem Punkt $x \in M$ gilt*

$$\mathfrak{N}_M(x) = \{N \cap M \mid N \in \mathfrak{N}(x)\} \tag{3.9.6}$$

und

$$\operatorname*{im}_{\subseteq, M} \mathfrak{U}_M(x) \supseteqq \{U \cap M \mid U \in \operatorname*{im}_{\subseteq, X} \mathfrak{U}(x)\}\,, \tag{3.9.7}$$

wobei $\mathfrak{N}_M(x)$ und $\mathfrak{N}(x)$ die Nachbarschaftsfilter von x bez. τ_M und τ und $\mathfrak{U}_M(x)$ und $\mathfrak{U}(x)$ die Umgebungsraster von x bez. τ_M und τ sind. Bei der letzten Beziehung gilt das Gleichheitszeichen, wenn X ein topologischer Raum ist. Im allgemeinen trifft es bei dieser Beziehung nicht zu, auch nicht, wenn X als mehrstufig topologischer Raum vorausgesetzt wird.

Beweis. Wegen (3.8.2) gilt

$$\mathfrak{N}_M(x) \supseteqq \{N \cap M \mid N \in \mathfrak{N}(x)\}\,. \tag{3.9.8}$$

Zu beliebigem $A \in \mathfrak{N}_M(x)$ gilt $x \in \underline{A}_{\tau_M}$, wegen (3.9.5) damit $x \in \underline{N}_\tau$ bei $N = A \cup (X \setminus M)$, somit $N \in \mathfrak{N}(x)$ und $A = N \cap M$. Bei (3.9.8) trifft also das Gleichheitszeichen zu, d. h., es gilt (3.9.6). Wegen (3.8.3) gilt ferner (3.9.7). Wie sich aus dem im Teil 2 des Beweises von 3.9.7 angeführten Beispiel ergibt, trifft bei (3.9.7) das Gleichheitszeichen im allgemeinen nicht zu, auch nicht, wenn X als mehrstufig topologischer Raum vorausgesetzt wird. ▮

Die einer induzierten Limitierung τ_M zugeordnete Pseudotopologie, mehrstufige Topologie bzw. Topologie verhält sich zu der von der zugeordneten Pseudotopologie $p(\tau)$, mehrstufigen Topologie $m(\tau)$ bzw. Topologie $t(\tau)$ auf der betreffenden Menge induzierten Limitierung auf die folgende Weise

3.9.9. *Zu jeder Teilmenge M von X gilt*

$$p(\tau_M) = p(\tau)_M\,, \qquad m(\tau_M) = m(\tau)_M \qquad \text{und} \qquad t(\tau_M) \leqq t(\tau)_M\,.$$

Die Ordnung ist dabei im Verband $\mathcal{T}M$ der Limitierungen von M gemeint. Im allgemeinen stimmt $t(\tau_M)$ nicht mit $t(\tau)_M$ überein, auch nicht, wenn τ als mehrstufige Topologie vorausgesetzt wird.

Beweis. Zu beliebigem $x \in M$ folgt unter Berücksichtigung von (2.10.2)

$$\begin{aligned} p(\tau_M)\,(x) &= \iota_M^{-1}([[x]]) \vee \tau_M(x) \\ &= \iota_M^{-1}([[x]] \vee \tau(x)) = p(\tau)_M\,(x) \end{aligned}$$

und damit die Richtigkeit der ersten Beziehung. Daß der übrige Teil der im Satz angeführten Behauptung gilt, ergibt sich leicht aus 3.9.8 unter Berücksichtigung der Beziehungen (3.5.21) und (3.5.22). ▮

Ist M eine Teilmenge von X, so ist eine Teilmenge A von M, die relativ zu M abgeschlossen ist (es gilt $A = \overline{A}^{t(\tau_M)}$) nach diesem Satz im allgemeinen nicht bezüglich der von $t(\tau)$ auf M induzierten Topologie abgeschlossen, auch nicht, wenn τ eine mehrstufige Topologie ist.

Im weiteren bringen wir einige Bemerkungen über die Gültigkeit von Trennungsaxiomen in Teilräumen. Wenn X das Trennungsaxiom T_{1w}, T_1, T_{2w} bzw. T_2 erfüllt, trifft — wie sich leicht ergibt — das auch für jeden Teilraum von X zu. Genügt X dem Trennungsaxiom T_3 bzw. T_{3s}, so folgt unter Berücksichtigung von 3.9.1 und 3.9.6, daß jeder Teilraum von X auch dieses Trennungsaxiom erfüllt. Schwache T_1-Trennbarkeit, T_1-Trennbarkeit, schwache Separiertheit, Separiertheit, Regularität und Regularität im engeren Sinne übertragen sich also auf Teilräume. Mittels 3.9.6 folgt leicht, daß jeder Teilraum eines vollständig regulären topologischen Raumes ebenfalls vollständig regulär ist. Wir führen im nächsten Abschnitt ein bekanntes Beispiel eines normalen topologischen Raumes an, der einen nicht normalen Teilraum besitzt.

3.10. Produkträume

Die Limitierungen von Produkten von Limesräumen sind ebenfalls wie die Limitierungen der Teilräume von Limesräumen Initiallimitierungen. Wir zeigen, daß die Produkte von Limesräumen, von pseudotopologischen Räumen, von mehrstufig topologischen Räumen bzw. von topologischen Räumen, zusammen mit den natürlichen Projektionen, gerade die Produkte in den Kategorien LIM, PTOP, MTOP bzw. TOP sind.

Es sei $(X_\iota)_{\iota \in I}$ eine Familie von Limesräumen mit einer Menge als Indexbereich. Zu beliebigem $i \in I$ sei τ_i die Limitierung von X_i. E sei das cartesische Produkt der Trägermengen der X_i und π_i zu beliebigem $i \in I$ die i-te natürliche Projektion von E.

Wir bezeichnen die gröbste Limitierung von E derart, daß alle Projektionen π_i bezüglich dieser und τ_i stetig sind, als das **Produkt** $\prod_{i \in I} \tau_i$ **der Limitierungen** τ_i $(i \in I)$ und ferner E, versehen mit $\prod_{i \in I} \tau_i$, als das **Produkt** $\prod_{i \in I} X_i$ **der Limesräume** X_i. Ist $I = \{1, \dots, n\}$ für ein $n \in \boldsymbol{N}^+$, so schreiben wir für $\prod_{i \in I} \tau_i$ und $\prod_{i \in I} X_i$ natürlich auch $\tau_1 \times \dots \times \tau_n$ bzw. $X_1 \times \dots \times X_n$.

Ein einfaches Beispiel eines Produktraumes ist zu beliebigem $n \in \boldsymbol{N}^+$ und $\boldsymbol{K} = \boldsymbol{R}$ oder $\boldsymbol{C}$ der Raum $\boldsymbol{K}^n$. Die natürliche Topologie dieses Raumes stimmt mit dem n-fachen Produkt der natürlichen Topologie von $\boldsymbol{K}$ mit sich überein. In Verallgemeinerung von $\boldsymbol{K}^n$ (als topologischen Raum) verstehen wir zu einer beliebigen Menge I unter $\boldsymbol{K}^I$ das „I-fache" Produkt $\prod_{i \in I} \boldsymbol{K}$ von $\boldsymbol{K}$ mit sich, wobei selbstverständlich $\boldsymbol{K}$ bezüglich der natürlichen Topologie als topologischer Raum gemeint ist.

Wir kommen wieder zum allgemeinen Fall. Nach 3.8.5 ist $\prod_{i \in I} \tau_i$ die Initiallimitierung der τ_i bezüglich der π_i ($i \in I$), gilt also

$$\prod_{i \in I} \tau_i = \bigwedge_{i \in I} (\pi_i^{-1})^{\mathcal{J}} \circ \tau_i \circ \pi_i . \tag{3.10.1}$$

$\prod_{i \in I} \tau_i$ ist in einem Punkt $x = (x_i)_{i \in I}$ genau dann nicht entartet (siehe Abschnitt 3.5), wenn jede Limitierung τ_i in x_i nicht entartet ist.

Wir bezeichnen im weiteren den Produktraum $\prod_{i \in I} X_i$ mit X.

Mittels 2.10.2 und (3.5.1) ergibt sich

3.10.1. *Für jeden Punkt $x = (x_i)_{i \in I}$ des Produktraumes X stimmt $(\prod_{i \in I} \tau_i)(x)$ mit dem Produkt der $\wedge$-Ideale $\tau_i(x_i)$ überein:*

$$(\prod_{i \in I} \tau_i)(x) = \prod_{i \in I} \tau_i(x_i) .$$

Ist $\prod_{i \in I} \tau_i$ in einem Punkt $x = (x_i)_{i \in I}$ nicht entartet, so ist

$$(\pi_i^{\mathcal{J}} \circ \prod_{j \in I} \tau_j)(x) = \tau_i(x_\iota)$$

zu beliebigem $i \in I$.

Auf Grund der Stetigkeit der Projektionen π_i gelten die Beziehungen

$$\pi_i^{\mathcal{J}} \circ \prod_{j \in I} \tau_j \leqq \tau_i \circ \pi_i \qquad (i \in I) ,$$

wobei die Ordnung jeweils bezüglich des Verbandes $\mathcal{J} X_i$ gemeint ist. Wenn $\prod_{i \in I} \tau_i$ in keinem Punkt entartet ist, trifft nach 3.10.1 bei diesen Beziehungen das Gleichheitszeichen zu.

Aus 3.8.1 folgt

3.10.2. *Für jeden Punkt $x = (x_i)_{i \in I}$ des Produktraumes X und jeden Filter $\mathfrak{F}$ in X besteht die Äquivalenz*

$$\mathfrak{F} \in (\prod_{i \in I} \tau_i)(x) \Leftrightarrow \pi_i(\mathfrak{F}) \in \tau_i(x_i) \text{ zu beliebigem } i \in I .$$

Offensichtlich gilt das

Korollar. *Für jeden Punkt x von X und jede gefilterte Familie $(x_j)_{j \in J}$ von Punkten von X besteht die Äquivalenz*

$$(x_j)_{j \in J} \to x \Leftrightarrow (\pi_i(x_j))_{j \in J} \to \pi_i(x) \text{ zu beliebigem } i \in I .$$

Wegen 3.8.4 und 3.8.6 stimmt X, zusammen mit der Familie der Projektionen $\pi_i: X \to X_i$ $(i \in I)$, mit dem an den Vergißfunktor V: LIM $\to$ ENS gebundenen Produkt der X_i $(i \in I)$ über E, $(\pi_i)_{i \in I}$ und unter der Einschränkung, daß die X_i pseudotopologische, mehrstufig topologische bzw. topologische Räume sind, auch mit dem an den Vergißfunktor V^p: PTOP $\to$ ENS, V^m: MTOP $\to$ ENS bzw. V^t: TOP $\to$ ENS gebundenen Produkt der X_i $(i \in I)$ über E, $(\pi_i)_{i \in I}$ überein. Aus 3.1.4 und 3.2.13 folgt damit

3.10.3 (Produkte in LIM, PTOP, MTOP und TOP). *Der Produktraum X ist, zusammen mit den natürlichen Projektionen $\pi_i: X \to X_i$ $(i \in I)$, ein Produkt der X_i $(i \in I)$ in* LIM *und, wenn die X_i pseudotopologische, mehrstufig topologische bzw. topologische Räume sind, auch ein Produkt der X_i $(i \in I)$ in* PTOP, MTOP *bzw.* TOP.

Aus 3.8.2 ergibt sich

3.10.4. *Eine Abbildung f aus einem Limesraum Y in das Produkt X ist in einem Punkt y von Y genau dann stetig, wenn jede der Zusammensetzungen $\pi_i \circ f$ in y stetig ist.*

Da Abbildungen in Produkträume nichts anderes als Abbildungskomplexe sind, ergibt sich als leichte Variante von 3.10.4

3.10.4'. *Y sei ein Limesraum und zu beliebigem $i \in I$ ferner f_i eine Abbildung aus Y in X_i. Der Abbildungskomplex $f = \langle f_i \rangle_{i \in I}$ ist in einem Punkt y von Y genau dann stetig, wenn jede Abbildung f_i in y stetig ist.*

Eine ähnliche Aussage gilt für die Abbildungsprodukte.

3.10.5. *Zu beliebigem $i \in I$ sei Y_i ein Limesraum und f_i eine Abbildung aus Y_i in X_i. $y = (y_i)_{i \in I}$ sei ein Punkt von Y. Sind die Abbildungen f_i in y_i stetig, so ist das Abbildungsprodukt $\divideontimes_{i \in I} f_i$ in y bezüglich des Produktes $\prod_{i \in I} \tau'_i$ der Limitierungen der Y_i und bez. $\prod_{i \in I} \tau_i$ stetig. Wenn τ'_i in y_i zu beliebigem $i \in I$ nicht entartet ist, ist $\divideontimes_{i \in I} f_i$ genau dann in y bez. $\prod_{i \in I} \tau'_i$ und $\prod_{i \in I} \tau_i$ stetig, wenn jede Abbildung f_i in y_i stetig ist.*

B e w e i s. Wir setzen $f = \divideontimes_{i \in I} f_i$ und bezeichnen zu beliebigem $i \in I$ mit χ_i die i-te natürliche Projektion des cartesischen Produktes der Trägermengen der Y_j $(j \in I)$. Sind die Abbildungen f_i in y_i stetig, so gilt $\mathrm{db} f_i \neq \emptyset$ und auf Grund der Kommutativität von (1.12.5) somit $\pi_i \circ f = f_i \circ \chi_i$ zu beliebigem $i \in I$. Unter Berücksichtigung von 3.6.4 folgt, daß dann $f_i \circ \chi_i$, also $\pi_i \circ f$, in y stetig ist. Wegen 3.10.4 ist deshalb dann auch f in y stetig.

Im weiteren nehmen wir $\tau_i'(y_i) \neq \{\mathsf{P}Y_i\}$ zu beliebigem $i \in I$ an. f sei in y stetig. Dann ist auch jede Abbildung $\pi_i \circ f$, also jede Abbildung $f_i \circ \chi_i$ in y stetig. Gegeben sei zu einem $i \in I$ ein gegen y_i konvergierender eigentlicher Filter $\mathfrak{F}_i$. Auf Grund der Voraussetzung existiert auch zu beliebigem $j \neq i$ ein gegen y_j konvergierender eigentlicher Filter $\mathfrak{F}_j$. Das Filterprodukt $\prod_{j \in I} \mathfrak{F}_j$ konvergiert gegen y, somit zu beliebigem $i \in I$ der Filter $(f_i \circ \chi_i)(\prod_{j \in I} \mathfrak{F}_j)$ gegen $f_i(y_i)$. Wegen (2.6.2) ist $\chi_i(\prod_{j \in I} \mathfrak{F}_j) = \mathfrak{F}_i$, so daß also $f_i(\mathfrak{F}_i)$ gegen $f_i(y_i)$ konvergiert und damit f_i in y_i stetig ist. ∎

3.10.6. *Für jede Familie $(A_i)_{i \in I}$ von Teilmengen A_i von X_i gilt*

$$\overline{\prod_{i \in I} A_i} \subseteqq \prod_{i \in I} \overline{A_i}\,, \tag{3.10.2}$$

wobei die Adhärenzbildungen bezüglich der Produktlimitierung $\prod_{i \in I} \tau_i$ und der Limitierungen τ_i gemeint ist. Wenn die τ_i Pseudotopologien sind, trifft bei (3.10.2) *das Gleichheitszeichen zu. Im allgemeinen gilt es bei* (3.10.2) *nicht.*

Zum Beweis: Bis auf den letzten Teil folgt die Behauptung aus 3.8.10. Die Richtigkeit des letzten Teiles entnimmt man der Anmerkung nach 3.10.7. ∎

Aus dem Korollar zu 3.8.10 folgt das

Korollar. *$(A_i)_{i \in I}$ sei eine Familie von Teilmengen A_i der X_i. Sind die A_i abgeschlossen, so ist auch $\prod_{i \in I} A_i$ abgeschlossen. Wenn die τ_i Pseudotopologien und die A_i nichtleer sind, gilt ebenfalls die Umkehrung.*

Die der Produktlimitierung $\prod_{i \in I} \tau_i$ zugeordnete Pseudotopologie, mehrstufige Topologie bzw. Topologie verhält sich zum Produkt der den Limitierungen τ_i zugeordneten Pseudotopologien $p(\tau_i)$, mehrstufigen Topologien $m(\tau_i)$ bzw. Topologien $t(\tau_i)$ auf die folgende Weise

3.10.7. *Es ist*

$$p(\prod_{i \in I} \tau_i) \leqq \prod_{i \in I} p(\tau_i)\,, \quad m(\prod_{i \in I} \tau_i) \leqq \prod_{i \in I} m(\tau_i) \quad \text{und} \quad t(\prod_{i \in I} \tau_i) \leqq \prod_{i \in I} t(\tau_i)\,, \tag{3.10.3}$$

wobei die Ordnung im Verband $\mathcal{T}E$ gemeint ist. Bei jeder der Beziehungen gilt im allgemeinen das Gleichheitszeichen nicht, auch nicht, wenn I zweielementig ist. Bei der zweiten bzw. dritten Beziehung trifft es auch nicht unter der zusätzlichen Annahme, daß die τ_i Pseudotopologien bzw. mehrstufige Topologien sind, zu.

Für jeden Punkt $x = (x_i)_{i \in I}$, in dem die Produktlimitierung $\tau = \prod_{i \in I} \tau_i$ nicht entartet ist, gilt

$$\big(\pi_i^{\mathcal{I}} \circ p(\tau)\big)(x_i) = p(\tau_i)(x_i)\,, \qquad \big(\pi_i^{\mathcal{I}} \circ m(\tau)\big)(x) = m(\tau_i)(x_i)$$
$$\text{und} \quad \big(\pi_i^{\mathcal{I}} \circ t(\tau)\big)(x) = t(\tau_i)(x_i) \tag{3.10.4}$$

zu beliebigem $i \in I$.

B e w e i s. 1. Die Richtigkeit der ersten drei Beziehungen folgt aus 3.8.8.

2. I bestehe aus den Zahlen 1 und 2 und $X_1 = X_2$ aus zwei voneinander verschiedenen Elementen a und b. Es sei $\tau_i(a) = [[b]]$ und $\tau_i(b) = [[a]]$ für $i = 1, 2$. Mittels 2.2.4 folgt

$$p(\tau_1 \times \tau_2)(x) = [[(a, b)]] \vee [[(b, a)]] = [[\{(a, b), (b, a)\}]]$$

für $x = (a, b)$ und $x = (b, a)$,

$$p(\tau_1 \times \tau_2)(x) = [[(a, a)]] \vee [[(b, b)]] = [[\{(a, a), (b, b)\}]]$$

für $x = (a, a)$ und $x = (b, b)$ und

$$(p(\tau_1) \times p(\tau_2))(x) = ([[a]] \vee [[b]]) \times ([[a]] \vee [[b]]) = [[\{a, b\} \times \{a, b\}]]$$

für beliebiges $x \in X$.

Nachbarschaftsfilter in X_i ist lediglich $[\{a, b\}]$, während $[\{(a, b), (b, a)\}]$ Nachbarschaftsfilter von $x = (a, b)$ und $x = (b, a)$ und $[\{(a, a), (b, b)\}]$ Nachbarschaftsfilter von $x = (a, a)$ und $x = (b, b)$ in X ist. Daher sind lediglich $\emptyset$ und X_i offene Mengen von X_i, jedoch $\emptyset$, $\{(a, a), (b, b)\}$, $\{(a, b), (b, a)\}$ und X offene Mengen in X. Aus dem Angeführten ergibt sich leicht, daß bei jeder der Beziehungen (3.10.3) das Gleichheitszeichen im allgemeinen nicht gilt, auch nicht, wenn I zweielementig ist.

3. (Carstens u. Kent [1], Kent u. Richardson [3]) I bestehe aus den Zahlen 1 und 2. X_1 sei ein separierter pseudotopologischer Raum derart, daß es einen Ultrafilter $\mathfrak{F}$ gibt, der bez. $m(\tau_1)$ und nicht bez. τ_1 gegen ein $x_1 \in X_1$ konvergiert. (Nach Abschnitt 3.17 gibt es einen solchen Raum.) X_2 sei die Trägermenge von X_1, versehen mit der Topologie, bezüglich der $\mathfrak{N}(x_1) = \mathfrak{F} \cap [x_1]$ und $\mathfrak{N}(x) = [x]$ für $x \neq x_1$ die Nachbarschaftsfilter sind. $A = \{(x, x) \in X_1 \times X_1 \mid x \neq x_1\}$ ist bez. $\tau_1 \times \tau_2$ und damit auch bez. $m(\tau_1 \times \tau_2)$ abgeschlossen, denn für eigentliche Filter $\mathfrak{G}$ und $\mathfrak{H}$ in X_1 und Punkte $x, y \in X_1$ mit $A \in \mathfrak{G} \times \mathfrak{H} \xrightarrow[\tau_1 \times \tau_2]{} (x, y)$ folgt $\mathfrak{G} \vee \mathfrak{H} \neq \mathsf{P}X_1$, $\mathfrak{G} \xrightarrow[\tau_1]{} x$ und $X_1 \setminus \{x_1\} \in \mathfrak{H} \xrightarrow[\tau_2]{} y$ und damit $y \neq x_1$ (sonst wäre $X_1 \setminus \{x_1\} \in \mathfrak{H} \supseteqq \mathfrak{F} \cap [x_1]$), somit $\mathfrak{H} = [y]$, also $[y] \supseteqq \mathfrak{G}$ und wegen der Separiertheit von τ_1 demnach $x = y$. Wegen $\mathfrak{F} \times \mathfrak{F} \xrightarrow[m(\tau_1) \times \tau_2]{} (x_1, x_1)$ und $A \cap (F \times F) \neq \emptyset$ ($F \in \mathfrak{F}$) ist A bez. $m(\tau_1) \times \tau_2$ nicht abgeschlossen. Es gilt also $m(\tau_1 \times \tau_2) \neq m(\tau_1) \times m(\tau_2)$. Die Überlegungen bleiben richtig, wenn m durch t ersetzt wird. Jeder separierte mehrstufig topologische Raum, der kein topologischer Raum ist, ist dann nach 3.17 ein Beispiel für X_1.

4. Für einen Punkt $x = (x_i)_{i \in I}$ sei $\tau = \prod_{i \in I} \tau_i$ nicht entartet. Gegeben sei ein $i \in I$. Aus (2.10.2) und 3.10.1 folgt $\left(\pi_i^{\mathfrak{J}} \circ p(\tau)\right)(x) = \pi_i\left([[x]] \vee \prod_{j \in I} \tau_j(x_j)\right) = p(\tau_i)(x_i)$ und damit die erste der Beziehungen (3.10.4).

Aus (2.5.2) und 3.10.1 folgt für den Nachbarschaftsfilter $\mathfrak{N}_i(x_i)$ von x_i und $\mathfrak{N}(x)$ von x

$$\pi_i(\mathfrak{N}(x)) = \pi_i([x]) \cap \bigcap_{\mathfrak{F} \in \tau(x)} \pi_i(\mathfrak{F}) = [x_i] \cap \bigcap_{\mathfrak{F} \in \tau_i(x_i)} \mathfrak{F} = \mathfrak{N}_i(x_i), \qquad (3.10.5)$$

wegen (3.5.21) damit die zweite der Beziehungen (3.10.4).

Aus der zweiten Beziehung von (3.10.3) folgt wegen (3.5.21)

$$\mathfrak{N}(x) \supseteqq \prod_{j \in I} \mathfrak{N}_j(x_j) \,. \tag{3.10.6}$$

Für den Umgebungsraster $\mathfrak{U}_i(x_i)$ von x_i und den Umgebungsraster $\mathfrak{U}(x)$ von x ergibt sich wegen (3.10.5) leicht

$$\{\pi_i[U] \mid U \in \mathfrak{U}(x)\} \subseteqq \mathfrak{U}_i(x_i) \,. \tag{3.10.7}$$

Zu beliebigem $U_i \in \mathfrak{U}_i(x_i)$ und zu $U_j = X_j$ für $j \in I$ mit $j \neq i$ ist $U = \prod_{j \in I} U_j$ offen, wie mittels (3.10.6) folgt. Daher gilt anstelle von (3.10.7) sogar

$$\{\pi_i[U] \mid U \in \mathfrak{U}(x)\} = \mathfrak{U}_i(x_i) \,, \tag{3.10.8}$$

weshalb auch die dritte der Beziehungen (3.10.4) richtig ist. ▮

Anmerkung. Wir erhalten ein Beispiel dafür, daß bei (3.10.2) im allgemeinen das Gleichheitszeichen nicht zutrifft, wenn wir im Teil 2 des Beweises $A_1 = \{a\}$ und $A_2 = \{b\}$ wählen. Es gilt $\overline{A_1 \times A_2} = \{(a, b), (b, a)\} \subsetneqq X_1 \times X_2 = \overline{A}_1 \times \overline{A}_2$.

Aus 3.10.7 ergibt sich unter Berücksichtigung von (3.5.21) und (3.5.22) das

Korollar. $x = (x_i)_{i \in I}$ *sei ein Punkt von* X. *Zwischen dem Nachbarschaftsfilter* $\mathfrak{N}(x)$ *von* x *und den Nachbarschaftsfiltern* $\mathfrak{N}_i(x_i)$ *von* x_i $(i \in I)$ *besteht die Beziehung*

$$\mathfrak{N}(x) \supseteqq \prod_{i \in I} \mathfrak{N}_i(x_i) \tag{3.10.9}$$

und zwischen dem Umgebungsraster $\mathfrak{U}(x)$ *von* x *und den Umgebungsrastern* $\mathfrak{U}_i(x_i)$ *von* x_i $(i \in I)$ *die Beziehung*

$$\operatorname*{im}_{\subseteqq, X} \mathfrak{U}(x) \supseteqq \prod_{i \in I} \operatorname*{im}_{\subseteqq, X_i} \mathfrak{U}_i(x_i) \,. \tag{3.10.10}$$

In dem Fall, daß die X_i *mehrstufig topologische Räume sind, trifft bei* (3.10.9) *das Gleichheitszeichen zu, und in dem Fall, daß die* X_i *topologische Räume sind, gilt das Gleichheitszeichen bei* (3.10.10). *Im allgemeinen trifft es bei keiner dieser Beziehungen zu, auch nicht, wenn* I *zweielementig ist. Ist* τ_i *in* x_i *für kein* i *entartet, so gilt zu beliebigem* $i \in I$

$$\mathfrak{N}_i(x_i) = \pi_i(\mathfrak{N}(x)) \tag{3.10.11}$$

und

$$\operatorname*{im}_{\subseteqq, X_i} \mathfrak{U}_i(x_i) = \pi_i\Big(\operatorname*{im}_{\subseteqq, X} \mathfrak{U}(x)\Big) \,. \tag{3.10.12}$$

Aus (3.10.12) und noch einfacher aus (3.10.8) folgt, daß die Projektionen π_i unter der Einschränkung, daß stets $\tau_i(x_i) \neq \{\mathsf{P}X_i\}$ gilt, offene Mengen auf offene Mengen abbilden.

Nach 3.8.7 ist unter der Voraussetzung, daß die τ_i Pseudotopologien, mehrstufige Topologien bzw. Topologien sind, die Produktlimitierung $\prod_{i \in I} \tau_i$ die gröbste Pseudotopologie, mehrstufige Topologie bzw. Topologie derart, daß alle Projektionen π_i bezüglich dieser und τ_i stetig sind. Insbesondere folgt also, daß das Produkt der Limesräume X_i ein pseudotopologischer, mehrstufig topologischer bzw. topologischer Raum ist, wenn das für die X_i zutrifft. Unter einer leichten Einschränkung besteht auch die Umkehrung. Es gilt nämlich

3.10.8. *Sind alle X_i nichtleer, so ist das Produkt X der Limesräume X_i genau dann ein pseudotopologischer, mehrstufig topologischer bzw. topologischer Raum, wenn jeder Limesraum X_i ein pseudotopologischer, mehrstufig topologischer bzw. topologischer Raum ist.*

Beweis. Wir brauchen nur noch die eine Richtung zu zeigen. Wir nehmen dazu $X_i \neq \emptyset$ $(i \in I)$ an. Ist $\prod_{i\in I} \tau_i$ eine Pseudotopologie, so gilt $[x] \in (\prod_{i\in I} \tau_i)(x)$ zu beliebigem $x \in X$, auf Grund der Bemerkung nach 3.10.1 und wegen $X_i \neq \emptyset$ damit $[x_i] \in \tau_i(x_i)$ zu beliebigen $i \in I$ und $x_i \in X_i$, weshalb dann jede Limitierung τ_i eine Pseudotopologie ist.

Im folgenden sei $\prod_{i\in I} \tau_i$ eine mehrstufige Topologie. Da die τ_i dann Pseudotopologien sind, ergibt sich unter Berücksichtigung von (3.10.11) und der Stetigkeit der Projektionen π_i, daß $\mathfrak{N}_i(x_i) \in \tau_i(x_i)$ zu beliebigen $i \in I$ und $x_i \in X_i$ gilt, also auch jede Limitierung τ_i eine mehrstufige Topologie ist.

Im weiteren sei $\prod_{i\in I} \tau_i$ eine Topologie. Für jeden Punkt $x = (x_j)_{j\in I}$ von X gilt dann $\mathfrak{N}(x) = \operatorname{im}_{\subseteq} \mathfrak{U}(x)$ und wegen (3.10.11) und (3.10.12) zu beliebigem $i \in I$ folglich $\mathfrak{N}_i(x_i) = \pi_i(\mathfrak{N}(x)) = \pi_i(\operatorname{im}_{\subseteq, X} \mathfrak{U}(x)) = \operatorname{im}_{\subseteq, X_i} \mathfrak{U}_i(x_i)$. Wir erhalten damit, daß τ_i zu jedem i eine Topologie ist. ∎

Im folgenden befassen wir uns mit Trennbarkeitseigenschaften der Produkträume.

Es gilt

3.10.9. *Der Produktraum X genügt genau dann dem schwachen ersten bzw. dem ersten Trennungsaxiom, wenn jeder Raum X_i dieses Axiom erfüllt oder keiner der Filter $[x]$ $(x \in X)$ konvergiert. X ist genau dann schwach separiert bzw. separiert, wenn jeder Raum X_i schwach separiert bzw. separiert ist oder X mit der entarteten Limitierung versehen ist. X ist regulär bzw. regulär im engeren Sinne, wenn jeder Raum X_i regulär bzw. regulär im engeren Sinne ist oder X mit der feinsten Limitierung versehen ist. Wenn X ein regulärer bzw. im engeren Sinne regulärer pseudotopologischer Raum ist, sind die X_i regulär bzw. regulär im engeren Sinne oder ist X leer. In keinem der Fälle darf im allgemeinen der letzte Zusatz weggelassen werden.*

Beweis. 1. Wir setzen $\tau = \prod_{i\in I} \tau_i$. Genügt jeder Raum X_i dem Axiom T_{1w}, so auch X, denn es gäbe sonst zwei Punkte $x = (x_i)_{i\in I}$ und $y = (y_i)_{i\in I}$ von X

mit $[y] \in \tau(x)$ und entweder $[x] \notin \tau(x)$ oder $[x] \notin \tau(y)$ oder $[y] \notin \tau(y)$, weshalb auf Grund der Stetigkeit der natürlichen Projektionen von X stets $[y_i] \in \tau_i(x_i)$ und wegen 3.10.1 für mindestens ein $i \in I$ entweder $[x_i] \notin \tau(x_i)$ oder $[x_i] \notin \tau(y_i)$ oder $[y_i] \notin \tau(y_i)$ im Widerspruch zur Voraussetzung gelten würde. Wenn keiner der Filter $[x]$ ($x \in X$) konvergiert (das trifft trivialerweise im Falle $X = \emptyset$ zu), erfüllt X natürlich auch das Axiom T_{1w}.

Im weiteren gebe es Punkte $x = (x_j)_{j\in I}$ und $y = (y_j)_{j\in I}$ von X mit $[x] \in \tau(y)$, und es genüge X dem Axiom T_{1w}. Würde für ein $i \in I$ der Raum X_i dieses Axiom nicht erfüllen, so gäbe es Punkte $u_i, v_i \in X_i$ mit $[v_i] \in \tau_i(u_i)$ und entweder $[u_i] \notin \tau(u_i)$ oder $[u_i] \notin \tau(v_i)$ oder $[v_i] \notin \tau(v_i)$. Für die Punkte u und v von X mit $\pi_i(u) = u_i$, $\pi_i(v) = v_i$ und $\pi_j(u) = x_j$ und $\pi_j(v) = y_j$ für $j \neq i$ würde wegen 3.10.1 die Beziehung $[v] \in \tau(u)$ und eine der Beziehungen $[u] \notin \tau(u)$ oder $[u] \notin \tau(v)$ oder $[v] \notin \tau(v)$ bestehen, was der Voraussetzung, daß X dem Axiom T_{1w} genügt, widerspricht.

2. Einer der Räume X_i bestehe aus zwei Punkten x_i und y_i derart, daß $\tau_i(x_i) = \mathcal{F}X_i$ und $\tau_i(y_i) = [[y_i]]$ ist. Er genügt daher nicht dem Axiom T_{1w}. Ferner sei einer der Räume X_i mit der entarteten Limitierung versehen. Dann ist auch X mit der entarteten Limitierung versehen; X genügt deshalb dem Axiom T_{1w}.

3. Durch leichte Modifikation des in 1 und 2 Bewiesenen ergibt sich, daß X genau dann dem Axiom T_1 genügt, wenn jeder Raum X_i dieses Axiom erfüllt oder keiner der Filter $[x]$ ($x \in X$) konvergiert, und daß dabei der letzte Zusatz im allgemeinen nicht weggelassen werden darf.

4. Jeder Raum X_i sei schwach separiert. Wäre X nicht schwach separiert, so gäbe es zwei Punkte $x = (x_j)_{j\in I}$ und $y = (y_j)_{j\in I}$ von X mit

$$\tau(x) \neq \tau(y) \tag{3.10.13}$$

und einen gegen x und y konvergierenden eigentlichen Filter $\mathfrak{F}$. Zu beliebigem $i \in I$ würde $\pi_i(\mathfrak{F})$ gegen x_i und y_i konvergieren. Auf Grund der Voraussetzung wäre $\tau_i(x_i) = \tau_i(y_i)$ zu beliebigem $i \in I$, ganz gleich, ob $x_i = y_i$ ist oder nicht. Wegen 3.10.1 würde das aber (3.10.13) widersprechen. Ist X mit der entarteten Limitierung versehen, so ist X trivialerweise schwach separiert.

Im folgenden sei X schwach separiert und besitze X einen Punkt $x = (x_j)_{j\in I}$ mit $\tau(x) \neq \{\mathsf{P}X\}$. Wäre für ein i ein Raum X_i nicht schwach separiert, so gäbe es zwei Punkte u_i und v_i mit

$$\tau_i(u_i) \neq \tau_i(v_i) \tag{3.10.14}$$

und einen gegen u_i und v_i konvergierenden eigentlichen Filter $\mathfrak{F}_i$. Wir würden die Punkte u und v von X mit $\pi_i(u) = u_i$, $\pi_i(v) = v_i$ und $\pi_j(u) = \pi_j(v) = x_j$ zu beliebigem $j \neq i$ bilden. Zu beliebigem $j \neq i$ gäbe es einen eigentlichen Filter $\mathfrak{F}_j \in \tau_j(x_j)$. $\prod_{j\in I} \mathfrak{F}_j$ würde gegen u und v konvergieren, und wegen (3.10.14) wäre $\tau(u) \neq \tau(v)$ im Widerspruch zur Voraussetzung, daß X schwach separiert ist.

5. Unter den Einschränkungen aus Teil 2 folgt, daß die schwache Separiertheit von X nicht die aller Räume X_i nach sich zieht.

6. Durch leichte Modifikation des in 4 und 5 Angeführten ergibt sich, daß X genau dann separiert ist, wenn jeder Raum X_i separiert ist oder X mit der entarteten Limitierung versehen ist, und daß die Separiertheit von X im allgemeinen nicht die Separiertheit aller Räume X_i nach sich zieht.

7. Zu jeder Familie $(\mathfrak{F}_i)_{i\in I}$ von Filtern $\mathfrak{F}_i$ in X_i besteht zwischen dem Filter $(\prod_{i\in I}\mathfrak{F}_i)^- = \operatorname{im}_{\subseteq, X} \{\overline{F} \mid F \in \prod_{i\in I}\mathfrak{F}_i\}$ und den Filtern $\mathfrak{F}_i^- = \operatorname{im}_{\subseteq, X_i} \{\overline{F}_i \mid F_i \in \mathfrak{F}_i\}$ wegen 3.10.6 die Beziehung

$$\begin{aligned}(\prod_{i\in I}\mathfrak{F}_i)^- &= \operatorname{im}_{\subseteq, X} \{\overline{\prod_{i\in I} F_i} \mid F_i \in \mathfrak{F}_i \text{ zu beliebigem } i \in I \text{ und } F_i = X_i \text{ bis} \\ &\qquad \text{auf endlich viele } i\} \\ &\supseteq \operatorname{im}_{\subseteq, X} \{\prod_{i\in I} G_i \mid G_i \in \mathfrak{F}_i^- \text{ zu beliebigem } i \in I \text{ und } G_i = X_i \text{ bis} \\ &\qquad \text{auf endlich viele } i\}\ ,\end{aligned}$$

also die Beziehung

$$(\prod_{i\in I}\mathfrak{F}_i)^- \supseteq \prod_{i\in I}\mathfrak{F}_i^-\ , \tag{3.10.15}$$

und es trifft bei dieser das Gleichheitszeichen zu, wenn die τ_i Pseudotopologien sind.

Im weiteren sei jeder Raum X_i regulär. $\mathfrak{F}$ sei ein beliebiger gegen einen Punkt $x = (x_i)_{i\in I}$ von X konvergierender Filter. Es existieren Filter $\mathfrak{F}_i \in \tau_i(x_i)$ $(i \in I)$ mit $\mathfrak{F} \supseteq \prod_{i\in I}\mathfrak{F}_i$, wegen (3.10.17) ist $\mathfrak{F}^- = \operatorname{im}_{\subseteq, X} \{\overline{F} \mid F \in \mathfrak{F}\}$ ein Oberfilter von $\prod_{i\in I}\mathfrak{F}_i^-$. Wegen $\mathfrak{F}_i^- \in \tau_i(x_i)$ $(i \in I)$ folgt deshalb, daß $\mathfrak{F}^-$ gegen x konvergiert, X somit regulär ist. Ist X mit der entarteten Limitierung versehen, so ist X trivialerweise regulär.

Nun sei X ein nichtleerer regulärer pseudotopologischer Raum. Gegeben sei ein $i \in I$, ein $u_i \in X_i$ und ein eigentlicher Filter $\mathfrak{F}_i \in \tau_i(u_i)$. Zu beliebigem $j \neq i$ existiert ein eigentlicher Filter $\mathfrak{F}_j \in \tau_j(x_j)$. Wir bilden den Punkt u von X mit $\pi_i(u) = u_i$ und $\pi_j(u) = x_j$ für $j \neq i$. Da der Filter $\prod_{j\in I}\mathfrak{F}_j$ gegen u konvergiert und für ihn bei (3.10.5) das Gleichheitszeichen zutrifft, folgt

$$\prod_{j\in I}\mathfrak{F}_j^- \in \tau(u)\ ,$$

wegen (2.6.2) (jeder Filter $\mathfrak{F}_j^-$ ist natürlich eigentlich) und 3.10.1 daher $\mathfrak{F}_i^- \in \tau_i(u_i)$ und somit, daß X_i regulär ist.

8. Die X_i seien pseudotopologische Räume. Zwei dieser Räume seien wie im Teil 2 gewählt, wobei der zweite Raum speziell leer sei. Der zuerst gewählte Raum X_i ist nicht regulär, da $[\overline{\{y_i\}}] = \{X_i\}$ nicht gegen y_i konvergiert. X selbst ist jedoch regulär.

9. Die angeführte Behauptung über die Regularität im engeren Sinne zeigt man mit ähnlichen Schlüssen wie die in Teil 7 und 8 des Beweises; zu jeder Familie $(\mathfrak{F}_i)_{i\in I}$ von Filtern $\mathfrak{F}_i$ in X_i besteht natürlich für die Filter

$$\left(\prod_{i\in I}\mathfrak{F}_i\right)^{\sim} = \operatorname*{im}_{\subseteq, X}\{F \in \prod_{i\in I}\mathfrak{F}_i \mid F = \overline{F}\} \quad \text{und} \quad \mathfrak{F}_i^{\sim} = \operatorname*{im}_{\subseteq, X_i}\{F_i \in \mathfrak{F}_i \mid F_i = \overline{F_i}\}$$

wegen 3.10.6 die Beziehung $\left(\prod_{i\in I}\mathfrak{F}_i\right)^{\sim} \supseteqq \prod_{i\in I}\mathfrak{F}_i^{\sim}$ und trifft bei dieser das Gleichheitszeichen zu, wenn die τ_i Pseudotopologien sind. ∎

Einige Trennbarkeitseigenschaften lassen sich leicht unter Benutzung der natürlichen Einbettungen der Räume X_i in X herleiten. Wir erinnern daran, daß wir zu beliebigen $i \in I$ und $a \in X$ die natürliche Einbettung ι_{ia} von X_i in X bez. a durch

$$(\pi_j \circ \iota_{ia})(x_i) = \begin{cases} x_i & \text{bei } j = i \\ \pi_j(a) & \text{bei } j \neq i \end{cases} \qquad (x_i \in X_i)$$

definiert haben (vergleiche 2.12).

Unter schwachen Voraussetzungen sind die natürlichen Einbettungen Homöomorphismen.

3.10.10. *$a = (a_j)_{j\in I}$ sei ein Punkt von X und i ein Element von I mit $[a_j] \in \tau_j(a_j)$ zu beliebigem $j \neq i$. Dann ist ι_{ia} ein Homöomorphismus von X_i in X.*

Beweis. Zu beliebigem $x_i \in X_i$ gilt für jeden Filter $\mathfrak{F}_i \in \tau_i(x_i)$ und die Filter $\mathfrak{F}_j = [a_j]$ $(j \neq i)$ die Beziehung $\iota_{ia}(\mathfrak{F}_i) = \prod_{j\in I}\mathfrak{F}_j$. Auf Grund der Voraussetzung folgt mittels 3.10.1

$$\prod_{j\in I}\mathfrak{F}_j \in \left(\prod_{j\in I}\tau_j\right)\left(\iota_{ia}(x_i)\right)$$

und damit, daß ι_{ia} bez. τ_i und $\prod_{j\in I}\tau_j$ stetig ist. ι_{ia} hat als Umkehrung die Einschränkung von π_i auf $\iota_{ia}[X_i]$, die genauso wie π_i bez. $\prod_{j\in I}\tau_j$ und τ_i stetig ist. ι_{ia} ist daher ein Homöomorphismus. ∎

3.10.11. *Ist X vollständig regulär und konvergiert für mindestens einen Punkt x von X der Filter $[x]$ gegen x, so ist auch jeder Raum X_i vollständig regulär. Wenn X_i zu beliebigem $i \in I$ ein vollständig regulärer topologischer Raum ist, dann ist auch X vollständig regulär.*

Beweis. 1. X sei vollständig regulär. $y = (y_j)_{j\in I}$ sei ein Punkt von X mit

$$[y] \in \left(\prod_{i\in I}\tau_i\right)(y)\,. \tag{3.10.16}$$

Gegeben seien ein $i \in I$, ein Punkt x_i von X_i und eine abgeschlossene Teilmenge A_i von X_i, der x_i nicht angehört. x sei der Punkt von X mit $\pi_i(x) = x_i$ und $\pi_j(x) = y_j$ für $j \neq i$. Ferner sei $A_j = X_j$ zu beliebigem $j \neq i$ und $A = \prod_{j\in I}A_j$. Mittels des Korollars zu 3.10.6 folgt, daß A abgeschlossen ist. Auf Grund der vollständigen Regularität von X existiert daher eine stetige Abbildung $f: X \to \boldsymbol{R}$ mit $f(x) = 0$ und $f(z) = 1$ für $z \in A$. Wegen (3.10.16) ist $[\pi_j(x)] \in \tau_j(\pi_j(x))$ zu beliebigem $j \neq i$, wegen 3.10.10 ist somit ι_{ix} stetig. Mittels 3.6.4 folgt, daß dann auch $f_i = f \circ \iota_{ix}$ stetig ist. Es gilt $\iota_{ix}(x_i) = x$ und $\iota_{ix}[A_i] \subseteq A$, somit $f_i(x_i) = 0$ und $f_i(z_i) = 1$ für $z_i \in A_i$. Daher ist auch X_i vollständig regulär.

2. Zu beliebigem $i \in I$ sei X_i ein vollständig regulärer topologischer Raum. x sei ein Punkt von X und A eine abgeschlossene Teilmenge von X, der x nicht angehört. Für jedes $i \in I$ gibt es eine Umgebung U_i von $\pi_i(x)$ derart, daß $\prod_{i\in I} U_i \subseteq X \setminus A$ gilt und $U_i = X_i$ bis auf alle i einer endlichen nichtleeren Teilmenge J von I ist. Zu beliebigem $i \in J$ existiert eine stetige Abbildung f_i von X_i in $\boldsymbol{R}$ mit Werten ≤ 1, insbesondere mit $f_i(\pi_i(x)) = 0$ und $f_i(x_i) = 1$ für $x_i \in X_i \setminus U_i$. Wegen 3.6.4 ist jede Abbildung $f_i \circ \pi_i$ $(i \in J)$ und — wie leicht folgt — damit auch diejenige Abbildung f von X in $\boldsymbol{R}$ stetig, die jedem Punkt y von X die größte der Zahlen $(f_i \circ \pi_i)(y)$ $(i \in J)$ zuordnet. Es ist $f(x) = 0$. Da zu beliebigem $y \in A$ für mindestens ein $i \in J$ die Beziehung $\pi_i(y) \in X_i \setminus U_i$ besteht, ist $f(y) = 1$ zu beliebigem $y \in A$. X ist somit vollständig regulär. ∎

Ähnlich wie den ersten Teil von 3.10.11 beweist man den Satz

3.10.12. *X sei normal, und es konvergiere für mindestens einen Punkt x von X der Filter $[x]$ gegen x. Dann ist auch jeder der Räume X_i normal.*

Beweis. Gegeben seien ein $i \in I$ und zwei abgeschlossene punktfremde Teilmengen A_i und B_i von X_i. Es sei $A_j = B_j = X_j$ zu beliebigem $j \neq i$ und $A = \prod_{j\in I} A_j$ und $B = \prod_{j\in I} B_j$. A und B sind punktfremde abgeschlossene Teilmengen von X, so daß eine stetige Abbildung f von X in $\boldsymbol{R}$ mit $f(y) = 0$ für $y \in A$ und $f(y) = 1$ für $y \in B$ existiert. Zu einem Punkt x von X mit $[x] \in (\prod_{j\in I} \tau_j)(x)$ ist ι_{ix} wegen 3.10.10 und damit auch $f_i = f \circ \iota_{ix}$ stetig. Da $f_i(y_i) = 0$ für $y_i \in A_i$ und $f_i(y_i) = 1$ für $y_i \in B_i$ gilt, ist X_i normal. ∎

Es ist wohlbekannt, daß bereits in dem Fall, daß die Räume X_i $(i \in I)$ topologische Räume sind, aus der Normalität der X_i im allgemeinen nicht folgt, daß X normal ist. Im weiteren führen wir ein Beispiel dafür an.

Wir bilden unter Benutzung der ersten nichtabzählbaren Ordinalzahl Ω in der Klasse $\boldsymbol{O}$ aller Ordinalzahlen die Intervalle $[0, \Omega[$ und $[0, \Omega]$ und denken sie uns mit der Intervalltopologie bezüglich der natürlichen Ordnung der Ordinalzahlen versehen. $[0, \Omega[$ ist wegen (1.15.1) nichts anderes als Ω. (Entsprechend ergibt sich $[0, \Omega]$ als die kleinste auf Ω folgende Ordinalzahl.) Nach 3.7.21 sind Ω und $[0, \Omega]$ separierte und normale topologische Räume. Es gilt jedoch

3.10.13. $\Omega \times [0, \Omega]$ *ist bezüglich der Produkttopologie nicht normal.*

Beweis. Es sei $A = \Omega \times \{\Omega\}$ und $B = \{(x, x) \mid x \in \Omega\}$. Offensichtlich sind A und B punktfremde Teilmengen von $\Omega \times [0, \Omega]$. A ist als Produkt zweier abgeschlossener Teilmengen nach dem Korollar zu 3.10.6 abgeschlossen. Da $[0, \Omega]$ separiert ist, existieren zu jedem Paar $(x, y) \in \Omega \times [0, \Omega]$, das nicht B angehört, für das also $x \neq y$ ist, punktfremde Umgebungen U_x und U_y von x bzw. y in $[0, \Omega]$. $(U_x \cap \Omega) \times U_y$ ist eine Umgebung von (x, y) in $\Omega \times [0, \Omega]$, die zu B punktfremd ist. Es ist deshalb auch B abgeschlossen.

Wir behaupten, daß A und B keine punktfremden Umgebungen besitzen, woraus folgt, daß $\Omega \times [0, \Omega]$ nicht normal ist. Zum Nachweis dieser Behauptung reicht es aus zu zeigen, daß die abgeschlossene Hülle jeder Umgebung U von A mit B einen nichtleeren Durchschnitt hat. U sei eine Umgebung von A. Mittels vollständiger Induktion ergibt sich, daß eine Folge $\big((x_n, y_n)\big)_{n \in N^+}$ von Punkten $(x_n, y_n) \in U$ existiert mit $x_n < y_n < x_{n+1}$ zu beliebigem $n \in N^+$. Es existiert das Supremum x_0 von $\{x_n \mid n \in N^+\}$ in Ω, da diese Menge nach 1.17.4 mindestens eine obere Schranke in Ω besitzt und die Menge aller dieser oberen Schranken auf Grund der Wohlordnung von Ω ein kleinstes Element hat. Nach Definition der Intervalltopologie konvergiert die Folge $(x_n)_{n \in N^+}$ und damit auch die Folge $(y_n)_{n \in N^+}$ gegen x_0. Daher konvergiert $\big((x_n, y_n)\big)_{n \in N^+}$ gegen $(x_0, x_0) \in B$, so daß $\overline{U} \cap B \neq \emptyset$ ist, was noch zu zeigen war. ▮

$[0, \Omega]$ ist als separierter und normaler topologischer Raum natürlich regulär. Wegen 3.10.9 ist daher auch das Produkt $[0, \Omega] \times [0, \Omega]$ regulär. In Abschnitt 3.16 werden wir zeigen, daß $[0, \Omega] \times [0, \Omega]$ kompakt und jeder kompakte reguläre Limesraum normal ist. $[0, \Omega] \times [0, \Omega]$ ist daher normal. Er hat $\Omega \times [0, \Omega]$ als nicht normalen Teilraum. Also gibt es bereits normale topologische Räume mit nicht normalen Teilräumen.

3.11. Projektive Limites in der Kategorie der Limesräume und in Unterkategorien

Wir befassen uns als nächstes mit den projektiven Limites in den Kategorien LIM, PTOP, MTOP und TOP. Wie bereits in Abschnitt 3.8. bemerkt wurde, existieren alle projektiven Limites in diesen Kategorien und können für sie natürliche Auswahlen angegeben werden. Wir gehen im folgenden vor allem auf die natürliche Auswahl ein, zu der man über die in 3.2.3 angeführte natürliche Auswahl der projektiven Limites in ENS gelangt.

T sei ein Funktor einer kleinen Kategorie $\mathfrak{D}$ in die Kategorie LIM. V sei der Vergißfunktor von LIM in ENS. Für jedes Objekt D von $\mathfrak{D}$ bezeichnen wir den Limesraum $T(D)$ mit X_D, seine Trägermenge $VT(D)$ mit $|X_D|$ und seine Limitierung mit τ_D. Wir bilden die Teilmenge $E = \{x \in \prod\limits_{D \in \mathrm{Ob}\,\mathfrak{D}} |X_D| \mid \pi_C(x) = \big(T(f) \circ \pi_D\big)(x)$ für jeden Morphismus $f\colon D \to C$ von $\mathfrak{D}\}$ des cartesischen Produktes $\prod\limits_{D \in \mathrm{Ob}\,\mathfrak{D}} |X_D|$, wobei jeweils π_D die D-te natürliche Projektion dieses Produktes ist. Nach

3.2.3 ist die Menge E, die auch mit lim proj $|X_D|$ bezeichnet wird, zusammen mit der Familie der Einschränkungen μ_D von π_D auf E, ein projektiver Limes von VT. Wir bezeichnen mit lim proj τ_D oder mit $\varprojlim \tau_D$ die gröbste Limitierung von E derart, daß alle Abbildungen μ_D bezüglich dieser Limitierung und τ_D stetig sind. lim proj τ_D ist nach 3.8.5 die Initiallimitierung der τ_D bezüglich der Abbildungen μ_D. E, versehen mit dieser Limitierung, bezeichnen wir mit lim proj X_D oder $\varprojlim X_D$. Wegen 3.8.4 und 3.8.6 stimmt $X = \text{lim proj}\, X_D$, zusammen mit der Familie der Abbildungen $\mu_D: X \to X_D$ ($D \in \text{Ob}\mathfrak{D}$), mit dem V-Produkt der X_D ($D \in \text{Ob}\mathfrak{D}$) über E, $(\mu_D)_{D \in \text{Ob}\mathfrak{D}}$ und unter der Einschränkung, daß die X_D pseudotopologische, mehrstufig topologische bzw. topologische Räume sind, auch mit dem an den Vergißfunktor V^p: PTOP $\to$ ENS, V^m: MTOP $\to$ ENS bzw. V^t: TOP $\to$ ENS gebundenen Produkt der X_D ($D \in \text{Ob}\mathfrak{D}$) über E, $(\mu_D)_{D \in \text{Ob}\mathfrak{D}}$ überein. In dem Fall, daß die X_D pseudotopologische, mehrstufig topologische bzw. topologische Räume sind, bezeichnen wir mit T^p, T^m bzw. T^t denjenigen Funktor von $\mathfrak{D}$ in PTOP, MTOP bzw. TOP, der den Objekten und Morphismen von $\mathfrak{D}$ die gleichen Objekte und Morphismen wie T zuordnet. Mittels 3.2.13 folgt

3.11.1 (Projektive Limites in LIM, PTOP, MTOP und TOP). $X = \text{lim proj}\, X_D$ *ist, zusammen mit der Familie der Abbildungen* $\mu_D: X \to X_D$ ($D \in \text{Ob}\mathfrak{D}$), *ein projektiver Limes von* T *und, wenn die* X_D *pseudotopologische, mehrstufig topologische bzw. topologische Räume sind, auch ein projektiver Limes von* T^p, T^m *bzw.* T^t.

Die Abbildungen $\mu_D: X \to X_D$ bezeichnen wir als die **kanonischen Abbildungen** von X in X_D.

Sind die Limitierungen τ_D ($D \in \text{Ob}\mathfrak{D}$) speziell Pseudotopologien, mehrstufige Topologien bzw. Topologien, so ist lim proj τ_D natürlich die gröbste Pseudotopologie, mehrstufige Topologie bzw. Topologie derart, daß alle Abbildungen μ_D bezüglich dieser und τ_D stetig sind.

Aus der (im Beweis von 3.2.2 angegebenen) Konstruktion von projektiven Limites mittels Produkten und Differenzkernen folgt

3.11.2. lim proj τ_D *ist gleich der von der Produktlimitierung* $\prod_{D \in \text{Ob}\mathfrak{D}} \tau_D$ *auf* E *induzierten Limitierung.*

lim proj X_D ist also Teilraum des Produktraumes $\prod_{D \in \text{Ob}\mathfrak{D}} X_D$.

Wegen 3.8.1 gilt

3.11.3. *Es ist*

$$(\text{lim proj}\, \tau_D)(x) = \{\mathfrak{F} \in \mathcal{F}E \mid \mu_D(\mathfrak{F}) \in \tau_D(x) \textit{ zu beliebigem } D \in \text{Ob}\mathfrak{D}\}$$

für jeden Punkt $x = (x_D)_{D \in \text{Ob}\mathfrak{D}}$ *von* lim proj X_D.

Für projektive Einbettungsspektren in LIM über nichtleeren gerichteten Mengen gibt es eine einfachere natürliche Auswahl der projektiven Limites als die oben angegebene. Wir führen diese an und setzen dazu T als ein (bezüglich des Vergißfunktors V: LIM $\to$ ENS) projektives Einbettungsspektrum $\big((X_i)_{i\in I}, (\mu_{ij})_{(i,j)\in\leqq}\big)$ in LIM über einer nichtleeren und gerichteten Menge voraus. τ_i sei für jedes i die Limitierung von X_i. μ_{ij} ist zu beliebigem $(i, j) \in \leqq$ die identische Einbettung von X_j in X_i; sie ist stetig, d. h., es ist τ_j feiner als die von τ_i auf X_j induzierte Limitierung. Zu beliebigem $i \in I$ sei σ_i die von τ_i auf dem Durchschnitt F der Trägermengen der X_j $(j \in I)$ induzierte Limitierung. Wir bezeichnen F, versehen mit der Limitierung $\bigwedge_{i\in I} \sigma_i$, mit $\bigcap_{i\in I} X_i$. $\bigwedge_{i\in I} \sigma_i$ ist natürlich der Durchschnitt der Limitierungen σ_i im Verband $\mathcal{T}F$. Aus (3.5.1) und (3.9.3) folgt

$$(\bigwedge_{i\in I} \sigma_i)(x) = \{\mathfrak{F} \in \mathcal{F}F \mid \operatorname*{im}_{\subseteq, X_i} \mathfrak{F} \in \tau_i(x) \text{ für jedes } i \in I\} \qquad (3.11.1)$$

zu beliebigem $x \in F$. $\bigwedge_{i\in I} \sigma_i$ ist die gröbste Limitierung von F derart, daß die identischen Einbettungen von F in X_i bezüglich dieser und τ_i stetig sind. Entsprechend wie 3.11.1 folgt damit unter Berücksichtigung von 3.2.5, daß $X = \bigcap_{i\in I} X_i$, zusammen mit der Familie der identischen Einbettungen von X in X_i $(i \in I)$, ein projektiver Limes von T und, wenn die X_i pseudotopologische, mehrstufig topologische bzw. topologische Räume sind, auch ein projektiver Limes von T^p, T^m bzw. T^t ist.

Wir kommen wieder zum allgemeinen Fall.

Aus 3.8.2 ergibt sich

3.11.4. *Eine Abbildung f aus einem Limesraum Y in* lim proj X_D *ist in einem Punkt y genau dann stetig, wenn jede Abbildung $\mu_D \circ f$ ($D \in$ Ob$\mathfrak{D}$) in y stetig ist.*

In dem Fall, daß T ein projektives Spektrum über einer nichtleeren gerichteten Menge I ist, können wir die eine Richtung dieser Aussage auch so formulieren: $S = \big((Y_i)_{i\in I}, (\nu_{ij})_{(i,j)\in\leqq}\big)$ sei das triviale projektive Spektrum über I mit Y als Raum. f_i sei zu beliebigem $i \in I$ die Abbildung $\mu_i \circ f$ aus Y_i in X_i. Ist $(y_i)_{i\in I}$ ein Punkt von lim proj Y_i (d. h., sind alle y_i gleich) und ist f_i zu beliebigem $i \in I$ in y_i stetig, so ist auch f in $(y_i)_{i\in I}$ stetig.

Im folgenden verallgemeinern wir diese Aussage. Wir nehmen dazu an, daß neben T ein weiterer Funktor S von $\mathfrak{D}$ in LIM gegeben ist. Zu beliebigem $D \in$ Ob$\mathfrak{D}$ bezeichnen wir den Limesraum $S(D)$ mit Y_D und seine Limitierung mit τ'_D. Wir setzen $X =$ lim proj X_D und $Y =$ lim proj Y_D. V sei der Vergißfunktor von LIM in ENS. Mittels 3.8.3, 3.2.4 und Bemerkungen nach 3.2.4 folgt

3.11.5. $(f_D)_{D\in\mathrm{Ob}\mathfrak{D}}$ *sei eine natürliche Transformation im weiten Sinne von VS nach VT und f die nach* 3.2.4 *definierte Abbildung* lim proj f_D. *Ist $y = (y_D)_{D\in\mathrm{Ob}\mathfrak{D}}$ ein Punkt von Y und sind die Abbildungen f_D in y_D bez. τ'_D und τ_D stetig, so ist f in y bez.* lim proj τ'_D *und* lim proj τ_D *stetig. Sind die f_D Homöomorphismen von Y_D auf X_D, so ist f ein Homöomorphismus von Y auf X.*

3.11.6. *Es ist*

$$p(\lim\operatorname{proj}\tau_D) \leqq \lim\operatorname{proj} p(\tau_D),\quad m(\lim\operatorname{proj}\tau_D) \leqq \lim\operatorname{proj} m(\tau_D)$$

$$\text{und}\quad t(\lim\operatorname{proj}\tau_D) \leqq \lim\operatorname{proj} t(\tau_D)\,,$$

wobei die Ordnung stets bezüglich des Verbandes $\mathcal{T}E$ aller Limitierungen von E gemeint ist. Im allgemeinen trifft bei keiner dieser Beziehungen das Gleichheitszeichen zu.

Beweis. Die Richtigkeit der angegebenen Beziehungen ergibt sich aus 3.8.8. Daß bei keiner dieser Beziehungen im allgemeinen das Gleichheitszeichen gilt, folgt bereits damit, daß wegen 3.10.7 bei den entsprechenden Beziehungen für Produkträume im allgemeinen das Gleichheitszeichen nicht zutrifft und Produkträume von Limesräumen spezielle projektive Limites in der Kategorie LIM sind. ▮

Wegen 3.9.8, 3.11.2 und des Korollars zu 3.10.7 gilt

3.11.7. $x = (x_D)_{D \in \mathrm{Ob}\mathfrak{D}}$ *sei ein Punkt von* $\lim\operatorname{proj} X_D$. *Zwischen den Nachbarschaftsfiltern $\mathfrak{N}(x)$ von x und $\mathfrak{N}_D(x_D)$ von x_D ($D \in \mathrm{Ob}\mathfrak{D}$) besteht die Beziehung*

$$\mathfrak{N}(x) \supseteqq \{N \cap E \mid N \in \prod_{D \in \mathrm{Ob}\mathfrak{D}} \mathfrak{N}_D(x_D)\}$$

und zwischen den Umgebungsrastern $\mathfrak{U}(x)$ von x und $\mathfrak{U}_D(x_D)$ von x_D ($D \in \mathrm{Ob}\mathfrak{D}$) die Beziehung

$$\mathrm{im}\,\mathfrak{U}(x) \supseteqq \{U \cap E \mid U \in \prod_{D \in \mathrm{Ob}\mathfrak{D}} \mathrm{im}\,\mathfrak{U}_D(x_D)\}\,.$$

In dem Fall, daß die X_D mehrstufig topologische Räume sind, trifft bei der ersten Beziehung, und in dem Fall, daß die X_D topologische Räume sind, bei der zweiten Beziehung das Gleichheitszeichen zu. Im allgemeinen gilt es bei keiner dieser Beziehungen.

Zum Beweis: Der letzte Zusatz folgt aus dem Korollar zu 3.10.7 unter Berücksichtigung, daß Produkträume spezielle projektive Limites sind. ▮

Im weiteren gehen wir auf Trennbarkeitseigenschaften der projektiven Limites in LIM ein. Auf Grund der am Ende von Abschnitt 3.9 angeführten Trennbarkeitseigenschaften von Teilräumen und der in 3.10.9 und 3.10.11 angeführten Trennbarkeitseigenschaften von Produkträumen folgt unter Berücksichtigung von 3.11.2

3.11.8. *Wenn die Räume X_D dem schwachen ersten bzw. dem ersten Trennungsaxiom genügen, erfüllt auch* $\lim\operatorname{proj} X_D$ *dieses Axiom. Sind die Räume X_D schwach separiert, separiert, regulär bzw. regulär im engeren Sinne, so besitzt auch* $\lim\operatorname{proj} X_D$ *diese Eigenschaft. Wenn die X_D vollständig reguläre topologische Räume sind, ist auch* $\lim\operatorname{proj} X_D$ *ein vollständig regulärer topologischer Raum.*

Da Produkträume von Limesräumen spezielle projektive Limites in LIM sind, ergibt sich mittels 3.10.11, daß bereits in dem Fall, daß die X_D topologische Räume sind, aus der Normalität der X_D im allgemeinen nicht die Normalität von $\lim\operatorname{proj} X_D$ folgt.

3.11.9. *Sind die Räume X_D separiert, dann ist* $\lim\operatorname{proj} X_D$ *im Produktraum* $\prod_{D \in \mathrm{Ob}\mathfrak{D}} X_D$ *abgeschlossen.*

Beweis. Die Räume X_D seien separiert. $\bar{E}$ sei die Adhärenz von E bez. $\prod_{D \in \mathrm{Ob}\mathfrak{D}} \tau_D$. Angenommen, E sei nicht abgeschlossen. Dann existiert ein Punkt $x \in \bar{E} \setminus E$ und folglich ein Filter $\mathfrak{G} \in (\prod_{D \in \mathrm{Ob}\mathfrak{D}} \tau_D)(x)$ mit $G \cap E \neq \emptyset$ zu beliebigem $G \in \mathfrak{G}$. Der mittels $\mathfrak{F} = \operatorname{im}_{\subseteq, E} \{G \cap E \mid G \in \mathfrak{G}\}$ gebildete Filter $\mathfrak{H} = \operatorname{im}_{\subseteq, \Pi X_D} \mathfrak{F}$ ist ebenso wie $\mathfrak{F}$ eigentlich. Ferner ist er ein Oberfilter von $\mathfrak{G}$, weshalb er bez. $\prod_{D \in \mathrm{Ob}\mathfrak{D}} \tau_D$ gegen x konvergiert. Für jeden Morphismus $f\colon D \to C$ von $\mathfrak{D}$ ergibt sich $\pi_C \mid E = T(f) \circ \pi_D \mid E$, damit

$$\pi_C(\mathfrak{H}) = (T(f) \circ \pi_D)(\mathfrak{H}) ,$$

unter Berücksichtigung der Stetigkeit von π_C und $T(f) \circ \pi_D$ somit, daß der Filter $\pi_C(\mathfrak{H})$, der natürlich eigentlich ist, gegen $\pi_C(x)$ und $(T(f) \circ \pi_D)(x)$ konvergiert. Auf Grund der Separiertheit der Räume X_D folgt $\pi_C(x) = (T(f) \circ \pi_D)(x)$, also $x \in E$ im Widerspruch zu $x \in \bar{E} \setminus E$. $\lim\operatorname{proj} X_D$, d. h. E ist daher bez. $\prod_{D \in \mathrm{Ob}\mathfrak{D}} \tau_D$ abgeschlossen. ∎

3.12. Finallimitierungen

Im weiteren kommen wir zu Finallimitierungen. Sie besitzen ganz andere Eigenschaften als Initiallimitierungen.

Es sei E eine Menge, $(X_i)_{i \in I}$ eine Familie von Limesräumen und g_i zu beliebigem $i \in I$ eine Abbildung von X_i in E. τ_i sei zu beliebigem $i \in I$ die Limitierung von X_i.

Wir bilden zunächst zu jeder mehrdeutigen Abbildung σ aus E in den Verband $\mathcal{J}E$ aller $\wedge$-Ideale von Filtern in E eine Limitierung $\sup \sigma$ von E durch

$$(\sup \sigma)(x) = \bigvee_{\mathfrak{u} \in \sigma\{x\}} \mathfrak{u} .$$

$\sup \sigma$ hat stets als Definitionsbereich ganz E, ganz gleich, ob das für σ zutrifft oder nicht. Für jedes $x \in E$, das dem Definitionsbereich von σ nicht angehört, ist $\sigma\{x\}$ leer und gilt damit $(\sup \sigma)(x) = \{\mathsf{P}E\}$.

Wir bilden nun die Limitierung

$$\operatorname{fin}_{i \in I} \tau_i = \bigvee_{i \in I} \sup (g_i^{\mathcal{J}} \circ \tau_i \circ g_i^{-1})$$

von E und bezeichnen sie als **Finallimitierung** der τ_i bezüglich der Abbildungen g_i $(i \in I)$. Die Vereinigung ist dabei bezüglich des Verbandes $\mathcal{T}E$ aller Limitierungen von E gemeint. Da $\mathcal{T}E$ nach 3.5.1 ein vollständiger Verband ist, existiert $\operatorname{fin}_{i \in I} \tau_i$ stets. Ist I leer, so ist $\operatorname{fin}_{i \in I} \tau_i$ die entartete Limitierung von E. In dem Fall, daß die Trägermengen aller X_i mit E übereinstimmen und g_i stets die identische Abbildung von E auf sich ist, ist natürlich $\operatorname{fin}_{i \in I} \tau_i = \bigvee_{i \in I} \tau_i$.

Offensichtlich gilt zu beliebigem $x \in E$

$$(\operatorname{fin}_{i \in I} \tau_i)(x) = \bigvee_{i \in I} \bigvee_{x_i \in g_i^{-1}\{x\}} (g_i^{\mathcal{J}} \circ \tau_i)(x_i), \tag{3.12.1}$$

so daß auf Grund einer Bemerkung nach 2.2.2 zu beliebigem $x \in \bigcup_{i \in I} \operatorname{wb} g_i$ die Menge $\{g_i(\mathfrak{F}) \mid i \in I, \mathfrak{F} \in (\tau_i \circ g_i^{-1})\{x\}\}$ eine Subbasis von $(\operatorname{fin}_{i \in I} \tau_i)(x)$ ist.

3.12.1. *Eine Abbildung f aus E in einen Limesraum Y ist in einem Punkt x ihres Definitionsbereichs bezüglich $\operatorname{fin}_{i \in I} \tau_i$ und der Limitierung τ' von Y genau dann stetig, wenn jede Abbildung $f \circ g_j$ über $g_i^{-1}\{x\}$ bez. τ_i und τ' stetig ist.*

Beweis. Wir setzen $\tau = \operatorname{fin}_{i \in I} \tau_i$. Auf Grund der Bemerkungen vor diesem Satz sind die Abbildungen g_i bez. τ_i und τ stetig. Ist f in einem Punkt x bezüglich τ und τ' stetig, so ist wegen 3.6.4 dann auch jede Abbildung $f \circ g_i$ über $g_i^{-1}\{x\}$ bez. τ_i und τ' stetig.

Im weiteren sei zu einem $x \in E$ jede Abbildung $f \circ g_i$ über $g_i^{-1}\{x\}$ bez. τ_i und τ' stetig. Gegeben sei ein Filter $\mathfrak{F} \in \tau(x)$. Es existieren eine endliche Teilmenge J von I, zu beliebigem $j \in J$ eine endliche Teilmenge G_j von $g_j^{-1}\{x\}$ und zu beliebigem $y \in G_j$ ein Filter $\mathfrak{F}_{jy} \in \tau_j(y)$ mit $\bigcap_{j \in J} \bigcap_{y \in G_j} g_j(\mathfrak{F}_{jy}) \subseteqq \mathfrak{F}$ und daher mit

$$\bigcap_{j \in J} \bigcap_{y \in G_j} (f \circ g_j)(\mathfrak{F}_{jy}) \subseteqq f(\mathfrak{F}). \tag{3.12.2}$$

Auf Grund der vorausgesetzten Stetigkeit ist $(f \circ g_j)(\mathfrak{F}_{jy}) \in \tau'(f(x))$ zu beliebigem $j \in J$ und $y \in G_j$, wegen (3.12.2) folglich $f(\mathfrak{F}) \in \tau'(f(x))$ und damit f in x stetig. ∎

Mittels 3.6.7 ergibt sich das

Korollar. *Ist Y ein pseudotopologischer bzw. mehrstufig topologischer Raum, so ist eine Abbildung f aus E in Y in einem Punkt x des Definitionsbereichs von f bez. $p(\operatorname{fin}_{i \in I} \tau_i)$ bzw. $m(\operatorname{fin}_{i \in I} \tau_i)$ und der Limitierung τ' von Y genau dann stetig, wenn jede Abbildung $f \circ g_i$ über $g_i^{-1}\{x\}$ bez. τ_i und τ' stetig ist. Ist Y ein topologischer Raum, so ist eine Abbildung f aus E in Y, die eine bez. $t(\operatorname{fin}_{i \in I} \tau_i)$ (also bez. $\operatorname{fin}_{i \in I} \tau_i$) offene oder abgeschlossene Menge als Definitionsbereich hat, bez. $t(\operatorname{fin}_{i \in I} \tau_i)$ und der Topologie τ' von Y genau dann stetig, wenn jede Abbildung $f \circ g_i$ bez. τ_i und τ' stetig ist.*

Im weiteren verallgemeinern wir die eine Richtung der Aussage von 3.12.1 und des zugehörigen Korollars. Es seien dazu eine Menge F, eine Familie $(Y_i)_{i \in I}$ von Limesräumen mit I als Indexbereich und zu beliebigem $i \in I$ eine Abbildung h_i von Y_i in F gegeben. τ_i' sei zu beliebigem $i \in I$ die Limitierung von Y_i. Dann gilt

3.12.2. *f sei eine Abbildung aus E in F und f_i zu beliebigem $i \in I$ eine Abbildung aus X_i in Y_i derart, daß zu beliebigem $i \in I$ das Diagramm*

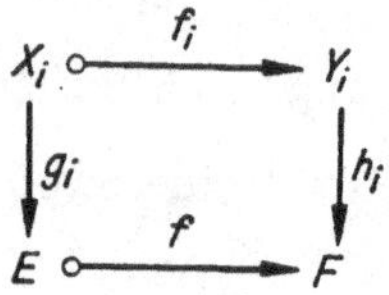

kommutativ ist. Für einen Punkt x des Definitionsbereichs von f sei jede Abbildung f_i über $g_i^{-1}\{x\}$ bez. τ_i und τ_i' stetig. Dann ist f in x bez. $\operatorname{fin}_{i \in I} \tau_i$ und $\operatorname{fin}_{i \in I} \tau_i'$ stetig.

Beweis. Wir setzen $\tau = \operatorname{fin}_{i \in I} \tau_i$ und $\tau' = \operatorname{fin}_{i \in I} \tau_i'$. Zu jedem Filter $\mathfrak{F} \in \tau(x)$ existiert eine endliche Teilmenge J von I, zu beliebigem $j \in J$ eine endliche Teilmenge G_j von $g_i^{-1}\{x\}$ und zu beliebigem $y \in G_j$ ein Filter $\mathfrak{F}_{jy} \in \tau_j(y)$ mit (3.12.2). Nun ist wegen $f \circ g_j = h_j \circ f_j$ und auf Grund der vorausgesetzten Stetigkeit von f_j und der Stetigkeit von h_j auch jede Abbildung $f \circ g_j$ über $g_j^{-1}\{x\}$ stetig. Daher konvergiert jeder der endlich vielen Filter $(f \circ g_j)(\mathfrak{F}_{jy})$ ($j \in J$, $y \in G_j$) bez. τ' gegen $f(x)$, damit auch $\bigcap_{j \in J} \bigcap_{y \in G_j} (f \circ g_j)(\mathfrak{F}_{jy})$ und wegen (3.12.2) auch $f(\mathfrak{F})$. f ist folglich in x bez. τ und τ' stetig. ∎

Bemerkung. Zu der Forderung, daß zu beliebigem $i \in I$ das im Satz angegebene Diagramm kommutativ ist, ist äquivalent, daß

$$f \mid g_i[\mathrm{db} f_i] = h_i \circ f_i \circ g_i^{-1} \tag{3.12.3}$$

zu beliebigem $i \in I$ gilt. f ist daher über $\bigcup_{i \in I} g_i[\mathrm{db} f_i]$ durch die Abbildungen f_i eindeutig festgelegt. Aus (3.12.3) folgt, daß

1. $h_i \circ f_i \circ g_i^{-1}$ zu beliebigem $i \in I$ eine Abbildung ist und
2. zwei beliebige dieser Abbildungen $h_i \circ f_i \circ g_i^{-1}$ und $h_j \circ f_j \circ g_j^{-1}$ über $g_i[\mathrm{db} f_i] \cap g_j[\mathrm{db} f_j]$ übereinstimmen.

Ist f_i zu beliebigem $i \in I$ eine Abbildung aus X_i in Y_i derart, daß die eben angegebenen Bedingungen 1 und 2 erfüllt sind, so gibt es natürlich genau eine Abbildung f aus E in F mit $\mathrm{db} f = \bigcup_{i \in I} g_i[\mathrm{db} f_i]$, so daß das in 3.12.2 angegebene Diagramm kommutativ ist.

Mittels des Korollars zu 3.6.7 erhält man das folgende

Korollar. *f sei eine Abbildung aus E in F und f_i zu beliebigem $i \in I$ eine Abbildung aus X_i in Y_i derart, daß zu beliebigem $i \in I$ das in 3.12.2 angegebene Diagramm kommutativ ist. Wenn für einen Punkt x des Definitionsbereichs von f jede Abbildung f_i über $g_i^{-1}\{x\}$ bez. τ_i und τ'_i stetig ist, ist f in x bez. $p(\operatorname{fin}_{i \in I} \tau_i)$ und $p(\operatorname{fin}_{i \in I} \tau'_i)$ und bez. $m(\operatorname{fin}_{i \in I} \tau_i)$ und $m(\operatorname{fin}_{i \in I} \tau'_i)$ stetig. Hat f als Definitionsbereich eine (bez. $t(\operatorname{fin}_{i \in I} \tau_i)$) offene oder abgeschlossene Menge und ist jede Abbildung f_i bez. τ und τ'_i stetig, so ist f bez. $t(\operatorname{fin}_{i \in I} \tau_i)$ und $t(\operatorname{fin}_{i \in I} \tau'_i)$ stetig.*

Wir bezeichnen E, versehen mit $\operatorname{fin}_{i \in I} \tau_i$, mit X. Aus 3.12.1 folgt für die an den Vergißfunktor V: LIM → ENS gebundenen Coprodukte

3.12.3 (Gebundene Coprodukte in LIM). *Der Limesraum X ist, zusammen mit der Familie der Abbildungen g_i: $X_i \to X$ $(i \in I)$, gleich dem V-Coprodukt der X_i $(i \in I)$ über E, $(g_i)_{i \in I}$.*

Aus 3.2.21, (3.6.14) und 3.12.3 und auch leicht direkt ergibt sich

3.12.4. *$\operatorname{fin}_{i \in I} \tau_i$ ist die feinste Limitierung von E mit der Eigenschaft, daß alle Abbildungen g_i bez. τ_i und dieser Limitierung stetig sind.*

E, versehen mit $p(\operatorname{fin}_{i \in I} \tau_i)$, $m(\operatorname{fin}_{i \in I} \tau_i)$ bzw. $t(\operatorname{fin}_{i \in I} \tau_i)$, ist natürlich gleich $\boldsymbol{p}(X)$, $\boldsymbol{m}(X)$ bzw. $\boldsymbol{t}(X)$. Aus dem Korollar zu 3.12.1 folgt für die an die Vergißfunktoren V^p: PTOP → ENS, V^m: MTOP → ENS und V^t: TOP → ENS gebundenen Coprodukte

3.12.5 (Gebundene Coprodukte in PTOP, MTOP und TOP). *$\boldsymbol{p}(X)$ ist, zusammen mit der Familie der Abbildungen g_i: $\boldsymbol{p}(X) \to \boldsymbol{p}(X_i)$ $(i \in I)$, gleich dem V^p-Coprodukt der $\boldsymbol{p}(X_i)$ $(i \in I)$ über E, $(g_i)_{i \in I}$. $\boldsymbol{m}(X)$ ist, zusammen mit der Familie der Abbildungen g_i: $\boldsymbol{m}(X) \to \boldsymbol{m}(X_i)$ $(i \in I)$, gleich dem V^m-Coprodukt der $\boldsymbol{m}(X_i)$ über E, $(g_i)_{i \in I}$. $\boldsymbol{t}(X)$ ist, zusammen mit der Familie der Abbildungen g_i: $\boldsymbol{t}(X) \to \boldsymbol{t}(X_i)$ $(i \in I)$, gleich dem V^t-Coprodukt der $\boldsymbol{t}(X_i)$ über E, $(g_i)_{i \in I}$.*

Ein Analogon zu 3.8.7 existiert nicht. Vielmehr gilt

3.12.6. *$p(\operatorname{fin}_{i \in I} \tau_i)$ ist die feinste Pseudotopologie, $m(\operatorname{fin}_{i \in I} \tau_i)$ die feinste mehrstufige Topologie und $t(\operatorname{fin}_{i \in I} \tau_i)$ die feinste Topologie derart, daß alle Abbildungen g_i bez. τ_i und dieser stetig sind. $\operatorname{fin}_{i \in I} \tau_i$ stimmt in dem Fall, daß die τ_i Pseudotopologien sind, im allgemeinen nicht mit $p(\operatorname{fin}_{i \in I} \tau_i)$ überein, und zwar ist in dem Fall, daß die τ_i Pseudotopologien sind, genau dann $\operatorname{fin}_{i \in I} \tau_i = p(\operatorname{fin}_{i \in I} \tau_i)$, wenn $E = \bigcup_{i \in I} \operatorname{wbg}_i$*

gilt. $p(\operatorname{fin}_{i\in I} \tau_i)$ *stimmt in dem Fall, daß die* τ_i *mehrstufige Topologien sind, im allgemeinen nicht mit* $m(\operatorname{fin}_{i\in I} \tau_i)$ *und* $m(\operatorname{fin}_{i\in I} \tau_i)$ *in dem Fall, daß die* τ_i *Topologien sind, im allgemeinen nicht mit* $t(\operatorname{fin}_{i\in I} \tau_i)$ *überein, in beiden Fällen auch dann nicht, wenn* $E = \bigcup_{i\in I} \mathrm{wb}g_i$ *ist.*

Beweis. 1. Aus 3.5.6, 3.6.6 und 3.12.4 folgt, daß die Abbildungen g_i bez. τ_i und $p(\operatorname{fin}_{j\in I} \tau_j)$ stetig sind. Ist τ' eine Pseudotopologie von E derart, daß alle Abbildungen g_i bez. τ_i und τ' stetig sind, so ist $\operatorname{fin}_{i\in I} \tau_i$ nach 3.12.4 feiner als τ' und, da p ein Ordnungshomomorphismus ist und $p(\tau') = \tau'$ gilt, auch $p(\operatorname{fin}_{i\in I} \tau_i)$ feiner als τ'. Somit ist $p(\operatorname{fin}_{i\in I} \tau_i)$ die feinste Pseudotopologie derart, daß alle Abbildungen g_i bez. τ_i und dieser stetig sind. Analog folgt, daß $m(\operatorname{fin}_{i\in I} \tau_i)$ die feinste mehrstufige Topologie und $t(\operatorname{fin}_{i\in I} \tau_i)$ die feinste Topologie ist derart, daß alle Abbildungen g_i bez. τ_i und dieser stetig sind.

2. Daß in dem Fall, daß die τ_i Pseudotopologien sind, $\operatorname{fin}_{i\in I} \tau_i = p(\operatorname{fin}_{i\in I} \tau_i)$ genau dann gilt, wenn $E = \bigcup_{i\in I} \mathrm{wb}g_i$ ist, ergibt sich aus dem weiter unten angeführten Satz 3.12.9. In Abschnitt 3.13 über Quotientenlimitierungen zeigen wir an Hand von Beispielen, daß in dem Fall, daß die τ_i mehrstufige Topologien sind und $E = \bigcup_{i\in I} \mathrm{wb}g_i$ gilt, im allgemeinen $p(\operatorname{fin}_{i\in I} \tau_i)$ nicht mit $m(\operatorname{fin}_{i\in I} \tau_j)$ übereinstimmt, und in dem Fall, daß die τ_i Topologien sind und $E = \bigcup_{i\in I} \mathrm{wb}g_i$ gilt, auch $m(\operatorname{fin}_{i\in I} \tau_i)$ im allgemeinen nicht mit $t(\operatorname{fin}_{i\in I} \tau_i)$ übereinstimmt. ∎

$p(\operatorname{fin}_{i\in I} \tau_i)$ heißt **Finalpseudotopologie** der τ_i bezüglich der g_i $(i \in I)$, $m(\operatorname{fin}_{i\in I} \tau_i)$ **mehrstufige Finaltopologie** der τ_i bezüglich der g_i $(i \in I)$ und $t(\operatorname{fin}_{i\in I} \tau_i)$ **Finaltopologie** der τ_i bezüglich der g_i $(i \in I)$.

3.12.7. *Zu beliebigem* $x \in E$ *gilt*

$$\operatorname{fin}_{i\in I} m(\tau_i)\,(x) = \bigvee_{i\in I} \bigvee_{x_i\in g_i^{-1}\{x\}} g_i([\mathfrak{N}_i(x_i)]) \tag{3.12.4}$$

und, wenn $x \in \bigcup_{i\in I} \mathrm{wb}g_i$ *ist,*

$$m(\operatorname{fin}_{i\in I} \tau_i)\,(x) = [\bigwedge_{i\in I} \bigwedge_{x_i\in g_i^{-1}\{x\}} g_i(\mathfrak{N}_i(x_i))]\,. \tag{3.12.5}$$

Dabei ist stets $\mathfrak{N}_i(x_i)$ *der Nachbarschaftsfilter von* x_i *bez.* τ_i.

Beweis. Aus (3.5.21) und (3.12.1) folgt (3.12.4).

Zu beliebigem $x \in E$ bilden nach einer Bemerkung nach (3.12.1) die Filter $g_i(\mathfrak{F})$ $\left(i \in I,\ \mathfrak{F} \in (\tau_i \circ g_i^{-1})\{x\}\right)$ eine Subbasis von $(\operatorname{fin}_{i \in I} \tau_i)(x)$, weshalb

$$\mathfrak{N}(x) = [x] \cap \bigwedge_{i \in I} \bigwedge_{x_i \in g_i^{-1}\{x\}} \bigwedge_{\mathfrak{F} \in \tau_i(x_i)} g_i(\mathfrak{F})$$

der Nachbarschaftsfilter von x bez. $\operatorname{fin}_{i \in I} \tau_i$ ist. Wenn $x \in \bigcup_{i \in I} \mathrm{wb} g_i$ ist, stimmt $\mathfrak{N}(x)$ mit $\bigwedge_{i \in I} \bigwedge_{x_i \in g_i^{-1}\{x\}} \bigwedge_{\mathfrak{F} \in \tau_i(x_i)} g_i([x_i] \cap \mathfrak{F}) = \bigwedge_{i \in I} \bigwedge_{x_i \in g_i^{-1}\{x\}} g_i(\mathfrak{N}_i(x_i))$ überein. Wegen (3.5.21) gilt daher dann (3.12.5). ▮

Korollar. *Zu beliebigem* $x \in \bigcup_{i \in I} \mathrm{wb} g_i$ *ist*

$$\mathfrak{N}(x) = \bigwedge_{i \in I} \bigwedge_{x_i \in g_i^{-1}\{x\}} g_i(\mathfrak{N}_i(x_i))$$

der Nachbarschaftsfilter von x *bez.* $\operatorname{fin}_{i \in I} \tau_i$.

3.12.8. *Es sei* $E = \bigcup_{i \in I} \mathrm{wb} g_i$. *Eine Teilmenge* A *von* E *ist bez.* $\operatorname{fin}_{i \in I} \tau_i$ *genau dann offen bzw. abgeschlossen, wenn* $g_i^{-1}[A]$ *zu beliebigem* $i \in I$ *bez.* τ_i *offen bzw. abgeschlossen ist.*

Beweis. A sei eine Teilmenge von E. Wegen (2.2.1) und des Korollars zu 3.12.7 ist A genau dann bez. $\operatorname{fin}_{i \in I} \tau_i$ offen, wenn $A \in g_i(\mathfrak{N}_i(x_i))$ zu beliebigem $i \in I$ und $x_i \in g_i^{-1}[A]$ ist. Aus $A \in g_i(\mathfrak{N}_i(x_i))$ folgt $g_i^{-1}[A] \in (g_i^{-1} \circ g_i)\,(\mathfrak{N}_i(x_i)) \subseteqq \mathfrak{N}_i(x_i)$ und damit $g_i^{-1}[A] \in \mathfrak{N}_i(x_i)$. Die letzte Beziehung hat $A \supseteqq (g_i \circ g_i^{-1})\,[A] \in g_i(\mathfrak{N}_i(x_i))$, also umgekehrt $A \in g_i(\mathfrak{N}_i(x_i))$ zur Folge. Daher ist A bez. $\operatorname{fin}_{i \in I} \tau_i$ genau dann offen, wenn $g_i^{-1}[A] \in \mathfrak{N}_i(x_i)$ zu beliebigen $i \in I$ und $x_i \in g_i^{-1}[A]$ gilt, also $g_i^{-1}[A]$ zu beliebigem $i \in I$ offen ist. Wegen $g_i^{-1}[A] = X_i \setminus g_i^{-1}\,[E \setminus A]$ gilt die entsprechende Aussage für abgeschlossene Mengen. ▮

Korollar. *Zu beliebigem* $x \in E$ *besteht zwischen dem Umgebungsraster* $\mathfrak{U}(x)$ *von* x *bez.* $\operatorname{fin}_{i \in I} \tau_i$ *und den Umgebungsrastern* $\mathfrak{U}_i(x_i)$ *der* $x_i \in g_i^{-1}\{x\}$ *bez.* τ_i $(i \in I)$ *die Beziehung*

$$\operatorname{im}_{\subseteqq, E} \mathfrak{U}(x) \subseteqq \bigwedge_{i \in I} \bigwedge_{x_i \in g_i^{-1}\{x\}} g_i\big(\operatorname{im}_{\subseteqq, X_i} \mathfrak{U}_i(x_i)\big)\,.$$

Im allgemeinen trifft bei dieser Beziehung das Gleichheitszeichen nicht zu, auch nicht, wenn $E = \bigcup_{i \in I} \mathrm{wb} g_i$ *ist und alle* τ_i *Topologien sind.*

Beweis. Im Falle $I = \emptyset$ gilt diese Beziehung. Nun sei $I \neq \emptyset$. Zu beliebigem $U \in \mathfrak{U}(x)$ sind nach 3.12.8 die Mengen $g_i^{-1}[U]$ $(i \in I)$ offen, weshalb $g_i^{-1}[U] \in \mathfrak{U}_i(x_i)$ und damit $U \in g_i\big(\operatorname{im}_{\subseteqq, X_i} \mathfrak{U}_i(x_i)\big)$ zu beliebigen $i \in I$ und $x_i \in g_i^{-1}\{x\}$ folgt. Daher gilt auch im Falle $I \neq \emptyset$ die angegebene Beziehung. Daß bei ihr im allgemeinen das Gleichheitszeichen nicht zutrifft, auch nicht, wenn $E = \bigcup_{i \in I} \mathrm{wb}g_i$ ist und alle τ_i Topologien sind, zeigen wir im folgenden Abschnitt über Quotientenlimitierungen an Hand eines Beispiels. ▮

3.12.9. *Es ist*

$$\operatorname*{fin}_{i \in I} p(\tau_i) \leqq p(\operatorname*{fin}_{i \in I} \tau_i), \quad \operatorname*{fin}_{i \in I} m(\tau_i) \leqq m(\operatorname*{fin}_{i \in I} \tau_i) \quad \textit{und} \quad \operatorname*{fin}_{i \in I} t(\tau_i) \leqq t(\operatorname*{fin}_{i \in I} \tau_i)\,.$$

Bei keiner dieser Beziehungen gilt im allgemeinen das Gleichheitszeichen. Bei der ersten Beziehung trifft es genau dann zu, wenn $E = \bigcup_{i \in I} \mathrm{wb}g_i$ *ist.*

Beweis. 1. Gegeben sei ein $x \in E$. Ist $x \notin \bigcup_{i \in I} \mathrm{wb}g_i$, so gilt $\operatorname*{fin}_{i \in I} p(\tau_i)(x) = (\operatorname*{fin}_{i \in I} \tau_i)(x) = \{\mathsf{P}E\}$ und damit $\operatorname*{fin}_{i \in I} p(\tau_i)(x) \subsetneqq p(\operatorname*{fin}_{i \in I} \tau_i)(x)$. Im weiteren sei $x \in \bigcup_{i \in I} \mathrm{wb}g_i$. Wegen (2.10.2) und (3.12.1) ist dann

$$(\operatorname*{fin}_{i \in I} p(\tau_i))(x) = \bigvee_{i \in I} \bigvee_{x_i \in g_i^{-1}\{x\}} g_i([[x_i]] \vee \tau_i(x_i)) = p(\operatorname*{fin}_{i \in I} \tau_i)(x)\,.$$

Daher gilt im Falle $E \neq \bigcup_{i \in I} \mathrm{wb}g_i$ die Beziehung $\operatorname*{fin}_{i \in I} p(\tau_i) < p(\operatorname*{fin}_{i \in I} \tau_i)$ und im Falle $E = \bigcup_{i \in I} \mathrm{wb}g_i$ die Beziehung $\operatorname*{fin}_{i \in I} p(\tau_i) = p(\operatorname*{fin}_{i \in I} \tau_i)$.

2. Aus 3.12.7 folgt $\operatorname*{fin}_{i \in I} m(\tau_i) \leqq m(\operatorname*{fin}_{i \in I} \tau_i)$.

3. Wegen (3.5.22), (3.12.1) und des Korollars zu 3.12.8 gilt

$$(\operatorname*{fin}_{i \in I} t(\tau_i))(x) = \bigvee_{i \in I} \bigvee_{x_i \in g_i^{-1}\{x\}} g_i([\operatorname{im}_{\subseteq} \mathfrak{U}_i(x_i)])$$
$$\subseteqq [\bigwedge_{i \in I} \bigwedge_{x_i \in g_i^{-1}\{x\}} g_i(\operatorname{im}_{\subseteq} \mathfrak{U}_i(x_i))] \subseteqq t(\operatorname*{fin}_{i \in I} \tau_i)(x)$$

zu beliebigem $x \in E$, also $\operatorname*{fin}_{i \in I} t(\tau_i) \leqq t(\operatorname*{fin}_{i \in I} \tau_i)$.

4. Daß bei der zweiten und dritten im Satz angegebenen Beziehung nicht stets das Gleichheitszeichen zutrifft, ergibt sich aus 3.12.6. ▮

Aus 3.12.9 folgt

$$p(\operatorname*{fin}_{i \in I} p(\tau_i)) = p(\operatorname*{fin}_{i \in I} \tau_i), \quad m(\operatorname*{fin}_{i \in I} m(\tau_i)) = m(\operatorname*{fin}_{i \in I} \tau_i) \quad \text{und} \quad t(\operatorname*{fin}_{i \in I} (\tau_i)) = t(\operatorname*{fin}_{i \in I} \tau_i)\,.$$

Nach 3.12.3 und 3.12.5 existieren alle an die Vergißfunktoren V: LIM → ENS, V^p: PTOP → ENS, V^m: MTOP → ENS und V^t: TOP → ENS gebundenen Coprodukte, und zwar existieren sie stets eindeutig. Da nach 3.2.15 in ENS alle induktiven Limites existieren, folgt mittels 3.2.23, daß auch in den Kategorien LIM, PTOP, MTOP und TOP alle induktiven Limites und insbesondere alle Differenzcokerne und Coprodukte existieren. Über die natürlichen Auswahlen der induktiven Limites in ENS (vergleiche 3.2.15 und 3.2.19) gelangen wir zu natürlichen Auswahlen der induktiven Limites in LIM, PTOP, MTOP und TOP.

Wir befassen uns als nächstes mit dem Problem der Vertauschbarkeit der Reihenfolge von Initial- und Finallimitierungen. Dazu treffen wir eine Vereinbarung. Wir sagen, daß eine Familie $(p_j)_{j\in J}$ von Abbildungen mit gleichem Definitionsbereich E eine Limitierung τ von E **reproduziert**, wenn $\bigwedge_{j\in J} (p_j^{-1} \circ p_j)^{\mathfrak{J}} \circ \tau = \tau$ bzw., was dazu äquivalent ist, $\bigwedge_{j\in J} (p_j^{-1} \circ p_j)^{\mathfrak{J}} \circ \tau \leqq \tau$ gilt. Aus (3.10.1) und Bemerkungen nach 3.10.1 folgt, daß Produktlimitierungen, die in keinem Punkt entartet sind, von der jeweiligen Familie der natürlichen Projektionen reproduziert werden.

E sei eine Menge, $(E_i)_{i\in I}$ und $(F_j)_{j\in J}$ seien nichtleere Familien von Mengen und $(X_{ij})_{(i,j)\in I\times J}$ sei eine Familie von Limesräumen mit $I \times J$ als Indexbereich. Zu beliebigem $i \in I$ und $j \in J$ seien ferner $g_i: E_i \to E$, $p_j: E \to F_j$, $g_{ij}: X_{ij} \to F_j$ und $p_{ij}: E_i \to X_{ij}$ Abbildungen derart, daß das Diagramm

$$\begin{array}{ccc} E_i & \xrightarrow{p_{ij}} & X_{ij} \\ \downarrow{\scriptstyle g_i} & & \downarrow{\scriptstyle g_{ij}} \\ E & \xrightarrow{p_j} & F_j \end{array}$$

kommutativ ist. τ_{ij} bezeichne jeweils die Limitierung und F_{ij} die Trägermenge von X_{ij}. Zu beliebigem $i \in I$ sei $\operatorname{init}_{j\in J} \tau_{ij}$ die Initiallimitierung der τ_{ij} bezüglich der p_{ij} ($j \in J$) und zu beliebigem $j \in J$ ferner $\operatorname{fin}_{i\in I} \tau_{ij}$ die Finallimitierung der τ_{ij} bezüglich der g_{ij} ($i \in I$).

3.12.10. *Es gilt*

$$\operatorname{fin}_{i\in I} \operatorname{init}_{j\in J} \tau_{ij} \leqq \operatorname{init}_{j\in J} \operatorname{fin}_{i\in I} \tau_{ij}\,, \tag{3.12.6}$$

wobei die linksstehende Finallimitierung bezüglich der g_i und die rechtsstehende Initiallimitierung bezüglich der p_j gemeint ist. Bei (3.12.6) *trifft das Gleichheitszeichen zu, wenn die folgenden vier Bedingungen erfüllt sind:*

1. *J ist endlich.*
2. *Die Limitierungen τ_{ij} sind in keinem Punkt entartet.*
3. $\operatorname{init}_{j\in J} \tau_{ij}$ ($i \in I$) *und* $\operatorname{init}_{j\in J} \operatorname{fin}_{i\in I} \tau_{ij}$ *sind Produktlimitierungen, d. h., es gilt* $E_i = \prod_{j\in J} F_{ij}$ ($i \in I$) *und* $E = \prod_{j\in J} F_j$, *und es sind die p_{ij} und p_j die j-ten natürlichen Projektionen von E_i bzw. E.*
4. $(p_j)_{j\in J}$ *reproduziert* $\operatorname{fin}_{i\in I} \operatorname{init}_{j\in J} \tau_{ij}$.

Beweis. Wir setzen $\tau_i = \operatorname{init}_{j\in J} \tau_{ij}$, $\sigma_j = \operatorname{fin}_{i\in I} \tau_{ij}$, $\tau = \operatorname{fin}_{i\in I} \tau_i$ und $\sigma = \operatorname{init}_{j\in J} \sigma_j$.

1. Wegen 3.8.3 ist g_i zu beliebigem $i \in I$ bez. τ_i und σ stetig, woraus $\tau \leqq \sigma$, also (3.12.6) auf Grund der Definition von τ folgt.

2. Es seien die Bedingungen 1 bis 4 erfüllt. Gegeben seien ein $x \in E$ und ein eigentlicher Filter $\mathfrak{F} = \prod_{j \in J} \mathfrak{F}_j \in \sigma(x)$. Zu jedem $j \in J$ gilt $\mathfrak{F}_j \in \sigma_j(p_j(x))$ und existieren daher $x_{1j} \in X_{i_1 j}, \dots, x_{nj} \in X_{i_n j}$ mit $g_{i_1 j}(x_{1j}) = \dots = g_{i_n j}(x_{nj}) = p_j(x)$ und eigentliche Filter $\mathfrak{G}_{1j} \in \tau_{i_1 j}(x_{1j}), \dots, \mathfrak{G}_{nj} \in \tau_{i_n j}(x_{nj})$ mit

$$g_{i_1 j}(\mathfrak{G}_{1j}) \cap \dots \cap g_{i_n j}(\mathfrak{G}_{nj}) \subseteqq \mathfrak{F}_j .$$

Da J endlich ist und die τ_{ij} in keinem Punkt entartet sind, können die $i_1, \dots, i_n$ als unabhängig von j angenommen werden. Wir bilden dann die Punkte $x_k = (x_{kj})_{j \in J}$ von E_{i_k} und die Filter $\mathfrak{G}_k = \prod_{j \in J} \mathfrak{G}_{kj} \in \tau_{i_k}(x_k)$. Mittels (2.6.2) folgt $(p_j \circ g_{i_k})(\mathfrak{G}_k) = g_{i_k j}(\mathfrak{G}_{kj})$ und damit $p_j(\mathfrak{G}) \subseteqq \mathfrak{F}_j$ bei $\mathfrak{G} = g_{i_1}(\mathfrak{G}_1) \cap \dots \cap g_{i_n}(\mathfrak{G}_n)$. Ferner folgt $g_{i_1}(x_1) = \dots = g_{i_n}(x_n) = x$ und damit $\mathfrak{G} \in \tau(x)$. Auf Grund der Bedingung 4 gilt $\bigvee_{j \in J} p_j^{-1}(p_j(\mathfrak{G})) \in \tau(x)$ und wegen (2.6.1) damit $\mathfrak{F} = \bigvee_{j \in J} p_j^{-1}(\mathfrak{F}_j) \in \tau(x)$, also $\tau = \sigma$. ∎

Wie bereits vor (3.12.1) bemerkt wurde, sind spezielle Finallimitierungen die Vereinigungen von Limitierungen. Unter einer schwachen Bedingung lassen sich die Pseudotopologien als Vereinigungen gerichteter Mengen von Topologien der betreffenden Trägermenge beschreiben. Derartige Vereinigungen heißen Polytopologien. Wir nennen genauer — SUCHININ [2] folgend — einen pseudotopologischen Raum X einen **polytopologischen Raum** und seine Pseudotopologie τ eine **Polytopologie**, wenn eine Menge T von Topologien der Trägermenge E von X existiert, eine sogenannte die Polytopologie **erzeugende** Menge von Topologien, so daß gilt:

1. T ist bezüglich der Ordnung des Verbandes $\mathcal{T}E$ der Limitierungen von E gerichtet, d. h. zu beliebigen Topologien $\sigma, \sigma' \in T$ existiert eine Topologie $\sigma'' \in T$, die gröber als σ und σ' ist.

2. Es gilt $\tau = \bigvee_{\sigma \in T} \sigma$, wobei die Vereinigung bezüglich des Verbandes $\mathcal{T}E$ gemeint ist.

Bedingung 2 kann, wie sich unter Berücksichtigung von Bedingung 1 ergibt, durch die folgende Forderung ersetzt werden:
Zu beliebigem $x \in X$ besteht die Äquivalenz $\mathfrak{F} \in \tau(x) \Leftrightarrow \exists \sigma \in T\ (\mathfrak{F} \in \sigma(x))$.

Wir sagen, daß ein Limesraum oder seine Limitierung τ die **Transitivitätseigenschaft** besitzt, wenn zu beliebigen Punkten x und y von X und jedem Filter $\mathfrak{F}$ in X aus $[y] \underset{\tau}{\rightarrow} x$ und $\mathfrak{F} \underset{\tau}{\rightarrow} y$ stets $\mathfrak{F} \underset{\tau}{\rightarrow} x$ folgt. Einige Aussagen über diese Eigenschaft fassen wir in dem folgenden Satz zusammen.

3.12.11 (Transitivitätseigenschaft). *Jeder topologische Raum, aber nicht jeder mehrstufig topologische Raum besitzt die Transitivitätseigenschaft. Jeder Limes-*

raum, der dem Axiom T_1 genügt, und jeder im weiten Sinne pseudotopologische Raum, der dem Axiom T_{2w} genügt, hat die Transitivitätseigenschaft.

Beweis. 1. In jedem topologischen Raum hat $[y] \to x$ und $\mathfrak{F} \to y$ zur Folge, daß jede Umgebung von x auch eine Umgebung von y ist, in ihr somit ein Element von $\mathfrak{F}$ liegt, d. h. $\mathfrak{F} \to x$ gilt. Jeder aus drei Punkten x, y und z bestehende mehrstufig topologische Raum mit den Nachbarschaftsfiltern $\mathfrak{N}(x) = [x] \vee [y]$, $\mathfrak{N}(y) = [y] \vee [z]$ und $\mathfrak{N}(z) = [z]$ besitzt offenbar die Transitivitätseigenschaft nicht.

2. In jedem Limesraum, der dem Axiom T_1 genügt, haben $[y] \to x$ und $\mathfrak{F} \to y$ stets $x = y$ und damit $\mathfrak{F} \to x$ zur Folge. In jedem im weiten Sinne pseudotopologischen Raum X, der dem Axiom T_{2w} genügt, ziehen $[y] \to x$, $\mathfrak{F} \to y$ und $\mathfrak{F} \neq \mathsf{P}X$ stets $[y] \to y$ und somit $\tau(x) = \tau(y)$ und folglich $\mathfrak{F} \to x$ nach sich; τ ist dabei die Limitierung von X. Damit folgt die Richtigkeit der Behauptungen. ▮

Nach M. P. Kaz [2] gilt nun

3.12.12. *Ein pseudotopologischer Raum ist genau dann ein polytopologischer Raum, wenn er die Transitivitätseigenschaft hat.*

Beweis. 1. X besitze die Transitivitätseigenschaft. τ sei die Pseudotopologie von X. Zu beliebigen Punkten $x_1, \ldots, x_n$ von X und Filtern $\mathfrak{F}_1 \in \tau(x_1), \ldots, \mathfrak{F}_n \in \tau(x_n)$ mit

$$[x_j] \underset{\tau}{\to} x_i \Rightarrow \mathfrak{F}_i \subseteqq \mathfrak{F}_j \tag{3.12.7}$$

bilden wir diejenige mehrstufige Topologie $\sigma = \tau_{x_1,\ldots,x_n,\mathfrak{F}_1,\ldots,\mathfrak{F}_n}$ von X, bezüglich der $\mathfrak{N}(x_i) = \mathfrak{F}_i \cap [x_i]$ $(i = 1, \ldots, n)$ und $\mathfrak{N}(x) = [x]$ $(x \in X \setminus \{x_1, \ldots, x_n\})$ die Nachbarschaftsfilter sind. Für jedes $i = 1, \ldots, n$ und $N \in \mathfrak{N}(x_i)$ gehört $M = N \setminus \{x_j \mid \mathfrak{F}_i \nsubseteqq \mathfrak{F}_j\}$ dem Filter $\mathfrak{F}_i$ an, da andernfalls $\mathfrak{F}_i \subseteqq [x_j]$ für ein j mit $\mathfrak{F}_i \nsubseteqq \mathfrak{F}_j$ im Widerspruch zu $\mathfrak{F}_i \in \tau(x_i)$ und (3.12.7) wäre. M gehört sogar $\mathfrak{N}(x_i)$ an, und es gilt $N \in \mathfrak{N}(y)$ zu beliebigem $y \in M$. Für jedes $x \in X \setminus \{x_1, \ldots, x_n\}$ und $N \in \mathfrak{N}(x)$ gehört $M = \{x\}$ trivialerweise $\mathfrak{N}(x)$ an und gilt natürlich $N \in \mathfrak{N}(y)$ zu beliebigem $y \in M$. σ ist daher sogar eine Topologie. T sei die Gesamtheit dieser Topologien.

Wir zeigen, daß τ eine von T erzeugte Polytopologie ist. $\sigma = \tau_{x_1,\ldots,x_n,\mathfrak{F}_1,\ldots,\mathfrak{F}_n}$ und $\sigma' = \tau_{y_1,\ldots,y_m,\mathfrak{G}_1,\ldots,\mathfrak{G}_m}$ seien dazu zwei Topologien aus T. Wir setzen $x_{n+1} = y_1, \ldots, x_{n+m} = y_m$, $\mathfrak{F}_{n+1} = \mathfrak{G}_1, \ldots, \mathfrak{F}_{n+m} = \mathfrak{G}_m$ und bilden zu beliebigem $i = 1, \ldots, n+m$ den Filter $\mathfrak{F}_i' = \bigcap\limits_{[x_k] \underset{\tau}{\to} x_i} \mathfrak{F}_k$, der auf Grund der Transitivitätseigenschaft bez. τ gegen x_i konvergiert. Aus dieser Eigenschaft folgt ferner, daß $[x_j] \underset{\tau}{\to} x_i$ stets $\mathfrak{F}_i' \subseteqq \mathfrak{F}_j'$ zur Folge hat, so daß die wie oben gebildete Topologie $\sigma'' = \tau_{x_1,\ldots,x_{n+m},\mathfrak{F}_1',\ldots,\mathfrak{F}_{n+m}'}$ zu T gehört. Offenbar ist σ'' gröber als σ und σ'.

Nach Konstruktion gilt $\sigma \leqq \tau$ zu beliebigem $\sigma \in T$. Da jeder bez. τ gegen einen Punkt x konvergierende Filter auch bez. der Topologie $\tau_{x,\mathfrak{F}} \in T$ gegen x konvergiert, folgt $\tau = \bigvee\limits_{\sigma \in T} \sigma$.

2. X sei ein polytopologischer Raum und T eine die Polytopologie von X erzeugende Menge von Topologien. x und y seien Punkte von X, und $\mathfrak{F}$ sei ein Filter in X mit $[y] \underset{\tau}{\to} x$ und $\mathfrak{F} \underset{\tau}{\to} y$. Wir finden $\sigma, \sigma' \in T$ mit $[y] \underset{\sigma}{\to} x$ und $\mathfrak{F} \underset{\sigma'}{\to} y$ und ein $\sigma'' \in T$ mit $\sigma \leqq \sigma''$ und $\sigma' \leqq \sigma''$, so daß $[y] \underset{\sigma''}{\to} x$ und $\mathfrak{F} \underset{\sigma''}{\to} y$, wegen 3.12.11 also $\mathfrak{F} \underset{\sigma''}{\to} x$ und damit $\mathfrak{F} \underset{\tau}{\to} x$ gilt. τ besitzt somit die Transitivitätseigenschaft. ∎

3.13. Quotientenräume

Wir führen als nächstes einige spezielle Arten von Limesräumen an, deren Limitierungen Finallimitierungen bzw. die Finallimitierungen zugeordneten Pseudotopologien, mehrstufigen Topologien bzw. Topologien sind. In diesem Abschnitt befassen wir uns speziell mit Quotientenräumen.

X sei ein Limesraum, E seine Trägermenge und τ seine Limitierung. Ferner sei ϱ eine Äquivalenzrelation in E und $\varkappa$ die zugehörige kanonische Abbildung von E auf die Quotientenmenge E/ϱ. Wir bezeichnen die feinste Limitierung von E/ϱ derart, daß $\varkappa$ bez. τ und dieser Limitierung stetig ist, als die **Quotientenlimitierung** τ_ϱ von τ bez. ϱ und E/ϱ, versehen mit τ_ϱ, als den **Quotientenlimesraum** X_ϱ von X bezüglich der Äquivalenzrelation ϱ.

Nach 3.12.4 ist τ_ϱ die Finallimitierung von τ bez. $\varkappa$, gilt also

$$\tau_\varrho = \sup (\varkappa^{\mathfrak{I}} \circ \tau \circ \varkappa^{-1}) .$$

Mittels (2.10.2) und (3.12.1) ergibt sich damit

$$\tau_\varrho(y) = \bigvee_{x \in y} (\varkappa^{\mathfrak{I}} \circ \tau)(x) = \varkappa\Big(\bigvee_{x \in y} \tau(x)\Big) \tag{3.13.1}$$

zu beliebigem $y \in E/\varrho$. $\mathfrak{F} \in \tau_\varrho(y)$ bedeutet deshalb, daß endlich viele Filter $\mathfrak{G}_1, \ldots, \mathfrak{G}_n \in \bigcup_{x \in y} \tau(x)$ existieren mit

$$\varkappa(\mathfrak{G}_1 \cap \cdots \cap \mathfrak{G}_n) \subseteqq \mathfrak{F} . \tag{3.13.2}$$

Wir beachten, daß wegen 3.12.6 und $E/\varrho = \mathrm{wb}\varkappa$ in dem Fall, daß τ eine Pseudotopologie ist, $p(\tau_\varrho) = \tau_\varrho$ und damit $\boldsymbol{p}(X_\varrho) = X_\varrho$ gilt. Ist τ eine Pseudotopologie, so nennen wir τ_ϱ die **Quotientenpseudotopologie** von τ bez. ϱ und X_ϱ den **pseudotopologischen Quotientenraum** von X bez. ϱ. Wenn τ eine mehrstufige Topologie bzw. eine Topologie ist, nennen wir $m(\tau_\varrho)$ die **mehrstufige Quotiententopologie** von τ bez. ϱ und $\boldsymbol{m}(X_\varrho)$ den **mehrstufig topologischen Quotientenraum** von X bez. ϱ bzw. $t(\tau_\varrho)$ die **Quotiententopologie** von τ bez. ϱ und $\boldsymbol{t}(X_\varrho)$ den **topologischen Quotientenraum** von X bez. ϱ. Wie man etwa dem weiter unten angeführten Satz 3.13.9 entnehmen kann, stimmt der Begriff des topologischen Quotientenraumes mit dem in der Topologie üblichen Begriff des Quotientenraumes überein.

Wir zeigen, daß gerade die Quotientenlimesräume und die pseudotopologischen, mehrstufig topologischen und topologischen Quotientenräume die Differenzcokerne in LIM, PTOP, MTOP bzw. TOP bilden.

3.13.1 (Differenzcokerne in LIM, PTOP, MTOP und TOP). *Zu beliebigen Morphismen* $f\colon Y \to X$ *und* $g\colon Y \to X$ *von* LIM *mit gleicher Quelle und* X *als Ziel ist der Quotientenlimesraum* $X_{\varrho_{fg}}$, *zusammen mit der kanonischen Abbildung von* X *auf* $X_{\varrho_{fg}}$, *ein Differenzcokern von* f *und* g. *Ist* X *ein pseudotopologischer, mehrstufig topologischer bzw. topologischer Raum, so ist zu beliebigen Morphismen* $f\colon Y \to X$ *und* $g\colon Y \to X$ *von* PTOP, MTOP *bzw.* TOP *mit gleicher Quelle und* X *als Ziel* $X_{\varrho_{fg}}$, *zusammen mit der kanonischen Abbildung von* X *auf* $X_{\varrho_{fg}}$, $\boldsymbol{m}(X_{\varrho_{fg}})$, *zusammen mit der kanonischen Abbildung von* X *auf* $\boldsymbol{m}(X_{\varrho_{fg}})$, *bzw.* $\boldsymbol{t}(X_{\varrho_{fg}})$, *zusammen mit der kanonischen Abbildung von* X *auf* $\boldsymbol{t}(X_{\varrho_{fg}})$, *ein Differenzcokern von* f *und* g. ϱ_{fg} *ist dabei wie vor* 3.1.5 *definiert.*

Bezüglich der vorgegebenen Äquivalenzrelation ϱ *gilt:* X_ϱ *tritt, zusammen mit* $\varkappa\colon X \to X_\varrho$, *stets als Differenzcokern von Morphismen* $f\colon Y \to X$ *und* $g\colon Y \to X$ *von* LIM *auf. Ist* X *ein pseudotopologischer, mehrstufig topologischer bzw. topologischer Raum, so tritt stets* X_ϱ, *zusammen mit* $\varkappa\colon X \to X_\varrho$, *als Differenzcokern von Morphismen* $f\colon Y \to X$ *und* $g\colon Y \to X$ *von* PTOP, *stets* $\boldsymbol{m}(X_\varrho)$, *zusammen mit* $\varkappa\colon X \to \boldsymbol{m}(X_\varrho)$, *als Differenzcokern von Morphismen* $f\colon Y \to X$ *und* $g\colon Y \to X$ *von* MTOP *bzw. stets* $\boldsymbol{t}(X_\varrho)$, *zusammen mit* $\varkappa\colon X \to \boldsymbol{t}(X_\varrho)$, *als Differenzcokern von Morphismen* $f\colon Y \to X$ *und* $g\colon Y \to X$ *von* TOP *auf.*

Beweis. 1. $f\colon Y \to X$ und $g\colon Y \to X$ seien Morphismen von LIM. T sei derjenige Funktor einer kleinen Kategorie $\mathfrak{D}$ in LIM, der mittels f und g bis auf eine Vertauschung von X und Y wie nach 3.2.1 gebildet ist. Wir setzen $V(X_{\varrho_{fg}}) = M$, wobei V der Vergißfunktor von LIM in ENS ist. Wegen 3.1.5 und einer Bemerkung vor 3.2.14 ist M, zusammen mit dem aus der kanonischen Abbildung $\varkappa\colon V(X) \to M$ und aus $\varkappa \circ f\colon V(Y) \to M$ bestehenden Paar, ein induktiver Limes von VT. τ bzw. τ' seien die Limitierungen von X bzw. Y. Auf Grund der Stetigkeit von f ist $\tau_{\varrho_{fg}}$ die feinste Limitierung von M derart, daß $\varkappa\colon X \to M$ und $\varkappa \circ f\colon Y \to M$ bez. τ bzw. τ' und dieser Limitierung stetig sind, weshalb sich wegen 3.12.4 $\tau_{\varrho_{fg}}$ als Finallimitierung von τ und τ' bez. $\varkappa\colon X \to M$ und $\varkappa \circ f\colon Y \to M$ ergibt. Wegen 3.12.3 ist $X_{\varrho_{fg}}$, zusammen mit dem Paar der Abbildungen $\varkappa\colon X \to X_{\varrho_{fg}}$ und $\varkappa \circ f\colon Y \to X_{\varrho_{fg}}$, ein V-Coprodukt von X und Y über M, $(\varkappa, \varkappa \circ f)$, wegen 3.2.23 also ein induktiver Limes von T. Daher ist $X_{\varrho_{fg}}$, zusammen mit $\varkappa\colon X \to X_{\varrho_{fg}}$, ein Differenzcokern von f und g.

2. Wir setzen $M = V(X_\varrho)$. Nach 3.1.5 gibt es Abbildungen f und g einer Menge N in $V(X)$ derart, daß M, zusammen mit der kanonischen Abbildung $\varkappa\colon V(X) \to M$, ein Differenzcokern von f und g ist. N, versehen mit der entarteten Limitierung von N, sei Y. Offensichtlich sind $f\colon Y \to X$ und $g\colon Y \to X$ Morphismen von LIM. Da $\varrho = \varrho_{fg}$ gilt, folgt wie im Teil 1, daß X_ϱ, zusammen mit $\varkappa\colon X \to X_\varrho$, ein Differenzcokern von $f\colon Y \to X$ und $g\colon Y \to X$ ist.

3. Für den Fall der Kategorien PTOP, MTOP und TOP wird der Beweis analog geführt. Anstelle von 3.12.3 und 3.12.4 ist 3.12.5 und 3.12.6 zu verwenden, und es ist die im Teil 2 auftretende entartete Limitierung durch die diskrete Topologie zu ersetzen. ∎

Wegen 3.12.1 und 3.12.4 gilt

3.13.2. *Eine Abbildung f aus X_ϱ in einen Limesraum Z ist in einem Punkt y genau dann stetig, wenn $f \circ \varkappa$ über der Teilmenge $y = \varkappa^{-1}\{y\}$ von X stetig ist.*

Auf Grund des Korollars zu 3.12.1 gilt das

Korollar. *Ist Z ein pseudotopologischer bzw. mehrstufig topologischer Raum, so ist eine Abbildung f aus $\mathbf{p}(X_\varrho)$ in Z bzw. aus $\mathbf{m}(X_\varrho)$ in Z in einem Punkt y genau dann stetig, wenn $f \circ \varkappa$ über der Teilmenge y von X stetig ist. Ist Z ein topologischer Raum, so ist eine Abbildung f aus $\mathbf{t}(X_\varrho)$ in Z, die eine offene oder abgeschlossene Menge als Definitionsbereich hat, genau dann stetig, wenn $f \circ \varkappa$ stetig ist.*

Für das Folgende sei neben X ein weiterer Limesraum Z gegeben. Ferner sei σ eine Äquivalenzrelation in Z. λ bezeichne die zugehörige kanonische Abbildung. Wir erinnern daran, daß eine Abbildung g aus X in Z bez. ϱ und σ relationstreu heißt, wenn $x \varrho y$ stets $g(x) \sigma g(y)$ nach sich zieht.

Aus 3.12.2 folgt

3.13.3. *g sei eine bez. ϱ und σ relationstreue Abbildung aus X in Z und f $(= \lambda \circ g \circ \varkappa^{-1})$ die aus g erzeugte Abbildung aus X_ϱ in Z_σ. Ist für einen Punkt y des Definitionsbereiches von f die Abbildung g über $y = \varkappa^{-1}\{y\}$ stetig, so ist f in y stetig.*

Auf Grund des Korollars zu 3.12.2 gilt das

Korollar. *Unter der Voraussetzung von 3.13.3 gilt: Ist für einen Punkt y des Definitionsbereiches von f die Abbildung g über y stetig, so ist f in y als Abbildung aus $\mathbf{p}(X_\varrho)$ in $\mathbf{p}(Z_\sigma)$ und als Abbildung aus $\mathbf{m}(X_\varrho)$ in $\mathbf{m}(Z_\sigma)$ stetig. Hat f als Definitionsbereich eine bez. $t(\tau_\varrho)$ offene oder abgeschlossene Menge und ist g stetig, so ist f als Abbildung aus $\mathbf{t}(X_\varrho)$ in $\mathbf{t}(Z_\sigma)$ stetig.*

Aus dem Korollar zu 3.12.7 folgt

3.13.4. *Zu jedem Punkt y von X_ϱ besteht zwischen dem Nachbarschaftsfilter $\mathfrak{N}_\varrho(y)$ von y (bez. τ_ϱ) und den Nachbarschaftsfiltern $\mathfrak{N}(x)$ der $x \in y$ (bez. τ) die Beziehung*

$$\mathfrak{N}_\varrho(y) = \varkappa\big(\bigwedge_{x \in y} \mathfrak{N}(x)\big)\,.$$

Wegen 3.12.8 gilt

3.13.5. *Eine Teilmenge A von X_ϱ ist genau dann offen bzw. abgeschlossen, wenn $\varkappa^{-1}[A]$ offen bzw. abgeschlossen ist.*

Für die aus Umgebungsrastern erzeugten Filter gilt keine so starke Aussage wie der Satz 3.13.4 über Nachbarschaftsfilter. Es gilt nämlich lediglich

3.13.6. *Zu jedem Punkt y von X_ϱ besteht zwischen dem Umgebungsraster $\mathfrak{U}_\varrho(y)$ von y (bez. τ_ϱ) und den Umgebungsrastern $\mathfrak{U}(x)$ der $x \in y$ (bez. τ) die Beziehung*

$$\operatorname{im} \mathfrak{U}_\varrho(y) \subseteqq \varkappa\big(\bigwedge_{x \in y} \operatorname{im} \mathfrak{U}(x)\big) .$$

Das Gleichheitszeichen trifft bei dieser Beziehung im allgemeinen nicht zu, auch nicht, wenn X als topologischer Raum vorausgesetzt ist.

Beweis. 1. Die Beziehung gilt auf Grund des Korollars zu 3.12.8.

2. Wir zeigen an Hand eines Beispiels, daß bei ihr das Gleichheitszeichen im allgemeinen nicht zutrifft, auch nicht, wenn X als topologischer Raum vorausgesetzt ist. Es sei dazu X speziell die Zahlengerade $\boldsymbol{R}$. ϱ sei diejenige Äquivalenzrelation in $\boldsymbol{R}$, bezüglich der das Intervall $]0, 2]$ und die einpunktigen Mengen $\{x\}$, $x \in \boldsymbol{R} \setminus]0, 2]$, die Äquivalenzklassen sind. Das offene Intervall $J =]-1, 1[$ gehört $\bigwedge_{x \in \{0\}} \operatorname{im} \mathfrak{U}(x) = \operatorname{im} \mathfrak{U}(0)$ an. Andererseits ist $\varkappa[J]$ kein Element von $\operatorname{im} \mathfrak{U}_\varrho(y)$ mit $y = \{0\}$. Ist nämlich U eine Umgebung von $y = \{0\}$, so ist $\varkappa^{-1}[U]$ wegen 3.13.5 eine Umgebung von 0. Die Äquivalenzklasse $]0, 2]$ hat deshalb mit $\varkappa^{-1}[U]$ einen nichtleeren Durchschnitt, sie ist dann sogar eine Teilmenge der offenen Menge $\varkappa^{-1}[U]$. Es kann daher $\varkappa^{-1}[U]$ nicht in $(\varkappa^{-1} \circ \varkappa)[J] =]-1, 2]$ und damit auch U nicht in $\varkappa[J]$ liegen. ∎

Wie aus 3.13.9. hervorgehen wird, stimmt die τ_ϱ zugeordnete Pseudotopologie $p(\tau_\varrho)$ mit der Quotientenlimitierung $p(\tau)_\varrho$ der τ zugeordneten Pseudotopologie überein. Wir führen zunächst Aussagen an, aus denen sich ergeben wird, daß Entsprechendes bezüglich der zugeordneten mehrstufigen Topologien und der zugeordneten Topologien nicht gilt.

3.13.7. *Ist τ eine mehrstufige Topologie, so ist notwendig und hinreichend dafür, daß auch die Quotientenlimitierung τ_ϱ eine mehrstufige Topologie ist, daß zu jedem Punkt y von X_ϱ endlich viele Punkte $x_1, \ldots, x_n \in y$ mit $\varrho\,(\mathfrak{N}(x_1) \cap \cdots \cap \mathfrak{N}(x_n)) \subseteqq \bigcap_{x \in y} \mathfrak{N}(x)$ existieren.*

Beweis. Wie mittels $\varrho = \varkappa^{-1} \circ \varkappa$ und 2.5.4 folgt, ist die angeführte Beziehung äquivalent zu $\varkappa(\mathfrak{N}(x_1) \cap \cdots \cap \mathfrak{N}(x_n)) \subseteqq \varkappa(\bigcap_{x \in y} \mathfrak{N}(x))$. Mittels 3.12.2 und 3.12.4 ergibt sich damit leicht die Behauptung. ∎

Die in 3.13.7 angegebene Bedingung gilt natürlich, wenn alle Äquivalenzklassen endlichelementig sind. Im allgemeinen ist sie bei mehrstufig topologischen Räumen nicht von selbst erfüllt, nicht einmal bei topologischen Räumen, wie wir an Hand eines Beispiels zeigen. Wir nehmen als X das topologische Produkt $\boldsymbol{K}^2$ ($\boldsymbol{K} = \boldsymbol{R}$ oder $\boldsymbol{K} = \boldsymbol{C}$) und definieren ϱ so: Es sei $(x, x') \in \varrho$ für zwei Punkte $x, x' \in \boldsymbol{K}^2$ genau dann, wenn deren erste Komponenten beide 0 sind oder x und x' übereinstimmen. Als Äquivalenzklassen treten somit die Koordinatenachse $\{0\} \times \boldsymbol{K}$ und einelementige Mengen auf. Zu beliebigen Punkten

$x_1, \ldots, x_n \in \{0\} \times \boldsymbol{K}$ gibt es offensichtlich eine Menge $N \in \boldsymbol{K}^2$ mit $\varrho[N] = N$, die Nachbarschaft jedes Punktes $x_1, \ldots, x_n$, jedoch nicht Nachbarschaft aller Punkte von $\{0\} \times \boldsymbol{K}$ ist. Die Quotientenlimitierung τ_ϱ ist daher keine mehrstufige Topologie. Es kann also bereits $\tau_\varrho \neq m(\tau_\varrho)$ im Falle $\tau = t(\tau)$ gelten.

Wie mittels 3.13.4 folgt, besteht $m(\tau_\varrho)(y)$ stets aus allen Oberfiltern von $\varkappa(\bigwedge_{x \in y} \mathfrak{N}(x))$.

Unter Berücksichtigung von 3.13.4 ergibt sich

3.13.8. *Dafür, daß $m(\tau_\varrho)$ eine Topologie ist, ist notwendig und hinreichend, daß zu jedem Punkt y von X_ϱ und jedem $N \in \bigcap_{x \in y} \mathfrak{N}(x)$ ein $M \in \bigcap_{x \in y} \mathfrak{N}(x)$ mit $\varrho[N] \in \bigcap_{x \in \varrho[M]} \mathfrak{N}(x)$ existiert.*

Wir zeigen an Hand eines Beispiels, daß $m(\tau_\varrho)$ nicht stets eine Topologie ist, wenn das für τ zutrifft, mit anderen Worten, daß $m(\tau_\varrho) \neq t(\tau_\varrho)$ im Falle $\tau = t(\tau)$ gelten kann. Es sei X das topologische Produkt $\boldsymbol{K}^2$ ($\boldsymbol{K} = \boldsymbol{R}$ oder $\boldsymbol{K} = \boldsymbol{C}$). ϱ bestehe aus allen Paaren (x, x) $(x \in X)$ und allen Paaren $\left(\left(\xi, \frac{\xi}{n}\right), \left(\xi, \frac{\xi}{m}\right)\right)$ $(\xi \in \boldsymbol{K};\, n, m \in \boldsymbol{N}^+)$. ϱ ist natürlich eine Äquivalenzrelation. Äquivalenzklassen sind die Mengen $\left\{\left(\xi, \frac{\xi}{n}\right) \mid n \in \boldsymbol{N}^+\right\}$ $(\xi \in \boldsymbol{K})$ und einelementige Mengen. Ist N eine abgeschlossene Nachbarschaft von $(1, 0)$, der nicht $(1, 1)$ angehört, so gibt es keine Nachbarschaft M von $(1, 0)$, so daß $\varrho[N]$ zu $\bigcap_{x \in \varrho[M]} \mathfrak{N}(x)$ gehört, da $\varrho[N]$ keine Nachbarschaft von $(1, 1)$ ist. Wegen 3.13.8 ist $m(\tau_\varrho)$ daher keine Topologie.

3.13.9. *Es gilt*

$$p(\tau)_\varrho = p(\tau_\varrho)\,, \qquad m(\tau)_\varrho \leqq m(\tau_\varrho) \quad \text{und} \quad t(\tau_\varrho) \leqq t(\tau_\varrho)\,.$$

$p(\tau_\varrho)$ ist die feinste Pseudotopologie, $m(\tau_\varrho)$ die feinste mehrstufige Topologie und $t(\tau_\varrho)$ die feinste Topologie derart, daß $\varkappa$ bez. τ und dieser stetig ist.

Beweis. Die Richtigkeit der angeführten Beziehungen ergibt sich aus 3.12.9. Aus 3.12.6 folgt der zweite Teil der Behauptung. ∎

Anmerkung. Bei der zweiten und dritten im Satz angeführten Beziehung gilt auf Grund der obigen Beispiele natürlich im allgemeinen das Gleichheitszeichen nicht.

Zum Schluß dieses Abschnittes bringen wir noch einige Trennbarkeitseigenschaften von Quotientenräumen. Da T_1-Trennbarkeit nur von der der Limitierung zugeordneten Topologie abhängt, genügt es, sich bezüglich T_1-Trennbarkeit auf den Quotientenlimesraum X_ϱ zu beschränken.

Aus 3.7.2 und 3.13.5 folgt leicht

3.13.10. *Der Quotientenlimesraum X_ϱ genügt genau dann dem ersten Trennungsaxiom, wenn sämtliche Äquivalenzklassen bez. ϱ abgeschlossene Teilmengen von X sind.*

Im allgemeinen folgt weder aus der T_1-Trennbarkeit von X diejenige von X_ϱ noch aus der T_1-Trennbarkeit von X_ϱ diejenige von X.

Bezüglich der T_2-Trennbarkeit führen wir zuerst eine notwendige und anschließend unter Berücksichtigung derselben eine hinreichende Bedingung an.

3.13.11. *Ist der Quotientenlimesraum X_ϱ separiert, so ist ϱ eine abgeschlossene Teilmenge des Produktraumes $X \times X$.*

Beweis. Angenommen, ϱ sei nicht abgeschlossen. Es existiert dann ein Punkt $(x, y) \in \bar{\varrho} \setminus \varrho$, weshalb es zwei eigentliche Filter $\mathfrak{F} \in \tau(x)$ und $\mathfrak{G} \in \tau(y)$ mit

$$(F \times G) \cap \varrho = \emptyset \tag{3.13.3}$$

zu beliebigen $F \in \mathfrak{F}$ und $G \in \mathfrak{G}$ gibt. Auf Grund der Stetigkeit von $\varkappa$ konvergiert $\varkappa(\mathfrak{F})$ gegen $\varkappa(x)$ und $\varkappa(\mathfrak{G})$ gegen $\varkappa(y)$.

$$\varkappa(\mathfrak{F}) \vee \varkappa(\mathfrak{G}) = \operatorname*{im}_{\subseteq,\, E/\varrho} \{\varkappa[F] \cap \varkappa[G] \mid F \in \mathfrak{F} \text{ und } G \in \mathfrak{G}\}$$

ist wegen (3.13.3) ein eigentlicher Filter. Er konvergiert als Oberfilter von $\varkappa(\mathfrak{F})$ und $\varkappa(\mathfrak{G})$ gegen $\varkappa(x)$ und $\varkappa(y) \neq \varkappa(x)$, weshalb X_ϱ nicht separiert sein kann. Aus der Separiertheit von X_ϱ folgt daher, daß ϱ abgeschlossen ist. ∎

Da die Separiertheit erhalten bleibt, wenn die Limitierung verfeinert wird, besteht das

Korollar. *Ist $\boldsymbol{m}(X_\varrho)$ bzw. $\boldsymbol{t}(X_\varrho)$ separiert, so ist ϱ eine abgeschlossene Teilmenge von $X \times X$.*

3.13.12. *Das Abbildungsprodukt $\varkappa \ast \varkappa$ sei eine offene Abbildung bez. $\tau \times \tau$ und $\tau_\varrho \times \tau_\varrho$. Ferner sei ϱ eine abgeschlossene Teilmenge von $X \times X$. Dann ist der Quotientenlimesraum X_ϱ separiert.*

Beweis. Angenommen, $Y = X_\varrho$ sei nicht separiert. Es existiert dann ein eigentlicher Filter $\mathfrak{F}$ in Y, der gegen zwei voneinander verschiedene Äquivalenzklassen $\varrho\{x\}$ und $\varrho\{y\}$ konvergiert. Das Filterprodukt $\mathfrak{F} \times \mathfrak{F}$ ist eigentlich und konvergiert gegen $(\varrho\{x\}, \varrho\{y\})$. Da ϱ abgeschlossen ist, ist $(E \times E) \setminus \varrho$ und damit auch $A = (\varkappa \ast \varkappa)\, [(E \times E) \setminus \varrho]$ offen. Wegen $(\varrho\{x\}, \varrho\{y\}) \in A$ folgt $A \in \mathfrak{F} \times \mathfrak{F}$. Da A aus allen Punkten von $Y \times Y$ besteht, die nicht der identischen Abbildung von Y auf sich angehören, führt das zu einem Widerspruch. Folglich ist Y separiert. ∎

Analog wie 3.13.12 beweist man das

Korollar. *Ist das Abbildungsprodukt $\varkappa \ast \varkappa$ eine offene Abbildung bez. $\tau \times \tau$ und $m(\tau_\varrho) \times m(\tau_\varrho)$ bzw. bez. $\tau \times \tau$ und $t(\tau_\varrho) \times t(\tau_\varrho')$ und ist ϱ eine abgeschlossene Teilmenge von $X \times X$, dann ist $\boldsymbol{m}(X_\varrho)$ bzw. $\boldsymbol{t}(X_\varrho)$ separiert.*

Mittels des Korollars zu 3.10.7 folgt in dem Fall, daß X ein topologischer Raum ist, daß $\varkappa * \varkappa$ bez. $\tau \times \tau$ und $t(\tau_\varrho) \times t(\tau_\varrho)$ genau dann offen ist, wenn $\varkappa$ bez. τ und $t(\tau_\varrho)$ offen ist.

3.14. Summenräume

Obwohl Summenräume genauso wie Quotientenräume Finallimitierungen besitzen, haben sie viel einfachere Eigenschaften als diese.

$(X_i)_{i \in I}$ sei eine Familie von Limesräumen mit einer Menge als Indexbereich. Zu beliebigem $i \in I$ sei τ_i die Limitierung von X_i. E bezeichne die Mengensumme der Trägermengen der X_i und zu beliebigem $i \in I$ ferner $\varkappa_i$ die natürliche Injektion von X_i in E. Wir nennen die feinste Limitierung von E derart, daß alle Abbildungen $\varkappa_i$ bez. τ_i und dieser Limitierung stetig sind, die **Summe** $\sum\limits_{i \in I} \tau_i$ **der Limitierungen** τ_i $(i \in I)$ und E, versehen mit $\sum\limits_{i \in I} \tau_i$, die **Summe** $\sum\limits_{i \in I} X_i$ **der Limesräume** X_i $(i \in I)$. Ist $I = \{1, \ldots, n\}$ für ein $n \in N^+$, so schreiben wir für $\sum\limits_{i \in I} \tau_i$ und $\sum\limits_{i \in I} X_i$ auch $\tau_1 + \cdots + \tau_n$ bzw. $X_1 + \cdots + X_n$.

Wie sich mittels 3.12.4 ergibt, ist $\sum\limits_{i \in I} \tau_i$ die Finallimitierung der τ_i bez. der $\varkappa_i$ $(i \in I)$, gilt also

$$\left(\sum_{j \in I} \tau_j\right) \circ \varkappa_i = \varkappa_i^{\mathfrak{J}} \circ \tau_i \tag{3.14.1}$$

zu beliebigem $i \in I$. $\sum\limits_{i \in I} \tau_i$ ist daher die Abbildungssumme der $\varkappa_i^{\mathfrak{J}} \circ \tau_i$.

Zu beliebigem $i \in I$ sei X_i' derjenige Limesraum, der als Trägermenge $E_i = \mathrm{wb}\, \varkappa_i$, also das cartesische Produkt von $\{i\}$ und der Trägermenge von X_i, und als Limitierung $\tau_i' = \alpha_i^{\mathfrak{J}} \circ \tau_i \circ \alpha_i^{-1}$ hat, wobei α_i die durch $\alpha_i(x_i) = (i, x_i)$ definierte Abbildung von X_i auf E_i ist[1]). Die Abbildungen α_i sind natürlich Homöomorphismen von X_i auf X_i'. Es ist vorteilhaft, sie als Identifikationen aufzufassen und auf diese Weise die Limesräume X_i und X_i' zu identifizieren. Für jedes $i \in I$ gilt $\varkappa_i^{\mathfrak{J}} = \iota_{E_i}^{\mathfrak{J}} \circ \alpha_i^{\mathfrak{J}}$, wobei ι_{E_i} die identische Einbettung von E_i in E ist. Damit folgt

3.14.1. *Die Summenlimitierung induziert auf jedem Limesraum X_i' dessen Limitierung τ_i'.*

Beweis. Mittels (3.9.1) und (3.14.1) ergibt sich zu beliebigem $i \in I$

$$\left(\sum_{j \in I} \tau_j\right)_{E_i} = \left((\iota_{E_i}^{-1})^{\mathfrak{J}} \circ \sum_{j \in I} \tau_j\right) \mid E_i = \tau_i' . \blacksquare$$

Da die Abbildungen α_i Homöomorphismen sind, folgt aus 3.9.5 und 3.14.1

---

[1]) Wir führen neben $\varkappa_i$ die Bezeichnung α_i ein, um auszudrücken, daß $\alpha_i^{\mathfrak{J}}$ die von α_i induzierte Abbildung von $\mathfrak{J}X_i$ in $\mathfrak{J}E_i$ ist.

3.14.2. *Die natürlichen Injektionen $\varkappa_i: X_i \to \sum_{j\in I} X_j$ sind Homöomorphismen.*

Auf Grund des Korollars zu 3.12.7 gilt

3.14.3. *Zu beliebigen $i \in I$ und $x = (i, x_i) \in E_i$ besteht zwischen den Nachbarschaftsfiltern $\mathfrak{N}(x)$ von x bez. $\sum_{j\in I} \tau_j$ und $\mathfrak{N}_i(x_i)$ von x_i bez. τ_i die Beziehung*

$$\mathfrak{N}(x) = \varkappa_i(\mathfrak{N}_i(x_i)) .$$

Wegen dieses Satzes gilt zu beliebigen $i \in I$ und $x \in E_i$

$$\mathfrak{N}(x) = \operatorname*{im}_{\subseteq, E} \mathfrak{N}_{X_i'}(x)$$

und wegen (3.9.6) ferner

$$\mathfrak{N}_{X_i'}(x) = \{N \cap E_i \mid N \in \mathfrak{N}(x)\} ,$$

wobei $\mathfrak{N}_{X_i'}(x)$ der Nachbarschaftsfilter von x bez. τ_i' ist.

Aus 3.12.8 folgt

3.14.4. *Eine Teilmenge A von $\sum_{i\in I} X_i$ ist genau dann offen bzw. abgeschlossen, wenn $A \cap E_i$ zu beliebigem $i \in I$ in X_i' offen bzw. abgeschlossen ist.*

Insbesondere ist jede Menge E_i in $\sum_{j\in I} X_j$ offen und abgeschlossen.

3.14.5. *Zu beliebigen $i \in I$ und $x = (i, x_i) \in E_i$ besteht zwischen den Umgebungsrastern $\mathfrak{U}(x)$ von x bez. $\sum_{j\in I} \tau_j$ und $\mathfrak{U}_i(x_i)$ von x_i bez. τ_i die Beziehung*

$$\operatorname*{im}_{\subseteq, E} \mathfrak{U}(x) = \varkappa_i(\operatorname*{im}_{\subseteq, X_i} \mathfrak{U}_i(x_i)) .$$

B e w e i s. Auf Grund des Korollars zu 3.12.8 ist

$$\operatorname*{im}_{\subseteq, E} \mathfrak{U}(x) \subseteq \varkappa_i(\operatorname*{im}_{\subseteq, X_i} \mathfrak{U}_i(x_i)) . \tag{3.14.2}$$

Zu beliebigem $U \in \varkappa_i(\operatorname*{im}_{\subseteq, X_i} \mathfrak{U}_i(x_i))$ gibt es eine Umgebung U_i von x_i mit $U \supseteqq \varkappa_i[U_i]$. $\varkappa_i[U_i]$ ist in X_i' und wegen 3.14.4 auch in $\sum_{j\in I} X_j$ offen. Da $x \in \varkappa_i[U_i]$ gilt, folgt $U \in \operatorname*{im}_{\subseteq, E} \mathfrak{U}(x)$, so daß bei (3.14.2) das Gleichheitszeichen zutrifft. ∎

Wegen 3.14.5 gilt zu beliebigen $i \in I$ und $x \in E_i$

$$\operatorname*{im}_{\subseteq, E} \mathfrak{U}(x) = \operatorname*{im}_{\subseteq, E} \mathfrak{U}_{X_i'}(x)$$

und, wie mittels 3.14.4 folgt, ferner

$$\operatorname*{im}_{\subseteq, E_i} \mathfrak{U}_{X_i'}(x) = \{U \cap E_i \mid U \in \operatorname*{im}_{\subseteq, E} \mathfrak{U}(x)\} ,$$

ja sogar $\mathfrak{U}_{X_i'}(x) = \{U \cap E_i \mid U \in \mathfrak{U}(x)\}$; dabei ist $\mathfrak{U}_{X_i'}(x)$ der Umgebungsraster von x bez. τ_i'.

3.14.6. *Es gilt*

$$\sum_{i\in I} p(\tau_i) = p(\sum_{i\in I} \tau_i), \qquad \sum_{i\in I} m(\tau_i) = m(\sum_{i\in I} \tau_i) \quad \textit{und} \quad \sum_{i\in I} t(\tau_i) = t(\sum_{i\in I} \tau_i).$$

$p(\sum_{i\in I} \tau_i)$, $m(\sum_{i\in I} \tau_i)$ *bzw.* $t(\sum_{i\in I} \tau_i)$ *ist die feinste Pseudotopologie, mehrstufige Topologie bzw. Topologie* σ *von* E *derart, daß alle Abbildungen* $\varkappa_i$ *bez.* τ_i *und* σ *stetig sind.*

Beweis. Wegen 3.12.9 gilt die erste der angegebenen Beziehungen. Mittels (3.5.21), (3.14.1) und 3.14.3 ergibt sich die Richtigkeit der zweiten und mittels (3.5.22), (3.14.1) und 3.14.5 die Richtigkeit der dritten Beziehung. Der zweite Teil der Behauptung gilt wegen 3.12.6. ∎

Aus diesem Satz ergibt sich, daß in dem Fall, daß die X_i pseudotopologische, mehrstufig topologische bzw. topologische Räume sind, stets $\sum_{i\in I} X_i$ gleich $\boldsymbol{p}(\sum_{i\in I} X_i)$, $\boldsymbol{m}(\sum_{i\in I} X_i)$ bzw. $\boldsymbol{t}(\sum_{i\in I} X_i)$ ist. Wegen 3.12.3 und 3.12.5 folgt damit: $X = \sum_{i\in I} X_i$ stimmt, zusammen mit der Familie der natürlichen Injektionen $\varkappa_i\colon X_i \to X$ $(i \in I)$, mit dem an den Vergißfunktor V: LIM → ENS gebundenen Coprodukt der X_i über E, $(\varkappa_i)_{i\in I}$ und, wenn die X_i pseudotopologische, mehrstufig topologische bzw. topologische Räume sind, auch mit dem an den Vergißfunktor V^p: PTOP → ENS, V^m: MTOP → ENS bzw. V^t: TOP → ENS gebundenen Coprodukt der X_i $(i \in I)$ über E, $(\varkappa_i)_{i\in I}$ überein. Mittels 3.1.5 und 3.2.23 erhalten wir deshalb

3.14.7 (Coprodukte in LIM, PTOP, MTOP und TOP). *Der Summenraum* $X = \sum_{i\in I} X_i$ *ist, zusammen mit den natürlichen Injektionen* $\varkappa_i\colon X_i \to X$ $(i \in I)$, *ein Coprodukt der* X_i $(i \in I)$ *in* LIM *und, wenn die* X_i *pseudotopologische, mehrstufig topologische bzw. topologische Räume sind, auch ein Coprodukt der* X_i $(i \in I)$ *in* PTOP, MTOP *bzw.* TOP.

Aus 3.12.1 folgt

3.14.8. *Eine Abbildung* f *aus dem Summenraum* $\sum_{i\in I} X_i$ *in einen Limesraum* Y *ist in einem Punkt* $x = (i, x_i)$ *genau dann stetig, wenn* $f \circ \varkappa_i$ *in* x_i *stetig ist.*

Aus 3.14.8 ergibt sich: Ist $(f_i)_{i\in I}$ eine Familie von Abbildungen f_i aus X_i in einen festen Limesraum Y, so ist die Summe dieser Abbildungen genau dann stetig, wenn jede Abbildung f_i stetig ist.

Eine entsprechende Aussage ist für offene und abgeschlossene Abbildungen richtig:

3.14.9 (Offene und abgeschlossene Abbildungssummen). *Ist* $(f_i)_{i\in I}$ *eine Familie von Abbildungen* f_i *aus* X_i *in einen festen Limesraum* Y, *so ist die Summe*

dieser Abbildungen genau dann eine offene bzw. abgeschlossene Abbildung, wenn alle f_i offene bzw. abgeschlossene Abbildungen sind.

Beweis. Wir setzen $f = \sum_{i \in I} f_i$. Ist f offen, so folgt wegen 3.14.2 und $f_i = f \circ \varkappa_i$, daß auch jede Abbildung f_i offen ist. Sind alle Abbildungen f_i offen und ist U eine offene Teilmenge von $\sum_{i \in I} X_i$, so sind wegen 3.14.1 die Mengen $U \cap E_i$ in X'_i offen, womit leicht folgt, daß jede Menge $f[U \cap E_i] = (f_i \circ \alpha_i^{-1})[U \cap E_i]$ und damit auch $f[U] = \bigcup_{i \in I} f[U \cap E_i]$ offen ist. Bezüglich abgeschlossener Abbildungen wird der Beweis genauso geführt. ∎

Für das Folgende sei neben $(X_i)_{i \in I}$ eine weitere Familie $(Y_i)_{i \in I}$ von Limesräumen mit dem gleichen Indexbereich gegeben. Wir bezeichnen zu beliebigem $i \in I$ mit τ'_i die Limitierung von Y_i und mit λ_i die natürliche Injektion von Y_i in $\sum_{j \in I} Y_j$.

3.14.10. *$(f_i)_{i \in I}$ sei eine Familie von Abbildungen f_i aus X_i in Y_i und f die volle Summe dieser Abbildungen. f ist in einem Punkt $x = (i, x_i)$ bez. $\sum_{j \in I} \tau_j$ und $\sum_{j \in I} \tau'_j$ genau dann stetig, wenn f_i in x_i bez. τ_i und τ'_i stetig ist.*

Beweis. Die eine Richtung folgt aus 3.12.2. Zum Beweis der anderen Richtung setzen wir voraus, daß f in einem Punkt $x = (i, x_i)$ bez. $\sum_{j \in I} \tau_j$ und $\sum_{j \in I} \tau'_j$ stetig ist. Dann ist $f \circ \varkappa_i = \lambda_i \circ f_i$ in x_i bez. τ_i und $\sum_{j \in I} \tau'_j$ stetig und, wie sich mittels 3.14.2 ergibt, auch in x_i bez. τ_i und τ'_i stetig. ∎

Aus 3.14.10 folgt, daß für eine beliebige Familie von Abbildungen f_i aus X_i in Y_i die volle Summe dieser Abbildungen genau dann stetig ist, wenn jede Abbildung f_i stetig ist. Für offene und abgeschlossene Abbildungen gilt, wie man leicht beweist, analog

3.14.11 (Offene und abgeschlossene volle Abbildungssummen). *Ist $(f_i)_{i \in I}$ eine Familie von Abbildungen aus X_i in Y_i, so ist die volle Summe dieser Abbildungen genau dann offen bzw. abgeschlossen, wenn jede Abbildung f_i offen bzw. abgeschlossen ist.*

3.14.12. *Für jede Teilmenge A des Summenraumes $\sum_{i \in I} X_i$ gilt*

$$\overline{A} = \bigcup_{i \in I} \overline{A \cap E_i}^{\,i} \quad \text{und} \quad \underline{A} = \bigcup_{i \in I} \underline{A \cap E_i}_{\,i},$$

wobei die Adhärenz- und Innerenbildungen auf den linken Seiten der Beziehungen bez. $\sum_{i \in I} X_i$ und auf den rechten Seiten bezüglich der Teilräume X'_i gemeint sind.

Beweis. $x = (i, x_i) \in \overline{A} \setminus A$ ist äquivalent dazu, daß $x \notin A$ ist und ein Filter $\mathfrak{F} \in (\sum_{j \in I} \tau_j)(x) = (\varkappa_i^{\mathcal{J}} \circ \tau_i)(x_i) = (\iota_{E_i}^{\mathcal{J}} \circ \tau_i')(x)$ existiert mit $F \cap A \neq \emptyset$ zu beliebigem $F \in \mathfrak{F}$, folglich dazu, daß $x \notin A$ ist und ein Filter $\mathfrak{G} \in \tau_i'(x)$ existiert mit $G \cap A = G \cap A \cap E_i \neq \emptyset$ zu beliebigem $G \in \mathfrak{G}$, also dazu, daß $x \in \overline{A \cap E_i}^{\,i} \setminus A$ gilt. Daher ist die erste der angegebenen Beziehungen richtig. Aus dieser folgt

$$\underline{A} = E \setminus \bigcup_{i \in I} \overline{(E \setminus A) \cap E_i}^{\,i}$$
$$= \bigcup_{i \in I} E_i \setminus \bigcup_{i \in I} (E_i \setminus \underline{A \cap E_i}_{\,i}) = \bigcup_{i \in I} \underline{A \cap E_i}_{\,i},$$

also die zweite der angegebenen Beziehungen. ∎

In der Summenschreibweise besagt dieser Satz, daß $\overline{\sum_{i \in I} A_i} = \sum_{i \in I} \overline{A}_i$ und $\underline{\sum_{i \in I} A_i} = \sum_{i \in I} \underline{A}_i$ für eine beliebige Familie $(A_i)_{i \in I}$ von Teilmengen A_i von X_i gilt, wobei die Adhärenz- und Innerenbildungen auf den linken Seiten dieser Beziehungen bez. X und auf den rechten Seiten bezüglich der X_i gemeint sind.

Bezüglich Trennbarkeitseigenschaften von Summenräumen gilt

3.14.13. *$\sum_{i \in I} X_i$ genügt genau dann dem schwachen ersten bzw. dem ersten Trennungsaxiom, wenn jeder Summand X_i dieses Axiom erfüllt. $\sum_{i \in I} X_i$ ist genau dann schwach separiert, separiert, regulär, regulär im engeren Sinne, vollständig regulär bzw. normal, wenn jeder Summand X_i diese Eigenschaft hat.*

Beweis. Wir setzen $X = \sum_{i \in I} X_i$.

1. Wenn X dem schwachen ersten oder ersten Trennungsaxiom genügt, so auch jeder Teilraum X_i' und damit auch jeder Raum X_i. Entsprechend zieht die schwache Separiertheit, die Separiertheit, die Regularität und die Regularität im engeren Sinne von X nach sich, daß auch jeder Raum X_i diese Eigenschaft hat. Mittels 3.6.5, 3.14.1 und 3.14.4 ergibt sich leicht, daß mit X auch jeder Summand X_i vollständig regulär ist. 3.14.4 zieht ferner nach sich, daß aus der Normalität von X die der X_i folgt.

2. Wir setzen noch $\tau = \sum_{i \in I} \tau_i$. Erfüllen die Räume X_i das schwache erste Trennungsaxiom und gilt $[y] \in \tau(x)$ für Punkte x und y von X, so gehören diese Punkte wegen (3.14.1) beide einem Raum X_i' an. Es folgt $[y]' \in \tau_{E_i}(x)$ und damit $[x]' \in \tau_{E_i}(x)$, $[y]' \in \tau_{E_i}(y)$ und $[x]' \in \tau_{E_i}(y)$, wobei $[x]'$ und $[y]'$ die von $\{x\}$ und $\{y\}$ erzeugten Filter in E_i sind. Mittels (3.9.3) ergibt sich dann $[x] \in \tau(x)$, $[y] \in \tau(y)$ und $[x] \in \tau(y)$ und damit, daß X das schwache erste Trennungsaxiom erfüllt. Genügen die Räume X_i dem ersten Trennungsaxiom, so erfüllt wegen 3.7.2 (Bedingung 3) und 3.14.4 auch X dieses Axiom.

Zu beliebigen voneinander verschiedenen Elementen $i, j \in I$ und Punkten $x \in E_i$, $y \in E_j$ folgt mittels (3.14.1)

$$\Big(\sum_{k \in I} \tau_k\Big)(x) \cap \Big(\sum_{k \in I} \tau_k\Big)(y) = \{\mathsf{P}E\}\,. \tag{3.14.3}$$

Ferner folgt zu beliebigem $i \in I$ und beliebigen Punkten $x = (i, x_i)$ und $y = (i, y_i)$ von E_i mittels (3.14.1) aus $\tau_i(x_i) \cap \tau_i(y_i) = \{\mathsf{P}E\}$ stets (3.14.3) und aus $\tau_i(x_i) = \tau_i(y_i)$ stets $(\sum_{k \in I} \tau_k)(x) = (\sum_{k \in I} \tau_k)(y)$. Sind die Räume X_i schwach separiert bzw. separiert, so ist daher auch X schwach separiert bzw. separiert.

Wir nehmen nun an, daß jeder der Räume X_i und damit auch jeder der Räume X'_i regulär ist und geben uns einen Filter $\mathfrak{F}$ in E vor, der bez. $\sum_{i \in I} \tau_i$ gegen einen Punkt $x = (i, x_i)$ konvergiert. Wegen 3.9.1 und 3.14.1 gehört $\{F \cap E_i \mid F \in \mathfrak{F}\}$ und damit auch $\operatorname{im}_{\subseteq, E_i} \{\overline{F \cap E_i}^{\,i} \mid F \in \mathfrak{F}\}$ zu $\tau'_i(x)$. Die Adhärenzbildung ist natürlich bez. τ'_i gemeint. Mittels 3.9.1 folgt, daß $\mathfrak{F}' = \operatorname{im}_{\subseteq, E} \{\overline{F \cap E_i}^{\,i} \mid F \in \mathfrak{F}\}$ bez. $\sum_{j \in I} \tau_j$ gegen x konvergiert. Nach 3.14.12 stimmt $\overline{F \cap E_i}^{\,i}$ mit der Adhärenz $\overline{F \cap E_i}$ von $F \cap E_i$ bez. $\sum_{j \in I} \tau_j$ überein. Da E_i offen, somit $E_i \in \mathfrak{F}$ und daher auch $F \cap E_i \in \mathfrak{F}$ zu beliebigem $F \in \mathfrak{F}$ gilt, ist $\operatorname{im}_{\subseteq, E} \{F \mid \overline{F} \in \mathfrak{F}\}$ ein Oberfilter von $\mathfrak{F}'$. Er konvergiert also bez. $\sum_{j \in I} \tau_j$ ebenfalls gegen x. Daher ist auch X regulär. Entsprechend folgt aus der Regularität im engeren Sinne der X_i die Regularität im engeren Sinne von X.

Im weiteren seien die X_i vollständig regulär. Gegeben seien ein Punkt $x = (i, x_i)$ und eine abgeschlossene Teilmenge A von E. $\alpha_i^{-1}[A]$ ist in X_i wegen 3.14.4 abgeschlossen, so daß es eine stetige Abbildung g_i von X_i in $\boldsymbol{R}$ gibt mit $g_i(x_i) = 0$ und $g_i(y_i) = 1$ für $y_i \in \alpha_i^{-1}[A]$. Zu beliebigem $j \in I$ mit $j \neq i$ sei g_j diejenige konstante Abbildung von X_j in $\boldsymbol{R}$, die als Werte nur die Zahl 1 hat. Sie ist natürlich stetig. Nach der Bemerkung nach 3.14.8 ist dann auch die Summe g der Abbildungen g_j $(j \in I)$ stetig, und es gilt $g(x) = 0$ und $g(y) = 1$ für $y \in A$. Daher ist auch X vollständig regulär.

Mittels 3.14.4 folgt leicht, daß mit den X_i $(i \in I)$ auch X normal ist. ▮

$\mathrm{LIM_{sep}}$ sei die volle Unterkategorie von LIM, die als Objekte alle separierten Limesräume hat. $\mathrm{PTOP_{sep}}$, $\mathrm{MTOP_{sep}}$ und $\mathrm{TOP_{sep}}$ seien die entsprechenden vollen Unterkategorien von PTOP, MTOP bzw. TOP.

Es gilt (M. P. Kaz)

3.14.14. *In* $\mathrm{LIM_{sep}}$, $\mathrm{PTOP_{sep}}$, $\mathrm{MTOP_{sep}}$ *und* $\mathrm{TOP_{sep}}$ *sind die Monomorphismen (wie in* LIM, PTOP, MTOP *und* TOP*) diejenigen Morphismen, die Injektionen sind, die Epimorphismen jedoch diejenigen Morphismen* $f\colon X \to Y$, *für die* $f[X]$ *in* Y *im weiten Sinne dicht ist.*

Beweis. 1. Die Richtigkeit des ersten Teiles der Behauptung folgt leicht.

2. $f\colon X \to Y$, $g\colon Y \to Z$ und $h\colon Y \to Z$ seien Morphismen von LIM mit $g \circ f = h \circ f$. $f[X]$ sei in Y im weiten Sinne dicht, und Z sei separiert. Es folgt $g \mid f[X] = h \mid f[X]$, auf Grund des Korollars zu 3.7.6 damit $g = h$.

3. $f\colon X \to Y$ sei ein Morphismus von LIM. Y sei separiert. $f[X]$ sei jetzt nicht im weiten Sinne in Y dicht. Wir setzen $A = \overline{f[X]}^{t}$. ι bezeichne die natürliche Einbettung von A in Y, $\varkappa_1$ und $\varkappa_2$ die natürlichen Injektionen von Y in die Summe $Y \sqcup Y = \sum_{i \in \{1,2\}} Y$, ϱ die kleinste Äquivalenzrelation in $Y \sqcup Y$, die $\varkappa_2 \circ \iota \circ \iota_1^{-1} \circ \varkappa_1^{-1}$ enthält, und $\varkappa$ die kanonische Abbildung von $Y \sqcup Y$ auf $(Y \sqcup Y)/\varrho$. Die stetigen Abbildungen $g = \varkappa \circ \varkappa_1$ und $h = \varkappa \circ \varkappa_2$ sind ungleich, es gilt jedoch $g \circ f = h \circ f$. Wegen 3.13.7 bis 3.13.9 und 3.14.6 erhalten wir, daß $(Y \sqcup Y)/\varrho$ ein pseudotopologischer, mehrstufig topologischer bzw. topologischer Raum ist, wenn das für Y zutrifft. Zu beweisen ist noch, daß $(Y \sqcup Y)/\varrho$ separiert ist. Offenbar genügt es zu zeigen, daß kein eigentlicher Filter in $(Y \sqcup Y)/\varrho$ gleichzeitig gegen einen Punkt von $g[Y \setminus A]$ und einen Punkt von $h[Y \setminus A]$ konvergiert. Das folgt aber daraus, daß $g[Y \setminus A]$ und $h[Y \setminus A]$ punktfremde und wegen 3.13.5 offene Mengen sind. ▮

3.15. Induktive Limites in der Kategorie der Limesräume und in Unterkategorien

Wir gehen auf induktive Limites in den Kategorien LIM, PTOP, MTOP und TOP ein. Nach Bemerkungen in Abschnitt 3.12 existieren alle induktiven Limites in diesen Kategorien und können für sie natürliche Auswahlen angegeben werden. Wir befassen uns vor allem mit der natürlichen Auswahl, zu der man über die in 3.2.15 angeführte natürliche Auswahl der induktiven Limites in ENS gelangt.

T sei ein Funktor einer kleinen Kategorie $\mathfrak{D}$ in die Kategorie LIM. Für jedes Objekt D von $\mathfrak{D}$ bezeichnen wir den Limesraum $T(D)$ mit X_D, seine Trägermenge $VT(D)$ mit $|X_D|$ und seine Limitierung mit τ_D. ϱ sei die kleinste Äquivalenzklasse in der Mengensumme $\sum_{D \in \mathrm{Ob}\mathfrak{D}} |X_D|$, bezüglich der (D, y) und $(C, T(f)(y))$ zu jedem Morphismus $f\colon D \to C$ von $\mathfrak{D}$ und jedem $y \in |X_D|$ äquivalent sind. ι_D sei zu beliebigem $D \in \mathrm{Ob}\mathfrak{D}$ die natürliche Injektion von $|X_D|$ in die Summe $\sum_{C \in \mathrm{Ob}\mathfrak{D}} |X_C|$ und $\varkappa$ die kanonische Abbildung von $\sum_{D \in \mathrm{Ob}\mathfrak{D}} |X_D|$ auf die Quotientenmenge

$$E = \Big(\sum_{D \in \mathrm{Ob}\mathfrak{D}} |X_D|\Big)/\varrho\,.$$

Nach 3.2.15 ist die Menge E, die auch mit $\operatorname{limind} |X_D|$ bezeichnet wird, zusammen mit der Familie der Abbildungen $\varphi_D = \varkappa \circ \iota_D$, ein induktiver Limes von VT; V ist natürlich der Vergißfunktor von LIM in ENS. Wir bezeichnen mit lim ind τ_D oder $\varinjlim \tau_D$ die feinste Limitierung von E derart, daß alle Abbildungen φ_D bez. τ_D und dieser Limitierung stetig sind. lim ind τ_D ist nach 3.12.4 die Finallimitierung der τ_D bezüglich der Abbildungen φ_D. E, versehen mit dieser Limitierung, bezeichnen wir mit lim ind X_D oder $\varinjlim X_D$. Nach (3.2.10) ist

$$E = \bigcup_{D \in \mathrm{Ob}\mathfrak{D}} \mathrm{wb}\, \varphi_D\,. \tag{3.15.1}$$

Unter Beachtung, daß wegen 3.12.6 daher in dem Fall, daß die X_D pseudotopologische Räume sind, $\boldsymbol{p}(X) = X$ für $X = \text{lim ind}\, X_D$ folgt, ergibt sich aus 3.12.3 und 3.12.5: $X = \text{lim ind}\, X_D$ ist, zusammen mit der Familie der Abbildungen $\varphi_D\colon X_D \to X$ $(D \in \mathrm{Ob}\mathfrak{D})$, gleich dem V-Coprodukt der X_D über E, $(\varphi_D)_{D \in \mathrm{Ob}\mathfrak{D}}$ und, wenn die X_D pseudotopologische Räume sind, gleich dem V^p-Coprodukt der X_D über E, $(\varphi_D)_{D \in \mathrm{Ob}\mathfrak{D}}$. Sind die X_D mehrstufig topologische bzw. topologische Räume, so ist $\boldsymbol{m}(X)$, zusammen mit der Familie der Abbildungen $\varphi_D\colon X_D \to \boldsymbol{m}(X)$, gleich dem V^m-Coprodukt der X_D über E, $(\varphi_D)_{D \in \mathrm{Ob}\mathfrak{D}}$ bzw. $\boldsymbol{t}(X)$, zusammen mit der Familie der Abbildungen $\varphi_D\colon X_D \to \boldsymbol{t}(X)$, gleich dem V^t-Coprodukt der X_D über E, $(\varphi_D)_{D \in \mathrm{Ob}\mathfrak{D}}$. V^p, V^m und V^t sind natürlich die Vergißfunktoren von PTOP, MTOP bzw. TOP in ENS.

Wir definieren T^p, T^m und T^t wie vor 3.11.1 und erhalten mittels 3.2.23:

3.15.1 (Induktive Limites in LIM, PTOP, MTOP und TOP). $X = \text{lim ind}\, X_D$ *ist, zusammen mit der Familie der Abbildungen* $\varphi_D\colon X_D \to X$ $(D \in \mathrm{Ob}\mathfrak{D})$, *ein induktiver Limes von* T *und, wenn die* X_D *pseudotopologische Räume sind, auch ein induktiver Limes von* T^p. *Sind die* X_D *mehrstufig topologische bzw. topologische Räume, so ist* $\boldsymbol{m}(X)$, *zusammen mit der Familie der Abbildungen* $\varphi_D\colon X_D \to \boldsymbol{m}(X)$ $(D \in \mathrm{Ob}\mathfrak{D})$, *ein induktiver Limes von* T^m *bzw.* $\boldsymbol{t}(X)$, *zusammen mit der Familie der Abbildungen* $\varphi_D\colon X_D \to \boldsymbol{t}(X)$, *ein induktiver Limes von* T^t.

Die betreffenden Abbildungen $\varphi_D\colon X_D \to X$, $\varphi_D\colon X_D \to \boldsymbol{m}(X)$ bzw. $\varphi_D\colon X_D \to \boldsymbol{t}(X)$ bezeichnen wir als die **kanonischen Abbildungen** von X_D in X, $\boldsymbol{m}(X)$ bzw. $\boldsymbol{t}(X)$.

Durch Dualisierung der (im Beweis von 3.2.2 angegebenen) Konstruktion der projektiven Limites mittels Produkten und Differenzkernen ergibt sich

3.15.2. lim ind τ_D *ist gleich der Quotientenlimitierung* $\left(\sum_{D \in \mathrm{Ob}\mathfrak{D}} \tau_D\right)_\varrho$ *der Summe der Limitierungen* τ_D $(D \in \mathrm{Ob}\mathfrak{D})$.

lim ind X_D ist also gleich dem Quotientenlimesraum $\left(\sum_{D \in \mathrm{Ob}\mathfrak{D}} X_D\right)_\varrho$ der Summe der Limesräume X_D $(D \in \mathrm{Ob}\mathfrak{D})$.

Im weiteren befassen wir uns mit dem Spezialfall, in dem T ein induktives Einbettungsspektrum $\left((X_i)_{i \in I}, (\varphi_{ij})_{(i,j) \in \leq}\right)$ in LIM ist (gemeint bezüglich des Vergißfunktors V: LIM $\to$ ENS). Wir nehmen die prägeordnete Menge I speziell als gerichtet an und zeigen, daß es dann eine einfachere natürliche Auswahl der induktiven Limites als die oben angegebene gibt. Zu beliebigem $i \in I$ sei τ_i die Limitierung von X_i und σ_i die Finallimitierung von τ_i bezüglich der identischen Einbettung ι_i von X_i in die Vereinigung F der Trägermengen der X_j $(j \in I)$. Es gilt $\sigma_i(x) = (\iota_i^{J} \circ \tau_i)(x)$ für jeden Punkt x von X_i und $\sigma_i(x) = \{\mathsf{P}F\}$ sonst. Wir bezeichnen F, versehen mit der Limitierung $\bigvee_{i \in I} \sigma_i$, mit $\bigcup_{i \in I} X_i$. $\bigvee_{i \in I} \sigma_i$ ist natürlich die Vereinigung der Limitierungen σ_i im Verband $\mathcal{T}F$. Mittels (3.5.1) folgt, daß $(\bigvee_{i \in I} \sigma_i)(x)$ zu beliebigem $x \in F$ aus allen Filtern $\mathfrak{F}$ in F besteht, zu denen es endlich viele $i_1, \dots, i_n \in I$ und Filter $\mathfrak{G}_1 \in \tau_{i_1}(x)$, $\dots, \mathfrak{G}_n \in \tau_{i_n}(x)$ mit $x \in X_{i_1}, \dots, x \in X_{i_n}$ und $\operatorname{im}_{\subseteq,F} \mathfrak{G}_1 \cap \dots \cap \operatorname{im}_{\subseteq,F} \mathfrak{G}_n \subseteq \mathfrak{F}$ gibt. Da I gerichtet ist, gilt sogar[1]): Zu beliebigem $x \in F$ ist

$$(\bigvee_{i \in I} \sigma_i)(x) = \{\mathfrak{F} \in \mathcal{F}F \mid \text{es existieren ein } i \in I \text{ mit } x \in X_i \text{ und ein } \mathfrak{G} \in \tau_i(x) \text{ mit } \operatorname{im}_{\subseteq,F} \mathfrak{G} \subseteq \mathfrak{F}\}\,. \tag{3.15.2}$$

$\bigvee_{i \in I} \sigma_i$ ist die feinste Limitierung von F derart, daß die identischen Einbettungen ι_i von X_i in F bez. τ_i und dieser Limitierung stetig sind. Entsprechend wie 3.15.1 folgt unter Berücksichtigung von 3.2.19: $X = \bigcup_{i \in I} X_i$ ist, zusammen mit der Familie der $\iota_i\colon X_i \to X$ $(i \in I)$, ein induktiver Limes von T und, wenn die X_i pseudotopologische Räume sind, auch ein induktiver Limes von T^p. Sind die X_i mehrstufig topologische bzw. topologische Räume, so ist $\boldsymbol{m}(X)$, zusammen mit der Familie der $\iota_i\colon X_i \to \boldsymbol{m}(X)$, ein induktiver Limes von T^m bzw. $\boldsymbol{t}(X)$, zusammen mit der Familie der $\iota_i\colon X_i \to \boldsymbol{t}(X)$, ein induktiver Limes von T^t.

Wir kommen wieder zum allgemeinen Fall.

Aus der Bemerkung nach (3.12.1) folgt

3.15.3. $\mathfrak{F} \in (\lim\operatorname{ind} \tau_D)(x)$ *gilt für ein* $x \in E$ *und einen Filter* $\mathfrak{F}$ *in* E *genau dann, wenn endlich viele* $D_1, \dots, D_n \in \operatorname{Ob}\mathfrak{D}$ *und Filter* $\mathfrak{G}_1 \in (\tau_{D_1} \circ \varphi_{D_1}^{-1})\{x\}, \dots, \mathfrak{G}_n \in (\tau_{D_n} \circ \varphi_{D_n}^{-1})\{x\}$ *existieren mit*

$$\varphi_{D_1}(\mathfrak{G}_1) \cap \dots \cap \varphi_{D_n}(\mathfrak{G}_n) \subseteq \mathfrak{F}\,. \tag{3.15.3}$$

Korollar. $\mathfrak{D}$ *sei pseudofiltrierend. Dann kann in Satz* 3.15.3 *zusätzlich* $D_1 = \dots = D_n$ *angenommen werden.*

Beweis. Es gelte (3.15.3) für endlich viele $D_1, \dots, D_n \in \operatorname{Ob}\mathfrak{D}$ und $\mathfrak{G}_1 \in \tau_{D_1}(x_1)$, $\dots, \mathfrak{G}_n \in \tau_{D_n}(x_n)$ mit $x_1 \in \varphi_{D_1}^{-1}\{x\}, \dots, x_n \in \varphi_{D_n}^{-1}\{x\}$. Bezüglich ϱ sind (D_1, x_1), $\dots, (D_n, x_n)$ äquivalent. Aus 3.2.17 folgt unter Berücksichtigung, daß $\mathfrak{D}$ pseudofiltrierend ist, daß es Morphismen $f_1\colon D_1 \to D, \dots, f_n\colon D_n \to D$ von $\mathfrak{D}$ mit gleichem Ziel und mit $T(f_1)(x_1) = \dots = T(f_n)(x_n)$ gibt. Es folgt $\varphi_{D_j} = \varphi_D \circ T(f_j)$ und, wenn wir $\mathfrak{G}_j' = T(f_j)(\mathfrak{G}_j)$ setzen,

$$\varphi_D(\mathfrak{G}_j') = \varphi_{D_j}(\mathfrak{G}_j)$$

[1]) Vergleiche den Beweis des Korollars zu 3.15.3.

für $j = 1, \ldots, n$. Wegen $T(f_j)(x_j) \in \varphi_D^{-1}\{x\}$ und der Stetigkeit der Abbildungen $T(f_j)$ ergibt sich $\mathfrak{G}_j' \in (\tau_D \circ \varphi_D^{-1})\ \{x\}$. ∎

Aus 3.12.1 folgt

3.15.4. *Eine Abbildung f aus* $\lim\operatorname{ind} X_D$ *in einen Limesraum Y ist in einem Punkt x ihres Definitionsbereiches genau dann stetig, wenn jede Abbildung $f \circ \varphi_D$ $(D \in \mathrm{Ob}\mathfrak{D})$ über $\varphi_D^{-1}\{x\}$ stetig ist.*

Auf Grund des Korollars zu **3.12.1** besteht das

Korollar. *Eine Abbildung f aus* $\mathfrak{p}(\lim\operatorname{ind} X_D)$ *bzw. aus* $\mathfrak{m}(\lim\operatorname{ind} X_D)$ *in einen pseudotopologischen bzw. mehrstufig topologischen Raum Y ist in einem Punkt x ihres Definitionsbereiches genau dann stetig, wenn jede Abbildung $f \circ \varphi_D$ über $\varphi_D^{-1}\{x\}$ stetig ist. Eine Abbildung f aus* $\mathfrak{t}(\lim\operatorname{ind} X_D)$ *in einen topologischen Raum Y, die eine offene oder abgeschlossene Menge als Definitionsbereich hat, ist genau dann stetig, wenn jede Abbildung $f \circ \varphi_D$ stetig ist.*

In dem Fall, daß T ein induktives Spektrum über einer gerichteten Menge I ist, können wir die eine Richtung des Satzes 3.15.4 auch so formulieren: f sei eine Abbildung aus $\lim\operatorname{ind} X_i$ in einen Limesraum Y. $S = \big((Y_i)_{i\in I}, (\psi_{ij})_{(i,j)\in\leq}\big)$ sei das triviale Spektrum über I mit Y als Raum. f_i sei zu beliebigem $i \in I$ die Abbildung $f \circ \varphi_i$ aus X_i in Y_i. Ist für einen Punkt x von $\lim\operatorname{ind} X_i$ jede Abbildung f_i über $\varphi_i^{-1}\{x\}$ stetig, so ist f in x stetig.
Entsprechend läßt sich die eine Richtung des zugehörigen Korollars in dem Fall, daß T ein induktives Spektrum über einer gerichteten Menge ist, umformulieren.
Im folgenden verallgemeinern wir diese Aussagen. Wir nehmen dazu an, daß neben T ein weiterer Funktor S von $\mathfrak{D}$ in LIM gegeben ist. Zu beliebigem $D \in \mathrm{Ob}\mathfrak{D}$ bezeichnen wir den Limesraum $S(D)$ mit Y_D und seine Limitierung mit τ_D'. Ferner setzen wir $X = \lim\operatorname{ind} X_D$ und $Y = \lim\operatorname{ind} Y_D$. V sei der Vergißfunktor von LIM in ENS. Mittels 3.12.2, 3.2.16 und Bemerkungen nach 3.2.16 folgt

3.15.5. $(f_D)_{D\in\mathrm{Ob}\mathfrak{D}}$ *sei eine natürliche Transformation im weiten Sinne von VT nach VS und f die nach* 3.2.14 *definierte Abbildung* $\lim\operatorname{ind} f_D$. *Ist für einen Punkt x des Definitionsbereiches von f jede Abbildung f_D über $\varphi_D^{-1}\{x\}$ bez. τ_D und τ_D' stetig, so ist f in x bez.* $\lim\operatorname{ind}\tau_D$ *und* $\lim\operatorname{ind}\tau_D'$ *stetig. Sind die f_D Homöomorphismen von X_D auf Y_D, so ist f ein Homöomorphismus von X auf Y.*

Auf Grund des Korollars zu 3.12.2 erhält man das

Korollar. $(f_D)_{D\in\mathrm{Ob}\mathfrak{D}}$ *sei eine natürliche Transformation im weiten Sinne von VT nach VS und f die Abbildung* $\lim\operatorname{ind} f_D$. *Ist für einen Punkt x des Definitionsbereiches von f jede Abbildung f_D über $\varphi_D^{-1}\{x\}$ bez. τ_D und τ_D' stetig, so ist f in x bez.* $p(\lim\operatorname{ind}\tau_D)$ *und* $p(\lim\operatorname{ind}\tau_D')$ *und bez.* $m(\lim\operatorname{ind}\tau_D)$ und $m(\lim\operatorname{ind}\tau_D')$

stetig. Hat f als Definitionsbereich eine (bez. $t(\lim\operatorname{ind}\tau'_D)$) *offene oder abgeschlossene Teilmenge von X und ist jede Abbildung f_D bez. τ_D und τ'_D stetig, so ist f bez.* $t(\lim\operatorname{ind}\tau_D)$ *und* $t(\lim\operatorname{ind}\tau'_D)$ *stetig. Sind die f_D Homöomorphismen von X_D auf Y_D, so ist f auch ein Homöomorphismus von $\boldsymbol{p}(X)$ auf $\boldsymbol{p}(Y)$, von $\boldsymbol{m}(X)$ auf $\boldsymbol{m}(Y)$ und von $\boldsymbol{t}(X)$ auf $\boldsymbol{t}(Y)$.*

3.15.6. *Es gilt*

$$\lim\operatorname{ind} p(\tau_D) = p(\lim\operatorname{ind}\tau_D), \quad \lim\operatorname{ind} m(\tau_D) \leqq m(\lim\operatorname{ind}\tau_D) \quad \textit{und}$$
$$\lim\operatorname{ind} t(\tau_D) \leqq t(\lim\operatorname{ind}\tau_D)\,,$$

wobei die Ordnung stets bezüglich des Verbandes $\mathcal{T}E$ aller Limitierungen von E gemeint ist. Im allgemeinen trifft bei den letzten beiden Beziehungen das Gleichheitszeichen nicht zu. Es kann sogar $\lim\operatorname{ind}\tau_D \neq m(\lim\operatorname{ind}\tau_D) \neq t(\lim\operatorname{ind}\tau_D)$ *gelten in dem Fall, daß die τ_D Topologien sind und T ein induktives Spektrum über $\boldsymbol{N}^+$ ist*[1]*.* $p(\lim\operatorname{ind}\tau_D)$ *ist die feinste Pseudotopologie,* $m(\lim\operatorname{ind}\tau_D)$ *die feinste mehrstufige Topologie und* $t(\lim\operatorname{ind}\tau_D)$ *die feinste Topologie von E derart, daß alle kanonischen Abbildungen φ_D bez. τ_D und dieser stetig sind.*

Beweis. 1. Die Richtigkeit der drei ersten Beziehungen folgt aus 3.12.9 und (3.15.1).

2. I sei die Menge $\boldsymbol{N}^+$, versehen mit der natürlichen Ordnung. Zu beliebigem $i \in I$ sei X_i die euklidische Ebene $\boldsymbol{R}^2$ und τ_i ihre Topologie. f sei die durch

$$f(\xi) = \begin{cases} 2\xi & \text{bei } \xi \in [-1/2,\ 1/2] \\ 1 & \text{bei } \xi \in [1/2,\ 2] \\ -1 & \text{bei } \xi \in [-2,\ -1/2] \\ \xi/2 & \text{bei } \xi \in\ ]-\infty,\ -2[\ \cup\ ]2, \infty[\end{cases}$$

definierte Abbildung von $\boldsymbol{R}$ in sich. Wir finden sicher eine stetige Abbildung φ von $\boldsymbol{R}^2$ auf sich, für die $\varphi(0, \xi) = (0, f(\xi))$ zu beliebigem $\xi \in \boldsymbol{R}$ gilt und die die nicht in $\{0\} \times [1/2, 2]$ und $\{0\} \times [-2, -1/2]$ liegenden Punkte eineindeutig zuordnet. Zu beliebigem $n \in \boldsymbol{N}$ sei φ^n die n-fache Komposition von φ mit sich. Unter φ^0 verstehen wir natürlich die identische Abbildung von $\boldsymbol{R}^2$ auf sich. Das geordnete Paar der Familien $(X_i)_{i\in I}$ und $(\varphi^{j-i})_{(i,j)\in\leqq}$ ist ein induktives Spektrum T. Äquivalenzklassen in $\sum_{i\in I} X_i = I \times \boldsymbol{R}^2$ bezüglich der betreffenden Äquivalenzrelation ϱ sind die Mengen $I \times (\{0\} \times \boldsymbol{R}^+)$, $I \times (\{0\} \times \boldsymbol{R}^-)$ und $\{(i, \varphi_i(x)) \mid i \in I\}$ $(x \in \boldsymbol{R}^2 \setminus (\{0\} \times (\boldsymbol{R} \setminus \{0\})))$, wobei $\boldsymbol{R}^- = \,]-\infty, 0[$ und $\boldsymbol{R}^+ = \,]0, \infty[$ gesetzt ist. Zu beliebigen Punkten $y_1, \ldots, y_n \in I \times (\{0\} \times \boldsymbol{R}^+)$ gibt es offensichtlich eine Teilmenge N von $\sum_{i\in I} X_i$ mit $\varrho[N] = N$, die Nachbarschaft jedes Punktes $y_1, \ldots, y_n$, jedoch nicht Nachbarschaft aller Punkte von

[1]) Präordnung von $\boldsymbol{N}^+$ sei selbstverständlich die natürliche Ordnung.

$I \times (\{0\} \times \boldsymbol{R}^+)$ ist. Wegen 3.13.7 ist daher $\lim\operatorname{ind}\tau_i \neq m(\lim\operatorname{ind}\tau_i)$. Wir denken uns im weiteren die Abbildung φ so gewählt, daß sie das Quadrat $Q = \{(\xi, \eta) \mid |\xi| < 1 \text{ und } |\eta| < 1\}$ auf sich abbildet. $N = I \times Q$ ist dann eine Nachbarschaft von $I \times \{(0, 0)\}$ $(0 \in \boldsymbol{R})$ in $\sum_{i \in I} X_i$. Es gibt offensichtlich keine Nachbarschaft M von $I \times \{(0, 0)\}$, so daß $\varrho[N] = N \cup \big(I \times (\{0\} \times \boldsymbol{R})\big)$ Nachbarschaft aller Punkte von $\varrho[M]$, also insbesondere von $I \times (\{0\} \times \boldsymbol{R})$ ist. Wegen 3.13.8 gilt daher $m(\lim\operatorname{ind}\tau_i) \neq t(\lim\operatorname{ind}\tau_i)$.

3. Der letzte Teil der Behauptung folgt aus 3.12.6. ▮

Auf Grund des Korollars zu 3.12.7 gilt

3.15.7. *Zu beliebigem $x \in E$ besteht zwischen dem Nachbarschaftsfilter $\mathfrak{N}(x)$ von x bez.* $\lim\operatorname{ind}\tau_D$ *und den Nachbarschaftsfiltern $\mathfrak{N}_D(x_D)$ der Punkte $x_D \in \varphi_D^{-1}\{x\}$ $(D \in \mathrm{Ob}\mathfrak{D})$ die Beziehung*

$$\mathfrak{N}(x) = \bigwedge_{D \in \mathrm{Ob}\mathfrak{D}} \quad \bigwedge_{x_D \in \varphi_D^{-1}\{x\}} \varphi_D\big(\mathfrak{N}_D(x_D)\big).$$

Aus 3.12.8 folgt

3.15.8. *Eine Teilmenge A von E ist bezüglich* $\lim\operatorname{ind}\tau_D$ *genau dann offen bzw. abgeschlossen, wenn $\varphi_D^{-1}[A]$ zu beliebigem $D \in \mathrm{Ob}\mathfrak{D}$ offen bzw. abgeschlossen ist.*

Ferner gilt

3.15.9. *Zu beliebigem $x \in E$ besteht zwischen dem Umgebungsraster $\mathfrak{U}(x)$ von x bez.* $\lim\operatorname{ind}\tau_D$ *und den Umgebungsrastern $\mathfrak{U}_D(x_D)$ der Punkte $x_D \in \varphi_D^{-1}\{x\}$ $(D \in \mathrm{Ob}\mathfrak{D})$ die Beziehung*

$$\operatorname*{im}_{\subseteqq, E} \mathfrak{U}(x) \subseteqq \bigwedge_{D \in \mathrm{Ob}\mathfrak{D}} \quad \bigwedge_{x_D \in \varphi_D^{-1}\{x\}} \varphi_D\big(\operatorname*{im}_{\subseteqq, X_D} \mathfrak{U}_D(x_D)\big).$$

Das Gleichheitszeichen trifft bei dieser Beziehung im allgemeinen nicht zu, auch nicht, wenn die X_D als topologische Räume vorausgesetzt sind und T ein induktives Spektrum über $\boldsymbol{N}^+$ ist.

Beweis. Die angegebene Beziehung gilt auf Grund des Korollars zu 3.12.8. Wir zeigen im folgenden an Hand eines Beispiels, daß bei ihr das Gleichheitszeichen im allgemeinen nicht zutrifft, auch nicht, wenn die X_D topologische Räume sind und T ein induktives Spektrum über $\boldsymbol{N}^+$ ist. I sei die Menge $\boldsymbol{N}^+$, versehen mit der natürlichen Ordnung. Zu beliebigem $i \in I$ sei $X_i = \boldsymbol{R}$ und τ_i die natürliche Topologie von $\boldsymbol{R}$. φ sei die durch

$$\varphi(\xi) = \begin{cases} \xi & \text{bei } \xi \in]-\infty, 0[\cup]2, \infty[\\ 2\xi & \text{bei } \xi \in [0, 1] \\ 2 & \text{bei } \xi \in [1, 2] \end{cases}$$

definierte stetige Abbildung von $\boldsymbol{R}$ in sich. Zu beliebigem $n \in \boldsymbol{N}$ sei φ^n die n-fache Komposition von φ mit sich; φ^0 sei die identische Abbildung von $\boldsymbol{R}$ auf sich. Das geordnete Paar der Familien $(X_i)_{i \in I}$ und $(\varphi^{j-i})_{(i,j) \in \leqq}$ ist ein induktives Spektrum T. Äquivalenzklassen in $\sum_{i \in I} X_i = I \times \boldsymbol{R}$ bezüglich der betreffenden Äquivalenzrelation ϱ sind die Mengen $I \times]0, 2]$ und $I \times \{\xi\}$, $\xi \in \boldsymbol{R} \setminus]0, 2]$. Die kanonischen Abbildungen φ_i ordnen den Zahlen $\xi \in]0, 2]$ die Äquivalenzklasse $I \times]0, 2]$ und den Zahlen $\xi \in \boldsymbol{R} \setminus]0, 2]$ die Äquivalenzklassen $I \times \{\xi\}$ zu. Das offene Intervall $J =]-1, 1[$ ist eine Umgebung der Zahl 0, weshalb $J \in \text{im}_{\subseteq, X_i} \mathfrak{U}_i(0)$ zu beliebigem $i \in I$ gilt. Wir setzen $x = I \times \{0\}$ und erhalten, daß die von i unabhängige Menge

$$\varphi_i[J] = \{I \times]0, 2]\} \cup \{I \times \{\xi\} \mid \xi \in]-1, 0]\}$$

zu $\bigwedge_{i \in I} \bigwedge_{x_i \in \varphi_i^{-1}\{x\}} \varphi_i(\text{im}_{\subseteq, X_i} \mathfrak{U}_i(x_i))$ gehört. Im weiteren zeigen wir, daß $\varphi_i[J]$ nicht $\text{im}_{\subseteq, E} \mathfrak{U}(x)$ angehört. Ist U eine beliebige Umgebung von $x = I \times \{0\}$, so ist $\varphi_i^{-1}[U]$ nach 3.15.8 zu beliebigem $i \in I$ eine Umgebung der Zahl 0. Das Intervall $]0, 2]$ hat deshalb zu beliebigem $i \in I$ mit $\varphi_i^{-1}[U]$ einen nichtleeren Durchschnitt, es ist dann sogar eine Teilmenge von $\varphi_i^{-1}[U]$. Daher kann für kein $i \in I$ die offene Menge $\varphi_i^{-1}[U]$ in $(\varphi_i^{-1} \circ \varphi_i)[J] =]-1, 2]$ und daher auch nicht U in $\varphi_i[J]$ liegen. $\varphi_i[J]$ gehört deshalb nicht $\text{im}_{\subseteq, E} \mathfrak{U}(x)$ an. ∎

Es folgen noch einige Bemerkungen zu Trennbarkeitseigenschaften induktiver Limites. Da T_1-Trennbarkeit nur von der der betreffenden Limitierung zugeordneten Topologie abhängt, ist es nicht nötig, bezüglich T_1-Trennbarkeit neben den induktiven Limites in LIM noch die induktiven Limites in PTOP, MTOP und TOP zu untersuchen.

3.15.10. lim ind X_D *genügt genau dann dem ersten Trennungsaxiom, wenn zu jedem Punkt x dieses Raumes die Mengen $\varphi_D^{-1}\{x\}$ abgeschlossen sind Ist T ein induktives Einbettungsspektrum über einer pseudogerichteten Menge I, so genügt* lim ind X_i *genau dann dem ersten Trennungsaxiom, wenn alle X_i dieses Axiom erfüllen.*

Beweis. Die Richtigkeit des ersten Teiles der Behauptung folgt aus 3.7.2 und 3.15.8. Ist T ein induktives Einbettungsspektrum über einer pseudogerichteten Menge I, so sind, wie mittels 3.2.17 folgt, alle kanonischen Abbildungen φ_i eineindeutige Abbildungen. Die Mengen $\varphi_i^{-1}\{x\}$ $(x \in E,\ i \in I)$ sind dann leer oder einelementig. Mit ihnen werden alle einelementigen Teilmengen der Räume X_i erfaßt. Damit folgt leicht die Richtigkeit des zweiten Teiles der Behauptung. ∎

Anmerkung. Im Beweis von 3.15.9 ist ein Beispiel eines induktiven Limes angeführt, bei dem alle Räume X_D dem ersten Trennungsaxiom genügen, jedoch nicht alle Mengen $\varphi_D^{-1}\{x\}$ abgeschlossen sind. Nach 3.15.10 erfüllt $\operatorname{limind} X_D$ in diesem Beispiel damit nicht das erste Trennungsaxiom. Es ist leicht, ein Beispiel anzuführen derart, daß $\operatorname{limind} X_D$ das erste Trennungsaxiom erfüllt und die Räume X_D diesem Axiom nicht genügen.

3.15.11. *Ist $\mathfrak{D}$ pseudofiltrierend, so ist $\operatorname{limind} X_D$ genau dann separiert, wenn zu beliebigem $D \in \operatorname{Ob}\mathfrak{D}$, beliebigen Punkten x und y von X_D mit $\varphi_D(x) \neq \varphi_D(y)$ und beliebigen Filtern $\mathfrak{F} \in \tau_D(x)$ und $\mathfrak{G} \in \tau_D(y)$*

$$\varphi_D(\mathfrak{F}) \vee \varphi_D(\mathfrak{G}) = \mathsf{P}E \tag{3.15.4}$$

gilt. Wenn T ein induktives Einbettungsspektrum über einer pseudogerichteten Menge I ist, ist $\operatorname{limind} X_\iota$ genau dann separiert, wenn alle X_ι separiert sind.

Beweis. Wir setzen $X = \operatorname{limind} X_D$.

1. Zu beliebigem $D \in \operatorname{Ob}\mathfrak{D}$, beliebigen Punkten x, y von X_D mit $\varphi_D(x) \neq \varphi_D(y)$ und beliebigen Filtern $\mathfrak{F} \in \tau_D(x)$, $\mathfrak{G} \in \tau_D(y)$ konvergieren auf Grund der Stetigkeit von φ_D die Filter $\varphi_D(\mathfrak{F})$ und $\varphi_D(\mathfrak{G})$ gegen die voneinander verschiedenen Punkte $\varphi_D(x)$ und $\varphi_D(y)$. Ist X separiert, so gilt dann (3.15.4).

2. Im weiteren gelte (3.15.4) zu beliebigem $D \in \operatorname{Ob}\mathfrak{D}$, beliebigen Punkten x, y von X_D mit $\varphi_D(x) \neq \varphi_D(y)$ und beliebigen Filtern $\mathfrak{F} \in \tau_D(x)$, $\mathfrak{G} \in \tau_D(y)$. Gegeben seien zwei voneinander verschiedene Punkte u und v von X und gegen u bzw. v konvergierende Filter $\mathfrak{K}$ bzw. $\mathfrak{L}$. Wir finden auf Grund des Korollars zu 3.15.3 ein $C \in \operatorname{Ob}\mathfrak{D}$, eine endliche Teilmenge A von $\varphi_C^{-1}\{u\}$ und Filter $\mathfrak{F}_a \in \tau_C(a)$ $(a \in A)$ mit

$$\bigwedge_{a \in A} \varphi_C(\mathfrak{F}_a) \subseteq \mathfrak{K}$$

und ein $D \in \operatorname{Ob}\mathfrak{D}$, eine endliche Teilmenge B von $\varphi_D^{-1}\{v\}$ und Filter $\mathfrak{G}_b \in \tau_D(b)$ $(b \in B)$ mit

$$\bigwedge_{b \in B} \varphi_D(\mathfrak{G}_b) \subseteq \mathfrak{L}\,.$$

Zunächst nehmen wir an, daß keine Morphismen f und g von $\mathfrak{D}$ mit C und D als Quelle und gleichem Ziel existieren. Dann ist $I_C = \{M \in \operatorname{Ob}\mathfrak{D} \mid$ es existieren $f\colon C \to C'$, $g\colon M \to M' \in \operatorname{Mor}\mathfrak{D}$ mit $C' = M'\}$ zu der entsprechend gebildeten Menge I_D elementfremd. $U = \bigcup_{M \in I_C} \operatorname{wb} \varphi_M = \varkappa[\sum_{M \in I_C} |X_M|]$ und $V = \bigcup_{M \in I_D} \operatorname{wb} \varphi_M = \varkappa[\sum_{M \in I_D} |X_M|]$ sind elementfremde offene Mengen, da $\varkappa^{-1}[U] = \sum_{M \in I_C} |X_M|$ und $\varkappa^{-1}[V] = \sum_{M \in I_D} |X_M|$ wegen 3.2.17 gilt und diese Mengen elementfremd und in $\sum_{M \in \operatorname{Ob}\mathfrak{D}} X_M$ offen sind. Es folgt $U \in \mathfrak{K}$ und $V \in \mathfrak{L}$ und damit $\mathfrak{K} \vee \mathfrak{L} = \mathsf{P}E$.

Im weiteren gebe es Morphismen $f\colon C \to M$ und $g\colon D \to M$ von $\mathfrak{D}$. Es gilt $\varphi_C = \varphi_M \circ T(f)$ und $\varphi_D = \varphi_M \circ T(g)$, folglich

$$\bigwedge_{a \in A} \varphi_M(\mathfrak{K}_a) \subseteq \mathfrak{K}$$

bei $\mathfrak{K}_a = T(f)(\mathfrak{F}_a)$ und

$$\bigwedge_{b \in B} \varphi_M(\mathfrak{L}_b) \subseteqq \mathfrak{L}$$

bei $\mathfrak{L}_b = T(g)(\mathfrak{G}_b)$. Wegen der Stetigkeit von $T(f)$ und $T(g)$ konvergiert jeder Filter $\mathfrak{K}_a$ gegen $x_a = T(f)(a)$ und jeder Filter $\mathfrak{L}_b$ gegen $y_b = T(g)(b)$. Die Punkte x_a und y_b gehören den elementfremden Mengen $\varphi_M^{-1}\{a\}$ und $\varphi_M^{-1}\{b\}$ an. Auf Grund der Voraussetzung und der Distributivität des Filterverbandes $\mathcal{F}E$ folgt somit

$$\mathsf{P}E = \bigwedge_{(a,b) \in A \times B} (\varphi_M(\mathfrak{K}_a) \vee \varphi_M(\mathfrak{L}_b)) = \bigwedge_{a \in A} \varphi_M(\mathfrak{K}_a) \vee \bigwedge_{b \in B} \varphi_M(\mathfrak{L}_b) \subseteqq \mathfrak{K} \vee \mathfrak{L},$$

also $\mathfrak{K} \vee \mathfrak{L} = \mathsf{P}E$.

3. Ist T ein induktives Einbettungsspektrum über einer gerichteten Menge I, so sind alle kanonischen Abbildungen φ_i eineindeutige Abbildungen. Aus dem Bewiesenen folgt leicht, daß unter dieser Voraussetzung X genau dann separiert ist, wenn alle X_i separiert sind. ▮

In dem Fall, daß die X_i mehrstufig topologische bzw. topologische Räume sind, gilt eine entsprechend einfache Aussage über die Separiertheit von $\boldsymbol{m}(\lim\operatorname{ind} X_i)$ bzw. $\boldsymbol{t}(\lim\operatorname{ind} X_i)$ wie die in 3.15.11 für $\lim\operatorname{ind} X_i$ nicht. Wir führen das genauer aus. T sei dazu ein induktives Spektrum $((X_i)_{i \in I}, (\varphi_{ij})_{(i,j) \in \leqq})$ über einer pseudogerichteten Menge I. Vorerst seien alle X_i mehrstufig topologische Räume. Der mehrstufig topologische Raum $\boldsymbol{m}(\lim\operatorname{ind} X_i)$ ist wegen 3.15.7 genau dann separiert, wenn zu beliebigen voneinander verschiedenen Punkten x und y dieses Raumes die Beziehung

$$\bigwedge_{i \in I} \bigwedge_{x_i \in \varphi_i^{-1}\{x\}} \varphi_i(\mathfrak{N}_i(x_i)) \vee \bigwedge_{i \in I} \bigwedge_{y_i \in \varphi_i^{-1}\{y\}} \varphi_i(\mathfrak{N}_i(y_i)) = \mathsf{P}E \tag{3.15.5}$$

besteht. Auf Grund der Stetigkeit der Abbildungen φ_{ij} gilt $\varphi_{ij}(\mathfrak{N}_i(x_i)) \supseteqq \mathfrak{N}_j(\varphi_{ij}(x_i))$ und damit $\varphi_i(\mathfrak{N}_i(x_i)) \supseteqq \varphi_j(\mathfrak{N}_j(\varphi_{ij}(x_i)))$ zu beliebigem $(i, j) \in \leqq$ und beliebigen Punkten x_i von X_i. Man benötigt daher zur Bestimmung der in (3.15.5) angeführten Durchschnitte im allgemeinen konfinal viele i, d. h. alle i einer Teilmenge J von I, die mit jeder Menge $\{i \in I \mid j \leqq i\}$ $(j \in I)$ einen nichtleeren Durchschnitt hat. Ist T speziell ein induktives Einbettungsspektrum über einer gerichteten Menge I, so gilt, falls wir mit F die Vereinigung der Trägermengen der X_i bezeichnen, $\operatorname{im}_{\subseteqq, F} \mathfrak{N}_i(x) \supseteqq \operatorname{im}_{\subseteqq, F} \mathfrak{N}_j(x)$ für alle $(i, j) \in \leqq$ und alle Punkte x von X_i und ist $\boldsymbol{m}(\lim\operatorname{ind} X_i)$ genau dann separiert, wenn zu beliebigen voneinander verschiedenen Elementen x und y von F die Beziehung

$$\bigwedge_{i \in I_x} \operatorname{im}_{\subseteqq, F} \mathfrak{N}_i(x) \vee \bigwedge_{i \in I_y} \operatorname{im}_{\subseteqq, F} \mathfrak{N}_i(y) = \mathsf{P}F$$

besteht; dabei sei $I_x = \{i \in I \mid x \in X_i\}$ und $I_y = \{i \in I \mid y \in X_i\}$.

Im weiteren seien die X_i topologische Räume. Mittels 3.15.8 folgt, daß der topologische Raum $\boldsymbol{t}(\lim\operatorname{ind} X_i)$ genau dann separiert ist, wenn zu beliebigen voneinander verschiedenen Punkten x und y dieses Raumes punktfremde

Mengen U und V mit $x \in U$ und $y \in V$ existieren derart, daß $\varphi_i^{-1}[U]$ und $\varphi_i^{-1}[V]$ zu beliebigem $i \in I$ offen sind. Auf Grund der Stetigkeit der Abbildungen φ_{ij} folgt, daß zu beliebigem $(i, j) \in \leqq$ und jeder Menge $W \subseteqq E$ mit $\varphi_j^{-1}[W]$ auch $\varphi_i^{-1}[W] = (\varphi_{ij}^{-1} \circ \varphi_j^{-1})[W]$ offen ist. Es reicht daher aus, in der angegebenen notwendigen und hinreichenden Bedingung für die Separiertheit von $\boldsymbol{t}(\lim\operatorname{ind} X_\iota)$ zu fordern, daß für konfinal viele i die Mengen $\varphi_i^{-1}[U]$ und $\varphi_i^{-1}[V]$ offen sind. Ist T ein induktives Einbettungsspektrum über einer gerichteten Menge I, so ist $\boldsymbol{t}(\lim\operatorname{ind} X_\iota)$ genau dann separiert, wenn zu beliebigen voneinander verschiedenen Elementen x und y der Vereinigung F der Trägermengen der X_ι $(i \in I)$ punktfremde Teilmengen G und H von F mit $x \in G$ und $y \in H$ existieren derart, daß zu beliebigem $i \in I$ die Durchschnitte von G und von H mit X_ι in X_ι offen sind.

Im folgenden befassen wir uns mit dem Problem der Vertauschung der Reihenfolge von projektiven und induktiven Limites in LIM, PTOP, MTOP und TOP. Es seien $\mathfrak{D}$ und $\mathfrak{E}$ nichtleere kleine Kategorien, und T sei ein Funktor von $\mathfrak{D} \times \mathfrak{E}$ in LIM, PTOP, MTOP bzw. TOP. Zu beliebigem $D \in \mathrm{Ob}\mathfrak{D}$ setzen wir $X_D = \lim\operatorname{proj} T_{D\cdot}(E)$, zu beliebigem $E \in \mathrm{Ob}\mathfrak{E}$ ferner $Y_E = \lim\operatorname{ind} T_{\cdot E}(D)$. $|X_D|$ und $|Y_E|$ seien die Trägermengen dieser Limesräume. Aus den Überlegungen vor 3.2.20 folgt, daß die wie dort definierte Abbildung ω von $\lim\operatorname{ind} |X_D|$ in $\lim\operatorname{proj} |Y_E|$ eine stetige Abbildung von $\lim\operatorname{ind} X_D$ in $\lim\operatorname{proj} Y_E$, von $\boldsymbol{p}(\lim\operatorname{ind} X_D)$ in $\lim\operatorname{proj} \boldsymbol{p}(Y_E)$, von $\boldsymbol{m}(\lim\operatorname{ind} X_D)$ in $\lim\operatorname{proj} \boldsymbol{m}(Y_E)$ bzw. von $\boldsymbol{t}(\lim\operatorname{ind} X_D)$ in $\lim\operatorname{proj} \boldsymbol{t}(Y_E)$ ist. Wenn zusätzlich $\mathfrak{D}$ filtrierend und $\mathfrak{E}$ endlich ist, folgt mittels 3.2.20 sogar, daß ω jeweils eine stetige Bijektion ist. Im allgemeinen ist ω unter dieser Voraussetzung kein Homöomorphismus. In einem wichtigen Fall trifft das jedoch zu. Wir geben diesen im folgenden an, und zwar zeigen wir, daß sich unter einer geringen Einschränkung in LIM und allgemein in PTOP nichtleere endliche Produkte mit induktiven Limites induktiver Einbettungsspektren über nichtleeren gerichteten Mengen vertauschen lassen. Wir nehmen in diesem Falle eine geeignetere Auswahl der induktiven Limites vor.

I sei eine nichtleere gerichtete Menge, J eine nichtleere endliche Menge und X_{ij} zu beliebigem $(i, j) \in I \times J$ ein Limesraum derart, daß zu beliebigen $i, i' \in I$ mit $i \leqq i'$ und beliebigem $j \in J$ die Trägermenge von X_{ij} in der Trägermenge von $X_{i'j}$ enthalten und die identische Einbettung von X_{ij} in $X_{i'j}$ stetig ist.

3.15.12 (Vertauschungssatz). *Die Limitierungen τ_{ij} der X_{ij} seien in keinem Punkt entartet. Dann gilt*

$$\bigcup_{i \in I} \prod_{j \in J} X_{ij} = \prod_{j \in J} \bigcup_{i \in I} X_{ij}\,.$$

Beweis. Wir wenden (3.2.18) und 3.12.10 an und haben lediglich noch zu zeigen, daß die Limitierung τ von $\bigcup_{i \in I} \prod_{j \in J} X_{ij}$ von der Familie $(\pi_j)_{j \in J}$ der zugehörigen natürlichen Projektionen reproduziert wird. π_{ij} seien die j-ten natürlichen Projektionen der $\prod_{k\in J} X_{ik}$. Gegeben seien ein Element x der Trägermenge F von $\bigcup_{i\in I} \prod_{j\in J} X_{ij}$ und ein eigentlicher Filter $\mathfrak{F} \in \left(\bigwedge_{j\in J} (\pi_j^{-1} \circ \pi_j)^{\mathfrak{I}} \circ \tau\right)(x)$. Unter Beachtung der Endlichkeit von J finden wir ein $\mathfrak{G} \in \tau(x)$ mit $\bigvee_{j\in J} (\pi_j^{-1} \circ \pi_j)(\mathfrak{G}) \subseteq \mathfrak{F}$. Wegen (3.15.2) existiert ein $i \in I$ mit $x \in \prod_{j\in J} X_{ij}$ und ein $\mathfrak{H} \in (\prod_{j\in J} \tau_{ij})(x)$ mit $\operatorname{im}_{\subseteq, F} \mathfrak{H} \subseteq \mathfrak{G}$. Für dieses i und $\mathfrak{K} = \prod_{j\in J} \pi_{ij}(\mathfrak{H})$ folgt mittels 2.6.1 und 2.6.4

$$\operatorname{im}_{\subseteq, F} \mathfrak{K} = \prod_{j\in J} \pi_j (\operatorname{im}_{\subseteq, F} \mathfrak{H}) \subseteq \mathfrak{F}$$

und wegen 3.10.1 ferner $\mathfrak{K} \in (\prod_{j\in J} \tau_{ij})(x)$, wegen (3.15.2) damit $\mathfrak{F} \in \tau(x)$, somit $\bigwedge_{\in J} (\pi_j^{-1} \circ \pi_j)^{\mathfrak{I}} \circ \tau \leqq \tau$. ∎

Der Satz besagt natürlich auch die angegebene Vertauschbarkeit in PTOP. Eine entsprechende Vertauschbarkeit in MTOP und TOP gilt im allgemeinen nicht, wie wir an Hand eines Beispiels zeigen.

I sei gleich $\boldsymbol{N}^+$, versehen mit der natürlichen Ordnung, und J gleich $\{1, 2\}$. Zu beliebigem $i \in \boldsymbol{N}^+$ sei X_{i1} gleich $\boldsymbol{R}$, versehen mit der durch

$$\tau_i(x) = \begin{cases} [[]-i, i[]] & \text{bei } x = 0 \\ [V_x] & \text{bei } x \neq 0 \end{cases}$$

definierten Topologie τ_i, ferner X_{i2} gleich $\boldsymbol{R}$, versehen mit der natürlichen Topologie τ_{nat}; V_x ist dabei stets der Nachbarschaftsfilter von x bez. τ_{nat}. Für jedes $x \in \boldsymbol{R}$ gilt

$$\begin{aligned} m\Big(\bigvee_{i\in \boldsymbol{N}^+} (\tau_i(0) \times \tau_{\text{nat}}(x)\Big) &= [\bigcap_{i\in \boldsymbol{N}^+} ([]-i, i[] \times V_x)] \\ &\subsetneqq [\{\boldsymbol{R}\} \times V_x] = m\Big(\bigvee_{i\in \boldsymbol{N}^+} \tau_i\Big)(0) \times \tau_{\text{nat}}(x) \end{aligned}$$

(siehe Teil 2 des Beweises von 2.6.5). Somit erhalten wir

$$\boldsymbol{m}\Big(\bigcup_{i\in \boldsymbol{N}^+} (X_{i1} \times X_{i2})\Big) \neq \boldsymbol{m}\Big(\bigcup_{i\in \boldsymbol{N}^+} X_{i1}\Big) \times \boldsymbol{m}\Big(\bigcup_{i\in \boldsymbol{N}^+} X_{i2}\Big)$$

und, da sich die drei in dieser Beziehung gebildeten mehrstufigen topologischen Räume als topologische Räume erweisen, damit auch

$$\boldsymbol{t}\Big(\bigcup_{i\in \boldsymbol{N}^+} (X_{i1} \times X_{i2})\Big) \neq \boldsymbol{t}\Big(\bigcup_{i\in \boldsymbol{N}^+} X_{i1}\Big) \times \boldsymbol{t}\Big(\bigcup_{i\in \boldsymbol{N}^+} X_{i2}\Big).$$

3.16. Kompaktheitsbegriffe

Wir befassen uns in diesem Abschnitt mit einer Reihe von Kompaktheitsbegriffen. Zunächst gehen wir auf den Begriff des Adhärenzpunktes und auf das erste Abzählbarkeitsaxiom ein.

X sei ein Limesraum und τ seine Limitierung. Wir erinnern daran, daß wir einen Punkt x von X als einen Adhärenzpunkt eines Filters $\mathfrak{F}$ in X bezeichnen, wenn ein eigentlicher, gegen x konvergierender Oberfilter von $\mathfrak{F}$ existiert. Der uneigentliche Filter besitzt keine Adhärenzpunkte. Zwischen dem Begriff des Adhärenzpunktes eines Filters und dem Begriff der Adhärenz einer Menge besteht ein enger Zusammenhang. Offenbar wird nämlich die Adhärenz $\bar{A}$ einer Teilmenge A von X gerade aus allen Punkten von A und allen Adhärenzpunkten des Hauptfilters $[A]$ gebildet. Mittels des Begriffs des Adhärenzpunktes für Filter definieren wir einen entsprechenden Begriff für gefilterte Familien. Wir sagen, daß ein Punkt x von X ein **Adhärenzpunkt** einer gefilterten Familie $(x_\iota)_{\iota\in I}$ von Punkten von X ist, wenn er Adhärenzpunkt des aus dieser gefilterten Familie erzeugten Filters ist. Da gerichtete Familien und ebenfalls Folgen spezielle gefilterte Familien sind, ist damit gleichzeitig festgelegt, was ein Adhärenzpunkt einer gerichteten Familie und einer Folge ist.

3.16.1. *Ein Punkt x von X ist genau dann ein Adhärenzpunkt einer gefilterten (gerichteten) Familie $(x_\iota)_{\iota\in I}$ von Punkten von X, wenn eine gegen x konvergierende eigentliche gefilterte (gerichtete) Teilfamilie von $(x_\iota)_{\iota\in I}$ existiert.*

Beweis. $(x_\iota)_{\iota\in I}$ sei eine gefilterte Familie von Punkten von X und $\mathfrak{F}$ der aus ihr erzeugte Filter. Ist x ein Adhärenzpunkt von $(x_\iota)_{\iota\in I}$, d. h. von $\mathfrak{F}$, so gibt es einen gegen x konvergierenden eigentlichen Oberfilter $\mathfrak{G}$. Nach 2.8.4 existiert ein Netz $(y_\jmath)_{\jmath\in J}$, das eine gefilterte Teilfamilie von $(x_\iota)_{\iota\in I}$ ist und $\mathfrak{G}$ erzeugt, also ebenfalls eigentlich ist und gegen x konvergiert. Ist $(x_\iota)_{\iota\in I}$ speziell ein Netz, so ist $(y_\jmath)_{\jmath\in J}$ natürlich ein Teilnetz dieses Netzes. Damit ist die eine Richtung der Behauptung gezeigt. Die andere Richtung ergibt sich noch einfacher mittels 2.8.4. ▮

Aus einem nach 3.16.32 angeführten Beispiel geht hervor, daß eine Folge von Punkten von X, die einen Adhärenzpunkt hat, im allgemeinen keine gegen diesen Punkt konvergierende Teilfolge besitzt. Das trifft jedoch zu, wenn man die Gültigkeit des ersten Abzählbarkeitsaxioms voraussetzt. Wir sagen genau dann, daß der Limesraum X oder seine Limitierung τ dem **ersten Abzählbarkeitsaxiom** genügt, wenn jeder gegen einen Punkt x konvergierende Filter einen gegen x konvergierenden Unterfilter mit einer abzählbaren Basis besitzt. Offensichtlich genügt ein mehrstufig topologischer Raum genau dann dem ersten Abzählbarkeitsaxiom, wenn die Nachbarschaftsfilter abzählbare Basen haben, und erfüllt ein topologischer Raum genau dann dieses Axiom, wenn die Nachbarschaftsfilter aus offenen Mengen bestehende abzählbare Basen besitzen.

Wie bereits erwähnt, gilt

3.16.2. *X genüge dem erste Abzählbarkeitsaxiom. Dann besitzt jede Folge von Punkten von X, die einen Adhärenzpunkt x hat, eine gegen x konvergierende Teilfolge.*

Beweis. $x_1, x_2, \ldots$ sei eine Folge von Punkten von X und x ein Adhärenzpunkt dieser Folge. Nach 3.16.1 existiert ein gegen x konvergierendes Netz $(y_j)_{j \in J}$, das Teilnetz von $x_1, x_2, \ldots$ ist. Es gibt somit eine Abbildung $f\colon J \to \boldsymbol{N}^+$ derart, daß $y_j = x_{f(j)}$ zu beliebigem $j \in J$ ist und zu jedem $n \in \boldsymbol{N}^+$ ein $j_0 \in J$ existiert mit $n \leqq f(j)$ für jedes $j \in J$ mit $j_0 \leqq j$. Auf Grund der Voraussetzung finden wir einen gegen x konvergierenden Filter mit einer abzählbaren Basis $\mathfrak{B}$, der ein Unterfilter des aus $(y_j)_{j \in J}$ erzeugten Filters ist. Wir nehmen ohne Einschränkung der Allgemeinheit an, daß die Elemente von $\mathfrak{B}$ eine bezüglich der mengentheoretischen Ordnung monoton fallende Folge $B_1 \supseteqq B_2 \supseteqq \cdots$ bilden. Zu beliebigem $n \in \boldsymbol{N}^+$ gibt es ein $j_n \in J$ mit $n \leqq f(j_n)$ und $y_{j_n} \in B_n$. $y_{j_1}, y_{j_2}, \ldots$ ist daher eine gegen x konvergierende Folge, die Teilnetz von $x_1, x_2, \ldots$ ist. Nach 2.8.3 ist $y_{j_1}, y_{j_2}, \ldots$ Umordnung einer Streckung einer Teilfolge $z_1, z_2, \ldots$ von $x_1, x_2, \ldots$ Da eine Folge dasselbe Konvergenzverhalten hat wie jede sich daraus durch Umordnung oder Streckung ergebende Folge, konvergiert auch $z_1, z_2, \ldots$ gegen x. ∎

Mittels (3.3.1) folgt leicht eine weitere wichtige Eigenschaft des ersten Abzählbarkeitsaxioms.

3.16.3. *Genügt X dem ersten Abzählbarkeitsaxiom, so besteht die Adhärenz jeder Teilmenge A von X aus allen Punkten von A und allen τ-Limites von Folgen von Punkten von A.*

Unter Beachtung von 3.4.17 ergibt sich

3.16.4. *Jeder halbmetrische Raum genügt dem ersten Abzählbarkeitsaxiom.*

Wir geben als nächstes eine Verschärfung des ersten Abzählbarkeitsaxioms an. Wir sagen genau dann, daß X oder die Limitierung τ von X dem **zweiten Abzählbarkeitsaxiom** genügt, wenn eine abzählbare Menge $\mathfrak{A}$ von Teilmengen von X mit der folgenden Eigenschaft existiert: Zu jedem gegen einen Punkt x von X konvergierenden Filter existiert ein gegen x konvergierender Unterfilter, der eine Basis aus $\mathfrak{A}$ angehörenden Mengen besitzt. Ein mehrstufig topologischer Raum genügt genau dann dem zweiten Abzählbarkeitsaxiom, wenn eine abzählbare Menge $\mathfrak{A}$ von Teilmengen des Raumes existiert derart, daß jeder Nachbarschaftsfilter eine Basis aus $\mathfrak{A}$ angehörenden Mengen besitzt. Ein topologischer Raum erfüllt genau dann dieses Axiom, wenn seine Topologie eine abzählbare Basis besitzt.

Natürlich genügt ein Limesraum dem ersten Abzählbarkeitsaxiom, wenn er das zweite Abzählbarkeitsaxiom erfüllt.

Wir nennen eine Teilmenge K von X **kompakt**, wenn jeder Filter $\mathfrak{F}$ in X mit $F \cap K \neq \emptyset$ $(F \in \mathfrak{F})$, also jeder Filter $\mathfrak{F} \in \mathcal{F}_K X$, mindestens einen in K liegenden Adhärenzpunkt besitzt. Unter Benutzung des Überganges von $\mathfrak{F} \in \mathcal{F}_K X$ zu $\mathfrak{F} \vee [K]$ folgt, daß eine Teilmenge K von X genau dann kompakt ist, wenn jeder eigentliche Filter $\mathfrak{F}$ in X, dem K angehört, mindestens einen in K liegenden Adhärenzpunkt hat. Mittels 2.2.6 folgt damit, daß eine Teilmenge K von X genau dann kompakt ist, wenn jeder Ultrafilter in X, dem K angehört, gegen einen Punkt von K konvergiert. Ist die Trägermenge von X kompakt, so heißen ebenfalls der Limesraum X und die Limitierung τ von X **kompakt**. Der Limesraum X ist genau dann kompakt, wenn jeder eigentliche Filter in X mindestens einen Adhärenzpunkt hat bzw., was dazu äquivalent ist, wenn jeder Ultrafilter in X konvergiert. Jede endliche Teilmenge eines pseudotopologischen Raumes ist kompakt.

Eine schwächere Eigenschaft als die Kompaktheit ist die $\aleph_0$-Kompaktheit. Und zwar nennen wir eine Teilmenge K von X **$\aleph_0$-kompakt** oder auch **abzählbar kompakt**, wenn jeder Filter $\mathfrak{F} \in \mathcal{F}_K X$, der eine abzählbare Basis besitzt, mindestens einen in K liegenden Adhärenzpunkt hat, und daher genau dann, wenn jeder eigentliche Filter $\mathfrak{F}$ in X, dem K angehört und der eine abzählbare Basis besitzt, mindestens einen in K liegenden Adhärenzpunkt hat. Ist die Trägermenge von X $\aleph_0$-kompakt, so heißen ebenfalls der Limesraum X und die Limitierung τ von X **$\aleph_0$-kompakt** oder **abzählbar kompakt**.

Jede kompakte ($\aleph_0$-kompakte) Teilmenge von X ist auch bezüglich jeder gröberen Limitierung als τ, insbesondere also auch bez. $p(\tau)$, $m(\tau)$ und $t(\tau)$ kompakt ($\aleph_0$-kompakt).

3.16.5. *Eine Teilmenge K von X ist genau dann kompakt ($\aleph_0$-kompakt), wenn der Teilraum von X mit der Trägermenge K kompakt ($\aleph_0$-kompakt) ist.*

Beweis. 1. Die Teilmenge K von X sei kompakt ($\aleph_0$-kompakt). $\mathfrak{F}$ sei ein eigentlicher Filter in K (mit abzählbarer Basis). K gehört dem Filter (mit abzählbarer Basis) $\overset{\subseteq, X}{\text{im}}\, \mathfrak{F}$ an, so daß ein bez. τ gegen einen Punkt x von K konvergierender eigentlicher Oberfilter $\mathfrak{G}$ von $\overset{\subseteq, X}{\text{im}}\, \mathfrak{F}$ existiert. $\{G \cap K \mid G \in \mathfrak{G}\}$ ist ein eigentlicher Oberfilter von $\mathfrak{F}$, wegen 3.9.1 konvergiert dieser Filter bezüglich der induzierten Limitierung τ_K gegen x.

2. Der Teilraum von X mit K als Trägermenge sei kompakt ($\aleph_0$-kompakt). $\mathfrak{F}$ sei ein Filter in $\mathcal{F}_K X$ (mit abzählbarer Basis). $\{F \cap K \mid F \in \mathfrak{F}\}$ ist ein eigentlicher Filter in K (mit abzählbarer Basis), und es existiert ein bez. τ_K gegen einen Punkt x von K konvergierender eigentlicher Oberfilter $\mathfrak{G}$ dieses Filters. Offensichtlich ist $\overset{\subseteq, X}{\text{im}}\, \mathfrak{G}$ ein eigentlicher Oberfilter von $\mathfrak{F}$, wegen 3.9.1 konvergiert dieser Filter bez. τ gegen x. Daher ist die Menge K kompakt ($\aleph_0$-kompakt). ▮

3.16.6. *Eine Teilmenge K von X ist genau dann kompakt, wenn jede eigentliche gefilterte (gerichtete) Familie von Punkten von K einen in K liegenden Adhärenzpunkt hat.*

Beweis. Der aus einer eigentlichen gefilterten (gerichteten) Familie von Punkten von K erzeugte Filter gehört $\mathcal{F}_K X$ an. Ist $\mathfrak{F}$ ein Filter aus $\mathcal{F}_K X$, so bilden wir mittels des eigentlichen Filters $\mathfrak{G} = \{F \cap K \mid F \in \mathfrak{F}\}$ (entsprechend einem in 2.8 angegebenen Verfahren) ein eigentliches Netz $(x_\iota)_{\iota \in I}$ in K, indem wir als I die Menge $\{(x, G) \mid G \in \mathfrak{G},\ x \in G\}$ nehmen, sie durch $(x, G) \leq (y, H) \Leftrightarrow H \subseteq G$ richten und $x_\iota = x$ zu beliebigem $i = (x, G) \in I$ setzen. $(x_\iota)_{\iota \in I}$ erzeugt den Oberfilter im $\mathfrak{G}_{\subseteq, X}$ von $\mathfrak{F}$. Aus dem Bewiesenen folgt leicht die Behauptung. ▮

In Analogie zu 3.16.6 gilt

3.16.7. *Eine Teilmenge K von X ist genau dann $\aleph_0$-kompakt, wenn jede Folge von Elementen von K einen in K liegenden Adhärenzpunkt besitzt.*

Beweis. Ist K $\aleph_0$-kompakt und $x_1, x_2, \dots$ eine Folge in K, so liegt der aus dieser Folge erzeugte Filter in $\mathcal{F}_K X$, und er und damit auch $x_1, x_2, \dots$ haben in K einen Adhärenzpunkt. Nun besitze jede Folge von Elementen von K in K einen Adhärenzpunkt. $\mathfrak{F}$ sei ein Filter aus $\mathcal{F}_K X$ mit abzählbarer Basis. Dann existiert eine bezüglich der mengentheoretischen Ordnung monoton fallende Folge $F_1, F_2, \dots$ von Elementen von $\mathfrak{F}$, die eine Basis von $\mathfrak{F}$ bilden. Jede Folge $x_1, x_2, \dots$ von Elementen $x_i \in F_i \cap K$ $(i \in N^+)$ erzeugt einen Oberfilter von $\mathfrak{F}$, und dieser und damit auch $\mathfrak{F}$ besitzen in K einen Adhärenzpunkt. ▮

3.16.8. *Jeder $\aleph_0$-kompakte halbmetrische Raum genügt dem zweiten Abzählbarkeitsaxiom.*

Beweis. X sei ein halbmetrischer Raum und δ seine Halbmetrik. Zu beliebigem $n \in N^+$ finden wir endlich viele Punkte $x_{n1}, \dots, x_{n\,m(n)}$ von X derart, daß jeder Punkt x von X von mindestens einem der Punkte x_{ni} einen Abstand $\delta(x, x_{ni})$ kleiner als $1/n$ hat. Wäre das nämlich nicht möglich, so gäbe es mindestens ein $n \in N^+$ und eine Folge $y_1, y_2, \dots$ von Punkten von X mit $\delta(y_i, y_j) \geqq 1/n$ zu beliebigen $i, j \in N^+$, was aber unmöglich ist, da diese Folge auf Grund der $\aleph_0$-Kompaktheit wegen 3.16.2 und 3.16.4 eine konvergente Teilfolge besitzen müßte. $\mathfrak{B}$ sei das abzählbare System aller offenen Mengen $U_{1/n}(x_{ni}) = \{x \mid \delta(x_{ni}, x) < 1/n\}$ $(n \in N^+,\ i \in \{1, \dots, m(n)\})$. Es genügt zu zeigen, daß $\mathfrak{B}$ eine Basis der Topologie von X ist. G sei eine offene Teilmenge von X. Zu beliebigem $x \in G$ gibt es ein $\varepsilon > 0$ mit $y \in G$ für jeden Punkt y von X mit $\delta(x, y) < 2\varepsilon$. Wir wählen ein $n \in N^+$ mit $1/n \leqq \varepsilon$ und finden ein x_{ni} mit $\delta(x_{ni}, x) \leqq 1/n$. Unter Berücksichtigung der Dreiecksungleichung folgt $U_{1/n}(x_{ni}) \subseteq G$ und damit, daß G Vereinigung von Mengen aus dem System $\mathfrak{B}$ ist. $\mathfrak{B}$ ist daher eine Basis der Topologie von X. ▮

Wir geben als nächstes noch einige Charakterisierungen der Kompaktheit und $\aleph_0$-Kompaktheit an und setzen dazu zu jedem System $\mathfrak{M}$ von Teilmengen von X

$$\mathsf{H}(\mathfrak{M}) = \{x \in X \mid \exists \mathfrak{G} \in \tau(x)\ \forall G \in \mathfrak{G}\ \forall M \in \mathfrak{M}\ (M \cap G \neq \emptyset)\} \quad (3.16.1)$$

und

$$\mathsf{K}(\mathfrak{M}) = \{x \in X \mid \forall \mathfrak{G} \in \tau(x)\ \exists M \in \mathfrak{M}\ (M \in \mathfrak{G})\}\ . \qquad (3.16.2)$$

Für ein beliebiges System $\mathfrak{M}$ von Teilmengen von X und $\mathsf{C}\mathfrak{M} = \{X \setminus M \mid M \in \mathfrak{M}\}$ gilt $\mathsf{K}(\mathfrak{M}) = X \setminus \mathsf{H}(\mathsf{C}\mathfrak{M})$. Ist X ein pseudotopologischer Raum, so gilt im Falle $\mathfrak{M} \neq \emptyset$

$$\overline{\bigcap_{M \in \mathfrak{M}} M} \subseteq \mathsf{H}(\mathfrak{M}) \subseteq \bigcap_{M \in \mathfrak{M}} \overline{M}$$

und stets

$$\bigcup_{M \in \mathfrak{M}} \underline{M} \subseteq \mathsf{K}(\mathfrak{M}) \subseteq \underline{\bigcup_{M \in \mathfrak{M}} M}\ ,$$

wie mittels (3.3.8) und (3.3.9) folgt. Wenn X ein mehrstufig topologischer Raum ist, stimmt die Menge $\mathsf{H}(\mathfrak{M})$ im Falle $\mathfrak{M} \neq \emptyset$ mit $\bigcap_{M \in \mathfrak{M}} \overline{M}$ und die Menge $\mathsf{K}(\mathfrak{M})$ stets mit $\bigcup_{M \in \mathfrak{M}} \underline{M}$ überein, wie sich unter Berücksichtigung von (3.3.4) und (3.3.5) ergibt.

3.16.9 (Charakterisierung der Kompaktheit und $\aleph_0$-Kompaktheit). *Dafür, daß eine Teilmenge K von X kompakt ($\aleph_0$-kompakt) ist, ist jede der folgenden Bedingungen notwendig und hinreichend.*

1. *Zu jedem Filter $\mathfrak{F} \in \mathcal{F}_K X$ (mit abzählbarer Basis) existiert ein gegen einen Punkt $x \in K$ konvergierender Filter $\mathfrak{G}$* mit $\mathfrak{F} \vee \mathfrak{G} \neq \mathsf{P}X$.

2. *Jedem (abzählbaren) System $\mathfrak{M}$ von Teilmengen von X mit* $\mathsf{H}(\mathfrak{M}) \subseteq X \setminus K$ *gehören endlich viele Mengen M an, deren Durchschnitt in $X \setminus K$ liegt* **(Durchschnittseigenschaft).**

3. *Jedem (abzählbaren) System $\mathfrak{M}$ von Teilmengen von X mit $K \subseteq$* $\mathsf{K}(\mathfrak{M})$ *gehören endlich viele Mengen M an, die K überdecken*[1]) **(Überdeckungseigenschaft).**

Beweis. 1. Ist K kompakt ($\aleph_0$-kompakt), so gilt natürlich Bedingung 1. Wenn Bedingung 1 gilt, existiert zu jedem Filter $\mathfrak{F} \in \mathcal{F}_K X$ (mit abzählbarer Basis) ein gegen einen Punkt x von K konvergierender Filter $\mathfrak{G}$ mit $\mathfrak{F} \vee \mathfrak{G} \neq \mathsf{P}X$. Da $\mathfrak{F} \vee \mathfrak{G}$ ein eigentlicher Oberfilter von $\mathfrak{F}$ ist, der als Oberfilter von $\mathfrak{G}$ auch gegen x konvergiert, ist dann K kompakt ($\aleph_0$-kompakt).

2. K sei kompakt ($\aleph_0$-kompakt). Ist K leer, so gilt natürlich Bedingung 2. Im weiteren sei $K \neq \emptyset$. $\mathfrak{M}$ sei ein System (abzählbares System) von Teilmengen von X mit $\mathsf{H}(\mathfrak{M}) \subseteq X \setminus K$. $\mathfrak{M}$ ist wegen $K \neq \emptyset$ und der letzten Bedingung nichtleer. Gibt es nicht endlich viele Mengen in $\mathfrak{M}$, deren Durchschnitt in $X \setminus K$ liegt, so ist $\mathfrak{M}$ die Subbasis eines Filters $\mathfrak{F} \in \mathcal{F}_K X$ (im abzählbaren Fall ist das System aller nichtleeren endlichen Durchschnitte der Mengen $M \in \mathfrak{M}$ eine abzählbare Basis dieses Filters). Da K kompakt ($\aleph_0$-kompakt) ist, existiert

---

[1]) Wir meinen natürlich, daß ihre Vereinigung K enthält.

wegen Bedingung 1 ein gegen einen Punkt $x \in K$ konvergierender Filter $\mathfrak{G}$ mit $\mathfrak{F} \vee \mathfrak{G} \neq \mathsf{P}X$, weshalb $M \cap G \neq \emptyset$ zu beliebigem $M \in \mathfrak{M}$ und $G \in \mathfrak{G}$ ist. Das widerspricht aber $\mathsf{H}(\mathfrak{M}) \subseteq X \setminus K$. Somit gilt Bedingung 2 auch im Falle $K \neq \emptyset$.

3. K sei nicht kompakt ($\aleph_0$-kompakt). Dann gibt es wegen Bedingung 1 einen Filter $\mathfrak{F} \in \mathcal{F}_K X$ (mit abzählbarer Basis) derart, daß für jeden gegen einen Punkt von K konvergierenden Filter $\mathfrak{G}$ die Vereinigung $\mathfrak{F} \vee \mathfrak{G}$ uneigentlich ist. Für jede (abzählbare) Basis $\mathfrak{M}$ von $\mathfrak{F}$ ergibt sich $\mathsf{H}(\mathfrak{M}) \subseteq X \setminus K$. Daher gilt Bedingung 2 nicht, da andernfalls endlich viele Elemente von $\mathfrak{M}$ existieren, deren Durchschnitt, der natürlich $\mathfrak{F}$ angehört, in $X \setminus K$ liegt, was aber $\mathfrak{F} \in \mathcal{F}_K X$ widerspricht. Bedingung 2 ist folglich zur Kompaktheit ($\aleph_0$-Kompaktheit) von K äquivalent.

4. Durch Übergang von M zu $X \setminus M$ ergibt sich, daß auch Bedingung 3 zur Kompaktheit ($\aleph_0$-Kompaktheit) von K äquivalent ist. ∎

Korollar. *X sei ein pseudotopologischer Raum und K eine Teilmenge von X. Dann ist jede der beiden folgenden Bedingungen notwendig und, wenn X ein mehrstufig topologischer Raum ist, auch hinreichend dafür, daß K kompakt ($\aleph_0$-kompakt) ist.*

1. *Jedem (abzählbaren) System $\mathfrak{M}$ von Teilmengen von X mit $\bigcap_{M \in \mathfrak{M}} \overline{M} \subseteq X \setminus K$ gehören endlich viele Mengen M an, deren Durchschnitt in $X \setminus K$ liegt.*

2. *Jedem (abzählbaren) System $\mathfrak{M}$ von Teilmengen von X mit $K \subseteq \bigcup_{M \in \mathfrak{M}} \overline{M}$ gehören endlich viele Mengen M an, die K überdecken.*

Ferner ist dann jede der beiden folgenden Bedingungen notwendig und, wenn X ein topologischer Raum ist, auch hinreichend dafür, daß K kompakt ($\aleph_0$-kompakt) ist.

3. *Jedem (abzählbaren) System $\mathfrak{M}$ abgeschlossener Teilmengen von X mit $\bigcap_{M \in \mathfrak{M}} M \subseteq X \setminus K$ gehören bereits endlich viele Mengen M an, deren Durchschnitt in $X \setminus K$ liegt.*

4. *Jeder (abzählbaren) offenen Überdeckung von K, d. h. jedem (abzählbaren) System $\mathfrak{M}$ von offenen Teilmengen von X mit $K \subseteq \bigcup_{M \in \mathfrak{M}} M$, gehören bereits endlich viele Mengen M an, die K überdecken.*

Beweis. Aus den Bemerkungen vor 3.16.9 ergibt sich, daß $\mathsf{H}(\mathfrak{M}) \subseteq \bigcap_{M \in \mathfrak{M}} \overline{M}$ bei $\mathfrak{M} \neq \emptyset$ und stets $\bigcup_{M \in \mathfrak{M}} \overline{M} \subseteq \mathsf{K}(\mathfrak{M})$ gilt und bei diesen Beziehungen in dem Fall, daß X ein mehrstufig topologischer Raum ist, das Gleichheitszeichen zutrifft. Mittels 3.16.9 folgt damit die Richtigkeit des ersten Teiles der Behauptung und damit, daß Bedingung 3 und 4 für die Kompaktheit ($\aleph_0$-Kompaktheit) von K notwendig sind.

Wir nehmen nun an, daß X ein topologischer Raum ist und Bedingung 3 gilt. $\mathfrak{M}$ sei ein (abzählbares) System von Teilmengen von X mit $\bigcap\limits_{M \in \mathfrak{M}} \overline{M} \subseteq X \setminus K$. Da die Mengen $\overline{M}$ abgeschlossen sind, gibt es wegen Bedingung 3 endlich viele von ihnen, deren Durchschnitt in $X \setminus K$ liegt. Dann liegt natürlich auch der Durchschnitt der zugehörigen Mengen M in $X \setminus K$, d. h., es gilt Bedingung 1 und damit, daß K kompakt ($\aleph_0$-kompakt) ist. Durch Übergang von den Mengen M zu den Komplementärmengen $X \setminus M$ ergibt sich, daß in dem Fall, daß X ein topologischer Raum ist, auch aus Bedingung 4 die Kompaktheit ($\aleph_0$-Kompaktheit) von K folgt. ∎

Anmerkung. Die Bedingungen 2 und 3 aus 3.16.9 und die Bedingungen 1 bis 4 aus dem beigefügten Korollar vereinfachen sich in dem Fall, daß K ganz X ist. Wir überlassen die Formulierung dieser Bedingungen für den Fall, daß K mit X übereinstimmt, dem Leser.

3.16.10. *Die Vereinigung endlich vieler kompakter ($\aleph_0$-kompakter) Teilmengen von X ist ebenfalls kompakt ($\aleph_0$-kompakt).*

Beweis. $(K_\iota)_{\iota \in I}$ sei eine endliche Familie kompakter ($\aleph_0$-kompakter) Teilmengen von X. $\mathfrak{F}$ sei ein Filter aus $\mathcal{F}_{\bigcup\limits_{\iota \in I} K_\iota} X$ (mit abzählbarer Basis). Für die Mengen $\mathfrak{F}_\iota = \{F \in \mathfrak{F} \mid K_\iota \cap F \neq \emptyset\}$ gilt $\mathfrak{F}_\iota = \operatorname{im}_{\subseteq, X} \mathfrak{F}_\iota$, so daß nach 2.4.1 für mindestens ein $\iota \in I$ der Filter $\mathfrak{F}_\iota$ mit $\mathfrak{F}$ übereinstimmt. Da K_ι kompakt ($\aleph_0$-kompakt) ist, besitzt $\mathfrak{F}_\iota = \mathfrak{F}$ in K_ι und damit in $\bigcup\limits_{j \in I} K_j$ einen Adhärenzpunkt. Somit ist $\bigcup\limits_{j \in I} K_j$ kompakt ($\aleph_0$-kompakt). ∎

3.16.11. *X sei separiert und $(K_\iota)_{\iota \in I}$ eine nichtleere Familie kompakter Teilmengen von X. Dann ist auch der Durchschnitt $\bigcap\limits_{\iota \in I} K_\iota$ kompakt.*

Beweis. $\mathfrak{F}$ sei ein Ultrafilter in X, dem $\bigcap\limits_{\iota \in I} K_\iota$ und damit jede Menge K_ι angehört. Auf Grund der Kompaktheit der K_ι konvergiert $\mathfrak{F}$ zu beliebigem $\iota \in I$ gegen einen Punkt von K_ι. Da X separiert ist, fallen diese Konvergenzpunkte alle zusammen, d. h., $\mathfrak{F}$ konvergiert gegen einen Punkt x von $\bigcap\limits_{\iota \in I} K_\iota$. $\bigcap\limits_{\iota \in I} K_\iota$ ist deshalb kompakt. ∎

3.16.12. *Jede abgeschlossene Teilmenge einer kompakten ($\aleph_0$-kompakten) Teilmenge von X ist kompakt ($\aleph_0$-kompakt).*

Beweis. A sei eine abgeschlossene Teilmenge einer kompakten ($\aleph_0$-kompakten) Teilmenge K von X. $\mathfrak{F}$ sei ein Filter aus $\mathcal{F}_A X$ (mit abzählbarer Basis). Es ist $\mathfrak{F} \in \mathcal{F}_K X$, existiert also ein gegen einen Punkt x konvergierender eigentlicher Oberfilter $\mathfrak{G}$ von $\mathfrak{F}$. Es gilt $\mathfrak{G} \in \mathcal{F}_A X$, wegen (3.3.1) damit $x \in \overline{A} = A$. Folglich ist A kompakt ($\aleph_0$-kompakt). ∎

Ein Limesraum ist offenbar genau dann ein pseudotopologischer Raum, wenn die einpunktigen Teilmengen dieses Raumes kompakt ($\aleph_0$-kompakt) sind. Aus 3.7.2 und 3.16.12 folgt damit

3.16.13. *Der Limesraum X sei kompakt ($\aleph_0$-kompakt) und genüge dem ersten Trennungsaxiom. Dann ist er ein pseudotopologischer Raum.*

3.16.14. *X sei separiert. Dann ist jede kompakte Teilmenge von X abgeschlossen. Genügt X zusätzlich dem ersten Abzählbarkeitsaxiom, so ist sogar jede $\aleph_0$-kompakte Teilmenge von X abgeschlossen.*

Beweis. K sei eine kompakte ($\aleph_0$-kompakte) Teilmenge von X (und X genüge dem ersten Abzählbarkeitsaxiom). Zu beliebigem $x \in \overline{K} \setminus K$ existiert (wegen 3.16.3) ein gegen x konvergierender Filter $\mathfrak{F} \in \mathcal{F}_K X$ (mit abzählbarer Basis). Auf Grund der Kompaktheit ($\aleph_0$-Kompaktheit) von K gibt es einen gegen einen Punkt y von K konvergierenden eigentlichen Oberfilter $\mathfrak{G}$ von $\mathfrak{F}$. $\mathfrak{G}$ konvergiert auch gegen x. Da X separiert ist, folgt $x = y$ und damit $K = \overline{K}$. ∎

3.16.15. *Ist X kompakt ($\aleph_0$-kompakt) und existiert eine stetige Abbildung f von X auf einen Limesraum Y, so ist auch Y kompakt ($\aleph_0$-kompakt).*

Beweis. $\mathfrak{F}$ sei ein eigentlicher Filter in Y (mit abzählbarer Basis). Auf Grund der Kompaktheit ($\aleph_0$-Kompaktheit) von X existiert ein konvergenter eigentlicher Filter $\mathfrak{G}$ in X mit $f^{-1}(\mathfrak{F}) \subseteqq \mathfrak{G}$. Wegen 2.5.3 und 2.5.5 folgt, daß $f(\mathfrak{G})$ ein Oberfilter von $\mathfrak{F}$ ist. $f(\mathfrak{G})$ ist natürlich ebenfalls wie $\mathfrak{G}$ eigentlich, und auf Grund der Stetigkeit von f konvergiert dieser Filter. Y ist daher kompakt ($\aleph_0$-kompakt). ∎

Wir bringen als nächstes eine Verallgemeinerung des klassischen Existenzsatzes für Maxima und Minima.

3.16.16 (Existenz von Maxima und Minima). *Ist X ein kompakter Limesraum und f eine oberhalb- bzw. unterhalbstetige Abbildung von X in eine geordnete Menge Y, so besitzt die aus dem Wertebereich von f bestehende geordnete Teilmenge von Y mindestens ein maximales bzw. minimales Element.*

Beweis. Es genügt, die Existenz maximaler Elemente nachzuweisen, da sich die Existenz minimaler Elemente daraus durch Dualisierung ergibt. f sei oberhalbstetig. Der Wertebereich wb$f$ von f sei mit der von Y induzierten Ordnung versehen. I sei eine Kette in wb$f$. Jedem $i \in I$ ordnen wir ein x_i mit $f(x_i) = i$ zu und bilden die gerichtete Familie $(x_i)_{i \in I}$. Da X kompakt ist, existiert wegen 3.16.1 eine gegen einen Punkt x von X konvergierende gerichtete Teilfamilie $(t_j)_{j \in J}$ von $(x_i)_{i \in I}$. Es gibt eine Abbildung $g\colon J \to I$ mit $x_{g(j)} = t_j$ zu beliebigem $j \in J$ derart, daß zu jedem $i_0 \in I$ ein $j_0 \in J$ mit $i_0 \leqq g(j)$ für jedes $j \geqq j_0$ existiert. Wir wählen ein i_0 von I aus und finden ein j_0 der eben erwähnten Art. Wir setzen $y = g(j_0)$. Da es zu jedem $j \in J$ ein $j' \geqq j$ mit $y \leqq g(j')$ gibt, folgt $y \leqq f(x)$ und damit $i_0 \leqq f(x)$, so daß die Kette I in wb$f$ den Wert $f(x)$ als eine obere Schranke hat. wb$f$ besitzt daher nach dem ZORNschen Lemma (siehe 1.16.2) mindestens ein maximales Element. ∎

Anmerkung. Dieser Existenzsatz ist ein typisches Beispiel einer Aussage, die für Limesräume gilt, aber im wesentlichen nicht über die betreffende Aussage für topologische Räume (siehe BIRKHOFF [1]) hinausgeht, da mit X auch der zugeordnete topologische Raum $t(X)$ kompakt ist und jede oberhalb- bzw. unterhalbstetige Abbildung von X in Y auch als Abbildung von $t(X)$ in Y oberhalb- bzw. unterhalbstetig ist.

Für die folgende Aussage nehmen wir an, daß X gleich einem Produkt $\prod_{i \in I} X_i$ nichtleerer Limesräume X_i $(i \in I)$ ist. I ist natürlich eine Menge.

3.16.17. *Der Produktraum X ist genau dann kompakt, wenn jeder Faktor X_i kompakt ist* (TICHONOW). *Ist I abzählbar und genügen die X_i dem ersten Abzählbarkeitsaxiom, so ist der Produktraum X genau dann $\aleph_0$-kompakt, wenn jeder Faktor X_i $\aleph_0$-kompakt ist.*

Beweis. 1. Ist X kompakt ($\aleph_0$-kompakt), so folgt auf Grund der Stetigkeit der natürlichen Projektionen π_i: $X \to X_i$ mittels 3.16.15, daß auch jeder Faktor X_i kompakt ($\aleph_0$-kompakt) ist.

2. Es seien nun alle Faktoren X_i kompakt. $\mathfrak{F}$ sei ein Ultrafilter in X. Auf Grund des Korollars 2 zu 2.5.1 ist dann $\pi_i(\mathfrak{F})$ zu beliebigem $i \in I$ ebenfalls ein Ultrafilter. Da die X_i kompakt sind, konvergiert jeder Ultrafilter $\pi_i(\mathfrak{F})$, wegen $\prod_{i \in I} \pi_i(\mathfrak{F}) \subseteqq \mathfrak{F}$ und 3.10.1 damit auch $\mathfrak{F}$. X ist deshalb kompakt.

3. Wir setzen im weiteren voraus, daß I abzählbar ist und alle X_i $\aleph_0$-kompakt sind und dem ersten Abzählbarkeitsaxiom genügen. $x_1, x_2, \ldots$ sei eine Folge von Punkten von X. Wir befassen uns zunächst mit dem Fall, daß I abzählbar unendlich ist, und nehmen ohne Einschränkung der Allgemeinheit $I = N^+$ an. Wegen 3.16.2 und 3.16.7 gibt es eine Teilfolge $x_{11}, x_{12}, \ldots$ der Folge $x_1, x_2, \ldots$, so daß $\pi_1(x_{11}), \pi_1(x_{12}), \ldots$ konvergiert, ferner eine Teilfolge $x_{21}, x_{22}, \ldots$ von $x_{11}, x_{12}, \ldots$, so daß $\pi_2(x_{21}), \pi_2(x_{22}), \ldots$ konvergiert, u.s.w. Die Diagonalfolge $x_{11}, x_{22}, \ldots$ ist natürlich eine Teilfolge der Ausgangsfolge. Da $\pi_i(x_{11}), \pi_i(x_{22}), \ldots$ zu beliebigem $i \in I$ konvergiert, konvergiert nach dem Korollar zu 3.10.2 auch $x_{11}, x_{22}, \ldots$ selbst. $x_1, x_2, \ldots$ besitzt somit sicher einen Adhärenzpunkt. Wenn I endlich ist, folgt das noch leichter. X ist daher $\aleph_0$-kompakt. ∎

X sei im weiteren wieder ein beliebiger Limesraum. Kompaktheit zieht in einigen Fällen eine Verschärfung von Trennbarkeitseigenschaften nach sich, wie im folgenden gezeigt wird. Gleichzeitig zeigen wir, daß jeder separierte reguläre kompakte Limesraum topologieartig ist (RICHARDSON u. KENT [1]).

3.16.18. *Jeder im engeren Sinne reguläre kompakte Limesraum ist normal. Jeder separierte reguläre kompakte Limesraum ist topologieartig und damit normal.*

Beweis. 1. X sei regulär im engeren Sinne und kompakt. Angenommen, X ist nicht normal. Dann existieren zwei punktfremde abgeschlossene Teilmengen A und B von X, die keine punktfremden Umgebungen besitzen. I sei die Menge aller geordneten Paare (U, V) von Umgebungen U von A und V von B, die durch

$$(U, V) \leqq (U', V') \Leftrightarrow U \supseteqq U', V \supseteqq V'$$

gerichtet ist (das ist natürlich möglich). Zu beliebigem $i = (U, V) \in I$ sei ein Punkt $x_i \in U \cap V$ gewählt. Das Netz $(x_i)_{i \in I}$ besitzt auf Grund der Kompaktheit von X ein gegen einen Punkt y konvergierendes Teilnetz $(y_j)_{j \in J}$. Würde y nicht A angehören, dann wäre $X \setminus A$ eine Umgebung von y, so daß auf Grund der Regularität im engeren Sinne von X ein $j_0 \in J$ mit $\overline{\{y_j \mid j_0 \leqq j\}}^t \subseteqq X \setminus A$ existieren würde. Es wäre $U = X \setminus \overline{\{y_j \mid j_0 \leqq j\}}^t$ eine Umgebung von A, und nach Definition des Netzes $(x_i)_{i \in I}$ gäbe es ein $j_1 \in J$ mit $y_j \in U$ zu beliebigem $j \in J$ mit $j_1 \leqq j$. Da mindestens ein $j \in J$ mit $j_0, j_1 \leqq j$ existieren würde, ergäbe sich ein Widerspruch. Somit folgt $y \in A$ und entsprechend $y \in B$, also $A \cap B \neq \emptyset$. Da das der Voraussetzung widerspricht, ist X normal.

2. (M. P. Kaz.) X sei separiert, regulär und kompakt. Gegeben seien ein $x \in X$ und $A \subseteqq X$ mit $x \in \overline{\overline{A}} \setminus \overline{A}$. Es existiert ein Ultrafilter $\mathfrak{F} \to x$ mit $\overline{A} \in \mathfrak{F}$. In der Menge aller eigentlichen Filter $\mathfrak{G}$ mit $\mathfrak{G}^- \subseteqq \mathfrak{F}$ und $A \in \mathfrak{G}$ (ihr gehört $[A]$ an) gibt es nach dem Zornschen Lemma einen maximalen Filter $\mathfrak{U}$. $\mathfrak{U}$ ist ein Ultrafilter, denn wegen 2.2.9 gäbe es sonst Mengen M und N mit $X = M \cup N$, $M \notin \mathfrak{U}$ und $N \notin \mathfrak{U}$, wegen der Maximalität von $\mathfrak{U}$ ferner $U, V \in \mathfrak{U}$ mit $\overline{M \cap U} \notin \mathfrak{F}$ und $\overline{N \cap V} \notin \mathfrak{F}$, was $\overline{M \cap U} \cup \overline{N \cap V} \supseteqq \overline{U \cap V} \in \mathfrak{F}$ und 2.2.8 widerspräche. Auf Grund der Kompaktheit von X konvergiert $\mathfrak{U}$ und damit $\mathfrak{U}^-$ gegen einen Punkt y. Wegen $\mathfrak{U}^- \subseteqq \mathfrak{F} \to x$ und der Separiertheit von X folgt $y = x$, mittels $A \in \mathfrak{U}$ im Widerspruch zur Annahme damit $x \in \overline{A}$. ▮

Im folgenden befassen wir uns mit der Frage, wann der schwächere Begriff der $\aleph_0$-Kompaktheit mit dem Begriff der Kompaktheit übereinstimmt. Wir nennen den Limesraum X **Lindelöfsch**, wenn jede Menge $\mathfrak{M}$ von Teilmengen von X mit $\mathsf{K}(\mathfrak{M}) = X$ (vergleiche (3.16.2)) eine abzählbare Teilmenge $\mathfrak{N}$ mit $\mathsf{K}(\mathfrak{N}) = X$ besitzt. Ist X ein mehrstufig topologischer Raum, so ist X genau dann Lindelöfsch, wenn jede Menge $\mathfrak{M}$ von Teilmengen von X mit $X = \bigcup_{M \in \mathfrak{M}} \underline{M}$ eine abzählbare Teilmenge $\mathfrak{N}$ mit $X = \bigcup_{N \in \mathfrak{N}} \underline{N}$ besitzt. Falls X ein topologischer Raum ist, ist X offenbar genau dann Lindelöfsch, wenn jede offene Überdeckung von X eine abzählbare Teilmenge besitzt, die bereits X überdeckt. Wir führen noch eine Verschärfung der Eigenschaft Lindelöfsch an. Und zwar nennen wir den Limesraum X **streng Lindelöfsch**, wenn jede Menge $\mathfrak{M}$

von Teilmengen von X eine abzählbare Teilmenge $\mathfrak{N}$ mit $\mathsf{K}(\mathfrak{M}) = \mathsf{K}(\mathfrak{N})$ besitzt. Ist X ein mehrstufig topologischer Raum, so ist X genau dann streng LINDELÖFsch, wenn jede Menge $\mathfrak{M}$ von Teilmengen von X eine abzählbare Teilmenge $\mathfrak{N}$ mit $\bigcup_{M\in\mathfrak{M}} \underline{M} = \bigcup_{N\in\mathfrak{N}} \underline{N}$ besitzt. Falls X ein topologischer Raum ist, so ist X genau dann streng LINDELÖFsch, wenn jede Menge $\mathfrak{M}$ offener Teilmengen von X eine abzählbare Teilmenge $\mathfrak{N}$ mit $\bigcup_{M\in\mathfrak{M}} M = \bigcup_{N\in\mathfrak{N}} N$ besitzt.

Ist X streng LINDELÖFsch, so ist X natürlich auch LINDELÖFsch. Die Umkehrung gilt nicht. Es gibt sogar bereits topologische Räume, die LINDELÖFsch und nicht streng LINDELÖFsch sind. Ein Beispiel dafür ist der wie vor 3.10.13 gebildete Raum $[0, \Omega]$. Man zeigt nämlich leicht, daß dieser Raum LINDELÖFsch ist, und mittels 1.17.4, daß das für seinen Teilraum $[0, \Omega[$ nicht zutrifft, während jedoch gilt

3.16.19. *X sei ein streng* LINDELÖF*scher Limesraum. Dann ist auch jeder Teilraum von X streng* LINDELÖF*sch.*

Beweis. A sei eine Teilmenge von X. Für jedes System $\mathfrak{L}$ von Teilmengen von A setzen wir $\mathsf{K}_A(\mathfrak{L}) = \{x \in A \mid \forall \mathfrak{G} \in \tau_A(x)\ \exists L \in \mathfrak{L}\ (L \in \mathfrak{G})\}$ und erhalten wegen 3.9.1

$$\mathsf{K}_A(\mathfrak{L}) = \{x \in A \mid \forall \mathfrak{G} \in \tau(x)\ \exists L \in \mathfrak{L}\ (L \in \{A \cap G \mid G \in \mathfrak{G}\})\}\,. \qquad (3.16.3)$$

$\mathfrak{M}$ sei ein System von Teilmengen von A. Wegen (3.16.3) gilt $\mathsf{K}_A(\mathfrak{M}) \subseteqq \mathsf{K}(\mathfrak{M}')$ für $\mathfrak{M}' = \{M \cup (X \setminus A) \mid M \in \mathfrak{M}\}$. Da X streng LINDELÖFsch ist, gibt es eine abzählbare Teilmenge $\mathfrak{N}$ von $\mathfrak{M}$ mit $\mathsf{K}(\mathfrak{M}') = \mathsf{K}(\mathfrak{N}')$ für $\mathfrak{N}' = \{N \cup (X \setminus A) \mid N \in \mathfrak{N}\}$, also mit $\mathsf{K}_A(\mathfrak{M}) \subseteqq \mathsf{K}(\mathfrak{N}')$. Zu beliebigem $x \in \mathsf{K}_A(\mathfrak{M})$ und $\mathfrak{G} \in \tau(x)$ existiert daher ein $N \in \mathfrak{N}$ mit $N \cup (X \setminus A) \in \mathfrak{G}$ und deshalb mit $N \in \{A \cap G \mid G \in \mathfrak{G}\}$. Unter Berücksichtigung von (3.16.3) folgt $\mathsf{K}_A(\mathfrak{M}) \subseteqq \mathsf{K}_A(\mathfrak{N})$ und, da $\mathfrak{N}$ eine Teilmenge von $\mathfrak{M}$ ist, somit $\mathsf{K}_A(\mathfrak{M}) = \mathsf{K}_A(\mathfrak{N})$. Der aus A bestehende Teilraum von X ist deshalb ebenfalls streng LINDELÖFsch. ∎

Nach 3.16.19 ist jeder Teilraum von X natürlich auch LINDELÖFsch, wenn X streng LINDELÖFsch ist. Wenn X ein topologischer Raum ist, gilt auch die Umkehrung.

3.16.20. *X sei ein topologischer Raum. Jeder Teilraum von X sei* LINDELÖF*sch. Dann ist X streng* LINDELÖF*sch.*

Beweis. $\mathfrak{M}$ sei eine Familie offener Teilmengen von X. Da $A = \bigcup_{M\in\mathfrak{M}} M$ offen ist, ist jede Menge $M \in \mathfrak{M}$ auch bezüglich der induzierten Topologie τ_A offen. Auf Grund der Voraussetzung besitzt $\mathfrak{M}$ eine abzählbare Teilmenge $\mathfrak{N}$ mit $A = \bigcup_{N\in\mathfrak{N}} N$. X ist daher streng LINDELÖFsch. ∎

Nach W. FELDMANN [1] gilt

3.16.21. *X genüge dem zweiten Abzählbarkeitsaxiom. Dann ist X streng* LINDELÖF*sch.*

Beweis. $\mathfrak{A}$ sei eine abzählbare Menge von Teilmengen von X derart, daß zu jedem gegen einen Punkt x von X konvergierenden Filter ein gegen x konvergierender Unterfilter existiert, der eine Basis aus $\mathfrak{A}$ angehörenden Mengen hat. $\mathfrak{M}$ sei irgendeine Menge von Teilmengen von X. Zu beliebigem $A \in \mathfrak{A}$ wählen wir eine Menge $M_A \in \mathfrak{M}$ mit $A \subseteqq M_A$ aus, vorausgesetzt, daß eine derartige Menge überhaupt existiert. $\mathfrak{N}$ sei die Gesamtheit aller ausgewählten Mengen M_A. $\mathfrak{N}$ ist natürlich abzählbar. Gegeben sei ein $x \in \mathsf{K}(\mathfrak{M})$ und ein Filter $\mathfrak{F} \in \tau(x)$. Es existiert ein Unterfilter $\mathfrak{G} \in \tau(x)$ von $\mathfrak{F}$ mit einer Basis aus $\mathfrak{A}$ angehörenden Mengen. Wegen $x \in \mathsf{K}(\mathfrak{M})$ gibt es ein $M \in \mathfrak{M}$ mit $M \in \mathfrak{G}$. Ferner gibt es ein $A \in \mathfrak{A} \cap \mathfrak{G}$ mit $A \subseteqq M$. Es existiert zu diesem A die Menge M_A. Wegen $A \subseteqq M_A$ ist $M_A \in \mathfrak{G}$ und somit $M_A \in \mathfrak{F}$. Daher folgt $x \in \mathsf{K}(\mathfrak{N})$ und demnach $\mathsf{K}(\mathfrak{M}) \subseteqq \mathsf{K}(\mathfrak{N})$. Wegen $\mathfrak{N} \subseteqq \mathfrak{M}$ gilt sogar $\mathsf{K}(\mathfrak{M}) = \mathsf{K}(\mathfrak{N})$ und damit, daß X streng LINDELÖFsch ist. ∎

Aus 3.16.9 folgt

3.16.22. *Ist der Limesraum X* LINDELÖF*sch, so ist er genau dann kompakt, wenn er $\aleph_0$-kompakt ist. Ist X streng* LINDELÖF*sch, so ist eine beliebige Teilmenge K von X genau dann kompakt, wenn sie $\aleph_0$-kompakt ist.*

Wir gehen als nächstes auf den Begriff der relativen Kompaktheit und auf zwei Varianten dieses Begriffes ein. Eine Teilmenge K von X heißt **relativ kompakt,** wenn die Adhärenz von K bez. τ kompakt ist, ferner **t-relativ kompakt,** wenn die abgeschlossene Hülle von K bezüglich der τ zugeordneten Topologie $t(\tau)$ kompakt ist. Schließlich heißt eine Teilmenge K von X **relativ kompakt im weiten Sinne,** wenn jeder Filter $\mathfrak{F} \in \mathcal{F}_K X$ bzw. — was auf dasselbe hinausläuft — jeder eigentliche Filter $\mathfrak{F}$ in X, dem K angehört, mindestens einen Abhärenzpunkt (in X) hat. Entsprechend lassen sich Begriffe relativ $\aleph_0$-kompakt, t-relativ $\aleph_0$-kompakt und relativ $\aleph_0$-kompakt im weiten Sinne einführen.

Im folgenden Satz (siehe G. KNEIS [2]) vergleichen wir die eingeführten Begriffe.

3.16.23. *Jede relativ kompakte und ebenfalls jede t-relativ kompakte Teilmenge von X ist relativ kompakt im weiten Sinne. Wenn X separiert ist, ist jede relativ kompakte Teilmenge von X t-relativ kompakt. Ist X regulär, so ist jede im weiten Sinne relativ kompakte Teilmenge von X relativ kompakt, und ist X regulär im engeren Sinne, so ist jede im weiten Sinne relativ kompakte Teilmenge von X t-relativ kompakt.*

Beweis. 1. Der erste Teil des Satzes folgt ohne Mühe.

2. X sei separiert und K eine relativ kompakte Teilmenge von X. Es gilt $\overline{K} \subseteqq \overline{K}^t \subseteqq \overline{\overline{K}}^t$. Wegen 3.16.14 ist $\overline{K}$ abgeschlossen, so daß sogar $\overline{K} = \overline{K}^t$ gilt und K somit t-relativ kompakt ist.

3. X sei regulär, und K sei eine im weiten Sinne relativ kompakte Teilmenge von X. $\mathfrak{F}$ sei ein eigentlicher Filter in X, dem K angehört. Daher ist der mit dem Nachbarschaftsfilter von $\mathfrak{F}$ gebildete Filter $\mathfrak{G} = \mathfrak{N}(\mathfrak{F}) \vee [K]$ eigentlich. Wegen $K \in \mathfrak{G}$ und der Voraussetzung an K konvergiert ein eigentlicher Oberfilter von $\mathfrak{G}$ gegen einen Punkt $x \in \overline{K}$. Mittels 3.7.8 folgt, daß auch ein eigentlicher Oberfilter von $\mathfrak{F}$ gegen x konvergiert. K ist daher relativ kompakt. Ähnlich zeigt man mittels 3.7.15, daß unter der Einschränkung, daß X im engeren Sinne regulär ist, jede im weiten Sinne relativ kompakte Teilmenge von X auch t-relativ kompakt ist. ▌

Aus dem Satz ergeben sich leicht einige weitere Vergleichsaussagen. So folgt etwa, daß unter der Voraussetzung, daß X regulär ist, jede t-relativ kompakte Teilmenge von X relativ kompakt ist.

Bekanntlich gibt es topologische Räume, in denen im weiten Sinne relativ kompakte Teilmengen existieren, die nicht relativ kompakt sind. Ein Beispiel ist nach Kowalsky [3] das folgende.

Es sei $X = \boldsymbol{C}$ und zu beliebigem $x \in X$ ferner $\boldsymbol{V}_x$ der Nachbarschaftsfilter von x bezüglich der natürlichen Topologie von $\boldsymbol{C}$. Wir setzen $K = \{x \in X \mid |x| < 1\}$ und $S = \{x \in X \mid |x| = 1\}$ und definieren eine Topologie τ von X, indem wir als Nachbarschaftsfilter $\mathfrak{N}(1) = \boldsymbol{V}_1 \vee [K \cup \{1\}]$ und $\mathfrak{N}(x) = \boldsymbol{V}_x$ für $x \neq 1$ wählen. K ist offenbar relativ kompakt im weiten Sinne. K ist nicht relativ kompakt, denn es gilt $\overline{K}^\tau = K \cup S$ und es hat $\boldsymbol{V}_1 \vee [S \setminus \{1\}]$ bez. τ keinen Adhärenzpunkt.

In topologischen Räumen fallen natürlich die Begriffe relativ kompakt und t-relativ kompakt zusammen. Es gibt bereits im allgemeinen in mehrstufig topologischen Räumen relativ kompakte Teilmengen, die nicht t-relativ kompakt sind, und t-relativ kompakte Teilmengen, die nicht relativ kompakt sind, wie das folgende Beispiel zeigt. Es sei $X = \boldsymbol{R}$ und zu jedem $x \in X$ ferner $\boldsymbol{V}_x$ der Nachbarschaftsfilter von x bezüglich der natürlichen Topologie von $\boldsymbol{R}$. Bezüglich der mehrstufigen Topologie τ von X, bezüglich der $\mathfrak{N}(x) = \boldsymbol{V}_x \cap [[x - 1, x]]$ $(x \in]-\infty, 2[)$ und $\mathfrak{N}(x) = \boldsymbol{V}_x$ $(x \in [2, \infty[)$ die Nachbarschaftsfilter sind, ist $K = [-1, 0]$ relativ kompakt und nicht t-relativ kompakt, wie unter Beachtung von $\overline{K}^\tau = [-1, 1]$ und $\overline{K}^{t(\tau)} = [-1, 2[$ folgt. Bezüglich der mehrstufigen Topologie τ von X, bezüglich der $\mathfrak{N}(x) = \boldsymbol{V}_x \cap [[x - 1, x]]$ $(x \in]-\infty, 2])$ und $\mathfrak{N}(x) = \boldsymbol{V}_x (x \in]2, \infty[)$ die Nachbarschaftsfilter sind, ist $K = [-1, 0[$ t-relativ kompakt und nicht relativ kompakt, wie sich mittels $\overline{K}^\tau = [-1, 1[$ und $\overline{K}^{t(\tau)} = [-1, 2]$ ergibt.

Wir führen zwei lokale Varianten der Kompaktheit ein. Für die $\aleph_0$-Kompaktheit lassen sich entsprechende lokale Varianten definieren. Den Limesraum X

nennen wir **lokalkompakt**, wenn jedem konvergenten Filter in X eine kompakte Menge angehört.

• Offensichtlich gilt wegen (3.5.21) und (3.5.22)

3.16.24 (Lokale Kompaktheit mehrstufig topologischer und topologischer Räume). *Dafür, daß X lokalkompakt ist, ist hinreichend und, wenn X ein mehrstufig topologischer Raum ist, auch notwendig, daß jeder Punkt von X eine kompakte Nachbarschaft besitzt. Dafür, daß X lokalkompakt ist, ist hinreichend und, wenn X ein topologischer Raum ist, auch notwendig, daß jeder Punkt von X eine Umgebung besitzt, die in einer kompakten Teilmenge von X enthalten ist.*

Ist X kompakt, so ist X auch lokalkompakt.

$l(\tau)$ sei die durch $l(\tau)(x) = \{\mathfrak{F} \in \tau(x) \mid \mathfrak{F}$ gehört eine kompakte Teilmenge von X an$\}$ definierte Limitierung der Trägermenge E von X. E, versehen mit $l(\tau)$, bezeichnen wir mit $\mathfrak{l}(X)$. Man zeigt leicht unter Beachtung von (3.9.2) und (3.12.1)

3.16.25. *X und $\mathfrak{l}(X)$ haben die gleichen kompakten Teilmengen. $l(\tau)$ ist die gröbste lokalkompakte Limitierung von E, die feiner als τ ist. $l(\tau)$ ist die Finallimitierung der Limitierungen kompakter Teilräume von X bezüglich der identischen Einbettungen.*

Mittels 3.16.15 folgt, daß unter der Voraussetzung, daß X lokalkompakt ist, eine Abbildung von X in einen Limesraum Y genau dann stetig ist, wenn sie als Abbildung von X in $\mathfrak{l}(Y)$ stetig ist. LIM_l sei die volle Unterkategorie von LIM, die als Objekte alle lokalkompakten Limesräume hat. Es existiert ein Funktor $\mathfrak{l}$: $\mathrm{LIM}_l \to \mathrm{LIM}$, der den Objekten Y von LIM gerade $\mathfrak{l}(Y)$ und den Morphismen (f, Y, Z) von LIM gerade $(f, \mathfrak{l}(Y), \mathfrak{l}(Z))$ zuordnet.

Für den folgenden Satz nehmen wir an, daß eine Familie $(X_\iota)_{\iota\in I}$ von Limesräumen und eine Familie $(g_\iota)_{\iota\in I}$ von Abbildungen g_ι von X_ι in die Trägermenge E von X gegeben sind. Zu beliebigem $\iota \in I$ sei τ_ι die Limitierung von X_ι. Ferner sei $\operatorname{fin} \tau_\iota$ die Finallimitierung der τ_ι bezüglich der g_ι.

Mittels 3.2.21 und 3.2.22 folgt

3.16.26. *Der Limesraum X habe* $\operatorname{fin} \tau_\iota$ *als Limitierung. Die Limesräume X_ι seien lokalkompakt. Dann ist auch X lokalkompakt.*

Wir nennen einen Limesraum X einen **kompakt erzeugten** topologischen Raum, wenn $X = \mathfrak{t}(\mathfrak{l}(X))$ ist. Mit diesem auf Kelley zurückgehenden Begriff haben sich unter anderem Frölicher und Seip (siehe die angegebene Literatur) befaßt. Aus 3.9.7, 3.12.8 und 3.16.25 folgt

3.16.27. *X sei ein topologischer Raum. Er ist genau dann kompakt erzeugt, wenn gilt: Eine Teilmenge M von X ist offen (abgeschlossen), wenn $M \cap K$ für jeden kompakten Teilraum K von X in K offen (abgeschlossen) ist.*

Etwas schärfer als die lokale Kompaktheit ist der folgende Begriff der punktalen Kompaktheit (vergleiche J. Flachsmeyer [1]). Und zwar nennen wir den Limesraum X **punktalkompakt**, wenn zu jedem gegen einen Punkt x konvergierenden Filter $\mathfrak{F}$ ein gegen x konvergierender Filter $\mathfrak{G}$ existiert, der Unterfilter von $\mathfrak{F}$ ist und eine Basis aus kompakten Mengen besitzt.

Mittels (3.5.21) und (3.5.22) folgt

3.16.28 (Punktale Kompaktheit mehrstufig topologischer und topologischer Räume). *Wenn X ein mehrstufig topologischer Raum ist, ist dafür, daß X punktalkompakt ist, notwendig und hinreichend, daß für jeden Punkt x von X der Nachbarschaftsfilter $\mathfrak{N}(x)$ eine Basis aus kompakten Mengen besitzt. Wenn X ein topologischer Raum ist, ist dafür, daß X punktalkompakt ist, notwendig und hinreichend, daß für jeden Punkt x von X der aus dem Umgebungsraster $\mathfrak{U}(x)$ gebildete Filter* $\operatorname{im}_{\subseteq, X} \mathfrak{U}(x)$ *eine Basis aus kompakten Mengen hat.*

Wie bereits bemerkt, folgt aus der punktalen Kompaktheit die lokale Kompaktheit. Wenn X regulär im engeren Sinne ist, sind nach dem folgenden Satz beide Begriffe gleichwertig.

3.16.29. *Ist der Limesraum X regulär im engeren Sinne, so ist er genau dann lokalkompakt, wenn er punktalkompakt ist.*

Beweis. Wir haben nur noch die eine Richtung zu beweisen. X setzen wir dazu als regulär im engeren Sinne und als lokalkompakt voraus. $\mathfrak{F}$ sei ein Filter in X, der gegen einen Punkt x konvergiert. Da X regulär im engeren Sinne ist, konvergiert auch $\mathfrak{F}^{\sim} = \operatorname{im}_{\subseteq, X} \{F \in \mathfrak{F} \mid F = \overline{F}\}$ gegen x. $\mathfrak{F}$ ist ein Oberfilter von $\mathfrak{F}^{\sim}$. Auf Grund der lokalen Kompaktheit von X existiert eine kompakte Menge $G \in \mathfrak{F}^{\sim}$. Offensichtlich ist $\{F \in \mathfrak{F} \mid F = \overline{F} \subseteq G\}$ eine Basis von $\mathfrak{F}^{\sim}$. Nach 3.16.12 besteht sie aus kompakten Mengen. X ist somit punktalkompakt. ∎

Anmerkung. Da nach 3.16.14 in separierten Limesräumen die kompakten Mengen abgeschlossen sind, folgt in diesen Räumen aus der punktalen Kompaktheit die Regularität im engeren Sinne.

Wir gehen noch auf eine Variante der Kompaktheit, die Folgenkompaktheit ein. Sie wird so definiert: Eine Teilmenge K von X heißt **folgenkompakt**, wenn jede Folge von Punkten von K eine gegen einen Punkt von K konvergierende Teilfolge besitzt. Mittels 3.9.1 folgt, daß eine Teilmenge K von X genau dann folgenkompakt ist, wenn jede Folge von Punkten aus K eine bezüglich der induzierten Limitierung τ_K konvergente Teilfolge besitzt. Ist die Trägermenge von X folgenkompakt, so heißen ebenfalls der Limesraum X und seine Limitierung τ **folgenkompakt**. Nach der eben angeführten Bemerkung ist eine Teilmenge K von X genau dann folgenkompakt, wenn der Teilraum von X mit K als Trägermenge folgenkompakt ist.

Einige weitere leicht nachzuweisende Eigenschaften der Folgenkompaktheit, die den in 3.16.10, und 3.16.12 und 3.16.15 angeführten Eigenschaften der Kompaktheit und $\aleph_0$-Kompaktheit entsprechen, fassen wir im folgenden Satz zusammen.

3.16.30. *Die Vereinigung endlich vieler folgenkompakter Teilmengen von X ist folgenkompakt. Jede abgeschlossene Teilmenge einer folgenkompakten Teilmenge von X ist folgenkompakt. Ist X folgenkompakt und existiert eine stetige Abbildung von X auf einen Limesraum Y, so ist auch Y folgenkompakt.*

Ist X gleich einem Produkt $\prod_{\iota \in I} X_\iota$ nichtleerer Limesräume X_ι, so gilt ferner

3.16.31. *Wenn I eine abzählbare Menge ist, ist der Produktraum X genau dann folgenkompakt, wenn jeder Faktor X_ι folgenkompakt ist.*

Beweis. Ist X folgenkompakt, so ist auf Grund der Stetigkeit der natürlichen Projektionen $\pi_\iota: X \to X_\iota$ auch jeder Faktor X_ι folgenkompakt. Wenn I abzählbar und jeder Faktor X_ι folgenkompakt ist, zeigt man mit dem im Beweisteil 3 von 3.16.16 angegebenen Diagonalverfahren, daß jede Folge $x_1, x_2, \ldots$ von Punkten von X eine konvergente Teilfolge $x_{11}, x_{22}, \ldots$ besitzt, also X folgenkompakt ist. ∎

Aus 3.16.7 ergibt sich, daß die Folgenkompaktheit die $\aleph_0$-Kompaktheit nach sich zieht. Genügt X dem ersten Abzählbarkeitsaxiom, so ist wegen 3.16.2 umgekehrt jede $\aleph_0$-kompakte Teilmenge von X folgenkompakt. Daher gilt

3.16.32. *Erfüllt X das erste Abzählbarkeitsaxiom, so ist eine Teilmenge von X genau dann folgenkompakt, wenn sie $\aleph_0$-kompakt ist.*

Aus 3.16.4 und 3.16.32 folgt, daß in halbmetrischen Räumen für die Teilmengen die Begriffe Folgenkompaktheit und $\aleph_0$-Kompaktheit zusammen fallen. Ist eine Teilmenge eines halbmetrischen Raumes $\aleph_0$-kompakt, so genügt der daraus bestehende Teilraum nach 3.16.8 dem zweiten Abzählbarkeitsaxiom, nach 3.16.21 ist dieser Teilraum LINDELÖFsch, nach 3.16.22 somit kompakt. Da die Kompaktheit stets die $\aleph_0$-Kompaktheit nach sich zieht, ergibt sich damit

3.16.33. *In halbmetrischen Räumen fallen für die Teilmengen die Begriffe Kompaktheit, $\aleph_0$-Kompaktheit und Folgenkompaktheit zusammen.*

Wegen 3.16.21, 3.16.22 und 3.16.32 gilt

3.16.34. *X genüge dem zweiten Abzählbarkeitsaxiom. Dann fallen für die Teilmengen von X die Begriffe Kompaktheit, $\aleph_0$-Kompaktheit und Folgenkompaktheit zusammen.*

Im folgenden Diagramm sind einige der angeführten Beziehungen zwischen der Kompaktheit, $\aleph_0$-Kompaktheit und Folgenkompaktheit der Teilmengen von X zusammengefaßt. Die unterbrochenen Pfeile gelten unter zusätzlichen Voraussetzungen an X, zum Beispiel den angegebenen. Daß ohne Voraussetzungen in Richtung dieser Pfeile nicht geschlossen werden darf, zeigen wir anschließend an Hand von Beispielen.

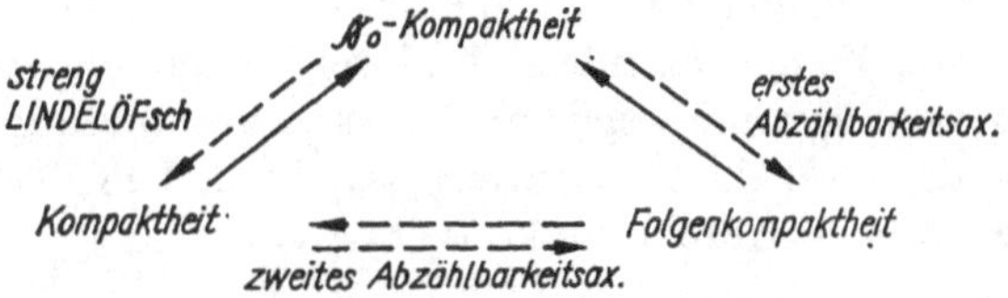

Wir führen zuerst ein Beispiel eines kompakten und damit auch $\aleph_0$-kompakten topologischen Raumes an, der nicht folgenkompakt ist, und anschließend ein Beispiel eines folgenkompakten und damit auch $\aleph_0$-kompakten topologischen Raumes, der nicht kompakt ist.

Als X wählen wir $[0, 1]^{\boldsymbol{R}}$, also den Produktraum $\prod_{\iota \in \boldsymbol{R}} X_\iota$, wobei stets X_ι das Zahlenintervall $[0, 1]$, versehen mit der von $\boldsymbol{R}$ induzierten Topologie ist. Punkte von X sind gerade die Abbildungen f von $\boldsymbol{R}$ in $[0, 1]$. Nach dem Korollar zu 3.10.2 konvergiert eine gefilterte Familie $(f_j)_{j \in J}$ von Abbildungen $f_j \in X$ genau dann gegen eine Abbildung $f \in X$, wenn zu beliebigem $\xi \in \boldsymbol{R}$ die gefilterte Familie $(f_j(\xi))_{j \in J}$ gegen $f(\xi)$ konvergiert. (Diese Konvergenz, die sogenannte punktweise Konvergenz, betrachten wir in Band 2 genauer.) Da sich $[0, 1]$ als kompakt ergibt, ist nach 3.16.17 auch X kompakt. X ist aber nicht folgenkompakt, denn die Folge $f_1, f_2, \ldots$ der durch $f_n(\xi) = 2^n\xi - k$ $\left(\xi \in \left[\frac{k}{2^n}, \frac{k+1}{2^n}\right[, k \in \boldsymbol{Z}\right)$ definierten Abbildungen f_n besitzt keine konvergente Teilfolge. Das ergibt sich zum Beispiel, indem man beachtet, daß für jede Zahl $\xi = \sum_{j=1}^{\infty} \frac{\xi_j}{2^j}$ mit $\xi_j \in \{0, 1\}$ stets $f_n(\xi) = \sum_{j=1}^{\infty} \frac{\xi_{j+n}}{2^j}$ gilt und daher zu einer beliebigen Teilfolge $f_{j_1}, f_{j_2}, \ldots$ von $f_1, f_2, \ldots$ die Folge der Werte $f_{j_1}(\xi), f_{j_2}(\xi), \ldots$ über $\xi = \sum_{j=1}^{\infty} \frac{\xi_j}{2^j}$ mit

$$\xi_j = \begin{cases} 1 \text{ bei } j = j_{2n} & (n \in \boldsymbol{N}^+) \\ 0 \text{ sonst} \end{cases}$$

nicht konvergiert.

Y sei der Teilraum von X, der aus allen Abbildungen $f\colon \boldsymbol{R} \to [0, 1]$ besteht, die jeweils nur von 0 verschiedene Werte über einer abzählbaren Teilmenge von $\boldsymbol{R}$ besitzen. Wir zeigen mittels des Diagonalverfahrens, daß Y folgenkompakt ist. Gegeben sei dazu eine Folge $f_1, f_2, \ldots$ von Abbildungen aus Y. Da die Vereinigung abzählbar vieler abzählbarer Mengen wieder abzählbar ist (abzählen nach Schrägreihen), existiert eine Folge $\xi_1, \xi_2, \ldots$ reeller Zahlen derart, daß jede Abbildung f_n höchstens über diesen Zahlen von 0 verschiedene Werte hat. Das Intervall [0, 1] erweist sich als folgenkompakt. Daher gibt es eine Teilfolge $f_{11}, f_{12}, \ldots$ von $f_1, f_2, \ldots$, so daß $f_{11}(\xi_1), f_{12}(\xi_1), \ldots$ konvergiert, ferner eine Teilfolge $f_{21}, f_{22}, \ldots$ von $f_{11}, f_{12}, \ldots$, so daß $f_{21}(\xi_2), f_{22}(\xi_2), \ldots$ konvergiert, u.s.w. Da sich die Diagonalfolge $f_{11}, f_{22}, \ldots$ als konvergente Teilfolge von $f_1, f_2, \ldots$ ergibt, ist Y tatsächlich folgenkompakt. Y ist aber nicht kompakt; denn ist J die Menge aller abzählbaren Teilmengen von $\boldsymbol{R}$, versehen mit der mengentheoretischen Ordnung, und ist f_j zu beliebigem $j \in J$ die durch $f_j(\xi) = 1$ bei $\xi \in j$ und $f_j(\xi) = 0$ bei $\xi \in \boldsymbol{R} \setminus j$ definierte, Y angehörende Abbildung, so konvergiert das Netz $(f_j)_{j \in J}$ bezüglich der Limitierung von X gegen die konstante Abbildung $f: \xi \mapsto 1$ $(\xi \in \boldsymbol{R})$. f gehört Y nicht an, und, da X separiert ist, kann kein Teilnetz von $(f_j)_{j \in J}$ gegen eine Y angehörende Abbildung konvergieren.

3.17. Choquetsche Limesräume

Im folgenden untersuchen wir eine Eigenschaft von Limesräumen, die — von der Forderung $[x] \in \tau(x)$ $(x \in X)$ abgesehen — die von G. Choquet [2] eingeführten pseudotopologischen Räume charakterisiert. Wir nennen einen Limesraum X und ebenfalls seine Limitierung **choquetsch**, wenn jeder Filter in X, dessen Ultraoberfilter alle gegen einen Punkt x konvergieren, ebenfalls gegen x konvergiert. Choquet legt bei seiner Definition von vornherein nur die Konvergenz von Ultrafiltern fest. Eine Pseudotopologie χ einer Menge X im Sinne von Choquet ordnet jedem $x \in X$ eine Menge $\chi(x)$ von Ultrafiltern in X zu, wobei als einzige Forderung $[x] \in \chi(x)$ $(x \in X)$ genommen wird. Choquet definiert damit, daß ein Filter $\mathfrak{F}$ in X bez. χ genau dann gegen ein $x \in X$ konvergiert, wenn alle Ultraoberfilter von $\mathfrak{F}$ bez. χ gegen x konvergieren, d. h. $\chi(x)$ angehören. Die so festgelegte Filterkonvergenz liefert eine choquetsche Pseudotopologie τ_χ in unserem Sinne, wie mittels 2.2.8 folgt. Lassen wir die Forderung $[x] \in \chi(x)$ $(x \in X)$ weg, gehen also von einer beliebigen Abbildung χ von X in die Potenzmenge der Menge aller Ultrafilter in X aus, so ergibt sich bei entsprechender Filterkonvergenz eine choquetsche Limitierung τ_χ. Die Abbildung $\chi \mapsto \tau_\chi$ (X fest) ist eineindeutig, sie hat als Wertebereich die Menge aller choquetschen Limitierungen von X und sie bildet die Menge aller Pseudotopologien von X im Sinne von Choquet auf die Menge aller choquetschen Pseudotopologien von X ab.

Wir führen gleich noch eine Abschwächung des Begriffs choquetsch ein. Und zwar nennen wir einen Limesraum X und ebenfalls seine Limitierung **$\aleph_0$-choquetsch** oder **abzählbar choquetsch**, wenn jeder Filter in X, der eine abzählbare Basis hat und dessen Ultraoberfilter alle gegen einen Punkt x konvergieren, ebenfalls gegen x konvergiert. Ein Limesraum X ist offenbar genau dann choquetsch ($\aleph_0$-choquetsch), wenn für jeden Punkt $x \in X$ und jeden Filter $\mathfrak{F}$ in X, (der eine abzählbare Basis hat und) der nicht gegen x konvergiert, mindestens ein Ultraoberfilter von $\mathfrak{F}$ existiert, der ebenfalls nicht gegen x konvergiert. Die entartete Limitierung einer Menge ist CHOQUETsch. Mittels 2.2.10 folgt leicht, daß auch jede mehrstufige Topologie CHOQUETsch ist.

Wir werden in Band 2 wichtige Pseudotopologien untersuchen, die CHOQUETsch sind. Im allgemeinen sind Pseudotopologien nicht einmal $\aleph_0$-CHOQUETsch, wie wir an Hand eines Beispiels (C. H. COOK [2]) zeigen.

X sei eine unendliche Menge und σ eine separierte kompakte Topologie von X. x sei ein Punkt von X, für den der Nachbarschaftsfilter $\mathfrak{N}(x)$ nicht der Durchschnitt endlich vieler Ultrafilter ist. Ein derartiger Punkt existiert, da auf Grund der Kompaktheit von σ jeder Ultrafilter in X bez. σ konvergiert und — falls es keinen solchen Punkt gäbe — wegen 2.4.5 die Menge der Ultrafilter in X als Mächtigkeit card X haben müßte, wegen 2.4.4 die Mächtigkeit dieser Menge jedoch card $\mathsf{PP}X$ ist. τ sei diejenige Pseudotopologie von X, für die $\tau(x)$ als Subbasis die Menge aller Ultraoberfilter von $\mathfrak{N}(x)$ hat und $\tau(y) = \sigma(y)$ für $y \neq x$ ist. Es gilt $\tau(x) \neq \sigma(x)$ und ist τ daher nicht CHOQUETsch. Wenn σ dem ersten Abzählbarkeitsaxiom genügt, ist τ sogar nicht $\aleph_0$-CHOQUETsch.

Jeder Limitierung τ einer Menge X kann man eine CHOQUETsche Limitierung $\mathrm{ch}(\tau)$ von X zuordnen, indem man zu beliebigem $x \in X$ als $\mathrm{ch}(\tau)(x)$ die Menge aller Filter nimmt, deren sämtliche Ultraoberfilter bez. τ gegen x konvergieren. $\mathrm{ch}(\tau)$ ist natürlich eine Limitierung, was daraus folgt, daß zu beliebigem $x \in X$ und beliebigen Filtern $\mathfrak{F}, \mathfrak{G} \in \mathrm{ch}(\tau)(x)$ jeder Ultraoberfilter von $\mathfrak{F} \cap \mathfrak{G}$ wegen 2.2.8 entweder Oberfilter von $\mathfrak{F}$ oder von $\mathfrak{G}$ ist. Es gilt sogar

3.17.1. *Zu jeder Limitierung τ einer Menge X ist* $\mathrm{ch}(\tau)$ *die feinste* CHOQUET*sche Limitierung von X, die gröber als τ ist.*

Beweis. Ein Ultrafilter gehört zu einem $x \in X$ genau dann $\mathrm{ch}(\tau)(x)$ an, wenn er $\tau(x)$ angehört. $\mathrm{ch}(\tau)$ ist deshalb CHOQUETsch. Offenbar gilt $\tau \leqq \mathrm{ch}(\tau)$ und für jede CHOQUETsche Limitierung σ, die gröber als τ ist, $\mathrm{ch}(\tau) \leqq \mathrm{ch}(\sigma) = \sigma$. ∎

Eine Limitierung τ ist natürlich genau dann CHOQUETsch, wenn sie mit $\mathrm{ch}(\tau)$ übereinstimmt. Ist τ eine Pseudotopologie, so wegen $\tau \leqq \mathrm{ch}(\tau)$ auch $\mathrm{ch}(\tau)$.

3.17.2. *Für jede Limitierung τ einer Menge gilt*

$$p(\tau) \leqq p(\mathrm{ch}(\tau)) \leqq \mathrm{ch}(p(\tau)), \quad m(\tau) = m(\mathrm{ch}(\tau)) = \mathrm{ch}(m(\tau))$$

und

$$t(\tau) = t(\mathrm{ch}(\tau)) = \mathrm{ch}(t(\tau)) .$$

Beweis. Wegen $\tau \leqq \mathrm{ch}(\tau)$ folgt $p(\tau) \leqq p(\mathrm{ch}(\tau))$, wegen $\tau \leqq p(\tau)$ ferner $\mathrm{ch}(\tau) \leqq \mathrm{ch}(p(\tau))$ und, da $\mathrm{ch}(p(\tau))$ eine Pseudotopologie ist, sogar $p(\mathrm{ch}(\tau) \leqq \mathrm{ch}(p(\tau))$. Daher gilt die erste Beziehung. Entsprechend ergibt sich $m(\tau) \leqq m(\mathrm{ch}(\tau)) \leqq \mathrm{ch}(m(\tau))$ und $t(\tau) \leqq t(\mathrm{ch}(\tau)) \leqq \mathrm{ch}(t(\tau))$. Da jede mehrstufige Topologie CHOQUETsch ist, trifft bei diesen Beziehungen das Gleichheitszeichen zu. ∎

Wir formulieren die im Teil 3 des Beweises von 3.10.7 gezeigte Aussage noch einmal unter Benutzung der eingeführten Bezeichnungen: Ist τ eine separierte Pseudotopologie einer Menge X, so gibt es im Falle $\mathrm{ch}(\tau) < m(\tau)$ eine Topologie σ von X mit $m(\tau \times \sigma) \neq m(\tau) \times \sigma$ und im Falle $\mathrm{ch}(\tau) < t(\tau)$ (insbesondere im Fall $\tau = m(\tau) < t(\tau)$) eine Topologie σ von X mit $t(\tau \times \sigma) \neq t(\tau) \times \sigma$.

Jeder Limitierung τ einer Menge X läßt sich eine $\aleph_0$-CHOQUETsche Limitierung $\mathrm{ach}(\tau)$ von X zuordnen, indem zu beliebigem $x \in X$ als $\mathrm{ach}(\tau)(x)$ dasjenige $\wedge$-Ideal genommen wird, das als eine Basis die Menge $\{\mathfrak{F} \cap \mathfrak{G} \mid \mathfrak{F} \in \tau(x), \mathfrak{G} \in \mathrm{ch}(\tau)(x), \mathfrak{G}$ mit abzählbarer Basis$\}$ hat. Daß jede dieser Mengen tatsächlich eine $\wedge$-Idealbasis ist, folgt mittels 3.17.1 unter Beachtung, daß der Durchschnitt zweier Filter mit abzählbarer Basis ebenfalls eine abzählbare Basis hat. Analog wie 3.17.1 gilt

3.17.3. *Zu jeder Limitierung τ einer Menge X ist* $\mathrm{ach}(\tau)$ *die feinste* $\aleph_0$-CHOQUET*sche Limitierung von X, die gröber als τ ist.*

Beweis. Nach Definition gilt $\tau \leqq \mathrm{ach}(\tau)$. Jeder Ultrafilter $\mathfrak{F}$, der bez. $\mathrm{ach}(\tau)$ gegen ein x konvergiert, gehört wegen $\mathrm{ach}(\tau) \leqq \mathrm{ch}(\tau)$ sogar $\tau(x)$ an. Damit ergibt sich leicht, daß $\mathrm{ach}(\tau)$ $\aleph_0$-CHOQUETsch ist. Offenbar ist $\mathrm{ach}(\tau)$ die feinste $\aleph_0$-CHOQUETsche Limitierung, die gröber als τ ist. ∎

Wie bereits angemerkt, gilt für jede Limitierung τ einer Menge

$$\mathrm{ach}(\tau) \leqq \mathrm{ch}(\tau)\,. \tag{3.17.1}$$

Eine Limitierung τ ist genau dann $\aleph_0$-CHOQUETsch, wenn sie mit $\mathrm{ach}(\tau)$ übereinstimmt. Ist τ eine Pseudotopologie, so auch $\mathrm{ach}(\tau)$. Es folgt leicht, daß 3.17.2 auch gilt, wenn „ch" durch „ach" ersetzt wird.

3.17.4. *X sei ein Limesraum, Y ein* CHOQUET*scher* ($\aleph_0$-CHOQUET*scher*) *Limesraum und f eine Abbildung aus X in Y. f ist genau dann in einem Punkt x bezüglich der Limitierungen τ von X und τ' von Y stetig, wenn f in x bez.* $\mathrm{ch}(\tau)$ ($\mathrm{ach}(\tau)$) *und τ' stetig ist.*

Beweis. Es ist nur die Richtung $\Rightarrow$ zu beweisen. Wir führen den Beweis für den Fall, daß Y $\aleph_0$-CHOQUETsch ist. Der Beweis im anderen Fall ergibt sich ähnlich, jedoch einfacher. f sei in x stetig, und $\mathfrak{F}$ sei ein Filter aus $\mathrm{ach}(\tau)(x)$. Nach Definition von $\mathrm{ach}(\tau)$ existieren ein Filter $\mathfrak{G} \in \tau(x)$ und ein Filter $\mathfrak{H} \in \mathrm{ch}(\tau)(x)$ mit abzählbarer Basis, so daß $\mathfrak{G} \cap \mathfrak{H} \subseteqq \mathfrak{F}$ gilt. Es folgt $f(\mathfrak{G}) \cap f(\mathfrak{H}) \subseteqq f(\mathfrak{F})$ und $f(\mathfrak{G}) \in \tau'(f(x))$, und es hat $f(\mathfrak{H})$ eine abzählbare Basis. $\mathfrak{B}$ sei ein Ultraoberfilter von $f(\mathfrak{H})$. Wegen 2.5.2 existiert ein Ultraoberfilter $\mathfrak{U}$ von $\mathfrak{H}$ mit $f(\mathfrak{U}) = \mathfrak{B}$. Da $\mathfrak{U} \in \tau(x)$ gilt, folgt $\mathfrak{B} \in \tau'(f(x))$ und damit $f(\mathfrak{H}) \in \mathrm{ch}(\tau'(f(x)))$, somit $f(\mathfrak{F}) \in \tau'(f(x))$. ∎

Korollar. *X und Y seien Limesräume. f sei eine Abbildung aus X in Y, die in einem Punkt x bez. der Limitierungen τ von X und τ' von Y stetig ist. Dann ist f in x auch bez.* $\mathrm{ch}(\tau)$ *und* $\mathrm{ch}(\tau')$ *und auch bez.* $\mathrm{ach}(\tau)$ *und* $\mathrm{ach}(\tau')$ *stetig.*

Wir bezeichnen mit $\mathrm{LIM_{ch}}$ und $\mathrm{LIM_{ach}}$ die vollen Unterkategorien von LIM, die als Objekte alle CHOQUETschen bzw. $\aleph_0$-CHOQUETschen Limesräume haben. Auf Grund des Korollars zu 3.17.4 existieren Funktoren **ch**: $\mathrm{LIM} \to \mathrm{LIM_{ch}}$ und **ach**: $\mathrm{LIM} \to \mathrm{LIM_{ach}}$ der folgenden Art: **ch** und **ach** ordnen jedem Limesraum X denjenigen Limesraum $\mathbf{ch}(X)$ bzw. $\mathbf{ach}(X)$ zu, der dieselbe Trägermenge wie X hat und dessen Limitierung die der Limitierung τ von X zugeordnete CHOQUETsche Limitierung $\mathrm{ch}(\tau)$ bzw. $\aleph_0$-CHOQUETsche Limitierung $\mathrm{ach}(\tau)$ ist. Ferner ordnen **ch** und **ach** jedem Morphismus (f, X, Y) von LIM den Morphismus $(f, \mathbf{ch}(X), \mathbf{ch}(Y))$ von $\mathrm{LIM_{ch}}$ bzw. $(f, \mathbf{ach}(X), \mathbf{ach}(Y))$ von $\mathrm{LIM_{ach}}$ zu.

Initiallimitierungen CHOQUETscher ($\aleph_0$-CHOQUETscher) Limitierungen sind CHOQUETsch ($\aleph_0$-CHOQUETsch), wie sich aus dem folgenden Satz ergibt: Es sei E eine Menge, $(X_i)_{i\in I}$ eine Familie von Limesräumen und p_i zu beliebigem $i \in I$ eine Abbildung von E in X_i. τ_i bezeichne zu beliebigem $i \in I$ die Limitierung von X_i, ferner $\mathrm{init}\,\tau_i$ die Initiallimitierung der τ_i bezüglich der p_i.

Aus 3.2.10 und 3.2.11 folgt

3.17.5. *Sind alle Limitierungen τ_i CHOQUETsch ($\aleph_0$-CHOQUETsch), so ist auch* $\mathrm{init}\,\tau_i$ *CHOQUETsch ($\aleph_0$-CHOQUETsch).*

Korollar. *Es gilt*

$$\mathrm{ch}(\mathrm{init}\,\tau_i) = \mathrm{init}\,\mathrm{ch}(\tau_i) \text{ und } \mathrm{ach}(\mathrm{init}\,\tau_i) \leqq \mathrm{init}\,\mathrm{ach}(\tau_i)\,, \tag{3.17.2}$$

wobei alle Initiallimitierungen bezüglich der p_i gemeint sind.

Beweis. $\mathrm{ch}(\mathrm{init}\,\tau_i) \leqq \mathrm{init}\,\mathrm{ch}(\tau_i)$ und die zweite Beziehung von (3.17.2) folgen unmittelbar aus 3.17.5. Gegeben seien ein $x \in E$ und ein eigentlicher Filter $\mathfrak{F} \in \mathrm{init}\,\mathrm{ch}(\tau_i)$. $\mathfrak{U}$ sei ein Ultraoberfilter von $\mathfrak{F}$. Zu beliebigem $i \in I$ ist $p_i(\mathfrak{U})$ ein Ultrafilter, gilt $p_i(\mathfrak{F}) \subseteqq p_i(\mathfrak{U})$ und $p_i(\mathfrak{F}) \in \mathrm{ch}(\tau_i)(p_i(x))$ und damit $p_i(\mathfrak{U}) \in \tau_i(p_i(x))$, also $\mathfrak{U} \in (\mathrm{init}\,\tau_i)(x)$, d. h. $\mathfrak{F} \in \mathrm{ch}(\mathrm{init}\,\tau_i)(x)$. ∎

Aus 3.17.5 folgt, daß die projektiven Limites beliebiger Funktoren T kleiner Kategorien $\mathfrak{D}$ in die Kategorie LIM, für die $T(C)$ ($C \in \mathrm{Ob}\mathfrak{D}$) CHOQUETsche ($\aleph_0$-CHOQUETsche) Limesräume sind, CHOQUETsch ($\aleph_0$-CHOQUETsch) sind und insbesondere, daß Teilräume und Produkträume CHOQUETscher ($\aleph_0$-CHOQUETscher) Limesräume wieder CHOQUETsch ($\aleph_0$-CHOQUETsch) sind. Die Aussage für Produkträume läßt sich unter gewissen Einschränkungen umkehren, wie wir im folgenden Satz zeigen. Wir nehmen für diesen speziell an, daß I eine Menge, E das cartesische Produkt der Trägermengen der X_i und p_i zu beliebigem $i \in I$ die i-te natürliche Projektion π_i von E ist.

3.17.6. *Gibt es zu beliebigem $i \in I$ ein $a_i \in X_i$ mit $[a_i] \in \tau_i(a_i)$, so gilt: Die Produktlimitierung $\prod_{i\in I} \tau_i$ ist genau dann CHOQUETsch, wenn jede Limitierung τ_i CHOQUETsch ist. Wenn zusätzlich I abzählbar ist, gilt: $\prod_{i\in I} \tau_i$ ist genau dann $\aleph_0$-CHOQUETsch, wenn jede Limitierung τ_i $\aleph_0$-CHOQUETsch ist.*

Beweis. Wir haben nur noch die Richtung $\Rightarrow$ zu beweisen. $\prod_{i\in I} \tau_i$ sei CHOQUETsch ($\aleph_0$-CHOQUETsch und I abzählbar). Gegeben seien ein $j \in I$, ein $x_j \in X_j$ und ein eigentlicher Filter $\mathfrak{F}_j \in \mathrm{ch}(\tau_j)(x_j)$ (mit abzählbarer Basis). Es genügt, $\mathfrak{F}_j \in \tau_j(x_j)$ zu zeigen. x sei der Punkt von E mit $\pi_j(x) = x_j$ und $\pi_i(x) = a_i$ bei $i \neq j$. Wir setzen $\mathfrak{F}_i = [a_i]$ zu beliebigem $i \neq j$. ($\prod_{i\in I} \mathfrak{F}_i$ hat eine abzählbare Basis.) $\mathfrak{U}$ sei ein Ultraoberfilter von $\prod_{i\in I} \mathfrak{F}_i$. Mittels (2.6.2) folgt $\pi_j(\mathfrak{U}) \supseteq \mathfrak{F}_j$ und $\pi_i(\mathfrak{U}) = [a_i]$ $(i \neq j)$, somit $p_i(\mathfrak{U}) \in (\tau_i \circ \pi_i)(x)$ $(i \in I)$ und damit $\mathfrak{U} \in (\prod_{i\in I} \tau_i)(x)$, demnach $\prod_{i\in I} \mathfrak{F}_i \in (\prod_{i\in I} \tau_i)\,(x)$, mittels 3.10.1 $\mathfrak{F}_j \in \tau_j(x_j)$. ▮

Wichtige Eigenschaften der CHOQUETschen und $\aleph_0$-CHOQUETschen Limesräume ergeben sich aus den folgenden Sätzen.

3.17.7. *X sei ein CHOQUETscher ($\aleph_0$-CHOQUETscher) und kompakter ($\aleph_0$-kompakter) Limesraum. Ist $\mathfrak{F}$ ein Filter in X (mit einer abzählbaren Basis), der genau einen Adhärenzpunkt hat, so ist $\mathfrak{F}$ konvergent.*

Beweis. $\mathfrak{F}$ sei ein Filter in X (mit einer abzählbaren Basis und) mit genau einem Adhärenzpunkt. Jeder Ultraoberfilter von $\mathfrak{F}$ konvergiert auf Grund der Kompaktheit von X. Da $\mathfrak{F}$ nur einen Adhärenzpunkt hat, stimmen alle diese Konvergenzpunkte überein. Unter Beachtung, daß X CHOQUETsch ($\aleph_0$-CHOQUETsch) ist, ergibt sich, daß $\mathfrak{F}$ konvergiert. ▮

Wir bemerken, daß in jedem separierten Limesraum umgekehrt jeder konvergente Filter (also auch jeder konvergente Filter mit einer abzählbaren Basis) genau einen Adhärenzpunkt hat.

3.17.8. *X sei ein Limesraum und τ seine Limitierung. Ist X CHOQUETsch und kompakt, so stimmt jede separierte Limitierung σ der Trägermenge von X, die gröber als τ ist, mit τ überein. Wenn X $\aleph_0$-CHOQUETsch und $\aleph_0$-kompakt ist und σ eine separierte Limitierung der Trägermenge von X ist, die gröber als τ ist, dann konvergiert ein Filter mit einer abzählbaren Basis genau dann bez. τ gegen einen Punkt x, wenn er bez. σ gegen x konvergiert.*

Beweis. X sei CHOQUETsch ($\aleph_0$-CHOQUETsch) und kompakt ($\aleph_0$-kompakt). σ sei eine separierte Limitierung, die gröber als τ ist. x sei ein Punkt von X und $\mathfrak{F}$ ein Filter aus $\sigma(x)$ (mit einer abzählbaren Basis). Jeder Ultraoberfilter $\mathfrak{G}$ von $\mathfrak{F}$ konvergiert auf Grund der Kompaktheit ($\aleph_0$-Kompaktheit) von τ bez. τ und wegen $\tau \leqq \sigma$ auch bez. σ gegen einen Punkt $x_{\mathfrak{G}}$ von X. Da σ separiert ist, stimmt stets $x_{\mathfrak{G}}$ mit x überein. Unter Berücksichtigung, daß τ CHOQUETsch ($\aleph_0$-CHOQUETsch) ist, folgt, daß $\mathfrak{F}$ auch bez. τ gegen x konvergiert. Damit ergibt sich die Richtigkeit der Behauptung. ▮

Bemerkung. Ohne die Voraussetzung, daß X CHOQUETsch bzw. $\aleph_0$-CHOQUETsch ist, gilt dieser Satz nicht, wie aus dem Beispiel von Anfang dieses Abschnitts folgt. In diesem Beispiel ist τ eine kompakte Pseudotopologie, die nicht CHOQUETsch ist, und ist σ eine separierte Topologie, die gröber als τ ist und nicht mit σ übereinstimmt. Genügt σ dem ersten Abzählbarkeitsaxiom, so ist τ sogar nicht einmal $\aleph_0$-CHOQUETsch, und es gibt dann mindestens einen Filter $\mathfrak{F}$ in X mit einer abzählbaren Basis, der bez. σ, aber nicht bez. τ gegen einen Punkt von X konvergiert.

Aus 3.17.8 erhält man leicht die folgende Verallgemeinerung (siehe C. H. COOK [2], H. POPPE [5]) eines bekannten Kriteriums dafür, daß eine eineindeutige stetige Abbildung ein Homöomorphismus ist.

Korollar. *Ist X ein kompakter* CHOQUET*scher ($\aleph_0$-kompakter $\aleph_0$* CHOQUET*scher) Limesraum und Y ein separierter Limesraum (der dem ersten Abzählbarkeitsaxiom genügt), so ist jede eineindeutige stetige Abbildung f von X in Y ein Homöomorphismus.*

Beweis. τ und τ' seien die Limitierungen von X bzw. Y. σ sei die Initiallimitierung von τ' bez. f. Auf Grund der Stetigkeit von f gilt $\tau \leqq \sigma$. Da σ separiert ist, folgt $\tau = \sigma$ (für jedes $x \in X$ und jeden Filter $\mathfrak{F}$ in X mit abzählbarer Basis $\mathfrak{F} \in \tau(x) \Leftrightarrow \mathfrak{F} \in \sigma(x)$) wegen 3.17.8 und damit, daß f^{-1} bez. τ' und τ stetig ist. ∎

Beachten wir, daß Teilräume separierter Limesräume separiert und CHOQUETscher ($\aleph_0$-CHOQUETscher) Limesräume CHOQUETsch ($\aleph_0$-CHOQUETsch) sind, so erhalten wir aus 3.17.8 den folgenden allgemeineren Satz

3.17.8'. *X sei ein Limesraum und τ seine Limitierung. Ist X* CHOQUET*sch und ist σ eine separierte Limitierung der Trägermenge von X mit $\tau \leqq \sigma$, so stimmen über jeder kompakten Teilmenge K von X die induzierten Limitierungen σ_K und τ_K überein. Wenn X $\aleph_0$-*CHOQUET*sch ist und σ eine separierte Limitierung der Trägermenge von X mit $\tau \leqq \sigma$ ist, konvergiert zu jeder $\aleph_0$-kompakten Teilmenge K von X ein Filter $\mathfrak{F}$ in X mit einer abzählbaren Basis, für den $K \in \mathfrak{F}$ gilt, bez. τ genau dann gegen einen Punkt x von K, wenn $\mathfrak{F}$ bez. σ gegen x konvergiert.*

Als Anwendung von 3.17.8 erhalten wir (M. P. KAZ):

3.17.9. *Jeder separierte reguläre kompakte* CHOQUET*sche Limesraum X ist ein topologischer Raum.*

Beweis. Nach 3.16.18 ist X und damit auch $\mathfrak{t}(X)$ normal. X und somit ebenfalls $\mathfrak{t}(X)$ genügt dem ersten Trennungsaxiom. Aus 3.7.17 und 3.7.19 folgt, daß $\mathfrak{t}(X)$ regulär ist, aus 3.7.12 damit, daß $\mathfrak{t}(X)$ separiert ist. Wegen 3.17.8 gilt $X = \mathfrak{t}(X)$. ∎

Ein Spezialfall von 3.17.9 (siehe C. H. Cook [2]) ist das folgende

Korollar. *Jeder separierte reguläre kompakte mehrstufig topologische Raum ist ein topologischer Raum.*

Wir führen noch eine Variante des Begriffs CHOQUETsch ein, eine Bedingung, die von URYSOHN [1] den $\mathfrak{L}$-Räumen auferlegt wurde (siehe auch C. KURATOWSKI [1]). Mittels 2.2.6 und 2.8.4 folgt, daß ein Limesraum X genau dann CHOQUETsch ist, wenn für jeden Punkt x von X und jedes Netz $(x_i)_{i \in I}$ in X gilt: Besitzt jedes nichtleere Teilnetz $(y_j)_{i \in J}$ von $(x_i)_{i \in I}$ ein gegen x konvergierendes nichtleeres Teilnetz, so konvergiert $(x_i)_{i \in I}$ gegen x. Wir nennen einen Limesraum X und ebenfalls seine Limitierung **folgenCHOQUETsch** oder **URYSOHNsch**, wenn für jeden Punkt x von X und jede Folge $x_1, x_2, \ldots$ von Punkten von X gilt: Besitzt jede Teilfolge $y_1, y_2, \ldots$ von $x_1, x_2, \ldots$ eine gegen x konvergierende Teilfolge, so konvergiert $x_1, x_2, \ldots$ gegen x.

Ein Limesraum X ist genau dann folgenCHOQUETsch, wenn er die folgende Eigenschaft hat: Für jeden Punkt x von X besitzt jede nicht gegen x konvergierende Folge $x_1, x_2, \ldots$ eine Teilfolge $y_1, y_2, \ldots$, deren sämtliche Teilfolgen nicht gegen x konvergieren.

Die entartete Limitierung einer Menge ist trivialerweise folgenCHOQUETsch. Auch jede mehrstufige Topologie ist folgenCHOQUETsch. Das ergibt sich mittels des folgenden leicht zu beweisenden Analogons zu 2.2.10: Ist $x_1, x_2, \ldots$ eine Folge in einer Menge X, ist M die Menge aller Teilfolgen von $x_1, x_2, \ldots$ und ist f eine Abbildung von M in sich, die jeder M angehörenden Folge $y_1, y_2, \ldots$ eine Teilfolge von sich zuordnet, so stimmt der von $x_1, x_2, \ldots$ erzeugte Filter in X mit dem Durchschnitt der von allen Bildern $f(y_1, y_2, \ldots)$ der Folgen $y_1, y_2, \ldots$ aus M erzeugten Filter überein.

Zum Teil gelten für die folgenCHOQUETschen Limesräume analoge Aussagen wie für die CHOQUETschen und $\aleph_0$-CHOQUETschen Limesräume. So gilt zum Beispiel unter den gleichen Annahmen wie vor 3.17.5:

3.17.10. *Sind alle Limitierungen τ_i folgenCHOQUETsch, so ist auch* init τ_i *folgenCHOQUETsch.*

Beweis. Wir setzen $\tau = \operatorname{init} \tau_i$. x sei ein Element von E und $x_1, x_2, \ldots$ eine Folge in E, die bez. τ nicht gegen x konvergiert. Nach 3.8.1 existiert ein $i \in I$ derart, daß die Folge $p_i(x_1), p_i(x_2), \ldots$ bez. τ_i nicht gegen $p_i(x)$ konvergiert. Da τ_i folgenCHOQUETsch ist, gibt es eine Teilfolge $y_{i1}, y_{i2}, \ldots$ von $p_i(x_1), p_i(x_2), \ldots$, deren sämtliche Teilfolgen bez. τ_i nicht gegen $p_i(x)$ konvergieren. Wir bilden die entsprechende Teilfolge $y_1, y_2, \ldots$ von $x_1, x_2, \ldots$, für die also $p_i(y_1) = y_{i1}$, $p_i(y_2) = y_{i2}, \ldots$ gilt. Wegen 3.8.1 kann keine Teilfolge von $y_1, y_2, \ldots$ bez. τ gegen x konvergieren. τ ist deshalb folgenCHOQUETsch. ∎

Ähnlich wie 3.17.7 zeigt man

3.17.11. *Ist X ein folgen*CHOQUET*scher* und *folgenkompakter Limesraum, so ist jede Folge in X, die genau einen Adhärenzpunkt hat, konvergent.*

3.17.12. *X sei ein folgen*CHOQUET*scher und folgenkompakter Limesraum und τ seine Limitierung. σ sei eine separierte Limitierung der Trägermenge von X, die gröber als τ ist. Unter dieser Voraussetzung konvergiert eine Folge bez. τ genau dann einen gegen Punkt x, wenn sie bez. σ gegen x konvergiert.*

Beweis. x sei ein Punkt von X und $x_1, x_2, \ldots$ eine bez. σ gegen x konvergierende Folge. $y_1, y_2, \ldots$ sei eine Teilfolge von $x_1, x_2, \ldots$ Es gibt auf Grund der Folgenkompaktheit von τ eine bez. τ gegen einen Punkt z konvergierende Teilfolge $z_1, z_2, \ldots$ von $y_1, y_2, \ldots$ Da $z_1, z_2, \ldots$ auch bez. τ konvergiert und σ separiert ist, gilt $x = z$. Beachten wir, daß τ folgenCHOQUETsch ist, so erhalten wir, daß $x_1, x_2, \ldots$ auch bez. τ gegen x konvergiert. Damit folgt die Richtigkeit der Behauptung. ∎

Entsprechend wie 3.17.8 zu 3.17.8′ läßt sich 3.17.12 verallgemeinern.

3.18. Zusammenhang und lokaler Zusammenhang

X sei ein Limesraum und τ die Limitierung von X. Eine Teilmenge M von X heißt **zusammenhängend**, wenn aus $A \cup B = M$, $A \cap \overline{B} = \emptyset$ und $\overline{A} \cap B = \emptyset$ stets $A = \emptyset$ oder $B = \emptyset$ folgt.

Für zwei Teilmengen A und B von X ist $A \cap \overline{B} = \emptyset$ äquivalent zu $A \subseteq \underline{X \setminus B}$. Die letzte Beziehung besagt, daß die (zu B punktfremde) Menge $X \setminus B$ eine Nachbarschaft von A ist. Offensichtlich gilt diese Beziehung und damit $A \cap \overline{B} = \emptyset$ genau dann, wenn irgendeine zu B punktfremde Nachbarschaft von A existiert. Damit folgt: Eine Teilmenge M von X ist genau dann zusammenhängend, wenn nicht zwei Mengen $A \neq \emptyset$ und $B \neq \emptyset$ existieren derart, daß $A \cup B = M$ gilt und A eine zu B punktfremde Nachbarschaft und B eine zu A punktfremde Nachbarschaft besitzen.

Ist die Trägermenge von X zusammenhängend, so heißen auch der Limesraum X und die Limitierung τ von X **zusammenhängend.**

3.18.1. *Jede der beiden folgenden Bedingungen ist notwendig und hinreichend dafür, daß eine Teilmenge M von X zusammenhängend ist.*

1. *M ist nicht Vereinigung zweier punktfremder, nichtleerer und bezüglich der induzierten Limitierung τ_M offener Mengen.*

2. *M ist nicht Vereinigung zweier punktfremder, nichtleerer und bezüglich τ_M abgeschlossener Mengen.*

Beweis. 1. Offensichtlich sind die beiden Bedingungen äquivalent. Angenommen, die Bedingung 2 gilt nicht. Dann gibt es zwei punktfremde nichtleere

Mengen A und B mit $A \cup B = M$ und $A = \overline{A}^{\tau_M}$ und $B = \overline{B}^{\tau_M}$. Wegen (3.9.4) folgt $A \cap \overline{B} = A \cap \overline{B}^{\tau_M} = \emptyset$ und entsprechend $\overline{A} \cap B = \emptyset$ und damit, daß M unzusammenhängend ist.

2. M sei unzusammenhängend. Dann existieren nichtleere Mengen A und B mit $A \cup B = M$ und $A \cap \overline{B} = \emptyset$ und $\overline{A} \cap B = \emptyset$. Wegen (3.9.4) und $B = M \setminus A$ ist deshalb $\emptyset = A \cap \overline{M \setminus A} = A \cap \overline{M \setminus A}^{\tau_M} = A \cap (M \setminus \underline{A}_{\tau_M})$, also $A \subseteq \underline{A}_{\tau_M}$ und daher $A = \underline{A}_{\tau_M}$, d. h. A bez. τ_M offen. Entsprechend ergibt sich, daß B bez. τ_M offen ist. Bedingung 1 ist somit nicht erfüllt. ▮

Der Begriff des Zusammenhanges einer Teilmenge M von X hängt offensichtlich nur von der τ zugeordneten mehrstufigen Topologie $m(\tau)$ ab. Nach 3.18.1 hängt er sogar nur von der Topologie $t(\tau_M)$, die wegen 3.9.9 mit $t(m(\tau)_M)$ übereinstimmt, ab. Wir zeigen an Hand eines Beispiels, daß er im allgemeinen nicht lediglich von der τ zugeordneten Topologie $t(\tau)$ abhängt. Als X wählen wir den aus drei voneinander verschiedenen Punkten x, y und z bestehenden mehrstufig topologischen Raum, der als Nachbarschaftsfilter $\mathfrak{N}(x) = [\{x, z\}]$, $\mathfrak{N}(y) = [\{y, z\}]$ und $\mathfrak{N}(z) = [\{x, z\}]$ hat. $M = \{x, y\}$ ist wegen $\{x\} \cap \overline{\{y\}} = \{x\} \cap \{y\} = \emptyset$ und $\overline{\{x\}} \cap \{y\} = \{x, z\} \cap \{y\} = \emptyset$ bezüglich der mehrstufigen Topologie τ von X unzusammenhängend. Da X als einzige abgeschlossene Mengen $\emptyset$, $\{y\}$ und X hat, ist M jedoch bez. $t(\tau)$ zusammenhängend.

3.18.2. *Ist M eine zusammenhängende Teilmenge von X und gilt $M \subseteq A \cup B$, $A \cap \overline{B} = \emptyset$ und $\overline{A} \cap B = \emptyset$ für zwei Teilmengen A und B von X, so ist $M \subseteq A$ oder $M \subseteq B$.*

Beweis. Es ist

$$M \cap A \cap \overline{M \cap B} \subseteq A \cap \overline{B} = \emptyset \quad \text{und} \quad \overline{M \cap A} \cap M \cap B \subseteq \overline{A} \cap B = \emptyset .$$

Es kann nicht $M \cap A \neq \emptyset$ und $M \cap B \neq \emptyset$ sein, da sonst M unzusammenhängend wäre. $M \cap A = \emptyset$ hat zusammen mit $M \subseteq A \cup B$ die Beziehung $M \subseteq B$ zur Folge, und aus $M \cap B = \emptyset$ ergibt sich entsprechend $M \subseteq A$. ▮

3.18.3. *Ist M eine zusammenhängende Teilmenge von X, so auch jede Menge N mit $M \subseteq N \subseteq \overline{M}$. Insbesondere ist dann auch $\overline{M}$ zusammenhängend.*

Beweis. A und B seien zwei Mengen mit $N = A \cup B$, $A \cap \overline{B} = \emptyset$ und $\overline{A} \cap B = \emptyset$. Aus 3.18.2 folgt, daß M in A oder B enthalten ist, also etwa $M \subseteq B$ gilt. Dann ist $N \subseteq \overline{M} \subseteq \overline{B}$, wegen $A \cap \overline{B} = \emptyset$ also $A \cap N = \emptyset$, woraus sich zusammen mit $N = A \cup B$ ergibt, daß A leer ist. N ist daher zusammenhängend. ▮

3.18.4. $(M_\iota)_{\iota\in I}$ *sei eine nichtleere Familie zusammenhängender Teilmengen von* X, *die paarweise einen nichtleeren Durchschnitt haben. Dann ist* $\bigcup_{\iota\in I} M_\iota$ *zusammenhängend.*

Beweis. Für zwei Mengen A und B sei

$$\bigcup_{\iota\in I} M_\iota = A \cup B \tag{3.18.1}$$

und

$$A \cap \overline{B} = \emptyset \quad \text{und} \quad \overline{A} \cap B = \emptyset\,. \tag{3.18.2}$$

Es genügt zu zeigen, daß A oder B leer ist. Nach 3.18.2 ist jede Menge M_ι in A oder B enthalten. Für zwei Elemente ι und $\jmath$ von I kann nicht $M_\iota \subseteqq A$ und $M_\jmath \subseteqq B$ gelten, da $M_\iota \cap M_\jmath \neq \emptyset$ sonst (3.18.2) widersprechen würde. Daher ist $\bigcup_{\iota\in I} M_\iota$ Teilmenge einer der beiden elementfremden Mengen A und B, woraus mittels (3.18.1) entweder $B = \emptyset$ oder $A = \emptyset$ folgt. ▮

3.18.5. *Ist* M *eine zusammenhängende Teilmenge von* X *und* f *eine stetige Abbildung von* X *in einen Limesraum* Y, *so ist* $f[M]$ *zusammenhängend.*

Beweis. Wäre die Behauptung falsch, so gäbe es zwei nichtleere Mengen A und B mit $f[M] = A \cup B$ und

$$A \cap \overline{B} = \emptyset \quad \text{und} \quad \overline{A} \cap B = \emptyset\,. \tag{3.18.3}$$

$A' = M \cap f^{-1}[A]$ und $B' = M \cap f^{-1}[B]$ wären nichtleere Mengen mit $M = A' \cup B'$. Unter Berücksichtigung der Stetigkeit von f und des Korollars zu 3.6.1 ergäbe sich $\overline{A'} \subseteqq f^{-1}[\overline{f[A']}] \subseteqq f^{-1}[\overline{A}]$ und $\overline{B'} \subseteqq f^{-1}[\overline{f[B']}] \subseteqq f^{-1}[\overline{B}]$, wegen (3.18.3) folglich $A' \cap \overline{B'} \subseteqq f^{-1}[A] \cap f^{-1}[\overline{B}] = \emptyset$, also $A' \cap \overline{B'} = \emptyset$ und entsprechend $\overline{A'} \cap B' = \emptyset$. Das widerspricht der Voraussetzung, daß M zusammenhängend ist. ▮

M sei für das Folgende eine Teilmenge von X. Eine Teilmenge A von M heißt eine **Komponente** von M, wenn sie zusammenhängend ist und in keiner zusammenhängenden Teilmenge von M echt enthalten ist. Aus 3.18.4 folgt, daß zu jedem Punkt $x \in M$ die Vereinigung aller zusammenhängenden Teilmengen A von M, denen x angehört, eine Komponente von M ist. Die Vereinigung der Komponenten von M stimmt daher mit M überein. Aus 3.18.4 folgt ferner, daß die Komponenten von M paarweise elementfremd sind. Mittels 3.18.3 ergibt sich schließlich, daß die Komponenten von M bezüglich der induzierten Limitierung τ_M abgeschlossen sind. Wie man leicht an einem Beispiel zeigt, müssen sie nicht bezüglich τ_M offen sein (vergleiche den unten angeführten Satz 3.18.6).

Den Limesraum X nennen wir **lokal zusammenhängend**, wenn jeder gegen einen Punkt x konvergierende Filter einen gegen x konvergierenden Unterfilter mit einer Basis aus zusammenhängenden Mengen besitzt.

3.18.6 (Lokal zusammenhängende mehrstufig topologische und topologische Räume). *Ist X ein lokal zusammenhängender pseudotopologischer Raum, so besitzt jeder Nachbarschaftsfilter $\mathfrak{N}(x)$ eine aus zusammenhängenden Mengen bestehende Basis. Wenn X ein mehrstufig topologischer Raum ist, folgt aus dieser Bedingung umgekehrt, daß X lokal zusammenhängend ist. Ist X ein lokal zusammenhängender pseudotopologischer Raum, so ist jede Komponente einer offenen Teilmenge von X in X offen. Falls X ein topologischer Raum ist, folgt daraus umgekehrt, daß X lokal zusammenhängend ist.*

Beweis. 1. X sei ein lokal zusammenhängender pseudotopologischer Raum. Gegeben sei ein Punkt x von X. Zu jedem gegen x konvergierenden Filter $\mathfrak{F}$ existiert dann ein gegen x konvergierender Filter

$$\mathfrak{G}_{\mathfrak{F}} \subseteqq [x] \cap \mathfrak{F}\,, \tag{3.18.4}$$

der eine aus zusammenhängenden Mengen bestehende Basis $\mathfrak{B}_{\mathfrak{F}}$ besitzt. Wir bilden die Menge

$$\mathfrak{B} = \{ \bigcup_{\mathfrak{F}\in\tau(x)} B_{\mathfrak{F}} \mid B_{\mathfrak{F}} \in \mathfrak{B}_{\mathfrak{F}} \text{ zu beliebigem } \mathfrak{F} \in \tau(x)\}\,.$$

Da wegen (3.18.4) jeder Menge $B_{\mathfrak{F}}$ der Punkt x angehört, ergibt sich mittels 3.18.4, daß $\mathfrak{B}$ aus zusammenhängenden Mengen besteht. Zu beliebigen Familien $(B_{\mathfrak{F}})_{\mathfrak{F}\in\tau(x)}$ und $(B'_{\mathfrak{F}})_{\mathfrak{F}\in\tau(x)}$ von Mengen $B_{\mathfrak{F}}, B'_{\mathfrak{F}} \in \mathfrak{B}_{\mathfrak{F}}$ $(\mathfrak{F} \in \tau(x))$ existiert eine Familie $(B''_{\mathfrak{F}})_{\mathfrak{F}\in\tau(x)}$ mit $B''_{\mathfrak{F}} \in \mathfrak{B}_{\mathfrak{F}}$ und $B''_{\mathfrak{F}} \subseteqq B_{\mathfrak{F}} \cap B'_{\mathfrak{F}}$ $(\mathfrak{F} \in \tau(x))$, folglich mit

$$\bigcup_{\mathfrak{F}\in\tau(x)} B''_{\mathfrak{F}} \subseteqq \bigcup_{\mathfrak{F}\in\tau(x)} B_{\mathfrak{F}} \cap \bigcup_{\mathfrak{F}\in\tau(x)} B'_{\mathfrak{F}}\,.$$

$\mathfrak{B}$ ist daher eine Filterbasis. Offensichtlich ist $\bigcap_{\mathfrak{F}\in\tau(x)} \mathfrak{G}_{\mathfrak{F}}$ der aus $\mathfrak{B}$ erzeugte Filter. Wegen (3.18.4) stimmt dieser mit $\mathfrak{N}(x)$ überein.

2. Ist X ein mehrstufig topologischer Raum und besitzt jeder Nachbarschaftsfilter eine aus zusammenhängenden Mengen bestehende Basis, so ist X offensichtlich lokal zusammenhängend.

3. X sei ein lokal zusammenhängender pseudotopologischer Raum, M eine offene Teilmenge von X und A eine Komponente von M. Nach dem in Teil 1 Bewiesenen besitzt jeder Punkt x von A eine in M liegende zusammenhängende Nachbarschaft N. Nach Definition von A ist $N \subseteqq A$, folglich A in X offen.

4. Ist X ein topologischer Raum und jede Komponente einer offenen Teilmenge von X in X offen, so ist offensichtlich X lokal zusammenhängend. ∎

3.19. Durch konvergente Folgen bestimmte Konvergenzstrukturen

Im folgenden fragen wir, wann die konvergenten Folgen eines Limesraumes die Limitierung desselben festlegen. Wir müssen dabei natürlich präzisieren, wie sich die Limitierung aus den konvergenten Folgen ergeben soll.

X sei eine Menge, ferner $\mathcal{S}X$ die Menge aller Abbildungen σ, die X als Definitionsbereich haben und jedem $x \in X$ eine Menge $\sigma(x)$ von Folgen in X zuordnen. Wir sagen, daß eine Abbildung $\sigma \in \mathcal{S}X$ **eine Limitierung τ erzeugt**, wenn τ die feinste Limitierung von X ist mit der folgenden Eigenschaft F:
Zu beliebigem $x \in X$ besteht $\sigma(x)$ aus allen bez. τ gegen x konvergierenden Folgen.

Eine Abbildung $\sigma \in \mathcal{S}X$ erzeugt im allgemeinen keine Limitierung. Eine genaue Auskunft darüber, wann das der Fall ist, gibt der folgende Satz.

3.19.1. *Eine Abbildung $\sigma \in \mathcal{S}X$ erzeugt genau dann eine Limitierung τ, wenn zu beliebigem $x \in X$ gilt:*

1. *Mit einer Folge gehört auch jede Streckung, jede Umordnung und jede um endlich viele Elemente erweiterte Folge dieser Folge zu $\sigma(x)$.*
2. *Mit einer Folge gehört auch jede Teilfolge dieser Folge zu $\sigma(x)$.*
3. *Mit zwei Folgen gehört auch jede aus diesen zusammengesetzte Folge zu $\sigma(x)$.*

Beweis. 1. σ sei eine Abbildung aus $\mathcal{S}X$ und τ die von σ erzeugte Limitierung. Gegeben sei ein $x \in X$. Jede Folge aus $\sigma(x)$ erzeugt den gleichen Filter wie jede Streckung, jede Umordnung und jede um endlich viele Elemente erweiterte Folge dieser Folge. Auf Grund der Eigenschaft F ist daher Bedingung 1 erfüllt. Ist $y_1, y_2, \ldots$ eine Teilfolge einer $\sigma(x)$ angehörenden Folge $x_1, x_2, \ldots$, so ist der aus $y_1, y_2, \ldots$ erzeugte Filter $\mathfrak{G}$ ein Oberfilter des aus $x_1, x_2, \ldots$ erzeugten Filters $\mathfrak{F}$. Wegen Eigenschaft F gilt $\mathfrak{F} \in \tau(x)$, da τ eine Limitierung ist, somit $\mathfrak{G} \in \tau(x)$. Wegen Eigenschaft F ist deshalb $y_1, y_2, \ldots$ ein Element von $\sigma(x)$. Daher ist die Bedingung 2 erfüllt. Sind $x_1, x_2, \ldots$ und $y_1, y_2, \ldots$ zwei $\sigma(x)$ angehörende Folgen und $\mathfrak{F}$ und $\mathfrak{G}$ die aus diesen erzeugten Filter, so gilt wegen Eigenschaft F sowohl $\mathfrak{F} \in \tau(x)$ als auch $\mathfrak{G} \in \tau(x)$, da τ eine Limitierung ist, somit $\mathfrak{F} \cap \mathfrak{G} \in \tau(x)$. Wegen Eigenschaft F gehört deshalb jede zusammengesetzte Folge von $x_1, x_2, \ldots$ und $y_1, y_2, \ldots$ zu $\sigma(x)$. Folglich ist auch Bedingung 3 erfüllt.

2. σ sei eine Abbildung aus $\mathcal{S}X$, die zu beliebigem $x \in X$ den im Satz angegebenenBedingungen 1 bis 3 genügt. τ sei diejenige Limitierung von X, für die $\tau(x)$ zu beliebigem $x \in X$ das $\wedge$-Ideal ist, das als eine Subbasis die Menge $\beta(x)$ aller aus den Folgen aus $\sigma(x)$ erzeugten Elementarfilter hat. Wegen Bedingung 3 ist $\beta(x)$ sogar eine Basis von $\tau(x)$. Im folgenden zeigen wir, daß τ die Eigenschaft F besitzt. Gegeben sei dazu ein $x \in X$ und eine Folge $y_1, y_2, \ldots$ von Elementen von X derart, daß der aus dieser Folge erzeugte Elementarfilter $\mathfrak{G}$ zu $\tau(x)$ gehört. Da $\beta(x)$ eine Basis von $\tau(x)$ ist, existiert eine Folge $x_1, x_2, \ldots$ aus $\sigma(x)$, so daß $\mathfrak{G}$ ein Oberfilter des aus dieser Folge erzeugten Filters $\mathfrak{F}$ ist. Zu beliebigem $n \in \boldsymbol{N}^+$ gibt es daher ein $m_n \in \boldsymbol{N}^+$ mit $\{y_j \mid j \geqq m_n\} \subseteqq \{x_i \mid i \geqq n\}$ und $m_1 \leqq m_2 \leqq \ldots$ Wir finden eine Abbildung $f\colon \boldsymbol{N}^+ \to \boldsymbol{N}^+$, so daß zu beliebigem $n \in \boldsymbol{N}^+$

$$f(m) \geqq n \text{ und } y_m = x_{f(m)} \quad \text{für} \quad m \in \{m_n, \ldots, m_{n+1} - 1\}$$

ist. Daher ist $y_{m_1}, y_{m_1+1}, \dots$ ein Teilnetz von $x_1, x_2, \dots$ Wegen 2.8.3 und der Bedingungen 1 und 2 gehört $y_{m_1}, y_{m_1+1}, \dots$ und wegen Bedingung 1 damit auch $y_1, y_2, \dots$ zu $\sigma(x)$. Daher besitzt σ die Eigenschaft F. Nach Konstruktion ist τ die feinste Limitierung von X mit dieser Eigenschaft. ∎

Man beweist mühelos das

Korollar. *Eine Abbildung $\sigma \in \mathfrak{S}X$ erzeugt genau dann eine folgen*CHOQUETsche *Limitierung, wenn zu beliebigem $x \in X$ die Bedingung* 2 *aus* 3.19.1 *und ferner die folgende* **URYSOHN-Bedingung** *erfüllt ist: Gehört eine Folge $x_1, x_2, \dots$ nicht $\sigma(x)$ an, so gibt es eine Teilfolge von $x_1, x_2, \dots$, deren sämtliche Teilfolgen nicht $\sigma(x)$ angehören.*

Aus dem zweiten Teil des Beweises von 3.19.1 ergibt sich

3.19.2. *Ist τ die aus einer Abbildung $\sigma \in \mathcal{S}X$ erzeugte Limitierung, so bilden zu beliebigem $x \in X$ die aus den Folgen aus $\sigma(x)$ erzeugten Elementarfilter eine Basis des $\wedge$-Ideals $\tau(x)$.*

Eine Limitierung τ von X nennen wir eine **S-Limitierung** und X, versehen mit τ, einen **S-Limesraum**, wenn eine Abbildung $\sigma \in \mathcal{S}X$ existiert, die die Limitierung τ erzeugt. Anstelle S-Limitierung und S-Limesraum sagen wir auch **stark sequentielle** Limitierung und **stark sequentieller** Limesraum.

Aus 3.19.1 und 3.19.2 folgt mühelos

3.19.3. *X, versehen mit einer Limitierung τ, ist genau dann ein S-Limesraum, wenn zu jedem gegen einen Punkt x von X konvergierenden Filter ein gegen x konvergierender Unterfilter existiert, der ein Elementarfilter ist.*

Nach diesem Satz genügt jeder S-Limesraum dem ersten Abzählbarkeitsaxiom. Für die Teilmengen von S-Limesräumen fallen daher die Begriffe $\aleph_0$-kompakt und folgenkompakt zusammen.

Wir ordnen im folgenden jeder Limitierung eine S-Limitierung zu. Dazu bemerken wir, daß zu jeder Limitierung τ von X die Abbildung

$$\sigma_\tau : x \mapsto \text{Menge aller Folgen } x_1, x_2, \dots \underset{\tau}{\to} x \quad (x \in X) \tag{3.19.1}$$

offensichtlich den in 3.19.1 angegebenen Bedingungen genügt, also eine Limitierung erzeugt. Mit $\mathcal{T}^S X$ bezeichnen wir die Menge aller S-Limitierungen von X. Wir führen eine Abbildung S des Verbandes $\mathcal{T}X$ aller Limitierungen in sich ein, indem wir jeder Limitierung τ von X als $S(\tau)$ die von σ_τ erzeugte Limitierung zuordnen. Offensichtlich gilt stets

$$S(\tau) \leqq \tau\,, \tag{3.19.2}$$

wobei das Gleichheitszeichen genau dann zutrifft, wenn τ eine S-Limitierung ist.

3.19.4. *S ist ein Ordnungshomomorphismus von $\mathcal{T}X$ in sich, der $\mathcal{T}^S X$ identisch abbildet. $p \circ S$, $m \circ S$ und $t \circ S$ sind Ordnungshomomorphismen von X in sich, die $p[\mathcal{T}^S X]$, $m[\mathcal{T}^S X]$ bzw. $t[\mathcal{T}^S X]$ identisch abbilden.*

Beweis. Offensichtlich ist S eine Abbildung von $\mathcal{T}X$ in sich, die $\mathcal{T}^S X$ identisch abbildet. Es folgt leicht, daß S und damit auch $p \circ S$, $m \circ S$ und $t \circ S$ Ordnungshomomorphismen sind. Berücksichtigen wir, daß $S \circ S = S$, $p \circ p = p$ und (3.19.2) und $\tau \leqq p(\tau)$ gilt, so folgt

$$(p \circ S)(\tau) = (p \circ S \circ S)(\tau) \leqq (p \circ S \circ p \circ S)(\tau) \leqq (p \circ p \circ S)(\tau) \leqq (p \circ S)(\tau)$$

zu beliebigem $\tau \in \mathcal{T}X$ und damit $p \circ S = p \circ S \circ p \circ S$. Daher bildet $p \circ S$ die Menge $p[\mathcal{T}^S X]$ identisch ab. Entsprechend ergibt sich, daß $m \circ S$ die Menge $m[\mathcal{T}^S X]$ und $t \circ S$ die Menge $t[\mathcal{T}^S X]$ identisch abbildet. ∎

Die Abbildungen S, $p \circ S$, $m \circ S$ und $t \circ S$ haben natürlich $\mathcal{T}^S X$, $p[\mathcal{T}^S X]$, $m[\mathcal{T}^S X]$ bzw. $t[\mathcal{T}^S X]$ als Wertebereich.

Aus der Definition der Abbildung S ergibt sich leicht, daß eine Teilmenge K von X bezüglich einer Limitierung von X genau dann folgenkompakt ist, wenn sie bez. $S(\tau)$ folgenkompakt ist. Auf Grund einer Bemerkung nach 3.19.3 ist dazu ferner äquivalent, daß K bez. $S(\tau)$ $\aleph_0$-kompakt ist. Eine Abbildung f aus einem Limesraum in einen Limesraum nennen wir in einem Punkt x ihres Definitionsbereichs **folgenstetig**, wenn für jeden gegen x konvergierenden Elementarfilter $\mathfrak{F}$ der Filter $f(\mathfrak{F})$ gegen $f(x)$ konvergiert. Eine Abbildung f aus X in einen Limesraum Y ist offenbar in einem Punkt x ihres Definitionsbereichs bezüglich einer Limitierung τ von X und der Limitierung τ' von Y genau dann folgenstetig, wenn f in x bez. $S(\tau)$ und τ' stetig ist, und auch, wenn f in x bez. $S(\tau)$ und $S(\tau')$ stetig ist. Der Begriff der Folgenstetigkeit ist im allgemeinen schwächer als der Begriff der Stetigkeit, wie wir an Hand eines Beispiels zeigen.

Es sei X das mit der ersten nicht abzählbaren Ordinalzahl Ω gebildete Produkt $\boldsymbol{R}^\Omega$ und Y gleich $\boldsymbol{R}$. E sei die Menge aller Punkte $x = (x_\iota)_{\iota \in \Omega}$, bei denen endlich viele Komponenten gleich 0 und die anderen gleich 1 sind. f sei die durch $f(x) = 1$ $(x \in E)$ und $f(x) = 0$ $(x \in X \setminus E)$ definierte Abbildung von X in Y. f ist in 0 $(= (0)_{\iota \in \Omega})$ unstetig, da $f(0) = 0$ ist und jeder Umgebung von 0 mindestens ein Punkt x mit $f(x) = 1$ angehört. f ist andererseits in 0 folgenstetig, wie leicht damit folgt, daß es keine Nullfolgen von Punkten aus E gibt; zu jeder Folge $x_1, x_2, \ldots$ von Punkten von E existiert nämlich wegen 1.17.4 mindestens ein $i \in \Omega$ derart, daß die i-te Komponente aller Punkte x_n gleich 1 ist, somit mindestens eine Umgebung von 0 existiert, der keiner dieser Punkte angehört.

Für Abbildungen aus S-Limesräumen in Limesräume fallen allerdings die Begriffe folgenstetig und stetig zusammen. Ferner fallen diese Begriffe zusammen für Abbildungen aus Limesräumen, die dem ersten Abzählbarkeitsaxiom genügen, in mehrstufig topologische Räume, was leicht daraus folgt, daß sich nach 2.8.6 jeder Filter $\mathfrak{F}$ in X mit abzählbarer Basis als Durchschnitt aller elementaren Oberfilter darstellen läßt und wegen (2.5.2) für jede Abbildung f aus X in eine beliebige Menge somit $f(\mathfrak{F}) = \bigcap_{\substack{\mathfrak{G} \text{ element.} \\ \text{Oberfilter von } \mathfrak{F}}} f(\mathfrak{G})$ gilt.

Wie der folgende Satz besagt, lassen sich in S-Limesräumen die Adhärenzen mittels konvergenter Folgen definieren.

3.19.5. *Bezüglich jeder S-Limitierung τ von X besteht die Adhärenz einer beliebigen Teilmenge A von X aus allen Elementen von A und allen τ-Limites von Folgen von Elementen von A.*

Beweis. τ sei eine S-Limitierung von X. Ferner sei x ein Element und A eine Teilmenge von X. Unter Berücksichtigung von 3.19.3 folgt, daß genau dann $x \in \overline{A} \setminus A$ gilt, wenn $x \notin A$ ist und ein Elementarfilter $\mathfrak{F} \in \tau(x)$ mit $F \cap A \neq \emptyset$ zu beliebigem $F \in \mathfrak{F}$ existiert. Zu $x \in \overline{A} \setminus A$ ist somit äquivalent, daß $x \notin A$ ist und es eine (bez. τ) gegen x konvergierende Folge $x_1, x_2, \ldots$ gibt mit $\{x_i \mid n \leqq i\} \cap A \neq \emptyset$ zu beliebigem $n \in \boldsymbol{N}^+$, somit eine gegen x konvergierende Folge $x_1, x_2, \ldots$, die eine Teilfolge von Elementen von A besitzt. Da diese auch gegen x konvergiert, ist zu $x \in \overline{A} \setminus A$ äquivalent, daß $x \notin A$ ist und eine gegen x konvergierende Folge von Elementen von A existiert. Damit folgt die Behauptung. ∎

Offensichtlich ist eine S-Limitierung τ genau dann eine Pseudotopologie, wenn zu beliebigem $x \in X$ gilt:

4. Die konstante Folge $x, x, \ldots$ konvergiert bez. τ gegen x.

Wie mittels 3.19.5 folgt, besteht bezüglich jeder S-Limitierung von X, die eine Pseudotopologie ist, die Adhärenz einer beliebigen Teilmenge A von X aus allen τ-Limites von Folgen von Elementen von A.

Unter Berücksichtigung von 3.19.2 ergibt sich eine S-Limitierung genau dann als eine mehrstufige Topologie, wenn zu beliebigem $x \in X$ gilt:

Es existiert eine gegen x konvergierende Folge, die den Nachbarschaftsfilter von x erzeugt.

Diese Bedingung ist sehr stark; sie zieht zum Beispiel nach sich, daß jeder Punkt Nachbarschaften aus abzählbar vielen Punkten besitzt.

Für das Weitere sei τ eine S-Limitierung, die eine mehrstufige Topologie ist. Zu beliebigem $x \in X$ existiert dann eine den Nachbarschaftsfilter von x erzeugende Folge mit den Eigenschaften:

1. Jeder in dieser Folge auftretende Punkt kommt in ihr einmal oder unendlich oft vor.
2. x kommt in dieser Folge unendlich oft vor.
3. Die Menge A_x aller Punkte von X, die in dieser Folge einmal auftreten, ist leer oder unendlich elementig.

Eine derartige Folge ergibt sich zum Beispiel für einen Punkt $x \in X$, wenn man von einer beliebigen Folge $x_1, x_2, \ldots$ ausgeht, die den Nachbarschaftsfilter von x erzeugt, und bei dieser die folgenden Abänderungen vornimmt:

1. Tritt ein Punkt in dieser Folge endlich oft auf, so entfernt man in dieser Folge alle diesen Punkt darstellenden Glieder bis auf eins, zum Beispiel dasjenige Glied x_n mit dem kleinsten Index n.

2. Ist die Menge aller Punkte von X, die in der Folge einmal auftreten, endlich, so entfernt man in dieser Folge alle dieser Menge angehörenden Glieder.

Wir nehmen nun zur Vereinfachung zusätzlich an, daß τ dem ersten Trennungsaxiom genügt. Zu beliebigem $x \in X$ kann dann jede Folge mit den obigen drei Eigenschaften (bis auf höchstens eine Umordnung) durch die in Eigenschaft 3 auftretende Menge A_x charakterisiert werden, denn ist A_x leer, so ist $x_1, x_2, \dots$ die konstante Folge $x, x, \dots$, und ist A_x nichtleer, so ergibt sich $x_1, x_2, \dots$ dann durch eine Umordnung aus einer beliebigen Zusammensetzung der konstanten Folge $x, x, \dots$ und der auf eine beliebige Weise zu einer Folge angeordneten Menge A_x. Da mit jeder Folge auch jede Umordnung dieser Folge denselben Filter erzeugt, definiert jede in Eigenschaft 3 auftretende Menge A_x den Nachbarschaftsfilter von x.

Wir erhalten damit

3.19.6. *τ sei eine S-Limitierung, die eine mehrstufige Topologie ist und dem ersten Trennungsaxiom genügt. Dann gibt es zu beliebigem $x \in X$ eine Menge A_x mit den folgenden Eigenschaften:*

1. *A_x ist entweder leer oder abzählbar unendlich.*

2. *Im Falle $A_x = \emptyset$ ist $[x]$ der Nachbarschaftsfilter von x, und im Falle $A_x \neq \emptyset$ bilden die Mengen, die aus x — und bis auf endlich viele Punkte — aus allen Punkten von A_x bestehen, eine Basis des Nachbarschaftsfilters von x.*

In dem Fall, daß eine S-Limitierung τ dem ersten Trennungsaxiom genügt, kann man leicht ein Kriterium dafür angeben, daß τ eine Topologie ist.

3.19.7. *τ sei eine S-Limitierung, die eine mehrstufige Topologie ist und dem ersten Trennungsaxiom genügt. Dann ist notwendig und hinreichend dafür, daß τ eine Topologie ist, daß die in* 3.19.6 *angeführten Mengen A_x $(x \in X)$ so gewählt werden können*[1]*, daß zu beliebigem $x \in X$ und beliebigem $y \in A_x$ stets A_x und A_y bis auf endlich viele Punkte übereinstimmen*[2]*.*

Beweis. Zu beliebigem $x \in X$ sei A_x eine Menge mit den in 3.19.6 angegebenen Eigenschaften. Wir nehmen zuerst an, daß τ eine Topologie ist. Dann existiert zu beliebigem $x \in X$ eine endliche Teilmenge E_x von A_x, so daß $\{x\} \cup A_x$ eine Nachbarschaft jedes Punktes $y \in A_x \setminus E_x$ ist, somit A_x zu beliebigem $y \in A_x \setminus E_x$ bis auf endlich viele Punkte mit A_y übereinstimmt. Ersetzen wir

[1]) Zu beachten ist, daß eine Menge A_x lediglich im Falle $A_x \neq \emptyset$ noch verschieden wählbar ist. Es kann in diesem Fall eine beliebige endliche Anzahl von Elementen entfernt und eine beliebige endliche Anzahl von x verschiedener Elemente hinzugefügt werden.

[1]) D. h., die symmetrische Differenz $(A_x \setminus A_y) \cup (A_y \setminus A_x)$ endlich ist.

stets A_x durch $A_x \setminus E_x$, so stimmen zu beliebigem $x \in X$ und $y \in A_x$ die Mengen A_x und A_y bis auf endlich viele Punkte überein.

Im folgenden setzen wir voraus, daß zu beliebigem $x \in X$ und $y \in A_x$ die Mengen A_x und A_y bis auf endlich viele Punkte übereinstimmen. Gegeben sei eine Nachbarschaft N eines Punktes $x \in X$. Dann existiert eine endliche Teilmenge E_x von A_x mit $\{x\} \cup (A_x \setminus E_x) \subseteqq N$. $M = \{x\} \cup (A_x \setminus E_x)$ ist eine Nachbarschaft von x. Auf Grund der Voraussetzung stimmen zu beliebigem $y \in M$ die Mengen A_x und A_y bis auf endlich viele Elemente überein. Daher ist N eine Nachbarschaft jedes $y \in M$ und τ somit eine Topologie. ▮

Wir sagen, daß eine Abbildung $\sigma \in \mathscr{S}X$ **eine Pseudotopologie τ erzeugt**, wenn τ die feinste Pseudotopologie von X mit der Eigenschaft F ist. Wenn eine Abbildung $\sigma \in \mathscr{S}X$ eine Pseudotopologie τ erzeugt, sind offensichtlich zu beliebigem $x \in X$ die in 3.19.1 angegebenen Bedingungen 1 bis 3 und die nach 3.19.5 angegebene Bedingung 4 erfüllt, so daß dann wegen 3.19.1 die feinste Limitierung von X mit der Eigenschaft F existiert, diese auf Grund einer Bemerkung nach 3.19.5 eine Pseudotopologie ist und folglich mit τ übereinstimmt. Die aus Abbildungen $\sigma \in \mathscr{S}X$ erzeugten Pseudotopologien sind daher gerade die S-Limitierungen, die Pseudotopologien sind.

Aus dem folgenden Satz erhält man eine weitere Charakterisierung der aus Abbildungen $\sigma \in \mathscr{S}X$ erzeugten Pseudotopologien.

3.19.8. *Es gilt*

$$p \circ S = S \circ p\,. \tag{3.19.3}$$

Ferner besteht für jede Limitierung τ von X die Äquivalenz

$$\tau = (p \circ S)(\tau) \Leftrightarrow \tau = S(\tau) = p(\tau)\,.$$

Beweis. 1. Mittels 3.19.2 ergibt sich, daß zu beliebigem $x \in X$ der Filter $[x]$ und die bez. τ gegen x konvergierenden Elementarfilter eine Subbasis von $(p \circ S)(\tau)(x) = [[x]] \vee S(\tau)(x)$ bilden. Ferner ergibt sich mittels 3.19.2, daß zu beliebigem $x \in X$ die bez. $p(\tau)$ gegen x konvergierenden Elementarfilter eine Basis von $(S \circ p)(\tau)(x)$ bilden. Nun zeigt man, daß jeder bez. $p(\tau)$ gegen x konvergierende Elementarfilter $\mathfrak{F}$ bez. τ gegen x konvergiert oder mit $[x]$ übereinstimmt oder der Durchschnitt von $[x]$ und eines bez. τ gegen x konvergierenden Elementarfilters ist. ($[x] \cap \mathfrak{G} \subseteqq \mathfrak{F}$, $\mathfrak{G} \to x$ zieht $\mathfrak{G} \subseteqq \mathfrak{F} \to x$ oder $\mathfrak{F} \subseteqq [x]$ nach sich, im zweiten Falle damit $\mathfrak{F} = [x]$ oder $\mathfrak{F} = [x] \cap \mathfrak{F}'$ und $\mathfrak{G} \subseteqq \mathfrak{F}' \to x$ für $\mathfrak{F}' = \operatorname{im} \{F \setminus \{x\} \mid F \in \mathfrak{F}\}$). Damit folgt (3.19.3).

2. Gilt $\tau = S(\tau) = p(\tau)$, so natürlich auch $\tau = (p \circ S)(\tau)$. Aus $\tau = (p \circ S)(\tau)$ folgt $\tau = p(\tau)$, wegen (3.19.3) ferner $\tau = S(p(\tau))$ und damit auch $\tau = S(\tau)$. ▮

Auf Grund der in diesem Satz angegebenen Äquivalenz und einer vor diesem Satz angeführten Aussage ist eine Limitierung τ genau dann eine aus einer Abbildung $\sigma \in \mathscr{S}X$ erzeugte Pseudotopologie, wenn $\tau = (p \circ S)(\tau)$ gilt. Eine Pseudotopologie τ von X nennen wir eine S-**Pseudotopologie** und X, versehen mit τ, einen **pseudotopologischen** S-**Raum**, wenn τ eine S-Limitierung ist. Mittels des Korollars zu 3.19.1 erhält man, daß die separierten folgenCHOQUETschen S-Pseudotopologien gerade von den Abbildungen $\sigma \in \mathfrak{S}X$ mit den folgenden Eigenschaften erzeugt werden:

1. Jede Folge gehört höchstens einer Menge $\sigma(x)$ an.
2. Zu beliebigem $x \in X$ gelten die URYSOHN-Bedingung und die Bedingung 2 aus 3.19.1 und gehört $x, x, \ldots$ zu $\sigma(x)$.

Die Eigenschaften 1 und 2 entsprechen den Konvergenzforderungen in $\mathscr{L}^*$-Räumen (siehe KURATOWSKI [1]), so daß wir die separierten folgenCHOQUETschen pseudotopologischen S-Räume als $\mathscr{L}^*$-**Räume** auffassen können.

Wir sagen, daß eine Abbildung $\sigma \in \mathscr{S}X$ **eine mehrstufige Topologie** τ **erzeugt**, wenn τ die feinste mehrstufige Topologie von X mit der Eigenschaft F ist.

Zu beliebigem $\sigma \in \mathscr{S}X$ und $x \in X$ sei $\mathfrak{N}_\sigma(x)$ die Menge aller derjenigen Teilmengen N von X, denen x und — jeweils bis auf endlich viele n — alle Glieder x_n einer beliebigen Folge $x_1, x_2, \ldots$ aus $\sigma(x)$ angehören. $\mathfrak{N}_\sigma(x)$ ist der Durchschnitt von $[x]$ und allen Filtern, die aus Folgen aus $\sigma(x)$ erzeugt sind.

3.19.9. *Eine Abbildung $\sigma \in \mathscr{S}X$ erzeugt genau dann eine mehrstufige Topologie τ, wenn zu beliebigem $x \in X$ jede Folge $x_1, x_2, \ldots$, die einen Oberfilter von $\mathfrak{N}_\sigma(x)$ erzeugt, zu $\sigma(x)$ gehört.*

Beweis. Ist σ eine Abbildung aus $\mathscr{S}X$, die eine mehrstufige Topologie τ erzeugt, so gehört zu beliebigem $x \in X$ der Filter $\mathfrak{N}_\sigma(x)$ zu $\tau(x)$, und somit ist die im Satz angegebene Bedingung erfüllt.

σ sei nun eine Abbildung aus $\mathscr{S}X$, die die im Satz angegebene Bedingung erfüllt. τ sei die Limitierung von X mit $\tau(x) = [\mathfrak{N}_\sigma(x)]$ zu beliebigem $x \in X$. Es ist $[x] \in \tau(x)$ $(x \in X)$ und τ daher eine mehrstufige Topologie. Jede Folge $x_1, x_2, \ldots$ von Elementen von X, die bez. τ gegen ein $x \in X$ konvergiert, erzeugt einen Oberfilter von $\mathfrak{N}_\sigma(x)$ und gehört auf Grund der im Satz angegebenen Bedingung deshalb $\sigma(x)$ an. Daher besitzt τ die Eigenschaft F. Nach Konstruktion ist τ die feinste mehrstufige Topologie von X mit dieser Eigenschaft. ▮

Aus dem zweiten Teil des Beweises von 3.19.9 ergibt sich

3.19.10. *Bezüglich jeder aus einer Abbildung $\sigma \in \mathscr{S}X$ erzeugten mehrstufigen Topologie ist $\mathfrak{N}_\sigma(x)$ zu beliebigem $x \in X$ der Nachbarschaftsfilter von x.*

Aus 3.19.2 und 3.19.10 folgt, daß eine Limitierung τ genau dann eine aus einer Abbildung $\sigma \in \mathscr{S}X$ erzeugte mehrstufige Topologie ist, wenn $\tau = (m \circ S)(\tau)$ gilt.

Wir nennen eine mehrstufige Topologie τ von X eine **mehrstufige** S-**Topologie** und X, versehen mit τ, einen **mehrstufig topologischen** S-**Raum**, wenn eine Abbildung $\sigma \in \mathscr{S}X$ existiert, die die mehrstufige Topologie τ erzeugt, wenn also

$\tau = (m \circ S)(\tau)$ gilt. Anstelle mehrstufige S-Topologie und mehrstufig topologischer S-Raum sagen wir auch **sequentielle** mehrstufige Topologie und **sequentieller** mehrstufig topologischer Raum.

3.19.11. *X, versehen mit einer mehrstufigen Topologie τ, ist genau dann ein mehrstufig topologischer S-Raum, wenn die Adhärenz einer beliebigen Teilmenge A von X aus allen τ-Limites von Folgen von Elementen von A besteht.*

Beweis. 1. τ sei eine mehrstufige S-Topologie. $S(\tau)$ ist wegen 3.19.4 eine S-Limitierung und wegen (3.19.3) eine Pseudotopologie. Auf Grund einer nach Bedingung 4 angeführten Bemerkung besteht deshalb die Adhärenz $\overline{A}^{S(\tau)}$ einer beliebigen Teilmenge A von X aus allen $S(\tau)$-Limites von Folgen von Elementen von A. Nun stimmen die Adhärenzen bez. $S(\tau)$ und bez. der $S(\tau)$ zugeordneten mehrstufigen Topologie $\tau = (m \circ S)(\tau)$ überein und konvergiert eine Folge bez. $S(\tau)$ genau dann gegen einen Punkt x, wenn sie bez. τ gegen x konvergiert. Daher besteht die Adhärenz $\overline{A}^{\tau}$ einer beliebigen Teilmenge A von X aus allen τ-Limites von Folgen von Elementen von A.

2. τ sei eine mehrstufige Topologie von X derart, daß die Adhärenz einer beliebigen Teilmenge A von X aus allen τ-Limites von Folgen von Elementen von A besteht. σ_τ sei die durch (3.19.1) definierte Abbildung. Gegeben sei ein $x \in X$. Jede Menge $N \in \mathfrak{N}_{\sigma_\tau}(x)$ ist eine Nachbarschaft von x bez. τ, da andernfalls wegen (3.3.2) die Beziehung $x \in \overline{X \setminus N}$ bestehen würde, somit eine bez. τ gegen x konvergierende Folge von Elementen von $X \setminus N$ existieren würde. Umgekehrt gehört jede Nachbarschaft von x bez. τ dem Filter $\mathfrak{N}_{\sigma_\tau}(x)$ an, so daß sich $\mathfrak{N}_{\sigma_\tau}(x)$ als der Nachbarschaftsfilter von x bez. τ ergibt. Aus 3.19.9 folgt damit leicht, daß σ_τ eine mehrstufige Topologie erzeugt. Wegen 3.19.10 stimmt diese mit τ überein. ∎

Unter Berücksichtigung von 3.16.3 ergibt sich das

Korollar. *Jeder mehrstufig topologische Raum, der dem ersten Abzählbarkeitsaxiom genügt, ist ein mehrstufig topologischer S-Raum.*

Da aus $\tau = S(\tau)$ und $\tau = m(\tau)$ stets $\tau = (m \circ S)(\tau)$ folgt, ist jeder S-Limesraum, der ein mehrstufig topologischer Raum ist, ein mehrstufig topologischer S-Raum. Mit anderen Worten, es ist jeder stark sequentielle mehrstufig topologische Raum sequentiell. Die Umkehrung trifft nicht zu, wie wir an Hand eines Beispiels zeigen. Die Menge $\boldsymbol{R}$ der reellen Zahlen, versehen mit der natürlichen Topologie, genügt dem ersten Abzählbarkeitsaxiom, ist also auf Grund des Korollars zu 3.19.11 ein mehrstufig topologischer S-Raum. Da $\boldsymbol{R}$ das erste Trennungsaxiom erfüllt, folgt mittels 3.19.6 leicht, daß $\boldsymbol{R}$ kein S-Limesraum ist.

Wegen 3.4.7 und 3.4.8 ist eine mehrstufige Topologie genau dann eine Topologie, wenn sie die Bedingung über den iterierten Limes gefilterter (gerichteter) Familien erfüllt. In gewisser Analogie dazu gilt

3.19.12. *Eine mehrstufige S-Topologie τ ist genau dann eine Topologie, wenn für sie gilt:*

Ist $x_{i1}, x_{i2}, \dots$ zu beliebigem $i \in N^+$ eine gegen ein $x_i \in X$ konvergierende Folge und konvergiert $x_1, x_2, \dots$ gegen ein $x \in X$, so existieren zwei Abbildungen $\varkappa\colon N^+ \to N^+$ und $\lambda\colon N^+ \to N^+$ derart, daß $x_{\varkappa(1)\,\lambda(1)}, x_{\varkappa(2)\,\lambda(2)}, \dots$ gegen x konvergiert.

Genügt τ dem ersten Abzählbarkeitsaxiom, so kann als $\varkappa$ stets die identische Abbildung von N^+ auf sich genommen werden.

Beweis. 1. τ sei eine mehrstufige S-Topologie, die der im Satz angegebenen Bedingung genügt. A sei eine Teilmenge von X. Zu jedem Element x der zweifachen Adhärenz $\overline{\overline{A}}$ von A bez. τ existiert wegen 3.19.11 eine bez. τ gegen x konvergierende Folge $x_1, x_2, \dots$ von Elementen von $\overline{A}$, ferner wegen 3.19.11 zu beliebigem $i \in N^+$ eine bez. τ gegen x_i konvergierende Folge $x_{i1}, x_{i2}, \dots$ von Elementen von A. Auf Grund der vorausgesetzten Bedingung folgt damit $x \in \overline{A}$, also $\overline{A} = \overline{\overline{A}}$ und somit, daß τ eine Topologie ist.

2. τ sei eine mehrstufige S-Topologie, die eine Topologie ist. Gegeben sei zu beliebigem $i \in N^+$ eine gegen ein $x_i \in X$ konvergierende Folge $x_{i1}, x_{i2}, \dots$ derart, daß $x_1, x_2, \dots$ gegen ein $x \in X$ konvergiert. Es ist $x_i \in \overline{\{x_{ij} \mid j \in N^+\}}$ zu beliebigem $i \in N^+$, ferner $x \in \overline{\{x_i \mid i \in N^+\}}$, folglich $x \in \overline{\overline{\{x_{ij} \mid i, j \in N^+\}}} = \overline{\{x_{ij} \mid i, j \in N^+\}}$. Wegen 3.19.11 existieren deshalb zwei Abbildungen $\varkappa\colon N^+ \to N^+$ und $\lambda\colon N^+ \to N^+$ derart, daß $x_{\varkappa(1)\,\lambda(1)}, x_{\varkappa(2)\,\lambda(2)}, \dots$ gegen x konvergiert.

Wir nehmen nun an, daß τ dem ersten Abzählbarkeitsaxiom genügt und finden offensichtlich eine bezüglich der mengentheoretischen Ordnung monoton fallende Folge $U_1\ (= X), U_2, U_3, \dots$ von offenen Mengen, die eine Basis des Nachbarschaftsfilters von x bilden. Da $x_1, x_2, \dots$ gegen x konvergiert, gibt es eine Folge natürlicher Zahlen $i_1, i_2, \dots$ mit $i_1 = 1 < i_2 < \cdots$, so daß $x_{i_n}, \dots, x_{i_{n+1}-1} \in U_n$ zu beliebigem $n \in N^+$ ist. Auf Grund der Konvergenz der Folgen $x_{i1}, x_{i2}, \dots$ existiert daher zu beliebigen $n \in N^+$ und $m \in \{i_n, \dots, i_{n+1} - 1\}$ ein $\lambda(m) \in N^+$ mit $x_{m\,\lambda(m)} \in U_n$. Offensichtlich konvergiert $x_{1\,\lambda(1)}, x_{2\,\lambda(2)}, \dots$ bez. τ gegen x. ▮

Im allgemeinen ist das Produkt zweier mehrstufig topologischer S-Räume kein mehrstufig topologischer S-Raum (vergleiche etwa E. Čech [1], 35C.14). Wir zeigen als nächstes, daß jedoch das Produkt zweier mehrstufig topologischer Räume, die gewisse zusätzliche Eigenschaften haben, ein mehrstufig topologischer S-Raum ist. Von einem der Räume fordern wir die folgende **Diagonaleigenschaft**:

Sind $x_{i1}, x_{i2}, \dots$ $(i \in N^+)$ abzählbar viele Folgen von Punkten des Raumes, die alle gegen ein und denselben Punkt x des Raumes konvergieren, so existieren Folgen $i_1, i_2, \dots$ und $j_1, j_2, \dots$ natürlicher Zahlen mit $i_1, i_2, \dots \to \infty$ und $x_{i_1 j_1}, x_{i_2 j_2}, \dots \to x$.

3.19.13. *Das Produkt eines mehrstufig topologischen Raumes, der dem ersten Abzählbarkeitsaxiom genügt, mit einem mehrstufig topologischen S-Raum, der die Diagonaleigenschaft besitzt, ist wieder ein mehrstufig topologischer S-Raum.*

Beweis. A sei ein mehrstufig topologischer Raum, der dem ersten Abzählbarkeitsaxiom genügt, und D ein mehrstufig topologischer S-Raum mit der Diagonaleigenschaft. M sei eine Teilmenge von $A \times D$ und (a, x) ein Punkt von $\overline{M} \setminus M$. $\{V_i \mid i \in N^+\}$ sei eine abzählbare Basis des Nachbarschaftsfilters von a mit $V_1 \supseteqq V_2 \supseteqq \dots$ $\mathfrak{N}(x)$ sei der Nachbarschaftsfilter von x. Zu jedem $i \in N^+$ und $N \in \mathfrak{N}(x)$ existieren $b_{iN} \in V_i$ und $y_{iN} \in N$ mit $(b_{iN}, y_{iN}) \in M$. Da D ein mehrstufig topologischer S-Raum ist, finden wir zu jedem $i \in N^+$ wegen $x \in \overline{\{y_{iN} \mid N \in \mathfrak{N}(x)\}}$ eine gegen x konvergierende Folge $x_{i1}, x_{i2}, \dots$ von Elementen von $\{y_{iN} \mid N \in \mathfrak{N}(x)\}$. Zu beliebigen $i, j \in N^+$ existiert ein $N_{ij} \in \mathfrak{N}(x)$ mit $x_{ij} = y_{iN_{ij}}$ und setzen wir $a_{ij} = b_{iN_{ij}}$. Auf Grund der Diagonaleigenschaft von D gibt es Folgen $i_1, i_2, \dots$ und $j_1, j_2, \dots$ natürlicher Zahlen mit $i_1, i_2, \dots \to \infty$ und $x_{i_1j_1}, x_{i_2j_2}, \dots \to x$. $(a_{i_1j_1}, x_{i_1j_1}), (a_{i_2j_2}, x_{i_2j_2}), \dots$ ist eine Folge von Elementen von M, die gegen (a, x) konvergiert. $A \times D$ ist daher ein mehrstufig topologischer S-Raum. ∎

Wir führen in Band 2 in Abschnitt 5.4 eine wichtige Klasse mehrstufig topologischer S-Räume mit der Diagonaleigenschaft an.

Wir sagen, daß eine Abbildung $\sigma \in \mathscr{S}X$ **eine Topologie** τ **erzeugt**, wenn τ die feinste Topologie von X mit der Eigenschaft F ist.

Zu beliebigen $\sigma \in \mathscr{S}X$ und $x \in X$ sei $\mathfrak{U}_\sigma(x)$ die Menge aller derjenigen Teilmengen U von X mit $x \in U$ und $U \in \mathfrak{N}_\sigma(y)$ zu beliebigem $y \in U$. $\mathfrak{U}_\sigma(x)$ ist stets eine Filterbasis.

3.19.14. *Eine Abbildung $\sigma \in \mathscr{S}X$ erzeugt genau dann eine Topologie τ, wenn zu beliebigem $x \in X$ jede Folge $x_1, x_2, \dots$, die einen Oberfilter von $\operatorname{im}_{\subseteq, X} \mathfrak{U}_\sigma(x)$ erzeugt, zu $\sigma(x)$ gehört.*

Beweis. 1. σ sei eine Abbildung aus $\mathscr{S}X$, die eine Topologie τ erzeugt. Zu beliebigem $x \in X$ ist der Nachbarschaftsfilter von x bez. τ in $\mathfrak{N}_\sigma(x)$ enthalten, somit der Umgebungsraster von x bez. τ eine Teilmenge von $\mathfrak{U}_\sigma(x)$. Da τ eine Topologie ist, folgt, daß stets $\operatorname{im}_{\subseteq, X} \mathfrak{U}_\sigma(x)$ gegen x konvergiert. Damit ergibt sich leicht, daß die im Satz angegebene Bedingung erfüllt ist.

2. σ sei eine Abbildung aus $\mathscr{S}X$, die die im Satz angegebene Bedingung erfüllt. τ sei die Limitierung von X mit $\tau(x) = [\operatorname{im}_{\subseteq, X} \mathfrak{U}_\sigma(x)]$ zu beliebigem $x \in X$. Offensichtlich ist τ eine mehrstufige Topologie. Da zu beliebigem $x \in X$ aus $U \in \mathfrak{U}_\sigma(x)$ stets $U \in \mathfrak{U}_\sigma(y)$ für jedes $y \in U$ folgt, ist τ sogar eine Topologie. Auf Grund der im Satz angegebenen Bedingung besitzt τ die Eigenschaft F. Bezüglich jeder Topologie von X mit der Eigenschaft F ist der Nachbarschaftsfilter eines beliebigen $x \in X$ in $\mathfrak{N}_\sigma(x)$, somit der Umgebungsraster von x in $\mathfrak{U}_\sigma(x)$ enthalten. Damit ergibt sich, daß τ die feinste Topologie von X mit der Eigenschaft F ist. ∎

Dem zweiten Teil des Beweises von 3.19.14 entnimmt man

3.19.15. *Bezüglich jeder aus einer Abbildung $\sigma \in \mathcal{S}X$ erzeugten Topologie ist $\mathfrak{U}_\sigma(x)$ zu beliebigem $x \in X$ der Umgebungsraster von x.*

Aus 3.19.2, 3.19.10 und 3.19.15 folgt, daß eine Limitierung τ genau dann eine aus einer Abbildung $\sigma \in \mathcal{S}X$ erzeugte Topologie ist, wenn $\tau = (t \circ S)(\tau)$ gilt.

Eine Topologie τ von X nennen wir eine S-**Topologie** und X, versehen mit τ, einen **topologischen** S-**Raum**, wenn eine Abbildung $\sigma \in \mathcal{S}X$ existiert, die die Topologie τ erzeugt, wenn also $\tau = (t \circ S)(\tau)$ gilt. Anstelle S-Topologie und topologischer S-Raum sagen wir auch **schwach sequentielle** Topologie und **schwach sequentieller** topologischer Raum. Wir nennen eine Teilmenge A von X bezüglich einer Limitierung τ **folgenabgeschlossen**, wenn alle τ-Limites von Folgen von Elementen von A zu A gehören.

3.19.16. *X, versehen mit einer Topologie τ, ist genau dann ein topologischer S-Raum, wenn jede bez. τ folgenabgeschlossene Teilmenge von X bez. τ abgeschlossen ist.*

Beweis. 1. τ sei eine S-Topologie. $(m \circ S)(\tau)$ ist wegen 3.19.4 eine mehrstufige S-Topologie. Nach 3.19.11 ist eine Teilmenge A von X bez. $(m \circ S)(\tau)$ abgeschlossen, wenn ihr alle $(m \circ S)(\tau)$-Limites von Folgen von Elementen von A angehören. Nun ist eine Menge bez. $(m \circ S)(\tau)$ genau dann abgeschlossen, wenn sie bezüglich der zugehörigen Topologie $\tau = (t \circ m \circ S)(\tau)$ abgeschlossen ist, und ist ein $(m \circ S)(\tau)$-Limes einer Folge wegen $(m \circ S)(\tau) \leqq \tau$ auch ein τ-Limes dieser Folge. Daher ist eine Teilmenge A von X sicher bez. τ abgeschlossen, wenn sie bez. τ folgenabgeschlossen ist.

2. τ sei eine Topologie derart, daß jede bez. τ folgenabgeschlossene Teilmenge von X bez. τ abgeschlossen ist. Gegeben sei ein $x \in X$. Zu jeder Menge $U \in \mathfrak{U}_{\sigma_\tau}(x)$ und jeder bez. τ gegen ein y konvergierenden Folge $y_1, y_2, \ldots$ von Elementen aus $X \setminus U$ folgt $y \in X \setminus U$, da sich aus $y \in U$ die Beziehung $U \in \mathfrak{N}_{\sigma_\tau}(y)$ und damit ein Widerspruch ergeben würde. Die Komplementärmengen $X \setminus U$ der Mengen $U \in \mathfrak{U}_{\sigma_\tau}(x)$ sind daher abgeschlossen, die Mengen U selbst also Umgebungen von x bez. τ. Umgekehrt gehört jede Umgebung von x bez. τ der Menge $\mathfrak{U}_{\sigma_\tau}(x)$ an. Würde das nämlich für eine Umgebung U nicht zutreffen, so gäbe es ein $y \in U$ mit $U \notin \mathfrak{N}_{\sigma_\tau}(y)$. Es gäbe eine bez. τ nach y konvergierende Folge, die eine Teilfolge von Elementen aus $X \setminus U$ besitzen würde. Diese Teilfolge würde auch gegen y konvergieren. y müßte daher der abgeschlossenen Menge $X \setminus U$ im Widerspruch zu $y \in U$ angehören. $\mathfrak{U}_{\sigma_\tau}(x)$ ist daher der Umgebungsraster von x bez. τ, wegen 3.19.15 folglich τ eine S-Topologie. ∎

Aus $\tau = (m \circ S)(\tau)$ und $\tau = t(\tau)$ folgt $\tau = (t \circ S)(\tau)$. Jeder mehrstufig topologische S-Raum, der ein topologischer Raum ist, ist daher ein topologischer S-Raum. Mit anderen Worten, jeder sequentielle topologische Raum ist schwach sequentiell. Die Umkehrung gilt nicht, wie wir an Hand eines Beispiels zeigen.

Wir setzen $X = \boldsymbol{R}$ und definieren zunächst eine Hilfslimitierung τ' von X. Und zwar nehmen wir als τ' diejenige mehrstufige Topologie von X, für die zu beliebigem $x \in X$ der Nachbarschaftsfilter aus der Folge $x, x + 1, x, x + \frac{1}{2}, x, x + \frac{1}{3}, \ldots$ erzeugt wird. τ' ist wegen 3.19.3 eine S-Limitierung und daher auch eine mehrstufige S-Topologie. Als die in 3.19.6 auftretenden Mengen A_x können wir die aus den Zahlen $x + 1, x + \frac{1}{2}, x + \frac{1}{3} \ldots$ bestehenden Mengen nehmen. Wegen 3.19.7 ist deshalb τ' keine Topologie. Wir setzen nun $\tau = t(\tau')$ und erhalten mittels $\tau' = S(\tau')$, daß $\tau = (t \circ S)(\tau')$ gilt, wegen 3.19.4 damit, daß τ eine S-Topologie ist.

Im folgenden zeigen wir, daß

$$S(\tau) = S(\tau') \tag{3.19.4}$$

gilt. Gegeben sei eine bez. τ gegen eine reelle Zahl x konvergierende Folge $x_1, x_2, \ldots$ Offensichtlich konvergiert diese Folge auch bezüglich der natürlichen Topologie von $\boldsymbol{R}$ gegen x. Angenommen, sie würde nicht bez. τ' gegen x konvergieren. Dann könnten unendlich viele Glieder der Folge nicht $\left\{x + \frac{1}{n} \,\middle|\, n \in \boldsymbol{N}^+\right\}$ angehören. Es gäbe eine Folge $\varepsilon_1, \varepsilon_2, \ldots$ positiver reeller Zahlen, so daß unendlich viele Glieder der Folge $x_1, x_2, \ldots$ auch nicht $N = \bigcup_{n \in \boldsymbol{N}^+} \left[x + \frac{1}{n}, x + \frac{1}{n} + \varepsilon_n\right]$ angehören könnten. Da man leicht zeigen kann, daß N eine Nachbarschaft von x bez. τ wäre, würde sich ein Widerspruch ergeben. $x_1, x_2, \ldots$ konvergiert also auch bez. τ' gegen x. Daher gilt (3.19.4). Mittels dieser Beziehung folgt $(m \circ S)(\tau) = (m \circ S)(\tau') = \tau'$, wegen $\tau' \neq \tau$ also $(m \circ S)(\tau) \neq \tau$. X, versehen mit τ, ist daher ein topologischer S-Raum, der kein mehrstufig topologischer S-Raum ist.

Wir fassen einige der gefundenen Beziehungen noch einmal in einem Diagramm zusammen.

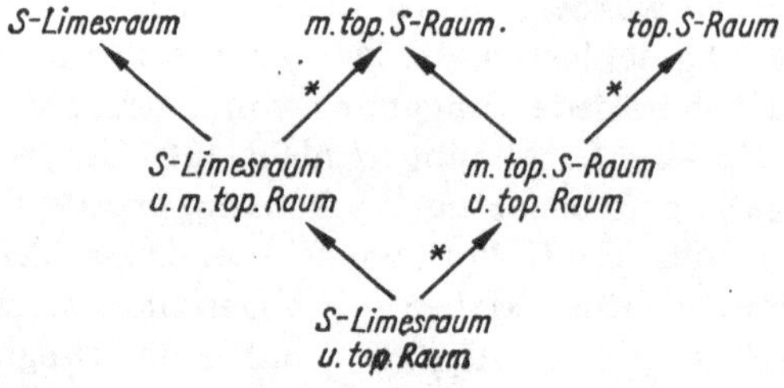

Da die pseudotopologischen S-Räume gerade diejenigen S-Limesräume sind, die pseudotopologische Räume sind, haben wir sie im Diagramm nicht mit aufgenommen. Aus den beiden angeführten Beispielen ergibt sich, daß sich die mit einem Stern versehenen Pfeile nicht ohne Einschränkung umkehren lassen. Es folgt leicht, daß das auch für die übrigen Pfeile zutrifft.

Die vollen Unterkategorien von LIM, die als Objekte alle S-Limesräume, alle pseudotopologischen S-Räume, alle mehrstufig topologischen S-Räume bzw. alle topologischen S-Räume haben, bezeichnen wir mit LIM_S, PTOP_S, MTOP_S bzw. TOP_S. Wir führen einen Funktor $\boldsymbol{S}$: LIM $\to \mathrm{LIM}_S$ auf die folgende Weise ein: $\boldsymbol{S}$ ordnet jedem Limesraum X denjenigen Limesraum $\boldsymbol{S}(X)$ zu, der dieselbe Trägermenge wie X hat und dessen Limitierung die aus der Limitierung τ von X gebildete Limitierung $S(\tau)$ ist. Ferner ordnet $\boldsymbol{S}$ jedem Morphismus (f, X, Y) von LIM den Morphismus $(f, \boldsymbol{S}(X), \boldsymbol{S}(Y))$ von LIM_S, also dieselbe Abbildung zu. Auf Grund von Bemerkungen nach 3.19.4 ist natürlich jede bezüglich Limitierungen τ und τ' stetige Abbildungen auch bez. $S(\tau)$ und $S(\tau')$ stetig.

Die durch $\boldsymbol{S}$ festgelassenen Objekte sind gerade alle S-Limesräume.

Für jede Limitierung τ einer Menge folgt aus $\tau = S(\tau)$ stets $(p \circ S \circ p)(\tau) = p(\tau)$, $(m \circ S \circ m)(\tau) = m(\tau)$ und $(t \circ S \circ t)(\tau) = t(\tau)$, es ergibt sich nämlich unter Berücksichtigung von 3.5.6 und (3.19.2) zum Beispiel

$$m(\tau) = (m \circ S)(\tau) \leqq (m \circ S \circ m)(\tau) \leqq (m \circ m)(\tau) = m(\tau)\,.$$

Wir können daher Funktoren $\boldsymbol{p}^S$: $\mathrm{LIM}_S \to \mathrm{PTOP}_S$, $\boldsymbol{m}^S$: $\mathrm{LIM}_S \to \mathrm{MTOP}_S$ und $\boldsymbol{t}^S$: $\mathrm{LIM}_S \to \mathrm{TOP}_S$ einführen, die den Objekten und Morphismen von LIM_S die gleichen Objekte und Morphismen wie $\boldsymbol{p}$, $\boldsymbol{m}$ bzw. $\boldsymbol{t}$ zuordnet. Die durch $\boldsymbol{p}^S\boldsymbol{S}$, $\boldsymbol{m}^S\boldsymbol{S}$ bzw. $\boldsymbol{t}^S\boldsymbol{S}$ festgelassenen Objekte von LIM_S sind gerade die pseudotopologischen S-Räume, die mehrstufig topologischen S-Räume bzw. die topologischen S-Räume.

4. LIMESUNIFORME RÄUME

Entsprechend wie wir den Begriff der Topologie zum Begriff der Limitierung abgeschwächt haben, schwächen wir im folgenden den Begriff der uniformen Struktur zum Begriff der limesuniformen Struktur ab. Eine limesuniforme Struktur einer Menge X definieren wir als ein $\wedge$-Ideal $\mathfrak{u}$ von Filtern in $X \times X$, dem mit jedem Filter $\mathfrak{F}$ auch $\mathfrak{F}^{-1}$ und mit Filtern $\mathfrak{F}$ und $\mathfrak{G}$ auch $\mathfrak{G} \circ \mathfrak{F}$ angehört. Fordern wir noch, daß der aus der Diagonale Δ von $X \times X$ erzeugte Filter $[\Delta]$ zu $\mathfrak{u}$ gehört, so nennen wir $\mathfrak{u}$ eine pseudouniforme Struktur. Der Begriff der pseudouniformen Struktur wurde von C. H. Cook und H. H. Fischer in [1] eingeführt und in [2] genauer untersucht. Die pseudouniformen Strukturen, die Haupt-$\wedge$-Ideale sind, heißen uniforme Strukturen. Die diese Haupt-$\wedge$-Ideale erzeugenden Filter sind gerade die uniformen Strukturen im klassischen Sinne.

Jede limesuniforme Struktur $\mathfrak{u}$ erzeugt eine Limitierung $\lambda(\mathfrak{u})$. Wenn $\mathfrak{u}$ eine pseudouniforme bzw. uniforme Struktur ist, ist $\lambda(\mathfrak{u})$ eine Pseudotopologie bzw. eine Topologie. Limesuniforme Strukturen, die Pseudotopologien erzeugen, sind jedoch im allgemeinen keine pseudouniforme Strukturen und pseudouniforme Strukturen, die Topologien erzeugen, im allgemeinen keine uniformen Strukturen.

Von H. H. Keller [5] wurde eine notwendige und hinreichende Bedingung dafür angegeben, daß ein pseudotopologischer Raum pseudouniformisierbar ist, also eine die Pseudotopologie erzeugende pseudouniforme Struktur existiert. W. Gähler [6] gab eine notwendige und hinreichende Bedingung dafür an, daß ein Limesraum limesuniformisierbar ist.

Pseudouniforme Initial- und Finalstrukturen wurden von B. Sjöberg [2] untersucht. Wir gehen auf diese in den Abschnitten 4.5 bis 4.10 mit ein.

Entsprechend dem Vorgehen bei Limesräumen konstruieren wir mittels limesuniformer Initial- und Finalstrukturen projektive und induktive Limites in der Kategorie LUN aller limesuniformen Räume und den Unterkategorien PUN und UN aller pseudouniformen bzw. aller uniformen Räume. Insbesondere befassen wir uns mit den Begriffen Teil-, Produkt-, Quotienten- und Summenraum in LUN, PUN und UN. Die induktiven Limites in LUN und deren Unterkategorien besitzen noch stärkere Aufspaltungseigenschaften als die induktiven Limites in LIM und deren Unterkategorien. Es stimmen weder die induktiven Limites von pseudouniformen Räumen in LUN und PUN noch die induktiven Limites von uniformen Räumen in PUN und UN im allgemeinen überein. Ferner führen die über die Zuordnung $\mathfrak{u} \mapsto \lambda(\mathfrak{u})$ gebildeten Funktoren

LUN → LIM, λ^π: PUN → PTOP und λ^μ: UN → TOP induktive Limites im allgemeinen nicht in die entsprechenden induktiven Limites über. Insbesondere gilt zum Beispiel für eine uniforme Struktur $\mathfrak{U}$ einer Menge X und eine Äquivalenzrelation ϱ in X im allgemeinen nicht, daß die aus der uniformen Quotientenstruktur von $\mathfrak{U}$ bez. ϱ erzeugte Topologie gleich der Quotiententopologie von $\lambda(\mathfrak{U})$ bez. ϱ ist (Anmerkung nach 4.9.6). Die projektiven Limites von pseudouniformen Räumen in LUN und PUN und die projektiven Limites von uniformen Räumen in PUN und UN stimmen hingegen stets überein, und die Funktoren λ, λ^π und λ^μ führen projektive Limites stets in die entsprechenden projektiven Limites über.

In Abschnitt 4.11 gehen wir auf ein in der Theorie der Abbildungsräume nützliches Analogon zum Begriff des CHOQUETschen Limesraumes, den Begriff des gleichmäßig CHOQUETschen limesuniformen Raumes, und auf Varianten dieses Begriffs ein.

In den letzten beiden Abschnitten 4.12 und 4.13 befassen wir uns mit dem Begriff der Vollständigkeit limesuniformer Räume. In der Arbeit [2] von COOK und FISCHER sind bereits eine Reihe von Aussagen über diesen Begriff angeführt. O. WYLER konstruierte in [1] einen Komplettierungsfunktor der Kategorie PUN aller pseudouniformen Räume in die Kategorie $\widetilde{\text{PUN}}$ aller separierten vollständigen pseudouniformen Räume; wir geben diesen in Abschnitt 4.13 mit an.

4.1. Limesuniforme, pseudouniforme und uniforme Räume

X sei eine beliebige Menge. Wir erinnern daran, daß wir für jeden Filter $\mathfrak{F}$ in $X \times X$ unter $\mathfrak{F}^{-1}$ den Filter $\{F^{-1} \mid F \in \mathfrak{F}\}$ und für beliebige Filter $\mathfrak{F}$ und $\mathfrak{G}$ in $X \times X$ unter $\mathfrak{G} \circ \mathfrak{F}$ den Filter in $X \times X$ mit der Basis $\{G \circ F \mid F \in \mathfrak{F}, G \in \mathfrak{G}\}$ verstehen, wobei F^{-1} die Umkehrung der Relation F und $G \circ F$ die Komposition von F und G ist. Wie üblich sei $\mathcal{F}X$ der Filterverband in X, $\mathcal{F}(X \times X)$ der Filterverband in $X \times X$ und $\mathcal{J}(X \times X)$ der Verband aller $\wedge$-Ideale von Filtern in $X \times X$. Als Ordnung in diesen Verbänden wird stets die mengentheoretische Ordnung genommen.

Unter einer **limesuniformen Struktur** von X verstehen wir ein $\wedge$-Ideal $\mathfrak{U}$ von Filtern in $X \times X$ mit den beiden Eigenschaften:

1. Mit $\mathfrak{F}$ gehört $\mathfrak{F}^{-1}$ zu $\mathfrak{U}$.
2. Mit $\mathfrak{F}$ und $\mathfrak{G}$ gehört $\mathfrak{G} \circ \mathfrak{F}$ zu $\mathfrak{U}$.

X, versehen mit einer limesuniformen Struktur von X, heißt ein **limesuniformer Raum** und X selbst die **Trägermenge** dieses Raumes.

Jeder limesuniformen Struktur läßt sich in geeigneter Weise eine Limitierung zuordnen, und zwar gilt

4.1.1. *Zu jeder limesuniformen Struktur $\mathfrak{U}$ von X ist die durch*

$$\lambda(\mathfrak{U})(x) = \{\mathfrak{F} \in \mathcal{F}X \mid [x] \times \mathfrak{F} \in \mathfrak{U}\}$$

definierte Abbildung $\lambda(\mathfrak{U})\colon x \mapsto \lambda(\mathfrak{U})(x)$ $(x \in X)$ eine Limitierung von X.

Beweis. Es ist zu zeigen, daß zu beliebigem $x \in X$ die Menge $\lambda(\mathfrak{U})(x)$ ein $\wedge$-Ideal von $\mathcal{F}X$ ist. Für jeden Filter $\mathfrak{F} \in \lambda(\mathfrak{U})(x)$ und jeden Oberfilter $\mathfrak{G}$ von $\mathfrak{F}$ ergibt sich aus 2.6.2 die Beziehung $[x] \times \mathfrak{F} \subseteq [x] \times \mathfrak{G}$ und damit $\mathfrak{G} \in \lambda(\mathfrak{U})(x)$. Zu beliebigen $\mathfrak{F}, \mathfrak{G} \in \lambda(\mathfrak{U})(x)$ folgt mittels 2.6.5 die Beziehung $[x] \times (\mathfrak{F} \cap \mathfrak{G}) = ([x] \times \mathfrak{F}) \cap ([x] \times \mathfrak{G})$, somit $\mathfrak{F} \cap \mathfrak{G} \in \lambda(\mathfrak{U})(x)$. ∎

Wir bringen eine weitere Charakterisierung der Limitierungen $\lambda(\mathfrak{U})$ und erinnern daran, daß wir zu einem beliebigen $x \in X$ und einem beliebigen Filter $\mathfrak{G}$ in $X \times X$ mit $\mathfrak{G}(x)$ den Filter in X mit der Basis $\{G\{x\} \mid G \in \mathfrak{G}\}$ bezeichnen.

4.1.2. *Für jede limesuniforme Struktur $\mathfrak{U}$ von X gilt*

$$\lambda(\mathfrak{U})(x) = \operatorname*{im}_{\subseteq, X} \{\mathfrak{G}(x) \mid \mathfrak{G} \in \mathfrak{U}\}$$

zu beliebigem $x \in X$.

Beweis. $[x] \times \mathfrak{F} \in \mathfrak{U}$ ist äquivalent dazu, daß ein $\mathfrak{G} \in \mathfrak{U}$ existiert, so daß es zu beliebigem $G \in \mathfrak{G}$ ein $F \in \mathfrak{F}$ mit $\{x\} \times F \subseteq G$ gibt. Da $\{x\} \times F \subseteq G$ genau dann gilt, wenn $F \subseteq G\{x\}$ ist, folgt, daß $[x] \times \mathfrak{F} \in \mathfrak{U}$ äquivalent dazu ist, daß ein $\mathfrak{G} \in \mathfrak{U}$ mit $\mathfrak{G}(x) \subseteq \mathfrak{F}$ existiert. Daraus ergibt sich die Richtigkeit der Behauptung. ∎

Zu jeder limesuniformen Struktur $\mathfrak{U}$ nennen wir $\lambda(\mathfrak{U})$ die **aus $\mathfrak{U}$ erzeugte Limitierung.** Wenn wir von Limitierungseigenschaften bezüglich einer limesuniformen Struktur $\mathfrak{U}$ sprechen, meinen wir stets diese Eigenschaften bezüglich $\lambda(\mathfrak{U})$. Jeden limesuniformen Raum sehen wir gleichzeitig als einen Limesraum an, dessen Limitierung aus der limesuniformen Struktur dieses Raumes erzeugt ist.

Mit $\mathcal{U}X$ bezeichnen wir die Menge aller limesuniformen Strukturen von X und mit $\lambda\colon \mathcal{U}X \to \mathcal{T}X$ diejenige Abbildung von $\mathcal{U}X$ in die Menge $\mathcal{T}X$ aller Limitierungen von X, die jeder limesuniformen Struktur $\mathfrak{U} \in \mathcal{U}X$ gerade die in 4.1.1 definierte Abbildung $\lambda(\mathfrak{U})$ zuordnet.

Als nächstes geben wir zu einer beliebigen limesuniformen Struktur $\mathfrak{U}$ von X eine Charakterisierung der Adhärenz der Teilmengen von X bezüglich $\lambda(\mathfrak{U})$ und der Adhärenz der Teilmengen von $X \times X$ bezüglich $\lambda(\mathfrak{U}) \times \lambda(\mathfrak{U})$ an.

4.1.3. *$\mathfrak{U}$ sei eine limesuniforme Struktur von X. Für die Adhärenz einer Teilmenge A von X bez. $\lambda(\mathfrak{U})$ gilt*

$$\overline{A} = A \cup \bigcup_{\mathfrak{F} \in \mathfrak{U}} \bigcap_{F \in \mathfrak{F}} F[A], \tag{4.1.1}$$

für die Adhärenz einer Teilmenge M von $X \times X$ bez. $\lambda(\mathfrak{U}) \times \lambda(\mathfrak{U})$ ferner

$$\overline{M} = M \cup \bigcup_{\mathfrak{F} \in \mathfrak{U}} \bigcap_{F \in \mathfrak{F}} (F \circ M \circ F). \tag{4.1.2}$$

Beweis. Für jede Teilmenge A von X folgt aus der Definition der Adhärenz unter Berücksichtigung von 4.1.2 und der aus (2.7.8) resultierenden Beziehung $\mathfrak{U} = \{\mathfrak{F}^{-1} \mid \mathfrak{F} \in \mathfrak{U}\}$

$$\bar{A} = A \cup \{x \in X \mid \exists \mathfrak{F} \in \mathfrak{U}\; \forall F \in \mathfrak{F}\; (F^{-1}\{x\} \cap A \neq \emptyset)\}$$
$$= A \cup \{x \in X \mid \exists \mathfrak{F} \in \mathfrak{U}\; (x \in \bigcap_{F \in \mathfrak{F}} F[A])\}$$

und damit (4.1.1). Für jede Teilmenge M von $X \times X$ besteht $\bar{M}$ aus allen Punkten von M und allen Punkten $(x, y) \in X \times X$, zu denen Filter $\mathfrak{F}, \mathfrak{G} \in \mathfrak{U}$ existieren derart, daß $(F\{x\} \times G^{-1}\{y\}) \cap M \neq \emptyset$ zu beliebigen $F \in \mathfrak{F}$ und $G \in \mathfrak{G}$ gilt. Unter Beachtung, daß mit zwei Filtern auch deren Durchschnitt $\mathfrak{U}$ angehört und mit zwei Mengen auch deren Durchschnitt einem Filter angehört, folgt

$$\bar{M} = M \cup \{(x, y) \in X \times X \mid \exists \mathfrak{F} \in \mathfrak{U}\; \forall F \in \mathfrak{F}\; ((F\{x\} \times F^{-1}\{y\}) \cap M \neq \emptyset)\}$$
$$= M \cup \{(x, y) \in X \times X \mid \exists \mathfrak{F} \in \mathfrak{U}\; ((x, y) \in \bigcap_{F \in \mathfrak{F}} (F \circ M \circ F))\}$$

und damit (4.1.2). ∎

Wir nennen einen limesuniformen Raum und ebenfalls seine limesuniforme Struktur $\mathfrak{U}$ **gleichmäßig regulär**, wenn mit jedem Filter $\mathfrak{H}$ auch der Unterfilter $\mathfrak{H}^-$ von $\mathfrak{H}$, der $\{\bar{H} \mid H \in \mathfrak{H}\}$ als eine Basis hat, zu $\mathfrak{U}$ gehört. Die Adhärenzbildung ist dabei bez. $\lambda(\mathfrak{U}) \times \lambda(\mathfrak{U})$ gemeint.

Wir führen als nächstes zwei notwendige und hinreichende Bedingungen für die gleichmäßige Regularität an, die den notwendigen und hinreichenden Bedingungen für die Regularität aus 3.7.7 und 3.7.9 ähnlich sind.

4.1.4 (Charakterisierung der gleichmäßigen Regularität). *Für jede limesuniforme Struktur $\mathfrak{U}$ von X sind äquivalent:*

1. *$\mathfrak{U}$ ist gleichmäßig regulär.*
2. *Für jede Abbildung f einer Menge I in $X \times X$, jeden (eigentlichen) Filter $\mathfrak{K}$ in I und beliebige eigentliche Filter $\mathfrak{F}_i \in p(\lambda(\mathfrak{U}) \times \lambda(\mathfrak{U}))(f(i))$ $(i \in I)$ hat $\bigvee_{K \in \mathfrak{K}} \bigwedge_{i \in K} \mathfrak{F}_i \in \mathfrak{U}$ stets $f(\mathfrak{K}) \in \mathfrak{U}$ zur Folge.*
3. *Für jeden (eigentlichen) Filter $\mathfrak{K}$ in einer Menge I, jeden eigentlichen Filter $\mathfrak{L}$ in einer Menge J und beliebige Abbildungen $f\colon I \to X \times X$ und $g\colon I \times J \to X \times X$ mit $g([i] \times \mathfrak{L}) \in p(\lambda(\mathfrak{U}) \times \lambda(\mathfrak{U}))(f(i))$ $(i \in I)$ und $g(\mathfrak{K} \times \mathfrak{L}) \in \mathfrak{U}$ gilt $f(\mathfrak{K}) \in \mathfrak{U}$.*

Zum Beweis: Die Behauptung ergibt sich analog wie 3.7.7 und 3.7.9. ∎

Ähnlich wie 3.7.8 zeigt man

4.1.5. $\mathfrak{U}$ *sei eine gleichmäßig reguläre limesuniforme Struktur von* X. *Dann gehört für jeden eigentlichen Filter* $\mathfrak{F}$ *in* $X \times X$ *mit einem eigentlichen Oberfilter des Nachbarschaftsfilters* $\mathfrak{N}(\mathfrak{F})$ *von* $\mathfrak{F}$ *bez.* $\lambda(\mathfrak{U}) \times \lambda(\mathfrak{U})$ *auch ein eigentlicher Oberfilter von* $\mathfrak{F}$ *zu* $\mathfrak{U}$.

Es gilt (vergleiche B. Sjöberg [2])

4.1.6. $\mathfrak{U}$ *sei eine gleichmäßig reguläre limesuniforme Struktur von* X. *Die zugehörige Limitierung* $\lambda(\mathfrak{U})$ *ist dann regulär.*

Beweis. Gegeben sei ein $x \in X$ und ein eigentlicher Filter $\mathfrak{F}$ aus $\lambda(\mathfrak{U})(x)$. Für diesen gilt $[x] \times \mathfrak{F} \in \mathfrak{U}$. Zu zeigen ist, daß $\mathfrak{F}^- = \operatorname{im}_{\subseteq} \{\overline{F} \mid F \in \mathfrak{F}\}$ bez. $\lambda(\mathfrak{U})$ gegen x konvergiert. Da $[x] \times [x] \in \mathfrak{U}$ wegen (2.7.17) gilt, folgt $\{x\} \times \overline{F} \subseteq \overline{\{x\} \times F}$ zu beliebigem $F \in \mathfrak{F}$, so daß $[x] \times \mathfrak{F}^-$ ein Oberfilter von $([x] \times \mathfrak{F})^-$ ist, $[x] \times \mathfrak{F}^-$ also $\mathfrak{U}$ angehört. Daher gilt $\mathfrak{F}^- \in \lambda(\mathfrak{U})(x)$. ∎

Wir bezeichnen zu jeder limesuniformen Struktur $\mathfrak{U}$ von X den Filter

$$\mathfrak{N}_{\mathfrak{U}} = [\Delta] \cap \bigcap_{\mathfrak{F} \in \mathfrak{U}} \mathfrak{F}$$

als **Nachbarschaftsfilter** von $\mathfrak{U}$. Natürlich gilt stets $\mathfrak{N}_{\mathfrak{U}} \subseteq [\Delta]$. Unter Berücksichtigung von (2.7.12) und $\mathfrak{U} = \{\mathfrak{F}^{-1} \mid \mathfrak{F} \in \mathfrak{U}\}$ folgt ferner stets

$$\mathfrak{N}_{\mathfrak{U}}^{-1} = \mathfrak{N}_{\mathfrak{U}}\,. \tag{4.1.3}$$

Da wegen 2.7.12 für jede Familie $(\mathfrak{F}_\iota)_{\iota \in I}$ von Filtern in $X \times X$ die Beziehungen $(\bigwedge_{\iota \in I} \mathfrak{F}_\iota)(x) = \bigwedge_{\iota \in I} \mathfrak{F}_\iota(x)$ $(x \in X)$ gelten, ferner stets $[\Delta](x) = [x]$ ist (vergleiche (2.7.20)), erhalten wir mittels 4.1.2

4.1.7. *Für jede limesuniforme Struktur* $\mathfrak{U}$ *von* X *und jedes* $x \in X$ *stimmt der aus* $\mathfrak{N}_{\mathfrak{U}}$ *gebildete Filter* $\mathfrak{N}_{\mathfrak{U}}(x)$ *mit dem Nachbarschaftsfilter von* x *bez.* $\lambda(\mathfrak{U})$ *überein.*

Korollar. $\mathfrak{U}$ *sei eine limesuniforme Struktur von* X *und* M *eine Teilmenge von* $X \times X$. *Zu beliebigem* $N \in \mathfrak{N}_{\mathfrak{U}}$ *ist dann* $N \circ M \circ N$ *eine Nachbarschaft der Menge* M *bez.* $\lambda(\mathfrak{U}) \times \lambda(\mathfrak{U})$.

Beweis. Mittels (3.10.9), (4.1.3) und 4.1.7 folgt, daß zu beliebigen $(x, y) \in M$ und $N \in \mathfrak{N}_{\mathfrak{U}}$ die Menge $N \circ \{(x, y)\} \circ N = N^{-1}\{x\} \times N\{y\}$ eine Nachbarschaft von (x, y) bez. $\lambda(\mathfrak{U}) \times \lambda(\mathfrak{U})$ ist. Daher ist $N \circ M \circ N = \bigcup_{(x,y) \in M} (N \circ \{(x, y)\} \circ N)$ eine Nachbarschaft von M bez. $\lambda(\mathfrak{U}) \times \lambda(\mathfrak{U})$. ∎

Ein Filter $\mathfrak{F}$ in X heißt ein **Cauchy-Filter** bezüglich einer limesuniformen Struktur $\mathfrak{U}$ von X, wenn $\mathfrak{F} \times \mathfrak{F} \in \mathfrak{U}$ ist. Ein Cauchy-Filter bezüglich der limesuniformen Struktur eines limesuniformen Raumes wird auch ein **Cauchy-Filter** dieses Raumes genannt.

Sind $\mathfrak{F}$ und $\mathfrak{G}$ Cauchy-Filter bezüglich einer limesuniformen Struktur $\mathfrak{U}$ von X, so werden $\mathfrak{F}$ und $\mathfrak{G}$ genau dann als **ähnlich** bezeichnet, wenn auch $\mathfrak{F} \cap \mathfrak{G}$

ein Cauchy-Filter bez. $\mathfrak{U}$ ist. Der uneigentliche Filter in X ist ein Cauchy-Filter bezüglich jeder limesuniformen Struktur $\mathfrak{U}$ von X, und er ist zu jedem Cauchy-Filter bez. $\mathfrak{U}$ ähnlich.

Unter einem eigentlichen Cauchy-Filter verstehen wir natürlich einen Cauchy-Filter, der ein eigentlicher Filter ist.

Ist $(x_\iota)_{\iota \in I}$ eine gefilterte Familie von Elementen von X und ist der aus $(x_\iota)_{\iota \in I}$ erzeugte Filter ein Cauchy-Filter bezüglich einer limesuniformen Struktur $\mathfrak{U}$ von X, so heißt $(x_\iota)_{\iota \in I}$ eine **gefilterte Cauchy-Familie** bez. $\mathfrak{U}$. Eine gefilterte Cauchy-Familie bezüglich der limesuniformen Struktur eines limesuniformen Raumes wird auch eine **gefilterte Cauchy-Familie** in diesem Raum genannt. Gefilterte Cauchy-Familien, die speziell gerichtete Familien sind, heißen auch **gerichtete Cauchy-Familien, Cauchy-Netze** oder **Cauchy-Moore-Smith-Folgen,** und gefilterte Cauchy-Familien, die speziell Folgen sind, natürlich auch **Cauchy-Folgen.** Gefilterte Cauchy-Familien heißen **ähnlich,** wenn die aus diesen erzeugten Cauchy-Filter ähnlich sind.

Wir bringen im folgenden einige Aussagen über Cauchy-Filter. Aus diesen lassen sich leicht Aussagen über gefilterte Cauchy-Familien herleiten.

4.1.8. $\mathfrak{U}$ *sei eine limesuniforme Struktur von X und Γ die Menge aller* Cauchy-*Filter bez.* $\mathfrak{U}$. *Dann gilt*

1. *Jeder bez. $\lambda(\mathfrak{U})$ konvergierende Filter ist ein* Cauchy-*Filter aus Γ.*
2. *Jeder Oberfilter eines* Cauchy-*Filters aus Γ ist ein* Cauchy-*Filter aus Γ.*
3. *Für* Cauchy-*Filter $\mathfrak{F}, \mathfrak{G} \in \Gamma$ besteht die Äquivalenz*

$$\mathfrak{F} \text{ und } \mathfrak{G} \text{ sind ähnlich} \Leftrightarrow \mathfrak{F} \times \mathfrak{G} \in \mathfrak{U} .$$

4. Cauchy-*Filter $\mathfrak{F}, \mathfrak{G} \in \Gamma$ sind ähnlich, wenn $\mathfrak{F} \vee \mathfrak{G}$ ein eigentlicher Filter ist.*
5. *Ist $\mathfrak{F}$ ein bez. $\lambda(\mathfrak{U})$ gegen einen Punkt x konvergierender eigentlicher Filter und $\mathfrak{G}$ ein zu $\mathfrak{F}$ ähnlicher* Cauchy-*Filter aus Γ, so konvergiert auch $\mathfrak{G}$ bez. $\lambda(\mathfrak{U})$ gegen x.*

Beweis. Zu beliebigem $x \in X$ und jedem Filter $\mathfrak{F} \in \lambda(\mathfrak{U})(x)$ gilt $[x] \times \mathfrak{F} \in \mathfrak{U}$, unter Berücksichtigung von (2.7.16) damit auch $\mathfrak{F} \times [x] \in \mathfrak{U}$, unter Beachtung von (2.7.17) somit $([x] \times \mathfrak{F}) \circ (\mathfrak{F} \times [x]) = \mathfrak{F} \times \mathfrak{F} \in \mathfrak{U}$, also $\mathfrak{F} \in \Gamma$.

Aus 2.6.2 folgt leicht, daß jeder Oberfilter eines Filters $\mathfrak{F} \in \Gamma$ zu Γ gehört.

Sind $\mathfrak{F}, \mathfrak{G} \in \Gamma$ ähnliche Cauchy-Filter, so gilt $\mathfrak{F} \times \mathfrak{G} \supseteqq (\mathfrak{F} \cap \mathfrak{G}) \times (\mathfrak{F} \cap \mathfrak{G}) \in \mathfrak{U}$, also $\mathfrak{F} \times \mathfrak{G} \in \mathfrak{U}$. Aus $\mathfrak{F}, \mathfrak{G} \in \Gamma$ und $\mathfrak{F} \times \mathfrak{G} \in \mathfrak{U}$ ergibt sich mittels 2.6.5 und (2.7.16) umgekehrt leicht $(\mathfrak{F} \cap \mathfrak{G}) \times (\mathfrak{F} \cap \mathfrak{G}) \in \mathfrak{U}$, also $\mathfrak{F} \cap \mathfrak{G} \in \Gamma$.

Für beliebige Filter $\mathfrak{F}, \mathfrak{G} \in \Gamma$ mit $\mathfrak{F} \vee \mathfrak{G} \neq \mathsf{P}X$ folgt mittels (2.7.17)

$$(\mathfrak{G} \times \mathfrak{G}) \circ (\mathfrak{F} \times \mathfrak{F}) = \mathfrak{F} \times \mathfrak{G}$$

und damit $\mathfrak{F} \times \mathfrak{G} \in \mathfrak{U}$, auf Grund des eben Bewiesenen also, daß $\mathfrak{F}$ und $\mathfrak{G}$ ähnlich sind.

Zu beliebigem $x \in X$, jedem eigentlichen Filter $\mathfrak{F} \in \lambda(\mathfrak{U})(x)$ und jedem zu $\mathfrak{F}$ ähnlichen Cauchy-Filter $\mathfrak{G} \in \Gamma$ gilt $[x] \times \mathfrak{F} \in \mathfrak{U}$ und $\mathfrak{F} \times \mathfrak{G} \in \mathfrak{U}$ und somit $(\mathfrak{F} \times \mathfrak{G}) \circ ([x] \times \mathfrak{F}) \in \mathfrak{U}$, wegen 2.7.8 daher $[x] \times \mathfrak{G} \in \mathfrak{U}$, also $\mathfrak{G} \in \lambda(\mathfrak{U})(x)$. ∎

Korollar. *$\mathfrak{F}$ sei ein eigentlicher* Cauchy*-Filter bezüglich einer limesuniformen Struktur $\mathfrak{U}$ von X und x ein Adhärenzpunkt von $\mathfrak{F}$ bez. $\lambda(\mathfrak{U})$. Dann konvergiert $\mathfrak{F}$ bez. $\lambda(\mathfrak{U})$ gegen x.*

Beweis. Es existiert ein gegen x konvergierender eigentlicher Filter $\mathfrak{G}$, der Oberfilter von $\mathfrak{F}$ und damit ein zu $\mathfrak{F}$ ähnlicher Cauchy-Filter ist. Wegen 4.1.8, Teil 5, folgt $\mathfrak{F} \in \lambda(\mathfrak{U})(x)$. ∎

Eine limesuniforme Struktur $\mathfrak{U}$ von X heißt eine **pseudouniforme Struktur** von X, wenn ihr der aus der Diagonale Δ von $X \times X$, also der aus der identischen Abbildung von X auf sich erzeugte Hauptfilter angehört: $[\Delta] \in \mathfrak{U}$. X, versehen mit einer pseudouniformen Struktur, heißt ein **pseudouniformer Raum**.

Jeder limesuniformen Struktur kann man leicht eine pseudouniforme Struktur zuordnen. Und zwar gilt

4.1.9. *Zu jeder limesuniformen Struktur $\mathfrak{U}$ von X ist $\pi(\mathfrak{U}) = [[\Delta]] \vee \mathfrak{U}$ eine pseudouniforme Struktur von X. Die Vereinigung ist dabei bezüglich des Verbandes $\mathfrak{J}(X \times X)$ aller $\wedge$-Ideale von Filtern in $X \times X$ gemeint.*

Beweis. Zu jedem Filter $\mathfrak{F} \in \pi(\mathfrak{U})$ existiert ein Filter $\mathfrak{G} \in \mathfrak{U}$, so daß $\mathfrak{F} \supseteqq [\Delta] \cap \mathfrak{G}$, wegen 2.7.5, 2.7.7 und (2.7.7) also $\mathfrak{F}^{-1} \supseteqq [\Delta] \cap \mathfrak{G}^{-1}$ gilt. Da mit $\mathfrak{G}$ auch $\mathfrak{G}^{-1}$ zu $\mathfrak{U}$ gehört, hat $\mathfrak{F} \in \pi(\mathfrak{U})$ somit $\mathfrak{F}^{-1} \in \pi(\mathfrak{U})$ zur Folge.

Zu beliebigen Filtern $\mathfrak{F}, \mathfrak{G} \in \pi(\mathfrak{U})$ existieren Filter $\mathfrak{H}, \mathfrak{K} \in \mathfrak{U}$ derart, daß $\mathfrak{F} \supseteqq [\Delta] \cap \mathfrak{H}$ und $\mathfrak{G} \supseteqq [\Delta] \cap \mathfrak{K}$, wegen 2.7.5, 2.7.7 und (2.7.9) also

$$\mathfrak{G} \circ \mathfrak{F} \supseteqq ([\Delta] \cap \mathfrak{K}) \circ ([\Delta] \cap \mathfrak{H}) = [\Delta] \cap \mathfrak{H} \cap \mathfrak{K} \cap (\mathfrak{K} \circ \mathfrak{H})$$

gilt. Da mit $\mathfrak{H}$ und $\mathfrak{K}$ auch $\mathfrak{H} \cap \mathfrak{K} \cap (\mathfrak{K} \circ \mathfrak{H})$ zu $\mathfrak{U}$ gehört, hat $\mathfrak{F}, \mathfrak{G} \in \pi(\mathfrak{U})$ stets $\mathfrak{G} \circ \mathfrak{F} \in \pi(\mathfrak{U})$ zur Folge. Natürlich gilt $[\Delta] \in \pi(\mathfrak{U})$. $\pi(\mathfrak{U})$ ist daher eine pseudouniforme Struktur. ∎

Mit $\pi\colon \mathcal{U}X \to \mathcal{U}X$ bezeichnen wir diejenige Abbildung von $\mathcal{U}X$ in sich, die jeder limesuniformen Struktur $\mathfrak{U}$ von X gerade die pseudouniforme Struktur $\pi(\mathfrak{U})$ zuordnet, ferner mit $\mathcal{U}^{\pi}X$ die Menge aller pseudouniformen Strukturen von X. Da offensichtlich jede pseudouniforme Struktur $\mathfrak{U}$ mit $\pi(\mathfrak{U})$ übereinstimmt, erhalten wir

4.1.10. *Die Einschränkung von π auf $\mathcal{U}^{\pi}X$ ist gleich der identischen Abbildung von $\mathcal{U}^{\pi}X$ auf sich.*

π hat damit natürlich ganz $\mathcal{U}^{\pi}X$ als Wertebereich.

Die einer pseudouniformen Struktur zugeordnete Limitierung $\lambda(\mathfrak{U})$ ist eine Pseudotopologie. Es gilt sogar

4.1.11. *Das Diagramm*

$$\begin{array}{ccc} \mathcal{U}X & \xrightarrow{\ \pi\ } & \mathcal{U}X \\ {\scriptstyle\lambda}\downarrow & & \downarrow{\scriptstyle\lambda} \\ \mathcal{J}X & \xrightarrow{\ p\ } & \mathcal{J}X \end{array}$$

ist kommutativ. p ist dabei die wie vor 3.3.7 *definierte Abbildung, die jeder Limitierung von X eine Pseudotopologie von X zuordnet.*

Beweis. Gegeben sei ein $x \in X$ und ein $\mathfrak{u} \in \mathcal{U}X$. Für jeden Oberfilter $\mathfrak{G}$ von $[\Delta]$ folgt $\mathfrak{G}(x) \supseteqq [x]$, für jeden Oberfilter $\mathfrak{G}$ eines Filterdurchschnittes $[\Delta] \cap \mathfrak{H}$ ($\mathfrak{H} \in \mathfrak{u}$) ferner $\mathfrak{G}(x) \supseteqq [x] \cap \mathfrak{H}(x)$. Mittels 4.1.2 ergibt sich damit

$$(\lambda \circ \pi)(\mathfrak{u})(x) = \operatorname*{im}_{\subseteqq,\mathcal{J}X} \{\mathfrak{G}(x) \mid \mathfrak{G} \in [[\Delta]] \vee \mathfrak{u}\}$$
$$= [[x]] \vee \operatorname*{im}_{\subseteqq,\mathcal{J}X} \{\mathfrak{H}(x) \mid \mathfrak{H} \in \mathfrak{u}\} = (p \circ \lambda)(\mathfrak{u})(x) . \blacksquare$$

Mittels (4.1.1) und (4.1.2) folgt leicht, daß zu jeder limesuniformen Struktur $\mathfrak{u}$ von X für die Adhärenz einer Teilmenge A von X bez. $\lambda(\mathfrak{u})$

$$\overline{A} = \bigcup_{\mathfrak{F} \in \pi(\mathfrak{u})} \bigcap_{F \in \mathfrak{F}} F[A] \tag{4.1.4}$$

und für die Adhärenz einer Teilmenge M von $X \times X$ bez. $\lambda(\mathfrak{u}) \times \lambda(\mathfrak{u})$

$$\overline{M} = \bigcup_{\mathfrak{F} \in \pi(\mathfrak{u})} \bigcap_{F \in \mathfrak{F}} (F \circ M \circ F) \tag{4.1.5}$$

gilt. Für den Nachbarschaftsfilter einer beliebigen limesuniformen Struktur $\mathfrak{u}$ gilt

$$\mathfrak{N}_{\mathfrak{u}} = \bigcap_{\mathfrak{F} \in \pi(\mathfrak{u})} \mathfrak{F} . \tag{4.1.6}$$

Ist $\mathfrak{u}$ eine pseudouniforme Struktur, so kann in (4.1.4) bis (4.1.6) natürlich $\pi(\mathfrak{u})$ durch $\mathfrak{u}$ ersetzt werden.

Wir nennen eine limesuniforme Struktur $\mathfrak{u}$ von X eine **limesuniforme Diagonalstruktur**, wenn $\bigvee_{F \in \mathfrak{F}} \bigwedge_{v \in F} \mathfrak{F}_v \in \mathfrak{u}$ für beliebige (eigentliche) Filter $\mathfrak{F} \in \mathfrak{u}$ und $\mathfrak{F}_v \in p(\lambda(\mathfrak{u}) \times \lambda(\mathfrak{u}))(v)$ $(v \in X \times X)$ gilt. Ist eine limesuniforme Diagonalstruktur eine Pseudotopologie, so nennen wir sie auch eine **pseudouniforme Diagonalstruktur.** Wir sagen, daß eine limesuniforme Struktur $\mathfrak{u}$ von X die **gleichmäßige Nachbarschaftsbedingung** erfüllt, wenn $\mathfrak{u}$ der Definitionsbedingung der limesuniformen Diagonalstruktur nach Ersetzung von p durch m genügt, und folglich, wenn für jeden (eigentlichen) Filter $\mathfrak{F} \in \mathfrak{u}$ der Nachbarschaftsfilter $\mathfrak{N}(\mathfrak{F})$ von $\mathfrak{F}$ bez. $\lambda(\mathfrak{u}) \times \lambda(\mathfrak{u})$ ebenfalls $\mathfrak{u}$ angehört. Jede limesuniforme Struktur, die der gleichmäßigen Nachbarschaftsbedingung genügt, ist natürlich eine limesuniforme Diagonalstruktur. Ferner gilt

4.1.12. *Ist $\mathfrak{U}$ eine limesuniforme Diagonalstruktur derart, daß $\lambda(\mathfrak{U})$ eine Pseudotopologie ist, so ist $\lambda(\mathfrak{U})$ eine Diagonalpseudotopologie. Erfüllt eine limesuniforme Struktur $\mathfrak{U}$ die gleichmäßige Nachbarschaftsbedingung und ist $\lambda(\mathfrak{U})$ eine mehrstufige Topologie, so genügt $\lambda(\mathfrak{U})$ der Nachbarschaftsbedingung.*

Beweis. 1. $\mathfrak{U}$ sei eine limesuniforme Diagonalstruktur von X derart, daß $\lambda(\mathfrak{U})$ eine Pseudotopologie ist. Gegeben seien ein $x \in X$ und (eigentliche) Filter $\mathfrak{F} \in \lambda(\mathfrak{U})(x)$ und $\mathfrak{F}_u \in \lambda(\mathfrak{U})(u)$ $(u \in X)$. Wir setzen $\mathfrak{G} = [x] \times \mathfrak{F}$ und zu beliebigem $v = (w, u) \in X \times X$ ferner $\mathfrak{G}_v = [w] \times \mathfrak{F}_u$ und erhalten $\mathfrak{G} \in \mathfrak{U}$ und $\mathfrak{G}_v \in (\lambda(\mathfrak{U}) \times \lambda(\mathfrak{U}))(v)$ $(v \in X \times X)$. Wegen

$$\bigvee_{G \in \mathfrak{G}} \bigwedge_{v \in G} \mathfrak{G}_v = \bigvee_{F \in \mathfrak{F}} \bigwedge_{u \in F} ([x] \times \mathfrak{F}_u) = [x] \times \bigvee_{F \in \mathfrak{F}} \bigwedge_{u \in F} \mathfrak{F}_u$$

folgt $\bigvee_{F \in \mathfrak{F}} \bigwedge_{u \in F} \mathfrak{F}_u \in \lambda(\mathfrak{U})(x)$, so daß $\lambda(\mathfrak{U})$ eine Diagonallimitierung ist.

2. Den zweiten Teil der Behauptung beweist man analog. ∎

Aus 3.4.7, 4.1.11 und 4.1.12 folgt das

Korollar. *Für jede pseudouniforme Struktur $\mathfrak{U}$, die der gleichmäßigen Nachbarschaftsbedingung genügt, ist $\lambda(\mathfrak{U})$ eine Topologie, falls $\lambda(\mathfrak{U})$ eine mehrstufige Topologie ist.*

Eine pseudouniforme Struktur $\mathfrak{U}$ von X heißt eine **uniforme Struktur** von X, wenn sie ein Haupt-$\wedge$-Ideal ist, und X, versehen mit einer uniformen Struktur von X, wird ein **uniformer Raum** genannt. Der erzeugende Filter einer so definierten uniformen Struktur ist eine uniforme Struktur im geläufigen Sinne, d. h., es gilt:

4.1.13 (Charakterisierung der uniformen Strukturen). *Wird eine pseudouniforme Struktur $\mathfrak{U}$ von X von einem Filter $\mathfrak{V}$ erzeugt, so besitzt dieser die Eigenschaften*

1. *Aus $V \in \mathfrak{V}$ folgt $V^{-1} \in \mathfrak{V}$.*
2. *Zu jedem $V \in \mathfrak{V}$ existiert ein $W \in \mathfrak{V}$ mit $W \circ W \subseteqq V$.*
3. *Jede Menge $V \in \mathfrak{V}$ enthält die Diagonale Δ.*

Ist umgekehrt $\mathfrak{V}$ ein Filter in $X \times X$ mit diesen drei Eigenschaften, so ist das daraus erzeugte Haupt-$\wedge$-Ideal $[\mathfrak{V}]$ eine pseudouniforme Struktur von X.

Beweis. 1. $\mathfrak{V}$ sei ein Filter in $X \times X$, der eine pseudouniforme Struktur $\mathfrak{U}$ erzeugt. Aus $V \in \mathfrak{V}$ folgt wegen $\mathfrak{V}^{-1} \supseteqq \mathfrak{V}$ stets $V \in \mathfrak{V}^{-1}$ und damit $V^{-1} \in \mathfrak{V}$. Zu jedem $V \in \mathfrak{V}$ existiert wegen $\mathfrak{V} \circ \mathfrak{V} \supseteqq \mathfrak{V}$ ein $W \in \mathfrak{V}$ mit $W \circ W \subseteqq V$. Wegen $[\Delta] \in \mathfrak{U}$ gilt $[\Delta] \supseteqq \mathfrak{V}$, so daß jede Menge $V \in \mathfrak{V}$ die Diagonale enthält.

2. $\mathfrak{V}$ sei ein Filter in $X \times X$ mit den drei im Satz angegebenen Eigenschaften. Auf Grund der Eigenschaft 1 folgt aus $V \in \mathfrak{V}$ stets $V \in \mathfrak{V}^{-1}$, d. h. gilt $\mathfrak{V} \subseteqq \mathfrak{V}^{-1}$. Wegen 2.7.5 und der letzten Beziehung zieht $\mathfrak{F} \in [\mathfrak{V}]$ stets $\mathfrak{F}^{-1} \in [\mathfrak{V}]$ nach sich. Auf Grund der Eigenschaft 2 gilt $\mathfrak{V} \subseteqq \mathfrak{V} \circ \mathfrak{V}$, weshalb unter Berücksichtigung von 2.7.5 aus $\mathfrak{F} \in [\mathfrak{V}]$ und $\mathfrak{G} \in [\mathfrak{V}]$ stets $\mathfrak{G} \circ \mathfrak{F} \in [\mathfrak{V}]$ folgt. Auf Grund der Eigenschaft 3 gilt $\mathfrak{V} \subseteqq [\Delta]$ und damit $[\Delta] \in [\mathfrak{V}]$. ∎

Anmerkung. Ein Filter $\mathfrak{B}$ in X besitzt die drei im Satz angegebenen Eigenschaften offensichtlich genau dann, wenn $\mathfrak{B}^{-1} = \mathfrak{B}$, $\mathfrak{B} \circ \mathfrak{B} = \mathfrak{B}$ und $\mathfrak{B} \subseteqq [\Delta]$ gilt.

Mittels (4.1.4) und (4.1.5) folgt leicht, daß zu jeder uniformen Struktur $\mathfrak{U} = [\mathfrak{B}]$ von X für die Adhärenz einer Teilmenge A von X bez. $\lambda(\mathfrak{U})$

$$\overline{A} = \bigcap_{V \in \mathfrak{B}} V[A] \tag{4.1.7}$$

und für die Adhärenz einer Teilmenge M von $X \times X$ bez. $\lambda(\mathfrak{U}) \times \lambda(\mathfrak{U})$

$$\overline{M} = \bigcap_{V \in \mathfrak{B}} (V \circ M \circ V) \tag{4.1.8}$$

gilt. Wegen (4.1.6) stimmt der Nachbarschaftsfilter $\mathfrak{N}_\mathfrak{U}$ einer uniformen Struktur $\mathfrak{U} = [\mathfrak{B}]$ gerade mit dem $\mathfrak{U}$ erzeugenden Filter $\mathfrak{B}$ überein.

4.1.14. *Für jede uniforme Struktur $\mathfrak{U}$ von X sind $\{\underline{N} \mid N \in \mathfrak{N}_\mathfrak{U}\}$ und $\{\overline{N} \mid N \in \mathfrak{N}_\mathfrak{U}\}$ Basen des Nachbarschaftsfilters $\mathfrak{N}_\mathfrak{U}$. Die Inneren- und Adhärenzbildung ist dabei bez. $\lambda(\mathfrak{U}) \times \lambda(\mathfrak{U})$ gemeint.*

Beweis. Gegeben sei ein $N \in \mathfrak{N}_\mathfrak{U}$. Mittels 4.1.13 folgt, daß ein $M \in \mathfrak{N}_\mathfrak{U}$ mit $M \circ M \circ M \subseteqq N$ existiert. Nach dem Korollar zu 4.1.7 ist $M \circ M \circ M$ eine Nachbarschaft von M und gilt damit $M \subseteqq \underline{M \circ M \circ M}$ und somit auch $M \subseteqq \underline{N}$. Wegen (4.1.8) ergibt sich $\overline{M} \subseteqq M \circ M \circ M$ und deshalb $\overline{M} \subseteqq N$. Aus dem Bewiesenen folgt leicht die Richtigkeit der Behauptung. ∎

Anmerkung. Auf Grund dieses Satzes genügt jede uniforme Struktur der gleichmäßigen Nachbarschaftsbedingung und ist jede uniforme Struktur gleichmäßig regulär.

Pseudouniforme Strukturen, die der gleichmäßigen Nachbarschaftsbedingung genügen und die gleichmäßig regulär sind, sind im allgemeinen keine uniformen Strukturen, wie das folgende Beispiel zeigt.

Es sei $X = \boldsymbol{R}$. Zu beliebigem $n \in \boldsymbol{Z}$ setzen wir $Q_n = \left[n - \frac{1}{4}, n + \frac{1}{4}\right] \times \left[n - \frac{1}{4}, n + \frac{1}{4}\right]$. Δ sei die Diagonale von $\boldsymbol{R}^2$. Die Nachbarschaftsfilter der Filter $[\Delta \cup Q_n]$ $(n \in \boldsymbol{Z})$ bezüglich der natürlichen Topologie von $\boldsymbol{R}^2$ bilden eine Subbasis eines $\wedge$-Ideals $\mathfrak{U}$ von Filtern in $\boldsymbol{R}^2$, das — wie leicht folgt — eine pseudouniforme Struktur von X ist, die der gleichmäßigen Nachbarschaftsbedingung genügt, die gleichmäßig regulär ist und die keine uniforme Struktur ist.

Offensichtlich ist ein Filter $\mathfrak{F}$ in X genau dann ein Cauchy-Filter bezüglich einer uniformen Struktur $[\mathfrak{B}]$ von X, wenn $\mathfrak{B} \subseteqq \mathfrak{F} \times \mathfrak{F}$ gilt. Als leichte Variante dieser Aussage ergibt sich

4.1.15 (Cauchy-Filter bez. uniformer Strukturen). *Ein Filter $\mathfrak{F}$ in X ist genau dann ein Cauchy-Filter bezüglich einer uniformen Struktur $[\mathfrak{B}]$, wenn zu beliebigem $V \in \mathfrak{B}$ ein $F \in \mathfrak{F}$ mit $F \times F \subseteqq V$ existiert.*

In uniformen Räumen gibt es nach dem folgenden Satz zu jedem eigentlichen CAUCHY-Filter einen (bezüglich der mengentheoretischen Ordnung) kleinsten zu diesem ähnlichen CAUCHY-Filter.

4.1.16. *Zu jeder uniformen Struktur $\mathfrak{U} = [\mathfrak{V}]$ von X und jedem eigentlichen* CAUCHY-*Filter $\mathfrak{F}$ bez. $\mathfrak{U}$ ist der Filter $\mathfrak{V}(\mathfrak{F})$ in X mit der Basis $\{V[F] \mid V \in \mathfrak{V}, F \in \mathfrak{F}\}$ der kleinste zu $\mathfrak{F}$ ähnliche* CAUCHY-*Filter.*

Beweis: Da $\mathfrak{F}$ ein CAUCHY-Filter ist, existiert zu beliebigem $V \in \mathfrak{V}$ ein $F \in \mathfrak{F}$ mit $F \times F \subseteq V$, also mit $V^{-1}[F] \times V[F] \subseteq V \circ V \circ V$. Daher gilt $\mathfrak{V}(\mathfrak{F}) \times \mathfrak{V}(\mathfrak{F}) \supseteq \mathfrak{V}$, so daß $\mathfrak{V}(\mathfrak{F})$ ein CAUCHY-Filter bez. $\mathfrak{U}$ ist. Es gilt $\mathfrak{V} \subseteq [\Delta]$ und somit $\mathfrak{V}(\mathfrak{F}) \subseteq \mathfrak{F}$. $\mathfrak{V}(\mathfrak{F})$ und $\mathfrak{F}$ sind daher ähnliche CAUCHY-Filter. Ist $\mathfrak{G}$ ein CAUCHY-Filter bzw. $\mathfrak{U}$, der Unterfilter von $\mathfrak{F}$ ist, so gibt es zu beliebigem $V \in \mathfrak{V}$ und $F \in \mathfrak{F}$ ein $G \in \mathfrak{G}$ mit $G \times G \subseteq V$, wegen $F \cap G \neq \emptyset$ also mit $G \subseteq V[F \cap G] \subseteq V[F]$, weshalb $\mathfrak{G}$ ein Oberfilter von $\mathfrak{V}(\mathfrak{F})$ ist. Aus dem Bewiesenen folgt die Behauptung. ∎

Durch

$$\mathfrak{F} \sim \mathfrak{G} \Leftrightarrow F \text{ und } \mathfrak{G} \text{ sind ähnlich} \tag{4.1.9}$$

wird in der Menge aller eigentlichen CAUCHY-Filter bezüglich einer limesuniformen Struktur $\mathfrak{U}$ von X eine Äquivalenzrelation definiert. Die zugehörigen Äquivalenzklassen werden **Ähnlichkeitsklassen** genannt. Nach 4.1.16 gehört jeder Ähnlichkeitsklasse in dem Fall, daß $\mathfrak{U}$ eine uniforme Struktur ist, ein bezüglich der mengentheoretischen Ordnung kleinstes Element an. Diese kleinsten Elemente heißen **CAUCHYsche Minimalfilter** bezüglich der betreffenden uniformen Struktur. Wegen 4.1.16 sind bezüglich jeder uniformen Struktur $\mathfrak{U} = [\mathfrak{V}]$ von X die konvergenten Filter $\mathfrak{V}(x)$ $(x \in X)$, die natürlich die Nachbarschaftsfilter bez. $\lambda(\mathfrak{U})$ sind, CAUCHYsche Minimalfilter.

4.1.17. *Ist $\mathfrak{F}$ ein CAUCHYscher Minimalfilter bezüglich einer uniformen Struktur $\mathfrak{U} = [\mathfrak{V}]$ von X, so gehört ihm mit jedem Element F auch das Innere von F bez. $\lambda(\mathfrak{U})$ an.*

Beweis. Nach 4.1.16 gilt $\mathfrak{F} = \mathfrak{V}(\mathfrak{F})$, so daß zu jedem $F \in \mathfrak{F}$ ein $V \in \mathfrak{V}$ und ein $G \in \mathfrak{F}$ mit $F \supseteq V[G]$ existieren. Wegen 4.1.13 gibt es ein $W \in \mathfrak{V}$ mit $W \circ W \subseteq V$. Da $W\{x\}$ und damit F zu beliebigem $x \in W[G]$ eine Nachbarschaft von x ist, folgt $\underline{F} \supseteq W[G] \in \mathfrak{F}$. ∎

Als nächstes bringen wir einen wichtigen Hilfssatz.

4.1.18. *Jeder Filter $\mathfrak{F}$ in $X \times X$ besitzt einen maximalen Unterfilter $\mathfrak{G}$ mit $\mathfrak{G} \subseteq \mathfrak{G} \circ \mathfrak{G}$.*

Beweis. Wir bilden die Menge

$$I(\mathfrak{F}) = \{\mathfrak{G} \in \mathcal{F}(X \times X) \mid \mathfrak{G} \subseteq \mathfrak{F},\ \mathfrak{G} \subseteq \mathfrak{G} \circ \mathfrak{G}\}\,.$$

Mittels 2.7.7 folgt, daß ihr der Filter $\bigvee_{\mathfrak{G} \in I(\mathfrak{F})} \mathfrak{G}$ angehört. Dieser besitzt die angegebenen Eigenschaften. ▌

Im folgenden sei $\mathfrak{V}_{\mathfrak{u}}$ zu jeder limesuniformen Struktur $\mathfrak{u}$ von X der maximale Unterfilter des Nachbarschaftsfilters $\mathfrak{N}_{\mathfrak{u}}$ von $\mathfrak{u}$ mit $\mathfrak{V}_{\mathfrak{u}} \subseteqq \mathfrak{V}_{\mathfrak{u}} \circ \mathfrak{V}_{\mathfrak{u}}$.

4.1.19. *Für jede limesuniforme Struktur* $\mathfrak{u}$ *von* X *besitzt der Filter* $\mathfrak{V}_{\mathfrak{u}}$ *die in* 4.1.13 *angegebenen drei Eigenschaften.*

Beweis. Wegen $\mathfrak{V}_{\mathfrak{u}} \subseteqq \mathfrak{V}_{\mathfrak{u}} \circ \mathfrak{V}_{\mathfrak{u}}$ besitzt $\mathfrak{V}_{\mathfrak{u}}$ die in 4.1.13 angegebene Eigenschaft 2. Mittels 2.7.4 und 2.7.5 folgt $\mathfrak{V}_{\mathfrak{u}}^{-1} \subseteqq \mathfrak{V}_{\mathfrak{u}}^{-1} \circ \mathfrak{V}_{\mathfrak{u}}^{-1}$. Es gilt $\mathfrak{V}_{\mathfrak{u}} \subseteqq \mathfrak{N}_{\mathfrak{u}}$, wegen 2.7.5 und (4.1.3) daher $\mathfrak{V}_{\mathfrak{u}}^{-1} \subseteqq \mathfrak{N}_{\mathfrak{u}}$ und folglich $\mathfrak{V}_{\mathfrak{u}}^{-1} \subseteqq \mathfrak{V}_{\mathfrak{u}}$, wegen (2.7.8) und 2.7.5 damit auch $\mathfrak{V}_{\mathfrak{u}}^{-1} \supseteqq \mathfrak{V}_{\mathfrak{u}}$ und somit $\mathfrak{V}_{\mathfrak{u}}^{-1} = \mathfrak{V}_{\mathfrak{u}}$. $\mathfrak{V}_{\mathfrak{u}}$ besitzt also auch die Eigenschaft 1. Jedes Element von $\mathfrak{N}_{\mathfrak{u}}$ und damit auch jedes Element von $\mathfrak{V}_{\mathfrak{u}}$ enthält die Diagonale Δ. $\mathfrak{V}_{\mathfrak{u}}$ hat deshalb auch die Eigenschaft 3. ▌

Wegen 4.1.13 und 4.1.19 ist zu jeder limesuniformen Struktur $\mathfrak{u}$ das Haupt-$\wedge$-Ideal $[\mathfrak{V}_{\mathfrak{u}}]$ eine uniforme Struktur. Mit $\mu\colon \mathcal{U}X \to \mathcal{U}X$ bezeichnen wir diejenige Abbildung von $\mathcal{U}X$ in sich, die jeder limesuniformen Struktur $\mathfrak{u}$ von X gerade die uniforme Struktur $\mu(\mathfrak{u}) = [\mathfrak{V}_{\mathfrak{u}}]$ zuordnet, ferner mit $\mathcal{U}^{\mu}X$ die Menge aller uniformen Strukturen von X. Für jede limesuniforme Struktur $\mathfrak{u}$ ist $\mathfrak{V}_{\mathfrak{u}}$ der Nachbarschaftsfilter von $\mu(\mathfrak{u})$, gilt also

$$\mathfrak{V}_{\mathfrak{u}} = \mathfrak{N}_{\mu(\mathfrak{u})}\,. \tag{4.1.10}$$

4.1.13 und der Definition von $\mathfrak{V}_{\mathfrak{u}}$ entnimmt man, daß jede uniforme Struktur $\mathfrak{u}$ von dem Filter $\mathfrak{V}_{\mathfrak{u}}$ erzeugt wird, mit anderen Worten, daß jede uniforme Struktur $\mathfrak{u}$ mit $\mu(\mathfrak{u})$ übereinstimmt, also gilt

4.1.20. *Die Einschränkung von* μ *auf* $\mathcal{U}^{\mu}X$ *ist gleich der identischen Abbildung von* $\mathcal{U}^{\mu}X$ *auf sich.*

μ hat damit natürlich ganz $\mathcal{U}^{\mu}X$ als Wertebereich.

Wir beweisen nun

4.1.21. *Die einer uniformen Struktur* $\mathfrak{u}$ *zugeordnete Limitierung* $\lambda(\mathfrak{u})$ *ist eine Topologie. Für jede limesuniforme Struktur* $\mathfrak{u}$ *ist die Topologie* $(\lambda \circ \mu)(\mathfrak{u})$ *gröber als die Topologie* $(t \circ \lambda)(\mathfrak{u})$. *Im allgemeinen stimmen* $(\lambda \circ \mu)(\mathfrak{u})$ *und* $(t \circ \lambda)(\mathfrak{u})$ *nicht überein.* t *ist natürlich die wie vor* 3.5.6 *definierte Abbildung, die jeder Limitierung von* X *die nächstgröbere Topologie von* X *zuordnet.*

Beweis. 1 $\mathfrak{u}$ sei eine uniforme Struktur von X. Mittels 4.1.19 folgt $\lambda(\mathfrak{u})(x) = [\mathfrak{V}_{\mathfrak{u}}(x)]$ zu beliebigem $x \in X$. Da wegen $\mathfrak{V}_{\mathfrak{u}} \subseteqq [\Delta]$ ferner $\mathfrak{V}_{\mathfrak{u}}(x) \subseteqq [x]$ zu beliebigem $x \in X$ gilt, ist $\lambda(\mathfrak{u})$ eine mehrstufige Topologie. Zu beliebigem $x \in X$ und $V \in \mathfrak{V}_{\mathfrak{u}}$ existiert ein $W \in \mathfrak{V}_{\mathfrak{u}}$ mit $W \circ W \subseteqq V$ und daher mit $W[W\{x\}] \subseteqq V\{x\}$. Da sich zu beliegem $y \in W\{x\}$ stets $W\{y\} \subseteqq V\{x\}$ und somit $V\{x\} \in \mathfrak{V}_{\mathfrak{u}}(y)$ ergibt, ist $\lambda(\mathfrak{u})$ sogar eine Topologie.

2. $\mathfrak{u}$ sei eine beliebige limesuniforme Struktur von X. Mittels 4.1.7 ergibt sich, daß stets $\mathfrak{B}_{\mathfrak{u}}(x)$ der Nachbarschaftsfilter von x bez. $(\lambda \circ \mu)(\mathfrak{u})$ und $\mathfrak{N}_{\mathfrak{u}}(x)$ der Nachbarschaftsfilter von x bez. $\lambda(\mathfrak{u})$ ist. Wegen $\mathfrak{B}_{\mathfrak{u}} \subseteqq \mathfrak{N}_{\mathfrak{u}}$ folgt $\mathfrak{B}_{\mathfrak{u}}(x) \subseteqq \mathfrak{N}_{\mathfrak{u}}(x)$ zu beliebigem $x \in X$ und damit, daß eine bez. $(\lambda \circ \mu)(\mathfrak{u})$ offene Menge auch bez. $\lambda(\mathfrak{u})$ und somit auch bez. $(t \circ \lambda)(\mathfrak{u})$ offen ist. Wegen 3.5.3 ist deshalb $(\lambda \circ \mu)(\mathfrak{u})$ gröber als $(t \circ \lambda)(\mathfrak{u})$.

3. Einer Bemerkung, die wir nach 4.3.4 anführen, kann man entnehmen, daß es pseudouniforme Strukturen gibt, die Topologien erzeugen, die von keiner uniformen Struktur erzeugt werden. Für jede derartige pseudouniforme Struktur $\mathfrak{u}$ stimmt $(\lambda \circ \mu)(\mathfrak{u})$ nicht mit $(t \circ \lambda)(\mathfrak{u}) = \lambda(\mathfrak{u})$ überein. ▮

Wie mit diesem Satz folgt, besteht zu jeder limesuniformen Struktur $\mathfrak{u}$ von X und jedem $x \in X$ für den Umgebungsraster $\mathfrak{U}_{\mathfrak{u}}(x)$ von x bez. $\lambda(\mathfrak{u})$ die Beziehung

$$\mathfrak{B}_{\mathfrak{u}}(x) \subseteqq \operatorname*{im}_{\subseteqq, X} \mathfrak{U}_{\mathfrak{u}}(x) \subseteqq \mathfrak{N}_{\mathfrak{u}}(x)\,, \tag{4.1.11}$$

und es trifft links bei (4.1.11) das Gleichheitszeichen im allgemeinen nicht zu. Es stimmt daher im allgemeinen $\mathfrak{B}_{\mathfrak{u}}$ nicht mit $\mathfrak{N}_{\mathfrak{u}}$ überein. Wir zeigen in Abschnitt 4.3, daß jede separierte Pseudotopologie aus einer limesuniformen Struktur erzeugt wird. Da es separierte mehrstufige Topologien gibt, die keine Topologien sind, trifft daher bei (4.1.11) auch rechts nicht stets das Gleichheitszeichen zu.

Halbmetrische Räume sind auf natürliche Weise uniforme Räume. Unter Berücksichtigung von 4.1.13 ergibt sich nämlich leicht

4.1.22. *Jeder Halbmetrik δ von X kann man eine uniforme Struktur $\mathfrak{u}$ von X zuordnen, für die die Mengen $V_\varepsilon = \{(x, y) \in X \times X \mid \delta(x, y) < \varepsilon\}$ $(\varepsilon > 0)$ eine Basis des Nachbarschaftsfilters von $\mathfrak{u}$ bilden.*

Zu jeder Halbmetrik δ heißt die im Satz angegebene uniforme Struktur die **aus δ erzeugte uniforme Struktur.** Mittels 3.4.17 und 4.1.2 folgt, daß $\lambda(\mathfrak{u})$ die aus δ erzeugte Topologie ist.

4.2. Vergleich limesuniformer Strukturen

X sei eine beliebige Menge. Die Menge $\mathcal{U}X$ aller limesuniformen Strukturen von X denken wir uns im weiteren mit der mengentheoretischen Ordnung, also der durch

$$\mathfrak{u} \leqq \mathfrak{v} \Leftrightarrow \mathfrak{u} \subseteqq \mathfrak{v}$$

definierten Ordnung versehen. Für $\mathfrak{u} \leqq \mathfrak{v}$ sagen wir, daß die limesuniforme Struktur $\mathfrak{u}$ **feiner** als die limesuniforme Struktur $\mathfrak{v}$ oder daß die limesuniforme Struktur $\mathfrak{v}$ **gröber** als die limesuniforme Struktur $\mathfrak{u}$ ist.

4.2.1. *$\mathcal{U}X$ ist ein vollständiger Verband. Er ist im allgemeinen kein Teilverband des Verbandes $\mathcal{J}(X \times X)$ der $\wedge$-Ideale von Filtern in $X \times X$. Für jede Familie $(\mathfrak{U}_\iota)_{\iota \in I}$ von limesuniformen Strukturen von X gilt im Verband $\mathcal{U}X$ im Falle $I \neq \emptyset$*

$$\bigwedge_{\iota \in I} \mathfrak{U}_\iota = \bigcap_{\iota \in I} \mathfrak{U}_\iota \tag{4.2.1}$$

und ist $\bigvee_{\iota \in I} \mathfrak{U}_\iota$ im Falle $I \neq \emptyset$ dasjenige $\wedge$-Ideal, das die Menge aller Filter $\mathfrak{F}_{\iota_n} \circ \cdots \circ \mathfrak{F}_{\iota_1}$ ($n \in N^+$; $\iota_j \in I$ und $\mathfrak{F}_{\iota_j} \in \mathfrak{U}_{\iota_j}$ zu beliebigem $j = 1, \ldots, n$) als eine Subbasis hat. Im Falle $I = \emptyset$ gilt hingegen in $\mathcal{U}X$

$$\bigwedge_{\iota \in I} \mathfrak{U}_\iota = \mathcal{F}(X \times X) \quad \text{und} \quad \bigvee_{\iota \in I} \mathfrak{U}_\iota = \{\mathsf{P}(X \times X)\}\,. \tag{4.2.2}$$

Beweis. 1. $(\mathfrak{U}_\iota)_{\iota \in I}$ sei eine Familie limesuniformer Strukturen von X. Es sei zuerst $I \neq \emptyset$. Aus $\mathfrak{F} \in \bigcap_{\iota \in I} \mathfrak{U}_\iota$, d. h. $\mathfrak{F} \in \mathfrak{U}_\iota$ für jedes $\iota \in I$, folgt $\mathfrak{F}^{-1} \in \mathfrak{U}_\iota$ für jedes $\iota \in I$, also $\mathfrak{F}^{-1} \in \bigcap_{\iota \in I} \mathfrak{U}_\iota$. Entsprechend zieht $\mathfrak{F} \in \bigcap_{\iota \in I} \mathfrak{U}_\iota$ und $\mathfrak{G} \in \bigcap_{\iota \in I} \mathfrak{U}_\iota$ stets $\mathfrak{G} \circ \mathfrak{F} \in \bigcap_{\iota \in I} \mathfrak{U}_\iota$ nach sich. $\bigcap_{\iota \in I} \mathfrak{U}_\iota$ ist daher eine limesuniforme Struktur. Es gilt deshalb (4.2.1).

Mit $\mathfrak{U}$ bezeichnen wir das $\wedge$-Ideal von Filtern in $X \times X$, das die Menge aller Filter $\mathfrak{F}_{\iota_n} \circ \cdots \circ \mathfrak{F}_{\iota_1}$ ($n \in N^+$; $\iota_j \in I$ und $\mathfrak{F}_{\iota_j} \in \mathfrak{U}_{\iota_j}$ zu beliebigem $j = 1, \ldots, n$) als eine Subbasis hat. $\mathfrak{F}$ sei ein Filter aus $\mathfrak{U}$. Dann existieren eine nichtleere endliche Menge K und zu beliebigem $k \in K$ endlich viele Elemente $\iota_{k1}, \ldots, \iota_{k\,n(k)}$ von I und Filter $\mathfrak{F}_{\iota_{k1}} \in \mathfrak{U}_{\iota_{k1}}, \ldots, \mathfrak{F}_{\iota_{k\,n(k)}} \in \mathfrak{U}_{\iota_{k\,n(k)}}$ mit

$$\mathfrak{F} \supseteq \bigwedge_{k \in K} (\mathfrak{F}_{\iota_{k\,n(k)}} \circ \cdots \circ \mathfrak{F}_{\iota_{k1}})\,.$$

Mittels 2.7.4, 2.7.5 und (2.7.12) folgt

$$\mathfrak{F}^{-1} \supseteq \bigwedge_{k \in K} (\mathfrak{F}^{-1}_{\iota_{k1}} \circ \cdots \circ \mathfrak{F}^{-1}_{\iota_{k\,n(k)}})$$

und damit $\mathfrak{F}^{-1} \in \mathfrak{U}$. $\mathfrak{G}$ sei ein weiterer Filter aus $\mathfrak{U}$. Es existieren eine nichtleere endliche Menge L und zu beliebigem $l \in L$ endlich viele Elemente $j_{l1}, \ldots, j_{l\,m(l)}$ von I und Filter $\mathfrak{G}_{j_{l1}} \in \mathfrak{U}_{j_{l1}}, \ldots, \mathfrak{G}_{j_{l\,m(l)}} \in \mathfrak{U}_{j_{l\,m(l)}}$ mit

$$\mathfrak{G} \supseteq \bigwedge_{l \in L} (\mathfrak{G}_{j_{l\,m(l)}} \circ \cdots \circ \mathfrak{G}_{j_{l1}})\,.$$

Mittels 2.7.5 und 2.7.7 folgt

$$\mathfrak{G} \circ \mathfrak{F} \supseteq \bigwedge_{(k,l) \in K \times L} (\mathfrak{G}_{j_{l\,m(l)}} \circ \cdots \circ \mathfrak{G}_{j_{l1}} \circ \mathfrak{F}_{\iota_{k\,n(k)}} \circ \cdots \circ \mathfrak{F}_{\iota_{k1}})$$

und damit $\mathfrak{G} \circ \mathfrak{F} \in \mathfrak{U}$. $\mathfrak{U}$ ist deshalb eine limesuniforme Struktur. Natürlich gilt $\mathfrak{U}_\iota \subseteq \mathfrak{U}$ zu beliebigem $\iota \in I$. Ist $\mathfrak{V}$ eine weitere limesuniforme Struktur von X mit $\mathfrak{U}_\iota \subseteq \mathfrak{V}$ zu beliebigem $\iota \in I$, so folgt leicht $\mathfrak{U} \subseteq \mathfrak{V}$ und damit, daß $\mathfrak{U}$ die verbandstheoretische Vereinigung der $\mathfrak{U}_\iota$ in $\mathcal{U}X$ ist. $\{\mathsf{P}(X \times X)\}$ und $\mathcal{F}(X \times X)$

ergeben sich ohne Mühe als limesuniforme Strukturen, und zwar als die feinste bzw. gröbste limesuniforme Struktur von X. Im Falle $I = \emptyset$ gilt deshalb (4.2.2).

2. Es sei speziell $X = \boldsymbol{R}$. Wir bilden die Vereinigungsmenge U aller einpunktigen Mengen $\{(n, n)\}$ und Quadrate $[n, n+1] \times [n, n+1]$ $(n \in \boldsymbol{Z})$ und zu jeder reellen Zahl $\varepsilon > 0$ die Menge $V_\varepsilon = \{(\xi, \eta) \in \boldsymbol{R}^2 \mid |\xi - \eta| < \varepsilon\}$. Die Filter $\mathfrak{U} = [U]$ und $\mathfrak{V} = \text{im}\,\{V_\varepsilon \mid \varepsilon > 0\}$ in $X \times X$ besitzen die in 4.1.13 angegebenen drei Eigenschaften, insbesondere gilt stets $V_{\varepsilon/2} \circ V_{\varepsilon/2} \subseteq V_\varepsilon$. $\mathfrak{U}$ und $\mathfrak{V}$ sind daher die Nachbarschaftsfilter zweier uniformer Strukturen $\mathfrak{u}$ und $\mathfrak{v}$ von X. Nun gilt $V_\varepsilon \circ U = V_\varepsilon \cap \bigcup_{n \in \boldsymbol{Z}} ([n, n+1] \times [n - \varepsilon, n + 1 + \varepsilon])$ zu beliebigem $\varepsilon > 0$ und damit $\mathfrak{V} \circ \mathfrak{U} = \text{im}\,\{V_\varepsilon \circ U \mid \varepsilon > 0\} \subsetneqq \mathfrak{U} \cap \mathfrak{V}$. Die verbandstheoretische Vereinigung von $\mathfrak{u}$ und $\mathfrak{v}$ bez. $\mathcal{U}X$ enthält deshalb als echte Teilmenge die verbandstheoretische Vereinigung von $\mathfrak{u}$ und $\mathfrak{v}$ bez. $\mathcal{I}(X \times X)$. ▮

Wie bereits bemerkt wurde, sind $\{\mathsf{P}(X \times X)\}$ und $\mathcal{F}(X \times X)$ die feinste bzw. gröbste limesuniforme Struktur von X. $\{\mathsf{P}(X \times X)\}$ nennen wir die **entartete limesuniforme Struktur** von X. Sie ist — abgesehen von dem trivialen Fall $X = \emptyset$ — keine pseudouniforme Struktur. $\mathcal{F}(X \times X)$ ist hingegen stets eine uniforme Struktur. Sie hat $\{X \times X\}$ als Nachbarschaftsfilter und wird die **triviale uniforme Struktur** von X genannt.

Die entartete limesuniforme Struktur von X erzeugt die entartete Limitierung von X, und die triviale uniforme Struktur von X erzeugt die triviale Topologie von X.

Die Mengen $\mathcal{U}^\pi X$ und $\mathcal{U}^\mu X$ aller pseudouniformen bzw. aller uniformen Strukturen von X seien mit der mengentheoretischen Ordnung versehen. Nach dem folgenden Satz sind dann $\mathcal{U}^\pi X$ und $\mathcal{U}^\mu X$ vollständige Verbände. Für die verbandstheoretischen Durchschnitte und Vereinigungen in diesen Verbänden benutzen wir die üblichen Zeichen, ergänzt durch einen oberen Index π bzw. μ. Die verbandstheoretischen Durchschnitte und Vereinigungen in $\mathcal{U}X$ bezeichnen wir wie üblich.

4.2.2. $\mathcal{U}^\pi X$ und $\mathcal{U}^\mu X$ *sind vollständige Verbände. Für jede Familie* $(\mathfrak{u}_i)_{i \in I}$ *von pseudouniformen Strukturen von* X *gilt*

$$\bigwedge_{i \in I}^{\pi} \mathfrak{u}_i = \bigwedge_{i \in I} \mathfrak{u}_i \quad \textit{und} \quad \bigvee_{i \in I}^{\pi} \mathfrak{u}_i \supseteqq \bigvee_{i \in I} \mathfrak{u}_i \tag{4.2.3}$$

und für jede Familie $(\mathfrak{u}_i)_{i \in I}$ *von uniformen Strukturen von* X

$$\bigwedge_{i \in I}^{\mu} \mathfrak{u}_i = \bigwedge_{i \in I}^{\pi} \mathfrak{u}_i \quad \textit{und} \quad \bigvee_{i \in I}^{\mu} \mathfrak{u}_i \supseteqq \bigvee_{i \in I}^{\pi} \mathfrak{u}_i \,. \tag{4.2.4}$$

Bei der zweiten Beziehung von (4.2.3) *trifft das Gleichheitszeichen zu, wenn* I *nichtleer ist, und im Falle* $I = \emptyset$ *gilt*

$$\bigvee_{i \in I}^{\pi} \mathfrak{u}_i = [[\Delta]] \,. \tag{4.2.5}$$

Bei der zweiten Beziehung von (4.2.4) trifft das Gleichheitszeichen zu, wenn I leer ist. Im allgemeinen gilt es bei dieser Beziehung nicht, nicht einmal, wenn I eine zweielementige Menge ist. Für eine beliebige nichtleere Familie $(\mathfrak{u}_\iota)_{\iota\in I}$ von uniformen Strukturen $\mathfrak{u}_\iota = [\mathfrak{V}_\iota]$ von X ist

$$\bigvee_{\iota\in I}^{\mu} \mathfrak{u}_\iota = [\mathfrak{V}] , \tag{4.2.6}$$

wobei $\mathfrak{V}$ der maximale Unterfilter von $\bigcap_{\iota\in I} \mathfrak{V}_\iota$ mit $\mathfrak{V} \subseteqq \mathfrak{V} \circ \mathfrak{V}$ ist.

Beweis. 1. $(\mathfrak{u}_\iota)_{\iota\in I}$ sei eine Familie pseudouniformer Strukturen von X. Es gilt $[\Delta] \in \mathfrak{u}_\iota$ zu beliebigem $\iota \in I$, wegen 4.2.1 damit $[\Delta] \in \bigwedge_{\iota\in I} \mathfrak{u}_\iota$ und folglich $\bigwedge_{\iota\in I}^{\pi} \mathfrak{u}_\iota = \bigwedge_{\iota\in I} \mathfrak{u}_\iota$. Im Falle $I \neq \emptyset$ ist $[\Delta] \in \bigvee_{\iota\in I} \mathfrak{u}_\iota$ wegen 4.2.1, somit $\bigvee_{\iota\in I}^{\pi} \mathfrak{u}_\iota = \bigvee_{\iota\in I} \mathfrak{u}_\iota$. Im Falle $I = \emptyset$ gilt natürlich (4.2.5), wegen (4.2.2) also $\bigvee_{\iota\in I}^{\pi} \mathfrak{u}_\iota \supseteqq \bigvee_{\iota\in I} \mathfrak{u}_\iota$.

2. Nun sei $(\mathfrak{u}_\iota)_{\iota\in I}$ eine Familie uniformer Strukturen $\mathfrak{u}_\iota = [\mathfrak{V}_\iota]$ von X. Mittels (2.2.7) und (4.2.3) folgt $\bigwedge_{\iota\in I}^{\pi}\mathfrak{u}_\iota = [\bigvee_{\iota\in I} \mathfrak{V}_\iota]$. Wegen (2.7.12) und $\mathfrak{V}_\iota^{-1} = \mathfrak{V}_\iota$ $(\iota \in I)$ gilt $(\bigvee_{\iota\in I} \mathfrak{V}_\iota)^{-1} = \bigvee_{\iota\in I} \mathfrak{V}_\iota$. Wegen (2.7.14) und $\mathfrak{V}_\iota \circ \mathfrak{V}_\iota \supseteqq \mathfrak{V}_\iota$ $(\iota \in I)$ folgt $(\bigvee_{\iota\in I} \mathfrak{V}_\iota) \circ (\bigvee_{\iota\in I} \mathfrak{V}_\iota) \supseteqq \bigvee_{\iota\in I} \mathfrak{V}_\iota$. Aus $\mathfrak{V}_\iota \subseteqq [\Delta]$ $(\iota \in I)$ ergibt sich $\bigvee_{\iota\in I} \mathfrak{V}_\iota \subseteqq [\Delta]$. Mittels 4.1.13 erhalten wir damit, daß $\bigwedge_{\iota\in I}^{\pi} \mathfrak{u}_\iota$ eine uniforme Struktur ist, somit $\bigwedge_{\iota\in I}^{\mu} \mathfrak{u}_\iota = \bigwedge_{\iota\in I}^{\pi} \mathfrak{u}_\iota$ gilt. $[[\Delta]]$ erweist sich als eine uniforme Struktur. Unter Berücksichtigung von (4.2.5) folgt damit, daß im Falle $I = \emptyset$ bei der zweiten Beziehung von (4.2.4) das Gleichheitszeichen zutrifft. Im weiteren sei $I \neq \emptyset$. $\mathfrak{V}$ sei der maximale Unterfilter von $\bigcap_{\iota\in I} \mathfrak{V}_\iota$ mit $\mathfrak{V} \subseteqq \mathfrak{V} \circ \mathfrak{V}$ (vergleiche 4.1.18). Wegen $\mathfrak{V}_\iota^{-1} = \mathfrak{V}_\iota$ $(\iota \in I)$ und (2.7.12) gilt $(\bigcap_{\iota\in I} \mathfrak{V}_\iota)^{-1} = \bigcap_{\iota\in I} \mathfrak{V}_\iota$. Mit ähnlichen Schlüssen wie im Beweis von 4.1.19 folgt, daß $\mathfrak{V}$ die drei in 4.1.13 angegebenen Eigenschaften besitzt, also eine uniforme Struktur $\mathfrak{v} = [\mathfrak{V}]$ erzeugt. $\mathfrak{V}$ ist ein Unterfilter jedes Filters $\mathfrak{V}_\iota$ und wegen $\mathfrak{V} \subseteqq \mathfrak{V} \circ \mathfrak{V}$ auch ein Unterfilter jedes Filters $\mathfrak{V}_{\iota_n} \circ \cdots \circ \mathfrak{V}_{\iota_1}$ $(\iota_1, \ldots, \iota_n \in I)$. Mittels 4.2.1 und bereits Bewiesenem folgt damit

$$\mathfrak{v} \supseteqq \bigvee_{\iota\in I} \mathfrak{u}_\iota = \bigvee_{\iota\in I}^{\pi} \mathfrak{u}_\iota . \tag{4.2.7}$$

Es gilt $\mathfrak{v} \supseteqq \mathfrak{u}_\iota$ zu beliebigem $\iota \in I$. Ist $\mathfrak{w} = [\mathfrak{W}]$ eine weitere uniforme Struktur von X mit $\mathfrak{w} \supseteqq \mathfrak{u}_\iota$ zu beliebigem $\iota \in I$, so gilt $\mathfrak{W} \subseteqq \mathfrak{W} \circ \mathfrak{W}$ und $\mathfrak{W} \subseteqq \mathfrak{V}_\iota$, auf Grund der Maximalitätseigenschaft von $\mathfrak{V}$ also $\mathfrak{W} \subseteqq \mathfrak{V}$ und damit $\mathfrak{w} \supseteqq \mathfrak{v}$. Daher ist $\mathfrak{v} = \bigvee_{\iota\in I}^{\mu} \mathfrak{u}_\iota$, so daß (4.2.6) gilt und wegen (4.2.7) auch in dem betrachteten Falle $I \neq \emptyset$ die rechte Beziehung von (4.2.4) zutrifft.

3. Wir definieren wie im Teil 2 des Beweises von 4.2.1 in $X = \boldsymbol{R}$ zwei uniforme Strukturen $\mathfrak{u}$ und $\mathfrak{v}$ von X. Da für deren Nachbarschaftsfilter $\mathfrak{U} = [U]$ und $\mathfrak{V} = \operatorname{im} \{V_\varepsilon \mid \varepsilon > 0\}$ die Beziehungen $\mathfrak{U} = \mathfrak{U} \circ \mathfrak{U}$, $\mathfrak{V} \subseteqq \mathfrak{V} \circ \mathfrak{V}$, $\mathfrak{V} \subseteqq [\Delta]$ und $\mathfrak{U} \subseteqq [\Delta]$ bestehen, folgt mittels 4.2.1, daß $\mathfrak{u} \vee \mathfrak{v} = \mathfrak{u} \vee^{\pi} \mathfrak{v}$ von den Filtern

$\mathfrak{W}_k = \underbrace{(\mathfrak{U} \circ \mathfrak{V}) \circ \cdots \circ (\mathfrak{U} \circ \mathfrak{V})}_{k} \circ \mathfrak{U}$ $(k \in \boldsymbol{N})$ erzeugt wird. Da sich

$$\begin{aligned}&(U \circ V_{\varepsilon_k}) \circ \cdots \circ (U \circ V_{\varepsilon_1}) \circ U \\ &= \bigcup_{n \in \boldsymbol{Z}} (\{n\} \times]n-k, n+k[) \cap \bigcup_{n \in \boldsymbol{Z}} ([n, n+1] \times [n-k, n+1+k])\end{aligned} \quad (4.2.8)$$

zu beliebigem $k \in \boldsymbol{N}^+$ und $\varepsilon_1, \ldots, \varepsilon_k \in]0, 1[$ ergibt, folgt $\mathfrak{W}_0 \supsetneqq \mathfrak{W}_1 \supsetneqq \mathfrak{W}_2 \supsetneqq \cdots$ und damit, daß $\mathfrak{u} \vee^\pi \mathfrak{v}$ keine uniforme Struktur ist. ▮

Aus 4.2.2 erhält man leicht das

Korollar. *$\mathcal{U}^\pi X$ ist ein Teilverband von $\mathcal{U}X$. Abgesehen von dem trivialen Fall $X = \emptyset$ ist er kein vollständiger Teilverband von $\mathcal{U}X$. $\mathcal{U}^\mu X$ ist im allgemeinen kein Teilverband von $\mathcal{U}^\pi X$.*

Wegen (4.2.5) ist $[[\Delta]]$ die feinste pseudouniforme Struktur von X. Wie bereits bemerkt wurde, ist sie eine uniforme Struktur. Sie heißt die **diskrete uniforme Struktur** von X. Wegen $[\Delta](x) = [x]$ $(x \in X)$ folgt aus 4.1.2, daß die diskrete uniforme Struktur von X die diskrete Topologie von X erzeugt. Mittels 4.2.2 folgt, daß die diskrete uniforme Struktur von X gleichzeitig die feinste uniforme Struktur von X ist. Ferner ergibt sich mittels 4.2.2, daß die gröbste pseudouniforme Struktur von X und die gröbste uniforme Struktur von X gleich der trivialen uniformen Struktur von X sind.

Die Abbildungen π und μ erweisen sich als Ordnungshomomorphismen von $\mathcal{U}X$ auf $\mathcal{U}^\pi X$ bzw. von $\mathcal{U}X$ auf $\mathcal{U}^\mu X$. Ferner folgt leicht

4.2.3. *Zu jeder limesuniformen Struktur $\mathfrak{u}$ von X gilt $\mathfrak{u} \subseteqq \pi(\mathfrak{u}) \subseteqq \mu(\mathfrak{u})$.*

Damit ergibt sich

4.2.4. *Für jede limesuniforme Struktur $\mathfrak{u}$ ist $\pi(\mathfrak{u})$ die feinste pseudouniforme Struktur, die gröber als $\mathfrak{u}$ ist, und $\mu(\mathfrak{u})$ die feinste uniforme Struktur, die gröber als $\mathfrak{u}$ ist.*

Beweis. Nach 4.2.3 sind $\pi(\mathfrak{u})$ und $\mu(\mathfrak{u})$ gröber als $\mathfrak{u}$. Ist $\mathfrak{v}$ eine beliebige pseudouniforme Struktur, die gröber als $\mathfrak{u}$ ist, so folgt unter Berücksichtigung, daß π ein Ordnungshomomorphismus ist, der $\mathcal{U}^\pi X$ identisch abbildet, daß $\pi(\mathfrak{u}) \subseteqq \pi(\mathfrak{v}) = \mathfrak{v}$ gilt. Entsprechend ergibt sich für jede uniforme Struktur $\mathfrak{v}$, die gröber als $\mathfrak{u}$ ist, $\mu(\mathfrak{u}) \subseteqq \mathfrak{v}$. ▮

Aus 4.2.2 erhalten wir $\pi(\bigwedge_{i \in I} \mathfrak{u}_i) = \bigwedge^\pi_{i \in I} \mathfrak{u}_i$ für eine beliebige Familie $(\mathfrak{u}_i)_{i \in I}$ von pseudouniformen Strukturen und $\mu(\bigwedge_{i \in I} \mathfrak{u}_i) = \bigwedge^\mu_{i \in I} \mathfrak{u}_i$ für eine beliebige Familie von uniformen Strukturen von X. Entsprechende Beziehungen bestehen auch bezüglich der verbandstheoretischen Vereinigungen, d. h., es gilt

4.2.5. *Für eine beliebige Familie* $(\mathfrak{U}_i)_{i\in I}$ *von pseudouniformen Strukturen von* X *gilt*

$$\pi(\bigvee_{i\in I} \mathfrak{U}_i) = \bigvee_{i\in I}^{\pi} \mathfrak{U}_i \tag{4.2.9}$$

und für eine beliebige Familie $(\mathfrak{U}_i)_{i\in I}$ *von uniformen Strukturen von* X

$$\mu(\bigvee_{i\in I} \mathfrak{U}_i) = \bigvee_{i\in I}^{\mu} \mathfrak{U}_i\,. \tag{4.2.10}$$

Beweis. Für jede nichtleere Familie $(\mathfrak{U}_i)_{i\in I}$ von pseudouniformen Strukturen von X ergibt sich unter Berücksichtigung von 4.2.2 und der Homomorphieeigenschaft von π

$$\bigvee_{i\in I}^{\pi} (\mathfrak{U}_i) \supseteqq \pi(\bigvee_{i\in I} \mathfrak{U}_i) \supseteqq \mathfrak{U}_j$$

zu beliebigem $j \in I$ und damit (4.2.9). Analog folgt (4.2.10) für jede nichtleere Familie $(\mathfrak{U}_i)_{i\in I}$ von uniformen Strukturen von X. Für die leere Familie $(\mathfrak{U}_i)_{i\in I}$ von pseudouniformen bzw. uniformen Strukturen von X ergibt sich auf Grund einer Bemerkung nach dem Korollar von 4.2.2, daß $\bigvee_{i\in I}^{\pi} \mathfrak{U}_i$ und $\bigvee_{i\in I}^{\mu} \mathfrak{U}_i$ gleich der diskreten uniformen Struktur von X sind, und unter Berücksichtigung von (4.2.2), daß auch $\pi(\bigvee_{i\in I} \mathfrak{U}_i)$ und $\mu(\bigvee_{i\in I} \mathfrak{U}_i)$ mit der diskreten uniformen Struktur von X übereinstimmen. Damit ist der Satz bewiesen. ∎

Im folgenden fragen wir nach Eigenschaften der Abbildung $\lambda\colon \mathcal{U}X \to \mathcal{T}X$.

4.2.6. *λ ist ein Ordnungshomomorphismus von $\mathcal{U}X$ in $\mathcal{T}X$. Für jede Familie $(\mathfrak{U}_i)_{i\in I}$ limesuniformer Strukturen von X gilt*

$$\lambda(\bigwedge_{i\in I} \mathfrak{U}_i) = \bigwedge_{i\in I} \lambda(\mathfrak{U}_i) \tag{4.2.11}$$

und ferner

$$\lambda(\bigvee_{i\in I} \mathfrak{U}_i) \geqq \bigvee_{i\in I} \lambda(\mathfrak{U}_i)\,. \tag{4.2.12}$$

Für jede Familie $(\mathfrak{U}_i)_{i\in I}$ pseudouniformer Strukturen von X gilt

$$\lambda(\bigvee_{i\in I}^{\pi} \mathfrak{U}_i) \geqq \bigvee_{i\in I}^{p} \lambda(\mathfrak{U}_i) \tag{4.2.13}$$

und für jede Familie $(\mathfrak{U}_i)_{i\in I}$ uniformer Strukturen von X ferner

$$\lambda(\bigvee_{i\in I}^{\mu} \mathfrak{U}_i) \geqq \bigvee_{i\in I}^{t} \lambda(\mathfrak{U}_i); \tag{4.2.14}$$

die rechtsstehenden verbandstheoretischen Vereinigungen bei (4.2.13) *und* (4.2.14) *sind dabei bezüglich des Verbandes $\mathcal{T}^pX$ aller Pseudotopologien bzw. des Verbandes $\mathcal{T}^tX$ aller Topologien von X gemeint. Bei* (4.2.12) *bis* (4.2.14) *trifft das Gleichheitszeichen im allgemeinen nicht zu, nicht einmal, wenn I eine Zweiermenge ist.*

Beweis. 1. Der Definition von λ entnimmt man, daß λ ein Ordnungshomomorphismus ist. $(\mathfrak{U}_i)_{i\in I}$ sei eine Familie limesuniformer Strukturen von X.

Unter Berücksichtigung von (2.2.1) und (3.5.1) folgt im Falle $I \neq 0$

$$\lambda(\bigwedge_{i\in I} \mathfrak{u}_i)(x) = \{\mathfrak{F} \in \mathcal{F}X \mid [x] \times \mathfrak{F} \in \mathfrak{u}_i \text{ zu beliebigem } i \in I\}$$
$$= \bigcap_{i\in I} \lambda(\mathfrak{u}_i)(x)$$

zu beliebigem $x \in X$ und damit (4.2.11). Da λ ein Ordnungshomomorphismus ist, gilt (4.2.12) im Falle $I \neq \emptyset$. Unter Beachtung, daß der Ordnungshomomorphismus λ jeder pseudouniformen Struktur eine Pseudotopologie und jeder uniformen Struktur eine Topologie zuordnet, folgt ferner, daß für jede nichtleere Familie $(\mathfrak{u}_i)_{i\in I}$ pseudouniformer bzw. uniformer Strukturen von X die Beziehung (4.2.13) bzw. (4.2.14) gilt. Die Beziehungen (4.2.11) bis (4.2.14) sind natürlich auch im Falle $I = \emptyset$ richtig.

2. Im weiteren seien $\mathfrak{u}$ und $\mathfrak{v}$ die wie im Teil 2 des Beweises von 4.2.1 definierten uniformen Strukturen von $X = \boldsymbol{R}$. $\mathfrak{W}_k$ ($k \in \boldsymbol{N}$) seien wie in Teil 3 des Beweises von 4.2.2 definiert. Mittels 4.2.1 ergibt sich $\lambda(\mathfrak{u} \vee \mathfrak{v})(x) = \text{im}\, \{\mathfrak{W}_k(x) \mid k \in \boldsymbol{N}\}$ zu beliebigem $x \in X$, mittels (4.2.8) damit, daß $\lambda(\mathfrak{u} \vee \mathfrak{v}) = \lambda(\mathfrak{u} \vee^{\pi} \mathfrak{v})$ keine mehrstufige Topologie, andererseits $\lambda(\mathfrak{u} \vee^{\mu} \mathfrak{v})$ die triviale Topologie von X ist. $\lambda(\mathfrak{u}) \vee \lambda(\mathfrak{v}) = \lambda(\mathfrak{u}) \vee^{p} \lambda(\mathfrak{v})$ ist eine mehrstufige Topologie mit $(\lambda(\mathfrak{u}) \vee \lambda(\mathfrak{v}))(n) = [\boldsymbol{V}_n]$ ($n \in \boldsymbol{Z}$) und $(\lambda(\mathfrak{u}) \vee \lambda(\mathfrak{v}))(x) = [[]n, n+1[]]$ ($n \in \boldsymbol{Z}$, $x \in]n, n+1[$), wobei $\boldsymbol{V}_n$ der Nachbarschaftsfilter von n bez. $\lambda(\mathfrak{v})$ ist. $\lambda(\mathfrak{u}) \vee^{t} \lambda(\mathfrak{v})$ ist die Topologie mit $\{X\} \cap \{]n, n+1[\mid n \in \boldsymbol{Z}\}$ als Basis. Es folgt $\lambda(\mathfrak{u} \vee \mathfrak{v}) \mathrel{\substack{>\\ \neq}} \lambda(\mathfrak{u}) \vee \lambda(\mathfrak{v}), \lambda(\mathfrak{u} \vee^{\pi} \mathfrak{v}) \mathrel{\substack{>\\ \neq}} \lambda(\mathfrak{u}) \vee^{p} \lambda(\mathfrak{v})$ und $\lambda(\mathfrak{u} \vee^{\mu} \mathfrak{v}) \mathrel{\substack{>\\ \neq}} \lambda(\mathfrak{u}) \vee^{t} \lambda(\mathfrak{v})$. ∎

4.3. Limesuniformisierbarkeit

Ein Limesraum X heißt **limesuniformisierbar, pseudouniformisierbar** bzw. **uniformisierbar**, wenn es eine limesuniforme, pseudouniforme bzw. uniforme Struktur $\mathfrak{u}$ gibt, die die Limitierung τ von X erzeugt, d. h. für die $\tau = \lambda(\mathfrak{u})$ gilt.

Wir geben als nächstes eine notwendige und hinreichende Bedingung für die Limesuniformisierbarkeit an (siehe W. Gähler [6]). In dieser tritt der in Abschnitt 3.7 eingeführte Begriff des im weiten Sinne pseudotopologischen Raumes auf.

4.3.1 (Limesuniformisierbarkeit). *Ein Limesraum X ist genau dann limesuniformisierbar, wenn er ein im weiten Sinne pseudotopologischer Raum ist, der den schwachen ersten und zweiten Trennungsaxiomen genügt.*

Beweis. 1. $\mathfrak{u}$ sei eine limesuniforme Struktur, die die Limitierung τ von X erzeugt. x sei ein Punkt von X derart, daß $\tau(x) \neq \{\mathsf{P}X\}$ ist, d. h. ein eigentlicher Filter $\mathfrak{F} \in \tau(x)$ existiert. Es ergibt sich $[x] \times \mathfrak{F} \in \mathfrak{u}$, mittels 2.7.8 daher $\mathfrak{F} \times [x] = ([x] \times \mathfrak{F})^{-1} \in \mathfrak{u}$ und $(\mathfrak{F} \times [x]) \circ ([x] \times \mathfrak{F}) = [x] \times [x] \in \mathfrak{u}$, folglich $[x] \in \tau(x)$. τ ist also eine Pseudotopologie im weiten Sinne. Sind x und y Punkte von X mit $[y] \in \tau(x)$, so gilt $[x] \times [y] \in \mathfrak{u}$, wegen (2.7.16) damit $[y] \times [x] \in \mathfrak{u}$, folglich $[x] \in \tau(y)$. Da τ eine Pseudotopologie im weiten Sinne ist, folgt noch $[x] \in \tau(x)$ und $[y] \in \tau(y)$ und damit, daß τ dem Axiom T_{1w} genügt. Nun seien x und y Punkte von X derart, daß $\tau(x) \cap \tau(y) \neq \{\mathsf{P}X\}$ ist, d. h. ein eigentlicher Filter $\mathfrak{F} \in \tau(x) \cap \tau(y)$ existiert. Es ergibt sich $[x] \times \mathfrak{F} \in \mathfrak{U}$ und $[y] \times \mathfrak{F} \in \mathfrak{U}$ und mit ähnlichen Schlüssen wie zu Anfang des Beweises $[x] \times [y] \in \mathfrak{U}$. Für jeden Filter $\mathfrak{G} \in \tau(y)$ folgt $[y] \times \mathfrak{G} \in \mathfrak{U}$, mittels 2.7.8 damit $([y] \times \mathfrak{G}) \circ ([x] \times [y]) = [x] \times \mathfrak{G} \in \mathfrak{U}$, also $\mathfrak{G} \in \tau(x)$. Wir erhalten $\tau(y) \subseteqq \tau(x)$, analog $\tau(x) \subseteqq \tau(y)$ und somit $\tau(x) = \tau(y)$. τ erfüllt daher auch das Axiom T_{2w}.

2. Die Limitierung τ von X sei eine Pseudotopologie im weiten Sinne, die den Axiomen T_{1w} und T_{2w} genügt. $\mathfrak{U}$ sei das $\wedge$-Ideal von Filtern in $X \times X$, das als eine Subbasis $\{\mathfrak{F} \times \mathfrak{F} \mid \exists x \in X \left(\mathfrak{F} \in \tau(x)\right)\}$ hat. Mittels 2.7.5, (2.7.12) und (2.7.16) folgt leicht, daß mit jedem Filter $\mathfrak{G}$ auch $\mathfrak{G}^{-1}$ zu $\mathfrak{U}$ gehört.

Im weiteren seien $\mathfrak{F}$ und $\mathfrak{G}$ zwei Filter aus $\mathfrak{U}$. Es existieren eine endliche Menge I und zu beliebigem $i \in I$ ein $x_i \in X$ und $\mathfrak{F}_i \in \tau(x_i)$, derart daß $\mathfrak{F}$ und $\mathfrak{G}$ Oberfilter von $\bigcap_{i \in I} (\mathfrak{F}_i \times \mathfrak{F}_i)$ sind. Aus 2.7.5 und 2.7.7 folgt

$$\mathfrak{G} \circ \mathfrak{F} \supseteqq \bigcap_{(i,j) \in I \times I} (\mathfrak{F}_i \times \mathfrak{F}_i) \circ (\mathfrak{F}_j \times \mathfrak{F}_j) . \tag{4.3.1}$$

Ist für ein $(i, j) \in I \times I$ der Filter $(\mathfrak{F}_i \times \mathfrak{F}_i) \circ (\mathfrak{F}_j \times \mathfrak{F}_j)$ eigentlich, so stimmt dieser wegen (2.7.17) mit $\mathfrak{F}_j \times \mathfrak{F}_i$ überein und ist also ein Oberfilter von $(\mathfrak{F}_i \cap \mathfrak{F}_j) \times (\mathfrak{F}_i \cap \mathfrak{F}_j)$; ferner ist dann wegen (2.7.17) die $\tau(x_i) \cap \tau(x_j)$ angehörende Filtervereinigung $\mathfrak{F}_j \vee \mathfrak{F}_i$ eigentlich, weshalb sich dann $\tau(x_i) = \tau(x_j)$ auf Grund des Axioms T_{2w} ergibt. Mittels (4.3.1) folgt damit $\mathfrak{G} \circ \mathfrak{F} \in \mathfrak{U}$. $\mathfrak{U}$ ist deshalb eine limesuniforme Struktur.

Wir haben noch $\tau = \lambda(\mathfrak{U})$ zu zeigen. x sei ein Punkt von X und $\mathfrak{F}$ ein eigentlicher Filter in X. Gilt $\mathfrak{F} \in \tau(x)$, so folgt $[x] \in \tau(x)$ und damit $[x] \times \mathfrak{F} \supseteqq (\mathfrak{F} \cap [x]) \times (\mathfrak{F} \cap [x]) \in \mathfrak{U}$, somit $\mathfrak{F} \in \lambda(\mathfrak{U})(x)$. Nun gelte $\mathfrak{F} \in \lambda(\mathfrak{U})(x)$, d. h. $[x] \times \mathfrak{F} \in \mathfrak{U}$. Es gibt dann eine nichtleere endliche Menge I und zu jedem $i \in I$ einen Punkt x_i von X und einen Filter $\mathfrak{F}_i \in \tau(x_i)$ mit $[x] \times \mathfrak{F} \supseteqq \bigcap_{i \in I} (\mathfrak{F}_i \times \mathfrak{F}_i)$. Wir bilden die Menge $K = \{i \in I \mid \mathfrak{F}_i \subseteqq [x]\}$, die sich als nichtleer erweist. Zu beliebigem $G \in \bigcap_{i \in K} \mathfrak{F}_i$ und jedem $i \in I$ existiert ein $F_i \in \mathfrak{F}_i$ mit $F_i = G$ bei $i \in K$ und $x \notin F_i$ bei $i \in I \setminus K$. Es folgt $\bigcup_{i \in I} (F_i \times F_i) \in [x] \times \mathfrak{F}$ und damit die Existenz eines $F \in \mathfrak{F}$ mit $\bigcup_{i \in I} (F_i \times F_i) \supseteqq \{x\} \times F$, weshalb sich $F \subseteqq G$, damit $G \in \mathfrak{F}$ und deshalb

$$\bigcap_{i \in K} \mathfrak{F}_i \subseteqq \mathfrak{F} \tag{4.3.)2}$$

ergibt. Zu beliebigem $i \in K$ gilt $[x] \in \tau(x_i)$, auf Grund des Axioms T_{1w} also $[x_i] \in \tau(x) \cap \tau(x_i)$, wegen Axiom T_{2w} daher $\tau(x) = \tau(x_i)$, wegen (4.3.2) somit $\mathfrak{F} \in \tau(x)$. Der uneigentliche Filter $\mathsf{P}X$ gehört natürlich $\tau(x)$ und $\lambda(\mathfrak{U})(x)$ an. Daher ist $\tau = \lambda(\mathfrak{U})$. ∎

Über die im Beweis von 4.3.1 konstruierte limesuniforme Struktur läßt sich noch mehr aussagen.

4.3.2. *Für jeden limesuniformisierbaren Limesraum X bilden die Filter $\mathfrak{F} \times \mathfrak{F}$ $(x \in X, \mathfrak{F} \in \tau(x))$ die Subbasis der feinsten limesuniformen Struktur $\mathfrak{u}$, die die Limitierung τ von X erzeugt.*

Beweis. Wir wissen bereits, daß $\{\mathfrak{F} \times \mathfrak{F} \mid \exists x \in X\ (\mathfrak{F} \in \tau(x))\}$ die Subbasis einer limesuniformen Struktur $\mathfrak{u}$ mit $\lambda(\mathfrak{u}) = \tau$ ist. Ist $\mathfrak{v}$ eine weitere limesuniforme Struktur mit $\lambda(\mathfrak{v}) = \tau$, so gilt zu beliebigem $x \in X$ und $\mathfrak{F} \in \tau(x) = \lambda(\mathfrak{v})(x)$ stets $[x] \times \mathfrak{F} \in \mathfrak{v}$, wegen 2.7.8 damit auch $\mathfrak{F} \times [x] \in \mathfrak{v}$ und somit $([x] \times \mathfrak{F}) \circ (\mathfrak{F} \times [x]) = \mathfrak{F} \times \mathfrak{F} \in \mathfrak{v}$. Also ist $\mathfrak{u} \subseteq \mathfrak{v}$. ∎

Aus 4.3.1 und 3.7.5 folgt

4.3.3. *Ein limesuniformer Raum ist genau dann separiert, wenn er dem ersten Trennungsaxiom genügt.*

Indem wir beachten, daß für jede limesuniforme Struktur $\mathfrak{u}$ die Beziehung $[y] \in \lambda(\mathfrak{u})(x)$ äquivalent zu $[x] \times [y] \in \mathfrak{u}$ ist, können wir 4.3.3 auch so formulieren:

4.3.3'. *Ein limesuniformer Raum ist genau dann separiert, wenn für die zugehörige limesuniforme Struktur $\mathfrak{u}$ aus $[x] \times [y] \in \mathfrak{u}$ stets $x = y$ folgt.*

Nach H. H. Keller [5] ist ein pseudotopologischer Raum genau dann pseudouniformisierbar, wenn er dem schwachen zweiten Trennungsaxiom genügt. Da die pseudouniformen Strukturen Pseudotopologien erzeugen, ergibt sich als leichte Variante dieser Aussage:

4.3.4 (Pseudouniformisierbarkeit). *Ein Limesraum X ist genau dann pseudouniformisierbar, wenn er ein pseudotopologischer Raum ist, der dem schwachen zweiten Trennungsaxiom genügt.*

Beweis. 1. $\mathfrak{u}$ sei eine pseudouniforme Struktur, die die Limitierung τ von X erzeugt. Nach 4.1.11 ist $\mathfrak{u}$ eine Pseudotopologie. Nach 4.3.1 genügt diese dem Axiom T_{2w}.

2. Die Limitierung τ von X sei eine Pseudotopologie, die das Axiom T_{2w} erfüllt. Nach 3.7.5 genügt τ dann auch dem Axiom T_{1w}. Wegen 4.3.1 existiert eine limesuniforme Struktur $\mathfrak{u}$ von X, die τ erzeugt. Mittels 4.1.11 folgt, daß auch die pseudouniforme Struktur $\pi(\mathfrak{u})$ die Pseudotopologie τ erzeugt. X ist daher pseudouniformisierbar. ∎

Für Pseudotopologien folgt aus T_{2w} stets T_{1w}, so daß die im Satz angegebene Bedingung für die Pseudouniformisierbarkeit tatsächlich schärfer als die in 4.3.1 angegebene Bedingung für die Limesuniformisierbarkeit ist. Nach 4.3.1 und 4.3.4 sind limesuniformisierbare pseudotopologische Räume stets pseudouniformisierbar. Eine limesuniforme Struktur, die eine Pseudotopologie erzeugt, muß allerdings nicht stets eine pseudouniforme Struktur sein. Zum Beispiel ist — wie mittels 4.3.2 folgt — die feinste limesuniforme Struktur von $\boldsymbol{R}$, die die natürliche Topologie von $\boldsymbol{R}$ erzeugt, keine pseudouniforme Struktur.

Wegen 4.3.4 ist jeder separierte pseudotopologische Raum, insbesondere jeder separierte topologische Raum pseudouniformisierbar. Da topologische Räume nur uniformisierbar sind, wenn sie vollständig regulär sind (vergleiche 4.3.5), und separierte topologische Räume existieren, die nicht regulär und damit auch nicht vollständig regulär sind (vergleiche das Beispiel nach 3.7.12), gibt es pseudouniformisierbare topologische Räume, die nicht uniformisierbar sind.

Mittels 3.7.12 folgt, daß jeder reguläre topologische Raum pseudouniformisierbar ist.

4.3.5 (Uniformisierbarkeit). *Ein Limesraum X ist genau dann uniformisierbar, wenn er ein vollständig regulärer topologischer Raum ist.*

Beweis. 1. $\mathfrak{U}$ sei eine uniforme Struktur, die die Limitierung τ von X erzeugt. Nach 4.1.21 ist τ eine Topologie. Wir zeigen im folgenden, daß τ vollständig regulär ist. Gegeben seien dazu ein Punkt x von X und eine abgeschlossene Teilmenge A von X, der x nicht angehört. Mit I bezeichnen wir die Menge aller dyadisch rationalen Zahlen ξ mit $0 \leqq \xi \leqq 1$. Wir setzen $G_0 = \emptyset$, $F_0 = \overline{\{x\}}$, $G_1 = X \setminus A$ und $F_1 = X$. Wie mittels 4.1.7, 4.1.13 und 4.1.14 folgt, gibt es offene Teilmengen $V_0, V_1, \ldots$ von $X \times X$, die dem Nachbarschaftsfilter von $\mathfrak{U}$ angehören und für die

$$V_{n+1} \circ V_{n+1} \subseteqq V_n \tag{4.3.3}$$

zu beliebigem $n \in \boldsymbol{N}$ und

$$V_0\{x\} \subseteqq X \setminus A \tag{4.3.4}$$

gilt. Jede dyadisch rationale Zahl ξ mit $0 < \xi < 1$ läßt sich genau auf eine Art in der Form

$$\xi = \sum_{i=1}^{j} \frac{1}{2^{n_i}} \quad (n_1, \ldots, n_j \in \boldsymbol{N}^+;\, n_1 < \cdots < n_j)$$

darstellen. Wir setzen für sie

$$G_\xi = (V_{n_j} \circ \cdots \circ V_{n_1})\,\{x\}$$

und

$$F_\xi = \overline{G}_\xi\,.$$

G_0 und G_1 sind offene Teilmengen von X. Unter Berücksichtigung, daß die V_n $(n \in \boldsymbol{N})$ offene Teilmengen von $X \times X$ und nach 3.10.10 die natürlichen Einbettungen von X in $X \times X$ stetig sind, ergibt sich mittels 3.6.3, daß auch die G_ξ $(\xi \in I,\, 0 < \xi < 1)$ offene Teilmengen von X sind. Nach Konstruktion sind alle F_ξ abgeschlossen und gilt stets $G_\xi \subseteqq F_\xi$. Im folgenden seien zwei Zahlen $\xi, \eta \in I$ mit $\xi < \eta$ gegeben. Wir behaupten, daß

$$F_\xi \subseteqq G_\eta \tag{4.3.5}$$

gilt. Im Falle $\xi = 0$, $\eta < 1$ folgt diese Beziehung aus (4.1.7), im Falle $\xi = 0$, $\eta = 1$ unter zusätzlicher Berücksichtigung von (4.3.4). Mittels (4.3.3) ergibt sich leicht, daß zu beliebigen Zahlen $m_0, m_1, \dots, m_k \in \boldsymbol{N}$ mit $m_0 < m_1 < \dots < m_k$

$$V_{m_k} \circ (V_{m_k} \circ \dots \circ V_{m_1}) \subseteq V_{m_0}$$

gilt, weshalb es im Falle $\xi > 0$ stets ein $m \in \boldsymbol{N}^+$ mit $V_m[G_\xi] \subseteq G_\eta$ gibt. Unter Berücksichtigung von (4.1.7) folgt damit, daß (4.3.5) auch im Falle $\xi > 0$ gilt. Wir konstruieren nun wie im Beweis von 3.7.18 eine Abbildung $f: X \to \boldsymbol{R}$ durch

$$f(x) = \inf \{\xi \in I \mid x \in F_\xi\}.$$

Offensichtlich gilt $f(x) = 0$ und $f(y) = 1$ zu beliebigem $y \in A$ und folgt wie im Beweis von 3.7.18, daß f stetig ist. τ ist deshalb vollständig regulär.

2. Die Limitierung τ von X sei eine vollständig reguläre Topologie. Im trivialen Fall $X = \emptyset$ wird τ von der trivialen uniformen Struktur erzeugt.

Im folgenden sei $X \neq \emptyset$. Die Menge I aller geordneten Paare (x, A) von Punkten x und abgeschlossenen Teilmengen A von X mit $x \notin A$ ist daher nichtleer. Zu jedem $i = (x, A) \in I$ existiert eine stetige Abbildung $f_i: X \to \boldsymbol{R}$ mit $f_i(x) = 0$ und $f_i(y) = 1$ für $y \in A$. Wir nehmen ohne Einschränkung der Allgemeinheit an, daß die Wertebereiche dieser Abbildungen im Intervall [0, 1] liegen. Zu beliebigem $i \in I$ und $n \in \boldsymbol{N}^+$ setzen wir

$$A_{ikn} = f_i^{-1}\left[\left]\frac{k-1}{n}, \frac{k+1}{n}\right[\right]$$

für $k = 0, \dots, n$ und bilden die Menge

$$V_{in} = \bigcup_{k=0,\dots,n} (A_{ikn} \times A_{ikn}).$$

$\{V_{in} \mid i \in I, n \in \boldsymbol{N}^+\}$ ist die Subbasis eines Filters $\mathfrak{V}$ in $X \times X$. Selbstverständlich gilt $\mathfrak{V}^{-1} = \mathfrak{V}$. Wir zeigen als nächstes $\mathfrak{V} \subseteq \mathfrak{V} \circ \mathfrak{V}$. J sei dazu eine nichtleere endliche Teilmenge von I und zu beliebigem $i \in J$ ferner n_i eine positive natürliche Zahl. Ferner sei $n = 3 \max \{n_i \mid i \in J\}$. Zu beliebigem $i \in J$ und $k, l \in \{0, \dots, n\}$ mit $A_{ikn} \cap A_{iln} \neq \emptyset$ existiert ein $m \in \{0, \dots, n_i\}$ mit $A_{ikn} \cup A_{iln} \subseteq A_{imn_i}$. Daher folgt

$$\left(\bigcap_{i \in J} V_{in}\right) \circ \left(\bigcap_{i \in J} V_{in}\right) \subseteq \bigcap_{i \in J} (V_{in} \circ V_{in}) \subseteq \bigcap_{i \in J} V_{in_i}$$

und somit $\mathfrak{V} \subseteq \mathfrak{V} \circ \mathfrak{V}$. Es gilt stets $A_{i0n} \cup \dots \cup A_{inn} = X$, damit $\Delta \subseteq V_{in}$ und deshalb $\mathfrak{V} \subseteq [\Delta]$. Wegen 4.1.13 ist $\mathfrak{u} = [\mathfrak{V}]$ somit eine uniforme Struktur von X.

Mittels 3.6.3 folgt, daß die Mengen A_{iln} bez. τ und damit die Mengen V_{in} bez. $\tau \times \tau$ offen sind. $\mathfrak{V}$ besitzt deshalb eine Basis aus bez. $\tau \times \tau$ offenen Mengen. Zu beliebigem $x \in X$ ist folglich $\mathfrak{V}(x)$ ein Unterfilter des Nachbarschaftsfilters von x bez. τ. Indem wir beachten, daß zu beliebigem $x \in X$ und jeder Umgebung U von x für $i = (x, X \setminus U)$ sowohl $A_{i01} \subseteq U$ als auch $x \notin A_{i11}$ und damit $V_{i1}\{x\} \subseteq U$ gilt, ergibt sich, daß $\mathfrak{V}(x)$ sogar stets mit dem Nachbarschaftsfilter von x bez. τ übereinstimmt. Die uniforme Struktur $\mathfrak{u}$ erzeugt deshalb die Topologie τ. ∎

4.4. Gleichmäßig stetige Abbildungen, die Kategorie der limesuniformen Räume

X und Y seien limesuniforme Räume und $\mathfrak{u}$ und $\mathfrak{v}$ deren limesuniforme Strukturen. Eine Abbildung f aus X in Y heißt **gleichmäßig stetig**, wenn $(f * f)(\mathfrak{u}) \subseteqq \mathfrak{v}$ gilt. Offensichtlich ist eine Abbildung f aus X in Y genau dann gleichmäßig stetig, wenn es zu beliebigem $\mathfrak{F} \in \mathfrak{u}$ ein $\mathfrak{G} \in \mathfrak{v}$ mit $\mathfrak{G} \subseteqq (f * f)(\mathfrak{F})$, wegen 2.7.9 also mit $\mathfrak{G} \subseteqq [f] \circ \mathfrak{F} \circ [f^{-1}]$ gibt. Wegen 2.7.10 ist eine Abbildung f von ganz X in Y genau dann gleichmäßig stetig, wenn zu beliebigem $\mathfrak{F} \in \mathfrak{u}$ ein $\mathfrak{G} \in \mathfrak{v}$ mit $\mathfrak{G} \circ [f] \subseteqq [f] \circ \mathfrak{F}$ bzw. — was dazu äquivalent ist — mit $(f^{-1} * f^{-1})(\mathfrak{G}) \subseteqq \mathfrak{F}$ existiert. Die angeführten Bedingungen für die gleichmäßige Stetigkeit lassen sich noch auf verschiedene Weise umformulieren. Wir führen hier lediglich zwei dieser Umformulierungen an, die erste kommt der üblichen Vorstellung der gleichmäßigen Stetigkeit am nächsten. Und zwar gilt natürlich: Eine Abbildung f aus X in Y ist genau dann gleichmäßig stetig, wenn es zu beliebigem $\mathfrak{F} \in \mathfrak{u}$ ein $\mathfrak{G} \in \mathfrak{v}$ so gibt, daß zu jedem $G \in \mathfrak{G}$ ein $F \in \mathfrak{F}$ existiert, so daß

$$(f(x), f(y)) \in G$$

zu beliebigem $(x, y) \in F \cap (\mathrm{db}f \times \mathrm{db}f)$ ist. Natürlich gilt auch: Eine Abbildung f von ganz X in Y ist genau dann gleichmäßig stetig, wenn $\mathfrak{u} \subseteqq (f^{-1} * f^{-1})(\mathfrak{v})$ ist.

Wollen wir hervorheben, daß sich die gleichmäßige Stetigkeit auf die limesuniformen Strukturen $\mathfrak{u}$ und $\mathfrak{v}$ bezieht, so sagen wir anstelle gleichmäßig stetig auch **bez. $\mathfrak{u}$ und $\mathfrak{v}$ gleichmäßig stetig.**

4.4.1. *f sei eine Abbildung aus X in Y. Ist f gleichmäßig stetig, so besteht für die Nachbarschaftsfilter von $\mathfrak{u}$ und $\mathfrak{v}$ die Beziehung*

$$\mathfrak{N}_{\mathfrak{v}} \subseteqq (f * f)(\mathfrak{N}_{\mathfrak{u}}) \,. \tag{4.4.1}$$

Wenn Y ein uniformer Raum ist, folgt aus (4.4.1) *umgekehrt, daß f gleichmäßig stetig ist.*

Beweis. Ist f gleichmäßig stetig, so ergibt sich unter Beachtung, daß zwischen der Diagonale Δ von $X \times X$ und der Diagonale Δ' von $Y \times Y$ die Beziehung $(f * f)\,[\Delta] \subseteqq \Delta'$ besteht,

$$\mathfrak{N}_{\mathfrak{v}} \subseteqq [(f * f)\,[\Delta]] \cap \bigcap_{\mathfrak{F} \in \mathfrak{u}} (f * f)(\mathfrak{F}) \,,$$

mittels (2.5.2) und 2.5.4 also (4.4.1). Wenn Y ein uniformer Raum ist, folgt aus (4.4.1) natürlich, daß f gleichmäßig stetig ist. ∎

Ist Y ein uniformer Raum, so ist nach diesem Satz eine Abbildung f aus X in Y genau dann gleichmäßig stetig, wenn es zu beliebigem $V \in \mathfrak{N}_{\mathfrak{v}}$ ein $U \in \mathfrak{N}_{\mathfrak{u}}$ gibt, so daß

$$(f(x), f(y)) \in V$$

zu beliebigem $(x, y) \in U \cap (\mathrm{db}f \times \mathrm{db}f)$ gilt.

4.4.2. *f sei eine gleichmäßig stetige Abbildung aus X in Y. Dann ist f bez. $\lambda(\mathfrak{u})$ und $\lambda(\mathfrak{v})$ stetig, und zu jedem* CAUCHY-*Filter $\mathfrak{F}$ in X ist $f(\mathfrak{F})$ ein* CAUCHY-*Filter in Y.*

Beweis. Zu beliebigem $x \in \mathrm{db} f$ und $\mathfrak{F} \in \lambda(\mathfrak{u})(x)$ gilt $[x] \times \mathfrak{F} \in \mathfrak{u}$, weshalb der Filter $(f * f)([x] \times \mathfrak{F})$, der wegen 2.7.11 mit $[f(x)] \times f(\mathfrak{F})$ übereinstimmt, $\mathfrak{v}$ angehört. Es ist daher $f(\mathfrak{F}) \in \lambda(\mathfrak{v})(f(x))$, f also stetig. Für jeden CAUCHY-Filter $\mathfrak{F}$ in X gilt $\mathfrak{F} \times \mathfrak{F} \in \mathfrak{u}$ und somit $(f * f)(\mathfrak{F} \times \mathfrak{F}) \in \mathfrak{v}$. Da der letzte Filter wegen 2.7.11 mit $f(\mathfrak{F}) \times f(\mathfrak{F})$ übereinstimmt, ist $f(\mathfrak{F})$ dann ein CAUCHY-Filter in Y. ∎

Wie man 4.3.2 entnimmt, ist die feinste limesuniforme Struktur, die eine gegebene Limitierung erzeugt, wenig „uniform“. Das offenbart sich auch in dem folgenden im wesentlichen auf C. H. COOK und H. R. FISCHER [2] zurückgehenden Satz

4.4.3. *$\mathfrak{u}$ sei die feinste limesuniforme Struktur, die $\lambda(\mathfrak{u})$ erzeugt. Jede bez. $\lambda(\mathfrak{u})$ und $\lambda(\mathfrak{v})$ stetige Abbildung f aus X in Y, deren Definitionsbereich abgeschlossen ist, ist dann bez. $\mathfrak{u}$ und $\mathfrak{v}$ gleichmäßig stetig.*

Beweis. f sei eine Abbildung aus X in Y, die bez. $\lambda(\mathfrak{u})$ und $\lambda(\mathfrak{v})$ stetig ist und einen abgeschlossenen Definitionsbereich hat. Zu beliebigem $x \in \mathrm{db} f$ und $\mathfrak{F} \in \lambda(\mathfrak{u})(x)$ folgt $f(\mathfrak{F}) \in \lambda(\mathfrak{v})(f(x))$, da $f(\mathfrak{F})$ nach 4.1.8 ein CAUCHY-Filter ist, also $f(\mathfrak{F}) \times f(\mathfrak{F}) \in \mathfrak{v}$. Zu beliebigem $x \in X \setminus \mathrm{db} f$ und $\mathfrak{F} \in \lambda(\mathfrak{u})(x)$ ergibt sich $f(\mathfrak{F}) = \mathsf{P}Y$ wegen $X \setminus \mathrm{db} f \in \mathfrak{F}$ und damit ebenfalls $f(\mathfrak{F}) \times f(\mathfrak{F}) \in \mathfrak{v}$. Nach 2.7.11 stimmt stets $(f * f)(\mathfrak{F} \times \mathfrak{F})$ mit $f(\mathfrak{F}) \times f(\mathfrak{F})$ überein, so daß wir gezeigt haben, daß $(f * f)(\mathfrak{F} \times \mathfrak{F}) \in \mathfrak{v}$ zu beliebigem $x \in X$ und $\mathfrak{F} \in \lambda(\mathfrak{u})(x)$ gilt. Da nach 4.3.2 die Filter $\mathfrak{F} \times \mathfrak{F}$ $(x \in X,\ \mathfrak{F} \in \lambda(\mathfrak{u})(x))$ eine Subbasis von $\mathfrak{u}$ bilden, folgt damit, daß f bez. $\mathfrak{u}$ und $\mathfrak{v}$ gleichmäßig stetig ist. ∎

Ohne Mühe ergibt sich

4.4.4. *Ist f eine gleichmäßig stetige Abbildung aus X in Y und g eine gleichmäßig stetige Abbildung aus Y in einen limesuniformen Raum Z, so ist auch die Zusammensetzung $g \circ f$ gleichmäßig stetig.*

Die identische Abbildung von X auf sich ist gleichmäßig stetig. Nach dem folgenden Satz ist auch jede Einschränkung einer gleichmäßig stetigen Abbildung gleichmäßig stetig.

4.4.5. *f sei eine Abbildung aus X in Y und N eine Teilmenge von X. Ist f gleichmäßig stetig, so auch $f \mid N$.*

Beweis. Die Behauptung folgt wegen $(f \mid N * f \mid N)(\mathfrak{u}) \subseteqq (f * f)(\mathfrak{u})$. ∎

Natürlich gilt

4.4.6. *Ist f eine bezüglich der limesuniformen Strukturen $\mathfrak{u}$ von X und $\mathfrak{v}$ von Y gleichmäßig stetige Abbildung, so ist f auch bezüglich jeder limesuniformen Struktur*

$\mathfrak{u}'$ von X, die feiner als $\mathfrak{u}$ ist, und jeder limesuniformen Struktur $\mathfrak{v}'$ von Y, die gröber als $\mathfrak{v}$ ist, gleichmäßig stetig.

Die gleichmäßige Stetigkeit bleibt nach diesem Satz erhalten, wenn wir die limesuniforme Struktur des Urbildraumes verfeinern. In gewissen Fällen bleibt die gleichmäßige Stetigkeit auch bei Vergröberung der limesuniformen Struktur des Urbildraumes erhalten. Es gilt nämlich

4.4.7. *f sei eine Abbildung aus X in Y. Wenn Y ein pseudouniformer Raum ist, besteht die Äquivalenz*

$$f \text{ ist bez. } \mathfrak{u} \text{ und } \mathfrak{v} \text{ gleichmäßig stetig} \\ \Leftrightarrow f \text{ ist bez. } \pi(\mathfrak{u}) \text{ und } \mathfrak{v} \text{ gleichmäßig stetig}.$$

Hat f ganz X als Definitionsbereich und ist Y ein uniformer Raum, so gilt

$$f \text{ ist bez. } \mathfrak{u} \text{ und } \mathfrak{v} \text{ gleichmäßig stetig} \\ \Leftrightarrow f \text{ ist bez. } \mu(\mathfrak{u}) \text{ und } \mathfrak{v} \text{ gleichmäßig stetig}.$$

Beweis. 1. Y sei ein pseudouniformer Raum. Ist f bez. $\pi(\mathfrak{u})$ und $\mathfrak{v}$ gleichmäßig stetig, so wegen 4.2.3 und 4.4.6 auch bez. $\mathfrak{u}$ und $\mathfrak{v}$. Im folgenden sei f bez. $\mathfrak{u}$ und $\mathfrak{v}$ gleichmäßig stetig. Da $(f * f)\,[\Delta] \supseteqq [\Delta']$ gilt, wobei Δ die Diagonale von $X \times X$ und Δ' die Diagonale von $Y \times Y$ ist, folgt mittels (2.5.2) für jeden Filter $\mathfrak{G} \in \mathfrak{u}$

$$(f * f)\,([\Delta] \cap \mathfrak{G}) \supseteqq [\Delta'] \cap (f * f)(\mathfrak{G}) \in \mathfrak{v}\,,$$

für jeden Filter $\mathfrak{F} \in \pi(\mathfrak{u})$ damit $(f * f)(\mathfrak{F}) \in \mathfrak{v}$. f ist somit auch bez. $\pi(\mathfrak{u})$ und $\mathfrak{v}$ gleichmäßig stetig.

2. f habe als Definitionsbereich ganz X, und Y sei ein uniformer Raum. Ist f bez. $\mu(\mathfrak{u})$ und $\mathfrak{v}$ gleichmäßig stetig, so wegen 4.2.3 und 4.4.6 auch bez. $\mathfrak{u}$ und $\mathfrak{v}$. Im weiteren sei f bez. $\mathfrak{u}$ und $\mathfrak{v}$ gleichmäßig stetig. Für die Nachbarschaftsfilter von $\mathfrak{u}$ und $\mathfrak{v}$ gilt (4.4.1), wegen 2.7.10 damit $(f^{-1} * f^{-1})(\mathfrak{N}_{\mathfrak{v}}) \subseteqq \mathfrak{N}_{\mathfrak{u}}$. Da $\mathfrak{N}_{\mathfrak{v}} \subseteqq \mathfrak{N}_{\mathfrak{v}} \circ \mathfrak{N}_{\mathfrak{v}}$ ist, folgt mittels (2.7.19)

$$(f^{-1} * f^{-1})(\mathfrak{N}_{\mathfrak{v}}) \subseteqq (f^{-1} * f^{-1})(\mathfrak{N}_{\mathfrak{v}}^{-1}) \circ (f^{-1} * f^{-1})(\mathfrak{N}_{\mathfrak{v}})$$

und deshalb

$$(f^{-1} * f^{-1})(\mathfrak{N}_{\mathfrak{v}}) \subseteqq \mathfrak{B}_{\mathfrak{u}}\,,$$

wobei $\mathfrak{B}_{\mathfrak{u}}$ der $\mu(\mathfrak{u})$ erzeugende Filter ist. Aus der letzten Beziehung ergibt sich wegen 2.7.10, daß $\mathfrak{N}_{\mathfrak{v}} \subseteqq (f * f)(\mathfrak{B}_{\mathfrak{u}})$ gilt, wegen 4.4.1 damit, daß f bez. $\mu(\mathfrak{u})$ und $\mathfrak{v}$ gleichmäßig stetig ist. ∎

Aus 4.4.6 und 4.4.7 erhält man das

Korollar. *Ist eine Abbildung f aus X in Y bez. $\mathfrak{u}$ und $\mathfrak{v}$ gleichmäßig stetig, so auch bez. $\pi(\mathfrak{u})$ und $\pi(\mathfrak{v})$. Ist eine Abbildung von ganz X in Y bez. $\mathfrak{u}$ und $\mathfrak{v}$ gleichmäßig stetig, so auch bez. $\mu(\mathfrak{u})$ und $\mu(\mathfrak{v})$.*

Eine eineindeutige Abbildung aus X in Y heißt ein **limesuniformer Isomorphismus** aus X in Y, wenn sowohl sie als auch ihre Umkehrung gleichmäßig stetig sind. Sind speziell X und Y pseudouniforme oder uniforme Räume, so heißt ein limesuniformer Isomorphismus aus X in Y auch ein **pseudouniformer** bzw. **uniformer Isomorphismus.** Aus 4.4.2 folgt, daß jeder limesuniforme Isomorphismus ein Homöomorphismus bezüglich der zugehörigen Limitierungen ist.

4.4.8. *f sei ein limesuniformer Isomorphismus aus X auf Y. Dann besteht für die Nachbarschaftsfilter von $\mathfrak{u}$ und $\mathfrak{v}$ die Beziehung*

$$\mathfrak{N}_{\mathfrak{v}} = (f * f)(\mathfrak{N}_{\mathfrak{u}}) . \tag{4.4.2}$$

Beweis. Es gilt (4.4.1) und $\mathfrak{N}_{\mathfrak{u}} \subseteqq (f^{-1} * f^{-1})(\mathfrak{N}_{\mathfrak{v}})$. Unter Berücksichtigung, daß $f \circ f^{-1}$ die identische Abbildung von Y auf sich ist, folgt deshalb

$$\mathfrak{N}_{\mathfrak{v}} \subseteqq (f * f)(\mathfrak{N}_{\mathfrak{u}}) \subseteqq \big((f * f) \circ (f^{-1} * f^{-1})\big)(\mathfrak{N}_{\mathfrak{v}}) = \mathfrak{N}_{\mathfrak{v}}$$

und damit (4.4.2). ∎

Zum Teil geben wir bei limesuniformen Isomorphismen die limesuniformen Strukturen, auf die sich diese beziehen, mit an, indem wir für einen limesuniformen Isomorphismus aus X in Y auch **limesuniformer Isomorphismus bez. $\mathfrak{u}$ und $\mathfrak{v}$** sagen. Ist f ein limesuniformer Isomorphismus bez. $\mathfrak{u}$ und $\mathfrak{v}$, so auch bez. $\pi(\mathfrak{u})$ und $\pi(\mathfrak{v})$. Eine Abbildung f von X auf Y, die ein limesuniformer Isomorphismus bez. $\mathfrak{u}$ und $\mathfrak{v}$ ist, ist auch ein limesuniformer Isomorphismus bez. $\mu(\mathfrak{u})$ und $\mu(\mathfrak{v})$. Unter Berücksichtigung von (4.4.2) ergibt sich damit, daß für jeden limesuniformen Isomorphismus f von X auf Y die Beziehung

$$\mathfrak{B}_{\mathfrak{v}} = (f * f)(\mathfrak{B}_{\mathfrak{u}}) \tag{4.4.3}$$

besteht.

Mit LUN bezeichnen wir die Kategorie aller limesuniformen Räume. Sie hat als Objekte alle limesuniformen Räume und als Morphismen $f\colon X \to Y$ alle gleichmäßig stetigen Abbildungen von limesuniformen Räumen in limesuniforme Räume, streng genommen, alle Tripel (f, X, Y), wobei X und Y limesuniforme Räume sind und f eine Abbildung im Sinne von Abschnitt 1.10 ist, die die Trägermenge von X als Definitionsbereich und eine Teilmenge der Trägermenge von Y als Wertebereich hat und die bezüglich der limesuniformen Strukturen von X und Y gleichmäßig stetig ist. Entsprechend wie bei LIM und ENS unterscheiden wir nicht zwischen (f, X, Y) und f, falls dadurch keine Irrtümer zu befürchten sind. Als Morphismenkomposition nehmen wir in LUN die übliche Komposition $g \circ f$ der Abbildungen f und g (wir meinen natürlich, daß stets $(g, Y, Z)(f, X, Z) = (g \circ f, X, Z)$ sei). Daß man auf diese Weise tatsächlich eine Kategorie erhält, folgt mittels 4.4.4 und der anschließenden Bemerkung.

Identische Morphismen von LUN sind gerade die identischen Abbildungen der limesuniformen Räume auf sich. Monomorphismen von LUN sind die eineindeutigen gleichmäßig stetigen Abbildungen limesuniformer Räume in limesuniforme Räume (**gleichmäßig stetige Injektionen**) und Epimorphismen von LUN die gleichmäßig stetigen Abbildungen limesuniformer Räume auf limesuniforme Räume (**gleichmäßig stetige Surjektionen**). Bimorphismen von LUN sind also die eineindeutigen stetigen Abbildungen limesuniformer Räume auf limesuniforme Räume (**gleichmäßig stetige Bijektionen**). Isomorphismen von LUN sind die limesuniformen Isomorphismen limesuniformer Räume auf limesuniforme Räume.

Dem Beispiel vor 3.6.8 entnimmt man, daß Bimorphismen von LUN im allgemeinen keine Isomorphismen von LUN sind; man versieht dazu $\boldsymbol{R}$ mit der aus der euklidischen Metrik von $\boldsymbol{R}$ erzeugten uniformen Struktur und ferner die in diesem Beispiel auftretende Menge X mit derjenigen uniformen Struktur, die aus der Einschränkung $\delta \mid (X \times X)$ des euklidischen Abstandes δ von $\boldsymbol{R}^2$ erzeugt ist, und erhält, daß f ein Bimorphismus, aber kein Isomorphismus ist.

Die vollen Unterkategorien von LUN, die als Objekte alle pseudouniformen bzw. alle uniformen Räume haben, bezeichnen wir mit PUN bzw. UN. In diesen sind die Mono-, Epi- bzw. Bimorphismen die jeweiligen gleichmäßig stetigen Injektionen, Surjektionen bzw. Bijektionen.

Wie man dem Korollar zu 4.4.7 entnimmt, gibt es Funktoren $\boldsymbol{\pi}$: LUN $\to$ PUN und $\boldsymbol{\mu}$: LUN $\to$ UN der folgenden Art: $\boldsymbol{\pi}$ und $\boldsymbol{\mu}$ ordnen jedem limesuniformen Raum X denjenigen pseudouniformen Raum $\boldsymbol{\pi}(X)$ bzw. uniformen Raum $\boldsymbol{\mu}(X)$ zu, der dieselbe Trägermenge wie X hat und dessen pseudouniforme bzw. uniforme Struktur die der limesuniformen Struktur $\mathfrak{u}$ von X zugeordnete pseudouniforme Struktur $\pi(\mathfrak{u})$ bzw. uniforme Struktur $\mu(\mathfrak{u})$ ist. Ferner ordnen $\boldsymbol{\pi}$ und $\boldsymbol{\mu}$ jedem Morphismus (f, X, Y) von LUN den Morphismus $(f, \boldsymbol{\pi}(X), \boldsymbol{\pi}(Y))$ von PUN bzw. $(f, \boldsymbol{\mu}(X), \boldsymbol{\mu}(Y))$ von UN (also dieselbe Abbildung) zu.

Wegen 4.4.2 gibt es einen Funktor $\boldsymbol{\lambda}$: LUN $\to$ LIM mit der folgenden Eigenschaft: $\boldsymbol{\lambda}$ ordnet jedem limesuniformen Raum X denjenigen Limesraum $\boldsymbol{\lambda}(X)$ zu, der dieselbe Trägermenge wie X hat und dessen Limitierung die der limesuniformen Struktur $\mathfrak{u}$ von X zugeordnete Limitierung $\lambda(\mathfrak{u})$ ist. Ferner ordnet $\boldsymbol{\lambda}$ jedem Morphismus (f, X, Y) von LUN den Morphismus $(f, \boldsymbol{\lambda}(X), \boldsymbol{\lambda}(Y))$ von LIM zu. Da $\boldsymbol{\lambda}(\mathfrak{u})$ für jede pseudouniforme Struktur $\mathfrak{u}$ eine Pseudotopologie und für jede uniforme Struktur $\mathfrak{u}$ eine Topologie ist, gibt es Funktoren $\boldsymbol{\lambda}^{\pi}$: PUN $\to$ PTOP und $\boldsymbol{\lambda}^{\mu}$: UN $\to$ TOP, die, abgesehen von der Einschränkung auf PUN bzw. UN, genau so wie $\boldsymbol{\lambda}$ zuordnen.

Wir bilden noch den Vergißfunktor V: LUN $\to$ ENS, d. h. denjenigen Funktor von LUN in ENS, der jedem limesuniformen Raum X seine Trägermenge $|X|$ und jedem Morphismus (f, X, Y) von LUN den Morphismus $(f, |X|, |Y|)$ von ENS zuordnet, und entsprechend die Vergißfunktoren V^{π}: PUN $\to$ ENS und V^{μ}: UN $\to$ ENS. Es gilt

$$V^{\pi}\boldsymbol{\pi} = V \quad \text{und} \quad V^{\mu}\boldsymbol{\mu} = V\,. \tag{4.4.4}$$

Alle hier eingeführten Funktoren sind treu und regulär. Mittels 3.2.9 ergibt sich, daß die in Ob LUN bez. V durch (3.2.8) eingeführte Präordnung eine Ordnung ist. Bezüglich dieser Ordnung gilt für beliebige limesuniforme Räume X und Y

$$X \leqq Y \Leftrightarrow X \text{ und } Y \text{ haben dieselbe Trägermenge, und die limesuniforme Struktur von } X \text{ ist feiner als die limesuniforme Struktur von } Y\,. \tag{4.4.5}$$

Wegen 4.2.3 gilt insbesondere

$$X \leqq \pi(X) \leqq \mu(X) \tag{4.4.6}$$

für jeden limesuniformen Raum X.

4.5. Limesuniforme Initialstrukturen

Ähnlich wie die Initial- und Finallimitierungen kann man gewisse limesuniforme Strukturen, sogenannte limesuniforme Initial- und limesuniforme Finalstrukturen mittels Abbildungen konstruieren. Sie lassen sich als die limesuniformen Strukturen der an den Vergißfunktor V: LUN $\to$ ENS gebundenen Produkte bzw. Coprodukte charakterisieren. Wir gehen zuerst auf limesuniforme Initialstrukturen ein.

E sei eine Menge, $(X_i)_{i\in I}$ eine Familie von limesuniformen Räumen und p_i zu beliebigem $i \in I$ eine Abbildung von E in X_i. $\mathfrak{U}_i$ sei zu beliebigem $i \in I$ die limesuniforme Struktur von X_i. Wir bilden den Durchschnitt

$$\operatorname*{init}_{i\in I} \mathfrak{U}_i = \bigwedge_{i\in I} (p_i^{-1} * p_i^{-1})\,(\mathfrak{U}_i)$$

im Verband $\mathcal{J}(E \times E)$ der $\wedge$-Ideale von Filtern in $E \times E$. Da $\mathcal{J}(E \times E)$ ein vollständiger Verband ist, existiert $\operatorname*{init}_{i\in I} \mathfrak{U}_i$ stets. $\operatorname*{init}_{i\in I} \mathfrak{U}_i$ ist eine limesuniforme Struktur von E; für beliebige Filter $\mathfrak{F}_i \in \mathfrak{U}_i$ $(i \in I)$ folgt nämlich mittels (2.7.12) und (2.7.18)

$$\Big(\bigvee_{i\in I} (p_i^{-1} * p_i^{-1})\,(\mathfrak{F}_i)\Big)^{-1} = \bigvee_{i\in I} (p_i^{-1} * p_i^{-1})\,(\mathfrak{F}_i^{-1})$$

und damit, daß mit jedem Filter $\mathfrak{F}$ auch $\mathfrak{F}^{-1}$ zu $\operatorname*{init}_{i\in I} \mathfrak{U}_i$ gehört, und für beliebige Filter $\mathfrak{F}_i, \mathfrak{G}_i \in \mathfrak{U}_i$ $(i \in I)$ ergibt sich mittels 2.7.5 und (2.7.19)

$$\begin{aligned}\bigvee_{i\in I} (p_i^{-1} * p_i^{-1})\,(\mathfrak{G}_i \circ \mathfrak{F}_i) &\subseteq \bigvee_{i\in I} \big((p_i^{-1} * p_i^{-1})\,(\mathfrak{G}_i) \circ (p_i^{-1} * p_i^{-1})\,(\mathfrak{F}_i)\big)\\ &\subseteq \Big(\bigvee_{i\in I} (p_i^{-1} * p_i^{-1})\,(\mathfrak{G}_i)\Big) \circ \Big(\bigvee_{i\in I} (p_i^{-1} * p_i^{-1})\,(\mathfrak{F}_i)\Big)\end{aligned}$$

und somit, daß mit zwei Filtern $\mathfrak{F}$ und $\mathfrak{G}$ auch $\mathfrak{G} \circ \mathfrak{F}$ in $\operatorname*{init}_{i\in I} \mathfrak{U}_i$ liegt.

$\operatorname*{init}_{i\in I} \mathfrak{U}_i$ nennen wir die **limesuniforme Initialstruktur** der $\mathfrak{U}_i$ bezüglich der Abbildungen p_i $(i \in I)$.

Dem folgenden Satz entnimmt man leicht zwei Varianten der Definition der limesuniformen Initialstrukturen.

4.5.1. *Es ist*

$$\operatorname{init}_{i\in I} \mathfrak{u}_i = \bigwedge_{i\in I} \{\mathfrak{F} \in \mathcal{F}(E \times E) \mid (p_i * p_i)(\mathfrak{F}) \in \mathfrak{u}_i\}$$
$$= \{\mathfrak{F} \in \mathcal{F}(E \times E) \mid (p_i * p_i)(\mathfrak{F}) \in \mathfrak{u}_i \textit{ zu beliebigem } i \in I\}\,.$$

Beweis. Mittels 2.7.10 folgt

$$(p_i^{-1} * p_i^{-1})(\mathfrak{u}_i) = \operatorname{im} \{(p_i^{-1} * p_i^{-1})(\mathfrak{F}_i) \mid \mathfrak{F}_i \in \mathfrak{u}_i\}$$
$$\subseteq$$
$$= \{\mathfrak{F} \in \mathcal{F}(E \times E) \mid (p_i * p_i)(\mathfrak{F}) \in \mathfrak{u}_i\}$$

zu beliebigem $i \in I$ und damit die Richtigkeit der Behauptung. ∎

Wie der nachstehende Satz besagt, erzeugen die limesuniformen Initialstrukturen gerade die Initiallimitierungen der den betreffenden limesuniformen Strukturen zugeordneten Limitierungen.

4.5.2 (Vertauschungssatz). *Es ist*

$$\lambda(\operatorname{init}_{i\in I} \mathfrak{u}_i) = \operatorname{init}_{i\in I} \lambda(\mathfrak{u}_i)\,.$$

Beweis. Mittels 2.7.11, 3.8.1 und 4.5.1 ergibt sich

$$\lambda(\operatorname{init} \mathfrak{u}_i)(x) = \{\mathfrak{F} \in \mathcal{F}E \mid (p_i * p_i)\,([x] \times \mathfrak{F}) \in \mathfrak{u}_i \text{ zu beliebigem } i \in I\}$$
$$= \{\mathfrak{F} \in \mathcal{F}E \mid p_i(\mathfrak{F}) \in \lambda(\mathfrak{u}_i)(p_i(x)) \text{ zu beliebigem } i \in I)\}$$
$$= (\operatorname{init} \lambda(\mathfrak{u}_i))\,(x)$$

zu beliebigem $x \in E$. ∎

4.5.3. *Ein Filter* $\mathfrak{F}$ *in* E *ist genau dann ein* CAUCHY-*Filter bez.* $\operatorname{init}_{i\in I} \mathfrak{u}_i$, *wenn alle Filter* $p_i(\mathfrak{F})$ CAUCHY-*Filter bez.* $\mathfrak{u}_i$ *sind.*

Beweis. Ist $\mathfrak{F}$ ein CAUCHY-Filter bez. $\operatorname{init}_{i\in I} \mathfrak{u}_i$, so ist wegen 4.4.2 und der aus 4.5.1 folgenden gleichmäßigen Stetigkeit der Abbildungen p_i jeder Filter $p_i(\mathfrak{F})$ ein CAUCHY-Filter bez. $\mathfrak{u}_i$. Sind alle $p_i(\mathfrak{F})$ CAUCHY-Filter bez. $\mathfrak{u}_i$, so gilt $p_i(\mathfrak{F}) \times p_i(\mathfrak{F}) \in \mathfrak{u}_i$ und wegen 2.7.10 und 2.7.11 damit $\mathfrak{F} \times \mathfrak{F} \in (p_i^{-1} * p_i^{-1})(\mathfrak{u}_i)$ zu beliebigem $i \in I$, also $\mathfrak{F} \times \mathfrak{F} \in \operatorname{init}_{i\in I} \mathfrak{u}_i$. $\mathfrak{F}$ ist dann also umgekehrt ein CAUCHY-Filter bez. $\operatorname{init}_{i\in I} \mathfrak{u}_i$. ∎

4.5.4. *Eine Abbildung* f *aus einem limesuniformen Raum* Y *in* E *ist genau dann bez. der limesuniformen Struktur* $\mathfrak{v}$ *von* Y *und bez.* $\operatorname{init}_{i\in I} \mathfrak{u}_i$ *gleichmäßig stetig, wenn jede Abbildung* $p_i \circ f$ *bez.* $\mathfrak{v}$ *und* $\mathfrak{u}_i$ *gleichmäßig stetig ist.*

Beweis. f ist genau dann bez. $\mathfrak{v}$ und $\operatorname{init}_{i\in I} \mathfrak{u}_i$ gleichmäßig stetig, wenn $(f * f)(\mathfrak{v}) \subseteq \operatorname{init}_{i\in I} \mathfrak{u}_i$ gilt, wegen 4.5.1 also genau dann, wenn zu beliebigem $\mathfrak{G} \in \mathfrak{v}$ und

$i \in I$ der Filter $(p_\iota * p_\iota)\big((f * f)(\mathfrak{G})\big) = \big((p_\iota \circ f) * (p_\iota \circ f)\big)(\mathfrak{G})$ zu $\mathfrak{u}_\iota$ gehört, $p_\iota \circ f$ also zu beliebigem $i \in I$ bez. $\mathfrak{v}$ und $\mathfrak{u}_\iota$ gleichmäßig stetig ist. ▮

Die eine Richtung von 4.5.4 läßt sich leicht verallgemeinern. Es sei dazu eine Menge F, eine Familie $(Y_\iota)_{\iota \in I}$ von limesuniformen Räumen mit I als Indexbereich und zu beliebigem $i \in I$ eine Abbildung q_ι von F in Y_ι gegeben. $\mathfrak{v}_\iota$ sei zu beliebigem $i \in I$ die limesuniforme Struktur von Y_ι. Dann gilt

4.5.5. *f sei eine Abbildung aus F in E und f_ι zu beliebigem $i \in I$ eine Abbildung aus Y_ι in X_ι derart, daß zu beliebigem $i \in I$ das Diagramm*

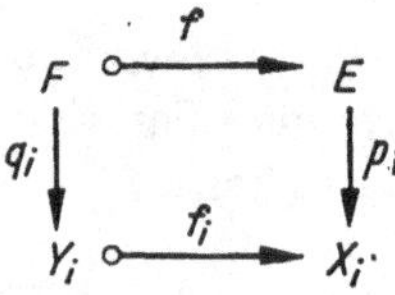

kommutativ ist. Ist jede Abbildung f_ι bez. $\mathfrak{v}_\iota$ und $\mathfrak{u}_\iota$ gleichmäßig stetig, so ist f bez. $\operatorname{init}_{\iota \in I} \mathfrak{v}_\iota$ *und* $\operatorname{init}_{\iota \in I} \mathfrak{u}_\iota$ *gleichmäßig stetig.*

Beweis. Wir setzen $\mathfrak{u} = \operatorname{init}_{\iota \in I} \mathfrak{u}_\iota$ und $\mathfrak{v} = \operatorname{init}_{\iota \in I} \mathfrak{v}_\iota$. Sind die Abbildungen f_ι bez. $\mathfrak{v}_\iota$ und $\mathfrak{u}_\iota$ gleichmäßig stetig, so ist auf Grund der aus 4.5.1 folgenden gleichmäßigen Stetigkeit der Abbildungen q_ι bez. $\mathfrak{v}$ und $\mathfrak{v}_\iota$ jede Abbildung $f_\iota \circ q_\iota = p_\iota \circ f$ bez. $\mathfrak{v}$ und $\mathfrak{u}_\iota$ gleichmäßig stetig. Aus 4.5.4 folgt dann, daß f bez. $\mathfrak{v}$ und $\mathfrak{u}$ gleichmäßig stetig ist. ▮

Wir bezeichnen E, versehen mit $\operatorname{init}_{\iota \in I} \mathfrak{u}_\iota$, mit X. 4.5.4 entnimmt man den folgenden Satz über die an den Vergißfunktor V: LUN → ENS gebundenen Produkte.

4.5.6 (Gebundene Produkte in LUN). *Der limesuniforme Raum X ist, zusammen mit der Familie der Abbildungen $p_\iota \colon X \to X_\iota$ $(i \in I)$, gleich dem V-Produkt der X_ι $(i \in I)$ über E, $(p_\iota)_{\iota \in I}$.*

Aus 3.2.10, (4.4.5) und 4.5.6 und ebenfalls direkt aus der Definition von $\operatorname{init}_{\iota \in I} \mathfrak{u}_\iota$ ergibt sich

4.5.7. $\operatorname{init}_{\iota \in I} \mathfrak{u}_\iota$ *ist die gröbste limesuniforme Struktur von E mit der Eigenschaft, daß alle Abbildungen p_ι bezüglich dieser und $\mathfrak{u}_\iota$ gleichmäßig stetig sind.*

Für die an die Vergißfunktoren V^π: PUN → ENS und V^μ: UN → ENS gebundenen Produkte gilt ein analoger Satz wie 4.5.6. Aus 3.2.11, (4.4.4) und (4.4.6) folgt nämlich

4.5.8 (Gebundene Produkte in PUN und UN). *Sind die X_ι pseudouniforme bzw. uniforme Räume, so ist X, zusammen mit der Familie der Abbildungen $p_\iota: X \to X_\iota$ $(\iota \in I)$, gleich dem V^π- bzw. V^μ-Produkt der X_ι $(\iota \in I)$ über E, $(p_\iota)_{\iota \in I}$.*

Ähnlich wie 4.5.7 ergibt sich deshalb

4.5.9. *Sind die $\mathfrak{U}_\iota$ pseudouniforme bzw. uniforme Strukturen, so ist* $\operatorname{init}_{\iota \in I} \mathfrak{U}_\iota$ *die gröbste pseudouniforme bzw. die gröbste uniforme Struktur von E mit der Eigenschaft, daß alle Abbildungen p_ι bezüglich dieser und $\mathfrak{U}_\iota$ gleichmäßig stetig sind.*

In dem Fall, daß die $\mathfrak{U}_\iota$ pseudouniforme bzw. uniforme Strukturen sind, nennen wir $\operatorname{init}_{\iota \in I} \mathfrak{U}_\iota$ die **pseudouniforme** bzw. **uniforme Initialstruktur** der $\mathfrak{U}_\iota$ bez. der p_ι $(\iota \in I)$.

Die den limesuniformen Strukturen $\mathfrak{U}_\iota$ zugeordneten pseudouniformen und uniformen Strukturen verhalten sich zu der der limesuniformen Initialstruktur $\operatorname{init}_{\iota \in I} \mathfrak{U}_\iota$ zugeordneten pseudouniformen bzw. uniformen Struktur auf die folgende Weise:

4.5.10. *Es gilt*

$$\pi(\operatorname{init}_{\iota \in I} \mathfrak{U}_\iota) \subseteqq \operatorname{init}_{\iota \in I} \pi(\mathfrak{U}_\iota) \quad \textit{und} \quad \mu(\operatorname{init}_{\iota \in I} \mathfrak{U}_\iota) \subseteqq \operatorname{init}_{\iota \in I} \mu(\mathfrak{U}_\iota) .$$

Im allgemeinen trifft bei keiner dieser Beziehungen das Gleichheitszeichen zu.

Beweis. Nach 4.2.3 gilt $\mathfrak{U}_\iota \subseteqq \pi(\mathfrak{U}_\iota) \subseteqq \mu(\mathfrak{U}_\iota)$ zu beliebigem $\iota \in I$, weshalb $\operatorname{init}_{\iota \in I} \mathfrak{U}_\iota$ in $\operatorname{init}_{\iota \in I} \pi(\mathfrak{U}_\iota)$ und $\operatorname{init}_{\iota \in I} \pi(\mathfrak{U}_\iota)$ in $\operatorname{init}_{\iota \in I} \mu(\mathfrak{U}_\iota)$ enthalten ist. Wegen 4.5.9 sind $\operatorname{init}_{\iota \in I} \pi(\mathfrak{U}_\iota)$ und $\operatorname{init}_{\iota \in I} \mu(\mathfrak{U}_\iota)$ pseudouniforme bzw. uniforme Strukturen. Da π und μ Ordnungshomomorphismen sind, die $\mathcal{U}^\pi X$ bzw. $\mathcal{U}^\mu X$ identisch abbilden, ergibt sich die Richtigkeit der beiden angeführten Beziehungen. Daß bei diesen im allgemeinen das Gleichheitszeichen nicht zutrifft, wird zum Beispiel aus dem in 4.6.17 angegebenen Spezialfall der limesuniformen Produktstrukturen folgen. ∎

4.5.11. *Zwischen den Nachbarschaftsfiltern der $\mathfrak{U}_\iota$ $(\iota \in I)$ und dem Nachbarschaftsfilter von* $\operatorname{init}_{\iota \in I} \mathfrak{U}_\iota$ *besteht die Beziehung*

$$\mathfrak{N}_{\operatorname{init}_{\iota \in I} \mathfrak{U}_\iota} \supseteqq \bigvee_{\iota \in I} (p_\iota^{-1} * p_\iota^{-1}) (\mathfrak{N}_{\mathfrak{U}_\iota}) . \tag{4.5.1}$$

Bei (4.5.1) trifft das Gleichheitszeichen zu, wenn die $\mathfrak{U}_\iota$ uniforme Strukturen sind. Im allgemeinen gilt es bei (4.5.1) nicht.

Beweis. Wir setzen $\mathfrak{U} = \operatorname{init}_{\iota \in I} \mathfrak{U}_\iota$. Da die p_ι bez. $\mathfrak{U}$ und $\mathfrak{U}_\iota$ gleichmäßig stetig sind, gilt für jedes $\iota \in I$ wegen 4.4.1 $\mathfrak{N}_{\mathfrak{U}_\iota} \subseteqq (p_\iota * p_\iota)(\mathfrak{N}_\mathfrak{U})$, wegen 2.7.10 damit $(p_\iota^{-1} * p^{-1})(\mathfrak{N}_{\mathfrak{U}_\iota}) \subseteqq \mathfrak{N}_\mathfrak{U}$, folglich (4.5.1).

Sind die $\mathfrak{u}_\iota$ uniforme Strukturen, so ist wegen 4.5.9 auch $\mathfrak{u}$ eine uniforme Struktur, weshalb bei (4.5.1) das Gleichheitszeichen zutrifft. Daß bei (4.5.1) das Gleichheitszeichen im allgemeinen nicht gilt, wird sich aus dem in 4.6.18 angegebenen Spezialfall der limesuniformen Produktstrukturen ergeben. ▮

Aus 3.10.5, 4.4.2, 4.5.1 und dem Korollar zu 3.6.1 folgt

4.5.12. *Sind die* $\mathfrak{u}_\iota$ *gleichmäßig regulär, so ist auch* init $\mathfrak{u}_\iota$ *gleichmäßig regulär.*

Nach 4.5.6 und 4.5.8 existieren alle an die Vergißfunktoren V: LUN $\to$ ENS, V^π: PUN $\to$ ENS und V^μ: UN $\to$ ENS gebundenen Produkte, und zwar existieren sie eindeutig. Da nach 3.2.3 in ENS alle projektiven Limites existieren, folgt mittels 3.2.13, daß auch in den Kategorien LUN, PUN und UN alle projektiven Limites und insbesondere alle Differenzkerne und Produkte existieren. Über die natürlichen Auswahlen der projektiven Limites in ENS gelangen wir zu natürlichen Auswahlen der projektiven Limites in LUN, PUN und UN.

4.6. Teil- und Produkträume

Wir befassen uns in diesem Abschnitt zuerst mit Teilräumen von limesuniformen Räumen und insbesondere von pseudouniformen und uniformen Räumen. Wir erhalten, daß diese Teilräume gerade durch die Differenzkerne in den Kategorien LUN, PUN und UN charakterisiert werden.

X sei ein limesuniformer Raum, $|X|$ seine Trägermenge und $\mathfrak{u}$ seine limesuniforme Struktur. Zu jeder Teilmenge M von X bezeichnen wir mit $\mathfrak{u}_M$ die gröbste limesuniforme Struktur von M derart, daß die identische Einbettung ι_M von M in X bezüglich dieser und $\mathfrak{u}$ gleichmäßig stetig ist. $\mathfrak{u}_M$ nennen wir die von $\mathfrak{u}$ auf M **induzierte limesuniforme Struktur** und M, versehen mit $\mathfrak{u}_M$, einen **Teilraum** des limesuniformen Raumes X.

Wegen 4.5.7 besitzen die induzierten limesuniformen Strukturen die Darstellung

$$\mathfrak{u}_M = (\iota_M^{-1} * \iota_M^{-1})(\mathfrak{u}) . \tag{4.6.1}$$

Ferner gilt

4.6.1. *Für jede Teilmenge M von X ist*

$$\mathfrak{u}_M = \{\{F \cap (M \times M) \mid F \in \mathfrak{F}\} \mid \mathfrak{F} \in \mathfrak{u}\} \tag{4.6.2}$$

und

$$\mathfrak{u}_M = \{\mathfrak{F} \in \mathcal{F}(M \times M) \mid \operatorname*{im}_{\subseteq, X \times X} \mathfrak{F} \in \mathfrak{u}\} . \tag{4.6.3}$$

Beweis. Aus (4.6.1) folgt

$$\mathfrak{u}_M = \operatorname*{im}_{\subseteq, \mathcal{F}(M \times M)} \{ \operatorname*{im}_{\subseteq, M \times M} \{F \cap (M \times M) \mid F \in \mathfrak{F}\} \mid \mathfrak{F} \in \mathfrak{u}\} .$$

Für jeden Filter $\mathfrak{F} \in \mathfrak{U}$ gilt zu beliebigen $F \in \mathfrak{F}$ und $G \subseteq M \times M$ mit $F \cap (M \times M) \subseteq G$ stets $(G \cup F) \cap (M \times M) = G$ und $G \cup F \in \mathfrak{F}$, somit

$$\operatorname*{im}_{\subseteq, M \times M} \{F \cap (M \times M) \mid F \in \mathfrak{F}\} = \{F \cap (M \times M) \mid F \in \mathfrak{F}\}.$$

Zu jedem Filter $\mathfrak{G} \in \mathfrak{U}_M$ existiert deshalb ein Filter $\mathfrak{H} \in \mathfrak{U}$ mit $\{H \cap (M \times M) \mid H \in \mathfrak{H}\} \subseteq \mathfrak{G}$. $\mathfrak{G}$ ist eine Basis eines Filters $\mathfrak{F}$ in $X \times X$, und es folgt

$$\mathfrak{G} = \{F \cap (M \times M) \mid F \in \mathfrak{F}\},$$

ferner

$$\mathfrak{H} \subseteq \operatorname*{im}_{\subseteq, X \times X} \{H \cap (M \times M) \mid H \in \mathfrak{H}\} \subseteq \mathfrak{F}$$

und damit $\mathfrak{F} \in \mathfrak{U}$, somit (4.6.2). Daß (4.6.3) gilt, folgt mittels 4.5.1 und der für jeden Filter $\mathfrak{F} \in \mathcal{F}(M \times M)$ bestehenden Beziehung $\operatorname*{im}_{\subseteq, X \times X} \mathfrak{F} = (\iota_M * \iota_M)(\mathfrak{F})$. ▮

Aus 4.5.2 ergibt sich

4.6.2. *Für jede Teilmenge M von X stimmt die $\mathfrak{U}_M$ zugeordnete Limitierung $\lambda(\mathfrak{U}_M)$ mit der von $\lambda(\mathfrak{U})$ auf M induzierten Limitierung $\lambda(\mathfrak{U})_M$ überein.*

Aus 4.5.3 und 4.5.7 folgt

4.6.3. *Ein Filter $\mathfrak{F}$ in einer Teilmenge M von X ist genau dann ein* CAUCHY-*Filter bez. $\mathfrak{U}_M$, wenn $\operatorname*{im}_{\subseteq, X} \mathfrak{F}$ ein* CAUCHY-*Filter bez. $\mathfrak{U}$ ist.*

Nach dem folgenden Satz bilden die Teilräume von limesuniformen, pseudouniformen und uniformen Räumen die Differenzkerne in LUN, PUN bzw. UN.

4.6.4 (Differenzkerne in LUN, PUN und UN). *Zu beliebigen Morphismen $f: X \to Y$ und $g: X \to Y$ von* LUN, PUN *bzw.* UN *mit X als Quelle und gleichem Ziel Y ist der Teilraum K von X, der als Trägermenge $\{x \in X \mid f(x) = g(x)\}$ hat, zusammen mit der identischen Einbettung von K in X, ein Differenzkern von f und g. Jeder Teilraum K von X tritt, zusammen mit der identischen Einbettung von K in X, als Differenzkern von Morphismen $f: X \to Y$ und $g: X \to Y$ von* LUN *und, wenn X ein pseudouniformer bzw. uniformer Raum ist, auch als Differenzkern von Morphismen $f: X \to Y$ und $g: X \to Y$ von* PUN *bzw.* UN *auf.*

Zum Beweis: Die Behauptung läßt sich analog wie 3.9.2 beweisen. Anstelle von 3.8.4 und 3.8.6 ist dabei 4.5.6 und 4.5.8 zu benutzen. ▮

Somit gilt

4.6.5. *Ist X ein pseudouniformer bzw. uniformer Raum, so ist auch jeder Teilraum von X ein pseudouniformer bzw. uniformer Raum.*

Wegen 4.5.9 ist für jede Teilmenge M von X unter der Voraussetzung, daß $\mathfrak{U}$ eine pseudouniforme oder uniforme Struktur ist, die auf M induzierte limesuniforme Struktur $\mathfrak{U}_M$ die gröbste pseudouniforme Struktur bzw. gröbste uniforme Struktur von M derart, daß ι_M bezüglich dieser und $\mathfrak{u}$ gleichmäßig stetig ist.

4.5.4 liefert eine Aussage über Teilräume und gleichmäßige Stetigkeit von Abbildungen. Wie mittels 4.6.1 folgt, gilt etwas allgemeiner

4.6.6. *f sei eine Abbildung aus einem limesuniformen Raum Y in X. N sei eine Teilmenge von Y, die den Definitionsbereich von f enthält, und M eine Teilmenge von X, die den Wertebereich von f enthält. Die Abbildung f ist genau dann bezüglich der limesuniformen Struktur $\mathfrak{v}$ von Y und der limesuniformen Struktur $\mathfrak{u}$ von X gleichmäßig stetig, wenn sie bezüglich der induzierten limesuniformen Strukturen $\mathfrak{v}_N$ und $\mathfrak{u}_M$ gleichmäßig stetig ist.*

Aus 4.4.5 und 4.6.6 (und ebenfalls aus 4.5.5) ergibt sich das

Korollar. *Y sei ein limesuniformer Raum, f eine Abbildung aus Y in X, N eine Teilmenge von Y und M eine Teilmenge von X mit $f[N] \subseteq M$. Ist die Abbildung f bezüglich der limesuniformen Strukturen $\mathfrak{v}$ von Y und $\mathfrak{u}$ von X gleichmäßig stetig, so ist die Einschränkung $f \mid N$ bez. $\mathfrak{v}_N$ und $\mathfrak{u}_M$ gleichmäßig stetig.*

4.6.7. *Für jede Teilmenge M von X gilt*

$$\pi(\mathfrak{u}_M) = \pi(\mathfrak{u})_M \quad \textit{und} \quad \mu(\mathfrak{u}_M) \subseteq \mu(\mathfrak{u})_M \,. \tag{4.6.4}$$

Beweis. M sei eine Teilmenge von X, Δ die Diagonale von $X \times X$ und Δ_M die Diagonale von $M \times M$. Da $(\Delta \cup F) \cap (M \times M) = \Delta_M \cup (F \cap (M \times M))$ für jede Teilmenge F von X gilt, folgt

$$\{F \cap (M \times M) \mid F \in [\Delta] \cap \mathfrak{F}\} = [\Delta_M] \cap \{F \cap (M \times M) \mid F \in \mathfrak{F}\}$$

für jeden Filter $\mathfrak{F} \in \mathfrak{u}$, wegen (4.6.2) damit $\pi(\mathfrak{u}_M) = \pi(\mathfrak{u})_M$. Wegen 4.5.10 gilt $\mu(\mathfrak{u}_M) \subseteq \mu(\mathfrak{u})_M$. ∎

4.6.8. *M sei eine Teilmenge von X. Zwischen den Nachbarschaftsfiltern von $\mathfrak{u}$ und $\mathfrak{u}_M$ besteht die Beziehung*

$$\mathfrak{N}_{\mathfrak{u}_M} = \{N \cap (M \times M) \mid N \in \mathfrak{N}_{\mathfrak{u}}\} \,. \tag{4.6.5}$$

Beweis. Mittels (4.1.6), (4.6.2) und (4.6.4) folgt

$$\begin{aligned}\mathfrak{N}_{\mathfrak{u}_M} &= \bigcap_{\mathfrak{F} \in \pi(\mathfrak{u})_M} \mathfrak{F} = \bigcap_{\mathfrak{F} \in \pi(\mathfrak{u})} \{F \cap (M \times M) \mid F \in \mathfrak{F}\} \\ &= \{(\bigcup_{\mathfrak{F} \in \pi(\mathfrak{u})} F_{\mathfrak{F}}) \cap (M \times M) \mid F_{\mathfrak{F}} \in \mathfrak{F} \text{ zu beliebigem } \mathfrak{F} \in \pi(\mathfrak{u})\}\end{aligned}$$

und damit (4.6.5). ∎

Als nächstes kommen wir zum Begriff des Produktes von limesuniformen Räumen. Wir zeigen, daß die Produkte von limesuniformen Räumen, von pseudouniformen Räumen bzw. von uniformen Räumen, zusammen mit den natürlichen Projektionen, gerade die Produkte in den Kategorien LUN, PUN bzw. UN sind.

Es sei $(X_\iota)_{\iota \in I}$ eine Familie limesuniformer Räume mit einer Menge als Indexbereich. Zu beliebigem $i \in I$ sei $|X_i|$ die Trägermenge und $\mathfrak{U}_i$ die limesuniforme Struktur von X_i. E sei das cartesische Produkt der $|X_i|$ und π_i zu beliebigem $i \in I$ die i-te natürliche Projektion von E. Δ sei die Diagonale von $E \times E$ und zu beliebigem $i \in I$ ferner Δ_i die Diagonale von $X_i \times X_i$.

Wir bezeichnen die gröbste limesuniforme Struktur von E, derart daß alle Projektionen π_i bezüglich dieser und $\mathfrak{U}_i$ gleichmäßig stetig sind, als das **Produkt** der limesuniformen Strukturen $\mathfrak{U}_i$ $(i \in I)$ und E, versehen mit diesem Produkt, als das **Produkt** $\prod_{i \in I} X_i$ der limesuniformen Räume X_i $(i \in I)$. Ist $I = \{1, \ldots, n\}$ für ein $n \in \mathbf{N}^+$, so setzen wir auch $X_1 \times \cdots \times X_n$ anstelle $\prod_{i \in I} X_i$. Für das Produkt der $\mathfrak{U}_i$ führen wir nicht erst eine eigene Bezeichnung ein, es gilt nämlich

4.6.9. *Das Produkt der limesuniformen Strukturen $\mathfrak{U}_i$ ist gleich dem Relationsprodukt $\mathop{\ast}_{i \in I} \mathfrak{U}_i$ der $\mathfrak{U}_i$ $(i \in I)$. Zu beliebigem $i \in I$ gilt*

$$(\pi_i \ast \pi_i)(\mathop{\ast}_{j \in I} \mathfrak{U}_j) \subseteq \mathfrak{U}_i\,, \tag{4.6.6}$$

und es trifft bei diesen Beziehungen das Gleichheitszeichen zu, wenn keine limesuniforme Struktur $\mathfrak{U}_i$ entartet ist, also $\mathfrak{U}_i \neq \{\mathsf{P}(X_i \times X_i)\}$ $(i \in I)$ gilt.

Beweis. Wegen 4.5.7 stimmt das Produkt der $\mathfrak{U}_i$ $(i \in I)$ mit $\bigwedge_{i \in I} (\pi_i^{-1} \ast \pi_i^{-1})(\mathfrak{U}_i)$ überein, wegen (2.10.11) daher mit $\mathop{\ast}_{i \in I} \mathfrak{U}_i$. Da die π_i bez. $\mathop{\ast}_{j \in I} \mathfrak{U}_j$ und $\mathfrak{U}_i$ gleichmäßig stetig sind, gelten deshalb die Beziehungen (4.6.6). Ist stets $\mathfrak{U}_i \neq \{\mathsf{P}(X_i \times X_i)\}$, so trifft wegen (2.10.12) bei diesen das Gleichheitszeichen zu. ∎

Mittels 4.5.1 ergibt sich

4.6.10. *Es ist*

$$\mathop{\ast}_{i \in I} \mathfrak{U}_i = \bigwedge_{i \in I} \{\mathfrak{F} \in \mathcal{F}(E \times E) \mid (\pi_i \ast \pi_i)(\mathfrak{F}) \in \mathfrak{U}_i\}$$
$$= \{\mathfrak{F} \in \mathcal{F}(E \times E) \mid (\pi_i \ast \pi_i)(\mathfrak{F}) \in \mathfrak{U}_i \textit{ zu beliebigem } i \in I\}\,.$$

Aus 4.5.2 folgt

4.6.11. *Die dem Produkt $\mathop{\ast}_{i \in I} \mathfrak{U}_i$ zugeordnete Limitierung $\lambda(\mathop{\ast}_{i \in I} \mathfrak{U}_i)$ stimmt mit dem Produkt $\prod_{i \in I} \lambda(\mathfrak{U}_i)$ der den $\mathfrak{U}_i$ zugeordneten Limitierungen $\lambda(\mathfrak{U}_i)$ überein.*

Wegen 4.5.3 und 4.5.7 gilt

4.6.12. *Ein Filter $\mathfrak{F}$ in $\prod_{i \in I} X_i$ ist genau dann ein* Cauchy-*Filter, wenn jeder Filter $\pi_i(\mathfrak{F})$ ein* Cauchy-*Filter ist.*

Wir bezeichnen im weiteren den Produktraum $\prod_{i \in I} X_i$ mit X.

Wegen 4.5.6 und 4.5.8 stimmt X, zusammen mit der Familie der Projektionen $\pi_i: X \to X_i$ $(i \in I)$, mit dem V-Produkt der X_i $(i \in I)$ über E, $(\pi_i)_{i \in I}$ und unter der Einschränkung, daß die X_i pseudouniforme bzw. uniforme Räume sind, auch mit dem V^π- bzw. V^μ-Produkt der X_i $(i \in I)$ über E, $(\pi_i)_{i \in I}$ überein; V, V^π und V^μ sind dabei natürlich die Vergißfunktoren von LUN, PUN bzw. UN in ENS. Aus 3.1.4 und 3.2.13 folgt damit

4.6.13 (Produkte in LUN, PUN und UN). *Der Produktraum X ist, zusammen mit den natürlichen Projektionen $\pi_i: X \to X_i$ $(i \in I)$, ein Produkt der X_i $(i \in I)$ in* LUN *und, wenn die X_i pseudouniforme bzw. uniforme Räume sind, auch ein Produkt der X_i $(i \in I)$ in* PUN *bzw.* UN.

Aus 4.5.4 ergibt sich

4.6.14. *Eine Abbildung f aus einem limesuniformen Raum Y in X ist genau dann bezüglich der limesuniformen Struktur $\mathfrak{v}$ von Y und bezüglich $\mathop{\ast}\limits_{i \in I} \mathfrak{u}_i$ gleichmäßig stetig, wenn jede Abbildung $\pi_i \circ f$ bez. $\mathfrak{v}$ und $\mathfrak{u}_i$ gleichmäßig stetig ist.*

Da Abbildungen in cartesische Produkte nichts anderes als Abbildungskomplexe sind und für Abbildungen f_i $(i \in I)$ einer festen nichtleeren Menge in X_i stets $\pi_i \circ \langle f_j \rangle_{j \in I} = f_i$ gilt, ergibt sich als leichte Variante von 4.6.14

4.6.14'. *Ist Y ein limesuniformer Raum und sind f_i $(i \in I)$ Abbildungen aus Y in X_i mit übereinstimmendem nichtleeren Definitionsbereich, so ist der Abbildungskomplex $\langle f_i \rangle_{i \in I}$ genau dann bezüglich der limesuniformen Struktur $\mathfrak{v}$ von Y und bezüglich $\mathop{\ast}\limits_{i \in I} \mathfrak{u}_i$ gleichmäßig stetig, wenn jede Abbildung f_i bez. $\mathfrak{v}$ und $\mathfrak{u}_i$ gleichmäßig stetig ist.*

Ein ähnlicher Satz besteht für Abbildungsprodukte. Es gilt nämlich

4.6.15. *Zu beliebigem $i \in I$ sei Y_i ein limesuniformer Raum und f_i eine Abbildung aus Y_i in X_i. Sind die Abbildungen f_i bezüglich der limesuniformen Struktur $\mathfrak{v}_i$ von Y_i und bezüglich $\mathfrak{u}_i$ gleichmäßig stetig, so ist $\mathop{\times}\limits_{i \in I} f_i$ bez. $\mathop{\ast}\limits_{i \in I} \mathfrak{v}_i$ und $\mathop{\ast}\limits_{i \in I} \mathfrak{u}_i$ gleichmäßig stetig. Wenn $\mathfrak{v}_i \neq \{\mathsf{P}(Y_i \times Y_i)\}$ und $\mathrm{db} f_i \neq \emptyset$ für jedes $i \in I$ gilt, ist $\mathop{\times}\limits_{i \in I} f_i$ genau dann bez. $\mathop{\ast}\limits_{i \in I} \mathfrak{v}_i$* und *$\mathop{\ast}\limits_{i \in I} \mathfrak{u}_i$ gleichmäßig stetig, wenn jede Abbildung f_i bez. $\mathfrak{v}_i$ und $\mathfrak{u}_i$ gleichmäßig stetig ist.*

Beweis. Wir setzen $f = \mathop{\times}\limits_{i \in I} f_i$ und bezeichnen zu beliebigem $i \in I$ mit χ_i die natürliche i-te Projektion von $\prod\limits_{j \in I} Y_j$. Gilt $\mathrm{db} f_i = \emptyset$ für ein i, so auch $\mathrm{db} f = \emptyset$. f ist dann trivialerweise gleichmäßig stetig.

Im folgenden sei $\mathrm{db} f_\iota \neq \emptyset$ zu beliebigem $\iota \in I$. Wegen (1.12.5) ist dann

$$\pi_\iota \circ f = f_\iota \circ \chi_\iota \tag{4.6.7}$$

zu beliebigem $\iota \in I$. Sind die Abbildungen f_ι gleichmäßig stetig, so wegen 4.4.4 auch die Abbildungen $f_\iota \circ \chi_\iota$. Wegen 4.6.14 und (4.6.7) ist dann auch f gleichmäßig stetig.

Im weiteren setzen wir zusätzlich voraus, daß $\mathfrak{v}_\iota \neq \{\mathsf{P}(Y_\iota \times Y_\iota)\}$ zu beliebigem $\iota \in I$ ist. Ist f gleichmäßig stetig, so auch jede Abbildung $\pi_\iota \circ f$, wegen (4.6.7) also auch jede Abbildung $f_\iota \circ \chi_\iota$, d. h., es gilt stets

$$\big((f_\iota \circ \chi_\iota) * (f_\iota \circ \chi_\iota)\big)\,(\mathop{\ast}_{j\in I} \mathfrak{v}_j) \subseteqq \mathfrak{u}_\iota\,.$$

Da mittels (2.10.12) auf Grund der Voraussetzung $(\chi_\iota * \chi_\iota)\,(\mathop{\ast}_{j\in I} \mathfrak{v}_j) = \mathfrak{v}_\iota$ und damit $\big((f_\iota \circ \chi_\iota) * (f_\iota \circ \chi_\iota)\big)\,(\mathop{\ast}_{j\in I} \mathfrak{v}_j) = (f_\iota * f_\iota)\,(\mathfrak{v}_\iota)$ zu beliebigem $\iota \in I$ folgt, ist deshalb dann auch jede Abbildung f_ι gleichmäßig stetig. ▮

Nach 4.5.9 ist unter der Voraussetzung, daß die $\mathfrak{u}_\iota$ pseudouniforme bzw. uniforme Strukturen sind, $\mathop{\ast}_{\iota\in I} \mathfrak{u}_\iota$ die gröbste pseudouniforme bzw. uniforme Struktur von E derart, daß alle Projektionen π_ι bezüglich dieser und $\mathfrak{u}_\iota$ gleichmäßig stetig sind. Insbesondere folgt also, daß das Produkt X der limesuniformen Räume X_ι ein pseudouniformer bzw. uniformer Raum ist, wenn das für die X_ι zutrifft. Unter einer leichten Einschränkung besteht auch die Umkehrung. Es gilt nämlich

4.6.16. *Sind alle X_ι nichtleer, so ist das Produkt X der X_ι genau dann ein pseudouniformer bzw. uniformer Raum, wenn jeder limesuniforme Raum X_ι ein pseudouniformer bzw. uniformer Raum ist.*

Beweis. Es ist nur noch eine Richtung zu zeigen. Wir nehmen dazu $X_\iota \neq \emptyset$ $(\iota \in I)$ an.

Ist $\mathop{\ast}_{\iota\in I} \mathfrak{u}_\iota$ eine pseudouniforme Struktur, so gilt $[\Delta] \in \mathop{\ast}_{\iota\in I} \mathfrak{u}_\iota$, wegen (4.6.6) und $X_\iota \neq \emptyset$ also stets $[\Delta_\iota] \in \mathfrak{u}_\iota$. Es sind dann also auch die $\mathfrak{u}_\iota$ pseudouniforme Strukturen.

Im folgenden sei $\mathop{\ast}_{\iota\in I} \mathfrak{u}_\iota$ eine uniforme Struktur $[\mathfrak{B}]$. Da die $\mathfrak{u}_\iota$ dann pseudouniforme Strukturen sind, ergibt sich $\mathfrak{u}_\iota \neq \{\mathsf{P}(X_\iota \times X_\iota)\}$, wegen 4.6.9 also

$$\mathfrak{u}_\iota = (\pi_\iota * \pi_\iota)\,(\mathop{\ast}_{j\in I} \mathfrak{u}_j) = [(\pi_\iota * \pi_\iota)\,(\mathfrak{B})] \qquad (\iota \in I)$$

und damit, daß alle $\mathfrak{u}_\iota$ uniforme Strukturen sind. ▮

4.6.17. *Es gilt*

$$\pi(\mathop{\ast}_{\iota\in I} \mathfrak{u}_\iota) \subseteqq \mathop{\ast}_{\iota\in I} \pi(\mathfrak{u}_\iota) \quad \textit{und} \quad \mu(\mathop{\ast}_{\iota\in I} \mathfrak{u}_\iota) \subseteqq \mathop{\ast}_{\iota\in I} \mu(\mathfrak{u}_\iota)\,. \tag{4.6.8}$$

Im allgemeinen trifft bei keiner dieser Beziehungen das Gleichheitszeichen zu.

Beweis. 1. Die Beziehungen (4.6.8) folgen aus 4.5.10.

2. Es sei $I = \{1, 2\}$, $X_1 = X_2 = \boldsymbol{R}$ und $\mathfrak{u}_1 = \mathfrak{u}_2 = [[Q]]$ mit $Q = [0, 1] \times [0, 1]$. Dann gilt $\mathfrak{u}_1 \ast \mathfrak{u}_2 = [[Q \ast Q]]$ und damit $\pi(\mathfrak{u}_1 \ast \mathfrak{u}_2) = [[\Delta \cup (Q \ast Q)]]$, andererseits $\pi(\mathfrak{u}_i) = [[\Delta_i \cup Q]]$ $(i = 1, 2)$ und somit $\pi(\mathfrak{u}_1) \ast \pi(\mathfrak{u}_2) = [[\Delta_1 \cup Q] \ast [\Delta_2 \cup Q]] = [[(\Delta_1 \cup Q) \ast (\Delta_2 \cup Q)]]$. Da $\Delta \cup (Q \ast Q)$ und $(\Delta_1 \cup Q) \ast (\Delta_2 \cup Q)$ ungleich sind — $((0, 2), (1, 2))$ gehört zum Beispiel der zweiten, aber nicht der ersten dieser Mengen an —, folgt $\pi(\mathfrak{u}_1 \ast \mathfrak{u}_2) \neq \pi(\mathfrak{u}_1) \ast \pi(\mathfrak{u}_2)$ und, da $\pi(\mathfrak{u}_i)$ und $\pi(\mathfrak{u}_1 \ast \mathfrak{u}_2)$ uniforme Strukturen sind, auch $\mu(\mathfrak{u}_1 \ast \mathfrak{u}_2) \neq \mu(\mathfrak{u}_1) \ast \mu(\mathfrak{u}_2)$. ∎

4.6.18. *Zwischen den Nachbarschaftsfiltern der $\mathfrak{u}_i$ und dem Nachbarschaftsfilter von $\mathop{\ast}\limits_{i \in I} \mathfrak{u}_i$ besteht die Beziehung*

$$\mathfrak{N}_{\mathop{\ast}\limits_{i \in I} \mathfrak{u}_i} \supseteqq \mathop{\ast}\limits_{i \in I} \mathfrak{N}_{\mathfrak{u}_i}. \tag{4.6.9}$$

Wenn die $\mathfrak{u}_i$ uniforme Strukturen sind, trifft bei ihr das Gleichheitszeichen zu. Im allgemeinen gilt es bei ihr nicht. Ist $\mathfrak{u}_i$ für kein $i \in I$ entartet, so ist

$$\mathfrak{N}_{\mathfrak{u}_i} = (\pi_i \ast \pi_i)\,(\mathfrak{N}_{\mathop{\ast}\limits_{j \in I} \mathfrak{u}_j}) \tag{4.6.10}$$

zu beliebigem $i \in I$.

Beweis. 1. (4.6.9) folgt aus (2.7.21) und (4.5.1). Sind die $\mathfrak{u}_i$ uniforme Strukturen $[\mathfrak{V}_i]$, so ergibt sich mittels (4.1.6) leicht $\mathfrak{N}_{\ast\, \mathfrak{u}_i} = \mathop{\ast}\limits_{i \in I} \mathfrak{V}_i$ und damit, daß dann bei (4.6.9) das Gleichheitszeichen zutrifft.

Im weiteren sei $\mathfrak{u}_i \neq \{\mathsf{P}(X_i \times X_i)\}$ zu beliebigem $i \in I$. Mittels (2.5.2) und (2.10.12) folgt dann

$$\begin{aligned}(\pi_i \ast \pi_i)\,(\mathfrak{N}_{\mathop{\ast}\limits_{j \in I} \mathfrak{u}_j}) &= (\pi_i \ast \pi_i)\,([\Delta]) \cap \bigcap_{\mathfrak{F} \in \mathop{\ast}\limits_{j \in I} \mathfrak{u}_j} (\pi_i \ast \pi_i)\,(\mathfrak{F}) \\ &= [\Delta_i] \cap \bigcap_{\mathfrak{F} \in \mathfrak{u}_i} \mathfrak{F} = \mathfrak{N}_{\mathfrak{u}_i}\end{aligned}$$

und damit (4.6.10) zu beliebigem $i \in I$.

2. I, X_i und $\mathfrak{u}_i$ seien wie im Teil 2 des Beweises von 4.6.17 gewählt. Dann gilt

$$\mathfrak{N}_{\mathfrak{u}_1 \ast \mathfrak{u}_2} = [\Delta \cup (Q \ast Q)] \neq [\Delta_1 \cup Q] \ast [\Delta_2 \cup Q] = \mathfrak{N}_{\mathfrak{u}_1} \ast \mathfrak{N}_{\mathfrak{u}_2}. \ ∎$$

4.7. Projektive Limites in der Kategorie der limesuniformen Räume und in Unterkategorien

Im folgenden untersuchen wir die projektiven Limites in den Kategorien LUN, PUN und UN. Wie bereits in Abschnitt 4.5 bemerkt wurde, existieren alle projektiven Limites in diesen Kategorien und können für sie natürliche Auswahlen angegeben werden. Wir gehen entsprechend wie bei den projektiven Limites in LIM vor allem auf die natürliche Auswahl ein, zu der man über die in 3.2.3 angeführte natürliche Auswahl der projektiven Limites in ENS gelangt.

T sei ein Funktor einer kleinen Kategorie $\mathfrak{D}$ in die Kategorie LUN. V sei der Vergißfunktor von LUN in ENS. Für jedes Objekt D von $\mathfrak{D}$ bezeichnen wir den limesuniformen Raum $T(D)$ mit X_D, seine Trägermenge $VT(D)$ mit $|X_D|$ und seine limesuniforme Struktur mit $\mathfrak{u}_D$. Wir bilden die Menge $E = \lim \operatorname{proj} |X|$. Sie ist nach 3.2.3, zusammen mit der Familie der Einschränkungen μ_D der D-ten Projektionen π_D von $\prod_{D \in \mathrm{Ob}\mathfrak{D}} |X_D|$ auf E, ein projektiver Limes von VT. Wir bezeichnen mit $\lim \operatorname{proj} \mathfrak{u}_D$ oder $\varprojlim \mathfrak{u}_D$ die gröbste limesuniforme Struktur von E derart, daß alle Abbildungen μ_D bezüglich dieser und $\mathfrak{u}_D$ gleichmäßig stetig sind. $\lim \operatorname{proj} \mathfrak{u}_D$ ist nach 4.5.7 die limesuniforme Initialstruktur der $\mathfrak{u}_D$ bezüglich der Abbildungen μ_D. E, versehen mit dieser limesuniformen Struktur, bezeichnen wir mit $\lim \operatorname{proj} X_D$ oder $\varprojlim X_D$. Wegen 4.5.6 und 4.5.8 stimmt $X = \lim \operatorname{proj} X_D$, zusammen mit der Familie der Abbildungen $\mu_D \colon X \to X_D$ $(D \in \mathrm{Ob}\mathfrak{D})$, mit dem V-Produkt der X_D $(D \in \mathrm{Ob}\mathfrak{D})$ über E, $(\mu_D)_{D \in \mathrm{Ob}\mathfrak{D}}$ und unter der Einschränkung, daß die X_D pseudouniforme bzw. uniforme Räume sind, auch mit dem an den Vergißfunktor $V^\pi \colon \mathrm{PUN} \to \mathrm{ENS}$ bzw. $V^\mu \colon \mathrm{UN} \to \mathrm{ENS}$ gebundenen Produkt der X_D $(D \in \mathrm{Ob}\mathfrak{D})$ über E, $(\mu_D)_{D \in \mathrm{Ob}\mathfrak{D}}$ überein. In dem Fall, daß die X_D pseudouniforme bzw. uniforme Räume sind, bezeichnen wir mit T^π bzw. T^μ denjenigen Funktor von $\mathfrak{D}$ in PUN bzw. UN, der den Objekten und Morphismen von $\mathfrak{D}$ die gleichen Objekte und Morphismen wie T zuordnet. Mittels 3.2.13 ergibt sich

4.7.1 (Projektive Limites in LUN, PUN und UN). $X = \lim \operatorname{proj} X_D$ *ist, zusammen mit der Familie der Abbildungen* $\mu_D \colon X \to X_D$ $(D \in \mathrm{Ob}\mathfrak{D})$, *ein projektiver Limes von* T *und, wenn die* X_D *pseudouniforme bzw. uniforme Räume sind, auch ein projektiver Limes von* T^π *bzw.* T^μ.

Die Abbildungen $\mu_D \colon X \to X_D$ bezeichnen wir als die kanonischen Abbildungen von X in X_D.

Sind die limesuniformen Strukturen $\mathfrak{u}_D$ $(D \in \mathrm{Ob}\mathfrak{D})$ speziell pseudouniforme bzw. uniforme Strukturen, so ist $\lim \operatorname{proj} \mathfrak{u}_D$ natürlich die gröbste pseudouniforme bzw. uniforme Struktur derart, daß alle Abbildungen μ_D bezüglich dieser und $\mathfrak{u}_D$ gleichmäßig stetig sind.

Aus der Konstruktion der projektiven Limites mittels Produkten und Differenzkernen folgt

4.7.2. $\lim \operatorname{proj} \mathfrak{u}_D$ *ist gleich der von* $\mathop{\ast}_{D \in \mathrm{Ob}\mathfrak{D}} \mathfrak{u}_D$ *auf* E *induzierten limesuniformen Struktur.*

$\lim \operatorname{proj} X_D$ ist also ein Teilraum des Produktraumes $\prod_{D \in \mathrm{Ob}\mathfrak{D}} X_D$.

Wegen 4.5.1 gilt

4.7.3. *Es ist*

$$\begin{aligned}\lim \operatorname{proj} \mathfrak{u}_D &= \bigwedge_{D \in \mathrm{Ob}\mathfrak{D}} \{\mathfrak{F} \in \mathcal{F}(E \times E) \mid (\mu_D * \mu_D)(\mathfrak{F}) \in \mathfrak{u}_D\} \\ &= \{\mathfrak{F} \in \mathcal{F}(E \times E) \mid (\mu_D * \mu_D)(\mathfrak{F}) \in \mathfrak{u}_D \ \textit{zu beliebigem}\ D \in \mathrm{Ob}\mathfrak{D}\}\,.\end{aligned}$$

Aus 4.5.2 folgt

4.7.4. *Die der limesuniformen Struktur* lim proj $\mathfrak{U}_D$ *zugeordnete Limitierung* λ(lim proj $\mathfrak{U}_D$) *stimmt mit* lim proj $\lambda(\mathfrak{U}_D)$ *überein.*

Wegen 4.5.3 und 4.5.7 gilt

4.7.5. *Ein Filter* $\mathfrak{F}$ *in* lim proj X_D *ist genau dann ein* Cauchy-*Filter, wenn jeder Filter* $\mu_D(\mathfrak{F})$ *ein* Cauchy-*Filter ist.*

Für projektive Einbettungsspektren in LUN über nichtleeren gerichteten Mengen gibt es eine einfachere Auswahl der projektiven Limites als die oben angegebene. Wir führen diese an und setzen dazu T als ein (bezüglich des Vergißfunktors V: LIM $\to$ ENS) induktives Einbettungsspektrum $((X_i)_{i \in I}, (\mu_{ij})_{(i,j) \in \leq})$ in LUN über einer nichtleeren gerichteten Menge voraus. $\mathfrak{U}_i$ sei für jedes i die limesuniforme Struktur von X_i. μ_{ij} ist zu beliebigem $(i, j) \in \leq$ die identische Einbettung von X_j in X_i; sie ist gleichmäßig stetig, d. h., es gilt $(\mu_{ij} * \mu_{ij})(\mathfrak{U}_j) \subseteq \mathfrak{U}_i$, also $\mathfrak{U}_j \subseteq (\mu_{ij}^{-1} * \mu_{ij}^{-1})(\mathfrak{U}_i)$, d. h., es ist die limesuniforme Struktur $\mathfrak{U}_j$ von X_j feiner als die von $\mathfrak{U}_i$ auf der Trägermenge von X_j induzierte limesuniforme Struktur. Zu beliebigem $i \in I$ sei $\mathfrak{v}_i$ die von $\mathfrak{U}_i$ auf dem Durchschnitt F der Trägermengen der X_j $(j \in I)$ induzierte limesuniforme Struktur. Wir bezeichnen F, versehen mit der limesuniformen Struktur $\bigcap_{i \in I} \mathfrak{v}_i$, mit $\bigcap_{i \in I} X_i$. $\bigcap_{i \in I} \mathfrak{v}_i$ ist nach (4.2.1) der Durchschnitt der limesuniformen Strukturen $\mathfrak{v}_i$ im Verband $\mathcal{U}F$ aller limesuniformen Strukturen von F. Aus (4.6.3) folgt

$$\bigcap_{i \in I} \mathfrak{v}_i = \{\mathfrak{F} \in \mathcal{F}(F \times F) \mid \lim_{\subseteq, X_i \times X_i} \mathfrak{F} \in \mathfrak{U}_i \text{ zu beliebigen } i \in I\} . \tag{4.7.1}$$

$\bigcap_{i \in I} \mathfrak{v}_i$ ist die gröbste limesuniforme Struktur von F derart, daß die identischen Einbettungen von F in X_i bez. dieser und $\mathfrak{U}_i$ gleichmäßig stetig sind. Entsprechend wie 4.7.1 folgt daher unter Berücksichtigung von 3.2.5, daß $X = \bigcap_{i \in I} X_i$, zusammen mit der Familie der identischen Einbettungen von X in X_i $(i \in I)$, ein projektiver Limes von T und, wenn die X_i pseudouniforme bzw. uniforme Räume sind, auch ein projektiver Limes von T^π bzw. T^μ ist.

Wir wenden uns wieder dem allgemeinen Fall zu.

Aus 4.5.4 erhalten wir

4.7.6. *Eine Abbildung* f *aus einem limesuniformen Raum* Y *in* lim proj X_D *ist genau dann gleichmäßig stetig, wenn jede Abbildung* $\mu_D \circ f$ $(D \in \mathrm{Ob}\mathfrak{D})$ *gleichmäßig stetig ist.*

In dem Fall, daß T ein projektives Spektrum über einer nichtleeren gerichteten Menge ist, kann 4.7.6 entsprechend formuliert werden wie 3.11.4 nach diesem Satz. Wir führen im folgenden eine Verallgemeinerung des auf diese

Weise sich ergebenden Spezialfalles von 4.7.6 an. Es sei dazu neben T ein weiterer Funktor S von $\mathfrak{D}$ in LUN gegeben. Zu beliebigem $D \in \mathrm{Ob}\,\mathfrak{D}$ bezeichnen wir den limesuniformen Raum $S(D)$ mit Y_D und seine limesuniforme Struktur mit $\mathfrak{v}_D$. Wir setzen $X = \lim\mathrm{proj}\, X_D$ und $Y = \lim\mathrm{proj}\, Y_D$. Mittels 4.5.5, 3.2.4 und Bemerkungen nach 3.2.4 folgt

4.7.7. $(f_D)_{D \in \mathrm{Ob}\mathfrak{D}}$ *sei eine natürliche Transformation im weiten Sinne von* VS *nach* VT *und* f *die nach* 3.2.4 *definierte Abbildung* $\lim\mathrm{proj}\, f_D$. *Sind die Abbildungen* f_D *bez.* $\mathfrak{v}_D$ *und* $\mathfrak{u}_D$ *gleichmäßig stetig, so ist* f *bez.* $\lim\mathrm{proj}\, \mathfrak{v}_D$ *und* $\lim\mathrm{proj}\, \mathfrak{u}_D$ *gleichmäßig stetig. Sind die* f_D *limesuniforme Isomorphismen von* Y_D *auf* X_D, *so ist* f *ein limesuniformer Isomorphismus von* Y *auf* X.

4.7.8. *Es gilt*

$$\pi(\lim\mathrm{proj}\, \mathfrak{u}_D) \subseteqq \lim\mathrm{proj}\, \pi(\mathfrak{u}_D) \quad \textit{und} \quad \mu(\lim\mathrm{proj}\, \mathfrak{u}_D) \subseteqq \lim\mathrm{proj}\, \mu(\mathfrak{u}_D)\,.$$

Im allgemeinen trifft bei keiner dieser Beziehungen das Gleichheitszeichen zu.

Beweis. Die Richtigkeit der angegebenen Beziehungen ergibt sich aus 4.5.10. Daß bei keiner dieser Beziehungen im allgemeinen das Gleichheitszeichen zutrifft, folgt bereits damit, daß wegen 4.6.17 bei den entsprechenden Beziehungen für Produkträume im allgemeinen das Gleichheitszeichen nicht zutrifft und Produkträume limesuniformer Räume spezielle projektive Limites sind. ∎

Mittels 4.6.8, 4.6.18 und 4.7.2 ergibt sich

4.7.9. *Zwischen den Nachbarschaftsfiltern der* $\mathfrak{u}_D$ $(D \in \mathrm{Ob}\mathfrak{D})$ *und dem Nachbarschaftsfilter von* $\lim\mathrm{proj}\, \mathfrak{u}_D$ *besteht die Beziehung*

$$\mathfrak{N}_{\lim\mathrm{proj}\, \mathfrak{u}_D} \supseteqq \{N \cap (E \times E) \mid N \in \mathop{\ast}_{D \in \mathrm{Ob}\mathfrak{D}} \mathfrak{N}_{\mathfrak{u}_D}\}\,.$$

In dem Fall, daß die X_D *uniforme Räume sind, trifft bei dieser Beziehung das Gleichheitszeichen zu. Im allgemeinen gilt es bei ihr nicht.*

Zum Beweis: Der letzte Zusatz folgt aus 4.6.18 unter Berücksichtigung, daß Produkträume spezielle projektive Limites sind. ∎

4.8. Limesuniforme Finalstrukturen

Es sei E eine Menge, $(X_\iota)_{\iota \in I}$ eine Familie limesuniformer Räume und g_ι zu beliebigem $\iota \in I$ eine Abbildung von X_ι in E. $\mathfrak{u}_\iota$ sei zu beliebigem $\iota \in I$ die limesuniforme Struktur von X_ι. Mit $\mathop{\mathrm{fin}}_{\iota \in I} \mathfrak{u}_\iota$ bezeichnen wir im Falle $I = \emptyset$ das $\wedge$-Ideal $\{\mathsf{P}(E \times E)\}$ und im Falle $I \neq \emptyset$ dasjenige $\wedge$-Ideal, das die Menge aller Filter

$$(g_{\iota_n} \ast g_{\iota_n})(\mathfrak{F}_{\iota_n}) \circ \cdots \circ (g_{\iota_1} \ast g_{\iota_1})(\mathfrak{F}_{\iota_1})$$

$$(n \in N^+;\ \iota_j \in I \text{ und } \mathfrak{F}_{\iota_j} \in \mathfrak{u}_{\iota_j} \text{ zu beliebigem } j = 1, \dots, n)$$

als eine Subbasis hat. $\operatorname{fin}_{i\in I} \mathfrak{U}_i$ ist eine limesuniforme Struktur. Im Falle $I = \emptyset$ ist das selbstverständlich. Im Falle $I \neq \emptyset$ zeigt man das so:

Gegeben seien eine nichtleere endliche Menge K und zu beliebigem $k \in K$ endlich viele Elemente $i_{k1}, \dots, i_{k\,n(k)}$ von I und Filter $\mathfrak{F}_{i_{k1}} \in \mathfrak{U}_{i_{k1}}, \dots, \mathfrak{F}_{i_{k\,n(k)}} \in \mathfrak{U}_{i_{k\,n(k)}}$. Wir setzen $\mathfrak{K}_{i_{ka}} = (g_{i_{ka}} * g_{i_{ka}})(\mathfrak{F}_{i_{ka}})$ und $\mathfrak{K}'_{i_{ka}} = (g_{i_{ka}} * g_{i_{ka}})(\mathfrak{F}_{i_{ka}}^{-1})$ zu beliebigem $k \in K$ und $a = 1, \dots, n(k)$ und erhalten wegen 2.7.4, (2.7.12) und (2.7.18)

$$\Big(\bigwedge_{k\in K} (\mathfrak{K}_{i_{k\,n(k)}} \circ \dots \circ \mathfrak{K}_{i_{k1}})\Big)^{-1} = \bigwedge_{k\in K} (\mathfrak{K}'_{i_{k1}} \circ \dots \circ \mathfrak{K}'_{i_{k\,n(k)}}).$$

Mittels 2.7.5 ergibt sich daraus leicht, daß mit jedem Filter $\mathfrak{F}$ auch $\mathfrak{F}^{-1}$ zu $\operatorname{fin}_{i\in I} \mathfrak{U}_i$ gehört.

Gegeben seien nun noch eine nichtleere endliche Menge L und zu beliebigem $l \in L$ endlich viele Elemente $j_{l1}, \dots, j_{l\,m(l)}$ von I und Filter $\mathfrak{G}_{j_{l1}} \in \mathfrak{U}_{j_{l1}}, \dots, \mathfrak{G}_{j_{l\,m(l)}} \in \mathfrak{U}_{j_{l\,m(l)}}$. Wir setzen $\mathfrak{L}_{j_{lb}} = (g_{j_{lb}} * g_{j_{lb}})(\mathfrak{G}_{j_{lb}})$ zu beliebigem $l \in L$ und $b = 1, \dots, m(l)$ und erhalten wegen 2.7.7

$$\Big(\bigwedge_{l\in L} (\mathfrak{L}_{j_{l\,m(l)}} \circ \dots \circ \mathfrak{L}_{j_{l1}})\Big) \circ \Big(\bigwedge_{k\in K} (\mathfrak{K}_{i_{k\,n(k)}} \circ \dots \circ \mathfrak{K}_{i_{k1}})\Big)$$
$$= \bigwedge_{(k,l)\in K\times L} (\mathfrak{L}_{j_{l\,m(l)}} \circ \dots \circ \mathfrak{L}_{j_{l1}} \circ \mathfrak{K}_{i_{k\,n(k)}} \circ \dots \circ \mathfrak{K}_{i_{k1}}).$$

Mittels 2.7.5 ergibt sich daraus, daß mit zwei Filtern $\mathfrak{F}$ und $\mathfrak{G}$ auch $\mathfrak{G} \circ \mathfrak{F}$ zu $\operatorname{fin}_{i\in I} \mathfrak{U}_i$ gehört. $\operatorname{fin}_{i\in I} \mathfrak{U}_i$ ist deshalb auch im Falle $I \neq \emptyset$ eine limesuniforme Struktur von E.

Wir nennen $\operatorname{fin}_{i\in I} \mathfrak{U}_i$ die **limesuniforme Finalstruktur** der $\mathfrak{U}_i$ bezüglich der Abbildungen g_i $(i \in I)$.

In dem Fall, daß die Trägermengen aller X_i mit E übereinstimmen und g_i stets die identische Abbildung von E auf sich ist, folgt mittels 4.2.1, daß $\operatorname{fin}_{i\in I} \mathfrak{U}_i$ gleich der Vereinigung $\bigvee_{i\in I} \mathfrak{U}_i$ der $\mathfrak{U}_i$ bezüglich des Verbandes $\mathcal{U}E$ ist.

Als nächstes geben wir einen wichtigen Spezialfall an, in dem sich $\operatorname{fin}_{i\in I} \mathfrak{U}_i$ einfacher als in der obigen Definition darstellen läßt.

4.8.1. *Es sei $I \neq \emptyset$, die Abbildungen g_i $(i \in I)$ seien eineindeutig, und zu beliebigen $i, j \in I$ sei entweder* $\operatorname{wb} g_i \cap \operatorname{wb} g_j = \emptyset$ *oder existiere ein $k \in I$ derart, daß* $\operatorname{wb} g_i \cup \operatorname{wb} g_j \subseteqq \operatorname{wb} g_k$ *ist und die Abbildungen $g_k^{-1} \circ g_i$ und $g_k^{-1} \circ g_j$ bez. $\mathfrak{U}_i$ und $\mathfrak{U}_k$ bzw. bez. $\mathfrak{U}_j$ und $\mathfrak{U}_k$ gleichmäßig stetig sind. Dann besitzt* $\operatorname{fin}_{i\in I} \mathfrak{U}_i$ *die Menge aller Filter $(g_i * g_i)(\mathfrak{F}_i)$ $(i \in I,\ \mathfrak{F}_i \in \mathfrak{U}_i)$ als eine Subbasis. Tritt zu beliebigem $i, j \in I$ stets der zweite der beiden möglichen Fälle ein, dann ist die Menge aller Filter $(g_i * g_i)(\mathfrak{F}_i)$ $(i \in I,\ \mathfrak{F}_i \in \mathfrak{U}_i)$ sogar eine Basis von* $\operatorname{fin}_{i\in I} \mathfrak{U}_i$.

Beweis. Gegeben seien Elemente i und j von I und Filter $\mathfrak{F}_i \in \mathfrak{U}_i$ und $\mathfrak{F}_j \in \mathfrak{U}_j$. Wegen 2.7.9 stimmt der Filter

$$\mathfrak{F} = (g_j * g_j)(\mathfrak{F}_j) \circ (g_i * g_i)(\mathfrak{F}_i)$$

mit $[g_j] \circ \mathfrak{F}_j \circ [g_j^{-1}] \circ [g_i] \circ \mathfrak{F}_i \circ [g_i^{-1}]$ überein. Ist $\mathrm{wb}g_i \cap \mathrm{wb}g_j = \emptyset$, so ist der Filter $[g_j^{-1}] \circ [g_i]$ und damit auch der Filter $\mathfrak{F}$ uneigentlich. k sei ein Element von I derart, daß $\mathrm{wb}g_i \cup \mathrm{wb}g_j \subseteqq \mathrm{wb}g_k$ gilt und $g_k^{-1} \circ g_i$ und $g_k^{-1} \circ g_j$ gleichmäßig stetig sind. Auf Grund der letzten Voraussetzung gehören die Filter $\mathfrak{G}_k = ((g_k^{-1} \circ g_i) * (g_k^{-1} \circ g_i))(\mathfrak{F}_i)$ und $\mathfrak{H}_k = ((g_k^{-1} \circ g_j) * (g_k^{-1} \circ g_j))(\mathfrak{F}_j)$ zu $\mathfrak{U}_k$. Unter Berücksichtigung der vorausgesetzten Enthaltenseinsbeziehung der Wertebereiche der Abbildungen g_i, g_j und g_k folgt

$$(g_k * g_k)(\mathfrak{G}_k) = (g_i * g_i)(\mathfrak{F}_i) \quad \text{und} \quad (g_k * g_k)(\mathfrak{H}_k) = (g_j * g_j)(\mathfrak{F}_j)\,, \tag{4.8.1}$$

unter Beachtung von 2.7.9 und der Eineindeutigkeit der Abbildung g_k damit

$$\mathfrak{F} = (g_k * g_k)\,(\mathfrak{H}_k \circ \mathfrak{G}_k)\,.$$

Aus dem Bewiesenen folgt, daß $\operatorname*{fin}_{i \in I} \mathfrak{U}_i$ die Menge aller Filter $(g_i * g_i)(\mathfrak{F}_i)$ ($i \in I$, $\mathfrak{F}_i \in \mathfrak{U}_i$) als Subbasis hat. Tritt zu beliebigen $i, j \in I$ stets der zweite der beiden möglichen Fälle ein, so gibt es zu beliebigen Elementen i und j von I und Filtern $\mathfrak{F}_i \in \mathfrak{U}_i$ und $\mathfrak{F}_j \in \mathfrak{U}_j$ ein $k \in K$ und Filter $\mathfrak{G}_k, \mathfrak{H}_k \in \mathfrak{U}_k$ mit (4.8.1), so daß sich mittels (2.5.2)

$$(g_i * g_i)(\mathfrak{F}_i) \cap (g_j * g_j)(\mathfrak{F}_j) = (g_k * g_k)(\mathfrak{G}_k \cap \mathfrak{H}_k)$$

ergibt. In diesem Falle ist daher die Menge aller Filter $(g_i * g_i)(\mathfrak{F}_i)$ ($i \in I$, $\mathfrak{F}_i \in \mathfrak{U}_i$) sogar eine Basis von $\operatorname*{fin}_{i \in I} \mathfrak{U}_i$. ∎

Beachtenswert ist, daß im allgemeinen limesuniforme Finalstrukturen die zugehörigen Finallimitierungen nicht erzeugen, in einigen wichtigen Spezialfällen dieses jedoch zutrifft.

4.8.2. *Es gilt*

$$\lambda(\operatorname*{fin}_{i \in I} \mathfrak{U}_i) \geqq \operatorname*{fin}_{i \in I} \lambda(\mathfrak{U}_i)\,, \tag{4.8.2}$$

$$(\lambda \circ \pi)(\operatorname*{fin}_{i \in I} \mathfrak{U}_i) \geqq p(\operatorname*{fin}_{i \in I} \lambda(\mathfrak{U}_i)) \tag{4.8.3}$$

und

$$(\lambda \circ \mu)(\operatorname*{fin}_{i \in I} \mathfrak{U}_i) \geqq t(\operatorname*{fin}_{i \in I} \lambda(\mathfrak{U}_i))\,. \tag{4.8.4}$$

Im allgemeinen trifft bei keiner dieser Beziehungen das Gleichheitszeichen zu. Gilt das Gleichheitszeichen bei (4.8.2), *so auch bei* (4.8.3). *Trifft das Gleichheitszeichen bei* (4.8.3) *zu und ist* $\operatorname*{fin}_{i \in I} \lambda(\mathfrak{U}_i)$ *eine Pseudotopologie, so gilt es umgekehrt auch bei* (4.8.2). *Gilt das Gleichheitszeichen bei* (4.8.3) *und ist* $\pi(\operatorname*{fin}_{i \in I} \mathfrak{U}_i)$ *eine uniforme Struktur, so gilt es auch bei* (4.8.4). *Trifft das Gleichheitszeichen bei* (4.8.4) *zu und ist* $p(\operatorname*{fin}_{i \in I} \lambda(\mathfrak{U}_i))$ *eine Topologie, so gilt es umgekehrt auch bei* (4.8.3). *Unter den Voraussetzungen aus* 4.8.1 *trifft das Gleichheitszeichen bei* (4.8.2) *und* (4.8.3) *zu.*

Beweis. 1. Im Falle $I = \emptyset$ gilt bei (4.8.2) bis (4.8.4) das Gleichheitszeichen. Im folgenden sei $I \neq \emptyset$. Gegeben sei ein $x \in E$. Wegen (3.12.1) ist

$$\big(\underset{i\in I}{\mathrm{fin}}\,\lambda(\mathfrak{U}_i)\big)(x) = \bigvee_{i\in I} \bigvee_{x_i \in g_i^{-1}\{x\}} \big((g_i^{\mathcal{J}} \circ \lambda)(\mathfrak{U}_i)\big)(x_i)\,.$$

Unter Berücksichtigung von 2.7.9 ergibt sich

$$\big((g_i \times g_i)(\mathfrak{F}_i)\big)(x) = \begin{cases} ([g_i] \circ \mathfrak{F} \circ [g_i^{-1}])(x) & \text{bei } x \in \mathrm{wb}g_i \\ \mathsf{P}E & \text{bei } x \notin \mathrm{wb}g_i \end{cases}$$

zu beliebigen $i \in I$ und $\mathfrak{F}_i \in \mathfrak{U}_i$. Da wegen 4.1.2 $\big((g_j * g_j)(\mathfrak{F}_j)\big)(x) \in \lambda(\underset{i\in I}{\mathrm{fin}}\,\mathfrak{U}_i)(x)$ für jedes $j \in I$ ist, folgt mit diesem Satz $\big(\underset{i\in I}{\mathrm{fin}}\,\lambda(\mathfrak{U}_i)\big)(x) \subseteqq \lambda(\underset{i\in I}{\mathrm{fin}}\,\mathfrak{U}_i)(x)$ und damit (4.8.2).

Unter den Voraussetzungen aus 4.8.1 erhält man mittels 2.7.12, 4.1.2 und 4.8.1, daß stets $\lambda(\underset{i\in I}{\mathrm{fin}}\,\mathfrak{U}_i)(x)$ die Menge aller Filter $\big((g_i * g_i)(\mathfrak{F}_i)\big)(x)$ $(i \in I,$ $\mathfrak{F}_i \in \mathfrak{U}_i)$ als eine Subbasis hat, unter diesen Voraussetzungen also $\big(\underset{i\in I}{\mathrm{fin}}\,\lambda(\mathfrak{U}_i)\big)(x) =$ $\lambda(\underset{i\in I}{\mathrm{fin}}\,\mathfrak{U}_i)(x)$ $(x \in E)$ gilt und damit bei (4.8.2) das Gleichheitszeichen zutrifft.

2. Aus 4.1.11 und (4.8.2) folgt $(\lambda \circ \pi)(\underset{i\in I}{\mathrm{fin}}\,\mathfrak{U}_i) = (p \circ \lambda)(\underset{i\in I}{\mathrm{fin}}\,\mathfrak{U}_i) \geqq p\big(\underset{i\in I}{\mathrm{fin}}\,\lambda(\mathfrak{U}_i)\big)$, also (4.8.3). Gilt bei (4.8.2) das Gleichheitszeichen, so trifft natürlich auch bei (4.8.3) das Gleichheitszeichen zu. Insbesondere gilt unter der Voraussetzung aus 4.8.1 bei (4.8.3) das Gleichheitszeichen. Trifft bei (4.8.3) das Gleichheitszeichen zu und ist $\mathrm{fin}\,\lambda(\mathfrak{U}_i)$ eine Pseudotopologie, so gilt $\mathrm{fin}\,\lambda(\mathfrak{U}_i) = p\big(\underset{i\in I}{\mathrm{fin}}\,\lambda(\mathfrak{U}_i)\big) =$ $(\lambda \circ \pi)(\underset{i\in I}{\mathrm{fin}}\,\mathfrak{U}_i) \geqq \lambda(\underset{i\in I}{\mathrm{fin}}\,\mathfrak{U}_i)$ und daher bei (4.8.2) das Gleichheitszeichen. Ähnlich wie (4.8.3) ergibt sich aus 4.1.21 und (4.8.2) leicht (4.8.4). Gilt bei (4.8.3) das Gleichheitszeichen und ist $\pi(\mathrm{fin}\,\mathfrak{U}_i)$ eine uniforme Struktur, so haben wir $(\lambda \circ \mu)(\underset{i\in I}{\mathrm{fin}}\,\mathfrak{U}_i) = p\big(\underset{i\in I}{\mathrm{fin}}\,\lambda(\mathfrak{U}_i)\big)$, wegen 4.1.21 also, daß $p\big(\underset{i\in I}{\mathrm{fin}}\,\lambda(\mathfrak{U}_i)\big)$ eine Topologie ist und damit auch bei (4.8.4) das Gleichheitszeichen zutrifft. Trifft bei (4.8.4) das Gleichheitszeichen zu und ist $p\big(\underset{i\in I}{\mathrm{fin}}\,\lambda(\mathfrak{U}_i)\big)$ eine Topologie, so gilt $p\big(\underset{i\in I}{\mathrm{fin}}\,\lambda(\mathfrak{U}_i)\big) =$ $t\big(\underset{i\in I}{\mathrm{fin}}\,\lambda(\mathfrak{U}_i)\big) = (\lambda \circ \mu)\,(\underset{i\in I}{\mathrm{fin}}\,\mathfrak{U}_i) \geqq (\lambda \circ \pi)\,(\underset{i\in I}{\mathrm{fin}}\,\mathfrak{U}_i)$ und daher bei (4.8.3) das Gleichheitszeichen.

3. Wie bereits bemerkt wurde, gilt in dem Fall, daß die Trägermengen der X_i mit E übereinstimmen und stets g_i die identische Abbildung von E auf sich ist, $\underset{i\in I}{\mathrm{fin}}\,\mathfrak{U}_i = \bigvee_{i\in I} \mathfrak{U}_i$ und ist eine entsprechende Aussage für Finallimitierungen richtig. Für die wie im Teil 2 des Beweises von 4.2.1 definierten uniformen Strukturen $\mathfrak{u}$ und $\mathfrak{v}$ von $X = \boldsymbol{R}$ ergibt sich mittels (3.5.23) und (4.2.9) nach Teil 2 des Beweises von 4.2.6

$$\lambda(\mathfrak{u} \vee \mathfrak{v}) \gneqq \lambda(\mathfrak{u}) \vee \lambda(\mathfrak{v}) \quad \text{und} \quad (\lambda \circ \pi)(\mathfrak{u} \vee \mathfrak{v}) \gneqq p\big(\lambda(\mathfrak{u}) \vee \lambda(\mathfrak{v})\big)\,,$$

wobei die verbandstheoretischen Vereinigungen stets bezüglich $\mathcal{U}E$ bzw. $\mathcal{T}E$ gemeint sind. Bei (4.8.2) und (4.8.3) trifft daher im allgemeinen das Gleichheitszeichen nicht zu. Nach 4.1.21 gilt bei (4.8.4) das Gleichheitszeichen im allgemeinen nicht einmal in dem trivialen Fall, daß I einelementig, E die Trägermenge von X_ι und g_ι die identische Abbildung von E auf sich ist. ∎

Anmerkung. Die im Satz auftretende Forderung, daß $\operatorname{fin}_{\iota\in I} \lambda(\mathfrak{U}_\iota)$ eine Pseudotopologie ist, ist wegen 3.12.9 und 4.1.11 zum Beispiel erfüllt, wenn die $\mathfrak{U}_\iota$ pseudouniforme Strukturen sind und $E = \bigcup_{\iota\in I} \operatorname{wb} g_\iota$ gilt.

4.8.3. *Eine Abbildung f von E in einen limesuniformen Raum Y ist bez.* $\operatorname{fin}_{\iota\in I} \mathfrak{U}_\iota$ *und der limesuniformen Struktur $\mathfrak{v}$ von Y genau dann gleichmäßig stetig, wenn jede Abbildung $f \circ g_\iota$ $(\iota \in I)$ bez. $\mathfrak{U}_\iota$ und $\mathfrak{v}$ gleichmäßig stetig ist.*

Beweis. Aus der Definition von $\operatorname{fin}_{\iota\in I} \mathfrak{U}_\iota$ folgt, daß jede Abbildung g_ι gleichmäßig stetig ist. Ist f gleichmäßig stetig, so wegen 4.4.4 auch jede Abbildung $f \circ g_\iota$. Im weiteren sei jede Abbildung $f \circ g_\iota$ gleichmäßig stetig. Im Falle $I = \emptyset$ ist f trivialerweise gleichmäßig stetig, so daß wir $I \neq \emptyset$ annehmen können. Zu jedem $\iota \in I$ und jedem Filter $\mathfrak{F}_\iota \in \mathfrak{U}_\iota$ existiert auf Grund der gleichmäßigen Stetigkeit von $f \circ g_\iota$ ein Filter $\mathfrak{G}_\iota \in \mathfrak{v}$ derart, daß $\mathfrak{G}_\iota \subseteqq ((f * f) \circ (g_\iota * g_\iota))(\mathfrak{F}_\iota)$, wegen 2.7.10 also

$$(f^{-1} * f^{-1})(\mathfrak{G}_\iota) \subseteqq (g_\iota * g_\iota)(\mathfrak{F}_\iota)$$

gilt. Mittels (2.7.19) folgt daher, daß zu jedem Filter $\mathfrak{F}$ der bei der Definition von $\operatorname{fin}_{\iota\in I} \mathfrak{U}_\iota$ auftretenden Subbasis von $\operatorname{fin}_{\iota\in I} \mathfrak{U}_\iota$ ein Filter $\mathfrak{G} \in \mathfrak{v}$ mit $(f^{-1} * f^{-1})(\mathfrak{G}) \subseteqq \mathfrak{F}$ existiert. Unter Berücksichtigung von (2.5.2) ergibt sich somit, daß f gleichmäßig stetig ist. ∎

Aus 4.4.7 und 4.8.3 erhält man das

Korollar. *Eine Abbildung f von E in einen pseudouniformen bzw. uniformen Raum Y ist bez.* $\pi(\operatorname{fin}_{\iota\in I} \mathfrak{U}_\iota)$ *und der pseudouniformen Struktur $\mathfrak{v}$ von Y bzw. bez.* $\mu(\operatorname{fin}_{\iota\in I} \mathfrak{U}_\iota)$ *und der uniformen Struktur $\mathfrak{v}$ von Y genau dann gleichmäßig stetig, wenn jede Abbildung $f \circ g_\iota$ $(\iota \in I)$ bez. $\mathfrak{U}_\iota$ und $\mathfrak{v}$ gleichmäßig stetig ist.*

Im folgenden verallgemeinern wir die eine Richtung der Aussage von 4.8.3 und des zugehörigen Korollars. Es seien dazu eine Menge F, eine Familie $(Y_\iota)_{\iota\in I}$ von limesuniformen Räumen mit I als Indexbereich und zu beliebigem $\iota \in I$ eine Abbildung h_ι von Y_ι in F gegeben. $\mathfrak{v}_\iota$ sei zu beliebigem $\iota \in I$ die limesuniforme Struktur von Y_ι. Dann gilt

4.8.4. *f sei eine Abbildung von E in F, und f_ι zu beliebigem $\iota \in I$ eine Abbildung von X_ι in Y_ι derart, daß zu beliebigem $\iota \in I$ das Diagramm*

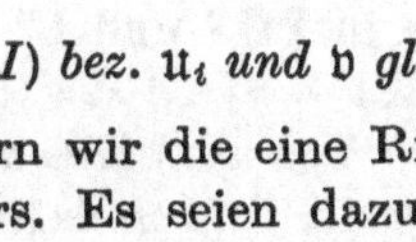

kommutativ ist. Jede Abbildung f_i sei bez. $\mathfrak{U}_i$ und $\mathfrak{V}_i$ gleichmäßig stetig. Dann ist f bez. $\operatorname{fin}_{i\in I} \mathfrak{U}_i$ und $\operatorname{fin}_{i\in I} \mathfrak{V}_i$ *und ebenfalls bez.* $\pi(\operatorname{fin}_{i\in I} \mathfrak{U}_i)$ *und* $\pi(\operatorname{fin}_{i\in I} \mathfrak{V}_i)$ *und bez.* $\mu(\operatorname{fin}_{i\in I} \mathfrak{U}_i)$ *und* $\mu(\operatorname{fin}_{i\in I} \mathfrak{V}_i)$ *gleichmäßig stetig.*

Beweis. Da $f \circ g_i = h_i \circ f_i$ zu beliebigem $i \in I$ gilt und jede Abbildung h_i bez. $\mathfrak{V}_i$ und $\operatorname{fin}_{j\in I} \mathfrak{V}_j$ gleichmäßig stetig ist, folgt mittels 4.4.4, daß auch jede Abbildung $f \circ g_i$ bez. $\mathfrak{U}_i$ und $\operatorname{fin}_{j\in I} \mathfrak{V}_j$ gleichmäßig stetig ist. Nach 4.8.3 ist dann f bez. $\operatorname{fin}_{i\in I} \mathfrak{U}_i$ und $\operatorname{fin}_{i\in I} \mathfrak{V}_i$ und wegen des Korollars zu 4.4.7 auch bez. $\pi(\operatorname{fin}_{i\in I} \mathfrak{U}_i)$ und $\pi(\operatorname{fin}_{i\in I} \mathfrak{V}_i)$ und bez. $\mu(\operatorname{fin}_{i\in I} \mathfrak{U}_i)$ und $\mu(\operatorname{fin}_{i\in I} \mathfrak{V}_i)$ gleichmäßig stetig. ▮

Wir bezeichnen E, versehen mit $\operatorname{fin}_{i\in I} \mathfrak{U}_i$, mit X. Aus 4.8.3 folgt für die an den Vergißfunktor V: LUN → ENS gebundenen Coprodukte

4.8.5 (Gebundene Coprodukte in LUN). *Der limesuniforme Raum X ist, zusammen mit der Familie der Abbildungen $g_i: X_i \to X$ $(i \in I)$, gleich dem V-Coprodukt der X_i $(i \in I)$ über E, $(g_i)_{i\in I}$.*

Aus 3.2.21, (4.4.5) und 4.8.5 und auch direkt aus der Definition von $\operatorname{fin}_{i\in I} \mathfrak{U}_i$ ergibt sich

4.8.6. $\operatorname{fin}_{i\in I} \mathfrak{U}_i$ *ist die feinste limesuniforme Struktur von E mit der Eigenschaft, daß alle Abbildungen g_i bez. $\mathfrak{U}_i$ und dieser limesuniformen Struktur gleichmäßig stetig sind.*

E, versehen mit $\pi(\operatorname{fin}_{i\in I} \mathfrak{U}_i)$ bzw. $\mu(\operatorname{fin}_{i\in I} \mathfrak{U}_i)$, ist natürlich gleich $\boldsymbol{\pi}(X)$ bzw. $\boldsymbol{\mu}(X)$.

Aus dem Korollar zu 4.8.3 erhält man für die an die Vergißfunktoren V^π: PUN → ENS und V^μ: UN → ENS gebundenen Coprodukte

4.8.7 (Gebundene Coprodukte in PUN und UN). *$\boldsymbol{\pi}(X)$ ist, zusammen mit der Familie der Abbildungen $g_i: \boldsymbol{\pi}(X) \to \boldsymbol{\pi}(X_i)$ $(i \in I)$, gleich dem V^π-Coprodukt der $\boldsymbol{\pi}(X_i)$ $(i \in I)$ über E, $(g_i)_{i\in I}$. $\boldsymbol{\mu}(X)$ ist, zusammen mit der Familie der Abbildungen $g_i: \boldsymbol{\mu}(X) \to \boldsymbol{\mu}(X_i)$ $(i \in I)$, gleich dem V^μ-Coprodukt der $\boldsymbol{\mu}(X_i)$ $(i \in I)$ über E, $(g_i)_{i\in I}$.*

Ein Analogen zu 4.5.9 existiert nicht. Vielmehr gilt

4.8.8. $\pi(\operatorname{fin}_{i\in I} \mathfrak{U}_i)$ *ist die feinste pseudouniforme Struktur und* $\mu(\operatorname{fin}_{i\in I} \mathfrak{U}_i)$ *die feinste uniforme Struktur von E derart, daß alle Abbildungen g_i bez. $\mathfrak{U}_i$ und dieser gleichmäßig stetig sind.* $\operatorname{fin}_{i\in I} \mathfrak{U}_i$ *stimmt in dem Fall, daß die $\mathfrak{U}_i$ pseudouniforme Strukturen sind, im allgemeinen nicht mit* $\pi(\operatorname{fin}_{i\in I} \mathfrak{U}_i)$ *überein, und zwar trifft das genau dann zu, wenn eine endliche Teilmenge J von I mit $E = \bigcup_{j\in J} \operatorname{wbg}_j$ existiert. Ebenfalls* *stimmt* $\pi(\operatorname{fin}_{i\in I} \mathfrak{U}_i)$ *in dem Fall, daß die* $\mathfrak{U}_i$ *uniforme Strukturen sind, im allgemeinen nicht mit* $\mu(\operatorname{fin}_{i\in I} \mathfrak{U}_i)$ *überein. Unter den Voraussetzungen aus* 4.8.1 *trifft das genau dann zu, wenn eine endliche Teilmenge* J *von* I *existiert mit*

$$[\Delta] \cap \bigcap_{j\in J} (g_j * g_j)(\mathfrak{B}_j) \subseteq (g_i * g_i)(\mathfrak{B}_i) \tag{4.8.5}$$

zu beliebigem $i \in I$, *wobei* Δ *die Diagonale von* $E \times E$ *und stets* $\mathfrak{B}_i$ *der Nachbarschaftsfilter von* $\mathfrak{U}_i$ *ist.*

Beweis. Wir setzen $\mathfrak{U} = \operatorname{fin}_{i\in I} \mathfrak{U}_i$. Aus 4.2.3, 4.4.6 und 4.8.6 folgt, daß die Abbildungen g_i bez. $\mathfrak{U}_i$ und $\pi(\mathfrak{U})$ gleichmäßig stetig sind. Ist $\mathfrak{v}$ eine pseudouniforme Struktur von E derart, daß alle Abbildungen g_i bez. $\mathfrak{U}_i$ und $\mathfrak{v}$ gleichmäßig stetig sind, so ist $\mathfrak{U}$ nach 4.8.6 feiner als $\mathfrak{v}$ und, da π ein Ordnungshomomorphismus ist und $\pi(\mathfrak{v}) = \mathfrak{v}$ gilt, auch $\pi(\mathfrak{U})$ feiner als $\mathfrak{v}$. Somit ist $\pi(\mathfrak{U})$ die feinste pseudouniforme Struktur derart, daß alle Abbildungen g_i bez. $\mathfrak{U}_i$ und dieser gleichmäßig stetig sind. Analog folgt, daß $\mu(\mathfrak{U})$ die feinste uniforme Struktur ist derart, daß alle Abbildungen g_i bez. $\mathfrak{U}_i$ und dieser gleichmäßig stetig sind.

2. Daß $\mathfrak{U}$ in dem Fall, daß die $\mathfrak{U}_i$ pseudouniforme Strukturen sind, genau dann mit $\pi(\mathfrak{U})$ übereinstimmt, wenn eine endliche Teilmenge J von I mit $E = \bigcup_{j\in J} \operatorname{wb} g_j$ existiert, ergibt sich aus dem weiter unten angeführten Satz 4.8.10. Im allgemeinen ist diese Bedingung natürlich nicht erfüllt, wie man leicht an Hand von Beispielen zeigt.

3. Es seien die Voraussetzungen aus 4.8.1 erfüllt. Ferner sei jedes $\mathfrak{U}_i$ eine uniforme Struktur $[\mathfrak{B}_i]$. Mittels 4.8.1 folgt, daß $\pi(\operatorname{fin}_{i\in I} \mathfrak{U}_i)$ die Menge der Filter $[\Delta]$ und $(g_i * g_i)(\mathfrak{B}_i)$ $(i \in I)$ als eine Subbasis hat. Die pseudouniforme Struktur $\pi(\operatorname{fin}_{i\in I} \mathfrak{U}_i)$ ist genau dann gleich $\mu(\operatorname{fin}_{i\in I} \mathfrak{U}_i) = (\mu \circ \pi)(\operatorname{fin}_{i\in I} \mathfrak{U}_i)$, wenn sie ein Haupt-$\wedge$-Ideal ist, für eine endliche Teilmenge J von I folglich (4.8.5) zu beliebigem $i \in I$ gilt.

4. Für die wie im Teil 2 des Beweises von 4.2.1 definierten uniformen Strukturen $\mathfrak{U}$ und $\mathfrak{v}$ von $X = \boldsymbol{R}$ ergibt sich mittels 4.2.5 aus Teil 3 des Beweises von 4.2.2

$$\pi(\mathfrak{U} \vee \mathfrak{v}) \neq \mu(\mathfrak{U} \vee \mathfrak{v}) .$$

Daher stimmt $\pi(\operatorname{fin}_{i\in I} \mathfrak{U}_i)$ in dem Fall, daß die $\mathfrak{U}_i$ uniforme Strukturen sind, im allgemeinen nicht mit $\mu(\operatorname{fin}_{i\in I} \mathfrak{U}_i)$ überein. ∎

$\pi(\operatorname{fin}_{i\in I} \mathfrak{U}_i)$ nennen wir in dem Fall, daß die $\mathfrak{U}_i$ pseudouniforme Strukturen sind, **pseudouniforme Finalstruktur** der $\mathfrak{U}_i$ bez. der g_i $(i \in I)$ und $\mu(\operatorname{fin}_{i\in I} \mathfrak{U}_i)$ in dem Fall, daß die $\mathfrak{U}_i$ uniforme Strukturen sind, **uniforme Finalstruktur** der $\mathfrak{U}_i$ bez. der g_i $(i \in I)$.

4.8.9. *Zwischen den Nachbarschaftsfiltern der* $\mathfrak{u}_\iota$ $(\iota \in I)$ *und dem Nachbarschaftsfilter von* $\operatorname{fin}_{\iota\in I} \mathfrak{u}_\iota$ *besteht die Beziehung*

$$\mathfrak{N}_{\operatorname{fin}_{\iota\in I} \mathfrak{u}_\iota} \subseteqq \bigwedge_{\iota\in I} (g_\iota * g_\iota)\,(\mathfrak{N}_{\mathfrak{u}_\iota})\,. \tag{4.8.6}$$

Im allgemeinen trifft bei (4.8.6) *das Gleichheitszeichen nicht zu. Unter den Voraussetzungen aus* 4.8.1 *gilt bei* (4.8.6) *das Gleichheitszeichen genau dann, wenn* $E = \bigcup_{\iota\in I} \operatorname{wbg}_\iota$ *ist.*

Beweis. Im Falle $I = \emptyset$ steht bei (4.8.6) rechts der uneigentliche Filter $\mathsf{P}(E \times E)$; (4.8.6) gilt also in diesem Falle.

Im folgenden sei $I \neq \emptyset$. Aus der Definition der Nachbarschaftsfilter limesuniformer Strukturen und der Definition limesuniformer Finalstrukturen folgt

$$\mathfrak{N}_{\operatorname{fin}_{\iota\in I} \mathfrak{u}_\iota} \subseteqq [\Delta] \cap \bigcap_{\iota\in I} \bigcap_{\mathfrak{F}_\iota\in\mathfrak{u}_\iota} (g_\iota * g_\iota)\,(\mathfrak{F}_\iota)\,, \tag{4.8.7}$$

wegen

$$[\Delta] \subseteqq (g_\iota * g_\iota)\,([\Delta_\iota]) \qquad (\iota \in I) \tag{4.8.8}$$

und (2.5.2) damit (4.8.6); Δ ist dabei die Diagonale von $E \times E$ und Δ_ι zu beliebigem $\iota \in I$ die Diagonale von $X_\iota \times X_\iota$.

Wir nehmen im weiteren an, daß die Voraussetzungen aus 4.8.1 erfüllt sind. Wegen 4.8.1 gilt dann bei (4.8.7) das Gleichheitszeichen. Unter Berücksichtigung von (4.8.8) ergibt sich deshalb, daß bei (4.8.6) genau dann das Gleichheitszeichen zutrifft, wenn

$$[\Delta] \supseteqq \bigcup_{\iota\in I} (g_\iota * g_\iota)\,([\Delta_\iota]) \cap \bigcap_{\iota\in I} \bigcap_{\mathfrak{F}_\iota\in\mathfrak{u}_\iota} (g_\iota * g_\iota)\,(\mathfrak{F}_\iota)\,,$$

d. h. für beliebige Mengen $F_{\iota\mathfrak{F}} \in \mathfrak{F}$ $(\iota \in I,\ \mathfrak{F} \in \mathfrak{u}_\iota)$

$$\Delta \subseteqq \bigcup_{\iota\in I} (g_\iota * g_\iota)\,[\Delta_\iota] \cup \bigcup_{\iota\in I} \bigcup_{\mathfrak{F}\in\mathfrak{u}_\iota} (g_\iota * g_\iota)\,[F_{\iota\mathfrak{F}}] \tag{4.8.9}$$

gilt. Wie leicht folgt, sind die Beziehungen (4.8.9) genau dann erfüllt, wenn $E = \bigcup_{\iota\in I} \operatorname{wbg}_\iota$ ist. Unter den Voraussetzungen aus 4.8.1 trifft daher bei (4.8.6) das Gleichheitszeichen genau dann zu, wenn $E = \bigcup_{\iota\in I} \operatorname{wbg}_\iota$ ist. ∎

4.8.10. *Es gilt*

$$\operatorname{fin}_{\iota\in I} \pi(\mathfrak{u}_\iota) \subseteqq \pi(\operatorname{fin}_{\iota\in I} \mathfrak{u}_\iota) \tag{4.8.10}$$

und

$$\operatorname{fin}_{\iota\in I} \mu(\mathfrak{u}_\iota) \subseteqq \mu(\operatorname{fin}_{\iota\in I} \mathfrak{u}_\iota)\,. \tag{4.8.11}$$

Bei keiner dieser Beziehungen trifft im allgemeinen das Gleichheitszeichen zu. Bei (4.8.10) *gilt das Gleichheitszeichen genau dann, wenn eine endliche Teilmenge* J *von* I *mit* $E = \bigcup_{j\in J} \operatorname{wbg}_j$ *existiert.*

Beweis. 1. Im Falle $I = \emptyset$ ist $\operatorname{fin}_{i\in I} \pi(\mathfrak{u}_i) = \operatorname{fin}_{i\in I} \mu(\mathfrak{u}_i) = \{\mathsf{P}(E \times E)\}$, so daß in diesem die Beziehungen (4.8.10) und (4.8.11) gelten. Im Falle $E = \emptyset$ sind sie natürlich auch erfüllt, in diesem trifft sogar das Gleichheitszeichen zu.

2. Im folgenden sei $I \neq \emptyset$ und $E \neq \emptyset$. Zu jedem Filter $\mathfrak{F}$ in $E \times E$ und jedem $i \in I$ bestehen die Beziehungen

$$\mathfrak{F} \circ (g_i * g_i)([\varDelta_i]) \supseteqq \mathfrak{F} \text{ und } (g_i * g_i)([\varDelta_i]) \circ \mathfrak{F} \supseteqq \mathfrak{F};$$

$\varDelta_i$ ist natürlich die Diagonale von $X_i \times X_i$. Damit folgt, daß $\operatorname{fin}_{i\in I} \pi(\mathfrak{u}_i)$ die Menge $\{(g_i * g_i)([\varDelta_i]) \mid i \in I\} \cup \operatorname{fin}_{i\in I} \mathfrak{u}_i$ als eine Subbasis hat. Mittels (4.8.8) ergibt sich deshalb die Beziehung (4.8.10). Wegen $\operatorname{fin}_{i\in I} \mathfrak{u}_i \subseteqq \operatorname{fin}_{i\in I} \pi(\mathfrak{u}_i)$ trifft bei (4.8.10) genau dann das Gleichheitszeichen zu, wenn $[\varDelta] \in \operatorname{fin}_{i\in I} \pi(\mathfrak{u}_i)$ ist, also eine endliche Teilmenge J von I, eine endliche Menge K und zu beliebigem $k \in K$ endlich viele Elemente $i_{k1}, \ldots, i_{kn(k)}$ von I und Filter $\mathfrak{F}_{i_{k1}} \in \mathfrak{u}_{i_{k1}}, \ldots, \mathfrak{F}_{i_{kn(k)}} \in \mathfrak{u}_{i_{kn(k)}}$ existieren mit

$$[\varDelta] \supseteqq \bigwedge_{i\in J} (g_i * g_i)([\varDelta_i]) \cap \bigwedge_{k\in K} \left((g_{i_{kn(k)}} * g_{i_{kn(k)}})(\mathfrak{F}_{i_{kn(k)}}) \circ \cdots \circ (g_{i_{k1}} * g_{i_{k1}})(\mathfrak{F}_{i_{k1}})\right). \quad (4.8.12)$$

Wegen $E \neq \emptyset$ folgt, daß $L = J \cup \bigcup_{k\in K} \{i_{k1}, \ldots, i_{kn(k)}\}$ nichtleer ist. Nun gilt

$$[\varDelta] \vee \left((g_{i_{kn(k)}} * g_{i_{kn(k)}})(\mathfrak{F}_{i_{kn(k)}}) \circ \cdots \circ (g_{i_{k1}} * g_{i_{k1}})(\mathfrak{F}_{i_{k1}})\right) \supseteqq \bigcap_{a\in\{1,\ldots,n(k)\}} (g_{i_{ka}} * g_{i_{ka}})([\varDelta_{i_{ka}}])$$

(diese Beziehung gilt ja sogar, wenn stets $\mathfrak{F}_{i_{ka}}$ durch $\{X_{i_{ka}} \times X_{i_{ka}}\}$ ersetzt wird), so daß sich aus (4.8.12)

$$[\varDelta] \supseteqq \bigcap_{i\in L} (g_i * g_i)([\varDelta_i])$$

und damit $E = \bigcup_{i\in L} \operatorname{wb} g_i$ ergibt. Gilt für eine endliche Teilmenge J von I die Beziehung $E = \bigcup_{i\in J} \operatorname{wb} g_i$ (wegen $E \neq \emptyset$ ist $J \neq \emptyset$), so gilt (4.8.12) mit $K = \emptyset$. Dann trifft natürlich bei (4.8.10) das Gleichheitszeichen zu.

3. Aus 4.8.6 und dem Korollar zu 4.4.7 folgt, daß jede Abbildung g_i bez. $\mu(\mathfrak{u}_i)$ und $\mu(\operatorname{fin}_{j\in I} \mathfrak{u}_j)$ gleichmäßig stetig ist, wegen 4.4.1 also

$$(g_i * g_i)(\mathfrak{B}_{\mathfrak{u}_i}) \supseteqq \mathfrak{B}_{\operatorname{fin}_{j\in I} \mathfrak{u}_j} \quad (4.8.13)$$

zu beliebigem $i \in I$ gilt; dabei ist natürlich stets $\mathfrak{B}_{\mathfrak{u}_i}$ der Nachbarschaftsfilter von $\mu(\mathfrak{u}_i)$ und $\mathfrak{B}_{\operatorname{fin}_{j\in I} \mathfrak{u}_j}$ der Nachbarschaftsfilter von $\mu(\operatorname{fin}_{j\in I} \mathfrak{u}_j)$. Nun bilden die Filter $(g_{i_n} * g_{i_n})(\mathfrak{B}_{\mathfrak{u}_{i_n}}) \circ \cdots \circ (g_{i_1} * g_{i_1})(\mathfrak{B}_{\mathfrak{u}_{i_1}})$ $(n \in N^+;\ i_1, \ldots, i_n \in I)$ eine Subbasis von $\operatorname{fin}\mu(\mathfrak{u}_i)$. Wegen (4.8.13) und $\mathfrak{B}_{\operatorname*{fin}_{j\in I} \mathfrak{u}_j} \circ \mathfrak{B}_{\operatorname*{fin}_{j\in I} \mathfrak{u}_j} \supseteqq \mathfrak{B}_{\operatorname*{fin}_{j\in I} \mathfrak{u}_j}$ sind diese Filter Oberfilter von $\mathfrak{B}_{\operatorname*{fin}_{j\in I} \mathfrak{u}_j}$. Es gilt daher (4.8.11).

4. Aus dem in Teil 2 Bewiesenen folgt leicht an Hand von Beispielen, daß bei (4.8.10) das Gleichheitszeichen nicht stets zutrifft. Wegen 4.8.8 (Teil 4 des Beweises) trifft auch bei (4.8.11) im allgemeinen das Gleichheitszeichen nicht zu. ∎

Nach 4.8.5 und 4.8.7 existieren alle an die Vergißfunktoren V: LUN $\to$ ENS, V^π: PUN $\to$ ENS und V^μ: UN $\to$ ENS gebundenen Coprodukte, und zwar existieren sie stets eindeutig. Da nach 3.2.15 in ENS alle induktiven Limites existieren, folgt mittels 3.2.23, daß auch in den Kategorien LUN, PUN und UN alle induktiven Limites und insbesondere alle Differenzcokerne und Coprodukte existieren. Über die natürlichen Auswahlen der induktiven Limites in ENS gelangen wir zu natürlichen Auswahlen der induktiven Limites in LUN, PUN und UN.

Wir gehen als nächstes auf das Problem der Vertauschbarkeit der Reihenfolge von limesuniformen Initial- und limesuniformen Finalstrukturen ein. Dazu bringen wir eine Definition. Wir sagen, daß eine Familie $(p_j)_{j\in J}$ von Abbildungen mit gleichem Definitionsbereich E eine limesuniforme Struktur $\mathfrak{u}$ von E **reproduziert**, wenn $\bigwedge_{j\in J} (p_j^{-1} \ast p_j^{-1})((p_j \ast p_j)(\mathfrak{u}))$ gleich $\mathfrak{u}$ ist, bzw. — was auf dasselbe hinausläuft — in $\mathfrak{u}$ enthalten ist. Aus (2.10.11) und (2.10.12) folgt, daß limesuniforme Produktstrukturen, die nicht entartet sind, von der jeweiligen Familie der natürlichen Projektionen reproduziert werden.

E sei eine Menge, $(E_i)_{i\in I}$ und $(F_j)_{j\in J}$ seien nichtleere Familien von Mengen und $(X_{ij})_{(i,j)\in I\times J}$ sei eine Familie limesuniformer Räume mit $I \times J$ als Indexbereich. Zu beliebigem $i \in I$ und $j \in J$ seien ferner g_i: $E_i \to E$, p_j: $E \to F_j$, g_{ij}: $X_{ij} \to F_j$ und p_{ij}: $E_i \to X_{ij}$ Abbildungen mit $g_{ij} \circ p_{ij} = p_j \circ g_i$. $\mathfrak{u}_{ij}$ sei jeweils die limesuniforme Struktur und F_{ij} die Trägermenge von X_{ij}. Zu beliebigem $i \in I$ bezeichne $\operatorname*{init}_{j\in J} \mathfrak{u}_{ij}$ die limesuniforme Initialstruktur der $\mathfrak{u}_{ij}$ bezüglich der p_{ij} ($j \in J$) und zu beliebigem $j \in J$ ferner $\operatorname*{fin}_{i\in I} \mathfrak{u}_{ij}$ die limesuniforme Finalstruktur der $\mathfrak{u}_{ij}$ bezüglich der g_{ij} ($i \in I$).

4.8.11. *Es gilt*

$$\operatorname*{fin}_{i\in I} \operatorname*{init}_{j\in J} \mathfrak{u}_{ij} \subseteqq \operatorname*{init}_{j\in J} \operatorname*{fin}_{i\in I} \mathfrak{u}_{ij}\,, \tag{4.8.14}$$

wobei die linksstehende limesuniforme Finalstruktur bezüglich der g_i und die rechtsstehende limesuniforme Initialstruktur bezüglich der p_j gemeint ist. Bei (4.8.14) *trifft das Gleichheitszeichen zu, wenn die folgenden Bedingungen erfüllt sind:*

1. *J ist endlich.*
2. *Die limesuniformen Strukturen $\mathfrak{u}_{ij}$ sind nicht entartet.*
3. *Die Abbildungen g_i erfüllen die in* 4.8.1 *angegebene Bedingung und zu beliebigem $j \in J$ die Abbildungen g_{ij} die entsprechende Bedingung.*

4. $\operatorname{init}_{j\in J} \mathfrak{U}_{ij}$ $(i \in I)$ *und* $\operatorname{init}_{j\in J} \operatorname{fin}_{i\in I} \mathfrak{U}_{ij}$ *sind limesuniforme Produktstrukturen, d. h., es gilt* $E_i = \prod_{j\in J} F_{ij}$ $(i \in I)$ *und* $E = \prod_{j\in J} F_j$ *und sind die* p_{ij} *und* p_j *die j-ten natürlichen Projektionen von* E_i *bzw. von* E.
5. $(p_j)_{j\in J}$ *reproduziert* $\operatorname{fin}_{i\in I} \operatorname{init}_{j\in J} \mathfrak{U}_{ij}$.

Beweis. Wir setzen $\mathfrak{U}_i = \operatorname{init}_{j\in J} \mathfrak{U}_{ij}$, $\mathfrak{V}_j = \operatorname{fin}_{i\in I} \mathfrak{U}_{ij}$, $\mathfrak{U} = \operatorname{fin}_{i\in I} \mathfrak{U}_i$ und $\mathfrak{V} = \operatorname{init}_{j\in J} \mathfrak{V}_j$.

1. Wegen 4.5.5 ist g_i zu beliebigem $i \in I$ bez. $\mathfrak{U}_i$ und $\mathfrak{V}$ gleichmäßig stetig, woraus $\mathfrak{U} \subseteqq \mathfrak{V}$, also (4.8.14) auf Grund der Definition von $\mathfrak{U}$ folgt.

2. Es seien die Bedingungen 1 bis 5 erfüllt. Gegeben sei ein eigentlicher Filter $\mathfrak{F} = \mathop{*}_{j\in J} \mathfrak{F}_j \in \mathfrak{V}$. Wegen (2.7.22) und 4.6.10 gilt $\mathfrak{F}_j \in \mathfrak{V}_j$ zu jedem $j \in J$. Wegen 4.8.1 gibt es zu jedem $j \in J$ eigentliche Filter $\mathfrak{G}_{1j} \in \mathfrak{U}_{i_1 j}, \ldots, \mathfrak{G}_{nj} \in \mathfrak{U}_{i_n j}$ mit

$$(g_{i_1 j} * g_{i_1 j})(\mathfrak{G}_{1j}) \cap \cdots \cap (g_{i_n j} * g_{i_n j})(\mathfrak{G}_{nj}) \subseteqq \mathfrak{F}_j .$$

Da J endlich ist und die $\mathfrak{U}_{ij}$ nicht entartet sind, können die $i_1, \ldots, i_n$ als unabhängig von j angenommen werden. Wir bilden dann die Filter $\mathfrak{G}_k = \mathop{*}_{j\in J} \mathfrak{G}_{kj} \in \mathfrak{U}_{i_k}$. Mittels (2.7.22) folgt $(p_j * p_j)((g_{i_k} * g_{i_k})(\mathfrak{G}_k)) = (g_{i_k j} * g_{j k j})(\mathfrak{G}_{kj})$ und damit $(p_j * p_j)(\mathfrak{G}) \subseteqq \mathfrak{F}_j$ bei $\mathfrak{G} = (g_{i_1} * g_{i_1})(\mathfrak{G}_1) \cap \cdots \cap (g_{i_n} * g_{i_n})(\mathfrak{G}_n)$. Es gilt $\mathfrak{G} \in \mathfrak{U}$, auf Grund der Bedingung 5 damit $\bigvee_{j\in J} (p_j^{-1} * p_j^{-1})((p_j * p_j)(\mathfrak{G})) \in \mathfrak{U}$ und wegen (2.7.21) somit $\mathfrak{F} = \bigvee_{j\in J} (p_j^{-1} * p_j^{-1})(\mathfrak{F}_j) \in \mathfrak{U}$, also $\mathfrak{U} = \mathfrak{V}$. ∎

4.9. Quotienten- und Summenräume

Wir führen im weiteren einige spezielle Arten von limesuniformen Räumen ein, deren limesuniforme Strukturen limesuniforme Finalstrukturen bzw. die diesen zugeordneten pseudouniformen bzw. uniformen Strukturen sind. Zunächst befassen wir uns mit Quotientenräumen.

X sei ein limesuniformer Raum, E seine Trägermenge und $\mathfrak{U}$ seine limesuniforme Struktur. ϱ sei eine Äquivalenzrelation in E und $\varkappa$ die kanonische Abbildung von E auf die Quotientenmenge E/ϱ. Wir bezeichnen die feinste limesuniforme Struktur von E/ϱ derart, daß $\varkappa$ bez. $\mathfrak{U}$ und dieser gleichmäßig stetig ist, als die **limesuniforme Quotientenstruktur** $\mathfrak{U}_\varrho$ von $\mathfrak{U}$ bez. ϱ und E/ϱ, versehen mit $\mathfrak{U}_\varrho$, als den **limesuniformen Quotientenraum** X_ϱ von X bez. ϱ.

Nach 4.8.6 besitzt $\mathfrak{U}_\varrho$ die Menge aller Filter $(\varkappa * \varkappa)(\mathfrak{F}_n) \circ \cdots \circ (\varkappa * \varkappa)(\mathfrak{F}_1)$ $(n \in \boldsymbol{N}^+;\ \mathfrak{F}_1, \ldots, \mathfrak{F}_n \in \mathfrak{U})$ als eine Subbasis.

4.9.1. *Es gilt*

$$\lambda(\mathfrak{U}_\varrho) \geqq \lambda(\mathfrak{U})_\varrho\,, \tag{4.9.1}$$

$$(\lambda \circ \pi)(\mathfrak{U}_\varrho) \geqq p(\lambda(\mathfrak{U})_\varrho) \tag{4.9.2}$$

und

$$(\lambda \circ \mu)(\mathfrak{u}_\varrho) \geqq t(\lambda(\mathfrak{u})_\varrho)\,. \tag{4.9.3}$$

Im allgemeinen trifft bei keiner dieser Beziehungen das Gleichheitszeichen zu. Dafür, daß bei (4.9.1) das Gleichheitszeichen gilt, ist notwendig und hinreichend, daß zu beliebigem $y \in E/\varrho$ und beliebigen Filtern $\mathfrak{F}_1, \dots, \mathfrak{F}_n \in \mathfrak{u}$ $(n \in \boldsymbol{N}^+)$ Punkte $x_1, \dots, x_m \in \varkappa^{-1}\{y\}$ $(m \in \boldsymbol{N}^+)$ und ein Filter $\mathfrak{G} \in \mathfrak{u}$ existieren mit

$$\varkappa(\mathfrak{G}(x_1) \cap \dots \cap \mathfrak{G}(x_m)) \subseteqq ((\varkappa * \varkappa)(\mathfrak{F}_n) \circ \dots \circ (\varkappa * \varkappa)(\mathfrak{F}_1))(y)\,. \tag{4.9.4}$$

Gilt das Gleichheitszeichen bei (4.9.1), so auch bei (4.9.2). Trifft das Gleichheitszeichen bei (4.9.2) zu und ist $\lambda(\mathfrak{u})_\varrho$ eine Pseudotopologie, so gilt es umgekehrt auch bei (4.9.2). Gilt das Gleichheitszeichen bei (4.9.2) und ist $\pi(\mathfrak{u}_\varrho)$ eine uniforme Struktur, so gilt es auch bei (4.9.3). Trifft das Gleichheitszeichen bei (4.9.3) zu und ist $p(\lambda(\mathfrak{u})_\varrho)$ eine Topologie, so gilt es umgekehrt auch bei (4.9.2).

Beweis. 1. Die Richtigkeit der ersten drei Beziehungen folgt aus (4.8.2) bis (4.8.4). Gilt $\lambda(\mathfrak{u}_\varrho) = \lambda(\mathfrak{u})_\varrho$, so zu beliebigem $y \in E/\varrho$ natürlich $\lambda(\mathfrak{u}_\varrho)(y) \subseteqq \lambda(\mathfrak{u})_\varrho(y)$, so daß sich mittels (3.13.2) und 4.1.2 ergibt, daß zu beliebigem $y \in E/\varrho$ und beliebigen Filtern $\mathfrak{F}_1, \dots, \mathfrak{F}_n \in \mathfrak{u}$ Punkte $x_1, \dots, x_m \in \varkappa^{-1}\{y\}$ und ein Filter $\mathfrak{G} \in \mathfrak{u}$ mit (4.9.4) existieren. Ist diese Bedingung erfüllt, so folgt unter Berücksichtigung von 2.7.12, daß es zu jedem $y \in E/\varrho$ und jedem Filter $\mathfrak{H} \in \mathfrak{u}_\varrho$ Punkte $x_1, \dots, x_l \in \varkappa^{-1}\{y\}$ und einen Filter $\mathfrak{G} \in \mathfrak{u}$ mit $\varkappa(\mathfrak{G}(x_1) \cap \dots \cap \mathfrak{G}(x_l)) \subseteqq \mathfrak{H}(y)$ gibt, wegen (3.13.2) und 4.1.2 also $\lambda(\mathfrak{u}_\varrho)(y) \subseteqq \lambda(\mathfrak{u})_\varrho(y)$ zu beliebigem $y \in E/\varrho$ und somit $\lambda(\mathfrak{u}_\varrho) = \lambda(\mathfrak{u})_\varrho$ gilt.

2. Es sei $E = \boldsymbol{R}^2$, versehen mit der aus dem euklidischen Abstand erzeugten uniformen Struktur. ϱ sei diejenige Äquivalenzklasse in E, bezüglich der die Achse $A = \boldsymbol{R} \times \{0\}$ und die Einermengen $\{x\}$ $(x \in E \setminus A)$ die Äquivalenzklassen sind. Wäre $\lambda(\mathfrak{u}_\varrho) = \lambda(\mathfrak{u})_\varrho$, so müßte es auf Grund des im Teil 1 Bewiesenen Punkte $x_1, \dots, x_m \in A$ geben mit

$$\varkappa(\mathfrak{V}(x_1) \cap \dots \cap \mathfrak{V}(x_m)) \subseteqq ((\varkappa * \varkappa)(\mathfrak{V}))(A) = \varkappa(\mathfrak{V}[A])\,, \tag{4.9.5}$$

wobei $\mathfrak{V}$ der Nachbarschaftsfilter von $\mathfrak{u}$ und $\mathfrak{V}[A]$ der Filter in E mit der Basis $\{V[A] \mid V \in \mathfrak{V}\}$ ist. Das ist aber unmöglich; die Menge

$$\{A\} \cup \{x \in E \setminus A \mid |x - x_1| < 1\} \cup \dots \cup \{x \in E \setminus A \mid |x - x_m| < 1\}$$

würde nämlich dem in (4.9.5) linksstehenden und nicht dem in (4.9.5) rechtsstehenden Filter angehören. Folglich gilt in diesem Beispiel bei (4.9.1) und damit auch bei (4.9.2) das Gleichheitszeichen nicht (vergleiche die Bemerkung nach 4.8.2).

3. Wie sich aus 4.1.21 ergibt, trifft bei (4.9.3) im allgemeinen das Gleichheitszeichen nicht einmal in dem trivialen Fall, daß ϱ die identische Abbildung von E auf sich ist, zu. Die noch nicht bewiesenen Behauptungen folgen aus 4.8.2. ∎

Nach diesem Satz ist für eine uniforme Struktur $\mathfrak{u} = [\mathfrak{V}]$ genau dann $\lambda(\mathfrak{u}_\varrho) = \lambda(\mathfrak{u})_\varrho$, wenn zu beliebigem $y \in E/\varrho$ und beliebigem $n \in \boldsymbol{N}^+$ Punkte

$x_1, \ldots, x_m \in \varkappa^{-1}\{y\}$ mit

$$\varkappa(\mathfrak{V}(x_1) \cap \cdots \cap \mathfrak{V}(x_m)) \subseteqq \big(\underbrace{(\varkappa * \varkappa)(\mathfrak{V}) \circ \cdots \circ (\varkappa * \varkappa)(\mathfrak{V})}_{n}\big)(y) \tag{4.9.6}$$

existieren. Wir setzen

$$\mathfrak{V}_n = [\varrho] \circ \underbrace{(\mathfrak{V} \circ [\varrho]) \circ \cdots \circ (\mathfrak{V} \circ [\varrho])}_{n} \tag{4.9.7}$$

und erhalten wegen 2.7.9, $\varrho = \varkappa^{-1} \circ \varkappa$, $\varkappa \circ \varrho = \varkappa$ und $\varrho \circ \varkappa^{-1} = \varkappa^{-1}$

$$[\varkappa] \circ \mathfrak{V}_n \circ [\varkappa^{-1}] = \underbrace{(\varkappa * \varkappa)(\mathfrak{V}) \circ \cdots \circ (\varkappa * \varkappa)(\mathfrak{V})}_{n}\,. \tag{4.9.8}$$

Nach dem folgenden Satz sind gerade die limesuniformen, pseudouniformen und uniformen Quotientenräume die Differenzcokerne in LUN, PUN bzw. UN.

4.9.2 (Differenzcokerne in LUN, PUN und UN). *Zu beliebigen Morphismen $f\colon Y \to X$ und $g\colon Y \to X$ von* LUN *mit gleicher Quelle und X als Ziel ist der limesuniforme Quotientenraum $X_{\varrho_{fg}}$, zusammen mit der kanonischen Abbildung von X auf $X_{\varrho_{fg}}$, ein Differenzcokern von f und g. Ist X ein pseudouniformer bzw. uniformer Raum, so ist zu beliebigen Morphismen $f\colon Y \to X$ und $g\colon Y \to X$ von* PUN *bzw.* UN *mit gleicher Quelle und X als Ziel $X_{\varrho_{fg}}$, zusammen mit der kanonischen Abbildung von X auf $X_{\varrho_{fg}}$, bzw. $\mu(X_{\varrho_{fg}})$, zusammen mit der kanonischen Abbildung von X auf $\mu(X_{\varrho_{fg}})$, ein Differenzcokern von f und g. ϱ_{fg} ist dabei stets wie vor* 3.1.5 *definiert.*

Bezüglich der vorgegebenen Äquivalenzrelation ϱ gilt: X_ϱ tritt, zusammen mit $\varkappa\colon X \to X_\varrho$, als Differenzcokern von Morphismen $f\colon Y \to X$ und $g\colon Y \to X$ von LUN *auf. Ist X ein pseudouniformer bzw. uniformer Raum, so tritt X_ϱ, zusammen mit $\varkappa\colon X \to X_\varrho$, als Differenzcokern von Morphismen $f\colon Y \to X$ und $g\colon Y \to X$ von* PUN *bzw. $\mu(X_\varrho)$, zusammen mit $\varkappa\colon X \to \mu(X_\varrho)$, als Differenzcokern von Morphismen $f\colon Y \to X$ und $g\colon Y \to X$ von* UN *auf.*

Zum Beweis: Die Behauptung läßt sich analog wie 3.13.1 beweisen. Anstelle von 3.12.3 bis 3.12.6 ist dabei 4.8.5 bis 4.8.8 zu benutzen. ∎

Wegen 4.8.3 und 4.8.6 gilt

4.9.3. *Eine Abbildung f von X_ϱ in einen limesuniformen Raum Z ist genau dann gleichmäßig stetig, wenn $f \circ \varkappa$ bez. $\mathfrak{U}$ und der limesuniformen Struktur von Z gleichmäßig stetig ist.*

Auf Grund des Korollars zu 4.8.3 erhält man das

Korollar. *Ist Z ein pseudouniformer bzw. uniformer Raum, so ist eine Abbildung f von $\pi(X_\varrho)$ in Z bzw. von $\mu(X_\varrho)$ in Z genau dann gleichmäßig stetig, wenn $f \circ \varkappa$ bez. $\mathfrak{U}$ und der pseudouniformen bzw. uniformen Struktur von Z gleichmäßig stetig ist.*

Für den folgenden Satz sei neben X ein weiterer limesuniformer Raum Z gegeben. Ferner sei σ eine Äquivalenzrelation in Z. Aus 4.8.4 folgt

4.9.4. *g sei eine bez. ϱ und σ relationstreue Abbildung von X in Z und f die aus g erzeugte Abbildung von X_ϱ in Z_σ. Ist g gleichmäßig stetig, so ist f als Abbildung von X_ϱ in Z_σ und ebenfalls als Abbildung von $\boldsymbol{\pi}(X_\varrho)$ in $\boldsymbol{\pi}(Z_\sigma)$ und als Abbildung von $\boldsymbol{\mu}(X_\varrho)$ in $\boldsymbol{\mu}(Z_\sigma)$ gleichmäßig stetig.*

4.9.5. *$\pi(\mathfrak{U}_\varrho)$ ist die feinste pseudouniforme und $\mu(\mathfrak{U}_\varrho)$ die feinste uniforme Struktur von E derart, daß die kanonische Abbildung $\varkappa$ bez. $\mathfrak{U}$ und dieser gleichmäßig stetig ist. Wenn $\mathfrak{U}$ eine pseudouniforme Struktur ist, ist auch $\mathfrak{U}_\varrho$ eine pseudouniforme Struktur. Ist $\mathfrak{U}$ eine uniforme Struktur $[\mathfrak{V}]$, so ist genau dann $\mathfrak{U}_\varrho(=\pi(\mathfrak{U}_\varrho))$ eine uniforme Struktur, wenn für alle hinreichend großen $n \in \boldsymbol{N}^+$ die in (4.9.7) definierten Filter $\mathfrak{V}_n$ übereinstimmen. Im allgemeinen ist $\mathfrak{U}_\varrho$ keine uniforme Struktur, wenn $\mathfrak{U}$ eine uniforme Struktur ist.*

Beweis. 1. Die Richtigkeit der ersten beiden Teile des Satzes folgt aus 4.8.8. Im weiteren sei $\mathfrak{U}$ eine uniforme Struktur $[\mathfrak{V}]$. Wegen $\mathfrak{V} \subseteqq [\Delta]$ und $[\varrho] \subseteqq [\Delta]$ folgt

$$\mathfrak{V}_{n+1} \subseteqq \mathfrak{V}_n \tag{4.9.9}$$

zu beliebigem $n \in \boldsymbol{N}^+$. $\mathfrak{U}_\varrho$ hat daher die Menge aller Filter (4.9.8) als eine Basis. Es ist deshalb genau dann $\mathfrak{U}_\varrho$ eine uniforme Struktur, wenn ein $n_0 \in \boldsymbol{N}^+$ existiert mit

$$[\varkappa] \circ \mathfrak{V}_{n_0} \circ [\varkappa^{-1}] \subseteqq [\varkappa] \circ \mathfrak{V}_n \circ [\varkappa^{-1}] \tag{4.9.10}$$

zu beliebigem $n \in \boldsymbol{N}^+$. Zu (4.9.10) ist

$$\mathfrak{V}_{n_0} \subseteqq \mathfrak{V}_n \tag{4.9.11}$$

wegen $\varrho = \varkappa^{-1} \circ \varkappa$ und $\varrho \circ \varrho = \varrho$ äquivalent. Für $n \leqq n_0$ ist (4.9.11) wegen (4.9.9) stets erfüllt. Für $n \geqq n_0$ folgt aus (4.9.9) und (4.9.11) sogar $\mathfrak{V}_{n_0} = \mathfrak{V}_n$. $\mathfrak{U}_\varrho$ ist deshalb genau dann eine uniforme Struktur, wenn ein $n_0 \in \boldsymbol{N}^+$ mit $\mathfrak{V}_{n_0} = \mathfrak{V}_n$ zu beliebigem $n \in \boldsymbol{N}^+$ mit $n \geqq n_0$ existiert.

2. Es sei $X = \boldsymbol{R}$, versehen mit der aus dem euklidischen Abstand erzeugten uniformen Struktur $[\mathfrak{V}]$. ϱ sei diejenige Äquivalenzrelation in X, bezüglich der die Intervalle $[n, n+1[$ $(n \in \boldsymbol{Z})$ die Äquivalenzklassen sind. Es gilt stets

$$\varrho \circ (V_{\varepsilon_n} \circ \varrho) \circ \cdots \circ (V_{\varepsilon_1} \circ \varrho) \supseteqq \bigcup_{i \in \boldsymbol{Z}} Q_{in} \tag{4.9.12}$$

mit $V_{\varepsilon_j} = \{(\xi, \eta) \in \boldsymbol{R}^2 \mid |\eta - \xi| < \varepsilon_j\}$ und $Q_{in} = [i, i+1[\times [i-n, i+n+1[$, wobei im Falle $\varepsilon_1, \ldots, \varepsilon_n < 1$ das Gleichheitszeichen zutrifft. Damit folgt $\mathfrak{V}_1 \supsetneqq \mathfrak{V}_2 \supsetneqq \ldots$ und somit, daß $\mathfrak{U}_\varrho$ in diesem Beispiel keine uniforme Struktur ist. ∎

Wir nennen in dem Fall, daß $\mathfrak{U}$ eine pseudouniforme Struktur ist, $\mathfrak{U}_\varrho$ $(=\pi(\mathfrak{U}_\varrho))$ die **pseudouniforme Quotientenstruktur** von $\mathfrak{U}$ bez. ϱ und X_ϱ den **pseudounifor-**

men **Quotientenraum** von X bez. ϱ. In dem Fall, daß $\mathfrak{u}$ eine uniforme Struktur ist, nennen wir $\mu(\mathfrak{u}_\varrho)$ die **uniforme Quotientenstruktur** von $\mathfrak{u}$ bez. ϱ und $\boldsymbol{\mu}(X_\varrho)$ den **uniformen Quotientenraum** von X bez. ϱ.

4.9.6. *Zwischen dem Nachbarschaftsfilter von* $\mathfrak{u}$ *und dem Nachbarschaftsfilter von* $\mathfrak{u}_\varrho$ *besteht die Beziehung*

$$\mathfrak{N}_{\mathfrak{u}_\varrho} \subseteqq (\varkappa * \varkappa)(\mathfrak{N}_{\mathfrak{u}}) \,. \tag{4.9.13}$$

Im allgemeinen trifft bei ihr das Gleichheitszeichen nicht zu.

Beweis. (4.9.13) ergibt sich aus (4.8.6). In dem Beispiel aus Teil 2 des Beweises von 4.9.5 ist $(\varkappa * \varkappa)(\mathfrak{N}_{\mathfrak{u}}) = [\varkappa] \circ [\varrho] \circ \mathfrak{V} \circ [\varrho] \circ [\varkappa^{-1}]$ der von der Menge $\{\{r_i\} \times \{r_{i-1}, r_i, r_{i+1}\} \mid i \in \boldsymbol{Z}\}$ und $\mathfrak{N}_{\mathfrak{u}_\varrho} = \bigcap\limits_{n \in \boldsymbol{N}^+} [\varkappa] \circ \mathfrak{V}_n \circ [\varkappa^{-1}]$ der von der Menge $\{(r_i, r_j) \mid i, j \in \boldsymbol{Z}\}$ erzeugte Filter; dabei ist stets $r_i = [i, i+1[$ gesetzt. In diesem Beispiel trifft also bei (4.9.13) das Gleichheitszeichen nicht zu. ▮

Anmerkung. In dem Beispiel aus Teil 2 des Beweises von 4.9.5 gilt $(\lambda \circ \mu)(\mathfrak{u}_\varrho) > t(\lambda(\mathfrak{u})_\varrho)$, denn es ist in diesem $\mathfrak{N}_{\mathfrak{u}_\varrho} = \mathfrak{V}_{\mathfrak{u}_\varrho} = [\{(r_i, r_j) \mid i, j \in \boldsymbol{Z}\}]$, $\mu(\mathfrak{u}_\varrho)$ also die triviale uniforme Struktur und $(\lambda \circ \mu)(\mathfrak{u}_\varrho)$ damit die triviale Topologie von E/ϱ, während eine Teilmenge von E/ϱ bez. $t(\lambda(\mathfrak{u})_\varrho)$ genau dann offen ist, wenn ihr vollständiges Urbild offen ist (vergleiche 3.12.8), d. h. also, wenn ihr mit einer Äquivalenzklasse r_i auch jede Äquivalenzklasse r_j mit $j \leqq i$ angehört.

4.9.7. *Es gilt*

$$\pi(\mathfrak{u})_\varrho = \pi(\mathfrak{u}_\varrho) \quad \textit{und} \quad \mu(\mathfrak{u})_\varrho \subseteqq \mu(\mathfrak{u}_\varrho) \,.$$

Bei der letzten Beziehung trifft das Gleichheitszeichen im allgemeinen nicht zu.

Beweis. Die Richtigkeit der Beziehungen folgt aus 4.8.10. Daß bei der zweiten Beziehung das Gleichheitszeichen im allgemeinen nicht zutrifft, folgt bereits aus 4.9.5. ▮

Im weiteren befassen wir uns mit Summenräumen.

$(X_i)_{i \in I}$ sei eine Familie limesuniformer Räume mit einer Menge als Indexbereich. Zu beliebigem $i \in I$ sei $|X_i|$ die Trägermenge und $\mathfrak{u}_i$ die limesuniforme Struktur von X_i. E bezeichne die Mengensumme der $|X_i|$ $(i \in I)$ und zu beliebigem $i \in I$ ferner $\varkappa_i$ die natürliche Injektion von $|X_i|$ in E. Wir nennen die feinste limesuniforme Struktur von E derart, daß alle Abbildungen $\varkappa_i$ bez. $\mathfrak{u}_i$ und dieser gleichmäßig stetig sind, die **limesuniforme Summe** $\sum\limits_{i \in I} \mathfrak{u}_i$ der $\mathfrak{u}_i$ $(i \in I)$ und E, versehen mit $\sum\limits_{i \in I} \mathfrak{u}_i$, die **limesuniforme Summe** $\sum\limits_{i \in I} X_i$ der X_i $(i \in I)$. Ist $I = \{1, \ldots, n\}$ für ein $n \in \boldsymbol{N}^+$, so schreiben wir für $\sum\limits_{i \in I} \mathfrak{u}_i$ und $\sum\limits_{i \in I} X_i$ auch $\mathfrak{u}_1 + \cdots + \mathfrak{u}_n$ bzw. $X_1 + \cdots + X_n$.

Wegen 4.8.6 ist $\sum_{i \in I} \mathfrak{u}_i$ die limesuniforme Finalstruktur der $\mathfrak{u}_i$ bez. der $\varkappa_i$. Wie sich mittels 4.8.1 ergibt, besitzt $\sum_{i \in I} \mathfrak{u}_i$ die Menge aller Filter $(\varkappa_i * \varkappa_i)(\mathfrak{F}_i)$ $(i \in I,\ \mathfrak{F}_i \in \mathfrak{u}_i)$ als eine Subbasis.

4.9.8. *Zwischen den Nachbarschaftsfiltern der* $\mathfrak{u}_i$ $(i \in I)$ *und dem Nachbarschaftsfilter von* $\sum_{i \in I} \mathfrak{u}_i$ *besteht die Beziehung*

$$\mathfrak{N}_{\Sigma \mathfrak{u}_i} = \bigcap_{i \in I} (\varkappa_i * \varkappa_i)(\mathfrak{N}_{\mathfrak{u}_i}) \tag{4.9.14}$$

und zwischen den Nachbarschaftsfiltern der uniformen Strukturen $\mu(\mathfrak{u}_i)$ $(i \in I)$ *und dem Nachbarschaftsfilter von* $\mu(\sum_{i \in I} \mathfrak{u}_i)$ *die Beziehung*

$$\mathfrak{V}_{\Sigma \mathfrak{u}_i} = \bigcap_{i \in I} (\varkappa_i * \varkappa_i)(\mathfrak{V}_{\mathfrak{u}_i})\,. \tag{4.9.15}$$

Beweis. Wegen 4.8.9 gilt (4.9.14). Wir setzen $\mathfrak{W} = \bigcap_{i \in I} (\varkappa_i * \varkappa_i)(\mathfrak{V}_{\mathfrak{u}_i})$. Mittels des Korollars zu 4.4.7 folgt, daß die kanonischen Abbildungen $\varkappa_i$ bez. $\mu(\mathfrak{u}_i)$ und $\mu(\sum_{j \in I} \mathfrak{u}_j)$ gleichmäßig stetig sind, wegen (4.1.10) und 4.4.1 somit

$$\mathfrak{V}_{\Sigma \mathfrak{u}_i} \subseteq \mathfrak{W} \tag{4.9.16}$$

gilt. Da $\mathfrak{V}_{\mathfrak{u}_i} \subseteq \mathfrak{N}_{\mathfrak{u}_i}$ zu beliebigem $i \in I$ ist, ergibt sich $\mathfrak{W} \subseteq \mathfrak{N}_{\Sigma \mathfrak{u}_i}$ mittels (4.9.14). Nun existieren zu beliebigen $V_i \in \mathfrak{V}_{\mathfrak{u}_i}$ $(i \in I)$ Mengen $W_i \in \mathfrak{V}_{\mathfrak{u}_i}$ mit $W_i \circ W_i \subseteq V_i$, und es folgt

$$\bigcup_{i \in I} (\varkappa_i * \varkappa_i)[W_i] \circ \bigcup_{j \in I} (\varkappa_j * \varkappa_j)[W_j] = \bigcup_{i \in I} (\varkappa_i * \varkappa_i)[W_i \circ W_i] \subseteq \bigcup_{i \in I} (\varkappa_i * \varkappa_i)\,[V_i]\,,$$

damit $\mathfrak{W} \subseteq \mathfrak{W} \circ \mathfrak{W}$ und demnach $\mathfrak{W} \subseteq \mathfrak{V}_{\Sigma \mathfrak{u}_i}$, zusammen mit (4.9.16) also (4.9.15). ∎

Zu beliebigem $i \in I$ sei X'_i derjenige limesuniforme Raum, der als Trägermenge

$$E_i = \{i\} \times |X_i|$$

und als limesuniforme Struktur

$$\mathfrak{v}_i = (\alpha_i * \alpha_i)(\mathfrak{u}_i)$$

hat, wobei α_i die durch $\alpha_i(x_i) = (i, x_i)$ definierte Abbildung von X_i auf E_i ist. Die α_i sind natürlich limesuniforme Isomorphismen von X_i auf X'_i. Es ist vorteilhaft, sie als Identifikationen aufzufassen und auf diese Weise die limesuniformen Räume X_i und X'_i zu identifizieren.

4.9.9. *Die limesuniforme Summe* $\sum_{j \in I} \mathfrak{u}_j$ *induziert auf jedem limesuniformen Raum* X'_i *deren limesuniforme Struktur* $\mathfrak{v}_i$. $\pi(\sum_{j \in I} \mathfrak{u}_j)$ *induziert auf* X'_i *stets* $\pi(\mathfrak{v}_i)$ *und* $\mu(\sum_{j \in I} \mathfrak{u}_j)$ *auf* X'_i *stets* $\mu(\mathfrak{v}_i)$.

Beweis. Wir setzen $\mathfrak{u} = \sum_{i\in I} \mathfrak{u}_i$. Gegeben sei ein $i \in I$. Wegen (4.6.1) gilt

$$\mathfrak{u}_{E_i} = (\iota_{E_i}^{-1} * \iota_{E_i}^{-1})(\mathfrak{u}),$$

wobei jeweils ι_{E_i} die identische Einbettung von E_i in E ist. Zu beliebigem $j \in I$ ist

$$\iota_{E_i}^{-1} \circ \varkappa_j = \begin{cases} \alpha_i & \text{bei } j = i \\ \emptyset & \text{bei } j \neq i \end{cases}$$

und für jeden Filter $\mathfrak{F}_j \in \mathfrak{u}_j$ damit

$$\big((\iota_{E_i}^{-1} * \iota_{E_i}^{-1}) \circ (\varkappa_j * \varkappa_j)\big)(\mathfrak{F}_j) = \begin{cases} (\alpha_i * \alpha_i)(\mathfrak{F}_i) & \text{bei } j = i \\ \mathsf{P}(E_i \times E_i) & \text{bei } j \neq i\,. \end{cases} \tag{4.9.17}$$

Da für $\mathfrak{u}_{E_i}$ die zu beliebigen Filtern $\mathfrak{F}_j \in \mathfrak{u}_j$ gebildeten Filter (4.9.17) eine Subbasis bilden, folgt $\mathfrak{u}_{E_i} = \mathfrak{v}_i$. Daraus und aus (4.6.4) ergibt sich $\pi(\mathfrak{u})_{E_i} = \pi(\mathfrak{u}_{E_i}) = \pi(\mathfrak{v}_i)$. Wegen (4.6.2) und (4.9.15) wird $\mu(\mathfrak{u})_{E_i}$ von dem Filter $\{F \cap (E_i \times E_i) \mid F \in \bigcap_{j\in I} (\varkappa_j * \varkappa_j)(\mathfrak{B}_{\mathfrak{u}_j})\}$ erzeugt. Wie leicht folgt, stimmt dieser Filter mit $(\alpha_i * \alpha_i)(\mathfrak{B}_{\mathfrak{u}_i})$ überein. Es gilt deshalb $\mu(\mathfrak{u})_{E_i} = \mu(\mathfrak{v}_i)$, wie sich mittels (4.4.3) ergibt. ∎

Da die α_i limesuniforme Isomorphismen sind, ergibt sich mittels 4.6.5 und 4.9.9

4.9.10. *Die natürlichen Injektionen $\varkappa_i$ sind bez. $\mathfrak{u}_i$ und $\sum_{j\in I} \mathfrak{u}_j$ limesuniforme Isomorphismen. Sind die $\mathfrak{u}_i$ pseudouniforme bzw. uniforme Strukturen, so sind die $\varkappa_i$ auch bez. $\mathfrak{u}_i$ und $\pi(\sum_{j\in I} \mathfrak{u}_j)$ bzw. bez. $\mathfrak{u}_i$ und $\mu(\sum_{j\in I} \mathfrak{u}_j)$ limesuniforme Isomorphismen.*

4.9.11. *Es ist*

$$\lambda(\sum_{i\in I} \mathfrak{u}_i) = \sum_{i\in I} \lambda(\mathfrak{u}_i)\,, \tag{4.9.18}$$

$$(\lambda \circ \pi)(\sum_{i\in I} \mathfrak{u}_i) = p(\sum_{i\in I} \lambda(\mathfrak{u}_i)) \tag{4.9.19}$$

und

$$(\lambda \circ \mu)(\sum_{i\in I} \mathfrak{u}_i) \geqq t(\sum_{i\in I} \lambda(\mathfrak{u}_i))\,. \tag{4.9.20}$$

Bei der letzten Beziehung gilt das Gleichheitszeichen, wenn die $\mathfrak{u}_i$ uniforme Strukturen sind. Im allgemeinen trifft es bei ihr nicht zu. Es gilt stets

$$(\lambda \circ \mu)(\sum_{i\in I} \mathfrak{u}_i) = \sum_{i\in I} (\lambda \circ \mu)(\mathfrak{u}_i)\,. \tag{4.9.21}$$

Beweis. Aus 4.8.2 folgt (4.9.18) bis (4.9.20). Bei (4.9.20) trifft, wie sich mittels 4.1.21 ergibt, das Gleichheitszeichen im allgemeinen nicht einmal in dem trivialen Fall, daß I einelementig ist, zu. Mittels 2.7.12 und (4.9.15) folgt

$$(\mathfrak{B}_{\sum_{j\in I} \mathfrak{u}_j})(i, x_i) = \varkappa_i(\mathfrak{B}_{\mathfrak{u}_i}(x_i))$$

zu beliebigem $i \in I$ und $x_i \in |X_i|$, mittels (3.14.1) und 4.1.2 damit (4.9.21). Sind die $\mathfrak{u}_i$ speziell uniforme Strukturen, so besteht wegen 3.14.12 und 4.1.21 die Beziehung $\sum_{i \in I} (\lambda \circ \mu)(\mathfrak{u}_i) = t(\sum_{i \in I} \lambda(\mathfrak{u}_i))$; wegen (4.9.21) gilt daher dann bei (4.9.20) das Gleichheitszeichen. ▮

Wegen 4.8.5 und 4.8.7 stimmt $X = \sum_{i \in I} X_i$, zusammen mit der Familie der Abbildungen $\varkappa_i: X_i \to X$ $(i \in I)$, mit dem V-Coprodukt der X_i $(i \in I)$ über E, $(\varkappa_i)_{i \in I}$ und in dem Fall, daß die X_i pseudouniforme bzw. uniforme Räume sind, $\boldsymbol{\pi}(X)$, zusammen mit der Familie der Abbildungen $\varkappa_i: X_i \to \boldsymbol{\pi}(X)$ $(i \in I)$, mit dem V^π-Coprodukt der X_i $(i \in I)$ über E, $(\varkappa_i)_{i \in I}$ bzw. $\boldsymbol{\mu}(X)$, zusammen mit der Familie der Abbildungen $\varkappa_i: X_i \to \boldsymbol{\mu}(X)$ $(i \in I)$, mit dem V^μ-Coprodukt der X_i $(i \in I)$ über E, $(\varkappa_i)_{i \in I}$ überein; V, V^π und V^μ sind natürlich die Vergißfunktoren von LUN, PUN bzw. UN in ENS. Mittels 3.1.6 und 3.2.23 erhalten wir deshalb

4.9.12 (Coprodukte in LUN, PUN und UN). *$X = \sum_{i \in I} X_i$ ist, zusammen mit den Abbildungen $\varkappa_i: X_i \to X$ $(i \in I)$, ein Coprodukt der X_i $(i \in I)$ in* LUN. *Sind die X_i pseudouniforme bzw. uniforme Räume, so ist $\boldsymbol{\pi}(X)$, zusammen mit den Abbildungen $\varkappa_i: X_i \to \boldsymbol{\pi}(X)$ $(i \in I)$, ein Coprodukt der X_i $(i \in I)$ in* PUN *bzw. $\boldsymbol{\mu}(X)$, zusammen mit den Abbildungen $\varkappa_i: X_i \to \boldsymbol{\mu}(X)$ $(i \in I)$, ein Coprodukt der X_i $(i \in I)$ in* UN.

Aus 4.8.3 ergibt sich

4.9.13. *Eine Abbildung f von $\sum_{i \in I} X_i$ in einen limesuniformen Raum Y ist genau dann gleichmäßig stetig, wenn jede Abbildung $f \circ \varkappa_i$ $(i \in I)$ bez. $\mathfrak{u}_i$ und der limesuniformen Struktur von Y gleichmäßig stetig ist.*

Aus dem Korollar zu 4.8.3 folgt das

Korollar. *Sind die X_i pseudouniforme Räume, so ist eine Abbildung f von $\boldsymbol{\pi}(\sum_{i \in I} X_i)$ in einen pseudouniformen Raum Y genau dann gleichmäßig stetig, wenn jede Abbildung $f \circ \varkappa_i$ $(i \in I)$ bez. $\mathfrak{u}_i$ und der pseudouniformen Struktur von Y gleichmäßig stetig ist. Sind die X_i uniforme Räume, so ist eine Abbildung f von $\boldsymbol{\mu}(\sum_{i \in I} X_i)$ in einen uniformen Raum Y genau dann gleichmäßig stetig, wenn jede Abbildung $f \circ \varkappa_i$ $(i \in I)$ bez. $\mathfrak{u}_i$ und der uniformen Struktur von Y gleichmäßig stetig ist.*

4.9.13 kann auch so formuliert werden: Ist $(f_i)_{i \in I}$ eine Familie von Abbildungen von X_i in einen festen limesuniformen Raum Y, so ist die Summe dieser Abbildungen genau dann gleichmäßig stetig bez. $\sum_{i \in I} \mathfrak{u}_i$ und der limesuniformen Struktur $\mathfrak{v}$ von Y, wenn jede Abbildung f_i bez. $\mathfrak{u}_i$ und $\mathfrak{v}$ gleichmäßig stetig ist. Das zugehörige Korollar läßt sich entsprechend formulieren.

Für das Folgende sei neben $(X_i)_{i\in I}$ eine weitere Familie $(Y_i)_{i\in I}$ von limesuniformen Räumen mit dem gleichen Indexbereich gegeben. Wir bezeichnen zu beliebigem $i \in I$ mit $\mathfrak{v}_i$ die limesuniforme Struktur von Y_i und mit χ_i die natürliche Injektion von Y_i in $\sum_{j\in I} Y_j$.

4.9.14. *$(f_i)_{i\in I}$ sei eine Familie von Abbildungen f_i von X_i in Y_i. Die volle Summe f dieser Abbildungen ist genau dann bez. $\sum \mathfrak{u}_i$ und $\sum \mathfrak{v}_i$ gleichmäßig stetig, wenn jede Abbildung f_i bez. $\mathfrak{u}_i$ und $\mathfrak{v}_i$ gleichmäßig stetig ist.*

Beweis. Die eine Richtung folgt aus 4.8.4. Zum Beweis der anderen Richtung setzen wir voraus, daß f bez. $\sum_{i\in I} \mathfrak{u}_i$ und $\sum_{i\in I} \mathfrak{v}_i$ gleichmäßig stetig ist. Zu beliebigem $i \in I$ ist dann $f \circ \varkappa_i = \chi_i \circ f_i$ bez. $\mathfrak{u}_i$ und $\sum_{j\in I} \mathfrak{v}_j$ gleichmäßig stetig. Mittels 4.6.6 folgt, daß dann $\chi_i \circ f_i$ auch bez. $\mathfrak{u}_i$ und der von $\sum_{j\in I} \mathfrak{v}_j$ auf $Y_i' = \{i\} \times Y_i$ induzierten limesuniformen Struktur gleichmäßig stetig ist. Unter Berücksichtigung von 4.9.9 erhält man, daß dann f_i bez. $\mathfrak{u}_i$ und $\mathfrak{v}_i$ gleichmäßig stetig ist. ∎

Korollar. *$(f_i)_{i\in I}$ sei eine Familie von Abbildungen f_i von X_i in Y_i. f sei die volle Summe dieser Abbildungen. Sind die $\mathfrak{u}_i$ und $\mathfrak{v}_i$ pseudouniforme Strukturen, so ist f bezüglich der pseudouniformen Summen $\pi(\sum_{i\in I} \mathfrak{u}_i)$ und $\pi(\sum_{i\in I} \mathfrak{v}_i)$ genau dann gleichmäßig stetig, wenn jede Abbildung f_i bez. $\mathfrak{u}_i$ und $\mathfrak{v}_i$ gleichmäßig stetig ist. Sind die $\mathfrak{u}_i$ und $\mathfrak{v}_i$ uniforme Strukturen, so ist f bezüglich der uniformen Summen $\mu(\sum_{i\in I} \mathfrak{u}_i)$ und $\mu(\sum_{i\in I} \mathfrak{v}_i)$ genau dann gleichmäßig stetig, wenn jede Abbildung f_i bez. $\mathfrak{u}_i$ und $\mathfrak{v}_i$ gleichmäßig stetig ist.*

Beweis. Die eine Richtung der Behauptungen folgt aus 4.8.4. Die andere Richtung beweist man ähnlich wie die entsprechende Behauptung aus 4.9.14, es sind nur jeweils die limesuniformen Strukturen $\mathfrak{u}_i$, $\mathfrak{v}_i$ $\sum_{j\in I} \mathfrak{u}_j$ und $\sum_{j\in I} \mathfrak{v}_j$ durch deren Bilder bez. π bzw. μ zu ersetzen. ∎

4.9.15. *$\pi(\sum_{i\in I} \mathfrak{u}_i)$ ist die feinste pseudouniforme Struktur und $\mu\ (\sum_{i\in I} \mathfrak{u}_i)$ die feinste uniforme Struktur von E derart, daß alle kanonischen Abbildungen $\varkappa_i$ bez. $\mathfrak{u}_i$ und dieser gleichmäßig stetig sind. $\sum_{i\in I} \mathfrak{u}_i$ stimmt in dem Fall, daß die $\mathfrak{u}_i$ pseudouniforme Strukturen sind, mit $\pi(\sum_{i\in I} \mathfrak{u}_i)$ dann und nur dann überein, wenn I endlich ist. $\pi(\sum_{i\in I} \mathfrak{u}_i)$ stimmt in dem Fall, daß die $\mathfrak{u}_i$ uniforme Strukturen sind, mit $\mu(\sum_{i\in I} \mathfrak{u}_i)$ dann und nur dann überein, wenn bis auf endlich viele i die $\mathfrak{u}_i$ gleich der diskreten uniformen Struktur von X_i sind.*

Beweis. Bis auf den letzten Teil folgt der Satz unmittelbar aus 4.8.8. Im folgenden seien die $\mathfrak{u}_i$ uniforme Strukturen. $\mathfrak{V}_i$ sei stets der Nachbarschaftsfilter von $\mathfrak{U}_\iota$. Nach 4.8.8 gilt genau dann $\pi(\sum_{\iota \in I} \mathfrak{U}_\iota) = \mu(\sum_{\iota \in I} \mathfrak{U}_\iota)$, wenn eine endliche Teilmenge J von I mit

$$[\Delta] \cap \bigcap_{j \in J} (\varkappa_j * \varkappa_j)(\mathfrak{B}_j) \subseteqq (\varkappa_\iota * \varkappa_\iota)(\mathfrak{B}_\iota)$$

zu beliebigem $\iota \in I$ existiert, es zu beliebigen $V_j \in \mathfrak{B}_j$ $(j \in J)$ und beliebigem $\iota \in I$ also ein $W_\iota \in \mathfrak{B}_\iota$ mit

$$\Delta \cup \bigcup_{j \in J} (\varkappa_j * \varkappa_j)[V_j] \supseteqq (\varkappa_\iota * \varkappa_\iota)[W_\iota] \tag{4.9.22}$$

gibt. Zu beliebigem $\iota \in I \backslash J$ folgt aus der letzten Beziehung $(\varkappa_\iota * \varkappa_\iota)[W_\iota] \subseteqq \Delta$ und damit $W_\iota \subseteqq \Delta_\iota$, wegen 4.1.13 also $W_\iota = \Delta_\iota$ für die Diagonale Δ_ι von $X_\iota \times X_\iota$. Für jedes $\iota \in I \backslash J$ ist demnach $\mathfrak{U}_\iota$ die diskrete uniforme Struktur von X_ι. Existiert eine endliche Teilmenge J von I derart, daß alle $\mathfrak{U}_\iota$ $(\iota \in I \backslash J)$ diskrete uniforme Strukturen sind, so ist zu beliebigen $V_j \in \mathfrak{B}_j$ $(j \in J)$ und $\iota \in I$ für $W_\iota = V_\iota$ im Falle $\iota \in J$ und $W_\iota = \Delta_\iota$ im Falle $\iota \in I \backslash J$ die Beziehung (4.9.22) erfüllt. Es gilt dann natürlich $\pi(\sum_{\iota \in I} \mathfrak{U}_\iota) = \mu(\sum_{\iota \in I} \mathfrak{U}_\iota)$. ∎

In dem Fall, daß die $\mathfrak{U}_\iota$ pseudouniforme Strukturen sind, nennen wir $\pi(\sum_{\iota \in I} \mathfrak{U}_\iota)$ die **pseudouniforme Summe** der $\mathfrak{U}_\iota$ $(\iota \in I)$ und $\pi(\sum_{\iota \in I} X_\iota)$ die **pseudouniforme Summe** der X_ι $(\iota \in I)$. In dem Fall, daß die $\mathfrak{U}_\iota$ uniforme Strukturen sind, nennen wir $\mu(\sum_{\iota \in I} \mathfrak{U}_\iota)$ die **uniforme Summe** der $\mathfrak{U}_\iota$ $(\iota \in I)$ und $\mu(\sum_{\iota \in I} X_\iota)$ die **uniforme Summe** der X_ι $(\iota \in I)$.

Mittels 4.8.10 folgt

4.9.16. *Es gilt*

$$\sum_{\iota \in I} \pi(\mathfrak{U}_\iota) \subseteqq \pi(\sum_{\iota \in I} \mathfrak{U}_\iota) \quad \textit{und} \quad \sum_{\iota \in I} \mu(\mathfrak{U}_\iota) \subseteqq \mu(\sum_{\iota \in I} \mathfrak{U}_\iota)\,.$$

Bei keiner dieser Beziehungen trifft im allgemeinen das Gleichheitszeichen zu. Bei der ersten dieser Beziehungen gilt es genau dann, wenn I endlich ist.

Zum Beweis: Sind die $\mathfrak{U}_\iota$ uniforme Strukturen, so kann bei der zweiten Beziehung aus 4.9.16 das Gleichheitszeichen höchstens in dem Fall, daß I endlich ist, gelten. ∎

4.10. Induktive Limites in der Kategorie der limesuniformen Räume und in Unterkategorien

Wir gehen auf induktive Limites in den Kategorien LUN, PUN und UN ein. Nach Bemerkungen in Abschnitt 4.8 existieren alle induktiven Limites in diesen Kategorien und können für sie natürliche Auswahlen angegeben werden. Wir befassen uns vor allem mit der natürlichen Auswahl, zu der man über die in 3.2.15 angeführte natürliche Auswahl der induktiven Limites in ENS gelangt.

T sei ein Funktor einer kleinen Kategorie $\mathfrak{D}$ in die Kategorie LUN. Für jedes Objekt D von $\mathfrak{D}$ bezeichnen wir den limesuniformen Raum $T(D)$ mit X_D, seine Trägermenge $VT(D)$ mit $|X_D|$ und seine limesuniforme Struktur mit $\mathfrak{u}_D$. Nach 3.2.15 ist $E = \lim \operatorname{ind} |X_D|$, zusammen mit der Familie der kanonischen Abbildungen $\varphi_D\colon |X_D| \to E$ $(D \in \mathrm{Ob}\mathfrak{D})$ ein induktiver Limes von VT (vergleiche die Definitionen nach 3.2.15). V ist natürlich der Vergißfunktor von LUN in ENS. Wir bezeichnen mit $\lim\operatorname{ind}\mathfrak{u}_D$ oder $\varinjlim \mathfrak{u}_D$ die feinste limesuniforme Struktur von E derart, daß alle Abbildungen φ_D bez. $\mathfrak{u}_D$ und dieser gleichmäßig stetig sind. $\lim\operatorname{ind}\mathfrak{u}_D$ ist nach 4.8.6 die limesuniforme Finalstruktur der $\mathfrak{u}_D$ bezüglich der Abbildungen φ_D. E, versehen mit dieser limesuniformen Struktur, bezeichnen wir mit $\lim\operatorname{ind} X_D$ oder $\varinjlim X_D$.

Aus 4.8.5 und 4.8.7 ergibt sich: $X = \lim\operatorname{ind} X_D$ ist, zusammen mit der Familie der Abbildungen $\varphi_D\colon X_D \to X$ $(D \in \mathrm{Ob}\mathfrak{D})$, gleich dem V-Coprodukt der X_D über E, $(\varphi_D)_{D\in\mathrm{Ob}\mathfrak{D}}$. Wenn die X_D pseudouniforme bzw. uniforme Räume sind, ist $\pi(X)$, zusammen mit der Familie der Abbildungen $\varphi_D\colon X_D \to \pi(X)$ $(D \in \mathrm{Ob}\mathfrak{D})$, gleich dem V^π-Coprodukt der X_D über E, $(\varphi_D)_{D\in\mathrm{Ob}\mathfrak{D}}$ bzw. $\mu(X)$, zusammen mit der Familie der Abbildungen $\varphi_D\colon X_D \to \mu(X)$ $(D \in \mathrm{Ob}\mathfrak{D})$, gleich dem V^π-Coprodukt der X_D über E, $(\varphi_D)_{D\in\mathrm{Ob}\mathfrak{D}}$. V^π und V^μ sind natürlich die Vergißfunktoren von PUN bzw. UN in ENS.

Wir definieren T^π und T^μ wie vor 4.7.1 und erhalten mittels 3.2.23

4.10.1 (Induktive Limites in LUN, PUN und UN). $X = \lim\operatorname{ind} X_D$ *ist, zusammen mit der Familie der Abbildungen* $\varphi_D\colon X_D \to X$ $(D \in \mathrm{Ob}\mathfrak{D})$, *ein induktiver Limes von* T. *Sind die* X_D *pseudouniforme bzw. uniforme Räume, so ist* $\pi(X)$, *zusammen mit der Familie der Abbildungen* $\varphi_D\colon X_D \to \pi(X)$ $(D \in \mathrm{Ob}\mathfrak{D})$, *ein induktiver Limes von* T^π *bzw.* $\mu(X)$, *zusammen mit der Familie der Abbildungen* $\varphi_D\colon X_D \to \mu(X)$ $(D \in \mathrm{Ob}\mathfrak{D})$, *ein induktiver Limes von* T^μ.

Die Abbildungen $\varphi_D\colon X_D \to X$, $\varphi_D\colon X_D \to \pi(X)$ bzw. $\varphi_D\colon X_D \to \mu(X)$ bezeichnen wir als die **kanonischen Abbildungen** von X_D in X, $\pi(X)$ bzw. $\mu(X)$.

Durch Dualisierung der Konstruktion der projektiven Limites mittels Produkten und Differenzkernen ergibt sich

4.10.2. $\lim\operatorname{ind}\mathfrak{u}_D$ *ist gleich der limesuniformen Quotientenstruktur* $(\sum_{D\in\mathrm{Ob}\mathfrak{D}} \mathfrak{u}_D)_\varrho$ *der limesuniformen Summe* $\sum_{D\in\mathrm{Ob}\mathfrak{D}} \mathfrak{u}_D$, *wobei* ϱ *die in* 3.2.15 *definierte Äquivalenzrelation ist.*

$\lim\operatorname{ind} X_D$ ist daher gleich dem limesuniformen Quotientenraum $(\sum_{D\in\mathrm{Ob}\mathfrak{D}} X_D)_\varrho$.

Im weiteren befassen wir uns zunächst mit dem Spezialfall, in dem T ein induktives Einbettungsspektrum $((X_\iota)_{\iota\in I}, (\varphi_{\iota\jmath})_{(\iota,\jmath)\in\leq})$ in LUN ist (gemeint bezüglich des Vergißfunktors V: LUN $\to$ ENS). Wir nehmen die prägeordnete

Menge I speziell als gerichtet an und zeigen, daß es dann eine einfachere natürliche Auswahl der induktiven Limites als die oben angegebene gibt. Zu beliebigem $i \in I$ sei $\mathfrak{u}_i$ die limesuniforme Struktur von X_i und $\mathfrak{v}_i$ die limesuniforme Finalstruktur von $\mathfrak{u}_i$ bezüglich der identischen Einbettung ι_i von X_i in die Vereinigung F der Trägermengen der X_j ($j \in I$). Wir bezeichnen F, versehen mit der limesuniformen Struktur $\bigvee_{i \in I} \mathfrak{v}_i$, mit $\bigcup_{i \in I} X_i$. $\bigvee_{i \in I} \mathfrak{v}_i$ ist natürlich die Vereinigung der limesuniformen Strukturen $\mathfrak{v}_i$ im Verband $\mathcal{U}F$. Mittels 4.8.1 folgt, daß $\bigvee_{i \in I} \mathfrak{v}_i$ die Menge aller Filter $(\iota_i * \iota_i)(\mathfrak{G}) = \operatorname{im}_{\subseteq, F \times F} \mathfrak{G}$ ($i \in I, \mathfrak{G} \in \mathfrak{u}_i$) als eine Basis hat, also

$$\bigvee_{i \in I} \mathfrak{v}_i = \{\mathfrak{F} \in \mathcal{F}(F \times F) \mid \exists\, i \in I\ \exists\, \mathfrak{G} \in \mathfrak{u}_i\ (\operatorname{im}_{\subseteq, F \times F} \mathfrak{G} \subseteq \mathfrak{F})\} \tag{4.10.1}$$

gilt. $\bigvee_{i \in I} \mathfrak{v}_i$ ist die feinste limesuniforme Struktur von F derart, daß die identischen Einbettungen ι_i von X_i in F bez. $\mathfrak{u}_i$ und dieser gleichmäßig stetig sind. Entsprechend wie 4.10.1 folgt unter Berücksichtigung von 3.2.19: $X = \bigcup_{i \in I} X_i$ ist, zusammen mit der Familie der Abbildungen $\iota_i \colon X_i \to X$ ($i \in I$), ein induktiver Limes von T. Wenn die X_i pseudouniforme bzw. uniforme Räume sind, ist $\boldsymbol{\pi}(X)$, zusammen mit der Familie der Abbildungen $\iota_i \colon X_i \to \boldsymbol{\pi}(X)$ ($i \in I$), ein induktiver Limes von T^π bzw. $\boldsymbol{\mu}(X)$, zusammen mit der Familie der Abbildungen $\iota_i \colon X_i \to \boldsymbol{\mu}(X)$ ($i \in I$), ein induktiver Limes von T^μ.

Sind die X_i pseudouniforme Räume, so stimmt $\boldsymbol{\pi}(X)$ wegen 4.8.8 mit X genau dann überein, wenn die Familie $(|X_i|)_{i \in I}$ der Trägermengen der X_i **stationär** wird, d. h. ein $i_0 \in I$ mit $|X_{i_0}| = |X_i|$ zu beliebigem $i \geqq i_0$ existiert. Die limesuniformen Räume verhalten sich damit bezüglich induktiver Einbettungsspektren nicht völlig analog wie die Limesräume.

Wir kommen im folgenden wieder zum allgemeinen Fall.

4.10.3. *Es gilt*

$$\lambda\,(\text{lim ind}\ \mathfrak{u}_D) \geqq \text{lim ind}\ \lambda(\mathfrak{u}_D)\,, \tag{4.10.2}$$

$$(\lambda \circ \pi)(\text{lim ind}\ \mathfrak{u}_D) \geqq p(\text{lim ind}\ \lambda(\mathfrak{u}_D)) \tag{4.10.3}$$

und

$$(\lambda \circ \mu)(\text{lim ind}\ \mathfrak{u}_D) \geqq t(\text{lim ind}\ \lambda(\mathfrak{u}_D))\,. \tag{4.10.4}$$

Bei keiner dieser Beziehungen trifft im allgemeinen das Gleichheitszeichen zu. Bei (4.10.2) *und* (4.10.3) *gilt das Gleichheitszeichen, wenn T ein induktives Einbettungsspektrum über einer gerichteten Menge ist. Bei* (4.10.4) *gilt das Gleichheitszeichen im allgemeinen nicht einmal, wenn T ein triviales induktives Spektrum ist.*

Beweis. Aus 4.8.2 folgt, daß die Beziehungen (4.10.2) bis (4.10.4) gelten und in dem Fall, daß T ein induktives Einbettungsspektrum über einer gerichteten Menge ist, bei (4.10.2) und (4.10.3) das Gleichheitszeichen zutrifft. Daß bei (4.10.2) und (4.10.3) das Gleichheitszeichen im allgemeinen nicht gilt, ergibt sich aus 4.9.1 unter Berücksichtigung, daß limesuniforme Quotientenräume, zusammen mit den kanonischen Abbildungen, spezielle induktive Limites in LUN sind. Daß bei (4.10.4) das Gleichheitszeichen im allgemeinen nicht einmal gilt, wenn T ein triviales induktives Spektrum ist, folgt aus 4.1.21. ∎

Wegen 4.8.3 erhält man

4.10.4. *Eine Abbildung f von* $\operatorname{lim\,ind} X_D$ *in einen limesuniformen Raum Y ist genau dann gleichmäßig stetig, wenn jede Abbildung $f \circ \varphi_D$ $(D \in \mathrm{Ob}\mathfrak{D})$ bez. $\mathfrak{u}_D$ und der limesuniformen Struktur von Y gleichmäßig stetig ist.*

Auf Grund des Korollars zu 4.8.3 gilt das

Korollar. *Eine Abbildung f von $\boldsymbol{\pi}(\operatorname{lim\,ind} X_D)$ in einen pseudouniformen Raum Y ist genau dann gleichmäßig stetig, wenn jede Abbildung $f \circ \varphi_D$ $(D \in \mathrm{Ob}\mathfrak{D})$ bez. $\mathfrak{u}_D$ und der pseudouniformen Struktur von Y gleichmäßig stetig ist. Eine Abbildung f von $\boldsymbol{\mu}(\operatorname{lim\,ind} X_D)$ in einen uniformen Raum Y ist genau dann gleichmäßig stetig, wenn jede Abbildung $f \circ \varphi_D$ $(D \in \mathrm{Ob}\mathfrak{D})$ bez. $\mathfrak{u}_D$ und der uniformen Struktur von Y gleichmäßig stetig ist.*

In dem Fall, daß T ein induktives Spektrum über einer nichtleeren gerichteten Menge I ist, können wir die eine Richtung des Satzes 4.10.4 auch so formulieren: f sei eine Abbildung von $\operatorname{lim\,ind} X_i$ in einen limesuniformen Raum Y. $S = \left((Y_i)_{i \in I}, (\psi_{ij})_{(i,j) \in \leq}\right)$ sei das triviale induktive Spektrum über I mit Y als Raum. f_i sei zu beliebigem $i \in I$ die Abbildung $f \circ \varphi_i$ von X_i in Y_i. Ist jede Abbildung f_i gleichmäßig stetig, so ist auch f gleichmäßig stetig.

Entsprechend läßt sich die eine Richtung des zugehörigen Korollars in dem Fall, daß T ein induktives Spektrum über einer nichtleeren gerichteten Menge ist, umformulieren.

Im folgenden verallgemeinern wir diese Aussagen. Wir nehmen dazu an, daß neben T ein weiterer Funktor S von $\mathfrak{D}$ in LUN gegeben ist. Zu beliebigem $D \in \mathrm{Ob}\mathfrak{D}$ bezeichnen wir den limesuniformen Raum $S(D)$ mit Y_D. Ferner setzen wir $X = \operatorname{lim\,ind} X_D$ und $Y = \operatorname{lim\,ind} Y_D$. V sei der Vergißfunktor von LUN in ENS. Mittels 4.8.4, 3.2.16 und Bemerkungen nach 3.2.16 folgt

4.10.5. *$(f_D)_{D \in \mathrm{Ob}\mathfrak{D}}$ sei eine natürliche Transformation von VT nach VS und f die nach 3.2.16 definierte Abbildung* $\operatorname{lim\,ind} f_D$. *Ist jede Abbildung f_D bezüglich der limesuniformen Strukturen von X_D und Y_D gleichmäßig stetig, so ist f eine gleichmäßig stetige Abbildung von X in Y und ebenfalls von $\boldsymbol{\pi}(X)$ in $\boldsymbol{\pi}(Y)$ und von $\boldsymbol{\mu}(X)$ in $\boldsymbol{\mu}(Y)$. Ist jede Abbildung f_D ein limesuniformer Isomorphismus von X_D auf Y_D, so ist f ein limesuniformer Isomorphismus von X auf Y, von $\boldsymbol{\pi}(X)$ auf $\boldsymbol{\pi}(Y)$ und von $\boldsymbol{\mu}(X)$ auf $\boldsymbol{\mu}(Y)$.*

4.10.6. $\pi(\operatorname{lim\,ind} \mathfrak{u}_D)$ *ist die feinste pseudouniforme Struktur und* $\mu(\operatorname{lim\,ind} \mathfrak{u}_D)$ *die feinste uniforme Struktur von E derart, daß alle kanonischen Abbildungen φ_D*

bez. $\mathfrak{u}_D$ *und dieser gleichmäßig stetig sind.* lim ind $\mathfrak{u}_D$ *stimmt in dem Fall, daß die* $\mathfrak{u}_D$ *pseudouniforme Strukturen sind, im allgemeinen nicht mit* π(lim ind $\mathfrak{u}_D$) *überein, und zwar trifft das genau dann zu, wenn eine endliche Teilmenge* J *von* Ob$\mathfrak{D}$ *mit* $E = \bigcup_{D \in J} \operatorname{wb} \varphi_D$ *existiert*[1]). *Ebenfalls stimmt* π(lim ind $\mathfrak{u}_D$) *in dem Fall, daß die* $\mathfrak{u}_D$ *uniforme Strukturen sind, im allgemeinen nicht mit* μ(lim ind $\mathfrak{u}_D$) *überein. Wenn* T *ein induktives Einbettungsspektrum über einer geordneten Menge* I *ist, trifft das genau dann zu, wenn ein* $i \in I$ *existiert, so daß zu beliebigem* $j \in I$ *mit* $i \leqq j$ *der Nachbarschaftsfilter* $\mathfrak{B}_j$ *von* $\mathfrak{u}_j$ *die mittels des Nachbarschaftsfilters* $\mathfrak{B}_i$ *von* $\mathfrak{u}_i$ *und der Diagonale* Δ_j *von* $X_j \times X_j$ *gebildete Menge* $\{\Delta_j \cup V_i \mid V_i \in \mathfrak{B}_i\}$ *als eine Basis hat.*

Beweis. Die Richtigkeit der ersten beiden Teile der Behauptung folgt mühelos aus 4.8.8. Wir nehmen nun an, daß T ein induktives Einbettungsspektrum $\left((X_i)_{i \in I}, (\varphi_{ij})_{(i,j) \in \leqq}\right)$ über einer geordneten Menge I ist und $\mathfrak{u}_i$ uniforme Strukturen $[\mathfrak{B}_i]$ sind. Zu beliebigen $i, j \in I$ mit $i \leqq j$ folgt

$$\mathfrak{B}_j \subseteqq (\varphi_{ij} * \varphi_{ij})(\mathfrak{B}_i) \tag{4.10.5}$$

und damit

$$(\varphi_j * \varphi_j)(\mathfrak{B}_j) \subseteqq (\varphi_i * \varphi_i)(\mathfrak{B}_i)\,. \tag{4.10.6}$$

Mittels 4.8.8 ergibt sich deshalb, daß unter den angegebenen Voraussetzungen π(lim ind $\mathfrak{u}_i$) genau dann mit μ(lim ind $\mathfrak{u}_i$) übereinstimmt, wenn ein $i \in I$ mit

$$[\Delta] \cap (\varphi_i * \varphi_i)(\mathfrak{B}_i) \subseteqq (\varphi_j * \varphi_j)(\mathfrak{B}_j) \tag{4.10.7}$$

zu beliebigem $j \in I$ existiert. Wegen (4.10.6) ist diese Bedingung im Falle $j \leqq i$ stets erfüllt, so daß nur der Fall $i \leqq j$ interessiert. Im Falle $i \leqq j$ folgt aus (4.10.7) wegen $\varphi_{ij} = \varphi_j^{-1} \circ \varphi_i$, $\Delta_j = \varphi_j^{-1} \circ \varphi_j$ und $[\Delta_j] = (\varphi_j^{-1} * \varphi_j^{-1})\,([\Delta])$ leicht $[\Delta_j] \cap (\varphi_{ij} * \varphi_{ij})\,(\mathfrak{B}_i) \subseteqq \mathfrak{B}_j$ und wegen (4.10.5) und $\mathfrak{B}_j \subseteqq [\Delta_j]$ damit sogar

$$[\Delta_j] \cap (\varphi_{ij} * \varphi_{ij})(\mathfrak{B}_i) = \mathfrak{B}_j\,. \tag{4.10.8}$$

Aus (4.10.8) ergibt sich wegen $\varphi_i = \varphi_j \circ \varphi_{ij}$ und $[\Delta] \subseteqq (\varphi_j * \varphi_j)\,([\Delta_j])$ umgekehrt (4.10.7), so daß (4.10.7) und (4.10.8) äquivalent sind. (4.10.8) besagt, daß $\mathfrak{B}_j$ die Menge $\{\Delta_j \cup V_i \mid V_i \in \mathfrak{B}_i\}$ als eine Basis hat. Damit ist der letzte Teil der Behauptung bewiesen. Selbstverständlich kann daher π(lim ind $\mathfrak{u}_i$) in dem Fall, daß die $\mathfrak{u}_i$ uniforme Strukturen sind, im allgemeinen nicht mit μ(lim ind $\mathfrak{u}_i$) übereinstimmen. ▮

Aus 4.8.9 und 4.9.6 ergibt sich

4.10.7. *Zwischen den Nachbarschaftsfiltern der* $\mathfrak{u}_D$ ($D \in$ Ob $\mathfrak{D}$) *und dem Nachbarschaftsfilter von* lim ind $\mathfrak{u}_D$ *besteht die Beziehung*

$$\mathfrak{N}_{\text{lim ind}\, \mathfrak{u}_D} \subseteqq \bigcap_{D \in \text{Ob}\mathfrak{D}} (\varphi_D * \varphi_D)(\mathfrak{N}_{\mathfrak{u}_D})\,. \tag{4.10.9}$$

---

[1]) Ist T speziell ein induktives Spektrum über einer gerichteten Menge I, so ist das — wie bereits angemerkt wurde — genau dann der Fall, wenn $(|X_i|)_{i \in I}$ stationär wird.

Im allgemeinen trifft bei (4.10.9) das Gleichheitszeichen nicht zu. Ist T ein induktives Einbettungsspektrum über einer gerichteten Menge, so gilt bei (4.10.9) das Gleichheitszeichen.

Aus 4.8.10 und 4.10.6 folgt

4.10.8. *Es gilt*

$$\lim\operatorname{ind} \pi(\mathfrak{U}_D) \subseteqq \pi(\lim\operatorname{ind} \mathfrak{U}_D) \tag{4.10.10}$$

und

$$\lim\operatorname{ind} \mu(\mathfrak{U}_D) \subseteqq \mu(\lim\operatorname{ind} \mathfrak{U}_D)\,. \tag{4.10.11}$$

Bei keiner dieser Beziehungen trifft im allgemeinen das Gleichheitszeichen zu. Bei (4.10.10) *gilt das Gleichheitszeichen genau dann, wenn eine endliche Teilmenge J von* Ob$\mathfrak{D}$ *mit $E = \bigcup_{D \in J} \operatorname{wb} \varphi_D$ existiert*[1]).

Wir befassen uns im folgenden mit dem Problem der Vertauschung der Reihenfolge der projektiven und induktiven Limites in LUN, PUN und UN. Es seien $\mathfrak{D}$ und $\mathfrak{E}$ nichtleere kleine Kategorien, und T sei ein Funktor von $\mathfrak{D} \times \mathfrak{E}$ in LUN, PUN bzw. UN. Zu beliebigem $D \in \operatorname{Ob}\mathfrak{D}$ setzen wir $X_D = \lim\operatorname{proj} T_{D\cdot}(E)$, zu beliebigem $E \in \operatorname{Ob}\mathfrak{E}$ ferner $Y_E = \lim\operatorname{ind} T_{\cdot E}(D)$. $|X_D|$ und $|Y_E|$ seien die Trägermengen dieser limesuniformen Räume. Aus den Überlegungen vor 3.2.20 folgt, daß die wie dort definierte Abbildung ω von $\lim\operatorname{ind} |X_D|$ in $\lim\operatorname{proj} |Y_E|$ eine gleichmäßig stetige Abbildung von $\lim\operatorname{ind} X_D$ in $\lim\operatorname{proj} Y_E$, von $\boldsymbol{\pi}(\lim\operatorname{ind} X_D)$ in $\lim\operatorname{proj} \boldsymbol{\pi}(Y_E)$ bzw. von $\boldsymbol{\mu}(\lim\operatorname{ind} X_D)$ in $\lim\operatorname{proj} \boldsymbol{\mu}(Y_E)$ ist. Wenn zusätzlich $\mathfrak{D}$ filtrierend und $\mathfrak{E}$ endlich ist, folgt mittels 3.2.20 sogar, daß ω jeweils eine gleichmäßig stetige Bijektion ist. Im allgemeinen ist ω unter dieser Voraussetzung kein limesuniformer Isomorphismus. In einem wichtigen Fall trifft das jedoch zu. Wir geben diesen im folgenden an, und zwar zeigen wir, daß sich entsprechend wie in LIM unter einer geringen Einschränkung in LUN nichtleere endliche Produkte mit induktiven Limites induktiver Einbettungsspektren über nichtleeren gerichteten Mengen vertauschen lassen. Wir nehmen in diesem Fall eine geeignetere Auswahl der induktiven Limites vor.

Es sei I eine nichtleere gerichtete Menge, J eine nichtleere endliche Menge und X_{ij} zu beliebigen $i \in I$ und $j \in J$ ein limesuniformer Raum derart, daß zu beliebigen $i, i' \in I$ mit $i \leqq i'$ und beliebigem $j \in J$ die Trägermenge von X_{ij} in der Trägermenge von $X_{i'j}$ enthalten und die identische Einbettung von X_{ij} in $X_{i'j}$ gleichmäßig stetig ist. $\mathfrak{U}_{ij}$ sei jeweils die limesuniforme Struktur von X_{ij}.

4.10.9 (Vertauschungssatz). *Die limesuniformen Strukturen $\mathfrak{U}_{ij}$ seien nicht entartet. Dann gilt*

$$\bigcup_{i \in I} \prod_{j \in J} X_{ij} = \prod_{j \in J} \bigcup_{i \in I} X_{ij}\,.$$

---

[1]) Vergleiche die Fußnote zu 4.10.6.

Beweis. Wir wenden (3.2.18) und 4.8.11 an und haben lediglich noch zu zeigen, daß die limesuniforme Struktur $\mathfrak{U}$ von $\bigcup_{i\in I}\prod_{j\in J} X_{ij}$ von der Familie $(\pi_j)_{j\in J}$ der zugehörigen Projektionen reproduziert wird. π_{ij} seien die j-ten Projektionen der $\prod_{k\in J} X_{ik}$. Gegeben sei ein eigentlicher Filter $\mathfrak{F} \in \bigwedge_{j\in J} (\pi_j^{-1} * \pi_j^{-1})\big((\pi_j * \pi_j)(\mathfrak{U})\big)$. Unter Beachtung der Endlichkeit von J finden wir ein $\mathfrak{G} \in \mathfrak{U}$ mit

$$\bigvee_{j\in J} (\pi_j^{-1} * \pi_j^{-1})\big((\pi_j * \pi_j)(\mathfrak{G})\big) \subseteq \mathfrak{F}\,.$$

Wegen (4.10.1) existieren ein $i \in I$ und ein $\mathfrak{H} \in \underset{j\in J}{\ast}\, \mathfrak{U}_{ij}$ mit $\operatorname{im}_{\subseteq, F\times F} \mathfrak{H} \subseteq \mathfrak{G}$, wobei F die Trägermenge von $\bigcup_{i\in I}\prod_{j\in J} X_{ij}$ ist. Für dieses i und $\mathfrak{K} = \underset{j\in J}{\ast} (\pi_{ij} * \pi_{ij})(\mathfrak{H})$ folgt mittels 2.7.13 und 2.7.16

$$\operatorname{im}_{\subseteq, F\times F} \mathfrak{K} = \underset{j\in J}{\ast} (\pi_j * \pi_j)(\operatorname{im}_{\subseteq, F\times F} \mathfrak{H}) \subseteq \mathfrak{F}$$

und wegen 2.10.6 ferner $\mathfrak{K} \in \underset{j\in J}{\ast}\, \mathfrak{U}_{ij}$, wegen (4.10.1) damit $\mathfrak{F} \in \mathfrak{U}$, somit

$$\bigwedge_{j\in J} (\pi_j^{-1} * \pi_j^{-1})\,\big((\pi_j * \pi_j)\,(\mathfrak{U})\big) \subseteq \mathfrak{U}\,. \blacksquare$$

Aus 4.10.9 folgt nicht die entsprechende Vertauschbarkeit in PUN, vielmehr gilt

4.10.10. *Die $\mathfrak{U}_{ij}$ seien nichtdiskrete pseudouniforme Strukturen. J sei mindestens zweielementig. Unter dieser Voraussetzung ist genau dann*

$$\pi(\bigcup_{i\in I}\prod_{j\in J} X_{ij}) = \prod_{j\in J}\pi(\bigcup_{i\in I} X_{ij})\,, \tag{4.10.12}$$

wenn für jedes $j \in J$ die Familie $(|X_{ij}|)_{i\in I}$ der Trägermengen der X_{ij} $(i \in I)$ stationär wird, also ein $i_0 \in I$ mit $|X_{i_0 j}| = |X_{ij}|$ zu beliebigem $i \geqq i_0$ existiert.

Beweis. 1. Jede Familie $(|X_{ij}|)_{i\in I}$ werde stationär, weshalb $\bigcup_{i\in I} X_{ij} = \pi(\bigcup_{i\in I} X_{ij})$ $(j \in J)$ und wegen 4.10.9 damit $\bigcup_{i\in I}\prod_{j\in J} X_{ij} = \prod_{j\in J}\pi(\bigcup_{i\in I} X_{ij})$ gilt. Nun ist wegen 4.6.13 jedes Produkt pseudouniformer Räume ein pseudouniformer Raum. Daher gilt sogar (4.10.12).

2. Für ein j_0 werde $(|X_{ij_0}|)_{i\in I}$ nicht stationär. Wir setzen $F_j = \bigcup_{i\in I} |X_{ij}|$ und bezeichnen mit ι_{ij} die identische Einbettung von X_{ij} in F_j, mit Δ_{ij} die identische Abbildung von X_{ij} auf sich und mit Δ_j die identische Abbildung von F_j auf sich. Gegeben seien ein $i \in I$ und Filter $\mathfrak{F}_{ij} \in \mathfrak{U}_{ij}$ $(j \in J)$ mit $\mathfrak{F}_{ij} \subsetneqq [\Delta_{ij}]$. Der Filter $\underset{j\in J}{\ast}\, \mathfrak{G}_j$ mit $\mathfrak{G}_{j_0} = [\Delta_{j_0}] \cap (\iota_{ij_0} * \iota_{ij_0})(\mathfrak{F}_{ij_0})$ und $\mathfrak{G}_j = (\iota_{ij} * \iota_{ij})(\mathfrak{F}_{ij})$ bei $j \neq j_0$ gehört der limesuniformen Struktur von $\prod_{j\in J}\pi(\bigcup_{i\in I} X_{ij})$ an. Würde er auch der limesuniformen Struktur von $\pi(\bigcup_{i\in I}\prod_{j\in J} X_{ij})$ angehören, so gäbe es ein $i_0 \in I$ und

Filter $\mathfrak{H}_j \in \mathfrak{U}_{i_0 j}$ $(j \in J)$ mit $[\underset{j\in J}{\ast} \Delta_j] \cap \underset{j\in J}{\ast} (\iota_{i_0 j} \ast \iota_{i_0 j})(\mathfrak{H}_j) \subseteqq \underset{j\in J}{\ast} \mathfrak{G}_j$, insbesondere wäre

$$\underset{j\in J}{\ast} \Delta_j \cup \underset{j\in J}{\ast} H_j \in \underset{j\in J}{\ast} \mathfrak{G}_j$$

bei $H_{j_0} = |X_{i_0 j_0}| \times |X_{i_0 j_0}|$ und $H_j = F_j \times F_j$ bei $j \neq j_0$. Es gäbe $G_j \in \mathfrak{G}_j$ $(j \in J)$ mit $G_{j_0} \setminus H_{j_0} \neq \emptyset$ und $G_j \setminus \Delta_j \neq \emptyset$ bei $j \neq j_0$ und mit

$$\underset{j\in J}{\ast} \Delta_j \cup \underset{j\in J}{\ast} H_j \supseteqq \underset{j\in J}{\ast} G_j ,$$

was zu einem Widerspruch führen würde. (4.10.12) gilt daher nicht. ∎

Für UN liegt kein Vertauschungssatz vor, der 4.10.9 oder 4.10.10 ähnlich ist. Man zeigt leicht mittels 4.10.9, daß in dem Fall, daß die $\mathfrak{U}_{ij}$ nicht entartet sind und die uniforme Struktur von $\boldsymbol{\mu}(\bigcup_{i\in I} \prod_{j\in J} X_{ij})$ von der Familie $(\pi_j)_{j\in J}$ reproduziert wird, $\boldsymbol{\mu}(\bigcup_{i\in I} \prod_{j\in J} X_{ij}) = \prod_{j\in J} \boldsymbol{\mu}(\bigcup_{i\in I} X_{ij})$ gilt.

4.11. Gleichmäßig CHOQUETsche limesuniforme Räume

In diesem Abschnitt gehen wir auf Analoga zu den Begriffen CHOQUETsch, $\aleph_0$-CHOQUETsch und folgenCHOQUETsch für limesuniforme Räume ein. Im Band 2 bringen wir Anwendungen dieser Untersuchungen. Wir nennen einen limesuniformen Raum X und ebenfalls seine limesuniforme Struktur $\mathfrak{U}$ **gleichmäßig CHOQUETsch,** wenn jeder Filter in $X \times X$, dessen Ultraoberfilter alle $\mathfrak{U}$ angehören, ebenfalls $\mathfrak{U}$ angehört. Entsprechend nennen wir einen limesuniformen Raum X und seine limesuniforme Struktur $\mathfrak{U}$ **gleichmäßig $\aleph_0$-CHOQUETsch,** oder **gleichmäßig abzählbar CHOQUETsch,** wenn jeder Filter in $X \times X$, der eine abzählbare Basis hat und dessen Ultraoberfilter alle $\mathfrak{U}$ angehören, ebenfalls $\mathfrak{U}$ angehört. Jede gleichmäßig CHOQUETsche limesuniforme Struktur ist gleichmäßig $\aleph_0$-CHOQUETsch. Die entartete limesuniforme Struktur einer Menge ist gleichmäßig CHOQUETsch. Mittels 2.2.10 folgt, daß jede uniforme Struktur gleichmäßig CHOQUETsch ist.

Pseudouniforme Strukturen sind im allgemeinen nicht gleichmäßig $\aleph_0$-CHOQUETsch und damit im allgemeinen auch nicht gleichmäßig CHOQUETsch, wie wir im Anschluß an das Korollar zu 4.11.4 zeigen.

Wir bezeichnen zu einer beliebigen limesuniformen Struktur $\mathfrak{U}$ einer Menge X mit $\mathfrak{U}^\sim$ die Menge aller Filter in $X \times X$, deren Ultraoberfilter $\mathfrak{U}$ angehören. Jeder limesuniformen Struktur $\mathfrak{U}$ einer Menge X ordnen wir eine gleichmäßig CHOQUETsche limesuniforme Struktur glch($\mathfrak{U}$) von X zu, und zwar nehmen wir als glch($\mathfrak{U}$) dasjenige $\wedge$-Ideal von Filtern in in $X \times X$, das die Menge aller Kompositionen $\mathfrak{F}_m \circ \cdots \circ \mathfrak{F}_1$ $(m \in N^+)$ von Filtern aus $\mathfrak{U}^\sim$ als eine Subbasis hat. glch($\mathfrak{U}$) ist offenbar eines limesuniforme Struktur. Wir zeigen sogar

4.11.1. *Zu jeder limesuniformen Struktur* $\mathfrak{U}$ *einer Menge* X *ist* glch($\mathfrak{U}$) *die feinste* gleichmäßig CHOQUET*sche limesuniforme Struktur von* X, die $\mathfrak{U}$ *enthält.* $\mathfrak{U}$ *und* glch($\mathfrak{U}$) *gehören die gleichen Ultrafilter an.*

Beweis. $\mathfrak{F}$ sei ein Filter aus glch($\mathfrak{U}$)$^\sim$, und $\mathfrak{G}$ sei ein Ultraoberfilter von $\mathfrak{F}$. Wegen 2.2.8 finden wir Filter $\mathfrak{F}_1, \ldots, \mathfrak{F}_m \in \mathfrak{U}^\sim$ mit $\mathfrak{F}_m \circ \cdots \circ \mathfrak{F}_1 \subseteqq \mathfrak{G}$. Nach 2.7.6 existieren Ultraoberfilter $\mathfrak{V}_k$ von $\mathfrak{F}_k$ $(k = 1, \ldots, m)$ mit $\mathfrak{V}_m \circ \cdots \circ \mathfrak{V}_1 \subseteqq \mathfrak{G}$. Wegen $\mathfrak{V}_k \in \mathfrak{U}$ $(k = 1, \ldots, m)$ folgt $\mathfrak{G} \in \mathfrak{U}$ und damit $\mathfrak{F} \in$ glch($\mathfrak{U}$). glch($\mathfrak{U}$) ist somit gleichmäßig CHOQUETsch. Offenbar gilt $\mathfrak{U} \subseteqq$ glch($\mathfrak{U}$) und für jede gleichmäßig CHOQUETsche limesuniforme Struktur $\mathfrak{v}$, die $\mathfrak{U}$ enthält, glch($\mathfrak{U}$) $\subseteqq$ glch($\mathfrak{v}$) $= \mathfrak{v}$. Damit ist der erste Teil der Behauptung gezeigt. Der zweite Teil ergibt sich aus dem Angeführten, falls $\mathfrak{F}$ als Ultrafilter angenommen wird, $\mathfrak{F}$ somit gleich $\mathfrak{G}$ ist. ∎

Eine limesuniforme Struktur $\mathfrak{U}$ ist genau dann gleichmäßig CHOQUETsch, wenn sie mit glch($\mathfrak{U}$) übereinstimmt. Ist $\mathfrak{U}$ eine pseudouniforme Struktur, so wegen $\mathfrak{U} \subseteqq$ glch($\mathfrak{U}$) auch glch($\mathfrak{U}$). Analog wie 3.17.2 ergibt sich

4.11.2. *Für jede limesuniforme Struktur* $\mathfrak{U}$ *einer Menge gilt* $\pi(\mathfrak{U}) \subseteqq \pi(\text{glch}(\mathfrak{U})) \subseteqq \text{glch}(\pi(\mathfrak{U}))$ *und* $\mu(\mathfrak{U}) = \mu(\text{glch}(\mathfrak{U})) = \text{glch}(\mu(\mathfrak{U}))$.

Für jede limesuniforme Struktur $\mathfrak{U}$ setzen wir $\mathfrak{U}^{\approx} = \mathfrak{U} \cup \{\mathfrak{F} \in \mathfrak{U}^\sim \mid \mathfrak{F}$ besitzt eine abzählbare Basis$\}$. Jeder limesuniformen Struktur $\mathfrak{U}$ einer Menge X ordnen wir eine gleichmäßig $\aleph_0$-CHOQUETsche limesuniforme Struktur glach($\mathfrak{U}$) zu. Wir nehmen als glach($\mathfrak{U}$) dasjenige $\wedge$-Ideal von Filtern in $X \times X$, das die Menge aller Kompositionen $\mathfrak{F}_m \circ \cdots \circ \mathfrak{F}_1$ $(m \in N^+)$ von Filtern aus $\mathfrak{U}^{\approx}$ als eine Subbasis hat. Analog wie 4.11.1 gilt

4.11.3. *Zu jeder limesuniformen Struktur* $\mathfrak{U}$ *einer Menge* X *ist* glach($\mathfrak{U}$) *die feinste gleichmäßig* $\aleph_0$-*CHOQUETsche limesuniforme Struktur von* X, *die* $\mathfrak{U}$ *enthält.* $\mathfrak{U}$ *und* glach($\mathfrak{U}$) *gehören die gleichen Ultrafilter an.*

Beweis. Den ersten Teil beweist man analog wie 3.17.3. Der zweite Teil folgt aus 4.11.1 wegen glach($\mathfrak{U}$) $\subseteqq$ glch($\mathfrak{U}$). ∎

Wir führen die letzte Beziehung noch einmal besonders an. Für jede limesuniforme Struktur $\mathfrak{U}$ gilt also

$$\text{glach}(\mathfrak{U}) \subseteqq \text{glch}(\mathfrak{U}) . \tag{4.11.1}$$

Eine limesuniforme Struktur $\mathfrak{U}$ ist genau dann gleichmäßig $\aleph_0$-CHOQUETsch, wenn sie mit glach($\mathfrak{U}$) übereinstimmt. Ist $\mathfrak{U}$ eine pseudouniforme Struktur, so auch glach($\mathfrak{U}$). Man zeigt leicht, daß 4.11.2 auch gilt, wenn glch durch glach ersetzt wird.

Die einer gleichmäßig CHOQUETschen bzw. gleichmäßig $\aleph_0$-CHOQUETschen limesuniformen Struktur zugeordnete Limitierung ist CHOQUETsch bzw. $\aleph_0$-CHOQUETsch, d. h., es gilt (siehe G. KNEIS [2])

4.11.4. $\mathfrak{U}$ *sei eine gleichmäßig CHOQUETsche (gleichmäßig* $\aleph_0$-*CHOQUETsche) limesuniforme Struktur einer Menge* X. *Dann ist* $\lambda(\mathfrak{U})$ *CHOQUETsch (*$\aleph_0$-*CHOQUETsch).*

Beweis. Gegeben sei ein $x \in X$ und ein eigentlicher Filter $\mathfrak{F}$ in X, (der eine abzählbare Basis hat und) dessen Ultraoberfilter alle $\lambda(\mathfrak{U})$ (x) angehören. $\mathfrak{G}$ sei ein beliebiger Ultraoberfilter des Filters $[x] \times \mathfrak{F}$ (der eine abzählbare Basis hat). π_2 sei die zweite natürliche Projektion von $X \times X$. Auf Grund des Korollars zu 2.6.1 ist $\pi_2(\mathfrak{G})$ ein Ultraoberfilter von $\mathfrak{F}$, so daß $\pi_2(\mathfrak{G}) \in \lambda(\mathfrak{U})(x)$ und damit $\mathfrak{G} \supseteqq [x] \times \pi_2(\mathfrak{G}) \in \mathfrak{U}$, also $\mathfrak{G} \in \mathfrak{U}$ folgt. Daher gilt $[x] \times \mathfrak{F} \in \mathfrak{U}$, d. h. $\mathfrak{F} \in \lambda(\mathfrak{U})(x)$. ∎

Offenbar ergibt sich aus 4.11.4 das

Korollar. *Für jede limesuniforme Struktur* $\mathfrak{U}$ *gilt* $\mathrm{ch}(\lambda(\mathfrak{U})) \leqq \lambda(\mathrm{glch}(\mathfrak{U}))$ *und* $\mathrm{ach}(\lambda(\mathfrak{U})) \leqq \lambda(\mathrm{glach}(\mathfrak{U}))$.

Auf Grund eines Beispiels aus Abschnitt 3.17 existieren separierte Pseudotopologien, die nicht $\aleph_0$-CHOQUETsch sind. Wegen 4.3.4 sind diese Pseudotopologien pseudouniformisierbar, und wegen 4.11.4 ist jede pseudouniforme Struktur, die eine derartige Pseudotopologie erzeugt, nicht gleichmäßig $\aleph_0$-CHOQUETsch. Es gibt somit pseudouniforme Strukturen, die nicht gleichmäßig $\aleph_0$-CHOQUETsch und damit auch nicht gleichmäßig CHOQUETsch sind.

4.11.5. *X sei ein limesuniformer Raum, Y ein gleichmäßig* CHOQUET*scher (gleichmäßig $\aleph_0$-*CHOQUET*scher) limesuniformer Raum und f eine Abbildung von X in Y. f ist genau dann bezüglich der limesuniformen Strukturen $\mathfrak{U}$ von X und $\mathfrak{V}$ von Y gleichmäßig stetig, wenn f bez.* $\mathrm{glch}(\mathfrak{U})$ $(\mathrm{glach}(\mathfrak{U}))$ *und* $\mathfrak{V}$ *gleichmäßig stetig ist.*

Beweis. Wir haben die Richtung $\Rightarrow$ zu beweisen. f sei bez. $\mathfrak{U}$ und $\mathfrak{V}$ gleichmäßig stetig. $\mathfrak{F}$ sei ein Filter aus $\mathrm{glch}(\mathfrak{U})$ $(\mathrm{glach}(\mathfrak{U}))$. Es gibt Filter $\mathfrak{F}_{ki} \in \mathfrak{U}^{\sim}(\in \mathfrak{U}^{\approx})$ $(k = 1, \ldots, n;\ i = 1, \ldots, m_k)$ mit

$$\mathfrak{F}_1 \cap \cdots \cap \mathfrak{F}_n \subseteqq \mathfrak{F}$$

bei $\mathfrak{F}_k = \mathfrak{F}_{km_k} \circ \cdots \circ \mathfrak{F}_{k1}$, wegen (2.5.2), (2.7.6) und 2.7.9 daher mit

$$\mathfrak{G}_1 \cap \cdots \cap \mathfrak{G}_n \subseteqq (f * f)(\mathfrak{F})$$

bei $\mathfrak{G}_k = (f * f)(\mathfrak{F}_{km_k}) \circ \cdots \circ (f * f)(\mathfrak{F}_{k1})$. Zu jedem Ultraoberfilter $\mathfrak{G}$ eines Filters $(f * f)(\mathfrak{F}_{ki})$ existiert ein Ultraoberfilter $\mathfrak{G}_{ki}$ von $\mathfrak{F}_{ki}$ mit $\mathfrak{G} = (f * f)(\mathfrak{G}_{ki})$. Wegen $\mathfrak{G}_{ki} \in \mathfrak{U}$ und der gleichmäßigen Stetigkeit von f gehört $\mathfrak{G}$ stets $\mathfrak{V}$ und somit $(f * f)(\mathfrak{F}_{ki})$ stets $\mathfrak{V}^{\sim}(\mathfrak{V}^{\approx})$, d. h. $\mathfrak{V}$ an. Damit folgt $(f * f)(\mathfrak{F}) \in \mathfrak{V}$, d. h., daß f bez. $\mathrm{glch}(\mathfrak{U})$ $(\mathrm{glach}(\mathfrak{U}))$ und $\mathfrak{V}$ gleichmäßig stetig ist. ∎

Korollar. *X und Y seien limesuniforme Räume. f sei eine Abbildung von X in Y, die bezüglich der limesuniformen Strukturen $\mathfrak{U}$ von X und $\mathfrak{V}$ von Y gleichmäßig stetig ist. Dann ist f auch bez.* $\mathrm{glch}(\mathfrak{U})$ *und* $\mathrm{glch}(\mathfrak{V})$ *und bez.* $\mathrm{glach}(\mathfrak{U})$ *und* $\mathrm{glach}(\mathfrak{V})$ *gleichmäßig stetig.*

$\mathrm{LUN}_{\mathrm{glch}}$ und $\mathrm{LUN}_{\mathrm{glach}}$ seien die vollen Unterkategorien von LUN, die als Objekte alle gleichmäßig CHOQUETschen bzw. gleichmäßig $\aleph_0$-CHOQUETschen limesuniformen Räume haben. Auf Grund des Korollars zu 4.11.5 können wir entsprechend wie **ch**: $\mathrm{LIM} \to \mathrm{LIM}_{\mathrm{ch}}$ und **ach**: $\mathrm{LIM} \to \mathrm{LIM}_{\mathrm{ach}}$ Funktoren **glch**: $\mathrm{LUN} \to \mathrm{LUN}_{\mathrm{glch}}$ und **glach**: $\mathrm{LUN} \to \mathrm{LUN}_{\mathrm{glach}}$ einführen.

Für den folgenden Satz sei E eine Menge, $(X_\iota)_{\iota\in I}$ eine Familie limesuniformer Räume und p_ι zu beliebigem $\iota \in I$ eine Abbildung von E in X_ι. $\mathfrak{u}_\iota$ bezeichne zu beliebigem $\iota \in I$ die limesuniforme Struktur von X_ι, ferner init $\mathfrak{u}_\iota$ die limesuniforme Initialstruktur der $\mathfrak{u}_\iota$ bezüglich der p_ι $(\iota \in I)$. Aus 3.2.10 und 3.2.11 folgt

4.11.6. *Sind alle limesuniformen Strukturen* $\mathfrak{u}_\iota$ *gleichmäßig* CHOQUET*sch (gleichmäßig* $\aleph_0$-CHOQUET*sch), so ist auch* init $\mathfrak{u}_\iota$ *gleichmäßig* CHOQUET*sch (gleichmäßig* $\aleph_0$-CHOQUET*sch).*

Korollar. *Es gilt*

$$\text{glch(init } \mathfrak{u}_\iota) = \text{init glch}(\mathfrak{u}_\iota) \quad \textit{und} \quad \text{glach(init } \mathfrak{u}_\iota) \leqq \text{init glach}(\mathfrak{u}_\iota)\,. \tag{4.11.2}$$

Beweis. glch(init $\mathfrak{u}_\iota$) $\leqq$ init glch($\mathfrak{u}_\iota$) und die zweite Beziehung von (4.11.2) folgen unmittelbar aus 4.11.6. Gegeben sei ein eigentlicher Filter $\mathfrak{F} \in$ init glch($\mathfrak{u}_\iota$). $\mathfrak{U}$ sei ein Ultraoberfilter von $\mathfrak{F}$. Zu beliebigem $\iota \in I$ ist $(p_\iota * p_\iota)(\mathfrak{U})$ ein Ultrafilter, gilt $(p_\iota * p_\iota)(\mathfrak{F}) \subseteqq (p_\iota * p_\iota)(\mathfrak{U})$ und $(p_\iota * p_\iota)(\mathfrak{F}) \in$ glch($\mathfrak{u}_\iota$) und damit $(p_\iota * p_\iota)(\mathfrak{U}) \in \mathfrak{u}_\iota$, also $\mathfrak{U} \in$ init $\mathfrak{u}_\iota$, d. h. $\mathfrak{F} \in$ glch(init $\mathfrak{u}_\iota$). Somit trifft bei der ersten Beziehung von (4.11.2) das Gleichheitszeichen zu. ∎

Aus 4.11.6 folgt, daß die projektiven Limites von Funktoren T kleiner Kategorien $\mathfrak{D}$ in die Kategorie LUN, für die $T(C)$ $(C \in \text{Ob}\mathfrak{D})$ gleichmäßig CHOQUETsche (gleichmäßig $\aleph_0$-CHOQUETsche) limesuniforme Räume sind, ebenfalls gleichmäßig CHOQUETsch (gleichmäßig $\aleph_0$-CHOQUETsch) sind. Insbesondere folgt, daß Teilräume und Produkträume gleichmäßig CHOQUETscher (gleichmäßig $\aleph_0$-CHOQUETscher) Limesräume ebenfalls gleichmäßig CHOQUETsch (gleichmäßig $\aleph_0$-CHOQUETsch) sind.

In gewisser Analogie zu 3.17.8 gilt (siehe G. KNEIS [3])

4.11.7. *X sei ein limesuniformer Raum und* $\mathfrak{u}$ *seine limesuniforme Struktur. Ist X kompakt und gleichmäßig* CHOQUET*sch, so stimmt jede separierte und gleichmäßig reguläre limesuniforme Struktur* $\mathfrak{v}$ *der Trägermenge von X, die* $\mathfrak{u}$ *enthält, mit* $\mathfrak{u}$ *überein. Wenn X* $\aleph_0$*-kompakt und gleichmäßig* $\aleph_0$-CHOQUET*sch ist und* $\mathfrak{v}$ *eine separierte gleichmäßig reguläre limesuniforme Struktur der Trägermenge von X ist, die* $\mathfrak{u}$ *enthält, so gehört jeder Filter mit abzählbarer Basis genau dann* $\mathfrak{u}$ *an, wenn er* $\mathfrak{v}$ *angehört.*

Beweis. X sei kompakt und gleichmäßig CHOQUETsch ($\aleph_0$-kompakt und gleichmäßig $\aleph_0$-CHOQUETsch). $\mathfrak{F}$ sei ein Filter aus $\mathfrak{v}$ (mit abzählbarer Basis) und $\mathfrak{G}$ ein Ultraoberfilter von $\mathfrak{F}$. π_1 und π_2 seien die natürliche erste und zweite Projektion von $X \times X$. $\pi_1(\mathfrak{G})$ und $\pi_2(\mathfrak{G})$ sind Ultraoberfilter der Filter $\pi_1(\mathfrak{F})$ und $\pi_2(\mathfrak{F})$ (die abzählbare Basen haben). Auf Grund der Voraussetzung konvergieren deshalb $\pi_1(\mathfrak{G})$ und $\pi_2(\mathfrak{G})$ bez. $\lambda(\mathfrak{u})$ gegen Punkte x_1 bzw. x_2 von X. Es ist

$$\pi_1(\mathfrak{G}) \times \pi_2(\mathfrak{G}) \subseteqq \mathfrak{G}\,, \tag{4.11.3}$$

so daß $(G_1 \times G_2) \cap G \neq \emptyset$ zu beliebigen $G_1 \in \pi_1(\mathfrak{G})$, $G_2 \in \pi_2(\mathfrak{G})$ und $G \in \mathfrak{G}$ und damit $(x_1, x_2) \in \overline{G}$ zu beliebigem $G \in \mathfrak{G}$ gilt, wobei die Adhärenz bez. $\lambda(\mathfrak{v}) \times \lambda(\mathfrak{v})$ gemeint sei $(\pi_1(\mathfrak{G})$ und $\pi_2(\mathfrak{G})$ konvergieren auch bez. $\lambda(\mathfrak{v})$ gegen x_1 bzw. $x_2)$. Unter Beachtung der gleichmäßigen Regularität von $\mathfrak{v}$ folgt $[x_1] \times [x_2] \supseteqq \mathfrak{G}^- \in \mathfrak{v}$ für $\mathfrak{G}^- = \operatorname{im}\{\overline{G} \mid G \in \mathfrak{G}\}$ und auf Grund der Separiertheit von $\lambda(\mathfrak{v})$ damit $x_1 = x_2$. Somit gilt

$$\pi_1(\mathfrak{G}) \times \pi_2(\mathfrak{G}) = \big([x_2] \times \pi_2(\mathfrak{G})\big) \circ \big(\pi_1(\mathfrak{G}) \times [x_1]\big) \in \mathfrak{U}$$

und wegen (4.11.3) damit $\mathfrak{G} \in \mathfrak{U}$, also $\mathfrak{F} \in \mathfrak{U}$. Aus dem Bewiesenen folgt die Behauptung. ▮

Wir führen ein Korollar zu 4.11.7 an und benutzen dabei die folgende Definition. Wir sagen, daß ein limesuniformer Raum und ebenfalls die limesuniforme Struktur $\mathfrak{U}$ dieses Raumes die **Abzählbarkeitsbedingung** erfüllt, wenn jeder Filter $\mathfrak{F} \in \mathfrak{U}$ einen Unterfilter $\mathfrak{G} \in \mathfrak{U}$ besitzt, der eine abzählbare Basis hat. Ein uniformer Raum genügt natürlich genau dann der Abzählbarkeitsbedingung, wenn der Nachbarschaftsfilter der betreffenden uniformen Struktur eine abzählbare Basis hat. Bekanntlich ist das genau dann der Fall, wenn die aus der uniformen Struktur erzeugte Topologie halbmetrisierbar ist (siehe etwa KOWALSKY [3], Satz 33.4). Erfüllt eine limesuniforme Struktur $\mathfrak{U}$ die Abzählbarkeitsbedingung, so genügt die zugeordnete Limitierung $\lambda(\mathfrak{U})$, wie sich leicht ergibt, dem ersten Abzählbarkeitsaxiom. Ähnlich wie das Korollar zu 3.17.8 beweist man mittels 4.11.7 unter Berücksichtigung von 4.5.2 und 4.5.12 das

Korollar. *Ist X ein kompakter gleichmäßig* CHOQUET*scher ($\aleph_0$-kompakter gleichmäßig $\aleph_0$-*CHOQUET*scher) limesuniformer Raum und Y ein separierter gleichmäßig regulärer limesuniformer Raum (der der Abzählbarkeitsbedingung genügt), so ist jede eineindeutige gleichmäßig stetige Abbildung f von X in Y ein limesuniformer Isomorphismus von X in Y.*

Man zeigt leicht, daß sich 4.11.7 ähnlich verallgemeinern läßt wie 3.17.8 zu 3.17.8′.

Als nächstes kommen wir zu einem Analogon des Begriffs folgenCHOQUETsch. Wir nennen einen limesuniformen Raum X und ebenfalls seine limesuniforme Struktur $\mathfrak{U}$ **gleichmäßig folgenCHOQUETsch**, wenn für eine beliebige Folge $(x_1, y_1), (x_2, y_2), \ldots$ von Punkten von $X \times X$ gilt: Besitzt jede Teilfolge von $(x_1, y_1), (x_2, y_2), \ldots$ eine Teilfolge derart, daß der aus dieser erzeugte Filter $\mathfrak{U}$ angehört, so gehört der aus $(x_1, y_1), (x_2, y_2), \ldots$ erzeugte Filter ebenfalls $\mathfrak{U}$ an.

Die entartete limesuniforme Struktur einer Menge ist trivialerweise gleichmäßig folgenCHOQUETsch. Aus dem vor 3.17.10 angeführten Analogon zu 2.2.10 folgt, daß auch jede uniforme Struktur gleichmäßig folgenCHOQUETsch ist. Zum Teil gelten für die gleichmäßig folgenCHOQUETschen limesuniformen Räume analoge Aussagen wie für die gleichmäßig CHOQUETschen und gleichmäßig $\aleph_0$-CHOQUETschen limesuniformen Räume. So besteht zum Beispiel das folgende Analogon zu 4.11.4

4.11.8. $\mathfrak{U}$ *sei eine gleichmäßig folgen*CHOQUET*sche limesuniforme Struktur einer Menge* X. *Dann ist* $\lambda(\mathfrak{U})$ *folgen*CHOQUET*sch.*

Beweis. x sei ein Punkt von X und $x_1, x_2, \ldots$ eine Folge in X derart, daß jede Teilfolge von $x_1, x_2, \ldots$ eine bez. $\lambda(\mathfrak{U})$ gegen x konvergierende Teilfolge hat. Jede Teilfolge von $(x, x_1), (x, x_2), \ldots$ besitzt eine Teilfolge $(x, z_1), (x, z_2), \ldots$, so daß $z_1, z_2, \ldots \underset{\lambda(\mathfrak{U})}{\rightarrow} x$ gilt. Der aus $(x, z_1), (x, z_2), \ldots$ erzeugte Filter gehört somit $\mathfrak{U}$ an. Daher gehört auch der von $(x, x_1), (x, x_2), \ldots$ erzeugte Filter $\mathfrak{U}$ und somit der aus $x_1, x_2, \ldots$ erzeugte Filter $\lambda(\mathfrak{U})(x)$ an. ▮

Ähnlich wie 3.17.10 zeigt man, daß unter den gleichen Annahmen wie vor 4.11.6 gilt

4.11.9. *Sind alle limesuniformen Strukturen* $\mathfrak{U}_\iota$ *gleichmäßig folgen*CHOQUET*sch, so ist auch* $\operatorname{init} \mathfrak{U}_\iota$ *gleichmäßig folgen*CHOQUET*sch.*

4.12. Vollständigkeit

Eine Teilmenge M eines limesuniformen Raumes X heißt **vollständig**, wenn jeder CAUCHY-Filter $\mathfrak{F}$ von X mit $F \cap M \neq \emptyset$ $(F \in \mathfrak{F})$ gegen einen Punkt von M konvergiert. Beachten wir, daß wegen 4.1.5 jeder Oberfilter eines CAUCHY-Filters selbst ein CAUCHY-Filter ist und daß mit jedem gegen einen Punkt konvergierenden eigentlichen Filter $\mathfrak{F}$ auch jeder CAUCHY-Filter, der $\mathfrak{F}$ als Oberfilter hat, gegen diesen Punkt konvergiert, so ergibt sich: Eine Teilmenge M eines limesuniformen Raumes X ist genau dann vollständig, wenn jeder (eigentliche) CAUCHY-Filter von X, dem M angehört, gegen einen Punkt von M konvergiert. Ist die Trägermenge eines limesuniformen Raumes X vollständig, so heißen ebenfalls X und die limesuniforme Struktur von X **vollständig**. Ein limesuniformer Raum X ist genau dann vollständig, wenn jeder (eigentliche) CAUCHY-Filter von X konvergiert. Ein uniformer Raum ist offenbar genau dann vollständig, wenn in ihm alle CAUCHYschen Minimalfilter konvergieren.

4.12.1. *Eine Teilmenge* M *eines limesuniformen Raumes* X *ist genau dann vollständig, wenn der Teilraum von* X *mit* M *als Trägermenge vollständig ist.*

Beweis. Y sei der Teilraum von X mit M als Trägermenge, und $\mathfrak{U}$ und $\mathfrak{v}$ seien die limesuniformen Strukturen von X bzw. Y.

Zuerst sei M vollständig. $\mathfrak{F}$ sei ein CAUCHY-Filter von Y. $\operatorname{im}_{\subseteq, X} \mathfrak{F}$ ist dann nach 4.6.3 ein CAUCHY-Filter von X. Da ihm M angehört, konvergiert er bez. $\lambda(\mathfrak{U})$ gegen einen Punkt x von M. Wegen 3.9.1 und 4.6.2 konvergiert deshalb $\mathfrak{F}$ bez. $\lambda(\mathfrak{v})$ ebenfalls gegen x, so daß dann Y vollständig ist.

Nun sei Y vollständig. $\mathfrak{G}$ sei ein eigentlicher CAUCHY-Filter von X, dem M angehört. $\mathfrak{H} = \{G \cap M \mid G \in \mathfrak{G}\}$ ist wegen 4.6.3 und wegen $\mathfrak{G} = \operatorname{im}_{\subseteq, X} \mathfrak{H}$ dann ein Cauchy-Filter von Y. Er konvergiert bez. $\lambda(\mathfrak{v})$ gegen einen Punkt x von M. Wegen 3.9.1 und 4.6.2 konvergiert $\mathfrak{G}$ deshalb bez. $\lambda(\mathfrak{u})$ ebenfalls gegen x, so daß dann umgekehrt M vollständig ist. ∎

4.12.2. *Jede abgeschlossene Teilmenge eines vollständigen limesuniformen Raumes ist vollständig. Jede vollständige Teilmenge eines separierten limesuniformen Raumes ist abgeschlossen.*

Beweis. X sei ein limesuniformer Raum und M eine Teilmenge von X.

Wenn X vollständig und M abgeschlossen ist, folgt unter Berücksichtigung der Definition der Adhärenz, daß jeder eigentliche Cauchy-Filter, dem M angehört, gegen einen Punkt von M konvergiert, M also vollständig ist.

Im weiteren sei X separiert und M vollständig. Zu beliebigem $x \in \overline{M} \setminus M$ existiert wegen (3.3.1) ein eigentlicher gegen x konvergierender Filter $\mathfrak{F}$, dem M angehört. $\mathfrak{F}$ ist wegen 4.1.8 ein Cauchy-Filter von X. Da M vollständig ist, konvergiert $\mathfrak{F}$ gegen ein Element y von M. Auf Grund der Separiertheit von X ist $x = y$ und M damit abgeschlossen. ∎

4.12.3. *X sei ein uniformer Raum und Y ein dichter Teilraum von X[1]). Konvergiert zu jedem Cauchy-Filter $\mathfrak{G}$ in Y der Filter $\operatorname{im}_{\subseteq,X}\mathfrak{G}$ in X, so ist X vollständig.*

Beweis. $\mathfrak{F}$ sei ein Cauchyscher Minimalfilter in X. Da nach 4.1.17 mit F auch $\overline{F}$ zu $\mathfrak{F}$ gehört, folgt $F \cap Y \neq \emptyset$ zu beliebigem $F \in \mathfrak{F}$. Wie mittels 4.6.3 und $\mathfrak{F} \subseteq \operatorname{im}_{\subseteq,X}\mathfrak{G}$ folgt, ist $\mathfrak{G} = \{F \cap Y \mid F \in \mathfrak{F}\}$ ein Cauchy-Filter in Y. $\operatorname{im}_{\subseteq,X}\mathfrak{G}$ konvergiert somit nach Voraussetzung in X. Da $\operatorname{im}_{\subseteq,X}\mathfrak{G}$ ein Oberfilter von $\mathfrak{F}$ ist, sind $\mathfrak{F}$ und $\operatorname{im}_{\subseteq,X}\mathfrak{G}$ ähnlich, wegen 4.1.8 (Teil 5) konvergiert deshalb $\mathfrak{F}$ in X. X ist daher vollständig. ∎

4.12.4. *X sei das Produkt von limesuniformen Räumen X_ι ($\iota \in I$). Sind die X_ι vollständig, so ist auch X vollständig. Ist X vollständig und existiert mindestens ein eigentlicher* Cauchy-*Filter in jedem Raum X_ι (das ist zum Beispiel der Fall, wenn die X_ι nichtleere pseudouniforme Räume sind), so sind umgekehrt die limesuniformen Räume X_ι vollständig.*

Beweis. 1. Wir nehmen zuerst an, daß die X_ι vollständig sind. Da die Projektionen π_ι gleichmäßig stetig sind, folgt mittels 4.4.2, daß jeder Filter $\pi_\iota(\mathfrak{F})$ ein Cauchy-Filter ist und er damit gegen einen Punkt x_ι von X_ι konvergiert. Wegen 3.10.2 und 4.6.11 konvergiert deshalb $\mathfrak{F}$ gegen $(x_\iota)_{\iota \in I}$. X ist daher ebenfalls vollständig.

2. Nun sei X vollständig. Ferner gebe es in jedem Raum X_ι mindestens einen eigentlichen Cauchy-Filter. Gegeben sei ein $\iota \in I$ und ein eigentlicher Cauchy-

[1]) Die Adhärenz von Y stimmt also mit X überein.

Filter $\mathfrak{F}_i$ in X_i. Zu beliebigem $j \neq i$ sei $\mathfrak{F}_j$ irgendein eigentlicher CAUCHY-Filter in X_j. Der Filter $\mathfrak{F} = \prod_{j \in I} \mathfrak{F}_j$ ist ein CAUCHY-Filter, wie mittels (2.6.2) und 4.6.12 folgt. Da X vollständig ist, konvergiert $\mathfrak{F}$ gegen einen Punkt $(x_j)_{j \in I}$, wegen 3.10.2 und 4.6.11 daher $\mathfrak{F}_i$ gegen x_i. Es ist somit auch X_i vollständig. ▮

4.12.5. *T sei ein Funktor einer kleinen Kategorie $\mathfrak{D}$ in* LUN *derart, daß jeder limesuniforme Raum $X_D = T(D)$ separiert und vollständig ist. Dann ist auch* $\lim\operatorname{proj} X_D$ *separiert und vollständig.*

Beweis. Wegen 3.11.8 und 4.7.4 ist $\lim\operatorname{proj} X_D$ separiert. Mittels 4.12.4 folgt, daß $\prod_{D \in \mathrm{Ob}\mathfrak{D}} X_D$ vollständig ist, mittels 3.11.9, 4.6.11 und 4.7.4, daß $\lim\operatorname{proj} X_D$ in $\prod_{D \in \mathrm{Ob}\mathfrak{D}} X_D$ abgeschlossen ist. Wegen 4.12.2 ist $\lim\operatorname{proj} X_D$ daher auch vollständig. ▮

Im folgenden bringen wir eine auf B. SJÖBERG [3] zurückgehende Verallgemeinerung eines bekannten Satzes über die Fortsetzung gleichmäßig stetiger Abbildungen.

4.12.6 (Fortsetzung gleichmäßig stetiger Abbildungen). *X sei ein limesuniformer Raum, dessen limesuniforme Struktur $\mathfrak{u}$ die gleichmäßige Nachbarschaftsbedingung erfüllt. $\lambda(\mathfrak{u})$ sei eine Pseudotopologie. Y sei ein vollständiger, separierter und gleichmäßig regulärer limesuniformer Raum. f sei eine gleichmäßig stetige Abbildung aus X in Y, deren Definitionsbereich in X dicht ist. Dann gibt es eine eindeutig bestimmte* **gleichmäßig stetige Fortsetzung** *von f auf ganz X, d. h. eine gleichmäßig stetige Abbildung $g: X \to Y$ mit $g \mid \mathrm{db}f = f$.*

Beweis. $\mathfrak{v}$ sei die limesuniforme Struktur von Y. Da $\mathrm{db}f$ in X dicht ist, existiert zu beliebigem $x \in X$ ein eigentlicher Filter $\mathfrak{F} \in \lambda(\mathfrak{u})(x)$ mit $\mathrm{db}f \in \mathfrak{F}$. $\mathfrak{F}$ ist natürlich ein CAUCHY-Filter in X, $f(\mathfrak{F})$ wegen 4.4.2 somit ein CAUCHY-Filter in Y. Auf Grund der Vollständigkeit von Y konvergiert $f(\mathfrak{F})$ bez. $\lambda(\mathfrak{v})$ gegen einen Punkt y. Für jeden anderen eigentlichen Filter $\mathfrak{G} \in \lambda(\mathfrak{u})(x)$ konvergiert $f(\mathfrak{G})$ — wie unter Berücksichtigung der Separiertheit von Y und wegen $\mathfrak{F} \cap \mathfrak{G} \in \lambda(\mathfrak{u})(x)$ folgt — auch gegen y. Da $\lambda(\mathfrak{u})$ wegen 4.1.12 eine Diagonalpseudotopologie und $\lambda(\mathfrak{v})$ wegen 4.1.6 regulär ist, folgt aus 3.7.13, daß eine eindeutig bestimmte stetige Fortsetzung $g: X \to Y$ von f existiert.

Wir zeigen, daß g gleichmäßig stetig ist. Gegeben sei dazu ein $\mathfrak{H} \in \mathfrak{u}$. Für den Nachbarschaftsfilter $\mathfrak{N}(\mathfrak{H})$ von $\mathfrak{H}$ bez. $\lambda(\mathfrak{u}) \times \lambda(\mathfrak{u})$ gilt $(f * f)(\mathfrak{N}(\mathfrak{H})) \in \mathfrak{v}$, wegen der gleichmäßigen Regularität von Y damit $(f * f)(\mathfrak{N}(\mathfrak{H}))^- \in \mathfrak{v}$[1]). Aus 3.4.10 und 3.10.6 folgt für jede Nachbarschaft N eines Elementes $H \in \mathfrak{H}$ bez. $\lambda(\mathfrak{u}) \times \lambda(\mathfrak{u})$ die Beziehung $H \subseteqq \overline{N \cap (\mathrm{db}f \times \mathrm{db}f)}$, so daß sich

$$(\mathfrak{N}(\mathfrak{H}) \vee [\mathrm{db}f \times \mathrm{db}f])^- \subseteqq \mathfrak{H}$$

[1]) Wir benutzen die vor 4.1.4 eingeführte Bezeichnung.

ergibt. Da $g * g$ wegen 3.10.5 bez. $\lambda(\mathfrak{u}) \times \lambda(\mathfrak{u})$ und $\lambda(\mathfrak{v}) \times \lambda(\mathfrak{v})$ stetig ist und $g \mid \mathrm{db} f = f$ gilt, folgt mittels des Korollars zu 3.6.1

$$(f * f)(\mathfrak{N}(\mathfrak{H}))^- \subseteqq (g * g)((\mathfrak{N}(\mathfrak{H}) \vee [\mathrm{db} f \times \mathrm{db} f])^-) \subseteqq (g * g)(\mathfrak{H})$$

und damit $(g \overline{*} g)(\mathfrak{H}) \in \mathfrak{v}$. ∎

Wir führen als nächstes eine Abschwächung des Vollständigkeitsbegriffes ein. Und zwar nennen wir eine Teilmenge M eines limesuniformen Raumes X **folgenvollständig**, wenn jede aus Elementen von M bestehende CAUCHY-Folge in X gegen ein Element von M konvergiert. Ist die Trägermenge eines limesuniformen Raumes X folgenvollständig, so heißen X und die limesuniforme Struktur von X **folgenvollständig**. Anstelle folgenvollständig sagen wir auch **$\aleph_0$-vollständig** oder **abzählbar vollständig**. Der folgende Satz rechtfertigt diese Bezeichnungsweisen.

4.12.7. *X sei ein limesuniformer Raum und M eine Teilmenge von X. Dann sind äquivalent:*

1. *M ist folgenvollständig.*
2. *Jeder CAUCHY-Filter $\mathfrak{F}$ in X mit einer abzählbaren Basis, für den $F \cap M \neq \emptyset$ ($F \in \mathfrak{F}$) gilt, konvergiert gegen ein Element von M.*
3. *Jeder CAUCHY-Filter $\mathfrak{F}$ von X mit einer abzählbaren Basis, dem M angehört, konvergiert gegen ein Element von M.*

Beweis. M sei folgenvollständig, und $\mathfrak{F}$ sei ein CAUCHY-Filter von X mit einer abzählbaren Basis, für den $F \cap M \neq \emptyset$ ($F \in \mathfrak{F}$) gilt. $\mathfrak{F}$ besitzt offenbar eine Basis $\{F_n \mid n \in N^+\}$ mit $F_1 \supseteqq F_2 \supseteqq \ldots$ Jede Folge $x_1, x_2, \ldots$ von Elementen $x_n \in F_n \cap M$ ($n \in N^+$) erzeugt einen eigentlichen Oberfilter von $\mathfrak{F}$, der ebenfalls ein CAUCHY-Filter ist und somit gegen ein Element x von M konvergiert. Wegen 4.1.8 konvergiert dann aber auch $\mathfrak{F}$ gegen x. Aus Bedingung 1 folgt somit Bedingung 2. Offenbar hat die Bedingung 2 die Bedingung 3 und diese die Bedingung 1 zur Folge. ∎

Auf Grund dieses Satzes ist jede vollständige Teilmenge eines limesuniformen Raumes auch folgenvollständig. Unter einer gewissen Einschränkung an die limesuniformen Räume gilt auch die Umkehrung, wie aus dem folgenden Satz hervorgeht.

4.12.8. *In einem limesuniformen Raum X, der der Abzählbarkeitsbedingung genügt, ist eine Teilmenge genau dann vollständig, wenn sie folgenvollständig ist.*

Beweis. Es ist nur eine Richtung zu beweisen. M sei eine folgenvollständige Teilmenge von X und $\mathfrak{F}$ ein CAUCHY-Filter von X, dem M angehört. Es gibt einen Filter $\mathfrak{G}$ aus der limesuniformen Struktur von X, der eine abzählbare Basis $\{G_n \mid n \in N^+\}$ besitzt und für den $\mathfrak{G} \subseteqq \mathfrak{F} \times \mathfrak{F}$ gilt. Zu beliebigem $n \in N^+$ finden wir ein $F_n \in \mathfrak{F}$ mit $G_n \supseteqq F_n \times F_n$. $\{M\} \cup \{F_n \mid n \in N^+\}$ ist eine Subbasis eines Unterfilters $\mathfrak{H}$ von $\mathfrak{F}$. Wegen $\mathfrak{G} \subseteq \mathfrak{H} \times \mathfrak{H}$ ist $\mathfrak{H}$ ein CAUCHY-Filter von X. Da M ein Element von $\mathfrak{H}$ ist und $\mathfrak{H}$ eine abzählbare Basis hat, konvergiert $\mathfrak{H}$ wegen 4.12.7 und damit auch der Oberfilter $\mathfrak{F}$ von $\mathfrak{H}$ gegen ein Element von M. M ist deshalb vollständig. ▮

Die Folgenvollständigkeit besitzt eine Reihe ähnlicher Eigenschaften wie die Vollständigkeit. Wir bemerken lediglich, daß man analog wie 4.12.1 zeigt, daß eine Teilmenge M eines limesuniformen Raumes X genau dann folgenvollständig ist, wenn der Teilraum von X mit M als Trägermenge folgenvollständig ist.

Der Begriff der Folgenvollständigkeit ist für Approximationsverfahren wichtig, wie aus dem Weiteren hervorgeht. Zu einem beliebigen limesuniformen Raum X nennen wir eine binäre Relation Λ in $X \times X$ eine **LIPSCHITZ-Relation** in $X \times X$, wenn jeder Elementarfilter $\mathfrak{F}$ in X mit $\Lambda(\mathfrak{F} \times \mathfrak{F}) \subseteq \mathfrak{F} \times \mathfrak{F}$ ein CAUCHY-Filter von X ist. Zu jeder Abbildung f und jedem $n \in N^+$ sei f^n die Zusammensetzung $\underbrace{f \circ \cdots \circ f}_{n}$. Wir beweisen den folgenden allgemeinen Satz über Fixpunkte.

4.12.9 (Fixpunktsatz). *X sei ein separierter pseudouniformer Raum und M eine folgenvollständige Teilmenge von X. f sei eine stetige Abbildung von M in X. Es gebe eine LIPSCHITZ-Relation Λ von $X \times X$ derart, daß*

$$\big(f(x), f(y)\big) \in \Lambda\{(x, y)\} \tag{4.12.1}$$

zu beliebigen $x, y \in M$ gilt. Ferner gebe es einen Punkt $a \in M$ mit $f^n(a) \in M$ zu beliebigem $n \in N^+$. Dann existiert genau ein Punkt x von M mit $x = f(x)$. Die Folge $f^1(a), f^2(a), \ldots$ konvergiert gegen x.

Beweis. $\mathfrak{F}$ sei der aus der Folge $f^1(a), f^2(a), \ldots$ erzeugte Elementarfilter in X. Offenbar gilt

$$\mathfrak{F} = f(\mathfrak{F})\,. \tag{4.12.2}$$

Aus (4.12.1) folgt $(f * f)\,[F \times F] \subseteq \Lambda[F \times F]$ für jede Teilmenge F von M, somit unter Beachtung von 2.7.11 und (4.12.2)

$$\Lambda(\mathfrak{F} \times \mathfrak{F}) \subseteq (f * f)(\mathfrak{F} \times \mathfrak{F}) = \mathfrak{F} \times \mathfrak{F}$$

und damit, daß $\mathfrak{F}$ ein CAUCHY-Filter von X ist. Wegen $M \in \mathfrak{F}$ und der Folgenvollständigkeit von M konvergiert $\mathfrak{F}$ gegen ein Element x von M. Auf Grund der Stetigkeit von f konvergiert der Filter $f(\mathfrak{F})$ gegen $f(x)$. Da $f(\mathfrak{F})$ wegen (4.12.2) mit $\mathfrak{F}$ übereinstimmt, ergibt sich unter Beachtung der Separiertheit von X, daß $x = f(x)$ ist.

Wir zeigen noch die Eindeutigkeit von x und nehmen dazu an, daß y ein Punkt von M mit $y = f(y)$ ist. Es gilt $[y] = f([y])$ und damit auch $[y] \cap \mathfrak{F} = f([y] \cap \mathfrak{F})$ wegen (2.5.2). $[y] \cap \mathfrak{F}$ ist der aus der Folge $y, f^1(a), y, f^2(a), \ldots$ erzeugte Elementarfilter. Auf die gleiche Weise, wie sich $\mathfrak{F}$ als CAUCHY-Filter ergibt, zeigt man, daß $[y] \cap \mathfrak{F}$ ein CAUCHY-Filter ist. Da er wie seine Oberfilter

$[y]$ und $\mathfrak{F}$ gegen y und x konvergiert (vergleiche 4.1.8), folgt unter Beachtung der Separiertheit von X, daß $x = y$ ist. ∎

Auf diesen Fixpunktsatz führen wir in Band 2 eine wichtige Verallgemeinerung des BANACHschen Fixpunktsatzes zurück.

Die Voraussetzung der Stetigkeit von f in diesem Satz ist unter einem geringen Zusatz an Λ von selbst erfüllt. Es gilt nämlich

4.12.10. *X sei ein limesuniformer Raum und f eine Abbildung einer Teilmenge M von X in X. Es gebe eine* LIPSCHITZ-*Relation Λ von $X \times X$ derart, daß* (4.12.1) *zu beliebigen $x, y \in M$ und ferner $\Lambda(\mathfrak{u}) \subseteq \mathfrak{u}$ für die limesuniforme Struktur* $\mathfrak{u}$ von *X gilt. Dann ist f stetig.*

Beweis. Zu jedem Filter $\mathfrak{F}$ in X, der gegen einen Punkt $x \in M$ konvergiert, folgt wegen (4.12.1)

$$[f(x)] \times f(\mathfrak{F}) \supseteq \Lambda([x] \times \mathfrak{F}) .$$

Da $\Lambda(\mathfrak{u}) \subseteq \mathfrak{u}$ ist, gehört $\Lambda([x] \times \mathfrak{F})$ und somit auch $[f(x)] \times f(\mathfrak{F})$ zu $\mathfrak{u}$. $f(\mathfrak{F})$ konvergiert deshalb gegen $f(x)$, d. h., es ist f stetig. ∎

Als nächstes führen wir gewisse Abschwächungen der Begriffe Kompaktheit, $\aleph_0$-Kompaktheit und Folgenkompaktheit für limesuniforme Räume ein. Wir nennen eine Teilmenge M eines limesuniformen Raumes X **präkompakt**, wenn jeder Filter $\mathfrak{F}$ in X, für den $F \cap M \neq \emptyset$ ($F \in \mathfrak{F}$) gilt, einen eigentlichen CAUCHY-Filter als Oberfilter besitzt. Hat wenigstens jeder Filter $\mathfrak{F}$ in X, der eine abzählbare Basis besitzt und für den $F \cap M \neq \emptyset$ ($F \in \mathfrak{F}$) gilt, einen eigentlichen CAUCHY-Filter als Oberfilter, so nennen wir M **$\aleph_0$-präkompakt** oder auch **abzählbar präkompakt.** Eine Teilmenge M eines limesuniformen Raumes X ist genau dann präkompakt ($\aleph_0$-präkompakt), wenn jeder eigentliche Filter $\mathfrak{F}$ in X, dem M angehört (und der eine abzählbare Basis hat), einen eigentlichen CAUCHY-Filter als Oberfilter besitzt. Ist die Trägermenge eines limesuniformen Raumes X präkompakt ($\aleph_0$-präkompakt), so heißen ebenfalls X und die limesuniforme Struktur von X **präkompakt** (**$\aleph_0$-präkompakt** oder **abzählbar präkompakt**).

4.12.11. *Eine Teilmenge M eines limesuniformen Raumes X ist genau dann präkompakt ($\aleph_0$-präkompakt), wenn der Teilraum von X mit M als Trägermenge präkompakt ($\aleph_0$-präkompakt) ist.*

Beweis. Y sei der Teilraum von X mit M als Trägermenge, und $\mathfrak{u}$ und $\mathfrak{v}$ seien die limesuniformen Strukturen von X und Y.

Es sei zuerst M präkompakt ($\aleph_0$-präkompakt). $\mathfrak{F}$ sei ein eigentlicher Filter in Y (mit einer abzählbaren Basis). $\operatorname{im}_{\subseteq, X} \mathfrak{F}$ ist ein eigentlicher Filter in X, dem M angehört (und der ebenfalls eine abzählbare Basis hat). Es existiert somit ein eigentlicher CAUCHY-Filter $\mathfrak{G} \supseteq \operatorname{im}_{\subseteq, X} \mathfrak{F}$. $\mathfrak{H} = \{G \cap M \mid G \in \mathfrak{G}\}$ ist ein eigentlicher

Filter in Y mit $\operatorname{im}_{\subseteq, X} \mathfrak{H} = \mathfrak{G}$. Wegen 4.6.3 ist $\mathfrak{H}$ ein CAUCHY-Filter in Y. Da $\mathfrak{H}$ ein Oberfilter von $\mathfrak{F}$ ist, folgt, daß Y präkompakt ($\aleph_0$-präkompakt) ist.

Nun sei Y präkompakt ($\aleph_0$-präkompakt) und $\mathfrak{F}$ ein eigentlicher Filter in X (mit abzählbarer Basis), dem M angehört. Der Filter $\{F \cap M \mid F \in \mathfrak{F}\}$ in Y ist eigentlich (und er hat eine abzählbare Basis). Er besitzt somit einen eigentlichen CAUCHY-Filter $\mathfrak{G}$ von Y als Oberfilter. $\operatorname{im}_{\subseteq, X} \mathfrak{G}$ ist ein eigentlicher CAUCHY-Filter von X und ein Oberfilter von $\mathfrak{F}$. Daher ist M präkompakt ($\aleph_0$-präkompakt.) ∎

Eine Teilmenge M eines limesuniformen Raumes X heißt **folgenpräkompakt**, wenn jede Folge von Elementen von M eine CAUCHY-Folge in X als Teilfolge hat. Ist die Trägermenge eines limesuniformen Raumes X folgenpräkompakt, so heißen ebenfalls X und die limesuniforme Struktur von X **folgenpräkompakt**. Mittels 4.6.3 folgt leicht, daß eine Teilmenge eines limesuniformen Raumes X genau dann folgenpräkompakt ist, wenn der Teilraum von X mit M als Trägermenge folgenpräkompakt ist. Da jeder eigentliche Filter mit einer abzählbaren Basis, dem eine Menge M angehört, einen aus einer Folge von Elementen von M erzeugten Oberfilter hat, zieht die Folgenpräkompaktheit genauso wie die Präkompaktheit die $\aleph_0$-Präkompaktheit nach sich.

Man zeigt leicht

4.12.12. *Ein limesuniformer Raum ist genau dann kompakt, wenn er präkompakt und vollständig ist, und genau dann folgenkompakt, wenn er folgenpräkompakt und folgenvollständig ist. Jeder $\aleph_0$-präkompakte und vollständige limesuniforme Raum ist $\aleph_0$-kompakt, jeder $\aleph_0$-kompakte limesuniforme Raum andererseits $\aleph_0$-präkompakt und folgenvollständig.*

4.13. Vervollständigung limesuniformer Räume

Im weiteren vervollständigen wir limesuniforme Räume und konstruieren einen sogenannten Komplettierungsfunktor $\boldsymbol{c}$ von LUN in die volle Unterkategorie $\widetilde{\mathrm{LUN}}$ aller separierten vollständigen limesuniformen Räume. Die Konstruktion führen wir ähnlich durch wie die von O. WYLER [1] angegebene Konstruktion des Komplettierungsfunktors von PUN in die volle Unterkategorie $\widetilde{\mathrm{PUN}}$ aller separierten vollständigen pseudouniformen Räume; den letzteren Funktor bezeichnen wir im folgenden mit $\boldsymbol{c}^{\pi}$.

Wir beginnen wie O. WYLER mit der Konstruktion eines sogenannten Sättigungsfunktors **sat**.

Es sei X ein limesuniformer Raum, E seine Trägermenge und $\mathfrak{U}$ seine limesuniforme Struktur. Wir erinnern daran, daß wir durch (4.1.9) in der Menge aller eigentlichen CAUCHY-Filter bez. $\mathfrak{U}$ eine Äquivalenzrelation eingeführt haben. $\tilde{E}$ sei die Menge aller Äquivalenzklassen bezüglich dieser Äquivalenzrelation (also aller sogenannten Ähnlichkeitsklassen) und aller Punkte x von X mit $[x] \times [x] \notin \mathfrak{U}$. Wir definieren eine Abbildung $\iota\colon E \to \tilde{E}$, indem wir zu beliebigem $x \in E$ mit $[x] \times [x] \in \mathfrak{U}$ als $\iota(x)$ die Ähnlichkeitsklasse nehmen, der $[x]$ angehört, und zu beliebigem $x \in E$ mit $[x] \times [x] \notin \mathfrak{U}$ stets $\iota(x) = x$ setzen. Mit ϱ bezeichnen wir die mehrdeutige Abbildung $\iota^{-1} \circ \iota$ von E auf sich, die natürlich eine Äquivalenzrelation in E ist. Es gilt somit $\Delta \subseteq \varrho$, $\varrho^{-1} = \varrho$ und $\varrho \circ \varrho = \varrho$, wobei Δ die Diagonale von $E \times E$ bezeichnet. Mittels 4.1.8 folgt

$$\varrho = \{(x, y) \in E \times E \mid [x] \times [y] \in \mathfrak{U} \text{ oder } x = y\} . \tag{4.13.1}$$

Wir nennen den limesuniformen Raum X und ebenfalls seine limesuniforme Struktur $\mathfrak{U}$ **gesättigt**, wenn mit jedem Filter $\mathfrak{F}$ der Unterfilter $[\varrho] \circ \mathfrak{F} \circ [\varrho]$ von $\mathfrak{F}$ zu $\mathfrak{U}$ gehört.

Ist X ein pseudouniformer Raum, gilt also $[\Delta] \in \mathfrak{U}$, so ist X offenbar genau dann gesättigt, wenn $[\varrho]$ zu $\mathfrak{U}$ gehört.

4.13.1. *Jeder separierte limesuniforme Raum und jeder uniforme Raum ist gesättigt.*

Beweis. 1. X sei separiert. Aus $(x, y) \in \varrho$ folgt mittels (4.13.1) entweder $x = y$ oder $[x] \times [y] \in \mathfrak{U}$ und wegen 4.3.3′ dann ebenfalls $x = y$. Es ist also $\varrho = \Delta$ und X somit gesättigt.

2. X sei ein uniformer Raum. Aus $(x, y) \in \varrho$ ergibt sich mittels (4.13.1) stets $[(x, y)] = [x] \times [y] \in \mathfrak{U}$ und — da $\mathfrak{U}$ eine uniforme Struktur ist — sogar $[\varrho] = \bigcap_{(x, y) \in \varrho} [(x, y)] \in \mathfrak{U}$. Auf Grund der Bemerkung vor diesem Satz ist X daher gesättigt. ∎

Es gibt bereits pseudouniforme Räume, die nicht gesättigt sind. Wir führen ein Beispiel an, das im wesentlichen auf O. WYLER zurückgeht. Es sei E die Menge $\boldsymbol{Z}$ aller ganzen Zahlen, $\mathfrak{A}$ die Menge aller nichtleeren endlichen Teilmengen von $\boldsymbol{N}$ und $\mathfrak{B}$ die Menge aller nichtleeren endlichen Teilmengen von $\boldsymbol{Z} \setminus \boldsymbol{N}$. Zu einem beliebigen Element A von $\mathfrak{A}$ bzw. von $\mathfrak{B}$ sei $\mathfrak{F}_A$ derjenige Filter in E, der als Elemente alle Teilmengen von $\boldsymbol{Z}$ besitzt, die A enthalten und denen bis auf endlich viele alle negativen ganzen Zahlen bzw. bis auf endlich viele alle natürlichen Zahlen angehören. Es folgt leicht, daß $\mathfrak{F}_A \cap \mathfrak{F}_B = \mathfrak{F}_{A \cup B}$ für beliebige A und B gilt, die beide $\mathfrak{A}$ oder beide $\mathfrak{B}$ angehören, und daß $\mathfrak{F}_A \vee \mathfrak{F}_B = \mathsf{P}E$ für beliebiges $A \in \mathfrak{A}$ und $B \in \mathfrak{B}$ ist. Damit ergibt sich, daß die Filter $[\Delta] \cap (\mathfrak{F}_A \times \mathfrak{F}_A) \cap (\mathfrak{F}_B \times \mathfrak{F}_B)$ $(A \in \mathfrak{A},\ B \in \mathfrak{B})$ die Basis einer pseudouniformen Struktur $\mathfrak{U}$ von E bilden. $\mathfrak{U}$ ist natürlich keine uniforme Struktur. Bezüglich $\mathfrak{U}$ gilt $(x, y) \in \varrho$ genau dann, wenn x und y beide $\boldsymbol{N}$ oder beide $\boldsymbol{Z} \setminus \boldsymbol{N}$ angehören. Jedes Element eines Filters $\mathfrak{F}_A$ $(A \in \mathfrak{A} \cup \mathfrak{B})$ hat einen nichtleeren Durchschnitt mit $\boldsymbol{N}$ und $\boldsymbol{Z} \setminus \boldsymbol{N}$. Es gilt daher stets $[\varrho] \circ (\mathfrak{F}_A \times \mathfrak{F}_A) \circ [\varrho] = \{E \times E\}$. Dieser

Filter gehört $\mathfrak{U}$ nicht an, da $\mathfrak{U}$ sonst die triviale uniforme Struktur von E wäre $\mathfrak{U}$ ist also nicht gesättigt.

4.13.2. *f sei eine Abbildung einer Menge H in X. Die limesuniforme Struktur $\mathfrak{U}$. von X sei gesättigt. Dann ist auch die limesuniforme Initialstruktur $(f^{-1} * f^{-1})(\mathfrak{U})$ von $\mathfrak{U}$ bez. f gesättigt.*

Beweis. Wir setzen $\mathfrak{v} = (f^{-1} * f^{-1})(\mathfrak{U})$. Wegen 4.5.1 ist $\mathfrak{F} \in \mathfrak{v}$ äquivalent zu $(f * f)(\mathfrak{F}) \in \mathfrak{U}$. Insbesondere ist $[h] \times [k] \in \mathfrak{v}$ äquivalent zu $[f(h)] \times [f(k)] \in \mathfrak{U}$, so daß sich mittels (4.13.1) leicht

$$\varrho \circ f = f \circ \varrho' \tag{4.13.2}$$

ergibt, wobei ϱ' die bez. $\mathfrak{v}$ entsprechend wie ϱ gebildete Abbildung ist. Zu beliebigem $\mathfrak{F} \in \mathfrak{v}$ folgt mittels 2.7.9 und (4.13.2) unter Beachtung, daß $(f * f)(\mathfrak{F}) \in \mathfrak{U}$ gilt und $\mathfrak{U}$ gesättigt ist,

$$(f * f)\left([\varrho'] \circ \mathfrak{F} \circ [\varrho']\right) = \left((f \circ \varrho') * (f \circ \varrho')\right)(\mathfrak{F}) = [\varrho] \circ (f * f)(\mathfrak{F}) \circ [\varrho] \in \mathfrak{U}$$

und somit $[\varrho'] \circ \mathfrak{F} \circ [\varrho'] \in \mathfrak{v}$. $\mathfrak{v}$ ist daher ebenfalls gesättigt. ∎

Ist X gesättigt, so ist ϱ eine abgeschlossene Teilmenge von $E \times E$ bezüglich $\lambda(\mathfrak{U}) \times \lambda(\mathfrak{U})$; denn ist $\mathfrak{F}$ ein eigentlicher Filter in $E \times E$, dem ϱ angehört und der bezüglich $\lambda(\mathfrak{U}) \times \lambda(\mathfrak{U})$ gegen ein $(x, y) \in E \times E$ konvergiert, und sind π_1 und π_2 die erste und zweite natürliche Projektion von $E \times E$, so folgt mittels $F \cap \varrho \neq \emptyset$ $(F \in \mathfrak{F})$

$$[x] \times [y] \supseteq \left((\pi_2(\mathfrak{F}) \times [y]) \circ [\varrho]\right) \circ \left([x] \times \pi_1(\mathfrak{F})\right) \in \mathfrak{U}$$

und damit $(x, y) \in \varrho$.

A sei die Menge aller Äquivalenzrelationen α in E, für die zu beliebigen Punkten $x, y \in E$ und Filtern $\mathfrak{F}_1, \ldots, \mathfrak{F}_n \in \mathfrak{U}$ aus

$$([\alpha] \circ \mathfrak{F}_n) \circ \cdots \circ ([\alpha] \circ \mathfrak{F}_1) \circ [\alpha] \subseteq [x] \times [y]$$

stets $(x, y) \in \alpha$ folgt. Wegen 2.2.8 könnten wir bei der angegebenen Inklusion die linksstehende Filterkomposition durch einen endlichen Durchschnitt derartiger Kompositionen ersetzen. Es ist $E \times E \in A$, somit A nichtleer. Ohne Mühe folgt, daß $\varrho_{\text{sat}} = \bigcap_{\alpha \in A} \alpha$ die kleinste Äquivalenzrelation ist, die A angehört. Mittels 2.7.7 ergibt sich, daß die Menge aller Filter

$$([\varrho_{\text{sat}}] \circ \mathfrak{F}_n) \circ \cdots \circ ([\varrho_{\text{sat}}] \circ \mathfrak{F}_1) \circ [\varrho_{\text{sat}}] \qquad (n \in N^+; \mathfrak{F}_1, \ldots, \mathfrak{F}_n \in \mathfrak{U})$$

die Subbasis einer limesuniformen Struktur $\operatorname{sat}(\mathfrak{U})$ von E ist. Der Definition von $\operatorname{sat}(\mathfrak{U})$ entnimmt man, daß sogar gilt

4.13.3. $\operatorname{sat}(\mathfrak{U})$ *ist die feinste gesättigte limesuniforme Struktur von E, die gröber als $\mathfrak{U}$ ist.*

Es stimmt daher $\mathfrak{U}$ mit $\operatorname{sat}(\mathfrak{U})$ genau dann überein, wenn $\mathfrak{U}$ gesättigt ist. Wegen 4.13.1 gilt insbesondere $\mathfrak{U} = \operatorname{sat}(\mathfrak{U})$ unter der Voraussetzung, daß $\mathfrak{U}$ eine uniforme Struktur ist. Aus $\mathfrak{U} \subseteq \operatorname{sat}(\mathfrak{U})$ folgt

4.13.4. *Ist* $\mathfrak{U}$ *eine pseudouniforme Struktur, so auch* $\mathrm{sat}(\mathfrak{U})$.

4.13.5. *Eine Abbildung f des limesuniformen Raumes X in einen gesättigten limesuniformen Raum Y ist genau dann gleichmäßig stetig, wenn f bez.* $\mathrm{sat}(\mathfrak{U})$ *und der limesuniformen Struktur $\mathfrak{V}$ von Y gleichmäßig stetig ist.*

Beweis. Ist f bez. $\mathrm{sat}(\mathfrak{U})$ und $\mathfrak{V}$ gleichmäßig stetig, so wegen $\mathfrak{U} \subseteqq \mathrm{sat}(\mathfrak{U})$ auch bez. $\mathfrak{U}$ und $\mathfrak{V}$. Nun sei f bez. $\mathfrak{U}$ und $\mathfrak{V}$ gleichmäßig stetig. Es gilt dann $\mathfrak{U} \subseteqq (f^{-1} * f^{-1})(\mathfrak{V})$. Wegen 4.13.2 ist $(f^{-1} * f^{-1})(\mathfrak{V})$ eine gesättigte limesuniforme Struktur, und wegen 4.13.3 ist $\mathrm{sat}(\mathfrak{U})$ die feinste gesättigte limesuniforme Struktur, die gröber als $\mathfrak{U}$ ist. Daher ist $\mathrm{sat}(\mathfrak{U}) \subseteqq (f^{-1} * f^{-1})(\mathfrak{V})$, f somit bez. $\mathrm{sat}(\mathfrak{U})$ und $\mathfrak{V}$ gleichmäßig stetig. ∎

Aus 4.4.6 und 4.13.5 folgt das

Korollar. *Ist Y ein beliebiger limesuniformer Raum und f eine bezüglich der limesuniformen Strukturen $\mathfrak{U}$ von X und $\mathfrak{V}$ von Y gleichmäßig stetige Abbildung von X in Y, so ist f auch bez.* $\mathrm{sat}(\mathfrak{U})$ *und* $\mathrm{sat}(\mathfrak{V})$ *gleichmäßig stetig.*

$\mathrm{LUN}_{\mathrm{sat}}$ sei die volle Unterkategorie von LUN, die als Objekte alle gesättigten limesuniformen Räume hat. Auf Grund des Korollars zu 4.13.5 gibt es einen Funktor **sat**: $\mathrm{LUN} \to \mathrm{LUN}_{\mathrm{sat}}$, den sogenannten **Sättigungsfunktor**, mit den folgenden Eigenschaften: **sat** ordnet jedem limesuniformen Raum X denjenigen limesuniformen Raum $\mathbf{sat}(X)$ zu, der dieselbe Trägermenge wie X hat und dessen limesuniforme Struktur die der limesuniformen Struktur $\mathfrak{U}$ von X zugeordnete gesättigte limesuniforme Struktur $\mathrm{sat}(\mathfrak{U})$ ist. Ferner ordnet **sat** jedem Morphismus (f, X, Y) von LUN den Morphismus $(f, \mathbf{sat}(X), \mathbf{sat}(Y))$ von $\mathrm{LUN}_{\mathrm{sat}}$ zu.

Wir nehmen im weiteren an, daß X ein gesättigter limesuniformer Raum ist. E, $\mathfrak{U}$, $\tilde{E}$, ι und ϱ mögen die gleiche Bedeutung wie bisher haben. Γ_0 sei die Menge aller eigentlichen Cauchy-Filter bez. $\mathfrak{U}$. $\varkappa$ bezeichne diejenige Abbildung von Γ_0 in $\tilde{E}$, die jedem $\mathfrak{G} \in \Gamma_0$ die $\mathfrak{G}$ angehörende Ähnlichkeitsklasse zuordnet. Für jeden Cauchy-Filter $\mathfrak{G} \in \Gamma_0$ setzen wir

$$\eta\mathfrak{G} = \iota(\mathfrak{G}) \cap [\varkappa(\mathfrak{G})] .$$

Ferner bezeichnen wir mit $c(\mathfrak{U})$ dasjenige $\wedge$-Ideal von Filtern in $\tilde{E} \times \tilde{E}$, das die Menge aller Filter $(\iota * \iota)(\mathfrak{F})$ $(\mathfrak{F} \in \mathfrak{U})$ und $\eta\mathfrak{G} \times \eta\mathfrak{G}$ $(\mathfrak{G} \in \Gamma_0)$ als eine Subbasis hat. Wir geben als nächstes eine für das Weitere geeignete Basis von $c(\mathfrak{U})$ an.

4.13.6. *Die Menge aller Filter*

$$(\iota * \iota)(\mathfrak{F}) \cap (\eta\mathfrak{G}_1 \times \eta\mathfrak{G}_1) \cap \cdots \cap (\eta\mathfrak{G}_n \times \eta\mathfrak{G}_n) , \qquad (4.13.3)$$

die jeweils mittels eines Filters $\mathfrak{F} \in \mathfrak{U}$ und endlich vieler nicht konvergierender, paarweise nicht ähnlicher Cauchy*-Filter $\mathfrak{G}_1, \ldots, \mathfrak{G}_n \in \Gamma_0$ gebildet sind, ist eine Basis von* $c(\mathfrak{U})$[1].

[1]) In dem trivialen Fall $\Gamma_0 = \emptyset$ meinen wir bei (4.13.3) natürlich die Filter $(j * j)(\mathfrak{F})$.

Beweis. Für jeden gegen einen Punkt x von X konvergierenden Filter $\mathfrak{G} \in \Gamma_0$ konvergiert wegen 4.3.1 auch $\mathfrak{G} \cap [x]$ gegen x und gehört daher $\mathfrak{F} = (\mathfrak{G} \cap [x]) \times (\mathfrak{G} \cap [x])$ zu $\mathfrak{U}$, ferner gilt für diesen Filter

$$\eta\mathfrak{G} = \iota(\mathfrak{G}) \cap [\iota(x)] = \iota(\mathfrak{G} \cap [x])$$

und damit $\eta\mathfrak{G} \times \eta\mathfrak{G} = (\iota * \iota)(\mathfrak{F})$.

Für ähnliche Filter $\mathfrak{G}_1, \mathfrak{G}_2 \in \Gamma_0$ gehört auch $\mathfrak{G}_1 \cap \mathfrak{G}_2$ zu Γ_0 und gilt $\eta\mathfrak{G}_i \supseteq \eta(\mathfrak{G}_1 \cap \mathfrak{G}_2)$ für $i = 1, 2$. Damit folgt leicht die Behauptung. ∎

4.13.7. *$c(\mathfrak{U})$ ist eine limesuniforme Struktur von $\tilde{E}$.*

Beweis. Es genügt zu zeigen, daß mit jedem Filter $\mathfrak{H}$ der Form (4.13.3) auch $\mathfrak{H}^{-1}$ diese Form und mit Filtern $\mathfrak{H}$ und $\mathfrak{K}$ der Form (4.13.3) auch $\mathfrak{K} \circ \mathfrak{H}$ diese Form hat. Daß mit $\mathfrak{H}$ auch $\mathfrak{H}^{-1}$ die Form (4.13.3) hat, ergibt sich leicht mittels (2.7.12), (2.7.16) und (2.7.18).

Zu beliebigen $\mathfrak{F}_1, \mathfrak{F}_2 \in \mathfrak{U}$ folgt mittels 2.7.9

$$(\iota * \iota)(\mathfrak{F}_2) \circ (\iota * \iota)(\mathfrak{F}_1) = (\iota * \iota)([\varrho] \circ \mathfrak{F}_2 \circ [\varrho] \circ \mathfrak{F}_1 \circ [\varrho]) .$$

Zu beliebigem $\mathfrak{F} \in \mathfrak{U}$ und jedem nicht konvergierenden Filter $\mathfrak{G} \in \Gamma_0$ gilt wegen $\varkappa(\mathfrak{G}) \notin \iota[E]$ und 2.7.9

$$(\iota * \iota)(\mathfrak{F}) \circ (\eta\mathfrak{G} \times \eta\mathfrak{G}) = \eta\mathfrak{G} \times \iota(\mathfrak{G}')$$

bei $\mathfrak{G}' = ([\varrho] \circ \mathfrak{F} \circ [\varrho])(\mathfrak{G})$[1]. Wegen $[\varrho] \circ \mathfrak{F} \circ [\varrho] \circ (\mathfrak{G} \times \mathfrak{G}) = \mathfrak{G} \times \mathfrak{G}' \in \mathfrak{U}$ ist $\mathfrak{G}'$ ein CAUCHY-Filter, der zu $\mathfrak{G}$ ähnlich ist. Es folgt $\mathfrak{G} \cap \mathfrak{G}' \in \Gamma_0$ und

$$(\iota * \iota)(\mathfrak{F}) \circ (\eta\mathfrak{G} \times \eta\mathfrak{G}) \supseteq \eta(\mathfrak{G} \cap \mathfrak{G}') \times \eta(\mathfrak{G} \cap \mathfrak{G}') .$$

Wegen 2.7.4, (2.7.16) und (2.7.18) gilt

$$(\eta\mathfrak{G} \times \eta\mathfrak{G}) \circ (\iota * \iota)(\mathfrak{F}) = ((\iota * \iota)(\mathfrak{F}^{-1}) \circ (\eta\mathfrak{G} \times \eta\mathfrak{G}))^{-1}$$

und damit

$$(\eta\mathfrak{G} \times \eta\mathfrak{G}) \circ (\iota * \iota)(\mathfrak{F}) \supseteq \eta(\mathfrak{G} \cap \mathfrak{G}'') \times \eta(\mathfrak{G} \cap \mathfrak{G}'')$$

bei $\mathfrak{G}'' = ([\varrho] \circ \mathfrak{F}^{-1} \circ [\varrho])(\mathfrak{G})$.

Im weiteren seien $\mathfrak{G}_1$ und $\mathfrak{G}_2$ zwei nicht konvergierende Filter aus Γ_0. Wegen $\varkappa(\mathfrak{G}_1), \varkappa(\mathfrak{G}_2) \notin \iota[E]$ folgt

$$\iota(\mathfrak{G}_2) \vee [\varkappa(\mathfrak{G}_1)] = \iota(\mathfrak{G}_1) \vee [\varkappa(\mathfrak{G}_2)] = \mathsf{P}\tilde{E} . \qquad (4.13.4)$$

Zu beliebigem $i = 1, 2$ gilt $\varrho(\mathfrak{G}_i) \subseteq \mathfrak{G}_i$ und $\varrho(\mathfrak{G}_i) \times \varrho(\mathfrak{G}_i) = [\varrho] \circ (\mathfrak{G}_i \times \mathfrak{G}_i) \circ [\varrho] \in \mathfrak{U}$ und ist somit $\varrho(\mathfrak{G}_i)$ ein zu $\mathfrak{G}_i$ ähnlicher CAUCHY-Filter.

Im Falle $\eta\mathfrak{G}_1 \vee \eta\mathfrak{G}_2 \neq \mathsf{P}\tilde{E}$ erhält man wegen (4.13.4) und der Distributivität des Filterverbandes $\mathcal{F}\tilde{E}$, daß entweder $\varkappa(\mathfrak{G}_1) = \varkappa(\mathfrak{G}_2)$ oder $\iota(\mathfrak{G}_1) \vee \iota(\mathfrak{G}_2) \neq \mathsf{P}\tilde{E}$ und damit $\varrho(\mathfrak{G}_1) \vee \varrho(\mathfrak{G}_2) \neq \mathsf{P}E$ ist, somit stets $\mathfrak{G}_1$ und $\mathfrak{G}_2$ ähnliche CAUCHY-Filter sind und daher auch $\mathfrak{G}_1 \cap \mathfrak{G}_2$ ein CAUCHY-Filter ist. Mittels (2.7.17) ergibt

[1]) Für Filter $\mathfrak{A}$ in E und $\mathfrak{B}$ in $E \times E$ sei $\mathfrak{B}(\mathfrak{A})$ der Filter in E mit der Basis $\{B[A] \mid A \in \mathfrak{A}, B \in \mathfrak{B}\}$.

sich im Falle $\eta\mathfrak{G}_1 \vee \eta\mathfrak{G}_2 \neq \mathsf{P}\widetilde{E}$ schließlich

$$(\eta\mathfrak{G}_2 \times \eta\mathfrak{G}_2) \circ (\eta\mathfrak{G}_1 \times \eta\mathfrak{G}_1) \supseteqq \eta(\mathfrak{G}_1 \cap \mathfrak{G}_2) \times \eta(\mathfrak{G}_1 \cap \mathfrak{G}_2) .$$

Aus (2.7.17) folgt im Falle $\eta\mathfrak{G}_1 \vee \eta\mathfrak{G}_2 = \mathsf{P}\widetilde{E}$ andererseits

$$(\eta\mathfrak{G}_2 \times \eta\mathfrak{G}_2) \circ (\eta\mathfrak{G}_1 \times \eta\mathfrak{G}_1) = \mathsf{P}(\widetilde{E} \times \widetilde{E}) .$$

Aus 2.7.7 und dem Bewiesenen ergibt sich, daß mit Filtern $\mathfrak{H}$ und $\mathfrak{K}$ der Form (4.13.3) auch $\mathfrak{K} \circ \mathfrak{H}$ diese Form hat. ▮

Man zeigt leicht, daß $c(\mathfrak{U})$ die feinste limesuniforme Struktur von $\widetilde{E}$ ist, derart, daß ι bez. $\mathfrak{U}$ und dieser gleichmäßig stetig ist und zu beliebigem $\mathfrak{G} \in \Gamma_0$ der Filter $\iota(\mathfrak{G})$ gegen $\varkappa(\mathfrak{G})$ konvergiert.

4.13.8. *Ein eigentlicher Filter $\mathfrak{H}$ in $\widetilde{E}$ ist genau dann ein* Cauchy-*Filter bez. $c(\mathfrak{U})$, wenn ein* Cauchy-*Filter $\mathfrak{G} \in \Gamma_0$ mit $\mathfrak{H} \supseteqq \eta\mathfrak{G}$ existiert.*

Beweis. 1. Aus $\eta\mathfrak{G} \subseteqq \mathfrak{H}$ für ein $\mathfrak{G} \in \Gamma_0$ folgt $\mathfrak{H} \times \mathfrak{H} \supseteqq \eta\mathfrak{G} \times \eta\mathfrak{G} \in \mathfrak{U}$ und damit die eine Richtung der Behauptung.

2. $\mathfrak{H}$ sei ein eigentlicher Cauchy-Filter bez. $c(\mathfrak{U})$. Wir finden einen Filter $\mathfrak{F} \in \mathfrak{U}$ und endlich viele nicht konvergierende, paarweise nicht ähnliche Cauchy-Filter $\mathfrak{G}_1, \dots, \mathfrak{G}_n \in \Gamma_0$ derart, daß $\mathfrak{H} \times \mathfrak{H}$ ein Oberfilter von (4.13.3) ist. Zu beliebigen $F \in \mathfrak{F}$, $G_1 \in \mathfrak{G}_1, \dots, G_n \in \mathfrak{G}_n$ gibt es daher ein $H \in \mathfrak{H}$ mit

$$H \times H \subseteqq (\iota * \iota)[F] \cup \zeta(G_1, \mathfrak{G}_1) \cup \dots \cup \zeta(G_n, \mathfrak{G}_n) , \qquad (4.13.5)$$

wobei jeweils $\zeta(G_k, \mathfrak{G}_k) = \big(\iota[G_k] \cup \{\varkappa(\mathfrak{G}_k)\}\big) \times \big(\iota[G_k] \cup \{\varkappa(\mathfrak{G}_k)\}\big)$ gesetzt ist. Wir unterscheiden zwei Fälle.

Zuerst sei $\iota[E] \in \mathfrak{H}$. Wir können dann $H \subseteqq \iota[E]$ annehmen und erhalten wegen $\varkappa(\mathfrak{G}_k) \notin \iota[E]$

$$H \times H \subseteqq (\iota * \iota)\,[F \cup (G_1 \times G_1) \cup \dots \cup (G_n \times G_n)] ,$$

für $\mathfrak{G} = \iota^{-1}(\mathfrak{H})$ und $\mathfrak{K} = \mathfrak{F} \cap (\mathfrak{G}_1 \times \mathfrak{G}_1) \cap \dots \cap (\mathfrak{G}_n \times \mathfrak{G}_n)$ also

$$\mathfrak{G} \times \mathfrak{G} \supseteqq \big((\iota^{-1} * \iota^{-1}) \circ (\iota * \iota)\big)\,(\mathfrak{K}) = [\varrho] \circ \mathfrak{K} \circ [\varrho]$$

und damit $\mathfrak{G} \in \Gamma_0$. Unter Beachtung von $\iota[E] \in \mathfrak{H}$ folgt $\mathfrak{H} = \iota(\mathfrak{G}) \supseteqq \eta\mathfrak{G}$.

Nun sei $\iota[E] \notin \mathfrak{H}$. Wir finden ein $h \in H$ mit $h \notin \iota[E]$. Es ist $h = \varkappa(\mathfrak{G}_k)$ für ein k. Da $H \times \{h\}$ in der rechten Seite von (4.13.5) liegt, folgt $H \subseteqq \iota[G_k] \cup \{\varkappa(\mathfrak{G}_k)\}$. Das k ist von H unabhängig. Denn für andere $F' \in \mathfrak{F}$, $G_1' \in \mathfrak{G}_1$, $\dots$, $G_n' \in \mathfrak{G}_n$ und das betreffende $H' \in \mathfrak{H}$ ergibt sich analog $H' \subseteqq \iota[G_{k'}'] \cup \{\varkappa(\mathfrak{G}_{k'})\}$ für ein k', und wegen $H \cap H' \in \mathfrak{H}$ und $H \cap H' \not\subseteqq \iota[E]$ folgt $k = k'$. In dem vorliegenden Fall ergibt sich $\mathfrak{H} \supseteqq \eta\mathfrak{G}_k$. ▮

4.13.9. *Gilt $[y] \supseteqq \eta\mathfrak{G}$ für ein $y \in \widetilde{E}$ und $\mathfrak{G} \in \Gamma_0$, so ist $y = \varkappa(\mathfrak{G})$.*

Beweis. Aus $[y] \supseteqq \eta\mathfrak{G}$ folgt unter Berücksichtigung der Definition von $\eta\mathfrak{G}$ entweder $y = \varkappa(\mathfrak{G})$ oder $[y] \supseteqq \iota(\mathfrak{G})$. Im weiteren liege der zweite Fall vor.

Es gibt dann zu beliebigem $G \in \mathfrak{G}$ ein $x_G \in G$ mit $y = \iota(x_G)$ und somit ein $x \in E$ mit $y = \iota(x)$ und mit $x \in \varrho[G]$ für jedes $G \in \mathfrak{G}$, also mit $\varrho(\mathfrak{G}) \supseteqq [x]$. $\varrho(\mathfrak{G})$ ist ein zu $\mathfrak{G}$ ähnlicher CAUCHY-Filter. Auf Grund der letzten Beziehung ist $[x]$ ein zu $\varrho(\mathfrak{G})$ ähnlicher CAUCHY-Filter, der gegen x konvergiert. Es folgt $y = \varkappa([x]) = \varkappa(\mathfrak{G})$, $y = \varkappa(\mathfrak{G})$ also stets. ∎

4.13.10. *Die limesuniforme Struktur $c(\mathfrak{U})$ ist separiert und vollständig, und $\iota[E]$ ist in $\tilde{E}$ bez. $\lambda(c(\mathfrak{U}))$ dicht.*

Beweis. Aus $[y] \times [z] \in c(\mathfrak{U})$ folgt unter Berücksichtigung von 4.1.5, daß $[y] \cap [z]$ ein eigentlicher CAUCHY-Filter ist, so daß wegen 4.13.8 ein $\mathfrak{G} \in \Gamma_0$ mit $[y] \cap [z] \supseteqq \eta\mathfrak{G}$ existiert, wegen 4.13.9 somit $y = z = \varkappa(\mathfrak{G})$ ist. Nach 4.3.3′ ist daher $c(\mathfrak{U})$ separiert.

Ist $\mathfrak{H}$ ein CAUCHY-Filter bez. $c(\mathfrak{U})$, so besteht wegen 4.13.8 für ein $\mathfrak{G} \in \Gamma_0$ die Beziehung $\mathfrak{H} \supseteqq \eta\mathfrak{G}$. Da der eigentliche Filter $\iota(\mathfrak{G})$ gegen $\varkappa(\mathfrak{G})$ konvergiert, konvergiert wegen 4.3.1 auch $[\varkappa(\mathfrak{G})]$ und damit auch $\eta\mathfrak{G}$ und somit auch $\mathfrak{H}$ gegen $\varkappa(\mathfrak{G})$. $c(\mathfrak{U})$ ist daher vollständig.

Zu jedem $\mathfrak{G} \in \Gamma_0$ gilt $\iota(\mathfrak{G}) \xrightarrow[\lambda(c(\mathfrak{U}))]{} \varkappa(\mathfrak{G})$ und $\iota[E] \in \iota(\mathfrak{G}) \# \mathsf{P}\tilde{E}$, zu jedem $x \in X$ mit $[x] \times [x] \notin \mathfrak{U}$ ferner $\iota(x) = x$. Wegen $\tilde{E} = \{\varkappa(\mathfrak{G}) \mid \mathfrak{G} \in \Gamma_0\} \cup \{x \in E \mid [x] \times [x] \notin \mathfrak{U}\}$ ist $\iota[E]$ daher in $\tilde{E}$ bez. $\lambda(c(\mathfrak{U}))$ dicht. ∎

4.13.11. $\mathfrak{U}$ *ist die limesuniforme Initialstruktur von $c(\mathfrak{U})$ bez. ι.*

Beweis. Für jeden Filter $\mathfrak{F} \in \mathfrak{U}$ gilt $(\iota^{-1} * \iota^{-1}) ((\iota * \iota)(\mathfrak{F})) = [\varrho] \circ \mathfrak{F} \circ [\varrho] \in \mathfrak{U}$. Für jeden nicht konvergierenden Filter $\mathfrak{G} \in \Gamma_0$ gilt

$$\begin{aligned}(\iota^{-1} * \iota^{-1})(\eta\mathfrak{G} \times \eta\mathfrak{G}) &= \iota^{-1}(\eta\mathfrak{G}) \times \iota^{-1}(\eta\mathfrak{G}) \\ &= \varrho(\mathfrak{G}) \times \varrho(\mathfrak{G}) = [\varrho] \circ (\mathfrak{G} \times \mathfrak{G}) \circ [\varrho] \in \mathfrak{U}\end{aligned}$$

und, wie mittels 4.13.6 folgt, damit $\mathfrak{U} \supseteqq (\iota^{-1} * \iota^{-1})(c(\mathfrak{U}))$. Da ι auf Grund der Bemerkung nach 4.13.7 bez. $\mathfrak{U}$ und $c(\mathfrak{U})$ gleichmäßig stetig ist, folgt damit $\mathfrak{U} = (\iota^{-1} * \iota^{-1})(c(\mathfrak{U}))$ und somit die Behauptung. ∎

Wir lassen nun die Forderung, daß X gesättigt ist, fallen, so daß X irgendein limesuniformer Raum ist. Der limesuniformen Struktur von X ordnen wir die nach 4.13.10 separierte und vollständige limesuniforme Struktur $c(\mathrm{sat}(\mathfrak{U}))$ zu. Wir bezeichnen diese ebenfalls mit $c(\mathfrak{U})$. Die bezüglich $\mathrm{sat}(\mathfrak{U})$ entsprechend wie $\iota\colon E \to \tilde{E}$ gebildete Abbildung bezeichnen wir mit $j\colon E \to \hat{E}$, ferner den separierten und vollständigen limesuniformen Raum mit $\hat{E}$ als Trägermenge und $c(\mathfrak{U})$ als limesuniformer Struktur mit $\mathbf{c}(X)$. $j[E]$ ist in $\mathbf{c}(X)$ dicht. Ferner gilt

4.13.12. *j ist als Abbildung des limesuniformen Raumes X in $\mathbf{c}(X)$ gleichmäßig stetig. Ist f eine gleichmäßig stetige Abbildung von X in einen separierten, voll-*

ständigen limesuniformen Raum Y, so existiert eine eindeutig bestimmte gleichmäßig stetige Abbildung $g\colon \mathfrak{c}(X) \to Y$ derart, daß das Diagramm

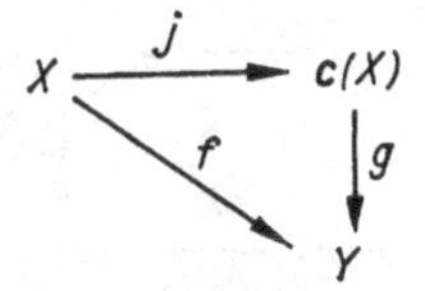

(4.13.6)

kommutativ ist. j ist genau dann eine Einbettung (also ein limesuniformer Isomorphismus von X in $\mathfrak{c}(X)$), wenn X separiert ist.

Beweis. Wir setzen X als gesättigt voraus. Wegen 4.13.1 und 4.13.5 reicht es aus, den Satz unter dieser Einschränkung zu beweisen. Daß dann $j = \iota$ gleichmäßig stetig ist, haben wir bereits nach 4.13.7 angemerkt. f sei eine gleichmäßig stetige Abbildung von X in einen separierten und vollständigen limesuniformen Raum Y. Zu beliebigem $\mathfrak{G} \in \Gamma_0$ ist $f(\mathfrak{G})$ ein eigentlicher CAUCHY-Filter in Y, auf Grund der Vollständigkeit von Y also ein gegen einen Punkt von Y konvergierender Filter. Wir bezeichnen diesen Punkt mit $g(z)$ bei $z = \varkappa(\mathfrak{G})$. Zu einem beliebigen zu $\mathfrak{G}$ ähnlichen CAUCHY-Filter $\mathfrak{G}' \in \Gamma_0$ ist $\mathfrak{G} \cap \mathfrak{G}'$ und damit auch $f(\mathfrak{G} \cap \mathfrak{G}') = f(\mathfrak{G}) \cap f(\mathfrak{G}')$ ein CAUCHY-Filter, somit $f(\mathfrak{G}')$ ein zu $f(\mathfrak{G})$ ähnlicher CAUCHY-Filter, wegen 4.1.8 konvergiert daher $f(\mathfrak{G}')$ ebenfalls gegen $g(z)$. Unter Berücksichtigung der Separiertheit von Y erhalten wir damit, daß $g(z)$ nur von der Ähnlichkeitsklasse z und nicht der speziellen Wahl von $\mathfrak{G}$ abhängt. Zu beliebigem $x \in E$ mit $[x] \times [x] \in \mathfrak{U}$ konvergiert $[x]$ gegen x und $f([x])$ damit gegen $f(x)$, so daß $f(x) = g(z)$ bei $z = \iota(x)$ gilt. Zu beliebigem $x \in E$ mit $[x] \times [x] \notin \mathfrak{U}$ gilt $x = \iota(x)$ und setzen wir $g(x) = f(x)$. Für die auf diese Weise eindeutig definierte Abbildung $g\colon z \mapsto g(z)$ $(z \in \widetilde{E})$ ist das Diagramm (4.13.6) kommutativ.

Für jeden Filter $\mathfrak{F} \in \mathfrak{U}$ gehört $((g * g) \circ (\iota * \iota))(\mathfrak{F}) = (f * f)(\mathfrak{F})$ der limesuniformen Struktur von Y an. Für jeden Filter $\mathfrak{G} \in \Gamma_0$ gilt $g(\eta\mathfrak{G}) = f(\mathfrak{G}) \cap [g(z)]$ bei $z = \varkappa(\mathfrak{G})$. Da $f(\mathfrak{G})$ nach Definition von g gegen $g(z)$ konvergiert, ergibt sich $g(\eta\mathfrak{G})$ als konvergenter Filter und gehört $(g * g)(\eta\mathfrak{G} \times \eta\mathfrak{G})$ somit der limesuniformen Struktur von Y an. Unter Berücksichtigung von (2.5.2) folgt damit, daß g gleichmäßig stetig ist.

g' sei irgendeine gleichmäßig stetige Abbildung von $\mathfrak{c}(X)$ in Y mit $g' \circ j = f$. Zu beliebigem $\mathfrak{G} \in \Gamma_0$ konvergiert $\iota(\mathfrak{G})$ gegen $y = \varkappa(\mathfrak{G})$, somit $g'(\iota(\mathfrak{G}))$ gegen $g'(y)$. Da $g'(\iota(\mathfrak{G})) = f(\mathfrak{G})$ ist, folgt $g'(y) = g(y)$. Zu beliebigem $x \in E$ mit $[x] \times [x] \notin \mathfrak{U}$ gilt $\iota(x) = x$ und damit $g'(x) = f(x) = g(x)$. Es ist daher $g' = g$.

Ist j eine Einbettung, so ist X natürlich separiert. Ist X separiert, so ist wegen 4.13.1 $j = \iota$ und ι offenbar eine eineindeutige Abbildung. Wegen 4.13.11 ist dann ferner ι^{-1} gleichmäßig stetig ,ι also ein limesuniformer Isomorphismus. ∎

Für den folgenden Satz sei Y irgendein limesuniformer Raum und $j'\colon Y \to \mathfrak{c}(Y)$ die entsprechend wie $j\colon X \to \mathfrak{c}(X)$ definierte Abbildung.

4.13.13. *Zu jeder gleichmäßig stetigen Abbildung $f\colon X \to Y$ gibt es genau eine gleichmäßig stetige Abbildung $\hat{f}\colon \mathbf{c}(X) \to \mathbf{c}(Y)$ derart, daß das Diagramm*

$$\begin{array}{ccc} X & \xrightarrow{\ f\ } & Y \\ {\scriptstyle j}\downarrow & & \downarrow{\scriptstyle j'} \\ \mathbf{c}(X) & \xrightarrow{\ \hat{f}\ } & \mathbf{c}(Y) \end{array}$$

kommutativ ist.

Beweis. Nach 4.13.12 gibt es zu der Abbildung $j' \circ f$ genau eine gleichmäßig stetige Abbildung $\hat{f}\colon \mathbf{c}(X) \to \mathbf{c}(Y)$ mit $j' \circ f = \hat{f} \circ j$. ∎

$\widetilde{\mathrm{LUN}}$ sei die volle Unterkategorie von LUN, die als Objekte alle separierten und vollständigen limesuniformen Räume hat. Wegen 4.13.13 gibt es einen Funktor $\mathbf{c}\colon \mathrm{LUN} \to \widetilde{\mathrm{LUN}}$, der jedem limesuniformen Raum X gerade $\mathbf{c}(X)$ und jedem Morphismus (f, X, Y) von LUN gerade $(\hat{f}, \mathbf{c}(X), \mathbf{c}(Y))$ zuordnet, wobei $\hat{f}$ die f nach 4.13.13 eindeutig zugeordnete Abbildung ist. $\mathbf{c}$ heißt der **Komplettierungsfunktor** von LUN in $\widetilde{\mathrm{LUN}}$.

Eine Unterkategorie $\mathfrak{D}$ einer Kategorie $\mathfrak{C}$ wird **reflektiv** in $\mathfrak{C}$ genannt, wenn es zu jedem $X \in \mathrm{Ob}\,\mathfrak{C}$ einen Morphismus $r_X\colon X \to X'$ von $\mathfrak{C}$ mit $X' \in \mathrm{Ob}\,\mathfrak{D}$, eine sogenannte **Reflexion** für X bez. $\mathfrak{D}$ gibt, derart, daß zu jedem Morphismus $f\colon X \to Y$ von $\mathfrak{C}$ mit $Y \in \mathrm{Ob}\,\mathfrak{D}$ genau ein Morphismus $g\colon X' \to Y$ von $\mathfrak{D}$ existiert, so daß das (4.13.6) entsprechende Diagramm kommutativ ist, d. h. $f = g\, r_X$ gilt. Ist $\mathfrak{D}$ eine reflektive Unterkategorie einer Kategorie $\mathfrak{C}$, so läßt sich mittels Reflexionen $r_X\colon X \to X'$ $(X \in \mathrm{Ob}\,\mathfrak{C})$ ein Funktor $r\colon \mathfrak{C} \to \mathfrak{D}$ bilden, der jedem Objekt X von $\mathfrak{C}$ gerade X' und jedem Morphismus (f, X, Y) von $\mathfrak{C}$ gerade $(\hat{f}, X', Y')$ zuordnet, wobei $\hat{f}$ der eindeutig bestimmte Morphismus von $\mathfrak{D}$ mit $r_Y f = \hat{f}\, r_X$ ist. r heißt ein **Reflektor.** Nach 4.13.12 ist $\widetilde{\mathrm{LUN}}$ reflektiv in LUN. Ferner ist $\mathbf{c}$ ein zugehöriger Reflektor. Wir verstehen unter einer **Vervollständigung**[1]) eines limesuniformen Raumes X (in LUN) eine Reflexion für X bez. $\widetilde{\mathrm{LUN}}$. Zu beachten ist, daß Reflexionen bis auf Isomorphie eindeutig bestimmt sind, d. h. zu zwei Reflexionen $r_X\colon X \to X'$ und $r'_X\colon X \to X''$ für ein Objekt X einer Kategorie $\mathfrak{C}$ bez. einer reflektiven Unterkategorie $\mathfrak{D}$ ein Isomorphismus $g \in [X', X'']_{\mathfrak{D}}$ mit $r'_X = g\, r_X$ existiert. Die in 4.13.12 auftretende Abbildung $j\colon X \to \mathbf{c}(X)$ ist eine Vervollständigung des limesuniformen Raumes X.

Im weiteren vervollständigen wir pseudouniforme Räume in PUN und konstruieren einen Komplettierungsfunktor von PUN in die volle Unterkategorie $\widetilde{\mathrm{PUN}}$ aller separierten und vollständigen pseudouniformen Räume. Es sei dazu X vorerst ein gesättigter pseudouniformer Raum. Die zu Anfang dieses Abschnittes eingeführten Bezeichnungen behalten wir bei. $\tilde{E}$ ist jetzt die Menge

---

[1]) Von E. E. Reed [1] wurden Vervollständigungen, die als dichte Einbettungen definiert sind, untersucht.

aller Ähnlichkeitsklassen eigentlicher CAUCHY-Filter aus Γ_0. Δ sei die Diagonale von $E \times E$ und $\tilde{\Delta}$ die Diagonale von $\tilde{E} \times \tilde{E}$.

Für die pseudouniforme Struktur

$$c^{\pi}(\mathfrak{U}) = \pi(c(\mathfrak{U}))$$

bestehen ähnliche Sätze wie 4.13.6, 4.13.8, 4.13.10 und 4.13.11, wie wir im folgenden genauer ausführen. Selbstverständlich gilt

4.13.14. *Die Menge aller Filter*

$$[\tilde{\Delta}] \cap (\iota * \iota)(\mathfrak{F}) \cap (\eta\mathfrak{G}_1 \times \eta\mathfrak{G}_1) \cap \cdots \cap (\eta\mathfrak{G}_n \times \eta\mathfrak{G}_n)\,, \tag{4.13.7}$$

wobei jeweils $\mathfrak{F}$ ein Filter aus $\mathfrak{U}$ und $\mathfrak{G}_1, \ldots, \mathfrak{G}_n$ nicht konvergierende, paarweise nicht ähnliche CAUCHY-*Filter aus Γ_0 sind, ist eine Basis von $c^{\pi}(\mathfrak{U})$.*

$c^{\pi}(\mathfrak{U})$ ist natürlich eine pseudouniforme Struktur, und zwar ist sie die feinste pseudouniforme Struktur von $\tilde{E}$ derart, daß ι bez. $\mathfrak{U}$ und dieser gleichmäßig stetig ist und zu beliebigem $\mathfrak{G} \in \Gamma_0$ der Filter $\iota(\mathfrak{G})$ gegen $\varkappa(\mathfrak{G})$ konvergiert.

In Analogie zu 4.13.8 gilt

4.13.15. *Ein eigentlicher Filter $\mathfrak{H}$ in $\tilde{E}$ ist genau dann ein* CAUCHY-*Filter bez. $c^{\pi}(\mathfrak{U})$, wenn ein* CAUCHY-*Filter $\mathfrak{G} \in \Gamma_0$ mit $\mathfrak{H} \supseteq \eta\mathfrak{G}$ existiert.*

Beweis. Die eine Richtung folgt wie bei 4.13.8. Zum Beweis der anderen Richtung sei $\mathfrak{H}$ ein eigentlicher CAUCHY-Filter bez. $c^{\pi}(\mathfrak{U})$. Wir finden einen Filter $\mathfrak{F} \in \mathfrak{U}$ und endlich viele nicht konvergierende, paarweise nicht ähnliche CAUCHY-Filter $\mathfrak{G}_1, \ldots, \mathfrak{G}_n \in \Gamma_0$ derart, daß $\mathfrak{H} \times \mathfrak{H}$ ein Oberfilter von (4.13.7) ist. Zu beliebigen $F \in \mathfrak{F}, G_1 \in \mathfrak{G}_1, \ldots, G_n \in \mathfrak{G}_n$ gibt es daher ein $H \in \mathfrak{H}$ mit

$$H \times H \subseteq \tilde{\Delta} \cup (\iota * \iota)[F] \cup \zeta(G_1, \mathfrak{G}_1) \cup \cdots \cup \zeta(G_n, \mathfrak{G}_n)\,,$$

wobei $\zeta(G_k, \mathfrak{G}_k)$ die gleiche Bedeutung wie im Beweis von 4.13.8 hat. Ist $\iota[E] \in \mathfrak{H}$, so können wir $H \subseteq \iota[E]$ annehmen und erhalten

$$\mathfrak{G} \times \mathfrak{G} \supseteq (\iota^{-1} * \iota^{-1})([\tilde{\Delta}] \cap (\iota * \iota)(\mathfrak{K})) = [\Delta] \cap ([\varrho] \circ \mathfrak{K} \circ [\varrho])\,,$$

wobei $\mathfrak{G}$ und $\mathfrak{K}$ wie im Beweis von 4.13.8 definiert seien. Es folgt $\mathfrak{G} \in \Gamma_0$ und $\mathfrak{H} = \iota(\mathfrak{G}) \supseteq \eta\mathfrak{G}$. Im Falle $\iota[E] \notin \mathfrak{H}$ finden wir ein $h \in H$ mit $h \notin \iota[E]$. Wir erhalten dann wie im Beweis von 4.13.8, daß $\mathfrak{H} \supseteq \eta\mathfrak{G}_k$ für ein k ist, oder es ergibt sich, daß H einelementig und $\mathfrak{H}$ somit der Hauptfilter $[h]$ ist. Für jeden CAUCHY-Filter $\mathfrak{G} \subseteq [h]$ gilt natürlich $[h] \supseteq \eta\mathfrak{G}$. ∎

Aus 4.13.9 und 4.13.15 folgt analog wie 4.13.10

4.13.16. *Die pseudouniforme Struktur $c^{\pi}(\mathfrak{U})$ ist separiert und vollständig, und $[E]$ ist in $\tilde{E}$ bez. $\lambda(c^{\pi}(\mathfrak{U}))$ dicht.*

Entsprechend wie 4.13.11 gilt

4.13.17. $\mathfrak{U}$ *ist die pseudouniforme Initialstruktur von* $c^{\pi}(\mathfrak{U})$ *bez.* ι.

Beweis. Wegen $(\iota^{-1} * \iota^{-1})\,[\widetilde{\Delta}] = [\Delta]$ und des im Beweis von 4.13.11 Angeführten folgt $\mathfrak{U} \supseteqq (\iota^{-1} * \iota^{-1})\,(c^{\pi}(\mathfrak{U}))$, auf Grund der gleichmäßigen Stetigkeit von ι bez. $\mathfrak{U}$ und $c^{\pi}(\mathfrak{U})$ damit $\mathfrak{U} = (\iota^{-1} * \iota^{-1})\,(c^{\pi}(\mathfrak{U}))$. ∎

Wir nehmen nun X als beliebigen pseudouniformen Raum an und ordnen der pseudouniformen Struktur $\mathfrak{U}$ von X die nach 4.13.17 separierte und vollständige pseudouniforme Struktur $c^{\pi}(\mathrm{sat}(\mathfrak{U}))$ zu. Wir bezeichnen diese mit $c^{\pi}(\mathfrak{U})$, die bez. $\mathrm{sat}(\mathfrak{U})$ wie $\iota\colon E \to \widetilde{E}$ gebildete Abbildung wie bisher mit $j\colon E \to \hat{E}$ und ferner den separierten und vollständigen pseudouniformen Raum, der als Trägermenge $\hat{E}$ und als pseudouniforme Struktur $c^{\pi}(\mathfrak{U})$ hat, mit $\mathbf{c}^{\pi}(X)$. $j[E]$ ist in $\mathbf{c}^{\pi}(X)$ dicht. Aus 4.13.12 folgt unter Berücksichtigung von 4.4.7

4.13.18. *j ist als Abbildung des pseudouniformen Raumes X in $\mathbf{c}^{\pi}(X)$ gleichmäßig stetig. Ist f eine gleichmäßig stetige Abbildung von X in einen separierten und vollständigen pseudouniformen Raum Y, so existiert eine eindeutig bestimmte gleichmäßig stetige Abbildung $g\colon \mathbf{c}^{\pi}(X) \to Y$ mit $g \circ j = f$. $j\colon X \to \mathbf{c}^{\pi}(X)$ ist genau dann eine Einbettung, wenn X separiert ist.*

Für den folgenden Satz sei Y irgendein pseudouniformer Raum und sei $j'\colon Y \to \mathbf{c}^{\pi}(Y)$ die entsprechend wie $j\colon X \to \mathbf{c}^{\pi}(X)$ gebildete Abbildung. Wegen 4.13.18 gilt

4.13.19. *Zu jeder gleichmäßig stetigen Abbildung f des pseudouniformen Raumes X in den pseudouniformen Raum Y gibt es genau eine gleichmäßig stetige Abbildung $\hat{f}\colon \mathbf{c}^{\pi}(X) \to \mathbf{c}^{\pi}(Y)$ mit $\hat{f} \circ j = j' \circ f$,*

Wegen 4.13.19 können wir den Funktor $\mathbf{c}^{\pi}\colon \mathrm{PUN} \to \widetilde{\mathrm{PUN}}$ bilden, der jedem pseudouniformen Raum X gerade $\mathbf{c}^{\pi}(X)$ und jedem Morphismus (f, X, Y) von PUN gerade $(\hat{f}, \mathbf{c}^{\pi}(X), \mathbf{c}^{\pi}(Y))$ zuordnet, wobei $\hat{f}$ die f nach 4.13.19 eindeutig zugeordnete Abbildung ist. $\mathbf{c}^{\pi}$ heißt der **Komplettierungsfunktor** von PUN in $\widetilde{\mathrm{PUN}}$. Nach 4.13.18 ist $\widetilde{\mathrm{PUN}}$ reflektiv in PUN. $\mathbf{c}^{\pi}$ ist ein zugehöriger Reflektor. Wir verstehen unter einer **Vervollständigung** eines pseudouniformen Raumes X (in PUN) eine Reflexion für X bez. $\widetilde{\mathrm{PUN}}$. Die in 4.13.18 auftretende Abbildung $j\colon X \to \mathbf{c}^{\pi}(X)$ ist eine Vervollständigung der pseudouniformen Raumes X.

Im weiteren vervollständigen wir uniforme Räume in UN und konstruieren einen Komplettierungsfunktor von UN in die volle Unterkategorie $\widetilde{\mathrm{UN}}$ aller separierten und vollständigen uniformen Räume. Es sei dazu X ein uniformer Raum. Nach 4.13.1 ist X gesättigt. Wir benutzen weiter die eingeführten Bezeichnungen. $\mathfrak{B}$ sei der Nachbarschaftsfilter der uniformen Struktur $\mathfrak{U}$ von X, d. h., es sei $\mathfrak{U} = [\mathfrak{B}]$. Wegen 4.1.16 gehört jeder Ähnlichkeitsklasse $y \in \widetilde{E}$ ein kleinster Cauchy-Filter an, wir bezeichnen ihn mit $\mathfrak{C}_y$. Der Nachbarschaftsfilter $\mathfrak{N}_{c(\mathfrak{u})}$ von $c(\mathfrak{u})$ hat offenbar die Gestalt

$$\mathfrak{N}_{c(\mathfrak{u})} = [\tilde{\Delta}] \cap (\iota * \iota)(\mathfrak{B}) \cap \bigcap_{y \in \tilde{E}} (\eta\mathfrak{C}_y \times \eta\mathfrak{C}_y) . \tag{4.13.8}$$

Zu jeder Teilmenge V von $E \times E$ bilden wir die Teilmenge

$$\tilde{V} = \{(y, z) \in \tilde{E} \times \tilde{E} \mid V \in \mathfrak{C}_y \times \mathfrak{C}_z\}$$

von $\tilde{E} \times \tilde{E}$. Die mit dem Nachbarschaftsfilter $\mathfrak{B}$ gebildete Menge $\{\tilde{V} \mid V \in \mathfrak{B}\}$ ist die Basis eines Filters $\tilde{\mathfrak{B}}$ in $\tilde{E} \times \tilde{E}$. Über diesen Filter gilt

4.13.20. *$\tilde{\mathfrak{B}}$ ist der Nachbarschaftsfilter einer uniformen Struktur von $\tilde{E} \times \tilde{E}$. Zwischen $\tilde{\mathfrak{B}}$ und dem Nachbarschaftsfilter von $c(\mathfrak{u})$ bestehen die Beziehungen*

$$\tilde{\mathfrak{B}} \subseteqq \mathfrak{N}_{c(\mathfrak{u})} \tag{4.13.9}$$

und

$$\tilde{\mathfrak{B}} = \mathfrak{N}_{c(\mathfrak{u})} \circ \mathfrak{N}_{c(\mathfrak{u})} \circ \mathfrak{N}_{c(\mathfrak{u})} . \tag{4.13.10}$$

$\iota[E]$ ist in $\tilde{E}$ bezüglich der uniformen Struktur $[\tilde{\mathfrak{B}}]$ dicht.

Beweis. 1. Zu beliebigem $V \in \mathfrak{B}$ gilt $(\tilde{V})^{-1} = \widetilde{V^{-1}}$ und somit $(\tilde{V})^{-1} \in \tilde{\mathfrak{B}}$. Zu beliebigem $V \in \mathfrak{B}$ existiert ein $W \in \mathfrak{B}$ mit $W \circ W \subseteqq V$ und folglich mit $\tilde{W} \circ \tilde{W} \subseteqq \widetilde{W \circ W} \subseteqq \tilde{V}$. Da die $\mathfrak{C}_y$ Cauchy-Filter sind, folgt $\mathfrak{B} \subseteqq \mathfrak{C}_y \times \mathfrak{C}_y$ zu beliebigem $y \in \tilde{E}$ und somit $\tilde{\Delta} \subseteqq \tilde{V}$ zu beliebigem $V \in \mathfrak{B}$. Unter Berücksichtigung von 4.1.13 ergibt sich damit, daß $\tilde{\mathfrak{B}}$ der Nachbarschaftsfilter einer uniformen Struktur ist.

2. Zu beliebigem $V \in \mathfrak{B}$ existiert ein $U \in \mathfrak{B}$ mit $U \circ U \circ U \subseteqq V$, so daß $U^{-1}\{x\} \times U\{u\} \subseteqq V$ und damit $V \in \mathfrak{B}(x) \times \mathfrak{B}(u)$ zu beliebigem $(x, u) \in U$ folgt. Da $\mathfrak{B}(x) = \mathfrak{C}_{\iota(x)}$ und $\mathfrak{B}(u) = \mathfrak{C}_{\iota(u)}$ nach der Bemerkung vor 4.1.17 ist, ergibt sich $\tilde{V} \supseteqq (\iota * \iota)[U]$ und somit $\tilde{\mathfrak{B}} \subseteqq (\iota * \iota)(\mathfrak{B})$, d. h., daß ι bez. $\mathfrak{u} = [\mathfrak{B}]$ und $[\tilde{\mathfrak{B}}]$ gleichmäßig stetig ist.

3. Gegeben sei ein $y \in \tilde{E}$ und ein $V \in \mathfrak{B}$ mit $V = V^{-1}$. Für ein $x \in E$ gilt $(y, \iota(x)) \in \tilde{V}$ genau dann, wenn es ein $N \in \mathfrak{C}_y \cap \mathfrak{C}_{\iota(x)}$ mit $N \times N \subseteqq V$ gibt, wie unter Berücksichtigung von $V = V^{-1}$ und unter Beachtung, daß $\mathfrak{C}_y$ und $\mathfrak{C}_{\iota(x)}$ Cauchy-Filter sind, folgt. Wegen $\mathfrak{C}_{\iota(x)} = \mathfrak{B}(x)$ gilt $(y, \iota(x)) \in \tilde{V}$ also genau dann, wenn es eine Nachbarschaft N von x mit $N \times N \subseteqq V$ und $N \in \mathfrak{C}_y$ gibt. Die Vereinigungsmenge U aller offenen Kerne $\underline{C}$ der Mengen $C \in \mathfrak{C}_y$ mit $C \times C \subseteqq V$ gehört nach 4.1.17 dem eigentlichen Filter $\mathfrak{C}_y$ an. Zu beliebigem $x \in U$ folgt $(y, \iota(x)) \in \tilde{V}$, weshalb $\iota[U] \subseteqq \tilde{V}\{y\}$ gilt. Andererseits gehört jeder Punkt $x \in E$ mit $(y, \iota(x)) \in \tilde{V}$ der Menge U an, so daß

$$\iota[U] = \tilde{V}\{y\} \cap \iota[E] \tag{4.13.11}$$

gilt. Aus dieser Beziehung und $U \in \mathfrak{C}_y$ ergibt sich, daß $\iota(\mathfrak{C}_y)$ gegen y bez. $[\widetilde{\mathfrak{V}}]$ konvergiert.

4. Unter Berücksichtigung von (4.13.8) folgt aus dem in Teil 2 und 3 Bewiesenen, daß (4.13.9) gilt. Wegen $\widetilde{\mathfrak{V}} = \widetilde{\mathfrak{V}} \circ \widetilde{\mathfrak{V}}$ ergibt sich damit

$$\widetilde{\mathfrak{V}} \subseteqq \mathfrak{N}_{c(\mathfrak{u})} \circ \mathfrak{N}_{c(\mathfrak{u})} \circ \mathfrak{N}_{c(\mathfrak{u})} \,. \tag{4.13.12}$$

Unter Berücksichtigung von (4.13.8) finden wir zu beliebigem $N \in \mathfrak{N}_{c(\mathfrak{u})}$ ein $V \in \mathfrak{V}$ und für jedes $y \in \widetilde{E}$ ein $C_y \in \mathfrak{C}_y$ mit

$$\widetilde{\Delta} \cup (\iota * \iota)\,[V] \cup \bigcup_{y \in \widetilde{E}} \zeta(C_y, \mathfrak{C}_y) \subseteqq N \,,$$

wobei stets $\zeta(C_y, \mathfrak{C}_y) = (\iota[C_y] \cup \{y\}) \times (\iota[C_y)] \cup \{y\})$ ist. Aus $(y, z) \in \widetilde{V}$ folgt $V \in \mathfrak{C}_y \times \mathfrak{C}_z$ und damit $V \cap (C_y \times C_z) \neq \emptyset$. Zu beliebigem $(x, u) \in V \cap (C_y \times C_z)$ liegen die geordneten Paare $(y, \iota(x))$, $(\iota(x), \iota(u))$ und $(\iota(u), z)$ in $\zeta(C_y, \mathfrak{C}_y)$, $(\iota * \iota)\,[V]$ bzw. $\varphi(C_y, \mathfrak{C}_y)$ und damit in N. Somit folgt $\widetilde{V} \subseteqq N \circ N \circ N$. Es trifft daher bei (4.13.12) das Gleichheitszeichen zu, d. h., es gilt (4.13.10).

5. Zu beliebigem $y \in \widetilde{E}$ und $V \in \mathfrak{v}$ mit $V = V^{-1}$ besteht für die im Teil 3 eingeführte Menge U die Beziehung (4.13.11). Da $\iota[U] \neq \emptyset$ aus $U \in \mathfrak{C}_y \neq \mathsf{P}E$ folgt, ergibt sich $\widetilde{V}\{y\} \cap \iota[E] \neq \emptyset$ und damit, daß $\iota[E]$ in $\widetilde{E}$ bez. $[\widetilde{\mathfrak{V}}]$, d. h. bez. $\lambda([\widetilde{\mathfrak{V}}])$ dicht ist. ▮

Wir setzen

$$c^\mu(\mathfrak{u}) = \mu(c(\mathfrak{u}))$$

und erhalten

4.13.21. *Die uniforme Struktur $c^\mu(\mathfrak{u})$ stimmt mit $[\widetilde{\mathfrak{V}}]$ überein. $\mathfrak{u}$ ist die uniforme Initialstruktur von $c^\mu(\mathfrak{u})$ bez. ι.*

Beweis. 1. Zu jedem Unterfilter $\mathfrak{W}$ von $\mathfrak{N}_{c(\mathfrak{u})}$ mit $\mathfrak{W} \subseteqq \mathfrak{W} \circ \mathfrak{W}$ folgt mittels (4.13.10)

$$\mathfrak{W} \subseteqq \mathfrak{W} \circ \mathfrak{W} \circ \mathfrak{W} \subseteqq \widetilde{\mathfrak{V}} \,.$$

$\widetilde{\mathfrak{V}}$ ist daher der Nachbarschaftsfilter von $c^\mu(\mathfrak{u})$, d. h., es gilt $c^\mu(\mathfrak{u}) = [\widetilde{\mathfrak{V}}]$.

2. Zu beliebigem $V \in \mathfrak{V}$ hat $(x, u) \in (\iota^{-1} * \iota^{-1})\,[\widetilde{V}]$ zur Folge, daß V zu $\mathfrak{C}_{\iota(x)} \times \mathfrak{C}_{\iota(x)}$, also zu $\mathfrak{V}(x) \times \mathfrak{V}(u)$ gehört, somit $(x, u) \in V$ gilt. Daher ergibt sich $(\iota^{-1} * \iota^{-1})\,[\widetilde{V}] \subseteqq V$ für jedes $V \in \mathfrak{V}$, also $\mathfrak{V} \subseteqq (\iota^{-1} * \iota^{-1})(\widetilde{\mathfrak{V}})$. Nun ist ι bez. $[\mathfrak{V}]$ und $[\widetilde{\mathfrak{V}}]$ gleichmäßig stetig, so daß bei der letzten Beziehung sogar das Gleichheitszeichen zutrifft. Wir erhalten damit $\mathfrak{u} = (\iota^{-1} * \iota^{-1})(c^\mu(\mathfrak{u}))$. ▮

Auf Grund der Bemerkung nach 4.13.7 und der Bedeutung von μ gilt: $c^\pi(\mathfrak{u})$ ist die feinste uniforme Struktur von $\widetilde{E}$ derart, daß ι bez. $\mathfrak{u}$ und dieser gleichmäßig stetig ist und zu beliebigem $\mathfrak{G} \in \Gamma_0$ der Filter $\iota(\mathfrak{G})$ gegen $\varkappa(\mathfrak{G})$ konvergiert. Natürlich konvergiert zu beliebigem $\mathfrak{G} \in \Gamma_0$ der Filter $\iota(\mathfrak{G})$ genau dann gegen $\varkappa(\mathfrak{G})$, wenn zu beliebigem $y \in \tilde{E}$ der Filter $\iota(\mathfrak{C}_y)$ gegen y konvergiert.

4.13.22. *Die uniforme Struktur $c^\mu(\mathfrak{u})$ ist separiert und vollständig.*

Beweis. 1. Aus $\tilde{\mathfrak{V}} \subseteq [y] \times [z]$ folgt, daß zu beliebigem $V \in \mathfrak{V}$ die Beziehung $V \in \mathfrak{C}_y \times \mathfrak{C}_z$ besteht, also $\mathfrak{V} \subseteq \mathfrak{C}_y \times \mathfrak{C}_z$ gilt. Nach 4.1.8 sind $\mathfrak{C}_y$ und $\mathfrak{C}_z$ ähnliche CAUCHY-Filter und stimmen somit die Ähnlichkeitsklassen y und z überein. Wegen 4.3.3′ ist $c^\mu(\mathfrak{u}) = [\tilde{\mathfrak{V}}]$ deshalb separiert.

2. $\mathfrak{H}$ sei ein CAUCHY-Filter in $\iota[E]$ bezüglich der von $c^\mu(\mathfrak{u})$ auf $\iota[E]$ induzierten uniformen Struktur. Wegen 4.5.3, 4.6.3 und 4.13.21 ist $\iota^{-1}(\underset{\subseteq,\tilde{E}}{\text{im}}\,\mathfrak{H})$ ein CAUCHY-Filter in X. $\mathfrak{C}_y$ sei der zu $\iota^{-1}(\underset{\subseteq,\tilde{E}}{\text{im}}\,\mathfrak{H})$ ähnliche CAUCHYsche Minimalfilter. $\iota(\mathfrak{C}_y)$ hat $\varrho(\underset{\subseteq,\tilde{E}}{\text{im}}\,\mathfrak{H})$ und damit erst recht $\underset{\subseteq,\tilde{E}}{\text{im}}\,\mathfrak{H}$ als Oberfilter. Mit $\iota(\mathfrak{C}_y)$ konvergiert daher auch $\underset{\subseteq,\tilde{E}}{\text{im}}\,\mathfrak{H}$ gegen y. Da $\iota[E]$ wegen 4.13.20 in $\tilde{E}$ bez. $c^\mu(\mathfrak{u})$ dicht ist, folgt mittels 4.12.3, daß $c^\mu(\mathfrak{u})$ vollständig ist. ▮

Wir bezeichnen mit $\mathbf{c}^\mu(X)$ denjenigen uniformen Raum, der als Trägermenge $\tilde{E}$ und als uniforme Struktur $c^\mu(\mathfrak{u})$ hat. Ferner setzen wir $j = \iota$. Wegen 4.13.20 und 4.13.21 ist $j[E]$ in $\mathbf{c}^\mu(X)$ dicht.

4.13.23. *j ist als Abbildung des uniformen Raumes X in $\mathbf{c}^\mu(X)$ gleichmäßig stetig. Ist f eine gleichmäßig stetige Abbildung von X in einen separierten und vollständigen uniformen Raum Y, so existiert eine eindeutig bestimmte gleichmäßig stetige Abbildung $g\colon \mathbf{c}^\mu(X) \to Y$ mit $g \circ j = f$. $j\colon X \to \mathbf{c}^\mu(X)$ ist genau dann eine Einbettung, wenn X separiert ist.*

Zum Beweis: Bis auf den letzten Teil folgt die Behauptung aus 4.13.12 unter Berücksichtigung von 4.4.7. Der letzte Teil folgt mittels 4.13.21. ▮

Für den folgenden Satz sei Y irgendein uniformer Raum und $j'\colon Y \to \mathbf{c}^\mu(Y)$ die entsprechend wie $j\colon X \to \mathbf{c}^\mu(X)$ gebildete Abbildung. Wegen 4.13.23 gilt

4.13.24. *Zu jeder gleichmäßig stetigen Abbildung f des uniformen Raumes X in den uniformen Raum Y gibt es genau eine gleichmäßig stetige Abbildung $\hat{f}\colon \mathbf{c}^\mu(X) \to \mathbf{c}^\mu(Y)$ mit $\hat{f} \circ j = j' \circ f$.*

Wegen 4.13.24 können wir den Funktor $\mathbf{c}^\mu\colon \mathrm{UN} \to \widetilde{\mathrm{UN}}$ bilden, der jedem uniformen Raum X gerade $\mathbf{c}^\mu(X)$ und jedem Morphismus (f, X, Y) von UN gerade $(\hat{f}, \mathbf{c}^\mu(X), \mathbf{c}^\mu(Y))$ zuordnet, wobei $\hat{f}$ die f nach 4.13.24 eindeutig zugeordnete Abbildung ist. $\mathbf{c}^\mu$ heißt der **Komplettierungsfunktor** von UN in $\widetilde{\mathrm{UN}}$.

Nach 4.13.23 ist $\widetilde{\mathrm{UN}}$ in UN reflektiv. $\mathbf{c}^\mu$ ist ein zugehöriger Reflektor. Wir verstehen unter einer **Vervollständigung** eines uniformen Raumes X (in UN) eine Reflexion für X in $\widetilde{\mathrm{UN}}$. Die in 4.13.23 auftretende Abbildung $j\colon X \to \mathbf{c}^\mu(X)$ ist eine Vervollständigung des uniformen Raumes X.

Wir konstruieren noch sogenannte Separierungsfunktoren. Dabei benutzen wir die eingeführten Bezeichnungen. X sei ein beliebiger limesuniformer Raum. Die von der separierten und vollständigen limesuniformen Struktur $c(\mathfrak{U})$ auf $j[E]$ induzierte limesuniforme Struktur bezeichnen wir mit sep($\mathfrak{U}$):

$$\mathrm{sep}(\mathfrak{U}) = c(\mathfrak{U})_{j[E]}\,.$$

Wegen 4.6.2, 4.13.10 und Bemerkungen nach 3.9.9 ist sep($\mathfrak{U}$) separiert. Wir bezeichnen mit $i\colon E \to j[E]$ diejenige Abbildung der Trägermenge E von X auf $j[E]$, für die $i(x)$ stets mit $j(x)$ übereinstimmt. $j[E]$, versehen mit sep($\mathfrak{U}$), bezeichnen wir mit **sep**(X).

4.13.25. *i ist als Abbildung des limesuniformen Raumes X auf* **sep**(X) *gleichmäßig stetig. Ist f eine gleichmäßig stetige Abbildung von X in einen separierten limesuniformen Raum Y, so existiert eine eindeutig bestimmte gleichmäßig stetige Abbildung $g\colon \mathbf{sep}(X) \to Y$ mit $g \circ i = f$.*

Beweis. $\varkappa$ sei die identische Einbettung von $\mathbf{sep}(X)$ in $\mathbf{c}(X)$, ferner $j'\colon Y \to \mathbf{c}(Y)$ die wie $j\colon X \to \mathbf{c}(X)$ definierte Vervollständigung von Y. Da Y separiert ist, ist j' eine Einbettung. Nach 4.13.12 gibt es eine eindeutig bestimmte gleichmäßig stetige Abbildung $g'\colon \mathbf{c}(X) \to \mathbf{c}(Y)$ mit $g' \circ \varkappa \circ i = j' \circ f$. Daher existiert eine eindeutig bestimmte gleichmäßig stetige Abbildung $g\colon \mathbf{sep}(x) \to YX$ mit $g \circ i = f$, nämlich $(j')^{-1} \circ g' \circ \varkappa$. ∎

Für den folgenden Satz sei Y ein beliebiger limesuniformer Raum und $i'\colon Y \to \mathbf{sep}(Y)$ die entsprechend wie $i\colon X \to \mathbf{sep}\,(X)$ gebildete Abbildung. Aus 4.13.25 ergibt sich

4.13.26. *Zu jeder gleichmäßig stetigen Abbildung f des limesuniformen Raumes X in den limesuniformen Raum Y gibt es genau eine gleichmäßig stetige Abbildung $f^+\colon \mathbf{sep}(X) \to \mathbf{sep}(Y)$ mit $f^+ \circ i = i' \circ f$.*

$\mathrm{LUN}_{\mathrm{sep}}$ sei die volle Unterkategorie von LUN, die als Objekte alle separierten limesuniformen Räume hat. Wegen 4.13.26 gibt es einen Funktor **sep** von LUN in $\mathrm{LUN}_{\mathrm{sep}}$, der jedem limesuniformen Raum X gerade **sep**(X) und jedem Morphismus (f, X, Y) gerade $(f^+, \mathbf{sep}(X), \mathbf{sep}(Y))$ zuordnet, wobei f^+ die f nach 4.13.26 eindeutig zugeordnete Abbildung ist. **sep** heißt der **Separierungsfunktor** von LUN in $\mathrm{LUN}_{\mathrm{sep}}$. Nach 4.13.26 ist $\mathrm{LUN}_{\mathrm{sep}}$ in LUN reflektiv. **sep** ist ein zugehöriger Reflektor.

In den Fällen, daß X ein pseudouniformer bzw. ein uniformer Raum ist, bilden wir noch die pseudouniforme Struktur

$$\mathrm{sep}^\pi\,(\mathfrak{U}) = c^\pi(\mathfrak{U})_{j[E]}$$

bzw. die uniforme Struktur

$$\mathrm{sep}^\mu(\mathfrak{U}) = c^\mu(\mathfrak{U})_{j[E]}$$

und bezeichnen $j[E]$, versehen mit $\mathrm{sep}^\pi(\mathfrak{U})$, mit $\mathbf{sep}^\pi(X)$ bzw. $j[E]$, versehen mit $\mathrm{sep}^\mu(\mathfrak{U})$, mit $\mathbf{sep}^\mu(X)$. $\mathbf{sep}^\pi(X)$ ist ein separierter pseudouniformer und $\mathbf{sep}^\mu(X)$ ein separierter uniformer Raum. Analog wie 4.13.26 zeigt man mittels 4.13.18 und 4.13.23

4.13.27. *Ist X ein pseudouniformer bzw. ein uniformer Raum, dann ist $i\colon X \to \mathbf{sep}^\pi(X)$ bzw. $i\colon X \to \mathbf{sep}^\mu(X)$ gleichmäßig stetig und existiert zu jeder gleichmäßig stetigen Abbildung f von X in einen separierten pseudouniformen bzw. uniformen Raum Y eine eindeutig bestimmte gleichmäßig stetige Abbildung $g\colon \mathbf{sep}^\pi(X) \to Y$ bzw. $g\colon \mathbf{sep}^\mu(X) \to Y$ mit $g \circ i = f$.*

Für den folgenden Satz seien X und Y beliebige pseudouniforme bzw. uniforme Räume und sei $i'\colon Y \to \mathbf{sep}^\pi(Y)$ bzw. $i'\colon Y \to \mathbf{sep}^\mu(Y)$ die entsprechend wie $i\colon X \to \mathbf{sep}^\pi(X)$ bzw. $i\colon X \to \mathbf{sep}^\mu(X)$ gebildete Abbildung. Aus 4.13.27 folgt

4.13.28. *Zu jeder gleichmäßig stetigen Abbildung f des pseudouniformen bzw. uniformen Raumes X in den pseudouniformen bzw. uniformen Raum Y existiert genau eine gleichmäßig stetige Abbildung $f^+\colon \mathbf{sep}^\pi(X) \to \mathbf{sep}^\pi(Y)$ bzw. $f^+\colon \mathbf{sep}^\mu(X) \to \mathbf{sep}^\mu(Y)$ mit $f^+ \circ i = i' \circ f$.*

$\mathrm{PUN_{sep}}$ und $\mathrm{UN_{sep}}$ seien die vollen Unterkategorien von PUN bzw. UN, die als Objekte alle separierten pseudouniformen bzw. alle separierten uniformen Räume haben. Wegen 4.13.28 existiert ein Funktor $\mathbf{sep}^\pi\colon \mathrm{PUN} \to \mathrm{PUN_{sep}}$, der jedem pseudouniformen Raum X gerade $\mathbf{sep}^\pi(X)$ und jedem Morphismus (f, X, Y) von PUN gerade $(f^+, \mathbf{sep}^\pi(X), \mathbf{sep}^\pi(Y))$ zuordnet, und ferner ein Funktor $\mathbf{sep}^\mu\colon \mathrm{UN} \to \mathrm{UN_{sep}}$, der jedem uniformen Raum X gerade $\mathbf{sep}^\mu(X)$ und jedem Morphismus (f, X, Y) von UN gerade $(f^+, \mathbf{sep}^\mu(X), \mathbf{sep}^\mu(Y))$ zuordnet, wobei f^+ jeweils die entsprechende f nach 4.13.28 zugeordnete Abbildung ist. $\mathbf{sep}^\pi$ heißt der **Separierungsfunktor** von PUN in $\mathrm{PUN_{sep}}$ und $\mathbf{sep}^\mu$ der **Separierungsfunktor** von UN in $\mathrm{UN_{sep}}$. Nach 4.13.27 sind $\mathrm{PUN_{sep}}$ in PUN und $\mathrm{UN_{sep}}$ in UN reflektiv. $\mathbf{sep}^\pi$ und $\mathbf{sep}^\mu$ sind zugehörige Reflektoren.

LITERATURVERZEICHNIS

AARNES, J. F., and P. R. ANDENAES: [1] On nets and filters, Math. Scandinav. **31**, 285–292 (1972).

ABRAHAM, R., and J. ROBBIN: [1] Transversal mappings and flows, W. A. Benjamin, New York–Amsterdam 1967.

APOSTOL, C.: [1] A theorem of existence and uniqueness for equations with differentials in locally convex spaces, An. Univ. Bucureşti, Ser. Şti. Natur. Mat.-Mec. **13** (2), 45–53 (1964).

— [2] On a theorem of existence and uniqueness, An. Univ. Bucureşti, Ser. Şti. Natur. Mat.-Mec. **15** (1), 137–141 (1966).

Архангельский, А.: [1] Некоторые типы факторных отображений и связи между классами топологических пространств, Док. Ак. Наук СССР **153** (4), 743—746 (1963).

ARENS, R.: [1] A topology for spaces of transformations, Ann. of Math. II. Ser. **47**, 480–495 (1946).

ARENS, R., and J. DUGUNDJI: [1] Topologies for function spaces, Pacific J. Math. **1**, 5–31 (1951).

ATHERTON, C. R., Jr.: [1] On the lattice of primitive convergence structures, Canadian J. Math. **23**, 392–397 (1971).

AUWÄRTER-KUHN, R.: [1] Differentialrechnung in lokalkonvexen und Marinescu-Räumen, Diss. Univ. Zürich 1972.

Авербух, В. И.: [1] О производных высших порядков в линейных топологических пространствах, Вестник МГУ **25**, № 1, 29—32 (1970).

— [2] Об ассоциированных структурах, Успехи Мат. Наук, **29**, вып. 4 (178), 161—162 (1974).

— [3] Двойственность между дифференцируемостью и круглостью для выпуклых функций, Мат. заметки **15**, вып. 5, 809—820 (1974).

— [4] О непрерывности компонирования, Math. Nachr. **75**, 153–183 (1976).

Авербух, В. И., и О. Г. Смолянов: [1] Теория дифференцирования в линейных топологических пространствах, Успехи Мат. Наук **22**, вып. 6 (138), 201—260 (1967).

— [2] Различные определения производной в линейных топологических пространствах, Успехи Мат. Наук **23**, вып. 4 (142), 67—116 (1968).

— [3] Дополнение к статье ,,Различные определения производной в линейных топологических пространствах'', Успехи Мат. Наук **23**, вып. 5, 223—224 (1968).

— [4] Дополнения к русскому переводу (Мир, Москва 1970) книги А. Фрёлихера и В. Бухера, Дифференциальное исчисление в векторных пространствах без нормы.

— [5] Дифференцирование и псевдотопологии, Вестник МГУ, № 1, 3—7 (1972).

— [6] Псевдотопологии и дифференцирование, Вестник МГУ, № 2, 3—9 (1972).

BALANSAT, M.: [1] La différential en les espacios métricas affines, Math. Notae **9**, 29–51 (1949).

— [2] La différentielle d'Hadamard-Fréchet dans les espaces vectoriels topologiques, C. r. Acad. Sci., Paris, 251, 2459—2461 (1960).

— [3] Theory of the differential in the sense of Hadamard-Fréchet for mappings between topological vector spaces, I. Revista Un. mat. Argentina 20, 155—187 (1962), II. Math. Notae 19, 43—62 (1964).

Bastiani, A.: [1] Différentiabilité dans les espaces localement convexes, Distructures. Thèse Doct. Univ. Paris 1962.

— [2] Applications différentiables et variétés différentiables de dimension infinie, J. Analyse math. 13, 1—114 (1964).

Bednarek, A. R., and J. Mikusiński: [1] Convergence and topology, Bull. Acad. Polon. Sci., Ser. Sci. Math. Astronom. Phys. 17, 437—442 (1969).

Berquier, F.: [1] Calcul différentiel entre espaces quasibornologiques, Esquisses Math., no 20, Paris 1973.

— [2] Calcul différentiel dans les espaces quasi-bornologiques, C. r. Acad. Sci., Paris, Sér. A, 277, 897—900 (1973).

— [3] Sur la notion d'application différentiable, Cahiers Topologie Géom. Différentielle 14, 329—338 (1973).

— [4] Un theoreme d'inversion locale, in: Categorical Topology, Lecture Notes in Math. 540, Springer-Verlag, Berlin-Heidelberg-New York 1976, 24—42.

Bieri, H.: [1] Der Satz von Hahn-Banach und ein Fixpunktsatz in limitierten Vektorräumen, Commentarii math. Helvet. 45, 393—404 (1970).

Biesterfeldt, H. J.: [1] Completion of a class of uniform convergence spaces, Nederl. Akad. Wet., Proc. Ser. A, 69, 602—604 (1966).

— [2] Regular Convergence Spaces, Nederl. Akad. Wet., Proc., Ser. A 69, 605—607 (1966).

— [3] Uniformization of convergence spaces I, Math. Ann. 177, 31—42 (1968).

Binz, E.: [1] Ein Differenzierbarkeitsbegriff in limitierten Vektorräumen, Commentarii math. Helvet. 41, 137—156 (1966).

— [2] Bemerkungen zu limitierten Funktionenalgebren, Math. Ann. 175, 169—184 (1968).

— [3] Kompakte Limesräume und limitierte Funktionenalgebren, Commentarii math. Helvet. 43, 195—203 (1968).

— [4] Zu den Beziehungen zwischen c-einbettbaren Limesräumen und ihren limitierten Funktionenalgebren, Math. Ann. 181, 45—52 (1969).

— [5] On closed ideals in convergence function algebras, Math. Ann. 182, 145—153 (1969).

— [6] Convergence spaces and convergence function algebras, Proc. Internat. Sympos. on Top. and its Appl. (Herceq-Novi 1968), 87—92, Belgrade 1969.

— [7] Notes on a Characterization of Function Algebras, Math. Ann. 186, 314—326 (1970).

— [8] Recent results in the functional analytic investigations of convergence spaces. Proc. Third Prague Topological Sympos. 1971, Academia, Prague 1972.

— [9] Continuous Convergence on C(X), Lecture Notes in Math. 469, Springer-Verlag, Berlin-Heidelberg-New York 1975.

— [10] Charaktergruppen von Gruppen von S^1-wertigen stetigen Funktionen, in: Categorical Topology, Lecture Notes in Math. 540, Springer-Verlag, Berlin-Heidelberg-New York 1976, 43—92.

Binz, E., H.-P. Butzmann, W. Feldman, K. Kutzler and M. Schroder: [1] On ω-admissible Vector Spaces Topologies on $C(X)$, Math. Ann. 196, 39—47 (1972).

Binz, E., H.-P. Butzmann und K. Kutzler: [1] Bemerkungen über eine Klasse von R-Algebrentopologien auf $C(X)$, Arch. der Math. 23, 80—82 (1972).

— [2] Über den c-Dual eines topologischen Vektorraumes, Math. Z. 127, 70—74 (1972).

Binz, E., and W. Feldman: [1] On a Marinescu-structure on $C(X)$, Commentarii math. Helvet. 46, 436—450 (1971).

— [2] A functional analytic description of normal spaces, Canadian J. Math. 24 (1), 45—49 (1972).

Binz, E., und H. H. Keller: [1] Funktionenräume in der Kategorie der Limesräume, Ann. Acad. Sci. Fennicae, Ser. A I, Nr. 383 (1966).

BINZ, E., und K. KUTZLER: [1] Über metrische Räume und $C_c(X)$, Ann. Scuola norm. sup. Pisa **26** (1), 197–223 (1972).
— [2] A generalization of the diagonal theorem, Ann. Scuola norm. sup. Pisa **26** (1), 373–377 (1972).
BINZ, E., und W. MEIER-SOLFRIAN: [1] Zur Differentialrechnung in limitierten Vektorräumen, Commentarii math. Helvet. **42** (4), 285–296 (1967).
BIRKHOFF, G.: [1] Lattice theory, Amer. Math. Soc. Colloquium Publ. No 25, New York 1948.
BJON, S.: [1] Beiträge zur Theorie der Limesräume, Acta Acad. Aboensis, Ser. B, **29** (5), 1–12 (1969).
— [2] Limesräume und Mengenoperatoren, Acta Acad. Aboensis, Ser. B, **31** (8), 1–12 (1971).
— [3] Über absolutkonvexe Limesvektorräume, Soc. Sci. Fennica, Commentationes phys.-math. **43**, 181–188 (1973).
— [4] Eine ausgeglichene Limitierung auf Räumen n-linearer Abbildungen zwischen Limesvektorräumen, Soc. Sci. Fennica, Commentationes phys.-math. **43**, 189–201 (1973).
— [5] Die projektive, absolutkonvexe Tensorproduktlimitierung, Ann. Acad. Sci. Fennicae, Ser. A I, Nr. 593 (1975).
— [6] Minimale separierte Vektorraumlimitierungen und der Graphensatz, Ann. Acad. Sci. Fennicae, Ser. A I, Nr. 597 (1975).
BOCHNAK, J.: [1] Analytic functions in Banach spaces, Studia math. **35**, 273–292 (1970).
BOCHNAK, J., and J. SICIAK: [1] Analytic functions in topological vector spaces, Studia math. **39**, 77–112 (1971).
BOURBAKI, N.: [1] Topologie générale, Chap. 1, Structures topologiques, Chap. 2, Structures uniformes, Hermann. Paris 1961.
— [2] Variétés différentielles et analytiques, Fascicule de résultats, Paragraphes 1 à 7, Hermann, Paris 1967.
BOURDAUD, G.: [1] Sur les convergences quasi-topologiques, C. r. Acad. Sci. Paris, Sér. A, **278**, 85–88 (1974).
— [2] Some cartesian closed topological categories of convergence spaces, in: Categorical Topology, Lecture Notes in Math. **540**, Springer-Verlag, Berlin-Heidelberg-New York 1976, 93–108.
BOURGUIGNON, J. P.: [1] Calcul différentiel généralisé, Séminaire Choquet 1969/70, Initation à l'Analyse, Fasc. 2, Exp. 11, Secrétariat math., Paris 1970.
BRUNS, G.: [1] Durchschnittsdarstellungen von Filtern, Math. Ann. **133**, 26–38 (1957).
— [2] Zur Struktur von Filtern, Math. Ann. **134**, 205–224 (1958).
BRUNS, G., und J. SCHMIDT: [1] Zur Äquivalenz von Moore-Smith-Folgen und Filtern, Math. Nachr. **13**, 169–186 (1955).
BUCHER, W.: [1] Différentiabilité de la composition et complétitude de certains espaces fonctionnels, Commentarii math. Helvet. **43**, 256–288 (1968).
BUCUR, I., and A. DELEANU: [1] Introduction to the Theory of Categories and Functors, Wiley & Sons, London—New York—Sydney 1968.
BUTZMANN, H.-P.: [1] Dualitäten in $C_c(X)$, Diss. Univ. Mannheim 1970.
— [2] Über die c-Reflexivität von $C_c(X)$, Commentarii math. Helvet. **47**, 92–101 (1972).
— [3] Der Satz von Stone-Weierstraß in $C_c(X)$ und seine Anwendungen auf die Darstellungstheorie von Limesalgebren, Habilitationsschrift Univ. Mannheim 1974.
BUTZMANN, H.-P., and B. MÜLLER: [1] Topological, c-embedded spaces. General Topol. Appl. **6**, 17–20 (1976).
CARSTENS, A. M.: [1] The lattice of pretopologies on an arbitrary set S, Pacific J. Math. **29**, 67–71 (1969).
— [2] The lattice of pseudopologies on S, Portugalia Math. **32**, 71–73 (1973).
CARSTENS, A. M., and D. C. KENT: [1] A Note on Products of Convergence Spaces, Math. Ann. **182**, 40–44 (1969).

Cartan, H.: [1] Théorie des filtres, C. r. Acad. Sci., Paris, **205**, 595—598 (1937).
— [2] Filtres et ultrafiltres, C. r. Acad. Sci., Paris, **205**, 777—779 (1937).
Čech, E.: [1] Topological spaces (Revised by Z. Frolík and M. Katětov), Academia, Prague 1966.
Chacron, J.: [1] Espaces préuniforme et prémetrique, C. r. Acad. Sci., Paris, Sér. A, **268**, 1248—1250 (1969).
Choquet, G.: [1] Sur les notions de filtre et de grille, C. r. Acad. Sci., Paris, **224**, 171—173 (1947).
— [2] Convergences, Ann. Univ. Grenoble, Sect. Sci. Math. Phys. (N. S.) **23**, 57—112 (1948).
Cochran, A. C.: [1] On uniform convergence structures and convergence spaces, Diss. Univ. Oklahoma (1966).
— [2] A characterisation of singly generated convergence spaces, Conference on Convergence Spaces 1976, Proc. Univ. Nevada, Reno, 5—19 (1976).
Cochran, A. C., and R. B. Trail: [1] Regularity and complete regularity for convergence spaces, Proc. of VPI Topology Conference, Lecture Notes in Math. **375**, 64—70 (1973).
— [2] Singly generated uniform convergence spaces, to appear in Bull. Calcutta math. Soc.
Collatz, L.: [1] Funktionalanalysis und Numerische Mathematik, Springer-Verlag, Berlin-Göttingen-Heidelberg 1964.
Colombeau, J. F.: [1] Calcul différentiel dans les espaces bornologiques, Thèse, Bordeaux 1970.
— [2] L'inversion d'une application différentiable entre espaces bornologiques, C. r. Acad. Sci., Paris, Sér. A, **270**, 1692—1694 (1970).
— [3] Un survol des applications actuelles du calcul différentiel dans les espaces bornologiques, Seminaire d'initation à l'Analyse — G. Choquet-Janvier 1971.
— [4] Quelques exemples singuliers d'applications G-analytiques, analytiques et différentiables en dimension infinie, C. r. Acad. Sci., Paris, Sér. A, **273**, 158—160 (1971).
— [5] Quelques applications des functions implicites dans les espaces bornologiques, Bull. Soc. math. France, Suppl. Mm. Nr. 31—32, 109—115 (1972).
— [6] Sur quelques particularités du calcul différentiel dans les espaces vectoriels topologiques ou bornologiques, Revue Roumaine Math. pur. appl. **18**, 3—17 (1973).
— [7] Sur la diffétentiabilité dans les espaces de Fréchet, Publ. Dept. Math. Lyon **10**, fasc. 2, 41—52 (1973).
— [8] Sur quelques particularités du calcul différentiel dans les espaces vectoriels topologiques et bornologiques, Revue Roumaine Math. pur. appl. **18** N. R. 1, 3—17 (1973).
— [9] Sur les applications G-analytiques et analytiques en dimension infinie, Sém. P. Lelong, Analyse-année 1971—72; ferner in: Lecture Notes in Math. **332**, Springer-Verlag, Berlin-Heidelberg-New York 1973, 48—58.
— [10] On some various notions of infinite dimensional holomorphy, in: Proc. Infinite Dimens. Holomorphy, Lecture Notes in Math. **364**, Springer-Verlag, Berlin-Heidelberg New York 1974, 145—149.
Cook, C. H.: [1] On Continuous Extensions, Math. Ann. **176**, 302—304 (1968).
— [2] Compact Pseudo-Convergences, Math. Ann. **202**, 193—202 (1973).
Cook, C. H., and H. R. Fischer: [1] On Equicontinuity and Continuous Convergence, Math. Ann. **159**, 94—104 (1965).
— [2] Uniform convergence structures, Math. Ann. **173**, 290—306 (1967).
— [3] Regular convergence spaces, Math. Ann. **174**, 1—7 (1967).
Courant, S.: [1] Beiträge zur Theorie der limitierten Vektorräume, Commentarii math. Helvet. **44** (3), 249—268 (1969).
Davis, A. S.: [1] Indexed systems of neighborhoods for general topological spaces, Am. Math. Monthly **68**, 886—893 (1961).
De Bruyn, G. F. C.: [1] Concepts in vector spaces with convergence structures, Canadian math. Bull. **18**, 499—502 (1975).

De Marr, R. E.: [1] Order convergence and topological convergence, Proc. Amer. math. Soc. **16**, 588–590 (1965).
De Marr, R. E., and I. Fleischer: [1] Convergence via abstract metrics, Revue Roumaine Math. pur. appl. **15**, 515–519 (1970).
Dermenjian, Y., et G. Detourbet: [1] Propriétés de l'opération de fermeture dans les espaces quasi-topologiques, C. r. Acad. Sci., Paris, Sér. A, **272**, 582–584 (1971).
Dieudonné, J.: [1] Notes de Tératopologie (II), Rev. Sci. (Revue Rose), 180–181 (1939).
— [2] Grundzüge der modernen Analysis, VEB Deutscher Verlag Wiss., Berlin 1971.
Dieudonné, J., et L. Schwartz: [1] La dualité dans les espaces ($\mathcal{F}$) et ($\mathcal{L}\mathcal{F}$), Ann. Inst. Fourier **1**, 61–101 (1949/50).
Dolcher, M.: [1] Topologie e strutture di convergenza, Ann. Scuola norm. sup. Pisa, Sci. fis. mat., III. Ser. (3), **14**, 63–92 (1960).
Dostmann, K. P.: [1] Über die c-Reflexivität und die kompakten Teilmengen von $S_I(X)$, Diss. Univ. Mannheim 1974.
Dubinsky, E.: [1] Differential calculus and differential equations in Montel spaces, Thesis Univ. Michigan 1962.
— [2] Fixed points in non-normed spaces, Ann. Acad. Sci. Fennicae, Ser. A I, **331** (1963).
— [3] Differential equations and differential calculus in Montel spaces, Trans. Amer. math. Soc. **110**, 1–24 (1964).
Dudley, R. M.: [1] On sequential convergence, Trans. Amer. math. Soc. **112**, 483–507 (1964). (Correction, Trans. Amer. math. Soc. **148**, 623–624 (1970.)
— [2] Convergence of sequences of distributions, Proc. Amer. math. Soc. **27**, 531–534 (1971).
Dugundji, I.: [1] Topology, Allyn and Bacon, Boston 1966.
Durdil, J.: [1] On Hadamard differentiability, Commentationes math. Univ. Carolinae **14**, 457–470 (1973).
Ervynk, G.: [1] Over een veralgemening van het konvergentie-begriep, Acad. roy. Belgique, Bull. Cl. Sci., V. Sér. **56**, 1205–1220 (1970).
Falb, P.L., and M.Q. Jacobs: [1] On differentials in locally convex spaces, J. Differential Equations **4**, 444–459 (1968). (Correction, J. Differential Equations **6**, 395–396 (1969).)
Федотов, В. П.: [1] Дифференцирование в некоторых топологических группах. Известия высш. учеб. завед. математика 1 (92), 91–92 (1970).
Feldman, W. A.: [1] On relations between X and $C_c(X)$, Manuskripte der Fakultät für Math. u. Informatik, Univ. Mannheim, Nr. 5, 1971.
— [2] Axioms of countability and the algebra $C(X)$, Pacific J. Math. 47, 81–89 (1973).
— [3] A characterization of the topology of compact convergence on $C(X)$, Pacific J. Math. **51**, 109–119 (1974).
Feldman, W. A., and J. F. Porter: [1] An order-theoretic description of Marinescu spaces, Proc. Amer. math. Soc. **41**, 602–608 (1973).
— [2] Compact convergence and the order bidual for C(X), Pacific J. Math. 57, 113–124 (1975).
— [3] A Marinescu structure for vector lattices, Conference on Convergence Spaces 1976, Proc. Univ. Nevada, Reno, 20–28 (1976).
— [4] An inductive limit of order partition spaces, Conference on Convergence Spaces 1976, Proc. Univ. Nevada, Reno, 29–34 (1976).
Fernandez Long de Foglio, S.: [1] La différentielle au sens d'Hadamard-Fréchet dans les espaces L vectoriels, Portugaliae Math. **19**, 165–185 (1960).
Féron, R.: [1] Dérivation sur les espaces affines localement convexes sur $\boldsymbol{R}$ ou $\boldsymbol{C}$, Portugaliae Math. 27, 43–53 (1968).
Fischer, H. R.: [1] Differentialkalkül für nicht-metrische Strukturen, Ann. Acad. Sci. Fennicae, Ser. A I, Nr. 247 (1957).
— [2] Differentialkalkül für nicht-metrische Strukturen. II. Differentialformen, Arch. der Math. 8, 428–443 (1957).
— [3] Limesräume, Math. Ann., **137**, 269–303 (1959).

FLACHSMEYER, J.: [1] Verschiedene Topologisierungen im Raum der abgeschlossenen Mengen, Math. Nachr. **26**, 321–337 (1964).
FLEISCHER, I.: [1] Iterated families, Colloq. Math. **15**, 235–241 (1966).
FLOYD, E. E.: [1] Boolean algebras with pathological order topologies, Pacific J. Math. **5**, 687–689 (1955).
FRANKLIN, S. P.: [1] Spaces in which Sequences Suffice, Fundamenta Math. **57**, 107–115 (1965).
FRÉCHET, M.: [1] Sur la notion de différentielle totale, Nouv. Ann. Math. **12**, 385–403, 433–449 (1912).
— [2] La notion de différentielle dans l'analyse générale, C. r. Acad. Sci., Paris **180**, 806–809 (1925).
— [3] La notion de différentielle dans l'analyse générale, Ann. sci. École norm. sup., III. Sér., **42**, 293–323 (1925).
— [4] Sur la notion de différentielle, C. r. Acad. Sci., Paris **152**, 845–847, 1050–1051 (1911).
— [5] Sur la notion de différentielle dans l'analyse générale, J. Math. pur. appl. **16**, 233–250 (1937).
— [6] La notion de différentielle sur un groupe abélien. Portugaliae Math. **7**, 59–72 (1948).
FRÖLICHER, A.: [1] Kompakt erzeugte Räume und Limesräume, Math. Z. **129**, 57–63 (1972).
— [2] Sur la transformation de Dirac d'un espace a generation compacte, Publ. Départ. Math., Lyon **10** (2), 79–100 (1973).
FRÖLICHER, A., and W. BUCHER: [1] Calculus in Vector Spaces without Norm, Lecture Notes in Math. **30**, Springer-Verlag, Berlin-Heidelberg-New York 1966.
GACSÁLYI, S.: [1] A characterization of G. Choquet's pseudotopologies, Math. Nachr. **37**, 135–143 (1968).
GÄHLER, S., und W. GÄHLER: [1] Eine bemerkenswerte Eigenschaft differenzierbarer Abbildungen, Monatsber. Deutsch. Akad. Wiss. Berlin **10**, 161–170 (1968).
GÄHLER, S., W. GÄHLER, and G. KNEIS: [1] Completion of pseudo-topological vector spaces, Math. Nachr. **75**, 185–206 (1976).
GÄHLER, W.: [1] Eine Verallgemeinerung der Differenzierbarkeit, I, Math. Nachr. **38**, 217–256 (1968).
— [2] Kawaguchi-Mannigfaltigkeiten und Tangentialbündel höherer Ordnung, Monatsber. Deutsch. Akad. Wiss. Berlin **10**, 393–404 (1968).
— [3] Nichtlineare Zusammenhänge und globale Differenzierbarkeit, Tensor, n. Ser. **26**, 37–65 (1972).
— [4] Beiträge zur Theorie der Limesräume, in: Theory of sets and topology, VEB Deutscher Verlag der Wissenschaften, Berlin 1972, 161–197.
— [5] Generalizations of the uniform convergence, in: Coll. Math. Soc. János Bolyai, 8, Topics in Topology, Keszthely (Hungary), 327–340 (1972).
— [6] Über Limes- und Pseudouniformisierbarkeit, Demonstratio Math. **6**, 613–632 (1973).
— [7] Mengenkonvergenz und verallgemeinerte gleichmäßige Konvergenz — ein Beitrag zur Theorie der Differenzierbarkeit, Math. Nachr. **61**, 211–258 (1974).
— [8] Allgemeine Differentialrechnung und differenzierbare Mannigfaltigkeiten, die mit verschiedenen Ableitungsbegriffen definiert sind. Erscheint in Period. Math. Hungar. **8** (1), 1977.
GÂTEAUX, R.: [1] Sur les fonctionelles continues et les fonctionelles analytique, C. r. Acad. Sci., Paris, **157**, 325–327 (1913).
GAZIK, R. J.: [1] Convergence in spaces of subsets, Pacific J. Math. **43**, 81–92 (1972).
— [2] A hyperspace for convergence spaces, Proc. Amer. math. Soc. **37**, 234–240 (1973).
— [3] Uniform convergence for a hyperspace, Proc. Amer. math. Soc. **42**, 302–306 (1974).

— [4] Regularity of Richardson's compactification, Canadian J. Math. **26**, 1289–1293 (1974).

— [5] On Biesterfeldt's Completion Axiom Spaces, Proc. Amer. math. Soc. **52**, 401–405 (1975).

Gazik, R. J., and D. C. Kent: [1] Regular completions of Cauchy spaces via function algebras, Bull. Austral. math. Soc. **11**, 77–88 (1974).

— [2] Coarse uniform convergence spaces, Pacific J. Math. **61**, 143–150 (1975).

Gazik, R. J., D. C. Kent, and G. D. Richardson: [1] Regular completions of uniform convergence spaces, Bull. Austral. math. Soc. **11**, 413–424 (1974).

Gil de Lamadrid, J.: [1] Topology of mappings in locally convex topological vector spaces, their differentiation and integration, and application to gradient mappings, Thesis, Univ. Michigan 1955.

— [2] Topology of mappings and differentiation processes, Illinois J. Math. **3** (3), 408–420 (1959).

Goetz, A.: [1] A notion of uniformity for *L*-spaces of Fréchet, Colloquium math. **9** 223–231 (1962).

Gramsch, B., und D. Vogt: [1] Holomorphe Funktionen mit Werten in nicht lokalkonvexen Vektorräumen, J. reine angew. Math. **243**, 159–170 (1970).

Grauert, H., und W. Fischer: [1] Differential- und Integralrechnung, II, Springer-Verlag, Berlin-Heidelberg-New York 1968.

Grimeisen, G.: [1] Gefilterte Summation von Filtern und iterierten Grenzprozessen, I, Math. Ann. **141**, 318–342 (1960), u. II, Math. Ann. **144**, 386–417 (1961).

— [2] Zur Stufenhebung bei topologischen Räumen, Math. Ann. **147**, 95–109 (1962).

— [3] Das Produkt topologischer Räume in einer Theorie der Limesräume, Math. Z. **82**, 361–378 (1963).

— [4] Topologische Räume, in denen alle Filter konvergieren, Math. Ann. **173**, 241–252 (1967).

— [5] Approximationsfunktoren, Math. Nachr. **37**, 359–381 (1968).

— [6] Continuous relations, Math. Z. **127**, 35–44 (1972).

Gringas, A. R.: [1] Order convergence and order ideals, Conference on Convergence Spaces 1976, Proc. Univ. Nevada, Reno, 45–59 (1976).

Hadamard, J.: [1] La notion de différentielle dans l'enseignement, Scripta Univ. Ab. Hierosolymitanarum, Jerusalem **1**, 3 (1923).

Hadzic, O.: [1] On the topological structure of Mikusínski's operators, Math. Vesnik. n. Ser. 8 (23), 321–330 (1971).

Hall, Jr. M.: [1] The theory of groups, Macmillan Company, New York, 1959.

Harbarth, K.: [1] Über die Äquivalenz verschiedener Axiomsysteme für Limesräume, Math. Nachr. **17**, 261–272 (1959).

Hausdorff, F.: [1] Grundzüge der Mengenlehre, Veit & Comp., Leipzig 1914.

Hearsey, B. V.: [1] On extending regularity and other topological properties to convergence spaces, Diss. Washington State Univ. 1968.

— [2] Regularity in convergence spaces, Portugaliae Math. **30**, 201–213 (1971).

Hearsey, B. V., and D. C. Kent: [1] Convergence structures, Portugaliae Math. **31**, 105–118 (1972).

Helmberg, G.: [1] On convergence classes of sets, Proc. Amer. math. Soc. **13**, 918–921 (1962).

Hermes, H.: [1] Einführung in die Verbandstheorie, Springer-Verlag, Berlin-Göttingen-Heidelberg 1955.

Herrlich, H.: [1] Some Topological Theorems which Fail to be True, in: Categorical Topology, Lecture Notes in Math. **540**, Springer-Verlag, Berlin-Heidelberg-New York 1976, 265–285.

Hewitt, E.: [1] Rings of real-valued continuous functions, I., Trans. Amer. math. Soc. **64**, 45–99 (1948).

HOGBE-NLEND, H.: Théorie des Bornologies et Applications, Lecture Notes in Math. 213, Springer-Verlag, Berlin-Heidelberg-New York 1971.
— [2] Sur la métrisabilité des espaces de fonctions holomorphes en dimension infinie, Bull. Sci. math., II. Sér., 97, 29–32 (1973).
HŮSEK, M.: [1] Generalized proximity and uniform spaces, I, Commentationes math. Univ. Carolinae 5, 247–266 (1964), II, Commentationes math. Univ. Carolinae 6, 119–139 (1965).
— [2] S-Categories, Commentationes math. Univ. Carolinae 1, 37–46 (1964).
HYERS, D. H.: [1] A generalization of Fréchet's differential, Proc. nat. Acad. Sci. USA 27, 315–316 (1941).
IRWIN, J. M., and D. C. KENT: [1] Sequential Cauchy spaces, Conference on Convergence Spaces 1976, Proc. Univ. Nevada, Reno, 60–82 (1976).
ISAC, G.: [1] Sur les lattices vectorielles pseudotopologiques, Rev. Roumaine Math. pur. Appl. 19, 885–893 (1974).
ISÉKI, K.: [1] An approach to locally convex topological linear spaces, Proc. Japan Acad. 40 (10), 818–820 (1965).
JARCHOW, H.: [1] Marinescu-Räume, Commentarii math. Helvet. 44, 138–163 (1969).
— [2] Dualität und Marinescu-Räume, Math. Ann. 182, 134–144 (1969).
— [3] Stetigkeit hermitescher Formen, Ann. Acad. Sci. Fennicae, Ser. A. I, Nr. 441, 1969.
— [4] Striktheit von (LF)-Räumen, Math. Ann. 187, 37–39 (1970).
— [5] On tensor algebras of Marinescu spaces, Math. Ann. 187, 163–174 (1970).
— [6] Quasitonnelierte Räume, Math. Ann. 191, 271–278 (1971).
— [7] Duale Charakterisierungen der Schwartz-Räume, Math. Ann. 196, 85–90 (1972).
KASAHARA, S.: [1] Closeness spaces and convergence spaces, Math. Semin. Notes, Kobe Univ., 2 XI (1974).
— [2] A proximity version of closeness and convergence structure, Math. Semin. Notes, Kobe Univ. 2 XVII (1974).
— [3] An other version of convergence structure, Math. Semin. Notes, Kobe Univ. 2 XVIII (1974).
— [4] On linear bornologies and linear convergence structures, Math. Semin. Notes, Kobe Univ. 3 XX (1975).
— [5] Bounded in convergence spaces, Math. Semin. Notes, Kobe Univ. 3 XXII (1975).
— [6] Boundedness in convergence spaces, Conference on Convergence Spaces 1976, Proc. Univ. Nevada, Reno, 83–92 (1976).
KATĚTOV, M.: [1] Convergence structures, Proc. Second Prague Topological Sympos. 1966, 207–216, Academia, Prague 1967.
Кац, М. П.: [1] Каждое (DF)-пространство квазинормируемо, Функц. анал. и его прилож. 7, вып. 2, 85—86 (1973).
— [2] Топологические свойства псевдотопологических линейных пространств, Math. Nachr. 75, 207–227 (1976).
KELLER, H. H.: [1] Differenzierbarkeit in topologischen Vektorräumen, Commentarii math. Helvet. 38 (4), 308–320 (1964).
— [2] Räume stetiger multilinearer Abbildungen als Limesräume, Math. Ann. 159, 259–270 (1965).
— [3] Über Probleme, die bei einer Differentialrechnung in topologischen Vektorräumen auftreten, Festband zum 70. Geburtstag von R. Nevanlinna, Springer-Verlag, Berlin-Heidelberg-New York 1966, 49–57.
— [4] Limit vector spaces of Marinescu type, Revue Roumaine Math. pur. appl. 13, 1107 to 1112 (1968).
— [5] Die Limes-Uniformisierbarkeit der Limesräume, Math. Ann. 176, 334–341 (1968).
— [6] Differential Calculus in Locally Convex Spaces, Lecture Notes in Math. 417, Springer-Verlag, Berlin-Heidelberg-New York 1974.
KELLEY, J. L.: [1] General Topology, Van Nostrand, Toronto-New York-London 1955.

KELLEY, J. L., NAMIOKA, I., and co-authors: [1] Linear Topological Spaces, Van Nostrand, Toronto-New York-London 1963.

KENDRICK, C. T.: [1] On Pretopological Coherence of Convergence Spaces and Products of Fréchet Spaces, Ph. D. Thesis, Washington State University 1971.

— [2] On products of Fréchet spaces, Math. Nachr. 65, 117–123 (1975).

KENT, D. C.: [1] Convergence functions and their related topologies, Fundamenta Math. 54, 125–133 (1964).

— [2] On convergence groups and convergence uniformities, Fundamenta Math. 60, 213–222 (1967).

— [3] A representation theorem for uniform convergence spaces, Math. Ann. 179, 42–46 (1968).

— [4] A note on pretopologies, Fundamenta Math. 62, 95–100 (1968).

— [5] Convergence quotient maps, Fundamenta Math. 65, 197–205 (1969).

— [6] Decisive Convergence Spaces, Math. Ann. 184, 215–223 (1970). (Erratum, Math. Ann. 187, 338 (1970).)

— [7] Decisive Convergence Spaces, Sequential Spaces, and Fréchet Spaces, Rocky Mtn. J. Math. 1, 367–374 (1971).

— [8] Convergence Structures, Portugaliae Math. 31, 105–117 (1972).

KENT, D. C., and R. J. GAZIK: [1] Minimal uniform convergence spaces, Conference on Convergence Spaces 1976, Proc. Univ. Nevada, Reno, 93–100 (1976).

KENT, D. C., K. MCKENNON, G. D. RICHARDSON, and M. SCHRODER: [1] Continuous convergence in C(X), Pacific J. Math. 52, 457–465 (1974).

KENT, D. C., and G. D. RICHARDSON: [1] Minimal Convergence Spaces, Trans. Amer. math. Soc. 160, 487–499 (1971).

— [2] Open and proper maps between convergence spaces, Czechosl. math. J. 23 (98), 15–23 (1973).

— [3] The decomposition series of a convergence space, Czechosl. math. J. 23, 437–446 (1973).

— [4] Regular completions of Cauchy spaces, Pacific J. Math. 51, 483–490 (1974).

— [5] Locally compact convergence spaces, Michigan math. J. 22, 353–360 (1975).

— [6] The regularity series of a convergence space II, Conference on Convergence Spaces 1976, Proc. Univ. Nevada, Reno, 101–123 (1976).

KENT, D. C., G. D. RICHARDSON, and R. J. GAZIK: [1] T-regular-closed convergence spaces, Proc. Amer. math. Soc. 51, 461–468, (1975).

KENT, D. C., G. D. RICHARDSON and K. MCKENNON: [1] Continuous Convergence in $C(X)$, Preprint Nr. 23, Washington State University 1973.

KIJOWSKI, J.: [1] Existence of differentiable structure in the set of submanifolds, Studia math. 33, 93–108 (1969).

KIJOWSKI, J., and J. KOMOROVSKI: [1] A differentiable structure in the set of the bundle sections over compact subsets, Studia math. 32, 191–207 (1969).

KIJOWSKI, J., and W. SZCZYRBA: [1] On differentiability in an important class of locally convex spaces, Studia math. 30, 247–257 (1968).

KISYŃSKI, J.: [1] Convergence du type L, Colloq. Math. 7, 205–211 (1960).

KLAUA, D.: [1] Allgemeine Mengenlehre I u. II, Akademie-Verlag, Berlin 1968 und 1969.

KNEIS, G.: [1] Holomorphe Funktionen mit Werten in einem pseudotopologischen Vektorraum, Math. Nachr. 62, 147–161 (1974).

— [2] Zum Satz von Ascoli-Arzela für pseudouniforme Räume. Erscheint in Math. Nachr.

— [3] Ein Fixpunktsatz für kontrahierende Abbildungen in pseudouniformen Räumen. Erscheint in Math. Nachr.

KÖTHE, G.: [1] Topologische lineare Räume I., Springer Verlag, Berlin-Göttingen-Heidelberg 1960.

KOUTNÍK, V.: [1] On sequentially regular convergence spaces, Czechosl. math. J. 17 (92), 232–247 (1967).

— [2] On convergence in closure spaces. Proc. Internat. Sympos. on Topology and its Appl., Herceg-Novi (Yugoslavia) 1968, 226—230 (1969).

KOWALSKY, H.-J.: [1] Beiträge zur topologischen Algebra, Math. Nachr. 11, 143—185 (1954).

— [2] Limesräume und Komplettierung, Math. Nachr. 12, 301—340 (1954).

— [3] Topologische Räume, Birkhäuser Verlag, Basel 1961.

KRANZLER, S. K., and T. S. MCDERMOTT: [1] Extending continuous linear functionals in convergence vector spaces, Trans. Amer. math. Soc. 200, 149—168 (1974).

— KRATOCHVÍL, P.: [1] A sequential decomposition of filters, Conference on Convergence Spaces 1976, Proc. Univ. Nevada, Reno, 125—131 (1976).

KURATOWSKI, C.: [1] Topologie I, Monographie Matematyczne XX, Warszawa 1952.

KUROSCH, A. G.: [1] Gruppentheorie I u. II, Akademie-Verlag Berlin 1970 u. 1972.

KUTZLER, K.: [1] Zur Theorie der limitierten Vektorräume, Diss. Fr. Univ. Berlin 1969.

— [2] Eine Bemerkung über endlichdimensionale, separierte, limitierte Vektorräume, Arch. der Math. 20, 165—168 (1969).

— [3] Bemerkungen über unendlichdimensionale, separierte Limesvektorräume und Limesgruppen, J. reine angew. Math. 253, 98—116 (1972).

— [4] Über Zusammenhänge, die zwischen einigen Limitierungen auf $C(X)$ und dem Satz von Dini bestehen, Manuskripte der Fakultät für Math. u. Inf., Univ. Mannheim, Nr. 20, 1972.

— [5] Über einige Limitierungen auf $C(X)$ und den Satz von Dini, Math. Nachr. 64, 149—170 (1974).

— [6] Eine Charakterisierung von Lindelöf-Räumen, Arch. der Math. 26, 214—221 (1975).

— [7] Minimale Objekte in gewissen Kategorien von Limesvektorräumen. Erscheint in Math. Nachr.

LANG, S.: [1] Introduction to Differentiable Manifolds, Interscience, New York-London 1962.

LAZET, D.: [1] Applications analytiques dans les espaces bornologiques, Séminaire P. Lelong 1971—72; ferner in: Lecture Notes in Math. 332, Springer-Verlag, Berlin-Heidelberg-New York, 1—47 (1973).

— [2] Sur la différentiabilité des applications analytiques en dimension infinie, C. r. Acad. Sci., Paris, Sér. A, 273, 155—157 (1971).

LESLIE, J. A.: [1] On a differential structure for the group of diffeomorphisms, Topology 6, 263—271 (1967).

— [2] Some Frobenius theorem in global analysis, J. Diff. Geom. 2 (3), 279—297 (1968).

LJUSTERNIK, L. A., und W. I. SOBOLEW: [1] Elemente der Funktionalanalysis, Akademie-Verlag, Berlin 1968.

LOYD, J. W.: [1] Differentiable mappings on topological vector spaces, Studia math. 45, 147—160 (1973).

— [2] Two topics in the differential calculus on topological linear spaces, Diss. Australian Nat. Univ.

— [3] Smooth partitions of unity on manifolds, Trans. Amer. math. Soc. 187, 249—259 (1974).

LOWEN-COLEBUNDERS, E.: [1] Completness properties for convergence spaces, Conference on Convergence Spaces 1976, Proc. Univ. Nevada, Reno, 148—154 (1976).

MACHADO, A.: [1] Quasi-variétés complexes, Cahiers Topologie Géom. Différentielle 11 (3), 231—279 (1969).

— [2] Charactérisation á l'aide de quasi-topologies de la structure de variété analytique complexe, C. r. Acad. Sci., Paris, Sér. A, 268, 1402—1405 (1969).

— [3] Espaces d'Antoine et pseudotopologies, Cahiers Topologie Géom. Différentielle 14, 309—327 (1973).

MAC LANE, S.: [1] Kategorien, Begriffssprache und mathematische Theorie, Springer-Verlag, Berlin-Heidelberg-New York 1972.

MAISSEN, B.: [1] Über Topologien im Endomorphismenraum eines topologischen Vektorraumes, Math. Ann. 151, 283—285 (1963).

MAMUZIĆ, Z.: [1] Introduction to general topology, P. Noordhoff, Groningen 1963.

MARINESCU, G.: [1] Différentielles de Gâteaux et Fréchet dans les espaces localement convexes, Bull. math. Soc. Sci. math. phys. R.P.R. n. Sér. 1 (1), 77—86 (1957).

— [2] Espaces vectoriels pseudotopologiques et théorie des distributions, VEB Deutscher Verlag der Wissenschaften, Berlin 1963.

MATHEWS, J. C., and R. F. ANDERSON: [1] A comparison of two modes of order convergence, Proc. Amer. math. Soc. 18, 100—104 (1967).

MCDERMOTT, T. S.: [1] The Hahn-Banach theorem in convergence vector spaces — a brief survey, Conference on Convergence Spaces 1976, Proc. Univ. Nevada, Reno, 148—154 (1976).

MEEÙS, D.: [1] Le calcul différentiel dans les espaces à bornés convexes, Thése, Louvain 1970.

— [2] Sur la dérivée d'une fonction entre parties d'espaces localement convexes, C. r. Acad. Sci., Paris, Sér A, 271, 1250—1253 (1970).

— [3] Fonctions implicites, non locales, dans les espaces localement convexes, C. r. Acad. Sci., Paris, Sér. A, 272, 724—726 (1971).

MICHAL, A. D.: [1] Le calcul différentiel dans les espaces de Banach, I et II. Gauthier-villars, Paris 1958, 1964.

— [2] Differential calculus in linear topological spaces, Proc. nat. Acad. Sci. USA, 24, 340—342 (1938).

— [3] Differentials of functions with argument and values in topological abelian groups, Proc. nat. Acad. Sci. USA, 26, 356—359 (1940).

— [4] Functional analysis in topological group spaces, Math. Mag. 20 (1947).

MICHAL, A. D., et E. W. PAXSON: [1] La differentielle dans les espaces abstraits linéaires avec une topologie, C. r. Acad. Sci., Paris, 202, 1741—1743 (1936).

MICHOR, P.: [1] A note on the inverse mapping theorem of F. Berquier, in: Categorical Topology, Lecture Notes in Math. 540, Springer-Verlag, Berlin-Heidelberg-New York 1976, 435—438.

MILLER, F. R.: [1] Quasivector topologies, Pacific J. Math. 37, 445—451 (1971).

MILLSAPS, K.: [1] Differential calculus in topological groups, I, II. Revista Ci. 44, 485—492 (1942); 45, 45—52 (1943).

MITANI, S.: [1] The completion of a convergence space in the sense of H. R. Fischer, Proc. Japan Acad. 44, 667—671 (1968).

MOORE, R. L., and H. L. SMITH: [1] A general theory of limits, Amer. J. Math. 44, 102—121 (1922).

MÜLLER, B.: [1] Über den c-Dual eines Limesvektorraumes, Diss. Univ. Mannheim 1972.

— [2] Dualitätstheorie für Vektorunterverbände von $C_c(X)$, Math. Nachr. 69, 273—284 (1975).

— [3] Locally precompact convergence vector spaces, Conference on Convergence Spaces 1976, Proc. Univ. Nevada, Reno, 155—172 (1976).

NEL, L. D.: [1] Cartesian closed topological categories, in: Categorical Topology, Lecture Notes in Math. 540, Springer-Verlag, Berlin-Heidelberg-New York 1976, 439—451.

NETZER, N.: [1] Konvergenz in verallgemeinerten topologischen Räumen. Erscheint in Math. Nachr.

NEVANLINNA, F., und R. NEVANLINNA: [1] Absolute Analysis, Springer-Verlag, Berlin-Göttingen-Heidelberg 1959.

NÖBELING, G.: [1] Analytische Topologie, Springer-Verlag, Berlin-Göttingen-Heidelberg 1954.

NORDMAN, H.: [1] Convergence functions and inductive limits, Acta Acad. Aboensis, Ser. B, 35 (1975).

Novak, J.: [1] On some problems concerning multivalued convergences, Czechosl. math. J. 14 (89), 548–560 (1964).
— [2] On convergence spaces and their sequential envelopes, Czechosl. math. J. 15 (90), 74–99 (1965).
— [3] On some problems concerning convergence spaces and groups, Gen. Topology and its Relation to Mod. Analysis and Algebra III (Proc. Conf. Kanpur, 1968), 219–229.
— [4] On sequential envelopes defined by means of certain classes of continuous functions, Czechosl. math. J. 18 (93), 450–456 (1968).
— [5] On convergence groups, Czechosl. math. J. 20 (95), 357–374 (1970).
— [6] On completions of convergence commutative groups, Gen. Topology and its Relation to Mod. Analysis and Algebra III (1971), 335–340, Academia, Prague 1972.
Ordman, E. T.: [1] Convergence almost everywhere is not topological, Amer. math. Monthly 73, 182–183 (1966).
— [2] Convergence and abstract spaces in functional analysis I, II, J. Undergraduate Math. 1, 79–96 (1969), 2, 25–36 (1970).
Park, W. R.: [1] Convergence Structures on Homeomorphism Groups, Math. Ann. 199, 45–54 (1972).
Pavelka, J.: [1] Tensor products in the category of convergence spaces, Commentationes math. Univ. Carolinae 13, 693–709 (1972). (Correction, Commentationes math. Univ. Carolinae 15, 781–782 (1974).
Penot, J.-P.: [1] La notion d'application analytique, Séminaire Choquet, (6e année 1966/67) Initiation à l'Analyse, n^0 3, Paris 1968.
— [2] Calcul différentiel dans les espaces vectoriels topologiques, Studia math. 47, 1–23 (1973).
Pervin, W. J., and H. J. Biesterfeldt: [1] Uniformization of convergence spaces II, Math. Ann. 177, 43–48 (1968).
Pisanelli, D.: [1] Applications analytiques en dimension infinie, Bull. Sci. math. 96, 181–191 (1972).
Poppe, H.: [1] Stetige Konvergenz und der Satz von Ascoli und Arzelà, Math. Nachr. 30, 87–122 (1965).
— [2] Stetige Konvergenz und der Satz von Ascoli und Arzelà II, Monatsber. Deutsch. Akad. Wiss. Berlin 8 (4), 259–264 (1966).
— [3] Stetige Konvergenz und der Satz von Ascoli und Arzelà, III, IV, V, VI, Proc. Japan. Acad. 44, 234–239, 240–242, 318–321, 322–324 (1968).
— [4] Einige Bemerkungen über den Raum der abgeschlossenen Mengen, Fundamenta Math. 59, 159–169 (1966).
— [5] Compactness in General Function Spaces, VEB Deutscher Verlag der Wissenschaften, Berlin 1974.
Preuss, G.: [1] Allgemeine Topologie, Springer-Verlag, Berlin-Heidelberg-New York 1972.
Prössdorf, S.: [1] Über eine Verallgemeinerung des Ableitungsbegriffes und die Regularisierung singulärer Integralgleichungen, Wiss. Z. Techn. Hochschule Karl-Marx-Stadt 10, 551–554 (1968).
Rameley, J. F.: [1] Completion and compactification functors for Cauchy spaces, Diss. Univ. New Mexico 1967.
Ramaley, J. F., and O. Wyler: [1] Cauchy spaces I. Structure and Uniformization Theorems, Math. Ann. 187, 175–186 (1970).
— [2] Cauchy spaces II. Regular completions and compactifications, Math. Ann. 187, 187–199 (1970).
Rao, C. J. M.: [1] On smallest compactifications for convergence spaces, Proc. Amer. math. Soc. 44, 225–230 (1974).
— [2] On largest Hausdorff compactification for convergence spaces, Bull. Austal. math. Soc. 12, 73–79 (1975).
— [3] On m-ultracompactifications, Conference on Convergence Spaces 1976, Proc. Univ. Nevada, Reno, 184–187 (1976).

Reed, E. E.: [1] Completions of Uniform Convergence Spaces, Math. Ann. **194**, 83–108 (1971).
— [2] Proximity convergence structures, Pacific J. Math. **46**, 471–485 (1973).
— [3] Convergence spaces and nearnesses, Conference on Convergence Spaces 1976, Proc. Univ. Nevada, Reno, 188–191 (1976).

Reid, G. A.: [1] Concepts on differentiability and analyticity on certain classes of topological groups, Proc. Cambr. philos. Soc. **61**, 347–379 (1965).

Renz, W.: [1] Summe von Adhärenzräumen, Math. Nachr. **74**, 321–328 (1976).
— [2] Zur vollständigen Regularität und Normalität in Limesräumen. Erscheint in Math. Nachr.
— [3] Approximatoren und Umgebungen. Erscheint in Math. Nachr.

Richardson, G. D.: [1] On completions of uniform convergence spaces, Diss. North Carolina State Univ., Raleigh 1969.
— [2] A class of uniform convergence structures, Proc. Amer. math. Soc. **25**, 339–402 (1970).
— [3] A Stone-Čech Compactification for Limit Spaces, Proc. Amer. math. Soc. **25**, 403–404 (1970).
— [4] Completions of uniform convergence spaces, Proc. Amer. math. Soc. **29**, 159–164 (1971).
— [5] Completions for a class of convergence groups, Proc. Amer. math. Soc. **39**, 221–213 (1973).
— [6] Embedding in topological vector spaces, Conference on Convergence Spaces 1976, Proc. Univ. Nevada, Reno, 192–203 (1976).

Richardson, G. D., and D. C. Kent: [1] Regular Compactifications of Convergence Spaces, Proc. Amer. math. Soc. **31**, 571–573 (1972).
— [2] A note on $C_c(X)$, Proc. Amer. math. Soc. **49**, 441–445 (1975).
— [3] The regularity series of a convergence space, Bull. Austral. math. Soc. **13**, 21–44 (1975).

Richardson, G. D., K. McKennon, and D. C. Kent: [1] Continuous convergence in $C(X)$, Wash. State Univ. Math. Dept. Preprints (1973).

Riecke, C. V.: [1] The lattice of convergence structures, Proc. Univ. Houston Point Set Top. Conference, 158–163 (1971).

Rinow, W.: [1] Die innere Geometrie der metrischen Räume, Springer-Verlag, Berlin-Göttingen-Heidelberg 1961.
— [2] Lehrbuch der Topologie, VEB Deutscher Verlag der Wissenschaften, Berlin 1975.

Rolewicz, S.: [1] Metric linear spaces, Monographie Matematyczne **56**, Warszawa 1972.

Rosinger, E.: [1] Structuri pseudotopologice, Acad. R. P. Romîne Stud. Cerc. Mat. **14**, 223–251 (1963).
— [2] Structuri pseudotopologice II, Acad. R. P. Romîne Stud. Cerc. Mat. **16**, 1085–1110 (1964).
— [3] Structuri pseudotopologice III, Acad. R. P. Romîne Stud. Cerc. Mat. **17**, 1133–1143 (1965).
— [4] Scufundarea distributiilor $\mathscr{D}'_n$ în algebre pseudotopologice, Acad. R. P. Romîne Stud. Cerc. Mat. **18**, 687–729 (1966).
— [5] Spaţii pseudotopologice, Scufundarea distributiilor $\mathscr{D}'_n$ în algebre, Acad. R. P. Romîne Stud. Cerc. Mat. **20**, 553–582 (1968).

Салько, Д. С.: [1] К теории существования неявных функций в локально выпуклых пространствах, Уч. зап. Моск. обл. пед. ин-та **110** (7), 245—264 (1962).
— [2] К теории неявных функций в локально выпуклых пространствах, Успехи Мат. Наук **24**, вып. 2, 235—236 (1969).

Schmidt, Joachim: [1] Zur Axiomatisierung von Konvergenzstrukturen. Erscheint in Math. Nachr.

SCHMIDT, JÜRGEN: [1] Beiträge zur Filtertheorie I, Math. Nachr. 7, 359–378 (1952).
— [2] Beiträge zur Filtertheorie II, Math. Nachr. 10, 197–232 (1953).
— [3] Konfinalität, Z. Math. Logik Grundl. Math. 1, 271–303 (1955).
— [4] Eine Studie zum Begriff der Teilfolge, Jahresb. Deutsche Math. Verein. 63, 28–50 (1960).
— [5] Mengenlehre I, Bibliographisches Institut A6, Mannheim 1966.
— [6] Symmetric approach to the fundamental notions of general topology, Proc. Second Prague Topological Sympos. 1966, 308–319, Academia, Prague 1967.
SCHRODER, M.: [1] Continuous convergence in a Gelfand theory for topological algebras, Ph. D. Thesis, Queen's Univ. Kingston, Ontario 1971.
— [2] Solid convergence spaces, Bull. Austral. math. Soc. 8, 443–459 (1973).
— [3] On compact convergence spaces and theorems of E. Binz and C. H. Cook, Research Report No. 21, Univ. of Waikato, Hamilton, New Zealand (1973).
— [4] A family of c-embedded spaces whose associated completely regular topology is compact, Arch. der Math. 25, 69–74 (1974).
— [5] Marinescu structures and c-spaces, Conference on Convergence Spaces 1976, Proc. Univ. Nevada, Reno, 204–235 (1976).
— [6] Compactness theorems, in: Categorical Topology, Lecture Notes in Math. 540, Springer-Verlag, Berlin-Heidelberg-New York 1976, 566–577.
SCHUBERT, H.: [1] Kategorien I u. II, Akademie-Verlag Berlin 1970.
SEBASTIÃO e SILVA, J.: [1] Le calcul différentiel et intégral dans les espaces localement convexes, réels ou complexes, I, II, Atti. Accad. naz. Lincei, Rend. 20 (6), 743–750 (1956), 21 (1–2), 40–46 (1956).
— [2] Conceitos de função differenciável em espaços localemente convexos, Publ. Centro Estudes Matem. Lisboa, Inst. Alta Cultura, Lisboa 1957.
— [3] Les espaces à bornés et la notion de fonction différentiable, Coll. Analyse fonct. Louvain 1960, Paris-Louvain, 57–61 (1961).
— [4] Les espaces à bornes et la notion de fonction différentiable, Atti Accad. naz. Lincei, Rend. VIII. Ser., 34, 57–61 (1963).
— [5] Les espaces à bornes et les reunions d'espaces normes, Atti Accad. naz. Lincei, Rend. VIII. Ser., 34, 134–137 (1963).
SEIP, U.: [1] Kompakt erzeugte Vektorräume und Analysis, Lecture Notes in Math. 273, Springer-Verlag, Berlin-Heidelberg-New York 1972.
— [2] Differential Calculus and Cartesian Closedness, in: Categorical Topology, Lecture Notes in Math. 540, Springer-Verlag, Berlin-Heidelberg-New York 1976, 578–604.
SIERPIŃSKI, W.: [1] General Topology, Mathematical Expositions, No 7, Toronto, 1952.
SIMONNET, M.: [1] Calcul différentiel dans les espaces non normables, C. r. Acad. Sci., Paris, Sér. A, 273, 1249–1252 (1971).
— [2] Différentiabilité de la composition, C. r. Acad. Sci., Paris, Sér. A, 274, 565–568 (1972).
— [3] Complétude de $L(F, E)$ et $C^n(F, X)$, C. r. Acad. Sci., Paris, Sér. A, 275, 907–909 (1972).
— [4] Dérivabilité des flots loceaux d'une application C^r, C. r. Acad. Sci., Paris, Sér. A, 275, 1339–1341 (1972).
— [5] Sur le théorème de Frobenius, C. r. Acad. Sci., Paris, Sér. A, 276, 187–189 (1973).
— [6] Charactérisation des applications analytiques et ensembles équicontinuous de telles applications, C. r. Acad. Sci., Paris, Sér. A, 277, 1099–1102 (1973).
— [7] Différentiabilité d'ordre infini des applications analytiques complexes, C. r. Acad. Sci., Paris, Sér. A, 277, 1049–1051 (1973).
— [8] Calcul differentiel dans les espaces non normables, Cahiers Topologie Géom. Différentielle 13 (1972), 411–437 (1973) et 14, 3–40 (1973).
— [9] Applications analytiques entre espaces localement convexes complexes, Esquisses Math., no 20, Paris 1973.
— [10] Calcul différentiel entre espaces vectoriels quasitopologiques. Preprint 1974.

Sjöberg, B.: [1] On derivatives in topological vector spaces, Nordisk mat. Tidskr. **14**, 87—96 (1966).

— [2] Zur Theorie der uniformen Limesräume, Soc. Sci. Fennica, Commentationes phys.-math. **36** (2), 25—41 (1969).

— [3] Über die Fortsetzbarkeit gleichmäßig stetiger Abbildungen in uniformen Limesräumen, Soc. Sci. Fennica, Commentationes phys.-math. **40**, 41—46 (1970).

Смолянов, О. Г.: [1] Некоторые полные пространства гладких отображений псевдотопологических линейных пространств, Успехи Мат. Наук **29**, вып. 4 (178), 181—182 (1974).

Сова, М.: [1] Общая теории дифференцируемости в линейных топологических пространствах, Czechosl. math. J. **14** (4), 485—508 (1964).

— [2] Условия дифференцируемости в линейных топологических пространствах, Czechosl. math. J. **16** (3), 339—362 (1966).

Spanier, E.: [1] Quasi topologies, Duke math. J. **30**, 1—14 (1963).

Сухинин, М. Ф.: [1] Два варианта теоремы о дифференцировании обратной функции в некоторых линейных топологических пространствах, Вестник МГУ, серия 1, **24**, № 6, 34—38 (1969).

— [2] О локальной обратимости дифференцируемого отображения, Успехи Мат. Наук **25**, вып. 5, 249—250 (1970).

— [3] Несколько теорем об обратной и неявной функциях в линейных топологических пространствах, Успехи Мат. Наук **28**, вып. 1 (169), 251—252 (1973).

Szász, G.: [1] Einführung in die Verbandstheorie, B. G. Teubner Verlagsgesellschaft, Leipzig 1962.

Szczyrba, W.: [1] On differentiability in some class of locally convex spaces (Short summary), Studia math. **38**, 458 (1970).

— [2] Differentiation in locally convex spaces, Studia math. **39**, 289—306 (1971).

Taylor, W.: [1] Convergence in Relational Structures, Math. Ann. **186**, 215—227 (1970).

Thampuran, D. V.: [1] Neighborhood spaces and convergence, Portugaliae Math. **33**, 43—49 (1974).

Trail, R. B.: [1] Regularity and complete regularity for convergence spaces, Diss. Univ. of Arkansas, Fayetteville 1972.

Urbański, P.: [1] Differentiable structure in a conjugate vector bundle of infinite dimension, Dissertationes math. CXIII, Warszawa 1974.

Urysohn, P.: [1] Sur les classes ($\mathcal{L}$) de M. Fréchet, Enseignement math. **25**, 77—83 (1925).

Ver Eecke, P.: [1] Sur le calcul différentiel dans les espaces non normés, C. r. Acad. Sci., Paris, Sér. A, **265**, 720—723 (1967).

— [2] Quelques observations sur le calcul différentiel, C. r. Acad. Sci., Paris, Sér. A, **273** 349—352 (1971).

Vetter, C.: [1] Einige Kennzeichnungen der Potenz einer Quasitopologie, Math. Nachr. **72**, 181—185 (1976).

Wagner, E. F.: [1] On the convergence structure of Mikusiński operators, Studia math. **27**, 39—48 (1966).

— [2] Convergence structures for Mikusiński operators, Conference on Convergence Spaces 1976, Proc. Univ. Nevada, Reno, 236—240 (1970).

Wehrli, M.: [1] Differentialrechnung in allgemeinen linearen Räumen, I., Rend. Circ. mat. Palermo, II. Ser., **17**, 81—114 (1968).

Wichterle, K.: [1] On $\mathfrak{B}$-convergence spaces, Czechosl. math. J. **18** (93), 569—588 (1968).

— [2] On $\mathcal{W}$-convergence spaces and their $\mathcal{W}$-envelopes, Contrib. Extens. Theory topol. Struct., Proc. Symp. Berlin 1967, 245 (1969).

— [3] Relations between the $\mathfrak{y}$-completness and the paracompactness of closure spaces, Commentationes math. Univ. Carolinae **9** (1968), 583—593 (1969).

Wingren, C.-E.: [1] Regular and normal convergence and principal convergence spaces. Acta Acad. Aboensis, Ser. B, **31** (18), 1—10 (1971).

— [2] Locally convex limit spaces, Acta Acad. Aboensis, Ser. B, **33** (5), 1—14 (1973).
— [3] Spaces of continuous n-linear mappings in the category of locally convex limit spaces, Acta Acad. Aboensis, Ser. B, **34** (5), 3—37 (1974).
WLOKA, I.: [1] Limesräume und Distributionen, Math. Ann. **152**, 351—409 (1963).
WONG, Y. P.: [1] Differential Calculus and Differentiable Partitions of Unity in Locally Convex Spaces, Univ. Toronto 1974.
WOYCZYNSKI, W. A.: [1] Sur la convergence des series dans les espaces de type (L), C. r. Acad. Sci., Paris, Sér. A, **268**, 1254—1257 (1969).
WYLER, O.: [1] Ein Komplettierungsfunktor für uniforme Limesräume, Math. Nachr. **46**, 1—12 (1970).
— [2] On regularity for convergence spaces, Report 70—22, Dept. Math., Carnegie-Mellon Univ.
— [2] On regularity for convergence spaces, Report 70—22, Dept. Math., Carnegie-Mellon Univ.
— [3] On the Categories of General Topology and Topological Algebra, Arch. der Math. **22**, 7—17 (1971).
— [4] Topological Categories and Categorical Topology, Gen. Top. Appl. **1**, 17—28 (1971).
YAMAGATA, H.: [1] On limit spaces and the double weak limit I, II, Proc. Japan Acad. **45**, 247—252, 253—258 (1969).
YAMAMURO, S.: [1] On the semigroup of Hadamard differentiable mappings J. Austral. math. Soc., **14**, 329—334 (1972).
— [2] On the semigroup of differentiable mappings on Montel spaces, Tôhoku math. J. **24**, 359—370 (1972).
— [3] Differential Calculus in Topological Linear Spaces, Lecture Notes in Math. **374**, Springer-Verlag, Berlin-Heidelberg-New York 1974.

SYMBOLVERZEICHNIS

SACHVERZEICHNIS